U0225429

中国古代城市规划、建筑群布局及建筑设计方法研究

（第二版）

中国建筑设计院有限公司
建筑历史研究所

傅熹年 著

中国建筑工业出版社

图书在版编目（CIP）数据

中国古代城市规划、建筑群布局及建筑设计方法研究 / 傅熹年著. —2版. —北京：中国建筑工业出版社，2014.12（2024.12 重印）
ISBN 978-7-112-17498-0

Ⅰ. ①中… Ⅱ. ①傅… Ⅲ. ①城市规划-研究-中国-古代②建筑设计-研究-中国-古代 Ⅳ. ①TU984.2

中国版本图书馆CIP数据核字(2014)第269769号

责任编辑：王莉慧　李　鸽
书籍设计：肖晋兴
责任校对：姜小莲　关　健

内容简介：

全书共分为上、下两册，上册为论文，下册为图册，配有274幅严谨、准确、精美的插图。傅熹年先生通过对中国古代城市规划、建筑群布局及建筑设计方法的系统研究，发现并向世人展示出“中国古代建筑确有一套规划设计原则、方法和艺术构图规律”。这些规律随着时代前进不断发展完善，正是由于有这些原则、方法和规律控制，中国古代建筑才能在不断发展、推陈出新的同时做到承前启后、一脉相承，保持这一独特建筑体系的独立性和延续性。

本书适合高等院校建筑系师生、建筑师、规划师、建筑历史及理论工作者阅读参考。

中国古代城市规划、建筑群布局及建筑设计方法研究（第二版）

中国建筑设计院有限公司建筑历史研究所
傅熹年 著

*

中国建筑工业出版社出版、发行（北京西郊百万庄）
各地新华书店、建筑书店经销
晋兴抒和文化传播制版
北京中科印刷有限公司印刷

*

开本：880×1230 毫米　1/16　印张：35　字数：746 千字
2015年8月第二版　2024年12月第六次印刷
定价：158.00元（上、下册）
ISBN 978-7-112-17498-0
(26689)

前 言

中国古代建筑活动至少有七千年有实物可考的历史。数千年来，虽朝代更替频繁，但在建筑上却是一脉相承，继续发展，从未中断，在城市规划、建筑群组布局和单体建筑设计上都有很高成就，形成鲜明而稳定的特征，在世界建筑发展的长河中自成体系，独树一帜。

自 20 世纪 30 年代梁思成、刘敦桢二位先生开拓创建中国古代建筑研究这门学科以来，经过两三代人的努力，在近 70 年中做了大量的调查和研究工作，基本掌握了现存的主要实物的情况，对中国古代建筑的发展脉络、主要特征、基本类型和杰出成就从不同角度进行了多方面的研究，成果辉煌。综观目前已掌握的对中国古代建筑的认识，根据其长期发展的连续性和基本特征的稳定性，我们有理由推测，在古代必有一套规划设计原则、方法和艺术构图规律，随着时代前进不断发展完善，正是由于有这些原则、方法、规律控制，古代建筑才能在不断发展、推陈出新的同时做到承前启后、一脉相承，保持建筑体系的独立性和延续性。在 70 年来工作的基础上，进行综合归纳、比较分析，以探索古代规划、设计的原则、方法、规律，对从更深的层次上认识和阐扬中国古代建筑的卓越成就和科学水平，了解使民族建筑传统得以形成和延续的种种因素，总结历史经验，都有重要意义。这也将有可能对城市规划和建筑设计工作者更深入具体地了解中国古代建筑的精髓，从规划设计原则、方法上去认识传统、取得参考借鉴起一定的作用。

中国封建社会有不重视科学技术的坏传统，极少有这方面的专著，大量古代科技成就，甚至包括三大发明，在史籍中也只有很简略的记载，对具体的工艺技术内容及其发展很少有较详细、系统的文字记录，主要靠工匠不间断的制作来延续和发展，很多成果往往因天灾人祸甚至一些偶然因素而失传，造成很大的损失。

在建筑方面也大体如此。数千年来我国建造了大量的城市、宫殿及各类建筑物，取得举世公认的成就，但有关著作却极少能流传下来。如《汉书·艺文志》

载有《宫宅地形》十卷，属于“形法”类，序中说：“形法者，大举九州之势，以立城郭室舍形……犹律有长短，而各徵其声，非有鬼神，数自然也”。大约是从形式和地势角度评价城市规划和宫室的专著，却被归入〈数术〉大类中。此书隋唐时已不传，以后的诸史〈经籍志〉、〈艺文志〉中再也没有出现这类著作。很多有关建筑、水利等专著被分散著录到不同的类别中。如《宋史·艺文志》中，把《营造法式》归入〈史部·仪注类〉，《水部条》归入〈史部·刑法类〉，《敌楼马面法式及申明条约并修城女墙法》（在《文献通考》中名《修城法式条约》）归入〈子部·兵书类〉。这样分散著录表明在宋代土建工程并不被承认是一个专门学科，故即使有些著作，也很难完整保存下来。在其他古籍中，对这些成就虽有记载，也多是形象描述，至于究竟怎样规划、设计、建造的，则大多语焉不详，具体的技术在相当程度上靠工官、工匠们父子、师徒之间的传授来延续和传播。建筑较其他工程技术门类幸运处是尚有两部官修建筑专著和少量民间撰述流传下来，官修专著即宋代的《营造法式》和清代的《工部工程做法》。但这两部书是为了工程验收而编制的，主要记录单座建筑的标准做法、构件尺寸、工料定额，供工程完工时核验报销之用，对一座建筑的轮廓尺寸、比例关系基本未提及。在清代也还流传有《圆明园工程则例》、《内庭工程做法》等，可能是据工匠手抄记录整理成的，内容也只是修建做法，对建筑规制和设计方法很少涉及。这些著作的特点是单纯讲建筑，细致、准确，没有掺入风水等非理性内容，表现出官书的严谨性。民间撰述最有影响的是《鲁班经》，大约也是据工匠的手抄册子整理成的，但已受到风水之说的影响。至于大建筑群组的布局和城市规划原则，则并无专著，只在一些方志类著作中有些非专业性的记录性史料。这样，尽管数千年来我国建造了大量规划严整的城市、规模宏大壮丽的建筑群和优美的建筑物，并表现出鲜明的继承和发展关系，但它们是怎样规划、设计、建造出来的，如何继承和发展前代的优长和特点，在古籍中都没有很清晰明确的记载。现在我们只能主要通过对大量古代遗构、遗迹进行具体分析，并对古籍字里行间透漏出的这方面信息钩稽整理、互相参照，从那些具有共性的内容中反推出古代规划、设计的原则、主要方法、构图规律，逐步充实我们对古代建筑成就、特点、继承发展进程的认识。

在单体建筑物设计方面，前辈学者已作了很多探索。梁思成先生、陈明达先生先后对《营造法式》和《工部工程做法》进行了深入研究，撰成《营造法式注释》、《营造法式大木作制度研究》、《清式营造则例》等专著，近年王璞子先生也对《工部工程做法》进行了较细致的研究，使我们对宋代、清代以“材分”和斗口为模数设计单体建筑的情况有所了解。可惜原书所载的模数值主要是控制构件的尺寸，作为以注释为主的专著，对原著中很少涉及的建筑物的间广、进深、柱高等大轮廓尺寸和比例关系等问题，不可能作较多的探讨。

陈明达先生在研究上的突破是在《营造法式大木作制度研究》中把制度、工限、料例等不同部分所载的相同构件的材料集中起来，归纳比较，求其共同点，再与实物相验证，推算出一些含蕴在《营造法式》中却没有以条文形式明确记载下来的大轮廓比例关系，如铺作间距、间广、椽长、柱高、檐出的模数值，证明在宋代确有这方面的规定。陈明达先生还发现柱高与房屋的轮廓尺寸有关。其中“下檐柱虽长不越间之广”是《营造法式》中写明的，但房屋中平槫（距檐槫二步架，相当四架椽屋之脊槫）标高为檐柱高之2倍则是他发现的，为我们进一步研究提供了线索。

作者曾循此线索取更多的各代实测图加以验证，发现唐代的殿堂、厅堂构架和宋代、辽代的殿堂构架确是这样，但自辽代、金代的善化寺大殿、佛光寺文殊殿等开始厅堂构架改为上平槫（距檐槫三步架，相当六椽屋之脊槫，十椽以上建筑则为第二中平槫）标高为檐柱高的2倍，到了元代更进一步发展为殿堂、厅堂两种构架之上平槫标高均为檐柱高的2倍，并沿用到明清二代。稍后，当在应县木塔和独乐寺观音阁的剖面图上探索时，发现塔和阁之高度也以底层柱高为模数。1990年以后，得到一些日本古建筑的精测图和数据，经过折算，发现日本飞鸟、奈良时期受中国南北朝末至唐代影响的木塔也是这样。把这些现象联系起来，可以证明中国至少自南北朝末年（6世纪中期）起，在房屋设计中除用材为模数外，还使用柱高为扩大模数。同时，通过对唐南禅寺大殿等一系列唐辽建筑的立面进行分析，还发现房屋的面阔往往是檐柱之高的倍数，表明檐柱之高也是房屋立面的扩大模数。这些现象证明古代在房屋的剖面、立面设计上应用了扩大模数并有一定的比例关系。

在古代大建筑群组布局上，作者近年从对现存最完整的实例——明清北京宫殿坛庙的分析入手，也陆续发现了一些线索。如在紫禁城及其外的皇城部分都以后两宫（乾清、坤宁两宫一组）的宽、深为模数，自景山至中华门为其深的13倍，天安门前东西三座门间为其宽之3倍，前三殿（太和、中和、保和殿）之宽、深均为其2倍，面积为其4倍。这些现象表明，在规划大型建筑群时，也有一定的方法和规律。

在城市规划方面，20世纪80年代在研究明清北京城时，作者发现北京内城和紫禁城有一定的关系，宽、深两方面均以紫禁城之宽、深为模数，在深度方面尤为明显，可折算出很准确的数字。此外，由干道划分出的大街区在宽度上也基本与紫禁城之宽相近。这现象表明北京城之规划颇有可能以宫城——紫禁城为模数。循此上溯，发现在隋唐长安、洛阳都有此现象，尤以洛阳为清晰明确。洛阳宫城之核心部分大内之面积恰合四坊，表明这种模数关系可能源于古代城市中的基本居住区单位——坊。这些现象说明古代在城市规划上也必有一定的方法和规律。

通过在单体建筑设计、建筑群布局和城市规划三方面分析所得的种种线索，我们可以更有根据地确信在古代有一整套有关这些方面的原则、方法和规律，虽无明确的文献记载，却含蕴在历代遗存的建筑物和遗址中，需要我们仔细地对大量实例进行分析、比较，归纳出共同特点，把它们逐项反推出来，而这需要我们找到一种适当的方法。

城市、建筑群和建筑物都要通过施工来实现，施工需要准确的数据，而那些规划设计的原则、方法、规律也就含蕴在这些数据中。我们只能通过对这些城市、建筑群、单体建筑的实测数据进行分析、归纳，找出共同点，才能逐步把这些原则、方法、规律反推出来。我们所得到的数据越全备、准确，从中反推出的结果的可信性就越大；这些结果越具有共同性和普遍性，也就越接近古代实际的原则、方法、规律。当无法取得具体的数据时，在精确的图纸上用作图法进行分析，也能取得较近似的结果。这是我们目前进行这项研究所能采用的主要方法。

在得到图纸和数据后，如何分析是一个关键问题。我们现在得到的古城市、古建筑的实测数据都以米计，是现代的长度单位，必须把它们折算成古人设计时使用的长度单位，才能看清其数字间的比例、模数关系和设计规律。

古人设计时使用的单位不外是材“分”[①]（或斗口）和丈、尺，故只能把以米计的长度先折算成材“分”（或斗口）和当时所用之尺数。

把房屋各部分的长度折合成“分”或斗口，可以清楚地看到设计中运用模数的情况，对分析比较该建筑物构件的尺寸与宋式或清式所规定的模数值的异同很有作用，但用它来折算房屋的大轮廓尺寸如间广、进深、柱高等，却往往得不到较整齐的数字。例如五台山唐代始建的佛光寺大殿，其中间五间间广 504cm，合 252“分”，两尽间间广 440cm，合 220“分”。220“分”为宋式用单补间铺作时之最小间广，但 252“分”却比其标准间广 250“分”多 2“分”，不是整数。又如太原晋祠北宋圣母殿之殿身面阔五间，均用单补间，逐间间广为 253 + 276 + 337 + 276 + 253“分”，均非整数。芮城的元建永乐宫也是这样，其正殿三清殿面阔七间，中间五间用双补间铺作，间广均为 319“分”，二尽间用单补间，间广均 232“分”，也不是整数，它们与宋式用单、双补间间广 250“分”和 375“分”均有距离，且尾数为零头。从这现象看，很可能其中别有原因。

前数年研究唐代建筑时，曾发现很多宫殿遗址之间广如以唐尺 29.4cm 折算，大都是整尺数，也间有少量半尺数，如大明宫含元殿殿身中间九间间广 18 尺，两梢间间广 16.5 尺；麟德殿、三清殿面阔为九间、七间，间广均为 18 尺；大明宫朝堂十五间，间广均 16 尺。进而查阅文献，《通典》所载唐总章明堂方案为面阔九间，间广均 19 尺。《全唐文》载韦悫〈重修滕王阁记〉称“旧阁基址南北阔八丈，今增九丈三尺……自土际达阁板高一丈二尺，今增至一丈四尺……中柱北上耸于屋脊长二丈四尺，今增至三丈一尺，旧正阁通龟首东西六间长七丈五尺，今增至七间，共长八丈六尺，阔三丈五尺。”这些情况表明，唐代设计建筑物在面阔、进深、高度上都是以尺计长度的，且基本以尺为单位而以半尺为补充，没有零星的寸数。

---

① 读如“份”，为材高的 1/15，是宋式的分模数。

循此现象，再以尺长去折算现存建筑，发现分别按各朝代不同尺长折算，佛光寺大殿二梢间间广为 15 尺，中间五间间广为 17 尺；晋祠圣母殿殿身五间之间广分别为 12.5+13.5+16.5+13.5+12.5 尺；永乐宫三清殿七间之间广为梢间 10 尺，中间五间各 14 尺。上述诸建筑也都是以尺或 1/2 尺为单位的。

据此可以推知，古代设计木构建筑虽以材分为模数，以柱高为扩大模数，但它近似于理论值，只规定构件断面并控制大轮廓的长度，对间广、进深、柱高等的具体长度，还要把“分”值折合成尺数，以便在施工时准确控制和验核。这些“分”值折合成尺数后大都有零星尾数，不易准确掌握和核验，还要视具体情况增减尾数，调整成以尺或半尺为单位，作为施工的实际尺寸。上述诸唐代建筑遗址和佛光寺等建筑的整尺数就是这样调整出来的。所以如把它们再折算回“分”值，就不再是整数而出现零星尾数了。

在具体折算各时代的建筑的实测数据为尺数时，还要解决各代建筑所用的尺长。作者的方法是除参考研究历代度量衡的专著如丘光明先生《中国历代度量衡考》上所列历代各种尺长外，还要就有较精确数据的建筑实物的实测值进行推算。如能找到一个用以折算同期绝大部分建筑的间广均为以 1 尺或 1/2 尺为单位，又在度量衡专著所列该朝代尺长范围之内者，应即是该朝代建筑上所用之尺的长度。唐代建筑尺长是由考古工作者据勘察唐长安城及宫殿遗址所得数据与文献对照推得的，尺长 29.4cm，用以折算现存唐代建筑和遗址都基本符合；北宋以下都是用现存古建筑实测数据推算出的。北宋尺长在 30 ~ 30.5cm 间；辽代除部分建筑沿用长 29.4cm 的唐尺外，大部分与宋尺同，在 30.4 ~ 30.5cm 之间；南宋建筑只存一孤例，亦沿用北宋尺长；金代尺长除沿用北宋尺长外，有加长至 31cm 者；元代少量建筑沿用金尺，而大部分增至 31.5cm。明代尺长变代最大，可分三期：明初洪武永乐间约为 31.73cm 左右，明中期为 31.84cm，明后期为 31.97cm，这是由大量现存明前、中、后期官式建筑的实测数据归纳出的。清初的尺长为 32cm。

通过把历代建筑的实测长度折算成当时的尺数后，对各时代建筑的设计规律、各部分间的比例关系就可看得较清楚了。本专题第三章单体建筑设计部分基本即用此法分析，发现一些意想不到的结果。如应县佛宫寺塔，用“分”值折算，各部分间关系总不甚清楚，但按所用尺长折算后，发现它的第三层塔身面阔恰宽 3 丈，而底层至五层檐口又恰为 5 个 3 丈，且与各层之分层相应，证明它以 3 丈为模数，以控制塔之高度和塔身之高宽比，是很简洁的设计方法。在研究过程中曾把一系列较重要的古建筑的实测数据和折合成的“分”值、尺度列为一表，现附于第三章之末，从中可以看到很多建筑的尺数和比例关系是颇简单的。

把单体建筑研究中所用的折算为尺长的方法用到对建筑群布局的分析研究中，也有所发现。建筑群组中包括若干建筑，它们大小、性质、等级不同，所用材或斗口也不同，故所用长度单位绝不可能是只决定一座建筑尺度的材“分”或斗口，而应是能控制建筑群整体的较大的长度单位。《周礼·考工记·匠人营国》

中记有周代明堂制度，在记载长度单位时说："室中度以几，堂上度以筵，宫中度以寻，野度以步，涂度以轨"，对大小不同的范围采用不同的长度单位，由细到疏，虽所记单位为周制，后代未必沿用，但视范围大小采用不同长度单位则是古已有之的传统。据此，作者开始把建筑群组总图上的数据折合为所用的丈数进行试探。

前几年在研究唐代建筑时，曾发现隋唐洛阳大内方 350 丈，而大明宫前部三道内横墙之间距为 50 丈和 100 丈。在分析北京明清宫殿坛庙时也发现天坛坛区以祈年殿下大台子之宽 50 丈为模数。循此线索在它们的总图上画方 50 丈的网格，都能和其中的建筑或建筑址的一部分有对应的关系。再在有精确的图纸和实测数据的紫禁城宫殿的总图上核验，发现随建筑群组规模之大小，使用了方 10 丈、5 丈、3 丈三种方格网。这现象说明，在建筑群布局中，因各房屋大小不一，不可能共用一个模数，故共同使用一个尺度适当的方格网，以它为基准来控制院落内各座房屋间的相对位置和尺度关系。这样，就发现了一个在建筑群布局中共同使用的方法。从已经检验过的实例看，最大网格为方 50 丈，用来控制宫城等特大建筑群的全局，一般建筑群则为方 10 丈、5 丈、3 丈、2 丈数种，视建筑群之规模、等级酌情使用。这种方格网可以视为在建筑群布局中使用的面积模数。

前在分析紫禁城宫殿之模数关系时，发现前三殿之宽、深恰为后两宫之宽、深的 2 倍，即面积为其 4 倍。在用作图法等分前三殿为四份以表示与后两宫之倍数关系时，意外发现太和殿恰居于前三殿区的几何中心。依此法在紫禁城内各宫院平面图上画对角线求几何中心时，发现各宫院之主殿均居该宫院地盘之几何中心。扩大到紫禁城外，在太庙、天坛总平面图上探索，也是这样。这就发现了建筑群组布局中的又一个通用的手法——置主体建筑于建筑群地盘之几何中心。

在城市规划方面，把在明清北京、隋唐长安、洛阳中发现的线索在其他都城总平面图上检验，也得到近似的结果，表明坊、宫城和都城在面积上有一定模数关系。

根据上面发现的种种线索，于 1995 年开始进行工作，对所能搜集到的可供使用的图纸、数据按城市规划、建筑群布局、单体建筑设计三个方面进行分析研究，先后历时近 5 年，在各方面都找到了更多的有共同点的例证和一些新的方法和规律，验证并丰富、充实了我们在这方面的认识。具体内容包括研究论述、数据验算和分析图纸等方面，都反映在下面的三章十节中，从中可以看到，其最突出的共同特点是用模数（包括分模数、扩大模数和长度模数、面积模数）控制规划、设计，使其在规模、体量和比例上有明显或隐晦的关系，以利于在表现建筑群组、建筑物的个性的同时，仍能达到统一协调、浑然一体的整体效果。使用模数还有简化规划设计过程、有利于较快完成规划设计工作的作用。

但是，本研究项目探讨的内容属于建筑历史问题范围。作为历史研究，它实际上需要解决两个层次的问题：即一、那时是什么样？二、为什么是这样而不是那样？前者要解决历史实况（史实）问题，而后者则探讨其必然性，即解决发展规律问题。这里所探讨的，就每一单项而言，绝大多数是有实测图或实测数据为依据的，是史实。从这些实例（亦即史实）中经过排比、综合后归纳出的具有共性的现象，例如“择中”、立面以柱高为模数、城市和建筑群布局运用面积模数等，可以视为是经过整理初步归纳出一些蕴含在史实中的共同的规划设计方法和比例关系，是向着探索古代建筑形成和发展规律迈进了一步。但是，若要探讨为什么会形成这些共同的规划设计方法和比例关系？它们是怎样逐步形成的？就需要从我国古代政治、经济、文化等领域，包括民族的共同心理特征、美学观点乃至建立在上述基础上的典章制度、经济管理体制、工艺技术特点诸方面的形成和发展对建筑的影响进行分析探讨。这是一个更高层次上的问题，即探讨发展规律问题，应在另一个专题中进行专门研究，本专题目前所作的只是从史实中尽可能综合归纳出其共同点，即共同的规划设计方法和比例关系，为探讨发展规律作基础工作。

对实测数据和图纸进行分析，还要考虑允许误差问题。这误差可能来自两方面，即古代和现在测量时。古代测量和施工精度都逊于现在，特别是大面积长距离测量。古代长距离测量单位是步或丈，所用工具是丈绳或丈杆，不够精确，用丈绳时，如拉紧程度不同，所测即有误差，且同一丈绳长期使用会被拉长，也产生误差，遇到复杂地形，也有误差；现在测量自然比古人精确，但因元以前建筑都有侧脚和生起，平面设计尺寸以柱头计，而现在一般是在柱脚处测量，也会产生误差：如柱头柱脚间面阔差额，武义延福寺大殿 19‰，上海真如寺大殿为 12‰；又如柱高，因柱子正侧两向都有侧脚，所测得的柱高与设计高度也往往有差异。考虑到这些因素，在研究数据时容许它有 10‰～20‰的误差。

这里需要特别说明的是本研究专题是用验算实测数据并在实测图上画出分析线的方法进行的，故图纸必力求准确。为此，在研究中都尽可能不绘新图，直接使用已发表的原图纸的复印件为底图，即在其上画分析线，并注明原图的出处，以表示对原作者的尊重[①]。这样做可以避免重绘产生的误差，减少主观因素，也易取信于人，不得已处敬希原作者鉴谅，并致谢忱。

2000 年 9 月

---

① 只有张　先生领导测绘的故宫及皇城诸实测图因书有旧的纪年，必须加以处理，故图框有的未能保持原状。

目　录

第一章　城市平面布局

第二章　建筑群的平面布局

第一节　宫 殿

第五节　寺 观

第六节　府邸、住宅

第三章　单体建筑设计

第一节　单层建筑

第二节　阁 楼

第三节　楼阁型木塔和砖石仿木构塔

第四节　密檐塔

后记

第一章

城市平面布局

中国有悠久的建城历史，根据考古发掘工作取得的资料，在湖南澧县城头山古遗址已发现最早的城墙和护城河，证明早在六千年前我国已出现城的雏形。考古工作也证实河南偃师二里头遗址是中国最早的王朝夏的都城宫殿，时间约在距今近四千年以前。以后历朝都建有都城和大量地方城市。这些古代城市或久已湮灭，仅存残址，或历经改建，沿用至今，成为我国古代在城市规划和建设方面取得的重大成就的实物见证。它们所表现出的一些共同特点和因地制宜的处理手法是我国城市规划方面的宝贵遗产。

综观春秋战国以来大量的中国古代城市，有两个特点比较突出。其一是古代都城和大中型地方城市和边城之内都建有大小规模不同的小城，在都城则为宫城，在地方城市则为行政中心所在的子城。其二是除地形特殊之处外，建于平地的城市其街道布置多为矩形的网格形式。这两个特点的形成则和安全防卫上的考虑及古代居住区的布置特点有关。

成书于春秋战国之交的《考工记》说周代的王城（都城）制度是王宫的四周“左祖右社，面朝后市”，即宫居王城之中心，但迄今考古工作发现的唐以前的都城很少是这样。与《考工记》成书时间相近的春秋战国时各国的都城，其宫城大都以一面或两面临大城（外郭），有的还把王宫建为附在大城角处的小城，只有曲阜鲁城一例是王宫位于外郭之中，四面均不临郭墙。以后的西汉长安、东汉洛阳、曹魏邺城、南朝建康，以及隋唐之长安、洛阳，不论其宫城是否在全城中轴线上，必有一面甚至两面临外郭城墙或令其后的御苑临外郭城墙，没有令宫城居都城之内四面不临郭墙之例。宫城和小城是都城和城市中王和地方统治者所居的核心地区，为政权安危所系，使它一侧或两侧临外郭是出于保障安全的原因。当时的统治者都要考虑兼防内外的敌人。都城和大城市必有较大的外郭是为了多聚集民众，有外敌时可以组织起来军民共同防守，但当时又常常会发生政变或民变，所谓“变生肘腋”，这时统治者就需要利用宫城、子城临外郭墙的一面出逃。唐代长安在近三百年中发生过安史之乱、黄巢之乱两次外敌进攻和泾原兵变——朱泚之乱一次内乱，唐帝都从宫城北面临外郭处出城经禁苑西逃，就是说明宫城临外郭的作用的典型事例。到宋以后，实行高度的中央集权，内重外轻，已基本上无京城民变或兵变之虞，才使宫城完全包在外郭之内，如宋之汴梁。其后的元明清三代都城也都是这样。一般的地方大中城市，其子城早期也多以一侧或两侧靠大城（外郭），使统治者可守可逃，具有兼防内外敌人的功能。

从上述情况可知，宫城和子城是否居都城或大城中轴线上基本属威仪体制问题，而以其一侧或两侧临外郭或大城却是政权生死攸关的大问题。在没有杜绝内乱危险时，即使是《考工记·王城制度》上这样讲，也还是不能实行，唐以前都城是其例；一旦内乱问题解决了，就可以普遍施行，宋元明清都城是其例。这是古代都城、城市中宫城、子城位置变化的基本情况和原因，而宫城居中比一面、二面临郭对都城交通造成的影响要大得多，以唐长安和明清北京相比，就可以清楚地看到这一点。

中国至迟在春秋战国时期城市居住区已采取封闭的里的形式，“里”源于早期的居民组织形式，这在贺业钜先生《考工记营国制度研究》第五章〈市里规划〉中有很详细的论述。里是居民聚居区，四周围以里墙，形成矩形的小城堡，两面或四面开里门，里内辟小街和横巷以安排住宅，里中设官管理，居民出入必经里门，用这种方式控制居民，以保持城市和其内统治者的安全。聚居规模有定制，故里之大小也基本相等。因城内的居住区由若干里组成，里遂为城市面积的基本单位，也就相当于城市的面积模数。商业市场“市”也用市墙封闭，定期定时开放。市、里都是矩形小城，整齐地排列在宫城或子城的四周，其间遂形成矩形网格状道路系统，这就是中国古代城市街道多呈矩形网格状的原因。里在唐代又称“坊”，这种以里坊为居住区的城市称为市里制或坊市制城市。宋以后，因封闭的坊和市阻碍日益繁荣的城市商业的发展，遂拆除坊墙，使坊内街道与城市干道相通，原来封闭的坊就演变成四周围以矩形街道网的开放的街区。这种城市称为街巷制城市，它的出现是中国古代城市体制的巨大变革和进步。因最初的街巷制城市都是从市里制城市改造而成的，市里制城市原有的矩形网格街道系统也就基本保存下来。以后这种街道系统又为新建的街巷制城市所沿用，矩形网格街道系统遂成为中国古代城市延续两千年以上的传统特点之一，而由里坊转化而来的街区也往往在一定程度上仍具有城市面积模数的性质。以坊和街区为城市面积模数的特点在隋唐洛阳和元大都的规划中表现得最为明显。

研究古代城市规划的特点和手法，最好的实例是那些按既定规划在生地上创建的城市。但在现存有一定资料图纸可供研究的古城中，这样的例子并不多，就历代都城而言，很多历史上的名都都是在旧城上改建、扩建而成的。例如秦始皇的咸阳是从秦孝公时渭北的旧咸阳扩展到渭南形成的，西汉长安是将就秦之兴乐宫位置而建的，东汉洛阳是在周代成周故址上沿用秦、西汉时已有的南宫、北宫而建的，曹魏邺城是由两汉地方城市魏郡改造而成的，东晋南朝建康是在孙吴建业基础上扩建的，北魏洛阳是在汉魏洛阳基础上拓展的，北宋汴梁是在唐汴州基础上改造并增建外城而成的，辽南京是就唐幽州改建的，金中都是在辽南京基础上改造成的，明北京是在元大都基础上缩小改造而成的。这些都城都非新建。虽然通过分析其改造、改建的内容、方法，可在一定程度上了解其意图、要求和规划技巧的水平，但毕竟要受原有城市格局的限制，不能完整地反映其都城规划的理想和方法。纵观大量古代都城，完全按既定规划在平地创建且有较详细的资料、数据、图纸可供我们探讨的目前只有几座，即隋之大兴（唐长安）、东都（唐洛阳）、江都（唐扬州）、渤海国上京和元大都。其中长安、洛阳、扬州都创建于隋而完善于唐，渤海上京受唐影响，都是市里制城市，而元大都则是历史上唯一一座平地创建的街巷制都城，更具典型性和重要性。

从下文的初步分析中可以看到，作为都城规划，既有按实际需要布置的一面，也有在不影响实用情况下附会经典和比附有一定意义的数字的一面。例如尽管自战国起，就有择中的思想，明确说宫应居都城中心，但因安全问题，长安、洛阳、扬州、上京都使宫城一面靠外郭甚至附在郭外，且受地理条件限制，有的宫城也可不在中轴线上，如洛阳和扬州。但一旦情况许可，自宋开始，宋汴梁、元大都、明北京就都把宫城完全包在都城之中，不再以一面倚郭，并置于中轴线上。这表明在宫城居中的传统思想和政权安全考虑之间，还是首先考虑安全的。

对几座都城的分析还可看到，宫城之面积大都与坊和街区之面积有模数关系，其中隋唐洛阳之大内占 4 坊之地，宫城、皇城面积之合占 16 坊之地，在面积上都和坊有联系。这既可以视为全城以大内为面积模数，以其 1/4 为坊，作为分模数；也可以反过来说全城以坊为模数，以 4 坊之地为大内，以 16 坊之地为宫城皇城之和，两说皆可通。元大都宫城（包括御苑）与街区的面积大致相等，均占全城的 1/45，二者也都可视为全城的面积模数。但从规划程序看，显然以坊或街区为面积模数更为简便合理，而反过来说以大内为面积模数，以坊或街区为分模数则有为规划找一个符合经典说法的理论依据，表示政权和皇权统率一切、化生一切的意思。这种令宫城与坊或街区间具有模数关系的规划方法可以控制宫城在都城中所占面积比例和宫城与里坊群或街区间的尺度关系，使能拉开档次，突出重点，并使城市的干道网布置较为均匀有序。在城市规划中运用面积模数的直接好处就是使城市布局规整，坊市或街区的面积和布置基本上规范化，这就大大地简化了规划工作的内容，缩短了制定规划的时间。隋大兴城（唐长安城）是人类进入资本主义以前建造的最大的都城，自 582 年决策兴建，到 583 年建成宫城迁都，前后只用了两年时间；隋建东京（洛阳）也只用两年时间，除施工组织能力外，能迅速完成规划是关键因素。

除都城外，中国古代建有大量地方城市，唐以前的限于资料，尚难详考。唐以后据地志资料可知，在唐代统一以后、宋代经济大发展以后和明灭元后，都进行了大规模的地方城市建设。唐代按户口数把州郡城分为三级，县城分为四级，城之规模以周长计，从二十里以上至四里以下。这些城都实行市里制，按坊之尺度折合，大约相当于 25 坊、16 坊、9 坊、4 坊、1 坊之城，故地方城市也以坊为面积模数。较大的城以一或数坊为子城。但限于资料，目前只有扬州和大同二城可以考知它在唐代的规模。扬州在唐代改为大都督府，是唐政权控制江淮的重镇和江南财赋集中之地。唐沿隋江都规划的旧规，把郭城向南拓展约 1800m，由隋代南北 7 坊增为南北 13 坊，东西仍为 5 坊，形成有 63 坊的纵长的矩形城市。大同城市平面尚保持唐代云州的格局，可以推知它在唐代是一个有 4 坊的城市，坊内原大小十字街的痕迹尚在。这两城是典型的唐代市里制地方城市。此外尚有大量始建于唐的地方城市沿用至今，因暂时尚未能得到较详密的城市平面图，故无法分析探讨始建时规划情况，只能暂置不论。

元灭宋后，下令拆毁全国城墙，据地方志上的记载，所毁主要是南方原南宋境内的城市，这对古代城市是很大破坏。明建国后，恢复经济，大力修复这些残毁的城市，并建了很多新城市。从地方志的记载看，全国很多府县城城墙包砌砖壁主要自明初开始，可知明代城市建设工程量之巨大。从现存明代地方志上所附城图看，南方城市受河湖水系和山丘影响，仍多为因地制宜布置，道路不能方正，城市轮廓也不规整，难求一律，但在北方却出现了相当多的方形城市，其基本特点为四面开门，门内通十字干道分全城为四区，干道交叉处建钟楼，其布局颇似受唐宋时由 4 坊组成的城市的平面影响而形成的。目前能得到的这类城市的平面图有山东聊城、江苏南汇、河北宣化、山西右玉、山西左云、天津老城、陕西神木等（插图 1）。其中山东聊城在北宋初始建城，它位于大运河中段，在明代是经济发达城市。明洪武五年（1372 年）改为砖城。城平面正方形，周长 4500m，约合明初 9.5 里，规模近于 4 坊之城，且尚有坊内十字街之痕迹存在。山西的左云、右玉，河北的宣化是明初为加强北面防御而建的重要军事城市。宣化是明代九边重镇之一，创建于明洪武间，洪武二十四年（1391 年）建王府，为屯军重地。城平面近于方形，周长 11730m，约合 24.6 里。城内干道纵横各三条，分全城为 16 区，以北面一排正中二区建王府及其附属建筑，王府南面正对中间一条南北街，形成全城之中轴线。从城之规模和街区划分看，颇似受唐宋时 16 坊城市的影响而形成的，但其街道都是开放式的街巷制布置。左云在明永乐七年(1409 年)筑城，正统年间（1449 年以前）城壁包砖，其平面近于方形，周长 6080m，约合明初 12.8 里，城四面正中开门，在城内形成十字街，十字街心建钟楼，又于其南北跨街建文昌阁、太平楼，以突出城之南北轴线。它是较典型的明初边防城市，规模近于唐宋时 4 坊之城。江苏的南汇为明初的海防城市，设千户所，于洪武九年(1376 年)筑土城，周长 3400m，约合明初 7 里。城平面正方形，四面正中开门，城内形成十字街，形制与山西左云相同，而规模较小。陕西神木也是边防城堡，

明代地方城市平面簡圖——引自《中國城市建設史》及《中國城市地圖集》

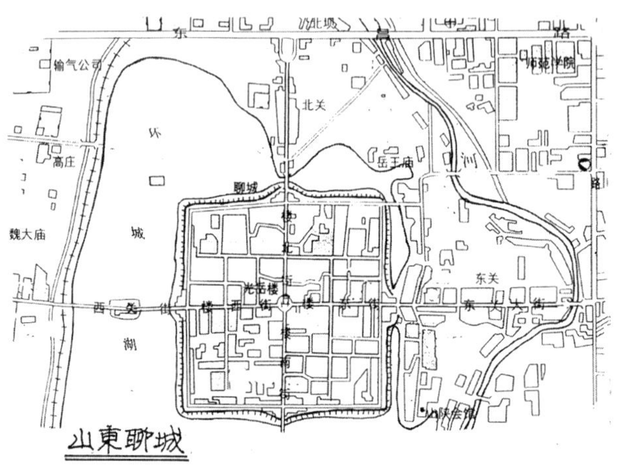

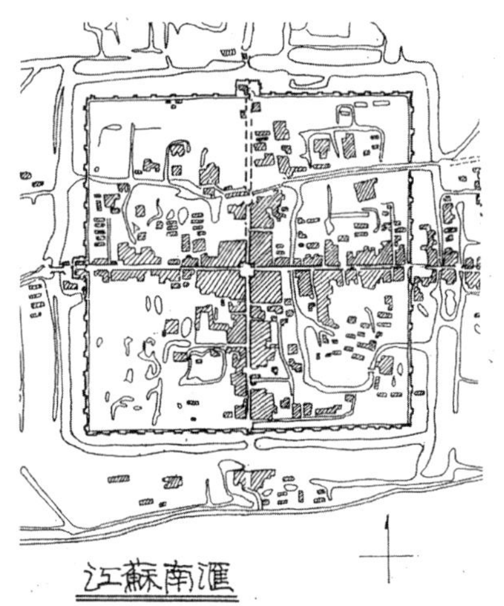

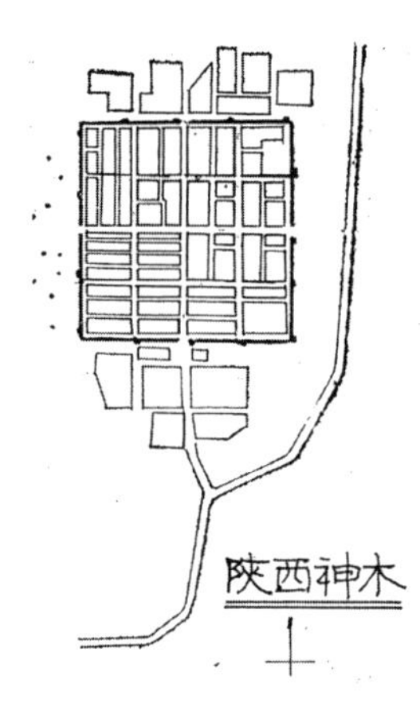

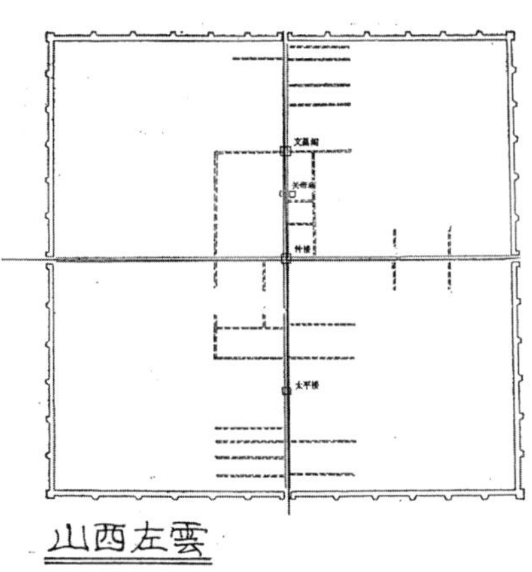

插图 1

于明正统八年（1443 年）重筑土城，平面方形，周长 2020m，约合 4.2 里。城四面正中开门，城内形成十字街，分全城为四区，每区内又有十字街，近于唐宋时有大小十字街的 1 坊之城。左云、南汇、神木三城形制相同而大小有异，说明明代边防城虽形制相同而视其地位和重要性，大小规模不同。

从上举诸例可以了解到，明代创建的新城虽已属开放的街巷制城市，但当它为矩形或方形的规整平面时，唐宋时市里制城市传统和由市里制向街巷制转化之初所形成的矩形街区和街道网对其规划和街道系统仍有相当的影响，表现在大的街区划分和面积规模上尤为明显，故古代城市的对称布置和矩形网格街道系统都延续下来。

中国古代的地方城市目前都只得到平面简图，没有数据，尚无条件进一步探讨其具体的规划特点和手法，只在此总说中略加叙述，并把唯一取得较详密地图的山西大同市附于各都城实例之末。这样本章只能介绍都城一项，故不再分节。

一、隋大兴城——唐西京长安城

在今西安市，是隋开皇二年（582 年）在汉长安城东南方创建的新都，有外郭、皇城和宫城，外郭即大城。583 年建成宫城、皇城后即迁都。它是秦汉以后第一座按既定的规划在平地新建的市里制都城。618 年唐立国后，改称长安，继续建设，到高宗永徽五年（654 年）修外郭城墙、城楼毕，才基本完善。近年经中国社会科学院考古研究所勘探发掘，已查清其平面布局和宫城坊市情况。长安外郭城墙为夯土筑成，平面呈横长矩形，东西宽 9721m，南北深 8652m，面积为 84.1km^2，是人类进入资本主义社会以前所建的最大城市。

外郭东、南、西三面各开三门，北面二门，在城内形成三纵三横六条干道，称为“六街”。干道间又有纵横两方向的次要道路，共同构成全城的九纵十二横十字交叉的街道网，在网格内布置坊和市。

外郭内以中间一条横街为界，可分为南北两部分。北部由皇城、宫城及其东西侧两部分里坊形成并列的三区。皇城、宫城居中，东西同宽，前后相重，呈宽 2820m，总深 3335.7m 的纵长矩形。皇城、宫城东西侧两个部分东西宽、南北深均与皇城、宫城总深同，可视为 2 个与皇城、宫城总深相同的正方形区域，其间分别被三横两纵五条道路划分为 12 坊。

皇城前横街以南部分被八横九纵十七条街道划分为 90 格。和北部相应，也可分为中、东、西三区。中区与皇城同宽，内分东西四行，南北九列，共 36 格，每格内建 1 坊。东西区各分三行，南北九列，共 27 格，以其中 2 格为市，余为坊，各有 25 坊一市。

通计外郭城中，除宫城皇城外，其余部分被十二条横街和九条纵街所形成的矩形街道网划分为 110 坊和二市。

据《长安志》引《隋三礼图》的说法，这种坊市布置有一定象征意义。在皇城、宫城的东西侧各有三行坊，每行自北而南有十三坊是象征一年中的十二个月及闰月；在皇城之南安排四行坊是象征四季，每行自北而南有九坊是象征《周礼》中的“王城九逵”之制。这是在都城规划中比附经义的老传统说法，但一般都是规划定了以后设法去比附，未必是先定出象征内容再去规划。上述象征中，四季、十二月、闰月是比附岁时，属一个系统，但“王城九逵”则与岁时毫不相干，明显是已经定了九坊之后再找来的依据。

《长安志》还记载了各坊的宽深，都以步为单位，按 1 步 = 5 尺，1 尺 = 0.294m 折算，则为

朱雀街东第一坊宽 350 步，即 1 里 50 步，合 515m；

朱雀街东第二坊宽 450 步，即 1 里半，合 662m；

朱雀街东第三、四、五坊均宽 650 步，即 2 里 50 步，合 956m；

皇城南九坊南北均深 350 步，即 1 里 50 步，合 515m；

皇城、宫城东西侧南面二坊均深 550 步，即 1 里 250 步，合 809m；

皇城、宫城东西侧北面二坊均深 400 步，即 1 里 100 步，合 588m。

把上述数字和勘探所知各坊之宽深数相比较，都有误差，应是古代测量精度差、受地形起伏影响和记载时取其整数等原因引起的。但从《长安志》所载各坊宽深步数均为 50 步的倍数看，当时规划各坊时应是以 50 步为模数的。

通过对实测数据的分析，我们还可以看到，在长安规划中，各部分保持一定的模数关系。

前已述及，皇城东西宽为 2820m，设以 A 表之，皇城、宫城总深为 3335.7m，设以 B 表之。则皇城、宫城东西侧各 12 坊区域实为长宽均为 B 的正方形。皇城以南的南部，中区与皇城同宽，其宽为 A；东区、西区与皇城两侧 12 坊区域同宽，其宽为 B。整个南部被八条横街划分为自南而北九列，如以每三列为一组，据实测数据，每组南北之深为北起第一组深 1668m，第二组深 1680m，第三组深 1739m。其中第一组深 1668m 恰为皇城、宫城总深 3335.7m 的一半，即 B/2；第二组深 1680m 比 B/2 只多出 12m，误差为 7‰，也可视为相等；只有第三组误差较大，是因为全城南北总深已根据与宫城为相似形的原则定下来无法兼顾所致，可以不论。这就可以看到，城南部分的中区三组中，北面二组面积为 $A \times B/2$；东西区的北面二组面积为 $B \times B/2$。

这就表明，在长安城各部中，皇城、宫城面积为 $A \times B$，其东西二区面积为 $B \times B$，城南中区北面二组面积为 $A \times B/2$，城南东西侧部分北面二组面积为 $B \times B/2$，它们都是以皇城、宫城之宽 A 和总深 B 为模数的（图 1–1）。

在封建社会中，皇城是国家政权所在地，宫城是家天下的皇权的象征，二者共同象征一姓为君的国家政权。在都城规划中，以它的宽深为模数，实有象征“普天之下莫非王土”和皇权控御一切、涵盖一切的意思。

二、隋东京城——唐东都洛阳城

在今洛阳市。隋炀帝大业元年（605 年）在汉魏洛阳之西跨洛河而建，基本建成于大业二年（606 年），是隋继 582 年建大兴城后所建第二座按既定的规划平地新建的都城，面积 45.3km^2，是当时仅次于大兴的全国第二大城市。唐初废东京为洛州，到高宗显庆二年（657 年）又立为东都，修葺宫室官署，城市建设日益完善，与长安并称京、都，合称两京，武后时常驻东都，为洛阳之极盛期。安史动乱后日渐衰落。唐末五代初毁于战乱。

隋唐洛阳城遗址近年经中国社会科学院考古研究所大量勘探和重点发掘，对城墙、城门、皇城、宫城、主要街道已大部分查明，并发表了城市实测平面图。

据图，隋唐洛阳城东西宽 6138m，南北深 7312m，平面近于方形。城墙夯土筑成，东、南两面各开三门，北面开二门，西面连禁苑，其墙尚未查清，门数不详。洛水自西南斜向东北穿城而过，分全城为南北两区。河北区西部建皇城及宫城，东部及河南区为居住区，被十字交叉的道路网划分为若干方形地段，布置 103 个坊，其中包括两个市。

由于洛河斜穿洛阳城而过，洛河以北地区呈西宽东窄形势，故皇城、宫城不能居中，只能建在较宽的西侧，位于全城的西北角处。虽然皇城、宫城本身仍取严格中轴线对等布局，但正对皇城宫城中轴线的城市主街定鼎门大街仍不得不偏在城之西侧，这样就出现了与大兴城轴线居中左右严格对称完全不同的布局。

从实测图中可以看出，皇城、宫城踞全城西北角，实际是一个子城。子城东西宽 2080m，南北深 2065m，呈正方形。子城内皇城在南，宫城在北。北面的宫城由核心部分“大内”和围在东、西、北三面的五个隔城、夹城组成。大内本身东西宽 1030m，南北深 1052m，基本也是正方形。从宽深的实测数字看，大内的宽深基本上是子城总和的 1/4。如以唐尺长 0.294m 折算，则大内东西宽 350 丈，南北深 358 丈，子城东西宽 707 丈，南北深 702 丈。考虑当时施工定线时可能出现的误差，可以认为在规划东京时，确定大内方 350 丈，子城作为一个整体方 700 丈，这两个数字都是 50 丈的倍数，可画出方 50 丈（即 100 步）的方格网。这就是说，在规划东京时，以大内之宽深为模数，它的宽、深各加一倍即为皇城宫城之合的子城。

东都的洛河以南地区各坊位置均已探出。虽各坊之宽、深实测尺寸数字勘察报告中尚未发表，但在实测图中对已探出的各坊间道路已有明确的标识。用作图法在实测图上进行探索，可以发现，如以聚合的四坊为一组，包括四坊间之纵横街宽，面积基本与大内相同，近于方 350 丈。循此推求，还可发现河南区南北可排三组，东西可排六组，各组间的空隙恰好是已发现路土的干道，包括通各面城门的主干道。

这就可以看到，隋在规划东京洛阳时，是以大内之宽、深为基本模数，以其面积之 4 倍为宫城、皇城之和——子城的面积，以其面积的 1/4 为居住区的基本单位——坊的面积，亦即以坊之面积为分模数。反过来说，也可以认为在规划中以坊为基本模数，以它的 4 倍即四坊面积（包括其间的道路）为大内面积，以它的 16 倍即 16 坊为皇城、宫城之和——子城的面积（图 1–2）。

如果把东京洛阳和大兴（唐长安）相比，可以看到除受地形限制，宫城及城市主轴偏在城西侧外，街道网和坊的规整程度也大不相同。在大兴城，坊的大小悬殊，最小的兴道坊面积为 0.28km^2，最大的兴庆坊面积为 0.93km^2，相差 3.3 倍。洛阳河南各坊面积基本相等，实测为方 475m 左右 ，合 162 丈，即方 1 里 24 步，合 0.23km^2，史载它方一里，比实测数字稍小，但各坊均为正方形，宽深相差不多则是事实。

大兴和东京的规划都出于隋代杰出的规划家宇文恺之手，但时间相差了 23 年。建大兴时宇文恺只 28 岁，到营东京时已经 51 岁，是最成熟期，所以他规划的东京虽与大兴基本手法相同，却成熟简洁得多。大兴城是以皇城宫城之宽和深为模数，实际有两个模数，东京使大内、宫城皇城、坊为方形，简化为只有一个模数。

大内是皇帝所居，为宫城的核心部分，象征着一姓为君统治天下的家族皇权，皇城宫城作为一个整体象征国家政权，坊象征民众。古代以一姓为君建立皇权统治称为“化家为国”，东京规划中把大内扩大 4 倍为皇城宫城之和——子城的面积，实即象征杨隋一姓“化家为国”。以坊为最小面积单位，四坊为大内，16 坊为子城，则具有一姓皇权控御一切，“率土之滨莫非王臣”和“民为邦本”的双重象征意义。宇文恺晚年规划的东京城在简化模数关系、扩大象征意义上都比规划大兴城时有很大的发展。在大内及子城规划中使用方 50 丈即 100 步的网格是一创造。如果东京之坊原规划确为方一里，则相当于 150 丈，正是 3 个网格。则大内、子城、坊间又有一层共同的模数关系了。

三、隋江都城——唐扬州城

在今扬州市。汉六朝时称广陵，旧城址在今扬州城北的蜀岗上。隋大业元年（605 年）炀帝在蜀岗上因旧城建江都宫，又在宫南平地上创建外郭，称江都，形成郭城在南、宫城在郭北偏西、南北二城相重的布局。隋亡后，唐改称为扬州，改宫城为子城，内设官署，并把外郭向南拓展，形成长近 10 里的竖长形城市，为唐控御江淮的重要据点。

宫城（子城）建在高出郭城 20 余米的蜀岗上，受地形和广陵旧城的限制，轮廓不规整。宫城四面各开一门，东西南北遥遥相对。现遗址发现有十字街，恐是改子城后形成的，未必是隋宫之旧，宫城内建筑布局尚未探明。

郭城隋时东西宽 3120m，南北深约 2400m，若按隋唐尺长 0.294cm 折算，东西为 7 里 22 步，近于 7 里，南北为 5 里 132 步，呈横长矩形。城南面开三门，北、东、西三面各开二门。城内有四条南北大街和六条东西大街（不含四面顺城街）。全城被四条南北街划分为东西并列的五条，其中西侧三条基本等宽，为 660m，近于 1.5 里，东侧二条也同宽，为 495m，约 1 里 36 步。六条东西向街间距也基本相等，近 323m，约 220 步左右，与四条南北街分郭城为 35 区，除西北角 2 区连为一体外，余 30 区为坊、市。由于南北向街道间距不等，坊分两种规格，西侧三行 19 坊较大，面积约 0.21km^2，其中南起五排宽 225 丈，深 110 丈，宽深比例为 2 ∶ 1，东侧两行 14 坊较小，面积约 0.16km^2（图 1–3）。

到唐代，随着长江江岸南移，郭城又向南拓展，形成深 4200m、宽 3120m 的纵长矩形城市。南拓的部分，西墙增加二城门，东墙增加一城门，南墙则把隋城南面三门南移至此，全城共有 12 个城门。城内的四条南北街南伸后，又新辟了五条东西街，划分此部为 30 区，连隋城原有之 33 坊，共有 63 坊。有两条河自北向南，穿城而过，东侧一条称官河，即隋代的运河，随着运河斜向西南的走向，城南中部各坊之宽也略受影响，而河之两岸遂成为商业、仓储地段。以后河道日益淤浅，于宝历元年（825 年）在郭城南另开新运河。新运河不入城而沿城东墙之外北上，形成新的运河航线，城内旧河两岸及其西之南北大街遂成为城内最繁华商业区，号称“十里长街”和“二十四桥”。在唐末五代战乱中，扬州遭到毁灭性的破坏，北宋时已不得不放弃子城，另在郭城偏东南部建新城，即扬州宋城（图 1–4）。

从整体布局上看，隋所建江都平面略近横长矩形，子城在郭城外西北角，和同时所建洛阳东京很相似，宫城前有河斜过也与洛阳皇城前横洛水的情况相近，应属于一个模式。由于宫城受地形及汉晋旧广陵城的影响，外形不规则，宫城内的布局包括有无皇城和大内主体布局，目前都未查明，故尚无法像对长安、洛阳那样推求其在规划中是否以宫城为模数的问题。

但从隋江都城看，其街道坊市布置相当规整，如把西北角占去的二坊也计入，实际上是东西五行并列，南北七排相重，为一有 35 坊市的矩形城市。这 35 坊之大小基本只有两种，西侧的三行 19 坊，面积 0.21km^2，东侧的二行 14 坊，面积 0.16km^2。这坊的尺度比长安最小的面积为 0.28km^2 的兴道坊还要小 1/4，比洛阳河南诸坊的 0.23km^2 也稍小。

四、唐渤海国上京城

渤海国是靺鞨首领大祚荣在东北地区创建的地方政权，唐封他为渤海郡王，遂以之为国名。渤海国建有五都，上京创建于 8 世纪中叶，至 8 世纪末定为首都，逐渐建设完善，926 年渤海国亡于契丹后废毁。

上京在黑龙江省宁安县东京城镇西，有外郭、皇城、宫城三重城，外郭平面为横长矩形，东西宽4586m，南北深3358m，面积15.4km^2。外郭南北墙上各开三门（北墙中门即宫城北门），东西墙上各开二门，相对各门间辟直通的大街。其中中间的南北向大街宽110m，北抵皇城正门，北侧的东西大街宽92m，横穿过宫城、皇城之间，是最主要干道。此外，又在宫城之前增辟一东西大街，在城内仍形成与长安相似的纵横共六街的干道，但中间一条横街东西抵墙处没有城门而已。此外沿外郭还有东西南北顺城街。这些干道分割全城为若干方格街区，每方格街区又被东西向小街均分为南北两区块，其内布置里坊。和长安每区块建一坊不同，上京每一区块一般划分为四坊，个别的设二坊，呈田字形或日字形攒聚，其间以墙分割而无街，故每坊一般只有两面临街辟坊门。在中轴线处南北主街左右各划分为四个区块，每区块一般东西宽1020m左右，南北深510m左右，按唐代尺长0.294m折算，约合347丈和174丈。其内分四坊。它们外侧的区块东侧的稍宽，西侧的稍窄，略有差异。

皇城、宫城在中轴线上北端，二者同宽，宽1045m，总深1390m，轮廓呈纵长矩形。皇城在南，深362m，其北为宽92m之横街，向东西延伸，穿过宫城前东西门直抵外郭东西墙北侧二门。横街之北为宫城，深936m。若将宫城前横街之宽计入，共深1028m。

把上述数字相比，可发现在宫城与各区块间有模数关系（图1–5）。

前已述及，在中轴线左右各四个区块为东西1020m左右，南北为510m左右；宫城与其前横街为宽1045m，深1028m，若把宫城与横街地区均分为南北两半，则每半区为东西1045m，南北514m。二者之深只差4m，可视为相等。其东西宽相差25m，这可能是由中轴线上的大道加宽到110m后引起的，故仍可视为基本相等。这表明在规划城内各街区时，是以宫城（包括宫前横街，也可视为宫城皇城中扣除前面皇城部分）面积的一半为模数的。这和唐长安规划中以宫城皇城总面积的一半为模数规划宫前各坊的手法基本相同，只是对模数面积的设定微有不同而已。在象征一切都源于宫城、统属于宫城这一点上也是相同的，因为宫城是皇权或王权在都城规划上的体现物。

上京每一区块东西1020m，南北约510m，分为四坊，则每坊之宽、深约为520m×255m，折合唐尺为177丈×87丈，即354步×174步，周长约1056步。这比洛阳各坊周长1200步者稍小。但若以面积计，上京约0.52×0.25=0.13km^2，而洛阳河南各坊约为0.23km^2，上京标准坊只相当于洛阳标准坊的1/2。上京每一区块分四坊的手法又近于洛阳，故可以说它规划中兼有长安、洛阳的手法。以宫城之半为模数源于长安，以一区块划分为四坊又受洛阳的影响。

五、元大都城

元之都城，遗址位于现在北京内城及其北部。创建于元世祖至元四年（1267

年），至元十一年（1274年）建成宫城，十三年（1276年）建成大城，基本上确定庙社官署位置，十四年（1277年）始建太庙，二十五年（1288年）分定街道坊门，二十七年（1290年）建社稷坛，大约在二十余年中按规划逐步建成。它是中国两千余年封建社会中最后一座按既定的规划平地创建的都城，面积近51平方公里，从规划的完整性和面积的宏大而言，在当时的世界上都是最突出的。

通过中国社会科学院考古研究所近年进行的考古勘探和重点发掘，已经基本上探明了大都外城、皇城、宫城的轮廓，庙社官署的位置和主要街道，并发表了平面复原示意图，可供我们对其规划手法和特点进行探索。

据勘察报告和平面图可知，大都的大城东西宽约6700m，南北深约7600m，面积50.9km^2，呈南北长的矩形。若以元代1尺长31.5cm计，约合宽14.1里，深16里，周长60.2里，与史载“大都方六十里”的数字相合。大城东西城墙的南段为以后的明清北京沿用，其北段和北城的夯土城墙遗迹尚存，即今之土城。大城的南墙在今东西长安街一线，近于街之北侧。大城的东、南、西三面各开三门，北面开二门，共11个城门。城内的布局为皇城、宫城在南半部，在皇城北钟鼓楼处集中了各种市，太庙和社稷坛在东西城墙上最南的城门齐化门、平则门内大街的北侧，基本上比附了《考工记》王城制度中“旁三门”、“面朝后市，左祖右社”的说法，而尺度则远远超过方九里的规模。其中北面只开二门则又继承了汉魏洛阳以来的都城北墙正中不开门的传统。

宫城也作南北长的矩形。其东西墙的南段为明清紫禁城沿用，北墙在今景山后部少年宫前，南墙在今太和殿一线。宫城之北又有御苑，东西与宫城同宽，北墙在今地安门迤南，是种植养殖的园圃。宫城之外又有皇城，俗称“阑马墙”，呈横长矩形。东墙在今南河沿西侧，西墙在今西皇城根，北墙在今地安门稍南，南墙在今东西华门大街一线稍偏南。其中南墙在宫城前的一段又向南突出少许，当中建有棂星门，约当今紫禁城午门处。宫城之西有太液池、万岁山，即今北海、中海和琼岛。太液池西有兴圣宫，兴圣宫南隔街为隆福宫，都包在皇城内。

皇城之外部分被纵横的街分隔为若干纵长矩形地段，布置官署庙社寺观和居民区。城内的干道称街。主干道称大街，宽24步，小街宽12步。以方向言，南北向街称经，东西向称纬，以经为主干。全城共有九条经街，除东西顺城街外，尚有七街，其中五条分别通向南北城上的五座城门。另有六条东西向的纬街，除南北顺城街外，尚有四街，其中三街分别通向东西城墙上各三座城门。由于城内有皇城和湖泊——海子（今什刹海、后海、积水潭及近年填塞的青年湖）的阻隔，除顺城街外，只有一条纬街和两条经街贯通东西和南北。在经、纬街划分成的若干纵长矩形地段内，等距地辟东西行的巷，称为“胡同”，据对今东单以北尚存元代胡同旧迹地段的七条胡同尺寸的统计，胡同之平均中距为77.6m，按元代尺长31.5cm折算，约合24.6丈，近于25丈，即50步。胡同之宽在5~7m之间，考虑历代侵街的情况，当以较宽者为准，7m = 2.2丈，若取整数，则为宽2丈。由此推知二胡同间居住地段之深约为23丈，史载大都胡同内以八亩为标准居宅面积，则每宅占胡同之长为480方丈 / 23丈 = 20.9丈，近于21丈。每条胡同两端可直通大街，不再有封闭的坊墙，仅树有栅栏，以限制居民夜间出入。中国古代的城市由封闭的市里制转变为开放的街巷制滥觞于唐末五代的江南，在北宋中期，汴梁由市里制改造为街巷制后成为定制。但作为按街巷制原则进行规划平地创建的都城，大都是第一个，也是唯一的一个。

由于尚未发表完整的数据，目前我们只能就已发表的大都平面复原图用作图法进行分析。

首先，如就城之四角画对角线求其几何中心，则可发现它正位于鼓楼处。在鼓楼正北方，当光熙门至崇仁门之间的中分点位置建有钟楼。在钟、鼓楼间连以南北大街，并向北延伸至北墙，形成全城的几何中分线（图1–6）。

其次，在图上还可看到宫城的中轴线并不在这条几何中分线上而向东移了129m。宫城的中轴线自宫城正门崇天门向北延伸，穿过主殿大明殿、延春阁直抵北门后载门。这条宫城的中轴线向南延伸穿过皇城棂星门和南墙上正门丽正门，向北延伸到正北方的万宁寺中心阁，在大都城的南半部形成全城的规划中轴线。就图分析，城市的规划轴线偏在城市的几何中分线之东是由地形条件造成的。大都的西城墙，因要包纳海子于城内，只能在这个位置。在大都的东墙之东，当时尚有若干大小水泡子（池沼），东墙也难再向东移，但这条几何中分线西面距太液池（北海、中海）太近，只有230m左右，若即以其为宫城的中轴线，则宫城之宽要比现在窄1/3左右，过于逼窄，遂不能不向东移129m，约合41丈。为了在城市规划中同时标明几何中分线和规划中轴线，遂在几何中分线处建钟鼓楼而在规划中轴线的北端遥对宫城各主要门殿建中心阁。

用作图法在平面图上进行分析，还可以发现大城和宫城御苑的关系。设以A代表宫城之宽度（御苑与宫城同宽），则大城东西之宽为9A，即为宫城之宽的9倍。再试以宫城南北之深与大城南北之深比较，发现大城之深为其7.6倍，没有整倍数的关系。但若设宫城、御苑总深度为B，以B与大城之深比较，则大城之深为5B，即为宫城与御苑总深的5倍。这就是说，大城之面积为宫城御苑之合的5×9=45倍。这表明，在规划大都时，是把宫城和御苑视为一个整体，以它的宽A和深B分别为大城之宽深的模数。若统而言之，也可以视为在规划大都城时，以宫城御苑之面积为模数，以它的9×5即45倍为全城的面积（图1–7）。

以宫城御苑总深B与图中主要纬街的划分相验核，没有发现有模数关系。但从图中可以量出，在东西城墙上的各三座城门都是等距布置，把东西城墙等分为四分。和义门至崇仁门间东西大街基本等分全城为南北两半，而肃清门至光熙门间大街和平则门至齐化门间大街又分别把南北两个半城均分为二。其中南半城中间的平则门至齐化门大街中段虽为皇城宫城截断，但其间的连线基本与宫城御苑区的南北中分线重合，而这中分线又恰恰穿过元大内中宫延春阁，这说明在规划大都时，是有意识地把宫城御苑视为一个整体，布置在南半城的南北中心位置并使中宫延春阁落在这个中心处。不过在东西方向上，因规划轴线东移，它们是微偏东而不居中的。

在图中还可以看到，规划时曾设法使皇城之深和大城之深具有一定关系。皇城之深（不包括宫城正南前突部分）设为 C，在图上可以量得它基本上为大城之深的 1/4，也就是说和由东西大城墙上相对各三门间所连成的东西大道的间距基本相等。

前已述及，大城南北之深为宫城加御苑总深 B 的 5 倍，现又得知它为皇城之深 C 的 4 倍，即 5B = 4C，也就是说皇城之深为宫城御苑总深的 $1^1/_4$ 倍，它们之间也有比例关系。

在由城市主干道划分的街区上，还可看到一些特点。大城内有七条南北向大街和四条东西向大街（顺城街不计入），划分城内为若干矩形街区。在七条南北街中，最西侧二街与西顺城街之间的宽度相等，另在安贞门以东的三条街之间的宽度也相等，都与宫城同宽，为 A。其余或宽或窄，不尽相同。但从这六条街等距的情况也可看出在规划大都时确是以宫城之宽 A 为宽度模数的，只是因为有水系的影响和受在城北半部要于几何中分线上建南北向大街的限制，未能全部按此划分南北街。在东西向四街中，穿过钟楼的一条是为强调钟楼而建，实际只有东西城墙上三门间的三街是主街。其间距离都是 C。由平面图上可以看到，在全部街区中，尚有 12 区之宽深为 A × C。这应是大都原规划中所拟采用的基本街区的尺度。街区内布置东西向的胡同，胡同内建住宅。每一南北深为 C 的街区，一般布置 22 条胡同。胡同两端通大街，大街宽约 25m，约合 8 丈，两侧建商店，形成开放式的街巷制城市格局。

综合上述，可以看到元大都在规划手法上的一些特点：

1. 在城市布局上，宫城在中轴线上偏南，前部为官署，后部为集市，左右建宗庙社稷，明显有比附《考工记·匠人营国》中“旁三门”、“左祖右社”、“面朝后市”等都城特点之意。

2. 因受城内太液池、海子等水系的限制，全城的规划中轴线未与几何中分线重合，而是向东移了 129m 左右，约合 41 丈。在规划中轴线上建宫城，南对南城正门丽正门，北对万宁寺中心阁；另在几何中心线的后部建鼓楼、钟楼和贯穿它们的南北大街，并使鼓楼位于全城的几何中心位置。这种在城市南半部强调规划中轴线同时又在城市北半部强调几何中分线的处理手法说明在规划大都时很仔细地考虑了规划中轴线不得不东移的情况并给以巧妙的处理，对二者同时加以强调而不偏废。

3. 在宫城和大城的关系上，视宫城御苑为一整体，置于南半城内南北居中的位置。

4. 在规划中，以宫城之宽 A 和宫城与御苑总深 B 为模数，使大城东西宽为

9A，南北深为 5B。这样，大城的面积为宫城和御苑面积的 9×5 倍，即 45 倍，即在以宫城和御苑宽深为模数的同时，也就以其面积为大城的面积模数。在大城与宫城御苑之间的关系上取九和五的倍数显然是有意附会《周易》中九五利见大人，以九五象征贵位的意思，以这数字象征皇宫和都城。

5. 在规划中也设法使皇城之深和大城之深有一定关系，令皇城之深 C 为大城之深的 1/4。由于大城之深又是宫城御苑之深 B 的 5 倍，故皇城之深 C 又是宫城御苑之深 B 的 $1\,{}^{1}/_{4}$ 倍。这样，大城、皇城、宫城御苑之间都有一定的比例关系。

6. 在规划中，使标准街区之宽、深分别为宫城之宽 A 和皇城之深 C，这样街区也和宫城、皇城有着模数关系。

从上述特点看，尽管大都城摒弃封闭的市里制城市，改变为开放的街巷制城市，但在规划原则上仍有和前代都城相近之处。这主要是它也以宫城、皇城之长宽为全城的模数，并使由干道划分成的主要街区（相当于市里制城市中的里坊或里坊集群）也和宫城、皇城的尺度有联系，同唐代长安、洛阳规划中以宫城、皇城为全城及里坊集群的模数的原则一脉相承，只是在具体运用上视实际情况而有所不同而已。

六、明北京城

明洪武元年（1368 年），明将徐达攻克大都，元亡。明改大都为北平府后，因城区广大，不利防守，乃废弃北半城，在原北城墙南约三公里处建新的北城墙。明永乐帝决定迁都北京后，于永乐十四年（1416 年）拆毁元旧宫，稍向南移，建设新宫，即现在的紫禁城宫殿，于永乐十八年（1420 年）基本建成。因宫城南移，南面逼窄，遂于永乐十七年（1419 年）拓展南城，由原来长安街一线南移至今正阳门一线，也于 1420 年一并完成。明在元大都基础上改建成的北京，东西城墙沿元大都之旧，南北城墙向南移。紫禁城宫殿也是东西墙沿用元宫旧墙的南段，南北墙南移，城市的规划中轴线、几何中分线和主要干道基本未变。

明北京城的东西宽以外皮计约为 6672m，紫禁城的东西宽为 753m，二者之比为：6672 ∶ 753 = 8.86 ∶ 1 ≈ 9 ∶ 1

这比例是从元大都继承下来的，由于城厚可能有一定改变，特别是紫禁城之厚因包砖面有所加大，故可能有少许误差。

明紫禁城之南北深为 961m。在 1/500 地形图上可量出，紫禁城北墙北距明北京北城墙为 2904m，紫禁城南墙南距明北京南城墙为 1449m，以这数字和紫禁城南北之深相比，则：

2904 ∶ 961 = 3.02 ∶ 1

1449 ∶ 961 = 1.5 ∶ 1

考虑到古代施工定线时的测量误差，这二数字可以认为是 3 ∶ 1 和 1.5 ∶ 1。

在明建紫禁城宫殿时，北城墙早已建成，因此推测其规划过程应是在确定紫禁城尺寸后，首先把紫禁城北墙位置定在距北城墙 3 倍于紫禁城南北深处，然后在南移南城墙时把它定在北距紫禁城南墙为其 1.5 倍南北深之处。

这样，就使北京城东西宽为紫禁城宽的 9 倍，南北深为紫禁城深的 5.5 倍。如果以面积核算，则北京城之面积为紫禁城的 $9 \times 5.5 = 49.5$ 倍。如扣除西北角内斜所缺的部分，可视为 49 倍。

《周系・系辞上》云："大衍之数五十，其用四十有九。"王弼注云："演天地之数，所赖者五十也。其用四十有九，则其一不用也。"古人建设都城宫室，讲求"上合天地阴阳之数，以成万世基业。"这里比附大衍之数就是此义。《析津志》说元大都"坊名元五十，以大衍之数成之"，而实际记载下的只有四十九个坊名，就是先例。明北京就是在都城宫城关系上，以面积差为 49 倍来比附大衍之数的。

这个比例关系可以用作图方法在北京的平面图上表现出来。其中东西各三条南北街之间距与紫禁城同宽，是在建元大都时就存在的现象，说明在规划中确定仍以元宫城宽（即明紫禁城宽）为模数。

明改元大都为北京，既有继承元大都的部分，如东西墙和干道不变，城市中分线和规划中轴线不变等，也有改变的部分，如整个城市缩小南移和宫城南移等。元大都面积为 50.9km^2，而明北京只有 35km^2，面积比大都缩小了 30%（图 1-8）。

明代对元大都做了这些改变有种种原因，但看来政治上的象征意义的因素颇大。

元是由自漠北南下的蒙古族为主体建立的王朝，由于民族压迫和汉族传统的正统观念，元末的农民起义兼有反对阶级压迫和民族压迫的双重性质，故以"驱逐鞑虏"为口号。明的建立，是五代以来相隔四百六十余年后重新建立起来的统一全国的汉族政权，自然要在政治、文化诸方面树立新的气象，以明显有别于蒙古族建立的元朝。大都是元代的旧都，明代出于政治、军事需要，自南京迁都于此，必然要对大都做重大的改变，表示不是继承而是鼎革。这些重大变革主要是：

1. 拆旧宫，建新宫。

中国古代在王朝兴亡易代之际，有一个恶劣传统，即兴朝要破坏胜国的都城宫室，销其"王气"，绝其复辟之望。自楚霸王项羽烧秦咸阳宫起，史不绝书。其含义实即《礼记・檀弓》中所说的"洿其宫而潴焉"，表示与天下共弃之之意。明定都北京后最大的举动之一就是拆毁元宫，放弃元宫之后半，向南平移建新宫，即今紫禁城。所建新宫也特别强调制度如南京而宏敞过之，表示与元宫无涉。拆毁元宫和兴建新宫产生大量渣土，遂有意堆积在元大内延春阁一区的故址上。延春阁是元帝后的寝宫，在其上堆积渣土后再培土成山，即今之景山。这做法和"洿其宫而潴焉"的意思相近，都是压胜之法，企图以此来镇压残元之"王气"。明人说景山为大内之"镇山"，就是这个意思。

2. 城市南移，改变城市的模数关系和含义。

徐达攻克大都后即放弃北半部，建新的北城墙，是出于防守需要。但建北京时就需要从整体上考虑。由于都城要以宫城为模数是隋唐以来的传统，需要遵循，而北京城及紫禁城之宽均沿用元代之旧，则城宽为宫城宽之 9 倍也是确定了的。因此要改变这模数的数字只能靠城和宫城之深的比例关系的变化。在这种情况下，遂采取了使城深为宫深之 5.5 倍的做法，令大城之面积为宫城的 49 倍，以比附大衍之数五十，其用四十有九的说法。

采取了上述的改建措施后，大城和宫城南移了，宫城彻底新建了，城市的模数关系和所比附的象征意义改变了，“元大都”就“脱胎换骨”改造成了“明北京”了，尽管其城内干道网、主要街区和东西城墙上的城门都仍元大都之旧，没有改变。

从隋唐长安、洛阳到明北京，八百余年，经历七代（隋、唐、五代、北宋、南宋、金、元），尽管都城的形式规模各异，体制也有封闭的市里制与开放的街巷制的巨大变化，但在都城规划中令宫城与大城间有一定的模数关系却是一直沿用下来的共同手法之一，尽管其表现形式和比附的内容并不一定相同。这种以宫城、皇城为都城规划模数的手法仍来源于皇权至上的思想。宫城、皇城是皇权的象征。在封建社会中，皇权被视为一切的根本。故在宫殿设计中，以皇帝的主宫为全宫的模数，象征一姓“化家为国”建立皇权统治；在都城规划中，以宫城、皇城为模数，象征皇权涵盖一切，拥有一切。这正是这一规划原则历多个朝代而不衰，在各代都城规划中都有不同的表现的原因。

附：唐云州城——明大同城

即今大同市旧城。唐代为云州或云中郡治所，辽时为西京大同府治，元称大同路，明代改称大同府。唐辽时为夯土城，明洪武五年（1372 年），大将军徐达依旧城土墙增筑为砖城，沿用至今。

城平面近于方形，四面正中各开一门，在城内形成东、西、南、北四条大街，十字相交于城之几何中心，分城区为四区。每区内又用大十字街分为四小区，每小区又用小十字街分为四个街区。全城由十字干道和大小十字街划分为六十四个小街区，干道呈方格网布置。把此城和近年发掘的唐长安遗迹和《长安志》的记载相印证，就可发现，明大同城实际上保存了唐代市里制城市的街道网，它是一座有四个坊的城市，东西南北四条通城门的大街所划分出的四区实即唐代四个坊。每区的大十字街即原来通四面坊门的坊内十字街。在唐代长安、洛阳等城市已毁灭且遗址亦残缺不完的情况下，此城可以说是唐代市里制城市的一座活的标本。明代的大同城东西宽 1750m，南北深 1810m，周长 7120m，面积为 3.16km^2。城墙高 12.7m，城内四条大街宽 24m（图 1- 附 -1）。

以唐尺长 29.4cm，1 丈 = 2 步，1 里 = 150 丈 = 300 步折算，则：

东西宽 1750m = 595.23 丈 = 3 里 290 步 ≈ 4 里

南北深 1810m = 615.65 丈 = 4 里 31 步 ≈ 4 里

城高 12.7m = 4.3 丈

街宽 24m = 8.16 丈 = 16.3 步

诸数字中，街宽 16 步可能是明以后缩小的。唐长安南部各坊间最窄之街宽为 39m，顺城街宽 19m，以此折算，唐云州城内坊之宽深均为（1750–19–39–19）/ 2 = 836.5m。则每坊面积为：（0.836km）^{2} = 0.7km^2 这尺寸稍小于唐长安皇城、宫城两侧诸大坊，而大于春明门至金光门大道的南各坊。

唐代城市采用封闭的市里坊，以坊为城内布置的基本单元，坊是城市的模数。此城用大小相等的四坊，以坊为城市的基本组成单元，亦即模数，每坊内又用大小十字街等分为 16 块，是很典型的例子。

但与隋唐洛阳、隋唐扬州、渤海国上京中较小的里坊面积（0.23、0.16、0.13km^2）相比较，大同坊之面积为 0.7km^2 又似乎太大。故也有一种说法，认为它可能是一座有 16 个坊的城市，平均每坊面积为 0.17km^2，近于扬州较小的坊。从大同现存街道遗迹看，个别处似也有再划出小十字街的痕迹（图 1– 附 –2）。

就大同城街道网而言，它保存唐以来典型市里制城市遗迹是肯定无疑的，但它是座 4 坊之城还是 16 坊之城，尚有进一步研究探索的必要。

第二章

建筑群的平面布局

中国古代建筑最突出的特点之一是采取以单层房屋为主、在平面上展开的封闭式院落布置。古代房屋以间为单位，若干间并联组成一栋房屋。把一些次要房屋和门沿地盘周边面向内布置，围主体建筑于内，就形成封闭的院落。如果说由间组成的房屋是中国古代建筑的单体形式，则院落式布置就是中国古代建筑的组合形式。

古代封闭式院落一般是主建筑居中，次要建筑对称布置在两边，形成中轴线。大型重要的建筑群如宫殿、王府、祠庙、陵墓、官署、寺观等的大门也居中，与主建筑相对，以加强这条中轴线；一般住宅则把大门建在中轴线之侧。院落是中国古代建筑群的基本单元，大型建筑群可由若干个院落组成。当几座院落前后相重串联起来时，每个院落称为一“进”，共同构成纵深的南北轴线。当几座院落东西并列形成横轴线时，主院左右之院称东、西院。当东西院也由南北多院串联而成时，则称为东、西“路”，形成与中轴线并列的东、西次要轴线。古代宫殿和大型府邸、祠庙、官署、寺观等往往就是由很多院落组成的多进、多路的建筑群。只有园林等特殊性质的建筑群才采取非对称布局，但建筑之间仍保持互为对景或呼应关系，而整体上仍属封闭式的院落。

采取封闭式的院落式布置，主体建筑被围在庭院内，不直接对外，在院外至多可见其高耸的屋顶，只有进入庭院才能一览无遗。但较重要的建筑群多由几进院落组成，在到达主院落、主建筑之前要穿过一至几重大小和空间形式都不同的院落和门，在行进中往往会引发人的企盼和好奇的心情，颇有利于烘托、突显出主院落和主体建筑的重要性并加强其艺术感染力。中国古代建筑就其单体形式而言比较简单，其间数、进深、组合方式、屋顶形式都受到等级制度的多方面束缚，设计时的可选择性较小，主要靠院落内主次建筑间和院落群组间在体量、空间上的变化和级差控制来互相烘托，取得既突出主体又统一协调的艺术效果。所以如从这角度看，中国古代建筑也可以视为是院落群的组织和院落内部庭院空间变化的艺术。

中国古代各类型建筑，包括宫殿、坛庙、陵墓、邸宅、官署、寺观等都采用这种封闭性院落的布置，虽因它们在性质、功能、规模上不同而各自具有某些特点，形成不同的特色和艺术风貌，但在布局上又存在着一些共同之处，成为中国古代建筑布局的共同方法。

其一是主体建筑居中。一般是把主体建筑布置在地盘的几何中心处，以突显出它的中心地位。就已知实例看，在时代上至少上抵早周（周未建国前，即商末），在地域上遍布南北各地，在类型上极为广泛。这是中国古代建筑布置的一个很悠久而广泛使用的传统，且形成理论。在战国时著作《吕氏春秋》中就有“择中”的说法，在〈审分览〉中说：“古之王者择天下之中而立国（国都），择国之中而立宫，择宫之中而立庙”。这种“择中”的思想以后由宫殿扩展到其他类型的重要建筑布置中，成为布局的普遍方法。“择中”的含义是“以它为中心”，不是“中庸之道”。

其二是在院落中使次要建筑对称布置在主体的两侧，形成建筑群之中轴线。除园林外，一般大小院落基本如此。最重要的坛庙有时采取正方形和圆形平面，形成纵横双轴线布置或中心对称布置，可取得最为端庄肃穆的效果。

其三是有多所院落的大型建筑群组中，令主院落居中，次要院落布置在其前后左右，形成院落群的主轴线和左右的辅助轴线，把众多的院落组织成一个有主有从的有序整体。至迟自唐代开始，多在主院落的东西廊外侧和后殿后廊之后建若干纵向串联和横向并列的小院，与主院之间隔以巷道，编号排序，分别称东（西）廊下第几院，作为主院落之附属建筑，一般称这种布置为“廊院式”。大量官署、祠庙、寺院、巨邸都取这种布置形式。延至明清时，紫禁城后两宫及东西六宫、慈宁宫、六部衙门、智化寺、卧佛寺等仍取这种布置形式。到明后期和清代，王府等巨邸才改为中路与东西路的布置，增大了东西侧建筑的规格和体量。这是明清之际院落群组布局的一个较大的变化。

其四是保持一定的模数关系。在设计一所院落时，可使院落之长宽与主建筑之长宽间有一定的比例或倍数关系，即以主建筑之长宽为院落之模数；在规划多院落组成的大型建筑群时，使诸院落之长宽都与某一院落之长宽保持一定比例或倍数、分数关系，即以某一院落之长宽为诸院落之模数或扩大模数。这在特大型建筑群如宫殿坛庙中表现得最为明显。这种模数关系有时又被赋予某种含义，表示皇权、政权的统属与化生关系。

其五是在上述布局特点规范下，在对院落进行具体布置时，采用以一定大小的方格网为基准的方法。院落中各建筑因主次地位不同，体量各异，不可能用同一个模数，在特定的地盘上，选用适当的方格网，就可以使院落内各建筑及它们之间所形成的庭院空间有了一个可以共同参照的尺度标准。大多数情况下，它与院落的外轮廓吻合，但也有受其他因素限制不能完全吻合之例。这些网格与庭院及院中的建筑物都有一定的应和关系，有利于控制建筑物的尺度、体量和庭院的空间关系，达到主从分明、比例适当、互相衬托，具有整体性和统一协调的效果。从这个意义上说，这网格可视为有较大宽容度的用来控制院落布局的面积模数。在院落内部，殿庭宽与正殿面宽之比决定着殿庭空间之开阔程度，而殿庭之深与正殿宽度之比又决定着看正殿的视角。由于大型宫院其正殿和殿庭之边缘大多能与网格重合，就可使这种关系简化成网格数的关系，一目了然，易于控制。从下举诸例平面图上的网格可以看到：在殿宽与院宽之比上，特大型宫殿如唐渤海国上京第一宫殿址为2 ∶ 5，紫禁城太和殿为2 ∶ 6，在大型宫殿祠庙中，紫禁城乾清宫为3 ∶ 6，皇极殿为3 ∶ 4，慈宁宫和太庙前殿为4 ∶ 6，武英殿为3 ∶ 5；在殿宽与院深之比上，渤海国上京第一宫殿址和太和殿均为2 ∶ 6，乾清宫为3 ∶ 5，慈宁宫和皇极殿均为3.5 ∶ 3.5，武英殿为3 ∶ 3，太庙正殿为4 ∶ 5。这现象表明愈是重要的宫院，其主殿宽与宫院宽深之比值愈小，即主殿宽与宫院宽深之比值与其重要性成反比。故网格布置对控制宫殿之疏朗、紧凑比用视角更为直接而有效，更适合古代设计、测量、施工的条件。在由多个院落组成的特大型院落群（如宫殿）中，对尺度大小和重要性不同的院落多分别采用大小不同的网格，这近似于选用大小不同的比例尺，由于用为基准的网格的大小尺寸不同，在处理手法上自然有异，若再和各院落内主、次建筑在形式、等级、体量上的差异结合起来，就可以从尺度和空间上把重要性不同的各个院落和各个院内的建筑物间拉开档次，从更大的范围内既突出主体又保持整体和谐。从下面的实例可以看到，至迟在隋唐时（6世纪末），中国已在规划特大型院落群组时使用这种方法。唐渤海国上京宫殿和北京明清紫禁城宫殿就是运用大小不同的网格使性质和规模都不同的院落群既在体量空间上拉开档次，主次分明，又能造成一气呵成的统一整体的最有代表性的佳例。上述情况表明，运用方格网是中国古代建筑群组布局使用的最具特色、最为有效的方法，它实际上是建筑群组布局中使用的面积模数。

第一节 宫殿

在古代中国，宫殿是一国之君施政和居住之处，是国家政权和家族皇权在建筑上的体现，所以它也是一国中最重要、最豪华、最巨大、代表最高建筑水平的建筑群。

秦汉以前宫殿的具体情况目前尚不了解。西汉时虽以未央宫为主宫，但史载它的大朝会却在司徒府，皇帝在府中百官朝会殿与丞相百官议国之大政，相当于《周礼》之外朝，则西汉时宫殿尚以皇帝日常听政和居住为主，不具外朝功能。东汉在洛阳北宫建成德阳殿后，改在此举行大朝会，外朝的功能也并入宫内，此后宫殿遂成为兼具代表国家政权的外朝与家族皇权的内廷之地，直至明清。

自东汉以后，宫殿大的分区可分为外朝、内廷两大部分。外朝以大朝会之正殿为主，辅以若干次要殿宇。为便于施政，重要的行政机关除宫外有专衙外，在宫内也设精干机构，如魏晋南北朝时，尚书内省和朝堂为宫内施政中心，极为重要。在南朝时，宫城内甚至有监狱及三省属官的宿舍。在唐以前，宫城内还有驻军和仓库。这样，外朝遂成为实际的国家行政中枢。内廷是皇帝的家宅，和大邸宅有前厅后堂分别为对外对内部分一样，内廷也有对外的正殿和寝殿。以唐大明宫为例，含元殿为大朝会之所，宣政殿为朔望听政之所，都是外朝主殿。附近有大量宫内办公处所，形成国家政权的中枢。紫宸殿是内廷主殿，相当于一般邸宅延接宾客之前厅，其后的蓬莱殿等是寝宫。唐代之入阁仪实即本应在外朝正衙宣政殿，听政时皇帝临时决定改在自己家宅正殿紫宸殿听政，令大臣由宣政殿侧阁门进入内廷的仪式，显示出外朝内廷的差别。

就具体的布置而言，春秋战国至西汉近七百年间，宫室主体虽多为高大的台榭，但从已发现的遗址看，台榭四周仍有建筑或墙围成宫院，而各台榭、宫院之间也多保持一定的轴线或呼应关系。东汉以后，宫殿采取院落式布置已基本定型，其后虽形式、规模都不断发展变化，却一直延续到明清。各朝宫殿的外朝、内廷两大区都由大量规模大小不等的院落群组成，院落可视为宫殿的基本组成单位。每个院落都是封闭式的，沿周边建廊庑或配房，用左右对称的布置形成一条中轴线，以突显出建在中轴线甚或院落几何中心处的主体建筑；若干院落依一定规律组织起来，构成院落群，共同拱卫或突显出其中的主院落；若干院落群又以一定方式组织起来，布置在最重要建筑群的周围，形成全宫的主轴和中心，以突显出全宫的主建筑群和其中的主体建筑。古代宫殿面积巨大，建筑多不胜数，正是采用院落和院落群的组合形式，才能把千门万户的大量建筑物组织起来，形成井然有序、一气呵成、重点突出、充分显示国家政权和家族皇权威势的完整的宫殿建筑群。

为了组织好这种特大型建筑群，就需要有相应的尺度标准，以控制其相互关系。《考工记》记周人明堂时说："室中度以几，堂上度以筵，宫中度以寻，野度以步，涂度以轨"，即以不同大小和精密度的度量单位来控制不同规模的建筑的尺度。通过对已有较精确测图的历代宫殿总平面图的分析，可以看到，至迟自隋唐开始，其宫殿已开始以不同大小的方格网为布置基准。隋唐洛阳宫和唐大明宫只勘测出少量宫殿址，故目前只能看到有大范围的方 50 丈的网格，如果考虑到受盛唐、中唐影响而建的远在黑龙江地区的渤海国上京宫殿中已使用了方 10 丈和方 5 丈的网格，则隋唐两京宫殿也应是这样，只是因为宫殿内各建筑遗址尚未完全探明，目前尚不能划分得这样细而已。宋元宫殿目前只知其宫殿轮廓，具体布局仅能据文献推测其相互关系，故无法做进一步分析。

北京明清紫禁城宫殿是中国数千年封建社会完整保存下来的唯一一座宫殿，对我们具体分析研究古代宫殿的规划设计方法和特点有极重要的作用。20 世纪 40 年代初由基泰工程司承包、张镈先生率领天津工商学院师生，曾对紫禁城外朝主要殿宇进行了精测，同期还实测了 1/1000 的总平面图，利用这些实测图，再利用北京市 1/500 地形图所反映的大轮廓的数据，并参考近年的航拍总图，可以对它进行较详细的分析。通过分析，可以了解到除了习知的中轴线对称布局等外，还有几个主要特点。其一是各建筑群组，视其大小规模和所属等级（重要性）选用大小不同的方格网为布置基准。外朝前三殿代表国家，体量也最大，选用方 10 丈网格；内廷后两宫为皇帝的主宅，代表家族皇权，选用方 5 丈网格。宁寿宫为太上皇所居，规格不能低于皇帝，也用方 5 丈网格；慈宁宫虽为皇太后所居，出于男尊女卑，只能低于皇帝，与后妃皇子居住的东西六宫和大量次要宫殿相同，用方 3 丈网格。不同大小的网格既控制建筑群内部各建筑之间的尺度关系，也控制不同建筑群之间的关系。方格网的运用，对于紫禁城宫殿中大量建筑物规整有序、各安其分，共同形成一个统一的整体起极重要作用。其二是加强古代"择中"方法的运用。每所宫院其主体建筑一般都布置在所在院落地盘的几何中心，以强调主次关系，突出主建筑的重要性。其三是在主要建筑群之间保持模数关系。它以内廷主建筑群后两宫之长宽（面积）为模数，外朝前三殿面积为它的 4 倍，内廷东（或西）六宫和乾东（或西）五所面积之和也和它相等。在更大范围看，在皇城中轴线上，北起景山南至大明门（中华门）之距为后两宫深的13倍，天安门前东西三座门间之距为后两宫宽的3倍，都以后两宫之长宽为模数。

使用这些规划设计方法除保持其统一协调、控制相互关系、突出主体外，还有一定含义，特别是以后两宫为模数这一点。后两宫是皇帝的主宅，代表家族皇权，前三殿代表国家政权，使前三殿为后两宫的4倍，实即以规划手法表现一姓为君、“化家为国”的家天下的思想，其他建筑群以它为模数则有表示皇权涵盖一切、化生一切的意思。在紫禁城宫殿中所表现出的种种规划设计方法有些在唐宋时已出现，不过在明清时表现得更完备、更成熟而已。

一、陕西省岐山县凤雏早周甲组建筑基址

陕西省岐山县周原是周人的发祥地，周灭商以前的都城。近年在凤雏村发现一完整的建筑基址，编号称甲组，是一所两进的院落，很像后世的四合院。它建在东西宽32.5m，南北深43.5m、高1.3m的夯土平台上，总平面呈日字形，左右对称。南面正中为大门，左右有门塾，门内中庭正北为面阔六间的前堂。前堂北有过廊，连接后面一进院落北端的房屋。这排房屋正中一间东侧开单扇门，西侧开窗，与古文献记载的“户东而牖西”的“室”的特点相合，应即是室，室之左右各有一间，应即是“左右房”之制。在门、堂、室三排房屋的两侧有东庑、西庑各8间，与之相连，围成封闭的两进院落。在平面图上进行分析，可以看到，如在南面以门之南墙为界，北面以室、房后墙为界，画对角线，则其交点基本落在前堂的中心部位，近于前排内柱的中柱处（图2–1–1）。

凤雏甲组建筑基址建于周立国以前，距今约三千年，是目前所见最早的封闭式两进矩形院落，为我国“四合院”之初型。且其建筑物左右对称布置，有明确的中轴线，主体建筑——堂布置在全院落的几何中心，可以看到后世四合院的一些主要特点在这时已开始萌生，特别是主体建筑居中的布置，一直延续使用了近三千年，是中国建筑传统中极为重要的布局手法之一。

此组建筑性质不明，有人根据所出甲骨文字推测可能是宗庙。古代宫、庙同制，故可能是贵族的宫室或庙，但其规模稍小，似不太可能是王之宫或庙。

二、汉长安未央宫

汉长安未央宫在今西安市西北，汉长安城遗址的西南角，始建于汉高帝七年（前200年），是西汉首都长安的主宫。未央宫遗址范围为东西宽2250m，南北深2150m，平面近于方形，四面各开一主门，称司马门，另有若干掖门或次要门。宫内殿宇遗址近年已勘探和发掘了十余座，其最主要的宫殿址为前殿址。

未央宫前殿殿基之现状东西宽约200m，南北深400m，由南而北逐渐升高，分三层台地，北部最高处高出周围地面15m左右。在未央宫平面图上可以看到，如就宫墙四角画对角线，其交点落在前殿中部微偏西，而不完全居中。据近年勘测，未央宫前殿是因借原有丘陵地增高筑成，其下层且有战国和秦的建筑遗迹，可知它的定位是受自然地形和原有建筑的限制，所以西汉建未央宫时，只能尽可能使其位于全宫中心，而不可能像全部新建那样，使其位于绝对的几何中心（图2–1–2）。

如前所述，早在三千年前的早周凤雏遗址已出现置主体建筑于中心的布局。到春秋战国时，这种布置已形成传统，并出现了理论。战国末年的著作《吕氏春秋》〈审分览·慎势〉中说："古之王者，择天下之中而立国，择国之中而立宫，择宫之中而立庙"，并言明是为了得"势"以便于统治。未央宫布局中，尽可能使前殿居中正是这种为了得势而"择中"的思想的表现。

三、隋、唐洛阳宫殿

隋东都建于大业二年（606年），其宫殿核心部分为大内，东西宽1030m，南北深1052m，基本为方形。按当时尺长0.294m折算，东西宽350.3丈，南北357.8丈，相差7.8丈，约当2%。当时长距离测量或以步，或以丈杆、丈绳，精度较差，故可以认为二者相等，即大内方350丈。另在大内中心部分发现隋乾阳殿和武周明堂两遗址，左右有廊庑址。其廊庑址东西外墙间距离为145m余，约49丈余，近于50丈。因此，如在大内平面图上画50丈方格网，东西、南北各可得7格（图2–1–3）。乾元殿东西庑外墙基本与南北向中心一行网格同宽，乾阳殿恰居大内之几何中心而武周明堂之中心又恰落在东西向网线上。在大内南墙上还可看到正门应天门及东西的明德、长乐二门之中轴线又恰居南北向网格中心，相距各为2格，即100丈。由这些现象看，隋建洛阳大内时，极可能是利用方50丈的网格为基准的（图2–1–4）。

隋、唐洛阳宫的布置也以主殿居中。如从大内宫墙四角画对角线，其交点恰落在武周明堂北面的大型殿址的中央，此处即隋之主殿乾阳殿址。如自此中心点画东西向横线，分全宫为南北两部分，在南半部再画对角线求其几何中心，则这个交点恰落在乾阳门址处。这种使主殿居中的"择中"布置手法有悠久的历史，而把主要殿门置于宫之前半部的中心，即全宫进深1/4处的手法则是上述传统的发展。

垂拱四年（688年），武则天毁去洛阳宫主殿乾元殿（即隋之乾阳殿）创建明堂。明堂址已于近年发现，位于乾阳殿址南67m（殿中至明堂中），即在大内几何中心偏南少许处。但如果把由皇城、大内和诸小城形成的子城视为一整体，其面积恰为大内的四倍。若在这子城四角画对角线，求其几何中心，则其交点恰落在明堂遗址之中心（图 2–1–5）。明堂是四面辟门的八角形建筑，把它自原大内几何中心位置的乾阳殿处南移，是为了加大与北面原大业门间的距离，以便开北门，为了补救偏离大内几何中心的缺陷，遂把它放在皇城、宫城共同的几何中心，这里是家族皇权和国家政权的共同中心，更加强了明堂的万国来朝，颁朔布政的中心地位，其手法和隋建大内时所用手法可谓异曲同工。

四、唐长安大明宫

大明宫创建于唐贞观八年（634 年），龙朔二年（662 年）扩建，号称“东内”，是唐帝在长安的常住宫殿。它的平面布局近年已由中国社会科学院考古研究所基本探明：以中朝宣政殿左右的东西横墙为界，南半部为矩形，东西宽 1370m，南北深 935m，另在东侧附东内苑，东西 304m，南北 1030m；北半部为梯形，南宽 1370m，北宽 1135m，南北深 1321m；总面积为 3.3km^2。它的北面城墙宽度与南面城内遥遥相对的永兴坊、崇仁坊基本相同，可能是贞观八年始建时的宽度，龙朔二年扩建时，为使建在制高点上的主殿能居全宫中的轴线上，又把南面加宽，遂形成现状（图 2–1–6）。

宫内建筑布局受地形影响颇大。宫南墙以内 500m 左右为平地，其北为高起 10m 以上的龙首原前沿，宫中最重要的三殿——外朝含元殿、中朝宣政殿、内朝紫宸殿都建在原顶最高处，其北地形又逐渐低下，最低处形成太液池。以内朝紫宸殿为界，南面为朝区，是礼仪及办公区，北面为寝区，即皇帝的家宅。

勘探发现，大明宫前部建有三重横亘全宫的东西横墙，其中第三道即宣政殿左右划分矩形和梯形两部分的横墙，第二道在含元殿两侧，第一道在龙首原南平地上。这三道墙的位置是第一道南距宫南城墙 490m，北距第二道墙 145m，第二道墙北距第三道墙 300m，第三道墙北距宫北墙 1321m。如果按 1 唐尺长 0.294m 折算，则第一重墙南距南城墙（即长安外郭北墙东段）167 丈，距第二重墙 49 丈，第二重墙距第三重墙 102 丈，第三重墙距宫北墙 449 丈。鉴于隋建洛阳皇城、宫城及大内时以 50 丈为网格的情况，上述情况应非偶然。考虑到古代在这复杂地形上测量定线可能产生的误差，可以认为第一、二重墙之距为 50 丈，第二、三重墙之距为 100 丈，第三重墙与宫北墙之距为 450 丈，它们分别合 50 丈网格的 1 格、2 格和 9 格。至于第一重墙与宫南城墙之距合三格尚余 17 丈，则是因为宫南墙和龙首原的位置都是固定的，既要借用长安外郭北城墙为宫墙，又要建含元殿于龙首原南沿，遂无法同时顾及 50 丈网格，规划时只能以含元殿为基准定第二重宫墙，向南推 50 丈为第一重宫墙，向北推 100 丈为第三重宫墙，再向北推 450 丈为宫城北墙。这样，自第一重宫墙至宫城北墙正合 600 丈，计 12 个网格。

大明宫城北墙宽 1135m，合 386 丈，即 7 个网格，并余 36 丈。南城墙宽 1370m，合 466 丈，即 9 个网格，并余 18 丈。这大约是北墙要相当南面光宅、靖善两坊之宽，而南墙又要使主殿宣政、紫宸二殿在中轴线上所致，遂无法兼顾使网格为整数了。

以 50 丈间距画网格，全宫南北为 15 格，余 17 丈，东西为 9 格，余 16 丈，基本是符合规律的。如果用作图方法，把北宫墙画成与南面同宽，假定全宫为矩形，在其间画对角线求其几何中心，则内朝主殿紫宸殿基本位于对角线交点上，和前此所见“择中”的传统手法也是一致的。

五、黑龙江省宁安县唐渤海国上京宫殿

是唐代地方政权渤海国主要都城上京的宫殿。上京约建于 8 世纪后半叶，936 年渤海国亡于契丹，都城宫室被毁。近年对遗址进行了考古工作，基本了解其布局。上京情况已见前文城市部分。宫城在上京南北轴线北端，东西 1045m，南北 936m。宫城内又被石墙分隔为中、东、西、北四个部分。中部主宫东西 620m，南北 720m，呈纵长矩形，在南、北、东城墙上各开一门，以南门为正门。其内建筑又分中、东、西三路并列。中路东西宽 180m，在中轴线上建南门和五座宫殿，围成前后四进宫院。正门面阔七间，建在墩台上，左右有挟楼，正楼下墩台无门，而在左右挟楼下各开一门供出入宫之用。正门以北约 170m 处为第一宫殿址，原为面阔十一间殿宇，左右侧及东西侧连以廊庑围成巨大的第一进殿庭。第一宫殿址后为面阔五间的殿门、左右有廊庑，北折约 110m 后通到第二宫殿址。第二宫殿址为面阔十一间加四周回廊的建筑，为全宫最大的殿宇。第二宫殿址北约 77m 为第三宫殿址，为面阔七间的建筑，左右有廊庑南连第二宫殿址，围成第三进殿庭。第三宫殿后有穿廊，通第四宫殿址，二者连成工字殿，第四宫殿址面阔七间，左右各有三间的朵殿，东西并列，有廊自朵殿外侧前出，连第三宫殿之左右行廊，围成工字殿的东西侧院。另在第四宫殿之东西外侧与之并列又建有东殿、西殿，开间尺度与第四宫殿全同，但没有朵殿，与第四宫殿形成三所宫院并列的布局。第五宫殿在最北，有墙与第四宫殿隔开，是一座面阔十一间的楼。东路西路也用墙分隔为若干个院落，其内殿址尚未探明，情况不详。

从布局上看，上京宫殿是在一定程度上模仿唐宫的，其第一、二宫殿性质近于唐长安大明宫的含元殿和宣政殿，是外朝、中朝部分，第三宫殿是内朝主殿，相当于大明宫之紫宸殿，其后第四宫殿及东西并列的东殿、西殿是寝殿，它们为皇帝家宅之前堂后寝。

对上京宫殿中部总平面布局和建筑规制进行分析，发现有三点特异之处。其一是南门，其正楼面阔七间，左右有挟楼，规制属于王宫，但正楼下不开门，而在挟楼下左右对称各开一门，形成双门，又属唐代州府级城市衙城正门的规制。其二是如从城之四角画对角线，其交点落在第二宫殿中心。第二宫殿是全宫体量最大规格最高的宫殿，又位于全宫的几何中心，明显是最重要的殿宇，但其前之

殿庭却远小于第一宫殿前之殿庭。反复推详，其原因可能和渤海国之地位，即它与唐之关系有关。宫城南门兼有王宫和地方城市谯门的特点是为了既表示它属于州郡级城市，与唐廷封他为忽汗州都督的官位相应，又显示他具有不同于一般州都督府的王国地位。在宫殿规模上，第一宫殿是外朝正殿，要接待唐及其他小邦的使臣，故殿宇建得稍有节制，与其藩国地位相称，免遭唐之指责，而第二宫殿为正衙殿，是处理内政，南面称尊之地，故建得和唐宫最重要的殿宇同一规格，颇有些“内外有别”，“关起门来做皇帝”之意。

在平面图上进一步研究，把比尺折成长 29.4cm 的唐尺后，画 10 丈和 5 丈的方格网在图上核验，发现宫城南北深基本为十丈网格 25 格，东西宽为 21 格，面积为 250 丈 ×210 丈。宫内中轴线上，第一宫殿前之殿庭东西宽 5 格，南北深（自殿左右廊台基至宫门墩台北壁）6 格，为 50 丈 ×60 丈。第二宫殿台基宽 3 格，深 1 格，其前的殿庭东西与殿同宽，南北深 4 格，若把殿及殿庭视为一体，则面积为宽 30 丈，深 50 丈。其北之第三宫殿前殿庭宽 2 格，深 2.5 格，为 20 丈 ×25 丈。第三、四宫殿为一工字殿，如视为一体，宽深均占 2 格，为 20 丈 ×20 丈。它左右的东殿、西殿包括其前由回廊围成之殿庭，面积与第三、四宫殿相等，也是 20 丈 ×20 丈。而且东殿、西殿的中轴线与第三、四宫殿之中轴线相距均占 2 格，即 20 丈，三者占地面积相同，东西并列。第五宫殿址所在院落东西宽 6 格，南北深 3 格，面积为 60 丈 ×30 丈。但在其北墙外还有一横墙，如以它为北界，向第五宫殿院落南墙二角画对角线，其交点正在第五宫殿之几何中心，故很可能此院落应以此墙为北界，院落面积为 60 丈 ×40 丈。

东路虽建筑址未全查明，但用墙围成的院落东西宽均为 5 格，即 50 丈，南北深可分为二院，分别为 6 格和 7.5 格，即 60 丈和 75 丈。从上面的情况可以看到，宫中各主要部分的位置、轮廓、轴线等都和 10 丈网格和 5 丈网格有对应关系，可证渤海上京宫城中部的主要建筑是以 10 丈网格为主、以 5 丈网格为辅作为基准进行规划布置的（图 2-1-7）。

前已述及，第二宫殿位于宫城中区的几何中心，第五宫殿位于所在矩形大院的几何中心。进一步分析，还发现其他几个殿址也都位于所在院落或区域的中心位置。例如，在第三宫殿左、右、后三方都有宫墙，其西宫墙南端内折，与第二宫殿相接，围成一宽 6 格、深 7.5 格，即宽 60 丈、深 75 丈之矩形大院落，如从其四角画对角线，其交点落在第三宫殿址之中央。第三宫殿为内朝主殿，它位于此院落之几何中心，说明此院落应为内朝的主要部分。若自此院落南墙两角向第一宫殿东西庑南端画对角线，则其交点又恰落在第一宫殿之中心。在东路偏南的院落，如画对角线，其交点也落在院内一建筑址的中心。

这就是说，在已查明的宫殿址中，除第四宫殿址为工字殿之后殿，从属于第三宫殿址外，第一、二、三、五四座殿址和东路一座殿址或居于全宫几何中心，或位于所在院落的几何中心，具有共同手法，表明这手法在当时的院落布局中具有普遍性（图 2-1-8）。

前已论及，第二宫殿居于全宫几何中心，应是全宫主殿，故须验核一下它和全宫内有无模数关系。现全宫为宽 21 格，深 25 格，而第二宫殿若与殿前庭院通计之为宽 3 格，深 5 格，这样全宫之宽为其宽之 7 倍，深为其深之 5 倍，亦即全宫面积为其 35 倍，这就表明全宫面积是以全宫主殿第二宫殿（包括殿庭）之面积为模数的。

在图 2-1-7 中还可以看到，宫之中间部分和左右两侧基本同宽，都基本上占 6 格，即均宽 60 丈，这也可再一次证明，宫之规划是以方 10 丈网格为基准布置的。

六、明、清北京紫禁城宫殿及其“外郛”

明定都北京后的主宫，建成于明永乐十八年（1420 年）。宫四周环以城墙，即紫禁城，城内称“大内”。紫禁城东西宽 753m，南北深 961m，四面各开一门，南门称午门，午门内中轴线上前后相重建有外朝主体“前三殿”和内廷主体“后两宫”。前三殿是举行国家大典之处，是国家政权的象征。后两宫是帝后的正式寝宫，皇帝的家宅，象征家族皇权。后两宫左右有“东西六宫”和“乾东西五所”，是妃嫔和皇子的住所。

在北京市 1/500 实测图上进行分析，“后两宫”南北向以乾清门前檐柱柱列和北端坤宁门后檐柱列计，深 218m。东西向以东西庑后檐墙计宽 118m。在此范围内画对角线，其交点落在前殿乾清宫的中心。

“前三殿”之东西宽以东、西角库之东西外墙计，为 234m，基本为“后两宫”宽之两倍。循此线索在图上探索，发现其南北方向如南起太和门之前檐柱，北至乾清门之前檐柱，其深为 437m，也是后两宫南北深的二倍。在前三殿范围的四角画对角线，其交点落在太和殿几何中心稍偏南 3.5m，考虑到太和殿屡毁屡建，规模较明初缩小和当时测量定线上的误差，可视为太和殿居前三殿之几何中心，与乾清宫居后两宫几何中心的手法全同。据此可以确认前三殿的宽深恰为后两宫的二倍，即面积为其四倍。

东西六宫部分在实测图上量得南北向自南墙外皮至北面乾东西五所后墙，总深为 216m，东西向自后两宫东西庑后墙至东西六宫外侧的外墙，共宽 119m，与后两宫的尺寸 218m × 118m 基本相同。

紫禁城正南有端门和天安门，天安门为皇城之正南门。在天安门外，皇城增出一个凸形的外突部分，称为“外郛”，最南端突出处建有大明门和东西千步廊，东西侧建有东西三座门。自天安门门墩南壁南至大明门北千步廊之南山墙约 660m，为“后两宫”之深 218m 的 3 倍。东西三座门间的距离为 356m，为“后两宫”东西宽 118m 的 3 倍。由此可知皇城“外郛”之宽、深都是“后两宫”的 3 倍。

从上述情况可以看到，在规划紫禁城宫殿时，其主要部分之长宽都是“后两宫”之宽深的倍数，“后两宫”之宽深各增 1 倍即为“前三殿”，它的宽度增至 3 倍即为天安门外“外郛”之宽，它的深度增至 3 倍即为“外郛”之深，而东西六宫与乾东西五所合起来又与它面积相等，在这里“后两宫”之长宽实即规划紫禁城宫殿时使其各部分之间保持一定关系所采用的模数。这种手法的采用也含有一定的象征意义。“后两宫”是皇帝的家宅，代表一姓皇权，“前三殿”代表国家政权，“后两宫”扩大四倍即为“前三殿”就是用建筑手法表现一姓皇权、“化家为国”、“君临天下”的意思（图 2–1–9）。

七、明、清北京紫禁城外朝“前三殿”建筑群及皇城前部

“前三殿”是紫禁城内代表国家的最主要建筑群，是举行国家重大典礼的地方。它以中轴线上的太和门、太和殿、中和殿、保和殿共一门三殿为主体。太和门前由廊庑、东西门围成广场，广场正中有内金水河横过。太和、中和、保和三殿四周有体仁、弘义两阁和侧门、角库等，连以廊庑，围成巨大的封闭的宫院。

它创建于明永乐十八年（1420 年），次年即焚毁，以后屡毁屡建，保持至今。现太和殿为清康熙年间重建。中和殿、保和殿分别为明天启七年（1627 年）和万历四十三年（1615 年）重建，后经清代大修。但三殿下的工字形大台基和四周围成宫院的太和门、体仁弘义二阁、角库、侧门和廊庑的房基则仍是明代之旧，不会有大的改变，尚可据以探讨始建时的设计意图和手法。

前在探讨紫禁城规划时已发现，如以太和门前檐柱列和乾清门前檐柱列为南北界，则主殿太和殿正位于全区的几何中心。但前三殿又以四角的角库为标志围成矩形的宫院，还需探讨这部分在设计上有何特点。

在 1943 年前三殿实测图[①]上用作图法分析，发现如以四座角库之外墙为界，宫院之长宽比近于 3 ∶ 2。再以实测数据验算，在图上量得，其墙外皮尺寸东西为 234m，南北为 353m。

234 ∶ 353 = 2 ∶ 3.02，考虑施工误差，可认为原设计为 3 与 2 之比。

再看三殿下的工字形大台基，其东西宽为 129m，南北长（计工字形本身，不计南面突出的月台）195m。129 ∶ 195 = 1 ∶ 1.51 ≈ 1 ∶ 1.5，与宫院之比例相同。这就是说，宫院和工字形台基之长宽比都为 3 ∶ 2，它们是相似形。

又，从宫院与台基的长宽比来推算，宫院东西宽 234m，工字形台宽 129m，二者之比为：234 ∶ 129 = 1.81 ∶ 1 = 9.05 ∶ 5 ≈ 9 ∶ 5

考虑到当时施工和测量放线的误差，可以认为即是九与五之比。

在古代，九与五两个数字相连，只能是皇帝专用的。在《周易》履卦有“刚

---

① 1941~1943 年，张　先生率天津工商学院师生对北京紫禁城宫殿的前部、太庙、社稷坛、天安门、端门、鼓楼、钟楼进行测绘，绘有精确测图。本文有关这些建筑的篇章即据以进行探索。下文凡云 1941、1942、1943 年实测图者均指此部分测图，不再详注。

中正、履帝位而不疚，光明也”句，其后〈疏〉曰:“以刚处中，得其正位，居九五之尊。”《周易》〈系辞〉下，“崇高莫大乎富贵”句后〈疏〉曰:“王者居九五富贵之位。”这就是古代以“九五”象征帝位的来源，后世遂以“九五之尊”称皇帝。在前三殿殿庭和工字形大台基之间采用九与五的比值正是用数字比例关系来隐喻前三殿是“九五富贵之位”的帝王之宫的意思。

前已述及，在古代大建筑群的规划中，还多采用以方格网为基准控制同一建筑群内各建筑的尺度和相互关系的做法。在唐渤海国上京宫殿址中已发现使用方10丈和5丈两种网格的现象。循此线索推求，发现在紫禁城宫殿规划中也使用了这种方法，但视建筑群规模大小，至少有10丈、5丈和3丈三种方格网。

明代尺长从太庙和社稷坛实测中推算出约在0.3173m至0.3197m之间，以此尺长范围在硫酸纸上画方格网，与实测图相套，发现当尺长为0.3187m时，南北向如以宫院之南北中轴线为准，可向东、西侧各排3格，东西向如以太和殿东西外侧之横墙为准，向南可排6格，向北可排4格，这样所占范围基本上与周庑内所包殿庭一致。照此在总图上画方格，可以看到，自太和殿下大台基南缘至太和门左右昭德、贞度二门台基的北缘恰可容4格，即深40丈。自殿前东西相对的体仁、弘义二阁的台基前缘计，其间恰可容6格，即宽60丈。可知太和殿前的殿庭宽60丈，深40丈。若南起昭德、贞度二门台基北缘，北至保和殿东西的后左、后右二门前檐柱列，中间可容10格，即周庑内所围之殿庭总深为100丈。在图上还可看到，太和殿本身台基东西宽占2格，即20丈，太和殿下工字形大台基东西宽占4格，即40丈。昭德、贞度二门之中线东西相距4格，中间为太和门之中线，即三门之中线相距均为2格，即20丈，这些部分和方10丈的网格都有直接的对应关系，可证在规划时确是以10丈网格为基准进行的。但前三殿的外轮廓却和10丈网格无联系，因为前已述及，前三殿宫院的外轮廓尺寸是以后两宫之长为模数各增加一倍而确定的，故不可能同时满足10丈网格。从这里也可以看出，10丈网格是为了控制宫院内部关系而设的（图2-1-10）。这里的尺长0.3187m与明嘉靖建太庙尺长相同，可知三大殿尺度在明嘉靖重修时曾加以调整。

如把10丈网格分别向南北延伸，则自后左、后右门前檐列柱向北排3格恰可至乾清门东西庑的台基前缘；自昭德、贞度二门台基北缘向南排6格可至午门正楼墩台之南壁。从图中可以看到，太和门南的网格也与建筑有密切的联系。其东西面协和、熙和二门中线之连线恰与一条东西向网线相重，而内金水桥恰位于1排方格网之间，五桥东西总宽占2格，即总宽20丈（图2-1-11）。

据此，紫禁城内，南起午门正楼下墩台南壁，北至内廷正门乾清门前檐柱列，恰可排19格，即整个外朝部分总深190丈。

自午门正楼南壁再向南排方10丈网格，南至端门下墩台南壁，恰为12格。自此再向南排，至外金水桥之中心又可排7格，二者共深19格，即也是190丈。午门墩台东西外壁及御道两侧街门的后檐间距占4格，即宽40丈。

这就是说，在紫禁城规划中，以午门正楼下墩台南壁为界，自此向北到乾清门前，包括整个外朝部分，共深 190 丈；自此向南至外金水桥中心，包括皇城正门天安门至紫禁城正门间御道的全部，总深也是 190 丈，二者深度完全相等（图 2-1-12）。

上述现象说明，紫禁城内的外朝部分和宫前御道，全部是以 10 丈网格为基准安排的。

八、明、清北京紫禁城后两宫及东西六宫

“后两宫”在紫禁城中轴线上“前三殿”之后，为纵长矩形院落，是帝后的正式住宅，家族皇权的象征。它在中轴线上最南为正门乾清门，其内为皇帝起居之正殿乾清宫，相当于宅第之前堂，其后为后殿坤宁宫，是帝后的寝宫。二者共建在一工字形大台基上。到明中叶，又在乾清宫、坤宁宫之间增建一方殿，名交泰殿，最后形成与“前三殿”相似的在工字形台基上建三殿的格局。坤宁宫后即后门坤宁门。在乾清、坤宁门之左右和两宫的东西侧建有周庑并辟东西门，围成矩形院落。

从平面图上分析，如从院落四角画对角线，则其交点正落在前殿乾清宫的中心，表明乾清宫居于全院落的中心。后两宫在明代屡毁屡建，现存为清顺治十二年（1655 年）重建的，但其台基等应是沿用明代之旧，可知是明代始建时的设计手法。

前面对外朝部分的研究已证实在规划时利用了方 10 丈的网格。用此线索在后两宫的平面上探索，发现它宽深的尾数都在 5 丈左右，可知所用的是方 5 丈的网格。在平面图上用方 5 丈的网格核验，发现后两宫东西宽 7 格，为 35 丈，南北深 13 格，为 65 丈。从图上可以看到，乾清宫之宽如以山墙计，基本占 3 格，即宽 15 丈；殿前广庭，东西宽 6 格，南北深（月台至南庑北阶）3.5 格；东西侧之日精、月华二门基本占 1 格；交泰殿及东西庑上与之相对的景和、隆福二门的中线也与东西向网线重合。这些布置大都与网格之排布相应，可证后两宫规划时是使用了方 5 丈的网格为基准的。

东西六宫在后两宫东西侧，中间隔着永巷，每面各二行，每行各三个方形院落，共十二个院落。这种布置是古代廊院制度的遗制，用为妃嫔的住所。它创建于明永乐十八年（1420 年），现状为清顺治康熙间重建。在平面图上进行分析，如自各宫墙之四角画对角线，除了西侧的永寿宫外，各主殿都位于院落的中心。在东六宫之南有清康熙、雍正时改建的斋宫和毓庆宫，其主殿也基本位于各院之中心，可知这是明清时通用的布置手法。

东西六宫的布局也利用了方 3 丈的网格，每宫东西均宽 5 格，即 15 丈。其南北之深为 5 格、6 格不等。但若考虑到与宫内其他宫院类比，太上皇住的宁寿宫用

方 5 丈网格，而皇太后住的慈宁宫因男尊女卑关系只能用方 3 丈网格，东西六宫是妃嫔及皇子居住的，其规格不能超过皇太后宫，故它可能用的是 3 丈网格，每宫是 3 丈网格 5 个，而不是 5 丈网格 3 个（图 2–1–13）。

九、明、清北京紫禁城宁寿宫

在紫禁城内东北角，明代为哕鸾宫、喈凤宫，是老年后妃的住地。清康熙间改建为太后宫，前名宁寿宫，后名景福宫，景福宫西为花园。清乾隆三十六年（1771 年）又改建成供乾隆帝退休后为太上皇时的宫殿，乾隆四十一年（1776 年）建成，统称宁寿宫。

现宁寿宫四周缭以宫墙，呈纵长矩形，形成独立的一区。在中轴线上自南面外门皇极门至最北端的景祺阁，共建有门、殿九座，隐喻皇居九重之意。具体可分前后四部分，自南而北，依次为：

1. 皇极门外横街，东西端各有门，西门为主门。

2. 宁寿门前广庭。

3. 宁寿门内，以皇极殿、宁寿宫为主殿，周以廊庑、东西开侧门的朝区。

4. 养性门内，以养性殿、乐寿堂、颐和轩为主体的寝区。寝区中轴线上主体的东西侧尚有东西路，东路为戏楼畅音阁，西路为宁寿宫花园。

朝区的宁寿门、皇极殿、宁寿宫之形制仿“后两宫”的乾清门、乾清宫和坤宁宫，但殿由九间减为七间，中间省去交泰殿，规格比“后两宫”降低。寝区的前殿养性殿全仿清帝听政的养心殿，其后的乐寿堂是全宫最豪华的寝殿，但屋顶用灰瓦，卷棚屋顶，兼具豪宅特色。这些情况说明宁寿宫一区是改变了明朝和清初的旧规，按乾隆帝的要求重新建造的，它的规划、布局反映了乾隆时的特点和水平。

在 1941 年所测 1/1000 故宫全图有这一部分，就图分析，可看到以下一些特点（图 2–1–14）：

1. 从全宫整体来看，如以皇极门一线及北宫墙为南北界，从四角画对角线，其交点恰在宁寿宫北、养性门南的东西横街的中分线处，则从用地看，朝区、寝区各占一半。

2. 朝区如依“前三殿”之例，以宁寿门前檐柱列为南界，以养性门前檐柱列为北界，画对角线，则其交点在皇极殿之中部。表明皇极殿为朝区主殿，与太和殿居“前三殿”一区之中心的情况全同。

3. 寝区如以养性门前檐柱列为南界，以北宫墙为北界，画对角线，其交点落在乐寿堂之正中，表明乐寿堂为寝区主殿。这种以主殿置于全区几何中心的手法继承了明以来的布置手法。

4. 在平面图上用 10 丈和 5 丈网格核验，发现它使用的是 5 丈方格网。自南而北，横街南北深占 2 格，即 10 丈；宁寿门前广庭深 4 格，即 20 丈；外朝部分深 8 格，即 40 丈；内廷部分深 10 格，即 50 丈。这样排的网格，四个部分的分界线都与网线重合，且皇极殿左右小门也在分界线上，与太和殿两侧横墙在网线上的情况全同，乐寿堂的南北中分线也基本与网线相重。这些现象证明，在规划宁寿宫时，确实是以方 5 丈的网格为基准的。它的南北总深为 24 格，即 120 丈。其中外朝深 40 丈，内廷深 50 丈，合之为 90 丈，这里又出现了九这个数字，可能和中轴线上建九重建筑有同一用意。

十、明、清北京紫禁城其他宫院

1. 武英殿、文华殿

位于前三殿东西侧，是外朝的辅助殿宇，文华殿是大臣给皇帝讲经书之处，武英殿在清代为编书之所，主殿都是前后两座，现状都是中连穿廊的工字殿，殿的前、左、右三面用殿门、配殿围成矩形院落。武英、文华二组始建于明永乐年间，武英殿没有重建的记载，文华殿为清康熙二十二年（1683 年）重建，乾隆三十九年（1774 年）又在后部增建文渊阁以贮四库全书，但现在殿之基座应是明代旧制。从《乾隆京城全图》上看，在未建文渊阁以前，文华殿一组之北墙与现传心殿一组之北墙相平，武英殿一组之北墙与后殿东北方之恒寿斋北墙平，以此二处为北界，向南面宫墙转角处画对角线，武英殿恰位于全院中心，文华殿则在全院几何中心稍偏南处。二者都可认为是主殿位于全院落中心，保持着始建时的格局。

前已述及，紫禁城外朝前三殿及内廷后两宫内部之布局分别以 10 丈和 5 丈方格网为基准。以 10 丈和 5 丈网格在文华、武英二院落上核验，都不符合，但试以方 3 丈的网格核验，则基本符合。文华殿院落东西宽 6 格，即 18 丈，南北深 14 格，即 42 丈，其中最后新增的文渊阁院落深 5 格，即 15 丈，则文华殿院深 9 格，为 27 丈。武英殿院落东西宽 7 格，为 21 丈，南北深如以武英门台基前沿与后殿后沿计为 10 格，即 30 丈。正殿前殿庭宽 5 格，为 15 丈，殿门宽 3 格，为 9 丈，配殿占 1 格，深 3 丈。这二殿的布局都和 3 丈网格有一定的呼应关系。

2. 慈宁宫

在紫禁城西部，是明嘉靖帝在嘉靖十五年（1536 年）为其母创建的太后宫。清顺治十年（1653 年）重修，乾隆三十六年（1771 年）加以拓建，改主殿为重檐歇山屋顶，仍为皇太后宫。它的中部为主院，中轴线上建殿门、正殿慈宁宫、后殿大佛堂，周以廊庑，围成两进的矩形院落。在前院东西庑上开东西门。殿前庭院开东西门是宫殿最高规格，在紫禁城内也只有前三殿、后两宫和太上皇、皇太后居住的宁寿宫、慈宁宫是这样，其余如文华殿、武英殿、东西六宫都不如此，王府等更不允许这样。在主院的东、西、北三外侧都建有小院，北面并列三院，称中宫院、东宫院、西宫院，东西侧相重各建三院，称头号院、二号院、三号院，各院与主院间隔以巷道。整组建筑由主院和九个小院组成纵长矩形的大宫院。慈宁宫西侧的三院已为建寿康宫时所毁，但从布局上还可推出其原状。在主院左、右、后三面环以小院的布置是唐以来大型建筑群的常用布局，包括宫殿、贵邸，官署、寺庙等都可这样布置。这种布局沿用至明代，除慈宁宫外，北京明代所建六部官署和智化寺、卧佛寺、山西太原明初所建崇善寺等也是这样。在平面图上分析，如自主院四角画对角线，则交点落在正殿内稍偏南，虽不居殿之中，却与殿东西外侧之小门相平，与宁寿宫皇极殿一组的情况相同。如用方 3 丈的网格在平面图上核验，可以看到其总宽东西占 13 格，为 39 丈，南北深占 17 格，为 51 丈。其最南之横街长 13 格，宽 2 格，即长 39 丈，宽 6 丈。主院深 10 格，后院及巷共分 5 格。前院殿庭东西宽 6 格，南北深（自南庑北阶计至正殿东西外侧小门南阶）4 格，即宽 18 丈，深 12 丈。北院东西二院中轴线相距 5 格，为 15 丈。这些现象表明在规划慈宁宫时，以方 3 丈的网格为基准（图 2–1–15 左）。

3. 奉先殿

即宫内太庙，在乾清门东景运门外，创建于明代，清顺治十四年（1657 年）重建。主殿为工字殿，四周缭以宫墙，南面墙上开五个门，通横街，西行出西门。在平面图上分析，如就宫墙四角画对角线，则可发现前殿在中心位置。以 3 丈网格核验，发现它东西宽 6 格，即 18 丈，南北深 9 格，即 27 丈，门前横街深 3 格，即九丈，可证它在规划时以 3 丈网格为基准（图 2–1–15 右）。

以上四例是紫禁城中较次要且尺度较小的建筑群，在平面布置上都把主殿置于院落的几何中心，与宫中其他建筑群手法全同，为通用手法。但因这些建筑群规模较小，故所用网格缩小为 3 丈。前已探讨，紫禁城外朝“前三殿”、太和门前以及宫南至皇城正门天安门间御道都用方 10 丈网格为基准；紫禁城内廷“后两宫”、东西六宫和宁寿宫用方 5 丈网格为基准；加上这四例以方 3 丈网格为基准；在紫禁城内各建筑群的规划布置中，实际上视建筑之大小规模，使用了方 10 丈、5 丈、3 丈三种方格网为基准（图 2–1–16–1）。

以上六至十项探讨的都是在明清紫禁城宫殿规划布置上表现出的共同规律和手法。这些手法在紫禁城鸟瞰照片中也可得到清楚的印证（图 2–1–16–2）。

十一、河北省承德避暑山庄正宫

清康熙四十二年（1703 年）选定在承德武烈河西岸建行宫，至康熙四十七年（1708 年）初具规模，以如意洲上建筑群为康熙帝在园内的住所。康熙四十八年（1709 年）开始建正宫，为行宫主建筑群，康熙五十年（1711 年）建成，于宫门题额为避暑山庄。康熙五十二年（1713 年）建成宫墙，正式确定行宫范围。

正宫在避暑山庄最南部，是由多重宫院组成的纵长矩形建筑群，分前朝和后寝两部分。前朝部分在中轴线上自南而北依次为午门（五间）、宫门（又称内午门，五间）、正殿澹泊敬诚殿（七间加四周回廊）、后殿依清旷殿（五间）和后照房（十九间、又称十九间殿），共五重建筑，在各殿门的前方左右侧各建有配殿、耳房、回廊，形成四进院落。后寝部分为中、东、西三路，中路中轴线上自南而北依次为门殿（三间）、寝殿烟波致爽殿（七间）、后楼云山胜地楼（五间）和后门岫云门（三间），共四座建筑，左右有回廊连接，形成三进院落。另在前朝后寝之间（即十九间殿与门殿之间）有东西向横巷，两端开门，近于宫中永巷之制（图 2–1–17）。

在行宫总图上分析，发现后寝部分如自宫墙四角画对角线，交点正在寝殿烟波致爽殿的中心，可知此部分仍按传统手法布置，但前朝的正殿澹泊敬诚殿却既不居前朝的中心，也不居全正宫的中心，其原因俟考。

在平面图上进一步分析，发现它也是利用方 3 丈的网格布置的。行宫后寝部分之宽恰占 8 格，其深占 7 格，即宽 24 丈，深 21 丈。循此继续向南排网格，发现至宫门（内午门）左右横墙止，可排 12 格，为 36 丈；再向南至午门左右墙，又可排 5 格，为 15 丈；二者相加为 17 格，即 51 丈，此即正宫外朝部分之深。再向南排网格，自午门左右横墙至山庄丽正门门墩南墙恰占 7 格，为 21 丈。通计正宫南北之深占 24 格，东西宽以后寝计，占 8 格，即其占地面积为宽 24 丈，深 72 丈，宽深之比为 1 ∶ 3。此外，在宫院内部，其外朝正殿、后殿之宽分别占 4 格和 2 格，即宽 12 丈和 6 丈；午门左右二角门中距为 4 格，即 12 丈；外朝正殿前檐、后寝正殿前檐和午门、内午门及外朝正殿左右配殿之后墙都在网格线上。这些现象表明正宫内重要建筑之布置多与网格相应，证明正宫的平面是以方 3 丈的网格为基准布置的。

但在总平面图上还可以看到，正宫之东西宽只有后寝部分占 8 格，宽 24 丈，南面的外朝部分东西宽比后寝内收少许，其原因俟考。但用作图法分析，发现一个现象，即外朝部分之东西宽恰为后寝主殿烟波致爽殿东西宽的三倍。可能后寝部分因要分东、中、西三路，宽度增大，而外朝部分只一路，即以后寝主殿之宽为模数，以其三倍定其宽，这样还可保持前代以内廷寝殿宽、深为模数的传统，体现“化家为国”的思想。此外，在平面上于中轴线上安排九座建筑的手法，也有以“九重”表示皇居的意思。

正宫的轮廓宽 24 丈，深 72 丈，与北京雍和宫的尺寸相同。雍和宫自雍王府改建而成，其原型为最高规格的王府。避暑山庄正宫在已用其他方式表示属皇宫规格之后，轮廓采用亲王府的尺寸，也可算作是表示行宫应比正式宫殿贬损和俭朴之意吧。

十二、河北省承德避暑山庄如意洲及月色江声建筑群

如意洲为避暑山庄湖区最大岛屿，在正宫建成以前，其上的延薰山馆一组即为康熙帝之住所。其主体为无暑清凉、延薰山馆、乐寿堂三建筑前后相重布置，

用配殿和回廊围成二进院落；前院东西侧各有小跨院，西面的即“金莲映日”。后院之东有戏楼“一片云”，楼西有曲廊通“沧浪屿”、“西岭晨霞”等亭轩，是半开敞性具有园林特点的建筑群。但现状无暑清凉、延薰山馆二建筑前后相重，金莲映日为前出抱厦之轩，而康熙《避暑山庄诗》中“入无暑清凉转西为延薰山馆”又画“金莲映日”为楼，明显与现状不合，可知是清乾隆六年（1754 年）改建的结果（图 2–1–18）。“月色江声”在如意洲东南，也建于一小岛上，在中轴线上建有月色江声、静寄山房、莹心堂、湖山罨画四座建筑，用回廊及配房围成三进院落，从其西南角冷香亭为乾隆三十六景之一的情况看，也是经乾隆时改建的（图 2–1–19）。

如意洲的主体部分，如自无暑清凉东西侧横廊转角处向乐寿堂前檐左右廊的转角间画对角线，则其交点恰在主建筑延薰山馆的中央。在“月色江声”的总平面图上，前后三进院可视为两个前后两进院相套叠。如自“月色江声”左右廊向莹心堂前檐穿山廊的两角（西侧在与东侧转角相应位置）画对角线，则主建筑静寄山房恰位于其交点上。同样，如自静寄山房前檐穿山廊转角向“湖山罨画”前檐左右廊之转角画对角线，则莹心堂又位于交点上。这两组建筑都沿用把主体建筑置于地盘几何中心的传统做法。

若以清尺 3 丈即 9.6m 在总图上画方格网，则可发现，如意洲的主体部分东西宽 4 格，即 12 丈，南北深 8 格，即 24 丈，其西侧的金莲映日一组南北深 4 格，东西宽 3 格，即 12 丈深，9 丈宽。其院落轮廓和重要建筑的布置大都和网格有密切的对应关系。在月色江声一组的总图上，前后总深 9 格，即 27 丈，东西之宽如以后部计占 4 格，为 12 丈。其南半部向西突出部分峡琴轩之南北中线正在网格线上，也和网格有对应关系。从以上二例和避暑山庄正宫的情况看使用方 3 丈网格为院落布置的基准是建行宫时的通制。

综观避暑山庄正宫、如意洲、月色江声三组，其一为离宫式，其余二所为别墅园林式，但在布局上都沿用置主体建筑于全区几何中心的传统，并利用方 3 丈的方格网为布局基准。如与北京宫殿合观，紫禁城宫殿外朝用方 10 丈网格，内廷及其他部分用方 5 丈网格，而行宫无论正宫还是个别座落，都用方 3 丈网格，反映了大内和行宫在体制和规模上的差异。3 丈网格同时还用于王府、寺庙、官署（目前尚无官署实例平面，可以相当于官署的孔府前部及卢宅肃雍堂为参考）等建筑，大约是网格中较低一级的规格。

第二节　皇家苑囿

据史籍记载，古代曾修建了大量的供皇帝专用的皇家苑囿，最著名的有秦汉之上林苑，魏晋之华林园，南朝之乐游园，隋唐之禁苑、东都苑，唐之芙蓉园、华清宫，宋之内苑、聚景园等，都是因借自然地形和景物建成的规模巨大、景物繁富的皇家禁苑，在唐以前的一些苑囿还兼有狩猎、养殖和园圃功能，规模更大，至宋以后则主要起游息作用，比前代缩小一些。这些苑囿久已毁去，已难详考。辽、金、元、明、清五朝定都北京，也建有大量苑囿，经过历朝陆续改建，目前所存也都是清代所遗，偶有局部的明代遗存已极可贵，元以前苑囿也只能求之史册，难做具体探讨了。

清代在元明基础上大建苑囿，除紫禁城西的西苑（北海、中海、南海）外，还有西郊的三山五园。近代经帝国主义侵略军破坏，圆明三园付之一炬，三山遭严重破坏后也未能恢复盛时全貌，只有城内的西苑和三山中的清漪园因改建颐和园得以保存下来。从这些苑囿实物看，它们规模巨大，包容真山真水，馆阁富丽，景物壮阔，在古代园林中独树一帜，与一般人工造景的城市山林型宅旁园以紧凑幽邃、以少象多、闲适可居见长者迥然不同，规划手法亦大异。诸苑囿中只颐和园及北海有较好的实测图，有条件进行较具体的探讨。从对现存北京明清皇家苑囿的分析可知，它最主要的手法是划分景区，建立轴线，在不同轴线间建立对景或呼应关系。

一、北京市颐和园——原清漪园

颐和园的前身称清漪园，创建于清乾隆十五年（1750 年），先在瓮山下为皇太后建大报恩延寿寺，改山名为万寿山，又疏浚湖泊，改名为昆明湖。以后续有兴建，在乾隆二十六年建成，定名为清漪园，供皇帝在圆明园居住时游赏之用。1860

年清漪园与圆明园为英法联军所毁。清光绪十四年（1888年），西太后那拉氏把它改建为供居住用的离宫，以代圆明园，改称颐和园，保存至今。限于财力，改建为颐和园时主要建设在前山部分，后山、后湖、西堤以西的西湖和南湖都没有重大建设。前山最大的变化是改大报恩延寿寺为祝寿用的排云殿，改寺东西侧的慈福楼、罗汉堂为居住用的介寿堂和清华轩。东端改原乐寿堂为寝宫，把其东的怡春堂一组改为戏楼，称德和园。除德和园外，排云殿、乐寿堂等都是在原有基础上改建，没有大的改变，所以我们仍可据颐和园的总体布局上溯清漪园时的规划特点和手法。

清漪园是仿杭州西湖大意而建，倚山面湖。当时湖的东、南、西三面是敞开不砌围墙的，只有万寿山和东面的宫殿以及龙王庙岛是禁区，所以从南面隔湖遥望东西1km余的万寿山遂为全园主要景观。因为它是真山、真水以自然景物为主，不同于人造园林，所以在处理手法上与小园有很大的不同。

由于颐和园面积广大，在规划布置上首先要按性质和景物特点分区，才能控制全局。它基本上分为东部朝寝区和前山、后山后湖、西堤南湖等几个景区。朝寝区以主殿仁寿殿和寝殿乐寿堂为中心，环绕它建若干次要及附属建筑，具有宫殿性质。在景区划分上首先把全园主要部分万寿山以山脊为界分为前后二区。前山区以排云殿至佛香阁一条逐渐升高的中轴线和沿湖岸的白石栏杆与长廊构成的水平横线为骨干，统率起大量散点的亭榭轩馆，形成雕栏玉砌、金碧楼台的皇家苑囿的富丽景物。后山区则是塔殿参差，红墙青松的山寺和垂杨夹岸、轩馆对峙的河流，形成幽邃宁静的景物。昆明湖水面广阔，西湖水面曲折，中隔长堤廊桥，湖中大小三岛错杂相望，是仿杭州西湖湖区的景物。由于园区广大，各景区逐渐过渡，无生硬转换之迹，且可收遥观对比互相映发之效，是很成功的苑囿规划方法。

在具体造景上，由于广大的园区内要布置大量的规模大小不等的建筑群，除几组大的主体建筑群外，很多中小建筑散列其间，需要用建筑手法把它们组织起来，才能互相呼应，形成有机的整体。

从实测图上可以看到，在前山部分共布置了七条可以从湖中看到的轴线，即①排云殿（原延寿寺）至智慧海轴线；②介寿堂（原慈福楼）至转轮藏轴线；③清华轩（原罗汉堂）至宝云阁轴线；④对鸥舫至无尽意轩轴线；⑤鱼藻轩至山色湖光共一楼轴线；⑥水木自亲至乐寿堂轴线；⑦听鹂馆至画中游轴线。七条轴线中，①排云殿至智慧海轴线自湖边逐层上升至山顶，左右有②、③两次要轴线辅翼，如大建筑群中路两侧之东路西路，起了强调主轴气势，加大其体量和宽度的作用，有力地突出了这条主轴线。④、⑤和⑥、⑦四条轴线又分列左右，从湖中北望，有这七条主次分明的轴线，提纲挈领，控制全山，其他大小座落穿插其间，就显得各有归属，繁而不乱了。此外，又在万寿山前山满砌石岸，加石雕栏杆，其内沿湖建横亘东西的长廊，使白色的雕栏和绿柱加苏式彩画的长廊沿水面形成一条彩带，把七条主次轴线统率起来，大大加强了万寿山南面景观的整体感（图 2–2–1）。

万寿山的北坡部分尚是清漪园时期的残迹，它的中路有五条轴线，即⑩北宫门至香严宗印阁轴线；⑪西牛贺洲轴线；①排云殿佛香阁轴线北延为东胜身洲轴线；⑫现善寺轴线；⑬云会寺轴线。其中⑩北宫门至香严宗印之阁为主轴，⑪西牛贺洲和①东胜身洲二轴线辅翼左右，也形成中路、东路、西路并列之势，突出了主轴线，左右外侧又有⑫现善寺、⑬云会寺二轴线相呼应，有这几条轴线，从北面遥望，山北面的中心也十分突出（图 2–2–1）。

这里最值得注意的是前后山建筑的关系。可能由于智慧海以北的山坡过陡，也可能是有意使大报恩延寿寺与须弥灵境、香严宗印之阁分踞南北坡，各自为尊，在规划中把北坡主轴须弥灵境至香严宗印之阁间轴线设在前山主轴排云殿智慧海轴线之东约 50m 处，二者互相错开。但为了在总体规划上有所呼应，又令北坡西侧的次要轴线东胜身洲轴线与前山的排云殿智慧海①轴线相接，这就出现了北坡主轴的西路和南坡主轴相接的形势。这种处理既使前后山的布局有一定联系，又不妨碍其各自为尊，构思是很巧妙的。

在清漪园的规划中，还大量使用了借景和对景的手法。

清漪园东、南二面为平原，西北二面为山区，故主要借景的方向是西、北两面，特别是西面。西面除远处以香山、八大处一线诸山为屏蔽外，尤为有利的是中间还有玉泉山，增加了一个中间层次，加大了纵深感。在修清漪园的同时，把玉泉山也建为苑囿，称静宜园，在主峰上建玉峰塔，又在其后余脉上建喇嘛塔，以突出山的轮廓。玉泉山在大片稻田的环拥下，以西山为背景，形成清漪园西面的对景。在清漪园除于山前、山上都可纵观此景外，还特别设了三座建筑，一座是湖边的鱼藻轩，一座是山上西部的“画中游”二层八角亭，一座是山顶西端的“湖山真意”。这三座建筑都是开敞的亭轩，以其西面正对玉泉山，其柱子、挂落和栏杆恰好组成画框，把玉泉山、西山诸景引入园中。

万寿山东面现在建筑密集，已无景可观。但在乾隆时，山之正东为圆明三园，在现在景福阁处正是最好的观圆明园之处，当时圆明园四周也是稻田环拥，一片葱绿，成为清漪园东面的借景或对景。

万寿山南面为昆明湖，湖南为绿树田野。为加强湖的层次，在湖中筑堤，分湖面为大小三部分。其主堤称西堤，取西北向东南走向，堤上建五座桥亭，以仿西湖苏堤。斜行的西堤使湖面北阔南窄，造成透视上的错觉，加深了湖之纵深感，并把南面的田野作为园景的延伸，平畴沃野，烟树点点，淡入苍茫渺霭，也是很好的借景。

对景的手法在清漪园中也大量使用。首先，在同一轴线上的建筑实际即可视为互为对景。其次，为强调景物的呼应关系，还特地建了一些起对景作用的建筑（图 2–2–2）。

其一是在万寿山南坡主轴线①排云殿智慧海轴线的正南方，在南湖中特筑一圆岛，称凤凰墩。墩上建凤凰楼。在墩上北望，自湖边的牌坊（在清漪园时期为影壁）起，①轴线上诸殿层层上升至最高处的佛香阁、智慧海，直如引绳，共在一条垂直线上，甚为壮观，而自佛香阁南望，小岛上耸起高楼，也是很突出的对景。在总平面图上，凤凰墩与①轴线遥遥相直，也可视为①轴线向南延伸，共同形成纵贯湖山的全园南北向主轴。

其二是湖中最大的岛——南湖岛（俗称龙王庙），它不在万寿山主轴线①上，而略偏向东，故岛北面的主体建筑涵虚堂（清漪园时为高二层的望蟾阁）也不能和排云殿一组正对。在布局上为了造成对应关系，特在佛香阁东侧近山脊处建一座小城楼，名“千峰彩翠”，使它正对岛上的涵虚堂及其下的山洞口，城楼的明间和下面的门洞都可形成景框，与涵虚堂形成对景的关系。

其三是在西堤南部突出处建有景明楼，和北面前山西侧的鱼藻轩遥遥相对，成为轴线⑤的延伸部分，使西堤与前山之间产生明确的对应关系。

颐和园——清漪园是大型自然山水型皇家苑囿，总体气势壮阔而局部处理精巧细致，为求景物能互相呼应，具有整体协调感，在总体布局上大量利用轴线关系和对景，并用借景的手法加大空间的纵深感，是极为成功的手法。

园中各大中型建筑群组，仍沿把主建筑置于院落几何中心的传统布局手法。排云殿、介寿堂、清华轩、乐寿堂、玉澜堂、宜芸馆、德和园以及须弥灵境等，莫不如此。

二、北京市北海

北海在明清二代与中海、南海合称为西苑，湖泊称太液池。太液池在金元时以琼华岛为中心，即今北海白塔山。明初向南拓展，开凿南海，遂形成北、中、南三海的格局，经明清二代大力修缮，成为北京城内皇宫西侧最大的苑囿。三海本为一体，有些景物布置得互相呼应，表现出清代造园艺术的重要特点。因只北海有较详细的测图，故重点探讨这一部分（图 2–2–3）。

北海的景物集中在琼岛和池的北岸及东岸。

琼岛在金元时即已开发为离宫，山顶上原有广寒殿，是元初的重要建筑，坍毁于明万历七年（1579 年）。清顺治八年（1651 年）在其址上建白塔，经雍正十一年（1733 年）重修，遂成为琼岛上的标识建筑。经乾隆年间大规模兴建，至乾隆三十六年基本形成现在规模，乾隆帝特撰《白塔山总纪》及《塔山四面记》以记其事。

结合《塔山四面记》及实测图，可以看到，在琼岛的规划中，以白塔为中心，在东西南北四个正方向上建若干建筑，形成南北向和东西向十字交叉的轴线。图中所标①为南面轴线，自塔向南下山，依次为普安、正觉二殿和永安寺，寺南临太液池，建有石桥，通南岸及团城。②为北面轴线，正北除半山有数座小亭轩外，山下临水有漪澜堂和碧照楼。③为东面轴线，正东山脚有智珠殿，建在半月城上，城正东有牌坊及陟山桥，东通苑东门陟山门。④为西面轴线，正西下山依次有水精域、甘露殿、琳光殿。这些条轴线都正对白塔，在各方连成一线，形成正南北和东西向轴线，使从四面看去都有和塔相对的主景。以这四条轴线为纲，错列其他景物于其中，就能繁而不乱，起到很好的统帅作用。

在规划琼岛景物时，还特别注意与其他景物的呼应，采取了一些较特殊的处理手法。

其一，在琼岛南方稍偏西有团城，原也是池中一岛。元代建仪天殿，周以团城，清代在其上建承光殿，殿前建亭，贮元代渎山大玉海，成为著名的古迹胜景。因团城不在琼岛正南方轴线上，为取得景观上的联系，乾隆时特把堆云积翠桥改建为三折，北面一折取正南北向，是白塔南面轴线①的延伸，以加强这条南北轴线。站在这段桥上，透过桥北端的牌坊，以牌坊为景框，恰可看到①轴线上诸建筑，其末端为白塔。桥的南面一折恰在白塔与团城承光殿之间的连接线上，故桥南头的牌坊又恰是观看团城和承光殿的景框。由于有这两段桥的指引和桥头的牌坊互为景框，都会很自然地看到对方，互为对景，这就是园中的⑤轴线。桥中间一段把方向不同的南北两段连接起来，遂形成一座平面为三折的桥。此外，为了加强北海和中海的联系，又以团城为中介，使团城承光殿通过其前的玉瓮亭正对中海东岸的万善殿，即轴线⑥，这样，通过互为对景的手法，直接、间接地把琼岛、团城和中海联系起来。

其二，琼岛北面的轴线是正南北方向，和北岸景物没有对景关系。为此，在规划中设法使北岸中部最大的建筑群西天梵境与琼岛发生联系，其做法是在琼岛北岸中轴线上漪澜堂、碧照楼一组之西增建道宁斋和远帆楼一组，二者形式、体量相同，东西并列。但这一组的位置选在北岸西天梵境一组中轴线的向南延长线⑦上，又把承露铜人设置在道宁斋以南的山崖上，成为⑦轴线南端的标志，从北岸西天梵境的山门处，向南透过琉璃排坊的中间门洞，恰与琼岛北岸的远帆阁和阁后山上的承露铜人对景。

凡是参观北海的人大都对南面的桥作三折形和北面不按传统手法，以漪澜堂为中心而并列建道宁斋一组感到奇怪，通过对北海总平面的分析，可知它们都是为使景物互相呼应产生对景而采取的特殊措施。

北海北岸还有若干组建筑，虽本身各有轴线，即⑧、⑨、⑩、⑪轴线，但大多和岛及园中其他景物没有联系。只有⑧轴线快雪堂一组正对金鳌玉蝀桥，但快雪堂本身体量太小，难以与金鳌玉蝀桥相配，恐是巧合而非有意规划的结果。

从实测图中还可以看到，北海中的主要建筑群，包括琼岛上的永安寺，东岸的亲蚕殿，北岸的西天梵境和阐福寺仍采取把主建筑置于院落中心的传统布局。

因琼岛山北侧的点景建筑较分散细碎，互相联系呼应较弱，所以采取了和颐和园前山沿湖岸建长廊相似的手法，在琼岛北面沿湖岸建二层高的楼廊。中部以漪澜堂、道宁斋为中心，两端以两座城楼式建筑为结束，沿水面为琼岛北面勾出一条轮廓线，既加强了琼岛北面景物的整体效果，也凸显了仙山琼阁式的皇家苑囿特色。

从前面对北海和颐和园规划手法的分析中可以看到，这种特大型皇家苑囿多建在有一定自然山水条件之处，地域广大，景物开阔，景点众多，尺度大小和布置疏密变化很大，其规划设计手法也和一般人工造景的城市山林型私家园林有很大的不同，归纳起来，至少有三点：

其一，往往利用地形突出一个或几个景物中心或重心，形成一二个起提纲挈领作用的主景、主轴线和与之呼应的几个辅助轴线，造成以主景为中心的几个景区，以控制大范围的景物，使之有所统属。这是苑囿规划中宏观上的大手笔，是规划设计成功与否的关键。在此基础上再对各个景区、景点、座落进行设计，使之各具特色又能互相映发。这些景点的尺度有的和一般私园较接近，私家园林设计中的种种手法均可采用，这是苑囿设计中的微观部分。宏观规划与微观景点设计结合，由于有主景统率各个景区，虽然苑囿中景物纷繁，却可以互相呼应，形成一个有主有从的统一谐调的整体。

其二，苑囿规划中景物轴线的形成和轴线间的关系极为重要，轴线间的主次关系可以突出主景、扩大主景的控制范围，如颐和园万寿山前山。轴线间的转折交错可以使关系较疏的景物人为的产生联系，如北海白塔与团城的关系和颐和园排云殿与后山须弥灵境的关系。长距离的轴线对应关系可以增加景物的深度感，如颐和园排云殿与凤凰墩的关系和北海琼岛道宁斋与北岸西天梵境的关系。这些轴线间的关系可以使全苑囿的景色结合成有机的整体，在变化中又隐约体现出一定的规律性。

其三，在颐和园北岸和北海都采用建筑长距离的石护岸、石雕栏和沿岸边建长百米以上长廊等做法。这种手法鲜明、醒目，可以把众多纷繁而不很规范的景物、景点联系或聚拢起来，使之联为一体，形成统一的景观，是很有特色的处理手法。当然这样做工费巨大，只有皇家苑囿才做得到，因而也就成为皇家苑囿特有的处理手法了。

第三节 祭祀建筑

祭祀建筑内容广泛，包括上至皇帝下及庶民祭祖先的太庙、家庙、宗祠，国家和地方政权祭天地、山川、海渎、社稷的坛庙。崇儒祭孔的孔庙、文庙等也可归入此类。其中皇帝祭祖的太庙实即宫殿之变体，大型国家专祀的祠庙如五岳庙等也是规模巨大的建筑群，在当时属重要建筑。祭天地山川的坛以露天的祭坛为主体，附以必要的少量建筑和大面积绿地，以图创造出特定的祭祀气氛，是中国古代建筑群中一个有着特殊面貌和成就的门类。明清的坛庙虽建筑比重较前代增加，但四周围以大面积绿地，仍是其基本特点之一，尚保持着它源于上古在林中高地祭祀的痕迹。

中国古代祭祀建筑有悠久的历史传统，五六千年以前的良渚文化、红山文化祭祀遗迹近年已被发现。就当时生产力水平而言，都可称具有颇为宏大的气势。周秦以来，宗庙一直是国家最重要的建筑，基本与宫室同制。西汉的祭祀建筑明堂辟雍、王莽宗庙和东汉明堂的遗址已经发现，可据以了解汉代此类建筑的情况。汉以后，祭祀的名目日益繁多，后世种种祭祀的内容已基本出现，到唐宋遂形成定制。但除两汉明堂、王莽宗庙尚有遗址外，唐宋元各代的祭祀建筑实物都已湮灭，遗址尚未发现，目前所能见的都是明清两代遗物，如北京的明清太庙、天地日月社稷诸坛等，可据以具体探讨其规划布局手法。宋元时创建的祠庙，有一些虽屡经后世重修重建，原布局却还大体可以考知，通过它们，也可大致了解宋元时期祠庙的规制和规划特点。

从现存古代祠庙遗迹看，以汉为界，先后有较大的变化。在先秦典籍中有生宫死庙同制的说法，《礼记·礼运》说："故天子适诸侯，必舍其祖庙"，说明那时的庙可以居住，与宫无异。从西汉长安的明堂遗址中可以看到，它四面的下层建筑分前后二部分，前为堂，后为室，堂室左右还有隔出的小间，即夹和房，与《仪礼》中所叙述的宫室制度基本相同，即是一例。但到唐宋时，祠庙与宫殿、王府、贵邸已有明显的不同。从布置上看，宫室的前部为朝，后部为寝，为前后相重的两组独立宫院，中间隔以横街。朝是宫殿的行政区，代表国家政权，寝是皇帝家宅，代表家族皇权。典型例子即明清紫禁城的前三殿和后两宫。与之相似，王府在中轴线上也至少有前后二重院，前为王府前殿，后为寝殿，是前后相接的两进院落，但限于体制，中间不能有横巷，它们也分别为礼仪或办公区和家庭生活区。贵族邸宅虽规模远小于宫和王府，但中轴线上最少要有两进院落，前为接待宾客的前厅，后为生活起居的后堂。皇宫、王府、贵邸规模巨大，除中轴线外，左右还可并列若干次要轴线，建大量院落，但其共同点是在中轴线上至少要有两个院落，前后相重，院内建主要的殿宇厅堂，分别供对外活动和家庭生活之用。但是祠庙则不同，一些大型祠庙，出于礼仪规制，其前可能有多重门间隔，但主体部分主殿院却只有一进，前为殿门，庭中后部为正殿，由廊庑围成矩形院落。规格高之祠庙，主殿为工字形，前为正殿供主神，后为寝殿供神之夫人，但同在一院内，不再分内外。主殿院之左、右、后方，视庙之规模，可以安排若干中小型院落，但不再有前后相重以分内外的两进院。因为祠庙是祀神之所，不是神活动之所，能满足祭祀要求即可，而无须如生人那样要分内外。这是唐宋以后祠庙布局与宫殿府邸等生人居所最不同之处。甚至明清之太庙也是前殿行祭礼，后殿贮神主，虽有前朝后寝之义，却共在一庭院内，不再分前后院。和祠庙布置同一原则，佛寺、道观在中轴线上也只有一个主殿院，和生人居宅的平面布局有明显的不同。

由于完整保存下来的古代祠庙建筑群极少，且其中有较精确的总平面实测图的更少，目前只能在很有限的范围内进行探讨。

宋元时期的祠庙已没有完整保存至今的，只能通过那些后代历经改建、重建但始建于宋元的祠庙遗迹结合古代文献记载和图像资料去探讨。例如五岳的岳庙、曲阜孔庙和四镇、四渎、四海庙等。其中五岳神宋代封赠帝号，是规格最高的国家级祠庙，四镇、四渎、四海神封王号，祠庙规格低于前者，属第二个等级。对同一等级的共同点和不同等级间的差异进行比较分析，就可大体上了解宋代祠庙的规制和规划设计手法。

祀五岳有悠久的历史。中岳嵩山、东岳泰山、西岳华山在汉代已有正规的祠祭。到唐代祭五岳、四镇、四渎、四海之制已经形成，但划定等级，统一祠庙的规制实在北宋真宗时。

宋真宗以其父得国出于篡夺，本人对辽屈辱退让，对内对外均无功业可言，只能乞灵于迷信妖言，遂大力提倡妖妄之说，制造伪天书祥瑞，来标榜自己为帝是天命所归。随后即进行封泰山、祀后土等封建帝王的所谓“太平盛举”。他除在汴京建玉清昭应宫以奉天书外，又提升五岳、海渎诸神的封号，开始在各地按新定的规格修庙。史载大中祥符五年（1012 年）以后先后遣官修东岳庙和南岳、中岳等庙，同时还兴修了老子庙和孔庙。大修祠庙，耗财扰民，无益于时，自是当时弊政，但大量兴建这类大型或超大型建筑群，对提高当时的规划设计水平却是有推动作用的。宋真宗兴建的大量宫观中，最宏伟精丽可代表北宋规划布局和建筑水平的当推玉清昭应宫。宫始建于大中祥符元年（1008 年），至大中祥符七年（1014 年）建成，历时七年，宫宇建筑“总二千六百一十区”，是仅次于皇宫的巨大建筑群。但它只存在了十五年，于宋仁宗天圣七年（1029 年）毁于雷火，北宋所建其他宫观祠庙也大都毁于 1127 年金之南侵。只有各岳庙和海、渎、镇庙以及孔庙等因各朝都要祭祀，虽历经多次重建，建筑久非原构，但其规模、布局却大体可以保存下来，参考古图，还可大致推求出其原状，而诸庙中所表现出的共同之处，当即是北宋时官定宫观祠庙的基本规制。

现存各岳庙中，中岳、东岳、西岳、南岳均基本上保持北宋时的规模，其中中岳庙有金代重修之图碑在，可供与现址对照，与岳庙同一规格的北宋后土庙也有金代重修时之图碑在，互相参证，更有助于考证其原状和规制。

比岳庙低一个等级的四镇、四海、四渎庙尚可考见北宋时情况的只有河南济源县的济渎庙，其北宋时主殿的工字殿基址和后殿犹存，又有明代重修庙时之图碑，可以推知北宋时面貌。济渎庙北还附有北海神祠，其龙亭尚是宋金遗构，但此祠在宋时即是附祭于此的临时建筑，不能代表四海庙的完整规制。四镇庙现在只存辽宁北镇的北镇庙，此庙所祭北镇医巫闾山，在唐宋时都是在河北遥祭，至金代始正式在此建庙，但原建筑久已毁去，现庙为明永乐时拓建又经明清递修者，能保留多少金代遗规实所难言，只能视为明代镇庙的规制。与北镇庙情况类似的还有孔子的弟子颜渊、曾参之庙和孟子庙，也都是创建于北宋但现状为明中期扩建的，也只能作为明代祠庙的例证。

元代建大都后，修建了太庙、社稷和其他大量祭祀建筑，绝大多数都已毁去，只有城内的文庙、国子监和城东的东岳庙为明清二代沿用，虽建筑屡经重建，遗规却得以基本保存下来，是研究元代创建的祠庙的极难得的史料。

宋元时祠庙之主殿前都有宽大的月台，以满足祭祀时露天活动之需，祠庙主殿院之几何中心常常位于月台的前中部而不在主殿之中心，这是宋元祠庙布局与宫殿、寺庙不同之处。

明在元大都基础上改建成北京城，废毁元之宫殿、坛庙、官署、祠宇，重新规划建设，清代沿用，基本完整地保存至今。这是中国数千年历史上十余座都城中唯一保存下来的，其宫殿、坛庙、祠宇、官署可谓集历朝成就之伟构，体现了古代规划、布局和建筑的最高水平。限于条件，目前只有天坛、太庙、社稷坛可以得到较准确的测图或数据，有条件进行研究，从中可以看到古代祠庙的传统手法在明清得到继承，并发展得更为完善精密。

一、西安市西汉明堂辟雍遗址

明堂是传说中古代天子祭天、祭祖、朝诸侯和顺时布政之处。自汉以来，历代帝王以建明堂为国之盛典。但源于传说的明堂，其制度众说纷纭，渺茫难稽，儒家今古文学家又加入五室和九室的争论，以致聚讼千载，莫衷一是。历代想建明堂的帝王往往为群儒争议所阻，只有少数有主见的帝王，才能不顾众议以己意决断而兴建，但亦不免当时和后世的讥议。王莽在篡汉之前已经大权在握，以崇古、复古为旗帜，实是托古改制，故先于汉平帝元始四年（公元 4 年）建明堂于长安南郊，其制度在《水经注》中记载说："（漕渠）东迳明堂南，旧引水为辟雍处，在鼎路门东南七里。其制上圆下方，九宫十二室，四向五色。"此明堂的遗址已于 1956 年发现，在今西安市西郊大土门村，并有发掘报告发表于《考古》1959 年 2 期。据报告，遗址正中为一方 42.4m 的夯土台榭，即明堂，分高低二层，建在直径 62m 的圆形夯土基的中央。明堂平面呈亚字形，底层在四面各突出一面阔 24m 的堂，即文献所说的青阳（东）、明堂（南）、总章（西）、玄堂（北）。四堂都分前后两部分，有的学者认为前部为堂，后部为室，堂左右之小间称夹，室左右之小间称房，这里暂从其定名，以便叙述。四堂后部都背倚方约 17.4m 的中心夯土墩台，台上为上层，原应建有太室，现已毁去，只余夯土残面。明堂的四周筑有围墙，围成方 235m 的巨大正方形院落。围墙四面正中各开一门，分别面对明堂四面下层的四堂，又在围墙四角各建一曲尺形的配房，两肢均长 47m。围墙之外，周以环形水渠，即所谓"圜如璧、雍以水"的圜水，直径在 368　349m 不等。从总平面看，明堂主体及围墙等都是四面相同，形成纵横轴线十字相交的严格双向对称布局，圜水非正圆和明堂两面相差 20cm 都应属施工误差。

在建明堂后五年，王莽篡汉，建立新朝，又于公元 20 年在明堂之西建宗庙，上距明堂之建 16 年。王莽宗庙遗址也已发现，它实际上有 12 个正方形院落，每个均由围墙、四门、四角配房、中心台榭组成，与明堂颇为相似，所异处是中心台榭轮廓为正方形而非亚字形。九庙中心台榭方约 55m，四周围墙方 260　280m。其中 11 个院落围在一个方 1400m 的大院之内，由南而北分三行排列，前后排各 4 个，中间一排 3 个，前后排间错位，极为规整有序。但它的实测图尚未发表，目前尚难作出进一步探讨。

根据王莽在前后 16 年间建了这样多的大型建筑群组且又形制相近而规整的情况看，当时的官方营建机构已有较强的设计能力和相当精密的设计方法。当时规划设计所用长度单位为尺、步、丈，要探索其设计方法和规律需要先探讨所用尺的长度，再在实测图上进行折算。据丘光明撰《中国历代度量衡考》中所归纳的数字，西汉尺长在 23　23.6cm 之间，依此在明堂实测数据中比对，发现明堂围墙方 235m，配房长 47m，若以尺长 23.5m 折算，正合 100 丈和 20 丈，均为整数，且为 5 与 1 之比例。再以此尺长折算中心建筑的实测数据，发现其总宽 42.4m 合 18.04 丈，考虑遗址残损情况，应即是 18 丈；其四门四堂之面阔 24m，合 10.21 丈，即 10 丈，也是整数。这表明建明堂时所用尺之长度应为 23.5cm。据此尺长分别在明堂总平面图和中心建筑实测图上画不同方格网试探，发现如在总图和中心建筑平面图上分别画 10 丈和 5 丈网格，都与遗址实况比较吻合。在总图上画 10 丈网格后，除围墙内纵横可各排 10 格外，其外圜水的东西向基本可排 16 格，至圜水外对四门之矩形环沟边可排 18 格，即分别为 160 丈和 180 丈。这情况证明在规划明堂辟雍总平面图时，是以方 10 丈网格为基准的（图 2-3-1）。

在中心部分明堂的实测图上画 2 丈网格后，可看到除明堂恰好纵横两向各排 9 格外，此由九格形成之正方形还基本为明堂下的直径 62m 的夯土圆台之内接正方形。在明堂四面的四堂均宽 5 格，即 20 丈，东西二面之青阳、总章各深 2 格，即 4 丈，南北二面之明堂、玄堂各深 2.5 格，即 5 丈，都和方 2 丈的网格有对应关系。由于史载明堂制度为上圆下方，以明堂之几何中心为圆心在实测图上探索，发现如以中心至四堂外缘之距为半径画内切圆，则圆弧除通过四角外侧角墩之外侧角柱外，还通过四面堂与室相接处的八个边柱；如以中心至四面室之前缘之距为半径画内切圆，则圆弧除通过四角处内外二角墩之交会点外，还通过南、北二室的侧柱；如以中心至北面玄堂和南面明堂明间左右两个后内柱之距为半径画圆，则圆弧又恰通过东、西面青阳、总章二堂后壁上的中间二柱。这三个圆弧应与上层太室的圆形屋顶构架有关（图 2-3-2）。

若再以此尺长折算王莽宗庙，则其中心台榭方 55m 约合 23 丈，围墙 260m 合 110 丈，大围墙 1400m 合 596 丈，即 600 丈。其中除台榭尺寸可能和对遗址测量的部位不同而有异外，大小围墙也是整数，其总平面也应是以 10 丈网格为基准布置的。

从上述情况看，在西汉时，规划大型建筑群和建筑物已经利用方格网为布置的基准，并按建筑群之大小规模选用大小不同的网格。这现象在下节西汉陵墓部分也可看到，说明这在当时已是通用的规划设计方法。

古人认为天圆地方，又以为祭天是天人之间的交通，故把祭天的明堂的图案设计成方圆图形的反复重叠。从总图上就可看出，自外而内为圜水、方墙、圆基、方堂，最后为上层圆顶，共三圆二方，这和古人以外方内圆的琮为通天地之器的想法是一脉相承的，明堂平面实即琮的图形的重复。汉以后历代所建明堂虽形制各异，但脱不了方圆图形的大轮廓，直到明清的祭天圜丘，仍是以外方内圆表示天地交通之义。方和圆是最基本的规整几何图形，把祭天、祭祖的建筑设计成方圆形最易取得庄重、肃穆、简洁的效果。从先秦古籍记载和王莽宗庙的遗址看，当古代采取分祀制一世一庙时，其宗庙也是方形的，汉以后宗庙采取合祀制，各代帝王同堂异室，且太庙所祀多至五世或七世，就只能建为横长的殿宇，并随着奉祀世数的增加而加长，至唐宋时有长至 16 间和 22 间者，古代正方形十字轴线的庙制遂不复存在。这是古代宗庙形制的一大变化。

二、河南省登封市中岳庙

中岳庙在河南省登封市，经北宋真宗大中祥符六年（1013 年）扩建，形成现在的规模。金、元、明、清历经重修，现状是清乾隆二十五年（1760 年）大修的结果。庙中保存有 <大金承安重修中岳庙图> 碑，表现的是经过金代修缮后中岳庙的全貌。据图，在宋金时，庙平面呈纵长矩形，四周缭以庙墙，四角有角阙，南面并列开三门，东、西、北三面各开一门，南面正中一门名下三门。庙区南部用横墙和廊庑隔出前院，正中开门名中三门，门左右接以廊庑，廊外横墙上开侧门。中三门以内分左、中、右三路。中路为主殿院，由门和廊庑围成，南面正门名上三门，门内殿庭中在中轴线上依次建有隆神殿、路（露）台，正殿峻极殿和寝殿。正殿寝殿间连以穿廊，宋代称为“主廊”，组成工字殿。东西路自中三门左右侧门进入，其内为神厨、道院等附属建筑。另在庙南墙之南还有一重外墙，上开三门，与庙南墙上三门相对，正门为棂星门，形成庙前的外院（图 2–3–3）即古代堧垣的遗制。

把此图和中岳庙现状实测图相比，可以看到，现崇圣门、化三门、峻极门即金图中的下三门、中三门和上三门，拜殿即图中之路台，正殿寝殿也都尚在。下三门外原有之外院虽无，但原建棂星门处尚有后建之牌楼门在。据此可知，宋金时中岳庙的基本格局在现状中都保存下来，只有最南端的天中阁是明嘉靖时增建的。如果把金图中所示在实测现状图上一一标出，就可得到一幅宋金时中岳庙的总平面图，可据以探讨其布局手法特点（图 2–3–4）。

在此图上进行分析，发现它是用方 5 丈的网格为基准布置的。庙创建于北宋，按北宋尺长 0.305m 计，5 丈为 15.25m，以此长度画方格网，在图上比对，可以看到庙区东西宽占 11 格，南北深占 25 格，为 55 丈 ×125 丈；庙内主殿院东西宽 5 格，南北深 12 格，为 25 丈 ×60 丈，都是很完整的数字。主殿峻极殿前殿庭东西宽占 4 格，南北深占 6 格，为 20 丈 ×30 丈。庭院中的路台、东西亭、下三门内的铁人台等，都位于格中。这些现象证明建筑之布置和网格有密切的应和关系。

在庙的主殿院四角间画对角线，其交点正落在主殿峻极殿前月台的前缘处。这现象在以后将要探讨的岱庙、孔庙中都存在。故也应是祠庙建筑的通用布置方法。

三、山东省泰安市岱庙

岱庙在山东省泰安市泰山脚下，现规模是北宋大中祥符五年（1012 年）左右形成的。虽金元以来历经修缮，基本布局仍是宋代之旧。岱庙平面呈纵长矩形，东面外隆，稍不规整。庙四周缭以城墙，东西宽 236.7m，南北深 405.7m，四面各建城门，四角建二重角阙。其南面城门下开三个门道，左右各有掖门，三门并列，近于宫廷体制。北、东、西三面各开一门。岱庙的城门在 1920 年代尚存有梯形木构城门道，为国内孤例，可惜毁于1930年代军阀混战时期。庙内布置分左、中、右三路。进入南面正门后，与中岳庙相同也有一道横墙，分隔出前院，墙正中在中轴线上建配天门。前院左右有纵墙，分隔为中、东、西三路，墙上各有侧门通入东西路。配天门内中路为岱庙之主殿院，用门、殿、廊庑围成日字形院落。其中轴线上南面正门为仁安门，门内殿庭正北面为正殿天贶殿，殿左右有斜廊通东西庑，殿后有柱廊通寝殿，形成工字殿。天贶殿前有宽大的月台，供举行祭祀之用。月台以南在中轴线上有一土台，土台南有一用石栏围护的地段。参考中岳庙之例，土台疑是露台遗迹，而石栏围护地段应是隆神殿一类小建筑遗址。主殿院左右的东西路建筑遗迹多被毁去，其原状已不可考（图2–3–5）。

在岱庙平面图上分析，发现它也是用方5丈的网格为基准布置的。按北宋1尺长0.305m计，画方5丈的网格，在平面图上核验，可见庙区外墙东西宽占14格，南北深占25格。庙内前院南北深占6格，即30丈；配天门左右横墙至主殿院南墙深4格，即20丈；主殿院东西宽占8格，为40丈，南北深占11格，为55丈；主殿院北距北庙墙4格，即20丈，东西距东西庙墙各3格，为15丈。这些整齐的格数表明建筑布置和网格是有密切的呼应关系的。

若在岱庙四角楼间画对角线，求全庙的几何中心，则其交点在隆神殿之北。再在岱庙主殿院的四角画对角线，则其交点在正殿前月台的前缘，与中岳庙的情况全同。且如果把这对角线外延，则北面可交庙墙二角阙，南面恰可至配天门左右横墙与东西庙墙相交处。这就是说，由配天门处横墙所分隔出的庙区北部，与主殿院是相似形。若把主殿院等分为南北两部分，在北半部再用画对角线方法求几何中心，则其交点正落在主殿天贶殿之中心，说明主殿布置在主殿院后半部的几何中心。

四、湖南省衡山镇南岳庙

南岳庙在湖南省衡山脚下的南岳镇，始建于唐，宋大中祥符五年（1012年）拓建，形成现在的规模，以后屡毁屡建，现状为清光绪八年(1882年)重修的结果。它也是一座纵长矩形的小城，四角的角阙历经重修已演化为角楼。庙南面开三门，东、北、西三面各开一门。南面三门中，正门下开三个门道，左右侧各有掖门，与岱庙的规制相同。庙墙之内分为三路，中路为主殿院，东西路现已发展为若干寺院，原布置已不可考。和中岳庙、岱庙不同，南岳庙在南门和主院间减去一重门和横墙，不再分隔出前院，入门即见主殿院。主殿院为纵长矩形，由门殿及廊庑围成，南面中轴线上为正门嘉应门，左右廊庑上各开一侧门。嘉应门内殿庭中于中轴线上自南而北为御书楼、土台，它们应即相当于中岳庙之隆神殿和露台。土台北即正殿，殿北有甬道连寝宫。推想其原状也应是工字殿，并在主殿左右也有斜廊通东西庑，与中岳庙、岱庙相近（图2–3–6）。

在平面图上进一步分析，发现它也是以方5丈的网格为基准布置的。按北宋尺长0.305m画方5丈网格，在平面图上核验，庙墙范围东西宽13格，南北深19格，为65丈×95丈；庙内的主殿院东西宽7格，南北深12格，为35丈×60丈。主殿院北距北庙墙3格，为15丈，南距南庙墙为4格，即20丈，东西距东西庙墙各占3格为15丈。正殿和南面的御书楼之南北中线都基本和横向网线重合。

如从庙之四角楼处画对角线，其交点恰在露台的正中。如就主殿院四角画对角线，则其交点在露台上的偏北处。若自此交点画横线分主院为南北两部分，再分别画对角线求其南北中分线，则正殿恰在北半部的中心，而御书楼也基本位于南半的中心处，其情形和岱庙主殿院正殿居于北半部中心相同。

与五岳庙规格相近的宋代国家级祠庙还有曲阜孔庙和山西万荣县金刻后土庙碑图中所示的经金代修缮过的北宋初真宗时创建的汾阴后土庙。

五、山东省曲阜市孔庙

孔庙在山东省曲阜市，汉以来历经修建，现状也基本上是宋真宗拓建以后的结果。史载北宋乾兴元年（1022年）拓建孔庙，移大殿于后讲堂，原基不欲拆毁，改建为杏坛。到北宋末的政和四年（1114年）时，庙制为庙门三间，三门之内曰御书楼，再向后分为三路：中路为主殿院，南为殿门，门内殿庭中轴线上依次有御赞殿、杏坛、正殿和寝殿。正殿与寝殿间有穿廊相连，为工字殿，四周用廊庑围成矩形院落；东路为斋厅、家庙等；西路为其他祀殿。以这记载和现状对照，可知庙门即今之大中门，殿门即今之大成门，门内杏坛、正殿、寝殿虽历经改建，原位置未变，只有御赞殿已不存。记载中虽未提及角楼，但元至顺二年（1331年）孔氏请求建角楼时说“请依前朝故事”，则前朝曾有过角楼，是史籍失载。可知现大中门以北，四角楼之间是北宋时孔庙的庙域（图2-3-7）。

孔庙也是用方5丈网格为基准布置的。在总平面图上布网，其主殿院东西宽计到外墙占5格，为25丈，南北深计至南北门之中线占10格，为50丈，面积为25丈×50丈。其庙域之总深如计至南北庙墙角楼处，占25格，为125丈。庙域之东西宽为9.5格，即47.5丈。主殿院两侧之东西路深与主殿院同，即50丈，宽为$2^1/_4$格，即11.25丈。

在孔庙实测图上进行构图分析，如自四角楼间画对角线，其交点在杏坛南缘；如就主殿院四角画对角线，其交点在正殿前月台的前缘，与中岳庙、岱庙全同。若自此交点画横线分主殿院为南北两部，分别再画对角线，则其北半部的交点在正殿内稍偏北，也与岱庙的情况近似。

六、山西省万荣县后土庙图碑

碑在山西省万荣县。庙原址在宋代汾河注入黄河处，称为脽上，是大中祥符四年(1011年)为宋真宗亲祀后土而建，后代黄河河道东蚀，庙址久已沦入黄河中。但金代所刻庙图碑尚存，可据以了解庙的规制（图2–3–8）。

宋真宗时，祀后土与封泰山同时并举，是重大的国家祀典，后土庙也属国家所建最高等级的有可能由皇帝亲祀的祠庙。在后土庙建成后一年，才开始封五岳神为帝，把岳庙按国家级祠庙规格改建，故后土庙的制度必然会影响到各岳庙。

据金刻后土庙像图碑所示，庙域为纵长矩形，东西320步，南北732步，以1步合5尺计，为东西160丈，南北366丈。四周围以庙墙，四角建角阙。庙南墙上并列开三门，门内有两道横墙，墙上也各开三座门，与庙南墙上三门相对。三重门均正中的正门较大，两侧的掖门较小。第二道横墙以北为主殿院，由廊庑门殿围成。主殿院南面正中开一门，即殿门，两端东西廊南端各开一侧门。殿门内中轴线上偏南为露台，露台之北为栏杆围成的埋玉册处，其北即正殿坤柔殿，正殿北有穿廊连寝殿，组成工字殿。正殿左右又有斜廊连东西庑，形成主殿为工字殿的日字形平面的主殿院。在东西廊之外侧，东西相向各建三小殿，以柱廊与东西廊相连，各形成四个小院。这种布置还保留着唐以来在主殿院两侧（有时还在后方）建小院的廊院式布局的形式。另在庙南墙以南加建棂星门和外墙，围成附加的外院，又在庙后墙以北用墙围成半圆形的祭坛区。

在创建后土庙后一年，即宋真宗大中祥符五年（1012年），宋廷颁发了宫观建筑规制。据《续资治通鉴长编》记载，其规制是:“凡宫观之制，皆南面开三门，三重，东西两廊，中建正殿，连接拥殿。又置道院、斋坊。其观宇之数，差减于宫。”这里所说的正殿、拥殿即工字殿，加上东西两廊和殿门，即形成主殿院。文中所说的三重门似指自庙南门至正殿要经三重门，即庙南门、第一重横墙上的门和主殿院南面的殿门。这里所规定的三重门比后土庙的四重要少一重，而和中岳庙、岱庙、孔庙都相同。从后土庙建于颁制的前一年而岱庙、孔庙都建于颁制之年看，岳庙、孔庙是按新颁的制度布置的，故比后土庙少了一重门。

综合中岳庙、岱庙、南岳庙、后土庙、孔庙五座创建于宋代的祠庙的总平面图，可以归纳出一些在建筑规制上的共同之处：①庙域呈纵长矩形，有庙墙围绕，庙墙南面开三门，北面开一门，特别崇重的还在东西墙上各开一门。墙四角建有二重的角阙。②南门之外正南建棂星门，周以矮墙，形成外门和外院。③庙域之内，南面筑一横墙。上开三门，隔出前院。④横墙之内为庙域的主要部分，分为三路，中路为主殿院，东、西路为道院、斋堂等附属建筑。⑤主殿院平面为日字形，由门、殿、廊庑围成。正南面开三门，与庙墙、横墙上的三门相对，殿庭北面前后相重建正殿、寝殿，用穿廊连成工字殿，正殿东西侧有斜廊，连通东西庑，分主殿院为前后两部分，形成日字形平面。在殿门与殿之间，于中轴线上建有小殿和露台。⑥正殿面阔七间，四周加副阶，形成外观九间的重檐建筑。

把这些特点和《续资治通鉴长编》所载北宋初制定的宫规制度相比较，基本相同。其关键特点是主殿院内建工字殿，自庙门至正殿中间要经过庙门、横墙上门和殿门三重，且这三重门都是并列开三门。庙墙四角建角阙和庙门外再建棂星门和外院不载于宫观制度文中，但从诸庙均如此的情况看，也是当时的通制。

各庙外墙四角建角楼是古制。现岱庙、孔庙四角所存是角楼，但在金代所刻后土庙图碑和中岳庙图碑上都是角阙。《唐会要》卷 11 引永徽明堂制度，称明堂外垣"仍立四门、八观，依太庙，门别各安三门，施玄阃，四角造三重魏阙。"可知唐代在太庙、明堂外垣四角都建三重的角阙。三重阙属帝王规格，中岳庙图、岱庙、孔庙都是二重阙，属诸侯规格，可知虽升五岳神为帝，但在建筑规制上仍是王的规格，并未真的采用帝王的体制。这和正殿用七间而不用九间也是一致的。帝王的正殿当时应为九间重檐庑殿顶，它采用七间，是王的规格，而正殿加重檐又是帝王规格，实际是在建筑等级上加以变通折中，并未真的全部采用帝王规格。

把已知各庙的基本尺寸列表，可以看到差异并不甚大（表 2–1）。

北宋创建各祠庙基本尺寸表 表 2–1

	庙域（丈）		主殿院（丈）		自主院殿门北望正殿之水平视角
	东西	南北	东西	南北	
中岳庙	55	125	25	60	25°
孔　庙	55	125	≈ 25	50	30°
岱　庙	70	125	40	55	26°
南岳庙	65	95	35	60	30°

从上表可以看到，庙域宽在 55 丈至 70 丈之间，深在 95 丈至 125 丈之间，而以宽 55 丈，深 125 丈者为多；主殿院宽在 25 丈至 40 丈之间，深在 50 丈至 60 丈之间，而以宽 25 丈，深 60 丈者为多；主要是在宽度上差异更大些，而在深度上相差较少。但尽管在宽度较大的庙如岱庙，其主殿院虽宽至 40 丈，但自殿门至大殿两端之水平视角并未加大，约在 25° 至 30° 之间，说明殿宽与主殿院纵深之比基本相近。

就主殿院与庙域墙的关系看，四庙距东西庙墙之距都是 15 丈；距庙南墙之距岱庙为 50 丈，中岳庙及孔庙为 45 丈；距离北墙之距中岳庙、岱庙为 20 丈，孔庙为 30 丈。这些数字也相差不大，且都以 5 丈为单位。这现象清楚表明诸庙在规划时都以方 5 丈的网格为基准，其差额实际上是网格数的差异。

把上举四庙的总平面图相比较，可以看到在具体的布置手法上有一些共同点。

1. 它们在主殿布置上并未取择中的原则，主殿均不居庙域或主殿院的几何中心，与宫殿的布置大异。如就庙域四角画对角线，其交点大都在露台上或稍偏南处，中岳庙、岱庙、南岳庙均如此，孔庙则在杏坛南缘，而杏坛在主殿院中的位置，实与各岳庙中的露台极为相近。这现象绝非偶然，应是有意义为之的，只能表明露台在这些庙中具有特殊地位。

2. 若在主殿院四角画对角线，则其交点大都在正殿前月台的前缘处，四庙中除南岳庙外，中岳庙、岱庙、孔庙都是这样，这可能和在月台上举行的祭仪有关。

3. 正殿在主殿院中的位置不居中而向北退到总进深 3 / 4 处。

这里，主殿不居主殿院或全庙区之中，与宫殿布局全然不同，当是由这些祠庙的祭祀活动有些特殊要求所致。从诸庙图中可以看出，在主殿院中轴线上，在殿门与正殿之间还有隆神殿和露台两座建筑。隆神殿内贮历朝崇祀的文书，露台又称路台，用途俟考。由于有这二座建筑，正殿遂不得不后退，形成殿前月台前沿居中的现状。

以上是北宋初创建的国家最高一级祠庙宫观的情况和规划设计特点。

七、河南省济源县济渎庙

济水与长江、黄河、淮河三水古代并称为“四渎”，大约自隋代已开始立庙专祀。北宋时封五岳为帝，四渎为王，这样，虽都属国家专祀，却有了帝与王间的级差。分析岳庙与渎庙的差异，也就可以推知宋代帝级祠庙和王级祠庙的差异。

现济渎庙址创始于隋开皇二年 (582 年), 北宋开宝六年（973 年）曾重修，至金正大五年（1228 年）又加修缮，明清时也续有修缮，至清末民国间基本毁去。庙之主体现存正殿基址、寝殿和殿前之殿门渊德门。正殿基址面阔七间，进深三间，前出东西两阶，左右有挟屋各三间，从两阶之制和石雕柱础判断，应是北宋开宝六年重修的遗迹。正殿后有三间穿廊址，向北连接面阔五间进深二间四椽的寝殿，寝殿尚是北宋遗构。正殿南为面阔三间的殿门渊德门，为明代重建。渊德门左右原有东西向行廊，北折至寝殿东西侧，再内折连至寝殿两山，围成横长矩形的院落，即庙之主殿院。在主殿院庭中于渊德门至正殿间中轴线上自南而北原有面阔三间的拜殿和露台，均已毁去。主殿院之外建庙之外墙，围成横长矩形的庙域。庙之南外墙上与北面渊德门相对建有庙之正南门清源门，为面阔三间左右有挟屋各二间的建筑。庙域内主殿院之东原有御香殿等，之西原有道院等，现均仅存少量主体建筑，原布局俟考。在庙南门清源门之南有甬道，南行 140 余米处建有外门清源洞府门，据明代庙图，也是面阔三间左右挟屋各二间的门屋，近代已改建为牌坊（图 2–3–9）。

济渎庙墙之北为北海神祠，从庙北外墙上辟门进入，自唐时已于此附祀，但其轴线与济渎庙错开，是另一组祠庙。祠内龙亭是北宋或金代遗构。

把现存遗址与明代庙图互相参照，在现状图上分析，可以看到，它极可能是利用方 5 丈的网格为基准布置的，按北宋尺长 30.5cm 折算，5 丈为 15.25m，以此长度在现状实测图上布网格，可以看到，自渊德门左右廊南墙北至寝殿中线稍北，恰可容 5 格，即主殿院深 25 丈；主殿院之东西廊参照明代庙图中三渎殿等与廊之关系，可以推知应在正殿中轴线之东西各 3 格处，则主殿院东西宽应占 6 格，即 30 丈；由此推知主殿院东西宽 30 丈，南北深 25 丈。庙域之总深为 9 格，即 45

丈，总宽占 11 格，为 55 丈。

把济渎庙与岳庙相比，就可以看到其差异有：

其一，主殿虽均工字殿，但岳庙正殿面阔七间，加副阶形成重檐屋顶后外观九间，而济渎庙正殿面阔只七间，且为单檐屋顶，这是帝与王两个级别的祠庙在正殿上的主要差别。

其二，主殿向南至庙门清源门中间虽隔一座殿门渊德门，即自庙南门至正殿只通过二重门，而岳庙自庙南门至正殿要经过三重门，为南门、横墙上门和殿门，济渎庙主殿院前无横墙，故只有二重门，这是布局上的差异。

其三，岳庙庙墙四角均有角阙，而济渎庙无之，是体制上的差异。

其四，从尺度上看，岳庙之主殿院一般为宽 25 丈，深 60 丈，而渎庙为宽 30 丈，深 25 丈，呈横长形，面积远小于岳庙。

从以上诸点可以看到北宋国家专祀的祠庙中，封帝号的与封王号的在庙制上的差异。但如从规划手法上看，在利用方格网为布局基准上都是相同的。

在现状图上用作图法分析，还可看到，如以庙南门清源门为中分点，北至庙北墙，南至南端之外门清源洞府门，二者距离基本相等，即庙前之外门及甬道之长与庙之总深相同。此外，若在主殿院之四角画对角线，其交点在正殿之几何中心稍偏南处，即正殿基本位于主殿院之几何中心，这表明渎庙与岳庙不同，采用了当时最通用的“择中”的布置手法。

八、辽宁省北镇市北镇庙

镇指镇山。隋唐以来以辽宁医巫闾山为北镇山。宋以前只遥祀。金代在大定四年(1164 年)正式建庙，称广宁神祠，殿只三间，规模不大。元明以来多次扩建，现状是明永乐十九年（ 1421 年 ）和弘治八年（ 1495 年 ）两次扩建的结果，故反映的主要是明代的镇庙制度。

庙在医巫闾山脚下，主体院落建在高台上，由门庑配殿围成纵长的主殿院，外面围以外重庙墙。主殿院南门名神马门，门内殿庭中又砌高台基，上建御香殿、前殿、更衣殿、中殿和寝殿，共五重殿，其中更衣殿为清代增建，明代只有四重，若加殿门神马门，仍是五重。主要殿、门面阔五间，其余三间 (图 2–3–10)。

在现状平面图上分析，如就主殿院而言，其几何中心在前殿之南，与岳庙主殿院中心在正殿前月台上的位置相近；如以庙门为南界，就全庙区而言，几何中心在御香殿。庙的主要殿宇都建在高起的纵长台基上，其台基南北之长为 38 丈，近于庙南北总进深 75 丈的一半。类似现象在后面将要讨论的孟庙和曾庙中也有，它们都建于明代中期，当是明代的共同布置手法。

就总平面图分析，也发现它在规划中使用了方 5 丈的网格。庙之外墙轮廓为 129.5m × 240m，以明前中期 1 丈 =3.18m 折算，为 40.7 丈 × 75.5 丈接近于方 5 丈网格 8×15 格。其主体部分，如自神马门南墙计至寝殿后墙，南北深恰为 11 格，东西如计至东西配殿后墙恰为 4 格，此部面积为 4×11 格。内外墙所包庙区都以方 5 丈网格为基准进行布置。

九、山东省颜庙、孟庙和曾庙

颜庙、孟庙、曾庙分别祀孔子弟子颜渊、曾参和再传弟子孟轲。三庙宋以来已有，大都是三间小殿，到明中期扩建，才基本形成现在的规模。

1. 山东曲阜颜庙

现状形成于明成化二十二年（1486 年）至正德四年（1509 年）间。总平面为纵长矩形，可分前后两部分。前部为二进院落，第一进院南墙正中为庙之正门，东西墙开侧门，北面横墙上并列三门，通入第二进院。第二进院中间甬道两侧夹建碑亭，北墙并列三门，分别通入后部的中、东、西三路。后部中路为主殿院，正南为三间的殿门，左右各有掖门，殿庭中偏北建七间重檐的正殿，殿前东西为面阔七间的东西庑，正殿后为面阔五间的寝殿。正殿寝殿间连以甬道，但未建穿廊，不是工字殿（图 2-3-11）。

2. 山东邹县孟庙

现状形成于明弘治十年（1497 年）。平面为纵长矩形，分前后两部分。前部也为二进院落，前面再附加一外院，外院南面建棂星门，东西建坊，北墙正中建亚圣坊，通入一进院。一进院北端为宽三间的仪门，进入第二进院。第二进院东西墙上开侧门，北面墙上并列开三门，分别通入后部的中、东、西三路。后部中路为主殿院，南面殿门三间，门内正殿及东西庑各七间，寝殿五间，与颜庙基本相同（图 2-3-12）。

3. 山东嘉祥曾庙

现状形成于明弘治十八年（1505 年）至正德七年（1512 年）。平面纵长矩形，也分前后两部，后部分中、东、西三路，与颜庙、孟庙近似，但主殿院除正殿、寝殿仍为七间、五间外，殿门、东西庑则减少为三间和五间。前部院落部分减少为一进，南、东、西墙上开正侧门（图 2-3-13）。

比较三庙的平面，可以看到，曾庙的殿门、两庑间数和前部院落进数都比颜庙、孟庙少，这是因为颜子是孔门大弟子，孟子是亚圣，而曾子只是孔门诸弟子之一，故在庙制上有差别。颜、孟二庙中，现孟庙前部有外院，颜庙只有二进院而无外院，但详考史料，孟庙最前一进三坊是清乾隆以后增建，原庙门在亚圣坊处，可知在明中叶扩建时，孟、颜二庙都是前有二进院，规格相同。

在现状图上分析，就全庙区而言，颜、孟二庙之几何中心在主殿院殿门内稍北，曾庙则在主殿院落东西庑的明间一线；就主殿院而言，孟、曾二庙的几何中心点在正殿前月台中部，而颜庙在正殿前檐处，即殿前庭院略浅；就主院落与庙区的关系而言，曾庙只有一进前院，其庙区南北之深恰为主院落的二倍，按前七后三分配，孟庙前有二进院，如按曾庙的布局只计一进院，则北至庙北墙之深小于主院深的二倍，但其前部二进院之共深又恰与主院落之深相等，这可能也是明代扩建时在规划中有意安排的。在这三庙中，主殿院因进深大，都没有把主殿布置在院落的几何中心，但在东西路中，却仍保持这种布局。如孟庙东路只后半部建二殿，但如把东路均分为南北两部，则启贤殿正在北半部的中心；西路均分为前后二院，每院在几何中心处各建一殿，都是例子。

综括上述，可以看到有两个等级的布置方式，这两个等级都可分前后二部分，后部都分中、东、西三路，不同处在前部。等级高些的在前部建二进院落，如济渎庙和颜庙、孟庙，等级低的前部只建一进院，如北镇庙和曾庙。如果与岳庙一起考虑，就可看到，凡前部有二重院，四角建角楼的是国家最高级祠庙的规格，前部有二重院而无角楼的是第二等级，前部只有一进院的是第三等级。

在实测图上反复核验，发现颜、孟、曾三庙都是利用方 3 丈的网格为基准布置的。以明前中期尺长 31.8 cm 折算，3 丈为 9.54 m，以此画网格，则颜庙外墙基本为东西 9 格，南北 25 格，即 27 丈 ×75 丈；其主殿院东西 5 格，南北 10 格，即 15 丈 ×30 丈。孟庙外墙为东西 9 格，南北 30 格，即为 27 丈 ×90 丈；主殿院东西 5 格，南北 12.5 格，即 15 丈 ×37.5 丈。曾庙外墙为东西 11 格，南北 22 格，即 33 丈 ×66 丈；主殿院为东西 5 格，南北 11 格，即 15 丈 ×33 丈。从网格分布可以看出，尽管三庙之庙域占地大小不同，但主殿院之宽均为 15 丈，深在 30 丈至 37.5 丈之间，尺度基本相等。

和五岳庙及四渎庙用方 5 丈网格不同，此三庙使用方 3 丈网格，明确表明比五岳、四渎庙及曲阜孔庙等在规格、等级上都要低一等。

十、北京市东岳庙

创建于元代，位于元大都城东面，齐化门（明清北京朝阳门）外二里，为元代道官首领张留孙创意，张死后由继任道官吴全节筹划建成。据庙碑记载，元至治二年（1322 年）先建成大门、大殿及殿前月台，三年（1323 年）续建成东西庑及其间的四子殿（四座配殿）。元天历元年（1328 年）又建成寝殿昭德殿，并由元帝赐庙名为东岳仁圣宫。东岳庙祀东岳泰山之神，是皇帝赞助并由道官首领主持建成，为元大都重要的道教宫观。入明以后，历经明正统十二年（1447 年）、万历三年（1575 年）二次重修或修缮，到清代又经康熙三十九年（1700 年）和乾隆二十六年（1761 年）几次重修，保存至今。现庙中建筑只存主殿院，基本为明清两代重建者，但其布置如中轴线上有前殿后殿，东西庑上各有二座配殿等，都和碑志所载正殿后有寝殿、东西庑有四子殿的情况相符，可知尚是元代布局。可供探讨元代祠庙宫观布局之用。

东岳庙有北京市文物局古建研究所的精测图，承慨允提供使用。从图中可以看到它的主殿院部分前为大门，门左右连廊庑，至角矩折向北，与北端廊庑相接，共同围成矩形的主殿院。大门以北，殿庭正中偏北少许为正殿，殿前建抱厦及月台，殿左右有朵殿，朵殿外侧有行廊连通东西廊。正殿以北为后殿，二者之间有穿廊相连，形成工字殿，即碑记所载的正殿和寝殿昭德殿。另在东西庑于正殿、寝殿之左右前方各建有配殿，即碑记所称之四子殿。这些都和元代的碑记吻合（图 2–3–14）。

据实测图，庙之主殿院东西宽 85.35m，南北深 180.04m。在研究元代建筑时，推知元代尺长在 31.5cm 左右，以此折算：

东西宽 = 8535cm / 31.5cm / 尺 =270.95 尺 ≈ 27.1 丈

南北深 = 18084cm / 31.5cm / 尺 =571.6 尺 =57.1 丈

这两个数字略去尾数后都是 3 的倍数，可知东岳庙主殿院是用方 3 丈的网格为基准布置的。在实测总图上布 3 丈方网格，可以看到，前殿前殿庭之宽如计至东西庑台基前缘恰占 7 格，为 21 丈，其深如自南庑台基北缘计至正殿本身台基南缘为 8.5 格，即 25.5 丈，正殿以南之东西庑与南庑之深约占 1 格，即深 3 丈，正殿左右两朵殿之中轴线也恰与南北向网线重合，即相距 5 格，合 15 丈。以上现象也证明东岳庙的建筑布置是以方 3 丈的网格为基准的。

在对总平面布置的探讨中，还发现两个线索，值得进一步考虑。

其一是在寝殿后又有一重院，如明清府邸之后照房，这在唐宋以来大型院落布局上是罕见的。一般北端之廊庑插入工字殿后殿之两山面，比后殿之北墙还要向南退入一些，构成主殿院之北缘。具体到东岳庙总图上，其北缘应在自北向南第三、四格间的东西网线上，这样，东岳庙主殿院之南北之深就减少了 3 格，为 16 格，即深 48 丈。若考虑此为主殿院之原有轮廓，在四角间画对角线，求其几何中心，则其交点正在月台前缘稍向南少许，与前面所述岳庙、孔庙交点在前缘前后的情况相同。这表明这种布置继承了宋金以来的传统。

其二是现正殿面阔只有五间，但一般封帝号之岳庙正殿均为七间，明显偏小。详细分析平面，发现正殿与东西朵殿之间明显有宽一间的空隙，而正殿之北部台基又加宽包此部于内，故极可能在元代正殿面阔七间，至明代始改至五间。如果是这样，则正殿宽七间时恰占 3 格，即宽为 9 丈。现存的东西朵殿在元代应是东西挟屋。

东岳庙除主殿院外，东西尚有若干附属建筑，如道院祠宇等，现均已废毁。

东岳庙是经元帝赞同由道教最高官员主持修建的，应视同元代官修工程，其布局和运用网格为基准的情况说明元代基本上继承了宋、辽、金的传统。

十一、北京市文庙、国子监

文庙在北京安定门内东侧，始建于元成宗大德十年（1306 年），随后在其西又建国子监，形成东庙西学的并列布局。北京属于元大都时期的建筑群保存下的极少，目前只知文庙、国子监、东岳庙等三数处，是研究元代官式大建筑群布局的重要史料。

文庙、国子监在元明易代时遭到破坏，明永乐以后逐渐恢复，主要建筑历经明清二代重修，正殿大成殿清末毁，光绪三十二年（1906 年）重建。但主要布局基本保存下来。

文庙前临国子监大街，北至五道营，南北深 308m，其街门名先师门，面阔三间，虽主体构架已是清末重建，但外檐斗栱却仍是元代遗物，也可称为北京现存最古的木构建筑，显示出文庙的悠久历史。先师门内第一进院东西有碑亭、井亭、神厨、神库等。院北即主殿院，正中为殿门大成门，面阔五间，门内为甬道，直抵北端面阔七间的正殿大成殿。殿前有宽五间的月台。殿门两侧有东西行的廊庑，至角矩折后为南北行廊庑，围成宽深均近 110m 的方形院落。院落内于甬道东西侧建有十一座碑亭。大成殿后还有一座宽 44m、深 40m 的较小院落，有正门及东西配殿各三间，正殿五间，名崇圣祠，以祀孔子祖先。祠北已沦为民居，原布置不详（图 2–3–15）。

就现状分析，主殿院殿、门、两庑台基高峻，加之街门有元代斗栱遗存，这部分应是沿用元代布局。但宋元明之文庙大多有前后殿，中间有的还有穿廊，形成工字殿。现文庙只有一殿，恐非完整的面貌。现殿后崇圣祠规制狭小，应是明清时添建的。但崇圣祠的位置又与国子监彝伦堂东西并列，而彝伦堂处为元代崇文阁故基。因此，极可能现崇圣祠正殿处原为后殿，其左右侧有廊庑，向南矩折与现东西庑相接，形成南北深约 175m 的纵长院落。

假如是这样，在总平面图上用作图法分析，分别在文庙南北四角间和推想的主院落四角间画对角线，即可发现正殿大成殿恰在全庙区的几何中心位置，与宋元以来大建筑群的布局手法相同。而自大成门至崇圣祠间所画对角线其交点在大成殿南月台的前中部分，和曲阜孔庙、泰安泰庙主院落的情况相同，这也基本上证明元代的主院落北界应在今崇圣祠北墙一线，与现国子监的主院落南北同深。这表明文庙的布局和当时其他大建筑群是相同的。

文庙、国子监一组创建于元代，可知元时在祠庙等大型建筑群的布置上，仍沿用宋以来旧制。

如用方 3 丈的网格在文庙总平面图上核验，还可发现主院落如以四面廊庑后墙为界，其东西宽恰占 11 格，南北深也占 11 格，为方 33 丈之正方形，其先师门内外院深 5 格，为 15 丈。

西侧之国子监也是按 3 丈网格为基准布置的，外院也深 5 格，与文庙外院同，主院落以廊庑四面外墙计，东西宽 9 格，为 27 丈，南北深 18 格，为 54 丈，深宽比为 2 ∶ 1。

十二、明、清北京天坛

北京明、清天坛是现存古代祭祀建筑中最为杰出、最能代表中国古代建筑群规划布局水平的完整实例。但它自明永乐十八年（1420 年）始建，直到清乾隆时修缮完善，有一个发展过程。这过程大体可分四个阶段：第一阶段为永乐十八年（1420 年）始建天地坛，第二阶段为嘉靖九年（1530 年）创建圜丘，第三阶段为嘉靖二十四年（1545 年）在原天地坛处建大享殿，第四阶段为嘉靖三十二年（1553 年）建南外城后形成内外二重坛墙的现状。通过对这四个阶段的分析探讨，可以进一步看到构思的卓越和具体处理的精密细致，可更深入地认识中国古代规划布局所达到的高度水平。

天坛至今没有详细的实测图发表，但在 20 世纪 50 年代实测的北京市 1/500 地形图上有天坛的测图，虽建筑部分不够精细，但各部分的长度尚可准确地从图上量出，利用这些数据去推求天坛的规划手法和模数关系却是足够了。

1. 明永乐十八年创建的天地坛

在北京南外城中轴线永定门大街东侧。这里在 1553 年建南外城之前是南郊，它是依照祭天场所应建在都城南郊七里之内东偏的传统选址的。它创建于明永乐十八年（1420 年），基本上是按明洪武十一年（1378 年）在南京所建天地合祀的天地坛的规制建造的。洪武坛的平面图载于明弘治刊本《洪武京城图志》中（图 2–3–16）。据《大明会典》中所载永乐时所建的天地坛图（书中称为〈旧郊坛总图〉，图 2–3–17），那时的坛区左右对称，只有一重坛墙，围成南方北圆的坛区，以附会古代“天圆地方”的说法。四面墙上各开一门，以南面正中的南门为正门，门内向北建甬道，直抵北面的主体大祀殿建筑群，形成坛区的中轴线。合祀天地的大祀殿建筑群是一建在砖砌高台上的矩形院落，周以围墙（称壝墙），四面各开一门。南门内又有一重门，称大祀门，门内北面正中即大祀殿。殿下筑有高台基，实即坛，故文献称大祀殿是“坛而屋之”。殿前有东西配殿，自大祀门左右又建一重壝墙，矩折北行，连东西配殿南山墙，东西配殿北又有壝墙，做圆弧形连至大祀殿左右，形成南方北圆的殿庭，与坛区轮廓一致。大祀殿建筑群前方左右有墙，围成凸形的小院，内设太岁、山川、海渎、镇岳等小坛。另在坛区西南角建斋宫。

现在的北京天坛是经明嘉靖九年（1530 年）和嘉靖二十四年（1545 年）改建后的面貌，故可以在现天坛的总平面图上推测永乐十八年始建时的原状，并进而探索其规划设计特点。除祭坛、斋宫外，整个坛区为柏林所覆盖，呈现出静谧、庄重的环境气氛。

现状在天坛南面成贞门内有一条南北向甬道，北面正对祈年殿，俗称“丹陛桥”，和永乐图上所示一致，可知这部分也是就永乐时旧制改建的。现状的地形是南高北低，在成贞门处，甬道只高出地面少许，而北抵祈年门前时，已高出地面3.35m，成为高甬道，故祈年殿一组所在处为低地，其下必须筑高台基，以便和甬道相接。因此，丹陛桥高甬道和祈年殿一组下的矩形高台是为了使甬道及祈年殿一组与南面成贞门处于同一水平而筑的，如果地势南北相同，原不需如此。南面的圜丘一组建在平地上，其下并未建方形大台基和高甬道就是其证。

在永乐图中，斋宫在坛区西南角，现斋宫虽经明万历十四年至十六年（1586 ~ 1588 年）扩建，位置仍在内坛之西南角，可证现在内坛之西墙即永乐坛的西墙。在永乐图中，南门、甬道、天地坛在中轴线上，故可推知原东墙应在东侧与西墙相对的位置。从北京市 1 /500 地形图上可以量出，若以成贞门、丹陛桥为中轴线，则现内坛西墙距中轴线 635.7m，现内坛东墙距中轴线 407.5m，现外坛东墙距中轴线 653.5m。这里外坛东墙和内坛西墙距中轴线之距基本相等，只差17.8m，误差约 2%强。中国古代的测量定线精度要求是不同的，《考工记》云:“室中度以几，堂上度以筵，宫中度以寻，野度以步”。即范围越大，精度要求越低。明清时长距离测量用丈绳，长久使用后绳会被拉长，且拉绳时松紧度不可能一致，所测得者不可能很精确，故上述误差可以略去，视为相等。这就是说现外坛东墙是永乐时的东坛墙（数据见图 2–3–22）。

现在中轴线上丹陛桥南端之成贞门即永乐坛之南门。在永乐图上，坛之南墙为成贞门两侧东西行之直墙，北折为坛之东西墙。可知现状成贞门两侧向南作弧形延伸包皇穹宇一半后再东西行是明万历间拓展斋宫后形成的。

以成贞门处为坛之南界，在 1 / 500 图上可量得自此至现祈年殿中心处为493.5m。若自祈年殿中心向北量，至内坛北墙为 229.3m，至外坛北门为 498.2m。这后一数字与成贞门至祈年殿中心之距的 493.5m 只差 4.7m，误差为 9‰，也可略去不计，视为相等，因知现外坛北墙为永乐时的北坛墙。

由此可以推知，永乐时天地坛的坛区以今成贞门一线和内坛西墙为其南墙、西墙，以今外坛东墙及北墙为其东墙、北墙。从现祈年殿之中心即坛区之几何中心的情况看，永乐时大祀殿应即在今祈年殿位置。坛区东西宽 1289.2m，南北深991.7m，大祀殿一组下高台宽 162m，深 187.5m，坛区和大祀殿殿庭都作南方北圆（图 2–3–18）。

在探讨明紫禁城宫殿时，发现明代规划大型建筑群时，往往以主建筑群之宽或深为模数。循此线索，在永乐坛总平面图上分析，发现矩形大台之宽 162m 有可能是坛区的模数。

设台宽 162m 为 A，则

坛区宽 1289.2m / A = 7.96 ≈ 8

坛区深 991.7m / A = 6.12 ≈ 6

考虑当时长距离测量可能产生的误差，可以略去尾数，则

坛区东西宽 = 8A

坛区南北深 = 6A

这是用实测数据推算的结果。但古人规划天坛时使用的长度单位是丈、尺、步，若把上述实测数按明初尺长 31.37cm 折算，也可看到大体近似的情况：

坛区东西宽 1289.20m/3.173m/ 尺 = 406.3 丈

坛区南北深 991.70m/3.173m/ 尺 = 312.5 丈

大祀殿下高台东西宽 162m/3.173m/ 尺 = 51 丈（即前文中之 A）

大祀殿下高台南北深 187.5m/3.173m/ 尺 = 59.1 丈

大祀门中线（左右横墙处）至台顶北墙之深

160m/3.173m/ 尺 = 50.4 丈 ≈ 50 丈

据此，大祀殿下高台如以台顶壝墙中心计而不以台下脚计，其宽也是 50 丈。这表明大祀殿之核心部分（大祀门以北）是方 50 丈的正方形。以 50 丈为单位折算，坛区东西宽 506 丈为 8.1 个 50 丈，坛区南北深 312.5 丈为 6.3 个 50 丈。考虑当时放线精度，略去尾数，则永乐时规划天地坛也有可能是以 50 丈为模数的。以 A 和 50 丈为模数所得结果基本相同。

在 1 / 500 地形图上还可量出，自坛内连通东西门间的大道的中心，向南至成贞门之距为 245.8m，向北至祈年殿中心之距为 247.7m，二者相差仅 1.9m，约合 8‰，可以视为相等。可知坛内东西大道布置在成贞门至祈年殿中心之距的一半处，亦即在坛区南北之深的 1/4 处。

这就表明，永乐十八年（1420 年）规划建天地坛时，先按合祭天地的祀制的需要确定大祀殿建筑群的规模，并因地势低洼把它们建在高台上；再以台宽（A 或 50 丈）之 8 倍和 6 倍定坛区之宽和深；把主殿大祀殿置于坛区的中心，并与南面正门成贞门间连以甬道，形成坛区中轴线；在大祀殿中心点至南门成贞门的中分点辟东西向的路，路两端抵东西坛墙处开东西门；最后形成南方北圆，主殿居几何中心四面开四门的布局。

2. 明嘉靖九年创建的圜丘

明嘉靖九年（1530 年），明廷又恢复了明太祖时实行的分祭天地的制度，舍已有的合祭天地的大祀殿，在原天地坛南别辟新区，内建高三层的祭天圆台，称圜丘。圜丘外有一圈圆壝墙，一圈方壝墙，最外为围成矩形坛区的新坛墙，其平面图可在《大明会典》中看到（图 2-3-19）。新坛区北墙即天地坛之南墙，即以其南门成贞门为北门，东西墙为原天地坛东西墙向南延伸而成，南墙在距北墙 504.9m 处，形成东西 1289.2m，南北 504.9m 的矩形坛区。南墙正中开南门，与北门相对，遥对北面天地坛大祀殿，形成中轴线，圜丘在中轴线上稍偏北，三层台之直径分别为 23.5m、38.5m、54.5m。圆壝墙直径 104.1m，方壝墙每边长 167.6m，其周长

分别为 327m 和 670m（图 2–3–20）。

圜丘现状经乾隆时两次拓建。据《天府广记》记载，明代三层台直径为 59 尺、90 尺、120 尺。圆壝周长 977.5 尺，方壝周长 2048.5 尺。如按明代中期尺长为 0.3184m 折算，三层台直径应分别为 18.8m、28.6m、38.2m，都小于现状，可证现圜丘是经清代扩建过的。明代所载的圆壝周长折为 311m，方壝周长折为 652m，都稍小于现状。

又据《大清会典》记载，清代三层台的直径分别为 90 尺、150 尺、210 尺，圆壝周长 1064 尺，方壝周长 2101 尺。如按清代尺长为 0.32m 折算，则三层台直径应分别为 28.8m、38.4m、67.2m，都大于现状。圆壝的周长应为 340m，方壝的周长应为 672m，也稍大于现状。

据记载，清代扩建圜丘是因为台顶和下二层四周台深太浅，不便举行仪式。但实际建成的尺数只及记载上数字的 80%，是用缩小尺长的办法来夸大坛的尺寸，表示大大超越前朝的。坛外的二重壝墙受礼仪限制不大，记载上所增的尺寸也不大。如略去明清尺长之差，圆壝周长只增加 86 尺，方壝周长只增加 52 尺，折合至直径和边长所增更小，似不可能为此区区之数重建全部壝墙，很可能也是用改变尺长的办法，以示超越前代而已。所以现在的圜丘可能清代只扩大了三层台，而方、圆壝墙仍是明代之旧，只把高度降低，使台子显得更高而已。

在探讨圜丘规划时应先考虑它和原天地坛有无关系。在 1 / 500 地形图上反复核查，发现如以原天地坛东西门间横街中线为界，自此线向北至北门（今外坛墙北门）之距为 745.9m，自此线向南至圜丘南门（今内坛南门）之距为 750.7m，二者相差 4.8m，误差为 6‰，可视为等距。这就证明在创建圜丘时，规划中已把它和原天地坛的改建统一考虑，故以天地坛东西门间横街中线为南北中分线，据以确定圜丘新区南墙的位置，使以后改大祀殿为祈年殿时，二者在整体布置和构图上仍有联系。

前已述及，圜丘三层台已经清代扩建，可能为明代之旧的只有方圆壝墙。以这尺寸和坛之南北长比较，发现方壝边宽 167.6m 之三倍为 502.8m，比坛南北墙长 504.9m 只差 2.1m，误差为 4‰，可以视为相等。由此可知规划时是以南北坛墙长的 1 / 3 为方壝边宽，再反过来形成坛之南北长以方壝宽为模数的效果的。

在现状图上可以看到，圜丘并不居于新创坛区的几何中心，而是向北偏移 12.75m，即 4 丈，与永乐坛置大祀殿于几何中心的手法不同，其原因尚有待进一步探讨。

3. 明嘉靖二十四年改大祀殿为大享殿后的天坛

圜丘建成后不久，即拆毁大祀殿，在原地建祈谷坛。嘉靖二十二年（1543 年）兴工，二十四年（1545 年）建成。它是建在原矩形高台中心稍偏北处的三层圆台，底径 91m，全部用石包砌，仍沿永乐时“坛而屋之”的传统，在坛顶建一圆殿，直径 24.5m，合 7.7 丈，上覆三重檐圆锥形屋顶，称祈年殿。原大祀殿时的前面二重门、东西配殿和前部自祈年门两侧矩折向北接配殿的横墙仍保持着，但配殿以北原有的圆弧形接大祀殿的墙已不存，就只余下沿高台四周一围壝墙。这样，就在平面上把南方北圆的图案改为外方内圆的琮形图案，和古代明堂一样，以表示“天人交通”，使其含义与新改建的祈年殿的功能相符。

在 1 / 500 地形图上量得，祈年殿一组下矩形高台东西宽 A=162m，南北深 B = 187.5m。自祈年门（第二重门）东西的横墙北距矩形台北面壝墙为 160m，可视为基本相等，即此部为正方形。在此方形上画对角线，其交点北距祈年殿之中心为 24.7m，与祈年殿的直径相等，即祈年殿之中心自这方形的中心向北退入一个祈年殿之直径。但殿之中心仍居原永乐时坛区的几何中心。

此部分改建于明代，如按明中期尺长为 0.318m 折算，台宽 162m 合 51 丈，台深 187.5m 合 59 丈，祈年门左右墙至台之北墙 160m 合 50.4 丈。考虑到施工定线精度和改建可能产生的误差，可以把矩形台顶自祈年门横墙以北部分视为方 50 丈。若在这部分画方 5 丈的网格，纵横方向各可排 10 格。这样排的结果，祈年殿下最外一圈台阶和祈年门之宽各占 2 格，即 10 丈；祈谷坛中层之直径占 5 格，为 25 丈；东西配殿台基南北之长和祈年门台基北缘至祈谷坛下层南缘之距各占 3 格，为 15 丈。其他建筑布置也和网格有某种对称关系。由此可知，在嘉靖二十四年改大祀殿为祈年殿时，在矩形大台子上布置建筑物是以方五丈的网格为基准的（图 2–3–21）。

大享殿建成后，与南部圜丘区合为一体，以原永乐坛时的西门为正门。坛区东西宽仍为 1289.2m，南北深为 991.7m+504.9m=1496.6m。原东西门间大道正位于南北合并后坛区的南北中分线上，实现了在创建圜丘时已有的总体规划（图 2–3–22）。

4. 明嘉靖三十二年增建南外城后的天坛

明嘉靖三十二年（1553 年），北京建南外城，包天坛于其内，自正阳门南抵外城永定门间大街成为北京中轴线的南段。天坛这时已以西门为正门，需要使它西临大街，与先农坛隔街对峙，以壮观瞻。因此先在西、南两面西临大街、南靠城墙建新坛墙。这就在西、南两面出现了外重坛墙，需要在东、西两面也建墙，形成内外两环坛墙。但在总图上看，天坛东、北两面都没有向外拓展的余地，只能在其内建内墙，而以原坛墙为外重墙，这样在形成内外二重坛墙的同时，天坛就出现了中轴线就内外坛区来讲都不居中而偏向东侧的现状（图 2–3–23）。

但如前所述，天坛的坛区规划是以矩形高台之宽 A（或 50 丈）为模数的，故此次改建为内外二重墙也应有一定依据而不可能是随意的。

在 1 / 500 地形图上推敲，发现现内坛东墙西距祈年殿至圜丘间轴线为 407.5m，合 128 丈，而矩形台之宽为 50 丈，其 2.5 倍为 125 丈，二者相差 3 丈，基本相等。这就表明内坛东墙至矩形大台子东壁之距为台宽的 2 倍，即在增建二重坛墙时，仍保持着永乐坛时以台宽为模数的特点。

在内坛北墙位置的确定上，也有一定考虑。自成贞门北至内坛墙最北处之距为 722.8m，它的一半为 361.4m，而自成贞门向北至矩形方台南缘之距，亦即丹陛桥之长为 361.3m，二者相等。可知当时是以丹陛桥长的一倍定内坛北墙位置的。这样做可以使矩形高台的南缘位于内坛区的南北中分线上。

据此，我们可以看到，即使在改建为二重坛墙时，也是或利用原有模数，或形成新的比例关系和中心位置，都是尽量使其有一定依据的。

十三、明、清北京社稷坛

在北京皇城前部，天安门内御道西侧，东与太庙相对，按《周礼》所定“左祖右社”的规制布置。社稷坛始建于明永乐十八年（1420 年），明弘治、万历时曾加修缮，清乾隆二十一年（1756 年）又曾大修，仅坛北之享殿（今中山堂）尚是明永乐间遗构，为北京最古老的木构建筑之一。1942 年曾对社稷坛进行实测，现即利用其实测数据进行探讨（图 2–3–24）。

社稷坛现状有内外二重墙，外重墙称坛墙，东西 207.21m，南北 268.23m（外皮尺寸，墙厚 1.6m），周长为 950.88m，四面正中各开一门，以北门为正门。内重墙称壝墙，是高仅四尺的矮墙，方 62.4m（外皮尺寸，墙中到中为 61.55m，墙厚 0.85m），四面正中各开一棂星门。坛在壝墙内正中，方形，高三重，上重方 15.92m，下重方 17.84m，高 0.9m。

据明清史料记载，社稷坛均为高二重，晚至光绪重增之《大清会典》仍然如此，现状之三重何时所加俟考。明、清各文献均记载社稷坛上层方 5 丈，下层方 5 丈 3 尺，高 4 尺，即下层每面比上层宽出 1.5 尺。若现在上层方 15.92m 为 5 丈，则 1 尺之长折合为 0.3184m。以此尺长折算，下层台方 17.84m，合 56.03 尺，即 5.6 丈。由此推知现状三层台是按下层比上层宽 3 尺的比例，在原二层之外再加一层，三层坛方遂依次为 5 丈、5.3 丈、5.6 丈。故这 0.3184m 应即建坛时所用尺长。

以这尺之长度折算坛区各平面尺寸，可得下列数字：

壝墙之方若按外包尺寸计，为 62.40m = 19.6 丈，周长为 78.4 丈。

坛墙之东西宽为 207.21m = 65.08 丈（外包尺寸，下同）

坛墙之南北长为 268.23m = 84.24 丈

坛墙之周长为 950.88m = 298.64 丈≈ 300 丈

史载北京社稷坛按洪武时南京社稷坛规制建造。《洪武实录》载明洪武十年（1377 年）八月改建社稷坛，其规制为“社、稷共为一坛，二成（层），上广五丈，下如上之数而加三尺，崇五尺，四出陛……外壝墙崇五尺，东西十九丈二尺五寸，南北如之……外为周垣，东西广六十六丈七尺五寸，南北广八十六丈六尺五寸。”以现社稷坛及洪武坛数据相较，坛本身除易二层为三层外，顶层尺度及上下层宽之差额全同；现壝墙方 19.6 丈，比洪武坛之方 19.25 丈只差 0.35 丈，可视为施工误差，或计算方法不同所致（若以壝墙方中—中计为 19.33 丈，只差 0.08 丈），实际上相等。这就是说，坛本身及壝墙确是按明洪武时南京社稷坛的规制建造的。坛墙(即周垣)现东西宽 65.08 丈，比洪武坛之 66.75 丈小 1.67 丈；南北长 84.24 丈，比洪武时 86.65 丈小 2.41 丈，相差较多。但坛墙之宽、长需要与东面相对之太庙外墙相等，可能是互相折中而形成现状的，故不能与洪武时规制完全相合。按太庙实际情况，坛墙应宽 65 丈，长 85 丈，与社稷坛之墙现状相等，其很小的差额应是施工误差所致。至于社稷坛之壝墙和外垣墙之长度，在明洪武间设计时为何不取整丈数而出现零星的尺数寸数，则可能是受堪舆或其他非理性思考的影响而有意为之的，现在已无法考其究竟了。

又据《大清会典》和《国朝宫史续编》记载，社稷坛周长为 268.4 丈，比现状 298.64 丈少 30.24 丈。若按现状周长 950.88m 折算，每丈之长竟达 3.54m，显然有误，不可依据。

以上述数字和折成的丈数推算，坛上层之宽为 5 丈，坛墙东西宽 65 丈，南北长 85 丈，分别为坛上层宽 5 丈之 13 和 17 倍，因此推知，坛区布置以方 5 丈网格为基准，东西宽 13 格，南北深 17 格；也可视为坛区以坛顶层之方 5 丈为模数。

在总平面图上画 5 丈网格，可以看到其享殿前檐阶头距坛之顶层为三格，即 15 丈；享殿、戟门之东西阶正在网格线上，即相距 5 丈，这些与网格间的对应关系也证实布置时是以方 5 丈网格为基准的。只有壝墙之宽因已在规划中定为 19.25 丈，就不可能与方 5 丈网格吻合了。

在坛墙四角间画对角线，其交点正在坛之中心，可知坛建于坛区之几何中心。社稷坛之规划置主体（坛）于全区几何中心，以方格网为布局基准，其手法与当时宫殿、坛庙等大建筑群之布置手法全同。

前已从坛及内外墙宽、长之尺度折合出所用尺长为 0.3184m，这尺长与嘉靖二十四年重建太庙用尺 0.3187m 相近，相当于明中期尺长。据《明实录》记载，弘治三年（1490 年）五月曾修社稷坛，则知现在坛及内外部分是经过弘治间改建的，故虽数据未变，而尺长则由明初的改为明中期的。只有享殿（中山堂）和戟门所用尺长为 0.3173m，与午门墩台、长陵祾恩殿等所用尺长相同，表明它仍是明永乐间的遗构。

从上面分析中可以看到，社稷坛与太庙相对，是辅翼在宫前的最重要建筑群之一，经过精密设计，是北京皇城规划中的重要组成部分。20 世纪 40 年代日寇侵占北京期间曾在社稷坛东南角建露天音乐堂，20 世纪 50 年代以后不仅未能纠正荡平，且在其上加建顶盖，拓建为音乐厅，在天安门西侧紧邻，形成与环境极不协调的大体量建筑，严重破坏了天安门右后侧和社稷坛的环境气氛与皇城的总的规划布局，不能不认为是一憾事。

十四、明、清北京太庙

在天安门内御道东侧，西与社稷坛相对，形成传统的“左祖右社”布局。现建筑重建于明嘉靖二十四年（1545 年），局部经清代增修。太庙总平面呈纵长矩形，有内外二重墙，外重墙东西宽 206.87m，南北深 271.60m，宽、深与西侧的社稷坛坛墙基本相等。内重墙东西宽 114.56m，南北深 为 207.45m，其宽深比为 5 ∶ 9（误差为 0.69m，当 6‰，可以略去）。这和紫禁城三大殿一样，也以九与五的比例关系象征它为天子之居。而且外重庙墙之东西宽为 206.87m，和内重墙之深只差 0.58m，可视为二者相等，这样内外二重墙宽之比也是 9 ∶ 5，这又和紫禁城三大殿总宽与工字形大台基宽为 9 ∶ 5 的情况相同，也属于同一种手法（图 2–3–25）。

在内重墙内，于南墙正中建庙门，称戟门，戟门内在中轴线上偏后些建前后相重的前、中、后三殿，左右各有配殿。前殿为祭殿，中殿贮神主，后殿贮祧 庙（世数多后中殿容纳不下者）的神主，与前、中殿间用墙隔开。始建时前、中殿各九间，后殿五间，明万历时后殿已改为九间，至清乾隆时，又改前殿为十一间，形成现状。

在 1942 年实测图上进行分析，可以看到如下特点：

其一，在内重墙间画对角线，其交点正落在前殿的几何中心位置，即前殿位于内重墙所包括范围的几何中心。这对角线又分别穿过前殿东西配殿南端和后殿东西配殿北端前檐角柱。

其二，如视前、中、后三殿为一体，自前殿九间宽处之前檐柱向后殿后檐二角柱画对角线，则其交点落在中殿的中心，即如以前殿前檐与后殿后檐为界，中殿正居于中心处。

其三，如以前殿之中心点为圆心，以它至内重墙南（或北）之距为半径画圆，则前殿东西配殿南端山墙和后殿东西配殿北端山墙与内重东西庙墙相接处恰都在圆弧上。

以上三点当非偶然，应是规划中有意为之的，其中主殿置于全宫院几何中心是传统手法。

在太庙规划中也使用了方 5 丈的网格。明中期尺长在 0.3187m 左右，以此折算，外重墙之宽 206.87m / 0.3187m =649 尺；内重墙之深 207.45m / 0.3187m = 650.9 尺；二者平均值为 650 尺，即 65 丈；外重墙南北之深 271.6m / 0.3187m = 852 尺，即 85.2 丈；内重墙之宽 114.56m / 0.3187m =359 尺，即 36 丈。

据此，可以在外重墙内排 5 丈方格网东西 13 格，南北 17 格；内重墙内可安排东西 7 格，南北 13 格，但东西安排 7 格后尚有余地，这是因为它要保持深与宽为 9 ∶ 5，而 65/9 × 5 = 36.1，故内墙东西宽取 36 丈而不是 35 丈。

从五丈网格的排列上可以看到，金水河的北岸、戟门的南北台基边缘、太庙前殿的南北台基边缘、中后殿台基的前缘都在横网线上；太庙南门、戟门和前殿后殿东西侧门或侧阶都在纵网线上，相距 1 格，即 5 丈，前殿月台上层和前中后三殿宽七间处的柱子也都在纵向网线上，这些现象说明在布置内重墙内的殿宇时，也以方 5 丈的网格为基准。

总括起来，太庙在规划中以内重墙部分为核心，使前殿居于几何中心位置，并令内墙之宽深比为 9 ∶ 5，以象征九五帝位。在宫院内建筑布置上则利用方 5 丈的网格为基准。

十五、山西省解县关帝庙

传始建于隋，北宋初扩建。明嘉靖中毁于地震，嘉靖三十四年(1555 年)重建。至清康熙四十一年（ 1702 年 ）又毁，康熙末年恢复，保持至今。现存建筑物为清代所建，但其总平面布置大体保持明代后期的格局（ 图 2-3-26)。

在实测总平面图上分析，如在总平面图四角间画对角线，其交点落在崇宁殿处，即庙之正殿崇宁殿恰居全区几何中心。在此交点画横线，均分全庙为南北两部分，再在北半部画对角线，则其交点落在春秋楼前木牌坊处。若在此交点画横线，再中分北半部为二部分，然后在后半部再画对角线，则春秋楼又恰在这部分的中心。此外，在庙之前半部用同样的方法作图，也可看到崇宁殿、御书楼、午门三座建筑之距离相等。由此可以推知，关帝庙的布局手法颇为简单，它是先在中轴线上全庙几何中心布置主殿，然后把前部和后部分别均分为二部分或四部分，等距离的布置其他建筑，这仍是宋明以来大建筑群布置的常用手法。

关帝自明以后崇祀日盛，解县是其原籍，故庙规模最大，但它仍非官建，而带有民间崇祀的性质，故建筑规制均非官式，而总平面布置方法也较简单，没有官建大型祠祀那么精密谨严。

第四节　陵墓

陵墓是古代建筑的一个重要而特殊的类型，和祭祀的坛相似，它的主体是夯土构筑物，四周为大面积人工造林环拥，在早期，建筑物只占很小的比例，后期逐渐增多，它的规划布局也是中国古代建筑中极有特色的一个部分。

现存古代墓葬虽多，但明清以前的大都荒废颓摧，只余封土，需要进行勘察或考古工作，始能知其规划全貌。近年的考古工作表明，远在三千年前的商代，商王之妃妇好的墓上已建有木构建筑。到二千多年前的战国时，在河南辉县魏国王室墓与河北平山县中山国国王兽陵上更发现大型台榭遗迹和围墙，说明已形成陵园。战国中山国国王兽陵上出土了兆域图，详记陵丘、围墙和墓上堂的尺寸，实是一幅陵园的规划图，说明此时陵园建设已是按规划进行的。

汉、唐时期，上起帝后，下及庶人，坟墓均有定制，见诸史籍，但汉陵目前只宣帝杜陵有考古报告和较详细的测图，而唐陵迄今尚无完整的数据和图纸发表，只能就零星材料进行局部的探索和推测。北宋帝陵虽历经破坏，但近年经河南省文物考古研究所进行详细的勘探和试掘，已掌握其基本情况，并发表了专著《北宋皇陵》，可供研究分析。元代皇帝死后北葬起辇谷，地面由万驼踏平，不留标志，故迄今尚未发现任何迹象。明清二代陵墓保存尚好，但也只有个别陵墓有较详密的图纸和数据发表。限于资料，目前只能就可以得到图纸者进行探索，尚难做全面的比较研究。

从下举汉唐以来各代陵墓实例看，其布局极规范化，轮廓规整，总平面布置均以大小尺度不同的方格网为基准，这些网格实即控制陵园规划布置的面积模数。

至于历代的官员庶人墓，早期的地面遗迹荡然无存，只有明清时代的偶有保存尚好者，但经过勘察测量可探讨其规划布置者极少，目前只能暂缺。

一、河北省平山县战国中山国国王舋陵出土的兆域图

它是一长 94cm，宽 48cm 之铜版，版面用金银镶错出陵园的平面布置图，正中并列王和二后共三墓，筑在一横长的夯土台上，左右附有二夫人墓，下各有一较低的小夯土台。墓及夯土台外均有二重围墙，围成矩形陵园，均于南墙正中开门。又在北部内外重墙之间建有四个小院，内有建筑，均题名某某宫。整个铜版上表现的是葬有一王、二后、二夫人五座陵的陵园，并注有详细尺寸。因事实上只葬入二陵即亡国，此版所示实际上是一所未能完全实现的陵园的规划图。

把图上所绘各部，按所注实际尺寸画成现代的建筑图，就可看到它的真实比例关系。在中心部分，三陵丘各方 200 尺，相距 100 尺，陵丘四周大夯土台分平、坡两部分，各宽 50 尺，总计大夯土台东西宽 1000 尺，南北深 400 尺。如以夯土台四周平、坡之宽 50 尺为单位画网格，东西为 20 格，南北为 8 格，其网格都与三陵丘之轮廓相应，表明此部分实际上是以方 50 尺，亦即方 5 丈的网格为基准布置的。夯土台以外之尺寸均以步计，由图上所注尺寸可折算出 1 步为 5 尺，以此计之，夯土台四脚与内陵墙之距离为 30 尺，墙厚也是 30 尺，内外墙之距南面为 180 尺，东西为 150 尺，北面为 125 尺，除北面外，均以 30 尺，即 3 丈为单位（图 2-4-1）。

据此可知，此陵园之规划利用了方格网为布置基准，主体部分用方 5 丈网格，外围部分用方 3 丈网格。利用网格可以使相关部分有一个共同的尺度标准，使其易于保持一定的比例关系，并在尺度和比例上比较协调。但陵园北部内外墙之间和左右侧的夫人堂又出现 40 尺和 25 尺两种网格，表明这时在规划中运用网格尚不甚成熟。

在图上于中间大夯土台四角画对角线，其交点在王堂中心，表明王堂居大夯土台之几何中心。若再自内重围墙（内宫垣）四角画对角线，其交点也在王堂中心，即王堂也位于内宫垣的几何中心。自内宫垣四角所画对角线还穿过大夯土台台顶四角平坡面转折处的四个角，则知大夯土台顶的平面部分和内宫垣为相似形，从这些现象可以知道，这个陵园的规划还是很细致精密的。

通观陵园规划，可以看到，王和二后的陵丘及堂尺度相等，东西并列，属于同一个等级。二夫人的陵丘和堂尺度小于王和后，位于两端，且向后退入约 5 丈，表明它们低一个等级。此陵园规划令王堂居中，明确体现古代“择中”的思想，并以简洁、规整有序的对称布置和明显的尊卑差异，创造出庄严肃穆、静谧追远的陵墓气氛，表现出当时已有较高的规划设计水平。

二、西安市西汉杜陵

西汉在长安建有十一陵，目前只汉宣帝杜陵进行了考古勘察和局部试掘，发表了《汉杜陵陵园遗址》报告专著，可供进行分析。据报告集，杜陵陵园正方形，方

433m，四面正中各开一门，陵山在园内正中，为覆斗形，底边方 172m，顶方 50m，高 29m。在陵园南门外之东附陵墙外建有寝园，平面矩形，西墙长 112m，南墙长 154.19m，其中主院部分长约 114m（从图上比尺量出），其平面图见图 2–4–2。

另在杜陵东南 575m 处有王皇后陵园，形制与杜陵基本相同而尺度略小，且其寝园附在南门外之西而不似帝陵在南门外之东。后陵陵园方 334m，四面正中各开一门，陵丘居中，底方 148m，顶方 45m，高 24m（图 2–4–3）。

为探讨其规划特点，首先需要探求所用之尺的尺度。上举帝陵、后陵建于同地，所用尺长应相等，而按一般的惯例，这样巨大的陵园之尺度应基本为整数尺寸，一般以 10 丈、5 丈、3 丈为单位，不可能过于细碎。现在据遗存各古尺推算，西汉尺长在 23cm 左右，故如能推求一个在 23cm 左右而能使上述帝、后陵之实测尺寸均可折为 10 丈或 5 丈为单位者，应即接近当时所用的尺长。

换算结果，发现当尺长为 22.8cm 时，杜陵陵园方 190 丈，陵丘底方 75 丈；王后陵陵园方 145 丈，陵丘方 65 丈，均为以 10 丈或 5 丈为单位。

据此尺长在杜陵平面图上画方 10 丈网格，纵横恰可容 19 格，即方 190 丈，且其寝园西部的主殿院恰为纵横可容 5 格，即方 50 丈，可证此假定之尺长 22.8cm 与陵之实际尺度符合。

同样，在王后陵上画 5 丈网格，纵横可排 29 格，网格且与中心陵丘之下脚线重合。此外其寝园东西 11 格，南北 7 格（外包尺寸），轮廓也与网格布置相应。

从上二图布网的情况可以看到，西汉陵墓沿用战国以来的传统，在规划时也以方格网为基准，帝陵用方 10 丈网格，后陵用方 5 丈网格。

就陵园之宽与陵丘底方的比例而言，杜陵为 190 丈 ： 75 丈≈ 2.5 ： 1，王后陵为 145 丈 ： 65 丈≈ 2.2 ： 1，即帝陵陵园除面积为后陵 1.7 倍外，陵园与陵丘之比更大，即显得更为开阔。

从西汉起，直至北宋，大部分朝代的帝后陵园都作正方形，四面正中辟门，陵丘居中，形成南北、东西两轴线对称的布局，其陵丘也为简单的截顶方锥形。这种绝对对称的平面布局，轮廓简单明确的陵丘，疏朗的建筑和石雕点缀，与广阔的面积和巨大的体量相结合，在大面积森林衬托之下，能创造出庄严、静谧、宏伟、渺远的气氛和永恒感。前人过汉武帝茂陵，赞之为“一无所有，气象万千”，说明仅靠简单宏大的陵体已能使人心折。古人早已认识简单与庄重的关系。《礼记·礼器》中就有“至敬无文”、“大圭不琢、大羹不和”和“以素为贵”等语，讲的就是这个道理。古人掌握了简单宏大与庄重永恒的联系，在陵墓建筑中以最简洁的手法，取得给人以最深刻的印象的效果，表现出很高的规划设计水平。

三、唐代陵墓

唐代陵墓大部分倚山而建，太宗昭陵、高宗乾陵即因山为陵，但也有积土为冢建于平地的，如高祖献陵、敬宗庄陵、武宗端陵等。不论倚山、因山还是平地积土，其布置形式基本相同，即山陵或土冢居中，四周围以正方形陵墙，称为神墙，四面辟门建阙，四角建角阙，围成陵园，称为上宫。南门外建神道，夹道建巨阙，立石象生，为陵之主要入口。另在上宫附近建有下宫，按事死如事生之义，陈设衣冠，宫女宦者每日展衾上食，如一所小宫殿。诸陵之下宫现均已毁去，遗址尚有待探查，上宫制度则基本查明，从方形神墙、四面辟门、山陵或陵丘居中看，和汉制无大异处，只是汉之寝园即附在陵园墙外，而唐代相当于寝园之下宫则与上宫隔有一段距离，为一组独立的宫院而已。上宫神墙以外，陵域之内，遍植柏树，称为“柏城”。

唐陵迄今没有正式发表过完整的实测图可供进行具体分析，但从零星披露的陵或“号墓为陵”的墓的数据，还可大致推测出一些情况。

据勘察，唐高宗乾陵因梁山为陵，沿山脚建神墙，南墙、北墙均长1450m，西墙长1436m，东墙长1582m，四面各开一门，南神门外为神道。如按唐代尺长29.4cm折算，神墙之长分别为493丈、490丈和538丈。考虑到山脚坡坨起伏、沟壑分割的情况，当年定线建墙和现在的一般踏察，在测量长度上都极易发生误差，可以认为原规划时，神墙长500丈，即上宫方500丈×500丈，折合1000步×1000步。

诸唐代太子墓中，李弘墓号称为陵，它建于平地，夯土为陵山，四周围以神墙，亦为正方形，每面长440m，合唐代150丈，即300步。陵垣南神门南之神道长290余米，合100丈，即200步，尺度很规整。

唐武则天之母杨氏墓号为顺陵后，曾加以扩建。现陵垣四面神门外之石狮东西、南北相距均为866m，合295丈，即扩建后的位置。参照其他唐陵石狮突出神门外之尺度，可以推知神墙均长250丈，即500步。上宫方250丈×250丈，即500步×500步。这比帝陵墙长少1/2，面积仅为帝陵的1/4，应是按后礼扩建的。

以上三组数字说明唐代帝陵上宫方500丈，后陵方250丈，太子陵方150丈，神道长100丈。由此可以推知它们可能是分别以50丈和10丈即100步和20步的方格网为基准布置的。由于这三陵都没有准确的实测图发表，目前只能就所发表之实测数据进行分析，推算其大致情况而已。

《唐会要》中载有臣庶坟茔规制，其茔墙之方自一品90步起，递减至六品以下20步，共分六级，级差为10步和30步。以1步5尺计，为5丈和15丈，据此可以推测唐代臣庶茔墓其茔垣可能也是利用方5丈或3丈网格为基准布置的。

唐陵平面布局虽和汉陵相近，但只少数陵建于平地，大部分因山为陵，最著名的是因九嵕山而建的太宗昭陵和因梁山而建的高宗乾陵。因山为陵目的是以山的宏大气势和永恒感来衬托死者的功业巍巍和永垂不朽，其效果自然比人工筑就的陵丘更好，但关键是要选择适宜的地形。昭陵因主峰为陵，开凿墓室，前有二平缓的山峦夹峙，宛如双阙，中间又隆起一小丘，近于祭坛；乾陵因梁山为陵，以山前南北向小山脊为神道，在南端夹道相对二小山丘上建阙。二陵在选地和因势利用地形上都达到很高的水平，可惜目前尚无较准确的图纸供我们做进一步的探索。

四、河南省巩义市北宋陵墓

集中在河南巩义市，共有帝陵八座，后陵 22 座。诸陵自北宋亡后即遭严重破坏，以后历代荒废颓摧，至“文化大革命”中平整农田土地之役后，除陵山巨大只略有蚕蚀外，其余地上遗迹遭到很大破坏，连地形地貌也因改坡地为台地，有较大程度上的改变。近年河南省文物考古研究所进行了大量勘察、钻探和局部试掘，基本上查清各陵的面貌和现状，出版了《北宋皇陵》专著，可供对陵之规划进行探讨。

北宋陵墓基本沿袭唐陵，也分上宫和下宫。上宫即陵墓，由陵墙围成正方形一圈，称神墙，四面辟门，正中为陵山，也与唐陵规制基本相同，但规模大为减小。北宋帝陵自太祖永昌陵、太宗永熙陵起，即基本形成定制。封土称陵台或神台，与汉唐陵单覆斗形不同处是其下建有二层用砖包砌的台，最上层始为覆斗形封土，用红色灰浆抹面。陵四周之神墙于四面正中开阙形门，称神门，墙四角建角阙。南神门外为神道，分两段，分别以鹊台和乳台为前导。从遗址看，鹊台、乳台都是三重阙。神道北段自乳台起，直至南神门，夹道立石雕人、马、兽等，即石象生。下宫是日常祭祀之处，位于上宫西北方。据宋人记载，自 1127 年靖康之变后，均已夷为平地，只存基址，至今基址亦残损，难以知其原状，只据《宋朝事实》，知道有正殿、斋殿、浣濯院、厨库、使廨等建筑，是一完整的宫院而已。

据《北宋皇陵》发表的数据，北宋帝陵上宫均方 240m 左右，陵台底宽自 48m 至 58m 不等，陵墙与陵台宽度之比为 5 ： 1 或 4 ： 1。神墙四面的神门及角阙和乳台、鹊台均为三重子母阙。南神门外神道最短 270m，最长 320m，均被乳台中分为二段，长度基本相等。这是据勘查所知的北宋帝陵的通制。

北宋帝陵的尺度，史书上没有详细完整的记载。《宋史》及《宋会要辑稿》只记最早迁建的安陵陵台方 90 尺，神墙长 115 步，即 57.5 丈，尺度远小于以后诸陵，这时宋代陵制尚未确定，故不足为据。只（宋）李攸《宋朝事实》记载宋英宗永厚陵陵台高 53 尺，上宫方 150 步。《宋史》载北宋后陵中，太祖王后、真宗刘后陵园神墙四面各长 65 步，只仁宗曹后陵园神墙的边长特别增至 75 步，恰为帝陵神墙边长 150 步之半。在《北宋皇陵》中称，宋仁宗陵上宫方 240m、曹后陵方 120m，恰相差一倍，与文献所载帝后陵之比例相合。

但《北宋皇陵》只称神墙方 240m 和 120m，并未明言是指墙之中到中、墙之外包尺寸，还是角阙之外包尺寸。所幸图 274 有一真宗永定陵上宫建筑台基复原图，表示得比较明确，用图上所附比尺在图上量出，神墙之中到中距离平均为

230m，四角阙外皮间之距为 240m，在其余图上也有类似的情况。建筑尺度之计量是以中到中计的，若以 230m 为 150 步，即 750 尺，则每尺长为 30.6cm。此尺之长在从现存北宋建筑实物中推出之尺长 30.0 ~ 30.6cm 范围之内，应即是建陵时所用之尺长。

以此尺长在永定陵复原图上画方 5 丈网格，每格方 15.3m，则上宫东西、南北恰可容 15 格，自南神门至鹊台恰可排 19 格，而乳台恰在中间的第十格内。乳台北之石象生恰在二行网线上，即相距 15 丈。

以实例尺寸和用网格折成的尺寸相较：

神墙实测 230m，而 15 格为 15×5 丈 = 15×15.3m = 229.5m，二者相差只 0.5m，可视为相等。

神道实测为神门至乳台 140m，乳台至鹊台 140m，共 280m。而 19 格长为 19×5 丈 =19×15.3m = 290.7m。但在《北宋皇陵》图 89 永定陵实测图上用所附比尺量度，发现此二个 140m 均为鹊台、乳台外皮间之距，而非中到中之距，若加上乳台残厚 8.5m，即基本相等（图 2–4–4）。

北宋后陵可以仁宗永昭陵所附之曹后陵园为例。永昭陵神墙之尺寸按图中比例量出亦方 230m，即 75 丈，神道 285m，为 95 丈，表明也是用方 5 丈网格为基准进行布置。曹后墓在实测图上量出神墙间距以中到中计为 115m（报告所称之方 120m，用附图上比尺核验，系以角阙计），折合宋尺 37.5 丈，即 75 步，恰与史载相合，亦为昭陵的一半。在图上画方 5 丈网格，当安排 8 格时，四周溢出神墙之外，基本与角阙外包尺寸相等，但其南面的神道两侧之石象生都在网线上，即相距 2 格，为 10 丈，这现象表明后陵仍是以方 5 丈网格为基准布置的（图 2–4–5）。

北宋陵墓的形制沿袭唐代，上宫平面正方形，四面开门，正中建陵山，南门外辟神道，夹道建阙，树石象生等，布置与唐陵大体相同，下宫建在上宫之外，相隔一定距离，也与唐陵相同。其不同处有二：一是规模变小，唐陵上宫方均 500 丈左右，而宋陵只 75 丈，其规模尚不及唐太子李弘之陵；二是所选地形恰与唐人相反，唐陵按一般选地惯例，前低后高，因山为陵，入陵区后步步升高，故气势巍峨宏深。宋陵则反其道而行之，建在南高北低之地，自神道入口至上宫，地势落差自数米至十数米不等。自神道北行，步步下降，北望上宫，高差大的数陵几乎近于鸟瞰，可以一览而尽，既无气势，也无深远之感。这是中国帝陵中的一个特例，也是古代建筑选地的一个罕见的例子。

宋陵一反惯例选用这种最不利的地形实是为当时流行的风水之说所误。北宋时讲风水盛行“五音姓利”之说，以五音比附五行，把姓氏按宫、商、角、徵、羽五音分为五类，凡隶属某一音之姓应选择某一特定之地形营葬，乃为大吉。北宋的赵姓归入“角”音，按该说应选东高西低之地，如不可得，也可用南高北低的“徵”姓之地。（南宋）赵彦卫《云麓漫钞》云：“永安诸陵，东南地穹，西北地垂，东南有山，西北无山。角音所利如此。”就是这个原因，使北宋一反常规，选择了在嵩山北麓、伊水洛水之南的地势南高北低之处建陵。

选择这种地形除不能用地势衬托陵墓增其气势外，还有雨水倒灌冲刷，雨潦淤积之弊。北宋陵上宫方240m，四面只开一门，诸陵中门宽者近20m，窄者只10m左右，颇不利于排水，既令采取一些措施，但局部的改变也难以纠正整体的不利形势。宋人郑刚中在绍兴九年（1139年）记所见的北宋永昭陵的情况说："神台二层，皆植柏，层高二丈许。最下约阔十五丈，作五水道。"仅神台每面即需设五水道，可知排水问题之重要。汉唐陵山均为夯土筑成的覆斗形，独宋陵改为上下三层，下二层用砖包砌，与汉唐不同。这明显是为了防止雨潦一时排不出浸泡陵台导致崩塌所采取的措施。这正是选地不当所引起的。

唐代以来，风水之说日盛，对当时的规划和建筑有一定影响。通达聪明的风水师能顺应人之常情，不悖美学常识和自然规律，使其说与规划设计的正常要求相适应，只提出一些无害大局或锦上添花的要求。这时的规划设计者囿于习俗和业主的要求，也不得不多少曲徇其说，做一些不损害整体规划意图的让步，最后形成均可接受的较好的方案，这样风水师在某些建筑特别是陵墓的规划中有了一定的发言权，而并不一定会对规划和设计产生很坏的影响，这是正常的情况。但如果遇到偏执自以为是的风水师和愚昧的业主，就很可能出现荒唐而不可思议的后果。愚妄的北宋帝室，坚守风水上"五音姓利"之说，违反常识，在倒坡地形上建陵，就是一例。这是风水之说在规划上造成恶果的一桩典型事例。近年有人把风水师捧为规划师，看了宋陵的例子，是应当再考虑一下这个说法了。

五、北京市明长陵

明永乐帝的陵墓。明永乐五年（1407年）皇后徐氏薨。永乐七年（1409年）永乐帝遂决策在北京昌平黄土山南择地建陵，改黄土山名为天寿山。在北京建陵，说明永乐帝已定策自南京迁都北京。史载永乐十一年（1413年）天寿山陵成，葬皇后徐氏于此，永乐十四年（1416年）长陵殿成，奉安皇后神位，则长陵此时已经基本建成。随后才开始大举营建北京宫殿。

长陵在昌平区北袋形山谷的北部，北对主峰天寿山。以后各世明帝之陵即在其左右各倚一山分昭穆入葬，到明末遂形成以长陵为主建有十三座陵墓的巨大陵区，后世称之为明十三陵。永乐间长陵建成后，即陆续建围墙、陵区正门大红门和各个关口，形成封闭的陵域。宣德末年（1435年）立长陵碑和神道两侧的石象生、龙凤门等，嘉靖十九年（1540年）又进行在大红门外建石坊，在神道上铺石板等工程。至此，在陵区形成一长约7km的神道，直抵长陵，它是陵区的主神道，也可称长陵神道。其他分列两旁的后世帝陵自主神道上分建支路，则称为各该陵的神道。

长陵本身分前后两部分：前为祭祀部分，为纵长矩形的三进宫院；后为圆形的陵山，称宝城。

祭祀部分外有陵墙环绕，最前为砖石砌成的陵门，门内第一进院落北面正中建祾恩门，为面阔五间单檐歇山顶建筑，左右有横隔墙和侧门，分隔出第二进院落。入祾恩门进入第二进院落，中轴线上偏北建有祭殿祾恩殿，为面阔九间重檐庑殿顶的大殿。据以前对南京明孝陵的勘查，殿前左右原应有配殿各十五间，现已不存。从建筑的规模、形制、性质看，这一部分的建筑和空间形象和现北京太庙的戟门和前殿部分颇为相近，当是明代祭祀性建筑的共同特点。祾恩殿后为横墙，正中开琉璃门，分隔出第三进院落。入琉璃门后中轴线上依次有二柱门（棂星门）、石祭台、直对北面正中的方城明楼。方城明楼是在砖砌方形城墩台上建一重檐歇山顶的方形碑亭，背倚陵山。陵山直径约 300m，四周用城砖包砌，墙顶建垛口，实即环形城墙，其内夯土为陵山，中间隆起，上植柏树，称为宝顶，其下即墓室。

对明长陵总平面图用作图法分析，首先可以看到，如以南陵墙为南界，以明楼之南北中分线（即横轴）为北界，画对角线，则其交点在祾恩殿正中，说明长陵仍循古代建筑布局的“择中”原则，以主殿祾恩殿置于前部宫院区的几何中心处（图 2-4-6）。

以明初尺长 31.73m 折算，陵之东西宽 141m 和南北深 327m 分别为 444 尺和 1030 尺，考虑各种误差，可视为 45 丈和 103 丈。若在总平面图上画方 5 丈网格，则东西可容 9 格，南北可容 20.5 格。核验后发现自明楼之南北中分线起，南至琉璃门处之第二道横墙恰为 7 格。依此布网格，后面二道横墙基本都在网线上，祾恩门宽占 2 格，祾恩殿宽占 4 格，明楼宽深均占 1 格，祾恩门及祾恩殿之二侧阶和陵门之二侧门洞都在网线上。这些现象表明长陵是以方 5 丈的网格为基准布置的。长陵前半宫院部分的规制和北京明代太庙很相似，其布置手法也与宫殿、太庙无殊。

六、北京市明定陵

明万历帝的陵墓，在北京昌平明十三陵陵区北部西侧，明长陵的西南方，背倚大峪山，东与嘉靖帝之永陵遥遥相对，是十三陵中位置较突出、规模仅次于长陵的二座陵墓，与长陵形成鼎足之势。定陵始建于明万历十三年（1585 年），建成于十八年（1590 年）。陵区呈西北向东南走向，布局与长陵、永陵基本相同，前面祭祀部分为平面矩形的三进宫院，后接圆形的陵山——宝城，其宫院之长宽为 143m × 304m，与长陵 141m × 327m 基本相同，但祾恩殿则缩小为 7 间，宝城之直径为 216m，也比长陵之 306m 为小。在宫院和宝城之外，又包有一圈外墙，称外罗城，前为矩形，后部呈弧形沿山坡升高以包宝城，整个外罗城轮廓为前方后圆。

前部宫院区为三进院落，中轴线上依次为陵门、祾恩门、祾恩殿、棂星门（二柱门）、方城明楼。与长陵不同处是横墙前移到祾恩殿左右，分隔出二、三进院落，省去一座琉璃门。后部方城明楼背倚宝城则与长陵相同。

外罗城的正面在中轴线上建外陵门，向内与陵门相对。门外建碑亭，碑亭前在人工开掘的河道上并列建三座单孔石桥。定陵神道越过石桥直抵陵门。

定陵在 1956 ~ 1958 年曾进行过发掘，有发掘报告《定陵》发表，其中附有定陵的总平面图，可供我们进行分析（图 2–4–7）。总平面图上虽未说明各部之长度，但从所附比例尺中，可以量得其大致尺寸。从图上量得，宫院部分左右宽 143m，前后深 304m，以明中后期尺长 31.84m 计，折为 449 尺和 955 尺，考虑到施工及测量误差，可视为 45 丈和 95 丈。这表明此部分很可能是以方 5 丈网格为基准布置的。据此，在总平面图上画方格网进行验证，左右可排 9 格，前后可排 19 格。其结果是祾恩殿左右之横墙、祾恩殿月台前缘、方城明楼前缘都与网线重合，当祾恩殿为七间时，两山也和网线重合，证明它确实是以方 5 丈网格为基准布置的。陵之外罗城左右宽 259m，前后深如计至弧形墙之最突出点为 635m，折合明尺为 813 尺和 1994 尺，可视为 81 丈和 200 丈，就宽度而言，与 5 丈网格不合，可知这部分未用方 5 丈网格，仅控制陵之总深为 200 丈。

在定陵总平面图上用作图法进行分析，还可发现，如自明楼中心画一横线交左右陵墙，自此二点向祾恩门处横墙与陵墙相会处二点画对角线，则祾恩殿左右横墙恰在中分点处。用同样画对角线的方法，还可以证明祾恩门、陵门、外陵门、碑亭四建筑相邻二者间之距离都基本相等。

七、河北省易县清西陵

清定都北京后，先在河北兴隆县（今属遵化市）设东陵，葬顺治、康熙二帝后，又于雍正八年，在河北易县择地设西陵，以雍正帝之泰陵为主陵，形成东西二陵，以后各世皇帝依昭穆顺序分葬东西二陵。东陵迄今没有详细的实测图发表，西陵则有刘敦桢先生所撰《易县清西陵》一文，1935 年发表于《中国营造学社汇刊》，有详细的调查材料及平面图，故目前只能先就易县清西陵的布局进行探讨。

西陵先后葬有雍正、嘉庆、道光、光绪四帝，另有后陵三座，妃园寝三座。清代帝陵基本沿袭明陵形制，前为矩形，建隆恩门隆恩殿，后为圆形的陵山，称宝城。但明代陵山巨大，用圆形城墙围成，比前部宽很多，而清代陵山缩小，窄于前部，要在外圈加砌一道罗圈墙，才能保持与前部同宽，罗圈墙北端为半圆形，包陵山后部，平面遂形成前矩形后圆形。

以始建时的雍正帝陵泰陵为例，陵寝之前筑大月台，月台北端建隆恩门，为陵寝入口，隆恩门前左右相对建朝房。大月台正前方建碑亭为陵之标志。自隆恩门以内，即为陵寝本身，前面的矩形部分周以陵墙，分前后二进院子。前院正中偏北为祭殿隆恩殿，殿前左右相对建配殿，都是面阔五间。隆恩殿后即划分前后院的横墙，称卡子墙，墙正中建三座琉璃门，称琉璃花门。门内即后院，中轴线上设二柱门及祭台，正对庭院北端的方城明楼。方城明楼之北连圆形的陵山，其左右有横墙，形成后院与陵山之分界。陵山正圆形，四周用砖围砌，也称宝城，上部隆起的坟山称宝顶。在宝城接方城明楼处凹下一新月形院，称月牙城，俗称哑巴院。院内设马道，可登上宝城。宝城外围以罗圈墙，其间种松。

嘉庆帝的昌陵平面布局和尺度与泰陵基本相同，仅宝城由正圆形改为椭圆形。自道光帝慕陵起，陵制有所变化。慕陵前部矩形部分不建卡子墙，由二进院改为一进院，隆恩殿原宽五间、深三间，改为面阔进深均三间外出半间回廊的方殿，置于庭院中间，殿北加一条河和三座桥，桥北为院北墙，正中不建方城明楼而改为石牌坊，自此进入北部陵山部分。北部的陵山宝城也大大缩小，只是一直径 10 丈的圆坟，比泰陵宝城直径 20 丈大为缩小，罗圈墙之宽也左右各收进 5 丈，比前面矩形部分窄了 10 丈，其平面形式与前矩形后半圆形左右同宽的泰陵、昌陵大为不同，是清代中期陵制的较大变化，以后诸帝陵就都是前宽后窄了。

对泰、昌二陵平面进行分析，可见以下三点：1. 在二陵前面矩形部分画对角线，则交点正在琉璃花门处，说明以卡子墙为中分线，等分此部分为前后两院；2. 若在前后院分别再画对角线，则前院的交点在隆恩殿前月台的前缘，后院的交点恰在祭台上；3. 如在泰、昌二陵碑亭中心处画一横线，与陵寝东西墙之向南延长线相交，自此二点向卡子墙之两端间再画对角线，则其交点又恰落隆恩门之中心。这表明碑亭至隆恩门之距与矩形部分的前后院的深度相同。泰、昌二陵在这三方面完全相同，说明昌陵是循泰陵的规制建造的。此外，若在泰陵罗圈墙北端画一切线，与陵东西墙之向北延长线相交，自此二点与卡子墙两端间画对角线，则其交点恰在方城明楼的中心，说明以方城明楼两侧横墙为界，北面宝城部分之深与第二进院之深相同。这现象只见于泰陵，而不见于昌陵，当是因昌陵把宝城由正圆形改为椭圆形所致。但由此也可见在设计泰陵布局时，考虑得是很周密的。

道光帝的慕陵如就前面矩形部分画对角线，交点在隆恩殿中部稍偏北，自此画中分线分为前后两部，分别再画对角线，则前部的交点仍在隆恩殿前月台前缘，与泰、昌二陵同；后部的交点在殿后河桥的正中。

就实测图进行分析，易县诸帝陵都是用方 5 丈的网格为基准布置的。

以最早建成的泰陵为例，它前面的矩形部分东西宽 7 格，南北深 11 格，即宽 35 丈，深 55 丈，以卡子墙为中分线，分为前后两院，各深 5.5 格，即 27.5 丈。后面的陵山部分，东西宽与前部同，亦为 7 格，即 35 丈，南北深为 6 格，即 30 丈。陵寝之南，隆恩门外大月台深 2.5 格，即 12.5 丈。自陵寝南墙（隆恩门左右横墙）至碑亭南墙为 6 格，即 30 丈，至南面河北岸 8 格，为 40 丈。若自河岸起，计至罗圈墙北端，通深 25 格，为 125 丈。这是在易县始建陵寝时的帝陵规制，时在 1737 年（图 2–4–8–1）。

嘉庆帝的昌陵始建于 1803 年，基本按泰陵规制建造。前部矩形部分东西宽仍占 7 格，为 35 丈，南北深仍占 11 格，即 55 丈，也以卡子墙为中分线。前院之隆恩殿亦宽 2 格，即 10 丈，东西配殿后墙距陵东西墙 1 格，即 5 丈，都和泰陵相同。陵寝前之大月台宽、神道碑亭和河北岸至隆恩门两侧横墙之距也和泰陵全同。和泰陵不同处主要在后部宝城部分。泰陵宝城为圆形，而昌陵宝城为纵长椭圆形，故昌陵北部约占 7 格，近 35 丈，比泰陵这部分长。因此二陵之总长泰陵为 25 格 125 丈，而昌陵为 26 格 130 丈，昌陵比泰陵南北向长出 5 丈，这是由于宝顶形式改变引起的（图 2-4-8-2）。

道光帝的慕陵始建于 1835 年，陵制缩小，前部的矩形部分宽度由 7 格减为 5 格，即由 35 丈减为 25 丈，陵寝之深由 17、18 格减为 15 格，即由 85 丈、90 丈减为 75 丈。后部罗圈墙之宽由与前部相同改为减少 2 格，只占 3 格，即 15 丈。在陵寝的前部把泰、昌陵最南为河、河北为碑亭的布置改为碑亭在最南，河及三孔桥在碑亭与大月台之间。其结果是前部之深比泰、昌二陵加长一格，即把占 1 格的河宽计入，由原来的 8 格 40 丈改为 9 格 45 丈。具体尺寸为大月台仍深 2.5 格，隆恩门南墙至河边 4 格，河宽 1 格，河南岸至碑亭南墙四格。这样，慕陵的实际尺寸是宽 5 格 25 丈，深 24 格 120 丈，主要在宽度特别是陵山部分的宽度上减少较多，而长度只比泰陵减少 5 丈。但慕陵在殿宇和宝顶的尺度和规制上，比泰、昌二陵贬损很多，已见前文（图 2-4-8-3）。

光绪帝的崇陵建于清亡后的 1915 年，其布置是基本沿袭慕陵的规制，而稍加拓展。其陵寝部分以卡子墙为界，前部殿宇部分宽 6 格，深 5.5 格，即宽 27.5 丈；后部总宽约 4.4 格，即 22 丈，方城明楼至卡子墙深 4 格，即 20 丈，方城明楼至罗圈墙北端深 6 格，即 30 丈。通计陵寝部分总深 15.5 格，即 77.5 丈。陵寝之南大月台深 2.5 格，大月台南依次为河及三孔桥、碑亭、棂星门。自大月台南缘至桥中心占 2 格，至碑亭中心占 6 格，即 30 丈，碑亭中心至棂星门占 2 格，即 10 丈。如前后通计，可以看到，自棂星门至大月台前缘深 8 格，即 40 丈；自大月台南缘至卡子墙深 8 格，即 40 丈；自卡子墙至罗圈墙北端深 10 格，即 50 丈。通计自棂星门至罗圈墙北端总深 26 格，即 130 丈，其总长与嘉庆帝昌陵同，而各部分之分界基本在网线上，可明显看到是依据方 5 丈的网格进行布置的（图 2-4-8-4）。

西陵的后妃陵仅泰东陵是乾隆帝为其生母所建，备极崇重，与泰陵基本相同，昌西陵以后各妃陵则规格及尺度都大为减小。对西陵诸后妃陵的平面图进行分析，发现它们都是用方 3 丈的网格布置的，布局和尺度也有一定的规律。

以建年最早的泰东陵为例，它的平面布局与泰陵基本相同，而尺度稍减小。陵寝部分仍分前后两部分：前为矩形部分，宽 11 格，为 33 丈，深 16 格，为 48 丈，只比泰陵的宽 35 丈、深 55 丈稍小；后面的陵山部分宽与前部同，而深为 7 格，即 21 丈，也比泰陵的深 30 丈小。陵寝以南，隆恩门外也有朝房，但无大月台，再南为河道及三孔桥，自隆恩门侧横墙至河北岸占 11 格，为 33 丈。如自河北岸起，通计总深为 34 格，即 102 丈，也比泰陵的总深 125 丈为小。在平面图上布 3 丈网格，泰东陵的东西墙、河的北岸、陵寝部分的南北墙和宝顶、隆恩殿的东西宽都在方格网线上，表明它是以方 3 丈的网格为基准布置的。泰东陵是乾隆帝特意为其生母建造的，故规制侈大，只比帝陵稍小，西陵的其他后妃陵就较小了（图 2-4-9-1）。

嘉庆后的昌西陵布局类似泰东陵，但宝顶由 15 丈缩小为 3 丈，前无方城明楼，陵寝之宽减为 9 格即 27 丈，总深减为 19 格即 57 丈（图 2-4-9-2）。道光后的慕东陵为群葬，前有太后墓，后为诸妃墓，陵寝东西宽 8 格为 24 丈，南北深前部 6 格为 18 丈，后部 11 格为 33 丈；在隆恩门前的大月台深 4 格为 12 丈，通计南北深 21 格，即 63 丈。若连月台南至桥南岸的 11 格计，共深 32 格为 96 丈（图 2-4-9-3）。崇妃园寝布局与慕东陵近似，东西宽 9 格 27 丈，前部深 6.5 格为 19.5 丈，后部深 10.5 格为 31.5 丈，共深 17 格为 51 丈。隆恩门前大月台深 3.5 格为 10.5 丈。自河南岸至罗圈墙北端总深 24 格，即 72 丈（图 2-4-9-4）。这三陵规模相近，其各部之宽深大多能和 3 丈网线相应。

从上述诸例可以知道，除布局不同外，帝陵布置用方 5 丈网格，而后妃陵则用方 3 丈网格，在皇帝与后妃之间是有严格的等差的。近年发现样式雷所拟清孝钦后（西太后）的定东陵布置图，采用方 5 丈的网格。这是因为孝钦后已是垂帘听政的皇太后，大权独握，故不肯屈居后妃之位，要采用帝陵的规制，使用方 5 丈网格布置，这恐是特殊情况下的特例。

通过上面的探讨，可以看到，和前代相比，明、清陵墓有二个较大的不同。其一是诸陵共聚在一两个山谷中，四周或建围墙，或树立界椿，形成封闭的大陵墓群。这与汉唐以来诸陵分布在东西数百里的地段上，各陵相距辽远，不能互相呼应连为一体的情况全然不同。其二是明陵改变唐宋以来上、下宫分离，上宫为陵墓下宫为寝园的陵、寝分立制度，把二者合而为一，前部以祾恩殿为主的宫院区由寝园简化而来，后部的陵山也一变汉、唐、宋时方坟方墙四面开门的形制，改为前建方城明楼的圆形宝城，紧接在宫院之后。建为陵墓群的变化始于永乐帝在昌平营长陵，而陵寝合一则起于明太祖在南京钟山营孝陵。这是中国陵制的一个大的转变。

明代把诸陵墓共建在一个山谷中形成陵墓群后，陵墓用地和陵寝规模较前代大为缩小，而其效果却并不亚于前代。谷中诸陵虽各倚一峰为屏障，但又互相呼应，共同拱卫在主陵长陵两侧，形成一个整体，这对于增强陵园整体气势和便于祭祀、减少陵墓用地、集中管理都有益处，较之前代相对较散漫的布置是很大的进步。

这种集中陵区的出现却可能和当时的形势有关。明灭元后，元的残余力量退至漠北，但时谋南下，北警频传，北方边境并不安宁，其势不能像前代那样分散建陵。从建长陵后即修陵门陵墙建立关隘的情况看，便于保卫是集中营陵的重要原因。在此之前，南京营明孝陵时，从所选地看，当时尚无集中为陵园的意图，也从侧面证明，自永乐帝起实行集中陵区是出于易保卫的缘故。清代营陵虽继承明代这一特点，但那时民族关系和睦，北方无虞，故只立界椿而不再建墙了。

明代把陵、寝合而为一后，陵墓规模较前代缩小，建筑物相对集中，建筑在陵墓中所占比重大为增加，陵丘亦作圆城状，前宫后陵，形成中轴线，与汉、宋陵简单形体的陵丘和纵横双轴线的对称布局所形成的静谧渺远的气氛迥异。它是靠使各陵背倚一山，远望陵与山连为一体，以山势壮陵势的手法衬托出陵之宏伟和永恒感的。这是古代陵墓设计手法的一个巨大的转变。

清陵效法明代，也集中建诸陵于山谷中，但和明陵沿周边山脚布置各倚一峰不同，各陵基本上平列在谷中平地上，虽北面各遥对一峰，但联系不甚紧密，气势散漫，远逊明陵。这现象在东陵表现得尤为突出，在选地和地形利用上不能认为是很成功的。

第五节 寺观

中国古代宗教建筑主要为佛教寺院、道教宫观和伊斯兰教清真寺，是古代建筑的重要类型之一，以佛寺数量最多，规模也最大。

佛教是东汉时从天竺传入的外来宗教，初始时，其寺庙形制、宗教仪轨仍守天竺传统，以佛塔为寺之主体。在中国传播渐广后，为便于吸引信徒，逐渐中国化。三国至南北朝数百年间，社会剧烈动荡，战争和政权转换频繁，不仅人民受尽苦难，一些较弱小或失败的统治者也有世事无常之叹，以济世度人为号召的佛教在这环境下遂获得大发展的机会。当时信徒们以为建寺、造塔、度僧是做功德，可以邀今生或来世之福，故建寺造塔之风大盛。很多贵族除出资建寺之外，还舍己宅为寺。在大量由王公显宦府第改建成的佛寺的影响下，佛寺的形制逐渐摆脱天竺遗风，向中国传统的宫殿邸宅转化，到隋唐时，已逐渐定型。佛寺由以塔为中心改为以佛殿为中心，塔最初移到佛殿前东西并列，然后移到佛殿院外的左右前方另立塔院，最后，早期为佛寺标志的佛塔竟在一般寺庙中消失，佛寺遂成为与一般官署、府邸在布局上没有很大区别的院落式建筑群。综合史籍所载和现存宋至明代大型佛寺的总平面的情况，可知它们一般在前方有一二进前院，其内分三路：中路为主殿院，中轴线上建中门和一至二重佛殿，四周用回廊或庑围成矩形院落；东西路为纵向串联的若干个小院落，其门或直接通入主殿院廊中，或通入与主殿院间形成的巷道内；主殿院之北隔巷道也并列若干院；这些小院或专供某佛、菩萨，或为僧房、厨、库等。中小型佛寺则只有主殿院和前后院。大型佛寺的实例可参考河北正定宋代的隆兴寺和明代所绘山西太原崇善寺总图和北京明代巨刹智化寺、卧佛寺等。这种在主殿院廊庑外围以若干小院的廊院式布置和史载唐宋时大型官署、府邸及前文所引祠庙的总平面布置的大原则基本相同，只有某些具体差异：其一是官署（特指地方官署）和王公府邸中路的主院落因要划分大堂（办公区）、后院（居住区）和前厅（对外迎接宾客）、后堂（内宅）以限隔公私和内外，多分为前后两三进院，中间隔以横墙，墙上开门，而佛殿院则即使有殿宇数重，也只一进，和祠庙之主殿院相似；其二是唐宋寺院建有钟楼、经藏、三门等，明清寺院建有钟鼓楼和藏经楼等佛寺所特有的标志性建筑；这些是由佛寺的性质所决定的。

现存唐、宋、辽、金时始建诸佛寺都历经多次重建、改建，其原有布局已难详知，只能根据现状和某些线索略加探讨，并结合明清寺庙了解其演变情况。从目前能找到的实例看，古代院落式布置最突出的两个传统——置主体建筑于所在地盘（或所属建筑群）的几何中心和运用方格网为布置基准这两点是始终保持着的。

道教是中国土生的宗教，或以为起源于方士的神仙术，东汉末引道家的老子为始祖，遂称为道教。唐帝室姓李，与老子同姓，遂尊崇道教，除在长安洛阳建太清宫、太微宫外，诸郡又建紫极宫，道教宫观遂遍布天下。北宋时真宗、徽宗都好妖妄，也崇信道教，故在北宋一代，道教宫观也有大的发展。唐在长安建太清宫以奉老子，史载其宫南、东、西三面开门，正殿面阔十一间，除正面两阶外，还有东西侧阶，俨然宫殿体制。在主院东侧有御斋院，西侧有百官斋院，明显是由主殿院和廊外四周若干小院组成的廊院式布局。据此可大体推知除像设、名称、标志物不同外，道观与佛寺布局基本相同。现存最早的道教宫观山西永济永乐宫中轴线上建一门三殿，殿前都有月台，应是为做露天的斋、醮等法事之用，是道教建筑的特点。永乐宫前后三殿相重，其间不用门、墙分隔，也和佛寺相同。前文所举北京东岳庙和此处所举永济永乐宫在布局上也都以主殿或月台居几何中心和用方格网为布局基准。

伊斯兰教自唐代传入中国，宋元以来日渐兴盛。现存宋元时清真寺如泉州清净寺、杭州真教寺、广州怀圣寺中早期遗物均有强烈的阿拉伯建筑特点，但其总体布局已难详考。自明以后，在沿海和中原地区的清真寺转而吸收中国传统形式，采用院落式布局，但窑殿则始终保持原有特点。西安华觉巷清真寺是建于明中后期的著名大寺，从实测平面图上分析，在多进院内分别采用“择中”的手法，并以方 3 丈网格为布置基准，说明已受到中国传统建筑的很大影响。

一、河北省正定县隆兴寺

在正定县城内，创建于隋开皇六年（586 年）。北宋开宝二年（969 年），宋太祖赵匡胤命铸大悲菩萨铜立像，并建大悲阁。以后续有兴建，到宋元丰年间（1078 ~ 1085 年）主要建筑次第建成，成为北方巨刹。寺之总平面布置原分为中、东、西三路，废毁之余，现在只存中路和东路一小部分，只能靠寺前半部左右都有马道来证明当时西面尚有西路而已。现在的中路还基本保存着宋以来的布局。

中路东西宽约 50m，南北深近 370m，呈纵长矩形。从布置上看，基本可分为前后两部分，以摩尼殿后的牌楼门及其左右的东西横墙为界。在中轴线上，自南而北，为山门、六师殿址、摩尼殿、牌楼门、戒坛、佛香阁（即宋之大悲阁）和弥陀殿，共六重。另在佛香阁前相对建有慈氏阁和转轮藏殿两座楼阁。诸建筑中，山门、摩尼殿、慈氏阁、转轮藏四座为宋代建筑，六师殿、佛香阁尚存宋代基址，可基本反映出宋代的布局。

在平面图上进行分析，如果以寺之南墙和大悲阁北墙为南北界，用画对角线的方法求其南北中分线，则此线正穿过摩尼殿之中心，说明摩尼殿为全寺之主殿。再在被此中分线分成的南北两部分上用相同方法求其中分线，则南半部的中分线正穿过六师殿址的中部，北半部的中分线则正在慈氏阁和转轮藏的南山墙一线。从这现象看，在全寺布局时，是把中路南北进深均分为四部分，南北两端靠边墙布置，中间各分界线处布置重要建筑六师殿、摩尼殿和慈氏阁转轮藏等，形成摩尼殿居全寺之中，大悲阁殿后的布局。如果把最后的 1/4 进深再用同法求中分线，则可看到，它正在大悲阁台基前沿处，可知也是经过仔细考虑后确定的（图 2-5-1）。

在一些宋代建筑中，我们大体推知宋尺之长在 30cm 至 30.6cm 左右，以尺长 30.5cm 画网格在平面图上核验，发现它基本上是以方 5 丈的网格为基准布置的。自南墙至大悲阁北墙占 18 格，合 90 丈；自其南部东西马道外侧墙计，东西宽占 4 格，为 20 丈。大悲阁宽 2 格，为 10 丈，御书楼、集庆阁之宽和慈氏阁、转轮藏之深均为 1 格，为 5 丈。

这可能是宋时寺中路的情况。全寺主殿摩尼殿居全寺之几何中心，也符合唐宋以来的布局特点。此寺最大建筑是大悲阁，但阁内所供的是大悲菩萨。菩萨在佛教中地位低于佛，故虽体量巨大，实际是寺中最主要的像设，却只能是立像，而佛是坐像，供佛的殿虽体量小于大悲阁，但仍要处于全寺的中心位置。

在这以后，寺之平面发生了一些改变，在大悲阁后又建了弥陀殿，又在摩尼殿与慈氏阁转轮藏间建了牌楼和横墙，分全寺为前后两部分。北部若以牌楼门之横墙为南界，以弥陀殿后墙为北界，用同样方法求此区之南北中分线，则此线基本上在大悲阁的中部稍偏南处，即又使大悲阁居于北半部的几何中心位置。但这时，南半部却不再有什么规律性了。由此可证明这横墙及弥陀殿建造时间在后，它打破了原有的布局关系，以便使大悲阁居于寺北半部的中心地位（图 2-5-2）。

二、内蒙古自治区巴林右旗辽庆州白塔寺址

在今内蒙古自治区巴林右旗索布日嘎苏木辽代庆州城遗址内的西北隅。庆州是辽圣宗庆陵的陵邑，此塔及寺与行宫并列，是原庆州城中最重要的官建寺庙。现寺内殿宇已毁，只余遗址，遗存建筑只有这座砖砌七层楼阁型的释迦佛舍利塔。因塔身涂白色，俗称庆州白塔。

塔始建于辽兴宗重熙十六年（1047 年），建成于重熙十八年（1049 年）。从现存寺院遗址看，寺之主体为前后二院，西北角又附一小院。白塔在前院中部，前为山门，后为前殿，殿左右有挟屋，山门左右及寺之东西侧建有东西庑，围成纵长矩形的塔院。在遗址平面图上，从山门两侧廊庑转角向前殿后墙一线相应宽度处画对角线，其交点在白塔中心稍偏北处，考虑在较长距离测量产生的误差，可认为塔基本位于前院的几何中心。后院庭中有中殿，其后有后殿，前、中、后三殿在中轴线上前后相重。中殿东西有配殿，围成后院，如以前殿挟屋南墙和后殿北墙为南北界，选同宽处画对角线，则其交点正在中殿之几何中心。西北小院中轴线上南有院门，其北有正殿、后殿；正殿前东西有配殿，其东配殿即借用主体后院之西配殿。若以西北院之南、北院墙为界，选同宽处画对角线，其交点正在正殿之几何中心。以上现象说明前、后、西北三个院都以主建筑置于全院的几何中心，具有共同的布置手法。

前数年在分析应县佛宫寺时，曾发现该寺布局利用了方 5 丈的网格为基准，（见下文）循此线索在此寺的平面图上排布 5 丈方格网（实测图上未注数字，但附有比例尺，按 1 辽丈 = 2.94m 计，5 丈 = 14.7m，据以画方格），发现寺主体前后院之宽约占 6 格，即 30 丈，前后院总深占 20 格，即深 100 丈，前后院东西配殿或廊庑之间宽 4 格，即庭院宽 20 丈，前院东西庑南北长占 14 格，即长 70 丈，这现象表明此寺的布局也是以方 5 丈的网格为基准的（图 2-5-3）。

有关寺内释迦佛舍利塔的设计问题，将在后文关于塔的设计部分加以探索。

三、山西省应县佛宫寺

在今山西省应县县城内西北角，主建筑释迦塔为八角五层木塔，高 67m，建于辽道宗清宁二年（1056 年）。塔前的山门和塔后大殿址及其下高台尚存，其寺庙平面布局还大致可辨。

寺之现状平面，在陈明达先生《应县木塔》中有一实测图，图中后部有宽 60.41m 的高台，台上原建有大殿，台南正面正中有甬道与塔相连，应是辽代原有的。在塔之前部左右有鼓楼、钟楼、配殿，寺南部之宽与配殿后墙平，显系后代缩小重建的结果，只有山门遗址面阔达五间，有可能是原有规模，但其进深可能缩减了一半。据塔和高台规模，参考庆州白塔寺的情况，现存部分应是寺之中院主体部分，左右还可能有东、西路，现已不存。从现状图看，寺中院之宽至少应与后部高台之宽相同，即宽 60.41m。其南北深若北起高台北壁，南至山门左右现寺墙，共深为 155.5m。但按惯例，山门左右之墙应自山门南墙稍退入，故南北之深应稍小于 155.5m（图 2-5-4）。

通过对应县木塔塔身尺寸的折算，发现它仍沿用唐尺，1 尺长为 29.4cm（详见后文楼阁型塔中应县佛宫寺释迦塔部分）。以此来折算寺平面实测图中的数字，可知：

塔底径 = 23.36m = 7.95 丈≈ 8 丈

塔副阶径（柱头间）= 30.00m = 10.2 丈≈ 10 丈

塔北高台宽（底宽）= 60.41m=20.5 丈≈ 20 丈

塔北高台深 = 41.61m = 14.2 丈≈ 14 丈

山门遗址深 = 6.37m =2.2 丈

寺南北总深（台北壁至南寺墙）= 155.5m = 52.9 丈≈ 53 丈

塔中心至台北壁 = 78.36m =26.65 丈≈ 27 丈

塔中心至寺南墙 = 76.87m = 26.1 丈≈ 26 丈

现塔前东西配殿之距 = 31.38m = 10.7 丈

考虑到古代在测量和施工上的精度，以上折成的丈尺数大都可以简略为整的丈数。从这些数字可以看到寺之布局以塔副阶前后（或东西）柱顶间总深（或总宽）10 丈为模数，台宽为其 2 倍，寺深为其 5 倍，木塔置于全寺的几何中心。由此还可以推知，在确定寺之平面布局时利用了方 5 丈的网格。以木塔所用尺长计算，5 丈 = 14.7m，据此在总平面图上排 5 丈方格网，可以发现东西恰可排 4 格，即宽 20 丈；南北向如以塔之中心为界，向北排 5 格恰到台上大殿之后墙，向南排 5 格大体在山门遗址的中分线，即各为 25 丈。这样就可据网格的排布反过来推知在规划寺之平面时，北面计至大殿之后墙，南面计至山门中分线，总深 50 丈。佛宫寺是辽后之父萧孝穆为她祈福而建，故其总进深只有为辽帝建的庆州白塔寺进深 100 丈的一半，体现出寺院上的等级差异。

但寺之宽度是否就是与高台同宽的 20 丈却不无疑议。其一是若寺宽 20 丈，则自塔东西侧月台至东西寺墙只有 5m，过于局促。其二是与佛宫寺情况相近的辽庆州白塔在塔之东西侧发现有南北通长的廊庑。因此颇有可能寺宽左右各外拓 1 格，为 30 丈，前、左、右三面有廊庑环绕，形成主殿院，其东西外侧还可能建有若干小院。

综括上述，可以看到寺之布局特点是：

1. 塔位于全寺之几何中心；

2. 平面尺寸以塔底层副阶前后（或东西）柱顶间之总深（总宽）10 丈为模数；

3. 寺内建筑布置利用方 5 丈的网格。

四、山西省大同市善化寺

在今山西大同市南门内，形成于辽代，金代大修，寺内主要建筑均建于辽金时期。寺内中轴线上最南为山门，门内稍北为三圣殿，其北高踞台上的是正殿大雄宝殿。大雄宝殿与三圣殿间东西侧原建有文殊阁与普贤阁，东西对峙，现仅存西侧的普贤阁。上述四座建筑中，大雄宝殿为辽代建筑，经金代大修，山门、三圣殿和普贤阁都是金代重建的。

在实测图上分析，发现它是利用方 3 丈的网格为基准布置的。从善化寺大殿的实测数据推知，所用尺长为 30.4cm，3 丈为 9.12m，以此尺寸画方格网，在图上核验，发现如以寺山门之中线为南界，以大雄宝殿后檐柱为北界，在南北向可容 15 格，即 45 丈；东西向如以东西廊之后墙为界，可容 9 格，即 27 丈。这时山门之中柱列、三圣殿和大雄宝殿之前后檐柱基本都在网线上。

如果在网格所推定的寺界画对角线，分全寺区为南北两部分，则这中分线自文殊普贤两阁的东西轴线稍偏向北 1.6m 左右，考虑施工误差，可视为基本一致。这布置特点又和河北正定隆兴寺大悲阁与前方东西侧的慈氏阁和转轮藏殿的关系相近（图 2–5–5）。

五、山西省朔州市崇福寺

传始建于唐麟德间，寺中现存最古的建筑为建于金皇统三年（1143 年）的弥陀殿和观音殿，其余为历代重建。寺现状平面呈纵长矩形，在中轴线上依次为山门、金刚殿（均乾隆七年重建）、千佛阁（明洪武十六至二十年建）、大雄殿（明成化五年重建，清乾隆重修）和金建的弥陀殿及观音殿，共六座建筑。据史籍和寺址勘察平面图可知，寺之现存部分为中院，四周原有廊庑环绕，现只残存部分基址。中院前临县城内东大街，左、右、后三面有巷道。东西巷道外侧原各建有六个小院，北巷道之北原建有毗卢阁、方丈院、瑞云堂等。其总平面布局呈主院前临街道，左、右、后三面有若干小院环绕的廊院式布置，属唐宋以来大型寺院的较典型的布局，可惜诸小院位置目前尚未能查清。

虽然寺之廊院部分尚难复原，但从现状的实测数据可知，中轴线上的山门至千佛阁间中距为 45.1m，自千佛阁至大雄殿间中距为 43m，自大雄殿至弥陀殿间中距为 44m，三者依次相差 1m，考虑到山门、千佛阁、大雄殿均经明清重建，可以认为在金代时，这四座建筑基本是等距布置的。用作图法在实测图上依次画对角线，等分寺之中部为四部分，也可看到，千佛阁、大雄殿、弥陀殿的东西向中线基本与等分线重合，也可证明它们是等距布置的（图 2–5–6）。

崇福寺二座金代建筑中反映出的尺长为 31cm，3 丈为 9.3m，以此长度画方 3 丈的网格，在总平面图上核验，发现以山门中柱列（即寺南墙）为南界，北至观音殿台基北缘，可容 18 格，即 54 丈，东西向如计至勘察出的廊基，可容 13 格，即 39 丈。其中大雄殿台基宽占 2 格，为 6 丈；弥陀殿之台基宽占 5 格，为 15 丈；弥陀殿前月台深占 1 格，为 3 丈，都表现出一定的呼应关系，可知此寺中部的总图也是以方 3 丈网格为基准布置的。可惜前部山门、千佛阁、大雄殿均历经改建，原有建筑之轮廓尚未查明，不能做更进一步的探讨。

六、明、清时期北方大中型廊院制寺院

在主殿院左右后三面建若干小院是大型建筑群的常用布局形式。从文献上考证，至迟在唐代，大型寺观及邸宅已多是这种形式。从金代后土庙图碑上可知宋代国家级祠庙也是如此。目前最早的遗迹是山西太原崇善寺。寺创建于明洪武十四年（1381 年），是明晋王为纪念其母而立，由南京官匠督建。它的主殿院由山门、配殿和廊庑围成矩形院落，庭院后部在中轴线上前后相重建二殿。主殿院之北并列建三小院，东西侧南北相重各建八小院，小院与主殿院之间隔以巷道，主殿院居中，诸小院环拥，形成全寺。此寺虽大部已毁，但基址及明成化十八年（1482 年）所绘图尚在，可见其全貌（图 2-5-7）。

比它晚的实例是故宫中创建于嘉靖十五年（1536 年）的慈宁宫和北京明代所建六部衙署，其详已见前宫殿和官署部分，但它们是宫殿、官署而非佛寺。这说明古代宫殿、官署、寺庙等大建筑群在布局上是很相近的。

北京现存一些大型明清寺庙也有采用这种布置方式的，例如建于明正统九年（1444 年）的智化寺，明末拓建的北京西山碧云寺和经明天顺元年（1457 年）重建的妙应寺。智化寺主殿院和北部并列三院保存完整，东西侧只存巷道，据《乾隆京城全图》可以知道它的东西原各有四个小院。碧云寺主殿院也保存完整，后部只存中院，即今中山纪念室，两侧已经改动，但从残迹中仍可推知原来后侧和左右侧各有三院。妙应寺也是中路一门二殿完整，其余已毁，据东西庑外都有巷的情况，其左右也应有小院，现已无迹可寻（图 2-5-8）。

这几座廊院式寺院，其主殿院都是中轴线上一门二殿，周以廊庑，如从庑四角画对角线，前面的主殿都基本上在几何中心位置。

七、河北省承德市普宁寺

在避暑山庄东北，建于清乾隆二十至二十四年（1755 ~ 1759 年）。其中路为主体，可分为前后两部分，前部为汉式寺庙，中轴线上建山门、碑亭、天王殿和大雄宝殿，左右分建钟鼓楼和配殿，后部建在山坡上，正中建略仿西藏三摩耶寺乌策殿形式的大乘阁，前后左右对称地布置四大部洲、八小部洲和塔、台等小建筑，分别建在沿山坡筑成的台地上，形成众星拱月之势。在主体部分东西侧还有若干建筑，都已毁去，只约略可辨其基址。寺之围墙前半部为直墙，后部随山坡上升并向内收拢，轮廓呈山字形。

就实测平面图上分析，若以寺之南墙为南界，以大乘阁东西侧两行沿山坡上升的各四个台殿之北墙、外墙为北界和东西界，画对角线，则其交点在大雄殿的中心，表明虽然此寺的大乘阁体量最大，但仍以供佛的大雄殿为全寺的主体。在大雄殿以北，地形升高，建有挡土墙和台阶，台上即寺之后部。在后部若以挡土

墙前沿为南界，以最北之“北俱卢洲殿”之后墙为北界，画对角线，则其南北中分线基本穿过大乘阁和它左右的东、西二洲和日、月二殿，表明后部藏式建筑区以大乘阁为中心（图 2-5-9）。

在寺之主体部分的东侧，靠东南角处有一组建筑的遗址，它也分前后两部分，中间有横墙和隔门隔开。在这两部分各画对角线，可以看到它们的主建筑也分别位于各区的几何中心。

以上现象说明此寺虽然有一部分仿西藏名寺，但总的布局仍按传统的汉式做法，置主体建筑于全寺的中心。此寺虽然最有特色的是大乘阁，体量最大，形式最特殊，但其内供的是菩萨，而在佛教教义中，菩萨的地位低于佛，因此只能仍然把供佛的大雄宝殿作为主体，置于全寺的几何中心位置。但大乘阁也需突出，以表现此寺的特色，所以在布置上又把寺分为前后两部分，使大乘阁为后部藏式寺庙的中心，高踞于山坡之上，前沿砌成高大的挡土石墙，这样处理的结果，从平面图上看佛殿居全寺中心，但实际看来，高大的大乘阁仍是全寺最醒目的具有标志性的建筑，在设计构思上是颇具匠心的。

在实测平面图上进一步分析，发现它可能也是利用方格网进行布置的。清代尺为 32cm，5 丈为 16m，3 丈为 9.6m，依此画网格在平面图上核验，发现主体部分应是按方 5 丈网格为基准布置的。自寺之南墙向北排 5 丈网格，可以看到，中部东西宽 5 格，即 25 丈，山门内第一进院深 3.5 格，为 17.5 丈，第二进院深 5 格，为 25 丈。后部藏式部分计至最北一殿之后 6.75 格，即 33.75 丈，大乘阁前月台至挡土墙占 1.5 格，为 7.5 丈，大乘阁前月台深 1 格，为 5 丈（计至阁身台基前沿）。它左右各有建在四层台地上的四个小院，东西宽 1.5 格，即 7.5 丈，中间二台南北深占 2 格，为 10 丈。这些部分大都与方 5 丈网格相应，表明它们是依方 5 丈网格为基准进行布局的。

在主体东南侧的建筑基址上核验，发现它是以方 3 丈网格为基准的。

八、北京市清漪园（颐和园）须弥灵境

在颐和园北宫门内，万寿山北麓，北向，约建于清乾隆二十三年（1758 年）左右，1860 年毁于英法侵略军，木构殿宇只存基址，其余小的红白台殿和小塔尚存。香严宗印之阁处现殿宇为重修颐和园时所建，已非原状。

从总体上看，此寺分前后两部分。前部地势较平缓，为汉式建筑寺院；后部台地陡峻，为仿藏式寺院。前部汉式寺院最前（北）方为三面建牌坊的广场，以代寺门，向南依次为两层台址，第一层建配殿，第二层正中建主殿须弥灵境殿。正殿后石砌高台直上，为第三台地，自此为后部藏式建筑。第三台地前沿建山门殿，其后建略仿西藏三摩耶寺乌策殿的香严宗印之阁。阁后为第四层台地，壁面仿藏式红台形式，饰以藏式盲窗。在第三台地两侧和第四台地上建代表四大部洲

和八小部洲的红白墩台和四色琉璃塔，环拥在香严宗印之阁的左右后三方。在三、四台地的东西外侧各有三层小台，形成前窄后宽呈凸字形的寺院总平面（图2-5-10）。

在寺之平面图上分析，可以看到如以最北的牌坊为界，以最南的北俱卢洲殿为后界，求其中点A，约在须弥灵境殿的中心稍偏南处。同样，若以第一层台边为北界，以第四层台边为南界，求其中点B，也在须弥灵境殿的中心处，可证须弥灵境殿是此寺之主殿，故按传统置于全寺的中心处。

此寺在规划时也利用了方5丈的网格。按清尺32cm的尺寸画方5丈（16m）的网格，可知寺之东西宽如按最南面东西侧各三小台之外墙计为8格，即40丈；南北深如按最北之牌坊和最南之北俱卢洲殿的中线计，恰为11格，即55丈。其中前部汉式寺院宽略大于4格，即稍大于20丈，但后部藏式寺院第四层台前沿之宽恰占4格，香严宗印之阁所在台地之宽恰占2格，为10丈。在进深方向，如计至须弥灵境殿后登上第三层台踏道的外壁，汉式寺院部分恰占7格，即深35丈；自此至第四台地前沿，恰占2格，即深10丈；而台上的五座小台殿中，南北间距占1格，即相距5丈。这些现象表明寺之建筑布置有相当一部分是和网格有应合关系的。

把此寺和承德普宁寺相比，发现二者颇为相似。其一，二者都是前部为汉式，后部为藏式；其二，二寺藏式建筑中的主体都仿藏之摩耶寺乌策殿的形式；其三，二寺都把前部汉式的正殿置于全寺的中心位置。由此可知这二寺是按同一模式建造的。只是普宁寺因地势宽敞，建得大些，须弥灵境殿受地形限制，布置不能充分展开，显得拥塞些。二寺设计手法的相同、相近之处，应即是当时规划设计中具有共性的内容。

九、河北省承德市殊像寺

在避暑山庄北，普陀宗乘庙之西，倚山布置，建于清乾隆三十九年(1774年)。寺之总平面呈纵长矩形，分左中右三路。现左、右路已毁，仅中路上山门及正殿尚存，其他只余基址。在中路的中轴线上，自南而北，原建有山门、天王殿、正殿会乘殿、宝相阁和后楼清凉楼，共五重建筑。天王殿前原有钟、鼓楼，会乘殿、宝相阁和清凉楼两侧各有配殿，采取严格中轴线对称的布局。但寺之地形前低后高，主殿会乘殿建在由山冈切削成的二层台上，其后的宝相阁等建在山冈上，沿山叠巨石为假山，辟蹬道，具有园林风格。

从实测平面图上可以看到，如以天王殿左右横墙为南界，以宝相阁后檐柱为北界，其中点正在正殿会乘殿的中心。

用方格网进行核验，发现它使用的是方3丈(9.6m)的网格。寺区东西宽12格，即36丈，南北深21格，即63丈。其中第一进院深4格，即12丈，第二进院至殿下层台计深 3 格，即 9 丈，宽 5 格，即 15 丈。而且横向南、北寺墙、天王殿左右横墙、第一二层台前缘都在网线上，可证它的布置是以方 3 丈的网格为基准的（图 2–5–11）。

十、北京市房山云居寺

房山云居寺重建于清康熙三十七年（1698 年），比承德殊像寺早 76 年。寺亦倚山而建，东向，逐院上升。其中路自东向西依次为天王殿、毗卢殿、释迦殿、药师殿、弥陀殿，最后高台上为藏经阁。从布局上看，自天王殿至弥陀殿为全寺之主殿院，毗卢殿以后左、右、后三方尚有周庑环绕。如自天王殿两侧至弥陀殿两侧周庑之角画对角线，正落在主殿释迦殿的中心，说明虽倚山而建，高度有很大变化，仍按传统把主殿布置在全寺的中心位置。云居寺在辽代为大寺，此寺东向，中轴线上建释迦、药师、弥陀三殿，又有辽塔，恐多少保留辽代建筑布局之遗意，可说明这种布置形式的悠久传统。

房山云居寺的总平面有可能是利用方 3 丈的网格为基准进行布置的（图 2–5–12）。

十一、河北省承德市普陀宗乘庙

在承德避暑山庄行宫外正北方，是外八庙中规模最大的一座，始建于清乾隆三十二年(1767 年)，落成于乾隆三十六年(1771 年)，为庆祝乾隆帝六十寿辰而建。普陀宗乘即藏语布达拉之汉译，庙之形式也略仿拉萨布达拉宫的大意。

庙倚山而建，分为前、中、后三区，而以后区大红台为主体。前区建在平地和缓坡上，平面为正方形，南、东、西三面周以庙墙，各开一门，均为下有墩台的城门，以南门为正门。南门左右还各有一掖门，城角有角楼，建筑规制颇为崇重。南门以内中轴线上依次建碑亭和五塔门，五塔门以北稍偏东建通入中区的琉璃牌坊。五塔门居前区几何中心，其左右的横墙等分前区为南北两部分。在前区中轴线两侧散列若干大小不等、形状各异的白台。整个前区略有仿布达拉宫前面的方城之意。

中区是前后区间的过渡，自琉璃牌坊向北，在逐渐陡峻的山坡上建若干白台，体量都不大，不规则的分列在左右，中间空出曲折上登的道路，直抵后部的白台基座之下。这些白台与裸露的山石和虬曲的苍松互相掩映，很好地衬托出后区主体部分白台、红台的高大巍峨并加强了寺庙的纵深感。

后区是雄踞山顶的全庙主体大红台。它的下部以横亘山顶横长 140m，高近 17m 的石砌白台为基座，其上分中、东、西三部分。中部主台最大，正面宽 58m、高 25m，东侧的辅台宽 35m、高 16m，平面均近于正方形，西部为低矮而向前突出的千佛阁。主台、辅台均中空，外观石砌的高大的台壁实是一圈外墙，因表面加红色粉刷故称红台，以别于其下加白粉刷的基座——白台。主台、辅台内部沿台壁分别建高三层和二层的群楼，中间形成天井。主台天井内建正方形重檐攒尖顶的主殿万法归一殿；辅台于南面群楼正中建突向天井的戏楼。主台西北角处群楼增高至四层，顶上建六角重檐攒尖顶的“慈航普渡”亭，辅台东北角建八角重檐攒尖顶的“权衡三界”亭。

后区的主台和辅台外加藏式盲窗，主台正中加六个上下相重连成一线的琉璃佛龛以象布达拉宫红台正中纵贯上下的挑檐和凹廊；主殿万法归一殿和台顶二亭均用镏金铜瓦，以象布达拉宫顶上若干金殿，都使这一部分与拉萨布达拉宫有“神似”之处，是“师其大意”而非照抄的很成功的设计。

在总平面图上分析，此寺规划设计时也使用了方 5 丈的网格为基准。它的前部为正方形，宽以角楼外皮计，深以东墙北端计，为方 50 丈的正方形，如画对角线，则五塔门正在交点上；若在南半部画对角线，则碑亭恰在交点上。它的后半部基本在宽 40 丈，深 30 丈的范围之内，而主殿万法归一殿又恰在南北中轴线上（图 2-5-13）。

十二、河北省承德市须弥福寿庙

在承德避暑山庄北面，依山而建，落成于清乾隆四十五年（1780 年），供六世班禅来此参加乾隆帝七十寿辰典礼之用。它略仿西藏日喀则札什伦布寺的大意而建，实际上是用藏式外墙包裹起来的以清官式做法为主的建筑。

庙平面呈纵长矩形，最前部为平地，在正中和东西墙上开门，门内大道十字交叉处建碑亭，四角建角楼。其主建筑群大红台建在山坡上，前有琉璃牌坊。大红台之东为较小的东红台，大红台之西为退入的吉祥法喜殿，与大红台一起构成寺之主要景观。大红台之北有金贺堂和琉璃宝塔，与前面的琉璃牌坊、山门共同形成随山势升高的寺庙中轴线。

对此庙的总平面图进行分析，发现它的布局是经过很精密的设计的，有很多现象绝非巧合。

庙南、东、西三面均为直角相交的直墙，只北墙因在山坡较陡处，为不规则的弧线。但最北面的琉璃塔和其东西侧的白台横列在一条直线上，如以它们的北墙为庙之北界，以庙之南墙为南界，视全庙为矩形，画对角线，则其交点正在大红台内主殿妙高庄严殿之中心，而此殿又位于大红台的中心，可知此庙虽属藏式，但在布局上仍沿汉寺传统，置主建筑于全寺之中心。

中部以大红台为中心，错杂布置一些台、殿。在实测图上可以看到，若以琉璃牌坊东西之横墙为南界，以横墙西端北折后南北向墙为西界，以东红台北面的生欢喜心殿之东墙为东界，北墙为北界，虚拟其为一矩形，在其间画对角线，其交点也落在妙高庄严殿的中心。这表明在布置这些看来无什么规律的建筑时，实际上是有一个无形的框子来控制的，而且仍以大红台为中心。

在寺前部平地部分为一横长矩形，南、东、西三门基本在三面的中心，形成严格对称的格局。

用方 3 丈、5 丈的网格，在实测图上核验，发现它是利用方 5 丈的网格为基准布置的。南起南墙，北至琉璃塔的北阶，可排 19 格，即 95 丈。东西宽如以东红台东墙为东界，以西庙墙最向内凹处为西界，可容 7 格，即 35 丈。其中东西门间的轴线南距南庙墙、北距琉璃坊各为 3 格，即 15 丈；琉璃坊前横墙东西宽 6.5 格，即 32.5 丈；大红台东侧东红台和其后生欢喜心殿间形成的东侧次要南北轴线距中轴线约 2.5 格，接近 12.5 丈；西侧吉祥法喜殿之轴线东距中轴线也近 2.5 格，二条次要轴线对称地布置在中轴线的两侧，基本上与 5 丈方格网线重合。大红台的进深占 4 格，为 20 丈。这些现象表明此庙的建筑布局与方 5 丈的网格有较多的应和关系（图 2-5-14）。

此寺是仿藏式寺院，尽管在大红台、东红台、吉祥法喜殿的布置上前后错落，避免对称，表现出一定的自由布置的倾向，但实际上强调中轴线，置主建筑于全庙之中心和利用方格网为布置基准等，仍是传统模式寺庙的基本布局手法。

十三、河北省承德市普乐寺

在避暑山庄之东，为乾隆三十一年（1766 年）依章嘉国师创意而建。寺坐东面西，平面呈纵长矩形，实际分前后两部分。前部为汉式，中轴线上建山门、天王殿和正殿宗印殿，左右建侧门、钟鼓楼和配殿，形成两进院落。后部正中砌一方形二层的石坛城，沿边缘建八座琉璃塔，上层正中建圆形重檐圆锥顶的旭光阁，阁内木构立体曼荼罗。坛城四周绕以群房，四面正中建门，围成正方形院落。

此寺的布局与其他寺庙有所不同，如从庙外墙四角画对角线，则其交点在坛城群房西面门处而不在正殿宗印殿，与承德其他寺庙都以主殿置于全寺中心的布局不同。

按习惯做法，用方 5 丈及 3 丈网格在总图上核验，发现都不合，说明也不是以 5 丈或 3 丈网格为基准布置的。

但用另一种方法核验，发现它可能是以坛城上主建筑旭光阁之直径为模数的。用作图法在总平面图上画出旭光阁之直径，以其长画格网，则可看到，坛城下层台如计到八座琉璃塔之外缘，长宽恰为其 2 倍。如计至群房四面正中门之前檐恰为 4 倍。自此向西在汉式部分连续排网格，则可发现正殿之中分线、两配殿明间之中心和天王殿左右横墙都在南北向网线上，而山门左右之侧门和两配殿之后檐则在东西向网线上，都和网格有应和关系，可证此寺是以旭光阁之直径画网格用为寺总平面布局的基准的（图 2-5-15）。

上述情况表明此寺之布置仍然利用方格网为基准，这是有很悠久的传统的，但它不用尺长为单位如 50 丈、5 丈、3 丈，而改以寺中最突出的内设曼荼罗的旭光阁之直径为网格之宽度，则有可能是出于章嘉国师的创意了。

十四、内蒙古自治区呼和浩特市大召（无量寺）

明万历八年（1580 年）建成，清初扩建。寺为中、东、西三路，中隔巷道。中路为主体，分前后三进。第一进为山门、天王殿间庭院，第二进为天王殿与过殿间庭院，第三进庭院正中为经堂、佛殿，是一前后相连的二层巨大建筑，为全寺的主殿。

在中路总图上取南北中分线，它正在过殿左右横墙的位置上，即前二进院占寺之前半，后一进院占寺之后半。若再在后半部画对角线，则其交点正在经堂的中心，说明它是全寺的最重要建筑（图 2–5–16）。

寺前半部的山门、天王殿、过殿及配殿都基本是汉式，后部经堂、佛殿则是内蒙古地区通行的藏传佛教建筑式样，俗称都冈殿。这种布局和承德清代所建一些寺庙前为汉式后为藏式的情况相同，把汉式过殿置于全寺几何中心的手法也和承德普宁寺等相同，说明是当时的通式。

在平面图上用方 3 丈（9.6m）网格核验，发现寺总平面东西宽为 5 格，南北深略小于 19 格，其中第一进院深 3 格，即 9 丈，第二进院深 6 格，即 18 丈，山门、天王殿身（不计回廊）均宽 1 格，过殿前东西配殿间宽 3 格（以檐柱列计），即 9 丈，基本与所排网格相应，可知它也是以方 3 丈的网格为基准安排的。

十五、山西省永济市永乐宫

元代道教全真派的祖庭，原址在山西永济市永乐镇，1959 年因建三门峡水库，按原状整体迁建到山西芮城县今址。永乐宫创建于 1243 年，1262 年建成主要殿宇，约在元末以前（1368 年前）基本建成。目前只保存下中轴线上四座建筑，自南而北，依次为无极门、三清殿、纯阳殿、重阳殿，四周宫墙环绕，围成纵长矩形的宫院。在无极门前方尚有外门，称宫门。在北墙以北有邱祖殿遗址，自有围墙，与前部宫院不相接。

在未迁建以前的永乐宫总平面图上探索，可以看到若以无极门中柱列为南界，以北围墙为北界，用画对角线的方法，求南北中分线，则此线正自三清殿中部横穿而过，可知在布局中仍按传统手法，把主体建筑置于全地盘的几何中心。若在此线划分出的后半部再画对角线中分为南北二部，则此线又恰穿过纯阳殿的中部，即纯阳殿又居于后半部的中心（图 2–5–17）。

永乐镇为吕洞宾故里，永乐宫在元代始建时称“大纯阳万寿宫”，故纯阳殿也是主体建筑，但作为道观，又不得不供奉三清，故在布置时，把三清殿置于全宫的几何中心的同时，又把纯阳殿置于后半部的几何中心，给以一定的突显，用心是很周密的。

永乐宫的宫墙东西相距约 47m 余，以元代尺长 31.5cm 计，约合 14.92 丈，近于 15 丈。南北之深约 235m 余（以无极门中柱计），约合元代 74.6 丈，近于 75 丈。由此推知，它可能也是按方 5 丈网格布置的。依此画网格，在平面图上核验，发现三清殿进深恰好框在一格之中（实际进深为 14.85m），纯阳殿和无极门之南北中分线恰在网线上，总地盘为宽 3 格、深 15 格，和方 5 丈网格有很明显的对应关系。

十六、西安市化觉巷清真寺

在西安市化觉巷，始建于明初，明嘉靖元年（1522 年）、万历三十四年（1606 年）、清乾隆二十九年（1764 年）先后重修。现状平面呈纵长矩形，坐西向东，自前而后为五进院落。第一、二进院正中建木、石牌坊，第三进院正中建唤醒楼，第四进院正中为礼拜堂及月台，末进院包礼拜堂两侧及窑殿于其中。

从总图上分析，全寺之中心点为第四进院入口之正门，正门左右的横墙分全寺区为前后两部分。前部第二、三进院进深相等，二、三进院间隔墙遂为其中分线。后部之中分线为礼拜堂台基的前缘（图 2-5-18）。

再用不同网格核验，可知它用的是方 3 丈网格，全寺之宽（南北向）恰为 5 格，即宽 15 丈。寺之深为 26 格，即 78 丈。自前向后，第一进院深 4 格（自影壁至正门前檐），第二进院深 5 格，即深 15 丈，第三进院深 5 格，亦为 15 丈，第四进院至月台前缘深 4 格，为 12 丈，月台深占 2 格，为 6 丈，礼拜堂及窑殿总深占 4.5 格，为 13.5 丈。在总平面图上画了网格后，还可发现，在纵深方向，第一、三、四三道横墙和月台前缘都在横的网线上，而寺隔墙上的侧门和月台之侧阶又都各在网格之正中，相距为 2 格，即 6 丈。这些都表现出布局和方 3 丈网格间的密切应和关系。

在总平面图上就各院落进行分析，还可发现：如视第一、二进院为一体，画对角线，则交点落在大门中心，即大门居一、二进院之中心；如就第二、三进院各画对角线，则交点分别落在石牌坊及唤醒楼中心，说明它们分别居二、三进院之中心；若就第五进院画对角线，则其交点落在窑殿内稍偏前处，表明窑殿为此院之中心。

清真寺在元以前多是阿拉伯形式，入明以后，逐渐采用院落式布局和汉式建筑，只有窑殿仍保持阿拉伯建筑的传统特色。从上面对此寺总平面图的分析可以看到，连总平面布置也采用汉族建筑传统的以方格网为基准和“择中”的做法了。

第六节　府邸、住宅

本章主要从建筑群布局角度进行探讨，故只能以规模较大、有一定规划布局问题可供探讨的贵邸巨宅为主进行分析。从历史记载看，汉唐时一些巨宅规模侈大，颇为惊人。如隋唐长安有的王府竟占一坊、半坊之地。结合唐长安实测数据推算，隋汉王谅府占一坊之地，面积 36.2hm^2；唐太平公主府占半坊之地，面积 19hm^2，郭子仪宅占 1/4 坊，面积 13hm^2。有些王府内部交通需乘车，实际都近于一个小城。这些巨邸面积大、房屋多，必是按一定规划布置的，可惜目前尚无法详考。明清时，因都城面积小于隋唐，城市又由市里制改为街巷制，受横巷间宽度限制，邸宅比汉唐缩小。但明代所建曲阜孔府占地约 4.4hm^2，清初所建怡亲王府占地 4.7hm^2，清末重建的北京摄政王府占地 2.5hm^2（未计入花园），如考虑明清北京内城面积只有唐长安的 44%，则这些王府占地面积也不能说小了。

中国古代重礼法，作为住宅，区分内外是最重要的。以文献记载结合现存实例看，大宅都要区分外宅和内宅两大部分。外宅在前半部，是主人延接宾客和起居之所，如为王府或掌权贵官，还具有礼仪和办公区的性质，其主建筑称厅或厅事；内宅在后半部，是主人及其眷属居住之处，其主建筑称堂或后堂，女主人亦可延接女宾于此；前厅、后堂是宅中的主建筑，四周各有附属建筑和廊庑，围成封闭式院落，其间用门或墙隔为二进院。但除宫殿之前朝、后寝之间可用横街隔开称永巷外，包括王府在内，都不允许出现封闭的横巷。厅、堂所在二进院是宅中的主院落，形成中轴线，在它们的四周还可建若干辅助性小院。在唐代，各小院多规律地排列在主院两旁，或直通主院廊下，或与主院间隔以南北向巷道。这种布局虽实例不存，但唐人小说《昆仑奴》中说某贵邸有十院，可以推知是这种布局。这种主院东、西、北廊外各附小院的布局与唐宋时廊院式布局的寺观祠庙基本相同，所异者是住宅要划分为前厅后堂二进，以限隔内外，寺观祠庙只祀神佛，主殿院内即使有多重殿宇也共在一院中。明清以后，大建筑群布局由廊院式发展为多进多路式，即除中轴线外，左右尚有东西侧轴线，各为几进院落。现存北京诸王府都属这种布置，江浙地区一些巨宅虽庭院形式与北方王府贵邸有不同处，采用分几路多进院落布局则是相同的。

下举诸例都属明清时的邸宅，可以看到，在全宅有明确中轴线，正厅正堂在中轴线上，正厅位于全宅地盘的几何中心和利用方格网为布置基准这些点上，诸宅是相同的。

一、山东省曲阜市衍圣公府——孔府

孔府附在曲阜孔庙的东侧，是一所左右分中、东、西三路，前后分为衙署、邸宅、园林三部分的巨大建筑群，其规制略近于大的府衙，与衍圣公的公爵身份相称。

现孔府的规模基本形成于明代中期。前面衙署部分是明弘治十六年（1503 年）重建的，基本保存下来。中间的邸宅部分虽创建于明洪武十年（1377 年），但历经多次修缮，到清末又于光绪十一年（1885 年）遭到火焚。现存的这部分是清光绪十二年（1886 年）重建的，故平面布局大体保存旧规，建筑物则已非原状了（图 2-6-1）。

在孔府的平面实测图上分析，衙署和邸宅分别位于全府中轴线上的前、中部分，实际上是两所完整的建筑群组，前后相重，中隔横巷。衙署部分南起二门，北至三堂，在中轴线上依次有二门、大堂、二堂、三堂四座建筑，左右有厢房和廊庑环绕，形成矩形平面的三进院落，其主体建筑大堂和后面的二堂间连以穿廊，形成工字殿，是宋元以来官署的通式。如果用作图法自矩形院落的四角画对角线，则其交点正落在大堂的中心，与传统的把主建筑置于院落中心的布局手法相同。

邸宅部分自内宅门起，中轴线上依次建前上房、前堂楼、后堂楼、后五间四座建筑，左右有厢房，平面也基本为矩形。如果用反复画对角线的方法把它均分为前后四部分，则可看到，前堂楼在中分点上，而前上房、后堂楼又分别在前后四分之一分界线上。

对平面实测图进一步分析，还发现孔府前半部的衙署部分是利用方 3 丈的网格为基准进行布置的。以明中期尺长 31.84cm 计，则 3 丈为 9.5m，依此画网格在平面图上核验，可以看到，前部之东西宽如计至东西庑之后墙，恰宽 5 格，即 15 丈；前部之南北深如自二门檐柱起，北至后堂左右廊庑北墙，衙署部分共占 11 格，即 33 丈；其中大堂前院落占 4 格，为 12 丈，大堂、二堂台基之东西宽均占 3 格，为 9 丈，都和方 3 丈的网格相应。总的占地面积为宽 15 丈，深 33 丈，其南北之深包括邸宅前横巷在内的情况与紫禁城前三殿面积包括乾清门前横街在内以乾清门前檐柱列为北界的手法全同，可证是明代的布局。

孔府的邸宅部分大约是曾经近代重建的缘故，只大体上与方 3 丈的网格有某些对应关系，如庭院宽三格，深二格等，不能像衙署部分那样绝大部分吻合。

东西路建筑经近代重建，已经看不出什么布局规律了。

孔府布局上有两点值得注意。其一是在前部衙署与后部邸宅之间有一很窄的横巷，左右有小门。这横巷在古代宫室制度中称为“永巷”，原是分隔宫中朝和寝的，属宫殿体制，自南北朝以来，一般建筑，甚至王府都不许用。现存实例有紫禁城前三殿后、乾清门前之横街和宁寿宫后、养性门前的横街，和承德避暑山庄十几间殿后、门殿前的横街。北京诸王府在这部分虽有横巷，但南面都敞开，不能做成全封闭东西开门。故孔府中这样布置应属特例。其二是衙署部分与邸宅部分的中轴线不连贯，北部邸轴线略有北偏东的角度，以致其前与衙署间的横巷也是西宽东窄状。这恐不是建筑布局所必需而可能是从非理性角度考虑所致，这里就不去深论了。

二、浙江省东阳市卢宅肃雍堂

卢宅在浙江东阳市东部，自南宋以来为卢姓南迁聚居之处，明清以来续有发展，形成东西 230m，南北 280m，具有东西并列八条轴线的巨大住宅集群。它南临东西大道，东、北、西三面环以小河，规模近于村镇。卢宅的主建筑群为肃雍堂一组。

卢宅全区的主要入口在东南角，有一条南北向的甬道，跨道建有三座石牌坊。甬道北抵大夫第后向西折，至尽端后再北折，北面正对肃雍堂建筑群的外门——仪门。仪门以内即肃雍堂建筑群，由南门——中门、东西庑和工字形的肃雍堂、穿廊、后堂围成纵长矩形院落。肃雍堂始建于明前期（约景泰、天顺间），前厅面阔三间，左右有挟屋，后堂面阔五间，中间连以三间穿廊，形成工字厅（图 2-6-2）。

从肃雍堂一组的平面上分析，如以中门台基南沿和后堂台基北沿为南北之深，则肃雍堂前堂正位于南北之中，是当时大型院落的通用布局方法。

进一步分析，发现卢宅入口之南北向和西折的东西向甬道之宽均为明尺 3 丈（按 1 丈 = 3.184m 折算），而南北向甬道之长为 15 丈，循此线索验算，发现如在肃雍堂建筑群上画方 3 丈的网格，则东西之宽如计至东西庑的后墙恰为 4 格，即 12 丈；南北之长如自中门台基南沿计至后堂台基北沿，恰为 7 格，即 21 丈。若再向南推，自中门台基南沿至仪门南甬道之南墙恰为 4 格，即 12 丈。在肃雍堂部分，中门之深恰为 1 格，即深 3 丈。中门台基北沿至肃雍堂南沿恰深 2 格，即肃雍堂前庭院深 6 丈。建筑的这些部分，包括甬道之宽长，中门和庭院之深，都和 3 丈方格网吻合，有力地说明在规划卢宅的主建筑群和主入口时，是以方 3 丈的网格为基准的。

东阳卢宅肃雍堂建年稍早于曲阜孔府，主建筑为工字厅，前有东西庑近于孔府的科房，正堂左右挟屋前隔出小院，都和明代志书中府衙的规制近似，而其规模明显小于孔府，可能孔府前部所模拟的官署的规格还要高一些，值得注意的是二者的平面布置都明显以方 3 丈的网格为基准，说明用 3 丈网格是当时巨邸布置的共同特点。由于明清时期府衙的实例多不存（也可能尚有残存而尚未发现或尚未调查），据此也可以推测，很可能相应规模的官署也是用方 3 丈的网格为基准的。

三、北京市清代王府

清代在北京建有很多王府，虽时代早晚和大小规模有异，有的还经过重建、改建，但大都按一定规制建造，在某些方面具有共同点。这些王府大多已改变面貌，目前保持完整且有实测图可供研究分析的有孚郡王府、摄政王府等。雍和宫现为喇嘛庙，但其前身是雍正未即位前的雍亲王府，基本布局特点尚在，也可作为参考。

1. 孚郡王府和摄政王府

孚郡王府在今朝阳门内大街路北，原为怡亲王允祥府。允祥于雍正元年封亲王，以后子孙世袭。咸丰末年，嗣王端华得罪被杀，其府第转赐咸丰第九子孚郡王奕譓，故清末以来俗称九爷府。其府之兴建及定型当在雍正时期，现状与《乾隆京城全图》所示基本吻合（图 2–6–3）。

摄政王府在后海北岸，原为乾隆帝第十一子永惺府，永惺于乾隆五十四年（1789 年）封成亲王，建府当在乾隆末年，故在《乾隆京城全图》上，其地尚是民居和小寺庙。清末溥仪即位，加以修缮后为其父醇亲王载沣新府，俗称摄政王府（图 2–6–4）。

这两座王府兴建时间相距约六十年，但在布局上相似之处颇多：它们都分四路，中路之东为东路，中路之西有二西路，形成中轴线微偏东的总平面布局；中路为主体，两府中路主要部分都分为前后二个大院落；前院中轴线上为五间正门和七间正殿，左右有配殿或翼楼，围成庭院；后院中轴线上前为五间穿堂，即《大清会典·亲王府制》中所谓后殿，后为七间的正堂，《大清会典》称之为后寝，左右有配殿围成庭院，后寝左右有独立的耳房，用短墙隔成二小院；从功能上看，前后院之前尚有外院，在中轴线上正南为倒座，东西侧各开一门出入，称东西雁翅门（满语名东西阿斯哈门），门两侧用廊庑连通，围成横长矩形的外院，东西门为出入王府之外门；在后院之后尚有后楼，形成最末一进院落；通计二王府的主体在中轴线上都有正门、正殿、后殿、后寝、后楼五重建筑，其间形成三进院落，另在前方加一外院，由东西门出入。

在两座王府的平面图上分析，如北面自后楼或罩房的两角起，南至外院南墙上相应宽度画对角线，则其交点都落在正殿的中部，说明《大清会典》中虽未提及外院的情况，但在修建王府中都把外院计入，把正殿建在总地盘的中心位置，以它为中心安排其他建筑，和唐宋以来在宫殿、寺庙等大建筑群的布局特点全同。

在两王府的平面图上进一步分析，还发现它在布置院落和建筑时以方 3 丈的网格为基准。清代 1 丈合 3.2m，以方 3 丈即 9.6m 画网格，可以发现孚郡王府（怡亲王府）自最南外院倒座南墙至最北罩房北墙，恰排 21 格，即南北深 63 丈；其最南的外院东西宽 10 格，南北深 5 格，即宽 30 丈，深 15 丈；其正殿、后殿、后寝、后楼所形成之三进院落均宽 6 格，共深 16 格，即宽 18 丈，深 48 丈；院中各建筑之布置大都和 3 丈网格有一定的对应。以同样方法在摄政王府（成亲王府）平面图上画网格，也可发现，该府南北总深 17 格，即 51 丈；其最南的外院东西宽 6 格，南北深 4 格，即宽 18 丈，深 12 丈。两府的规模尺度虽有异，但在布局上以方 3 丈的网格为基准的手法仍是一致的。

2. 雍和宫——原雍亲王府

原为康熙时的雍亲王府，允禛于康熙四十八年（1709 年）封亲王，王府约定型于此时。雍正即位后改称雍和宫，乾隆九年改建为喇嘛庙。从现状平面图上可以看到，南面入口的三座牌坊和坊北的甬道是改庙后增建的，自昭泰门以北才是雍王府本身。昭泰门北横长庭院即原王府外院，昭泰门处原应为倒座，现院东西墙上之门即原王府的东西阿斯哈门，院北面正中之雍和门即王府之正门，门内正中之雍和宫殿即王府正殿，与左右配楼共同围成第一进院落，相当于宫殿之外朝，殿前之碑亭是改为雍和宫后增建的。雍和宫殿后之永佑殿即王府之穿堂，亦即亲王府制中之五间后殿，其北之法轮殿及与其东西并列的两个小殿即由王府后寝和东西两个独立的耳房扩展而来，它们与东西配殿、廊、庑围成第二进院落，相当于宫殿之后寝。法轮殿后中有万福阁，东西有永康阁、延宁阁与之并列，左右有配殿，此地原应是王府后楼位置，建为庙后在此增建佛阁，并向北拓地重建楼，其主体称为绥成殿（图 2-6-5）。

在现雍和宫的平面图上分析，如北面自永康、延宁二阁北墙东西延线与东西宫墙之交点起，向南面昭泰门左右横墙之相应宽度画对角线，则其交点正落在雍和宫殿的中心，与孚郡王、摄政王二府的情况全同，可证永康、延宁二阁之北墙为原雍王府北界，现后楼为改雍和宫后增建的。雍亲王府布局中，置主殿于全地盘中心的手法也与二府和唐宋以来大建筑群布局传统全同。

若在平面图上进一步分析，发现雍和宫也是以方 3 丈的网格为基准布置的。自外院南墙（昭泰门左右横墙）起，北至永康、延宁二阁北墙恰可排 22 格，即 66 丈，自此向北至后翼楼北墙的新增加部分又可排 2 格，即 6 丈；府之东西墙间恰可排 8 格，即 24 丈。昭泰门向南，至建牌楼之入口处南墙，恰可排 19 格，即 57 丈，其中甬道部分宽 4 格，即 12 丈，排坊部分宽 8 格，即 24 丈，与府宽相同。

由此可知，原雍王府东西宽 24 丈，南北深 66 丈；拓建为庙后，向北拓展二格，增为南北 24 格，即 72 丈。另向南拓展 19 格，即 57 丈为前入口和甬道。通计改庙后，南北总深为 43 格，即 129 丈，宽 24 丈。

进一步分析庙（王府）本身，还可以看到原王府外院南北深恰占 5 格，即深 15 丈；自雍和宫门前檐柱至永佑殿前檐柱恰为 8 格，即 24 丈，自永佑殿前檐至永康、延宁二阁后墙恰为 9 格，即 27 丈，正殿（雍和宫殿）和后寝（法轮殿）前东西配楼及配殿台基间之距为 4 格，即前后二殿前殿庭宽 12 丈。这些都与方 3 丈网格有准确的对应关系，可知在建雍亲王府时和把雍王府改建为喇嘛雍和宫时，在总平面布置上，都利用了方 3 丈的网格为基准。

以上三例都属清代的亲王府，建造时代自康熙后期的 1709 年至乾隆后期，相距八十年，但都是在中路中轴线上建五重建筑，正门及后殿宽五间，正殿及后寝均宽七间，与《大清会典》所载亲王府规制相合。在最前方设外院，南面建倒座，东西开阿斯哈门虽不见于《大清会典》，但除此三例外，在《乾隆京城全图》中还可以看到，建于顺治至乾隆间的礼亲王府、裕亲王府、恒亲王府、履亲王府、果亲王府、和亲王府等，外门均作此式，可知也属亲王府定制。而从上举三例看，利用方 3 丈的网格为总平面布局的基准，也是当时规划王府的共用手法。

四、江苏省苏州市网师园正宅部分

网师园为苏州著名的宅旁园，传始建于宋代，但现存园及宅都是清代所建。其宅在园之东，在中轴线上建有大门、轿厅、大厅、楼厅四进建筑，左右有耳房和廊，围成三进的矩形院落。其中大门是外门，南有影壁，轿厅相当于仪门，大厅为正厅，楼厅为后楼。如用作图法，以轿厅前檐柱和楼厅之后墙为南北界画对角线，其交点基本在大厅的中部，仍属正厅居中的布局（图 2–6–6）。

在平面实测图上分析，发现它也是用方 2 丈的网格为基准布置的。按清尺 1 尺 = 32cm 计，2 丈为 6.4m。以此画网格在平面图上核验，发现宅基东西宽占 3 格，南北深占 7.5 格，面积为宽 6 丈、深 15 丈。其中大门至轿厅前檐深 1.5 格，后楼深 1.5 格，都深 3 丈。

五、江苏省苏州市铁瓶巷顾宅

是苏州著名巨宅之一，平面上纵列四条轴线，中间夹着三条备弄（巷道）。主体部分前后五座建筑，形成四进院落。大门前临河，有巨大的影壁和码头，具有水乡地区的特点。大门以内依次为前厅、正厅、正堂、后楼。在实测图上用作图法画对角线，其交点基本上在正厅的中心。自此分为前后两部分，再画对角线，则其交点都落在前厅和正堂的中后部，可知在规划布置时，基本按等距布置前厅、正厅、正堂（图 2–6–7）。

由于主体部分的厅、堂宽均近于 4 丈，故用方 2 丈的网格在平面图上核验，发现有若干处尺寸为 2 丈的倍数：如大门道由影壁形成的地段恰好方 4 丈；大门进深 2 丈；前厅前庭院宽 4 丈，深 2 丈；后堂、后楼前庭也各深 2 丈等，但都不能和网格相应，说明它的某些尺寸是 2 丈的倍数，但不是以网格为基准布置的。

附：官署

汉代称官署为寺，唐以后称衙署、公署、公廨、衙门等。官署可分中央及地方两大类，不同处是地方官署多附有官邸，而中央官署唐以后则单纯为办公处所。中央官署都在都城内，但有设在宫内与宫外之分。三国、南北朝时，宫内主要官署建在中轴线东侧，专辟门出入，与宫城正门东西并列；宫外官署则开始集中建在宫城前南北大道两侧，隋唐时按统一规划集中建在宫城前的皇城内，至明代则建在大明门内千步廊东西外侧，有完整的规划。当然，各朝随着设立的机构的增加，也有原定官署区容纳不下而零星别建的。地方官署在大的州府多建在子城内，包括军事机构、仓库等，近于行政、军事、经济城堡，以利安全，主要官员的官邸也在其中。唐以前官署的具体形制已不可考，唐宋时，据记载大型中央官署中轴线上建主院，院内建正堂后堂，要经外门、院门二重门才可到正堂前。另在主院之左右侧各建一至数行前后相重的小院，安排各职能部门。唐宋时最高行政机构尚书省都是这样布置。地方官署除主院左右侧有若干小院外，后部也建一些小院，为官员住宅。建在子城内的衙署其正门即为城楼，称谯门或谯楼，上有报时的谯鼓。有的因上设鼓角，新官到任或上级临视时吹奏，又称鼓角楼。州府级城市谯门下开二门洞，称双门，县级城市只开一门洞。谯门外左右还建二亭，一般名颁春、宣诏，带有礼仪性质。宋代衙署目前只能在南宋镌平江府图碑（图 2–附 –1）和一些明代志书上的古图中略知其大致情况。

明清中央官署最重要的六部五府等已不存在，但在清《乾隆京城全图》中尚可见其规模和布局情况。地方官署各地还有少量存者，但均不完整或被改建，目前也没有可供研究的实例。在传世的大量明代地方志中往往附有官署图，可知其大致情况。

明朝的建立，在相隔四百年后重新出现了以汉族、汉文化为主体的统一的国家。故明初在各方面废除元代弊政，订立一系列制度，加以规范，重建严格的中央集权国家。在建设方面除订立都城宫殿制度以固根本外，又在全国各地完善城市建设，除下令恢复被元代拆毁的南方各城市的城墙，修整街道外，对各级地方城市的规模和官署的建设也有统一的法令。明初卢熊撰《[洪武]苏州府志》中府治部分有一段文字说："洪武二年（1369 年），奉省部符文，降式各府、州、县，改造公廨，　　府官居地及各吏舍皆置其中。”并附有依式新建的苏州府治图（图 2–附 –2）。在明初名臣王祎的《王忠文公集》卷九中有〈义乌县兴造记〉一文，云“今天子既正大统，务以礼制匡饬天下，乃颁法式，命凡郡县公廨其前为听政之所如故，自长贰下逮吏胥，即其后及两旁列屋以居，同门以出入，其外则缭以周垣，使之廉贪相察，勤怠相规，政体于是而立焉。命下，郡县承奉唯谨。”其后记义乌县依式建县衙，于洪武十月毕工等事。此文中明确指出，令官员集中住在官衙内的用意是使他们共走一门出入，互相监视，动静诸人共见，可以杜绝登门请托和贪污腐化之弊，具有整肃元末以来腐败至极的吏治的目的。

从《苏州府志》所附的〈苏州府治图〉可以看到，府衙是一矩形大院，只南面正中设外门，榜“苏州府”额，左右各有一侧门。入门后分为左、中、右三路。中路为主院，用横墙隔为前后二部分，前部为三间正堂，左右有挟屋。正堂左右又建有推官厅和经历司二小厅，与正厅东西并列。正厅后与横墙间有横巷，巷东西端辟门，北面墙上正中又开通入后半的正门和通东西路的两个侧门，正门内即后堂，左右有挟屋。正厅、后堂前方东西侧都有厢房，围成院落。东西路各为前后相重的五个小院，与主院间有南北向巷道隔开。另在中路和东西路之北，府衙北端并列建三小院。这东、西、北三面共十三个小院除个别为仓库、档案库、土地祠外，均为苏州知府以下各主管官吏的官邸。从总体布局看，它仍是唐宋以来通用于宫殿、邸宅、官署、寺庙中的廊院式大型院落的布置方式。

在明《[隆庆]临江府志》中也附有明洪武二十二年己巳（1389 年）的衙署图（图 2– 附 –3）。图中府衙和清江县衙东西并列，府衙中路也是主院内正厅与后堂前后相重，正堂又与推官厅、经历司东西并列，和苏州府的布置基本相同。在主院左、右、后三面建小院为官邸、仓库、架阁库（档案库）的情况也相同。这样惊人的相同表明它们都是按洪武二年所颁图式建造的。临江与苏州两府衙不同处是苏州府衙外门为三间的断砌门，而临江府衙之外门为五间的城楼。衙前建城楼为唐宋时台门、谯楼之遗制，可能是保存下来的宋代遗物，苏州府衙是在元庸田司旧址新建，故不再建谯楼。清江县衙的布局与府衙基本相同，只是规模缩小而已。

此外，在《[嘉靖] 许州志》和《[嘉靖] 宿州志》中刊有许州、宿州州衙图和宿州灵壁县县衙图，也基本和苏州、临江府衙相同，证明明洪武时颁布的官府图式是全国遵行的（图 2– 附 –4、图 2– 附 –5）。

北京明代中央官署六部、五府等建在大明门内、天安门前东西侧千步廊之外，清代沿用。现在从《乾隆京城全图》上看到的是清乾隆时的情况，上距明正统七年（1442 年）建成时已有三百年之久，虽多有改动，但仍可推测出始建时的面貌。

从千步廊东侧前排的宗人府、吏部、户部、礼部四座衙署图可以看到，它们基本按相同的规制建造，面阔、规模、布局都大致相同。其中户部保存最完整，可以推知其始建时的面貌。从图中可以看到，户部大门面西，也分中、左、右三路。中路最前为外门，门内即前院，院的北、东、南三面开门，东门即主院之正门，入主院后，正中为大堂，大堂后有穿廊，连接后堂，构成工字厅。大堂和后堂两侧各有一厅，与之并列。左右路隔巷道与主院相对各建六个小院。左侧为江南、贵州、陕西、湖广、浙江、山东六司，右侧为福建、江西、河南、云南、四川、广西六司，另在前院南北门内相对又有二小院，为山东、广东二司，共有十四个小院，按省布置十四司。和地方衙署不同处是主院后无需建官邸，改用为仓库区。吏、户、礼三部后部都有仓库，但户部为国家财货所聚，建有最大的仓库。吏部、礼部主院与户部相同，左右路虽已有很大改动，但依稀尚可分辨出一些小院的残迹（图 2– 附 –6）。

这些图都未按比例绘制，故无法对布置的具体比例关系进一步分析。但前面府邸住宅部分所收之山东曲阜孔府和浙江东阳卢宅肃雍堂一区都具有衙署的性质（图 2–6–1、图 2–6–2）。孔府之主院也是正堂面阔五间，左右有挟屋，其前院门三间与明代宿州、苏州府治图相近。考虑到明代建筑布局以主建筑置于全区或主院几何中心和以方格网为基准的情况和曲阜孔府、东阳卢宅的实例，明代官署的布置也应基本上是这样。因紫禁城内东西六宫和武英、文华二殿已使用方 3 丈的网格，故明六部五府和地方官署所用网格也不能超过 3 丈，这也和孔府、卢宅所示是一致的。

衙署部分因无实测图，无法具体分析其布局手法，只据古地志和古地图中所绘示意图并参考近似的资料进行推测，故只能作为附录安排在本章的最后。

第三章

单体建筑设计

中国建筑有七千年以上的悠久历史，但古代建筑物大都是土木混合或木构架建筑，不能长期保存，故早期遗构稀少。现存古代地上建筑实物石造的以东汉石阙为最早，砖造的以北魏末年建的登封市嵩岳寺塔（523年）为最早，木构的以中唐所建五台县南禅寺大殿（782年）为最早，比这更早的，只能求之于建筑遗址。已发掘出的遗址又大多残破，在时代、类型上也尚不很连贯，还不具备准确推测其原状并进而研究其设计方法的条件，故这方面的研究目前只能从有建筑实物存在的北魏和唐代开始。唐以后建筑以木构架为主，砖石建筑为辅，故木构架的设计遂成为研究单体建筑设计的主要方面。

古代木构架建筑在宽度上以间数计，正面每二柱之间称为一间，每间之宽称间广，若干间并联组成一栋单体建筑，其总宽称面阔。木构架建筑在深度上以屋架所用椽数计，称为进深几椽，但大型建筑山面也分间；矩形平面建筑的屋顶形式有硬山、悬山、歇山、庑殿，后两种其下可做重檐；具体表示一建筑时应称之为面阔几间，进深几椽（或间），上覆某种屋顶。

这些木构的单体建筑平面一般为横长矩形，屋顶形式受等级制度限制，可选择性较少，故形体都较简单。但如果以其为主体，四周接建附属建筑，如在前后增加抱厦、在两山面加耳房，则可形成外形较复杂的复合体。若把主体做成前后勾连搭屋顶，还可扩大主体进深。如果在二三层楼阁的四周加这些附属建筑，再配合以层高的变化和屋顶的重檐、单檐的组合，还可出现外观更富于变化的复合楼阁。从已发现的遗迹结合历史记载可知，西汉时土木混合结构的明堂、辟雍和唐武则天时用木构架建造的明堂都是体量巨大、外形变化丰富的复合型建筑，现存的明清紫禁城角楼、山西万荣的飞云楼、介休的玄神楼等也是复合型建筑的佳例。

上举诸例表明中国古代可以建形体复杂、结构特殊的复合型建筑，但在实际建设中却使用得较少，只在有特殊需要处偶一用之，绝大多数仍是横长矩形平面的房屋，包括宫殿、坛庙、寺观的主殿也基本如此，只是面阔、进深加大，屋顶用高规格的歇山、庑殿顶甚至加重檐而已。由于现存的木构建筑最古者建于唐代，而在文献中只有宋代和清代有关于建筑设计方法和规范的专著，故我们只能从唐代开始，下至明清。

通过对现存唐代建筑的研究，可知唐代木构架建筑设计中已很成熟地运用以材高为模数，以“分”为分模数，以柱高为扩大模数以控制建筑各部分的尺度、比例的设计方法。如果把日本现存受中国南北朝后期影响而建的飞鸟时代木构架建筑遗构考虑在内，则这种运用模数的设计方法至少可上溯到南北朝后期。

从唐代建筑遗物中所表现出的运用以材分为模数的设计方法的成熟程度看，当时必已形成一套较完整的制度，可惜未能流传下来。最早详细记载以材分为模数的设计方法的是编成于北宋元符三年（1100 年）的《营造法式》。书中规定木构建筑以材高为模数，以材高的 1/15 为分模数，称“分”。又规定材之大小为八等，按建筑之性质、规模选用。现在一般称为“材分制”。但当时编此书是为了工程验收核算工料之用，内容详于记载以材、分计数的构件尺度，而略于建筑的整体比例关系。不过我们仍然可以通过对《营造法式》所载一些构件尺度的分析，结合对此期建筑实物的研究反推出一些这方面内容，如面阔、进深受外檐斗栱朵数的影响，而斗栱间距在 110 至 150“分”之间。也可发现檐柱平柱之高与面阔有一定关系，而它同时又是建筑在高度方面的模数，这在多层楼阁和塔中表现得尤为明显。如果参考日本受中国南北朝后期至唐前期影响的飞鸟时代、奈良时代的木塔，以檐柱平柱之高为楼阁和塔在高度方面的扩大模数的方法也可上溯到初唐及南北朝后期。

《营造法式》把建筑之构架分为几种，主要是殿堂型、厅堂型和余屋型三种，分别用于重要性和规模不同的房屋上，每一型又有若干式。殿堂型构架特点是构架自下而上，由柱网、铺作层、屋架三个水平层叠加而成，其柱网布置有定式，铺作层由斗栱和明栿组成，以保持构架的整体稳定（可以佛光寺大殿为例，参见下文图 3–1–1–5）。厅堂型构架由若干道垂直的构架拼合而成。但宋及宋以前厅堂型构架可以按需要选用不同的类型加以拼合，即按室内空间需要把椽数相同而柱数、柱位不同的构架拼合混用在一座建筑中，做到按实际使用需要布置柱网和梁架，有一定灵活性。从现存唐代建筑实物和遗址看，唐代已有殿堂型和厅堂型两种构架了。

经两宋、金、元的发展，至元明之际，随着木构架的简化，在建筑设计中对模数的运用也发生了变化，由以材高为模数、以材高的 1/15 为分模数“分”的材分制改为以栱宽为模数、以其 1/10 为分模数的斗口制。由于材与栱的宽度相同，改用以栱宽为模数后，其分模数“分”并没有变化，只是宋代材高 15“分”、足材高 21“分”，明清改为材高 14“分”、足材 20“分”，在换算上从以材高计的 15 进位制改为以栱宽计的 10 进位制，施工时便于工人换算而已。因栱宽即其下大斗之斗口宽，这种模数称为斗口。明清二代官式建筑设计都是以斗口为模数的。

这种以斗口为模数的设计单体建筑的方法始于明初，但我们目前只能看到在清雍正十二年（1734 年）才以文字形式记录下来，编为 74 卷的《工部工程做法》。书中记录了二十七种建筑尺寸，二十三种为大式，四种为小式。大式建筑以斗口为模数，把斗口分为十一等，按建筑之性质、规模选用。建筑物之平面尺寸、柱高、构件之断面等都依此而定。

明清建筑构架沿宋元以来传统又有发展和简化。其重要的殿宇基本在南宋已简化了的殿堂构架基础上再加简化，铺作层简化为一圈起垫托作用的斗栱；较次要建筑的构架近于宋元以来之厅堂构架，但组合变化较少；这两类在清式中都属大式。清式中之小式大木构架略近于宋式之余屋，比厅堂构架又加以简化，如以面阔乘一定系数定柱高、柱径，再以柱径加减一定尺寸定其他构件断面。由于模数过于简化而所包容之范围又过广，往往出现很多构件尺寸不甚合理之处。

明清官式建筑的设计方法所规定的条文过于呆板，缺少变通的办法，故建筑物之面貌较单调，个性不突出，用料偏大，显得笨重，但在保持大小尺度不同的建筑取得统一协调的效果上仍有其优点，故明清单体建筑在外观上虽不甚活泼醒目，却在组合为大的建筑群体时仍能达到较高的艺术水平。

《营造法式》、《工部工程做法》中所记载的以材分和斗口为模数进行单体建筑设计的方法近年屡有专著发表。由于材分和斗口的尺度太小，用来计算房屋的大轮廓尺寸过于细碎，推想它应会有更为简明易掌握的方法。此外，这里还要通过对实测图和数据的分析去探索虽无明文规定却含蕴在二书内容中的对扩大模数的运用和其他一些设计规律，以求对古代建筑设计手法有更多的认识。

从下文对各实例的分析可以看到，在元以前，单体建筑以材和“分”为设计模数。在设计一座建筑时，先按其性质和重要性（等级）、大小规模确定构架类型（殿堂、厅堂、余屋）和屋顶形式，并按规定确定所用的材等，然后按每间所用斗栱的朵数确定面阔。斗栱中距以 125“分”为基准，可在 110“分”和 150“分”间浮动，即用单补间铺作时间广在 220“分”至 300“分”之间，用双补间铺作时间广在 330“分”至 450“分”之间，以 5 或 10“分”为单位。在确定面阔、进深各间的“分”值后，还要把它折合成实际尺数，并加以调整，令每间都以 1 尺或 0.5 尺为尾数，以便于施工放线和易于核查。明清建筑则改用斗口为模数，斗栱中距为 11 斗口，先以所用斗栱的朵数定面阔，再折合成实际尺数并调整到以 1 尺或 0.5 尺为尾数。这就是说，至少自唐至清，单栋房屋设计时均以材“分”或斗口为模数，但在施工时要折算为尺数，并调整到以 1 尺或 0.5 尺为尾数。现存此期的建筑都是这样。建筑的面阔、进深的尺寸都以柱头间为准。

从下面分析还可以看到，在单体建筑设计中檐柱之高为很重要的扩大模数，可以用来控制房屋的立面和断面。

中国木构建筑分台基、屋身、屋顶三部分，屋顶是坡顶，其高由进深决定，故影响立面比例最大的因素是屋身，实即柱列部分。从下面的分析图可以看到，绝大多数建筑，其通面阔是檐柱高 H 的整倍数，这就是说建筑之通面阔（有时也包括通进深）以檐柱高 H 为模数。如果在建筑立面图上划分出所含柱高 H 的数量，则也可以理解为在设计时先设定以柱高为模数的方格数，再在这范围内按外观和使用要求分间。这就是说在立面设计上使用了扩大模数方格网。

从所举诸例可以看到，大约自唐至元，立面所含扩大模数 H 之值一般等于或少于开间数，立面划分一般为明间呈横长矩形，其余左右各间呈竖长矩形。到明代以后，明间面阔加宽，有的可达到次间的 1.5 倍，而次梢间又往往为方形，遂出现了立面所含扩大模数 H 之值超过开间数，如明长陵祾恩殿及太庙正殿、午门正楼均面阔九间合 $10H$、西安鼓楼面阔七间合 $10H$。这是不同时代在立面比例上的变化趋势（表 3–0）。

唐至清建筑面阔进深以檐柱高为模数之例 $H_{下}$= 下檐平柱高 $H_{上}$= 上檐平柱高　表 3–0

时代	名称	形式	开间	进深	通面阔折合下檐柱高 H 值	通进深折合下檐柱高 H 值	上檐面阔折合上檐柱高 $H_{上}$值	上檐进深折合上檐柱高 $H_{上}$值
唐	南禅寺大殿	单檐歇山	3	3	$3H$			
宋	华林寺大殿	单檐歇山	3	4		$3H$		
宋	晋祠圣母殿	重檐歇山	7	6	$7H$		$2H_{上}$	
宋	初祖庵大殿	单檐歇山	3	3	$3H$	$3H$		
辽	独乐寺山门	单檐庑殿	3	2	$4H$	$2H$		
辽	独乐寺观音阁	二层歇山	5	4	$5H$			
辽	奉国寺大殿	单檐庑殿	9	5	$8H$			
辽	薄伽教藏殿	单檐歇山	5	4	$5H$*			
辽	善化寺大殿	单檐庑殿	7	5	$6H$*	$4H$		
辽	海会殿	单檐悬山	5	4	$6H$*			
宋	苏州玄妙观三清殿	重檐歇山	9	6				$2H_{上}$
金	佛光寺文殊殿	单檐悬山	7	4	$7H$	$4H$		
金	三圣殿	单檐庑殿	5	4	$5H$*			
元	永乐宫三清殿	单檐庑殿	7	4	$5H$*			
元	永乐宫纯阳殿	单檐歇山	5	3	$4H$*	≈ $3H$		
元	永乐宫重阳殿	单檐歇山	5	4	$4H$*			
元	曲阳德宁殿	重檐庑殿	9	6			$3.5H_{上}$	$2H_{上}$
元	武义延福寺大殿	重檐歇山	5	5	$4H$	$4H$		
明	长陵　恩典	重檐庑殿	9	6	$10H$			
明	社稷坛前殿	单檐歇山	5	3	$6H$			
明	太庙戟门	单檐庑殿	5	2	$6.5H$			
明	西华殿	重檐庑殿	7	3	$7H$			
明	午门正楼	重檐庑殿	9	5	$10H$			
明	太庙正殿	重檐庑殿	9	6	$10H$			
明	太庙中殿	单檐庑殿	9	4		$3H$		
清	太和殿	重檐庑殿	11	5			$4H_{上}$	$2H_{上}$
明	保和殿	重檐歇山	9	5	$7H$	$3H$	$3.5H_{上}$	
清	曲阜孔庙大成殿	重檐歇山	9	5	$8H$		$3H_{上}$	
清	曲阜孔庙启圣寝殿	单檐歇山	3		$3H$			
清	曲阜孔庙诗礼堂	单檐悬山	5		$5H$			
清	曲阜孔庙家庙	单檐硬山	7		$8H$			
明	曲阜孔府大堂	单檐悬山	5		$6H$			
明	西安鼓楼	二层三滴水	9	5	$12H$	$6H$		
明	曲阜孔庙奎文阁	二层三滴水	7	5	$6H$	$3.5H$		

注：加*者以角柱高为模数。

同时，在明清大型建筑中还出现了在立面设计中更为精密的使用扩大模数网格的情况，如天安门、太庙正殿和西安鼓楼等。

从图 3–1–7–23 可以看到，设计天安门时先确定下檐柱高 H 为 19 尺，以它为扩大模数画方格网，令楼之左右各四间间广均为 19 尺，又定自下檐柱顶至上檐檐口之距也为 19 尺，这样，在门楼立面上除明间加宽至 27 尺可视为插入值外，左右各四间实即为上下两排方格网所控制。天安门之墩台高度定为 $2H$，即 38 尺，其台顶之宽自门楼东西山柱外计各宽 $5H$，这样，如扣除明间部分，以门楼次间以外计，台顶东西各宽 9 格，以上下二排计则各为 18 格，也为模数方格网所控制。简而言之，天安门之立面设计可以理解为先定檐柱高 H 为 19 尺，以它为扩大模数画宽 19 格高 2 格之方格网，以控制墩台轮廓、在上层再画高 2 格宽 9 格之方格网以控制门楼之大轮廓，最后按需要把门楼明间由 19 尺展宽到 27 尺，即形成现在的立面。和天安门城楼相近的还有太庙前殿。它定下檐柱高 H 为 20 尺，以它为扩大模数，画上下二排宽 9 格的方格网，令上檐柱高为 $2H$，即 40 丈，以确定殿身部分的大轮廓，最后把明间部分由 20 尺展宽为 30 尺，形成现在的立面（图 3–1–7–32）。

天安门墩台用方格网控制的做法又见于午门和鼓楼。午门下的凹形墩台高 40 尺，中间部分宽 240 尺，左右突出的两翼各宽 80 尺，故它是以墩台高 40 尺为模数，墩台整体宽度为 10 个方格所控制（图 3–1–7–25）。鼓楼下之墩台以 3 丈为模数画方格网，宽 5 格为 15 丈，深 3 格为 9 丈，高度上计至楼层地平为 2 格，高 6 丈，其上重檐楼之楼身宽 4 格为 12 丈，深 2 格为 6 丈，高计至下檐搏脊 1 格，为 3 丈，其立面设计全部用方 3 丈网格控制（图 3–2–3–20、图 3–2–3–21）。西安鼓楼的情况见本章第二节楼阁部分。

从这些例子可以看到，在总平面布局中使用的方格网到明清时期也用在大型建筑的立面设计中，但它不只是用为基准，而是以扩大模数柱高为控制立面轮廓和比例关系的模数网，这种设计立面的方法在金初所建的善化寺普贤阁中已看到初步迹象，而较多且确切的实例则见于明代一些大型建筑中，故它究竟是宋辽时已有之，还是明清时期在运用模数、扩大模数控制设计方面的一个新的发展。尚待进一步探索。

檐柱之高也是重檐建筑的扩大模数。从历代实例中可以看到，元以前重檐建筑的比例是上檐柱高为下檐柱高的一倍，即上檐柱高以下檐柱高为模数。辽之应县木塔、北宋之太原晋祠圣母殿、南宋之苏州玄妙观三清殿、元之曲阳北岳庙德宁殿都是这样。但到明以后，逐渐变化，下檐柱逐渐升高，由上檐柱高之半上升到上檐檐口标高之半，有的还升高到上檐正心桁标高之半。这样做是为了使建筑更显轩敞宏大。但详细分析其比例关系，发现屋顶中平榑至上檐柱顶之距与上檐柱高之比仍保持上檐柱高为下檐柱高之半时的比例，因而推知在设计时仍按宋元时上檐柱高为下檐柱高之半的比例设计，确定上檐柱高及屋顶后，再提升下檐柱高，这表明宋元时以下檐柱高为模数的规律在设计过程中仍然起着潜在的作用（插

图 3–1）。

在剖面图上也可看到，檐柱高还可在一定程度上控制屋顶高度。在《营造法式》和《工部工程做法》中规定了用举折或举架的方法去确定屋顶高度和凹曲度，但大量实例却表明它也与檐柱之高有关。从实测图中可以归纳出以下情况：其一，在唐代，无论殿堂或厅堂型构架房屋，其中平槫（距檐槫二步架者）至檐柱顶之距恰与檐柱高相等；其二，在宋、辽二代，殿堂型构架此部比例与唐代相同，而自辽末金初起，厅堂型构架则上推了一步架之高，其上平槫（距檐槫三步架者，十椽以上建筑则为第二中平槫）至檐柱顶之距恰与檐柱之高相等（插图 3–2）；其三，在元代，殿堂型构架也上推了一步架，不论殿堂、厅堂型构架，其上平槫至檐柱顶之距均与檐柱之高相等；其四，在明清基本沿用元代比例，但也偶有用宋辽比例者（插图 3–3）。由上述可知，尽管时代不同，计算之起点有变化，但屋顶某槫至檐柱顶之距与檐柱高相等，亦即以檐柱高为模数这一点是始终不变的。

在楼阁和多层木塔或仿木构砖石塔上也清楚表现出在高度上以下层柱高为模数的现象。蓟县独乐寺观音阁高二层，中有平坐暗层，其高度以下层内柱高 H 为模数，自此柱顶向上，至平坐柱顶，上层柱顶和屋架下平槫各高 H，通计为 $4H$，清楚表现出以下层柱高为模数的特点。在楼阁型塔中，应县木塔 5 层高 $12H$，庆州白塔 7 层高 $13H$，杭州闸口白塔 9 层高 $15H$，泉州开元寺双塔 5 层高 $7H$，都是很典型的例证。

但塔是高层建筑，除以下层柱高为高度模数外，还需要控制其宽度，亦即控制塔之细长比。从辽建应县佛宫寺释迦塔起，包括一系列楼阁型砖塔和方形、多边形密檐塔都有一个共同现象，即以其中间一层之面宽为塔高模数，设此面宽为 A，则应县木塔高 5 层为 $6A$，苏州报恩寺塔 9 层为 $9A$，上海龙华寺塔 7 层为 $15A$，杭州闸口白塔 9 层为 $15A$；诸密檐塔中，登封嵩岳寺塔为 $12A$，云南大理千寻塔为 $6A$，灵丘觉山寺塔为 $7A$。这现象表明高层的塔除以下层柱高为模数外，还同时以中间一层塔身之宽为高度上的扩大模数，把塔高与塔中间一层之宽联系起来，在模数运用上更加精密。

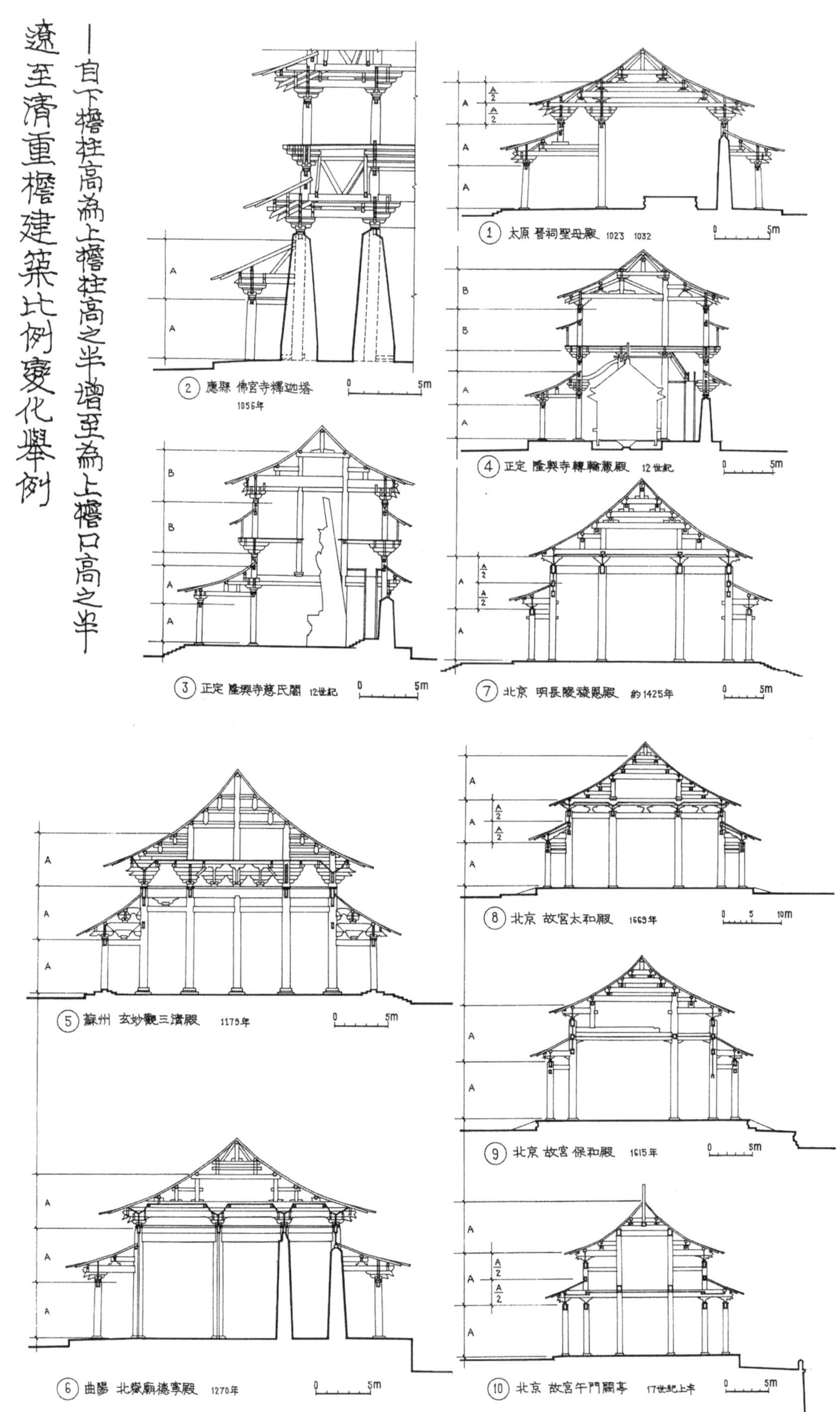
遼至清重檐建築比例變化舉例
——自下檐柱高為上檐柱高之半增至為上檐口高之半
① 太原 晉祠聖母殿 1023 1032
② 應縣 佛宮寺釋迦塔 1056年
③ 正定 隆興寺慈氏閣 12世紀
④ 正定 隆興寺轉輪藏殿 12世紀
⑤ 蘇州 玄妙觀三清殿 1179年
⑥ 曲陽 北嶽廟德寧殿 1270年
⑦ 北京 明長陵祾恩殿 約1425年
⑧ 北京 故宮太和殿 1669年
⑨ 北京 故宮保和殿 1615年
⑩ 北京 故宮午門闕亭 17世紀上半

插图 3-1

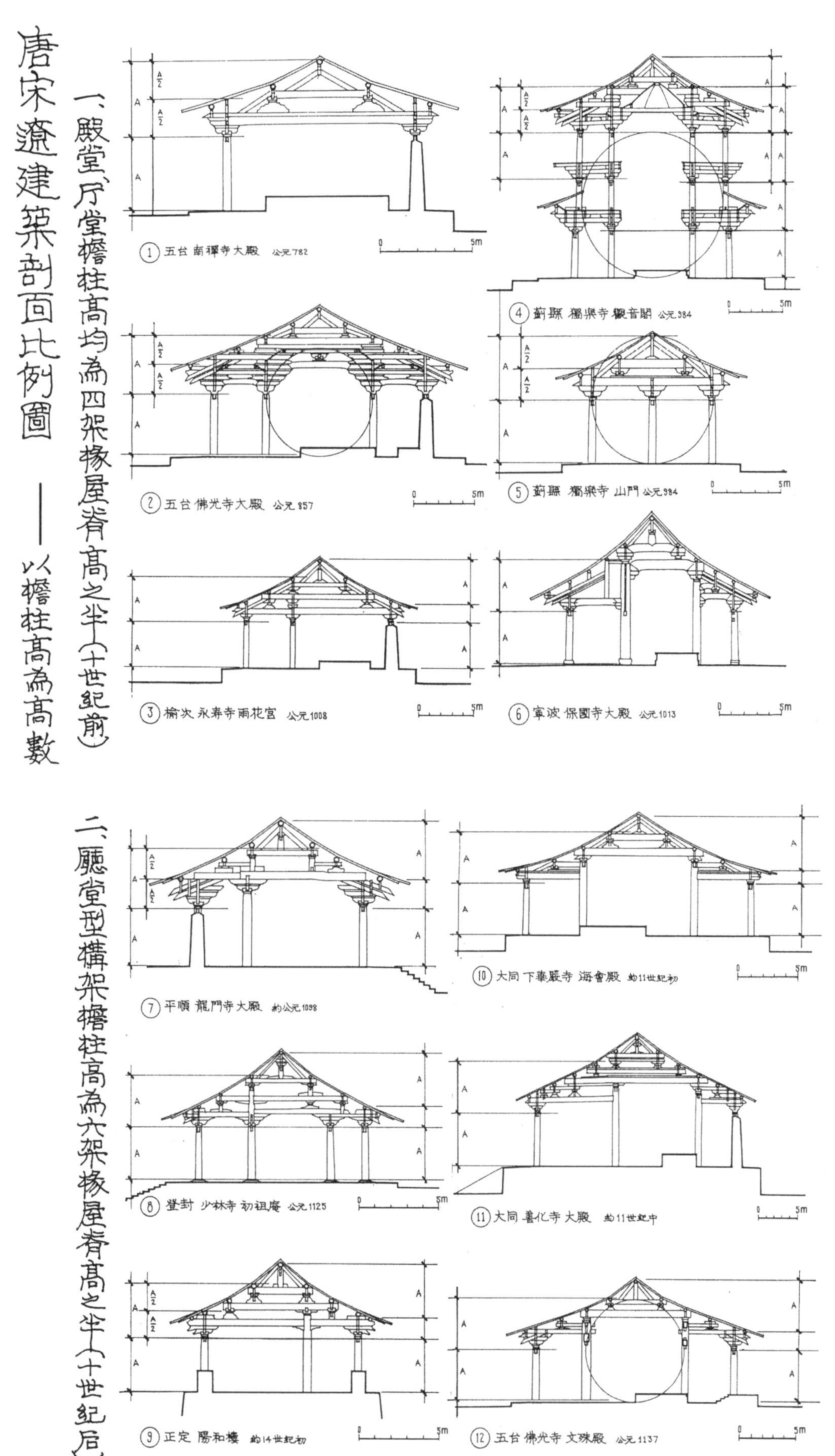
唐宋遼建築剖面比例圖——以檐柱高為高數
一、殿堂、厅堂檐柱高均為四架椽屋脊高之半（十世紀前）
二、廳堂型構架檐柱高為六架椽屋脊高之半（十世紀后）
① 五台 南禪寺大殿 公元782
② 五台 佛光寺大殿 公元857
③ 榆次 永寿寺雨花宫 公元1008
④ 蓟縣 獨樂寺 觀音閣 公元984
⑤ 蓟縣 獨樂寺 山門 公元984
⑥ 寧波 保國寺大殿 公元1013
⑦ 平順 龍門寺大殿 約公元1098
⑩ 大同 下華嚴寺 海會殿 約11世紀初
⑧ 登封 少林寺 初祖庵 公元1125
⑪ 大同 善化寺 大殿 約11世紀中
⑨ 正定 陽和樓 約14世紀初
⑫ 五台 佛光寺 文殊殿 公元1137
A
A/2
0
5m

插图 3-2

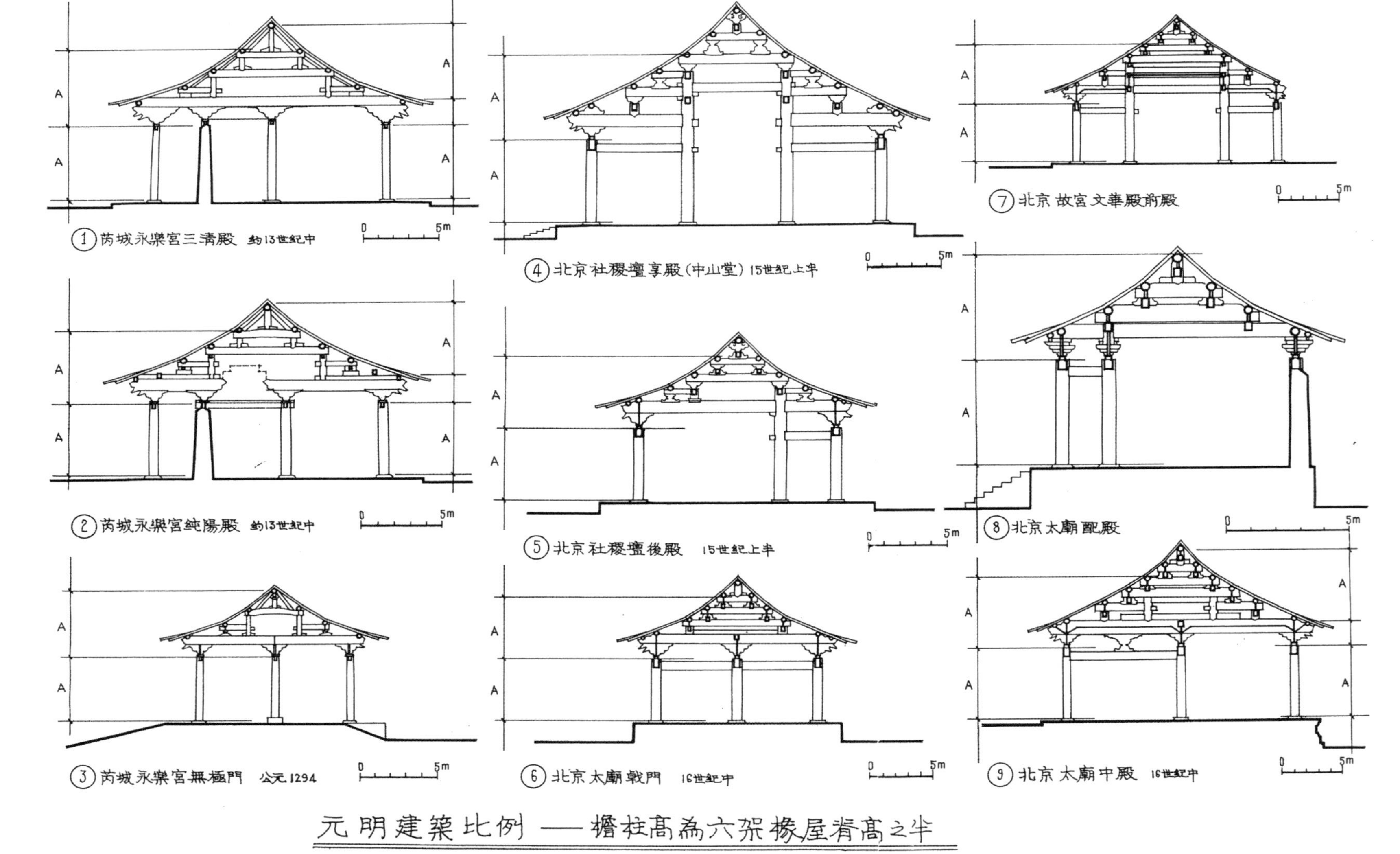

元明建築比例——檐柱高為六架椽屋脊高之半

插图 3–3

第一节 单层建筑

一、唐代建筑

唐代（618 ～ 906 年）是中国古代建筑的一个发展高峰时期。前此，中国经历了东晋、南北朝三百余年的动乱分裂时期，至 588 年始为隋所统一。三十年后，唐又代隋，建立起统一而兴旺强大的国家。唐有国近 290 年，前中期(618 ～ 755 年) 繁荣昌盛，在经济文化上有很大的发展。隋唐统一全国后，不仅把南北朝以来不同地域、不同民族背景的建筑熔于一炉，并广泛吸收了西域、中亚的外来文化，使建筑有空前的发展。

中国古代建筑早期多为土木混合结构，以多层土台为核心逐层建屋，以遗址结合文献记载分析，战国秦汉的重要宫室大都如此。到南北朝时，南方经济文化超过北方，城市、宫室繁荣弘丽，也超过北方。从史籍分析，南朝建康梁武帝所建同泰寺塔等为木构楼阁型塔，而近年发掘出的北魏末年所建洛阳永宁寺九层塔仍是土木混合结构，可知南北朝时南方木构建筑较发展，而北方仍较多保存土木混合结构的旧法。

隋唐统一后，南方建筑技术北传，隋炀帝建东都城及宫室即吸收南朝传统，故唐代木构建筑有大的发展。从 663 年所建唐长安大明宫麟德殿等遗址柱网看，主体已是全木构建筑。到唐中期，连远在黑龙江宁安县唐渤海国上京宫殿，就其遗址柱网推测，也是全木构的巨大殿宇，土木混合结构建筑逐渐衰落。

从史籍上分析，隋唐两代国力强盛，能在很短时间内建造空前巨大的都城和宫殿。唐代所建最巨大而复杂的木构架建筑物是垂栱四年（688 年）武则天时所建明堂。史载明堂方 300 尺，三层，下层方形，中层十二边形，上层圆形，总高 294 尺。按唐代尺长折算，方 88.2m，高 86m，是空前巨大的建筑物。它在不到二年的时间内完成设计和建造，表明官府和宫廷的修建机构工部和匠作监都有很强的设计和施工能力。唐立国后建立制度，高宗时已颁布建筑法规《营缮令》，其中也包括对单体建筑的一些规定，对全国的建筑发展起促进作用。柳宗元撰《梓人传》，说匠人杨某修缮官署，在墙上按比例画建筑图，即可据以建房。杨某是地方工匠，说明地方工匠也有很强的设计能力。

但唐代木构建筑留存至今的只有四座，依时代顺序为建于建中三年（782 年）的山西五台县南禅寺大殿，建于会昌三年（843 年）的山西芮城县五龙庙正殿，建于大中十一年（857 年）的山西五台县佛光寺大殿和建于唐末的山西平顺县天台庵大殿。但其中五龙庙正殿和天台庵正殿都遭到不良的修缮，严重改变了面貌和比例，已不足作为研究唐代建筑的史料，只有南禅寺大殿和佛光寺大殿保存完整，虽然规格和体量远不能和唐代宫殿中巨大建筑相比，仍是今天研究唐代建筑的最重要史料，通过对它们的探讨，可以知道，唐代已经有一套很成熟而通用的运用材分为模数的单体建筑设计方法，而在南禅寺大殿中还表现出以檐柱柱高为扩大模数控制房屋高度和通面阔的现象。

1. 山西省五台县南禅寺大殿

在山西省五台县李家庄，为三间歇山顶小殿，属厅堂型构架。据现存梁上题记，建于唐德宗建中三年（782 年），是我国已发现的最古的木构建筑。但从包砌在墙中的旧柱断面为方形的情况看，还有可能原是一座更早的建筑，在唐建中三年改建成现状。在木构件上还发现有北宋元丰元年（1086 年）题记，墙上绘有北宋壁画，因知它在北宋时又经过大修。

大殿面阔三间，进深三间四椽，沿周边共用十二根柱，无内柱。当心间前后柱间架设两道四椽通栿，上承平梁叉手，构成两缝主梁架。另自山面二内柱上向内伸出丁栿，与四椽栿垂直相交，搭在其上，共同构成歇山屋顶。

大殿有修复报告，发表在《文物》1980 年 11 期，并附有图纸和数据，可据以进行研究。

大殿所用材为 25cm × 16cm，1“分” = 1.66cm。已知唐代尺长为 29.4cm。据此把大殿之实测柱头间尺寸折算成分值和唐尺数如下（图 3-1-1-1）：

面阔：　331cm + 499cm + 331cm = 1161cm

　　　　11.25 尺 + 17 尺 + 11.25 尺 = 39.5 尺

　　　　199“分” + 301“分” + 199“分” = 699“分”

进深：　330cm + 330cm + 330cm = 990cm

　　　　11.2 尺 + 11.2 尺 + 11.2 尺 = 33.6 尺

　　　　199“分” + 199“分” + 199“分” = 597“分”

考虑到千余年来的变形和古代施工之精确度，可以认为当时设计是先以分为模数的，其值可调整为：

面阔：　200“分” ＋ 300“分” ＋ 200“分” = 700“分”

进深：　　200“分”＋ 200“分”＋ 200“分”= 600“分”

在剖面实测图上，前檐中柱高 H 为 386cm，合 13.1 唐尺，232“分”。自檐柱顶至脊槫上皮之距 A 为 381cm，合 13.0 唐尺，229“分”。考虑到千年来变形和经过修缮，也可以认为二者基本相等（图 3–1–1–2）。

在上列数字中，“分”值多接近整数，而尺数多有零星尾数，颇为可异。经反复换算，竟发现若尺长为 27.5cm 时，殿平面进深及柱高都是整数，列如下：

面阔：　　实测为　331cm + 499cm + 331cm = 1161cm

　　　　　折此尺为11.99 尺 + 18.07 尺 + 11.99 尺 = 42.06 尺

　　　　　调整后为12 尺＋ 18 尺＋ 12 尺 = 42 尺

进深：　　实测为　330cm + 330cm + 330cm = 990cm

　　　　　折此尺为11.96 尺 + 11.96 尺 + 11.96 尺 = 35.87 尺

　　　　　调整后为12 尺＋ 12 尺＋ 12 尺 = 36 尺

檐柱高实测为 386cm，折此尺后为 14.04 尺，可调整为 14 尺。

从上述推算中可以看出现南禅寺极可能是从一更为古老的建筑改建的，故其尺比长 29.4cm 的唐尺短，为 27.5cm。其材之尺寸可折合为 0.9 尺 ×0.58 尺。

根据上述推算，在实测图上画分析图，可以看到下列现象：

在平面图上，两梢间处前后各三间都是宽深皆为 200“分”的正方形，当心间如以正脊为前后中分线，则恰为两个方 300“分”的正方形，非常清楚地表现出以“分”值为模数的平面布局特点。

在立面图上，面阔为 1160cm（调整后数字），檐柱高为 386cm，3 × 386cm = 1158cm，只比面阔 1160cm 少 2cm，可以略去，视为相等。可知在立面设计时因殿通面阔三间，即以其通面阔之 1/3 为檐柱平柱之高，然后在分间上按 2 ∶ 3 ∶ 2 的比例划定当心间和梢间之宽。这样，在使立面之比例为三个正方形的同时，又用这种分间的比例，使立面有所变化，既突出了当心间，又避免了并列三个正方形的单调（图 3–1–1–3）。

在横剖面图上，檐柱高 H 为 386cm，合 232.5“分”，檐柱顶至脊槫上皮高 A 为 381cm，合 229.5“分”，二者可视为相等，已见前文，则知脊槫标高为檐柱高的 2 倍，亦即此殿构架总高为檐柱平柱高的 2 倍。换言之，即殿之高度以檐柱之高为模数。在纵剖面图上还可看到，因为面阔恰为 3 倍柱高，故整个纵剖面图可以笼罩在六个以檐柱高为边长的正方形内，更清晰地表明此殿以檐柱高为模数的情况（图 3–1–1–4）。

在南禅寺大殿中所表现出的以檐柱平柱之高为建筑高度上的扩大模数的现象在以后各代建筑中多次出现，成为模数设计的重要规律。其特点简而言之即殿堂型构架和厅堂型构架建筑，其中平槫（距檐槫二步架之槫，相当于进深四椽建筑之脊槫）之标高为檐柱高之 2 倍。在唐、北宋、辽之前期一直保持这个比例关系。但据现存实例，自辽中后期起（实例为下华严寺海会殿、善化寺大殿等）又发展为厅堂型构架上平槫（距檐槫三步架之槫，相当于进深六椽建筑之脊槫）之标高为檐柱高之2倍，实即把下檐柱提高了一步架之高。这是辽、金时在剖面设计上的普遍规律。（宋代因遗构太少，尚未发现此发展变化之实例。）

南禅寺大殿的柱脚尺寸微大于柱头尺寸，其特点是当心间柱头柱脚尺寸相同，而梢间柱脚尺寸大于柱头，即当心间二柱直立无侧脚，梢间柱有侧脚。这和宋辽以后建筑当心间即有侧脚的做法不同，当是早期建筑的特点。

南禅寺大殿是我国现存最古老的木构建筑。在它的设计中，以“分”为模数、以檐柱平柱之高为平面和高度上的扩大模数的特点都有所表现。若联系到受中国南北朝至初唐时期影响的日本飞鸟时代、白凤时代遗构中所反映出的类似情况，这些特点的出现至迟可以上推到南北朝末期。

2. 山西省五台县佛光寺大殿

寺在山西省五台县五台山南台西麓，西向，相传创建于北魏孝文帝间（471 ~ 499年），到唐武宗会昌灭法（845年）时遭到破坏，唐宣宗大中复法后（847年）又陆续得到恢复。大殿即建于复法后的大中十一年（857年），位于寺最后的高台上，坐东面西，故又称东大殿，是现在寺中的主殿。

佛光寺大殿面阔七间，进深四间，上覆单檐庑殿屋顶。其构架属殿堂型，特点是由柱网、铺作层、屋顶草架三层重叠而成。

柱网是沿周边立一圈二十二柱，形成面阔七间、进深四间的外形，再在其内每面退入一间处，与外柱相对，立十四根柱，形成面阔五间、进深二间的一圈内柱。在内外两圈柱上分别架阑额，形成回字形的二圈柱网，这内外圈柱之间围成的进深一间的回廊称为外槽，内柱之间围成的面阔五间进深二间的部分称为内槽。柱及阑额构成殿身部分。

铺作层是先在内外两圈柱子顶上分别架设四层和五层木枋，称柱头枋，形成井干构造的回字形框子，再在内外框子之间按间架设梁和枋，与柱头枋垂直相交，互相咬合，连为一体，把这回字形框分隔为18个方格，形成井干构造的水平网架。这网架除被横向梁枋划分为18个方格外，四角处还被45°角梁各分为2个三角形，具有较强的刚性，架在柱网上保持构架的整体稳定，并把屋顶之重均匀地传到柱网上，同时也在其上装天花，起顶棚构架的作用。因网架下与柱头和阑额连接处都有斗栱垫托，形成柱头和补间铺作，故亦称铺作层。

屋顶草架在天花以上，由数道抬梁式的三角形梁架组成，其间架檩，檩上架椽，形成四坡屋顶的构架。

这种由柱网构成屋身，铺作层传承屋顶之重，保持构架之整体稳定并承天花，草架形成屋顶骨架的上下三层水平叠加式构架是殿堂型构架的主要结构特点（图3-1-1-5），而使室内柱与外檐柱同高，用铺作层上经过艺术加工的露明的明栿承天花板，天花板以上用仅粗加工的草栿为屋顶构架，形成明栿、草栿上下二层梁则是其外观上的特点。

殿堂构架是仅限于古代最重要建筑才能使用的构架形式，一直沿用到明清，虽基本保持构架为水平叠加的特点，但做法有一定的变化，此殿所表现出的唐代殿堂型构架特点除前述外，其内槽的明栿和天花都比外槽的抬高，形成室内空间外槽低矮、内槽高敞的特点（图 3-1-1-6）。这个特点在辽代仍然保持着，但与辽同时的北宋则改为内、外槽的明栿、天花高度相同，这是唐、辽与北宋殿堂型构架的重要差别。佛光寺大殿是现存最古的也是最典型的殿堂型构架实例，对了解此类构架的主要特点和后世演变有重要作用。

佛光寺大殿的平面尺寸目前只有柱脚间的数据，即：

面阔：　440 + 504 + 504 + 504 + 504 + 504 + 440 = 3400cm

进深：　440 + 443 + 443 + 440 = 1766cm

唐代建筑以材分为设计模数，已知此殿之材断面为 30cm × 20.5cm，即 1“分”为 2cm。把面阔、进深折成“分”值如下：

面阔：　220 + 252 + 252 + 252 + 252 + 252 + 220 = 1700“分”

进深：　220 + 221.5 + 221.5 + 220 = 883“分”

古代用斗栱的建筑，其面阔进深要受斗栱间距的影响。从对《营造法式》的研究中我们知道每二朵斗栱之最小间距为 110“分”，最大为 150“分”，一般为 125“分”。此殿面阔进深均用一朵补间铺作，即面阔进深必须可容二朵斗栱之间距。此殿梢间及进深方面四间为 220“分”和 221.5“分”，220“分”恰为二朵斗栱之最小间距，中央二间之 221.5“分”多出 1.5“分”，可能是侧脚所致，估计柱头尺寸应仍为 220“分”，但正面中央五间均为 252“分”，每间多出 2“分”似不仅仅是侧脚所致，可能是另有原因。

唐代文献记载面阔多以尺或半尺为单位，以前在折算各唐代建筑遗址及实物之面阔进深时，发现折成尺数时也多为以 1 尺或 0.5 尺为尾数，按唐代尺长 29.4cm 折算此殿，可得如下结果：

面阔：　14.97 + 17.1 + 17.1 + 17.1 + 17.1 + 17.1 + 14.97 = 115.44 尺

进深：　14.97 + 15.1 + 15.1 + 14.97 = 60.14 尺

但上述尺寸为柱脚间尺寸，包括侧脚在内，其设计尺寸应以柱头间者计，若再考虑此殿千余年的变形影响，上述尺寸可调整为：

面阔：　15 + 17 + 17 + 17 + 17 + 17 + 15 = 115 尺

进深：　15 + 15 + 15 + 15 = 60 尺

调整后，面阔少 0.44 尺，进深 少 0.14 尺，这尺寸应接近此殿之设计尺寸（图 3-1-1-7）。

由上述折算可以看到，当时设计一座建筑时，先按其性质、规模选定构架类型和使用的材等，然后确定其面阔进深的“分”值。从此殿梢间间广 220“分”折合 15 尺和中间五间间广 252“分”折合 17 尺的情况看，面阔进深在据“分”值确定后还要再折合成尺数。当尺数有零星尾数时，还要调整为 1 尺或 0.5 尺，以便施工时容易掌握、核验。此殿进深 220“分”恰合 15 尺，不需调整，中间五间不用 250“分”的通用数而为 252“分”，就是调整到 17 尺的结果。

对大殿剖面图（图 3-1-1-8）上数据进行分析，可以看到，檐柱平柱高 H 为 499cm，柱头铺作总高（栌斗底至撩风槫上皮）为 249cm，自撩风槫上皮向上至下、中、上平槫和脊槫各间距分别为 160cm、90cm、110cm、140cm，殿内外槽平闇之高为 744cm，内槽平闇高为 870cm，外檐撩风槫高为 748cm，总檐出为 364cm。互相比较，可以看到殿内部分，外槽平闇（天花）之高基本为柱高 499cm 的 1.5 倍，内槽平闇之高基本与内槽总进深 880cm 相等，可视为一正方形；殿外檐部分撩风槫之高基本为檐出 364cm 的 2 倍。在构架比例方面还可看到屋顶之举高（自撩风槫上皮至脊槫上皮）为 500cm，自檐柱顶至中平槫（距檐槫二步架之槫）上皮之距 A 为 499cm，都和檐柱之高相等，而柱头铺作之高又为柱高的一半。这些较整齐的比例关系表明此殿是经过精密设计的。其中最值得注意之处是檐柱顶至中平槫之距 A 与檐柱之高 H 相等，这现象前已在南禅寺大殿中出现过，且以后辽宋各代也都有这现象，故此二例可证在唐代已存在这个控制屋顶构架的通用比例，即凡进深四椽的房屋，其脊高为檐柱高之 2 倍（如南禅寺大殿），当进深超过四椽时，令距檐槫二椽（即二步架）处之槫的标高为檐柱高之 2 倍。如再结合柱头铺作高为檐柱高之半等情况，可以认为唐代在高度方面是以檐柱之高为扩大模数的。

对立面图进行分析，可以看到，正面中间五间实为一排五个方 17 尺的正方形，造成连续而稳定的效果，而山面各四间和正面二梢间又同为高 17 尺、宽 15 尺的矩形，利用梢间与山面各间为相同的矩形把正面和侧面联系起来，所用手法简单，却能使正面侧面在比例上联系起来，并突显出中央五间正方形部分，表现出较高的设计水平（图 3-1-1-9）。

在大殿剖面图上可看到，中间二间柱已有侧脚，和南禅寺不同，这应是晚唐时的新发展。

佛光寺大殿的梁上写有“功德主故右军中尉王”和“佛殿主上都送供女弟子宁公遇”的名字，是出资建殿之人。“故右军中尉王”即大宦官王守澄，他生时掌握禁军，决定皇帝的废立，并参与杀死唐宪宗，权势极大。835 年，他被唐文宗毒毙，但为安抚其他宦官，不敢显言其罪，且加以封赠。所以他死后家属仍然有能力出资建殿。据此，则此殿虽建在五台山，却和长安的最高权势集团有联系，故可以认为它在一定程度上反映了当时京城大型寺庙的建筑水平。从前面的分析看，以建筑性质、规模定构架类型和材等，以“分”为模数定平面和立面的尺寸，以柱高为立面上扩大模数，把按“分”值折成的尺数向 1 尺或 0.5 尺归并，以便于施工等设计方法，在唐代已发展得比较成熟。

二、北宋建筑

北宋建筑遗存甚少，基本可分南北两大系统，南方有福州华林寺大殿、宁波保国寺大殿，都建于北宋初，具有较强的地方风格。其中宁波保国寺属吴越系统，以后北传中原，成为《营造法式》所体现的北宋官式来源之一。福州华林寺则属闽粤系统，主要在地方流行，属其系统者有莆田三清殿，广东肇庆梅庵和佛山祖庙后殿（只存前檐）。北方系统中，北宋中心区河南只存一北宋末年建登封初祖庵大殿，河北省则有正定隆兴寺摩尼殿等。在山西有太原晋祠圣母殿和晋东南高平开化寺等。除初祖庵外，都建于《营造法式》成书之前，又各含一定地方传统做法，也不能与《营造法式》尽同。限于材料，目前只能就其中有较详细测图或数据者进行研究，探讨其中蕴含的具有共同性的特点和手法。

1. 福州市华林寺大殿

寺在福州越王山南麓，原名越山吉祥禅院，创建于北宋乾德二年（964 年），其时福州尚是吴越国辖区，未入北宋版图，故也可视为五代末建筑。近年因建办公楼，把殿南移数十米，又经过“整旧如新”的破坏性修缮，致使其地理上的标志作用和古风都大受损害，乍视与仿古建筑无殊，实是极大憾事。但它是长江以南最古老的木构建筑，在全国也名列第四，用材之大为全国之最，又是福建及广东地区风格最早、最纯正的代表性建筑，故在建筑史上仍具有极重要的价值。

大殿面阔三间，进深四间八椽，上覆单檐歇山屋顶。殿明间两缝梁架为八架椽乳栿对四椽栿用四柱，属厅堂型构架。在进深方向上，前一间二椽是前廊，三面敞开，上加天花。廊北三间六椽进深为殿内，南面中间开门，左右次间为窗，北、东、西三面为木板壁封闭，殿内梁架露明，不装天花。所用柱头、转角、补间斗栱均为七铺作双抄双下昂出四跳，因最上层原该用耍头处也改用下昂，外观颇似八铺作。补间铺作只正面明间用二朵，次间各一朵，其余三面均不用。殿所用材高 33cm，广 17cm，以材高而论，是现有古建筑中最大者。每“分”高 2.2cm。

其平面尺寸及折合成之“分”值列下：

面阔：　468 + 651 + 468 = 1587 cm （无侧脚，上下相同）

　　　　213+ 296 +213 = 722 “分”

进深：　384 + 350 + 350 + 384 = 1468cm

　　　　175 + 159 + 159 +175 = 668 “分”

这数字折合成尺长时试用北宋尺长 30.5cm 和唐代尺长 29.4cm 验核，其结果是：

面阔：　15.9 + 22.3 + 15.9 = 54.1（唐尺）

　　　　15.3+ 21.3 + 15.3 = 51.9（宋尺）

进深：　13 + 11.9 + 11.9 + 13 = 49.8（唐尺）

　　　　12.6 + 11.5 + 11.5 + 12.6 = 48.2（宋尺）

其中用唐尺者稍加调整均可为整尺数，而用宋尺者调整后多出现半尺尾数，故所用应是唐尺，即：

面阔：　　16 + 22 + 16 = 54 尺

进深：　　13 + 12 + 12 + 13 = 50 尺（图 3–1–2–1）

在殿之剖面图上用作图法分析，其下平槫（距檐槫一步架处）之标高已近于檐柱净高之二倍，与已知唐宋时建筑中平槫（距檐槫二步架槫）标高为檐柱净高二倍之比例相去颇远。这可能是地方特点，故当其初形成时不能与中原标准尽合。与此殿属同一系统的广东肇庆梅庵大殿时代晚于它，它的中平槫标高就很准确的为檐柱高的二倍，说明经过交流，地方风格会吸收主流建筑的一些标准做法。

以柱高在正面及侧面图上核验，发现正面面阔与柱高无关，而侧面进深 1468cm 的 1/3 为 489cm，比平柱之高多 11cm，比角柱高多 3cm。由此推知，殿之侧面由三个正方形组成，也可认为是以进深的 1/3 为柱高，也就是说柱高可能与进深保持一定的比例关系（图 3–1–2–2）。

2. 广东省肇庆市梅庵大殿

在肇庆梅岗。殿面阔三间，进深十椽，梁架为十架椽屋乳栿对六椽栿用四柱，属厅堂型构架，上覆两坡屋顶。屋顶原状为悬山，现接长槫之外端，改为硬山。檐柱上用七铺作单抄三下昂斗栱，但最外一跳已近檐口，其令栱等恐是后加，原状应与华林寺相同，最上一层昂是耍头，实际是六铺作一抄二昂斗栱。此殿用梭柱和断面近圆形之梁，斗下加皿板，特点与华林寺相近，属同一体系，但做法、线脚都较简率，且柱顶已用普拍枋，其时代明显晚于华林寺。其材高 18.3cm，每“分”为 1.22cm，约当《营造法式》第六等材，比华林寺之材高 33cm 相差甚巨。

此殿面阔、进深及折合成之“分”值列下

面阔：　　316 + 484 + 316 = 1116cm

　　　　　259 + 397 + 259 = 915“分”

进深：　　170 + 570 + 165 = 905cm

　　　　　139 + 467 + 135 = 742“分”

其“分”值调整后应为：

面阔：　　260 + 400 + 260 = 920“分”

进深：　　140 + 465 + 135 = 740“分”

以上数值折成尺长时分别按北宋尺长 30.5cm 和元代尺长 31.5 核验，其值为：

面阔：　　10.4 + 15.7 + 10.4 = 36.6 尺（30.5cm / 尺）

　　　　　10 + 15.4 + 10 = 35.4 尺（31.5cm / 尺）

进深：　　5.6 + 18.7 + 5.4 =29.7 尺（30.5cm / 尺）

　　　　　5.4 + 18 + 5.2 = 28.7 尺（31.5cm / 尺）

其中以 31.5cm 折算之数据可调整为：

面阔：　　10 + 15.5 + 10 = 35.5 尺

进深：　　5.25 + 18 + 5.25= 28.5 尺

这些数字较整齐，故用长 31.5cm 之尺的可能性最大。此尺长在中原地区属元代尺，考虑到此殿细部做法远比华林寺大殿简率，有明显的时代差异，可能是元代保存一定旧式的重建而非北宋初的原构。

在剖面实测图上用作图法分析，发现其中平槫（檐槫内二步架处）标高为檐柱净高之二倍，与唐宋以来的传统相同。但元代此比例已改变为上平槫（檐槫内三步架处）标高为檐柱高之二倍，可能是此地远在岭南、新做法传来较迟、保存古法较多的缘故（图 3–1–2–3）。

在立面实测图上用作图法分析，发现其三间面阔基本为檐柱高的四倍。以数字核之，在图上量出檐柱净高为 270cm 左右，其四倍为 1080cm，比面阔 1116cm 少 36cm，可视为相等。即此殿三间，以其面阔之 1/4 为檐柱高，这也就是说柱高与面阔保持一定比例关系（图 3–1–2–4）。

以上二建筑属宋元时闽粤地方建筑系统，可以看到有二点，即中平槫标高为檐柱高之二倍和柱高为面阔或进深的若干分之一，与中原地区是一致的。

3. 浙江省宁波市保国寺大殿

在宁波市西灵山，大殿建于北宋大中祥符六年（1013 年），是江浙地区最古的木构建筑。浙江在五代时为吴越国辖区，当时中原战乱，破坏严重，而吴越地区经济文化较兴盛，建筑技术也处于较先进地位，浙匠喻浩更是当时名匠。吴越国纳土统一于宋后，喻浩曾北至汴京主持一些大型国家工程，吴越建筑技术遂成为构成北宋官式建筑的一个来源。保国寺大殿建于北宋真宗初的 1013 年，上距吴越国灭亡的 978 年只有 35 年，可以认为是基本保存着吴越建筑特点的木构建筑。

保国寺大殿面阔三间，进深三间八椽，上覆单檐歇山屋顶。其明间两缝梁架前、中两跨均为三椽栿，最后一跨为乳栿，也可称为八架椽屋乳栿三椽栿用四柱，属厅堂构架。其柱网布置为一圈十二柱，每面见四柱，殿内有四根随梁架升高的内柱。平面布局为前面三椽跨宽三间部分为敞廊，顶上装天花藻井，以后两跨共深五椽部分封闭为殿内，两后内柱间装扇面墙，墙前设佛坛，所用柱头及补间铺作为七铺作双抄双下昂斗栱，材断面为 $21.5 \times 14.5\text{cm}^2$，1“分” = 1.43cm，约当《营造法式》第五等材。

其平面尺寸及折合之“分”值列下：（柱头尺寸）

面阔：　　308 + 562 + 307 = 1177 cm

　　　　　215 + 393 + 215 = 823“分”

进深：　　448 + 575 +301 = 1324cm

　　　　　313 + 402 + 210 =925“分”

以上数字折合成尺时，以北宋尺长 30.5cm / 尺和唐代尺长 29.4cm / 尺核验，发现当 1 尺 = 29.4cm 时，所得总宽深均为整数，即：

面阔：　　10.5 + 19.0 + 10.5 = 40 尺

进深：　　15.3 + 19.5 + 10.2 = 45 尺

据此可知，此殿所用仍为唐尺。如结合福州华林寺亦用唐尺考虑，可能宋初江南地区还有短暂期间沿用唐尺。

此殿前檐平柱高 H 为 422cm，它与面阔、进深之比值分别为：

面阔：1177 ：422 = 2.79 ：1

进深：1324 ：422 = 3.14 ：1

这情况表明，与其他建筑不同，其面阔进深均与柱高无直接关系。

在剖面图上可以看到，其中平槫至檐柱顶之距 A 为 442cm，与檐柱高 H 之 422cm 相差 20cm，可视为基本相等，说明它基本保持着唐以来在高度上的控制比例关系（图 3-1-2-5）。

此殿在细部做法上保留很多地方特点，因非本文探讨范围，故置而不论。通过上面分析，只证明几点：即用长 29.4cm 之唐尺，平面总面阔进深用整尺数，断面上仍保持唐以来中平槫标高为檐柱高二倍的比例关系。其他建筑中使用的正立面或侧立面屋身由若干个以檐柱高为边宽的正方形组成的特点则不见于此建筑中。

此殿构架最值得注意之处是在二内柱之间于乳栿之下加顺栿串。顺栿串不见于北方的唐宋辽建筑和北宋同期建筑如永寿寺雨花宫、晋祠圣母殿、隆兴寺摩尼殿等，也不见于同期的闽粤建筑如福州华林寺大殿和莆田玄妙观三清殿等，而始见于此殿，应属晚唐五代以来江浙地区吴越建筑的特点。加顺栿串的作用是与阑额交圈，形成方框，加强柱网的稳定。北宋末编成的《营造法式》载有顺栿串，是吴越建筑融入北宋官式的例证之一。但北方晚至金元时，建筑仍不使用顺栿串，而只在江浙流行，如苏州报恩寺塔、苏州玄妙观三清殿、上海真如寺大殿等宋元建筑中都有顺栿串。故使用顺栿串可视为两宋及元代江浙地区的地方特点，到明初又被吸收入明官式，北传北京，最后发展为隔架科，成为明清官式大式的典型做法之一。此构件可视为宋、明两代地方建筑传统进入官式的标志。

4. 太原市晋祠圣母殿

建于北宋天圣间（1023 ~ 1031 年），为重檐歇山殿宇。殿身面阔五间，进深四间八椽，柱头及补间铺作均用六铺作二抄一昂斗栱，四周加深二架之副阶，形成外观七间的殿宇。其构架属殿堂型“殿身五间、副阶周匝各二架椽、身内单槽”布置，但又加以变化，把正面副阶中间四柱之上的乳栿改为四椽栿，向内延伸，栿尾插入殿身单槽槽缝处内柱柱身，栿之中点上承殿身前檐中间四根檐柱，使不落地，把前檐副阶与殿身前部单槽部分连为深四椽的敞廊，而把殿身单槽后部深六椽的部分封闭为殿内。

殿身用材为 22cm × 16cm，其“分”值为 1.47cm，合《营造法式》第四等材，用材比常规低一等。殿之平面尺度及折合之“分”值列下（以柱头尺寸计）：

面阔：　310+372+405+495+405+372+310=2669cm

210+253+276+337+276+253+210=1815“分”

进深：　310+372+372+372+372+310=2108cm

210+253+253+253+253+210=1432“分”

上述数字折成尺时，发现当尺长为 30cm 和 31cm 时，大都为整数。

当尺长为 30cm 时：

面阔：　10.3+12.5+13.5+16.5+13.5+12.5+10.3=89.1 尺

进深：　10.3+12.5+12.5+12.5+12.5+10.3=70.6 尺

当尺长为 31cm 时：

面阔：　10+12+13+16+13+12+10=86 尺

进深：　10+12+12+12+12+10=68 尺

其中当尺长为 31cm 时，各数字均为整数。但这尺长超过宋尺 30 ~ 30.5cm 范围太多，近于金代后期之尺，比北宋初祖庵之尺长 30.5cm 还要长出许多，恐不可用（除非有证据证明圣母殿与其前之献殿均为金代所建，但目前尚无显证），仍以用北宋初尺长 30cm 为近似。

用尺长 30cm 折算时，殿身之面阔为 68.5 尺，进深为 50 尺。由此可知在设计此殿时其“分”值应为：

面阔：　255+275+335+275+255=1395“分”

进深：　255+255+255+255=1020“分”

为了便于施工，在折成尺数时向较整尺寸调整，遂使调整后之尺数再折合为“分”值时不再是整数。这现象表明在设计时仍按“分”值设计，以 10 或 5 为尾数，折为尺数时，又向 1 尺或 0.5 尺调整，以便施工。从图中所标明之柱头和柱脚尺寸差异看，平面设计尺寸应以柱头间为准（图 3-1-2-6）。

在剖面图上分析，可以看到下檐柱高 $H_{下}$ 为 386cm，殿身上檐柱高 $H_{上}$ 为 770cm，则

$2H_{下} = 772\text{cm} \approx 770\text{cm} = H_{上}$，实即 $H_{上} = 2H_{下}$（图 3-1-2-7）

重檐建筑上檐柱高为下檐柱高 2 倍的情况又见于建于 1056 年的辽代所建应县佛宫寺释迦塔，而且为元明以后沿用，可知是宋辽以来的通制。

在剖面图还可看到，其中平槫（距殿身檐柱二步架处）至殿内地面之高差为 1178cm，其 1/3 为 392cm，与下檐柱高 386cm 只差 6cm，误差为 1.6 %，其 2/3 为 785cm，比上檐柱高 770cm 多 15cm，误差为 2%，均可视为相等。唐宋建筑中，殿堂构架中平槫标高均为下檐柱高的 2 倍，为唐宋建筑控制剖面的重要比例关系。圣母殿为重檐建筑，上檐柱高为下檐柱高的 2 倍，故下檐柱高为中平槫标高之 1/3 和上檐柱高为中平槫标高之 2/3，表明它完全符合这种比例关系（图 3-1-2-7）。

在正立面图和侧立面图上分析，发现下檐柱高可能和正立面有一定关系，以

数据核之，发现下面情况：

2669（以柱顶计之面阔）：386（下檐柱高）=6.92 ：1 ≈ 7 ：1

2669（面阔）：385（上檐柱高之半）= 6.94 ：1 ≈ 7 ：1

即面阔基本为下檐平柱高的七倍，也就是说下檐之立面由七个高宽与下层平柱高相等的正方形组成（图 3-1-2-8、图 3-1-2-9）。

综括上述，可以看到，在平面设计上，副阶四角为四个方 10.3 尺的正方形，殿身梢间部分间广与进深相等，分别为四个方 12.5 尺的正方形。

在立面设计上，面阔（包括副阶）七间，由七个方与下檐平柱高相等的正方形组成，在此基础上再分间，使明次梢间及副阶间广递减；上檐部分则按当时已形成的上檐柱高为下檐柱高 2 倍的定制定上檐柱之高；屋顶部分则按唐以来传统，先定中平槫距柱顶之高 A，令与下檐平柱之高相等，以此点为基准，推定出屋顶曲线；这就是说，就此殿而言，其立面高度方面以下檐柱高为模数，而下檐柱高又与面阔有关。这特点在以后的元代建筑中也有所表现。

5. 河南省登封市少林寺初祖庵大殿

在少林寺外西北方五乳峰下，传为达摩面壁处，现只存大殿和二小亭。大殿建于北宋宣和七年（1125 年），去 1127 年北宋灭亡只二年，是北宋最末期建筑。

大殿面阔三间，进深三间八椽，上覆单檐歇山屋顶，殿之明间二缝梁架为“六架椽屋前后乳栿札牵用四柱”，属厅堂型构架①，与《营造法式》附图小异处是后内柱前移半步架，它与后檐中柱间所承之札牵跨度为 1.5 椽，而二内柱间所承之梁也从三椽跨缩减为 2.5 椽跨，其目的是使二根内柱及其间之扇面墙前移半步架，以加大扇面墙后之宽度。这就是厅堂构架所特有的灵活做法。殿柱头及补间铺作为五铺作一抄一昂重栱计心造，材断面为 $18.5 \times 11.5\text{cm}^2$，1“分”= 1.23cm。

面阔：　342 + 412 + 342 = 1096 cm

　　　　278 + 335 + 278 = 891“分”

进深：　342 + 368 + 342 = 1052cm　（侧立面）

　　　　277 + 298 + 277 = 852“分”（侧立面）

　　　　342 + 490 + 220 = 1052cm　（明间梁架）

　　　　277 + 397 + 178 = 852“分”（明间梁架）

若按北宋尺长 30.5cm 折算，则为

面阔：　11.25 + 13.5 +11.25 = 36 尺

进深：　11.25+ 12 + 11.25 = 34.5 尺　（侧立面）

　　　　11.2 + 16 +7.2 = 34.4 尺　（明间梁架）

---

① 为通行本《营造法式》卷三十一第二十图，然图中一内柱有误，应据文津阁《四库全书》本改其内柱位置，后内柱外移，上承札牵。

考虑变形，可调整为

面阔：　11.25 + 13.5 + 11.25 = 36 尺

进深：　11.25 + 12 + 11.25 =34.5 尺

　　　　11.25 + 16 + 7.25 = 34.5 尺

殿之檐柱平柱高 H 为 353cm，角柱高为 361cm，从剖面图上可以看到，其中平榑至檐柱之顶之距 A 为 348cm，与檐柱之高 353cm 只少 5cm，可视为相等，可知仍符合中平榑标高为檐柱高二倍的高度控制比例（图 3–1–2–10）。

在立面图上核验，发现

面阔：平柱高 = 1096 ： 353 = 3.1 ： 1

面阔：角柱高 = 1096 ： 361 = 3.04 ： 1 ≈ 3 ： 1

进深：平柱高 = 1052 ： 353 = 2.98 ： 1 ≈ 3 ： 1

进深：角柱高 = 1052 ： 361 = 2.91 ： 1

这里面阔为角柱高之三倍，即正面屋身为以角柱高为边宽的三个正方形。

进深为平柱高之三倍，亦即侧面屋身为以平柱高为边宽的三个正方形（图 3–1–2–11、图 3–1–2–12）。

这就是说，正面以角柱高为模数，侧面以平柱高为模数，二者不统一。以平柱高或角柱高为模数的在宋元建筑中均有其例，但二者兼用的却罕见，究竟以何为准，尚待进一步探讨。

现存北宋木构建筑中有实测图的实际只存五座，即：

福州华林寺大殿　964 年

宁波保国寺大殿　1013 年

太原晋祠圣母殿　1023 ~ 1031 年

正定隆兴寺摩尼殿　1052 年

登封少林寺初祖庵　1125 年

这五座建筑时代上跨越 161 年，地域上南至福州，北抵河北，在时代和地域上差异极大，故表现出在建筑设计上的共同特点也较少，归纳起来主要有：

(1) 平面先据“分”值确定，施工时向相近之整尺数或半尺尾数靠近。

(2) 剖面上中平榑标高为檐柱高之二倍。

(3) 正面或侧面屋身之宽大多以檐柱高为扩大模数。

三、辽代建筑

辽是以契丹族为主体在中国北方建立的王朝。太祖阿保机于 907 年建国，称契丹，至 947 年始改国号为辽，在南、西两面分别与北宋和西夏对峙。1125 年，辽为宋、金所灭。辽之辖区除中国东北地区外，还有河北、山西北部及内蒙古一部分，建有五座都城，中后期以燕京为主要都城。辽辖区南部原是唐代河北四镇故地。河北四镇自中唐时即为军阀割据区，唐廷无力收复，故此区中唐以后在经济、文化上受关中、中原、江南等唐经济文化发达地区影响较弱，主要在安史之乱前盛唐文化基础上发展。因此，现存辽代早期建筑保存唐代浑厚雄健的风格较多，最著名的辽代建筑如蓟县独乐寺观音阁和应县佛宫寺释迦塔所用之尺仍是长29.4cm的唐尺，就可说明这种情况。辽中后期渐受北宋影响，风格略有追求华丽秀美的倾向，建筑用尺长也增到与北宋尺相近的30.5cm左右。从经济实力和文化水平论，北宋明显高于辽，故北宋之建筑发展水平实高于辽，编定《营造法式》，订立一代建筑制度，即是显证。但北宋建筑遗存至今的极少，且规格档次亦不高，多为中小型建筑，远不能代表北宋的实际建筑水平。辽代大型建筑保存下的较多，其中义县奉国寺大殿是辽皇室所建，大同华严寺大殿之柱网是辽西京太庙所遗，应县佛宫寺塔为辽皇后之父所建，都属当时国家级建筑。所以目前我们看到的反映10世纪中叶至12世纪初木构建筑发展的最高水平的实物都是辽代建筑。通过探讨，可以看到唐以来以材为模数，以“分”为分模数，以柱高为扩大模数的模数设计方法在辽代继续使用，且有一定发展。在唐代，殿堂、厅堂构架均为中平槫（距檐槫二步架）标高是檐柱高的二倍，而在辽代，殿堂构架建筑仍保持此比例，厅堂构架则改为上平槫（距檐槫三步架）标高是檐柱高的二倍。在辽代建筑中，蓟县独乐寺观音阁和应县佛宫寺塔在扩大模数的运用上表现得更为充分，但这二座建筑分别并入第二节楼阁、第三节楼阁型木塔部分，这里只就现存的单层殿宇进行探讨。

1. 天津市蓟县独乐寺山门

在蓟县城内东北部。独乐寺为辽尚父秦王韩匡嗣家所建，现存山门及观音阁均为辽代建筑。观音阁建于统和二年（984年），其详见后节楼阁部分，山门当亦在此前后建成。

山门为面阔三间、进深二间四椽的单檐庑殿顶建筑，所用材为24.5cm×16.8cm，每“分”为1.63cm。其面阔进深及折合成之“分”值列下：

面阔：　523.5 + 610 + 523.5 = 1657cm

　　　　321 + 374 + 321 = 1016“分”

进深：　438 + 438 = 876cm

　　　　269 + 269 = 537“分”

其“分”值可调整为：

面阔：　320 + 370 + 320 = 1010“分”

进深：　265 + 265 =530“分”

面阔、进深调整后各减少7“分”，这是考虑到上述实测尺寸为柱脚尺寸，包括侧脚在内，而当时设计尺寸为柱头尺寸，比柱脚尺寸要小些，故此调整后之“分”值可能更接近此门之设计尺寸。

若折为尺数，经反复核验，发现当尺长为 30.1cm 时，通面阔、进深基本为整数，即：

面阔：　　17.4 + 20.3 + 17.4 = 55 尺

可调整为　　17.5 + 20 + 17.5 = 55 尺

进深：　　14.6 + 14.6 = 29.1 尺

可调整为　　14.5 + 14.5 = 29 尺

在剖面图上可以知道，门之前后檐中柱高 H 为 437cm，自柱顶至脊槫上皮之距 A 为 439cm，可视为相等，可知此门在剖面上完全符合中平槫标高（距檐槫二步架，亦即进深四椽之屋的脊高）为檐柱高的两倍的以柱高为屋高之扩大模数的比例关系。由于檐柱中柱之高 437cm 又与门在进深方向的间宽 438cm 可视为相等，故在剖面图上总进深与总高也相等，如画一正方形，恰可包剖面于内。如把这正方形等分为四分，则其分界线恰与阑额上皮和中柱轴线重合（图 3–1–3–1 下）。

在立面图上用作图法分析，立面通宽近于以柱高为边长的四个正方形（面阔加柱径后为 1707cm，为檐柱高 4.37cm 的 3.9 倍，接近于四倍，图 3–1–3–1 上）。

综观此门，平面设计是先按“分”值定面阔进深，再调整到以 0.5 尺为单位的尺数；剖面及立面设计则均以檐柱高为模数，和唐代建筑基本相同。但此门之尺度据推算为 29.8cm，比独乐寺观音阁沿用之辽尺稍大，此门之建造年代可能比观音阁稍晚些。

2. 辽宁省义县奉国寺大雄宝殿

建于辽开泰九年（1020 年），为面阔九间进深五间单檐庑殿顶建筑，其内柱高于檐柱，房屋构架为八道垂直的屋架并联拼合而成，而非水平叠加，基本属厅堂型构架，但在前后檐及山面中平槫之下都重叠多层拱枋，与殿堂型构架内外槽缝处做法相近，又略具部分殿堂型构架的特点，与大同下华严寺海会殿等一般的厅堂型构架不同，是辽代特有的一种厅堂构架类型，陈明达先生称之为“奉国寺型”，以区别于一般的厅堂型构架。现存此型辽代建筑除此殿外，尚有宝坻广济寺三大士殿、大同善化寺大殿等。此殿所用材为 29cm × 20cm，1“分”=1.933cm。其面阔进深之实测长度（以柱顶尺寸计）及折成之“分”数列下：

面阔：　　498 + 498 + 526 + 580 + 580 + 580 + 526 + 498 + 498 = 4784cm

分值为：　　258 + 258 + 272 + 300 + 300 + 300 + 272 + 258 + 258 = 2475“分”

进深：　　498 + 498 + 498 + 498 + 498 = 2490cm

分值为：　　258 + 258 + 258 + 258 + 258 =1290“分”

面阔、进深折合成的“分”值很多有零头。

若再将其折合成尺，设 1 尺 = 30.4cm，则：

面阔：　　16.4 + 16.4 + 17.3 + 19 + 19 + 19 + 17.3 + 16.4 + 164 = 157.4 尺

若再调整为以 0.5 尺为单位，则：

面阔调整后为：　　16.5 + 16.5 + 17 + 19 + 19 + 19 + 17 + 16.5 + 16.5 =157 尺

进深：　　16.4 + 16.4 + 16.4 +16.4 + 16.4 = 82 尺

调整后为：　　16.5 + 16.5 + 16.5 + 16.5 + 16.5 = 82.5 尺

面阔、进深调整后的数字只比实测数减 0.4 或加 0.5 尺，可视为施工或年久产生之误差。

这情况表明在“分”值上出现零头是在折成尺数后调整到以 0.5 尺为最小单位所致。

由此又可以推知在设计时的“分”值应为

面阔：　　260 + 260 + 270 + 300 + 300 + 300 + 270 + 260 + 260 = 2480“分”

进深：　　260 + 260 + 260 + 260 + 260 = 1300“分”

这二数字分别比据实际尺寸折合者多 5“分”和 10“分”，可以将其视为误差略去。这就可以推知在设计此殿时，是以 260、270、300 三种“分”值 为面阔进深之间宽的，然后折成实际尺寸，再增减尾数，使成为 16.5、17、19 三个尺寸，以便施工。

在剖面图上用作图法可以量得，此殿中平槫（距檐槫二步架者）标高为 11.53m，略低于二倍平柱之高 11.9m，也可认为基本符合中平槫标高为下檐柱高二倍的比例（图 3-1-3-2）。一般辽代厅堂型构架建筑均为上平槫（距檐槫三步架者）标高为檐柱高之二倍，此殿是一特例。

此殿檐柱平柱之高为 595cm，合 308“分”、19.6 尺。

面阔：平柱高 = 4784 cm ： 595 cm = 8.04 ： 1 ≈ 8 ： 1

进深：平柱高 = 2490 cm ： 595 cm = 4.2 ： 1

据此，则此殿殿身正面相当于八个正方形，即面阔为平柱高 H 之八倍，也可视为面阔以檐柱平柱之高为扩大模数（图 3-1-3-3）。

3. 山西省大同市下华严寺薄伽教藏殿

建于辽重熙七年（1038 年），面阔五间，进深四间，单檐歇山顶，其柱网构架属殿堂型构架中之斗底槽。殿内槽设佛坛，外槽沿四壁装木构经橱，是寺中储经卷的藏殿。殿所用材为 24cm × 17cm，1“分” = 1.6cm。其平面尺寸及折合之“分”值列下：

面阔：　　457 + 535 + 585 + 535 + 457 = 2565 cm

　　　　　286 + 334 + 366 + 334 + 286 = 1603“分”

进深：　　455 + 468 + 468 + 455 = 1846cm

　　　　　284 + 293 + 293 + 284 =1154“分”

以上实测数字若按辽代所用过的尺长 29.4 ~ 30.5cm 验算，发现当尺长为 30.5cm 时，面阔进深基本为整数：

面阔：　　15 + 17.5 + 19 + 17.5 + 15 = 84 尺

进深：　15 + 15.3 + 15.3 +15 = 60.5 尺

但我们现在掌握的实测尺寸是柱脚尺寸，包括侧脚在内，而实际设计尺寸以柱头计，要小于这尺寸，故可以调整为：

面阔：　15 + 17.5 + 18.5 + 17.5 + 15 = 83.5 尺

进深：　15 + 15 + 15 + 15 = 60 尺

这样在面阔、进深上都减少 0.5 尺，应近于侧脚尺寸。这样，我们就可以大体推知，此殿在设计时先按“分”数定面阔进深，即

面阔：　285 ＋ 335 ＋ 355 ＋ 335 ＋ 285 = 1595“分”

进深：　285 ＋ 285 ＋ 285 ＋ 285 = 1140“分”

这面阔、进深分别比现状少 8“分”和 15“分”，则是折成尺数后向以 0.5 尺为单位归并的结果。

此殿未测剖面图，目前尚无法在高度设计上进行探索。从立面实测图上可以量得，殿之平柱高 499cm，角柱高 515cm，把它和面阔之长 2565cm 相比，可知：2565 / 499 = 5.14

2565 / 515 = 4.98 ≈ 5

即面阔为角柱高之 5 倍，也可以说其面阔以角柱之高为模数（图 3–1–3–4）。

前面诸例如五台南禅寺、义县奉国寺等，立面均以檐柱平柱高为模数，而此殿以角柱之高为模数，明显不同。但在以后的建筑中，如善化寺大殿、华严寺海会殿、善化寺三圣殿及很多元明建筑都以角柱之高为立面模数，可能也是一种规律而非偶然现象。但何处以平柱高为模数，何处以角柱高为模数，其规律尚未发现。

4. 山西省大同市善化寺大殿

辽建，约在 11 世纪中期，为面阔七间，进深五间十椽单檐庑殿顶建筑，室内柱随屋顶坡度升高，形成数道垂直向的屋架，按陈明达先生的分类，应属厅堂型构架中之“奉国寺型”。所用材为 26cm × 17cm，1“分”= 1.733cm。

其平面尺寸及折合之“分”数列如下：

面阔：　492 + 554 + 626 + 710 + 626 + 554 + 492 = 4054cm

分值：　284 + 320 + 361 + 410 + 361 + 320 + 284 = 2340“分”

进深：　484 + 508 + 508 + 508 + 484 = 2492cm

分值：　280 + 294 + 294 + 294 + 280 = 1442“分”

若折合成尺数，设以辽代常用之 1 尺 = 30.4cm 计，则

面阔：　16.2 + 18.2 + 20.6 + 23.4 + 20.6 + 18.2 + 16.2 = 133.4 尺

调整后：16 + 18.5 + 20.5 + 23 + 20.5 + 18.5 + 16 = 133 尺

进深：　15.9 + 16.7 + 16.7 + 16.7 + 15.9 = 81.9 尺

调整后：16 + 16.5 + 16.5 + 16.5 + 16 = 81.5 尺

调整后面阔、进深之整尺寸只相差 0.1 ~ 0.4 尺，可视为误差略去。可知设计时

也是先按“分”值定面阔，再折成相近之以 0.5 尺为单位的尺寸（图 3–1–3–5）。

据此就可以反推出原设计所用“分”值情况：

面阔：　　285 + 320 + 360 + 410 + 360 + 320 + 285 = 2340“分”

进深：　　285 + 290 + 295 + 290 + 285 = 1445“分”

这表明此殿在设计时先确定以 285、290、295、320、360、410“分”为面阔，然后折合成尺数，再调整为以 1 尺或 0.5 尺为单位。

在殿之剖面图上，用比尺可以量得上平槫（距檐槫三步架者）标高为 12.3m，与平柱之高 6.26m 相比，可得 12.3 ∶ 6.26 = 1.96 ∶ 1 ≈ 2 ∶ 1。这表明在设计剖面时，仍基本以檐柱平柱之高 H 为高度方面模数，即按厅堂型构架的高度比例令上平槫标高为檐柱平柱之高二倍来控制。与殿堂型构架令中平槫(距檐槫二步架者）标高为檐柱平柱之高的二倍的控制比例不同（图 3–1–3–6）。

在殿之立面图上进行探讨，以其檐柱平柱高 626cm 和角柱高 668cm 分别与面阔 4054cm 相比，可知：

面阔：平柱高 = 4054 ∶ 626 = 6.48 ∶ 1 ≈ 6.5 ∶ 1

面阔：角柱高 = 4054 ∶ 668 = 6.07 ∶ 1 ≈ 6 ∶ 1

这样，就可以在立面上画出以角柱之高为边宽 6 个正方形，表明面阔以角柱之高而不以平柱之高为模数，和薄伽教藏殿的情况全同（图 3–1–3–7）。

5. 山西省大同市下华严寺海会殿

建于 11 世纪中叶，面阔五间，进深四间八椽，单檐悬山顶厅堂型建筑，材为 24cm × 16cm，1“分”= 1.6cm。据实测图

其面阔为：491 + 585 + 613 + 585 + 491 = 2765cm

折合为：　307 + 366 + 383 + 366 + 307 = 1728“分”

平均每间为 553cm，345.6“分”。

从上列数字看，各间“分”值均非整数，也与曾用之 10“分”或 25“分”进位不同。再折成尺数来验算，经反复核验，发现当 1 尺 = 30.5cm 时，各间间广均为整数，为：

16 + 19 + 20 + 19 + 16 = 90 尺

其进深，据实测为：

479 + 484 + 484 + 479 = 1926cm

折合为

299 + 303 + 303 + 299 = 1204“分”

（平均每间 301“分”）

15.5 + 16.0 + 16.0 + 15.5 = 63 尺

（平均每间 15.75 尺）

对上列尺数、“分”数进行分析，可以看到，“分”数都有零头，而尺数却是

整数，可知是为了在尺数上求整数，而造成了“分”数上有零头，但开始设计 时应是确定材等后先用“分”进行的。据此反推，开始设计时各间“分”值可能是：310 + 365 + 375 + 365 + 310 = 1725“分”，这时各间“分”值与现状改动不大，而总的“分”值只少了 3“分”。据此可以证明面阔方面在设计时是先用“分”值定出大的轮廓，再就近靠拢，改为整尺寸，以便施工。

在进深方面可以视为深 300“分”的四间，亦即每椽水平跨度为 150“分”。按《营造法式》卷五椽条规定“椽每架平不过六尺，若殿阁或加五寸至一尺五寸”。《营造法式》所举具体数字一般指三等材，即每“分”长 5“分”，则椽之水平跨度为 120“分”、130“分”至 150“分”，最大水平椽跨为 150“分”，此殿已使用了最大椽跨，不可能再向大的方面调整了。

在剖面图上，殿之檐柱高 H = 435cm，即 272“分”，合 14.1 尺。此数字与面阔、进深均无整数关系，可能在立面上，未以柱高为扩大模数。但从断面图上可看到，自柱顶至上平槫上皮之高度 A 为 428cm，与柱高 435cm 只差 7cm，可视为相等。

现存唐宋建筑遗物，凡殿堂型构架一般其中平槫（距檐槫二步架处，相当于深四椽建筑之脊槫）标高为檐柱高之二倍。此殿为厅堂型构架，因斗栱出跳少，屋顶举高低，故其上平槫（距檐槫三步架处相当进深六椽屋之脊槫）标高始为檐柱高之二倍，与殿堂构架明显不同。与此殿相同的还有大同善化寺辽代所建大殿、金代所建三圣殿和五台佛光寺文殊殿，都属厅堂型构架。可知上平槫标高为檐柱高的二倍是厅堂构架的比例特点之一。但不论殿堂型建筑以四椽屋脊高为檐柱高之二倍还是厅堂型建筑以六椽屋脊高为檐柱高之二倍，它们都以檐柱之高为高度上的扩大模数则是一致的（图 3-1-3-8）。

此殿平柱高为 435cm，合 272“分”，14.3 尺。

角柱高为 450cm，合 281“分”，14.8 尺。

面阔：平柱高 = 2765 ∶ 435 = 6.4 ∶ 1

面阔：角柱高 = 2765 ∶ 450 = 6.1 ∶ 1 ≈ 6 ∶ 1

据此，则此殿在立面和高度上都和角柱有一定的比例关系，也可认为是以角柱高为模数（图 3-1-3-9）。

6. 山西省大同市上华严寺大雄宝殿

始建于辽，重建于金天眷三年（1140 年）。为面阔九间、进深五间十椽的单檐庑殿顶建筑，属厅堂型构架，所用材为 30cm × 20cm，1“分”=2cm。

其面阔、进深之实测数（柱脚尺寸）与折合成之“分”数列下：

面阔：　510 + 578 + 593 + 659 + 710 + 659 + 593 + 578 + 510 = 5390cm

分值：　255 + 289 + 296 + 330 + 355 + 330 + 296 + 289 + 255 = 2695“分”

进深：　510 + 576 + 578 + 576 + 510 = 2750cm

分值：　255 + 288 + 289 + 288 + 255 = 1375“分”

再将其折合成尺数，设 1 辽尺 = 30.4cm，则

面阔：　16.8 + 19 + 19.5 + 21.7 + 23.4 + 21.7 + 19.5 + 19 + 16.8 = 177.4 尺

进深：　16.8 + 18.9 + 19 + 18.9 + 16.8 = 90.5 尺

折出的“分”值和尺数都有零头数字，这是因为所据为柱脚尺寸，包括侧脚在内，而建筑之设计尺寸应以柱头间计，它应小于柱脚尺寸。上述尺数若以 0.5 尺为单位加以调整，则为：

面阔：　16.5 + 19 + 19.5 + 21.5 + 23 + 21.5 + 19.5 + 19 + 16.5 = 176 尺

进深：　16.5 + 19 + 19 + 19 + 16.5 = 90 尺

这二个数字分别比柱脚尺寸少 1.4 尺和 0.5 尺，应即正侧面侧脚之尺寸。此殿檐柱高 724cm，合 23.8 尺，即正面角柱侧脚为 3%，侧面角柱侧脚为 1%。

此柱头尺寸若折合成“分”数则为

面阔：　251 + 289 + 297 + 327 + 350 + 327 + 297 + 289 + 251 = 2675“分”

进深：　251 + 289 + 289 + 289 + 251 = 1369“分”

此数可调整为

面阔：　250 + 290 + 300 + 325 + 350 + 325 + 300 + 290 + 250 = 2680“分”

进深：　250 + 290 + 290 + 290 + 250 = 1370“分”

可知设计此殿时是先按 250、290、300、325、350 五种“分”值定面阔、进深之间广，折成尺数后，再调整尾数成为 16.5、19、19.5、21.5、23 五种间广尺寸（图 3-1-3-10）。

此殿檐柱平柱高 724cm，与面阔、进深之比为：

面阔：柱高 = 5390 ： 724 = 7.4 ： 1

进深：柱高 = 2750 ： 724 = 3.8 ： 1

柱高与面阔、进深间均无整数关系，可知在立面设计上未以柱高为扩大模数。此殿创建于辽，重建于金，其平面柱网应仍是辽代之旧，而上部构架为金代重建，大约二代建筑制度有变化，故金建的上部建筑与辽代的平面没有模数关系，而前文所述与它规模相同的辽代建筑义县奉国寺大殿之立面则是以柱高为立面设计的模数的。

义县奉国寺大殿及大同华严寺上寺大殿都是面阔九间进深五间单檐庑殿顶的大殿，都属辽皇室所建。华严寺大殿为辽金西京太庙，故面阔、进深又大于奉国寺。虽上部建筑为金代重建，但平面柱网仍是辽代之旧。现将二殿之平面尺寸比较如下（表 3-1）：

表 3-1

		面　　阔　　（1 辽尺 = 30.4cm 计）
华严寺	cm	502+578+593+654+700+654+593+578+502= 5354（推定之柱头尺寸）
	“分”	250+ 290 + 300 + 325 + 350 + 325 + 300 + 290 + 250 = 2680
	尺	16.5 + 19 + 19.5 + 21.5 + 23 + 21.5 + 19.5 + 19 + 16.5 = 176
奉国寺	cm	498 + 498 + 526 + 580 + 580 + 580 + 526 + 498 + 498 = 4784
	“分”	258 + 258 + 272 + 300 + 300 + 300 + 272 + 258 + 258 = 2475
	尺	16.5 + 16.5 + 17 + 19 + 19 +19 + 17 + 16.5 + 16.5 = 157

续表

		进　　深
华严寺	cm	502 + 578 + 578 + 578 + 502 = 2738（推定之柱头尺寸）
	“分”	250 + 290 + 290 + 290 + 250 = 1370
	尺	16.5 + 19 + 19 + 19 + 16.5 = 90
奉国寺	cm	498 + 498 + 498 + 498 + 498 = 2490
	“分”	258 + 258 + 258 + 258 + 258 = 1290
	尺	16.5 + 16.5 + 16.5 + 16.5 + 16.5 = 82.5

从上表可知，华严寺大殿逐间间广、进深都大于奉国寺大殿，其面阔长出 19 尺，进深长出 7.5 尺。华严寺 1“分”=2cm，奉国寺 1“分”= 1.933cm，因华严寺为重建，故可视为二者用材基本相等，均属一等材。

从上表中看到，此类九间大殿最小间广为 16.5 尺，合 250“分”稍强。最大间广为 23 尺，合 350“分”，比双补间最大“分”值 375“分”尚少 20“分”，华严寺大殿若用至最大“分”值，间广可调到 750cm，即 24.7 尺。最大进深为 19 尺，合 289“分”，即 290“分”。

四、南宋建筑

1127 年金灭北宋，北宋残余势力同年在江南立国，以杭州为临时首都，沿淮河秦岭一线与金对峙，史称南宋。1279 年南宋亡于元。南宋虽对外妥协求和，但在有国 152 年中在经济文化上有很大的发展。中国南方在晚唐五代时经济即超过北方。五代时中原战乱，南方建筑特别是吴越建筑在全国是先进的，宋初北传，成为北宋官式建筑的一个来源。但北宋中后期的南方建筑没有一例保存下来。无法推测南方在北宋一代的具体发展水平。从南宋定都临安不久即于绍兴十五年（1145 年）重刊《营造法式》的情况看，北宋的建筑制度对南宋宫殿坛庙和官署等建筑当有一定的影响，并和江南地方传统结合，出现新风。现存南宋木构建筑只有建于 1179 年的苏州玄妙观三清殿一例，此外可供参考的还有 20 世纪 50 年代末刚发现即被焚毁的福建泰宁甘露庵。这二建筑中，甘露庵是用了斗栱的穿斗架式建筑，也和北宋建筑福州华林寺大殿有相近处，具有较强的福建地方特点。苏州玄妙观三清殿属殿堂型构架，斗栱等做法和北宋相近，但殿身后部内外槽有数柱上延承檩，令斗栱插入柱身，保持柱头铺作的外观，明显也具有穿斗架的特点，可知穿斗架在南方的影响既深且广，连三清殿这样巨大的殿宇也要受其影响，表现出官式与地方传统结合的趋向。此外，三清殿之殿堂型构架也比北宋时有所简化，在柱间横向加顺栿串，与阑额在柱头间形成井字格，使柱网本身形成稳定的整体，在明栿之上不再设最下层草栿而立随屋顶升高的草架柱，以它为本，立蜀柱架各层小梁，构成草架，代替北宋时笨重的逐层叠梁的草栿，这是南宋建筑的新发展，开明清官式殿堂构架之先河。

现存南宋画中有很多表现建筑的，一些画宫廷官式建筑的画很细致，可以看到这些建筑柱梁构件变细，铺作数加多，屋顶举折趋向于陡峻，大角梁头出现反翘的近似水戗式仔角梁导致翼角起翘增大等特点，整体风格趋于秀雅轻巧，与北宋时有很大的不同。此外，现存少量江南地区元代建筑和受中国南宋至元代影响的日本镰仓建筑也有类似现象，明显是从南宋建筑发展而来的。由此可以推知南宋建筑在设计上必有和北宋《营造法式》不同之处，可惜目前既缺乏南宋建筑实例也难以得到那些江南元代建筑和日本镰仓“禅宗样”建筑的精测图，只能暂置不论，俟诸异日了。

1. 江苏省苏州市玄妙观三清殿

玄妙观在苏州观前街，宋代名天庆观，是著名道观，三清殿为其主殿，此殿当时是地方官行礼遥祝皇帝诞辰之地，故规制较一般殿宇更为崇重，现殿建于南宋孝宗淳熙六年（1179 年），是著名画家赵伯骕摄郡事时所建，为面阔九间、进深六间重檐歇山顶大殿。其平面尺寸根据陈明达先生〈实测纪录表〉为：

面阔：　385.5 + 443.5 + 524 + 523 + 635 + 523 + 524 + 443.5 + 385.5 = 4387cm

进深：　383.5 + 447.5 + 442.5 + 442.5 + 447.5 + 383.5 = 2547cm

北宋尺据现存建筑推测，在 30 ~ 31cm 之间，按最晚一座建筑初祖庵之例，设为 30.5 尺，则：

面阔：　12.6 + 14.5 + 17.2 + 17.1 + 20.8 + 17.1 + 17.2 + 14.5 + 12.6 = 143.8 尺

进深：　12.6 + 14.7 + 14.5 + 14.5 + 14.7 + 12.6 = 83.5 尺

以上为柱脚尺寸，考虑建筑有侧脚，柱头尺寸应相应缩小，故可调整为：

面阔：　12.5 + 14.5 + 17 + 17 + 20.5 + 17 + 17 + 14.5 + 12.5 = 142.5 尺

进深：　12.5 + 14.5 + 14.5 + 14.5 + 14.5 + 12.5 = 83 尺

即在面阔方向缩小 1.3 尺，两角柱各有 0.65 尺之侧脚，约为柱高的 4%；侧面缩小 0.5 尺，角柱有 0.25 尺之侧脚，约为柱高的 1.6%。

此殿的下檐平柱之高为 493 cm，下檐面阔为 4387cm，二者之比为 8.9 ∶ 1 ≈ 9 ∶ 1。

在剖面图上用作图法核验，发现下檐柱之高 $H_{下}$略大于上檐柱 $H_{上}$的一半，但 $H_{下}$的三倍恰与上檐中平槫（距檐槫二步架）之标高相等。按宋式之比例，单层建筑中平槫到檐柱顶之距 A 与下檐柱之高 $H_{下}$ 相等；重檐建筑上檐柱高 $H_{上}$为下檐柱高 $H_{下}$的 2 倍。故此殿就中平槫标高为下檐柱高 $H_{下}$之三倍论，仍是按宋式重檐建筑之控制比例设计的，只是上檐柱稍稍降低，略低于下檐柱高的二倍而已（图 3-1-4-1）。

据此，则此殿在立面及剖面上仍基本以下檐柱高为扩大模数。

此殿的构架也有值得注意之处。

其一，唐、辽、北宋殿堂构架都分柱网、铺作、屋架三个水平层次。其柱网只在柱列间加阑额，前后柱间无联系，本身不稳定，要采取使柱顶内倾、柱高向两侧递增（即侧脚和生起）等措施并主要依靠上面的水平铺作层来保持整体稳定，但因其间用斗栱连接，仍有闪动之可能。此殿在内外槽和内槽相对各柱间普遍加顺栿串，与阑额一起，在柱头间形成矩形网格支撑体系，极大增强了柱网的稳定，为铺作层的逐渐减弱并蜕化为装饰垫层创造了条件，是宋元明间殿堂构架最大的变化。

其二，唐、辽殿堂型构架的梁架都分为明栿、草栿上下两层；其内外槽柱虽然同高，而梁栿、天花都是内槽高于外槽，形成内槽室内空间高而宽、外槽室内空间低而窄的特点。北宋编《营造法式》，从其殿堂侧样中可以看到，梁架虽分明栿、草栿二层，用天花相隔，但内外槽的梁和天花却改为同高，使内外槽的空间形式基本相同，不再有高低之分，殿内空间更为开敞。此殿内外槽柱及天花同高，与《营造法式》殿堂相同，但在构架做法上有较多的改变。第一、在天花以下的露明部分，由于横向柱列间的顺栿串上也施补间铺作，与柱头和阑额上的铺作连为一圈，上承天花，就使天花随各间分为若干方形及矩形小块，和唐、辽及《营造法式》殿堂内外槽天花随槽形连为纵向一整条的情况完全不同，在室内空间形式上又有较大的改变。第二、按《营造法式》做法，明栿承天花，在天花以上为承屋顶的草栿，草栿由数重梁叠成，上梁比下梁递减二椽跨，直至平梁。其最下一道草栿长同进深，两端承檐槫或橑风槫，并压在压槽枋之上。此殿则实际省去最下层草栿，在内槽各柱头铺作和中间一朵补间铺作柱头枋上用插柱造的结合方式各立草架柱，草架随举势升高，承托其上之槫。草架柱外之外槽部分各深三椽，重叠三重梁，梁尾均插入草架柱，构成此部梁架；二草架柱间之内槽部分深六椽，中间加承脊槫之草架中柱，构成中间六椽之屋架。内外槽上之屋架共同组成屋顶草架。把它和《营造法式》中所载殿堂侧样（图 3–1–4–2）相比较，就可看到，它实际上是用厅堂型构架的做法做草架，不仅省去了下层进深的草栿，也省去了内槽下层三道重叠架设的梁，改大跨为小跨，极大地简化了构架。所用草架如套用《营造法式》厅堂构架的命名方式可称之为“十二架椽屋分心前后三椽栿用五柱”构架。

其三，在玄妙观三清殿还可以看到另一特点，即很多处出现穿斗架的残余做法。此殿殿身内外槽前部及两山为正常殿堂做法，但内外槽后部有 10 柱（外檐 6 柱，内槽 4 柱）柱顶上延，穿过天花，托在槫下，其柱头铺作均改为纵横两向之插栱，插入柱身，表现出典型的穿斗架特点。用斗栱的穿斗架建筑，早期实物除此殿外还有近年刚刚发现即遭焚毁的福建泰宁甘露庵，都具有强烈的地方特点。此殿在当时的苏州属较重要的建筑，除正面两山用通用的殿堂构架方法外，后檐同时出现穿斗做法，说明穿斗架在宋代苏州仍属有影响的地方传统做法。

玄妙观三清殿所表现出的对《营造法式》所规定的殿堂构架的改进，如柱头间用阑额、顺栿串连成井字格支撑系统，上施斗栱承天花和以厅堂型构架形式的草架代替重叠多层通梁的草栿梁架，对殿堂型构架做了重大的改进，对以后的明官式殿堂构架有重大影响，是《营造法式》所代表的“宋式”向明官式转变的中间环节，在木构架发展上有重要地位。

2. 福建省泰宁县甘露庵

在泰宁县西南山中岩洞内，故亦称甘露岩。它始建于南宋绍兴十六年（1146年），是佛教庵堂，主要建筑为在中轴线上前后相重前低后高的蜃阁和上殿，另在蜃阁前方左右对峙建有观音阁和南安阁，共四座，都是顺洞底洞壁地形局部或全部建在架空的木构平坐上的小殿阁。在一个小山洞中能随地形建成有中轴线且左右对称的建筑群组，构思是颇为巧妙的。根据建筑上的题记，建造顺序为绍兴十六年（1146年）建蜃阁，绍兴二十三年（1153年）建观音阁，乾道元年（1165年）建南安阁，开禧以前（1205年）建上殿，前后历时59年。

蜃阁为单檐歇山顶小殿，三间四椽，面阔9.5m，进深5.1m，属穿斗架构造，前檐加插栱形成柱头铺作，无补间铺作。它虽是单层小殿，但下有高平坐，恰符合古代阁的特点。

观音阁为二层重檐三滴水小阁，本身为方3m的小建筑，四周加一圈深0.85m的副阶，形成上层的重檐歇山屋顶。其下平坐较高，中加腰檐，构成二层楼阁，总高14m余。

南安阁为单层重檐歇山小殿，后部建在岩上，前部加矮平坐垫平，为与对面的观音阁对称，于平坐下做一假的腰檐，阁本身为宽3.2m、深3.4m的近方形建筑，除靠岩壁的背面外，余三面加深1.1m的副阶，形成重檐小阁。

上殿殿身宽深均一间，宽4.8m，深4.2m，四椽，用向内挑出的斗栱后尾承平榑及平梁，构成歇山屋顶。除靠崖壁的背面外，余三面也加深1.4m的副阶，形成重檐。

这四座建筑的斗栱或为丁头插栱，或栱枋穿过柱身，都明显有穿斗架特点，其中蜃阁的中柱及后内柱直接承榑，更是典型穿斗架做法。但观音、南安二阁和上殿之柱却不直接承榑，而是在柱头加一莲花形平盘斗，斗上承内挑之栱和柱头枋，其上再架榑，这可能是穿斗架在使用斗栱时的做法。

对这四座建筑的立面、剖面图进行反复探讨，发现唐宋以来的以柱高为扩大模数的手法在此全未使用，也不符合重檐建筑上檐柱高为下檐柱高的二倍的比例。对三座重檐建筑的柱高，用自剖面图上量得的尺寸折算，发现上柱与下柱之比观音阁为1.55 ∶ 1，南安阁为1.54 ∶ 1，上殿为1.5 ∶ 1，基本上在1.5 ∶ 1左右，远小于唐宋元明时的2 ∶ 1。

从图3-1-4-3中可以看到，甘露庵诸建筑梁柱瘦劲，斗栱疏朗，翼角高举，风格秀美，和一些宋画中表现的建筑极为相近，可知当时定有一套设计规律手法。可惜仅此甘露庵一例亦发现只一二载即毁去，仅保留下简单的测图，难于据以做进一步的探讨。由于此庵特别重要，故将其已发表的资料择要附于此，以供同好进行探讨。

五、金代建筑

金是以女真族为主体在中国北方建立的王朝。1125 年金与宋联合灭辽，1127 年金灭北宋，占有原辽之全境和北宋北方，隔淮河及秦岭一线与南宋对峙。1234 年金为蒙古所灭。

金灭北宋时武力强悍而经济文化落后，自汴梁掳掠北宋政府图籍文物和大量技术工匠北行，借以建立国家。1151 年金在燕京建宫室，南宋人记载说是多仿北宋汴梁宫殿制度。1157 年金毁旧都上京宫室，定都燕京，号中都。中都宫殿久已毁灭，从山西繁峙岩山寺金大定七年（1167 年）壁画佛传故事中所画宫室尚可看到金宫的大致风貌，确有和北宋宫室相近之处。（元）沙克什《河防通议》说宋、金二朝之《河防通议》有继承关系，推之于建筑制度，也应是这样。

现存金代建筑主要分布于山西省，从中可以看到两种类型。一类如大同上华严寺大殿，五台佛光寺文殊殿、朔州崇福寺弥陀、观音二殿均属厅堂构架，用直梁，与辽代建筑有一脉相承之处，属地方传统影响较强者。另一类如大同善化寺三圣殿和山门。三圣殿用两种柱位不同的构架拼合而成，具有典型的宋式厅堂构架特点，为唐辽建筑所无；山门除梁用月梁外，后檐之阑额也仿月梁形，与《营造法式》所规定者相同，亦为唐、辽时所无。这二座建筑建造时，金已利用掳掠来的北宋工匠在上京先后建造了庆元宫（1135 年）、朝殿（1138 年）、凉殿（1143 年）、太庙社稷（1143 年）等大量宫殿，金之官式建筑应已初具雏形。这二座建筑表现出的明显的受宋式影响之处应实际上即是金代官式宫殿建筑接受北宋影响之表现。这说明在现存山西金代建筑中有继承地方传统者，也有受金官式影响者。下面就对几座山西现存金代建筑试行探讨。

1. 山西省五台县佛光寺文殊殿

建于金天会十五年（1137 年），为面阔七间、进深四间八椽、单檐悬山屋顶厅堂构架建筑。所用材为 23.5cm × 15.5cm，以尺长 30.8cm 计，合 7.6 寸高，1“分” = 1.57cm。

其面阔、进深用“分”及尺折算如下：

面阔：　426 + 446 + 467 + 478 + 467 + 446 + 426 = 3156cm

271 + 284 + 297 + 304 + 297 + 284 + 271 = 2008“分”

13.8 + 14.5 + 15.2 + 15.5 + 15.2 + 14.5 + 13.8 = 102.5 尺

“分”、尺均非整数，经调整后，“分”值、尺数可能分别为：

270 + 285 + 300 + 305 + 300 + 285 + 270 = 2015“分”（超出 7“分”）

14 + 14.5 + 15 + 15.5 + 15 + 14.5 + 14 = 102.5 尺

进深：　434 + 445 + 446 + 434 = 1759cm

276 + 283 + 284 + 276 = 1119“分”

14.1 + 14.4 + 14.5 + 14.1 = 57.1 尺

经调整后，“分”值、尺数可能分别为：

275 + 285 + 285 + 275 = 1120“分”

14 + 14.5 + 14.5 + 14 = 57 尺

这表明，在设计时是先以“分”为模数，以 275、285、300、305 等为开间面阔，折为尺数后，再削去尾数，令其为 14、14.5、15、15.5 等较有规律的尺寸，以便施工。

殿檐柱平柱之高 H 据实测为 448cm，折合后：H = 448cm = 285“分” = 14.5 尺。这数字和梢间间广相同。若与面阔相比，则

面阔 102.5 尺：柱高 14.5 尺 = 7.07 ： 1 ≈ 7 ： 1

这就是说，它以檐柱之高为扩大模数，在立面上形成 7 ： 1 的比例（图 3-1-5-1）。

在剖面实测图上。还可以计算出上平槫（距檐槫三步架者）至檐柱顶之距 A = 178 + 107 + 78 + 85 = 448cm，与檐柱平柱之高全同（图 3-1-5-2）。

据此我们可以推知文殊殿设计的特点：

平面先以“分”为模数，按惯用的 5“分”或 25“分”差距，选 270、275、285、300、305“分”为间广，折成尺数后，再削去尾数，形成面阔为 14 + 14.5 + 15 + 15.5 + 15 + 14.5 + 14 = 102.5 尺和进深为 14 + 14.5 + 14.5 + 14 = 57 尺的平面。

在立面图上，以七间间广的平均值为柱高，形成面阔为 7 倍柱高的比例关系。在剖面上又令上平槫标高为檐柱高的二倍。这样，在剖面和立面设计上就形成以檐柱之高为扩大模数的现象。在平面上以“分”为模数，折成尺数后再削去尾数；在立面、剖面上以含固定“分”值的檐柱净高为扩大模数，是这时的通行设计方法。

前在宋、辽建筑实例中已探讨过，一般比例是殿堂型构架中平槫（距檐槫二步架者）之标高为檐柱高的二倍，在辽代后期已出现厅堂型构架上平槫（距檐槫三步架者）标高为檐柱高的二倍之例，此殿属厅堂型构架，恰符合这个比例，说明金代继续遵守宋辽以来的比例关系。

佛光寺文殊殿建于金天会十五年（1137 年），上距金灭北宋的 1127 年只有十年。女真族在当时是后进民族，经济、文化都落后于辽和北宋。在这十年中，尚来不及发展出有自己风格和特色的建筑，五台原属北宋辖区，故文殊殿的特点实应视为辽宋遗风。

2. 山西省朔州市崇福寺弥陀殿

建于金皇统三年（1143 年），为面阔七间，进深四间八椽单檐歇山顶建筑，属厅堂型构架。所用材为 26cm × 18cm。其平面尺寸及折合“分”值与尺数如下：（设 1 尺 = 31cm）

面阔： 558 + 560 + 620 + 620 + 620 + 560 + 558 = 4096cm

310 + 311 + 344 + 344 + 344 + 311 + 310 = 2274“分”

18 + 18.1 + 20 + 20 + 20 + 18.1 + 18 = 132.2 尺

但此殿两山有侧脚 18cm，即柱头部分总宽应为 4096cm–36cm = 4066cm，合 131 尺。则柱顶面阔应调整为：

17.5 + 18 + 20 + 20 + 20 + 18 + 17.5 = 131 尺

543 + 558 + 620 + 620 + 620 + 558 + 543 = 4062cm

302 + 310 + 344 + 344 + 344 + 310 + 302 = 2256 “分”

其设计时“分”值应为：

300 + 310 + 345 + 345 + 345 + 310 + 300 = 2255 “分”（调整后）

其进深柱脚尺寸为：

558 + 558 + 558 + 558 = 2232cm

310 + 310 + 310 + 310 = 1240 “分”

18 + 18 + 18 + 18 = 72 尺

但此殿前后檐侧脚有 19cm，则进深依柱顶计应为 2232cm–38cm = 2194cm，合 71.7 尺，其各间深应调整为：

17.5 +18 + 18 + 17.5 = 71 尺

543 + 558 + 558 + 543 = 2202cm

300 + 310 + 310 + 300 = 1220 “分”

从上列可知，此殿之“分”值若以材宽为 10“分”计，1“分”= 1.8cm，1 尺 = 31cm，所得基本为以 5“分”及 0.5 尺为单位（图 3–1–5–3）。

此殿所用材折合上面推算出之尺（31cm）为 8.4 寸 ×5.8 寸，略大于二等材，符合法式规定之殿身五至七间用二等材的标准。

此殿前后檐柱平柱高 600cm，素平础。但角柱有高起 9cm 之简单石础，可证檐柱下原有柱础。现殿内金柱下也有高 15cm、18cm 两种覆盆础。若按其中较低者 15cm 计，则檐柱平柱高应为 585cm，合 325“分”，18.9 尺。在立面图上分析，面阔比檐柱高为 4062 ∶ 585 = 6.94 ∶ 1，近于 7 ∶ 1（图 3–1–5–4）。

在断面图上，按辽宋惯例，厅堂构架房屋上平槫（距檐槫三步架者）标高为外檐平柱高之二倍。但此殿上平槫标高为 709 + 600 = 1309cm，比正常值高出 109cm。这可能是因为此殿外檐用了七铺作双抄双下昂斗栱的缘故，此斗栱高（计至橑风槫）为 213cm，若按通常用五铺作，可减去二个足材高度，即 2×（26+10.5）=73cm；若只用四铺作，即为 3×36.5=109.5cm，即基本相等。因此，此殿在断面设计上有可能是按四或五铺作设计，以后加到七铺作的（图 3–1–5–5）。

3. 山西省朔州市崇福寺观音殿

在弥陀殿后，有月台相连，似原为工字殿之后殿，殿面阔七间，进深三间四椽，单檐歇山顶，属厅堂型构架。所用材为 22cm×15cm。1“分”= 1.47cm，设用尺与弥陀殿同，亦为 31cm / 尺，其平面长度及折合之“分”值尺寸如下：

面阔：　426 + 388 + 530 + 388 + 426 = 2158cm

290 + 264 + 361 + 264 + 290 = 1469“分”

13.74 + 12.5 + 17 + 12.5 + 13.74 = 69.48 尺

进深：　418 + 464 + 418 = 1300cm

284 + 316 + 284 = 884“分”

13.5 + 15 + 13.5 = 42 尺

上列数字中，进深为柱头数字，比柱脚数字少 32cm，约合 1 尺，面阔只知其柱脚数字，但又知其两山面柱侧脚为 9cm，则面阔实际应为 2158−18=2140cm，故面阔可调整为

面阔：　418 + 388 + 528 + 388 + 418 = 2140cm

284 + 264 + 359 + 264 + 284 = 1455“分”

13.5 + 12.5 + 17 + 12.5 + 13.5 = 69 尺

可知此殿在平面设计中，也先按“分”值设计，其面阔可能为 285 ＋ 265 ＋ 360 ＋ 265 ＋ 285 = 1460“分”，其进深可能为 285 ＋ 315 ＋ 285 = 885“分”，但是折合为以 0.5 尺为单位的尺数，使面阔为 13.5+12.5+17+12.5+13.5=69 尺，进深为 13.5+15+13.5=42 尺，遂调整了面阔，故最后“分”值出现零头，而尺数却都以 0.5 尺为单位（图 3–1–5–6）。

此殿的柱高 H 为 464cm，合 15 尺，此数字与面阔、进深都没有倍数关系，则设计立面时并未以柱高为扩大模数。但在断面图上，可以看到，自檐柱顶至中平槫上皮之距 A 为 463cm，可视为与檐柱同高。也就是说，此殿符合四椽屋脊高为檐柱高之二倍的比例关系。但这比例是唐、宋、辽殿阁型构架的比例，而此殿为厅堂型构架，本应符合六椽屋脊高为檐柱高二倍的比例，却运用了殿阁构架的比例。按此殿前后橑风槫间距为 1488cm，而橑风槫上皮至脊槫上皮为 479cm，其举高为 1489 ∶ 479 = 3.1 ∶ 1，基本属殿阁型建筑之举高，高于厅堂型建筑之 4 ∶ 1，故其断面柱高与槫高之比超过厅堂型建筑之比例（图 3–1–5–7）。

4. 山西省大同市善化寺三圣殿

金天会六年至皇统三年间建（1128 ～ 1143 年），为面阔五间、进深四间、单檐庑殿顶建筑，构架属厅堂型。所用材为 26cm × 17cm，1“分”= 1.73cm。其面阔、进深长度及折合“分”数如下：

面阔：　516 + 734 + 768 + 734 + 516 = 3268cm

298 + 424 + 444 + 424 + 298 = 1888“分”

可调整为：300 + 425 + 440 + 425 + 300 = 1890“分”

进深：　523 + 442 + 442 + 523 = 1930cm

302 + 255 + 255 + 302 = 1116“分”

可调整为：300 + 260 + 260 + 300 = 1120“分”

若折合为尺数，设 1 尺 = 30.5cm，则

面阔：　　17 + 24 + 25 + 24 + 17 = 107 尺

进深：　　17 + 14.5 + 14.5 + 17 = 63 尺

上例均为以 0.5 尺为单位的整数，正面还是以尺为单位的整数。表明设计此殿时先按 250、300、425、450 等分数进行设计，折为尺数时，再略加增减使之为靠近的整数（图 3-1-5-8），以致再折算回分值时出现零星尾数。

殿之檐柱平柱高为 618cm，合 357“分”、20.3 尺。

殿之檐柱角柱高为 659cm，合 381“分”、21.6 尺。

面阔：角柱高 = 3268 ∶ 659 = 4.96 ∶ 1 ≈ 5 ∶ 1

进深：角柱高 = 1930 ∶ 659 = 2.93 ∶ 1 ≈ 3 ∶ 1

因此，它的面阔、进深按角柱之高应为五和三个正方形。以角柱之高为立面设计模数前节已有辽建薄伽教藏殿和善化寺大殿之例，现金代此殿也是这样，可知不是偶然现象，也是一种通用做法（图 3-1-5-9）。

此殿为厅堂型构架，在明、次间选用了两种不同的梁架。明间的即《营造法式》卷三十一图样中的“厅堂等间缝用梁柱第十五”中的“八架椽屋乳栿对六椽栿用三柱”。次间梁架之形式图样不载，依其定名之法可称为“八架椽屋五椽栿对三椽栿用三柱”。厅堂构架是由若干道垂直的梁架并列拼合而成。这些梁架，只要椽数（跨度）相同，其内柱的位置、数量都可以不同，选择适当形式的梁架，就可以按需要确定室内柱子的数量和位置。如此殿明次间选用不同的梁架，遂使明间内柱比次间后退一步架，空出建佛坛之地。这正是厅堂型构架的最主要特点。前人不了解厅堂构架这一特点，误称之为“减柱法”和“移柱法”，是不准确的，应予纠正。实际上只有佛光寺文殊殿和朔州市崇福寺弥陀殿那种利用大内额使内柱减少或横移不与上部梁架对位的做法才可算作“减柱”和“移柱”。厅堂型房屋，开间愈多，构架变化的可能性愈大，且室内柱位、柱数的变化愈多，愈能显示出厅堂构架房屋用内柱灵活性的优点。此殿若为悬山顶，其山面梁架按柱数应为“八架椽屋分心乳栿用五柱”，则在这五间厅中就可以出现三种梁架。现存厅堂型构架大多为三间小殿，五间的还有海会殿，但其中间四缝用同一种梁架，没有变化，只有此殿明次间用不同内柱柱位的梁架，较清楚地反映出厅堂构架的特点。

三圣殿次间用一朵出斜栱的补间铺作，属辽以来北方特点。但其立面各柱之侧脚、生起明显，翼角、檐口及屋顶曲线柔和，颇具宋式风格，如再考虑到内部梁架所具宋厅堂构架特点，可以认为此殿应是一定程度上反映了金官式的特点，因而又间接透漏出一些宋式的特点。

5. 山西省大同市善化寺山门

金天会六年至皇统三年间建（1128 ~ 1234 年间），为面阔五间、进深四椽二间、单檐庑殿顶建筑，属殿堂型构架中之分心槽。所用材为 24cm × 16cm，

1“分”= 1.6cm。

其平面尺度及折合之“分”值如下：

面阔（柱脚尺寸）为：　520 + 578 + 618 + 578 + 520 = 2814cm

325 + 361 + 386 + 361 + 325 = 1758“分”

进深（柱头尺寸）为：　499 + 499 = 998cm

312 + 312 = 624“分”

若再折成尺，设1尺= 31cm，则

面阔为：　16.5 + 18.5 + 20 + 18.5 + 16.5 = 90尺

进深为：　16 +16 = 32尺

以上尺寸中面阔为按柱脚尺寸折算，考虑有侧脚尺寸在内，故其柱头尺寸应稍小。2814cm应合90.8尺，故按90尺计。这尺寸均以0.5尺为单位，则知设计时是先以“分”值定开间进深，折成尺后再除去尾数向0.5尺为单位归并。由此可以推知最初设计时之“分”值可能是：

面阔：　320 ＋ 360 ＋ 385 ＋ 360 ＋ 320 = 1745“分”

进深：　310 ＋ 310 = 620“分”

据此推测之数，面阔少13“分”，进深少4“分”。面阔减少较多是按柱头尺寸考虑的。

此门之平柱高为586cm，合366“分”、18.9尺。

其脊高据测图为1136cm，按唐宋建筑比例，殿堂构架建筑，四椽屋之脊高为檐柱高之二倍。此门之比为1136 ∶ 586 = 1.94 ∶ 1，稍小于2 ∶ 1。这情况，表明在金代后期，檐柱高有增加的趋势（图3–1–5–10）。经折算，不论平柱高还是角柱高都和此门之面阔、进深没有比例关系，只有次间间广578cm与平柱高586cm相差8cm，可视为相等，即次间立面比例近于正方形。

此山门和三圣殿风格相近，也间接透漏出一些宋式特点，除侧脚、生起引起翼角檐口曲线柔和变化和梁架用月梁外，最值得注意之处是后檐明间阑额作月梁形，属典型宋式特点。据此，此门也应是在一定程度上受金代官式影响的建筑。

六、元代建筑

元代木构建筑，大体可分为南北两个系统。元之前身蒙古于1234年灭金，据有中国北半部，故蒙古时期的建筑，特别是官式建筑继承了金的传统。而金之官式建筑又有辽和北宋两个来源，所以蒙古及元灭宋以前的建筑继承了10世纪以来北方的建筑传统。1271年蒙古建国号为元，时在世祖忽必烈至元八年。在此前的至元四年（1267年）已开始建大都城和宫殿，可知这时元之官式建筑已经形成。1279年元灭南宋，统一全国。但元对江南采取歧视和压制政策，故江南南宋以来的建筑传统只在当地延续和发展，甚至还可东传日本发展成“禅宗样”，但却极少有和北方元官式融合的机会，与北方的元官式和地方做法明显属于两个系统。由于蒙古与南宋对峙争战时，先从陕西南攻四川，再由四川攻云南，迂回北攻湖南，故元之官式建筑和北方建筑传统在四川、云南具有一定的影响，在这些地区出现南北建筑交融的一些迹象。

现存元代木构建筑主要集中在北方，在山西、陕西等地存者尚多，大多使用檐额和大内额，使柱子可以横移不与梁架对位，是很古老的檩架（纵架）结构的遗风。此外用原木为梁材，甚至使用弯木，也表现出构架设计的高度灵活性。这些都是西北地区的地方特色，但这些建筑迄今没有较详细可供研究的测图发表，对其设计方法尚难做进一步的探索。江南地区的元代建筑已知的有浙江的武义延福寺大殿和金华天宁寺大殿、江苏的震泽杨湾庙正殿、上海的真如寺大殿等。把这些江南元代建筑的一些特点和现存南宋建筑苏州玄妙观三清殿相比，可以看到，虽然构架有厅堂型与殿堂型之异，但在梁下加顺栿串与阑额交圈以加强柱网稳定和以草架代替草栿简化屋架结构这两点在三清殿中已经出现，并成为宋元时江浙地区的传统做法，且对以后明官式的形成有重要影响。其中延福寺及真如寺有测图发表，可据以作初步探讨。

在北方的元代建筑中，就规模和重要性而言，应以山西芮城（原在永济）永乐宫和河北曲阳北岳庙德宁殿为最，已发表的图纸和数据也较完备。

永乐宫原址山西永济永乐镇是唐吕洞宾故里。蒙古时期全真教道士在此建道观，声称为蒙古皇帝祈福延寿，得到支持，故有强烈的官方背景。其中建得最晚的无极门的匾额上有元代重臣参知政事商挺的衔名和少府监梓匠朱宝的名字，为官建无疑。北岳庙是五岳庙之一，历代由国家遣官祭祀修缮，史书也有至元七年（1270 年）重建的记载，也应是官修或在官匠指导下建造的。由于元大都的宫殿早已毁于明初，在北京迄今只保存下文庙先师门外檐上的几朵斗栱，其余遗迹渺不可寻，这五座建筑遂成为现在了解元官式建筑特点的最重要的物证，这里即重点对其进行分析。永乐宫建筑，杜仙洲先生在《文物》1963 年 8 期有专文介绍，并附主要数据和测图，下文即据以进行探讨。

1. 山西省永济市永乐宫三清殿

永乐宫原址在山西永济，其地为唐吕洞宾故里，是传统道教圣地，元未建国以前的蒙古时期即在此建宫，为蒙古大汗祝福延寿，号称大纯阳万寿宫。它始建于蒙古定宗二年（1247 年，南宋理宗淳祐二年），至世祖中统三年（1262 年，南宋理宗景定三年）建成主体部分，其时间相当于南宋末年。延至元末，始全部建成中轴线上建筑。宫自南而北依次为无极门(又称龙虎殿)、三清殿(又称无极殿)、纯阳殿（又名混成殿）、重阳殿（又名七真殿）。四座元代建筑中三清殿是其主殿。因地处三门峡水库淹没区，1959 年全部迁移到芮城县北部，北倚中条山，按原布局复建。原来前临黄河、远望华山的形胜则不可复见了。

三清殿约建于蒙古中统三年（1262年），为面阔七间，进深四间八椽，上覆单檐庑殿顶的殿宇，属殿堂型构架。所用材为20.7cm ×13.5cm，1“分”= 1.38cm。其平面尺寸及折合成之“分”值列下：

面阔：　320 + 440 + 440 + 440 + 440 + 440 + 320 = 2840cm

　　　　232 + 319 + 319 + 320 + 319 + 319 + 232 = 2060“分”

进深：　320 + 440 + 440 + 320 = 1520cm

　　　　232 + 319 + 319 + 232 = 1102“分”

把面阔进深折成尺时发现当1尺 = 31.5cm时，四座殿宇之面阔进深基本都可为整尺数，因此可推定永乐宫在元初建造时所用尺长为31.5cm。

以此尺长计算，

面阔：　10.2 + 14 + 14 + 14 + 14 + 14 + 10.2 =90.4尺

进深：　10.2 + 14.1 + 14.1 + 10.2 = 48.6尺

但上列尺寸为柱脚尺寸，柱头尺寸扣除侧脚后应略小于此。三清殿角柱高为558cm，正面侧脚1.31%，侧面侧脚1.7%，以此推算：正面柱顶间通面阔为：2842cm−558cm × 0.013cm × 2=2842cm−14.5cm = 2828cm 侧面柱顶间进深为：1528cm−558cm × 0.017 × 2 = 1528cm−19cm = 1509cm

折成尺数后，面阔2828cm =90尺，进深1509cm = 48尺，据此可以把以柱顶处计的面阔进深调整为：

面阔：　10 + 14 + 14 + 14 + 14 + 14 + 10 = 90尺

进深：　10 + 14 + 14 + 10 = 48尺

此殿所用材折合成尺数后为6.6寸 ×4.3寸，相当于《营造法式》中的五等材。但按宋式规定，此殿为七间殿堂型构架，应该用二等材。宋式二等材为0.825尺 ×0.55尺，即1“分”= 0.055尺，若以此折算殿柱顶处之面阔进深，则

面阔为：　182 + 255 + 255 + 255 + 255 + 255 + 182 =1639“分”

进深为：　182 + 255 + 255 + 182 = 874“分”

从这折算可以看到，按二等材计，除梢间外，各间之“分”值都在宋代用一朵补间时开间的正常值之内，远比按实际所用材折出的“分”值为小（图3-1-6-1）。

此殿檐柱平柱高为532cm（柱顶标高542cm− 础高10cm），大于明间间广442cm，明显超过宋式柱高不越间之广的规定，当是元代建筑与宋式不同之处。

通过上面的分析比较，可以看到，在设计此殿时，是先按宋式规定所应使用的材等按通常惯用的“分”数定面阔、进深之间宽或椽距，确定其实际尺寸，在施工时再把材等降低三级，改用五等材来确定斗栱的大小，亦即按宋式材等定大轮廓尺寸，然后降三等，用五等材做柱、阑额、斗栱等构件。因此，当用实际使用之材的“分”来折算时，其“分”数都大大超出宋式规定的范围，以致中间五间都可容纳两朵补间铺作。

分析平面上开间进深之“分”数和尺数时，还可发现，“分”数多不在 5、10 等整尾数上，而尺数则基本是整数。这表明在设计时仍是先按“分”数定开间进深，但在施工时为便于掌握又把面阔进深尺寸加以调整，使尾数为 1 尺或 0.5 尺。

在横剖面图上可以看到，檐柱平柱之高 H 为 532cm，自檐柱顶至上平槫（距檐槫三步架者）之高为 525cm，二者只差 7cm，略高于 1%，可视为相等。与现存辽代厅堂型构架建筑大同华严寺海会殿等相同。此殿属殿堂型构架，而上平槫标高为檐柱高之二倍又是辽、金厅堂型构架之比例特点。元代建筑突破宋式檐柱之高不越间广的规定，但在断面高度控制上尚循宋辽旧法，只不过在殿堂型建筑上也改用厅堂的比例，这是元代不同于宋辽之处（图 3–1–6–2）。

在立面图上分析，发现柱顶面阔与平柱高之比为 2840 ∶ 542 = 5.2 ∶ 1，而它与角柱柱高之比为 2840 ∶ 558 = 5.09 ∶ 1，与 5 ∶ 1 比较相近，故可以认为在立面设计上基本以角柱之高为模数。这与辽代薄伽教藏殿、善化寺大殿相同，在永乐宫其他建筑中也有相同的情况（图 3–1–6–3）。

2. 山西省永济市永乐宫纯阳殿

在三清殿后，与三清殿间有高甬道相连，建于蒙古中统三年 (1262 年）以前。此殿面阔五间，进深三间八椽，上覆单檐歇山屋顶，属殿堂型构架。所用材为 20cm × 13.5cm，合宋式五等材，1“分”为 1.33cm。檐柱平柱顶之标高为 495cm，合 372“分”。其平面尺寸折合成“分”及尺数列如下：（1 尺 = 31.5cm）

面阔：　325 + 439 + 507 + 439 + 325 =2035cm

　　　　244 + 330 + 381 + 330 + 244 = 1529“分”

　　　　10.3 + 13.9 + 16.1 + 13.9 + 10.3 = 64.6 尺

进深：　324 + 503 + 608 =1435cm

　　　　244 + 378 + 457 = 1079“分”

　　　　10.3 + 16 + 19.3 = 45.6 尺

此为柱脚尺寸，此殿正侧面侧脚均为 2%，檐柱高为 486cm，则角柱处侧脚为 9.72cm，即正侧面柱顶面阔、进深比柱脚小 19.5cm。据此则：

面阔：　2035–19.5 = 2015.5cm = 63.97 尺 ≈ 64 尺

进深：　1435–19.5 = 1415.5cm = 44.9 尺 ≈ 45 尺

这尺寸可调整为：

面阔：　315 + 441 + 504 + 441 + 315 = 2016cm

　　　　237 + 332 + 379 + 332 + 237 = 1517“分”

　　　　10 + 14 + 16 + 14 + 10 = 64 尺

进深：　315 + 504+ 599 = 1418cm

　　　　237 + 379 + 450 = 1066“分”

　　　　10 + 16 + 19 = 45 尺

此殿为五间单檐庑殿顶殿宇，按宋《营造法式》规定，应使用三等材，1“分”= 0.05 尺 = 1.58cm。若按三等材折算，其面阔、进深之“分”值为

面阔：　199 + 279 + 319 + 279 + 199 = 1275“分”

调整为：200 + 280 + 320 + 280 + 200 = 1280“分”

进深：　199 + 319 + 379 = 897“分”

调整为：200 + 320 + 380 = 900“分”

由此可以看到，当用三等材折算时，其分值均为整数，比用实际使用之材折算要整齐得多，可证在设计此殿时是按宋式规定的材等设计，折成尺数后，再略去尾数，使以整尺或半尺为单位，以便施工。在施工时，又把材等降低二等，改用五等材来制作斗栱和柱头枋、门、窗等。但此殿之乳栿高 62cm，三椽栿高 75cm，即使按三等材计算“分”值，也分别为 39“分”和 47.5“分”，与《营造法式》六铺作以上乳栿三椽栿之高 42“分”相近甚至超过，可知因梁要承重，仍按宋式材等定高，没有降二等（图 3-1-6-4）。

此殿檐柱高 H_1 = 486cm，角柱高 H_2 = 499cm，都比明间间广 504cm 为小，可知和三清殿不同，此殿仍遵守宋式檐柱高不越间之广的比例规定。把柱高和面阔相比较，可以看到：

面阔 ∶ H_1 = 2016 ∶ 486 = 4.15 ∶ 1

面阔 ∶ H_2 = 2016 ∶ 499 = 4.04 ∶ 1 ≈ 4 ∶ 1

从上面的比较可以看到，和三清殿相同，纯阳殿之立面比例也是以角柱柱高为模数的（图 3-1-6-5）。

在断面图上据实测数据推算，发现上平槫至檐柱柱顶之高 A 为 496.4cm，比檐柱高 486cm 多 10.4cm，若柱高计入柱础 10 cm，则只差 0.4cm，实即相等。这比例符合辽金时厅堂型建筑上平槫（距檐槫三步架，相当六架椽屋之脊）高为下檐柱高二倍的比例，也和三清殿的情况全同（图 3-1-6-6）。

以上两点说明柱高是立面和断面设计中的扩大模数。

3. 山西省永济市永乐宫重阳殿

在纯阳殿后，约与三清、纯阳二殿同于蒙古中统三年（1262 年）前建成。此殿面阔五间，进深四间六椽，上覆单檐歇山式屋顶，属厅堂型构架。所用材断面为 18.5cm × 12.5cm，约合 6 寸 × 4 寸，当宋式第六等材。1“分”= 1.23cm，其面阔、进深长度及折成“分”值与元尺数列下：

面阔：　258 + 408 + 414 + 408 + 258 = 1746 cm

　　　　210 + 332 + 337 + 332 + 210 = 1421“分”

　　　　8.2 + 13 + 13.1 + 13 + 8.2 = 55.5 尺

进深：　258 + 285 + 285 + 258 = 1086 cm

　　　　210 + 232 + 232 + 210 = 884“分”

8.2 + 9 + 98.2 = 34.5 尺

此殿平柱高为 420cm = 13.3 尺，角柱升起 0.35 尺，则角柱之高为 13.65 尺，合 431cm。已知其侧脚为正面 1.3 %，即 5.59cm，则柱头处面阔应为 1746cm–11.2cm = 1734cm，正合 55 尺。进深方向侧脚为 1.6%，即 6.88cm，则侧面柱头处进深为 1086cm–13.75cm=1072cm，正合 34 尺。以此推算柱头处面阔进深应为：

面阔：　252 + 410 + 410 + 410 + 252 = 1734cm

205 + 333 + 333 + 333 + 205 = 1409“分”

8 + 13 + 13 + 13 + 8 = 55 尺

进深：　252 + 284 + 284 + 252 = 1072cm

205 + 231 + 231 + 205 = 872“分”

8 + 9 + 9 + 8 = 34 尺

此殿为五间厅堂，按《营造法式》规定，应使用四等材，即 1“分”= 0.048 尺 = 1.51cm。若以此折算，

面阔：　167 + 272 + 272 + 272 +167 = 1150“分”

进深：　167 + 188 + 188 + 167 = 710“分”

这两组数字可调整为：

面阔：　170 + 270 + 270 + 270 + 170 = 1150“分”

进深：　170 + 185 + 185 + 170 = 710“分”

平柱高 = 420cm = 278 分 = 13.3 尺

据此可知，此殿在设计时也是用宋式四等材来定平面尺寸和柱高，施工时再降二等用材来制作柱额斗栱等构件（图 3–1–6–7）。

在立面图上分析，发现角柱高 431cm 之 4 倍为 1724cm，与此殿柱头间面阔 1734cm 只差 10cm，误差为 6‰，可以略去，这就表明重阳殿之立面以角柱柱高 H_2 为扩大模数，以 $4H_2$ 为面阔。和三清殿、纯阳殿的手法相同（图 3–1–6–8）。

在断面图上分析，发现按三清、纯阳二殿之例，此殿为六椽屋，其脊槫标高应为下檐柱高的二倍，但实际上，脊槫标高为 8.95 m，比柱高的一倍 8.4 m 高出 0.55m，与前二殿的比例不同。用作图法在图上探索，又发现其内柱之净高为脊槫标高的 1/2，这情况是巧合还是变通运用比例关系，尚待进一步探讨。

以上三座建筑均建于蒙古中统三年（1262 年）以前，当南宋理宗景定三年，属蒙古与南宋对峙时期，应相当于南宋后期建筑。

4. 山西省永济市永乐宫无极门

建于元至元三十一年（1294 年），是永乐宫四座元代建筑中年代最晚的一座。门面阔五间，进深二间，上覆单檐庑殿顶，属殿堂型分心槽构架。所用材为 18.5cm × 12.5cm，1“分”=1.23cm，合《营造法式》第六等材。

其平面尺寸列下：

面阔：　421 + 408 + 410 + 408 + 421 = 2068cm

进深：　480 + 480 = 960cm

这是柱脚尺寸，需折算为柱头尺寸。

已知此殿角柱比平柱高 1.84 寸，即 5.8cm，则柱高为 432.2 + 5.8=438cm。其侧脚为正面 3%，侧面 1.8%，这就可推出

柱顶面阔为：2068cm−2 × 438cm × 0.03=2068−26.28 = 2042cm=64.8 尺

柱顶进深为：960−2 × 438 × 0.018 = 960−15.8 = 944cm=30 尺

由此调整得出其面阔、进深为：

面阔：　408 + 408 + 408 + 408 + 408 = 2040cm

331 + 331 + 331 + 331 + 331 =1655“分”

13 + 13 + 13 + 13 + 13 = 65 尺

进深：　472 + 472 = 944cm

384 + 384 = 768“分”

15 + 15 = 30 尺

此门为五间殿堂型构架，按《营造法式》需要用三等材，1“分”= 0.5 寸 =1.58cm。以此折算：

面阔：　258 + 258 + 258 + 258 + 258 = 1290“分”

进深：　294 + 294 = 588“分”

可调整为：

面阔：　260 + 260 + 260 + 260 + 260 = 1300“分”

进深：　295 + 295 = 590“分”（图 3–1–6–10）

此门平柱高为 432cm，若计至地平为 442.2cm，自柱顶至六椽屋脊高为 451.1cm，相差 8.9cm，误差为 2.0%，基本符合宋式六椽厅堂脊高为下檐平柱高二倍的剖面控制比例（图 3–1–6–11、图 3–1–6–12）。

5. 河北省曲阳县北岳庙德宁殿

建于元至元七年（1270 年），当南宋度宗咸淳六年，以朝代分界计，也相当于南宋末年建筑。殿身面阔七间，进深四间十椽，加副阶周匝，形成外观面阔九间、进深六间、重檐庑殿顶的大殿。它属殿堂型构架，材为 21cm × 14cm，1“分”=1.4cm，合宋式五等材。

其面阔、进深数据（以柱顶间计）及折算之“分”值列下。

殿身面阔：　464 + 495 + 497 + 575 + 498 + 496 + 463 = 3488c

331 + 353 + 355 + 411 + 354 + 353 + 330 = 2489“分”

殿身进深：　465 + 466 + 466 + 465 = 1862cm

332 + 333 + 333 + 332 = 1330“分”

在折成尺数时，发现如按永乐宫尺长 31.5cm 折算，则为：

面阔：　14.7 + 15.7 + 15.8 + 18.3 + 15.7 + 15.7 + 14.7 = 110.6 尺

进深：　14.8 + 14.8 + 14.8 + 14.8 = 59.1 尺

均非以 1 尺或 0.5 尺为单位。再进一步验算，发现当尺长为 31cm 或 31.9cm 时，可为整数。

当尺长为 31cm 时，

殿身面阔为：　15 + 16 + 16 + 18.5 + 16 + 16 + 15 = 112.5 尺

殿身进深为：　15 + 15 + 15 + 15 = 60 尺

当尺长为 31.9cm 时，

面阔为：　14.5 + 15.5 + 15.5 + 18 + 15 .5 + 15.5 + 14.5 = 109 尺

进深为：　14.5 + 14.5 + 14.5 + 14.5 = 58 尺

这两种尺长相差 0.9cm，其中长 31cm 者近于金尺，长 31.9cm 者近于明代中后期尺，显然后者实无可能，此殿所用之尺长应为 31cm，近于金代之尺长。它与永乐宫所用尺长不同可能属于地区差异，也有可能是在金代旧址上重建的。

此殿为殿身七间重檐大殿，按宋式规定，应使用二等材，“分”值为 0.55 寸 = 1.71cm，以此折算，

殿身面阔为：　272 + 290 + 290　+ 337 + 291 + 290 + 271 = 2041 “分”

殿身进深为：　272 + 273 + 273 + 272 = 1090 “分”

这些都在宋式间广最小值单补间 200 “分”、双补间 300 “分”之上。如用二等材，只明间可用双补间，其余均为单补间，改用现在用的五等材，则都可很疏朗地布置双补间了（图 3–1–6–13）。

此殿下檐平柱高 $H_{下}$ 为 489cm，合 349 “分”（按宋式二等材折算则为 286 “分”），15.8 尺。殿上檐柱高 $H_{上}$ 为 996cm，合 711 “分”（宋式二等材计为 582“分”），32.1 尺。自上檐柱顶至屋顶上平槫(距檐槫三步架，相当六架椽屋之脊）之高 A 为 497cm，由此推知：

上檐柱高 $H_{上}$：柱顶至上平槫之距 A = 996 ∶ 497 = 2 ∶ 1

上檐柱高 $H_{上}$：下檐柱高 $H_{下}$ = 996 ∶ 489 = 2.04 ∶ 1 = 2 ∶ 1

这比例符合宋式建筑上檐柱高为下檐柱高之二倍和厅堂构架上平槫标高（相当六椽屋脊高）为檐柱高之二倍的断面高度控制比例（图 3–1–6–14）。

在纵剖面图上分析，可以看到，殿身面阔以柱头计为 3484cm，上檐柱高为 996cm，其比值为：3484 ∶ 996 = 3.498 ∶ 1 ≈ 3.5 ∶ 1

下檐柱高为上檐柱高之半，则在剖面上，下檐殿身面阔为下檐柱高的 7 倍，亦即下檐正面屋身部分为 7 个正方形组成，以下檐柱高为扩大模数。从图上可看到，实际上次梢间均基本为正方形，只是把两尽间间广稍缩小，以减下之宽加到明间上，形成明间最宽，以次递减的变化（图 3–1–6–15）。

以上五座建筑中，三清殿、纯阳殿、德宁殿殿内装天花板，属殿堂型构架，无极门虽无天花而斗栱后尾有罗汉枋，且内外柱同高，也属殿堂型构架，只有重

阳殿内部为彻上露明造、属厅堂型构架。这五座建筑外观风格一致，细部做法如斗栱卷杀等也相同，进一步分析其构架，还有若干共同之处。

（1）对它们的面阔、进深尺寸进行分析，可以看到，因所用材之等级比宋《营造法式》所定的要低二至三等，故折合成“分”数后，其“分”值都大大超过《营造法式》所定的范围，但如用《营造法式》中规定的该建筑应使用的材等来折算，却大都在宋式规定的正常“分”值之内。由此可以推知，元代在进行设计时，可能仍先按宋式规定该建筑应使用的材等的“分”值确定面阔和进深、柱高等基本轮廓，但在实施时，则把材降低二至三等，用降低的“分”值来确定柱、阑额、斗栱等的断面尺寸，这就使得柱、额的断面比按宋式时大大减小，每朵斗栱的宽度和高度也缩小，在外观上出现柱子瘦长、阑额变细、斗栱变小的现象，使形成房屋外观的屋身、斗栱、屋顶三部分中，屋身、屋顶所占比例变大，斗栱层相对变矮，补间铺作朵数增加。这和唐、宋、辽以来的建筑屋身相对低矮、柱子粗壮、斗栱层高大的特点完全不同，可以说是自唐宋风格向明清风格转变的一个过渡阶段。

（2）四座元代殿堂型构架的殿宇，其构架做法也和唐宋时不同。唐、宋、辽、金殿堂型构架屋架都明确分为明栿和草栿上下两层，明栿在下，承托平棋，并与铺作结合，形成水平构架，以控制房屋构架的整体性，作用略近于近代建筑的圈梁；草栿在上，逐层叠加，形成坡形屋顶构架。但在上述诸元代建筑中，实际上已省去了明栿，只用草栿，但把最下一层露明在外的草栿像明栿那样加工成月梁形，就在此梁之侧面装天花。这样，这道梁的上半和其上的各架梁就成为被封闭在天花之内的草栿，在殿内只看到这道梁的底部和天花，和唐、宋、辽建筑明栿与天花之间还隔着一段空隙的情况完全不同，唐、宋殿堂中明栿月梁玲珑跨空、举重若轻的艺术效果也就不复存在了。这几座殿宇在天花以上都立较高的蜀柱，在其间和外侧随宜架设各层梁，形成近于草架的屋顶构架。这是殿堂型结构的一次重要简化，最早的实例是建于南宋淳熙六年（1179 年）的苏州玄妙观三清殿，大约始于南宋，影响到金元而完成于明，完全取代了唐、宋、辽时殿堂型构架用明栿、草栿两重梁的旧做法。

（3）由于元代用材比宋代小，使铺作层相对比宋代时变矮，又由于元代殿堂省去明栿，使梁架总高也相应变矮，遂使元代殿堂型构架的比例也发生了变化。在分析辽金建筑时，我们发现一个共同的比例关系，即当为殿堂型构架时，中平槫（自檐槫向内二步架，也可理解为进深四架椽房屋之中脊）标高为檐柱高的 2 倍；当为厅堂型构架时，上平槫（自檐槫向内三步架，也可理解为进深六架椽房屋之中脊）标高为檐柱高的 2 倍。在上述诸元代建筑中可以看到，除属厅堂型的重阳殿基本上按此比例外，属于殿堂型的三清殿和纯阳殿、无极门之上平槫标高（距檐槫三步架之槫）也是檐柱高的 2 倍，即在元代，殿堂型构架之断面比例关系与厅堂型相同。北岳庙德宁殿为殿堂型重檐建筑，也符合这一比例。这种改变意味着檐柱高在立面比例上相对增大，其高由唐宋时的斗栱总高加二步架之垂直投影改为元时的斗栱总高加三步架之垂直投影高度，比唐宋时增加出一个椽跨的垂直高度来。断面的变化，反映到立面上来就是柱子相对增高，而开间比例向狭长方向发展。这现象在三清殿和无极门表现得最明显。

（4）就立面比例而言，永乐宫三清、纯阳、重阳三殿有共同点，即其角柱柱高为面阔的若干分之一。三清殿面阔七间，其面阔与角柱高之比为 5 ∶ 1，纯阳殿、重阳殿均面阔五间，其面阔与角柱高之比为 4 ∶ 1。这就是说三清殿屋身可划分为 5 个正方形，纯阳、重阳二殿屋身可划分为 4 个正方形，各以其角柱之高为边长。正方形数都比开间数少，表明其平均开间比例只能是狭长形的。屋身立面由若干正方形组成在北宋和辽代已是这样，但其高北宋晋祠以平柱计，辽代薄迦教藏殿、善化寺大殿等则以角柱计，有所不同。比永乐宫稍晚些的曲阳北岳庙德宁殿，其面阔恰为下檐柱高的 7 倍，又是以下檐平柱之高计。则在元代同时有平柱和角柱之高为模数之例。究竟哪种属正常情况，哪种属例外，或二种均可，尚有待更多的例子来证明。

上述四点都是源于构架做法和材等选用的变化，其中对建筑外观影响最大的是檐柱相对增高（由斗栱加上二步架之垂直投影高度增加为斗栱加上三步架之垂直投影高度）和屋身以檐柱之高为模数，由若干个正方形组成两点。

6. 浙江省武义县延福寺大殿

在浙江武义县桃溪，为殿身面阔三间，进深三间八椽，四周有深一椽副阶的重檐歇山顶殿宇，若连副阶计，下檐面阔、进深各为五间，属厅堂型构架。据元泰定间碑记，建于元延祐四年（1317 年）。

延福寺大殿陈从周先生撰有报告，发表有实测图及部分数据，可据以进行探索。

据报告，大殿用材为 15.5cm × 10cm，栔高 6cm，其“分”值为 1.03cm。

殿之面阔、进深实测数据（柱脚）为：

面阔：　165 ＋ 195 ＋ 460 ＋ 195 ＋ 165 = 1180cm

　　　　160 ＋ 189 ＋ 445 ＋ 189 ＋ 160 = 1143 “分”

进深：　160 ＋ 290 ＋ 370 ＋ 200 ＋ 160 = 1180cm

　　　　155 ＋ 281 ＋ 358 ＋ 194 ＋ 155 = 1143 “分”

若按元代尺长 31.5cm 折算，则

面阔：　5.2 + 6.2 + 14.6 + 6.2 + 5.2 = 37.4 尺

进深：　5.1 + 9.2 + 11.7 + 6.3 + 5.1 = 37.4 尺

这些尺寸都有尾数，考虑它们为柱脚尺寸，恐是加了侧脚尺寸所致，而设计的平面尺寸应为柱头尺寸。但报告中未记载侧脚的情况，若参考其他宋元建筑开间进深多控制在以 0.5 尺为单位以避免零星尾数的情况，则可得下面的结果。

面阔为：　5.0 + 6.0 + 14.5 + 6.0 + 5.0 =36.5 尺

殿身面阔为：6.0 + 14.5 + 6.0 = 26.5 尺

进深为：　　5.0 + 9.0 + 11.5 + 6.0 + 5.0 =36.5 尺

殿身进深为：9.0 + 11.5 + 6.0 = 26.5 尺

很可能这就是此殿在面阔、进深方向上的柱头尺寸，即殿身面阔进深均为 26.5 尺，四周加深 5 尺的副阶。

假若是这样，殿身正侧面边柱之侧脚约为 2.7%.

在剖面图上因无完整的实测数据，只能用作图法进行探讨。在横剖面图上，如把上檐柱高 $H_{上}$分为二分，在上檐柱顶以上 $H_{上}/2$ 高度处画横线，则可看到它基本穿过中平槫的中心，亦即稍小于中平槫上皮至上檐柱顶之距 A，由此可知此殿基本仍按宋辽以来重檐建筑上檐柱高 $H_{上}$为 A 的两倍的比例来控制横剖面上的高度。但其下檐柱 $H_{下}$却突破了宋辽以来为上檐柱高 $H_{上}$的一半的比例，而提高到 $0.64H_{上}$处。这是因为上檐柱净高为 456cm，若按正常比例，下檐柱高只有 228cm，显然太小，遂不得不增加高度。从副阶椽子不搭向由额而抬高到阑额处，也可看到是不得已而采取的措施，属于特例。

在纵剖面图上利用所附比例尺寸可大致量知此殿之下檐柱高约为 292cm，上檐柱高约为 456cm，以此和殿身和下檐面阔相比，则知：

殿身为 850 ∶ 456 = 1.86 ∶ 1 ≈ 1.9 ∶ 1

下檐为 1180 ∶ 292 = 4.04 ∶ 1 ≈ 4 ∶ 1

若按前文推测的柱顶尺寸计，则：

殿身为 26.5 × 31.5 ∶ 456 = 835 ∶ 456 = 1.83 ∶ 1

下檐为 36.5 × 31.5 ∶ 292 = 1150 ∶ 292 = 3.94 ∶ 1 ≈ 4 ∶ 1

据此可知，此殿之面阔与下檐柱高之比为 4 ∶ 1，立面由四个正方形组成，亦即立面以下檐柱高为模数。这表明，此殿之下檐可能仍是始建时即有的，尽管在以后修缮时可能经大量改换构件。此外从上檐柱高超过柱顶至屋脊之高形成檐柱过高（亦即屋身过高）、屋顶过矮的情况看，原来也不可能是按单檐建筑设计的，把它和上海真如寺正殿相比，即可了然。

总起来看，此殿虽僻在山区，从其立面以檐柱高为模数和下平槫至柱顶之距 A 近于上檐柱高 $H_{上}$之半看，仍基本和当时元代建筑设计的通用手法一致。

此建筑最重要之处是它所表现出的明显的地方特点。其一是柱身为梭柱，且柱身上下段都有卷杀，与福州华林寺大殿相同而趋势更明显；其二是柱头阑额之上直接承补间铺作，不用普拍枋，二者都明显与《营造法式》的规定相同，是更为古老传统的残余表现；其三是凡长一架的扎牵都做成弧度很大的装饰性的月梁，为前所未见，现存江浙地区元代建筑中也仅此殿这样做，当是新出现的做法。这做法在以后明清时期的浙江民居中还偶有沿用者，而且远传日本，在日本相当元后期至明清的镰仓、室町建筑中也有所见，日本建筑术语称之为“海老虹梁”，此殿是“海老虹梁”源于中国的实物证据。

7. 上海市真如寺正殿

在上海市真如镇，为面阔三间、进深三间十椽、上覆单檐歇山屋顶的小殿，属厅堂型构架。据殿内后金柱间内额下所刻文字，建于元延祐七年（1320 年）。

此殿有刘敦桢先生《真如寺正殿》及《上海市郊元代建筑真如寺正殿中发现的工匠墨笔字》二篇报告，附有主要数据及实测图，可据以进行分析。

殿之构架进深三间中，前二进为四椽栿，最后一进为乳栿，但《营造法式》厅堂图样中无此式，若套用其命名法可称为"十架椽屋前四椽栿后乳栿用四柱。"所用材为 13.9cm × 9cm，1"分"为 0.9cm。按元代尺长 31.5cm 计，则其面阔、进深及折合之"分"数、尺数如下：

面阔为：　370 + 607 + 374 = 1351cm

411 + 674 + 416 = 1501"分"

11.7 + 19.3 + 11.9 = 42.9 尺

进深为：　511 + 540 + 261 = 1312cm

568 + 600 + 290 = 1458"分"

16.2 + 17.1 + 8.3 = 41.7 尺

在报告附图中标明前檐中柱每根柱头向内倾 8cm，角柱每根柱头内倾 11cm。因可推知此殿正面柱头尺寸为 367 + 591 + 371 = 1329cm。

此数字若按元代尺长 31.5cm 折合，则为

11.7 + 18.8 + 11.80 = 42.2 尺

如考虑年久闪动变形，此数可调整为

11.5 + 19 + 11.5 = 42 尺

进深方向的侧脚不详，若把柱脚尺寸除去尾数为

16 + 17 + 8 = 41 尺

殿之剖面图未注明尺寸，只据侧脚图知角柱高 429cm，平柱高 427.5cm，内柱高 620cm，扣除柱础及石礩之高 23.5cm 后，檐柱净高 404cm，内柱净高 596.5cm。平柱、角柱净高与面阔 1351cm 和进深 1312cm 间均无整倍数关系，仅平柱连柱础总高 427.5cm 与进深 1312cm 之比为 1 ∶ 3.07 ≈ 1 ∶ 3，但这不符合以柱净高为模数的惯例，恐仍是偶然现象。

在殿之横剖面图上用作图法核验，发现下檐柱高 H 大于柱顶至中平槫（距檐槫三步架者）之距 A，则在剖面图上也未以下檐柱高为模数。

此殿之重要特点在梁架部分。

其一是在进深第二、三跨在四椽栿和乳栿下均加顺栿串。

其二是在明间进深第二跨佛坛上方于四椽栿上加平梁、丁华抹颏栱，承托上平槫，以它为假脊槫，构成人字披顶棚。

其三是在明间进深第一跨四椽栿上及山面第一二间丁栿上立蜀柱、平梁，其上出斗栱承平棊，在殿之前、左、右三面形成凹字形平棊顶棚。

其四是在人字披及平棋上方立草架承中、上平槫及脊槫，构成屋顶。

四项中，用顺栿串及草架始见于1179年所建苏州玄妙观三清殿，厅堂构架局部用平槫，除此殿外，又见于元代后至元四年（1338年）的苏州虎丘云岩寺二山门，比此殿晚18年，而用人字披假屋顶则始见于此殿，可知这些都是宋元时江苏的通用做法。但玄妙观三清殿和虎丘云岩寺二山门都以檐柱之高为剖面和立面之扩大模数，唯此殿则否。其原因俟考。

8. 江苏省苏州市虎丘云岩寺二山门

建于元后至元四年（1338年），为面阔三间、进深四椽二间的歇山顶门屋，属宋式厅堂型构架，近于“四架椽屋分心用三柱”形式，所异处是中柱升高，柱顶施重栱承脊槫，自前后檐明间和山面中柱顶上架乳栿，栿上架札牵，梁栿后尾均插入中柱柱身，构成前后檐及山面梁架，与法式图样中柱承托平梁中部不同。

此门在《营造法原》中有实测图，附有部分数据，其面阔、进深、柱高尺寸及“分”值列下：

面阔：　350 + 600 + 350 = 1300cm

255 + 438 + 255 = 949“分”（1“分”=1.37cm）

11.1+ 19 + 11.1 = 41.2尺　（1尺 = 31.5cm）

进深：　350 + 350 = 700cm

255 + 255 = 510“分”

11.1+ 11.1 = 22.2尺

此为柱脚尺寸，柱头尺寸应小于此。上列尺数如除去尾数应与之相近，即

面阔：　11 + 19 + 11 = 41尺

进深：　11 ＋ 11 = 22尺

此门平柱角柱同高，均为H = 373cm，合11.8尺。其四椽脊槫标高为763.25cm，合24.2尺。按唐宋传统，此脊槫高应为檐柱高之二倍，此处脊槫至檐柱顶之高差A为24.2尺 -11.8尺 =12.4尺，比檐柱高H高0.6尺，差额为5%，可以认为基本是在传统的$H = A$的比例范围内小有变化。按元代建筑比例，殿堂、厅堂型构架均为六椽屋脊高为檐柱高之二倍，此门为四椽门屋，为求稳重的外观，遂亦令其脊高为檐柱高之二倍，近于唐代之比例，而与宋元时比例不合，应属特例。

和延福寺大殿、真如寺正殿相同，二山门的乳栿之下都有顺栿串，具有江南地方特点。它的栱头有凹入的瓣，是唐以前古制之遗，斗四角刻作入瓣，则属地方做法。但从柱额梁架的断面比例关系看，它是元代建筑而不可能更早。

七、明、清建筑

明是唐亡以后唯一一个由汉族建立的重新统一全国的王朝，它的建立结束了

中国长期分裂对峙和非汉族王朝的统治。立国之初，气象振奋。明建国时依靠的文臣以江浙文士为主，在文化上视北方辽、金、元以来的典章制度为非正统，要在江南地区南宋以来汉族传统文化的基础上重建一代制度。这当然也影响到建筑。明初修南京宫殿所用为以苏州帮为主的江浙工匠，故明初在南京的官式建筑是在南宋以来江浙地区建筑传统的基础上发展而来的。明永乐帝迁都北京，拆毁元大都宫殿、坛庙、官署，征集江南工匠按南京宫殿的规制建北京宫殿、坛庙、官署，北京地区原有的辽、金、元以来的建筑传统遂逐渐泯灭，而明之北京官式即在南京官式基础上发展完善，在建筑规制和技术上与唐宋辽金以来的中原和北方建筑体系相比，都有很大变化，官式建筑的模数也由宋式的材“分”制变为明官式的斗口制。

江浙地区建筑自南宋以来即开始了简化过程，前文所述苏州玄妙观三清殿和上海真如寺大殿在内外柱头之间于梁下加顺栿串，与阑额一起在柱头间形成井字格，以加强柱网本身的稳定性，并替代水平铺作层的作用等，都是对宋式殿堂、厅堂构架进行简化之例。到明初的官式建筑，在模数值上也开始变化。明式的“斗口”实即宋式的材宽，仍为 10“分”，但明式之材高却由宋式之 15“分”减为 14“分”，而栔高 6“分”不变，足材由 21“分”减为 20“分”，这样其模数遂由 15、21“分”进位简化为 10、20“分”进位，对工匠计料有极大的便利。明式的材等也比元以前大幅度降低。明长陵祾恩殿之斗口宽度虽未见发表材料，但从其梢间间广 22.5 尺用四朵斗栱可以推知，其斗口约为 225/（5×11）= 225/55 = 4.1 寸，这尺寸只相当于宋式用于小厅堂的六等材。斗栱用材减小后，它不能再像唐、宋、辽那样与明栿结合形成保持构架稳定的铺作层，逐渐蜕化为柱、梁之间的装饰垫层。保持构架稳定的功能则改由架设在柱头间的阑额和随梁枋（即宋式之顺栿串）构成的井字格形支撑系统所取代。由于加支撑系统后柱网本身已是稳定的构架，也就不必用侧脚、生起等做法了。这样，不仅模数改用斗口，在构架体系上明官式殿堂构架也与宋式有很大的不同（图 3-1-7-1）。

除以斗口为模数外，明官式也以斗栱之宽——攒档为扩大模数。下文所举之明清紫禁城角楼就是用攒档为平面和立面模数的最典型的例子。用斗栱攒档为立面设计的扩大模数，除角楼外还有山西万荣清代所建飞云楼，可知是沿用于明清二代的又一种运用扩大模数的设计方法。但因攒档值固定会影响各间宽度的变化，在设计时使用得较少而已。

唐宋以来用柱高为扩大模数以控制建筑立面和断面高度的方法在明代继续使用，并有新的发展。在明代特大型宫殿建筑中出现了以模数方格网控制立面设计的方法。除上举紫禁城角楼以斗栱攒档画方格网控制立面设计者外，更多的例子是以下层柱高为模数画方格网，如天安门、鼓楼、太庙正殿和西安鼓楼。因这种方法在金初所建大同善化寺普贤阁上曾出现，故这种以模数网格控制立面设计的方法是古已有之还是明代的新发展，尚有待于进一步研究。

从目前了解的明清官式建筑的情况看，它没有宋式那样多的变化，单体建筑造型上一些较细腻的处理手法如侧脚、生起和次间、梢间在面阔的微小 化等也逐渐减弱，以至于消失，建筑形式比较严谨，没有宋式活泼，但如从群组布局角度看，这有利于保持协调一致和整体性，又可视为它的优点。

1. 江苏省扬州市西方寺大殿

寺在扬州驼岭巷，传始建于唐初，明洪武五年（1372 年）重建，明清历朝递修，为扬州八大名刹之一。清咸丰三年（1853 年）寺毁于兵火，唯大殿独存。

大殿为重檐歇山顶建筑，殿身面阔三间，进深三间八椽，四周加深一椽的副阶，围成一圈下檐。大殿之简介和平面数据发表于《古建园林技术》53 期孙世同、潘德华:《扬州西方寺明清大殿的地方做法》。

此殿之构架近于宋式厅堂中之“八架椽屋前后乳栿用四柱”形式，小异处是宋式只中跨四椽栿下加顺栿串，位置在前后乳栿下皮之下，其两端出榫，穿前后内柱后变为承托前后二乳栿后尾的华栱，而此殿则前后乳栿及四檐栿下均加顺栿串，在它与梁底之间加驼峰、重栱、替木，形成隔架科斗栱的雏形。这是元至明初以来逐步形成的做法，与唐宋殿堂构架在明栿草栿间加斗栱看去类似而构架特点不同（图 3–1–7–2），以后盛行于明清官式中。

此殿正侧面副阶和殿身梢间之间广进深相同，仅正面殿身明间间广比进深上明间（中跨）长 28cm，其平面（柱脚）尺寸列下：

面阔：　160 + 336 + 575 + 336 + 160 = 1567cm

进深：　160 + 336 + 547 + 336 + 160 = 1539cm

按明代早、中期尺长 31.73cm、31.84cm 分别折算，发现当尺长为 31.73cm 时更为接近整数。折算结果为：

面阔：　5.04 + 10.6 + 18.1 + 10.6 + 5.04 = 49.38 尺

进深：　5.04 + 10.6 + 17.2 + 10.6 + 5.04 = 48.48 尺

上述尺寸为柱脚尺寸，包括侧脚在内，而殿之设计尺寸应为柱头间尺寸。在发表的纵横剖面图上都画有侧脚线，故虽未标出侧脚尺寸，已可知其必有侧脚，即柱头尺寸应小于柱脚尺寸。据此，可对上文折算出的尺寸进行小的调整，其结果如下：

面阔：　5.0 + 10.5 + 18 + 10.5 + 5.0 = 49 尺

进深：　5.0 + 10.5 + 17 + 10.5 + 5.0 = 48 尺

如以这调整后之尺寸为柱头间尺寸，则与柱脚尺寸相比，面阔减少 0.38 尺，进深减少 0.48 尺，这尺寸应即正侧面侧脚之尺寸。此殿之下檐柱高约为 3.5 m 左右，约合 11 尺，其正面侧脚为 0.19/11=1.7%，进深侧脚为 2%，这侧脚虽比《营造法式》中规定的正面侧脚 1%、侧面侧脚 0.8%的比例为大，但在江浙地区，比它早 52 年的上海真如寺大殿，其侧脚为 2.5%，也大大超出宋式的比例，可能是元以后的江浙地区的特点。

这样，就可以大体推知前面调整后的面阔、进深应接近此殿之柱头尺寸。所推定之尺长为31.73cm，与北京永乐时明官式建筑所用尺长相等，则也从一个方面证明此殿为明洪武至永乐间所建。

此殿的剖面、立面图中高度上的尺寸未标出，图上也没有比例尺，只能用作图法作简单的探讨。

在纵、横剖面图上用作图法探索，可以看到殿身中平槫至上檐柱顶之距 A 略小于上檐柱高 $H_{上}$的 1/2，亦即上檐柱高略大于 $2A$。按宋元重檐建筑之比例，下檐柱高 $H_{下}$与 A 相等，而上檐柱高 $H_{上}=2H_{下}=2A$，此殿上檐柱高 $H_{上}$稍大于 $2A$，基本符合这比例，但下檐柱高 $H_{下}$大大超过 $H_{上}/2$，这表明，此殿设计时，先虚定一下檐柱高 $H_{下}$，然后按上述宋时重檐建筑的比例关系令 $H_{下}$与 A 相等，而 $H_{上}$等于 $2H_{下}$，据以定出殿之横剖面，最后再提高下檐柱高 $H_{下}$，令它为上檐檐口标高的 1 / 2。这情况在北京明初官式建筑如长陵祾恩殿中也出现过，可知是明初的通用做法（图 3-1-7-3）。

在立面图上用作图法探索，发现上檐柱高 $H_{上}$基本为殿身面阔的 2 倍，即殿身以上檐柱高 $H_{上}$为模数。

我国南方自 1127 年南宋建立，沿淮河秦岭一线与金对峙，直到 1279 年元灭南宋，南北分裂 152 年。由于南宋辖区经济文化远高于金、蒙古所辖的北方，故南宋在 150 年中在建筑方面有重要的发展，可惜遗物极少，可代表其建筑水平的只有苏州玄妙观三清殿一例，更多的只能从南宋绘画中看到一个概貌，蒙古于 1234 年灭金后，与南宋南北对峙了 45 年，最后于 1279 年灭南宋统一全国。在灭南宋以前，蒙古已于 1262 年建大都城，于 1274 年建成宫城。宫城的建成标志着在北宋、金基础上已经形成了元的官式。故在 1279 年元灭南宋后，南宋的建筑传统只能作为地方式样在当地延续和发展，而不再可能对元官式有所影响。

江南地区元代建筑遗存也极少，只有苏州虎丘二山门、震泽杨湾庙正殿、上海真如寺正殿、金华天宁寺大殿、武义延福寺大殿等几座，都是三间的小殿或门，没有大型建筑。此殿建于明洪武五年（1372 年），上距延福寺大殿、真如寺正殿只有50年，去元之亡只有五年，故可视为江南元代建筑之遗风，也是很重要的。

2. 北京市明长陵祾恩殿

长陵在北京昌平北面山谷中，为明永乐帝的陵墓，祾恩殿是其享殿。据《明实录》记载，长陵创建于明永乐七年（1409 年），十四年（1416 年）建成享殿，以安设先永乐帝而死的皇后的神位。永乐二十二年（1424 年）永乐帝死，同年十二月合葬入长陵。但《明实录》又有洪熙元年（1425 年）十二月工部臣言长陵殿未完请增一万人助役和宣德二年（1427 年）长陵殿成，帝后神位奉安的记载，推测在永乐帝死后入葬时对长陵前半宫殿部分曾加修缮或扩建，虽其详尚有待进一步考订，但此殿木工、石工工程量巨大，似不可能全部重建，而以扩建和完善石雕和陵区环境的可能性较大。故此殿可以认为是创建于 1416 年，于 1427 年最后形成现状。就始建之年论，尚早于明代的北京宫殿四年，是北京现存最古的明代官式建筑之一。明长陵布局问题已见前章，这里只探讨殿之设计特点。

祾恩殿为重檐庑殿顶大殿，建在周以石栏的三层汉白玉石台基上。殿外观东西九间，长 66.56m，南北五间，深 29.12m。其下檐部分深半间一椽。上檐正面中央七间与下檐同，两端二尽间比下檐缩小半间；上檐侧面进深为三间，外侧二间各深二椽半，中央一间深五椽，共深十椽，尚有《营造法式》殿堂图样中槫与柱子不对位的特点。据十三陵特区文物科提供的数据，其平面尺寸如下：

面阔：　6.68 + 7.12 + 7.12 + 7.19 + 10.34 + 7.19 + 7.12 + 7.12 + 6.68 = 66.56m

进深：　2.79 + 6.68 + 10.20 + 6.68 + 2.79 = 29.12m

以明初所用尺之长度 0.317m 折算，面阔进深分别为：

面阔：　21 + 22.5 + 22.5 + 22.75 + 32.5 + 22.75 + 22.5 + 22.5 + 21 = 210 尺

进深：　8.8 + 21 + 32.4 + 21 + 8.8 = 92 尺

明清建筑面阔受斗栱攒数影响，此殿正面明间用 8 攒平身科，合 9 攒档，其余 8 间各用 6 攒平身科，合 7 攒档。今已知各间间广，则可求知每间攒档之宽如下：

明间为 32.5 尺 / 9 = 3.6 尺

次间为 22.75 尺 / 7 = 3.25 尺

两再次间均为 22.5 尺 / 7 = 3.2 尺

尽间为 21 尺 / 7 = 3 尺

从明间、尽间攒档为较整齐的尺寸看，前面对各间间广尺数之推测应符合实际情况。

长陵祾恩殿至今没有找到有较精确数据的剖面图，只能就梁思成先生《图像中国建筑史》中所附简图用作图法进行探讨（图 3-1-7-4）。

宋辽以来重檐建筑之特点是上檐柱高为下檐柱高的 2 倍，单檐建筑檐柱之高殿堂构架与柱顶至中平槫（距檐槫二步架之槫）之距相同。厅堂构架与柱顶至上平槫（距檐槫三步架之槫）之距相同。至元代则殿堂、厅堂构架均为檐柱高与上平槫（距檐槫三步架者）至柱顶之距相同。以此在剖面图上探索，发现下平槫至上檐柱头之距 A 略小于上檐柱高 $H_{上}$的一半，也可视为基本相等，但比下檐柱之高 $H_{下}$却小得更多。从这现象可以推知，此殿还是按宋式重檐殿堂的基本比例进行设计，先令上檐柱高 $H_{上}$为下檐柱高 $H_{下}$的二倍，再令下平槫到上檐柱顶之距与下檐柱高 $H_{下}$相等，亦即为上檐柱高 $H_{上}$的一半，此剖面基本确定后，再适当加高下檐柱的高度，令大体接近上檐檐口标高的 1/2，以使殿宇显得更轩敞高大。这就出现了重檐建筑上檐与屋架的比例符合或接近宋式，而下檐向上抬升的现象。自此殿开始，明官式的重檐建筑一直保持加高下檐柱的倾向，逐渐抬高到为上檐檐口甚至上檐正心桁标高一半的高度。这现象在后面关于太和殿、保和殿部分还将看到。

对此殿剖面图进行分析，还可看到它虽具有内外柱同高、内部装天花等殿堂型构架特点，但其构架却与宋式殿堂构架天花以下用明栿、天花以上用草栿的上下二层梁的做法不同，省去明栿，只保留草栿，但把最下层草栿露在天花板以下的下半部按明栿要求加工。这样，其梁架就比宋式殿堂型构架大为简化。

这种做法最早见于南宋淳熙六年（1179 年）所建苏州玄妙观三清殿，随后又见于蒙古中统三年（1262 年）所建山西永济永乐宫三清殿和纯阳殿，可知在南宋、金时，殿堂型构架已有新的发展。但玄妙观三清殿的柱网在柱头间纵横两向用阑额和顺栿串拉结，形成井字格，在额和串上均加补间铺作以承梁架、天花，而永乐宫三清、纯阳二殿则在柱头间只有纵向的阑额而无横向的顺栿串。二者的不同反映出南宋与北方的金、蒙古辖区在建筑做法上的差异。明长陵祾恩殿在殿内柱头间纵横向都加阑额和随梁枋（即顺栿串）形成井字格，随梁枋上与阑额一样也加平身科斗栱（即补间铺作），与玄妙观三清殿的做法一脉相承而不同于永济永乐宫二殿，表明它源于江南南宋以来的传统。

明始建国时定都南京，至 1415 年永乐帝定策北迁兴建北京宫殿时，已历 47 年，其间建了南京宫殿坛庙、中都宫殿、孝陵及外地大量工程，明之官式建筑已经形成。从地域和文化系统来说，明之官式肯定是源于宋元以来江南的建筑传统，而摒弃北方在女真、蒙古统治下的金、元官式。长陵祾恩殿始建于永乐帝定都北京以前的永乐十四年，肯定出于南京官匠之手。如把此殿和建于洪武十三年（1380 年）的西安鼓楼等综合比较，可以对明初南京的官式有较清楚的了解。

明永乐十八年（1420 年）建成北京宫殿坛庙，其重要殿宇的做法和风格与长陵祾恩殿一脉相承。如太和殿、保和殿、太庙正殿等，其殿内柱网在柱头间纵横都加阑额及随梁枋形成井字格，稍后随梁枋又发展为跨空枋，形成隔架科斗栱，成为明清官式建筑柱网的一大特点；上部梁架也基本相同，只是明长陵祾恩殿檩的排布还保持宋式殿堂构架的影响，并不都与其下的纵向柱列对位，而北京宫殿坛庙诸殿宇则进一步整齐化，使其与柱列对位了。明长陵祾恩殿创建于永乐帝营北京以前，而其风格、构架又与北京宫殿各殿宇相同，所以它是证明北京明官式源于南京明官式又遥接江南地区宋元建筑传统的极好例证，对研究明官式的来源和发展演变有极重要的价值。

长陵祾恩殿的重檐做法也值得注意，宋元重檐建筑如太原晋祠圣母殿、苏州玄妙观三清殿和曲阳北岳德宁殿都是在殿身上檐柱四周加一圈深一间二椽的副阶柱，构成下檐，其结果是下檐之面阔、进深都比上檐各增出二间，这是宋元以来传统做法。长陵祾恩殿与之不同，只在殿身前后檐柱外深半间一椽处各加一排下檐柱，在山面却即以山柱为下檐柱，在其上架顺梁（宋代称丁栿），后尾插入相邻一间之柱身，在梁上深半间一椽处立童柱为山面上檐柱，与前后殿身柱共同构成上檐屋顶。这样做与宋元旧法不同处是只有进深方面比殿身增加二间，由四间改为六间，而在面阔方向上仍为九间，用把上檐尽间间广减半的方法构成重檐。这是明代出现的新的重檐建筑做法，而长陵祾恩殿为迄今所知最早的实例。除此殿外，还有天安门、端门、午门的正楼也是这样。又，明代史籍都记载太和殿、太庙正殿均为面阔九间，到清代记载改为十一间。从现状二殿山面均出半间副阶看，明代应也是这种做法，清代于左右各加半间为下檐，才形成现状的十一间的。

长陵祾恩殿迄今未见有正立面实测图发表，但用作图法在剖面图上分析，可知其下檐柱高 $H_{下}$ 与殿身进深上前后梢间相等，即约在 6.68m 左右。以此柱高和实测之面阔相比，为 66.56m ： 6.68m = 9.96 ： 1，近于 10 ： 1，这现象表明长陵祾恩殿之立面以下檐柱高 $H_{下}$ 为模数，面阔为下檐柱高 $H_{下}$ 的 10 倍，即面阔九间，总宽为 10 $H_{下}$。又，据实测平面，殿尽间间广也是 6.68m，与 $H_{下}$ 同，可知在立面上，尽间为正方形，其余明、次、梢各间均为横长矩形，故其立面呈稳重的效果。

3. 明、清北京紫禁城角楼

明、清北京紫禁城角楼共四座，形制相同，分别建在紫禁城四角城墙顶上，当是在明永乐十八年（1420 年）与紫禁城宫殿同时创建的，以后历经明、清和近代多次修缮，但无重建的记载，故其基本构架应是明初始建时的原状。

角楼平面为十字形，核心主体为方亭，四面分别出深浅不同的抱厦。面向城外两面的抱厦较浅，顺城身的两面较深，故其平面大轮廓又略近于曲尺形。

角楼主体为一三重檐的方亭，上覆十字脊歇山屋顶，方 873cm，下层每面划分为三间，明间宽 559cm，二梢间各宽 157cm，至上层则缩小为只余明间的宽度 559cm。面向城外的两面各突出一抱厦，宽与主体明间同，亦为 559cm，深 160cm，构成十字形平面的二短肢，它们都是以歇山山面向外的重檐小抱厦，为唐宋时“龟头屋”之遗制。角楼顺城身的两面也各突出一抱厦，宽仍为 559cm，但进深增加至 398cm，构成十字形平面的二长肢，为正面向外的重檐歇山顶抱厦。这四个重檐的抱厦的下檐和上檐分别与主体的下层檐和中层檐处在同一水平面上，彼此连通，这样，就在角楼每一角出现上下各三个并列的翼角。如加上主体顶层的四个屋角，在每一角上都上下攒聚 7 个翼角，总数为 28 个翼角，充分展现中国古代木构建筑翼角翚飞之美和木结构的精巧玲珑，是现存古建筑中最具特色的一种。

1941 年 8 月张镈先生领导的测绘组曾对角楼进行测绘，绘有附有精确数字的实测图，现即据以进行探讨。

角楼之平面尺寸四面相同，只是方向有异，取其一面即可。其尺寸依次为

长肢＋主体＋短肢 = 398 ＋（157 ＋ 559 ＋ 157）＋ 160 = 1431cm

其主体部分为 157 ＋ 559 ＋ 157 = 873cm。

以明代早晚期尺长 31.73、31.84、31.97 核验，发现当尺长为 31.73cm 时，基本为整数，即：

398 + (157 + 559 + 157) + 160 = 1431cm

12.54 + (4.95 + 17.6 + 4.95) + 5.04 = 45.1 尺

其主体部分为 4.95 + 17.6 + 4.95 = 27.5 尺。

这尺寸中 4.95 与 5.04 只差 0.09 尺，不足一寸，可视为相等，则上述尺寸可调整为

12.5 +（5 + 17.5 + 5）+ 5 = 45 尺

在北京明官式建筑中，建于明初的长陵祾恩殿、社稷坛享殿（中山堂）及戟门等所用尺均为 31.73cm，可知角楼就平面尺寸而言，应是保持着明初的原状。

明清建筑之平面尺寸多与斗栱攒档有密切联系，角楼主体部分明间七攒档，梢间各二攒档，总为 11 攒档，平均攒档宽为 27.5 尺 / 11 = 2.5 尺，凸出之深浅二抱厦，深者 5 攒档，浅者 2 攒档，分别宽 12.5 尺和 5 尺，平均也是每攒档宽 2.5 尺。这就表明整个平面布置是以宽 2.5 尺的攒档为模数的。以攒档数计，其平面尺寸可简化为

5 ＋ 2 ＋ 7 ＋ 2 ＋ 2 = 18 攒档

在平面图（图 3–1–7–5）上可以攒档之宽画正方格网，表明平面上以攒档为模数的情况。

在剖面图上进行分析，也可看到运用模数的现象（图 3–1–7–6）。

把剖面图上所注高度方面的数字折合成明尺后，可以看到，若以殿内地平为 ±0.00m，则下檐柱顶之高 4.03m，合 12.7 尺，抱厦平板枋上皮高 6.44m，合 20.3 尺，主体上檐下大额枋上皮（相当上檐柱顶）高 9.73m，合 30.7 尺。这三个数字中，下檐柱高包括柱础之高，若扣除础高 8cm，则柱高基本为 12.5 尺；其余二数字除去尾数后应为 20 尺和 30 尺，都是攒档之宽 2.5 尺的倍数。据此，在剖面图上用作图法画方 2.5 尺的网格，令垂直方向与攒档相合，则可得十八格，即 45 尺，水平方向若自柱础上皮向上排，至主体顶层之脊槫可得十七格，其间下檐柱头、抱厦平板枋上皮和主体顶层大额枋上皮都准确位于网线上，下檐、中檐和上檐三个檐口也基本在网线上，下檐与中檐间距约三格，即 7.5 尺，中檐与上檐相距约四格，即 10 尺。这些现象表明，在剖面和立面设计上，也以攒档之宽 2.5 尺为模数（图 3–1–7–7、图 3–1–7–8）。

前面分析探讨过的唐至明清建筑大都以下层檐柱之高为平面及高度上的扩大模数，但在角楼实测图上反复探索，都未发现这个迹象。这可能是角楼的尺度过小、互相关系过于紧密所致。在角楼平面图上可以看到，只有主体部分的明间用了六攒平身科斗栱，是一完整的间，其余都是半间或更小，其总宽只有 3.6 倍檐柱高，却又分割为三部分，难以凑成柱高的倍数；在剖面图上也可看到，重檐也不是宋元时的标准做法，上檐柱高只有下檐柱高的 1.6 倍左右，而主体部分第三层檐下的大额枋之高（相当于第三层檐柱高）也只有下檐柱高的 2.4 倍，故在高度上也不可能以下檐柱高为扩大模数。但这样复杂的建筑组合体，如没有模数控制，很难达到统一协调的效果，故在角楼设计中需要另选一个扩大模数。

在宋元建筑中，像角楼这种复杂的组合体，其主体建筑用材至少要比副阶和附属的挟屋、抱厦等要高一级，抱厦、挟屋檐柱高也要比主体的矮一些，以表示主从关系。这在元夏永所画岳阳楼图有清楚的表现。由于用材和柱高的差异，大大增加了设计的复杂程度。但角楼与之不同，其主体的中层和下层檐口和下檐柱都与附属的抱厦同高，用材相等，而且斗栱的攒档也相等，这样，攒档就成为主体与附属抱厦之间的公因数，成为它们的共同的扩大模数，有了这个扩大模数，就使这座复杂的组合体建筑的设计有了共同的尺度标准，使设计大大简化。

在前面对单体建筑的分析中，已可看到宋辽金元以来，一直存在着简化木结构构架的倾向，如南宋、金、元时，殿堂构架明栿、草栿的界限已开始打破等。到明代这种简化更为明显，如构架进一步简化，构件进一步标准化，减少不同规格等。角楼在主体与附属建筑上使用同等的材、同样的柱高、相同的攒档也是这种简化趋势的重要表现。

角楼建在城角，是防卫设施，但建在宫城的四角则源于角阙，阙最早是建在入口处的望楼箭亭，以后发展为表威仪等级的建筑物，建在城门、宫门入口两侧和宫城四角。阙分三等，一母阙附二子阙的三重阙为皇帝用，一母阙一子阙的二重阙为诸侯（包括地方长官等）用。角阙建在城角，形制与门阙相同，但顺城身的两面都加子阙，以使从城外两面看去都有子阙，遂形成曲尺形平面。《唐会要》载明堂按太庙制度“四角造三重魏阙”，在金代所刻北宋创建的后土庙、中岳庙图碑上，庙墙四角都有单阙或二重子母阙，即是其例。到金代，宫门前的双阙已发展成母阙为重檐十字脊歇山顶的方亭，外侧加二重高度递降的歇山顶挟屋，以表示为子阙，并有了角楼的俗称。元承金制，据《南村辍耕录》记载，元宫正门崇天门外“阙上两观皆三朵楼”，又说“角楼四，据宫城之四隅，皆三朵楼”，《故宫遗录》则称崇天门外二阙亭为“十字朵楼，高下三级”，又说城四隅“皆建十字角楼”。崇天门外阙亭的形象可在旧题赵遹《泸南平夷图》的元人《宦迹图》中看到，元宫四角之角楼应与之同制，仅两侧都出象子阙的挟屋而已。明紫禁城角楼即在元宫角楼基础上发展而来：其主体仍为方形十字脊屋顶，但改重檐为三重檐；其顺城身之较深的抱厦即由子阙演变而来，但改二重为一重，又把单檐增为重檐而已；其面向城外两面所出较浅的抱厦为金元旧制所无，当是明代的创新，以使角楼的两个正面显得更丰富而有变化。角楼经明代的发展，它源于角阙的痕迹已全部泯灭，形成全新的形象，明清角楼是古代在传统基础上创新的一个很好的例子。

4. 明、清北京社稷坛前殿及后殿

建于明永乐十八年（1420 年），明武宗实录记载曾因岁久损坏修理，但无重建记载。

据 1941 年 12 月实测图，前殿为面阔五间、进深三间十椽、上覆单檐歇山顶的建筑，属宋式厅堂构架中之十架椽屋前后三椽栿用四柱形式。其次梢间间广平

均为 634.6cm，设为 20 尺，则 1 尺长为 31.73cm，殿之平面长度及折合之尺数列下（图 3–1–7–9）：

面阔：　　632 + 632.5 + 946.5 + 642 + 632 = 3485cm

　　　　　20 + 20 + 30 + 20 + 20 = 110 尺

进深：　　631 + 649 + 631 = 1911cm

　　　　　20 + 20.4 + 20 = 60.4 尺

考虑有侧脚，故进深可调整为

进深：　　636 + 636 + 636 = 1908cm

　　　　　20 + 20 + 20 = 60 尺

这里推算出的面阔、进深均为整尺数。

此殿檐柱净高 = 590cm，即 18.6 尺，在立面图上（图 3–1–7–10）

面阔：柱高 = 3485 ： 590 = 5.9 ： 1 ≈ 6 ： 1

按柱高 6 倍为 3540，较 3485 多 55cm，误差为 55 / 3485 = 0.016，即 1.6%，可以略去，视为相等。

则面阔≈ 6× 檐柱高

在断面图上（图 3–1–7–11），自檐柱顶至第二中平槫下皮（距檐槫三步架之槫）之距为 570cm，槫径 41cm，若计至槫上皮为 610cm，若计至槫中心则为 590.5cm，与檐柱高同。据此可知此殿断面之比例关系与辽金以来厅堂型构架通用的比例相同。

此殿明间用六攒平身科，次梢间用四攒，分别为七个和五个攒档。

明间攒档 = 946.5 / 7=135.2cm

次梢间攒档 = 632 / 5=126.5cm

山面明次间攒档 = 636 / 5=127.2cm

即正面次梢间及山面各间之攒档基本相同，均为 127cm 左右。只正面明间加大为 135.2cm，加宽 8cm。

就面阔共有 27 攒档计，攒档 = 3485 / 27=129cm=4.07 尺

就进深共有 15 攒档计，攒档 = 1908 / 15=127.2cm=4 尺

可知此殿斗栱攒档平均为 4 尺。

后殿面阔五间，进深八椽三间，单檐歇山屋顶，属厅堂型构架中之八架椽屋乳栿对六椽栿用三柱。其平面尺度及折合之尺数（设 1 尺 = 31.73cm）列如下：

面阔：　　632 + 642 + 936 + 622 + 635 = 3467cm

　　　　　20 + 20 + 29.5 + 20 + 20 = 109.5 尺≈ 110 尺

进深：　　368 + 576 + 364 = 1308cm

　　　　　11.5+18 + 11.5 = 41 尺

据断面实测图（图 3–1–7–12），其檐柱高为 514cm，合 16.2 尺。

以檐柱之高除面阔、进深，均非整数，可知在立面设计上未以柱高为模数。

但从断面图上所注尺寸可以算出其上平槫（清式上金桁）上皮距檐柱顶之高为 A = 528cm，与檐柱高 H = 514cm，相差 14cm。这就表明，它也基本符合辽金厅堂构架中六椽屋脊高为檐柱高二倍的比例关系。

从此殿横剖面图上可以看到柱脚之间距与柱头（按桁距计）之间距不同，相差 0.5 尺，有可能是有侧脚的。

5. 明、清北京太庙戟门

太庙主殿院的正门，以门外列棨戟 120 而得名，为面阔五间、进深二间单檐庑殿顶的门屋，构架属殿堂型分心槽。

太庙戟门有 1942 年 9 月实测图，其平面尺寸如下（图 3–1–7–13）：

面阔：　635 + 636 + 946 + 648 + 635 = 3500cm

进深：　652 + 652 = 1304cm

用明代早、中期二种尺长 31.73cm、31.84cm 分别折算，发现当尺长为 31.73cm 时，基本为整数，即

面阔：　20.01 + 20.04 + 29.8 + 20.4 + 20.01 = 110.3 尺

进深：　20.55 + 20.55 = 41.1 尺

调整尾数后为

面阔：　20 + 20 + 30 + 20 + 20 =110 尺

进深：　20.5 + 20.5 = 41 尺

戟门在高度方面的实测数字为：

檐柱净高 H 为柱顶标高 549cm 减去础高 10cm 为 539cm，合 17 尺。

上金桁至檐柱顶之距 A 为 574 cm，合 18 尺。桁径为 50cm，若计至桁之中心为 549cm，合 17.3 尺。屋脊标高为 1241cm。

在剖面图上可以看到，上金桁至檐柱顶之距 A 为 18 尺，略大于下檐柱高之 17 尺，若扣除平板枋之厚则为 17.2 尺，可视为基本相等。故此殿基本符合元以后殿堂、厅堂构架上平槫（距檐槫三步架者，明清称上金桁）至檐柱柱顶之距与檐柱净高相等的比例关系，亦即剖面设计仍以下檐柱高为模数（图 3–1–7–14）。

在立面图上可以看到，面阔为 3500cm，檐柱净高为 539cm，其比值为 3500 ∶ 539 = 6.49 ∶ 1。具体折算，6.5 × 539cm = 3503.5cm，比实测值 3500cm 只多 3.5cm，误差为 1‰，可以略去，故面阔与柱高之比值为 6.5 ∶ 1。

前此所分析的面阔以柱高为模数诸例都是柱高的整倍数，此独为柱高之半的倍数，而且比值很准确，究竟属巧合还是有此规律，尚有待更多的实例来证实（图 3–1–7–15），这里暂时只能做为现象提出。

戟门面阔与太庙前殿中央五间相比为

戟门：　635 ＋ 636 ＋ 946 ＋ 648 ＋ 635 = 3500cm

前殿：　642 ＋ 643 ＋ 959 ＋ 643 ＋ 643 = 3529cm

二者相差一定尾数。如用明前、中期两种尺长分别折算，可以看到：

当尺长为 31.87cm 时：

戟门为　19.9+20.0+29.7+20.3+19.9=109.8 尺

前殿为　20.1+20.2+30.1+20.2+20.1=110.7 尺

当尺长为 31.73cm 时，

戟门为　20+20+29.8+20.4+20=110.3 尺

前殿为　20.2+20.3+30.2+20.3+20.2=111.2 尺

从上面折算结果可以看到，当尺长为 31.73cm 时，戟门的开间及面阔与整尺寸之差数最小，表明二建筑所用尺长不同。

从前面分析过的明长陵祾恩殿及社稷坛享殿等建筑，我们已知明永乐间所用尺长为 31.73cm，这就是说，戟门用的是明永乐间的尺。梁思成先生在所撰《中国建筑史》中判断太庙戟门为明永乐时原构，现在可以在所用尺长上得到一项佐证。

按：史载明太庙始建于明永乐十八年（1420 年），形制与今基本相同，但只有前殿、中殿各九间，没有后殿。明嘉靖十四年（1535 年）由合祀改为分祀，改建太庙为九庙，以原太庙祀太祖，并在中殿后建后殿藏祧迁之主；太祖庙左右各分建四小庙，分祀历世诸帝。嘉靖二十年（1541 年）雷火毁九庙中八庙。至嘉靖二十四年又按旧制重建太庙，据此可知现太庙是嘉靖二十四年按永乐旧制重建的。现太庙中，正殿用尺长 31.87cm，为明中期尺长，表明前、中、后三殿是嘉靖以后重建的。戟门用明永乐时尺，则可能是雷火未焚之残余，依原状修复的。故太庙戟门应是太庙中保存下来的明永乐始建时的遗构。

此门内外柱同高，用天花，其构架属殿堂型，但与宋代不同，不再分明栿草栿，实际省去明栿，把草栿最下层置于斗栱层上，在露出的梁两侧边装天花，遮住上层梁架，即以露出在天花下的梁之下半代替明栿，构成殿堂型构架之殿内特点。这做法始于南宋和元代，不同处是南宋时已于梁下于内外柱头间加顺栿串，而元代不加，这是南方、北方的差别。明官式源于江南，故在梁下加顺栿串，但改称之为随梁枋，戟门即在梁下方于内外柱头间加随梁枋。

这样做法的门北京有三座，除戟门外尚有明长陵祾恩门和天坛祈年门，均为面阔五间进深二间的殿堂型构架门屋，戟门、祈年门为庑殿顶，长陵祾恩门为歇山顶。祈年殿一组亦经明嘉靖间重修，但重点改大享殿为祈年殿，从平面及构架看祈年门可能仍是明初大享门之旧，这样，这三座门就可能都是明初永乐间的遗构了。

6. 明、清北京紫禁城西华门

在紫禁城西墙上，为紫禁城之西门，东与东门东华门相对。它创建于明永乐十八年（1420 年），明万历二十二年（1594 年）灾，万历二十四年重建，以后历经维修，保存至今。它是下开三个门洞，上建面阔七间进深三间重檐庑殿顶门楼的城门。

门东西向，门墩南北宽 51.33m，东西深 26.9m，高（地面至台顶面）9.76m。

据 1942 年实测图（图 3-1-7-16），门楼的尺度为：

面阔：2.86 + 6.52 + 6.51 + 9.51 + 6.51 + 6.51 + 2.85 = 41.27m

进深：2.86 + 3.96 + 4.03 + 3.96 + 2.85 = 17.66m

用明中后期常用尺长 31.84cm 折算，总宽近 130 尺。设为 130 尺，则所用尺长为 41.27m / 130=0.3175m，即 0.3173m 之明初尺长。以此尺长折算，则：

面阔为　9 + 20.5 + 20.5 + 30 + 20.5 + 20.5 + 9 = 130 尺

进深为　9 + 12.5 +12.7 + 12.5 + 9 = 55.7 尺

城门墩台尺度可折算为南北总宽 161 尺，东西总深 85 尺，高 30.8 尺≈ 31 尺。

据此可知，西华门门楼虽经万历二十四年重建，其平面却是沿用了永乐时原尺寸。

墩台下开有三个门洞，中宽 4.92m，两边宽 4.58m，分别折为 15.5 尺和 14.5 尺。

城楼楼身为面阔五间、进深一间，四周加副阶，形成面阔七间、进深三间的外观，其上檐屋架用六椽通栿，即清式之七架梁，上承五架梁及平梁。七架梁两侧装天花，属殿堂的规格。

从城楼剖面实测图（图 3-1-7-17）上可以看到下列尺寸：

下檐柱高 $H_{下}$（柱础顶面至平板枋下）= 6.11m

上檐柱高 $H_{上}$ = 11.67m

脊桁上皮至上檐柱上皮之距 A = 6.51m

如自地面计至平板枋上皮，则：

下檐柱高为 6.52m

上檐柱高为 12.08m

按元以来剖面比例特点，殿堂构架六椽进深房屋之脊高为檐柱高 H 的 2 倍，即屋脊至檐柱顶之距 A 与柱高 H 相等。重檐建筑上檐柱高 $H_{上}$为下檐柱高 $H_{下}$的 2 倍。此门正为重檐建筑，楼身屋顶深六椽，其 A 为 6.51m,$H_{下}$为 6.52m，二者相等，符合上述比例关系。但门楼上檐柱高 $H_{上}$为 12.08m，仅为下檐柱高 $H_{下}$即 6.52m 的 1.85 倍，不到 2 倍，则上檐柱高未达到正常比例所应有的高度。这现象表明，在设计此门楼时，可能是先按传统比例，以下檐柱高 $H_{下}$为模数，据以定上檐柱高和脊高，然后再加以调整，减低上檐柱的高度，使下檐柱高高于上檐柱高的一半，形成现状。与明代重檐殿宇相比，建于明嘉靖二十四年（1545 年）的太庙正殿尚遵古制，上檐柱高为下檐柱高的 2 倍；但比它早 174 年的明长陵祾恩殿和晚于它的建于明天启间和清康熙间的紫禁城保和殿和午门正楼虽仍先以下檐柱高为模数定上檐柱高及屋顶举架，但在调整时却不再降低上檐柱高而是增加下檐柱高，都与西华门不同。这两种调整的结果都使下檐柱增高突破为上檐柱高一半的限制，使外观显得更开朗和轩敞。但保和殿的做法增加了下檐柱的实际高度，比以减低上檐柱高使下檐柱显得高些更有实际作用，故清以后的重檐建筑都沿用保和殿的方法而不再用西华门的方法。

在立面图上进行分析，发现上檐柱高 $H_上$与正面侧面都有一定的比例关系。

在城楼正立面图上可以看到，总宽为 41.27m，与上檐柱高 $H_上$的关系为 41.27 / 11.67 = 3.54 ∶ 1，实际计算 $3.5H_上$ = 40.85m，与面阔 41.27 只差 0.43m，差额为 1%，可以略去，即面阔为上檐柱高的 3.5 倍。

城楼楼身（即上檐部分）之宽为 35.56m，而 $H_上$的 3 倍为 3 × 11.67=35.01m，二者相差 0.55m，差额为 1.5%，也可略去，即楼身之宽为上檐柱高 $H_上$的 3 倍（图 3–1–7–18）。

在侧立面图上可以看到，城楼总进深为 17.66m，而上檐柱高 $H_上$的 1.5 倍为 11.67 × 3=17.52，比总进深只少 0.14m，差额为 8‰，可以略去，即总进深为上檐柱高的 1.5 倍（图 3–1–7–19）。

城楼楼身之进深为 11.95m，比上檐柱高 11.67m，多 28cm，差额为 2%，也可略去，视为上檐进深与上檐柱高相等。

据此，如果以上檐柱高$H_上$的一半 5.84m 在正侧面立面图上画网格，则可看到：在正立面图上，下檐部分可排 7 格，上檐部分可排 6 格；在侧面图上，下檐部分可排 3 格，上檐部分可排 2 格。这样，严格地讲，西华门之正侧立面实际都以上檐柱高的一半，即 $H_上/2$ 为模数。

在这里看来出现了一个矛盾，即从剖面上看，脊槫至上檐柱顶之距 A 与下檐柱高相等，即这部分以下檐柱高 $H_下$为模数，而在立面上，又以上檐柱高 $H_上$的一半为模数，这可能是在变化过程中出现的不协调，到天启以后直到清代，就又都以下檐柱高为立面上的模数，与剖面上的模数一致了。这现象也表明在嘉靖至天启崇祯间，可能官式建筑的比例正在发生变化，到清初才又基本定型。它是变化过程中的一个特例，与其前其后都不同。

值得注意的是，此门所用尺长从平面上推出为 31.73m，与明初所建社稷坛前殿相同，是明初的尺度。可知西华门在万历二十四年（1596 年）重建时未改变明初门楼的平面尺寸。

7. 明、清北京天安门及端门

天安门为北京明清皇城的正南门，始建于明永乐十八年（1420 年），原名承天门。明天顺元年（1457 年）灾，明成化元年（1465 年）重建。明清易代之际又毁，清顺治八年（1651 年）再重建后改今名。端门在天安门北跨御道而建，是天安门内的重门，形制与天安门相同。

两门均为城门的形式，下为门墩，开五个门洞，上建重檐歇山顶的门楼。天安门下的墩台底面东西宽 118.91m，南北深 40.25m，高 12.13m，顶面宽 117.61m，深 38.29m。墩台顶上建面阔九间、进深五间十椽的重檐歇山顶的门楼。门楼各柱间用阑额、随梁枋相连，形成矩形网格，最下层梁间装天花，属殿堂型规格。

在门楼的面阔九间中，左右八间同宽，进深五间中，前后廊同宽，楼身前后次间也同宽。取其平均值并按明中期常用的尺长 31.84cm 折算，可得下列数字：

面阔：　608 + 607 + 607 + 606 + 852 + 606 + 610 + 605 + 609=5710cm

　　　　19 + 19 + 19 + 19 + 27 + 19 + 19 + 19 + 19=179 尺

进深：　307 + 693 + 722 + 693 + 306=2721cm

　　　　9.6 + 21.8 + 22.7 + 21.8 + 9.6=85.5 尺

其折合之尺寸可微调为：

9.5 + 21.5 + 23 + 21.5 + 9.5=85 尺（图 3–1–7–20）

从断面图上还可知道如下数据：

下檐柱净高 $H_{下}$ = 604cm = 18.97 尺 = 19 尺

上檐柱净高 $H_{上}$ = 1106cm=34.7 尺≈ 35 尺

上檐檐口高 = 1226cm=38.5 尺

中金桁（距檐桁三步架处之桁）至上檐柱柱顶之距 A = 554cm=17.4 尺

从这些数字中可以看到：

上檐柱高 $H_{上}$ ：中金桁上檐柱顶之距 A = 1106 ： 554=1.996 ： 1 ≈ 2 ： 1

上檐檐口高：下檐柱高 $H_{下}$ = 1226 ： 604=2.03 ： 1 ≈ 2 ： 1

对宋辽金元建筑的分析，使我们得知其重檐建筑之上檐柱高均为下檐柱高的 2 倍；元以后，殿堂型和厅堂型建筑的上平槫（距檐槫三步架处之槫，明清时称中金桁）至檐柱柱顶之距均与檐柱之高相等，即等于重檐建筑上檐柱高的一半。从上举数据中可以看到，天安门门楼中金桁至上檐柱柱顶之距 A 恰为上檐柱高 $H_{上}$之半，符合上述宋辽以来重檐建筑的比例关系。但它的下檐柱高 $H_{下}$却高于上檐柱高 $H_{上}$的一半，而提高到相当于上檐檐口的高度一半的位置。

据此，我们可以推测，在确定天安门门楼的断面时，是先按宋辽以来重檐建筑的比例关系，以假定的下檐柱高为模数，令上檐柱高 $H_{上}$为其二倍并令中金桁至上檐柱柱顶之距 A 与此假定的下檐柱高相等，据以确定楼身部分的断面，再按立面的需要增加下檐柱的实际高度，以确定副阶下檐部分的断面。

这样做的目的是因传统的下檐柱高为上檐柱高之半的比例使下檐偏低，使其在庄重的同时又有压抑之弊，檐下和殿内也较阴暗，故有意地把下檐柱的高度提高，这大约是明初期以来的发展趋势。与天安门手法相同的还有长陵祾恩殿、太和殿和保和殿，也都是中金桁至上檐柱顶之距为上檐柱高的一半，但下檐柱都有不同程度的增高，大于上檐柱高的一半。从剖面图上可以看到，天安门城楼的下檐柱增高到上檐檐口高度一半的位置，而太和殿及保和殿的下檐柱则更要高些，达到上檐正心桁标高的一半。

在立面图上进行分析，可以看到，在城楼的正立面上，明间以外左右各四间的间广与柱高相等，为 8 个方 19 尺的正方形。由于上檐檐口标高为下檐柱高的一倍，这 8 个正方形还可以上延到上檐檐口，形成上层八个正方形（图 3–1–7–22）。

若再就墩台与门楼的关系进行分析，城墩建于明初，尺长应以 31.73cm 计，以此折算可以看到，墩台之高（自地平计至台顶地面）为 12.13m，折合为 38.2 尺，近于 38 尺，为门楼下檐柱高 19 尺的一倍。墩台顶面东西宽为净宽 117.09m 加上两端矮边墙之厚 0.52m（0.26m × 2），为 117.61m，合 370.7 尺，即 370 尺。若扣除门楼之净宽 57.10m，则左右侧所余墩台之顶宽为：

$$\frac{117.61-57.10}{2}=\frac{60.51}{2}=30.26\text{m}$$

按尺长 31.73cm 折算，30.26 m= 95.4 尺≈ 95 尺

这 95 尺恰为门楼次梢间间广 19 尺的 5 倍。

这样，在天安门总立面图上，自门楼明间左右二柱向外，直至墩台东西沿，各可划分为宽 19 尺的垂直格九格，墩台之高度方向，如计至台顶地面，又恰可划分为高 19 尺的水平格 2 格，垂直和水平相交，恰可把墩台扣除中间与明间相应的宽 27 尺部分后，各划分为上下两排东西 9 个方 19 丈的方格（图 3–1–7–23）。

这表明，天安门的立面设计是除明间宽 27 尺部分外，门墩和门楼都以方 19 尺的方格为模数。可以在正立面图上于明间两侧各画出方 19 尺的网格。

端门的情况与天安门相同。

天安门门墩顶面之宽 117.61m 和顶面之深 38.29m 按明初尺长 31.73cm 折算，为宽 370 尺，深 120 尺。

天安门在“文革”中曾经重修，外形稍改变，主要是檐角翘起的高度有所增加。这种改变，使门楼的尺度感相对变小。只要把现在的天安门楼和其后的端门门楼相比，可以明显看到端门的翼角翘起远比天安门为平缓，其屋顶之尺度感明显大于天安门，整个外形也显得较庄重浑厚些，这是十年浩劫中不甚严格的重修造成的憾事。

8. 明、清北京紫禁城午门

紫禁城宫殿南面的正门。创建于明永乐十八年（1420 年），明嘉靖三十七年（1558 年）重建。入清后，又于顺治四年（1647 年）重建，历经修缮，保存至今。

午门的形制由古代的门阙演变而来，下为凹字形的砖砌大墩台，台顶正中建面阔九间、进深五间重檐庑殿顶的门楼。门楼东西侧在墩台转角处建方形重檐攒尖顶的钟亭、鼓亭。前伸的两翼南端建东西两观，由古代突出门外的双阙演变而来，它也是方形重檐攒尖建筑，与钟鼓亭形式相同。两观与钟鼓亭之间连以长 13 间的阁道，正殿与钟鼓亭间连以三间的廊子。墩台及台顶建筑分述如下：

墩台：平面呈倒立凹字形，据 1941 年 ~ 1942 年实测，北面东西宽 12692cm

（下脚尺寸，下同），南面东西突出的二翼各宽 2555cm，中间空档宽 7582cm，总宽仍为 12692cm。墩台南北总深 11518cm，其东西翼内侧长 7871cm（图 3–1–7–24）。墩台之高计至女墙头为 1410cm，自女墙顶至门楼室外地坪 112cm，即自地面至门楼地面高 1522cm，门楼台基高从图上量出约为 225cm，由此可以推知墩台顶距台下地面之高为 1522cm–225cm=1297cm。

若按明初尺长 31.73cm 折算，则

墩台东西宽 = 12692 / 31.73 = 400 尺

突出东西翼宽 = 2555 / 31.73 = 80.5 尺 ≈ 80 尺

两翼间空档宽 = 7582 / 31.73 = 239 尺 ≈ 240 尺

墩台南北总深 = 11518 / 31.73 = 363 尺 ≈ 360 尺

两翼自中间墩台突出 = 7871 / 31.73 = 248 尺

两翼自外侧城墙突出 = 8260 / 31.73 = 260 尺

墩台之高 = 1297 / 31.73 = 40.8 尺 ≈ 40 尺

以上数字如考虑施工及测量时的误差，都可略去尾数。

根据这些折成的尺数，可以看到，墩台的三维尺寸以台高 40 尺为模数，突出的两翼之宽均为它的 2 倍，中间的空档宽为其 6 倍，东西总宽为其 10 倍（图 3–1–7–25），南北总深为其 9 倍，也可以认为墩台是用方 40 尺的网格控制的。

城楼：正楼面阔九间，进深五间，重檐庑殿屋顶，其尺寸如下：

面阔：　629 + 638 + 640 + 641 + 915 + 638 + 641 + 638 + 625 = 6005cm

进深：　290 + 628 + 664 + 628 + 290 = 2500cm

面阔的次梢间六间尺寸参差，其平均数为 639cm。

墩台建于明初，故用明尺长折算。但台上建筑曾经过嘉靖三十七年和清顺治四年两度重建，有可能对平面尺寸作过改动，因此用明初尺长 31.73cm、明中期尺长 31.84cm 和明末清初尺长 31.97cm 分别折算，其结果似以 31.97cm 折得之尺寸整数较多，即

面阔：　19.5 + 20 + 20 + 20 + 28.5 + 20 + 20 + 20 + 19.5 = 187.5 尺

进深：　9 + 19.5 + 21 + 19.5 + 9 = 78 尺

由此可推知，此楼现状是经清顺治重建的结果（图 3–1–7–26）。

在断面实测图上可以看到：

下檐柱净高 $H_{下}$ = 605cm = 18.9 尺

上檐柱净高 $H_{上}$ = 1155cm = 36.1 尺

上檐柱柱顶至中金桁（距上檐正心桁三步架）A = 639cm = 20 尺

自元以来的传统，重檐建筑中金桁（距上檐正心桁三步架）标高为下檐柱高 $H_{下}$的三倍。

此殿中金桁标高为 $A + H_{上}$ = 36.1 尺 + 20 尺 = 56.1 尺。

它的三分之一为 18.7 尺，比下檐柱高 $H_{下}$的 18.9 尺只小 2 寸，可视为基本相

等。这就是说它在高度方面总体比例基本符合传统，仅上檐柱高 $H_上$ 为下檐柱高 $H_下$ 的 1.9 倍，不足规定的 2 倍，而中金桁距上檐柱顶之高度 A 又稍大于 $H_下$ 而已(图 3–1–7–27)。

在立面图上，还可看到面阔与柱高有一定的关系。

面阔：下檐柱高 = 6005 ∶ 605 = 9.93 ∶ 1 ≈ 10 ∶ 1

即面阔以下檐柱高 $H_下$ 为模数，面阔 = $10H_下$（图 3–1–7–25）

钟鼓亭及东西观：正方形重檐攒尖顶，亭身三间，加一圈回廊形成下檐，平面尺寸为：

面阔： 245 + 400 + 592 + 400 + 245 = 1882cm

以 1 尺 =31.97cm 折算，则得

每面面阔： 7.7+12.5+18.5+12.5+7.7= 58.9 尺 ≈ 59 尺（图 3–1–7–28）

从断面实测图上可知：

下檐柱净高 $H_下$ = 594cm = 18.5 尺

上檐柱净高 $H_上$ = 1066cm = 33.3 尺

上金桁（距上檐正心桁三步架）至上檐柱顶之距设为 A = 518cm = 16.2 尺

A ∶ $H_上$ = 518 ∶ 1066 = 1 ∶ 2.06 ≈ 1 ∶ 2

即上檐柱高 $H_上$ 为上金桁至上檐柱顶之距 A 的 2 倍，基本符合宋元以来比例关系，但下檐柱 $H_下$ 升高，为正常比例的 1.1 倍，升高到相当于上檐檐口高度一半的位置。和天安门城楼的情况相同（图 3–1–7–29）。

9. 明、清北京太庙正殿

北京明清太庙创建于明永乐十八年（1420 年），中经改建，现建筑是明嘉靖二十四年（1545 年）重建的。正殿在 1545 年重建时为面阔九间、进深六间的重檐庑殿顶建筑。约在清乾隆二十六年至五十年间（1761 ~ 1785 年），面阔增为十一间，进深不变，形成殿身面阔九间，进深四间十椽，四周加一圈进深半间一椽的副阶的十一间大殿，构成略近于宋式殿堂构架中的“分心槽”形式。

此殿在明代面阔九间，进深六间，形式和规模都近于明长陵祾恩殿。在平面图上分析，可以看到殿下三层台基正面较宽，侧面较窄，相差近 1m，明显有殿宇外推迹象。参考明长陵祾恩殿的做法，在明代面阔九间时，上檐尽间应是每面各退入半间一椽，令上檐山柱立在下檐山柱与梢间柱间的顺梁上，使两山各出现深半间的下檐，与正、背二面的下檐交圈，形成重檐建筑。这时殿的平面尺寸（以柱脚计）如下：

面阔： 6.35 + 6.425 + 6.42 + 6.43 + 9.59 + 6.43 + 6.42 + 6.42 + 6.43 = 60.92m

进深： 2.74 + 5.115 + 6.555 + 6.51 + 5.165 + 2.74 = 28.825m

在分析太庙总平面图中，发现所用尺长为 0.3187m，以此折算面阔进深尺寸如下：

面阔方面的间广除明间为 9.59m 外，其余各间基本相同，求其平均值为 6.43m。以此折算

面阔：　19.9+20.16+20.14+20.18+30.1+20.17+20.14+20.14+20.17=191.8 尺

进深：　8.6+16.0+20.6+20.4+16.2+8.6=90.4 尺

以上数字均有零星尾数。考虑到这数字为柱脚尺寸，而明代建筑实际都有一定的侧脚，其柱头尺寸扣除侧脚应小于此数，故可以调整为：

面阔：　20 + 20 + 20 + 20 + 30 + 20 + 20 + 20 + 20 = 190 尺

进深：　8.5 + 16 + 20.5 + 20.5 + 16 + 8.5 = 90 尺

这可能即太庙正殿的设计平面尺寸（图 3-1-7-30）。

在太庙正殿剖面实测图上可以得知：

下檐柱柱顶标高为 666.5cm，扣除柱础高 24cm，则

下檐柱净高 $H_{下}$ = 642.5cm，与殿之次梢尽间柱脚处间广相同，折合为 20.16 尺。

上檐柱标高 = 1348.8cm，扣除柱础高 24cm，则

上檐柱净高 $H_{上}$ = 1324.5cm = 41.6 尺

中金桁（距正心桁二步架）标高 = 1981cm，扣除柱础高 24cm，则

中金桁至柱础上皮 = 1957cm = 61.4 尺

据此可知：

上檐柱高 $H_{上}$：下檐柱高 $H_{下}$ = 1324.5 ：642.5 = 2.06 ：1 ≈ 2 ：1

中金桁标高：下檐柱高 = 1957 ：642.5 = 3.05 ：1 ≈ 3 ：1

即上檐柱高为下檐柱高之 2 倍，中金桁至上檐柱顶之距 A 为上檐柱高的 1/2，又与下檐柱高相等。

这就是说，从剖面图上看，此殿符合宋辽以来重檐建筑上檐柱高为下檐柱高 2 倍的比例，也符合宋辽殿堂构架中平槫（距脊槫二步架）至檐柱顶之距与檐柱高相等的比例（图 3-1-7-31）。这在明清建筑中是孤例。

在立面图上分析，下檐柱净高 20 尺，次梢尽间间广也是 20 尺，且上檐柱高又为下檐柱高的 2 倍，故殿除明间外，左右各四间如计至下檐柱顶则为 8 个正方形，如计至上檐柱顶则高为上下重叠的 16 个正方形（图 3-1-7-32）。据此，也可以认为此殿的立面设计除明间加宽可视为插入值外，其余部分是由二层方 20 尺的网格控制的。

在斗栱的排布上，正面明间用平身科 6 攒加上柱头科，共为 7 个攒档；正面次、梢、尽 8 间各用平身科 4 攒，加上柱头科为 5 个攒档。由此可以推知：

明间攒档宽为 30 尺 / 7 = 4.29 尺 ≈ 4.3 尺

其余各间攒档宽为 20 尺 / 5 = 4 尺

清代改为面阔十一间后，新增的下檐尽间宽 2.74m，合 8.5 尺，用一攒平身科斗栱，其攒档为 8.5 尺 / 2 = 4.25 尺。

10. 明、清北京太庙中殿和后殿

二殿与正殿同建于明嘉靖二十四年（1545 年），中殿面阔九间，进深四间十椽，与正殿同在一座巨大的白石台基上。后殿在中殿之后，其间有横墙隔开，处在一独立小院中。后殿始建时面阔五间，但在明万历时增订的《大明会典》中已画为九间殿，可知随后不久即增建为九间。二殿均为单檐庑殿顶大殿，中殿贮入庙皇帝的神主，后殿则贮祧迁的世代较远的皇帝神主。

二殿的平面尺寸相同，据 1941 年实测图上所载柱脚间的数据为

面阔：　644 + 642 + 638 + 643 + 945 + 640 + 641 + 643 + 640 = 6076cm

进深：　403 + 541 + 541 + 400 = 1885cm

按在总平面和正殿尺寸中推出的所用尺长 31.87cm 折算

面阔：　20.2 + 20.1 + 20.0 + 20.1 + 29.7 + 20.1 + 20.1 + 20.1 + 20.1 = 190.5 尺

进深：　12.6 + 17 + 17 + 12.6 = 59.1 尺

考虑到建筑之尺寸以柱头间计，而柱身均有侧脚，此数字可以调整为：

面阔：　20 + 20 + 20 + 20 + 30+ 20 + 20 + 20 + 20 = 190 尺

进深：　12.5 + 17 + 17 + 12.5 = 59 尺（图 3–1–7–33）

在二殿之剖面实测图上可以看到以下数字：

中殿檐柱净高 $H_{下}$ = 627cm = 19.7 尺

后殿檐柱净高 $H_{下}$ = 631cm = 19.8 尺

若计至地坪，则

中殿 $H_{下}$ = 627 + 15 = 642cm = 20.1 尺

后殿 $H_{下}$ = 631 + 15 = 646cm = 20.2 尺

这二数字也可略去尾数视为 20 尺。

据此可知中殿、后殿在高度方面的设计令中金桁（距正心桁三步架者）至檐柱顶之距 A 与檐柱之标高相同（殿内地平为 ±0.00），符合宋辽以来厅堂型构架或元以后殿堂型构架的比例关系，与正殿符合宋辽时殿堂构架的比例关系（令距正心桁二步架之桁至檐柱顶之距与檐柱高相等）不同，表现出在设计时考虑到中后二殿与正殿在重要性上的差异（图 3–1–7–34、图 3–1–7–35）。

在立面图上分析，除明间外，左右各四间间广相同，且与檐柱高度相等，在立面上形成 8 个正方形，其处理手法与正殿全同（图 3–1–7–36）。

11. 明、清北京紫禁城太和殿

北京明清紫禁城宫殿外朝部分的主殿，为举行国家重大典礼之地，是代表国家政权的最重要殿堂。太和殿与其北的中和、保和二殿前后相重，共同建在巨大的工字形石台基上，合称“前三殿”。前三殿创建于明永乐十八年（1420 年），初名奉天殿、华盖殿和谨身殿。明嘉靖四十一年（1562 年）重建后改名皇极、中极、建极，入清后改今名。太和殿在建成后历经明永乐十九年（1421 年）、明嘉靖

三十六年（1557 年）、明万历二十五年（1597 年）三次焚毁，又在明正统六年（1441 年）、明嘉靖四十一年（1562 年）、明天启七年（1627 年）三次重建 。入清后，清康熙八年（1669 年）曾加修缮，但在康熙十八年（1679 年）又遭焚毁，至康熙三十四年（1695 年）又重建，形成现状，以后又经清乾隆三十年（1765 年）大修，保存至今。

太和殿在明代图像中都是面阔九间之殿，一般认为现状的十一间是清康熙三十四年重建时增出的。但（清）江藻撰《太和殿纪事》记太和殿尺寸时称："太和殿九间，东西两边各一间"，只记上檐殿身部分，而称下檐东西各增出一间为"两边间"，不通计为十一间。故也不能完全排除在明天启七年重建时即有"两边间"的可能。

在《太和殿纪事》中还记载了康熙重修的太和殿的尺寸，称"……明间面阔二丈六尺三寸五分，次间八，各一丈七尺三寸，两边间各一丈一尺一寸。山明间面阔三丈四尺八寸五分，次间二，各二丈三尺二寸七分，前后小间各一丈一尺一寸。檐柱高二丈三尺，金柱高三丈九尺五寸。"这些数字大多记到小数点后两位，即计到分，一般平面柱网尺寸不应如此繁琐，颇疑是用清尺去量按明尺所定柱网的结果。

把《太和殿纪事》所记尺寸按清代尺长 32cm 折算，其结果是：

正面明间为 8.432m

正面次间为 5.536m

正面及山面两边间为 3.552m

山面明间为 11.152m

山面次间为 7.45m

下檐柱高为 7.36m

金柱之高为 12.64m

现状测量结果为：

正面：　3.61 + 5.53 + 5.55 + 5.55 + 5.55 + 8.44 + 5.56 + 5.55 + 5.57 + 5.56 + 3.61 = 60.08m

山面：　3.62 + 7.46 + 11.17 + 7.46 + 3.62=33.33cm

下檐柱高为 7.36cm

金柱之高为 12.70cm

两相比较，相差极微，可知《太和殿纪事》所记尺寸即为用清尺量出的现状尺寸。

若把实测尺寸按明中后期尺长 0.318m 折算，则：

正面明间为 8.44 / 0.318 = 26.5 尺

正面次间为 5.56 / 0.318 = 17.48 尺≈ 17.5 尺

正侧面两边间为 3.62 / 0.318 = 11.4 尺≈ 11.5 尺

山面明间为 11.15 / 0.318 = 35.1 尺 ≈ 35 尺

山面次间为 7.46 / 0.318 = 23.5 尺

檐柱高为 7.36 / 0.318 = 23.1 尺 ≈ 23 尺

金柱高为 12.70 / 0.318 = 399.4 尺 ≈ 40 尺

用明尺折算出的尺寸都没有第二位小数，只计到寸，而且大多数还以尺和半尺（5 寸）为单位，比用清尺计量出的数字整齐得多，因此可以推知，现太和殿的平面尺寸是沿用明代的。据此可推知，明天启时太和殿之尺寸（九间）为：

面阔：　　4 × 17.5 + 26.5 + 4 × 17.5 = 166.5 尺

进深：　　11.4 + 23.5 + 35 + 23.5 + 11.4 = 104.8 尺

它的形制和构架可能和明长陵棱恩殿相似，正面下檐面阔 9 间，上檐两尽间各内收半间（11.4 尺），形成 9 间重檐大殿。

若把实测所得之面阔、进深用明尺折算，则：

面阔：　　52.86 m / 0.318 m / 尺 = 166 明尺

进深：　　33.33m / 0.318 m/ 尺 = 104.8 明尺

二者只面阔差 0.5 尺，约为 3‰，可以略去。

据此，明天启重修后太和殿之面阔、进深可调整为：

面阔：　　4 × 17.5 + 26.5 + 4 × 17.5 = 166.5 明尺

进深：　　11.25 + 23.5 + 35 +23.5 +11.25 = 104.5 明尺（图 3–1–7–37）

在太和殿的剖面实测图上，可以看到高度方面的一些比例关系（图 3–1–7–38）：

下檐柱高 $H_{下}$ = 7.36m = 23.1 明尺

上檐柱高 $H_{上}$ = 12.7m = 39.9 ≈ 40 明尺

老檐桁距柱础顶高 = 19.05m = 59.9 明尺≈ 60 明尺

上举数据中，老檐桁标高 60 尺恰为上檐柱高 $H_{上}$即 40 尺的 1.5 倍，亦即老檐桁至上檐柱顶之距 A 为上檐柱高的一半，即 0.5$H_{上}$。在元代的剖面设计中，单檐建筑（无论殿堂构架还是厅堂构架）上平槫（即距檐槫三步之槫，此殿恰在金柱上，称老檐桁）至檐柱顶之距与檐柱之高相等；重檐建筑上檐柱之高为下檐柱高的 2 倍；这也就是说，重檐建筑上檐柱之高为上平槫至柱顶之距的 2 倍。因此，此殿在这一点上与元以来传统的剖面比例关系一致。

据此可以推知，在设计太和殿时，先按传统比例关系，令上檐柱高 $H_{上}$为假定的下檐柱高的 2 倍，并令老檐桁至上檐柱顶之距 A 与假定的下檐柱高相等，亦即为上檐柱高之半，据此确定殿身部分和上檐屋顶。然后再升高下檐柱。在剖面图上可以看到，下檐柱实高为 7.36m，而上檐檐柱上正心桁之标高为 14.98m，基本为下檐柱高的 2 倍，这表明，在设计时是以上檐正心桁标高的一半来确定下檐柱的实际高度的。

这种先按传统比例确定殿身及上檐，再升高下檐柱的做法始见于明长陵祾恩殿，而同为三大殿之一的保和殿与它最为相近，它的下檐柱之高也近于上檐正心桁标高的一半，比例与此殿相同。保和殿近年已证实基本上是明天启七年(1627年)重建的，而在提高下檐的比例上太和殿与它全同，且太和殿上檐柱之高也为明尺40尺，所以很有可能太和殿在剖面上也仍然保持着明天启间重建时的比例关系。

在剖面图上还可以看到，太和殿殿身进深 为26.02m，而殿身柱高如计入平板枋为12.93m，若再计入柱础高0.16m则为13.09m，恰为进深26.02m的一半，这就是说，殿内纵向空间为两个正方形。这也就是说，在侧立面上，殿身部分，如高度自殿内地坪计至殿身柱（上檐柱）上平板枋上皮恰为2个正方形。同样，在正立面图上，殿身面阔为52.86m，与前述高度13.09m相比，为其4.04倍，误差为1%，可视为即4倍，亦即正立面上殿身部分由4个正方形组成。由此可知，太和殿之殿身部分以自殿内地坪至平板枋上皮之高为模数，正面为其4倍，侧面为其2倍（图3-1-7-39）。

如果把现太和殿的面阔进深尺寸与其他有关的建筑相比，就会发现它并非始建时的规模。

以殿之明间、次间间广而言，太和殿明间宽8.44m，次间宽5.55m，但同在中轴线上的午门正楼明间为9.15m，次间为6.40m，在北京中轴线北端的鼓楼，面阔只有五间，而明间为9.96m，次间为7.02m，都比太和殿大，甚至不在中轴线上的西华门，其门楼明间宽9.51m，次梢间6.51m，也比太和殿要大。太和殿是全宫的主殿，应是宫城乃至都城中最大的建筑，而其明、次间间广反而不及宫城侧门，明显极不合理，它应是经历次重修改建后缩小尺度的结果。

北京和太和殿之前身奉天殿时代相同、规模相近之殿应是昌平的明长陵祾恩殿。殿建于明永乐十四年（1416年），比1420年建成的奉天殿还早四年。长陵祾恩殿面阔九间，东西宽66.56m，进深五间，南北深29.12m，平面宽深比为2.29 ∶ 1。其明间间广为10.34m，梢间间广为6.68m。与之相近的建筑还有太庙正殿，其平面宽深比为2.12 ∶ 1。即此类殿宇宽深比均稍大于2 ∶ 1。

估计明初奉天殿之形制应与长陵祾恩殿相当或稍大。若太和殿进深为奉天殿之旧，而其平面宽深比与祾恩殿相同，则其东西宽（包括副阶）应为：

$33.33\text{m} \times 2.29 = 76.3\text{m}$

76.3m折合明初尺为240尺，即24丈。这可能是奉天殿始建时所能达到的最大尺度。

但在《明实录》中记载嘉靖帝曾说："……我思旧制固不可违，因变少减，亦不害事，"原文后又云"原旧广三十丈，深十五丈云"，可能是原注。按这说法，奉天殿广应为30×3.17=95.1m。如按明间补间铺作6朵，其余4朵计，共有47个攒档，平均每攒档宽应为2.02m，按各间攒档数折算，其九间面阔应为：

$10.1 + 10.1 + 10.1 + 10.1 + 14.2 + 10.1 + 10.1 + 10.1 + 10.1 = 95\text{m}$

上列数字中，明间14.2m合45尺，次梢间10.1m合32尺，尺度实在太大，其中明间间广之 14.2m 超过现存一切建筑的间广。在木构架建筑中，限制间广尺寸的不是阑额而是槫，当间广为 14.2m 时，决定槫径的不是负荷而是挠度，既不合理也不经济，且次、梢各间之间广虽小于明间，但槫径仍需和明间一致，更浪费木料。故实际上明间间广做到 14.2m 恐是不可能的。

通过上面的分析，嘉靖实录所说的三十丈之数恐是举成数而言，它大体上应是在长陵祾恩殿基础上再酌增各间间广，或再增加两个边间，令面阔达到 24 丈左右而已。

12. 明、清北京紫禁城保和殿

紫禁城宫殿外朝“前三殿”之一。它创建于明永乐十八年（1420 年），原名谨身殿。建成后遭明永乐十九年（1421 年）、嘉靖三十六年（1557 年）和万历二十五年（1597 年）三次焚毁，又在明正统六年（1441 年）、嘉靖四十一年（1562 年）和天启七年（1627 年）三次重建，入清后改名为保和殿，保存至今。

保和殿为重檐歇山顶大殿，殿身面阔七间，进深三间，四周加下檐一间后，形成面阔九间，进深五间的外观。其平面实测尺寸列后。

面阔：　3.18 + 5.24 + 5.58 + 5.55 + 7.32 + 5.57 + 5.55 + 5.24 + 3.18 = 46.41m

进深：　2.56 + 4.41 + 7.28 + 4.46 + 2.54 = 21.25m

面阔中尽间为 3.18m，恰合明中后期尺长 10 尺，以此折算为明尺如下：

面阔：　10 + 16.5 + 17.5 + 17.5 + 23 + 17.5 + 17.5 + 16.5 + 10 = 146 尺

进深：　8 + 14 + 23 + 14 + 8 = 67 尺

这应即明天启重建时的设计尺寸（图 3–1–7–40）。

在剖面实测图上可以看到：

下檐柱净高 = $H_{下}$ = 6.68m = 21 尺

上檐柱净高 = $H_{上}$ = 11.45m = 36 尺（图 3–1–7–41）

由此可以推知：

面阔：下檐柱高 $H_{下}$ = 46.41 ∶ 6.68 = 6.95 ∶ 1 ≈ 7 ∶ 1

面阔：上檐柱高 $H_{上}$ = 46.41 ∶ 11.45 = 4.05 ∶ 1 ≈ 4 ∶ 1

即下檐柱高与上檐柱高都与面阔有一定比例关系，其中下檐柱高 $H_{下}$更有实际意义，表明面阔以下檐柱高为模数（图 3–1–7–42）。

在宋辽以来建筑实例中，厅堂构架建筑其六椽进深房屋之脊高为下檐柱高的 2 倍，亦即六椽屋屋脊至檐柱柱顶之距与檐柱高相等。到元代时，殿堂型构架亦改为这个比例。当为重檐建筑时，上檐柱高又为下檐柱高的 2 倍，亦即六椽屋脊（或更大建筑距檐桁三步架处之中、上金桁）至上檐柱顶之距为上檐柱高的一半。在保和殿的横剖面上可以看到，其上金桁至上檐柱顶之距 A 为 5.79m，而上檐柱高 $H_{上}$之半为 11.45m / 2，即 5.73m，二者相差只 6cm，误差为 1%，可以略去，视为相等。

但此上金桁距正心桁四步架，比通常六椽屋的三步架又升高了一架。详审保和殿之横剖面图，上檐正心桁至下金桁两步架之水平距离为 4.41m，而下金桁至脊桁三步架之水平距离却仅为 3.64m，即上部三步架之水平距离反倒小于下部两步架之水平距离，颇不合理。实际上上部也只需两步架即可，现状当是出于某种原因加密桁距的结果，不是标准做法。在横剖面图上还可以看到其最下层之八椽距的九架梁上用旧梁帮贴，明显有用旧料改建的迹象，七架梁以上梁架及桁距过密当也是利用旧料的后果。故这上金桁位置仍可视为六架椽屋之脊高，即基本与元以来传统的剖面比例相合。

目前所见明代官式重檐建筑有两种做法：一种尚沿宋辽以来传统，令下檐柱高 $H_{下}$为上檐柱高 $H_{上}$的一半，1545 年重建的北京太庙正殿是其例；但从明初开始即出现加高下檐柱高 $H_{下}$，使其大于上檐柱高 $H_{上}$的一半的趋势，最早的实例是明长陵祾恩殿，其后天安门、太和殿及保和殿也都是这样。设这些重檐建筑的上檐高 $H_{上}$为 2，则从实测图上可知，其下檐柱高 $H_{下}$均大于 1，其中 1627 年建的保和殿为 1.17，1647 年重建的午门正楼为 1.05，1651 年重建的天安门门楼为 1.1，1695 年重建的太和殿为 1.16。这些下檐柱高 $H_{下}$的实测高度大都相当于上檐檐口之高或上檐正心桁标高的一半。但是这些重檐建筑的上（或中）金桁（距正心桁三步架之桁）下距上檐柱柱顶之距 A 又大多为上檐柱高 $H_{上}$的一半。例如保和殿为其 0.51，天安门门楼为其 0.5，太和殿亦为其 0.5，都是很准确的比例关系。由此可以推知这时重檐建筑设计方法大约是先按传统的比例，假定一个下檐柱高，再以其二倍为上檐柱高，再令中或上金桁（相当于四或六椽屋之脊桁）至上檐柱顶之距 A 与下檐柱高相等，绘出一宋元以来典型的殿堂构架剖面图，然后再按需要把下檐柱适当地抬高。这种做法由明长陵祾恩殿开始，一直延续到清代。增加下檐柱高，实即提高下檐檐口的高度，可使殿宇显得更为轩敞，近处仰望，也显得更为高大。这是宋元和明清在重檐建筑外观上的重大区别。

仔细分析保和殿之横剖面图，发现它很不规范。按通常做法，上檐屋顶部分，在前后檐柱与内柱之间要架设跨空枋，再在柱头斗栱以上架设九架梁和两架梁（双步梁），梁侧装天花，梁上逐层架梁，构成屋顶构架。但此殿虽在前后上檐柱与内柱之间架设有跨空枋，在柱头科以上却只在后檐柱与内柱之间架设双步梁，省去了在前檐柱与内柱间应架设的九架梁，而以跨空枋代之，在跨空枋上立金柱承自前檐柱头科伸过来的单步梁和上层的八架梁，形成屋顶构架。由于没有九架梁，故在柱头科以上无法装天花，只能把它装在跨空枋的两侧，这就出现了天花板装在上檐柱顶以下的怪现象。这情况表明天启七年（1627 年）重建的保和殿因为缺少做九架梁的巨材，只能利用旧材，因陋就简，变通建造，而无法按标准做法重建，所以它的比例关系也不能与传统尽合。这也是明朝末年财力物力紧迫的反映。

13. 山东省曲阜市孔庙大成殿

孔庙的正殿，始建于北宋初，原为面阔七间重檐歇山顶建筑。明成化十九年（1483 年）扩大为九间。以后经明弘治十二年（1499 年）和清雍正二年（1724 年）两次雷火焚毁和重建，现大殿为清雍正八年（1730 年）重建的，殿身面阔七间、进深三间十椽，四周加深一间二椽的下檐，外观呈面阔九间、进深五间重檐歇山顶的大殿。

殿之下檐柱在明弘治火灾后重建时改为石柱。前檐石柱雍正火焚时又被烧毁，重建时新雕龙柱，但左、右、后三面的八角石柱从柱面雕刻纹饰看，仍是明代旧物。由此可知，殿之平面柱网和下檐石柱之高仍是明代的旧规，只是木构部分经清代重修而已。大成殿有南京工学院建筑系实测图，发表在《曲阜孔庙建筑》中，虽未附数据，尚可用作图法推测其大致的设计手法。

用作图法在图面上探索，发现两个现象，即以下檐计，其面阔为下檐柱高 $H_{下}$ 的 8 倍，以上檐计，其面阔为上檐柱高 $H_{上}$的 3 倍（图 3-1-7-43、图 3-1-7-44）。前已述及，殿之左、右、后三面下檐柱为明代重建原物，可知下檐面阔九间为下檐柱高 8 倍的比例是明代设计时确定的，即下檐面阔以下檐柱高为模数。但殿之木构部分是清代重建的，故上檐柱之高 $H_{上}$与下檐面阔之比是否也是明代原状，则需要加以探讨。

此殿为重檐建筑，按宋辽以来的规律，其上檐柱高应为下檐柱高的 2 倍，但自明已出现加高下檐柱的做法。在剖面图上核验，此殿之上檐柱高 $H_{上}$明显比下檐柱高 $H_{下}$的 2 倍为高，大约高出 1.2m 左右，既不符合传统比例，也不符合明初以来下檐柱高逐渐增加的发展趋势。又，唐宋以来单檐殿堂型构架剖面上比例关系为中平槫（距檐槫二步架者）至檐柱顶之距 A 与檐柱之高相等；若为重檐建筑，则 A 应为上檐柱高 $H_{上}$的 1 / 2。在剖面图上核验，发现此殿中平槫至柱顶之距 A 基本与下檐柱高 $H_{下}$相等，而小于上檐柱高的一半（$H_{上}/2$），这就是说，下檐柱高 $H_{下}$与 A 的关系符合传统比例，而上檐柱高 $H_{上}$比传统的高度要高（图 3-1-7-45）。

由此可以推知，此殿在明弘治重建时应是遵循传统的比例关系，令 $H_{上}=2H_{下}$ 和 $A=H_{下}=H_{上}/2$，到清代重修时，为了加高殿身，遂把上檐柱升高，但由于下檐石柱是明代原有的，不能相应升高，遂出现了上檐柱高超出传统比例的现象和下檐屋顶显得较陡峻而厚的外观。清代重建升高上檐柱时，有意令其为上檐面阔的 1/3，遂出现了上檐面阔以上檐柱高 $H_{上}$为模数的结果。这就表明，面阔以柱高为模数的设计规律在清代仍然存在。根据前述宋辽以来重檐建筑的比例关系，推测雍正重修前之大成殿应如（图 3-1-7-46）所示。

14. 山东省曲阜市孔庙、孔府其他建筑

在曲阜孔庙、孔府的建筑实测图中，还有一些建筑是以柱高为扩大模数的，有表现在立面上的，也有表现在剖面上的。

表现在剖面上的有二种：一种为中平槫（距檐槫二步架者）标高为檐柱高的2倍，实测为孔庙大成门、承圣门（图 3–1–7–47–3、图 3–1–7–47–4）和同文门。其中承圣门为元或明初建筑，余为清代建筑。另一种为上平槫（距檐槫三步架者）标高为檐柱高的 2 倍，实例为孔庙崇圣祠、启圣殿（图 3–1–7–47–1、图 3–1–7–47–2）和孔庙家庙，均为清代建筑。

前文已论述，中平槫标高为柱高二倍为殿堂型构架及唐及辽宋前期厅堂型构架之比例，而上平槫标高为柱高 2 倍是辽中期以后至明代的比例。这两种比例关系混见于曲阜孔庙中，可能是孔庙历史悠久聚集了长期的不同做法的反映。

表现在立面上的为面阔是檐柱高 H 的一定倍数。有倍数等于间数的和倍数多于或少于间数的三种情况（图 3–1–7–48）。

倍数等于间数的有：孔庙启圣殿，面阔三间，宽为 $3H$；孔庙诗礼堂，面阔五间，宽为 $5H$；孔庙大成寝殿，面阔七间，宽为 $7H$。这比例始见于五台南禅寺大殿，一般是缩减梢间间广以增大明间间广。其中诗礼堂面阔五间，其二次间间广与柱高相等，为正方形，只把二梢间间广缩小，以所减增入明间，形成明间为横长矩形、次间为正方形、梢间为纵长矩形、明、次、梢间间广递减的立面。

倍数多于间数的有：孔庙家庙，面阔七间，宽为 $8H$；孔府大堂，面阔五间，宽为 $6H$；孔府三堂，面阔五间，宽为 $9H$。其特点是各间均为横长矩形。

倍数少于间数的有：孔庙奎文阁，下层面阔七间，宽为 $6H$。除明间间广大于 H，为横长矩形外，其余次、梢、尽各间均为纵长矩形。

第二节　阁楼

古代通称多层建筑为楼阁。但从严格的构架分类来说，在唐宋以前，楼和阁是两种不同的木构架建筑形式，明以后开始合流。

楼一般为在屋上再建屋的多层建筑，其做法是在底层建筑构架之上建平坐，平坐上再建上层建筑，依次叠加，形成多层建筑。其构架特点是二层及二层以上各层建筑都要建在平坐上，其柱网与平坐柱网对位，柱子多用叉柱造的做法与平坐柱相接，平坐之柱网又立在下层的梁架上；当为殿阁构架时，上层屋身、平坐之内槽柱与下层对位，而外檐柱则要比下层檐柱退入少许，立在乳栿上；平坐柱四周加腰檐，最终形成每二层楼身之间都有腰檐平坐、层层叠加、逐层退入、下大上小的多层建筑。典型的楼型构架是蓟县独乐寺辽建观音阁和大同善化寺金建普贤阁，前者为殿阁型构架，后者为堂阁型构架[①]。在楼阁型木塔中，应县佛宫寺辽建释迦塔亦属楼型构架。

阁是建在木构平坐上的建筑，但平坐柱加高到一层房高以上，遂成为高层建筑。这种平坐柱宋式称永定柱，上部的建筑与平坐用义柱造连接，上下柱子对位。阁之初型可在敦煌217窟盛唐壁画中看到。以后发展为在永定柱外加一圈下檐柱，构成腰檐，下檐柱间加外檐装修，遂形成二层楼的外观。但阁与楼在构架上的最主要区别是平坐柱立在地上形成底层，而不像楼那样立在下层屋的构架上。外观同是高二层的建筑，在构架层次上，楼为下屋、平坐、上屋三层，而阁只有平坐、上屋两层，比楼少一层。现存古建筑物中，北宋时建的正定隆兴寺慈氏阁即属阁型构架。

---

① 在《营造法式·大木作制度图样下》中有“殿阁地盘分槽”图，卷七有“堂阁内截间格子门”条，出现“殿阁”、“堂阁”二名词。陈明达先生《营造法式大木作制度研究》谓用殿堂结构形式建的楼阁称殿阁，用厅堂结构形式建造的楼阁称堂阁，这里即从其说。但“殿阁”、“堂阁”都是屋上建屋的楼，不是在落地的平坐上建屋的阁。

明以后多层木建筑构架趋向简化，主体部分一般不用平坐，各层柱上下对位，接续而上，只在主体四周的外檐部分建逐层后退的副阶和平坐，形成主体部分为阁型构造而外檐由平坐、副阶、腰檐造成楼型构架的外貌。现存很多明代多层建筑如西安钟楼、鼓楼、城楼，曲阜孔庙奎文阁等都属这种做法。清代楼阁基本沿袭明代做法，山西万荣县飞云楼，介休市袄神楼等均是其例。明清时已无法从构架上区分其为楼为阁，只能统称为楼阁。

从下举诸例可知，辽宋时的楼虽是由平坐和楼身逐层叠加而成，但其核心部分（内槽）均基本上下层同宽，主要通过外围（外槽）部分的平坐和腰檐逐层内收，形成楼阁外轮廓的变化。到明清时，其核心部分除仍保持上下层同宽外，又省去平坐层，令各层柱子逐层递接而上，以外围部分附加出的平坐和腰檐逐层退入，构成楼阁外观。宋辽的楼可以独乐寺观音阁为代表（图 3–2–1–3），明清的楼阁可以西安鼓楼为代表（图 3–2–3–2），比较二图，可明显看到宋辽至明清间木构楼阁在构架上逐渐合而为一的简化过程。

从下面的分析还可看到，不论在宋辽时还是明清时，楼阁的设计基本上均以底层柱高（有副阶者则为副阶柱高）为扩大模数，除普遍用在层高上外，还有相当一部分楼阁在立面设计上也以它为模数，使立面和侧面为以下层柱高为边宽的扩大模数方格网所控制。

一、辽、金楼型建筑

1. 天津市蓟县独乐寺观音阁

独乐寺在天津市所属蓟县县城内西北部，现存建筑中，山门及观音阁是辽代建筑。《日下旧闻考》引《盘山志》云：“（寺）有翰林学士承旨刘成碑，统和四年孟夏立石，其文曰：‘故尚父秦王请谈真大师入独乐寺，修观音阁。以统和二年冬十月再建上下两级、东西五间、南北八架大阁一所，重塑十一面观音菩萨像’”。碑文所记情况与现状合，即统和二年（984 年）再建之原构。《辽史 . 圣宗记》载，乾亨四年（982 年）十二月“西面招讨史秦王韩匡嗣薨”，同卷又载统和三年秋七月，“赠尚父秦王韩匡嗣尚书令”，可知此修观音阁之尚父秦王即韩匡嗣。韩氏在《辽史》中有传，云为河北玉田人，以医官入侍内廷，得景宗萧后宠信，封燕王，后以战败降封秦王，卒于 982 年。综合碑文及《辽史》，当是韩氏晚年请谈真大师主持此寺，许建观音阁。韩氏逝后，由其家属于统和二年（984 年）起建，四年（986 年）竣工立碑。

观音阁是面阔五间，进深四间八椽，中间建有腰檐平坐、上覆单檐歇山屋顶的二层楼阁，其上下三层柱网布置相同，属殿阁型构架中之斗底槽。内槽部分宽三间深二间，上下层及平坐层都不设楼板和梁，形成上下贯通的空井，井内立一高 9m 的十一面观音立像。上层和平坐之外槽部分都装设楼板，做成围绕在像四周供信徒瞻拜的回廊。自上层外槽恰可面对菩萨的胸部和面部，菩萨头顶的十一个小观音像则上伸到阁顶藻井之下，由底层仰望，又恰可看到以藻井为背景的菩萨头部，这显然是经过精心设计的结果。

观音阁的构架实际上可分为下层、平坐层、上层三个水平层次，每层都是用柱网承托铺作层，下层和平坐层之间挑出腰檐，上层于铺作层上架屋架构成屋顶，三层叠加，形成整体构架。它属前文所述楼阁构架中之“楼”型，尽管名字叫“观音阁”。

在三个水平层叠加时，各层内槽柱都用叉柱造的方式，使上层柱立在下层柱顶栌斗之上，柱根开十字卯口，骑在下层柱头枋与华栱梁枋十字交叉处，基本上是垂直相接；外槽部分，上层檐柱与其下之平坐柱也用叉柱造法相接，上下基本垂直，只有平坐檐柱自下层檐柱位置后退约一个柱径，立在下层乳栿梁枋之上，故在外观上，上层及其下之平坐微微退入，形成外轮廓上的变化。

最早研究独乐寺观音阁的是梁思成先生，于1932年撰成《蓟县独乐寺观音阁山门考》，但论文中没有发表实测数据，对阁之侧脚、生起及上下各层之尺寸变化亦未能全部列出。以后为制模型，重加测量，补足了所缺数据，但也未能把这些数据补入前述论文中。20世纪60年代，古代建筑修整所（今中国文物研究所前身）曾又进行实测，并应刘敦桢先生之请，提供了1/50比尺的横剖面图，收入到刘先生所撰《中国古代建筑史》中，这是迄今发表的最精确的实测图。近年中国文物研究所对观音阁进行修缮，又进行了更为精确的测量。其中部分数据承中国文物研究所慨允提供使用，使我们有可能做更进一步的研究。其数据列表如下。表中的各间间广进深之毫米（mm）数是文物研究所提供的，下附之“分”值和尺数则是为进行分析而折算的（表3-2-1）。

表中所列是现状实测数据。观音阁历时千年以上，其中经多次地震破坏和修缮，有很大的变形。清代为加强观音立像的稳定，用铁杆件把观音像连接到内槽后部平坐构架上，引起阁后部构架前栱，更加大了变形，所以对这实测数字要进行检验，尽可能减小变形引起的影响，才能探讨其原设计尺寸和手法。

判断表中数字之变形影响，可考虑三个因素：其一是上层之面阔进深不可能大于下层，若大于下层，必是拔缝变形的结果；其二是在间广上，其柱头间之尺寸因有阑额撑抵，变形只能加大，不太可能减小，故在相同或相应之处，其间广数字应以较小者近乎原状；其三在进深方向，因柱梁间有斗栱垫托，也不能排除因内柱向内闪动而稍稍减少进深上的尺寸的可能性。

据此三点对表中的数据进行分析，在进深方面可以看到：

如把中间二间统一考虑（即内槽之深），可以看到平坐柱脚间、下层柱头间和下层柱脚间之深相等，均为7410mm，平均每间深3705mm。平坐柱头间之深为7380mm，比7410mm只少30mm，约为其4‰，可视为误差或变形，故阁之内槽部分自地面至平坐柱头，实际是垂直相接的，其每间进深均为3705mm。上层柱头间总深为7280mm，平均每间为3640mm，比下面之平均值少65mm，而上层柱头到平坐柱头之高差为4500mm，其比值为1.4%，即若上层进深方向有侧脚，其比值为1.4%，是《营造法式》规定之0.8%的1.75倍。但若考虑上部与斗栱梁架结合关系，侧脚过大可能有构架内闪引起变形的因素。

蓟县独乐寺观音阁各层柱头、柱脚平面尺寸表（实测数据）　　表3-2-1

		面阔						进深				
		梢间	次间	明间	次间	梢间	总计	梢间	次间	次间	梢间	总计
上层柱头	mm	2970	4330	4550	4310	3000	19160	2940	3650	3630	2950	13170
	"分"	186	271	284	296	188	1198	184	228	227	184	823
	尺	10.1	14.7	15.5	14.7	10.2	65.2	10	12.4	12.3	10	44.8
平坐柱头	mm	2975	4400	4620	4300	2995	19350	3050	3700	3680	3000	13430
	"分"	186	275	289	269	187	1209	191	231	230	188	839
	尺	10.1	15	15.7	14.6	10.2	65.8	10.4	12.6	12.5	10.2	45.7
平坐柱脚	mm	3000	4350	4610	4340	3000	19300	2970	3720	3690	3000	13380
	"分"	188	272	288	271	188	1260	186	233	231	188	836
	尺	10.2	14.8	15.7	14.8	10.2	65.6	10.1	12.7	12.6	10.2	45.5
下层柱头	mm	3300	4370	4650	4300	3300	19920	3350	3710	3700	3350	14110
	"分"	206	273	291	269	206	1245	209	232	231	209	882
	尺	11.2	14.9	15.8	14.6	11.2	67.8	11.4	12.6	12.6	11.4	48
下层柱脚	mm	3870	4300	4680	4300	3890	21040	3385	3720	3690	3430	14225
	"分"	242	269	293	269	243	1315	212	233	231	214	889
	尺	13.2	14.6	15.9	14.6	13.2	71.6	11.5	12.7	12.6	11.7	48.4
1"分"=16mm　1材高=240mm　1尺=294mm												

注：表中mm数为中国文物研究所提供的实测数据。

进深上之外槽部分，上层柱头间为2940，平坐柱脚间为2970，其间大于2970的平坐柱头之3000和3050mm按上不得大于下的规律可以排除。2970和2940这二个数字间只差30mm，可视为施工或变形误差，即上层及平坐之外槽之深上下相等，均为2940mm左右。但平坐檐柱自下层退入约1柱径，下层外槽柱顶进深为3350mm，柱脚处进深分别为3385和3410mm，考虑到阁之柱础为平盘础，下层柱脚有可能产生错动变形，故取其平均值3408mm。这就可以推定在进深方面各层之尺寸。

上层柱头间进深为：

2940 + 3640(3705) + 3640(3705) + 2940 = 13160(13290)mm

平坐柱头和平坐柱脚间均为：

2940 + 3705 + 3705 + 2940 = 13920mm

下层柱头间进深为：

3350 + 3705 + 3705 + 3350 = 14110mm

下层柱脚间进深为：

3408 + 3705 + 3705 + 3408 = 14226mm

从上列数字可以看到，在内槽部分，自平坐柱头至一层地平，柱子垂直相接，只有上层柱头内倾65mm，有可能是1.4%的侧脚。但从构造和施工精度上考虑，叉柱造的柱脚需开长十字卯口，要准确地控制侧脚的斜度十分困难，恐仍以上层柱头内闪的可能性为大。若然，则在进深方向上，内槽两间实为一上下同宽为2×3705的矩形。上层外槽柱和平坐外槽柱因柱头间与柱脚间同宽，也是垂直的。只有下层外槽（檐）柱柱头、柱脚间有58mm之差额。已知下层檐柱高4240mm，则侧脚度为1.4%。

在间广方面，内槽三间中，上层、平坐层和下层之东西次间间广都在4300至4400mm之间，但下层柱头间有宽4300mm者，故此部分应是上下同宽，均在4300mm左右，明间间广上层柱头间为4550mm，而平坐柱脚间为4610mm，相差为60mm。但从木构架构造上看，上层柱在进深方向上可自下层柱位后退，立在下层柱顶所承之梁上，而在面阔方向上就不可能在后退的同时又平移缩小面阔，因为那样做下面没有支撑点。因此在立面上，平坐和上层的中央三间（即内槽部分）只能上下同宽。只有下层的柱脚部分，可以因做侧脚而大于柱头间之宽。设正面明间上自上层柱头，下至下层柱头，包括平坐柱头柱脚，均为4550mm，只有下层明间柱脚为4680mm，二者相差130mm，而一层柱高为4240mm，则明间左右二柱之侧脚应为65mm/4240mm = 1.5%。

正面的二个梢间（即外槽部分）宽度，上层和平坐部分最小为2970mm，与进深方向之外槽进深2940mm相差只30mm，应与进深方向相同，亦为2940cm。下层柱头间之宽为3300mm，柱脚间平均为3880mm，相差580mm，与角柱高4170mm相比，侧脚为13.9%≈14%。

据此可以确定在正立面上设计尺寸为：

上层及平坐柱头及柱脚间面阔为：

2940 + 4300 + 4550 + 4300 + 2940 = 19030mm

下层柱顶之间面阔为：

3300 + 4300 + 4550 + 4300 + 3300 = 19750mm

下层柱脚之间面阔为：

3880 + 4300 + 4680 + 4300 + 3880 = 21040mm

以上的正侧面数字是经校正后推求出的，但古代设计时使用的是材分或尺，还应折算成材分值和尺长。观音阁材高240mm，“分”值为16mm。辽代建筑尺长一般在301 ~ 305mm，但观音阁上层正侧面梢间均宽2940mm，而唐尺长恰为294mm，考虑到观音阁建于辽初，上距唐亡78年，所在地区8世纪中叶以后即与唐中央政权隔绝，容易保留较早传统，沿用唐尺亦有可能，故即以294mm折算，其结果列于表3-2-2：（包括“分”值和尺数）

当折合为“分”值时，下层正面柱头间面阔为：

206 + 269 + 284 + 269 + 206 = 1234“分”，可微调为：

205 + 270 + 285 + 270 + 205 = 1235“分”，只增加1“分”。

下层侧面柱头间进深为：

209 + 232 + 232 + 209 = 882“分”，可微调为：

210 + 230 + 230 + 210 = 880“分”，只减少2“分”。

即一层柱头间面阔进深以“分”值计为 1234×880，当折合为尺长时，其结果如下：

下层正面柱头间面阔为：

11.2 + 14.6 + 15.5 + 14.6 + 11.2 = 67.1 尺，调整为 67 尺，只减少 0.1 尺。

下层侧面柱头间进深为：

11.4 + 12.6 + 12.6 + 11.4 = 48 尺

即一层柱头间面阔进深以尺计为 67 尺 ×48 尺。

观间阁各层调整后柱头、柱脚平面尺寸表（括弧内为调整后数据） **表 3-2-2**

		面阔						进深				
		梢间	次间	明间	次间	梢间	总计	梢间	次间	次间	梢间	总计
上层柱头间	mm	2940	4300	4550	4300	2940	19030	2940	3640	3640	2940	13160
								2940	（3705）	（3705）	2940	（13290）
	“分”	184	269	284	269	184	1189	184	228	228	184	824
		（185）	（270）	（285）	（270）	（185）	（1195）	（185）	（232）	（232）	（185）	（834）
	尺	10	14.6	15.5	14.6	10	64.7	10	12.4	12.4	10	44.8
平坐柱头柱脚间	mm	2940	4300	4550	4300	2940	19030	2940	3705	3705	2940	13290
	“分”	184	296	284	296	184	1189	184	232	232	184	831
		（185）	（270）	（285）	（270）	（185）	（1195）	（185）	（230）	（230）	（185）	（830）
	尺	10	14.6	15.5	14.6	10	64.7	10	12.6	12.6	10	45.2
下层柱头间	mm	3300	4300	4550	4300	3300	19750	3350	3705	3705	3350	14110
	“分”	206	269	284	269	206	1234	209	232	232	209	882
		（205）	（270）	（285）	（270）	（205）	（1235）	（210）	（230）	（230）	（210）	（880）
	尺	11.2	14.6	15.5	14.6	11.2	67.1 （67）	11.4	12.6	12.6	11.4	48
下层柱脚间	mm	3380	4300	4680	4300	3380	21040	3408	3705	3705	3408	14226
	“分”	243	269	293	269	243	1315	213	232	232	213	890
		243	（270）	（294）	（270）	243	（1320）	（215）	（230）	（230）	（215）	890
	尺	13.2	14.6	15.9	14.6	13.2	71.5	11.6	12.6	12.6	11.6	48.4

1“分”= 16mm　1材高 = 240mm　1尺 = 294mm

在两种计算方法中，所得都基本为整数，应基本与原设计数字接近，参考其他唐辽建筑中的情况，它应是先按“分”值确定各开间进深，然后再折合成尺长，尽量调整成较整的数字，以便施工。从表 3-2-2 中还可以看到，在面阔、进深总值上，只有下层柱头间为整数，其余均有尾数，可知在设计时以下层柱头间尺寸为基准，其下的柱脚加侧脚，其上的平坐和上层均内收，故不能保持整数。

把调整后的各层柱头、柱脚处之宽深尺寸标注在阁之正立面和侧立面图上，就可看到：

在侧立面图上，中间内槽部分的二间上、下及平坐层同宽，可视为一宽 2×12.6 尺的竖长矩形。外侧外槽部分下层柱头处深 11.4 尺，柱脚外撇 0.2 尺，形成 1.4%的侧脚；平坐及上层外槽之檐柱比下层檐柱退入 1.4 尺，上下直立无收分（图 3-2-1-1）。

在正立面图上，中间内槽宽三间的部分，自下层柱顶以上，上下同宽无收分，也可视为矩形，共宽 44.7 尺，山面外槽部分自平坐以上至上层各檐柱也是直立无收分，只有下层的柱脚部分明间二柱各外撇 65mm，有 1.6%的侧脚，而山面外槽部分之角柱柱高 4170mm，柱脚外撇 580mm，形成 13.9%的侧脚（图 3-2-1-2）。

综括上述，可以看到像观音阁这类“楼”型建筑，在设计时，先确定内槽部分，令其为上下同宽的矩形立方体，以它为主体，环绕它布置外槽。下层的外槽檐柱柱脚外撇，在正面和侧面形成斜度不同的侧脚；平坐和上层的外槽柱自下层檐柱缝内收少许，立在乳栿上，垂直相接成上层；如此层层叠加，可形成多层的楼或方形木塔。

观音阁剖面图上的准确尺寸目前尚未掌握，据《中国古代建筑史》中所发表的剖面图之 1/50 原图量得，一层内槽柱高为 +4.49m（以室内地面为 ±0.00），平坐柱顶标高为 +8.91m，上层檐柱顶标高为 +13.46m，中平槫（距檐椽向内二步架处）标高为 17.93m，逐段高差为 4.49m、4.42m、4.55m、4.47m，相邻段最大高差在 130 至 70mm 间，可视为相等。这表明在高度设计上以下层内柱之高为扩大模数，其中上层柱高计至其下的平坐柱顶，实即当上层是单层建筑时柱子所应达到的高度，因为上柱之顶至中平槫之距也是这个数字，而二者相等正是唐宋时剖面上比例的特点（图 3-2-1-3）。

在图之正立面和侧立面上也有以柱高为扩大模数的迹象。在图上可看到，上层柱顶标高为 13.46m，相当于 3 个下层内柱之高，则下层内柱之平均高为 4.49m。另在正立面图上可看到，中央三间总宽若以上层柱头间计为 13150mm，在侧面图上又可看到侧面总进深若仍以上层柱头间计为 13290mm，这二者基本相等(只差 140mm，占 1%)，与 3 倍柱高 13460mm 相差 310 和 170，误差分别为 2% 和 1%，可以略去。据此可知阁之进深与阁正面中央三间之宽相等，都相当于三倍的下层内柱高，亦即均以下层内柱之高为扩大模数（图 3-2-1-4、图 3-2-1-5）。

2. 山西省大同市善化寺普贤阁

善化寺在大同南门内西侧，传创建于唐，五代时名普恩寺，至辽代又重建大殿等建筑，故现存最古建筑虽为辽建，寺却沿旧制南向，与辽代创建之寺多东向者不同。现寺中古建筑有山门、大殿、三圣殿、普贤阁四座，除大殿为辽代建筑外，包括普贤阁等建筑均金代所建。据寺中金大定十六年（1176 年）朱弁撰重修大殿碑记记载，寺在辽末遭兵燹，“所仅存者十不三四”，僧圆满发愿重修，“经始于天会之戊申（六年，1128 年），落成于皇统之癸亥（三年，1143 年）”，则普贤阁之重建应在 1128 年　1143 年间，当 12 世纪前半叶。

普贤阁在大殿前西侧，东面原有文殊阁，已毁。阁平面正方形，二层，中夹平坐层，上层屋架为彻上明造，用四椽通栿，上覆单檐歇山屋顶，属厅堂型之“楼”型构架，与独乐寺观音阁之殿阁型之“楼”型构架小异。

阁下层及平坐正面三间，但梢间间广只为明间之半，俗称“一整二破”，实际宽度为正常开间二间，侧面进深也是二间，形成正方形平面。上层正侧面均为一整二破的三开间，用叉柱造与平坐相接，其面阔进深都自下层退入少许。

普贤阁在20世纪30年代初中国营造学社曾进行过测量，有较精确的测图发表，并注有部分数据，其他所需数据也可用图中比尺量得，可在此基础上进行研究（图3–2–1–6、图3–2–1–7）。

从前面对独乐寺观音阁的分析，已知古代建筑之设计尺寸，平面上均以柱头间计，柱脚间因加了侧脚，有所增大，故研究平面规律需先求得其柱头间尺寸。从已发表的纵横剖面图上可以量出普贤阁下层、平坐层、上层柱头间之面阔、进深尺寸，列为表3–2–3。由于古代建筑设计时利用材分值并以丈尺为单位，同时把折合成的“分”值和尺数附于表中。从表中可以看到，底层和平坐层面阔、进深之差均只10mm，上层也只有50mm，相当于5‰的误差，故可以确认阁各层平面均为正方形，面阔与进深之宽度相同。这样，上层进深方向上明间之宽5220比面阔上明间之宽5170大50mm，就很可能是柱头外闪的结果。

从折合成的“分”值和尺数看，当时可能是先按“分”值定各间之宽深，再折算成尺数，以整尺或半尺为单位。故从实测数据折出之分值未必以5或10为单位，而尺数却接近于以半尺为最小单位（见表3–2–3）。

大同普化寺普贤阁各层面阔进深长度表（以柱头之间计）　　**表3–2–3**

		面阔				进深			
		梢间	明间	梢间	总计	梢间	明间	梢间	总计
底层	mm	2610	5170	2610	10390	5200	——	5200	10400
	“分”	174	345	174	693	347	——	347	694
		(175)		(175)	(695)	(347.5)		(347.5)	(695)
	尺	8.6	16.9	8.6	34	17	——	17	34
		(8.5)	(17)	(8.5)					
平坐层	mm	2470	5170	2470	10110	5050	——	5050	10100
	“分”	165	345	165	675	337	——	337	694
						(337.5)		(337.5)	(695)
	尺	8.1	16.9	8.1	33	16.5	——	16.5	33
		(8.0)	(17)	(8.0)					
上层	mm	2280	5170	2280	9730	2280	5220	2280	9780
							(5170)		(9750)
	“分”	152	345	152	659	152	348	152	652
		(152.5)		(152.5)	(650)		(345)		(650)
	尺	7.5	16.9	7.5	31.9	7.5	17.1	7.5	32.1
			(17)		(32)		(17.0)		(32)

1分 = 15 mm　1尺 = 305 mm　（括弧内为调整后数字）

从表中可以看到，底层面阔进深均为34尺，面阔为“一整二破”布置，为8.5 + 17 + 8.5 =34尺，而进深为二间，即17 + 17 = 34尺。平坐及上层在面阔方向上明间宽度不变，仍均为17尺，只缩小梢间间广。与下层相比，平坐之梢间缩小0.5尺，上层之梢间缩小1尺，即平坐之面阔缩小1尺，上层之面阔缩小2尺，分别为33尺和32尺。

平坐在进深方向上仍为二间，缩小1尺后为16.5 + 16.5 = 33尺。上层在进深方向上也改为一整二破，与正面相同，缩小2尺后为7.5 + 17 + 7.5 = 32尺。

在阁之立面上也可找到一定的比例关系，且和平面尺寸有关联。

在阁之纵横断面图上可以量出，上层平柱之高，如计至下抵平坐栌斗顶面之柱脚，其实际高度为3410mm，其3倍为10230mm，与底层面阔10390mm相差

160mm，与平坐面阔 10110mm 相差 120mm，介于其间。但它与平坐面阔更接近，误差不足 12‰，可视为相等。如以 H 代表上层平柱高，则平坐面阔为 $3H$。前已推算出平坐面阔为 33 尺，则排除施工误差后，H 之设计尺寸应为 11 尺。

又，上层平柱柱顶标高（以室内地平为 ±0.00）为 11.95m，即 11950mm。它的 1 / 7 为 1707mm，恰为 H 之高 3410mm 的一半，则知上层平柱顶至室内地面之距为 $3.5H$，亦即如以 $H/2$ 之距画方格网，则在上层平柱顶至地面之间可容 7 格，即 7 个 $H/2$，在平坐檐柱之间可容垂直 6 格。前已推知 $H = 11$ 尺，则此方 $H/2$ 者实即方 5.5 尺之网格。从画了网格的立面图上可以看到，除上层平柱之顶、柱脚和下层柱脚在水平网线上外，下层平柱顶也在水平网线上。据勘测报告，下层平柱高 5030mm，合 16.49 尺，与三个网格共高 16.5 尺只少 0.01 尺，可视为相等，故下层平柱顶确应在水平网线上。

综括上述，可以看到普贤阁之设计以 5.5 尺为扩大模数。其设计尺寸是：在断面、立面上，令下层平柱高为其三倍，即 16.5 尺；令上层平柱高为其二倍，即 11 尺；又令上、下层柱之间的部分，包括平坐柱在内为其二倍，也是 11 尺；通计自地平至上层柱顶共高为其七倍，即 38.5 尺；在平面上，令平坐层之面阔、进深均为其六倍，即 33 尺；以平坐层之面阔进深为基准，增加 1 尺则为下层面阔、进深 34 尺，减少 1 尺则为上层之面阔、进深 32 尺。这就确定了为 5.5 尺模数网格所控制的普贤阁的立体轮廓（图 3-2-1-8）。

在定普贤阁各层分间时，从下层开始。因其平面为正方形，进深上为二间四椽，中分做二间，即进深 34 尺，分为宽 17 尺的两间。正面明间相应的也应宽 17 尺，则二梢间只能各宽 8.5 尺，形成“一整二破”的分间。其上的平坐层和上层受构架限制，它们的明间必须与下层同宽，即也宽 17 尺，只能在梢间间广、进深上缩小。逐层递减 0.5 尺后，平坐梢间宽 8 尺，上层梢间宽 7.5 尺，形成 33 尺和 32 尺的面阔和进深。整个阁的设计手法简洁、数字完整，表现出较高的水平。

把普贤阁与观音阁做比较，就可看到，普贤阁虽属低一等的厅堂型构架，且内部用通栿，没有内柱，但仍与观音阁相同，中间有一个上下层宽深都相同的核心。这核心在观音阁为宽三间深二间的内槽，在普贤阁则为由正侧面上下相同，均宽 17 尺的明间轴线形成的虚的方形中心部分，在构架原则上都可理解为以中央部分上下同宽的核心为基准，四周的檐柱逐层按一定规律内收，形成底层最大，以上各层逐层缩小的外形（图 3-2-1-9）。

但两阁也有不同之处。其一是观音阁在高度上以下层内柱高为扩大模数，其上层檐柱之实长（包括作叉柱造的柱脚在内）与下层檐柱基本同高，而普贤阁下层檐柱高为上层檐柱实高的 1.5 倍，故在外观上若以平坐地面至上层柱顶之高计上层柱之高，则观音阁下层檐柱高为上层檐柱高之 1.5 倍，而普贤阁下层檐柱高为上层檐柱高之 2 倍，就外观上下层柱与上层柱露明部分高度之比而言，普贤阁明显大于观音阁。其二是普贤阁上层檐柱通过柱头内倾使其面阔和进深又比平坐处缩小了 1 尺，而观音阁上层面阔、进深基本与平坐处相同。观音阁建于辽前期的 984 年，当时保存下的唐代旧法尚多，所用尺也是长 294mm 的唐尺。普贤阁重建于金前期约 1128 ～ 1143 年间，比观音阁要晚 144 ～ 159 年，反映的是辽末金初的特点，所用尺为长 305mm 的辽中后期至金代常用尺，上述不同处很可能是这一个半世纪中建筑上的发展变化。但核心部分上下同宽同深，均以不同方式以柱高为扩大模数则是共同的特点。

二、宋代阁型建筑

1. 河北省正定县隆兴寺慈氏阁

寺在正定县城内东部，隋名龙藏寺，以隋碑著称于后世。北宋开宝四年（971 年），宋太祖北巡，命铸大悲菩萨立像于此寺，建阁供奉，遂又兴盛，成为北宋时北方巨刹。现寺内主要建筑多为北宋遗构，寺之规模布局当为北宋时形成的。寺内最重要建筑为供奉大悲菩萨铜立像之佛香阁，仅现存柱础尚是北宋之旧，上部建筑则是近代重建的。佛香阁前东西相对有慈氏阁和转轮藏殿，都是二层建筑，体量形式基本相同，均为阁型构架，而小有差异，其中慈氏阁的阁型特点更明显。

慈氏阁面阔、进深各三间，平面近于方形，高二层，上覆单檐歇山屋顶。下层平面周回十二柱，明间后部深二间处有二内柱，共十四柱。正面前有深二椽的副阶，左、右、后三面有腰檐，故下层之檐柱高度近于副阶柱的二倍。檐柱顶施五铺作斗栱，架地面枋，铺楼板，其上即为上层。此阁之下层虽因有副阶和腰檐围绕，外观与观音阁等楼型建筑颇似，实际上它只是一个架得很高的平坐，平坐下并没有下层的屋身构架，平坐柱直接立在地上，是典型的阁型构架,《营造法式》中称立在地上的平坐柱为“永定柱”，而紧贴永定柱外立小柱承斗栱构成腰檐的部分陈明达先生认为即是“缠腰”。

按常规阁型建筑的做法，下部一般是满堂柱构成平坐平台，上建上层房屋。但慈氏阁内供有高 12m 余（包括佛座及背光）的立菩萨像，故底层只在明间以内深二间处立二根后内柱，前部不用内柱；又因立像高抵上层，故楼板上需开方井，遂使构架出现了一些特殊的做法。

首先，由于中间开空井，上下柱可以贯通，遂把下层二内柱做成高近 16m 的上下通柱，自底层地面穿过楼板与上层屋架结合，直抵上层后坡中平槫之下。有此柱支撑，上层明间左右缝梁架遂成为“六架椽屋乳栿对四椽栿用三柱”的形式。其次，为了承托前部的楼板并构成楼梯井，在下层明间前檐二柱与二内柱之间架两道四椽栿，两栿上在中点处各立一柱，形成立在梁上的二根前内柱，穿过楼板，上端托在上层四椽栿中点之下。这样，在上层就有了四根内柱。在四根内柱之间装纵横向地面枋，承托楼板之内端，并围成方井，沿井口装设栏杆。

目前所能得到的慈氏阁图纸仍为 20 世纪 30 年代梁思成先生所测简图，没有数据，发表在《梁思成文集》卷一。少量数据可在陈明达先生所撰《唐宋木结构建筑实测记录表》中查得，只能在此基础上初步探讨其设计特点（图 3-2-2-1）。慈氏阁底层之开间进深长度及折成“分”值和尺数以表 3-2-4 表之。

慈氏阁面阔进深尺寸实测及折算表（底层）　　　　　**表 3-2-4**

		面阔				进深			
		梢间	明间	梢间	总计	梢间	明间	梢间	总计
cm	——	355	505	355	1215	355	444	355	1154
“分”	折算	254	361	254	868	254	317	254	824
	调整	255	360	255	870	255	315	255	825
尺	折算	11.6	16.5	11.6	39.7	11.6	14.5	11.6	37.7
	调整	11.5	16.5	11.5	39.5	11.5	14.5	11.5	37.5

1“分”= 1.4cm　1 尺 = 30.6 cm

从上表看，当时是先以 5“分”为单位定各间之宽深，再向相近之以 0.5 尺为单位的尺数相靠，使明间与梢间之差分别为 5 尺和 3 尺。

在剖面图上首先可以看到，慈氏阁上下层之梁架近于清式，当是清代大修的结果。但西面与之相对、体量构架相近的转轮藏殿保存基本完整，上部构架尚是原状，可据以推测慈氏阁上部梁架原状，并在剖面图上用虚线绘出。

从剖面图上首先可以看到，慈氏阁上下层诸檐柱均垂直相接，虽非叉柱造式榫卯，但上层柱并不退入。特别是下层前檐明间二柱，为了便于架设伸向内柱的四椽栿，分为上下二段，中加斗栱，但上段虽立于斗栱和四椽栿结合处，形式上近于楼型建筑平坐与下层之结合，但仍垂直相续而不退入，表现出阁型构架的特点。

因缺乏数据，只能用作图法在剖面图上探索，但仍可发现二点。其一，按唐宋建筑在高度上比例关系的特点，檐柱之高与檐柱顶至屋架中平槫之距相等（亦即四椽进深之房屋脊高为檐柱高之二倍）。以此规律在图上验算，发现上层柱顶至中平槫之距 A 与上层柱顶至平坐上栌斗上皮之距相等。从前面对普贤阁等建筑之探讨，已知当建筑高度以柱高为模数时，上层柱高下端应计到叉柱造榫头之底，即下层平坐栌斗之上皮。慈氏阁上层柱虽只到楼板，但从前面量出的情况看，它的计算高度仍为柱头至下层平坐栌斗顶面。其二，慈氏阁下层左右后三面缠腰小柱之高 H 与前檐明间二柱下段同高，而用作图法也可量出这高度也与上层柱顶至中平槫之距相等，从这二点可以看出，尽管下层缠腰柱顶至平坐柱顶之距与缠腰柱高不等，但在高度设计上仍在一定程度上以缠腰柱高 H 为高度的模数。

2. 河北省正定县隆兴寺轮转藏殿

在慈氏阁之西，东向，与慈氏阁相对。殿面阔进深各三间，高二层，下层实为高架之平坐，承上层殿宇，属阁型构架，但因下层前檐加副阶，左、右、后三面加腰檐，遂形成楼型构架的外观。

殿下层有四内柱，与正侧面柱相对（唯二前内柱为避让殿中心之转轮藏，向左右侧外移，只与侧面柱相应）。这四柱均上抵平坐，承平坐斗栱及地面枋。下层之檐柱均分为上下两段，下段柱头施双抄斗栱，承副阶及腰檐之槫，上段柱以叉柱造方式直立于下段柱上，上施双抄斗栱，承平坐地面枋及楼板。檐柱分上下二段，上段承平坐，颇似楼型构架做法，但楼型构架平坐柱均自下层檐柱位置退入少许，而此处上段承平坐之柱与下段柱用叉柱造方式垂直对接，与一根柱直上无殊，也表明它属阁型构架。上层内外柱均与下层柱对位，檐柱亦不退入，上部梁架利用二根后内柱，构成六架椽屋乳栿对四椽栿用三柱的构架（现四椽栿下托有一柱当是为建佛龛添加的，因其下无前内柱承托，不能起承重作用）。

转轮藏殿目前发表的材料只有梁思成先生在 20 世纪 30 年代所测平面和剖面简图，另在陈明达先生撰《唐宋木结构建筑实测记录表》中有平面和柱高的数据，可据以进行探讨。转轮藏殿底层和平坐之平面尺寸与折成之“分”值和尺数以表 3-2-5 表之。

转轮藏殿面阔、进深尺寸实测及折算表　　表 3-2-5

			面阔				进深			
			梢间	明间	梢间	总计	梢间	明间	梢间	总计
底层	cm	—	427	538	427	1392	427	476	427	1330
	“分”	折算	305	384.3	305	994.3	305	340	305	950
		调整	305	385	305	995	—	—	—	—
	尺	折算	13.95	17.58	13.95	45.49	13.95	15.56	13.95	43.46
		调整	14.0	17.5	14.0	45.5	14.0	15.5	14.0	43.5
平坐层	cm	—	412	527	412	1351	410	460	410	1280
	“分”	折算	294.3	376.4	294.3	965	293	328.6	293	914.3
		调整	295	375	295	965	295	325	295	915
	尺	折算	13.46	17.2	13.46	44.3	13.4	15.03	13.4	41.83
		调整	13.5	17.5	13.5	44.5	13.5	15.0	13.5	42
上层	cm	—	410	516	410	1336	410	455	410	1275
	“分”	折算	293	368.6	293	954.6	293	325	293	910
		调整	295	365	295	955	295	320	295	910
	尺	折算	13.4	16.86	13.4	43.66	13.4	14.87	13.4	41.67
		调整	13.5	17	13.5	44	13.5	14.5	13.5	41.5
1尺 = 30.6cm　1“分” = 1.4cm										

从表中可以看出，在设计时是先按 5“分”为单位定面阔进深之“分”值，再调整为以 0.5 尺为单位的尺数，以便施工。在面阔方面，自下而上依次为 45.5 尺、44.5 尺、44 尺，在进深方面依次为 43.5 尺、42 尺、41.5 尺。其中平坐比下层减少较多，上层比平坐减少较少，当是因为侧脚引起的，下层永定柱高比上层柱高约增加一倍，故平坐之尺寸减小的要多些。从上层与平坐层相比，梢间间广进深均不减而只减明间看，也表明上层明间之减是由侧脚引起的。

在 20 世纪 30 年代梁思成先生所测断面图上分析，发现如仍按唐宋惯例，设檐柱顶至中平槫之高差 A 与檐柱之高 H 相等，在剖面图上以 H 为单位，自中平槫上皮向下排，至下层柱础顶面上少许可排 $4H$，其中下层檐柱之下段之高比 H 稍大，可认为基本等于 H，而上檐柱顶标高为 $3H$，上平槫标高为 $4H$，下檐柱高为 H 的比例关系与独乐寺观音阁相同，表明此殿在高度方面也是参照以下层柱高为模数的传统稍加变通进行设计的。只是由于这两座阁型构架建筑都经过不同修缮，又缺乏比较的资料，尚难更具体地推测其设计方法和规律而已。

以上是辽之楼与宋之阁的情况和设计特点，因为楼之遗物均辽建，而阁之遗物均宋建，只能分别冠以朝代之名。全面估计宋辽建筑情况，辽之阁与宋之楼也应基本上和上举诸例没有重大的差别。

三、明、清楼阁

1. 西安市鼓楼

建于明洪武十三年（1380 年）。洪武二年（1369 年）明军占领西安，次年，明太祖封其子为秦王，就藩于西安，随即开始兴建王府、扩建城池，开展一系列建设。这是明廷为控御西北进行的大建设，不是地方政府行为，故应是在南京中央政府工部参与或指导下进行的。在剖面图上可以看到，其上层梁架几乎与建于洪武五年（1372 年）的扬州西方寺大殿（图 3–1–7–2）全同，清楚地表明与明初江浙地区建筑的渊源，这就证明西安鼓楼即令有一些地方特点，主流应是明初的南京官式。现存的鼓楼和钟楼均建于此期间，虽历经清康熙十八年（1690 年）和乾隆五年（1740 年）大修，但基本构架仍是洪武之旧，是研究明初建都南京时期官式建筑的重要例证。鼓楼上层梁架在乳栿、四椽栿下均加随梁枋，也与扬州西方寺相同，这种做法流行于南宋、元时江南地区，为明初南京官式所吸收，以后又成为北京明官式大式建筑的基本做法。故鼓楼又可作为北京明官式源于南京明官式而南京明官式源于江浙宋式建筑传统提供一个佐证。

鼓楼建在高 9m 的基座上，二层，楼身面阔七间，进深三间八椽，上下层各建一圈副阶，故外观为东西宽九间、南北深五间的重檐三滴水二层楼阁。它的构架可分为楼身和副阶两部分。楼身上下面阔进深相同，下层柱网用阑额及梁联结一体后，即接续立上层柱并铺设地板，柱上用厅堂型八架椽屋乳栿对四椽栿用四柱梁架，构成歇山屋顶。主体部分上下层柱对接，无平坐层，属宋式阁型构架特点。但在上下层楼身之外又各加一圈副阶，形成下层的腰檐和上层重檐的下檐，其间装假的平坐。上下层副阶虽均深一椽，但实际深度下檐为上檐副阶的二倍。这样，在外观上，鼓楼上下层间有平坐层，上层比下层退入半间，又具楼型构架特点。这种主体为上下柱子对接的阁型构架而外包中夹平坐、上层退入的楼型构架副阶的做法是明以后多层楼阁的通行构架形式，并沿用到清代。

西安鼓楼有测图发表在赵立瀛主编的《陕西古建筑》中，但无实测数据，只能就图纸进行大致分析。

在平面图中可以看到，若以 E、F 分别代表其侧面明间和梢间间广（即楼之进深），则用作图法可看到，鼓楼下层之面阔为 $5E$ 或 $6F$，即 $E = 1.2F$，亦即进深 = $3.2F$，由此推知鼓楼面阔进深之比为 6 ∶ 3.2 = 3 ∶ 1.6（图 3–2–3–1）。

在剖面图上用作图法分析，可看到三点：

（1）楼之高以一层檐柱高（即副阶柱高）H 为模数，自一层柱础顶面至二层楼身柱顶共高 $4H$。其上层柱之设计高度按宋辽之例应计至下层柱之栌斗上皮，在

剖面图上恰高为 $2H$（图 3–2–3–2）。

（2）上层柱虽立在下层柱上，但又在地板面上做出柱础，若以此柱础上皮起计上层柱高 $H_{上}$，则其高与此柱顶上至屋架中金桁之距 A 相等。

就(1)、(2)两点而言，都符合唐宋以来建筑高度上的设计特点，以柱高为模数。

（3）宋辽重檐建筑下檐柱高一般都为上檐柱高的 1/2，但鼓楼下层之下檐柱高大于下层柱的 1/2，而上层下檐柱又小于上层上檐柱的 1/2，都不符合宋式特点。

在立面图上进行分析，发现楼身部分之总宽为下檐柱高 H 的 10 倍，而上层柱顶标高又为 $4H$，故可以认为楼身立面设计是由方为 H 的网格控制的(图 3–2–3–3)。

在立面图上可以看到，其明间最宽，次间、梢间间广相等而小于明间，尽间又小于梢间，副阶间广最小，各间间广分别以 A、B、C、D 表之。用作图法可以发现，梢间与尽间间广之和与明间间广相等，即 $B + C = A$。明间因间广过大（约 8.4m），为防阑额下垂，在其下加三根小柱分明间为三小间。这三小间中，中间较宽，两旁二间较窄，这较窄二间之宽又基本上与下层副阶间广 D 相等。这样，在鼓楼立面上就出现了三种相似形的关系：其一，明间间广 A 与梢间、尽间间广之和 $B + C$ 相等；其二，次间、梢间间广同为 B；其三，明间内左右二小间与下层副阶间广 D 基本相等。这些相等的宽度在立面上就形成明显的或隐约可以感到的相似形，使立面虽乍视之变化颇多，却仍能使人感到协调（图 3–2–3–4）。

2. 西安市钟楼

建于明洪武十七年（1384 年），明万历十年（1582 年）向东移至现址，历经清康熙、乾隆二次修缮，但基本结构和风格未改变，仍可视为明初遗构。

钟楼建在高 8.5m 的砖砌方形墩台上，下开十字交叉的门洞 。楼为正方形，二层。其主体部分上下层面阔均为三间，四周各加一圈副阶，形成重檐三滴水的方楼。它的构架和鼓楼基本相同，主体部分上下层同宽，柱子相接续而上，中间无平坐层，上层屋顶在八架椽屋乳栿对四椽栿构架的基础上加抹角栿以承角梁，构成四角攒尖式屋顶。就主体部分构架特点而言，近于宋辽时的阁型构架。主体的四周上下层均加一圈副阶，中夹假平坐层，形成下层腰檐和上层重檐之下檐。因上层副阶进深比下层的减半，外观上层比下层退入，又具有宋辽时楼型构架的外观。

在平面图上进行分析，设以 A、B、C 代表下层明间、梢间及副阶间广，则可看到，明间间广 A 为梢间间广 B 的 2 倍，而上层副阶之进深 D 为下层副阶进深 C 的一半（图 3–2–3–5）。

在钟楼的剖面图上用作图法分析，可发现二点：其一，若以下层檐柱净高为 H，则上层楼身柱顶标高为 $4H$，即楼之高度以下檐柱高 H 为模数。其二，若以上层楼身檐柱顶至楼板面之距为上层楼身檐柱之计算高度 $H_{上}$，则自此柱顶至屋顶上金桁（距檐桁三步架）之高 A 与 $H_{上}$相等（图 3–2–3–6）。

在其立面图上进行分析，可以看到三点：其一，楼身明间之宽为梢间的 2 倍

（已见前面平面分析中）其二，因明间宽度太大（约 8m ），为使其阑额能与跨度仅及其半的梢间阑额同高，只能在中间加二小柱支顶，分为三小间。在分间时有意使左右二小间之宽与下层副阶间广 C 基本相等。其三，在定上层副阶之间广（进深同）D 时，令它与梢间间广 B 宽度之和与明间三个小间中的中间与一侧间宽度之和相等。这样，在下层立面上，明间内分割出的左右二小间与副阶部分形成左右对称的四个相似形；在上层，梢间与副阶之和与明间中的相邻两小间也形成四个相似形（中间两个交错）。相似形的出现和规律分布，使立面上增加了统一和协调之感（图 3–2–3–7）。

3. 西安市明代城楼

今西安城始筑于明洪武七年（1374 年），洪武十一年（1378 年）竣工，城楼箭楼当为同时兴建。史载明嘉靖五年（1526 年）曾重修，以现存东门城楼与北门箭楼和建于明初洪武间的西安钟楼、鼓楼相比，在做法和风格上都有一定的差异，可证现存城楼、箭楼为明嘉靖时重建者。西安城楼、箭楼间数比明清北京城楼、箭楼多，规模庞大，西门堪称全国之冠，在北京明代城楼不存（今北京前门城楼为 1900 年遭八国联军焚毁后重建者，不可为据）的今天，是研究明代城楼、箭楼的最重要例证。

西安城最宏伟的西门城楼、箭楼之实测图迄今未发表，只有东门城楼和北门箭楼在《陕西古建筑》中发表有测图，虽无数据，尚可用作图法进行初步分析。

西安东门城楼：楼身面阔七间，进深二间六椽，高二层，上下层均加副阶，形成外观面阔七间重檐歇山顶三滴水的巨大城楼，建在高约 10m 的墩台上，门墩下开一个门洞。城楼为全木构建筑，上下层柱对位，相接而上，无平坐层。其上层梁架明间两缝为六架椽屋通檐用二柱，在前后檐柱柱头科间架六椽通栿，其下平行它于柱间架随梁枋，无中柱。次梢间各缝为“六架椽屋分心用三柱”，其中柱自一层上伸，直抵上层四椽栿下，上下层用一柱贯通。

在平面图上用作图法分析，可以看到，若设其总进深（包括副阶）为 B，则次、梢、尽三间加上副阶其间广之和也恰为 B，而明间之间广为 $B/2$。这样，城楼之面阔为 $2.5B$，即面阔为进深之 2.5 倍。这现象也可视为城楼之平面以其进深 B（准确地说应为 $B/2$）为模数。但在立面图和剖面图上探索，未发现在高度上与 B 或 $B/2$ 有联系，因知它只是平面上的模数（图 3–2–3–8）。

在剖面图上进行分析，可以看到二点。

其一，设以城楼副阶柱高为 H，则用作图法可以证明上层楼身上檐柱顶标高恰为 $4H$。若进一步划分，还可看到，下层楼身柱顶标高为 $2H$，上层副阶柱顶标高为 $3H$，这就是说下层楼身柱顶、上层副阶柱顶、上层楼身上檐柱顶均比下层柱递增一个 H，这也就是说，城楼在高度上以一层副阶柱高 H 为模数。

其二，上层柱高如按叉柱造做法之惯例计至下层柱顶上栌斗之上皮，设其高

为 $H_{上}$，则自上层柱顶至六椽屋之脊桁上皮之高 A 与 $H_{上}$相等（图 3-2-3-9）。

4. 西安市明代箭楼

以西安北门箭楼为例。楼面阔十一间，进深二间六椽，柱子上下贯通，内部分隔为四层。屋顶梁架明间左右二缝为六架椽屋通檐用二柱，其余为“六架椽屋分心用三柱”，其中柱上抵平梁之下，楼之外侧砖砌高壁，中开四层箭窗；内侧一、三两层建副阶，上层副阶进深为下层之半，形成逐层退入的三滴水歇山顶的楼型外观而其主体实为高二层的阁形构架，每层中间各加一层楼板，以与外墙上的四层箭窗相应。

在其剖面图上用作图法进行探索，发现它和东门城楼所见现象相同，即其一，楼顶柱顶标高为底层副阶柱高 H 的四倍；其二，上层柱高下端如计至三层楼板面，以 $H_{上}$表之，则上层柱顶至六椽屋顶之脊桁上皮之高 A 与 $H_{上}$相等（图 3-2-3-10）。

在立面上，外侧箭窗之洞口及左右、上下间距均相等，故窗之位置均不居各间之中，其窗下墙之高也各不相同，其纵横划分全是为求外观上等距而设。

综观西安城楼、箭楼之设计手法，其高度以下层副阶柱高 H 为模数，与西安钟楼、鼓楼全同；其屋顶部分令六椽屋之脊桁（当八架椽以上建筑之上金桁）到柱顶之距 A 与上层上檐柱之高 $H_{上}$相等也与西安钟楼全同，符合元以后六椽屋脊高为檐柱高之二倍的比例关系。在立面上，令明间加宽，中间撑以二小柱，令次、梢、尽间加上副阶之宽为明间间广的二倍，使明间与其余各间之间含蕴有一定的相似关系，也和西安钟楼、鼓楼的手法有相通之处。这些现象说明城楼、箭楼虽比钟楼、鼓楼晚了近 150 年，但在设计手法上是一脉相承的。

西安钟鼓楼建于明初定都南京时，反映的是明初南京的官式。永乐北迁之初，按南京官式在北京大量建宫室庙社，积以岁时，逐渐形成北京的明官式。南北两京官式既有继承关系，也有发展变异。从西安钟鼓楼建筑看，南京官式保留有更多的宋元以来江南地区的古法。明嘉靖中重修西安城楼时，西安与明初地位不同，应是地方性建设而非明初的国家战略性建设，当是出于地方工匠之手，这时钟鼓楼建筑已成为地方建筑典范，故在西安城楼、箭楼重建设计中表现出钟鼓楼的一些特色是很自然的。

5. 山东省曲阜市孔庙奎文阁

在孔庙大成门前，创建于北宋，原为五间的藏书楼，明弘治十三年（1500 年）重建，扩大为七间。以后历经清顺治、康熙以来多次修缮，基本保持原状，是明中期官式楼阁建筑的重要实物。

阁外观底层面阔七间，进深五间，上层每面退入一间，又各加半间平坐及副阶，上覆重檐歇山屋顶，形成重檐三滴水的二层楼阁（图 3-2-3-11）。若分析其构架关系，可以从图（3–2–3–12）中看到，它实际可分为主体楼身和四周的副阶两部分。主体楼身面阔五间，进深三间六椽，上下层柱相接，分为底层、夹层和上层三层。其中平坐和上层为通柱，立在下层柱头斗栱上。下层在四周各加深一间的副阶，形成腰檐。在上层楼身四周各加深半间的平坐和副阶，其平坐和副阶一部分也是通柱，中加丁头栱，构成平坐的外观。这种主体柱上下贯通近于阁的构造而四周加平坐副阶形成楼的外观的构架做法，属典型明代手法，与明初所建陕西西安钟楼、鼓楼的构架很相似。

孔庙奎文阁在《曲阜孔庙建筑》中有很精致的测图，但未附测量数据，只能用作图法探索其大致的设计手法和模数关系。

首先在纵剖面图上分析，可以看到，其通面阔为底层柱高 H 的 6 倍，即底层面阔以下层檐柱高 H 为扩大模数（图 3–2–3–13）。在横剖面图上用同法探索，发现下层进深为 H 的 3.5 倍（图 3–2–3–14），因此可以认为阁之底层面阔进深实际上以下层柱高 H 的 $1/2$ 为扩大模数，面阔为 $12 \times H/2$，进深为 $7 \times H/2$。在横剖面图上就高度方向进行分析，发现亦以 H 为扩大模数，其上层楼板高恰为 $2H$，其阁身上层屋顶中金桁标高为 $4H$。这现象和独乐寺观音阁相似，同为二层楼阁，观音阁上层屋顶中平槫之标高也是 $4H$。

如果在高度上使用与立面相同的模数 $H/2$ 核验，还可以看到，上层副阶柱高也是 $H/2$。由于在高度方面只此一项为 $H/2$，也有可能为偶然现象(图 3–2–3–14)。

在宋辽建筑中还有两个普遍的比例关系，即中平槫上皮至柱顶之距 A 与檐柱高 H 相等和重檐建筑上檐柱高 $H_{上}$ 为下檐柱高 H 的 2 倍。此阁为重檐建筑，我们可以设定屋顶中金桁至上檐柱顶间之距为 A，用作图法自上向下反推，可以发现，自中金桁上皮至底层柱础顶面为 $5A$（图 3–2–3–14），若自下而上编为⓪至⑤段，则可看到，如按宋辽重檐楼阁的比例关系，②至④段应为上层上檐柱高，②至③段应为上层副阶及平坐柱高。①至②段应为下层腰檐斗栱之高，⓪至①段为下檐柱高。这恰符合宋辽时二层重檐楼阁的比例关系。据此，可画出一个符合宋辽时比例关系的二层三滴水楼阁，把它和奎文阁的立面并列，可以清楚地看到宋辽与明代楼阁在比例轮廓上的巨大变化（图 3–2–3–15），明代楼阁的下层明显比宋辽时为高。

综合以上分析，可以看到奎文阁在一定程度上似遗存有宋辽做法的影子，但从构造和模数运用上仍是明代惯用的以一层柱高为扩大模数的手法。

6. 北京市鼓楼

在北京中轴线北端，与钟楼南北相重，构成中轴线的结尾。鼓楼创建于明永乐十八年（1420 年），嘉靖十八年（1539 年）毁于雷火，二十年（1541 年）重建，以后历经修缮，保存至今。从构造原则看，鼓楼近于城楼，下为砖砌墩台，开有门洞，台顶建重檐歇山顶的城楼，楼身面阔五间，进深三间十椽，四周加一圈回廊，构成下檐。由于墩台顶部未照惯常做法建垛口，而做出一圈腰檐和平坐，鼓楼外观遂成为二层三滴水的楼阁形式。

鼓楼下层墩台，自下脚计，面宽为 4873cm，进深为 2919cm，其比例为 5 ∶ 3（图 3-2-3-16）。

墩台之高，如自下脚计至上层砖铺地面，为 1919cm，这高度的一半为 959.5cm，设以 A 代表之。则 $5A = 5 \times 959.5 = 4797.5$cm，$3A = 2878.5$cm，这二数字分别比墩台下脚之宽深少 80cm 和 41cm。由于墩台壁面是斜收向上，坡度近于 15 ∶ 1，故在正侧面斜边上均可找到一点使其宽、深为 $5A$ 和 $3A$，这就是说墩台高 $2A$，宽 $5A$，深 $3A$，即以 A 为模数。如把 $A = 959.5$ 折算为尺，则为 30.1 尺，略去 3‰的尾数，可视为 30 尺。这表明墩台是以 30 尺为其三维模数的（图 3-2-3-17、图 3-2-3-18）。

鼓楼上层城楼的平面尺寸为：

面阔：　228 + 706 + 701 + 996 + 706 + 702 + 222 = 4261cm

进深：　224 + 427 + 991 + 427 + 224 = 2293cm

设 1 尺 = 31.8cm，则：

面阔：　7.2 + 22.2 + 22.0 + 31.3 + 22.2 + 22.1 + 7.0 = 135.8 尺

进深：　7.04 + 13.4 + 31.2 + 13.4 + 7.04 = 72.08 尺

调整后为：

面阔：　7 + 22 + 22 + 32 + 22 + 22 + 7 = 134 尺

进深：　7 + 13.5 + 31 + 13.5 + 7 = 72 尺

（图 3-2-3-19）

从断面实测图上可知楼之高度尺寸为：

下檐柱高 $H_{下}$（计自砖地面）= 563cm = 17.7 尺

上檐柱高 $H_{上}$ = 1099cm = 34.6 尺

中金桁（距正心桁三步架）至上檐柱柱顶之距 A = 608cm = 19.1 尺

中金桁距地面之距 = 608 + 1099 = 1707cm = 53.7 尺

它与下檐柱高之比为 1707 ∶ 563 = 3.03 ∶ 1，略去尾数即为 3 ∶ 1，亦即中金桁标高为下檐柱高的三倍。这比例正与宋元重檐建筑下檐柱高为 H，上檐柱高为 $2H$，中金桁（中平槫）标高为 $3H$ 的总比例关系相合，仅上檐柱高为下檐柱之 1.94 倍，略小于 2 倍，属于总量不变的内部调整，基本上仍受宋元以来以下檐柱高为扩大模数的规律的约束。

鼓楼上部楼身的东西宽为 3811cm，进深为 1845cm，分别折合明尺为 119.7 尺和 58 尺。前者实即 120 尺，后者较 60 尺少 2 尺。一是 30 尺的四倍，一近于 30 尺的二倍。在高度上，上檐大额枋下皮距楼内地平为 978cm，合 30.7 尺，稍大于 30 尺。

由此可知上层楼身也可能以 30 尺为模数，面阔为其 4 倍，进深稍小于 2 倍，高度上正相当于下檐搏脊上皮的位置。

从上面的分析可知，鼓楼的下层墩台确是以 30 尺为三维模数，和午门的手法相似，并可画出一示意图（图 3-2-3-20、图 3-2-3-21），但上层以 30 尺为模数和柱高无关，也与大量实例不同，只是孤例，尚有待更多的例证来支持，故也可能是偶然巧合。

7. 北京市钟楼

在北京城中轴线北端，南面与鼓楼前后相重，形成一组。钟楼创建于明永乐十八年（1420 年），后毁于火。清乾隆十年重建，十二年建成（1747 年）。从毁于火的记载看，明代始建时的钟楼上部可能为木构建筑，近似于今西安钟楼的形制。到乾隆十二年重建时，改为砖栱券结构。

钟楼平面方形，下为墩台。墩台上建重檐歇山屋顶的钟楼楼身，其形制近于明清各陵的碑亭。

据 20 世纪 40 年代实测图，墩台每面宽 3136cm 左右，正中各开一宽 608cm 的券顶门洞，在墩台内部形成一十字交叉的券顶通道。在二方向券道交叉处做成一方井，向上穿过墩台通到楼身地面，供提升铜钟至楼上之用，可能也有利用墩台下栱券增强钟声的意思（图 3-2-3-22）。墩台之高如计至台顶垛口下条石，基本上是墩台宽度的一半。

楼身建在墩台顶上，也是正方形平面，最下为高 330cm 的须弥座式台基。楼为砖砌栱券结构，墙身方 2226cm，每面各开一宽 481cm 的券洞门，门内为宽 610cm、高 768cm 的筒壳，在中心十字相交处升高，形成高 1440cm 的东西向筒壳，其下建木架悬挂铜钟。楼身之外轮廓是：自地面至下檐檐口之高为 1164cm；自此下檐檐口上至上檐正脊当沟瓦处高 1131cm，二者共高（即自地面至屋顶正脊底部）为 2295cm。

当时是用清代尺进行设计的，反复推算，发现当 1 尺长为 31.93cm 时，各数基本为整数，列如下：

墩台底宽 3136cm = 98 尺

墩台顶宽 3019cm = 94.6 尺 ≈ 95 尺

墩台高 ≈ 49 尺

墩台四面门洞宽 608cm = 19 尺

楼身底宽 2226cm = 69.7 尺 ≈ 70 尺

楼身四面门洞宽 481cm = 15 尺

楼身外壁厚 257cm = 8.04 尺 ≈ 8 尺

楼身内筒壳宽 610cm = 19 尺

楼身内筒壳高 768cm = 24 尺

楼身地面至下檐檐口之高 1164cm = 36.5 尺

楼身下檐口至正脊当沟之高 1131cm = 35.4 尺

楼身自地面至脊之高为 2295cm = 71.9 尺 ≈ 72 尺

根据上述数字，可以看到钟楼的设计无论是平面还是立面都以正方形为基本比例，而从体量上看，也可以说是由若干个立方体组成的，例如：

下部墩台可视为由四个方 49 尺的立方体组成。楼身的下部（计至下檐口）可视为由四个方 36 尺的立方体组成。楼身下檐之宽比楼身底宽 70 尺稍大，而屋脊至楼身地面之高也基本为 72 尺，则上部也在四个方 36 尺的立方体的控制范围之内，即整个楼身为八个方 36 尺的立方体组成。

由于钟楼是正方形的，故其下的墩台和台上的楼本身都用四个或八个立方体组成，这也是一种很巧妙的设计。这当是乾隆十二年重建时才采用的设计手法（图 3-2-3-23）。

8. 山西省万荣县飞云楼

在县城内东岳庙中，传元、明时已有，但现存者为清乾隆十一年（1746 年）重建，为平面方形的重檐四滴水三层楼阁，外观壮丽、玲珑兼而有之，是现存明清楼阁中佳构。

楼的中心部分为正方形，每面三间四柱，其四根角柱特别粗大，由二段柱垂直接续而成，贯通上下三层，俗称“通天柱”；以它为骨干，每面中间加二根辅柱，形成每面三间的主体构架，上复歇山十字脊屋项。在主体的外围，底层四周加披檐，形成一圈回廊，二、三层分别在平坐和楼板上建一圈回廊，宋式称“缠腰”，又在缠腰四面明间加建抱厦，屋顶作山面向外的歇山顶，宋式称“龟头屋”。由于缠腰与龟头屋都有翼角，在楼的二、三层四角遂出现水平方向三个翼角攒聚的情况，与垂直方向上两层龟头屋和楼顶三个歇山顶重叠互相配和，逐层退入，形成极富韵律的外观。

在实测图上分析，可以看到它是以主体顶层斗栱的攒档为设计的扩大模数的。主体上下同宽，面宽为 690cm，以清尺长 32cm 计，合 21.56 尺，顶层共 5 个攒档，则每攒档宽 4.31 尺，考虑误差，实即 4.3 尺，在图中以 D 表之。除主体宽 $5D$ 外，底层回廊宽、深均为 2D，二层缠腰深 $1D$，也以攒档为平面模数（图 3-2-3-24、图 3-2-3-25）。

在立面图上还可看到，在高度方面，楼总高（脊高）为 $15D$，底层檐口高约为 $3D$，二层平坐及二、三层檐口之高分别为 $5D$、$7D$ 和 $10D$，也基本上以攒档为模数。

以斗栱攒档为扩大模数目前所知较早的实例是建于明永乐间（1420 年前后）的北京紫禁城角楼，这座飞云楼建于清乾隆时（1746 年），比它晚 326 年，方法基本相同，均可以模数网格涵盖其剖面图和立面图，可知以攒档为模数也是明清时常见的设计方法。

第三节 楼阁型木塔和砖石仿木构塔

佛塔是佛教建筑中的一个特殊类型，也是中国古代建筑中最具特色的一个类型。佛塔之天竺原型称“窣堵坡”，唐慧琳《一切经音义》卷二释之云：“唐云高显处，亦曰方坟，即安如来碎身舍利之处也”。据此，塔原为坟，以内藏释迦遗骨成为信徒崇拜的对象。窣堵坡的天竺初型是建在方台上的半球形圆坟，中心树立有圆盘的刹杆。它在汉代随佛教传入中国后，逐渐与中国建筑结合，把窣堵坡缩小，放在方形的单层建筑或多层楼阁上，作为标识，这就形成了与天竺原型完全不同的中国式的单层或楼阁型方塔。这缩小了的窣堵坡的原方台演化为塔顶上的须弥座，原圆坟演化为覆钵，刹杆树立其上，加多重圆盘，以增强其标志作用。塔开始中国化约在三国两晋时，和当时建筑相同，塔之构造有土木混合结构的，也有全木构的。南北朝隋唐时是楼阁型方塔流行的全盛期，史籍上有大量记载，但实物只有砖砌仿木构的单层和多层方塔，全木构的已不存，只在日本尚有受中国南北朝末至唐代影响而建的多层木构方塔，可供我们参考。五代以后盛行多边形塔，以八角为主，也有少量六角的，方塔遂逐渐稀少，终被取代。现存五代以后的楼阁型木塔、砖塔、砖仿木塔大多是八角形的。

比窣堵坡稍晚，3 世纪天竺出现的和婆罗门教天祠形式相近的砖塔也在南北朝中后期传入中国，它的原型与中国楼阁型方塔的一些特点结合，又形成了中国式的密檐塔。唐代盛行方形密檐塔，到五代以后转为以八角形塔为主。

自三国至南北朝相继创造出中国式的楼阁型塔和密檐塔后，历代均有兴建，虽各有其时代特点，但也具有共同的风貌，据此我们有理由推测在楼阁型塔和密檐塔的长期发展中可能会形成一种有一定共性的设计方法。

通过对下面一些有较精确的实测图的分析，可以看到，早期的佛塔只以底层柱高为模数以控制塔身之高，一般以塔之层数加二乘以塔之底层柱高即为塔高。但这个模数不能控制塔之高宽比，到唐中期遂发展出兼以塔中间一层之面阔为模数，以控制高宽比，设计方法更臻成熟。密檐塔因只有底层一层塔身，故自最早的嵩岳寺塔即以中间一层之面阔为塔高之模数，以后一直沿用。楼阁型塔在唐中期开始兼以中间层面阔为模数也颇有可能是受密檐塔设计方法的影响。

从现存我国和日本的木构塔和砖仿木塔看，楼阁型木塔各层檐口形成的轮廓基本是直线斜收向上，无明显的卷杀。而密檐塔的主体轮廓则上部呈梭形，是作抛物线上收的。通过对可以得到的密檐塔实测立面图进行分析，发现其密檐部分的下半和楼阁型塔相同，基本上呈直线斜收内倾，而上半则是用卷杀方法以控制轮廓之弧度的。但这卷杀和《营造法式》所载的以直边各点连向横边相应各点以形成折线的卷杀方法稍有不同。它比一般做法加倍分段，一般每边分八至十段，连线时以直边之 1 至 4 点连向横边之 5 至 8 点，舍去直边的后半和横边的前半各点。这样形成的弧线较平缓，不似《营造法式》所载卷杀折线末端转折那么急骤，恰与诸塔上半之弧线相合。这种卷杀方法在北齐库狄回洛墓木椁上斗栱的栱头折线上也出现过，表明它在南北朝以来就是通用的方法。这情况表明古代利用卷杀求得近似曲线的方法是多样的，并不只限于《营造法式》中所载的那一种。

一、北宋、辽在长江以北地区所建木塔和砖石仿木构塔

1. 山西省应县佛宫寺释迦塔

建于辽道宗清宁二年（1056 年）。寺总平面分析及塔与寺之关系的探讨已见前文。这里只探讨塔本身之设计手法及模数。在陈明达先生《应县木塔》一书中有关于木塔的详细测图和数据，为进行分析提供了极大的便利。

释迦塔外观五层，加上中间四个平坐层，共有九层。各层之平面尺寸（以柱顶计，柱顶是设计尺寸，柱脚因要加侧脚，有所增大）可据图中注明的尺寸列为表 3–3–1。实测的尺寸以厘米（cm）计，但当时设计时使用的是“分”数或辽尺，需要加以换算。据《应县木塔》所测，塔身“分”值为 1.7cm，可据以把各尺寸换成“分”值。至于所用之尺的长度，分别用唐尺为 0.294m（辽承唐制处甚多）和其他辽代建筑中用过的尺长 0.301m 至 0.305m 进行换算，发现当尺长 0.294m 时，折算出的尺寸整数较多，各层级差也有规律，故可推定在设计应县木塔时使用的是唐尺。据此，又把各部分长度折合成丈数（见表 3–3–1）。从表中数字可以看到，各层塔身与其下之平坐间尺寸差别不大，差别主要表现在各层塔身之间，而重要可供分析的平面数据是各层之总进深、每面之总宽和每面明间之宽，这些数据可简化为表 3–3–2。

从表中可以看到，塔各层面宽之变化为以三层面宽 3 丈为基准，其下的二层递增 0.15 丈，其上的二层递减 0.14 丈。

把在平面布置上的变化规律与立面综合研究，就可发现下述现象。

《应县木塔》图 3–3–1–1 为塔之立面图，图之左右均注有数据。左侧数据为各

层之高度，第一层以塔身柱高计为 885cm，第二、三、四层均按自下层塔身柱顶至本层塔身柱顶计，高度分别为 883、882、884cm，第五层如计至本层柱顶只有 773cm，比下层矮，但如计至塔顶檐口，则仍为 883cm，与下层同。这表明，塔高五层，平均每层高 883cm，按 1 尺 = 0.294m 折算，883cm = 30 尺 = 3 丈，即塔身每层均高 3 丈，加上塔顶（刹在外），共高 15 丈（塔身总高如计至仰莲上皮为 5300cm，合 18.03 丈，即 18 丈）。

应县木塔平面尺寸（以柱顶之间计 据《应县木塔》） **表 3-3-1**

		进深			副阶深	外槽深	内槽深	每面面阔		明间间广		次间间广	（附）据每面面阔 *A* 推算塔进深（*A* ÷ 25 × 60=*A* × 2.4）
		实测尺寸	与下层塔身差额	与下层平坐间差额	实测	实测	实测	实测	与下层塔身差额	实测	与下层塔身差额	实测	
副阶	cm	3000			3290			1253		447		403	
	“分”												
	丈	10.2≈10			1.13			4.26		1.52		1.37	
一层塔身	cm	2336				521	1294	968		442		263	
	“分”	1374				306	761	570		260		155	
	丈	7.95				1.77	4.4	3.3		1.5		0.9	3.3 × 2.4=7.92
二层平坐	cm	2244				475	1294	931		421		255	
	“分”	1320				280	760	547		248		150	
	丈	7.63				1.62	4.4	3.17		1.43		0.87	3.17 × 2.4=7.61
二层塔身	cm	2234				475	1283	927		417		255	
	“分”	1314				280	755	545		245		15	
	丈	7.6	−0.40			1.62	4.36	3.15	−0.15	1.42	−0.08	0.87	3.15 × 2.4=7.56
三层平坐	cm	2156				452	1250	894		384		255	
	“分”	1268				266	735	526		226		150	
	丈	7.36		−0.27		1.53	4.25	3.04		1.3		0.87	3.04 × 2.4=7.30
三层塔身	cm	2130				444	1242	883		381		251	
	“分”	1253				261	730	519		224		148	
	丈	7.25	−0.35			1.51	4.2	3.0	−0.15	1.3	−0.12	0.85	3.0 × 2.4=7.20
四层平坐	cm	2044				408	1228	847		377		235	
	“分”	1200				240	720	498		221		138	
	丈	6.95		−0.41		1.39	4.18	2.88		1.28		0.8	2.88 × 2.4=6.91
四层塔身	cm	2040				403	1228	842		376		233	
	“分”	1200				237	720	495		221		137	
	丈	6.94	−0.31			1.37	4.18	2.86	−0.14	1.28	−0.02	0.79	2.86 × 2.4=6.86
五层平坐	cm	1934				385	1164	802		368		217	
	“分”	1138				226	685	472		216		128	
	丈	6.58		−0.37		1.31	3.96	2.37		1.25		0.74	2.73 × 2.4=6.55
五层塔身	cm	1922				382	1158	798		364		217	
	“分”	1130				225	680	470		214		128	
	丈	6.55	−0.39			1.3	3.94	2.72	−0.14	1.24	−0.04	0.74	2.72 × 2.4=6.53

应县木塔各层塔身平面尺寸变化表（单位：丈） **表 3-3-2**

	副阶	内收	一层	内收	二层	内收	三层	内收	四层	内收	五层
塔身总深	10.0	2.0	8.0	0.40	7.6	0.35	7.25	0.34	6.94	0.36	6.55
每面面阔	4.26	0.96	3.3	0.15	3.15	0.15	3.0	0.14	2.86	0.14	2.72
塔身每面明间间广	1.52	0.02	1.5	0.08	1.42	0.12	1.3	0.02	1.28	0.04	1.24

前已述及，塔之第三层每面总宽（柱顶）为 3 丈。这样，在塔身第三层每面的立面均为一正方形，高宽均为 3 丈。如在塔之立面图上，在正中一面上画水平分层线，并在第三层正中通面阔处画垂直线，则在塔身上形成上下重叠的五个方 3 丈的正方形。这就可以推知，在设计塔时，是以 3 丈为扩大模数，令每层均高 3 丈，并

令第三层每面之宽也是 3 丈，在立面上形成正方形。以它为基准，向上的四、五两层逐层每面之宽递减 0.14 丈，向下的二、一两层逐层每面之宽递增 0.15 丈（如简单言之，也可以说是以第三层为基准，上下逐层递减、递加 0.14 和 0.15 丈）。由于塔身为正八边形，确定了其中一面尺寸，也就确定了塔的整体尺寸（图 3–3–1–1）。

在《营造法式·总例》中记有简化计算正八边形的公式，文云："八棱径六十，每面二十有五，其斜六十有五"。现在我们已知八边的每边之宽，反过来求八边形之径（即塔身五层之总进深），再与实测所得相比，可得表 3–3–3。

应县木塔实测塔径与据每面通面阔推算塔径比较表（单位：丈） **表 3–3–3**

	一层	二层	三层	四层	五层
实测每面宽	3.30	3.15	3.0	2.86	2.72
推算出总进深	7.92	7.56	7.2	6.86	6.53
实测总进深	7.95	7.60	7.25	6.94	6.55
推算与实测间差额	0.03	0.04	0.05	0.08	0.02

注：每面宽 ÷25×60 = 据法式规定推算之总进深。推得数据附表 3–3–1 之末。

如考虑年久变形及测量误差，可以认为总进深之推算值与实测值之间只有数寸的误差可以略去，视为相等。

因塔之各层高度（下层塔身柱顶至本层塔身柱顶间之高差）相等，每层每面通面阔（按各层塔身柱顶计）递减的尺寸也相等，故每面各层塔身角柱柱顶间之连线应是直线。这就是说塔身之轮廓是直线内收，没有卷杀曲线。现各层塔檐虽经修缮，但大体不会有太大的变化，从《应县木塔》图 3–3–1–1 所示南立面图看，五层塔檐之檐角也在一直线上。

前些年作者在探讨日本古塔之设计问题时，曾发现自日本飞鸟时期到奈良前期（约 592 ~ 750 年）的木塔都以一层柱高为塔高之扩大模数，下起塔内地坪，上至塔顶搏脊，其高为一层柱高之倍数。但到奈良后期（约 751–794 年），各木塔改以中间一层（五层塔之第三层）之面阔为塔高之扩大模数，如元兴寺塔之高为三层面阔的四倍，室生寺塔之高为第三层面阔的六倍（参见本段后所附〈日本飞鸟、奈良时代的木构多层楼阁型方塔〉）。佛宫寺释迦塔的情况与元兴寺、室生寺二塔近似，以第三层每面面阔为塔高之扩大模数，塔高（一层地平至塔顶层的檐口）为三层面阔的五倍。由于中国只存佛宫寺一座木塔，在研究时只能借鉴日本古塔，参考上述日本古塔的不同模数情况看，大约中国盛唐以前之塔以一层柱高为模数，中国中唐以后，塔高兼以中间之面阔为模数。应县佛宫寺释迦塔之设计可能属中唐以后的设计特点。

但是对塔之各种尺寸进行验核，又发现另一个有趣的现象。

塔底层副阶柱高据《应县木塔》图 3–3–1–1 所示，自地面至普拍枋上皮高 443cm，又据该书图 20，普拍方厚为 16cm，因可推知副阶柱净高为 427cm。从该书图 3–3–1–1 还可计算出塔高如自一层地平计至塔顶搏脊上皮为 5114cm。这数字为副阶柱高 427cm 的 11.98 倍（其 12 倍应为 5124cm，相差只 10cm，误差为 2‰，可视为相等）。这又和日本奈良前期以前的药师寺东塔、法隆寺塔的情形相似。但不论是佛宫寺释迦塔，还是日本的药师寺、法隆寺塔，其累积至塔顶的柱高，分段处都和塔之分层无关，实际只起控制塔身总高的作用，不能控制塔之细长比，显然没有前文分析的令层高与三层面宽相等来得精密。

关于古塔的设计，在北宋末释文莹所撰《玉壶清话》中有一段很重要的记载。书中记大画家郭忠恕逸事说："郭忠恕画殿阁重复之状，梓人较之，毫厘无差。太宗闻其名，诏授监丞。将建开宝寺塔，浙匠喻皓料一十三层。郭以所造小样末底一级折而计之，至上层，余一尺五寸，杀收不得。谓皓曰：宜审之。皓因数夕不寐，以尺较之，果如其言。"文中小样指图样，据"末底一级折而计之"句，开宝寺塔之设计也是以最下层之柱高为模数，累计至上层，以控制塔总高。喻皓之图累计至顶层差一尺五寸，不合规定的高度，被郭忠恕发现。这条记载说明北宋初（开宝寺塔约始建于太平兴国七年，即982年左右）设计塔时，最下层柱高仍为控制塔高的模数。

但在应县佛宫寺释迦塔上出现了两种模数并存的现象：按第一种分析方法，塔身总高为第三层面阔的6倍。但第三层塔身之宽又和一层塔身之柱高相等。故也可以说是以一层柱高为塔高之模数，其6倍为塔之总高。按第二种分析方法，塔高以一层副阶柱高为模数，其12倍为塔之总高。所以这两种分析方法都可以和《玉壶清话》所说"末底一级折而计之"相符。这现象在内蒙古巴林右旗辽庆州白塔上也出现过，我们将在下面进行探讨。

2. 内蒙古自治区巴林右旗辽庆州释迦佛舍利塔

庆州是辽圣宗庆陵的陵邑，寺在城内西北部。寺址近年已大体探明，其主体为纵长矩形寺院，塔建在寺区几何中心，塔北为佛殿，是以塔为主体的寺院，和山西应县佛宫寺相似。对寺布局之分析已见前文，这里只探讨塔本身之设计特点。

此塔为辽圣宗之母章圣皇太后所建，有建塔碑，碑文称其为"章圣皇太后特建释迦佛舍利塔"，始建于辽圣宗重熙十六年（1047年），成于十八年（1049年）七月。又有碑，记建塔官员、僧官及工匠之名，有塔匠都作头寇守辇、副作头吕继鼎及窑坊、雕木匠、铸相轮匠、铸镜匠、锻匠、石匠、贴金匠等不同工种作头的姓名，可知是一项需多工种协作、由塔匠都作头总负其责的巨大工程。

塔平面为八边形，高七层，为砖砌仿楼阁型塔，塔身刷白色，故俗称"白塔"。白塔建在二层方形砖砌台基上，其最下层为须弥座，上加仿木平坐和一重仰莲，构成塔之基座。仰莲以上建七层塔身。除第一层为塔身、塔檐外，以上六层均由平坐、塔身、塔檐三部分组成，第七层建八角攒尖式塔顶，上树塔刹。七层塔身每面均用砖砌壁柱分为三间，明间宽，用一朵补间铺作，次间窄，无补间铺作，略宽于明间的1/2。

在《文物》1994年12期张汉君〈辽庆州释迦佛舍利塔营造历史及其建筑构制〉一文中发表了寺之平面图和塔之实测立面图，并附有少量数据，记塔下的二层台基高 3.8m，台基以上至塔刹顶总高 69.47m，塔各层檐呈直线上收，斜度为 8.7% 等。根据这些数据和图上的比例尺，在塔立面图上推算，可知塔须弥座、平坐及仰莲共高约 4.90m，此上一层塔身至七层塔顶檐口共高 47.35m，塔顶之高计至搏脊上皮为 3.9m，其上之刹高为 13.3m，共高 69.47m。若加上下面二层方形台基，总高为 73.27m。

在应县佛宫寺释迦塔的探讨中，发现它所用仍为长 29.4cm 的唐尺。此塔比它早 7 年，又同属国家重要工程，用尺可能相同。试以此尺长折算上述数字，在塔之高度方面可得到下列的数字：

塔下两层方台基共高 = 3.8m = 1.29 丈≈ 1.3 丈

塔基座（须弥座、平坐、仰莲）高 = 4.9m = 1.67 丈≈ 1.7 丈

一层塔身（柱脚起）至七层塔檐口共高 = 47.35m = 16.11 丈

平均每层塔高 = 47.35m/7 = 6.76m = 2.3 丈

塔顶（屋檐至搏脊上皮）高 = 3.9m = 1.33 丈

塔刹高 = 13.3m = 4.52 丈

塔之总高（塔下方台基外地平至塔刹）= 73.27m = 24.92 丈≈ 25 丈

如按推算出的七层塔之平均高度 2.3 丈在塔之立面图上等分其为七份，则可发现自二层开始，其分段之线基本与各层檐口相平，说明三至七层塔身之高相等，而这 2.3 丈即是塔在高度方面的模数。

塔各层之平面尺寸在前引报告中没有发表，只能根据塔之立面图上之比例尺在图上量出各层图上柱头处之总宽和每面之宽，折成丈尺数后可列为表 3–3–4。

折成的丈数有的有小的尾数，考虑到量得的尺寸不可能精确，按其表现出的趋势，加以微调，形成表右侧的一系列丈数。从表中可以看到，塔身各层总宽的变化为：

底层总宽 7.1 丈，二层减少 6 尺，三层减二层 5 尺，四层以上各层比其下层递减 4 尺。塔身各层每面宽度的变化为：

底层每面宽 2.95 丈，二层减一层 2.5 尺，三层、四层递减 2 尺，五层、六层、七层递减 1.5 尺（表 3–3–4）。

这些上层比下层递减的数字表明塔总宽及各层面宽的减缩都有一定规律。

如果把立面和平面折算出的丈、尺数合起来比较，就可发现一个有趣的现象，即在塔之第四层，其一面之宽度和该层高度都是 2.3 丈，据此可在塔之立面图上在此部画出一个正方形来。此塔高七层，第四层恰是其中间的一层，其高宽相等。这和应县佛宫寺释迦塔中间一层（第三层）面阔与层高相等形成正方形的情况全同。

这就表明此塔和应县佛宫寺释迦塔是用同一种方法设计的，即以塔之中间一层为基准，向下、向上各层递增、递减。此塔在设计时，令第四层每面面阔与层高相等，都为 2.3 丈，形成正方形，四层以上各层每面阔比下层递减 1.5 尺，四层以下的二、三两层递加 2 尺，最下的第一层比上层加 2.5 尺。

庆州白塔各层柱头间尺寸折算表（1 丈＝ 2.94m）　　**表 3-3-4**

		每层总阔	每层面阔	按八角形算法由总阔折算出面阔	经调整后的丈数			
					总阔	与下层之差额	面阔	与下层之差额
一层	m	20.95	8.60	8.73	7.10	—	2.95	—
	丈	7.13	2.93	2.97				
二层	m	19.10	7.90	7.96	6.50	-0.60	2.70	-0.25
	丈	6.50	2.69	2.70				
三层	m	17.70	7.35	7.37	6.00	-0.50	2.50	-0.20
	丈	6.02	2.50	2.50				
四层	m	16.40	6.83	6.83	5.60	-0.40	2.30	-0.20
	丈	5.58	2.32	2.32				
五层	m	15.30	6.35	6.37	5.20	-0.40	2.15	-0.15
	丈	5.20	2.16	2.17				
六层	m	14.10	5.90	5.88	4.80	-0.40	2.00	-0.15
	丈	4.80	2.00	2.00				
七层	m	13.10	5.35	5.46	4.40	-0.40	1.85	-0.15
	丈	4.46	1.82	1.86				

塔为正八边形，确定了每层每面之宽和层高，全塔塔身的轮廓尺寸就定下来了。此塔是以 2.3 丈为基准面阔和标准层高的，亦即以 2.3 丈为平面、立面尺寸的模数，和应县佛宫寺释迦塔以 3 丈为模数的手法全同。

应县佛宫寺释迦塔是木构楼阁型塔。此塔为砖仿木构楼阁型塔，在斗栱和平坐、塔檐出挑上受砖结构的限制，不可能像木构塔那样出挑深远，故在塔檐轮廓上有差异。但在塔身宽度和层高上，应不受砖结构限制。所以在木塔、砖塔塔身高宽上表现出的一致性，应即是当时楼阁型塔的设计规律。概括起来说，就是以塔中间一层每面之宽为塔在高度和宽度上的模数：塔高（底层柱脚至塔顶檐口）为中间一层每面之宽的倍数；塔每层面阔以中间一层为基准，上下各层递减或递加一定尺寸。

但是前文在讨论应县佛宫寺释迦塔时已经论及，参照日本飞鸟时期和奈良前、后期木塔的情况，可以大体推知，隋及盛唐以前的木塔，在高度上以一层柱高为模数；到中唐以后，出现以塔之中间一层的面阔为模数的手法。在应县佛宫寺塔中也同时存在这两种模数。循此线索，在此塔立面图上进行探索，发现它也同时以塔之一层柱高为模数，下起一层塔身壁柱柱脚（础以上），上至塔顶抟脊上皮，总高恰为一层柱高之 13 倍，和应县佛宫寺塔的情况相同。此塔建年比应县佛宫寺塔早 7 年，基本同时。由此可知兼顾两种模数大约是这时的普遍设计手法。但把应县佛宫寺塔和此塔标出两种模数的立面图相比较，就会发现，当以塔中间一层之面阔为模数时，和各层的分层一致；而以塔最下一层柱高为模数时，只起到控制总高的作用，而不与各层发生密切的呼应关系，且总高计算到塔顶抟脊上皮，而塔顶部分之高度又颇有增减之余地，是不难满足模数要求的。这表明，在辽代，设计塔时，实是以中间一层之面阔为模数的，以塔下层柱高为模数则是一个需兼顾的条件，并不对塔之分层起作用。

此塔虽是砖仿木构塔，但它最下的基座用须弥座上加平坐和仰莲，却是砖砌密檐塔的特有形式，非木塔所应有。其他五代、北宋的砖仿木构塔如杭州雷峰塔、苏州虎丘塔、正定料敌塔等，下层都不是这样。参考应县佛宫寺塔之例，可以推测，它所模仿的七层木塔的原型可能也是最下层加副阶。按副阶柱高为殿身柱高1/2的惯用比例，在塔下增画一圈副阶，可以看到它的大致面貌（图3–3–1–3）。

3. 河北省定县开元寺料敌塔

创建于北宋真宗咸平四年（1001年），至仁宗至和二年（1055年）始建成，历时50余年。塔平面八角形，高84.2m，为砖砌十一层楼阁型塔，是现存北宋时在北方所建最高的砖塔。

此塔没有发表过详细的调查测绘报告，只在刘敦桢先生主编《中国古代建筑史》中发表过一幅附有比尺的剖面图，目前还只能据此图进行初步的探讨（图3–3 –1–4）。

在对应县佛宫寺释迦塔和庆州白塔的探索中，已发现此期楼阁型塔不论木构还是砖仿木构都以塔中间一层的每面之宽为高度上的模数和宽度上的基准。循此在开元寺塔剖面图上探索，发现也是这样。

在剖面图上量出塔之第六层（十一层塔的中间一层）总宽为16.85m。按《营造法式·总例》中所附“八棱径六十，每面二十有五”的八边形算法，可推知第六层每面之宽为16.85/60 × 25 = 7.02m。

此塔建于北宋初，如按1丈 = 3.05m折算，则

第六层总宽 = 16.85/3.05 = 5.52丈≈ 5.5丈

第六层每面面阔 = 7.02/3.05 = 2.3丈

以此7.02m为基准，自塔内地平向上量至塔顶搏脊，恰为其10倍。可知此塔仍循当时通用手法，以中间一层每面之宽为高度模数。但与上举二辽塔以A为模数计至顶层檐口不同，此塔计至塔顶搏脊。

从图上量得各层总进深及推算出之每面之宽可以列为表3–3–5。

定县料敌塔各层面阔表 **表3–3–5**

	总　阔		推算出每层面阔		调整后之丈数		以六层面阔为基数，上下各层增减值（丈）
	m	丈	m	丈	总阔	面阔	
一层	22.90	7.50	9.54	3.13	7.5	3.10	+ 0.45
二层	19.35	6.35	8.06	2.64	6.35	2.65	+ 0.10
三层	18.60	6.10	7.75	2.54	6.10	2.55	+ 0.05
四层	18.15	5.95	7.56	2.48	5.95	2.50	+ 0.10
五层	17.50	5.74	7.29	2.39	5.75	2.40	+ 0.10
六层	16.85	5.52	7.02	2.30	5.50	2.30	± 0.00
七层	16.05	5.26	6.69	2.19	5.25	2.20	– 0.10
八层	15.90	5.21	6.62	2.17	5.20	2.10	– 0.10
九层	13.35	4.38	5.56	1.82	4.40	1.80	– 0.30
十层	11.50	3.77	4.79	1.57	3.80	1.60	– 0.20
十一层	9.55	3.13	3.98	1.30	3.10	1.30	– 0.30

宽度均以柱顶处计：设1丈 = 3.05m

从表中可以看出各层每面之宽的增减仍有一定规律，二至八层增减均为0.1丈，即塔身基本是直线上收，九至十一层减0.2或0.3丈，在塔顶部形成较急骤的

卷杀曲线。

唐辽宋木构楼阁塔和砖仿木楼阁型塔，大都呈斜直线上收，日本飞鸟奈良时期诸木塔也是这样。此塔外形虽仿多层楼阁，外轮廓却呈弧线，与诸例不同，而更近于密檐塔。它的具体弧线变化将与密檐塔塔身卷杀弧线一并探讨。

4. 河北省正定县广惠寺华塔

在县城南门内，寺已毁，只余此塔。塔身三层，八角形，上建有复杂雕塑的塔刹，又在底层四斜面外各附建一横长六角形单层小塔，形成五塔攒聚的外形，是辽代华塔的变体。四座小塔曾在近代被毁，近年据遗址复建，恢复原貌。

塔身下二层最大，前后左右宽深均为 11m 余；底层四个正面开栱门，四个斜面各附建单层小塔，平面呈梅花形；第二层与底层同宽，每面划分为三间，明间为门，二次间为窗，均用砖雕砌成，一、二层间和二层顶上都有砖砌的斗栱、腰檐和平坐层。二层塔顶做成平台，上建缩小为每面一间的第三层塔身。三层塔檐以上为塔刹，浮塑为狮、象、莲花承托小塔的形象，上下、左右交错排列，横向 6 环，纵向 16 行。参考辽、金华塔如北京房山万佛堂塔、丰台镇岗塔的形象，这部分可能是由幡幢形象简化而来的。

在实测图上分析，可以看到，自台基上皮至二层塔身柱顶之高与一、二层塔身总宽基本相等，其正立面呈正方形。如用作图法把它在纵横方向各均分为 7 格，则可看到：在垂直方向上，四小塔柱高占 3 格，二层塔身柱高占 2 格，二层柱顶至三层柱顶占 3 格，三层柱顶至塔顶檐口占 7 格，塔高如计至塔顶博脊占 19 格；在水平方向上，一、二层塔身正面占 3 格，斜面投影各占 2 格；网格与塔之各部有明显的对应关系。

在实测图上，台基上皮至二层柱顶之高为 1106cm，分 7 格后，每格方 158cm，若按 5 尺折算，则每尺长 31.6cm。以此折算，塔高(台基上皮至塔顶博脊)3023cm 合 95.7 尺，即 19 个 5 尺(余 0.7 尺可视为施工误差略去)。由此可知，此塔是用方 5 尺的模数网格控制设计的。此塔的年代不详，前辈学者多定为金、元时建筑，但如上文推断的尺长 31.6cm 能成立，则更可能是元代所建。

一般的塔是以底层柱高和中间层面阔为设计模数的，此塔形制特殊，层间变化很大，故未采取通常的设计方法和模数，而以第三层塔身柱高的一半为模数，近于一般房屋的设计方法，而又有所不同。

二、宋在长江以南地区所建砖石仿木构楼阁型塔

宋代长江以南直至闽粤此类塔颇多。砖塔多是砖砌塔身，外加木构塔檐和平坐，如著名的雷峰塔、虎丘塔、苏州报恩寺塔、上海龙华塔等。石塔有石雕及石构两类：石雕的以杭州闸口白塔、灵隐双石塔最典型，几乎可视为木塔之石制模

型；石构的可以泉州开元寺双石塔为代表作。诸塔中，上海龙华塔、苏州报恩寺塔、浙江松阳延庆寺塔三砖塔和杭州闸口白塔、泉州开元寺双石塔都有实测图发表，可据以探讨其设计特点。下面按砖塔、石塔分别进行探讨：

1. 上海市龙华寺塔

创建于北宋太平兴国二年（977 年），为八角七层砖塔，外壁挑出木构塔檐及平坐，高 40.4m。其木塔檐、平坐屡毁屡建，现状为 1954 年修复的结果，已不足为探讨北宋时塔外轮廓之依据。但砖砌的塔心，从内部的壁柱、斗栱、藻井形制看，尚是北宋遗物。它实际是一八角筒形砖砌体，每层地面架设木楼板。内部的塔心室由八角变为方形，每层扭转 45°，使塔之门窗上下层错开，避免上下层门窗相重造成结构上的弱点。此塔有上海市建工局约 1/50 实测图。

2. 江苏省苏州市报恩寺塔

俗称北寺塔，建于北宋元丰间（1078 ~ 1085 年），又有南宋绍兴间（1131 ~ 1162 年）重建的记载。塔为八角九层加木檐的楼阁型砖塔，外壁挑出的木构塔檐及平坐亦屡毁屡建，现状为新中国成立以后修复的，但砖砌塔身仍是宋代遗物。塔身分外壁和塔心两部分，中间构成一圈回廊。塔心内辟方形塔心室，开十字形通道通向回廊。回廊及塔心室均为木地板，故砖砌塔身也可视为内外两个套筒合成，用木梁和楼板相联系。塔身从藻井、斗栱形制看，颇有可能是北宋元丰时遗物。后代重修往往夸大修建的程度，以矜其功德，故绍兴重修之说恐未必可信，大约仍是修缮而已。此塔高约 76m，底径 17m，是很高大的塔。目前有戚德耀先生的剖面实测图。

3. 浙江省松阳县延庆寺塔

创建于北宋真宗咸平二年（999 年），成于咸平五年（1002 年），为六角七层加木檐的楼阁型砖塔。塔之塔檐、平坐和塔下副阶的木构部分已荡然无存，只有砖砌塔身尚是北宋以来的遗物。《文物》1991 年 11 期有黄滋撰“浙江松阳延庆寺塔构造分析”一文，附有塔之立面图，略去其复原的副阶和塔檐，尚可就其塔身部分进行探索。

这三塔均建于北宋，其木构塔檐、平坐、副阶均近年修复或新绘复原图，故塔之外轮廓可暂不考虑，只研究其砖身部分。其中表现出的共同点有可能反映了宋代这类砖身木檐楼阁型塔的设计特点。

在三塔的剖面图、立面图上反复核验，发现和北方的辽宋塔相同，它们在高度上也分别以塔中间一层每面面阔和一层柱高为模数。

在龙华寺塔的实测图上量得，其中间一层（即七层塔之第四层）每面之宽 A 为 2.15m，按北宋尺长 30.5cm 折算，为 0.705 丈≈ 0.7 丈，塔之高度自底层地面至

塔顶抟脊上皮为 32.1m，合 10.5 丈。则

塔高 / 中间层每面之宽 A = 32.1/2.15 = 14.9 ： 1 ≈ 15 ： 1

即塔高为中间层面阔 A 之 15 倍。

又在实测图上可量得，副阶柱高 H_1 为 2.68m，折合为宋尺 0.88 丈，而塔身自一层地面计至塔顶檐口为 29.7m，合 9.7 丈，则

塔顶檐口高 / 副阶柱高 H_1 = 11.08 ： 1 ≈ 11 ： 1

即塔高如计至塔顶檐口，为副阶柱高 H_1 的 11 倍，亦即以副阶柱高为模数，塔檐口高为 11 H_1，这表明龙华塔也兼用中间一层面阔 A 和 底层副阶柱高 H_1 两个模数（图 3–3–2–1）。

在报恩寺塔的剖面图上量得，自塔底层副阶地面至塔顶抟脊上皮之高为 56.3m，合 18.5 丈。其第五层（九层塔的中间一层）之总宽 A 在图上量得为 15.15m，则其八面中每面之宽为 15.15/60 × 25 = 6.3m，合 2.08 丈≈ 2.1 丈。据此，则

塔总高 / 第五层每面之宽 = 56.3/6.3 = 8.94 ： 1 ≈ 9 ： 1

又，在剖面图上还可量得自副阶地面至塔顶檐口之高为 50.2m（16.5 丈），按副阶柱高为殿身（此处为一层塔身）柱高 1/2 之惯例，在图上量得一层塔身柱高（以现副阶屋顶抟脊上皮计）为 7.7m，则知原副阶柱高约为 3.85m（1.26 丈）。由此推知：

塔顶檐口高 / 副阶柱高 = 50.2/3.85 = 13.04 ： 1 ≈ 13 ： 1

据此，报恩寺塔在高度上也有两个模数：

若以塔顶抟脊上皮计塔高，则塔高以其中间一层（第五层）每面面宽 A 为模数。塔顶之高为 9A。

若以塔顶檐口计塔高，则塔高以底层副阶柱高 H_1 为模数，塔顶檐口之高为 13 H_1（图 3–3–2–2）。

延庆寺塔在黄滋论文中称残高 37.02m ，但用立面图上所附比例尺验核，颇不一致，只能用作图法，在立面图上进行分析。首先在立面图上量出中间一层（七层塔为第四层）每面之宽，以此为单位，自副阶地面起向上量，到塔顶抟脊上皮时，恰为其 11 倍。由此可知，此塔虽平面为六角形，仍和八角形塔相同，以中间一层每面之宽 A 为塔高之模数。

据复原图及论文，此塔最下层为重檐，与应县木塔下层相似。据应县木塔之例，二层平坐栌斗下皮之高为副阶柱高之三倍，在此塔立面图上用此法求得副阶柱应有之高度 H_1，以 H_1 为单位，自副阶地面向上量至塔顶檐口，恰为其 11 倍。

据此，此塔之高，如计至塔顶抟脊，则以第四层每面之宽 A 为模数，其高为 11A；此塔之高如计至塔顶檐口，则以底层副阶柱高 H_1 为模数，其高为 11 H_1。它也兼用 A 和 H_1 两个模数（图 3–3–2–3）。

以上三塔都是下有副阶的砖身木檐多层楼阁型塔，虽大小悬殊，兼有八角、六角两种平面，但在设计时模数运用上全同，即都以中间一层之每面面阔 A 为塔顶之高（计至塔顶抟脊上皮）的模数，以底层副阶柱高 H_1 为塔顶檐口之高的模数，

以控制塔之高度和细长比。

4. **杭州市闸口白塔**

在杭州闸口江岸，约建于北宋初建隆至开宝年间（960 ~ 975 年间），其时杭州尚为吴越国钱氏辖区，故亦可视为五代十国末年建筑。塔之外形为八角九层楼阁型塔，用巨大石块雕成，每层用二块拼合，上下层间拼缝互相垂直，以增强其整体性，实际近于石雕实心塔形幢，在塔下须弥座之束腰上也刻有陀罗尼经。塔建在石砌基座和须弥座上，通高 14.12m。底层只有塔身及腰檐，二层以上均由三层组成，下为平坐、中为塔身、上为腰檐。顶层上覆八角攒尖塔顶，上树塔刹。塔身均每面一间，四正面雕出塔门，四斜面为浮雕佛像。柱身有卷杀，柱间雕七朱八白式阑额，即唐代重楣之遗制。塔身六层以下斗栱用双补间，七至九层为单补间，柱头及补间铺作均为五铺作一抄一昂，栱眼壁板为斜交菱形格。

塔身诸仿木构部分雕刻工细准确，可视为五代末北宋初吴越国辖区木构楼阁型塔的忠实模型，对研究其构造和比例极有价值（图 3-3-2-4）。

5. **福建省泉州市开元寺双石塔**

在寺内大殿前方东西外侧，相距约 200m，是国内现存少数几个佛殿前分列双塔之例。从二塔之距离推测，它不是在佛殿院内而是在外侧另建塔院，是盛唐以后大型佛寺的较习见布置方式。

二塔始建于唐末、五代，原为木塔，后改建为石塔。西塔名仁寿塔，在宋绍定元年（1228 年）改建为石塔，历时十年，于 1237 年竣工。东塔名镇国塔，1227 年先改建为砖塔，在西塔建成石塔后，遂于次年（1238 年）又改建为石塔。二塔中西塔先改为石塔，东塔继之。时代相衔接，故风格、做法基本相同，而西塔之形制、雕工较东塔更精致些。

1925 年，艾克曾对双塔进行考察，撰成《刺桐双塔》一书，附有杨耀先生的实测图。近年福建省测绘局又用近景摄影测量的方法测绘二塔，其实测图发表于《文物》1989 年 1 期张志军等:《刺桐双塔近景摄影测量》一文中。二图是现有更精确的测图，但未附比例尺，无法取得具体的数据，只能用作图法探索其模数关系。

以上三塔都是仿木构楼阁型的石塔，虽层数不同，但有两个共同点：其一是每层每面都只有一间；其二是底层均无副阶，可据以探索其共同的设计规律。

在闸口白塔的立面图上进行分析，可以看出它也和砖身木檐多层楼阁型塔在模数运用上相同。在立面图上，首先确定第五层一面面阔 A，以 A 为单位，自一层塔身地面（即须弥座之顶面）向上量，至塔顶榑脊上皮，适为其 15 倍。同样，再以塔身一层柱高 H_1 为单位向上量，至塔顶檐口时也是其 15 倍。即此塔也兼用 A 和 H_1 两个模数，分别计至塔顶榑脊和檐口。

泉州双塔的情况和闸口白塔相同，以仁寿塔（西塔）为例，用作图法可以证明：塔顶搏脊之高以中间层（三层）面宽 A 为模数，其高为 $7A$；塔顶檐口处之高以一层柱高 H_1 为模数，其高为 7 H_1。此外，塔底层之总宽也以第三层一面面阔 A 为模数，其宽为 $3A$。这现象又见于上海龙华塔，其塔身底层宽度也是 $3A$。此外，在立面图上自一层地面至塔顶搏脊划为等分之七格，则每格之高为 A，其第四格（即中间一格）上界抵第三层塔身之檐口，下界比第三层栏板下皮稍高，基本与楼层平（因栏板立在下层塔檐上，比本层地面稍低），即第三层之立面高宽均为 A，为一正方形。这现象也见于上海龙华塔的第四层。由此二点看，开元寺西塔和龙华塔在设计上有较多的共同点（图 3-3-2-5）。

用作图法在开元寺镇国塔（东塔）立面图上探索，和仁寿塔全同，计至搏脊和檐口分别为 $7A$ 和 $7H_1$，但其底层总宽不足 $3A$（图 3-3-2-6）。

以上三塔都是底层无副阶的仿木构楼阁型石塔，它们兼用 A 和 H_1 两个模数的情况全同。

把上述三例砖身仿木构塔和三例仿木构石塔比较，可以看到它们运用模数的手法是相同的。据此，虽然目前江南已无宋代木塔保存下来，但可推知，当时的木塔设计也应是这样运用两种模数的。

至此，我们就可以把宋、辽时的木塔、砖石仿木构塔进行综合比较，进一步探索其设计特点。

上举二例辽塔和六例北宋、南宋塔都兼用中间一层的面阔 A 和底层塔身柱高（有副阶时为副阶柱高）H_1 为模数，这是其相同之处，但是在模数的运用即计算方法上，宋和辽又恰恰相反。

在应县佛宫寺释迦塔和庆州释迦佛舍利塔上，当自一层地面计至顶层的檐口时，以塔中间一层的一面之宽 A 为模数；当自一层地面计至塔顶搏脊上皮时，以副阶柱高（应县佛宫寺塔）或一层塔身柱高（庆州释迦佛舍利塔）H1 为模数，在一塔的设计中，兼用两个控制高度的模数。

在两宋长江以南诸砖石仿木构塔上，当自一层地面计至顶层檐口时，以副阶柱高（如龙华塔、报恩寺塔）或一层塔身檐柱高（如闸口白塔和泉州双石塔）H1 为模数；当自一层地平计至塔顶搏脊上皮时，则以中间一层每面之宽 A 为模数。

从表 3-3-6 中可清楚看出，辽和宋虽都兼用 A 和 H1 两个模数，但计算方法却正好相反的情况。

从历史发展上看，辽辖区南部为唐河北四镇故地，河北四镇自安史之乱后即为军阀割据区，与中原关系减弱，故其建筑也保持较多盛唐以前旧法。虽目前此类唐塔存者极少且无实测图，但尚有日本飞鸟时期、奈良时期诸木塔可供参考，它们大体上是受到中国南北朝末至盛唐间建筑影响的。飞鸟时期的法隆寺五重塔、法起寺三重塔和奈良时期的药师寺东塔、海龙王寺五重小塔都以一层柱高 H1 为高度上的模数，三层的塔高为 5 H1，五层塔高为 7 H_1，且都自一层地面计至塔顶搏脊，与应县佛宫寺塔和庆州白塔的情况全同，可证在辽塔中表现出的对模数 H_1 的用法源于唐代前中期。

宋辽塔在模数运用上的差异 表 3-3-6

		辽（八角形）		宋（八角形）							附：日本（正方形）					
塔名		应县佛宫寺木塔	庆州白塔	上海龙华寺塔	苏州报恩寺塔	松阳延庆寺塔	定县开元寺塔	杭州闸口白塔	泉州开元寺西塔	泉州开元寺东塔	法隆寺五重塔	法起寺三重塔	药师寺东塔	海龙王寺小塔	元兴寺五重小塔	室生寺五重塔
年代		1056	1049	977	1085	1002	1055	975	1237	1250	710	706	730	——	——	——
层数		5	7	7	9	7	11	9	5	5	5	3	3	5	5	5
模数 A	计至塔顶搏脊	——	——	15	9	11	10	15	7	7	——	——	——	5	4	6
	计至塔顶檐口	5	7	——	——	——	——	——	——	——	——	——	——	——	——	——
模数 H_1	计至塔顶搏脊	12	13	——	——	——	——	——	——	——	7	5	5	7	——	——
	计至塔顶檐口	——	——	11	13	11	——	15	7	7	——	——	——	——	——	——
塔身细长比（以中间层宽计）		2.4 : 5 =1 : 2.08 ≈1 : 2	2.4 : 7 =1 : 2.92 ≈1 : 3	2.4 : 15 =1 : 6.25 ≈1 : 6	2.4 : 9 =1 : 3.75 ≈1 : 4	2.4 : 11 =1 : 4.58 ≈1 : 4.5	2.4 : 10 =1 : 4.17 ≈1 : 4	2.4 : 15 =1 : 6.25 ≈1 : 6	2.4 : 7 =1 : 2.92 ≈1 : 3	2.4 : 7 =1 : 2.92 ≈1 : 3	——	——	——	1 : 5	1 : 4	1 : 6

以塔中间一层之面阔 A 为高度模数的做法在日本始见于奈良时期的中后期，奈良海龙王寺五重小塔、元兴寺极乐坊五重小塔和室生寺五重塔都是这样，但其计算仍是自一层地平至塔顶搏脊，和辽塔计至塔顶檐口不同而与宋代诸塔模数 A 的用法相同。

前举宋代诸砖石仿木构多层楼阁型塔中，最值得注意的是杭州闸口白塔，它在诸塔中年代最早，建于吴越国时。早在中晚唐时，江南地区的经济已逐渐超过关中和中原，扬州、苏州、杭州都成为繁荣的经济中心。五代时，中原战乱频仍，城市残毁，人民流离，经济遭到极大的破坏，相对来说，江淮吴越等地破坏稍轻，又较早得到恢复，与中原的差距加大，南唐、吴越尤甚。其中吴越国的建筑技术较有发展，在杭州建了很多宫室塔庙，著名的雷峰塔、梵天寺塔等即建于此时，还出现了杰出的匠师喻皓。喻皓擅长造塔，吴越王建梵天寺塔时，塔之木构架摇摆，喻皓献计钉牢各层楼板，塔即稳定。吴越国亡后，喻皓至开封，宋太宗命他建高三十六丈的八角十一层开宝寺塔，是当时皇家特建的重大工程。喻皓受命建开宝寺塔，表明当时较先进的吴越国（浙江）建筑技术北传中原。晚到北宋末官编《营造法式》时，条文中还包括一些南方的做法和专名词，反映出北宋时南北建筑技术交流的情况和江浙地区建筑技术是北宋官式建筑的重要来源和组成部分的情况。

闸口白塔的形制、尺度、雕工，都和吴越王钱弘俶在 960 年拓建灵隐寺后所雕大殿前的双石塔极为相似，很可能也是吴越国官匠所做。它即使未必即出于喻皓，仍可作为吴越国建筑风格和造塔技术的代表作。它所体现的设计特点和手法应即是中唐以后江浙地区经济发展后形成新的建筑风格、建筑技术的继承和发展，所以和辽塔所体现的盛唐以前关中和中原地区的特点有所不同。由于它沿用于两宋并有所发展，故建于北宋的上海龙华塔、松阳延庆寺塔和苏州报恩寺塔以及南宋后期的泉州双石塔都继承了这种设计方法。

通过上述，我们已经知道在唐、宋、辽代建塔使用一层柱高（H_1）和塔中间一层的一面面阔（A）为模数，从发展上看，在盛唐以前只以 H_1 为模数，到中唐时才出现以 A 为模数和 H_1 与 A 兼用的情况，并沿用到宋和辽代。

从上举诸塔的分析图上，我们可以看到，仅以一层柱高（或副阶柱高）H_1 为模数时，只能控制塔之总高，如日本飞鸟、奈良诸木塔所示，三层塔高为 $5H_1$，五层塔高为 7 H_1。即 H_1 数为层数加 2。以后随着楼阁型塔结构日臻完善，平坐层成为重要的结构组成部分，高度加大，则 H_1 数与层数差距加大。如应县木塔五层，高为 12 H_1；庆州白塔七层，高为 13 H_1；闸口白塔九层，高为 15 H_1。但以 H_1 为模数时与塔之宽度无关，不能控制塔之高宽比。

中唐以后增加一个模数 A，以塔身中间一层之面阔为模数，就可以控制塔之高度和宽度关系，亦即控制其细长比。前举三座以 A 为模数的日本相当于中国唐时的木塔都是五层的方塔，塔高分别为 $4A$、$5A$、$6A$，即塔身之高宽比为4 ：1、5 ：1和 6 ：1。宋辽以后盛行八角形塔，八角形塔每层之总宽为每面之宽的 2.4 倍，故以塔身高折算出之 A 值除 2.4，所得之值即为八角形塔塔高为塔身总宽之倍数，亦即其高宽比。把 A 值定在塔之中间一层近于取塔身宽之平均值，其上、下各层递减、递加，相差不会太大。例如应县木塔，其中间层（三层）每面之阔 A 为 30 尺，以上两层每层递减 1.4 尺，以下两层每层递加 1.5 尺。塔高自一层地面至五层塔顶檐口为 $5A$，则塔高为塔身总宽的 5/2.4 = 2.08 倍，即当塔宽以中间一层计时，塔之高宽比为 2.08 ：1 ≈ 2.1 ：1。又如上海龙华塔，其中间层（四层）每面宽 7 尺，五、六层递减 0.5 尺，七层减 1 尺，三层加 0.6 尺，二层再加 0.7 尺，一层再加 0.4 尺。塔之高为 $15A$，其高宽比为 15/2.4 = 6.25，即 6.25 ：1。

由于楼阁型塔塔身大多为斜收向上的直线，与密檐塔作弧线者不同，故取中间一层之面宽近于取底层与顶层面宽之中间值，较能正确反映塔身高宽比的真实情况。

以中间面宽 A 为模数，则塔高所含之 A 的倍数愈多，塔之高宽比愈大，塔身愈瘦；反之则高宽比愈小，塔身愈肥。不同层数之塔，如所含 A 值相同，其高宽比即基本相同。如上海龙华塔及杭州闸口白塔，塔高所含 A 值均为 15，则其高宽比同为 6.25 ：1。相同层数之塔，若所含 A 值不同，其高宽比就可能大异，如庆州白塔和龙华寺塔均为七层，而前者高为 $7A$，后者高 $15A$，其高宽比分别为 2.92 ：1 和 6.25 ：1，相差甚巨。故确定所含 A 值是控制塔身高宽比的有效手段。

以中间层面宽 A 为模数只能确定高宽比的大轮廓，上下层增减的幅度由于目前只有应县佛宫寺塔有各层测量数据，可以推算，其他塔均无实测数据，尚难做进一步探讨。

附：日本飞鸟、奈良时代的木构多层楼阁型方塔

我国造木构多层楼阁型塔有悠久的历史。史载南朝在梁代极盛时，仅建康城就有五百余寺，佛塔甚多。从文献记载看，那时的塔都有木制刹杆，立在石础上，此种础称为刹下石。南朝人文章中多有刹下石铭，可知是普遍做法。刹下石盖在塔基下龙窟上，龙窟内贮舍利或镇塔之珍宝。在塔之台基上，围着刹柱建木构塔身，层数多少不等。在南朝早期只能建三至五层，至梁代，梁武帝曾于大通元年（527 年）在同泰寺建九层塔。中大同元年（546 年）被焚，又于其地重建，增为十二层，未成而遭侯景之乱，被迫中止。这表明在梁代已能建很高的木塔。这种用上下贯通刹柱之塔需要巨大的木材，故史籍多有皇帝特赐刹柱和塔刹所需铜料的记载。南朝这种木塔虽可建得很高大，但却不能登上。南朝涉及塔之诗文虽多，却从无记登塔之事。北魏胡太后造洛阳永宁寺塔，可以登上，大臣谏止时也特别强调塔只能在下层膜拜，不可登上，可知至少南朝这些木塔是不考虑让人登上的。史籍中盛赞的这些南朝木塔久已毁灭，连唐代的木塔也无一幸存，现存最古的木塔是建于 1056 年的应县佛宫寺释迦塔，上距同泰寺九重塔已有 529 年。要了解南朝及唐代木塔的概貌只能求之于旁证。

幸运的是，在日本国受中国南北朝末期和唐代影响而建的属于飞鸟时期和奈良时期的木塔还有数座保存下来，为我们了解中国南北朝后期和隋唐木构楼阁型塔提供了重要的参考。由于这些塔大都有精确测图的数据，我们还可以大体推算它的设计特点。

日本飞鸟时代约在 592 年至 710 年间，当中国隋开皇十二年至唐景云元年，即隋和初唐，但因最初是经由百济间接传入的，故风格滞后，日本学者认为是中国南朝来的式样。飞鸟时期建筑遗物中有法隆寺五重塔和法起寺三重塔，都在奈良市。

1. 日本奈良法隆寺五重塔

法隆寺创建于 607 年（隋大业三年），670 年（唐咸亨元年）毁，680 年（唐永隆元年）重建，约 710 年（唐景云元年）建成，但其风格、做法日本学者认为仍属飞鸟时期。此塔为正方形、五重，下四层每面三间，第五层每面二间，有贯通上下的木刹柱。其上下层开间数特别是第五层缩减为二间和大同云冈第五窟南壁西侧浮雕五重塔全同(图 3-3- 附 -1)，证明它确实源于中国南北朝时期(图 3-3- 附 -2)。

据法隆寺的实测图和实测数据，它的各层面阔和塔高以材高为模数。其材高为 0.75 高丽尺，设以 N 表之，则各层面阔开间之 N 值及尺数如下：

一层：　　$7 + 10 + 7 = 24N$

　　　　　$5.25 + 7.5 + 5.25 = 18$ 尺

二层：　　$6+9+6=21N$

$4.5+6.75+4.5=15.75$ 尺

三层：　　$5+8+5=18N$

$3.75+6+3.75=13.5$ 尺

四层：　　$4+7+4=15N$

$3+5.25+3=11.25$ 尺

五层：　　$6+6=12N$

$4.5+4.5=9$ 尺

即上层比下层递减了 $3N$，为 2.25 尺，且二至四层相对之开间递减 $1N$。

这种开间变化表明上下层各柱均不对位，每层须在椽上铺地面枋，枋上立上层柱，故其五层与第四层之间数也可以不等。从它与云冈第五窟浮雕塔相同看，中国南北朝时之多层塔之构架也应是这样。

塔之一层柱高合 8.95 高丽尺，考虑千余年压缩变形，应即是 9 尺，合 $12N$。与第五层通面阔相同。塔身之高（指一层地平至塔顶搏脊，下同）63.6 尺，即 $84.8N$，二者之比为 $84.8:12=7.07:1\approx7:1$。

据此可知，此塔之设计以材高为模数，在高度方面则以底层柱高 $H_1=12N$ 为扩大模数，五层塔身之高为 $7H_1$。

2. 日本奈良法起寺三重塔

始建于 685 年（武周垂栱元年），建成于 706 年（唐中宗神龙二年），为木构三层方塔。塔之一、二层面阔三间，三层面阔二间，有上下贯通的木刹柱。所用亦为长 35.9cm 的高丽尺。其各层面阔之实测数折为尺数后为

一层：　　$5.23+7.39+5.23=17.85\approx18$ 尺

二层：　　$3.71+5.9+3.71=13.32\approx13.5$ 尺

三层：　　$4.49+4.49=8.98\approx9$ 尺

这数字考虑千年变形加以调整后，实际与法隆寺五重塔第一、三、五层之面阔尺寸相同，即也应以 0.75 尺 $=N$ 为模数。

在高度方面，塔身之高实测为 16.934m，塔一层内柱之高 H_1 为 3.408m，二者之比为 $16.934:3.408=4.97:1\approx5:1$

则此塔亦以底层柱高 H_1 为塔身高度之扩大模数。三层塔身之高为 $5H_1$（图 3-3-附 -3）。

以上是日本飞鸟时期木塔的情况，以材高为模数，以底层柱高为塔身之高的扩大模数，它反映的大体上是中国南朝末年的特点。

710 年日本迁都奈良平城京，自 710 年（唐睿宗景云元年）至 794 年（唐德宗贞元十年）迁都平安京间的 84 年称为奈良时期。它可分前后期，前期自 710 年至 750 年，又称白凤时期，主要反映初唐影响；后期自 751 年至 794 年，又称天

平时期，主要反映盛唐及稍后的影响。白凤时期的代表性建筑是药师寺东塔，天平时期的代表性建筑是室生寺五重塔和元兴寺极乐坊五重小塔。都在奈良市。

3. 日本奈良药师寺东塔

为日本奈良前期代表性遗物，日本学者公认是受中国初唐风格影响的建筑。它 682 年（唐高宗永淳元年）始建于藤原京，后寺迁于奈良平城京，于 730 年（唐玄宗开元十八年）依原式重建。此塔亦为木构三层方塔，下二层方三间，第三层方二间，但每层各加一圈副阶，形成重檐，上下共有六重檐。此塔以“分”为模数，一层三间之面阔为 125 + 125 + 125 = 375 “分”。据实测图及实测数据，塔身之高为 78.52 尺，底层柱高 H_1 为 15.66 尺，二者之比为 78.52 ∶ 15.66 = 5.01 ∶ 1 ≈ 5 ∶ 1，则此塔亦以底层柱高 H_1 为扩大模数，与法起寺相同，三层之塔，其高为 $5H_1$（图 3–3– 附 –4）。

和飞鸟时代不同，此塔不仅以材高为模数，且而以“分”为分模数，表明在模数的运用上更为精密，但塔身高度仍以底层柱高为扩大模数，它反映的是初唐时期的特点。

4. 日本奈良室生寺五重塔

建于日本奈良时代后期，亦为木构五层方塔，每层方三间。塔身之高为 38.26 尺。从其斗栱尺寸中折算出每“分”长 0.027 尺，以之折算各层面阔，一层方 300 “分”，二层方 270 “分”，三层方 234 “分”，近于 235 “分”，四层方 203 “分”，近于 200 “分”，五层方 180 “分”，可知此塔之平面设计以“分”为分模数。塔底层之柱高 H_1 修理报告中未注明，但用作图法在实测图上核验，发现塔高为 $8.3H_1$，不是整倍数，可知不以底层柱高 H_1 为高度上扩大模数。在实测图上反复核验，发现塔的第三层（五重塔中间一层）通面阔 A（以柱头之间计）为 6.24 尺，它的 6 倍为 37.44 尺，比塔身之高 38.26 尺相差 0.82 尺，误差为 2%，考虑塔多次修理并经解体修缮的情况，此误差可以略去，即此塔塔身之高以其中间一层之面阔 A 为扩大模数，塔身高为 $6A$（图 3–3– 附 –5）。

与之相同的情况还见于日本奈良元兴寺极乐坊五重小塔，其塔身之高亦以中间一层之通面阔 A 为扩大模数，塔身之高为 $4A$。此塔也是奈良时代后期的遗物(图 3–3– 附 –6)。

从室生寺塔和元兴寺极乐坊五重小塔上还可以看到和飞鸟时代和奈良时代前期不同，它们虽仍以“分”为平面上的分模数，但在高度上则不再以底层柱高而改以中间一层之通面阔为扩大模数，它所反映的是盛唐及稍后的特点。

综合上述，可以看到日本古代木塔大体上可分三个阶段，第一阶段为飞鸟时代，以材高为模数，以底层柱高为高度上扩大模数；第二阶段为奈良前期，改以“分”为模数，但仍以底层柱高为高度上扩大模数；第三阶段为奈良后期，仍以

"分"为模数，而改以塔中间一层之通面阔为高度上之扩大模数。其中以"分"代材为模数表现出模数运用更为精密，而以中间层面阔代替底层柱高为高度上扩大模数的优点是用底层柱高只能控制塔之高度，而改用中间一层面阔则把塔高与塔宽联系起来，可以同时控制塔之细长比，是设计上的较大进步。这三段大体和南朝末年、初唐、盛唐以后同步，可据以大体上推知中国楼阁型木塔在这三段时间的概貌和演进过程。

建于1056年的应县佛宫寺辽代释迦塔也是以中间一层（三层）一面之通面阔为高度上之扩大模数的，与奈良后期的做法相同，时代上可以衔接，也有力地证明日本诸古塔对探讨中国南朝隋唐木塔所具有的重要参考作用。

这些日本古塔尽管受中国南朝后期至唐代的巨大影响，但它毕竟是由日本先民在日本建造的，必然会有日本先民的创造和发展，故只能作为供参考的附录，附于本节之后。

第四节 密檐塔

密檐塔是中国佛塔的主要类型之一。据刘敦桢先生和孙机先生等考证，它源于印度，是在大乘佛教盛行后，出于供奉佛像的需要，参考了婆罗门教天祠的形式而形成的。传入中国后，受到已在中国流行的多层楼阁型塔的形式的影响，把天祠上砖砌横线改变为多层叠涩出檐，形成与楼阁型塔并行的最重要的佛塔形式——密檐塔。和楼阁型塔一样，它也是中国发展出的特有的塔，与印度原型有很大的不同。

密檐塔的特点是下为高大的塔身，建在巨大的基座上，其上为重叠若干层塔檐，檐间只有很低矮的象征性的塔身，最上为塔刹。密檐塔均用砖砌成，内外出叠涩，形成塔檐，弧形塔身和塔内空腔。

现存最早的密檐塔是建于北魏正光四年（523 年）的河南登封嵩岳寺塔，为十二边形十五层密檐塔。密檐塔大盛于唐代，主要是方形，或浑厚端庄如西安小雁塔，或秀丽挺拔如大理千寻塔，到五代时，开始出现八角密檐塔，塔身下增加了莲座和须弥座式的台基，最早的例子是南京栖霞寺五代所建石雕舍利塔，稍后，北方的辽代也盛行八角密檐塔。至此，密檐塔的几种形式都已出现。方形的个别有延续到宋和金代的例子，而八角形的则沿用到明清，其间还出现了少量六角形的，但体量都不太大。

由于密檐塔在中国的出现晚于楼阁型塔，它的形式的形成又受到楼阁型塔的很大影响，故其设计特点也必有受楼阁型塔的影响之处，我们可以从这方面进行探索。

一、河南省登封市北魏嵩岳寺塔

在河南省登封市嵩岳寺内。此地在北魏时为离宫，520 年舍为闲居寺，三年后，于正光四年（523 年）建此塔。塔平面正十二边形，下为台基，台基上为塔身。塔身分上下两段，下段为素墙，顶部叠涩挑出，承上段。上段转角处下为柱础，上承壁柱，柱顶作莲花火珠状。上段四正面砌出券门，门上砌出火焰形券为饰；八个斜面砌塔形龛。塔身以上为十五层叠涩出檐，各层檐间夹以低矮的象征性塔身，逐层内收，形成弧线内收的密檐塔身，塔顶上砌仰覆莲和相轮火珠，构成塔刹。塔高 39.5m，底径 10.6m，全部用灰黄色砖和红色泥浆砌成。

此塔目前只有 20 世纪 30 年代中国营造学社的测图，虽是用经纬仪测得，不够精确，但也可利用来探讨其设计手法。

在对楼阁形塔的研究中，我们得知其设计模数有二，即以一层柱高和中间层面阔为控制塔高的模数，循此在嵩岳寺塔上探索，发现自一层塔身上段的地坪（即下段挑出叠涩的上皮）起，上到塔顶上皮（塔刹下覆莲下皮）止，恰为第八层塔身每面之宽 A 的 12 倍。又，塔之一层柱高 H_1 若自柱础上皮起，计至一层塔檐叠涩下皮，则自塔下台基上皮至塔顶覆莲下皮为 $9H_1$，这两个模数中，H_1 如自壁柱下脚起计至塔顶，就不是整倍数，故可能有偶然性，但以 A 为模数时，$12A$ 恰为塔之第八层——亦即十五层塔的中间一层的周长，即塔之高如自一层塔身上段起计，恰为塔中间一层之周长。以中间一层塔身之面阔为塔高之模数，在唐以后的诸塔中颇为常见，以中间一层塔身之周长为塔身总高曾见于日本奈良元兴寺极乐坊小塔，据此，则在北魏时已有此做法了。

塔身上部呈弧线内收，轮廓宛如炮弹形，与楼阁型塔作直线型斜收不同，这和塔之构造有关。此类塔均为砖砌单层塔壁，宛如烟囱，故称为空腔型。砌时塔身外部用叠涩挑出形成多层密叠的塔檐。内部也用叠涩砌法，逐层内收，最后封顶，上树塔刹，为了使塔内可以登上，内壁除内收外，还叠涩挑出八道向内的挑檐，以供装设木楼板。由于塔上部为砖砌叠涩，所以有可能按一定的弧线轮廓砌造。

在立面图上分析塔之轮廓，发现自一至七层塔檐，其檐部连线为直线，有近 10° 的内倾角；七层以上至塔顶，其檐头连线为弧线。

把弧线分解为垂直和水平投影线。先把下部第七、八二层檐头之连线上延，与水平投影线相交，在图上可以看出，此点约为水平投影线的中分点。再把顶上第十五层檐至第十四层檐檐部之连线下延，与垂直投影线相交，此点大体也在垂直投影的中分点处，这就是说。此塔之轮廓如果用卷杀的办法确定，则垂直线上各点应在中分点以下而水平投影线上各点应在中分点以内靠塔顶的部分。把这两部分各均分为四分，按卷杀的画法在各相应之点间连以直线，诸线所形成的折线大体和塔之上部轮廓相合。用卷杀的方法求弧度逐渐加大之曲线是古老的传统做法，此塔上部弧线可用卷杀方法求得，则卷杀的方法可能至迟在此时已经出现了（图 3–4–1）。

二、唐、宋、辽代方形密檐塔

密檐塔与楼阁型塔同为中国古代多层塔的重要类型。和楼阁型塔为多层楼阁叠加而成则不同，密檐塔只最下一层特别高大者为真实塔身，其上重叠多层塔檐，上下层檐间只夹有大体等于甚至小于各层檐高的象征性塔身，构成塔的上部，上树塔刹。密檐塔源于古代印度，传入中国后迅速中国化，除门窗改为中国传统式样外，密檐部分的上半段逐渐内收，形成优美的卷杀曲线，与楼阁型塔塔檐呈直线斜收者不同。它的内部构造是由外面一圈塔身围成一上下贯通的空筒，内装木楼板分为若干层，用木楼梯登上，个别也有沿塔之内壁砌出磴道，回旋上升的，如西安小雁塔。

唐代密檐塔多为方形，留传至今的尚多，但目前做过较精确测量可据以分析研究者寥寥，只能先就极少数有测图者进行探讨，虽然可以从中找到一些共同手法，但因诸例之时代间隔和地域分布都不匀，只能看做初步的推测，尚有待更多的例证来修正和充实。

现存可得到实测图的此类塔有初唐所建朝阳市北塔和唐中后期云南南诏政权辖区的大理市崇圣寺千寻塔、佛图寺塔、宏圣寺塔。大理崇圣寺千寻塔等三塔近年经过精密测量，有实测图发表在姜怀英、邱宣充合撰《大理崇圣寺三塔》中，可据以进行分析。此外，朝阳市北塔后经辽代改建，宜宾市旧州坝宋代所建白塔是此型塔在宋代的余波，与唐塔相同之处颇多，一并附此。

1. 辽宁省朝阳市北塔唐代塔身

在辽宁省朝阳市区内西北隅。其下有木塔基及柱础，有可能是北魏冯太后所建“思燕佛图”的遗迹。在此基址上，唐代前期加筑厚 1.3m 的夯土台，上建方形密檐塔。塔之下部为高 8m 余的方形塔身，有较大的收分，其上为密叠的 15 层塔檐和塔顶，现残高约 38.7m。塔之内部上下贯通，原装有木楼板，现已不存。

此塔的檐部屡经辽及以后各代修缮，原来的塔檐轮廓和曲线已无法准确推知，但从剖面实测图上可以量出，其第 8 层（15 层塔的中间一层）塔身面阔 A 为塔高之模数，塔高为 $4A$，亦即塔中间一层之周长等于塔高。此塔的建年在唐天宝以前，至迟是盛唐时期所建（图 3-4-2-1）。

附：辽宁省朝阳市北塔辽代重修后之塔身

此塔在辽代曾加改建，在塔下层用砖增砌出宽约 14m 的方形塔身，下为重层须弥座，上方壁面塑五方如来，顶上加砌带斗栱的塔檐。此部分把唐塔第四层檐以下全包在内。唐塔第五层以上密檐塔身仍然保持，只把原第十五层拆去，在第十四层以上重筑二层，形成高十三层的密檐塔外形。

在实测图上分析，发现此辽代改建之塔仍是以中间一层（十三层塔为第七层）塔身之宽 A 为塔高之模数，塔高为 $4A$，即仍以中间一层塔身之周长为塔高，手法与唐代相同。

在实测图上探索辽塔上部之轮廓曲线，发现其二至七层间塔檐可连为直线，但稍向内倾；其上各层为弧线。用作图法探求，发现如将此部塔身之垂直和水平投影线各均分为 8 段，可得 9 点。若以垂直投影之 1 至 4 点分别连水平投影之 6 点至 9 点，所得之卷杀折线大体与上部七层塔檐所形成之弧线相近（图 3-4-2- 2）。

2. 云南省大理市崇圣寺千寻塔

在大理市西北仓山中和峰麓崇圣寺前，东向，其全名为法界通灵明道乘塔，始建于南诏劝丰祐时期（824–859 年），约当唐敬宗至宣宗间[①]。

塔为方形十六层密檐塔，高 69.13m，内部上下贯通，构造属空腔型，中间原设有木楼板及扶梯，可供登上，但内部分层与外部之密檐不完全相应。塔下为二层石砌台座，台座上建塔之台基，基上为高近 12m、宽近 10m 的方形高大的塔身，塔身以上为重叠 16 层密檐，塔顶上建须弥座、仰莲、上树塔刹。各层密檐之间夹有低矮的上层塔身，其高大约为檐高的一半。

从实测图上分析，发现和朝阳北塔相同，塔高仍以中间层塔身之宽 A 为模数，此塔为 16 层，以其第八层面阔 A 之 6 倍为塔高，亦即以中间一层塔身周长之 1.5 倍定塔高。

塔之外轮廓就实测图分析，其下部一至八层塔檐连线为直线，微向内倾；其上部八至十六层呈弧线内收。在实测图上用作图法反复探索，把上部的垂直和水平投影线各均分为八段，各得 9 点，以垂直投影线上之 1 至 6 点分别连向水平投影上之 4 至 9 点，所形成之卷杀折线基本与塔身上半部之弧线相近（图 3-4-2-3）。

3. 云南省大理市佛图寺塔

在大理市下关北，原佛图寺前，东向。塔名失考，因即以寺名名之，约建于南诏劝丰祐时期（824–859 年），时代与崇圣寺千寻塔相近。

塔为方形十三层密檐砖塔，高 30.07m，建在高仅 1m 的砖台上。塔之最下为须弥座形台基，上建宽约 4.6m、高约 4.4m 的一层塔身。以上为十三层密檐，塔顶上建方墩、仰莲，上树塔刹。在密檐部分逐层夹有低矮的塔身，其高仅及塔檐叠涩出挑部分之高，每层塔身南北或东西向各开一门，上下层方向错开，不开门处设同形之龛。塔之内部仍为上下贯通的空腔。

在实测图上分析，此塔也是以中间一层塔身之宽为模数。此塔之中间层为第七层，塔身总高自一层地坪至塔顶方墩下脚恰为七层面宽 A 的 5 倍。

---

① 千寻塔及后文之佛图寺塔、宏圣寺塔之年代均据邱充宣等撰《云南文物古迹大全》（1992 年云南人民出版社版）

塔之外轮廓在六层以下各层塔檐可连为直线，微向内倾；其六至十三层呈弧线内收。在实测图上用作图法分析，发现如把此段分解为垂直和水平投影线，再各均分为九段，可得 10 点，若以垂直投影线上之 1 至 5 点分别与水平投影线上的 6 至 10 点相连，所形成的卷杀折线基本上与上部塔檐之轮廓相合，和千寻塔的情况类似（图 3-4-2-4）。

4. 云南省大理市宏圣寺塔

在大理市中和镇原宏圣寺旧址内，因即以寺名为塔名。约建于南诏末期（937 年以前，约当唐末至五代后梁间）。

此塔为方形十六层密檐砖塔，高 43.87m，建在高近 3m 的台座上。塔最下为三层台基，上建宽、高约 6.7m 的一层塔身，其上为十六层密檐，塔顶上建盝顶形墩和仰莲，上树塔刹。塔之内部一层为塔心室，上部收顶，留孔通向上部之空腔部分，直抵第十四层处。此塔与前二者不同之处为一层塔心室封顶，不上下贯通，当是时代较晚所产生的变化。

在实测图上探索，发现此塔仍以中间一层、即第八层塔身面宽 A 为塔高之模数，塔之高度，下起一层地坪，上至塔顶盝顶形墩台下脚，恰为 $5A$。

塔之外轮廓可以第八层为界，八层以下各层面阔及挑檐基本相等，塔檐之连线基本为垂直线；第八层以上至塔顶呈弧线内收。若将此段分解为垂直、水平投影线，并各均分为 6 份，可各得 7 点。以垂直投影线上的 1 至 4 点分别与水平投影线上的 4 点至 7 点相连，所得之卷杀折线基本与塔上部之弧线相近（图 3-4-2- 5）。

5. 四川省宜宾市旧州坝宋代白塔

在城北五里，兀立旧州坝上，寺名已无考，旧志称之为古戎州白塔。此塔莫宗江先生撰有研究论文并附实测图，据莫先生考证，此塔大约建于北宋徽宗崇宁、大观年间（1102-1110 年间）。

塔高 29.5m，为方形十三层密檐塔。下层塔身宽 7.32m，若以北宋尺长 30.5cm 计，约合 24 尺。塔之内部与前述诸塔作上下贯通的空腔不同，砌为五层，各有方形塔心室，心室与外壁间设回廊式梯道，通心室门一面水平，余三面为盘旋梯道，通向上层。此为五代以后八角形砖塔之习见做法。此塔虽外形保持唐代密檐方塔之特点，内部已采用五代北宋以来新的做法。

在实测图上可以量得，塔之高度如计至刹下，为第七层塔身之宽的 4 倍，即塔高仍以塔中间一层的面宽 A 为模数，以塔中间一层之周长为塔高。

塔之外轮廓可分二段，第一至六层塔檐之连线为直线，微向内倾；第六至十三层塔檐呈弧线内收。若把上部分解为垂直和水平的投影线，并各均分为七份，各可得 8 点。自垂直投影线上的 1 至 4 点分别和水平投影的 5 至 8 点相连，所形成的卷杀折线基本与塔上部之弧线轮廓相合（图 3-4-2-6）。

从上举六例中可以看到，密檐塔的外形虽和楼阁塔有很大的不同，但在设计手法上却基本沿袭了楼阁型塔。这主要是以中间一层塔身之宽 A 为塔高之模数。上举六塔中，塔高为 $4A$ 者三例，塔高为 $5A$ 者二例，塔高为 $6A$ 者一例。以塔身之宽为模数同时也就控制了塔身之高宽比，A 的倍数越多，则高宽比越大，塔越修长。

在密檐塔之外形轮廓上，从上举六例中可看到，一般是下半部密檐基本可连成直线，或微内倾，或垂直，上半部密檐呈弧线内收。弧线内收的弧度基本可用卷杀折线来求得。卷杀折线是中国古代最常用的取得弧线的手法，主要用于栱头、月梁或月梁形阑额、梭柱等。但一般的逐点对应相连的卷杀起始变化平缓而末端变化急骤，所求得之折线都与塔形不合。十余年前在山西寿阳发现北齐库狄回洛墓，内有木椁，出土有木斗栱，其栱头卷杀较平缓，也和宋《营造法式》所定卷杀法不合。经反复探索，发现如果多划分瓣数而在连线时舍去直端的后部与横端的前部，以直端首点连横端中间之点，所得之折线较平缓，与木栱上栱头折线大致相同。再用此法探求嵩岳寺塔上部之弧线，也基本相合，因知古代较平缓之弧线大体可用此法推求。云南三座南诏塔上部之弧线用此法也可大致求得，可知这大约是古代卷杀的又一种手法，用来控制较平缓的弧线，卷杀并不限于《营造法式》所载的那一种。

云南大理三座南诏时密檐方塔的数据　　表 3-4-1

层数			1	2	3	4	5	6	7	8	9	10	11	12	13	14	15	16
千寻塔	层高	m	14	3.3	3.15	3.2	3.2	3.2	3.15	3.10	2.85	2.95	2.65	2.70	2.50	2.30	2.20	2.20
		唐尺	47.6	11	11	11	11	11	11	11	10	10	9	9	9	7.5	7.5	7.5
	面宽	m	9.8	9.8	9.8	9.8	9.8	9.8	9.7	9.65	9.4	9.2	8.8	8.4	8.0	7.3	6.3	5.2
		唐尺	33	33	33	33	33	33	33	33	32	31	30	29	27	25	21	18
宏圣寺塔	层高	m	7.4	1.74	1.88	1.76	1.8	1.78	1.8	1.82	1.7	1.5	1.7	1.6	1.46	1.44	1.44	1.08
		唐尺	25.2	6.1	6.1	6.1	6.1	6.1	6.1	6.1	5.5	5.5	5.5	5.5	5.0	5.0	5.0	3.7
	面宽	m	6.66	6.66	6.7	6.68	6.7	6.7	6.66	6.66	6.64	6.5	6.3	6.0	5.6	5.3	4.9	4.4
		唐尺	22.7	22.7	22.7	22.7	22.7	22.7	22.7	22.7	22.7	22	21	20	19	18	17	15
佛图寺塔	层高	m	5.45	1.68	1.66	1.66	1.4	1.3	1.25	1.15	1.22	1.06	1.15	1.0	0.8	—	—	—
		唐尺	18.5	5.7	5.7	5.7	4.6	4.3	4.3	3.9	3.9	3.9	3.9	3.4	2.7	—	—	—
	面宽	m	4.65	4.69	4.58	4.52	4.5	4.4	4.2	3.96	3.7	3.3	2.86	2.38	1.92	—	—	—
		唐尺	16	16	15.5	15.5	1.5	1.5	14.3	13.5	12.6	11.2	9.7	8.1	6.5	—	—	—

关于密檐塔层高的变化规律，在诸塔实测图上探索，只发现往往以若干层为一组，高度相等，上组比下组降低高度，可从表 3-4-1 中看到：例如千寻塔，二至八层为一组，均高 11 尺（以上下层门或龛内地坪间高差为层高，后同）。九、十层为一组，高 10 尺，十一至十三层为一组，高九尺，十四至十六层为一组，高 7.5 尺，四组间之高度差分别为 1 尺、1 尺、1.5 尺。又如宏圣寺塔，也分四组，二至八层为一组，高 6.1 尺，九至十二层为一组，高 5.5 尺，十三至十五层为一组，高 5 尺，十六层自为一组，高 3.7 尺。各组间高度差为 0.6 尺、0.5 尺、1.3 尺。以上这些数字和分组之数颇不一律，看不出明显的规律，只能有待掌握更多的材料数据时再做探索。

三、五代、辽、金的八角密檐塔

唐代的楼阁型和密檐型塔绝大多数是正方形的，八角形的始见于单层砖石墓塔，较早之例是建于唐天宝五年（746 年）的河南登封市会善寺净藏禅师的砖砌墓塔。唐中后期更多，如山西运城市寿圣寺内砖塔和建于唐乾宁二年（895 年）的山西晋城县青莲寺石造慧峰禅师塔。

到五代时，开始出现八角形的砖石密檐塔，最早的实例是南京市栖霞寺石造舍利塔，是一座高仅 18m 的八角五层密檐塔。随后，在北方的辽的辖区于 11 世纪中叶以后开始盛行建八角密檐砖塔，并延续到金代。迟至明代还偶有建造者，但其盛期在辽金时。

八角密檐砖石塔是五代以后新出现的一种类型，其典型形式可分四段：最下段为基座，由须弥座、平坐钩栏和莲台组成。第二段为塔身，一般砌出壁柱、阑额、地栿和门窗。第三段为塔檐，和唐代砖叠涩出檐不同，此类塔檐全仿木构建筑，下为砖雕砌出的斗栱，上承砖雕的椽、飞，上面盖瓦挑脊，脊上即接上层檐之普拍枋，承上层之斗栱塔檐。和唐代不同，上下层密檐紧接，其间不再有象征性的低矮的塔身，由若干层檐上下重叠，形成密檐部分。第四段为塔刹。八角密檐砖塔和它渊源所自的唐代方形密檐砖塔及其原型印度的天祠有很大的差异，可以视为外来建筑形象的中国化和在传统基础上不断创新的例证。如果把印度天祠与唐代密檐方塔和唐代密檐方塔与辽代八角密檐塔的异同及其间的继承、发展关系进行分析，以了解和总结古代在传统基础上创新和吸收外来影响并使之中国化的经验，当是很有借鉴作用的。

八角密檐塔现存最早实例虽是南唐所建的南京栖霞寺舍利塔，位于江南地区，但此后江南地区却没有后继者，反而大盛于北方的辽金辖区，其原因恐与南北的佛教宗派有关，是一个有待探讨的问题，因不属本专题范围，暂置不论。

现存八角密檐塔中有实测图可供研究者只有三例，分别探讨如下：

1. 南京市栖霞寺舍利塔

建于五代的南唐时期（937–975 年），为八角五重密檐石塔。塔建在八角形基座上，四周绕以石雕勾片纹栏杆。塔身最下部为重层须弥座，上承莲台。莲台以上为八角形塔身，各角雕出壁柱，柱间雕阑额、地栿。塔身以上为五重塔檐，中夹四层低矮的象征性塔身，形成上部的密檐部分。每层塔檐可分为上下三部分：最下为突出的弧形部分，以象征外面加了雀眼网的铺作层；中为石雕的椽、飞、瓦垅及屋脊，构成屋顶；最上为覆莲，上承低矮的上层塔身。最上为塔刹（现状重叠莲台，以莲蕊收顶是近代所改，不足为据）。前文所述密檐八角形塔的四个部分此塔都有，特别是最下的须弥座和莲台组合只见于密檐塔而不用于楼阁型塔，故可以认为此塔是八角密檐塔的初型之一。

五代是中国佛塔发展的关键时期。唐代佛塔，不论是楼阁型塔还是密檐塔，木构还是砖石造，都以方形为主。在敦煌莫高窟，只在中晚唐壁画上偶然画有二三层木塔为八角或六角形者，实物中异形平面者多为小型墓塔。五代时，首先在江南地区出现八角形仿木构楼阁型砖塔，如南唐所建苏州虎丘塔、吴越国所建杭州雷峰塔。既有砖仿木者，则其前或同时必有真木构八角楼阁型塔，只是未能保存下来而已。现存吴越国时所建杭州闸口白塔就是八角形木构楼阁型塔的石雕模型。这种八角楼阁型仿木构砖塔在以后的江南地区大量流行，有很多遗物留存至今。南京栖霞寺舍利塔这种新形式的出现，应是在方型楼阁型塔向八角形楼阁型仿木构砖塔转化这一新流行的趋势影响下，把方形密檐砖塔也改变为八角形密檐塔的一种可贵的尝试。此塔的上部密檐部分明显是由方形密檐塔演化而成的，而下部的须弥座和莲台则又显现出与山西晋城青莲寺慧峰墓塔的下部十分近似。一个僻处晋南的唐末小塔不可能影响到南唐，实因它是这类小型砖石墓塔下部的惯用做法，栖霞寺舍利塔可能因为体量较小，又因是石雕塔，遂采用了这种形式。但这种特定组合一旦形成定式，成为新的类型，就会延续下去并广泛传播。到了辽代，一些体量十分高大的八角密檐砖塔，下部无一例外地砌须弥座，用雕砖砌出平坐斗栱钩栏和巨大的莲台，成为八角密檐塔下部的标准做法和基本特点。

在栖霞寺舍利塔的实测图上进行分析，发现它和唐代密檐方塔相同，仍以中间一层之面阔为塔高之控制模数。此塔之高，如自一层塔身下地面计至塔顶搏脊，恰为第三层塔身面宽A的9倍，即塔高=9A。八边形之总宽为一面之宽的2.4倍，则此塔塔身之高宽比为9/2.4：1 = 3.75：1，塔身之轮廓不甚规律，第三层塔檐明显内收。如第三层出檐适当加大，可形成一矢高很小的弧线，何以至此，其原因俟考（图3-4-3-1）。

2. 山西省灵丘县觉山寺塔

在县城东南 14 公里处，为砖砌八角十三层密檐塔，总高 44.23m，建于辽大安五至六年（1089-1090 年），去辽之亡只有 35 年，属辽末期建筑。

塔可分四段，最下的基座由须弥座、平坐钩栏和莲台组成。第二段为塔身，八个转角各有一根壁柱，柱间上下加阑额、地栿，四个正面砌出券门，四斜面砌出直棂窗，仅南北两面为真门。第三段为密檐部分，上下重叠十三层塔檐。每层最下为普拍枋，枋上为补间及转角斗栱，其上为椽、飞、瓦垅和屋脊，屋脊之上即上一层檐塔的普拍枋。方形密檐塔在二层塔檐之间的低矮塔身在这里已为斗栱所取代。第四段为塔刹，在塔顶上建台座立塔刹，上加相轮、水烟、火珠等。

在塔之实测图上分析，发现它仍以中间一层每面之宽 A 为模数，以控制塔之高度。此塔十三层，中间层为第七层。因此类塔无塔身，只能以该层普拍枋两交角间之距为面宽之近似值。依此计算，自塔身下地坪至塔顶檐口间之高差恰为7A。这里把高度计至塔顶檐口，与前面栖霞寺塔计至塔顶不同，当是地区差异。

在前面分析楼阁型塔时，北方诸塔以 A 为模数时，都计至塔顶搏脊，如苏州报恩寺塔、杭州闸口白塔。故南、北方的密檐塔以 A 为模数时，也分别依南、北楼阁型塔不同的计算方法计算。这也可视为密檐塔在设计上受楼阁型塔影响的一个例证。

当塔高为 $7A$ 时，塔之高度比为 $7 / 2.4 = 2.92 : 1 \approx 3 : 1$

在实测图上还表现出另一个现象，即当以塔身柱高 H_1 为高度方面模数时，自塔身地坪起，上至塔顶搏脊，恰为 $6H_1$，其间三层、六层、九层、十二层檐之间距为 H_1，说明这十三层塔檐基本上是等高的。这种自地坪至塔顶搏脊间高差以 H_1 为模数的情况也和同期北方的楼阁型木塔和砖塔如应县佛宫寺塔和庆州白塔全同（图 3–4–3–2）。

3. 北京市天宁寺塔

在北京外城广安门外，辽金故城中。据近年发现塔内所藏辽碑，塔"举高二百三尺"，原名天王寺舍利塔，建于辽天庆九至十年（1119–1120 年），距金人攻陷辽南京的 1125 年只有五年，也是辽末建筑，比觉山寺塔晚三十年。

此塔形制与觉山寺塔大体相同，也是八角形十三层密檐塔，自下而上分为基座、塔身、密檐、塔刹四部分。下面三部分基本为原状，只平坐部分雕砖构件明代略有改换，但上部的塔刹则全被改动，换为宝顶，已不足为据。

在天宁寺塔的实测图上分析，它仍以第七层面宽A和塔身柱高H_1为控制塔高的模数，计算之起点亦同。自塔身地坪上至塔顶檐口为$6A$，自塔身地坪至塔顶搏脊为$6H_1$。和觉山寺塔基本相同，且塔身柱高H_1相当于三层檐通高的情况也相同。所不同处是觉山寺塔高为$7A$，天宁寺塔为$6A$，以A为模数是控制塔之高宽比的，当塔高为$6A$时，塔之高宽比为$6 / 2.4 : 1 = 2.5 : 1$，比觉山寺塔的2.92：1要小些，在图上也可看出天宁寺塔要稍短粗一些。

综括上面对二塔的分析，可以看到以下的共同点：（1）都以中间一层之面阔A和一层柱高H_1为控制高度的模数；（2）都令塔身柱高H_1与密檐部分三层檐通高相同，亦即令各层塔檐之高基本相同，为$H_1 / 3$。

塔身之轮廓就此二塔而言，特点是第一层塔檐挑出稍大，二至七层塔檐基本可连为直线，微向内收，七至十三层塔檐呈弧线内收，形成上部卷杀内收的外形。但由于实测图之比例太小，又无各檐间距和外挑的数据，目前尚无法较准确推求出其弧形的具体画法。

密檐八角塔是我国自己发展出的最有特色的佛塔，但目前只找到这两个有实测图的塔，虽然发现上述一些共同点，但毕竟所据实例过少，而这两例的相距时间又太近，这些特点能否概括北方辽金时代的八角密檐塔的设计规则，实所难言，只能暂时提出，留待更多的实例来检验、改正、充实之。

历代重要古建筑实测数据表（附折合成之“分”数、尺长和比例关系）

①		唐、五代																															
		面阔												进深								柱高				通面阔：平柱高	通面阔：角柱高	通面阔：上檐平柱	通面阔：上檐角柱	材	分	尺长	备注
		副阶	尽	梢	次	次	明间	次	次	梢	尽	副阶	通计	副阶	尽	次	明间	次	尽	副阶	通计	平柱高	角柱高	上檐平柱高	上檐角柱高					cm	cm	cm	
南禅寺大殿	cm		331				499				331		1161		330		330		330		990	386	390										平面为柱头尺寸折合成之尺数均为调整后数字，下同
	“分”		200				300				200		700		200		200		200		600	231	234			3：1	2.98：1			25×16	1.67	27.5	
	尺		12				18				12		42		12		12		12		36	14	14.2										
佛光寺大殿	cm		440		504	504	504	504	504		440		3400		440	440		440		440		1760	499	523									平面为柱头尺寸
	“分”		220		252	252	252	252	252		220		1700		220	220		220	220		880	249.5	261.5			6.8：1	6.5：1			30×20.5	2.0	29.4	
	尺		15		17	17	17	17	17		15		115		15	15		15	15		60	17	17.8										
平顺天台庵	cm		188				314				188		690		188		314		188		690	242											平面为柱脚尺寸
	“分”		157				262				157		575		157		262		157		575					2.85：1				180×120	1.2	29.4	
	尺		6				10.5				6		23.5		6.5		10.5		6.5		23.5												
镇国寺大殿	cm		251 (323)				455 (455)				351 (323)		1157 (1101)		323		370		323		1016	342	347										进深用柱头尺寸。面阔只有柱脚尺寸，括弧内为按侧面推测之柱头尺寸
	“分”		239 (220)				309 (310)				239 (220)		787 (750)		220		252		220		692					3.4：1	3.3：1			22×16	1.47	29.4	
	尺		11.9 (11.0)				15.5 (15.5)				11.9 (11.0)		39.3 (37.5)		11		12.5		11		34.5												

注：分值为材高／15（不用材宽／10）

续表

②		北宋																															
		面阔												进深								柱高				通面阔：平柱高	通面阔：角柱高	通面阔：上檐平柱	通面阔：上檐角柱	材	分	尺长	备注
		副阶	尽	梢	次	次	明间	次	次	梢	尽	副阶	通计	副阶	尽	次	明间	次	尽	副阶	通计	平柱高	角柱高	上檐平柱高	上檐角柱高					cm	cm	cm	
华林寺大殿	cm		468				651				468		1587		384	350		350	384		1468	478	486			3.3：1	3.3：1			33×17	2.2	29.4	折合尺数均为调整后之数字，下同
	“分”		213				296				213		722		175	159		159	175		668	217	221										
	尺		16				22				16		54		13	12		12	13		50	16.3	16.5										
保国寺大殿	cm		308				562				307		1177		448		575		301		1324	422	422			2.8：1				21.5×14.5	1.43	29.4	平面为柱头尺寸
	“分”		215				393				215		823		313		402		210		925	295	295										
	尺		10.5				19				10.5		40		15.3		19.5		10.2		45	14.4	14.4										
晋祠圣母殿	cm	310	372			405	494	405			372	310	2669	310	372	372		372	372	310	2108	386		770		6.9：1≈7：1		3.5：1		22×14	1.47	30.0	平面为柱头尺寸
	“分”	210	253			276	337	276			253	210	1815	210	253	253		253	253	210	1432	263		524									
	尺	10.3	12.5			13.5	16.5	13.5			12.5	10.3	89	10.3	12.5	12.5		12.5	12.5	10.3	70.6	12.9		25.7									
少林寺初祖庵	cm		342				412				342		1096		342		368		342		1052	361				3：1				18.5×11.5	1.23	30.5	平面为柱头尺寸
	“分”		278				335				278		891		277		298		277		852	293											
	尺		11.25				13.5				11.25		36		11.25		12.0		11.25		34.5	11.85											
榆次雨花宫	cm		423				485				423		1331		423		474		423		1320	408	417							24×16	1.6	30.25	柱脚尺寸
	“分”		264				303				264		831		264		296		264		825												
	尺		14				16				14		44		14		15.5		14		43.50	13.5	13.8										

续表

③		辽																															
		面阔												进深								柱高				通面阔:平柱高	通面阔:角柱高	通面阔:上檐平柱	通面阔:上檐角柱	材	分	尺长	备注
		副阶	尽	梢	次	次	明间	次	次	梢	尽	副阶	通计	副阶	尽	次	明间	次	尽	副阶	通计	平柱高	角柱高	上檐平柱高	上檐角柱高					cm	cm	cm	
独乐寺山门	cm		523.5				610				523.5		1657		438				438		876	437											
	“分”		321				374				321		1016		269				269		537	268				3.8 : 1 ≈ 4 : 1				24.5 × 16.8	1.63	29.8	柱脚尺寸折合之尺数均为调整后数字，下同
	尺		17.5				20				17.5		55		14.5				14.5		29	14.7											
独乐寺观音阁	cm		330			430	455	430			330		1975		335	370.5		370.5	335		1411	406	417										
	“分”		206			269	284	269			206		1234		209	232		232	209		882	254	260			4.9 : 1 ≈ 5 : 1	4.7 : 1			24 × 16.5	1.6	29.4	底层柱头尺寸
	尺		11.2			14.6	15.5	14.6			11.2		67		11.4	12.6		12.6	11.4		48	13.8	14.2										
奉国寺大殿	cm		498	498	526	580	580	580	526	498	498		4784		498	498	498	498	498		2490	595											
	“分”		258	258	272	300	300	300	272	258	258		2475		252	258	258	258	258		1290	308				8 : 1				29 × 20	1.93	30.4	柱头尺寸
	尺		16.5	16.5	17	19	19	19	17	16.5	16.5		157		16.4	16.4	16.4	16.4	16.4		82.0	19.5											
薄伽教藏殿	cm		457			535	585	535			457		2565		455	468		468	455		1846	499	515										
	“分”		286			334	366	334			286		1603		284	293		293	284		1154					5.14 : 1	4.98 : 1 ≈ 5 : 1			24 × 17	1.6	30.5	柱脚尺寸
	尺		15			17.5	19	17.5			15		84		15	15.3		15.3	15		60.5	16.4	16.9										
善化寺大殿	cm		492		554	626	710	626	554		492		4054		484	508	508	508	484		2492	626	668										
	“分”		284		320	361	410	361	320		284		2340		280	294	294	294	280		1442	362	386			6.5 : 1	6.07 : 1 ≈ 6 : 1			26 × 17	1.73	30.4	柱脚尺寸
	尺		16		18.5	20.5	23	20.5	18.5		16		133		16	16.5	16.5	16.5	16		81.5	20.6	22										
海会殿	cm		491			585	613	585			491		2765		479	484		484	479		1926	435	450										
	“分”		307			366	383	366			307		1728		299	303		303	299		1204	272	281			6.4 : 1	6.1 : 1 ≈ 6 : 1			24 × 16	1.6	30.5	柱脚尺寸
	尺		16			19	20	19			16		90		15.5	16		16	15.5		63	14.3	14.8										
上华严寺大殿	cm		510	578	593	659	710	659	593	578	510		5390		510	576	578	576	510		2750	724											
	“分”		250	290	300	325	350	325	300	290	250		2680		250	900	290	290	250		1370	362				7.4 : 1				30 × 20	2.0	30.4	cm为柱脚尺寸“分”值及尺数为柱头间尺寸
	尺		16.5	19	19.5	21.5	23.0	21.5	19.5	19	16.5		176.0		16.5	19	19	19	16.5		90.0	23.8											
应县木塔三层	cm		251				381				251		883									286											
	“分”		148				224				148		519									168				3.09 : 1 ≈ 3 : 1				25.5 × 17	1.7	2.94	
	尺		8.5				13				8.5		30									9.7											

续表

④ 南宋		面阔 副阶	面阔 尽	面阔 梢	面阔 次	面阔 次	面阔 明间	面阔 次	面阔 次	面阔 梢	面阔 尽	面阔 副阶	面阔 通计	进深 副阶	进深 尽	进深 次	进深 明间	进深 次	进深 尽	进深 副阶	进深 通计	柱高 平柱高	柱高 角柱高	柱高 上檐平柱高	柱高 上檐角柱高	通面阔：平柱高	通面阔：角柱高	通面阔：上檐平柱	通面阔：上檐角柱	材 cm	分 cm	尺长 cm	备注
苏州玄妙观三清殿	cm	385.5	443.5		524	523	635	523	524		443.5	385.5	4387	383.5	447.5	442.5		442.5	447.5	383.5	2547	493		945									
	"分"	241	277		328	326	397	326	328		277	241	2742	241	277	277		277	277	241	1592	308		591		8.9：1 ≈ 9：1		4.6：1		24×16	1.6	30.5	cm为柱脚尺寸，尺数为调整后的柱头尺寸折合之尺数均为调整后数字，下同
	尺	12.5	14.5		17	17	20.5	17	17		14.5	12.3	142.5	12.5	14.5	14.5		14.5	14.5	12.5	83	16.2		310									

续表

⑤ 金		面阔 副阶	面阔 尽	面阔 梢	面阔 次	面阔 次	面阔 明间	面阔 次	面阔 次	面阔 梢	面阔 尽	面阔 副阶	面阔 通计	进深 副阶	进深 尽	进深 次	进深 明间	进深 次	进深 尽	进深 副阶	进深 通计	柱高 平柱高	柱高 角柱高	柱高 上檐平柱高	柱高 上檐角柱高	通面阔：平柱高	通面阔：角柱高	通面阔：上檐平柱	通面阔：上檐角柱	材 cm	分 cm	尺长 cm	备注
佛光寺文殊殿	cm		426		446	467	478	467	446		426		3156		434	445		445	434		1759	448											
	"分"		270		285	300	305	300	285		270		2015		275	285		285	275		1120	285				7.04：1 ≈ 7：1				23.5×15.5	1.57	30.5	柱脚尺寸"分"值及折合之尺数均为调整后数字，下同
	尺		14		14.5	15	15.5	15	14.5		14		102.5		14	14.5		14.5	14		57	14.3											
崇福寺弥陀殿	cm		558		560	620	620	620	560		558		409.6		543	558		558	543		2202	600	610										
	"分"		300		310	345	345	345	310		300		2255		300	310		310	300		1220	333	339			6.8：1	6.7：1			26×18	1.8	31.0	进深为柱头尺寸"分"值经调整
	尺		17.5		18	20	20	20	18		17.5		131		17.5	18		18	17.5		71	19.4	19.7										
崇福寺观音殿	cm		418			388	528	388			418		2140		418		464		418		1300	464											
	"分"		284			264	359	264			284		1450		284		316		284		884	316				4.6：1				22×15	1.47	31.0	柱头尺寸，尺数及"分"值经调整
	尺		13.5			12.5	17	12.5			13.5		69		13.5		15		13.5		42	15											
善化寺三圣殿	cm		516			734	768	734			516		3268		523	442		442	523		1930	618	659										
	"分"		300			425	440	425			300		1890		300	260		260	300		1120	357	381			5.3：1	4.96：1 ≈ 5：1			26×17	1.73	30.5	柱脚尺寸"分"值及尺数均经调整
	尺		17			24	25	24			17		107		17	14.5		14.5	17		63	20.3	21.6										
善化寺山门	cm		520			578	618	578			520		2814		499				499		998	586	600										
	"分"		320			360	385	360			320		1745		310				310		620	366	375			4.8：1	4.7：1			24×16	1.6	31.0	柱头尺寸"分"值经过调整
	尺		16.5			18.5	20	18.5			16.5		90		16				16		32	18.9	19.4										

续表

⑥		元																															
		面阔												进深								柱高				通面阔：平柱高	通面阔：角柱高	通面阔：上檐平柱	通面阔：上檐角柱	材	分	尺长	备注
		副阶	尽	梢	次	次	明间	次	次	梢	尽	副阶	通计	副阶	尽	次	明间	次	尽	副阶	通计	平柱高	角柱高	上檐平柱高	上檐角柱高					cm	cm	cm	
永乐宫三清殿	cm		320		440	440	440	440	440		320		2840		320	440		440	320		1520	532	558			5.3：1	5.09：1 ≈ 5：1			20.7 × 13.5	1.38	31.5	柱脚尺寸"分"为尺数经调整
	"分"		232		319	319	319	319	319		232		2060		232	320		320	232		1104	386	404										
	尺		10		14	14	14	14	14		10		90		10	14		14	10		48	16.9	17.7										
永乐宫纯阳殿	cm		315			441	504	441			315		2016		315		504		599		1418	486	499			4.1：1	4.04：1 ≈ 4：1			20 × 13.5	1.33	31.5	自柱脚尺寸调整折算为柱头尺寸
	"分"		237			332	379	332			237		1517		237		379		450		1066	365	375										
	尺		10			14	16	14			10		64		10		16		19		45	15.4	15.8										
永乐宫重阳殿	cm		252			410	410	410			252		1734		252	284		284	252		1072	420	431			4.1：1	4.02：1 ≈ 4：1			18.5 × 12.5	1.23	31.5	自柱脚尺寸调整折算为柱头尺寸
	"分"		205			333	333	333			205		1049		205	231		231	205		872												
	尺		8			13	13	13			8		55		8	9		9	8		34	13.3	13.65										
永乐宫无极门	cm		408			408	408	408			408		2040		472				472		944	432	438			4.7：1	4.7：1			18.5 × 12.5	1.23	31.5	柱头尺寸
	"分"		331			331	331	331			331		1655		384				384		768	351	356										
	尺		13			13	13	13			13		65		15				15		30	13.7	13.9										
北岳庙德宁殿	cm	372	464		495	497	575	498	496		463	372	4232	367	465	466		466	465	367	2596	489		996		殿身面阔3484：489 =7.1：1 ≈7：1		殿身面阔3484：996 =3.5：1		21 × 14	1.4	31.0	柱头尺寸
	"分"		331		353	355	411	356	354		330				332	333		333	332			349		711									
	尺	12	15		16	16	18.5	16	16		15	12	136.5	11.8	15	15		15	15	11.8	83.6	15.8		32.1									
延福寺大殿	cm	165	195				460				195	165	1180	160	290		370		200	160	1180	292		456		4：1	2.6：1			15.5 × 10.0	1.03	31.5	cm为柱脚尺寸。尺数为调整折算后之柱头尺寸
	"分"	160	189				445				189	160	1143	155	281		358		194	155	1143	283		443									
	尺	5	6				14.5				6	5	36.5	5	9		11.5		6	5	36.5	9.3		14.5									
真如寺正殿	cm		367				591				371		1329		511		540		261		1312	404								13.9 × 9	0.9	31.5	柱头尺寸
	"分"		407				657				412		1476		568		600		290		1458	449											
	尺		11.5				19				11.5		42		16		17		8		41	12.8											
虎丘二山门	cm		350				600				350		1300		350				350		700	373								20 × 13	1.37	3.15	柱脚尺寸
	"分"		255				438				255		949		255				255		510	272											
	尺		11				19				11		41		11				11		22	11.8											

续表

⑦		明前期																															
		面阔												进深								柱高				通面阔:平柱高	通面阔:角柱高	通面阔:上檐平柱	通面阔:上檐角柱	材	分	尺长	备注
		副阶	尽	梢	次	次	明间	次	次	梢	尽	副阶	通计	副阶	尽	次	明间	次	尽	副阶	通计	平柱高	角柱高	上檐平柱高	上檐角柱高					cm	cm	cm	
扬州西方寺大殿	cm	160				336	575	336				160	1567	160		336	547	336		160	1539												
	“分”																															31.73	明洪武五年（1372年）建。折合之尺数均为调整后尺寸。后同
	尺	5.0				10.5	17	10.5				5.0	49	5.0		10.5	17	10.5		5.0	48												
北京长陵祾恩殿	cm		668	712	712	719	1034	719	712	712	668		6656	279		668	1020	668		279	2912												
	“分”																															31.73	明永乐十四年（1416年）建成
	尺		21	22.5	22.5	22	32.5	22.75	22.5	22.5	21		210	8.8		21	32.4	21		8.8	92												
紫禁城角楼	cm		398			157	559	157			160		1431																				
	“分”																															31.73	明永乐十八年（1420年）建
	尺		12.5			5.0	17.5	5.0			5.0		45																				
社稷坛前殿	cm		632			632.5	946.5	642			632		3485		631		649		631		1911	590											
	“分”																									5.9 : 1 ≈ 6 : 1						31.73	明永乐十八年（1420年）建
	尺		20			20	30	20			20		110		20		20		20		60	18.6											
社稷坛后殿	cm		632			642	936	622			635		3467		368		576		364		1308	534											
	“分”																															31.73	明永乐十八年（1420年）建
	尺		20			20	29.5	20			20		109.5		11.5		18		11.5		41	16.2											
太庙戟门	cm		635			636	946	648			635		3500		652				652		1304	539											
	“分”																									6.5 : 1						31.73	明永乐十八年（1420年）建
	尺		20			20	30	20			20		110		20.5				20.5		41	17											
紫禁城西华门	cm	286	652			651	951	651			651	285	4127	286	396		403		396	286	1766	611		1167									
	“分”																															31.73	明万历二十四年（1596年）重建
	尺	9	20.5			20.5	30	20.5			20.5	9	130	9	12.5		12.7		12.5	9	55.7	19.3		36.8									

续表

⑧		明中期																															
		面阔												进深								柱高				通面阔:平柱高	通面阔:角柱高	通面阔:上檐平柱	通面阔:上檐角柱	材	分	尺长	备注
		副阶	尽	梢	次	次	明间	次	次	梢	尽	副阶	通计	副阶	尽	次	明间	次	尽	副阶	通计	平柱高	角柱高	上檐平柱高	上檐角柱高					cm	cm	cm	
天安门城楼	cm		608	607	607	606	852	606	610	605	609		5710	307	693		722		693	306	2721	604		1106									
	“分”																															31.84	明成化元年（1465年）重建清顺治八年（1651）再建。尺数经过调整（下同）
	尺		19	19	19	19	27	19	19	19	19		179	9.5	21.5		23		21.5	9.5	85	19		35									
太庙正殿	cm	274	645	642.5	642	643	959	643	642	643	644	274	6639.5	274	511.5	655.5		651	516.5	274	2882.5	642.5		1324.5									
	“分”																															31.84	明嘉靖二十四年（1545年）重建
	尺	8.5	20	20	20	20	30	20	20	20	8.5		207	8.5	16	20.5		20.5	16	8.5	90	20		41.5									
太庙中殿	cm		644	642	638	643	945	640	641	643	640		6076		403	541		541	400		1885	627											
	“分”																															31.84	明嘉靖二十四年（1545年）重建
	尺		20	20	20	20	30	20	20	20	20		190		12.5	17		17	12.5		59	19.7											
紫禁城太和门	cm	384	538		537	564	830	564	538		538	346	4803	348		674		674		351	2047	620	1155										
	“分”																															31.84	清光绪重建
	尺	11	17		17	17.5	26	17.5	17		17	11	151	11		21		21		11	64	19.5	36.3										
紫禁城太和殿	cm	361	553	555	555	555	844	556	555	557	556	361	6008	362	746		1117		746	362	3333	736		1270									
	“分”																															31.84	明嘉靖四年（1562年）重建，清康熙三十四年（1695年）再重建，1765年大修
	尺	11.25	17.5	17.5	17.5	17.5	26.5	17.5	17.5	17.5	17.5	11.25	189	11.25	23.5		35		23.5	11.25	104.5	23.1		40									
紫禁城保和殿	cm	318	524		558	555	732	557	555		524	318	4641	256	441		728		446	254	2125	668		1145									
	“分”																									7 : 1	4 : 1					31.84	明嘉靖四十一年（1562年）重建，明天启七年（1627年）再重建
	尺	10.0	16.5		17.5	26.5	23.0	17.5	17.5		16.5	10.0	146	8.0	14.0		23		14.0	8.0	67	21		36									
紫禁城体仁阁	cm		430	476	476	476	645	476	476	476	430		4361		430		805		430		1665												
	“分”																															31.84	明嘉靖四十一年（1562年）重建
	尺		13.5	15	15	15	20	15	15	15	13.5		137		13.5		25.3		13.5		52.3												
北京鼓楼	cm	228	706			701	996	706			702	222	4261	224	427		991		427	224	2293	563		1099									
	“分”																															31.84	明嘉靖二十年（1541年）重建
	尺	7.0	22			22	32	22			22	7.0	134	7.0	13.5		31		13.5	7.0	72	17.7		34.6									

续表

⑨		明末至清前期																																
		面阔												进深									柱高				通面阔：平柱高	通面阔：角柱高	通面阔：上檐平柱	通面阔：上檐角柱	材	分	尺长	备注
		副阶	尽	梢	次	次	明间	次	次	梢	尽	副阶	通计	副阶	尽	次	明间	次	尽	副阶	通计	平柱高	角柱高	上檐平柱高	上檐角柱高					cm	cm	cm	
紫禁城午门正楼	cm		629	638	640	641	915	638	641	638	625		6005	290	628		664		628	290	1920	605		1155		9.9：1≈10：1						31.97	明嘉靖三十七年（1558年）重建，清顺治四年（1647年）再重建
	“分”																																
	尺		19.5	20	20	20	28.5	20	20	20	19.5		187.5	9	19.5		21		19.5	9	60	19		36									

后记

以上是根据作者目前所能搜集到的材料对我国古代城市规划、建筑群布局和单体建筑设计的原则、方法所做的尝试性探索。限于个人水平，必有遗漏和错误之处，敬希读者和同行批评指教。但是通过这个初步的探索，我们已经可以较有把握地说，中国古代在城市规划、建筑群布局、单体建筑设计诸方面确已形成一系列建立在运用模数基础上的原则、方法和规律，在其作用下，古代建筑的优秀传统得以保持和发扬，民族风格得以形成和不断发展、演进。其中，对称、择中是重要的布局原则，而运用模数特别是模数网格，可以认为是具有普遍意义的重要方法，最具特色。

古代在设计一座建筑时，首先根据建筑物的等级高低和规模大小，按照当时的工程技术法规所规定的范围选定应当使用的“材”或“斗口”的等级，再按实际需要在法规所规定的“分”值或“斗口”数值的范围内确定各间间广、椽跨所含的“分”值或“斗口”数，然后把它折合成实际尺长，并用增减尾数的方法把它简化为以 1 尺或半尺为单位。在建筑的通面阔确定后，即可按立面以柱高为模数的原则确定柱高和分间的比例，构成屋身立面，最后按举折或举高的规定确定屋顶曲线和屋顶构架，基本形成建筑物的整体轮廓。

在群体布局中，首先按前述程序确定主体建筑，其他次要的和附属的建筑在选用“材”等或“斗口”上要比主体建筑依次降低一至几个等级，使主体与次要和辅助建筑逐级拉开档次。在把主体与次要和辅助建筑按布局规律布置成院落时，可利用模数网格为布局基准，这可以使同一院落中大小不同的建筑有一个可以共同参照的尺度标准，有利于控制建筑物间在尺度、体量上的关系，以保持院落空间的整体和谐。网格的大小视院落的规模尺度而定，目前已知大中型住宅多为 2 丈，王府、寺庙、次要宫殿等为 3 丈，主要宫殿、坛庙、陵寝为 5 丈，个别特大型宫殿为 10 丈。置主体建筑于院落的几何中心以形成中轴线和在中轴线两侧对称地布置次要建筑，围成庭院，是院落最常见地布局形式。

在城市规划方面，唐以前城市属市里制，以矩形或方形的封闭的坊为基本单位，坊内辟大小十字街和曲，其间安排住宅。很多坊纵横排列，在其间形成矩形或方形的道路网格。坊实际上即城市之面积模数。城中的子城或宫城、皇城的面积一般是聚合若干坊而成，故其间存在着倍数也就是模数关系。宋以后城市由封闭的市里制改为开放的街巷制后，坊演化为街区，街区内辟多条横巷，街区间仍为矩形或方形道路网格。街区代替坊成为城市地面积模数。

运用模数，特别是扩大模数和模数网格，就可使在规划、建筑群组布局和单体建筑设计中分别能有一个较明确的共同的尺度或面积单位，每一项目中的各个部分都是这尺度或面积单位——即模数或模数网格的一定倍数，这就使同一项目的各个部分之间存在着一定的比例关系；模数和模数网格又分为不同的等级，当不同规模的建筑群或单体建筑使用不同等级的模数时，因其中相应部分所含模数的数量相同或大体接近，其间就往往出现相似形的关系，较易取得和谐的效果；故运用模数既可简化设计过程，又可控制其比例关系，使其易于在整体上取得统一谐调的效果。

在规划、布局和建筑设计中运用模数在我国有很久远的历史，在成书于春秋战国之际的《考工记》和《左转》中就有记载，可证至迟在这时已初具雏形，并使用得相当广泛，其时间约在公元前 5 世纪前半（前 475 年前后数十年间），比罗马人维特鲁威于公元前 32 年前后在《建筑十书》中谈及模数大约要早 400 年左右。

《左传》隐约元年（前 722 年）〈传〉“蔡仲曰：都城过百雉，国之害也”句下，（晋）杜预注云：“方丈曰堵，三堵曰雉。一雉之墙长三丈，高一丈。”（唐）孔颖达疏云：“古《周礼》及《左氏》说一丈为版，版广二尺。五版为堵，一堵之墙，长丈高丈。三堵为雉，一雉之墙，长三丈，高一丈。以度其长者用其长，以度其高者用其高。”按：“版”即夯筑土墙用的木夹板，当时的标准规格为长一丈，宽二尺；上下重叠五版，则可筑成高一丈、长一丈的一堵夯土墙，故称为“堵”；连续夯筑三“堵”为一“雉”，相当于由十五“版”积成。由此可知“堵”是夯土墙的基本度量单位，可以视为它的模数，而“版”和“雉”则是表夯土墙和城的尺度的分模数和扩大模数。《考工记・匠人营国》云：“王宫门阿之制五雉，宫隅之制七雉，城隅之制九雉。”是以“雉”为城的高度模数之例，而前引“都城过百雉”句，则是以“雉”为城的长度模数之例。这是在筑墙和筑城时使用模数之例。

《考工记・匠人营国》云：“周人明堂，度九尺之筵。东西九筵，南北七筵，堂崇一筵。”据此可知筵长为九尺，是堂的长度单位。同书又云：“室中度以几，堂上度以筵。”则室和堂又使用着不同的长度单位。但“几”长三尺，为“筵”长的三分之一，二者间有倍数关系，故“筵”可视为宫殿的长度模数，而“几”是其分模数。据“堂崇一筵”句，“筵”也是宫室的高度模数。这是在建筑设计中使用模数之例。

《考工记・匠人营国》又记载，王城“方九里，旁三门……左祖右社，面朝后市，市、朝一夫。”末句指“市”和“朝”的面积均为一“夫”，表明“夫”是城市规划中的面积单位。按：“夫”之本意指一夫所受之田的面积，据郑玄注，为长宽各100步。周代1步折合6尺，百步为600尺，即60丈，方百步为3600方丈。当时一亩面积为36方丈，则一“夫”面积恰为100亩，这是当时计口授田的基本单位。它主要用来度量田地，但据“市朝一夫”句，“夫”也借用为城市规划中表用地面积的单位。周制九“夫”为“井”，“井”方一里，则王城“方九里”可折合为81“井”，729“夫”，这是在城市规划中使用“井”和“夫”为用地面积的模数和分模数之例。

《周礼·小司徒》云：“乃经土地而井牧其田野。九夫为井，四井为邑，四邑为丘，四丘为甸，四甸为县，四县为都，以任地事而令贡赋。”郑玄注云：“九夫为井者，方一里，九夫所治之田也……四井为邑，方二里。四邑为丘，方四里。四丘为甸……甸方八里，旁加二里，则方十里，为一成……四甸为县，方二十里。四县为都，方四十里。”据此可知，“井”是当时井田制的基础，为收租税和征兵的依据，可以视为田地面积的基本模数。“夫”是其九分之一，是分模数。“邑”、“丘”、“甸”、“县”、“都”逐级按一定倍数扩大，是其扩大模数，用来表示不同规模的行政区划的面积。由于“夫”是分模数，故它可以在“邑”、“县”、“都”和王城的规划中用为表达局部面积的单位。这是在大行政区的区域规划中使用分模数“夫”、基本模数“井”和逐级增大的“邑”、“丘”等扩大模数之例。

中国古代在规划设计中使用模数是因为它有两个明显适合古代社会需要的特点。其一是可以很容易地把城市、建筑群、单体建筑划分成若干等级，拉开档次，并做到主次分明和在整体上保持统一协调，而这正可满足古代社会盛行的等级制度的需要。其二是可以较快地完成规划设计并有利于备料和构件的预制工作，使建筑工程可以速成。

关于第一点，可以在前引《左传》、《考工记·匠人》诸文中看到。中国古代社会长期坚持严格的等级制度，其目的是维持统治阶级内部的尊卑关系和统治阶级与被统治阶级间的贵贱关系，以求保持社会的稳定和秩序。这种等级制度体现在礼仪和衣食住行各个方面，在住的方面，即在建筑上表现尤为突出：如都城、州府城、县城在大小规模和布局上有明显的不同，突显其在行政区划上的等差和统属关系；宫殿、各级官署之间也有表现隶属关系的等差；甚至祠庙、寺观也有国家建、地方建和敕建、私建的级差，在规模、布局和建筑物的形制上也有明显的不同。在等级制度控制下，各类建筑明显地拉开档次，其级别、性质、地位一望而知。做到尊卑贵贱各居其位，各守其分，体现出古代所需的特定的社会秩序。在规划布局上运用面积模数和在建筑设计上运用材分、斗口等用材模数都极便于把不同规格的建筑群和单体建筑拉开档次，恰可满足在城市、建筑群和单体建筑上区分等级的需要。运用模数既有利于表现建筑上的等差，又可使它们之间的关系达到统一协调并具有很好的整体性。因此，模数在中国古代城市规划、建筑群体布局和单体建筑设计中广泛使用并不断改进完善，成为中国古代规划设计的重要方法之一。

关于第二点，在有关古代都城、宫室和一些重大建设的建造记录中反映得最清楚。古代的一些名都，如汉之长安、隋唐之长安洛阳、金之中都、元之大都、明之南京北京及其中的宫殿、坛庙、官署等都是在较短的时间内建成的，短者两三年，长者五六年，就要求大体上建成迁都，不足处再陆续充实完善。这和古人在思想观念上的某些特点颇有关系。详观古人行事，可以看到，在现实与永恒之间，虽不明言，实际上却更重现实。很典型的例子是一个皇帝登基，群臣在山呼万岁的同时，立即着手给他修陵墓，皇帝也不以为忤，因为他知道这是不可避免的现实。正因为这样，古人做事要求速效，要及身得见，及时享受，不肯长期等待。除上举都城宫殿外，历代所建大量宗教建筑也是这样。一般寺庙多要求在数年内建成，开凿石窟群虽历时较长，往往由若干世积累凿成，但就单窟和成组的窟群而言，却是各世及身完成，一些巨大的佛塔也都在数年内竣工，可见虽是佞佛祈福，也要及身得观其成，很少有拖延到下一代人的工程。中国古代从未出现过像欧洲那样几代人用数十年乃至百年以上时间建一座教堂的情况，主要就是这种观念在起作用。这样，自然就会要求土建工程能够速成，而运用模数进行设计，可以大大缩短规划设计时间，满足这个要求。从前面分析的实例可以看到，像隋唐洛阳这座面积达 45km^2 的巨大城市，如果不以坊为面积模数，并使它与宫城、皇城保持一定关系，是很难在不到一年内完成规划并进入实施的。同样，像洛阳武则天明堂这座 88m 见方，高 86m 的巨大建筑物，如不使用由模数控制的木构架设计方法和能按模数推算出构件尺寸并据以进行预制加工，也是很难在一年内完成设计并建成的。中国古代建筑长期使用夯土技术和木构架，在砖石结构技术有长足的发展后，仍坚持以木结构为主体，除受长期形成的体制观念和传统礼法约束外，木构建筑有利于速成是重要原因之一。木构建筑也更适合于用模数控制，可以较快地完成规划设计，并简化备料和预制工作，有利于快速建成，符合当时要求速成的需求。这正是中国古代规划、设计长期运用模数并不断使其发展完善地重要原因。

进行中国古代规划设计原则、方法、规律的研究，最重要、最基本的条件是要有精确的实测图和数据。作者自开始工作起即受到这方面问题的限制和困扰，有很多颇有研究价值的项目因无精确图纸和准确数据而只能暂缓或割爱。在目前工作条件下，自己进行调查实测取得资料在人力、财力、时间上都绝无可能，至多可以做到就近复核某些重要数据，只能依靠已公开发表的材料中测图精度高而附有必要数据者。这就大大限制了这项研究的范围和内容。

但是前辈的辛勤工作确实给后学提供了极大的便利条件。对作者进行这项研究工作帮助最大的是陈明达先生所编的“唐宋木结构建筑实测记录表”和张镈先生领导测绘的北京宫殿坛庙实测图等。陈先生的“记录表”收集了新中国成立前中国营造学社和新中国成立后中央和地方文物部门积累的大量唐宋元木构建筑的最基本资料数据。本专题对唐宋元木构建筑数据的分析基本即据此进行。张镈先生在 20 世纪 40 年代率领天津工商学院师生对北京中轴线上主要建筑进行测绘，包括天安门、端门、午门、东西华门、角楼、前三殿、武英文华二殿以及太庙、社稷坛和鼓楼、钟楼等，都是大比尺附有详细尺寸的精密实测图，但至今尚未公开发表。刘敦桢先生于 1950 年代初曾从张镈先生处得到一份照片，后转归本所资料室。在 1998 年紫禁城学会的会议上作者曾与张镈先生谈及此事，张先生说原图我也不知去向，但它能对你们的研究工作起作用，我很高兴。本专题对明清官式建筑的分析主要即依靠这批测图。有了陈、张二位先生以前所做的工作，对唐至明清古建筑的分析研究就较易着手了。此外，20 世纪 50 年代北京房地产管理局制作的北京市 1/500 地形图也为研究北京城和其中的皇城、宫城、坛庙、王府、官署等提供了最基本的轮廓数据。在古代城市方面，考古工作者对汉唐长安洛阳、隋唐扬州、渤海上京和元大都等古都进行了长期发掘工作并发表了报告，包括精确的实测图和相当完整的数据，给我们分析研究古都规划提供了翔实的资料。除这些较集中的重要资料外，工作过程中还尽量收集已发表的论文和专著中的大量测图和数据。有些虽无数据资料但附有较精确的图纸也可用作图法进行分析，如南京工学院建筑系主编的《曲阜孔庙建筑》和天津大学建筑系主编的《承德古建筑》都在这方面提供了大量有价值的资料。由于吸收 了建国 50 年来已公开发表的主要资料，使所研究的对象在类型、时代和地域分布上都较为广泛。此外，研究工作进行中也得到有关单位和同行的大力支持。中国文物研究所提供了在修缮过程中测得的蓟县独乐寺观音阁的主要平面数据，北京市古建研究所王世仁先生提供了新测得的北京东岳庙实测总平面图，河南古建研究所张家泰先生提供了中岳庙的实测图，都是尚未发表的重要资料，慨允使用，给研究辽代楼阁和宋元祠庙布局增添了重要内容。正是在前辈学者和同行多年积累的工作成果的基础上，本专题研究才能够进行，作者特在此表示衷心的感谢。

本专题立项时参加人还有钟晓青、陈同滨二位研究员。但因经济体制转轨，她们必须先从事其他工作，取得经济收益，以维持研究所的生存，然后才能以余下的时间进行科学研究。虽然她们尽可能使那些创收工作与本专业有某种结合，争取到宁波月湖街区、漳浦赵家堡古村落、余姚河姆渡和朝阳牛河梁新石器遗址、大足和广元石窟等的保护规划和福清弥勒岩修整设计等项目，取得很好的成果，使研究所能勉强生存下来，但却忙得连自己申报的专题都无法进行，甚至被迫申请退题。在这种情况下，我实在无法再要求她们按原计划花较多时间参加这项工作。但数年来，在资料收集整理、信息交流、文稿图稿的校核诸方面仍抽暇帮我做了很多工作。在研究过程中我有一些新的想法或遇滞碍难通之处也常常和她们讨论或交流看法，互相启发，有助于减少片面性和绝对化，使我感到仍非孤军作战而有她们的支持。对她们在十分困难条件下为本专题所做的种种帮助，特此表示感谢。

通过这几年的研究工作，作者深感它只是一个初步的尝试，受作者水平、资料及专题时限的限制，收获很有限，只能说是“窥豹一斑”，既不够全面，也不够系统，有些只是线索，尚需更多的例证来支持、证实，其中恐也难免有片面、穿凿或错误之处，敬希读者批评指正，以期能有所改进。但我同时也相信这项工作是值得继续做下去的。只要我们能广泛地取得现存主要的、关键性的实物的精测图纸和完整的数据，进行系统的分析、比较、归纳、总结，是可以逐步把中国古代在规划设计方面的原则、方法、规律更全面完整地发掘出来的。这当然非少数几个人的能力所能完成。作者此项专题只是起抛砖引玉的作用，希望能引起同行的注意，群策群力，从各个方面、不同角度研究探索，更全面地、完满地完成这项研究工作。但其前提条件仍是掌握精确的图纸和数据。

新中国成立 50 年来，文物部门、建设部门、有关高等院校和科研院所在古建筑的调查、研究、保护、修缮上做了大量工作，取得丰富经验和成果，但限于条件，只有很少数作为调查报告和研究论文、专著发表。发表者又限于篇幅，文字数据多是尽量精炼，图纸的精度视发表的条件而定，这就使我们大量工作成果和所取得的资料沉湮于档案、笔记之中，无法发挥作用。陈明达先生就谈过编“实测记录表”时收集数据的困难，除个别单位和同行不愿提供、有意推托外，更多的是因当时没有注意保存整理，事过境迁，无法追寻，实是很大的损失。日本在这方面颇有值得我们学习之处，他们在修缮重要古建筑时，必有修缮报告发表，包括施工前的实测图、修缮设计图、竣工图和修缮变更记录，并附有极详细的数据表，使阅者一目了然。既是历史档案，又可据以进行研究，极有利于学术发展。我国近年也开始采取类似的做法。其一是要求建立全国重点文物保护单位的档案，对其实测图的精度要求达到万一被毁坏即可据以重建的程度，并视条件出版专集。30 多年前陈明达先生撰《应县木塔》就是要为此树立一个样板，因随后即发生浩劫，未能继续做下去。现在作为文物保护的重要措施重新启动，对于保护古建筑、系统积累资料都有重要意义。其二是已在古建修缮费中单列预算，凡国家级文物保护单位均出版修缮报告和专集。近年已有《朔州崇福寺》、《西藏布达拉宫》和《大理崇圣寺三塔》、《太原圣母殿修缮工程报告》等陆续面世，这也是极重要的措施。但详读这些报告、专著，就其实测图而言，仍稍嫌简略，所列数据也较少，尤其是未在图上注出数据，仅附比例尺，还未达到陈明达先生《应县木塔》和张镈先生实测紫禁城宫殿图那么精密、完整和规范化。目前有关高等院校和科研院所限于资金、人力和体制，已不可能像张镈先生当年那样对古代建筑做精密测绘，这项工作只能寄希望于文物部门结合建立文物保护档案和修缮工作来进行。故希望主管部门能及时订立一套严格的规范化的测绘要求，尽可能取得完整准确精密的图纸，注出数据，并且尽快公布发表，这样既可在保护、维护等方面交流经验、互相促进，而且长期积累资料也可为阐扬古代文化遗产、探索古代建筑成就和发展规律提供坚实的基础。

在这样的条件下，我们将有可能更系统、全面、准确地“发掘”出古代在城市规划、建筑群布局和建筑设计方面的特点、成就、发展规律和经验教训，在弘扬祖国文化科技遗产的同时也为创造有中国特色的社会主义的现代城市和建筑提供有益的借鉴。

承建筑工业出版社概允出版，并经于志公先生精心编辑，使本书有就正于读者的机会，谨致谢意。

傅熹年

2000 年 12 月

中国古代城市规划、建筑群布局及建筑设计方法研究（第二版）

下

中国建筑设计院有限公司
建筑历史研究所

傅熹年 著

中国建筑工业出版社

目　录

第一章　城市平面布局

第二章　建筑群的平面布局

第一节　宫殿

第二节 皇家苑囿

第三节 祭祀建筑

第四节　陵墓

第五节　寺观

第六节　府邸、住宅

附　官署

第三章　单体建筑设计

第一节　单层建筑

第二节 阁楼

第三节 楼阁型木塔和砖石仿木构塔

第四节　密檐塔

第一章
城市平面布局

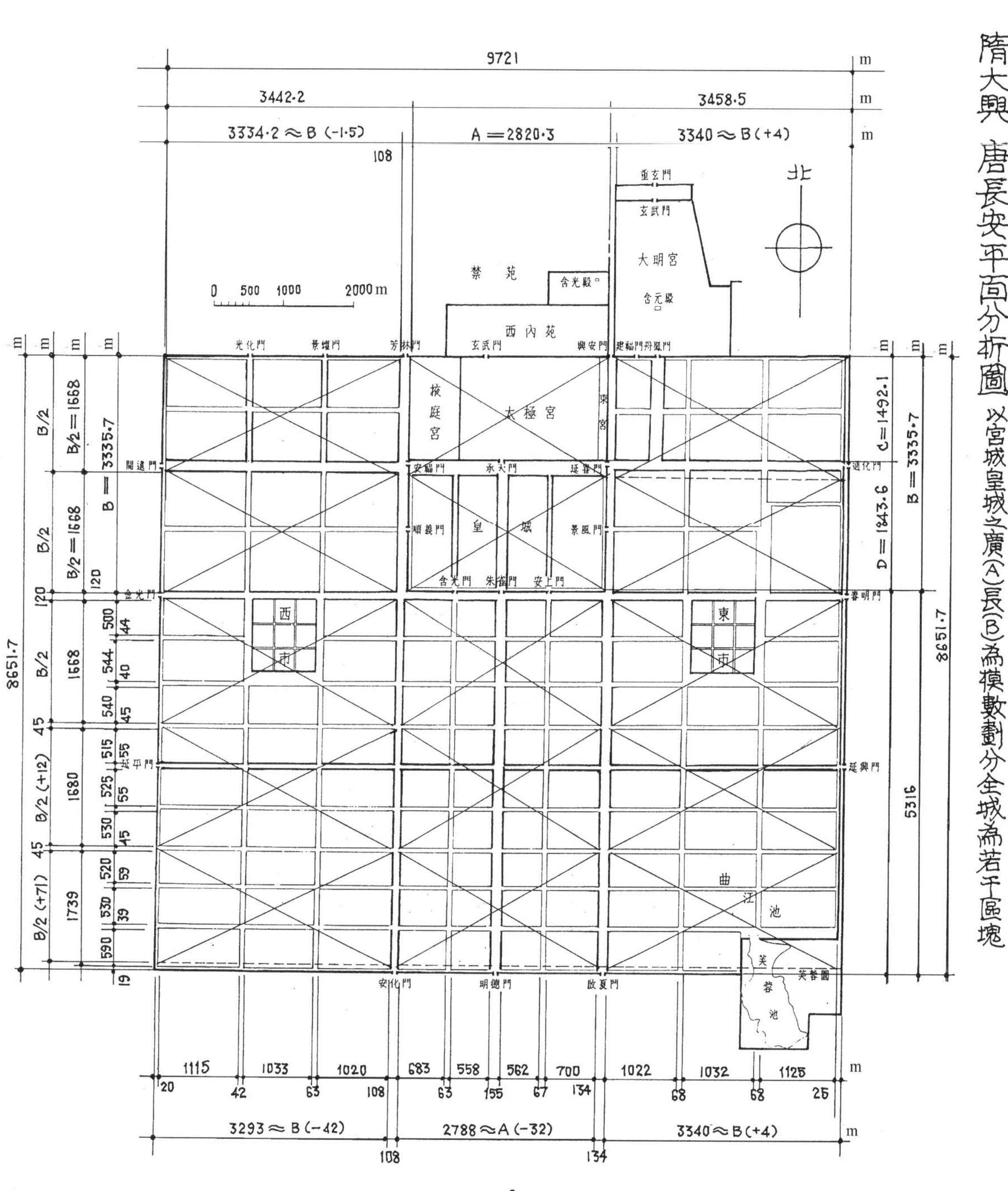

图 1-1 隋大兴—唐长安—平面分析图

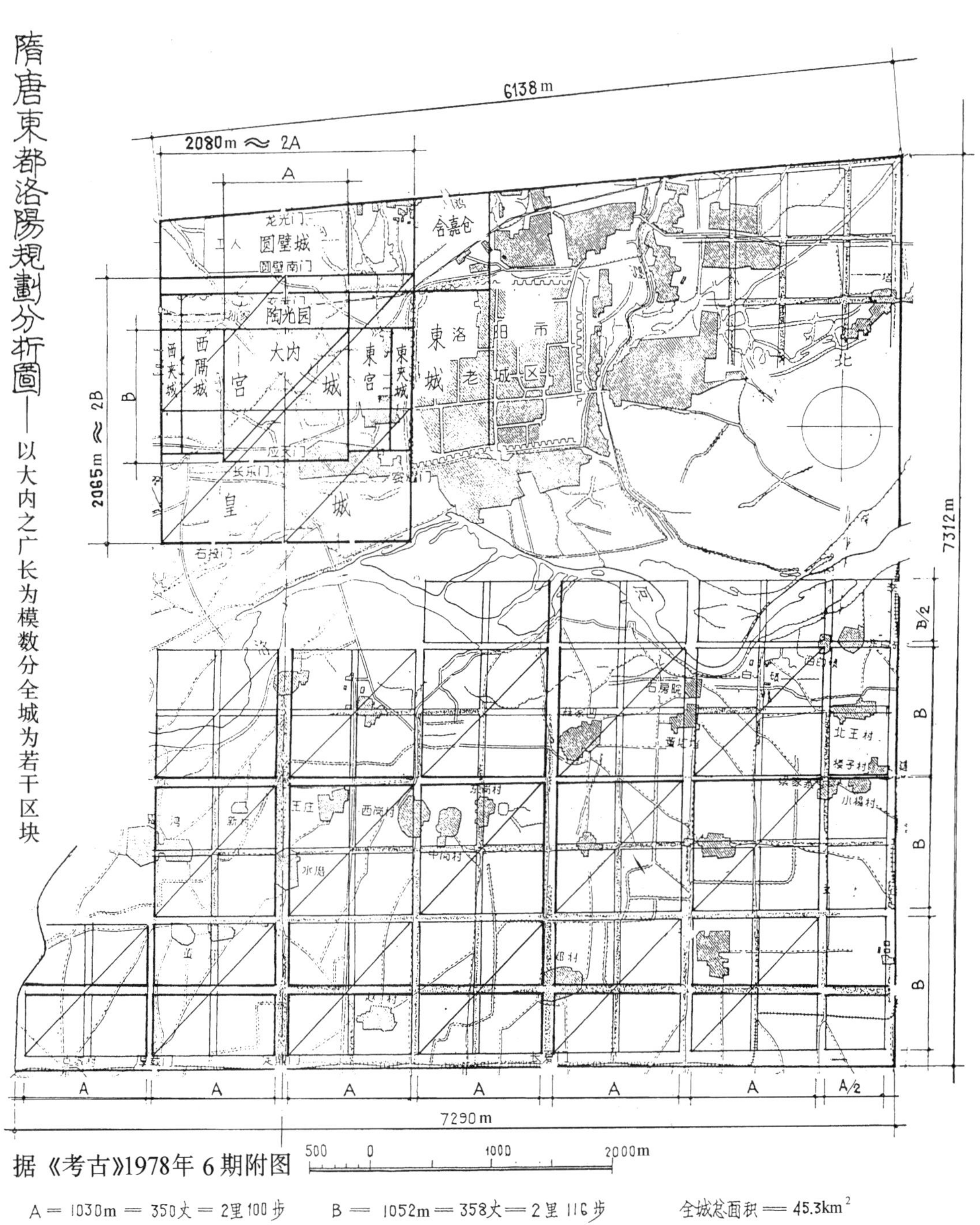

图 1–2 隋唐东都洛阳规划分析图

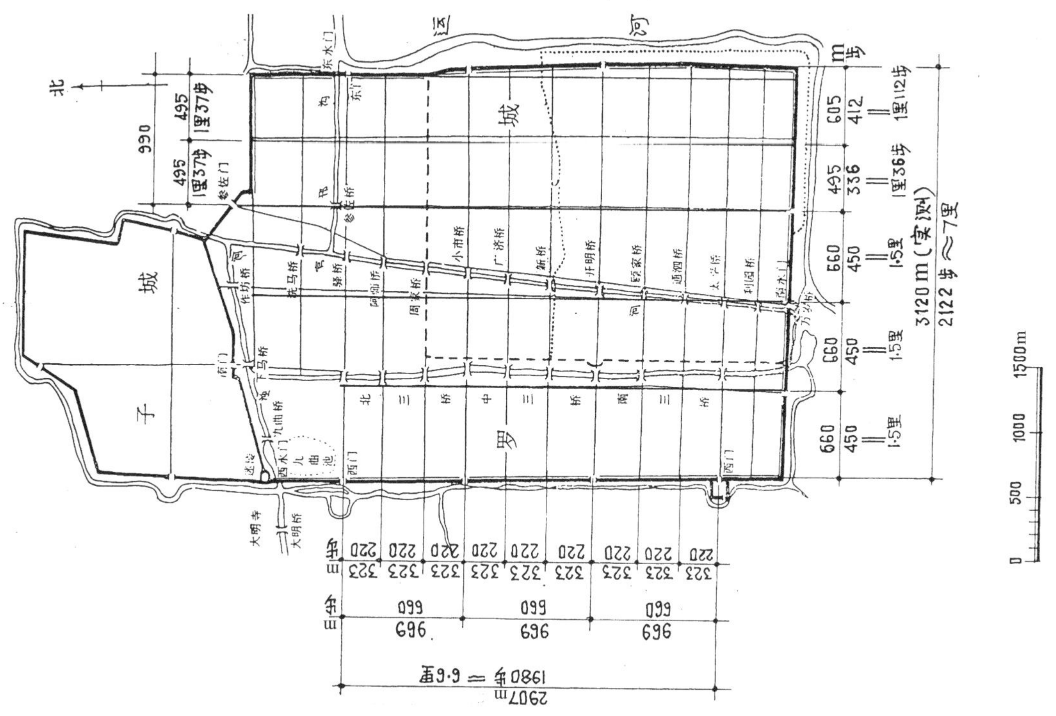

图 1-4 唐扬州城平面分析图

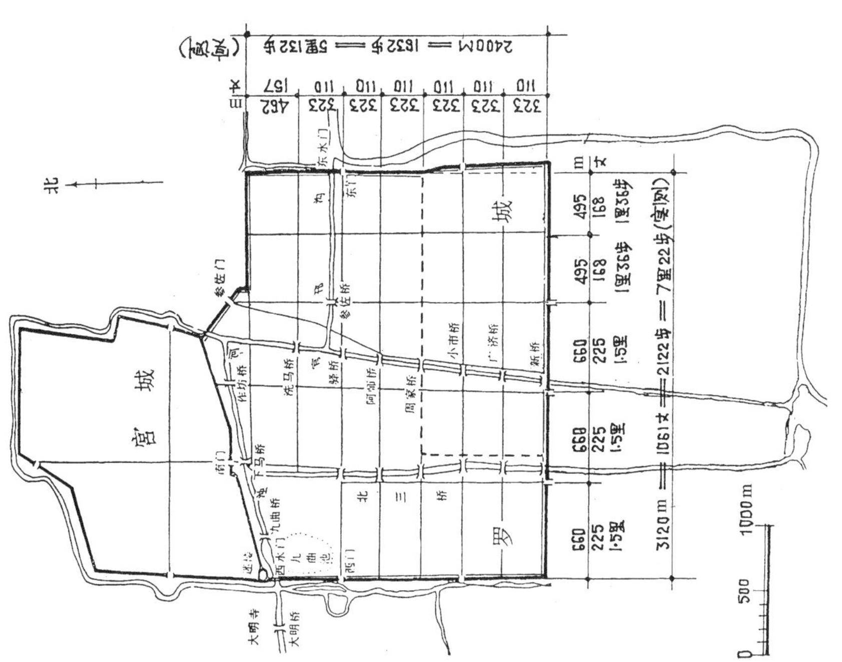

图 1-3 隋江都城平面复原示意图

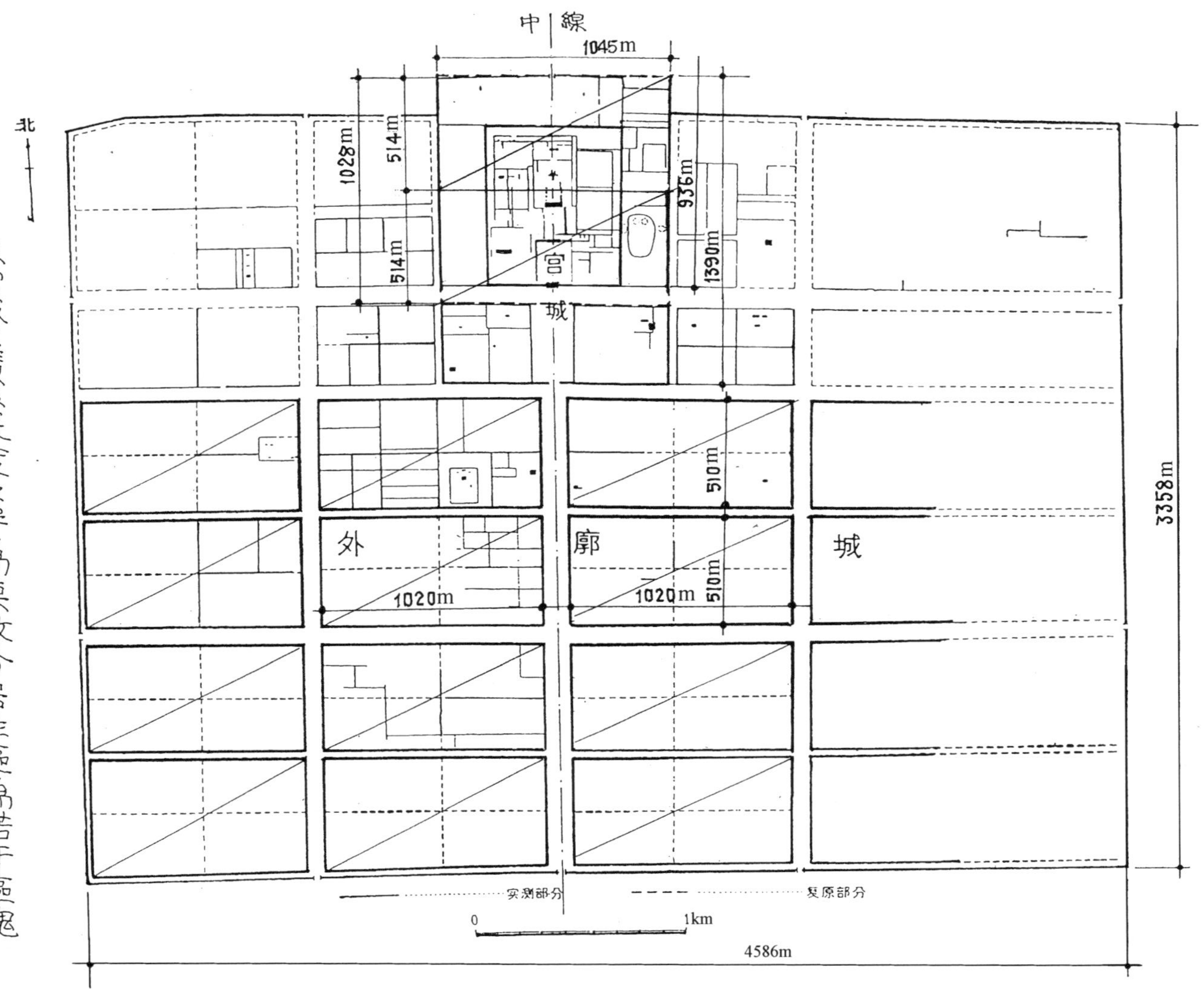

图 1-5 黑龙江宁安县唐渤海国上京平面分析图

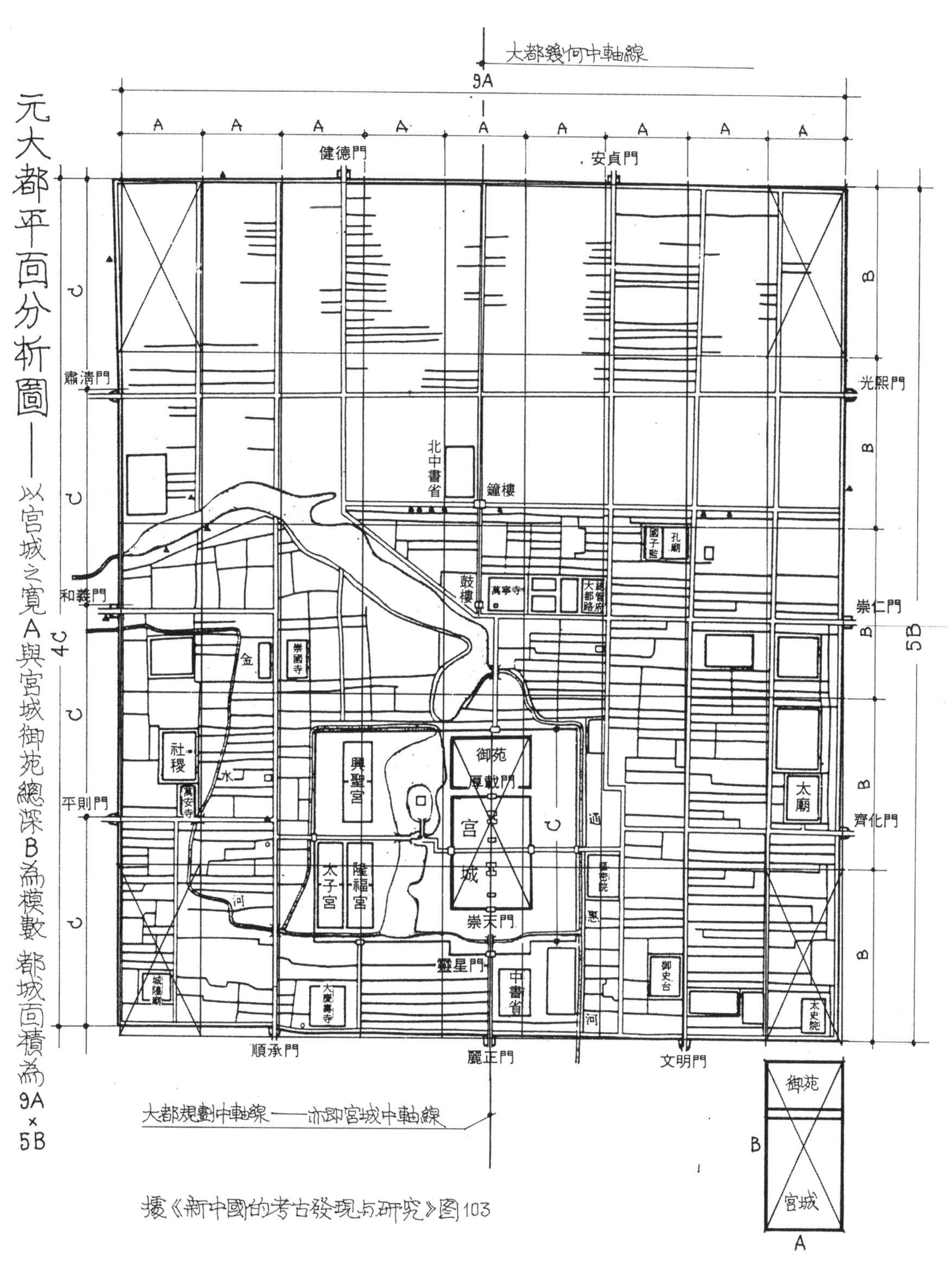

图 1–6 元大都平面分析图（1）

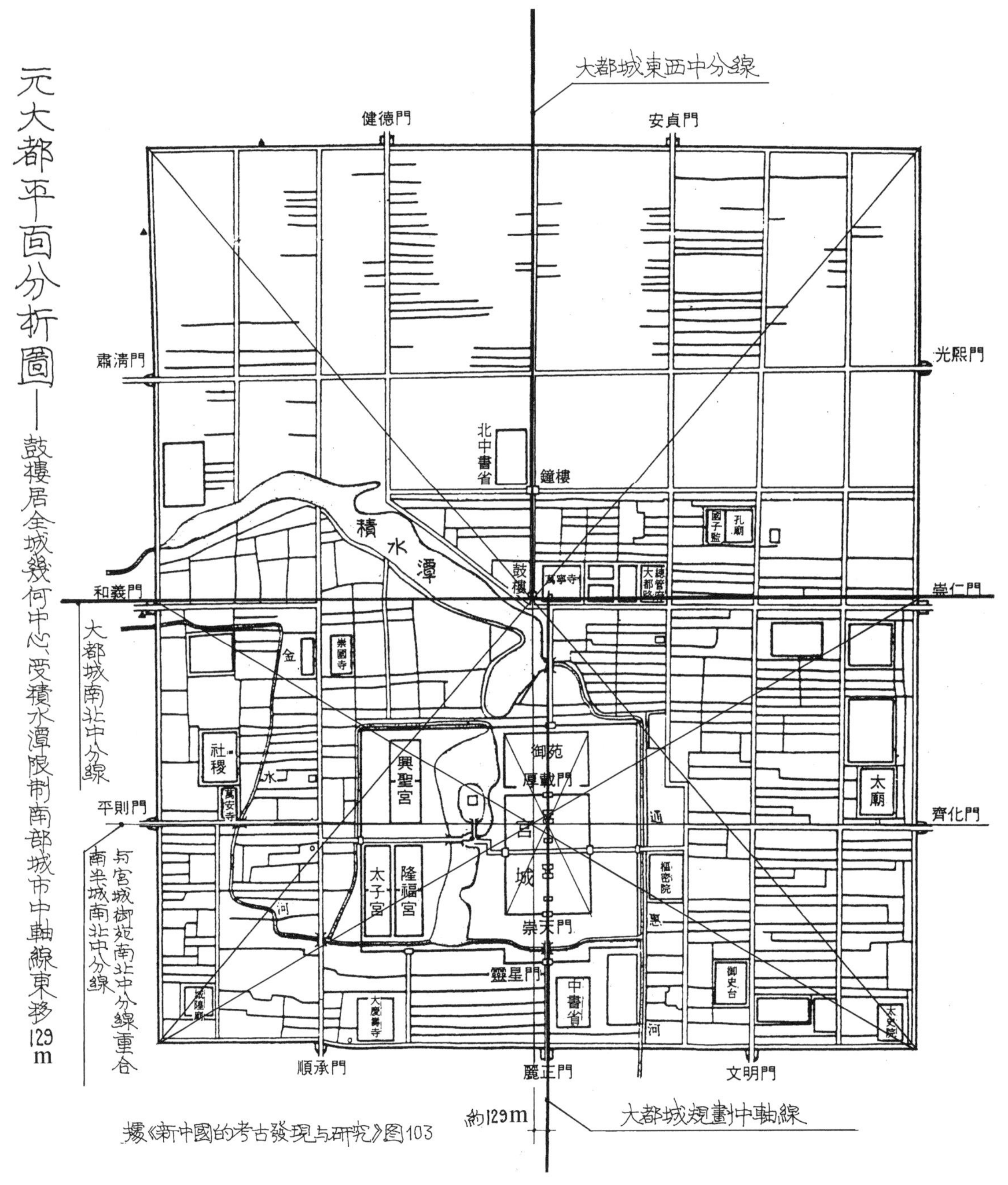

图 1–7 元大都平面分析图（2）

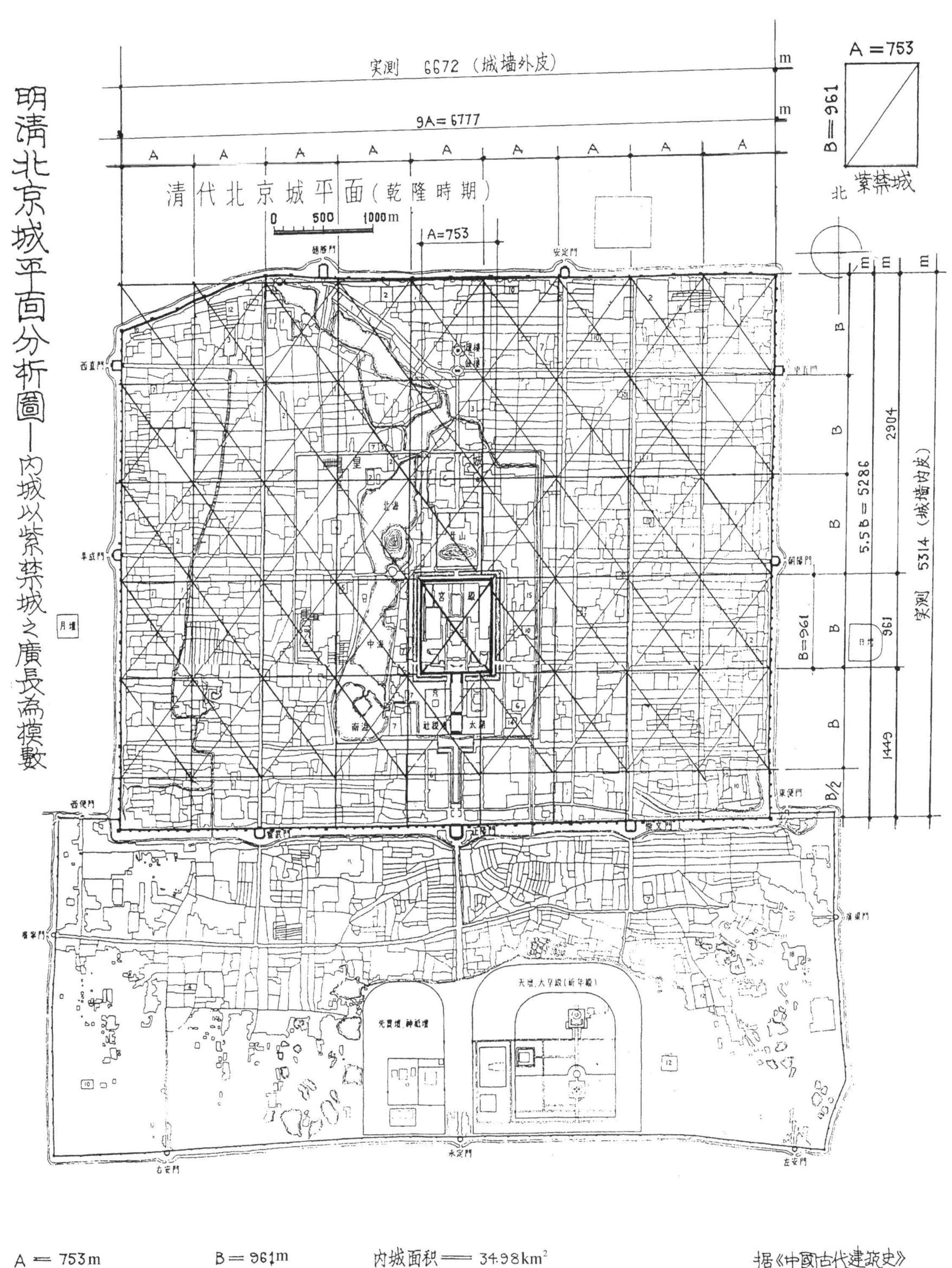

图 1–8 明、清北京城平面分析图

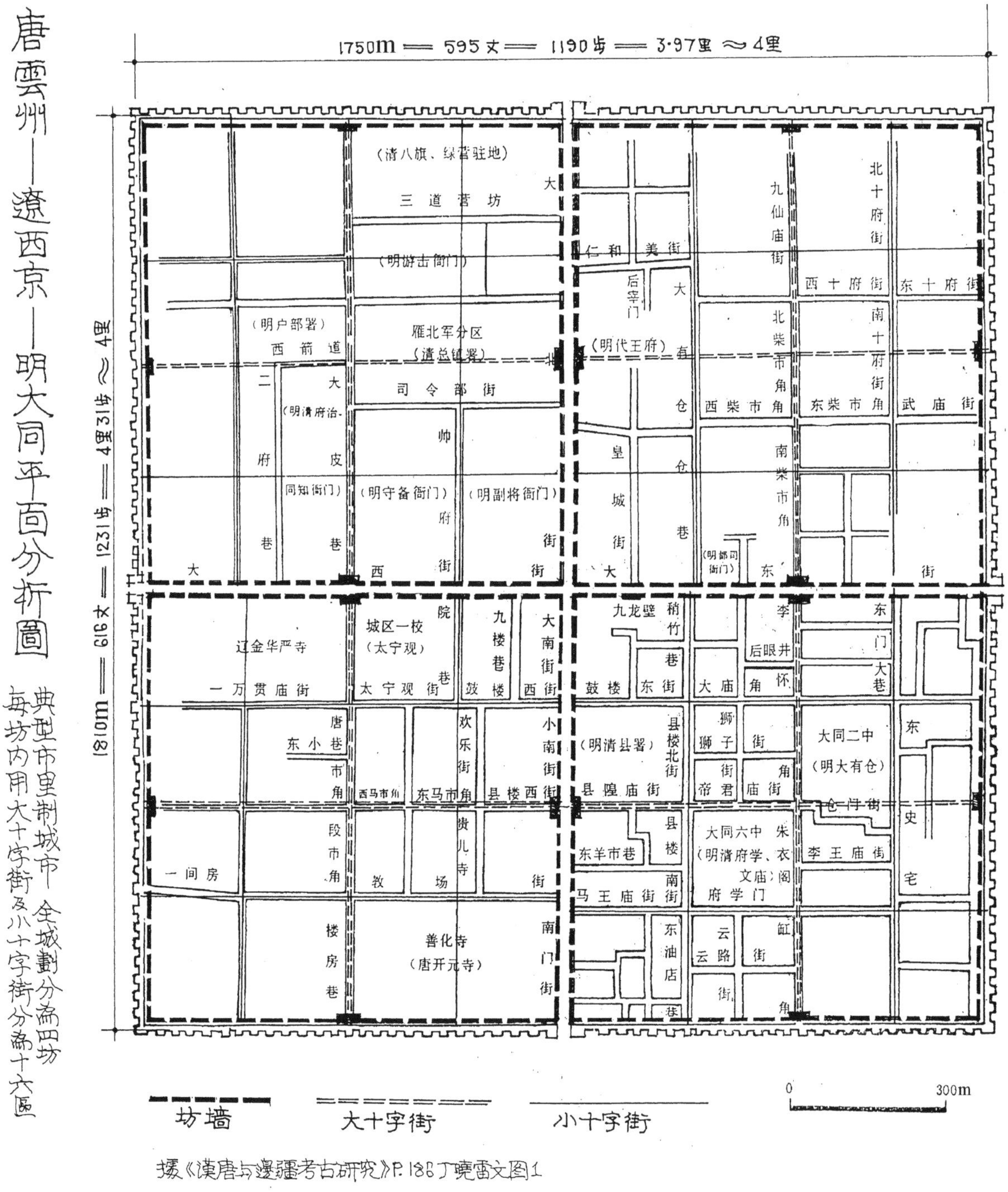

唐雲州—遼西京—明大同平面分析圖

典型市里制城市 全城劃分為四坊
每坊内用大十字街及小十字街分為十六區

1750m ═ 595丈 ═ 1190步 ═ 3.97里 ≈ 4里

1810m ═ 616丈 ═ 1231步 ═ 4里31步 ≈ 4里

坊墙　大十字街　小十字街

0　300m

據《漢唐與邊疆考古研究》P.186丁曉雷文图1

图 1- 附 -1 唐云州—辽西京—明大同平面分析图（1）

唐雲州—遼西京—明大同平面分析图 其二 全城劃分爲十六坊

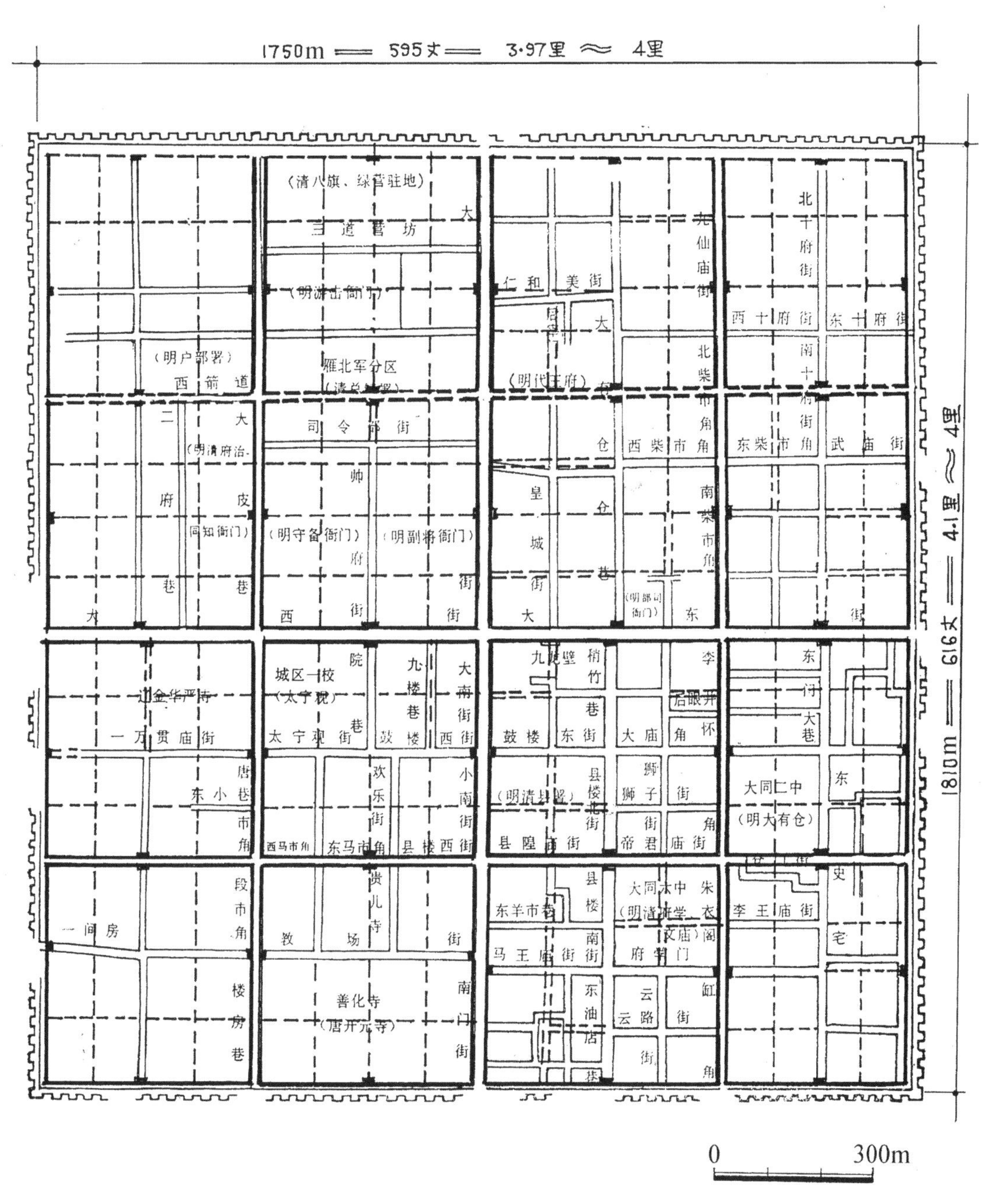

據《漢唐与邊疆考古研究》P.186 丁曉雷论文图1

图1-附-2 唐云州—辽西京—明大同平面分析图（2）

第二章

建筑群的平面布局

第一节　宫殿

第二节　皇家苑囿

第三节　祭祀建筑

第四节　陵墓

第五节　寺观

第六节　府邸、住宅

附　官署

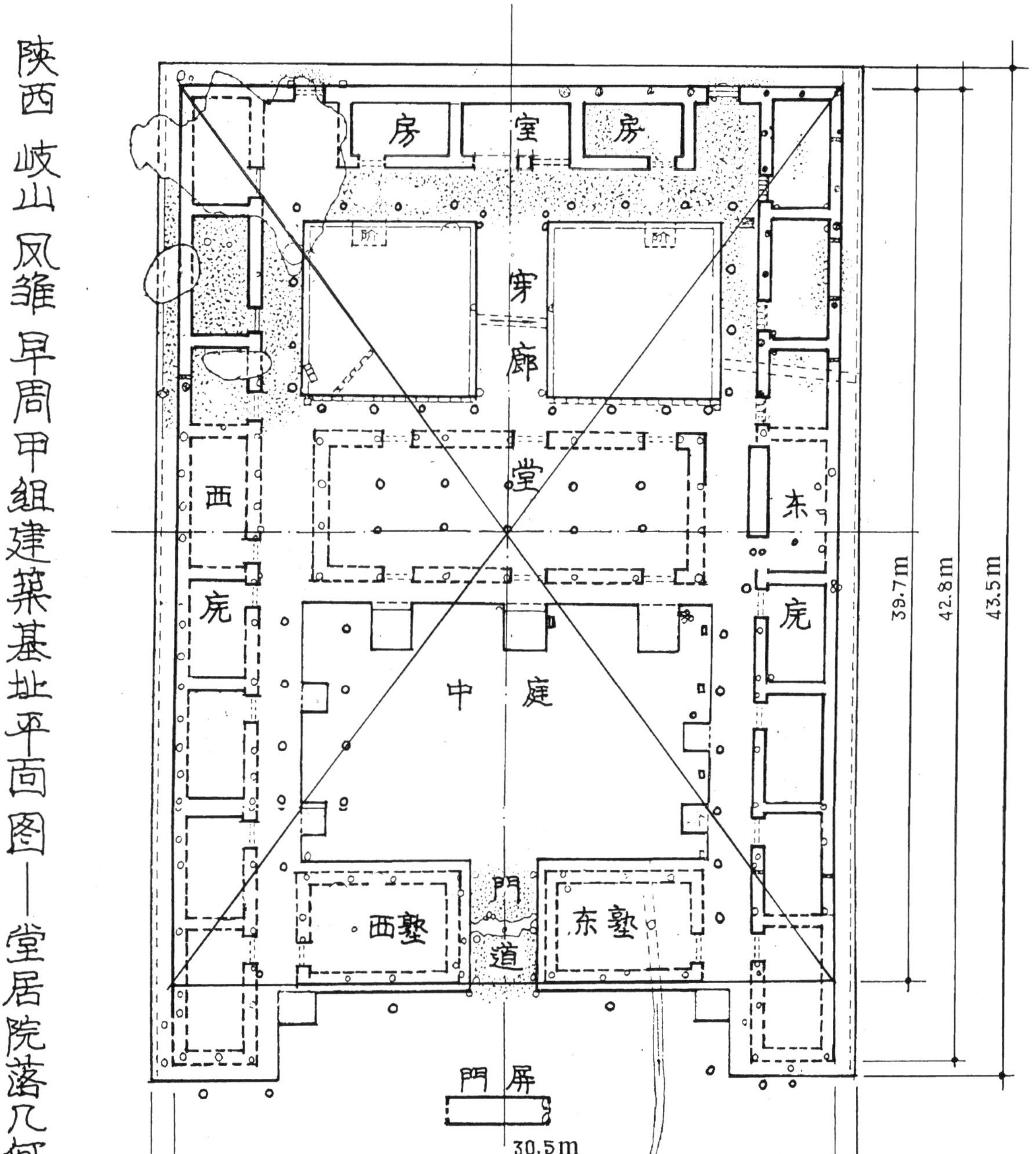

陕西 岐山 凤雏 早周甲组建筑基址平面图——堂居院落几何中心

房 室 房
阶 阶
穿廊
堂
西 东
庑 庑
中庭
西塾 門道 东塾
門屏
39.7m
42.8m
43.5m
30.5m
32.5m
0 5 10m

图 2-1-1 陕西岐山凤雏早周甲组建筑基址平面图

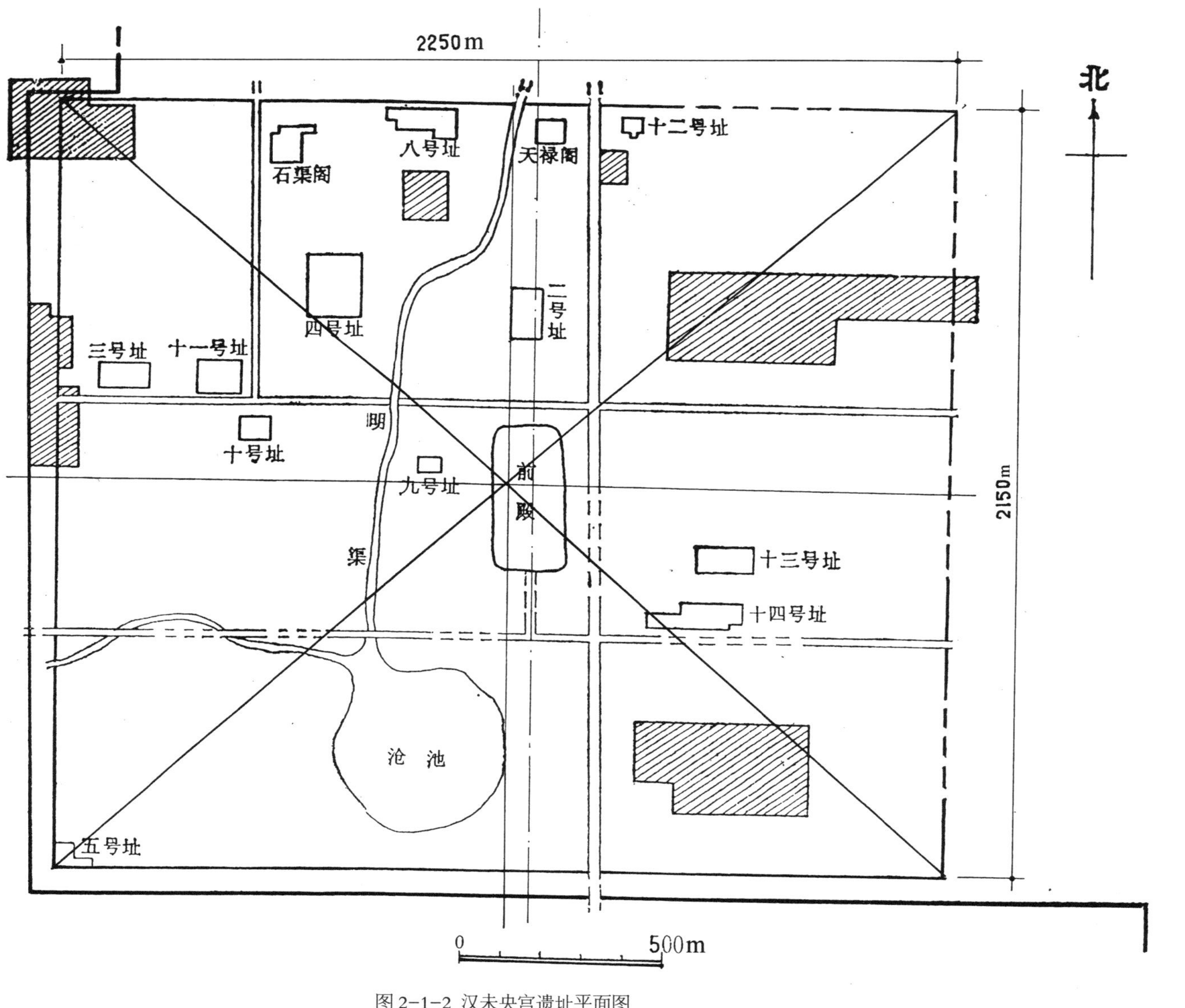

图 2-1-2 汉未央宫遗址平面图

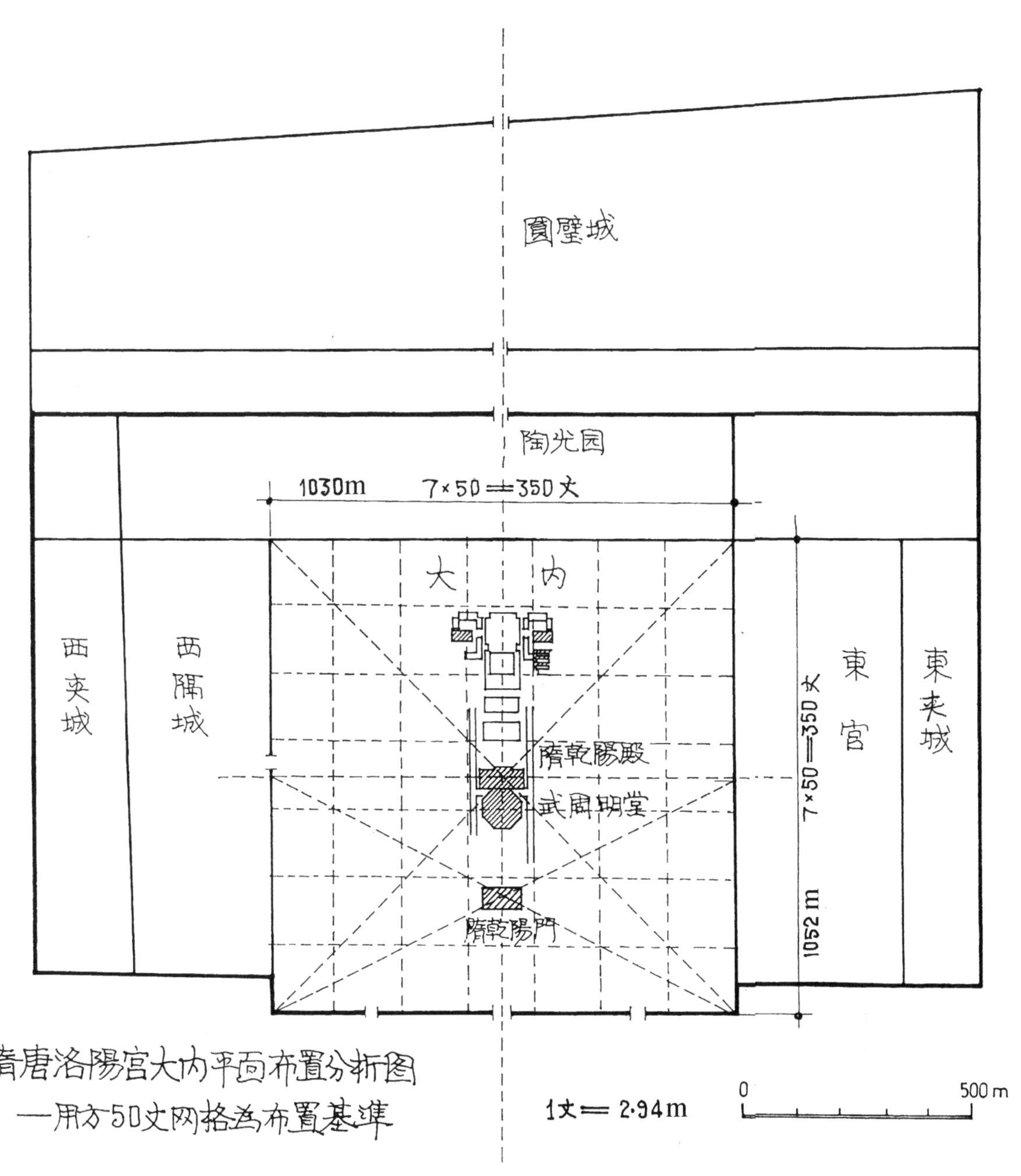

图 2-1-3 隋唐洛阳宫大内平面布置分析图

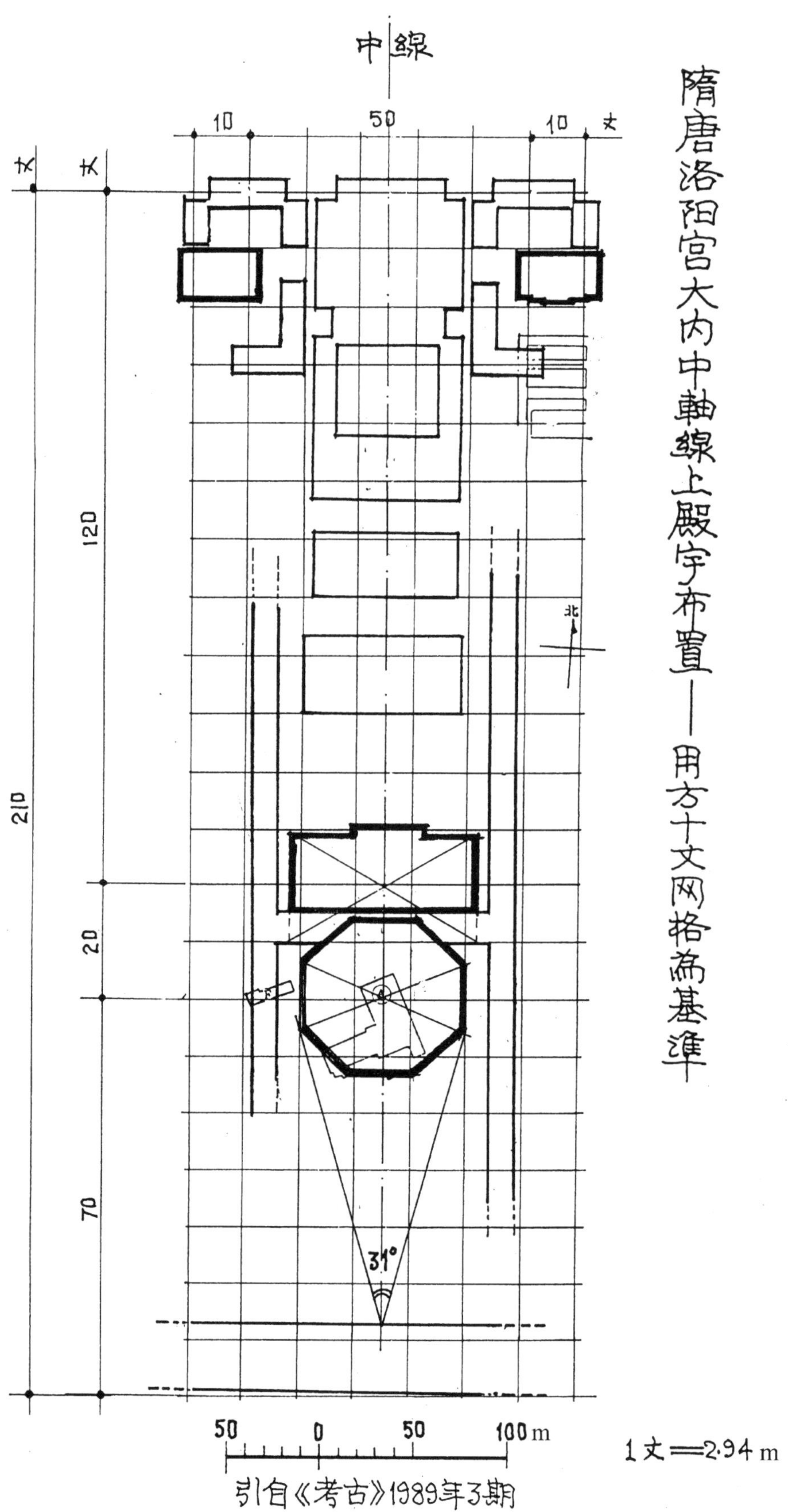

图 2-1-4 隋唐洛阳宫大内中轴线上殿宇布置图

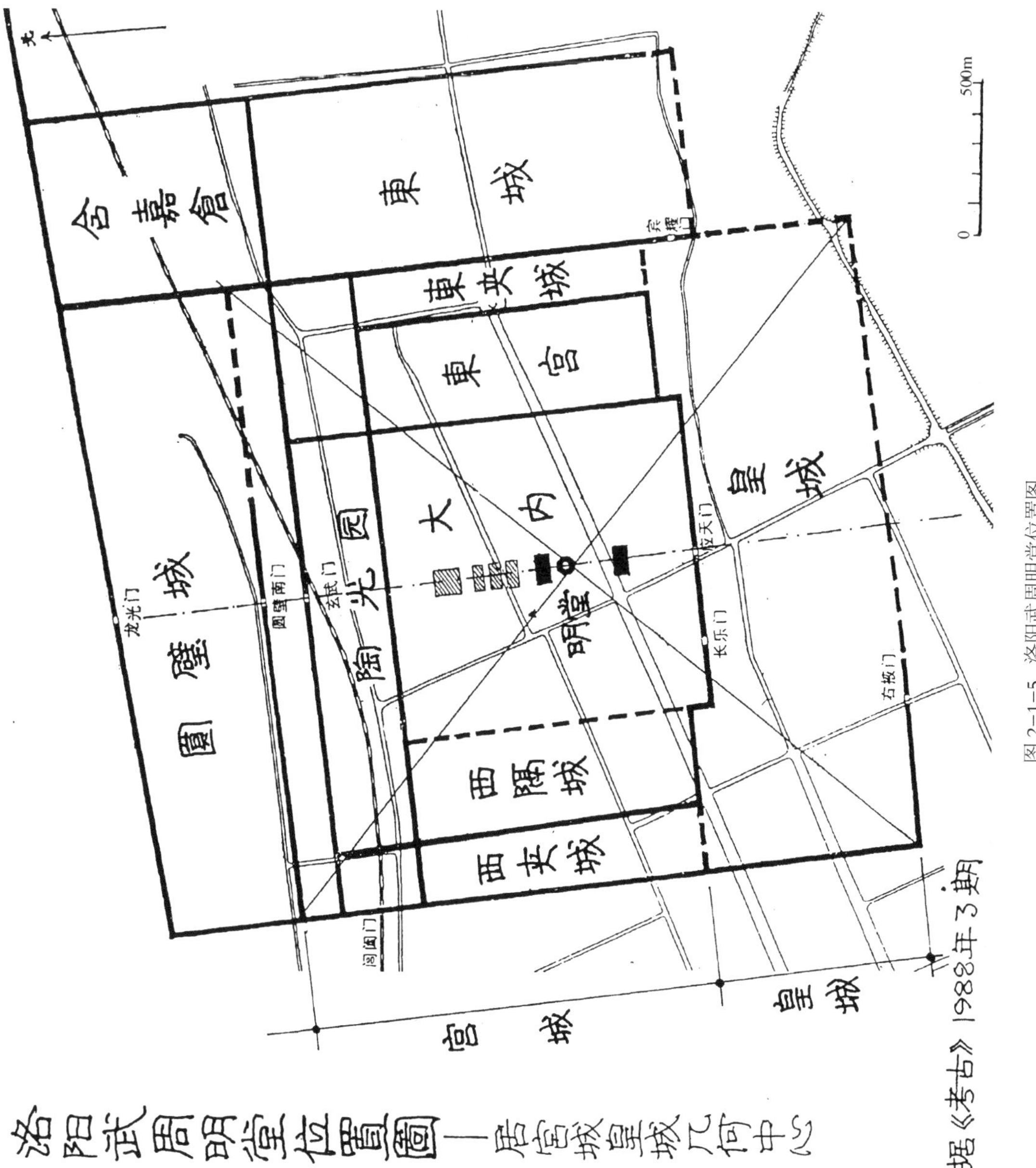

图 2-1-5 洛阳武周明堂位置图

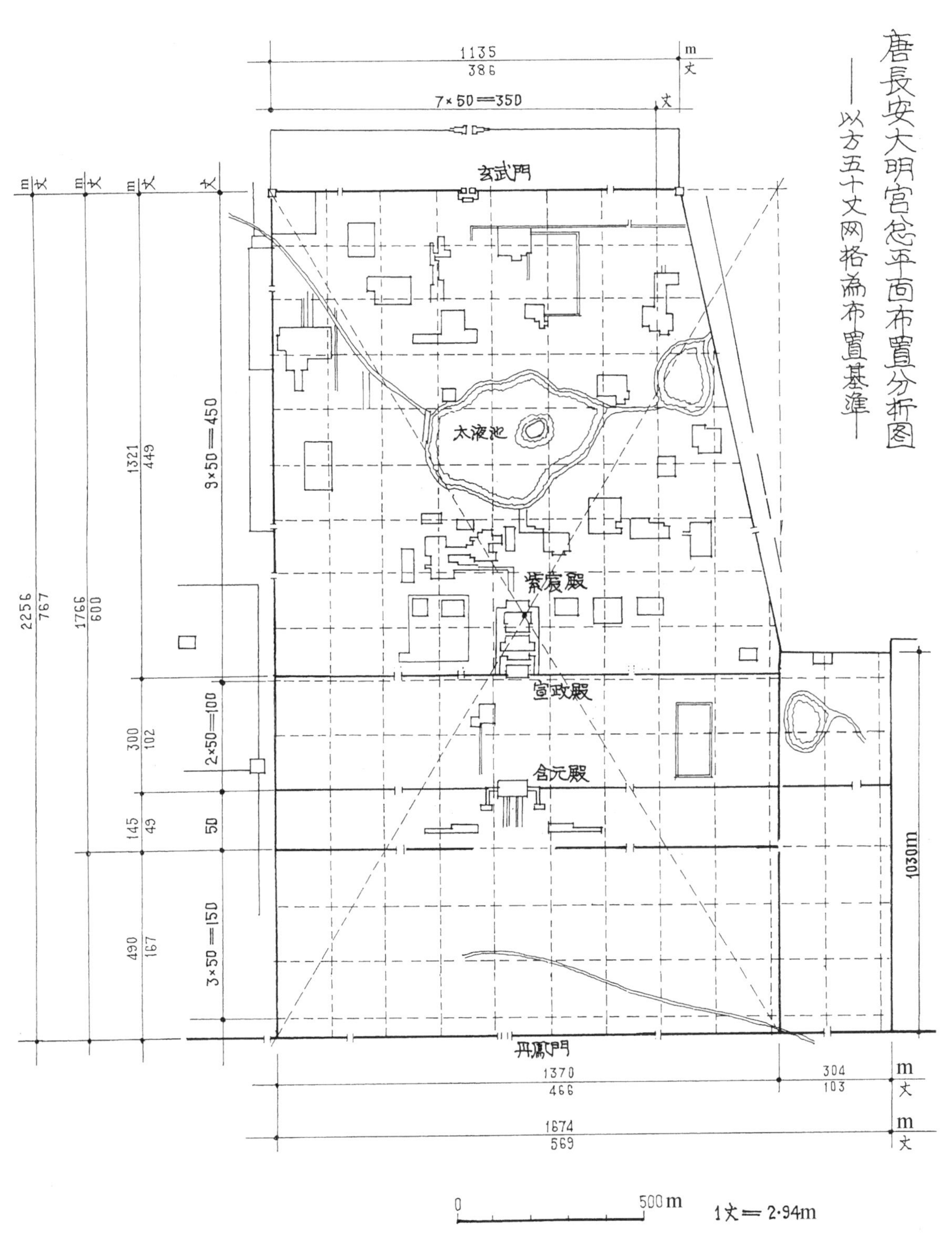

图 2-1-6 唐长安大明宫总平面布置分析图

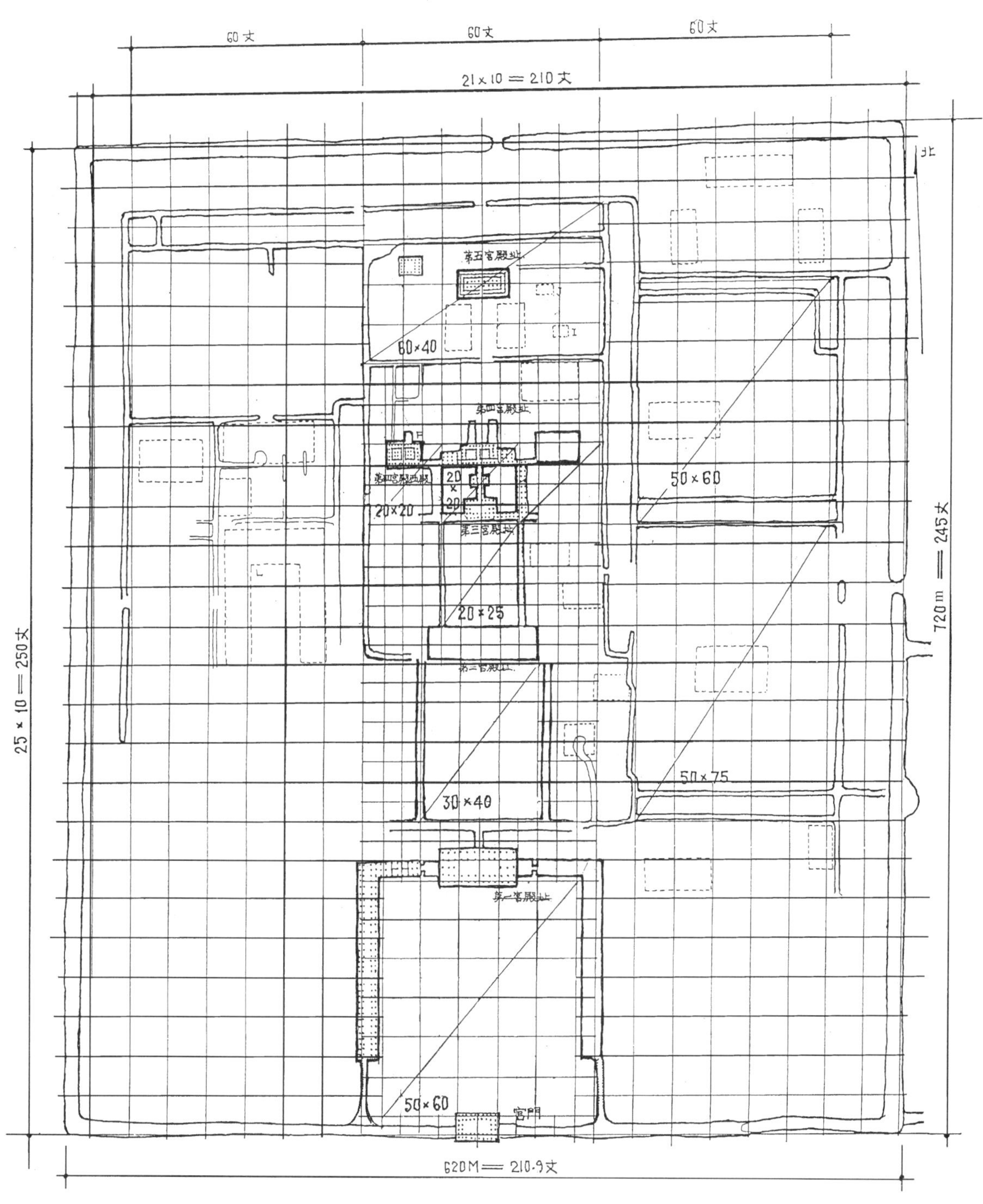

黑龍江 寧安縣 唐渤海國上京宮殿总平面分析图—— 用方10丈,5丈网格为布置基準

据(日)原田淑人《東京城》实測总图. 宮殿址編号据近年勘察发掘报告改

图 2-1-7 黑龙江宁安县唐渤海国上京宫殿总平面分析图（1）

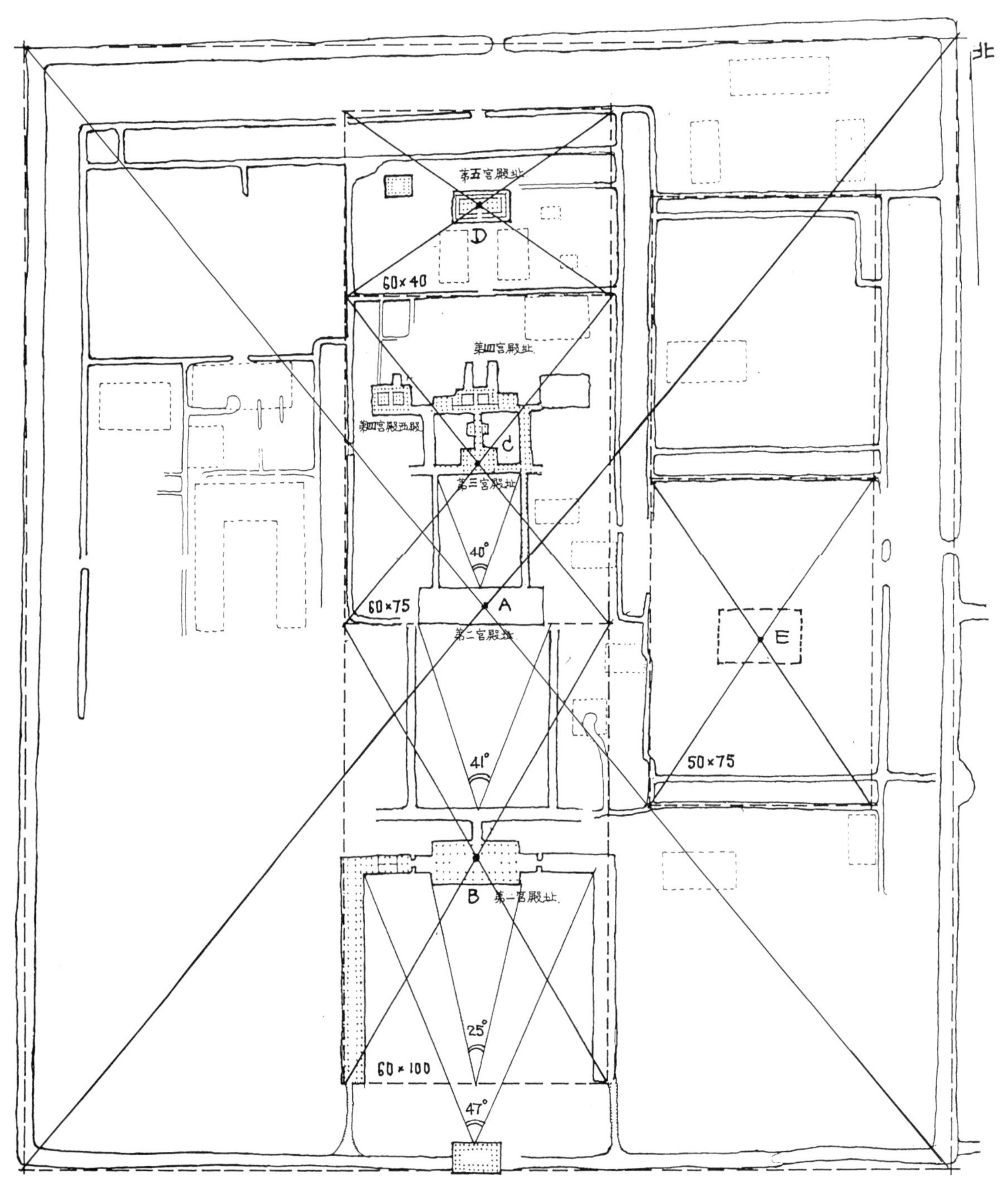

A.B.C.D.E 宫院中央

30 0 30 60 90 120 150 180 210 240 270 300m

1丈＝2.94m

黑龍江 寧安縣 唐渤海國上京宮殿总平面分析圖——殿宇居中布置

图 2-1-8 黑龙江宁安县唐渤海国上京宫殿总平面分析图（2）

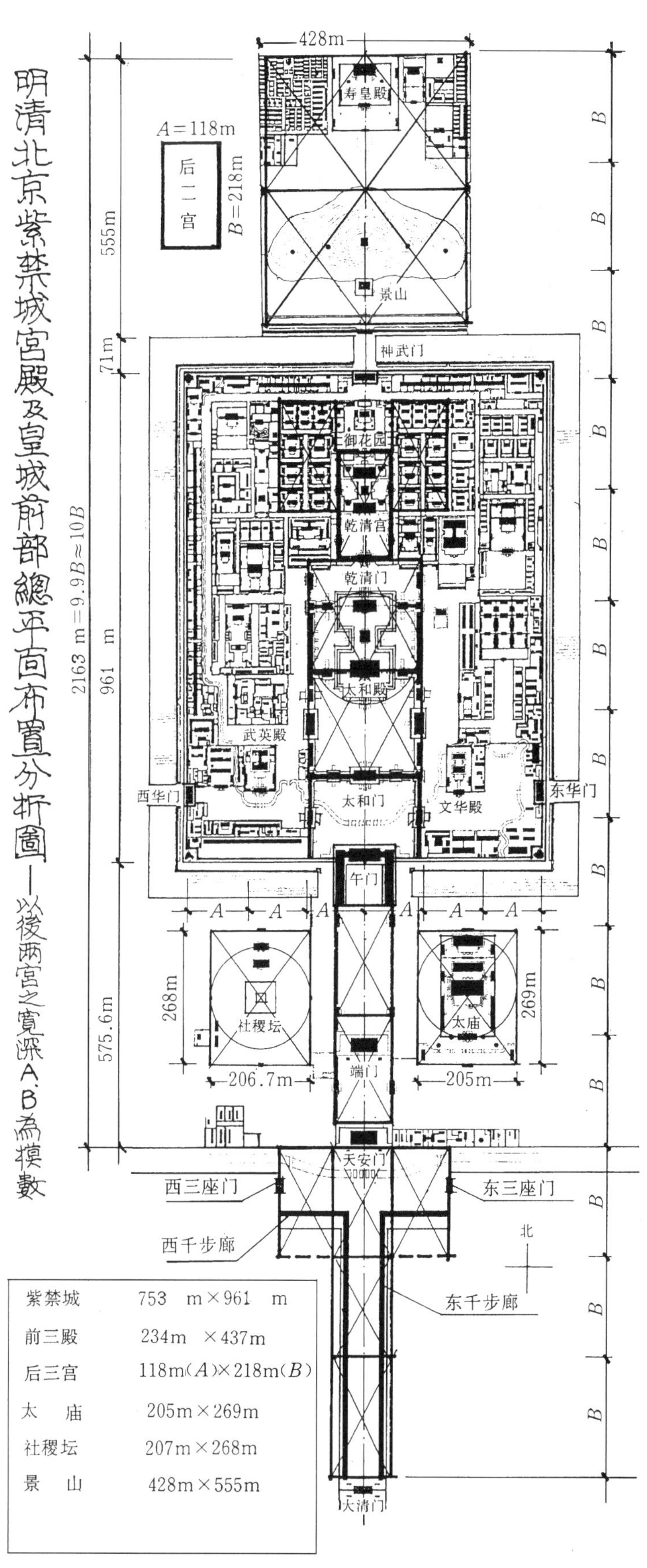

图 2-1-9 明、清北京紫禁城宫殿及皇城前部总平面布置分析图

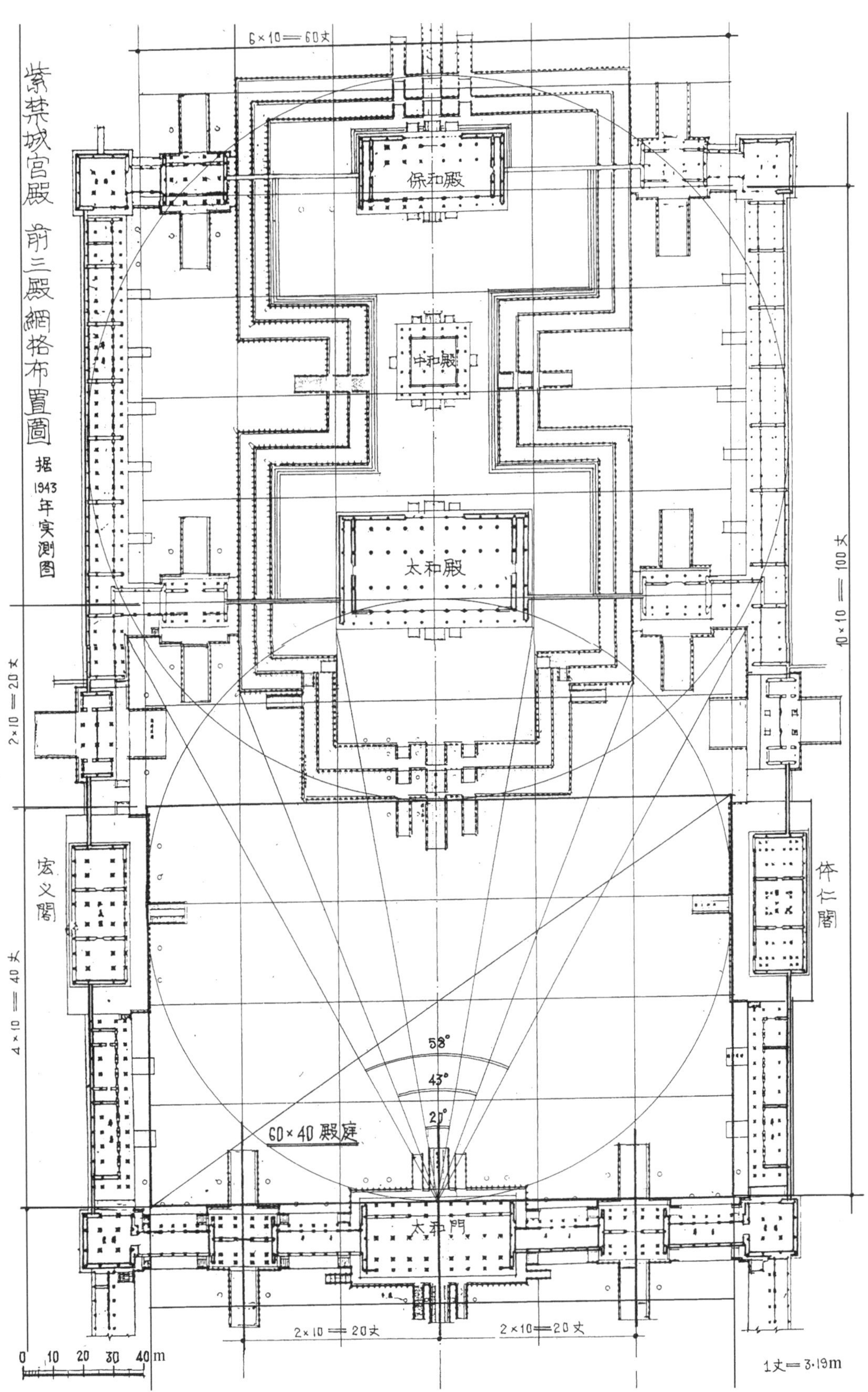

图 2-1-10 紫禁城宫殿前三殿网格布置图

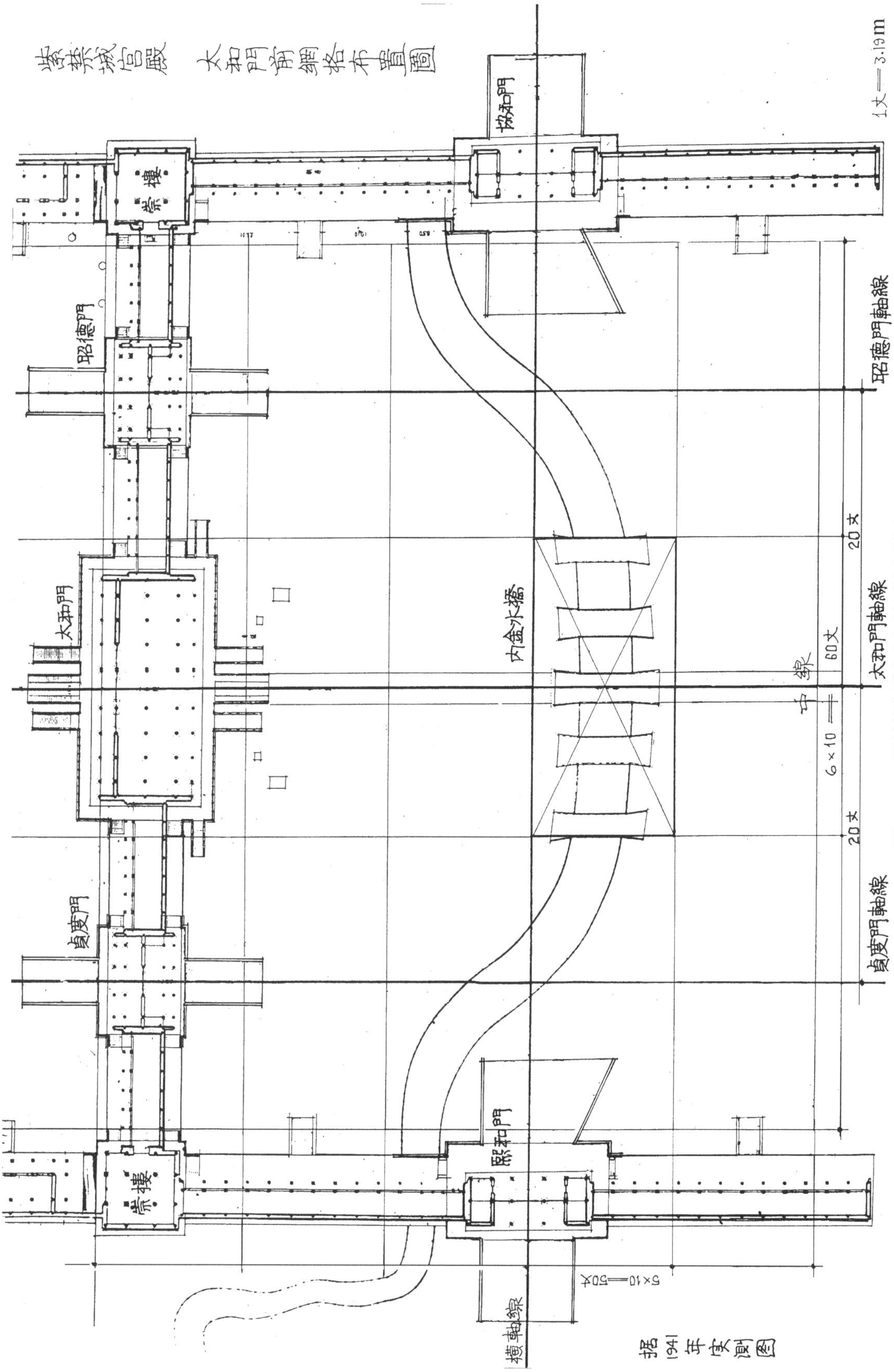

图 2-1-11 紫禁城宫殿太和门前网格布置图

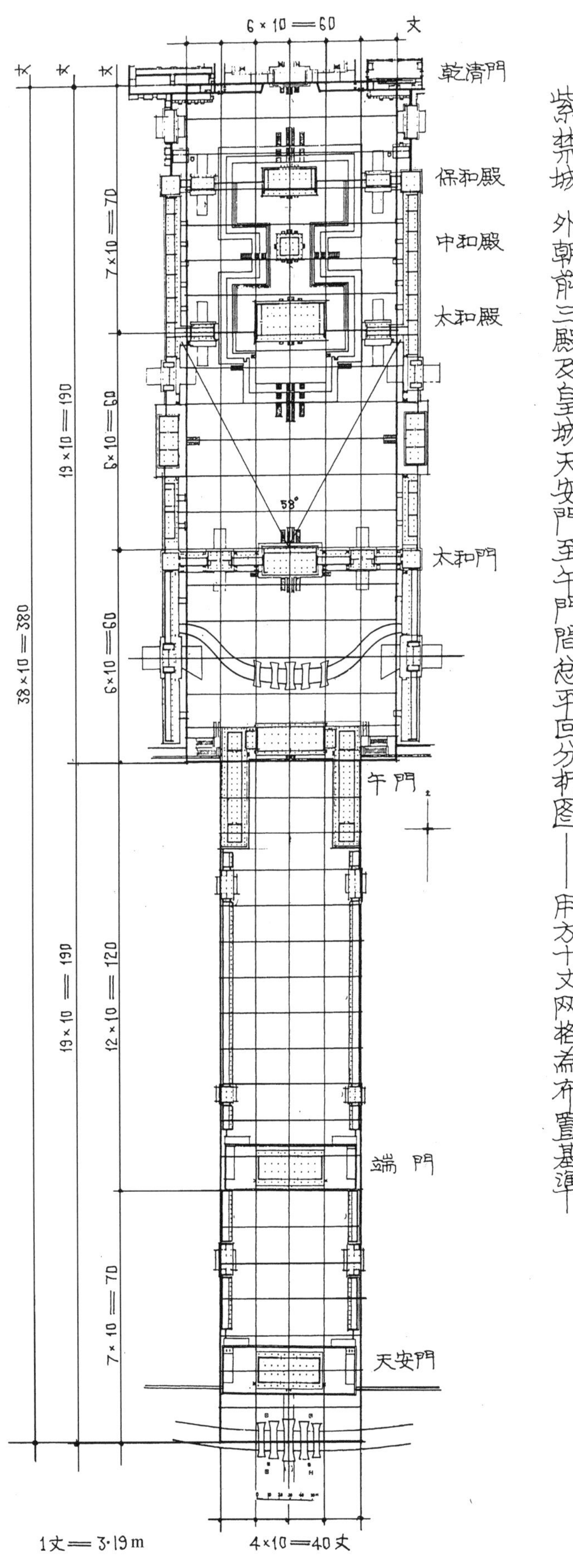

图 2-1-12 紫禁城外朝前三殿及皇城天安门至午门间总平面分析图

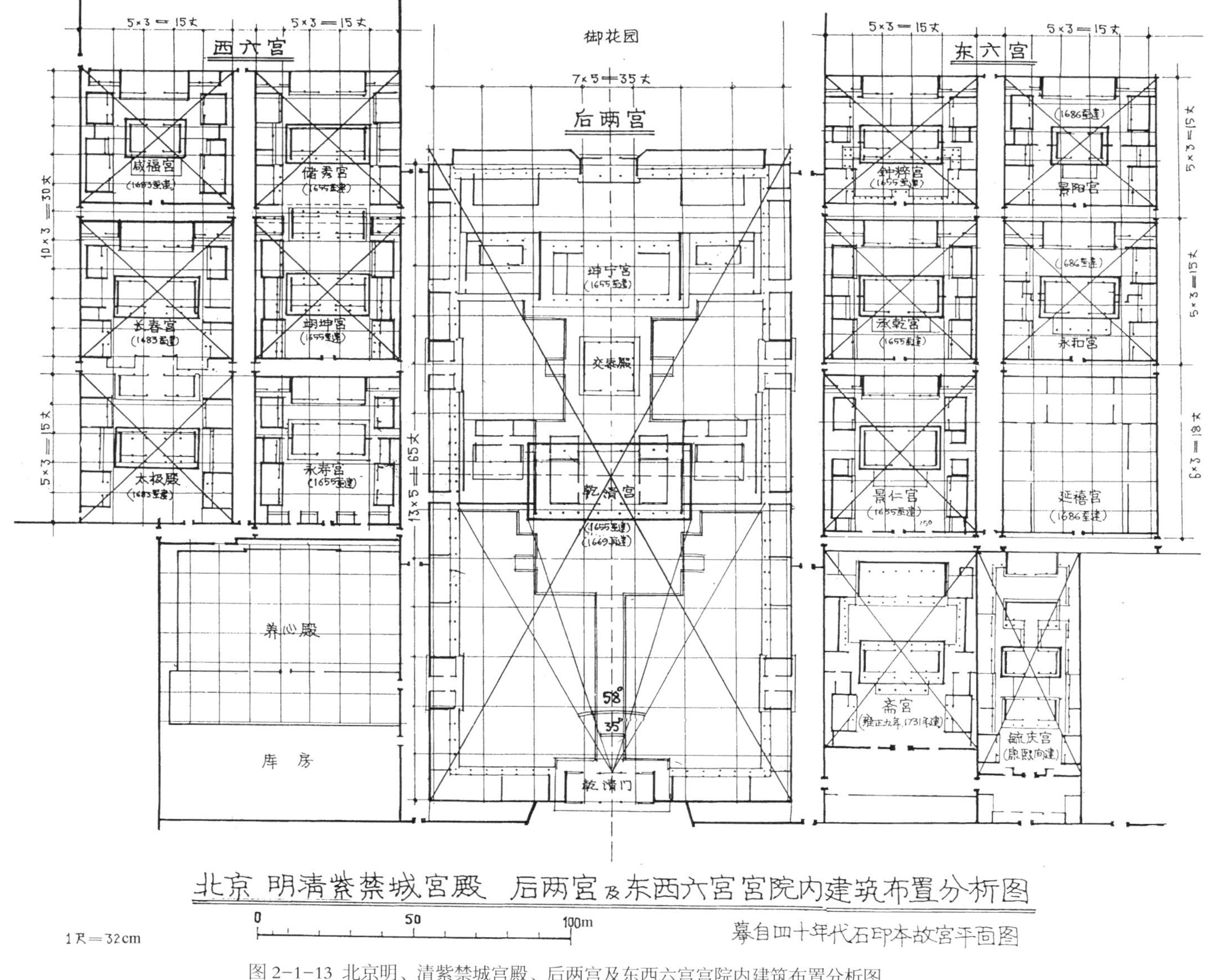

图 2-1-13 北京明、清紫禁城宫殿、后两宫及东西六宫宫院内建筑布置分析图

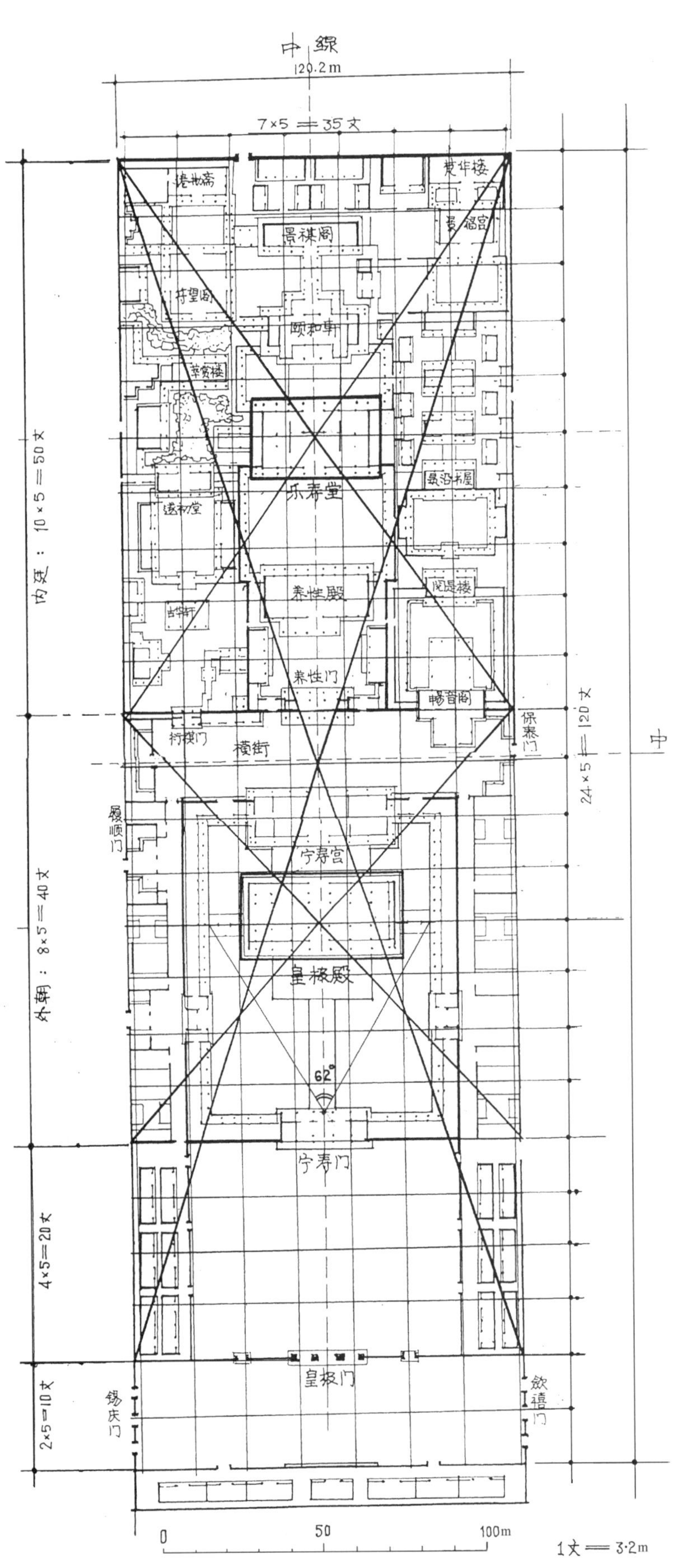

图 2-1-14 北京紫禁城宫殿皇极殿乐寿堂部分(外东路)总平面布置分析图

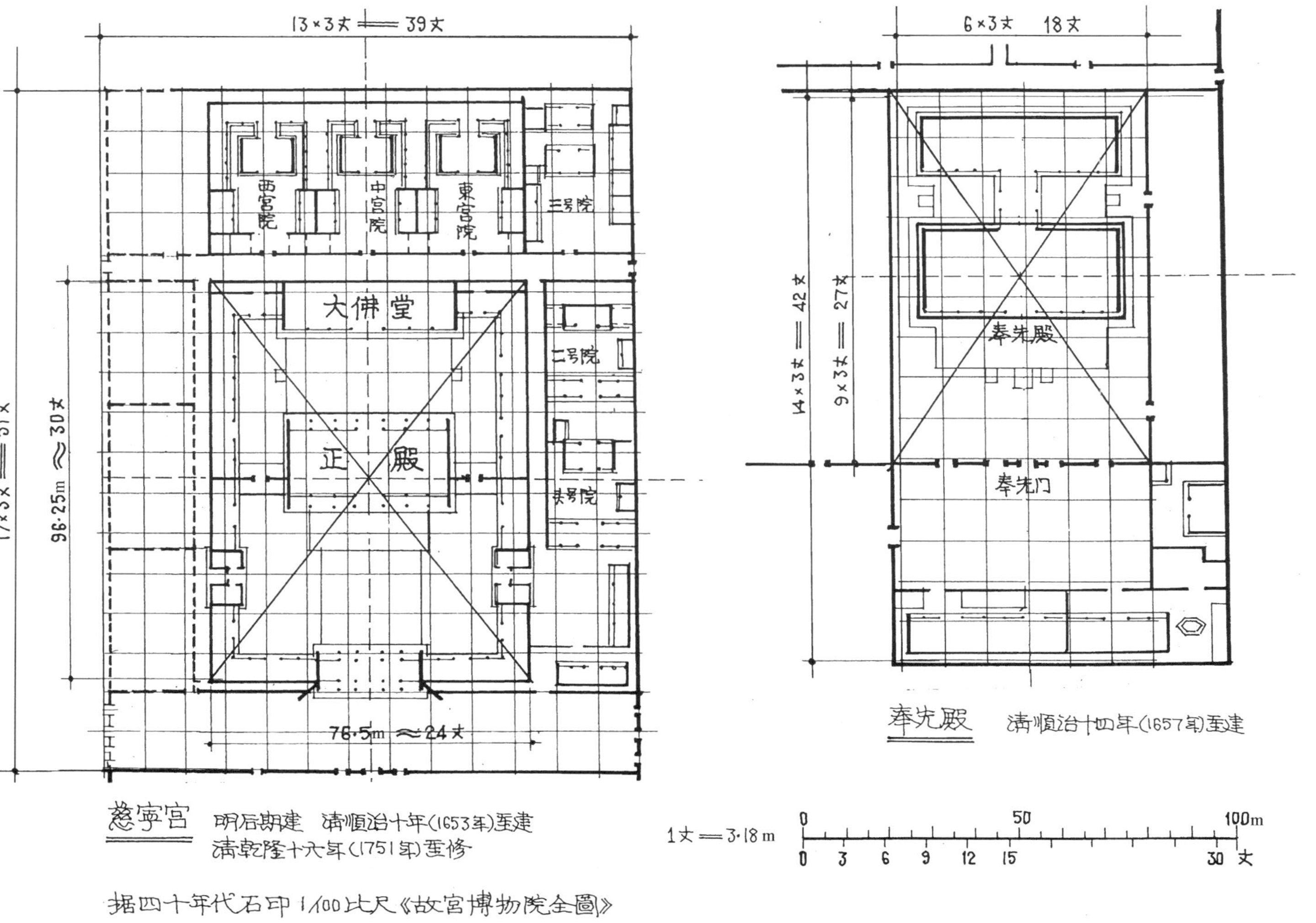

图 2-1-15 北京紫禁城慈宁宫及奉先殿平面分析图

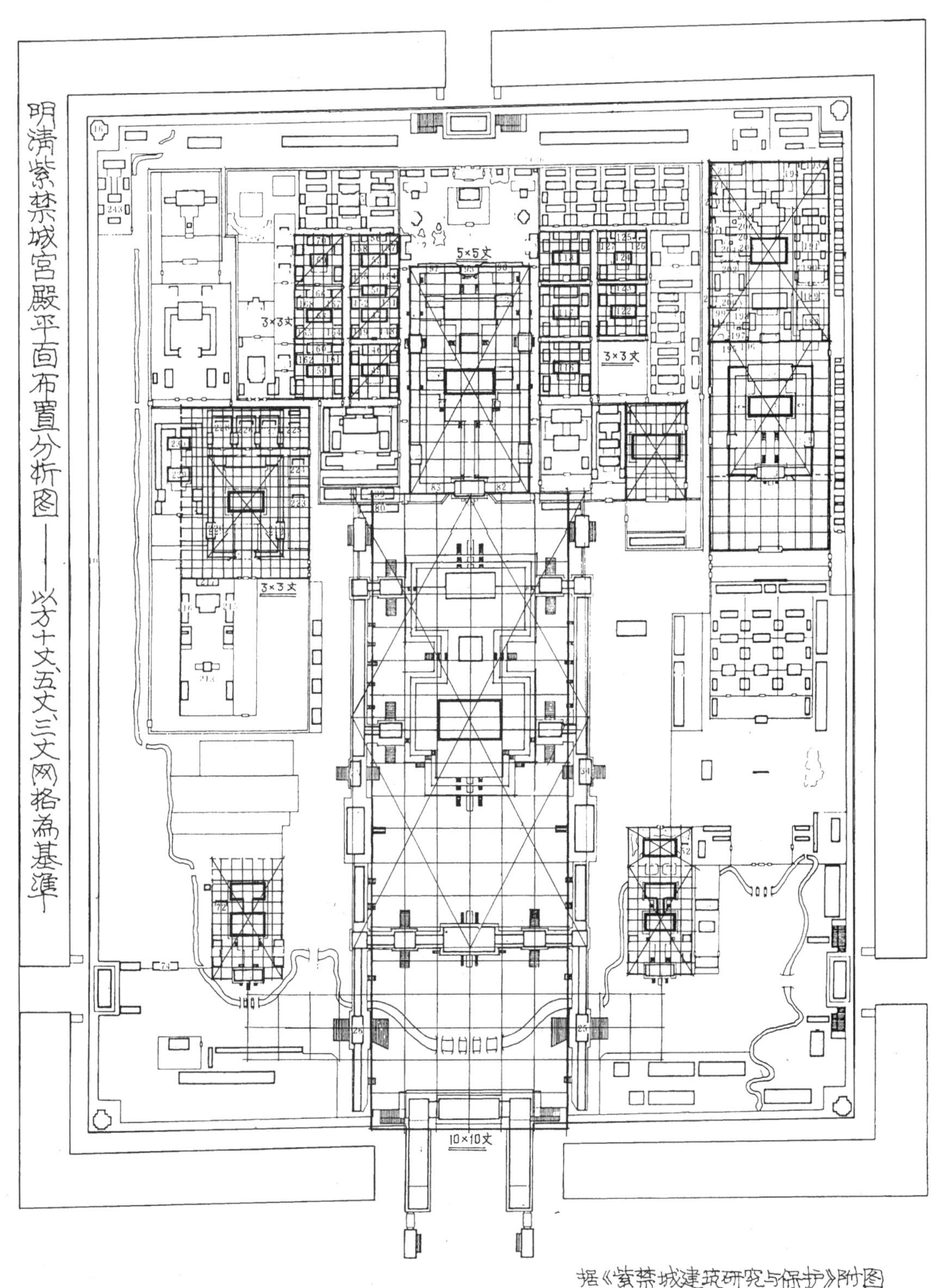

图 2-1-16-1 明、清紫禁城宫殿平面布置分析图

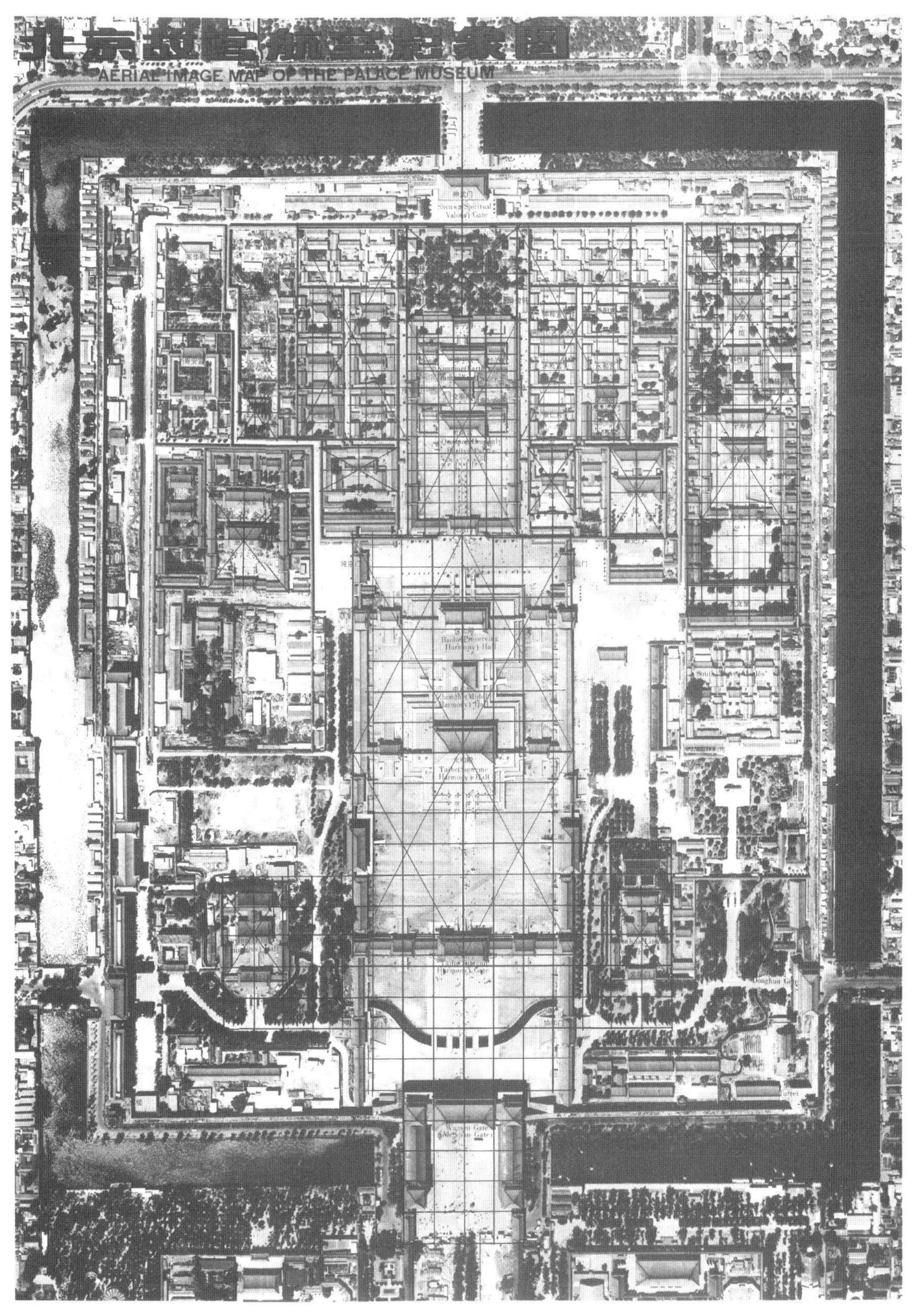

图 2-1-16-2 明、清北京紫禁城宫殿总平面布置分析图（据航空照片）

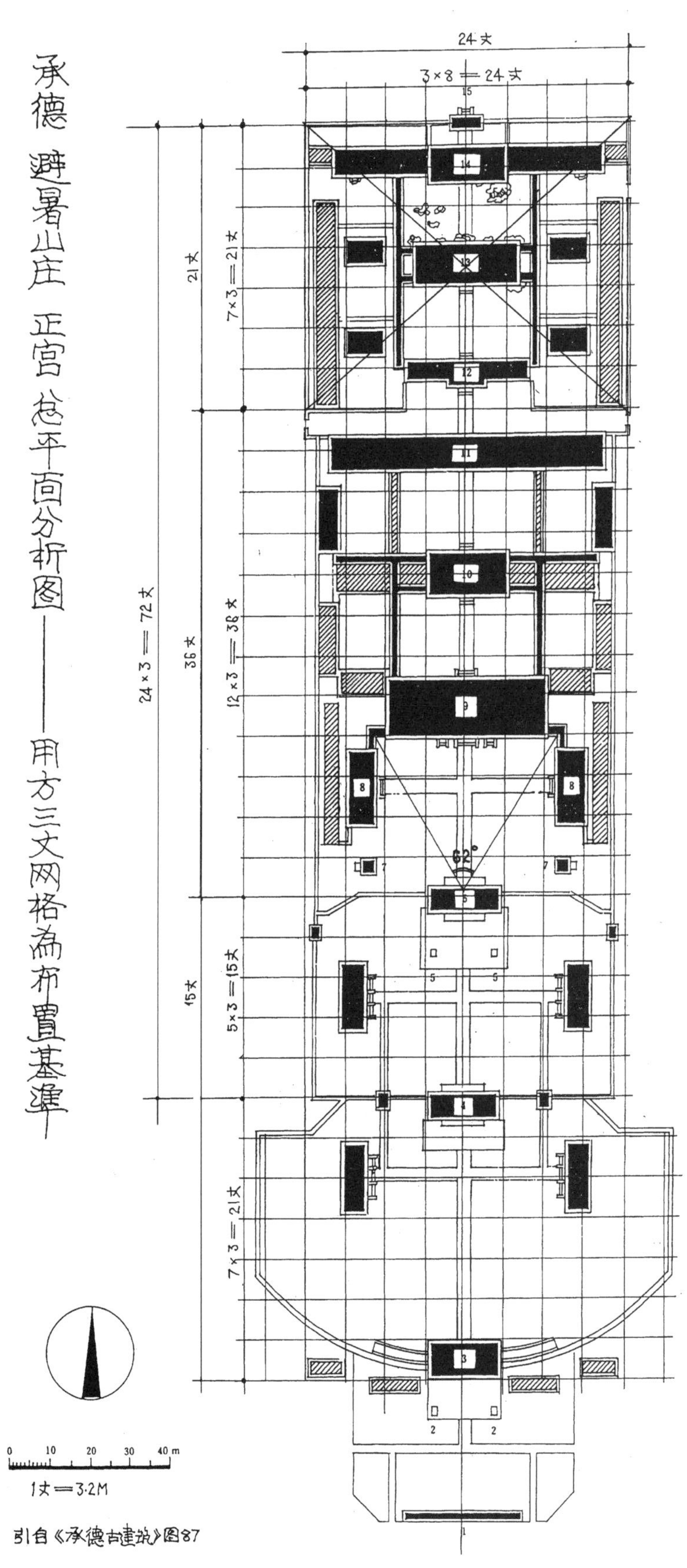

图 2-1-17 承德避暑山庄正宫总平面分析图

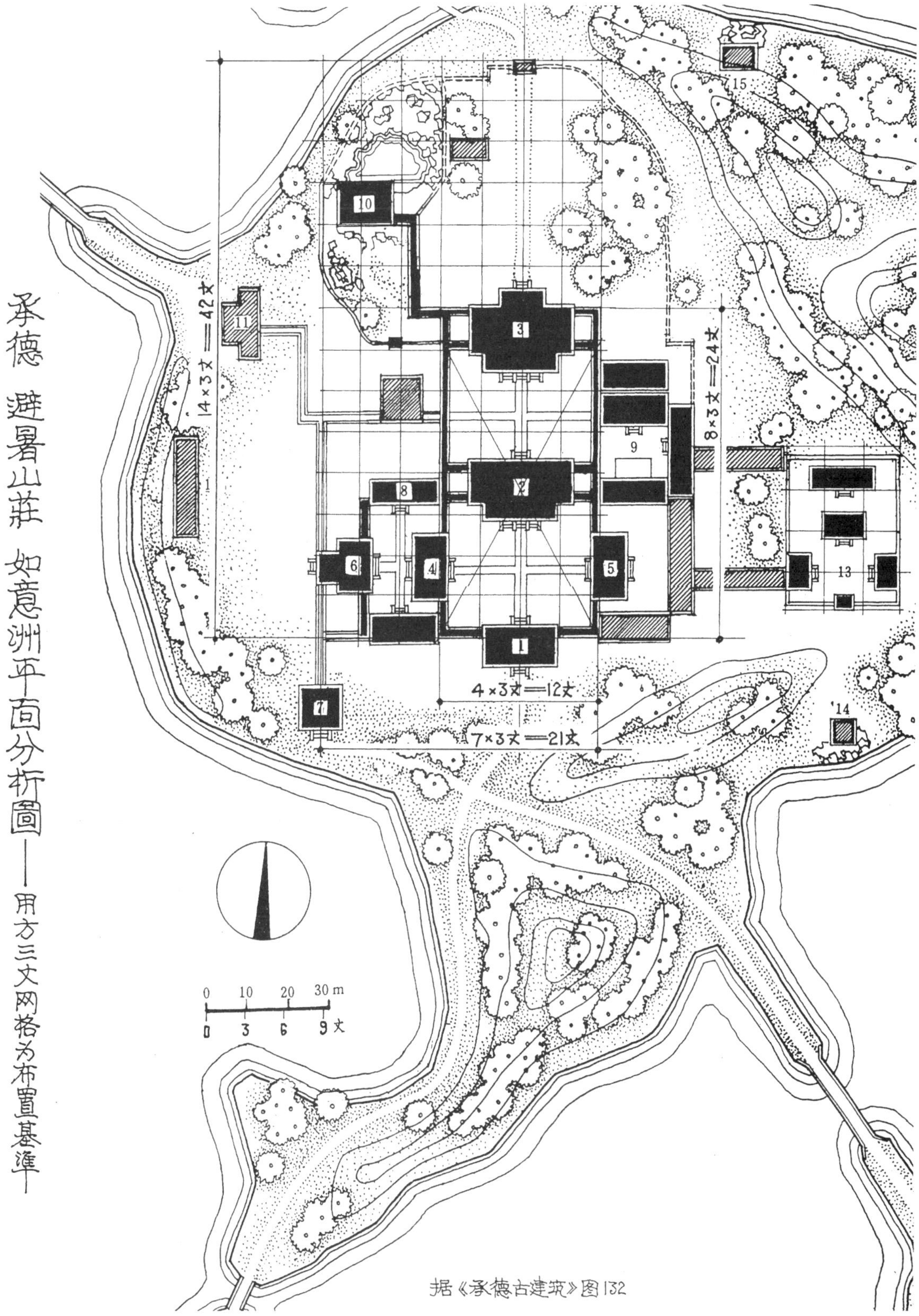

承德避暑山莊如意洲平面分析圖——用方三丈网格为布置基準

14×3丈＝42丈

8×3丈＝24丈

4×3丈＝12丈

7×3丈＝21丈

0 10 20 30 m

0 3 6 9 丈

据《承德古建筑》图132

图 2-1-18 承德避暑山庄如意洲平面分析图

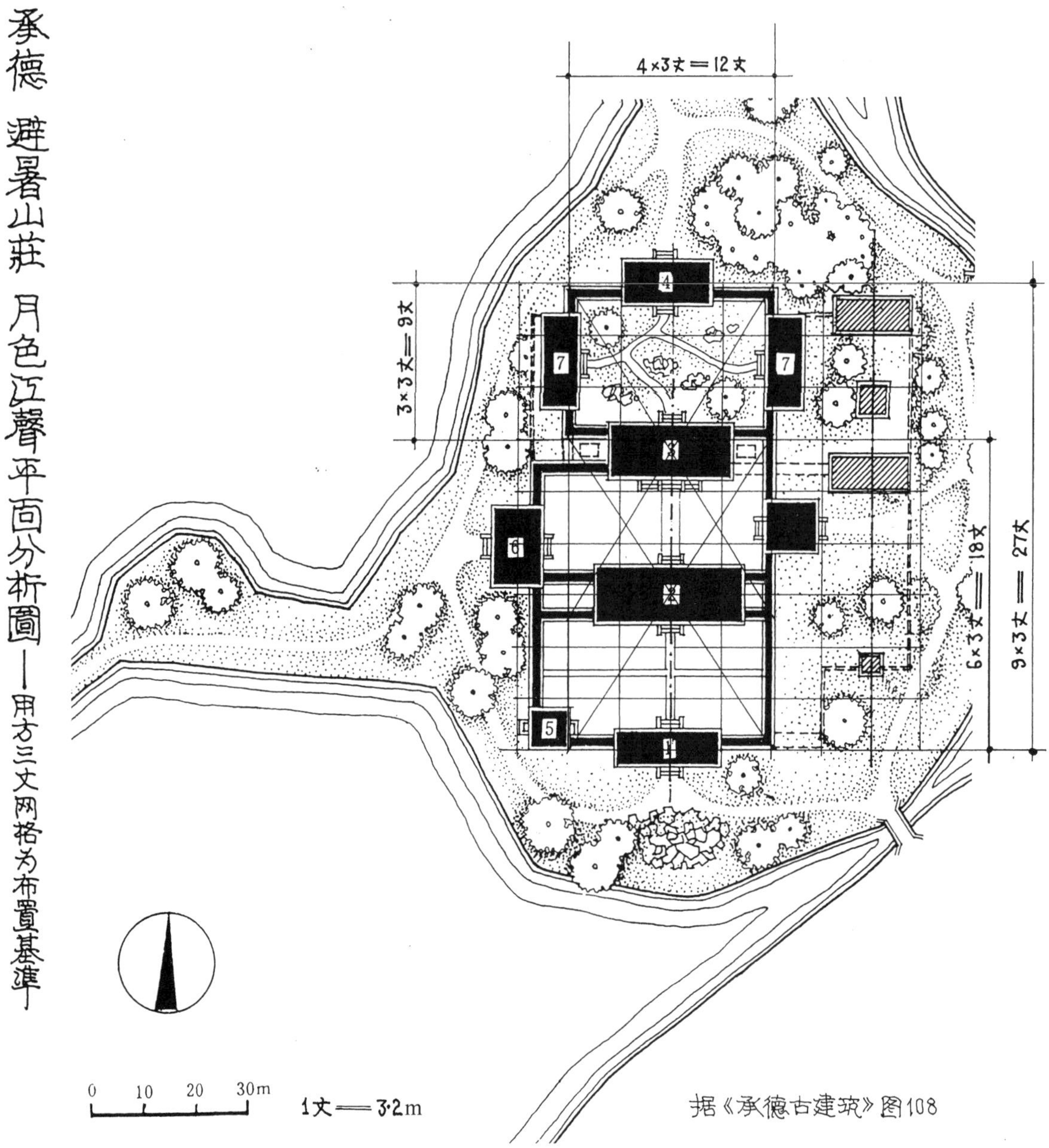

承德避暑山庄月色江声平面分析图——用方三丈网格为布置基准

4×3丈＝12丈

3×3丈＝9丈

6×3丈＝18丈

9×3丈＝27丈

0 10 20 30m

1丈＝3.2m

据《承德古建筑》图108

图 2-1-19 承德避暑山庄月色江声平面分析图

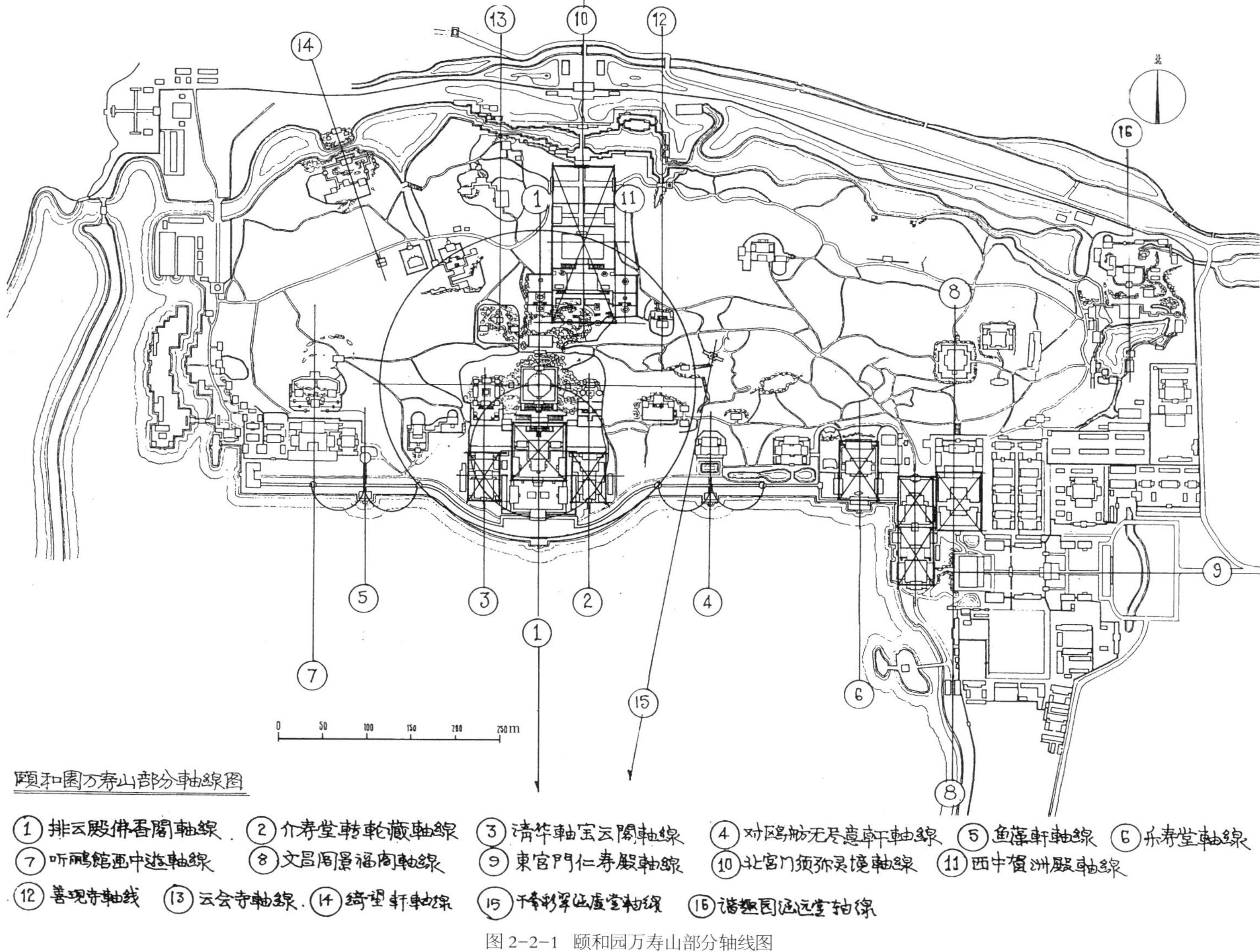

图 2-2-1 颐和园万寿山部分轴线图

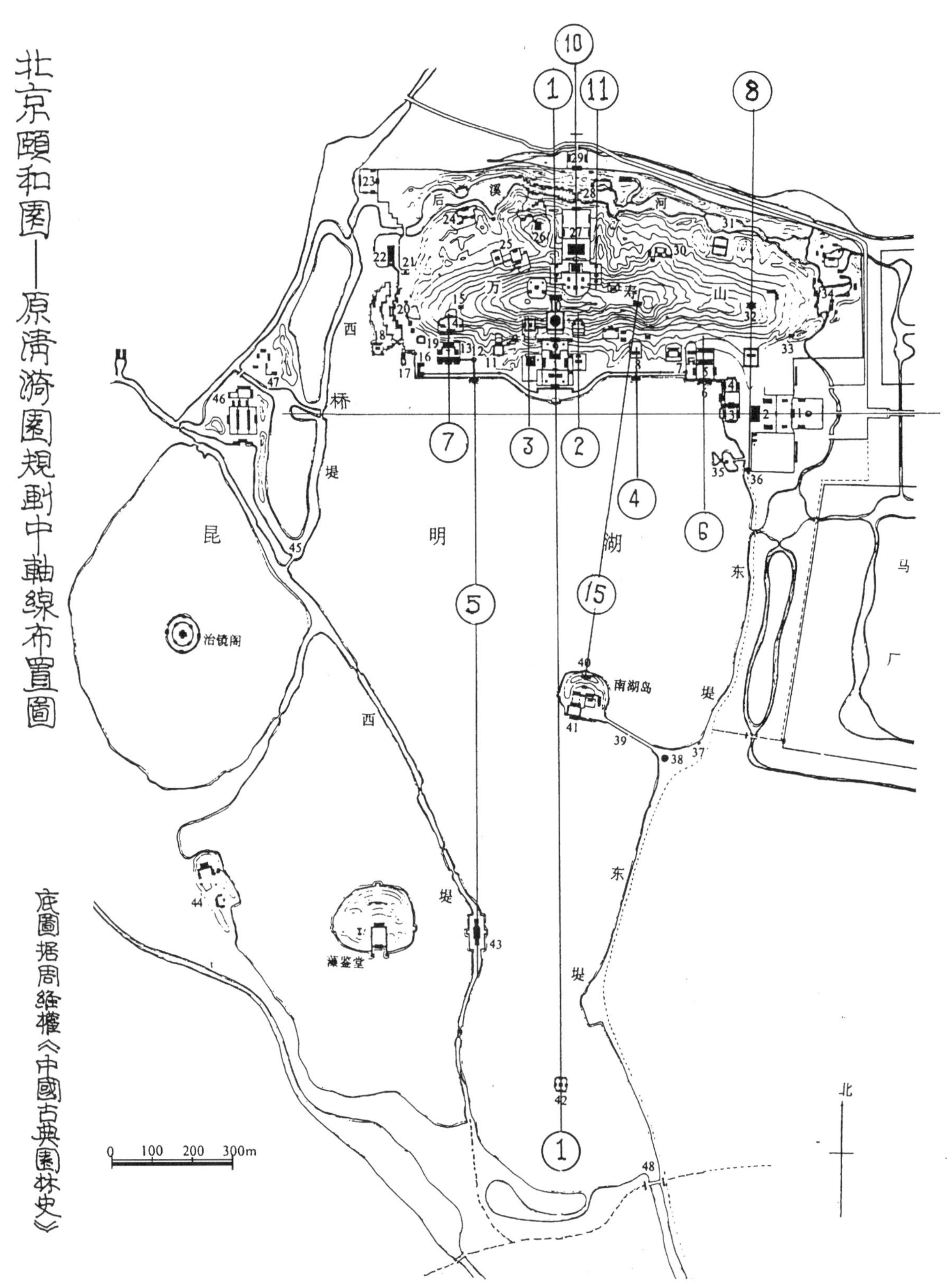

图 2-2-2 北京颐和园——原清漪园规划中轴线布置图

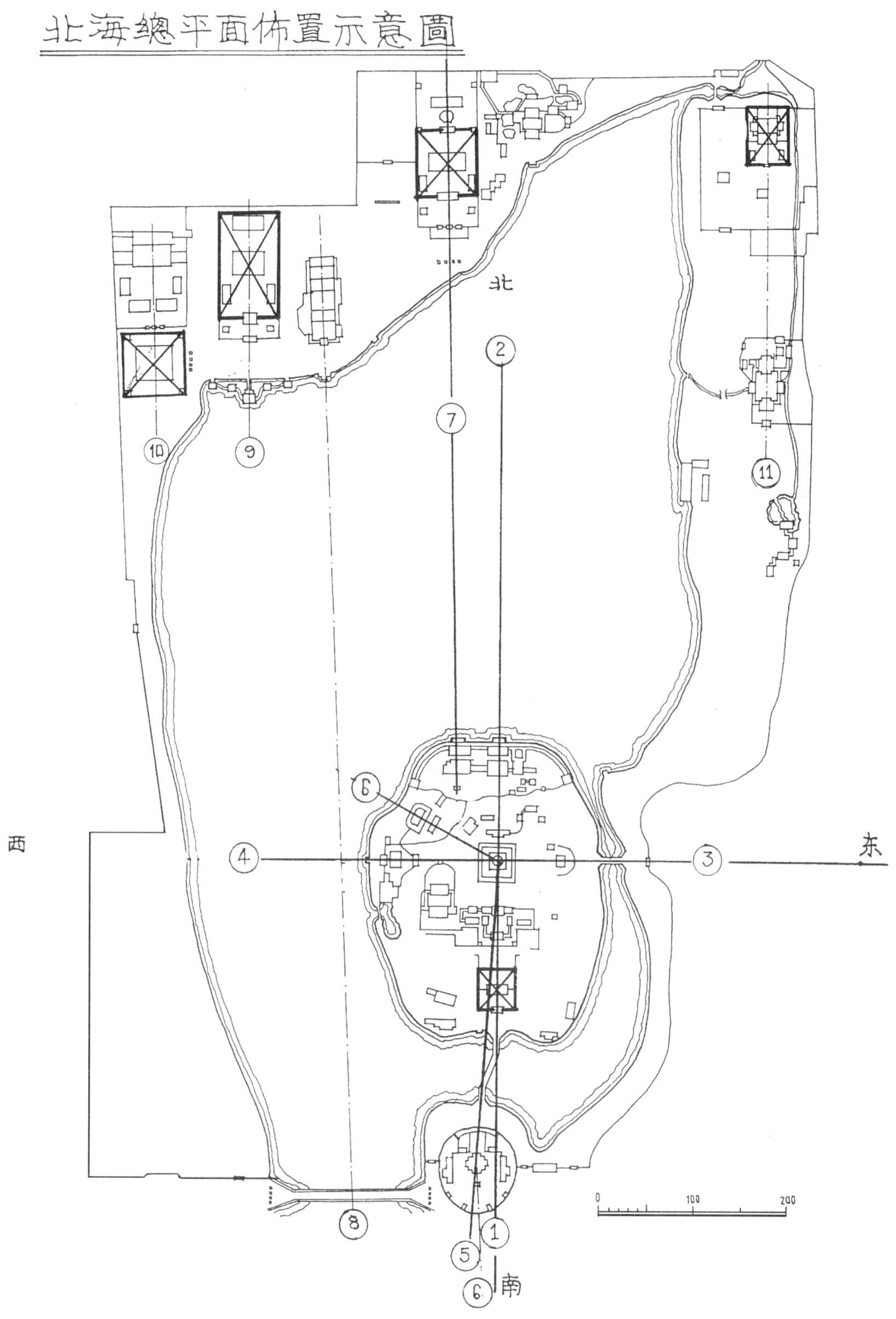

图 2-2-3 北海总平面布置示意图

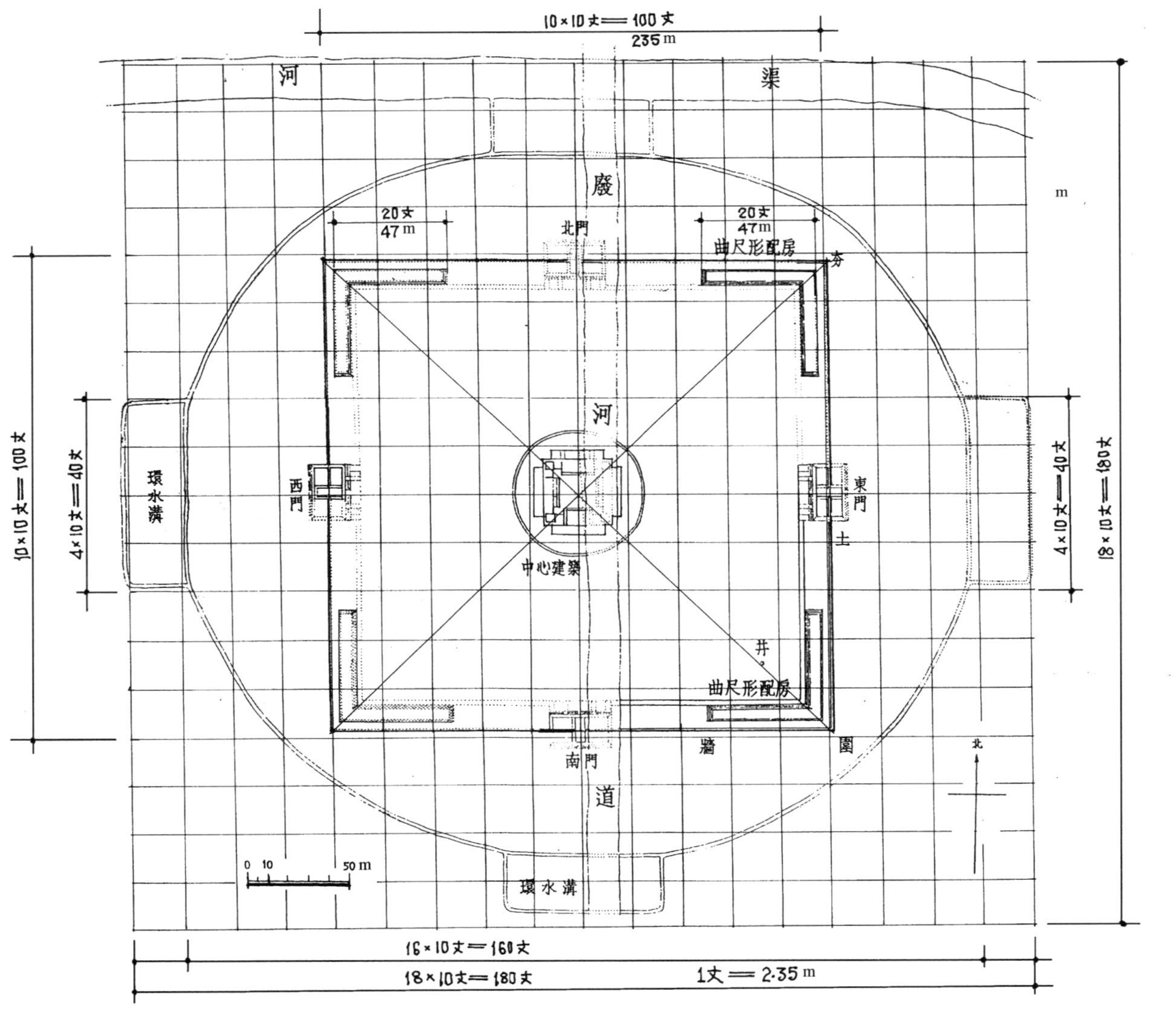

图 2-3-1　汉长安明堂辟雍遗址（西安市大土门村遗址）总平面分析图

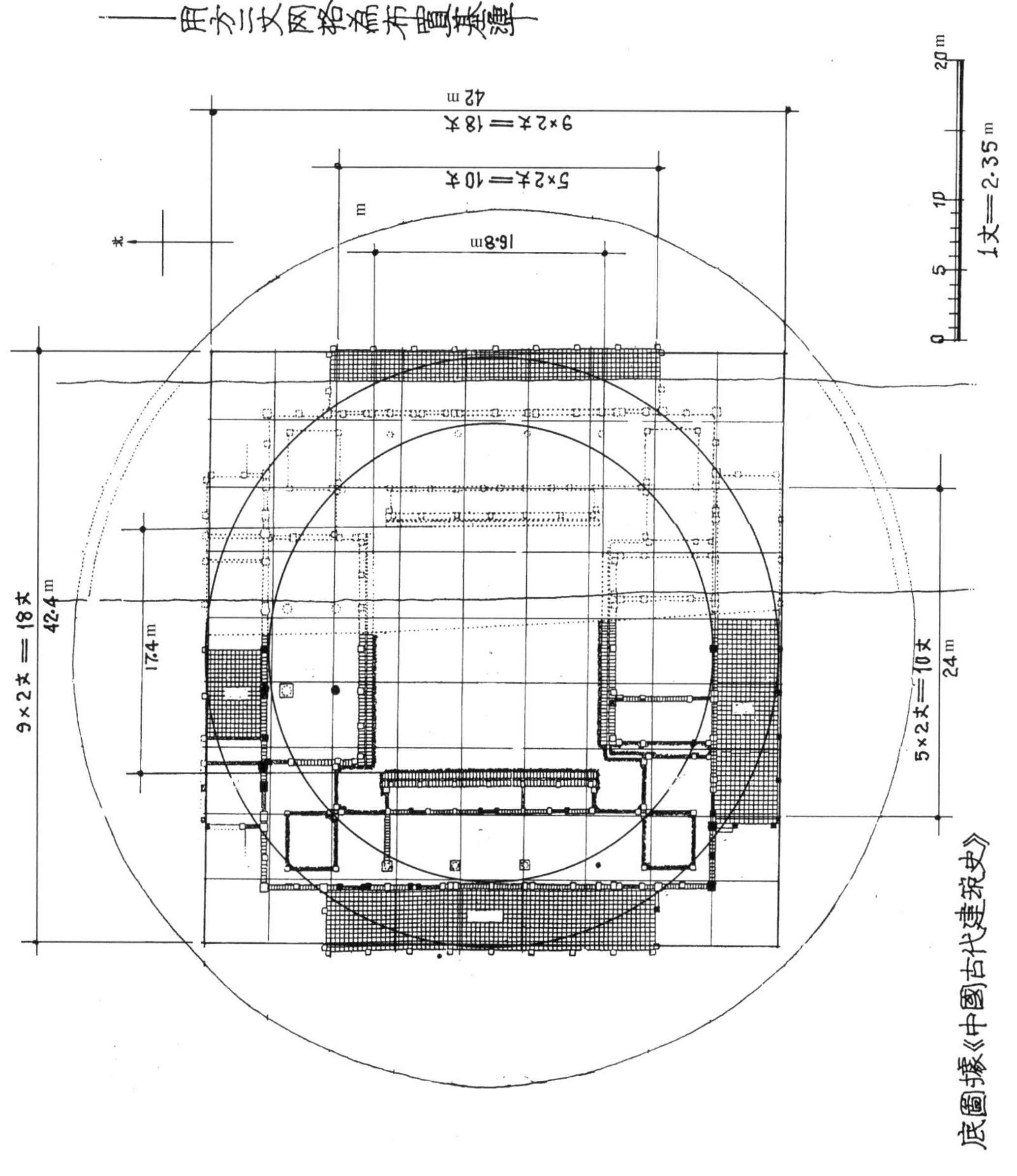

图 2-3-2　汉长安明堂辟雍遗址（西安市大土门村遗址）平面分析图

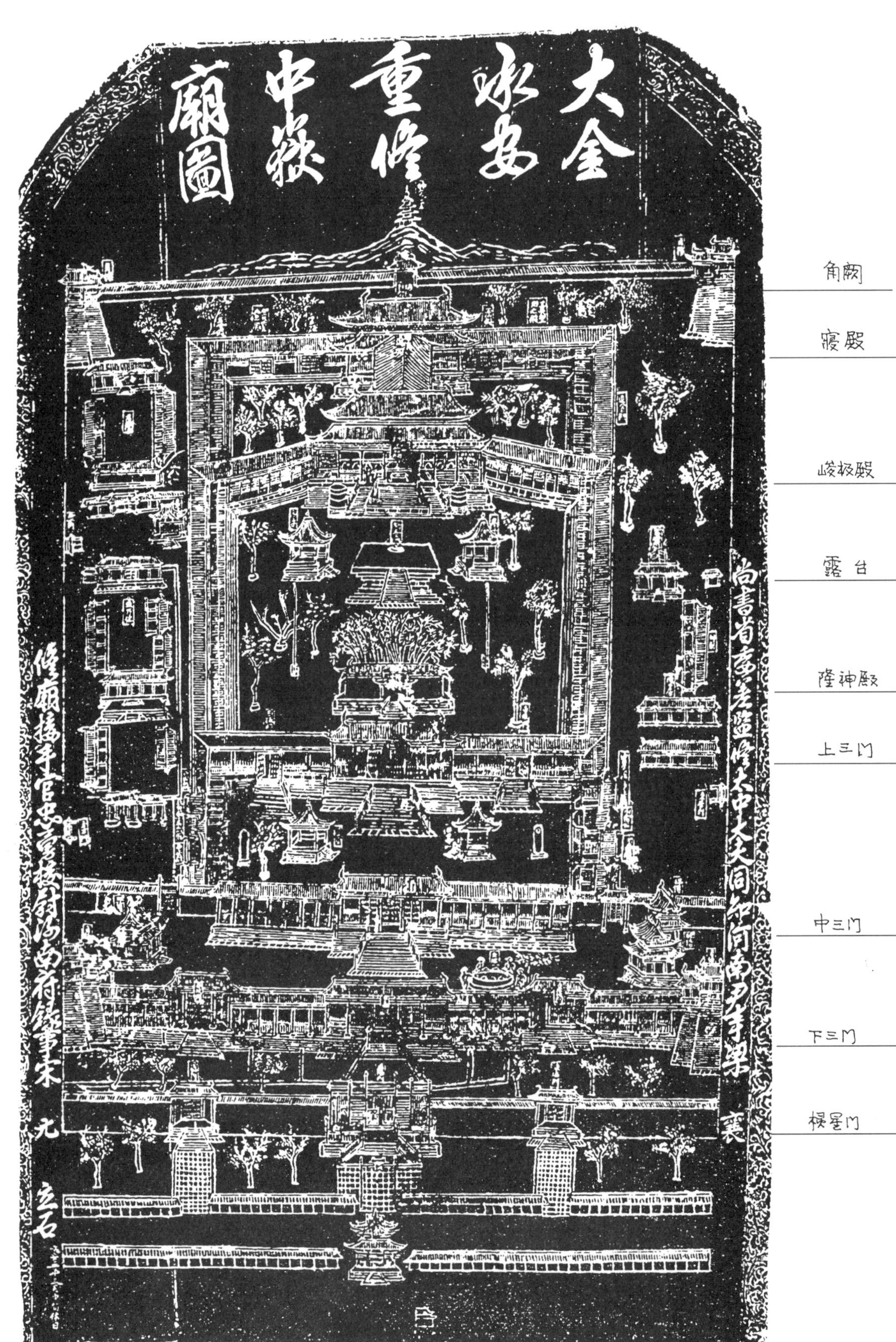

图 2-3-3《大金承安重修中岳庙图》碑拓本

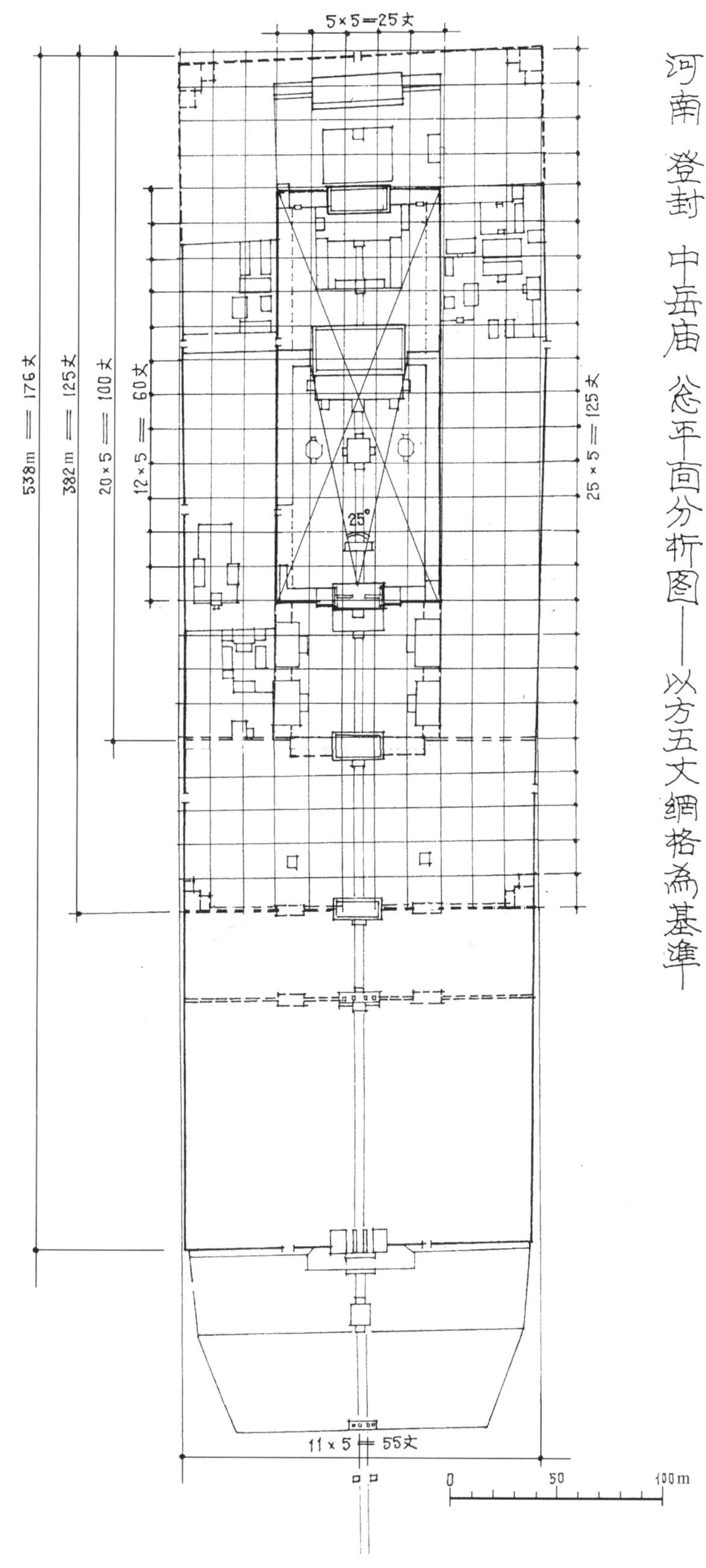

图 2-3-4 河南登封中岳庙总平面分析图

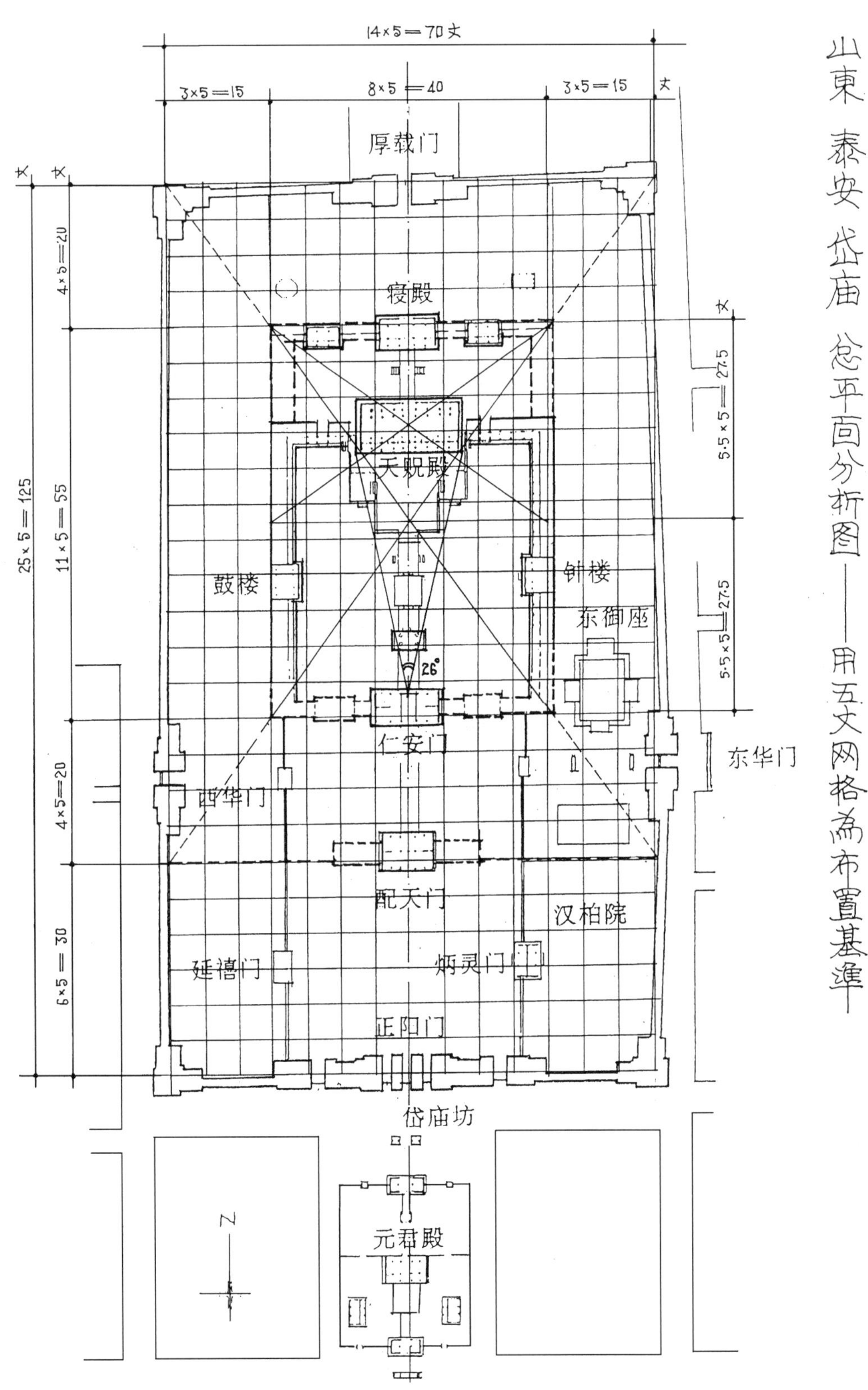

图 2-3-5 山东泰安岱庙总平面分析图

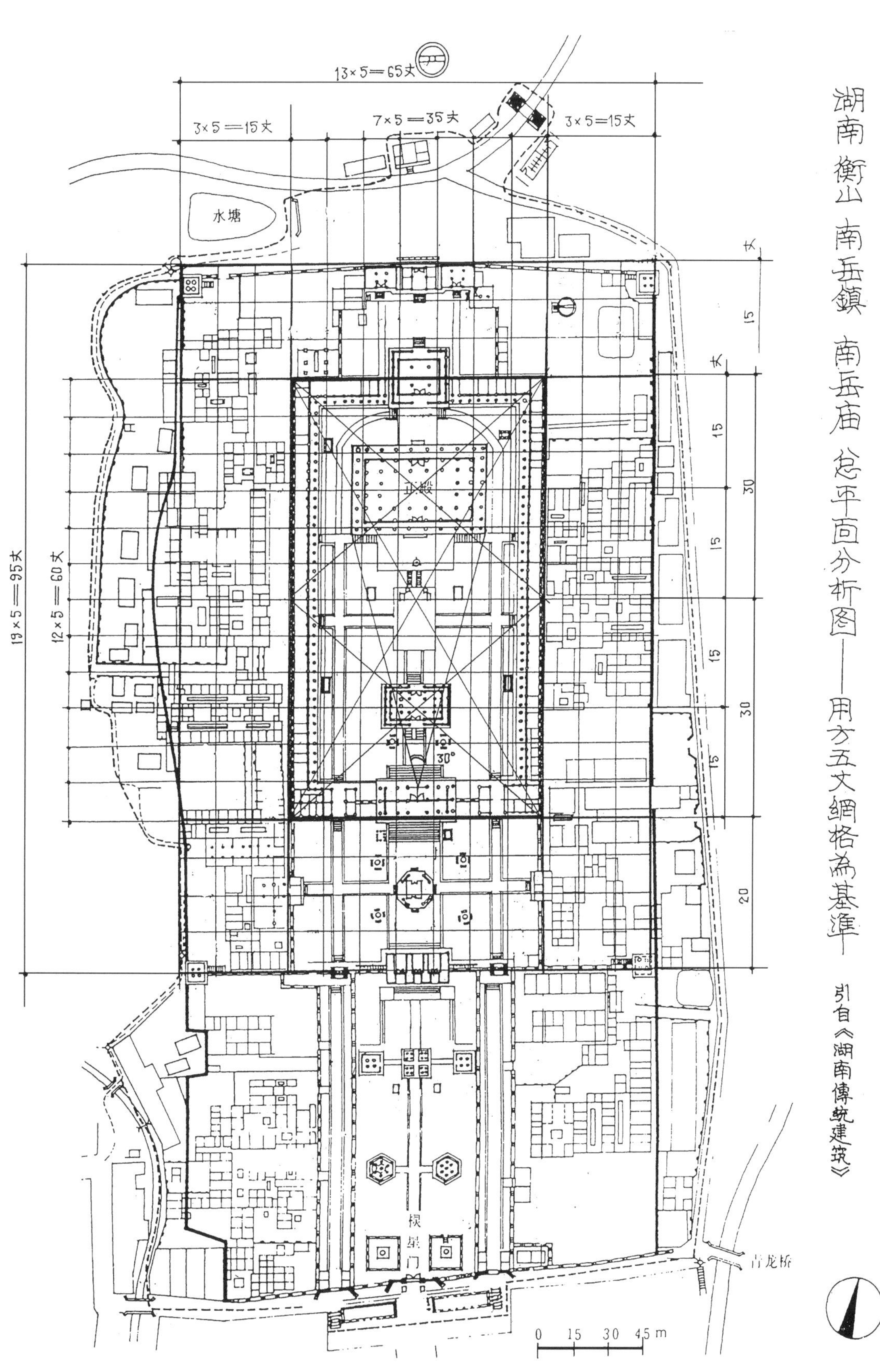

图 2-3-6 湖南衡山南岳镇南岳庙总平面分析图

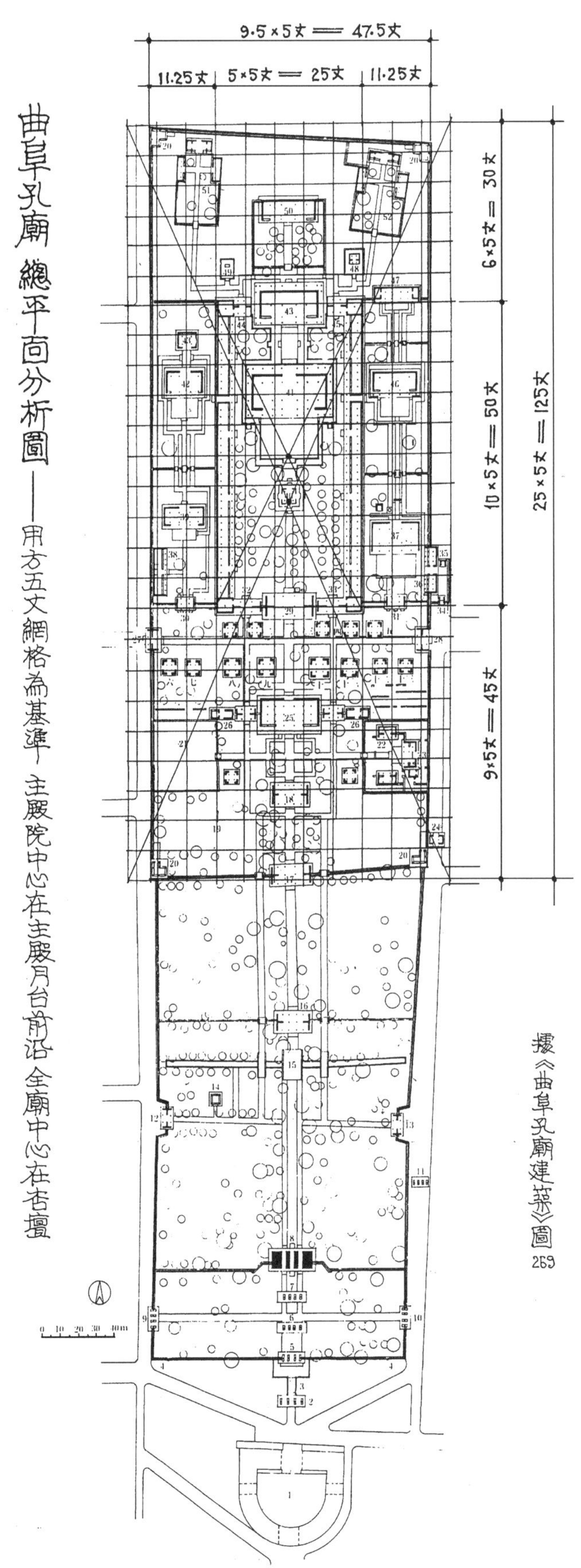

图 2–3–7 山东曲阜孔庙总平面分析图

图 2-3-8 金刻《后土皇地祇庙像图》碑拓本

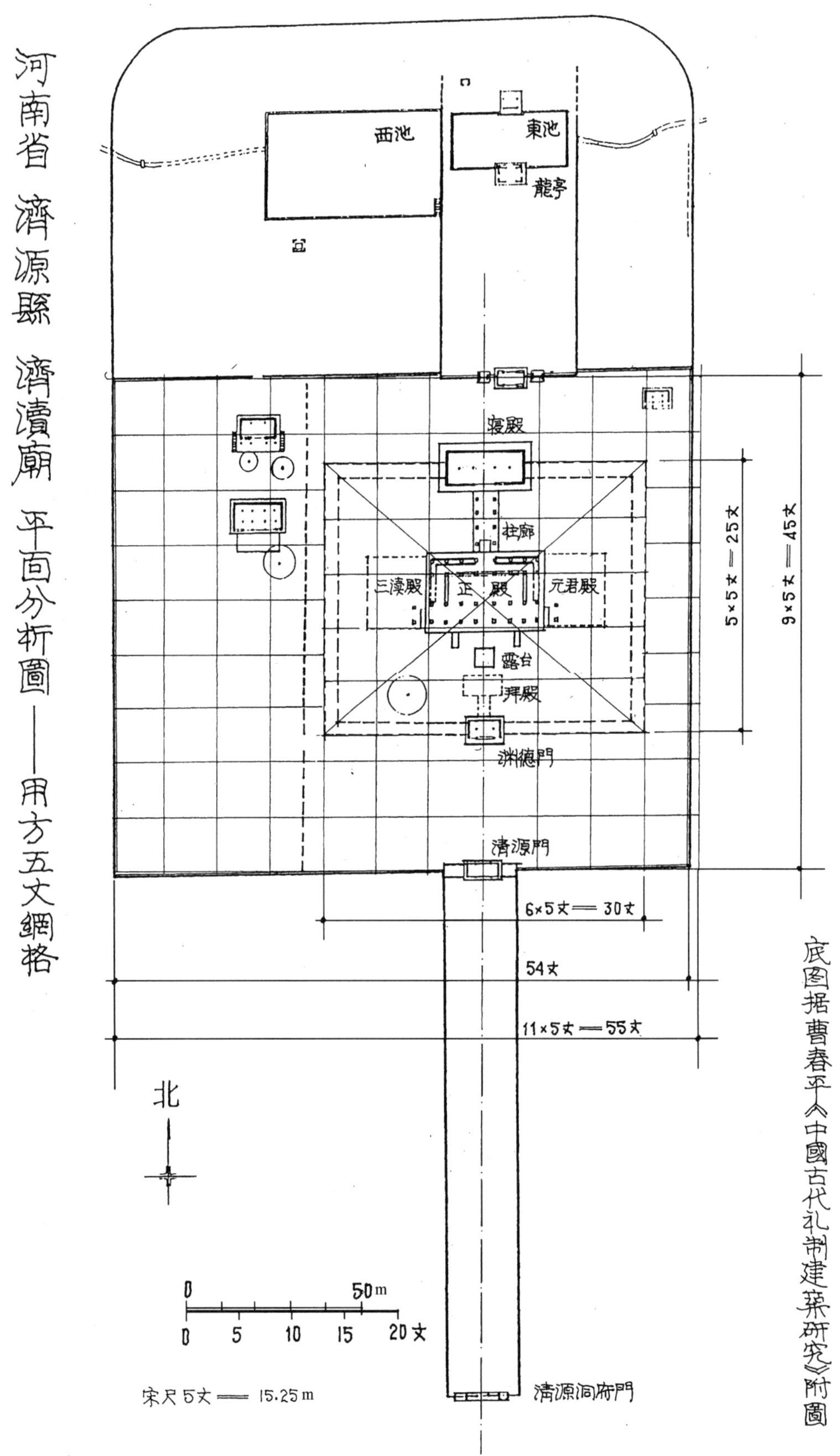

图 2-3-9 河南济源县济渎庙平面分析图

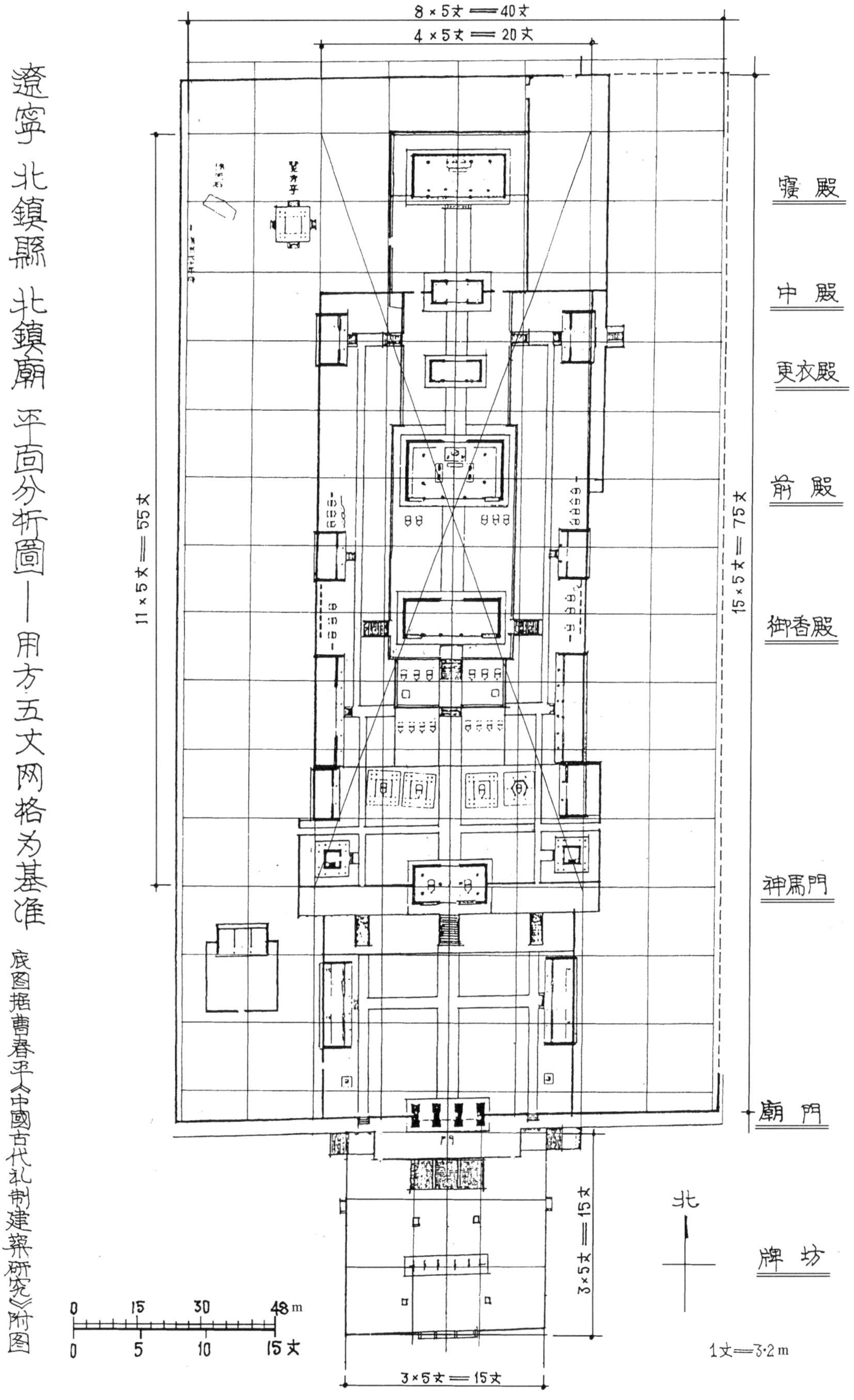

图 2-3-10 辽宁北镇县北镇庙平面分析图

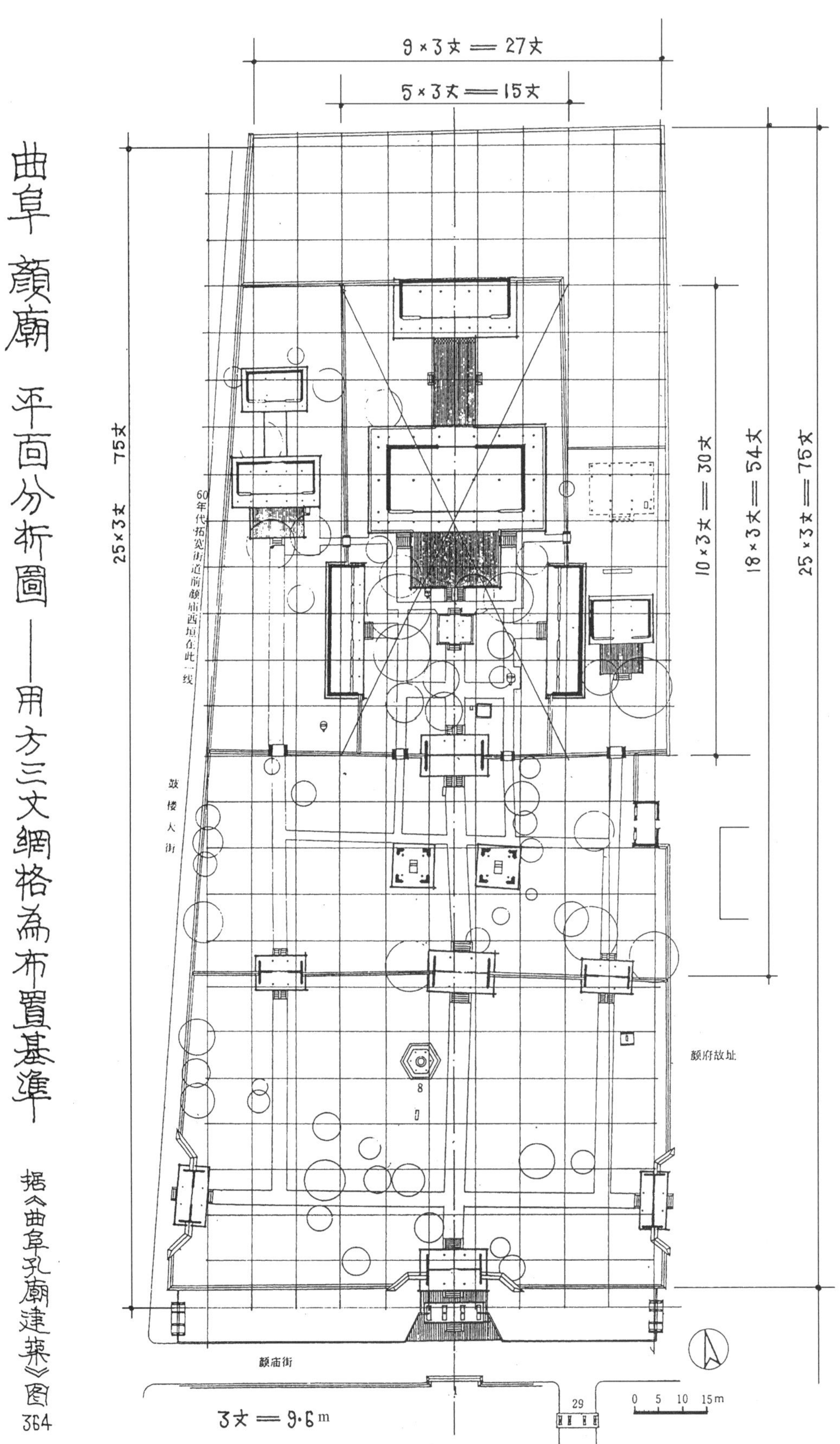

图 2-3-11 山东曲阜颜庙平面分析图

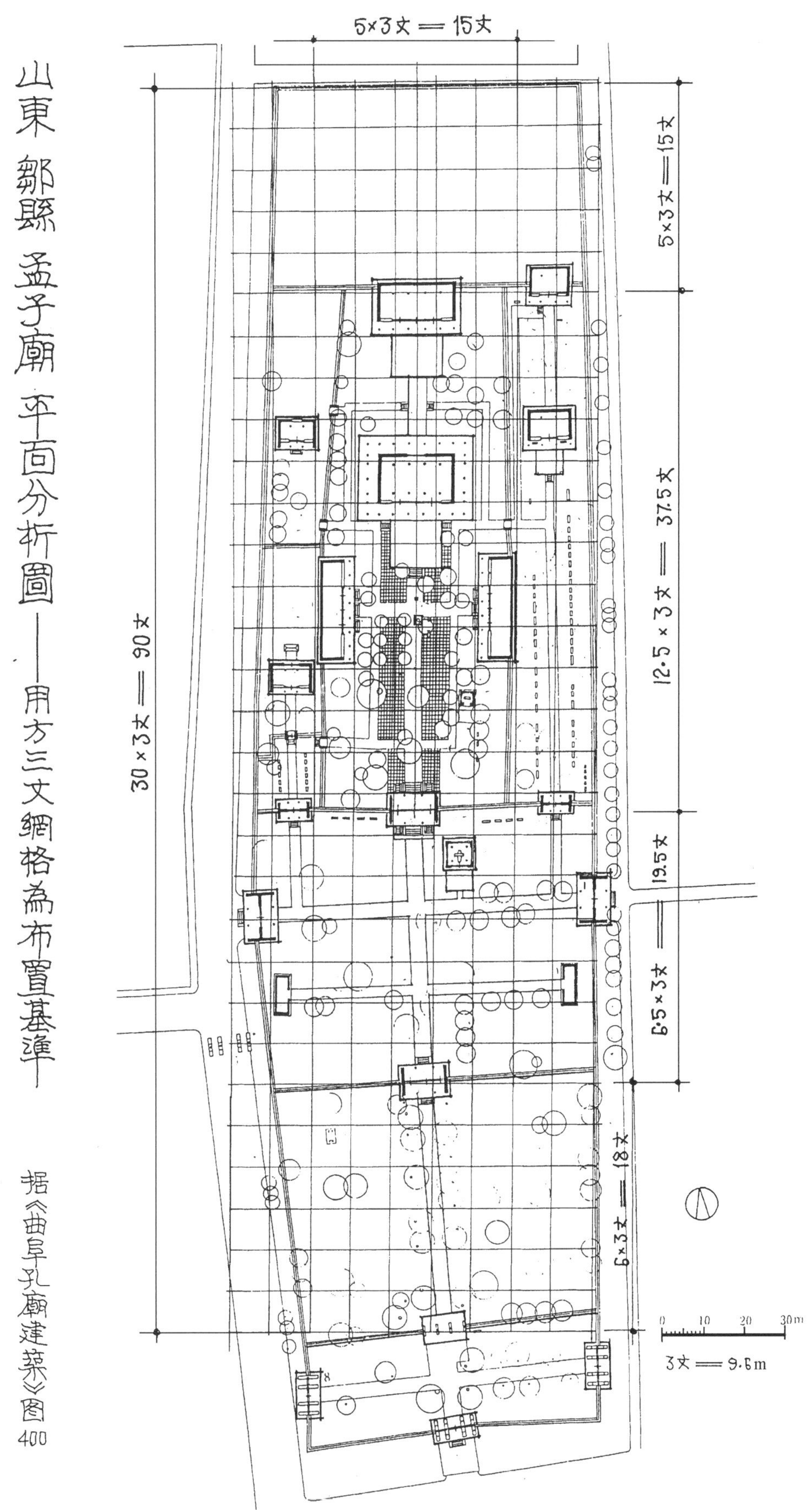

图 2-3-12 山东邹县孟子庙平面分析图

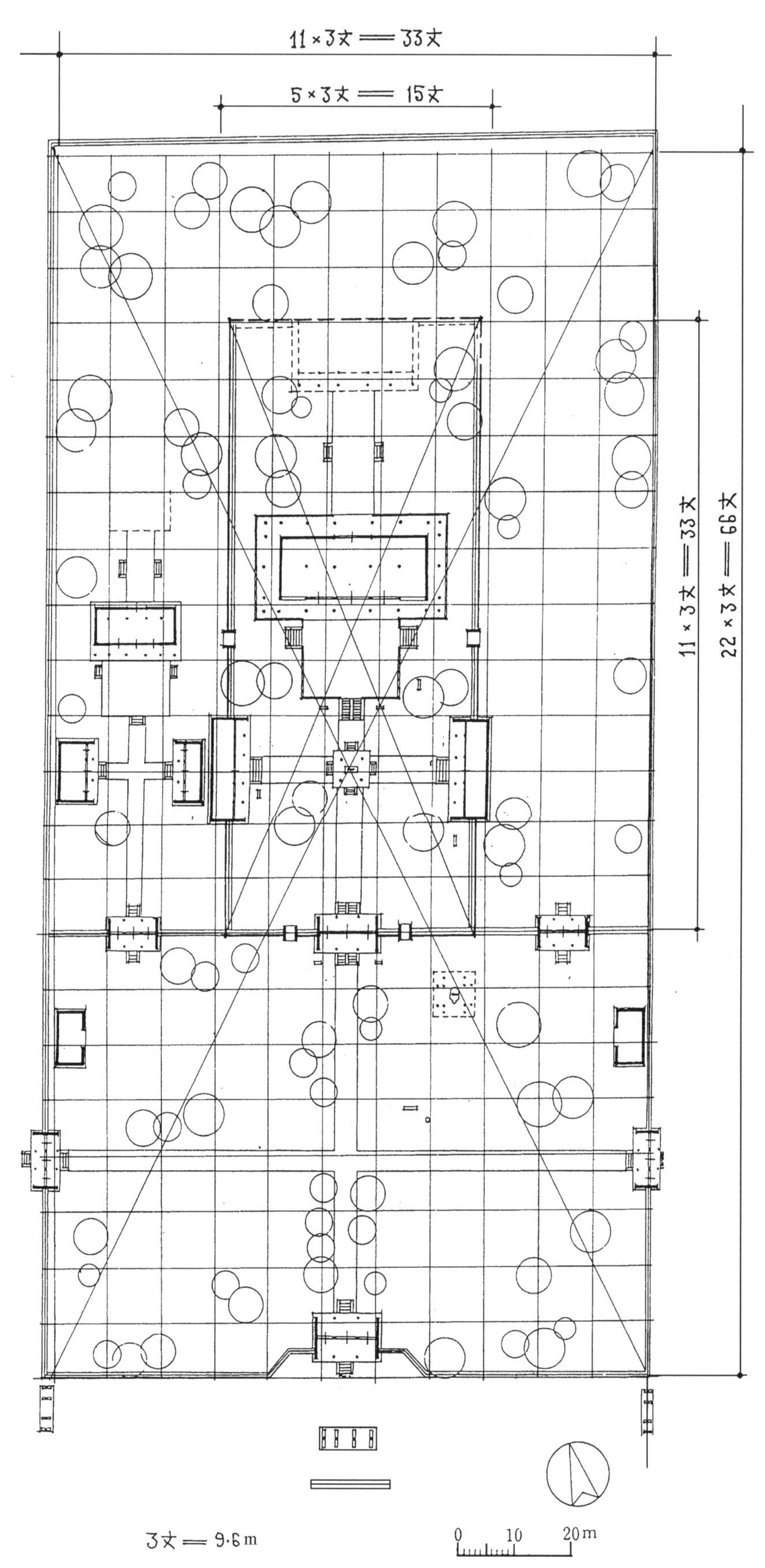

图 2-3-13 山东嘉祥县曾子庙平面分析图

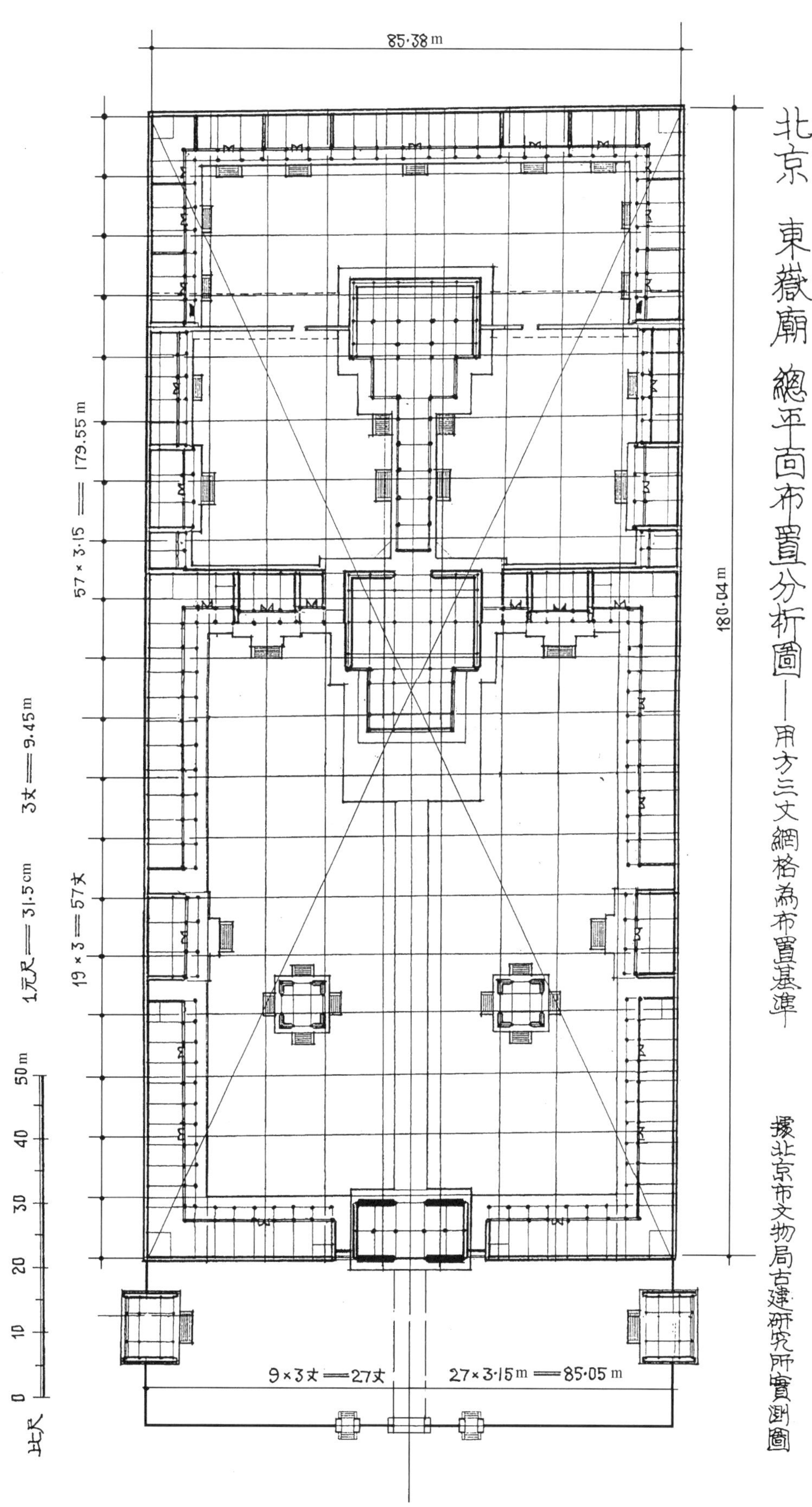

图 2-3-14 北京东岳庙总平面布置分析图

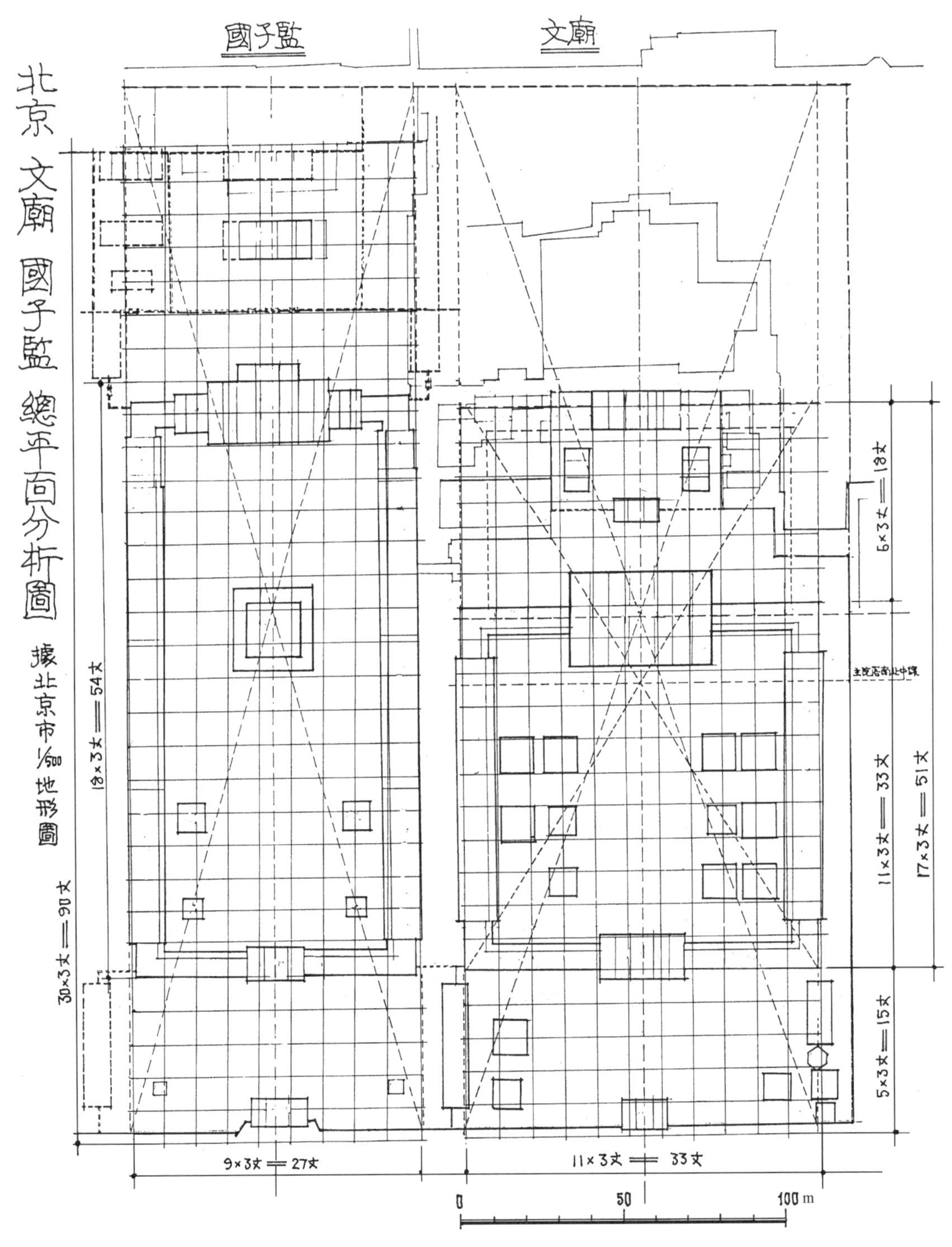

图 2-3-15 北京文庙国子监总平面分析图

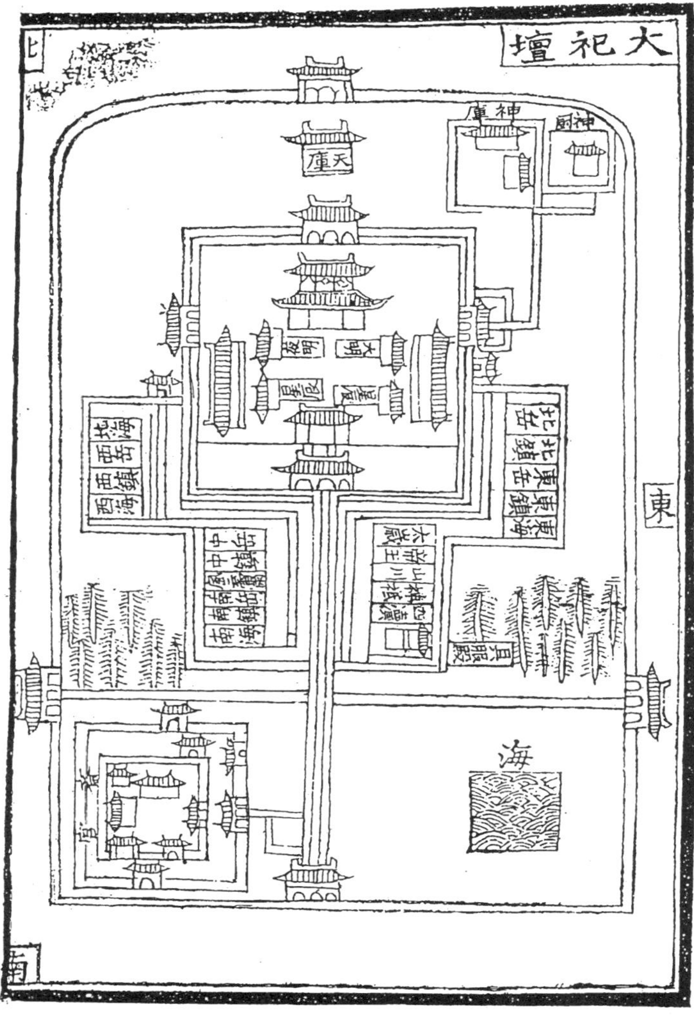

图 2-3-16 明弘治本《洪武京城图志》中的大祀坛图

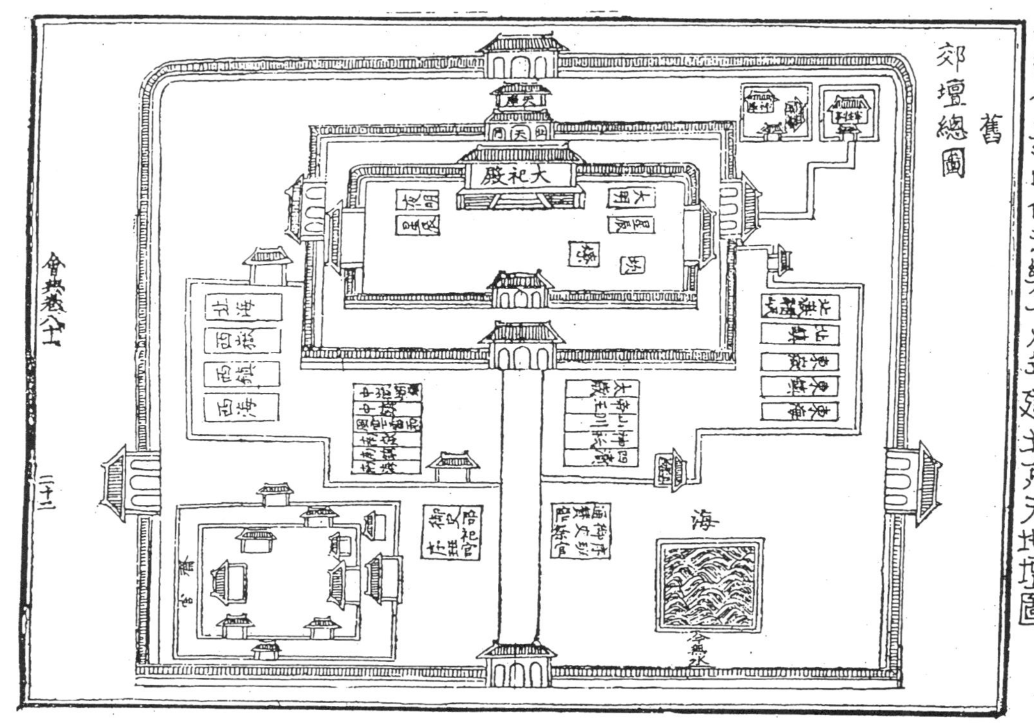

图 2-3-17 《大明会典》中的永乐十八年建北京天地坛图

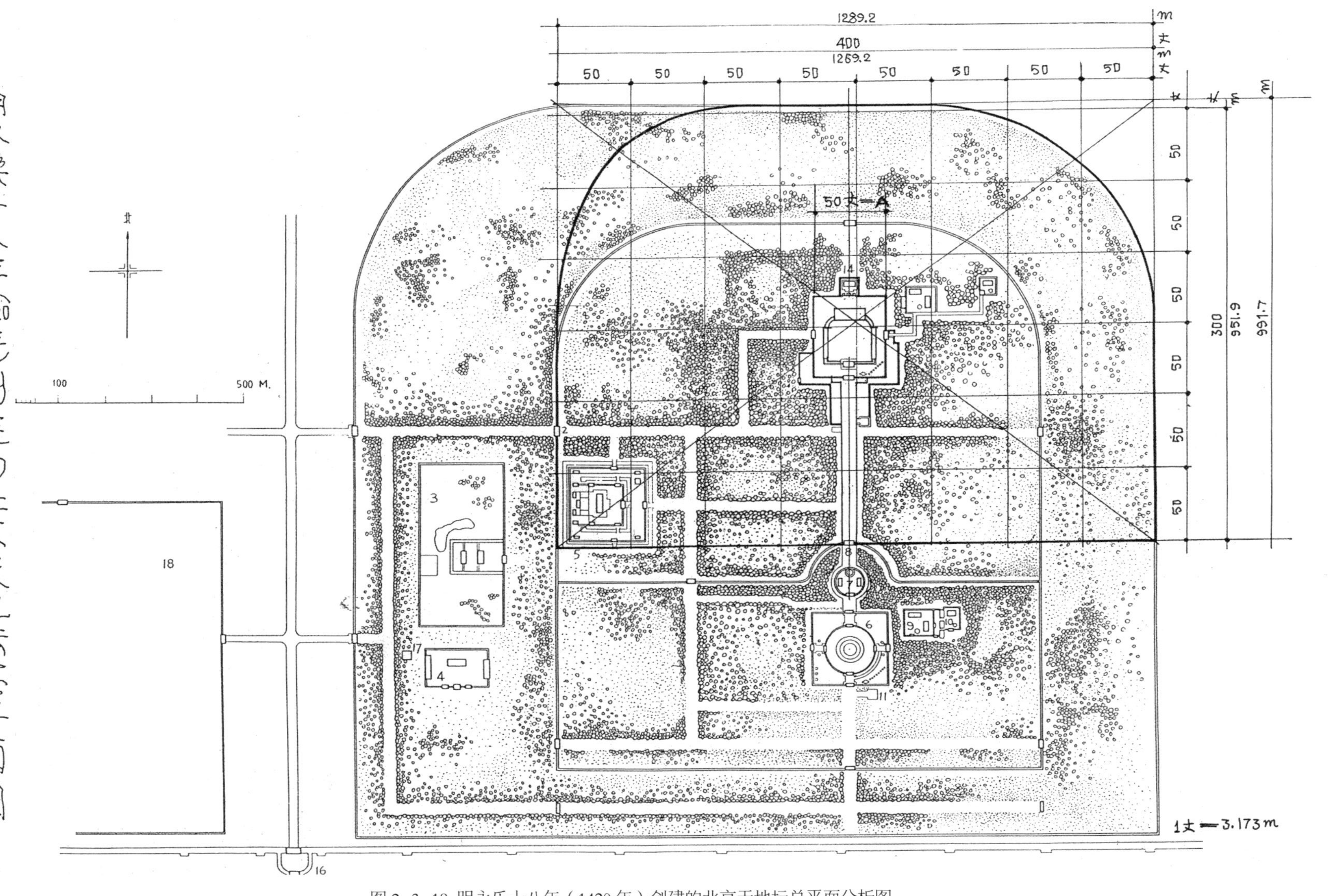

图 2-3-18 明永乐十八年（1420 年）创建的北京天地坛总平面分析图

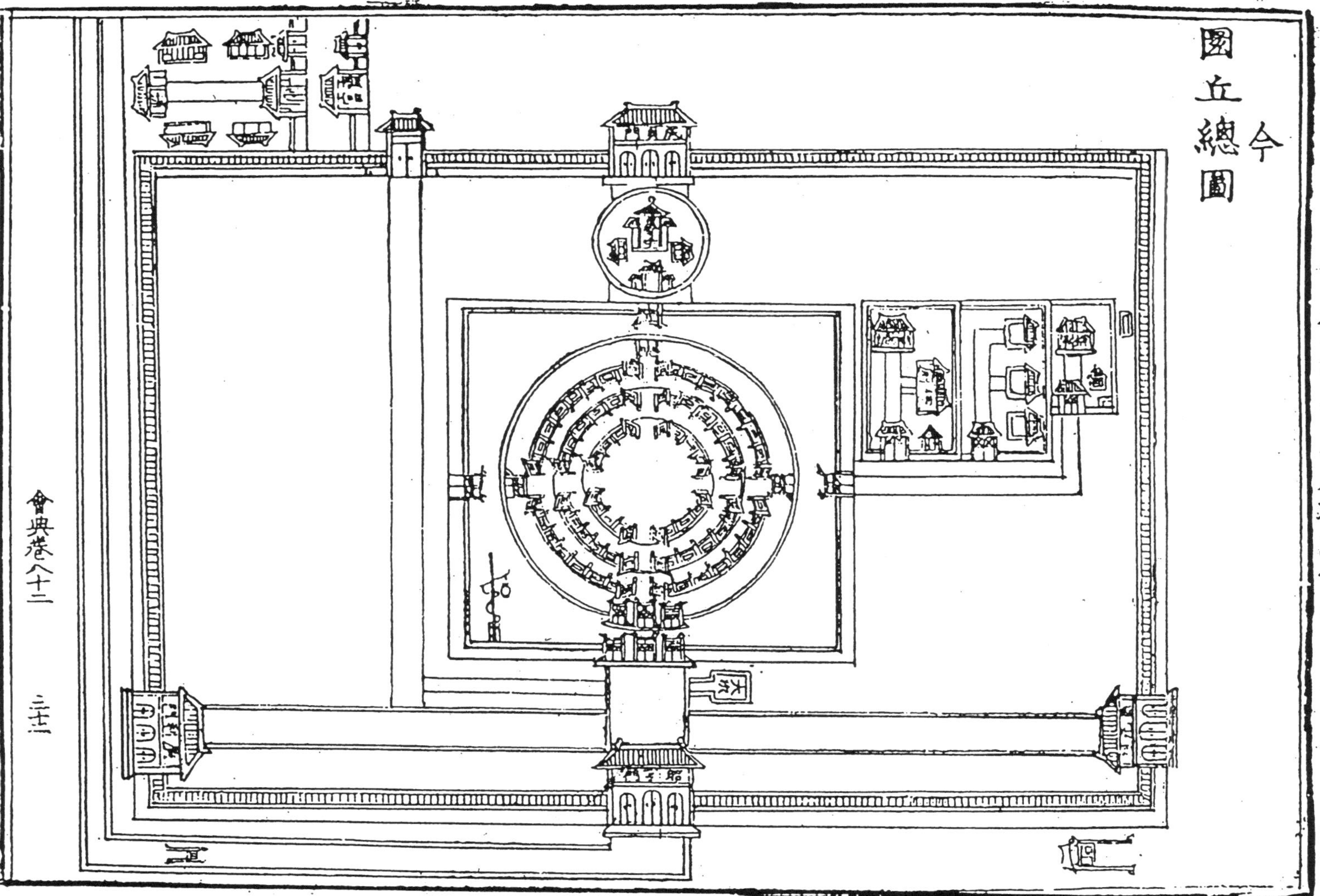

图 2-3-19 《大明会典》中的嘉靖九年建北京圜丘图

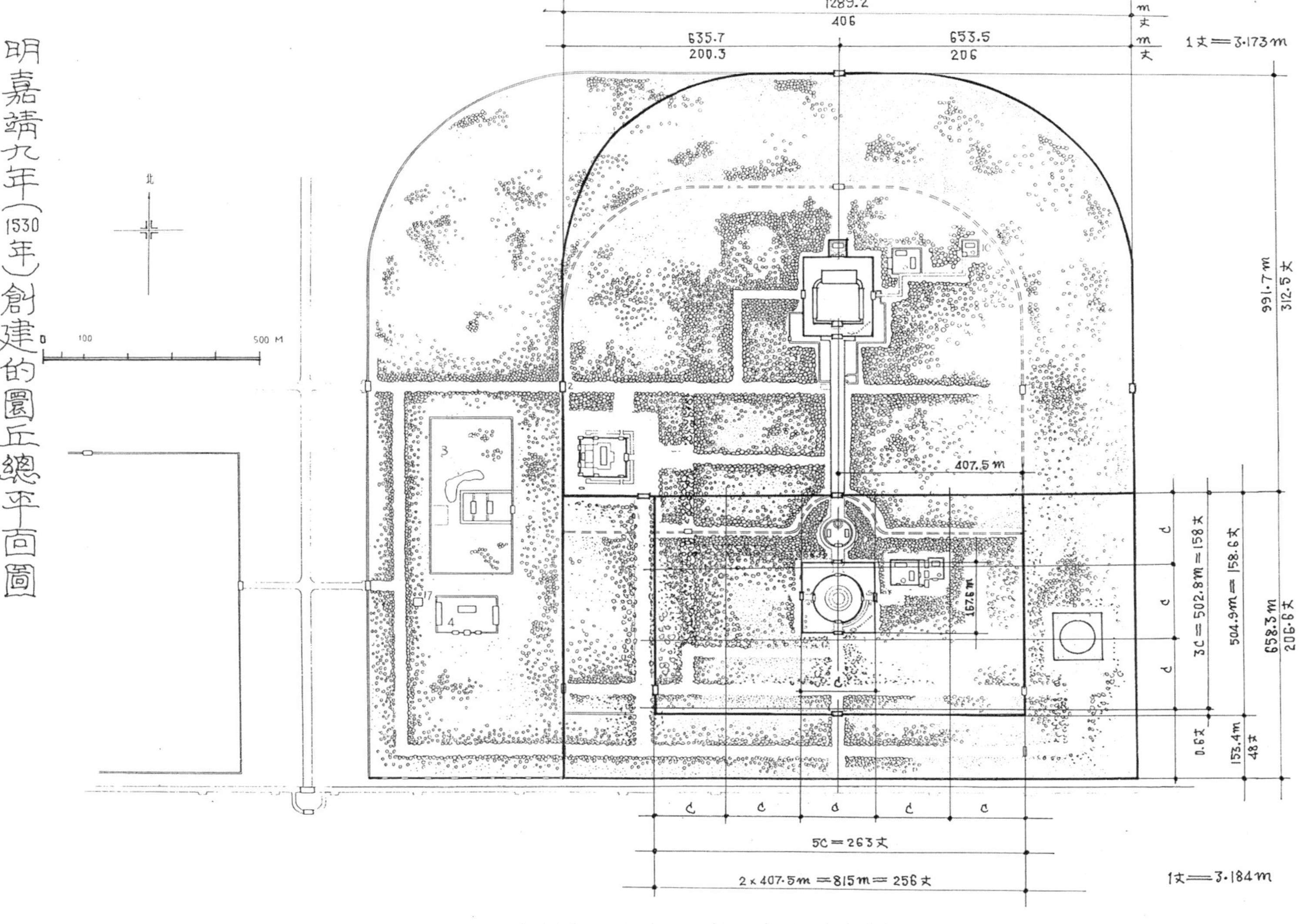

图 2-3-20 明嘉靖九年（1530年）创建的北京圜丘总平面图

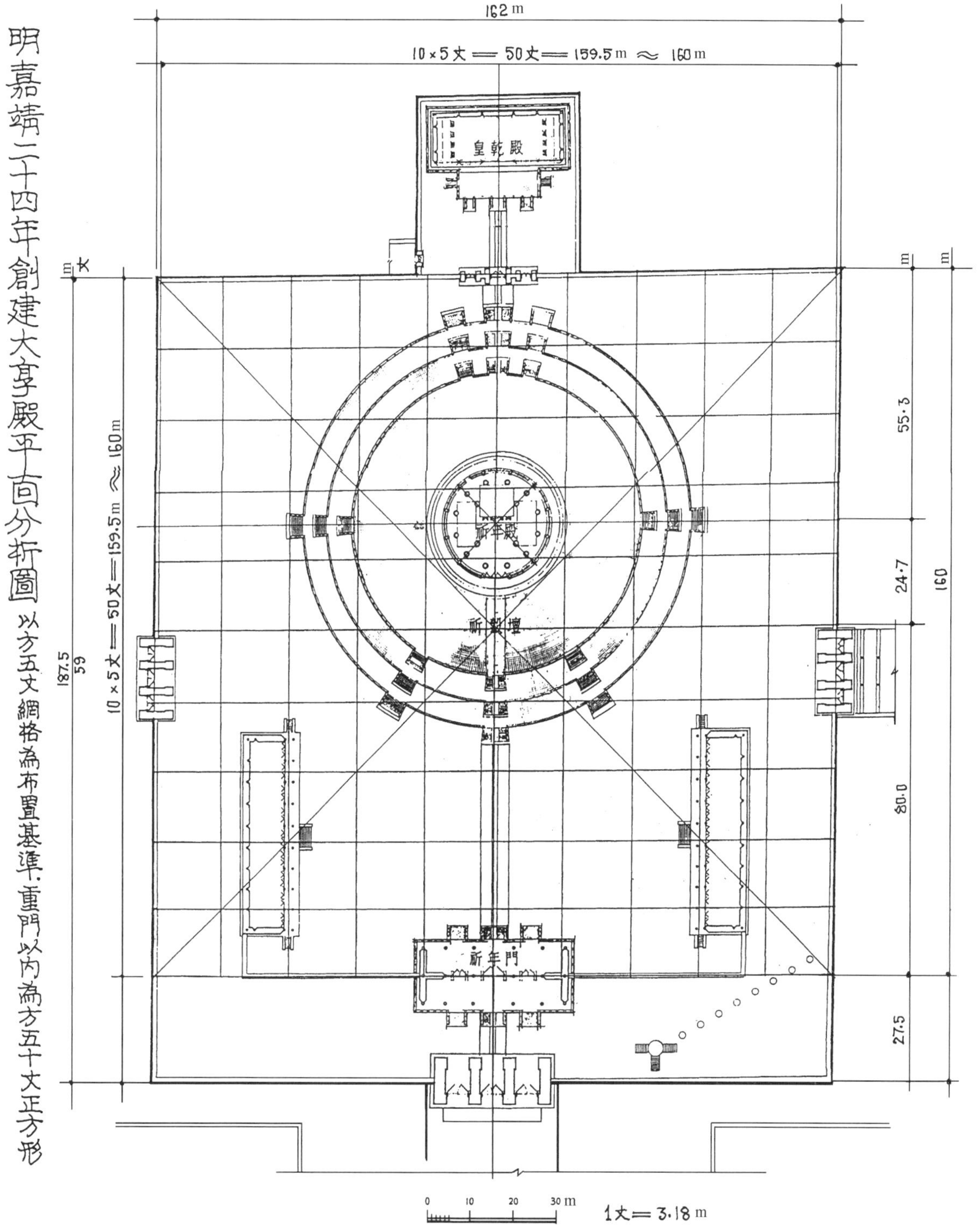

明嘉靖二十四年創建大享殿平面分析圖 以方五丈網格為布置基準，重門以内為方五十丈正方形

图 2-3-21 明嘉靖二十四年创建大享殿平面分析图

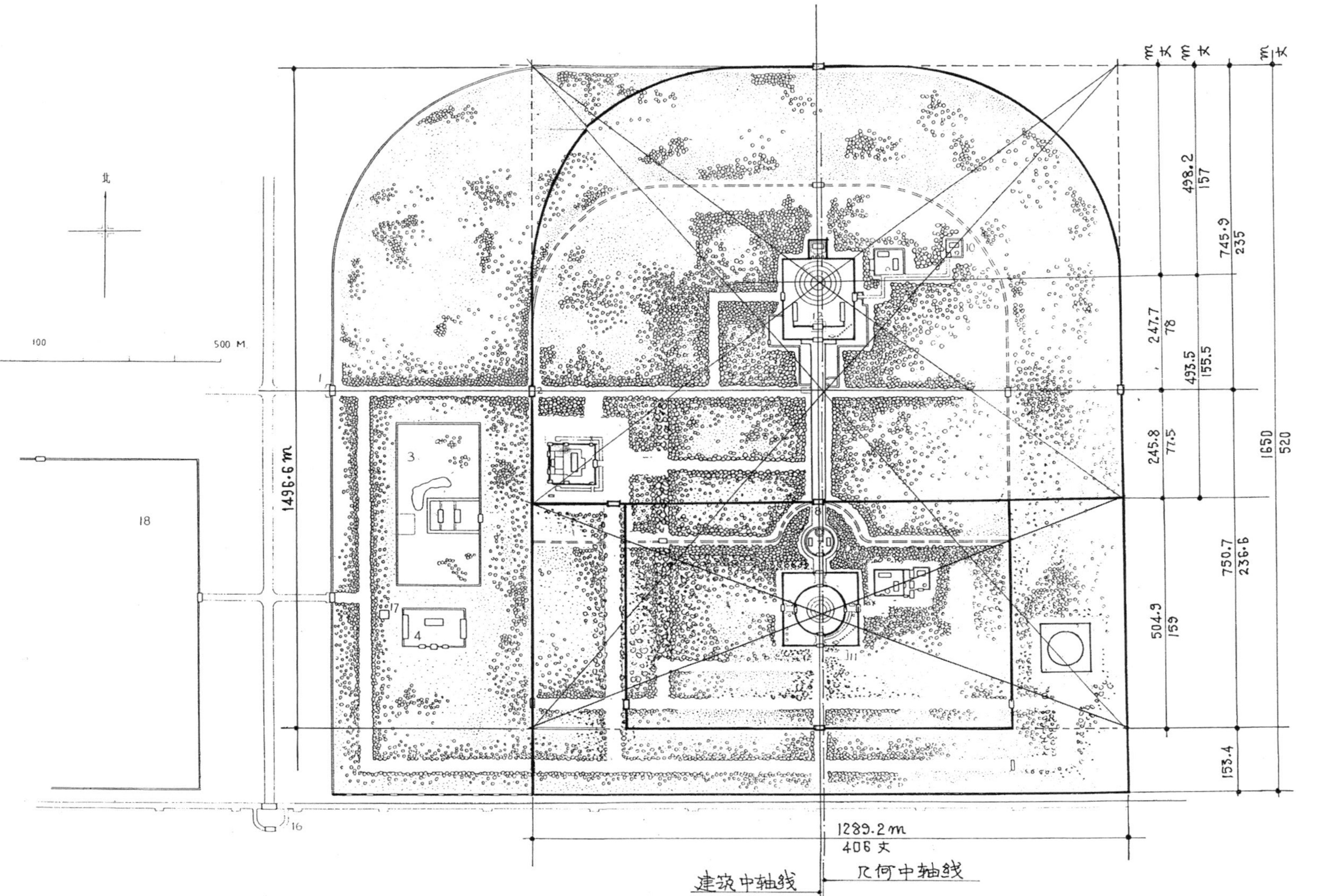

图 2–3–22 明嘉靖二十四年（1545 年）建大享殿（祈年殿）后的天坛总平面图

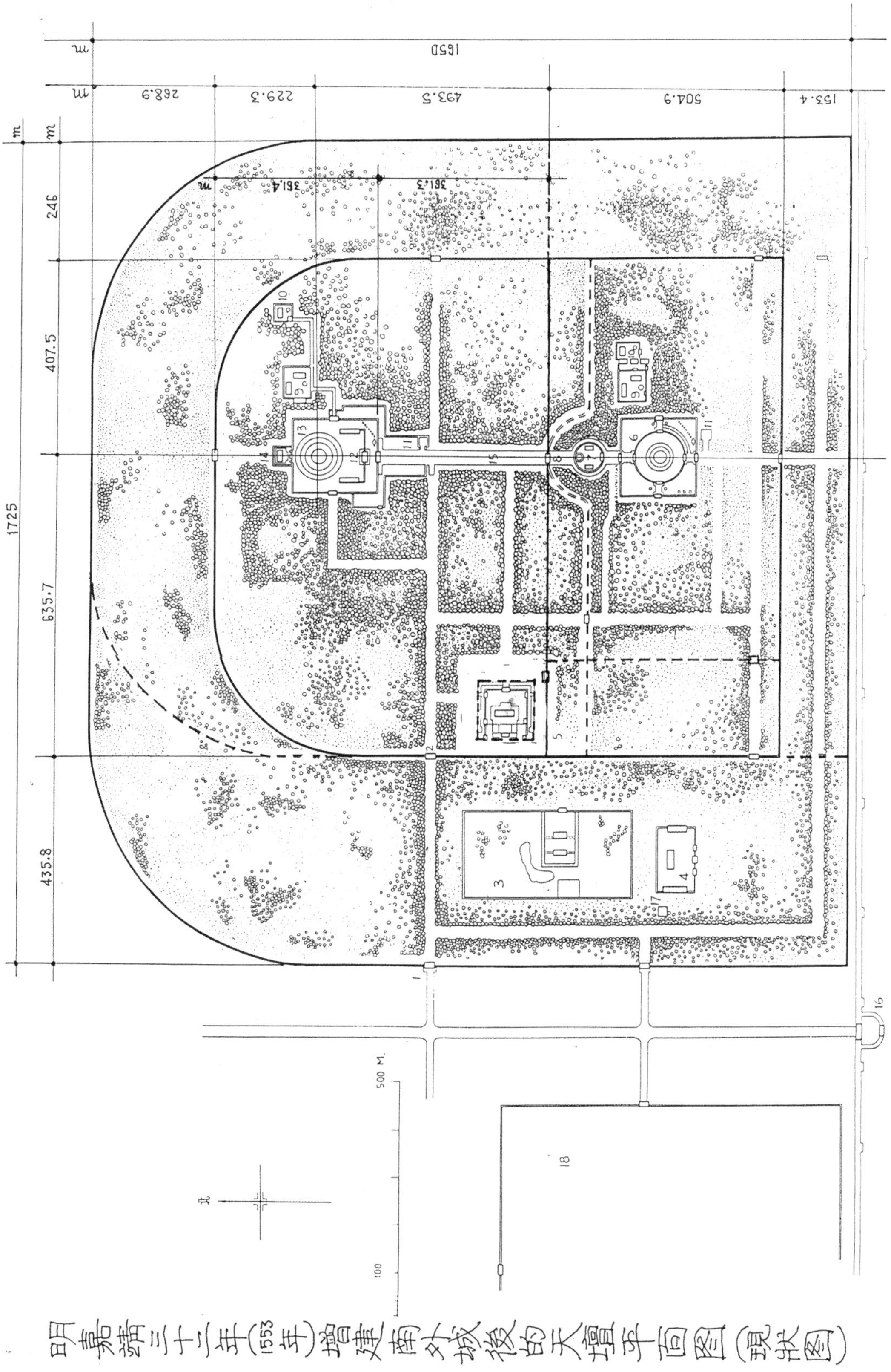

图 2-3-23 明嘉靖三十二年（1553年）增建南外城后的天坛平面图（现状图）

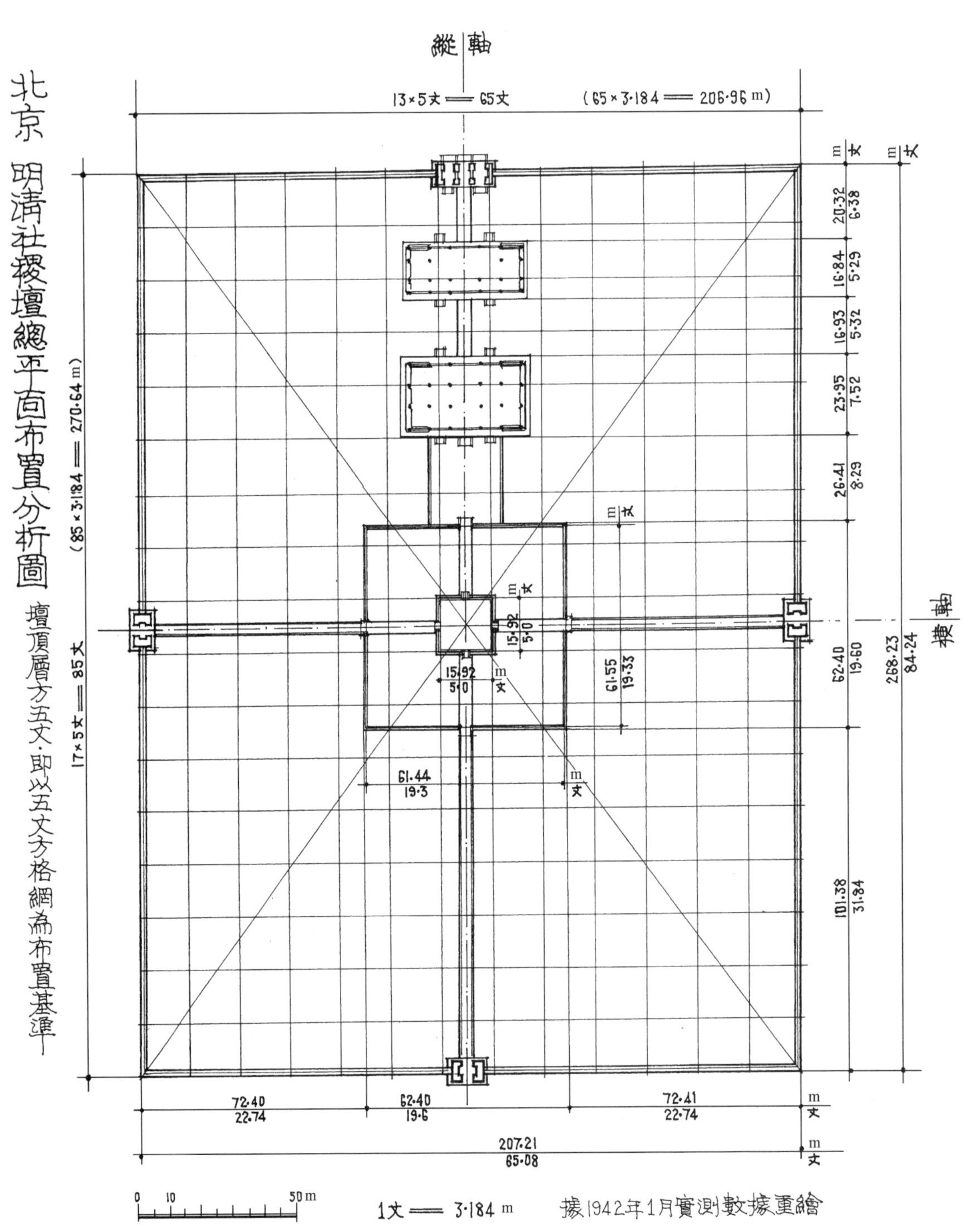
北京明清社稷壇總平面布置分析圖
壇頂層方五丈，即以五丈方格網為布置基準
縱軸
橫軸
13×5丈 —— 65丈
(65×3.184 —— 206.96 m)
17×5丈 —— 85丈
(85×3.184 —— 270.64 m)
20.32
6.38
16.84
5.29
16.93
5.32
23.95
7.52
26.41
8.29
62.40
19.60
101.38
31.84
268.23
84.24
15.92
5.0
61.55
19.33
61.44
19.3
72.40
22.74
62.40
19.6
72.41
22.74
207.21
65.08
1丈 —— 3.184 m
據1942年1月實測數據重繪

图 2-3-24 北京明清社稷坛总平面布置分析图

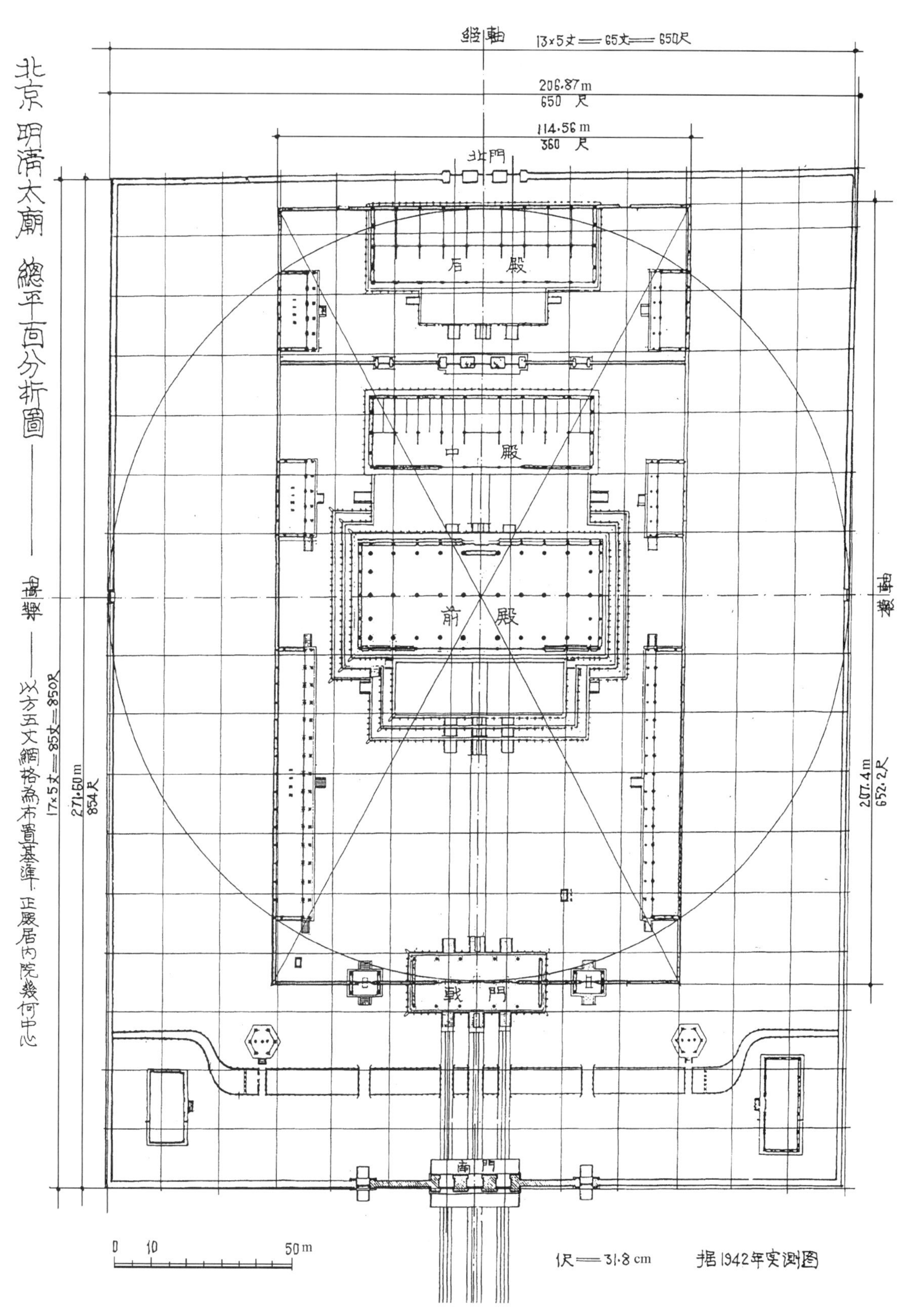

图 2-3-25 北京明清太庙总平面分析图

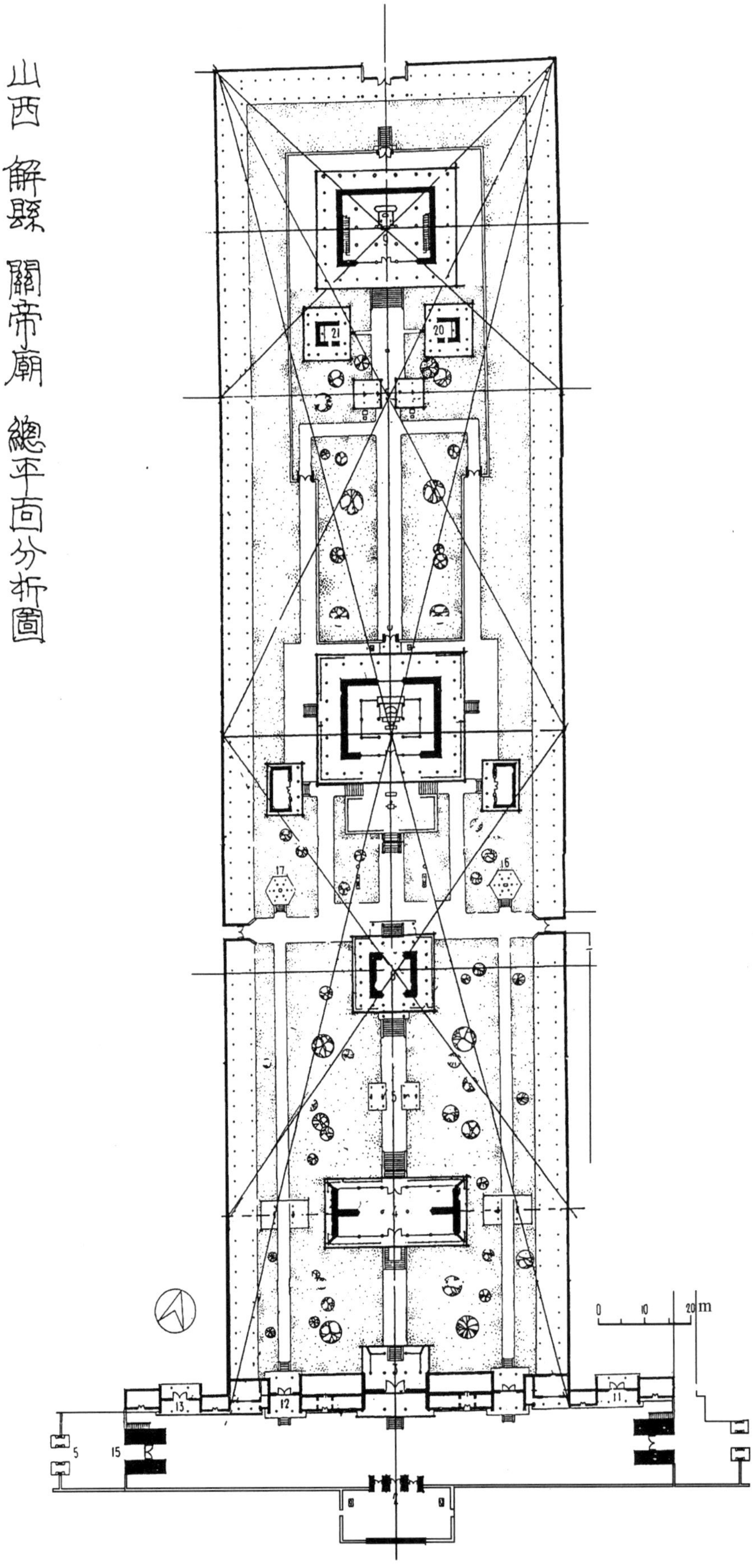

山西 解縣 關帝廟 總平面分析圖

0 10 20m

图 2-3-26 山西解县关帝庙总平面分析图

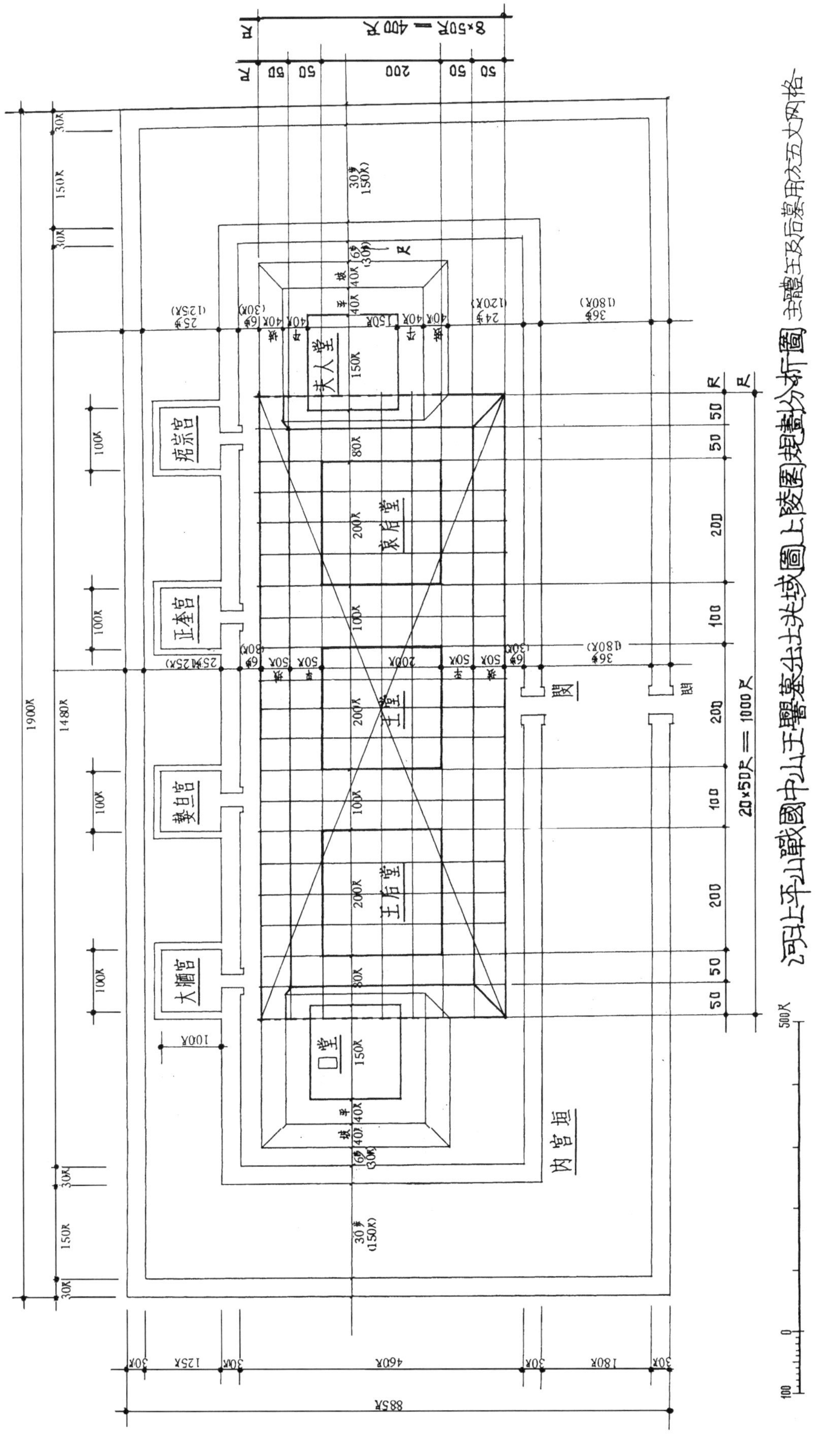

图 2-4-1 河北平山战国中山王墓出土兆域图上陵园规划分析图

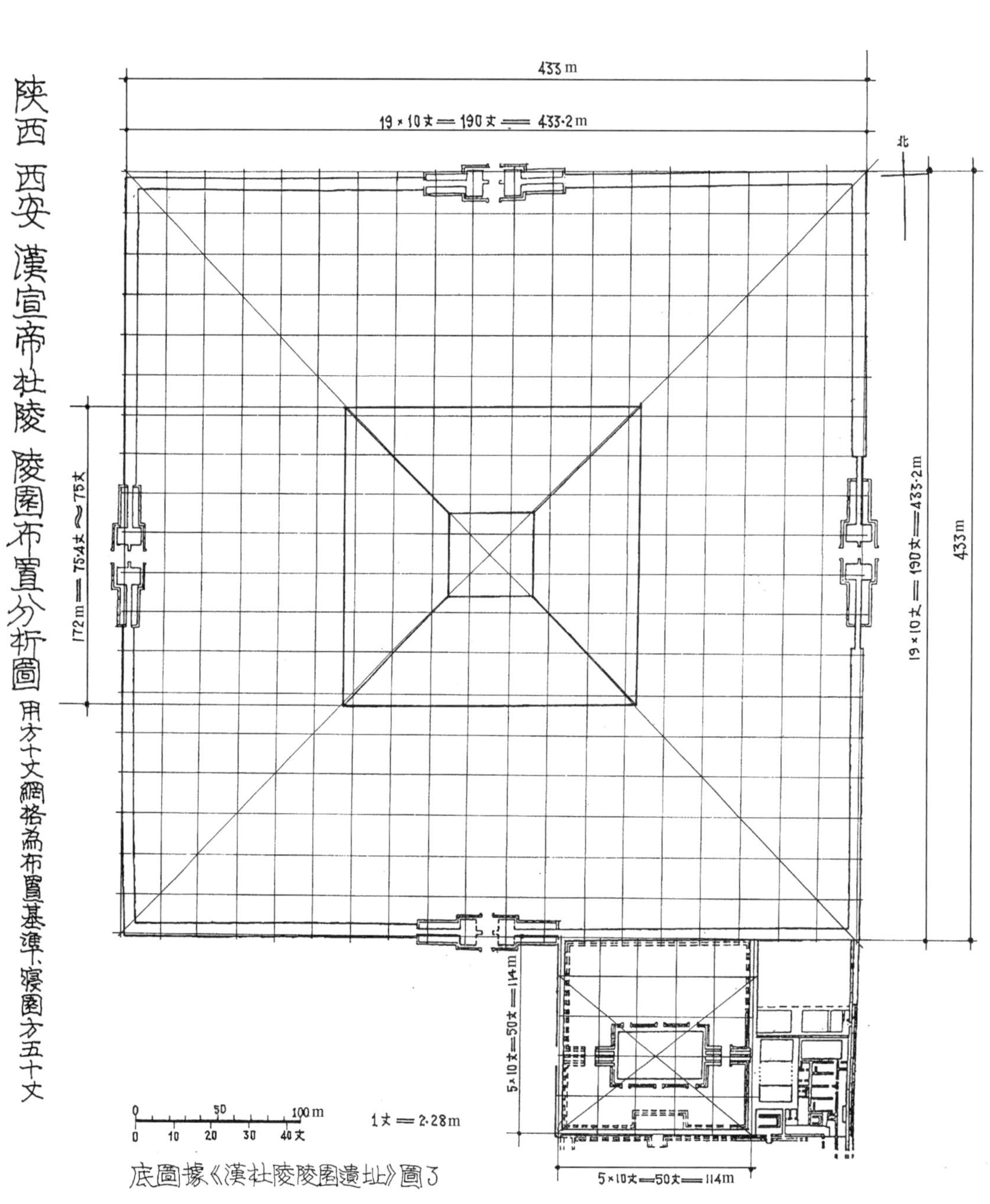

图 2-4-2 陕西西安汉宣帝杜陵陵园布置分析图

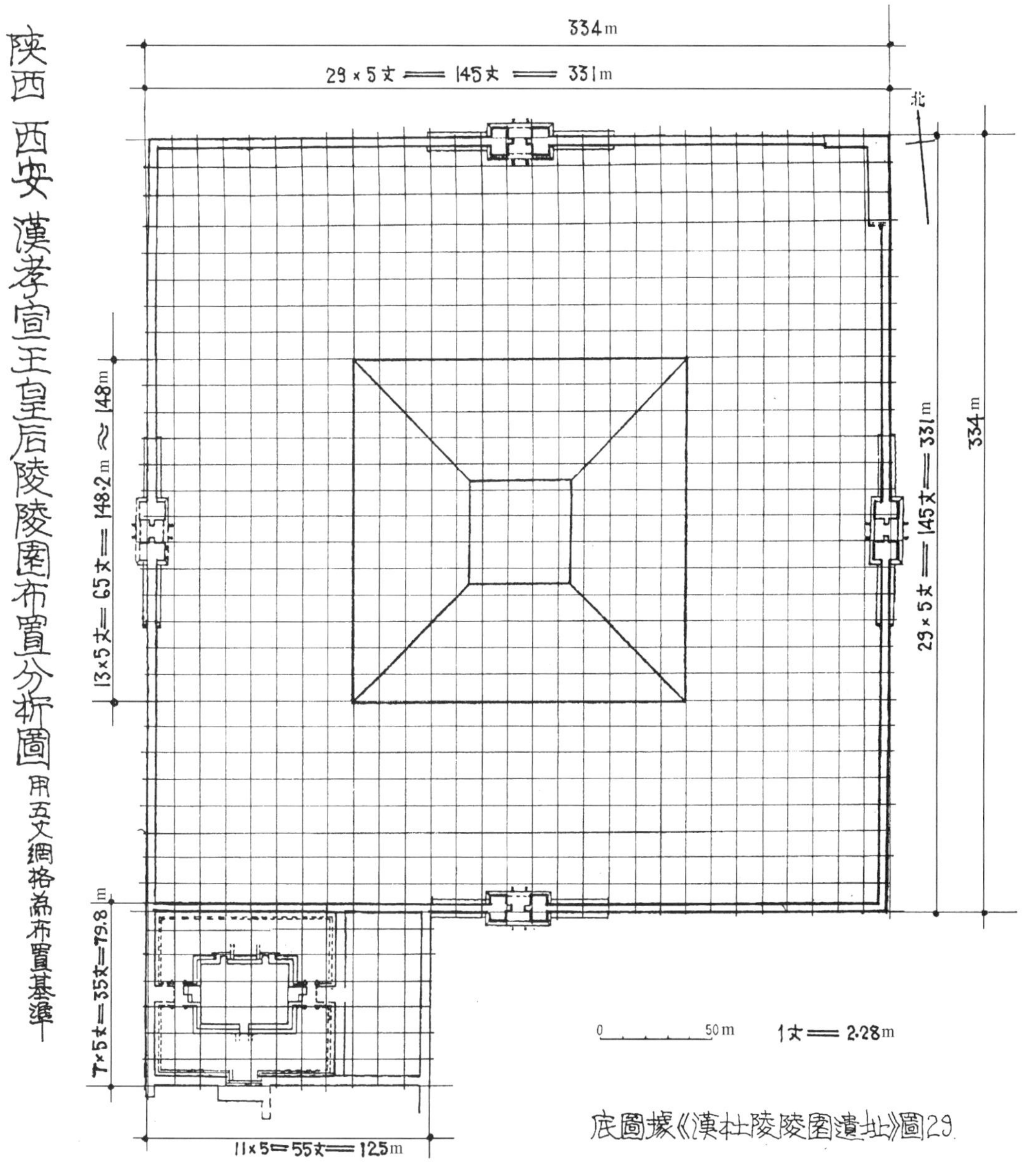

陕西 西安 漢孝宣王皇后陵陵園布置分析圖 用五丈網格為布置基準

334m

29×5丈＝145丈＝331m

北

13×5丈＝65丈＝148.2m≈148

29×5丈＝145丈＝331m

334m

7×5丈＝35丈＝79.8m

0 50m 1丈＝2.28m

底圖據《漢杜陵陵園遺址》圖29

11×5＝55丈＝125m

图 2-4-3 陕西西安汉孝宣王皇后陵陵园布置分析图

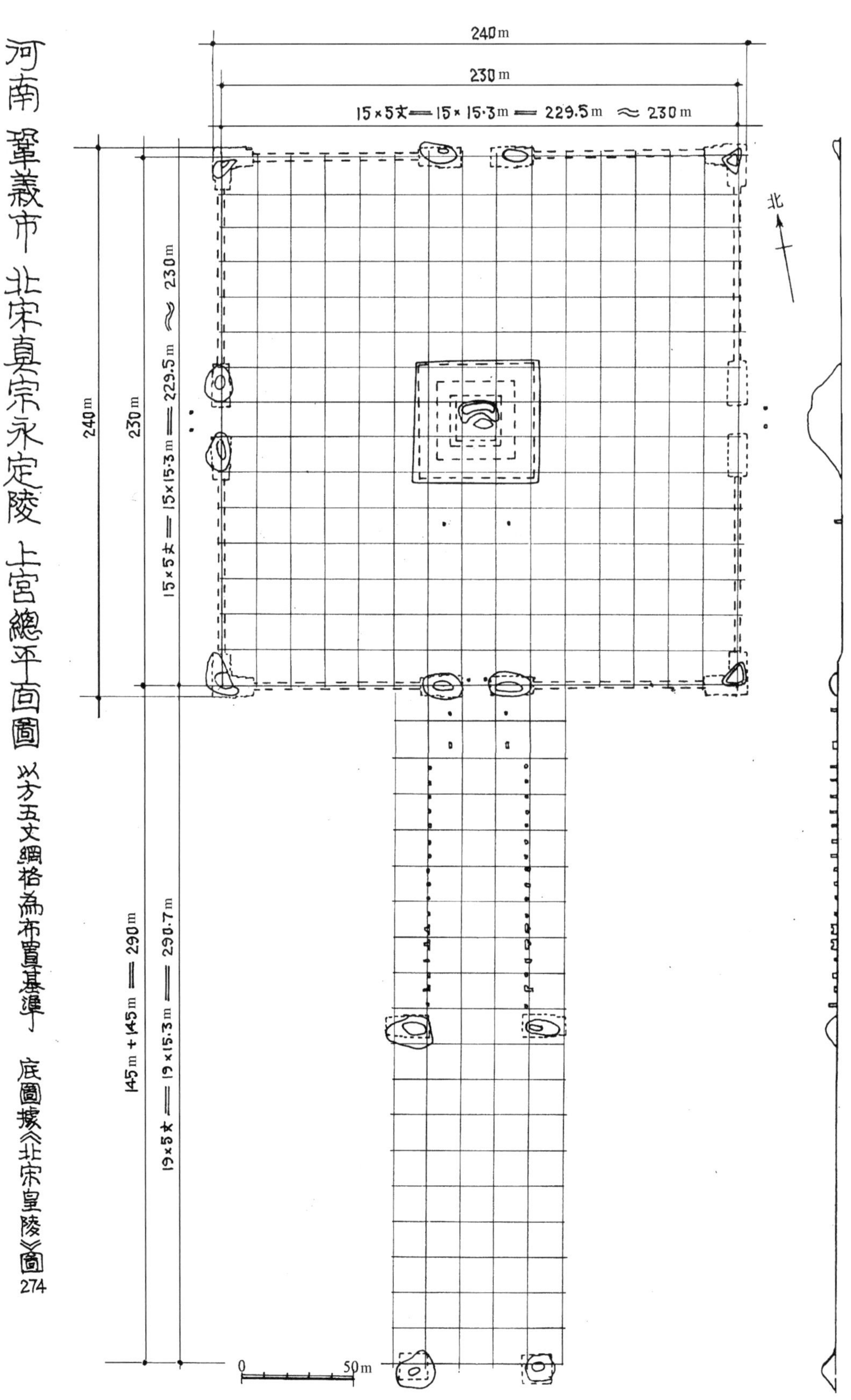

图 2-4-4 河南巩义市北宋真宗永定陵上宫总平面图

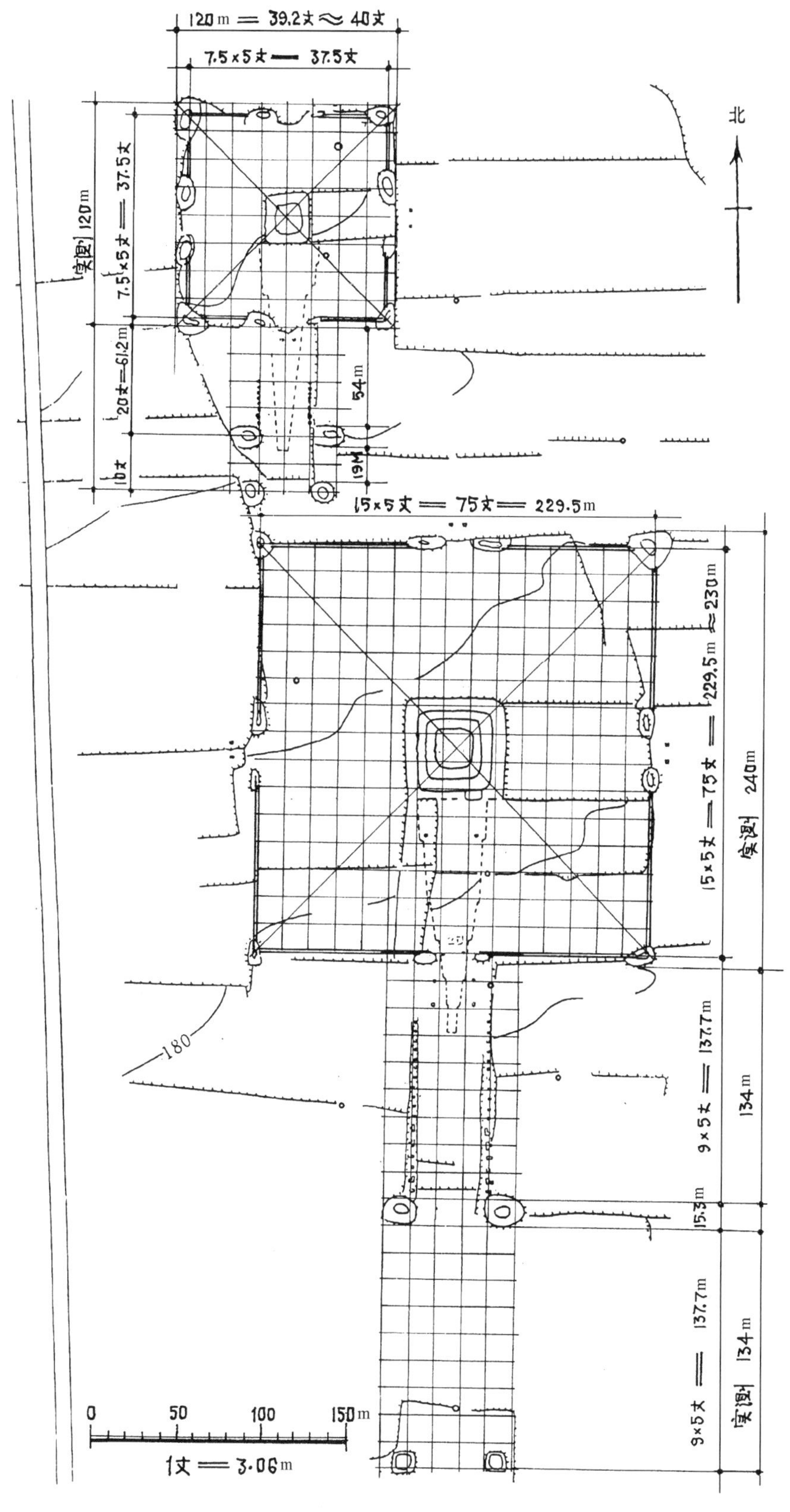

图 2-4-5 河南巩义市北宋仁宗永昭陵及曹后陵园总平面布置分析图

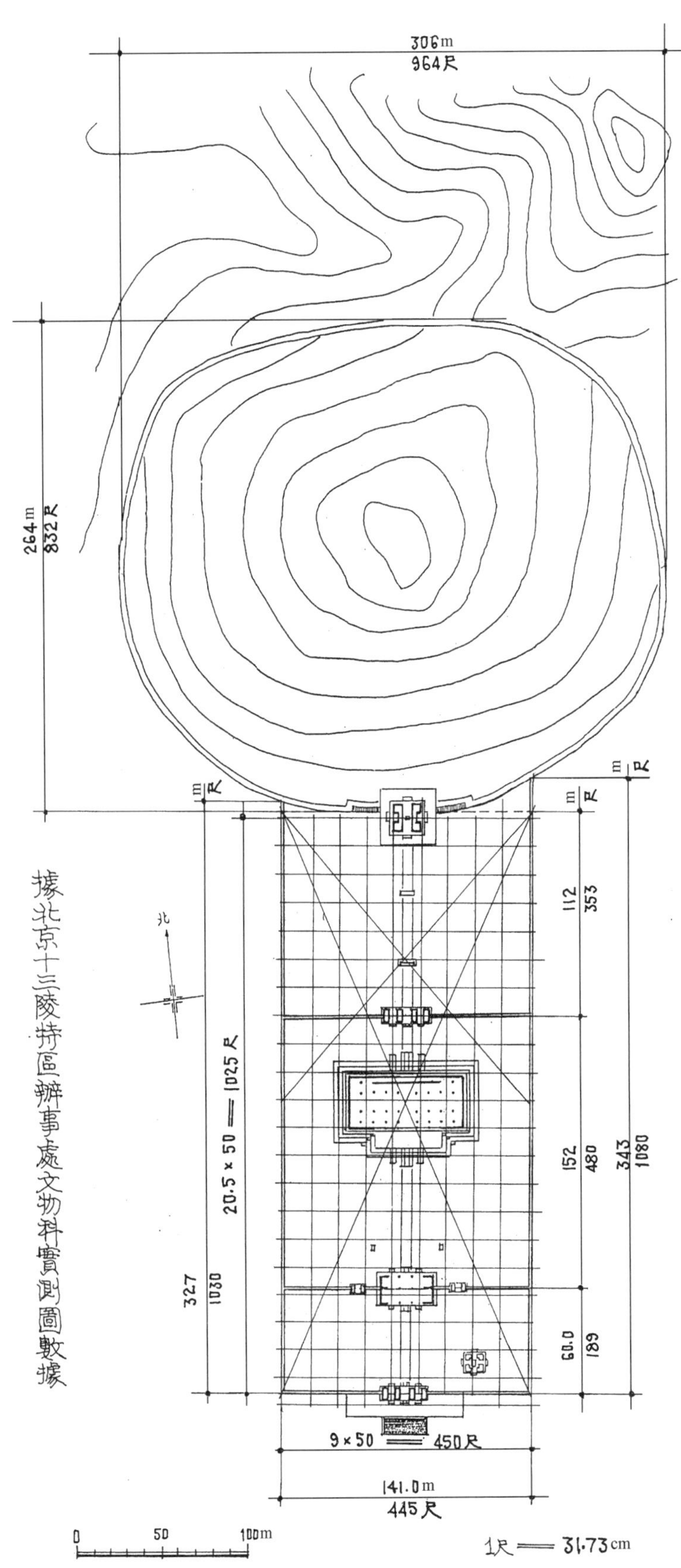

图 2-4-6 北京昌平明长陵总平面分析图

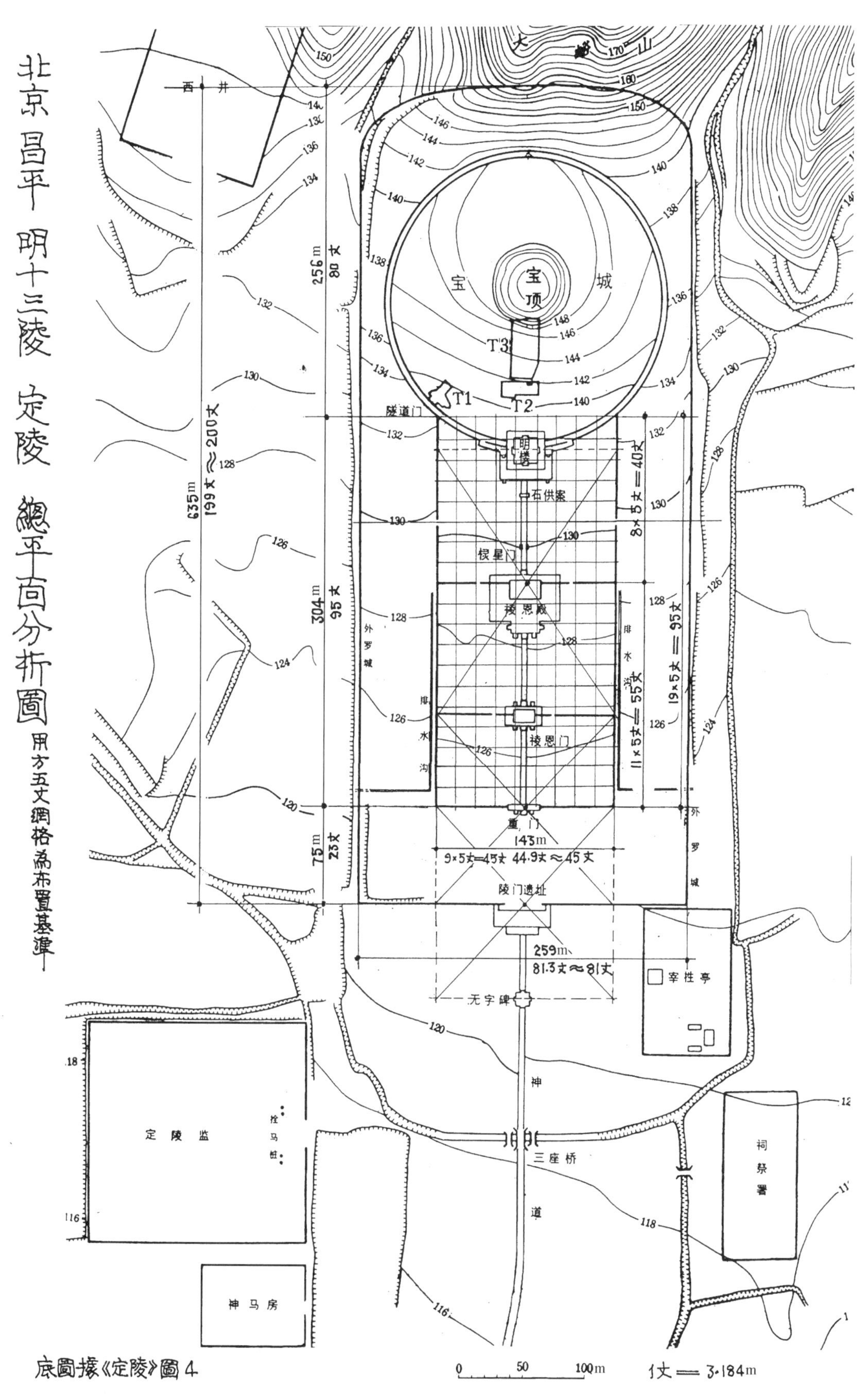

图 2-4-7 北京昌平明十三陵定陵总平面分析图

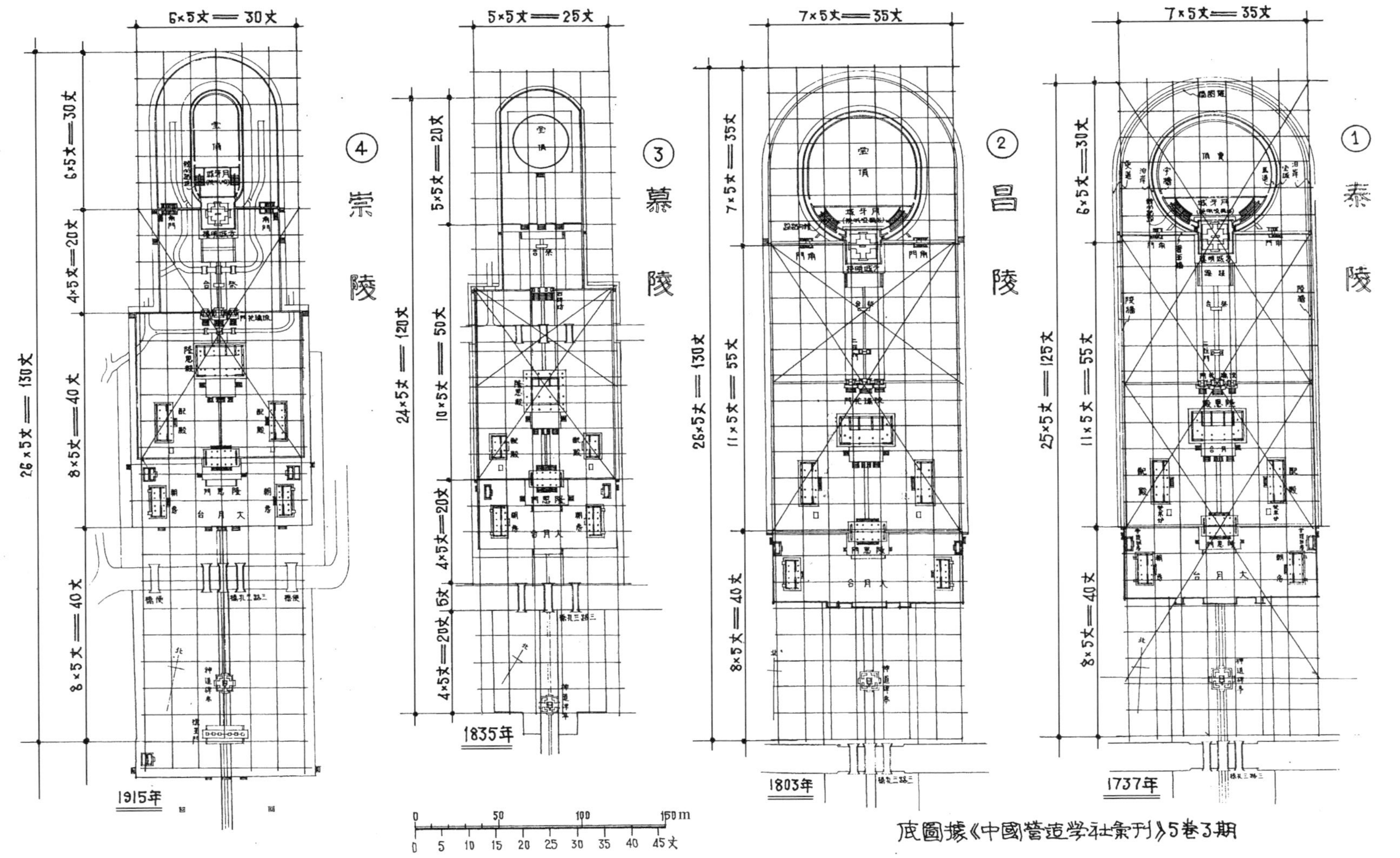

图 2-4-8 河北易县清西陵帝陵平面分析图

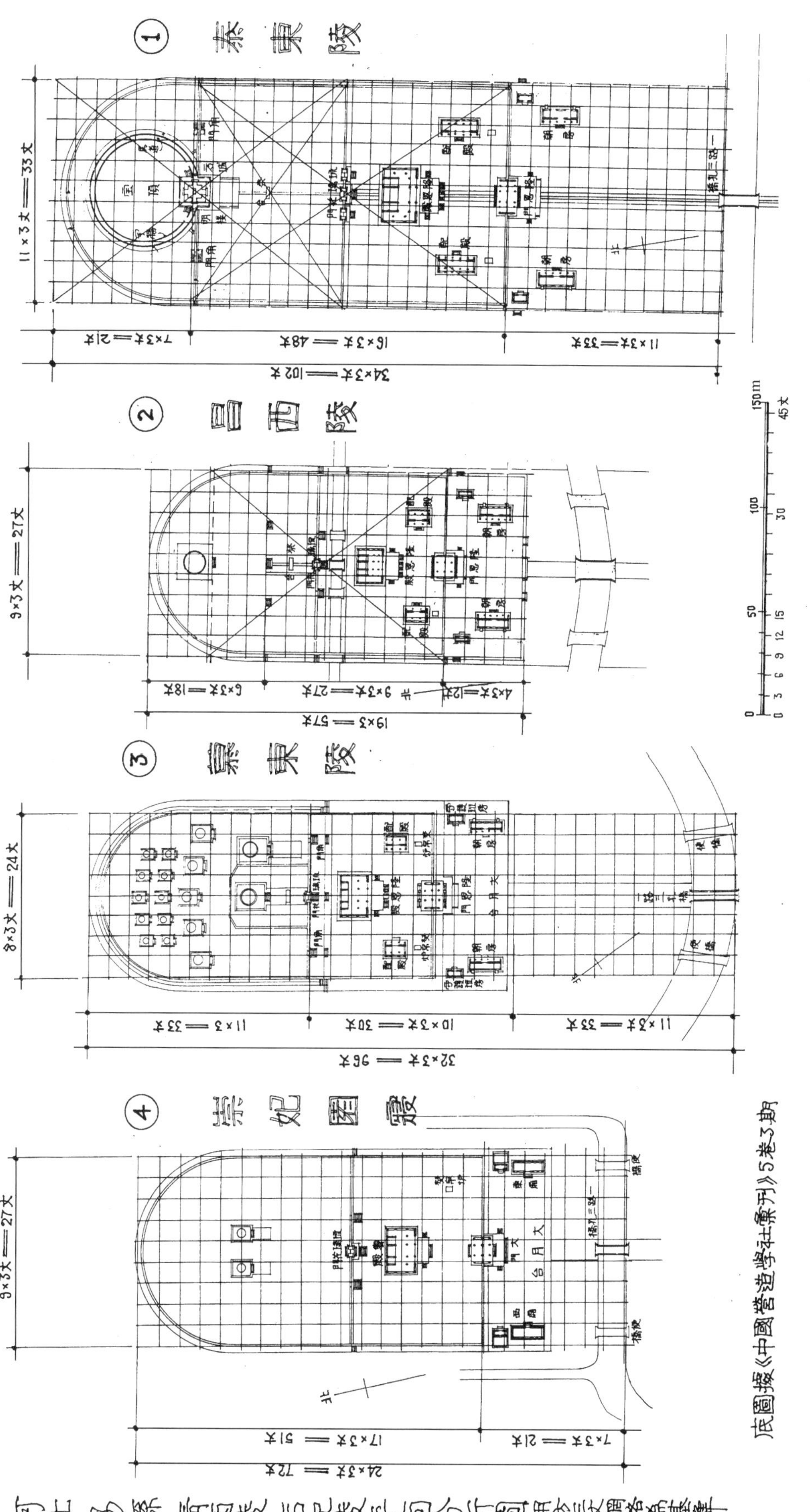

图 2-4-9 河北易县清西陵后妃陵平面分析图

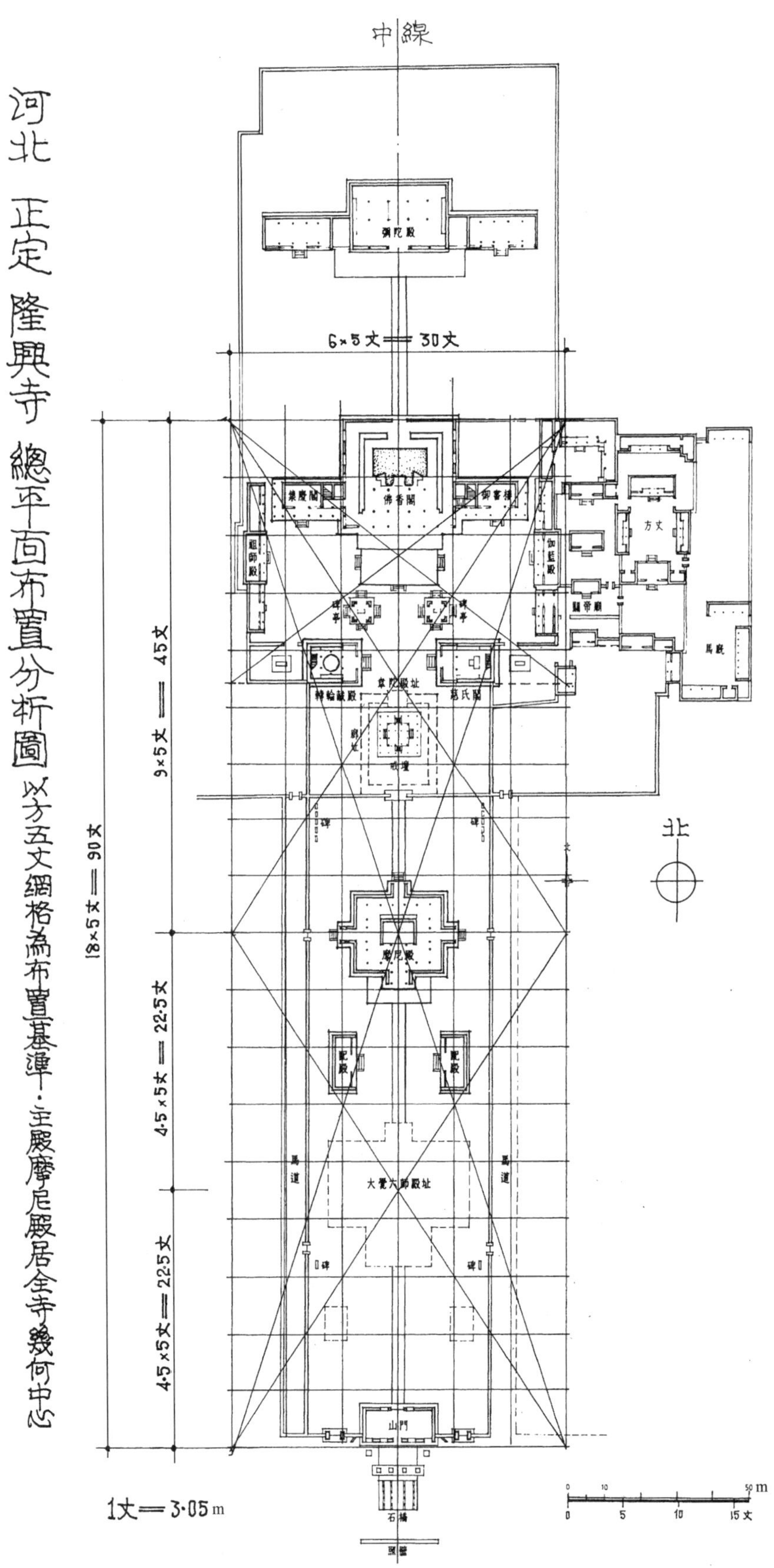

图 2-5-1 河北正定隆兴寺总平面布置分析图（1）

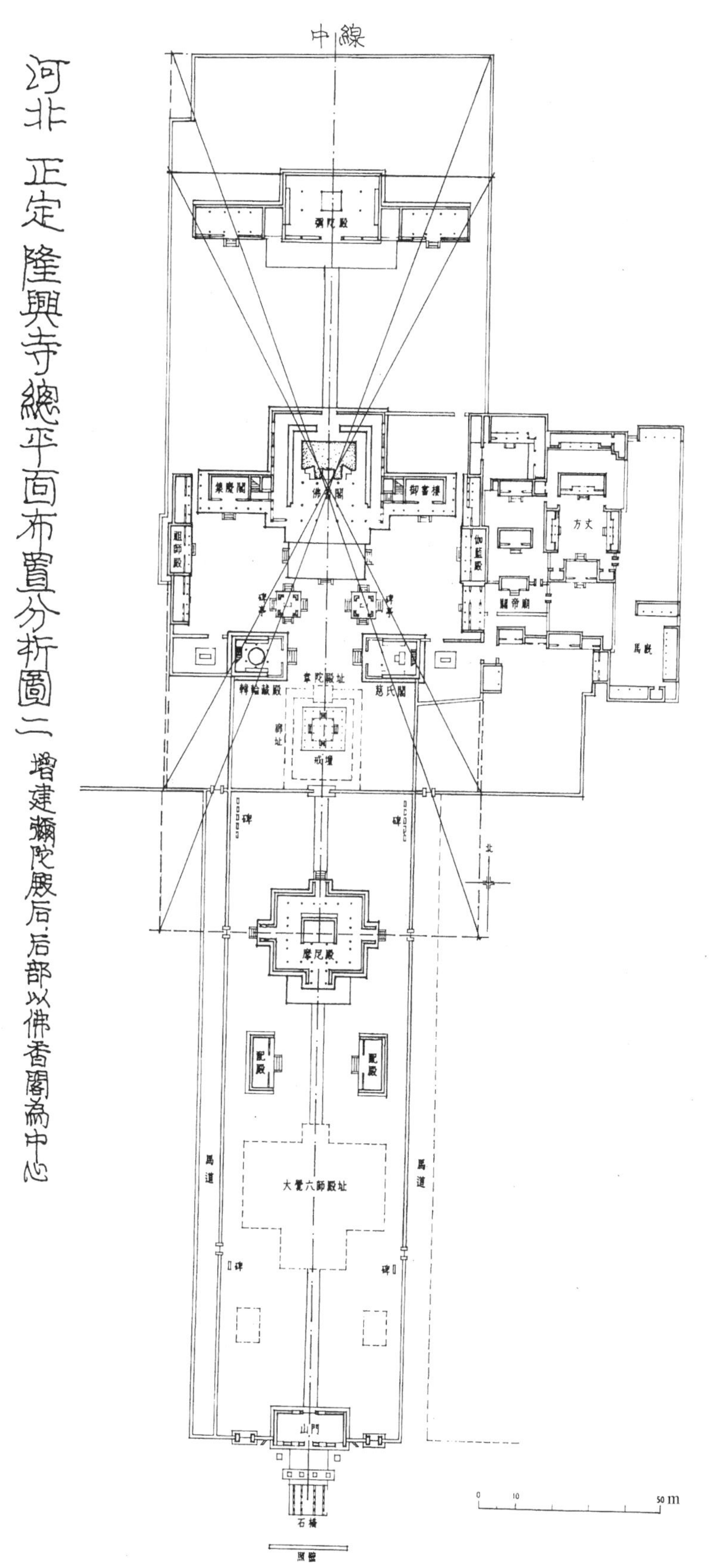

图 2-5-2 河北正定隆兴寺总平面布置分析图（2）

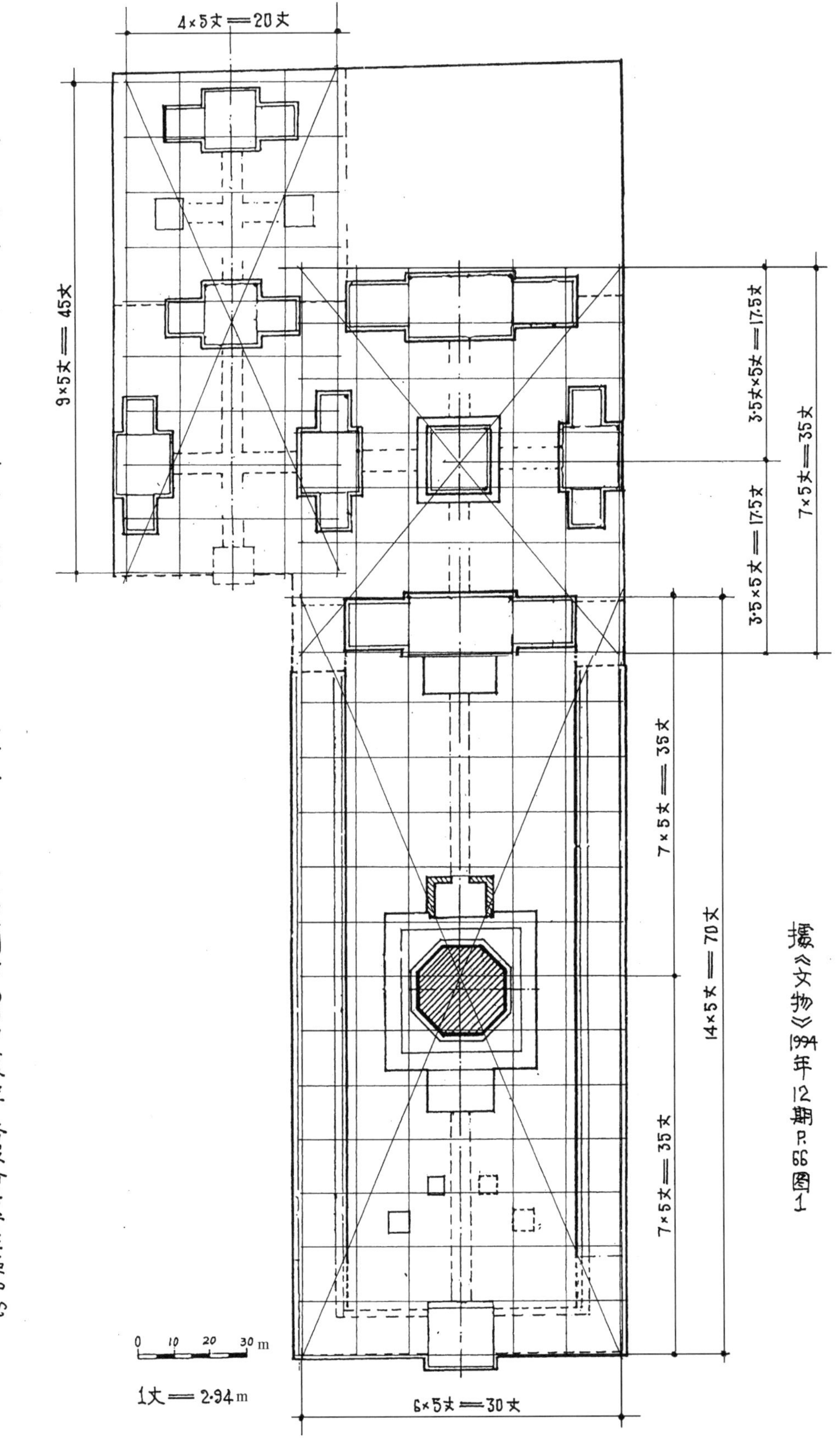

图 2-5-3 内蒙古巴林右旗庆州白塔寺址总平面布置分析图

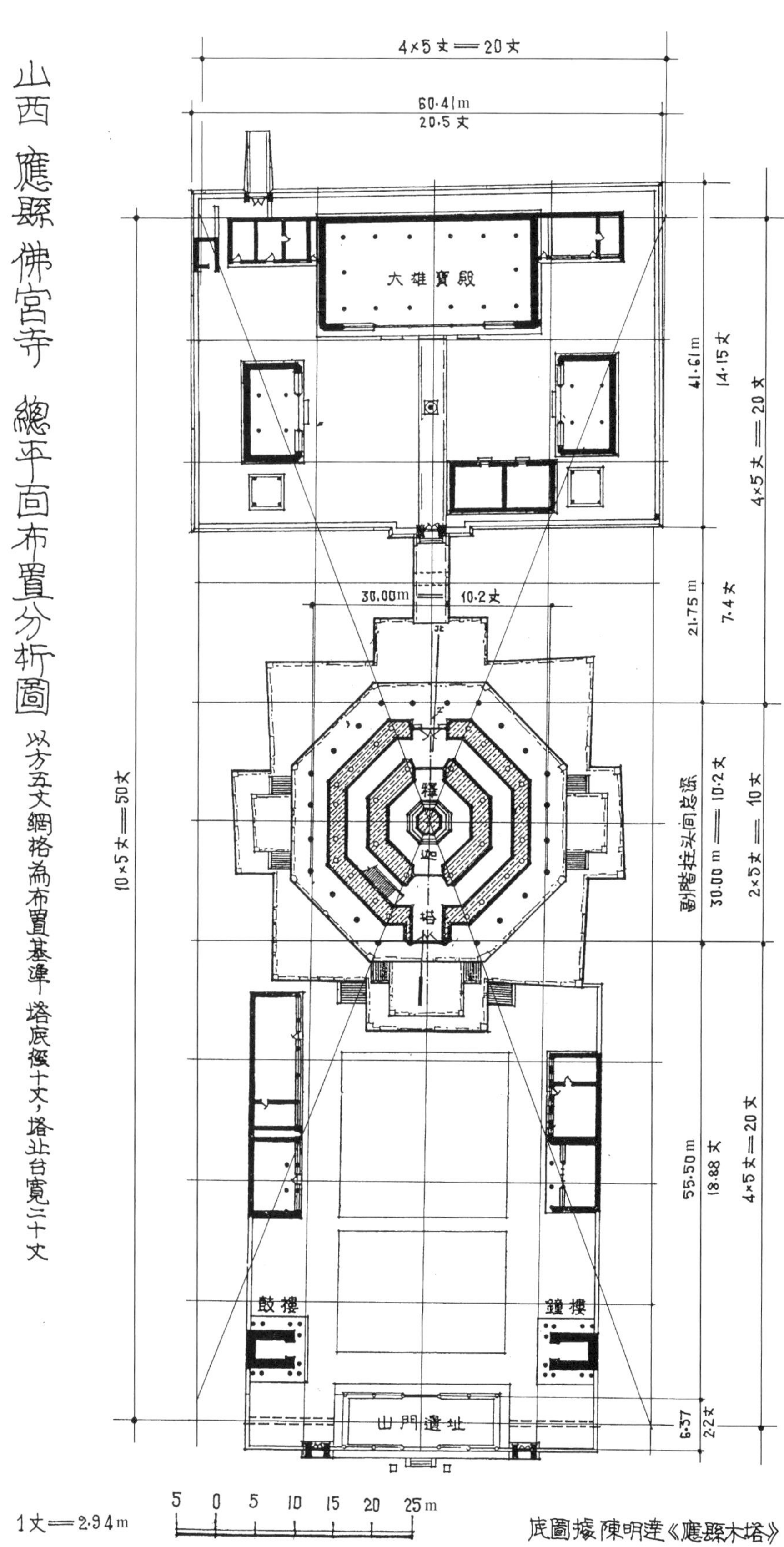

图 2-5-4 山西应县佛宫寺总平面布置分析图

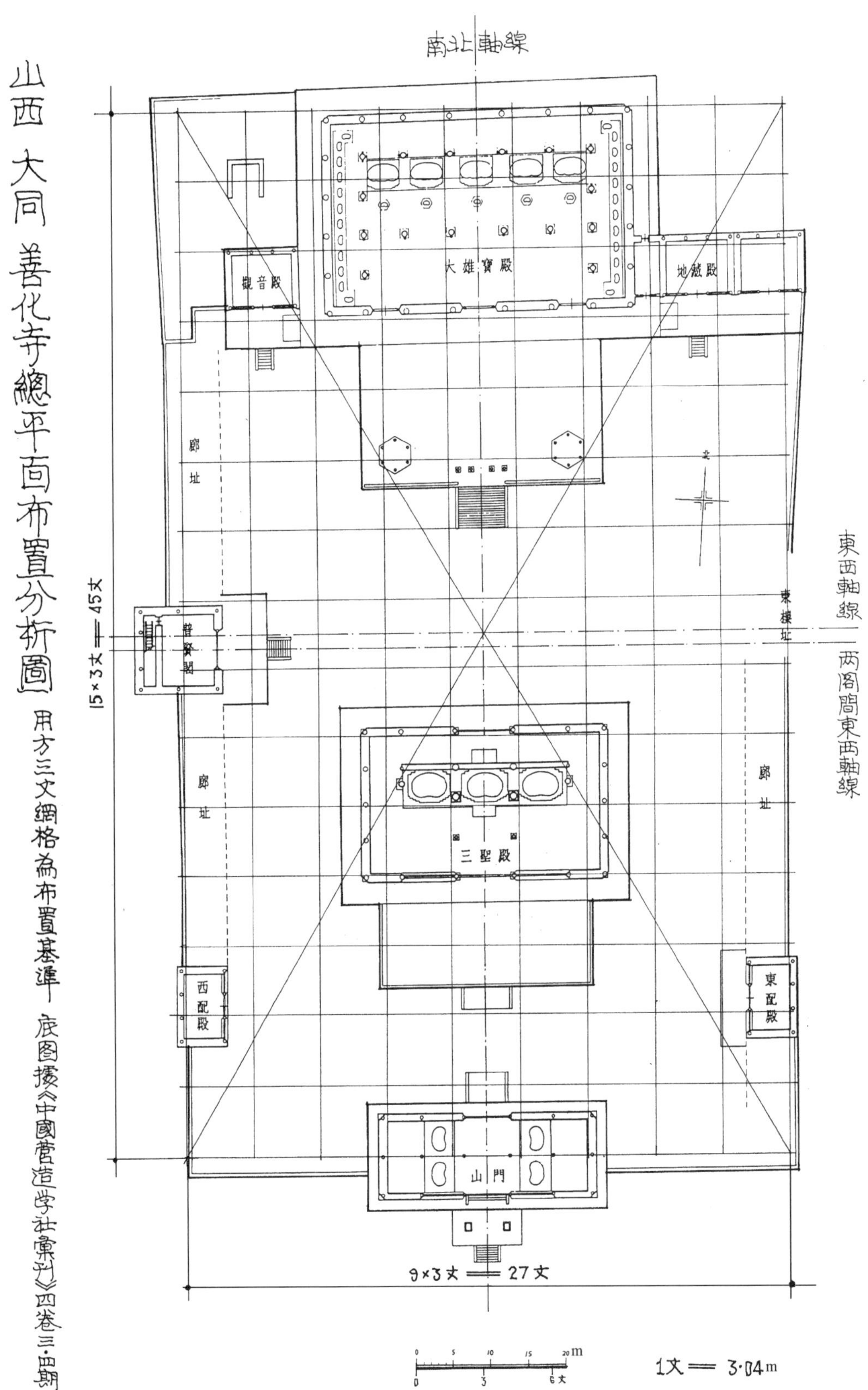

图 2-5-5 山西大同善化寺总平面布置分析图

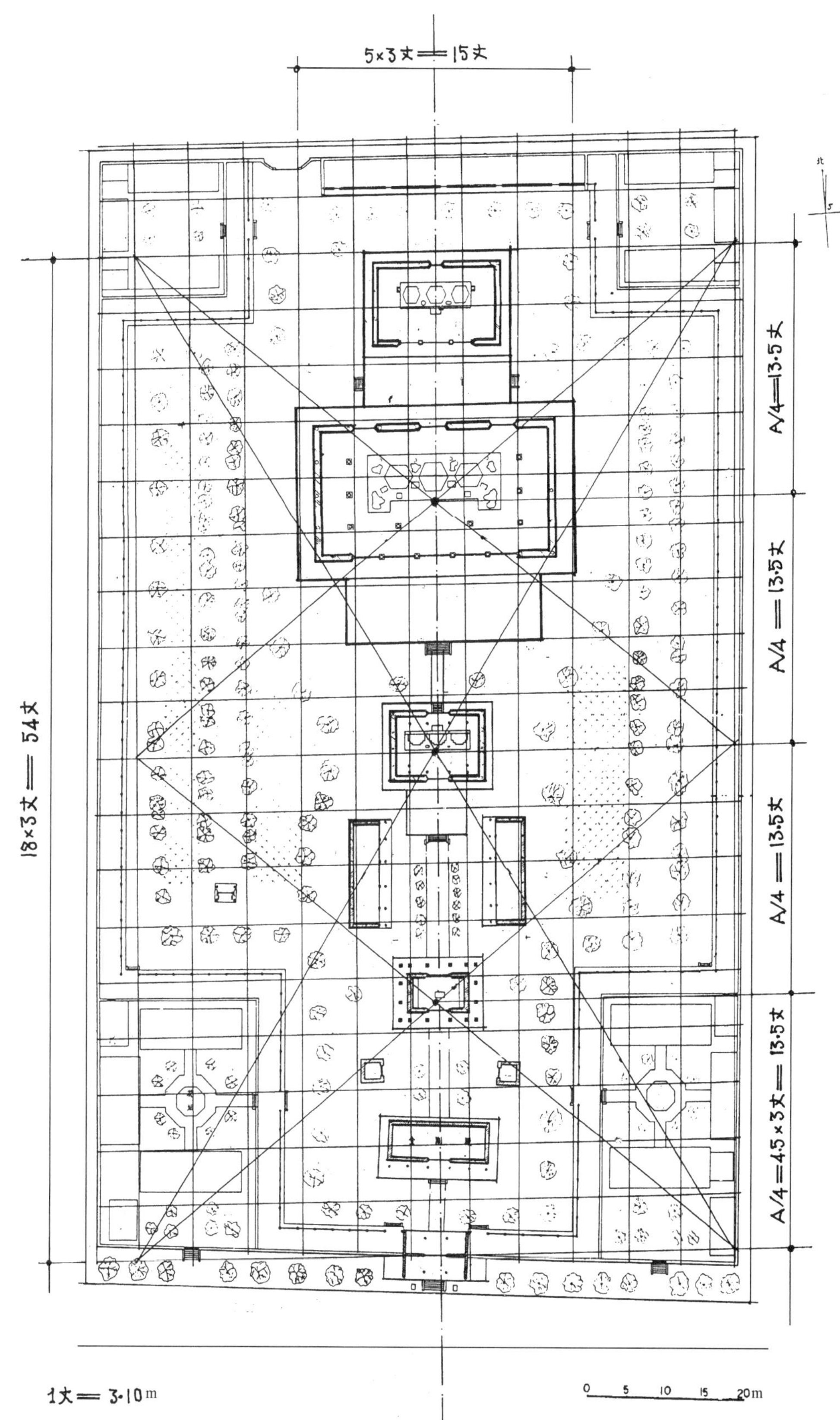

图 2-5-6 山西朔县崇福寺总平面布置分析图

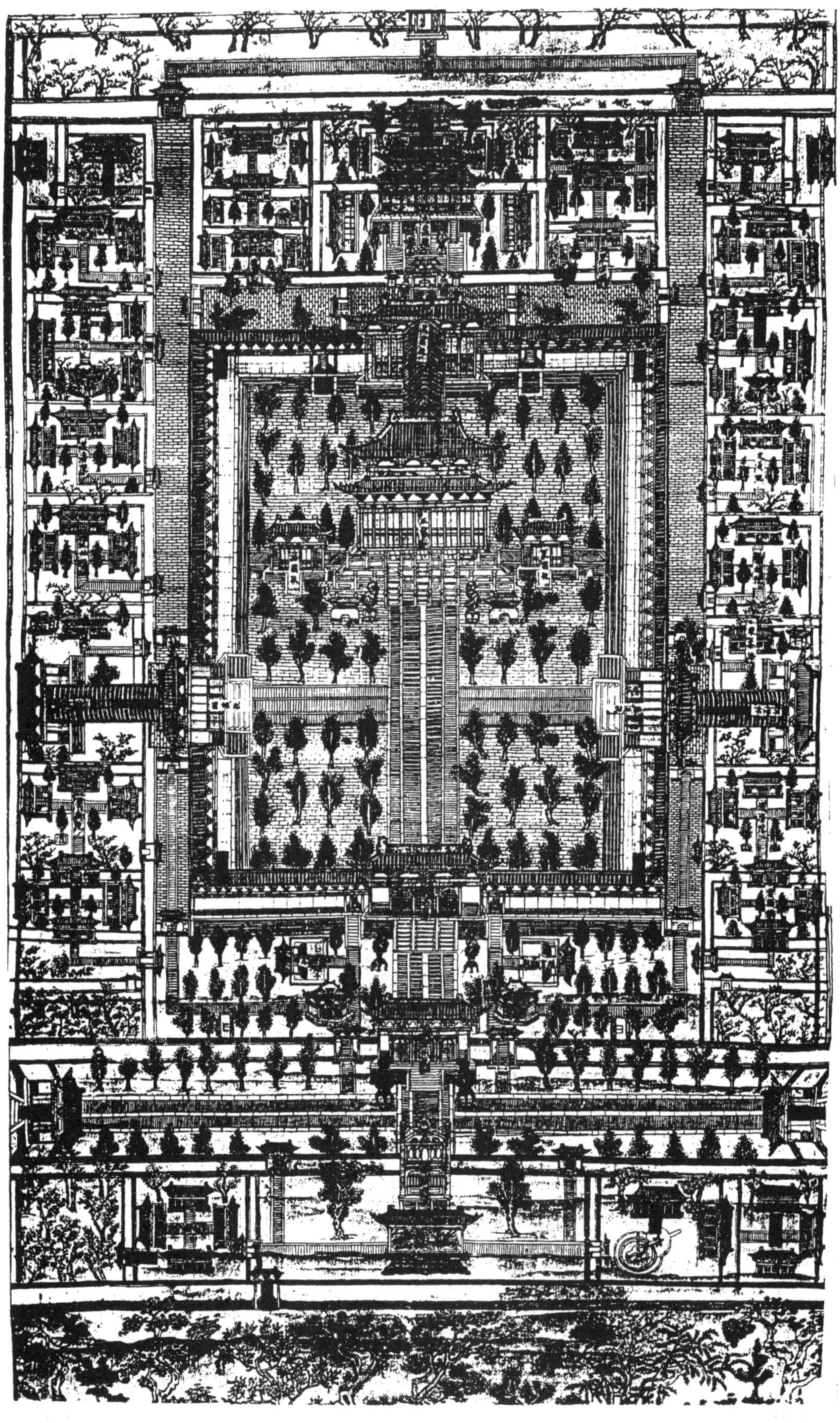

图 2-5-7 山西太原崇善寺全图

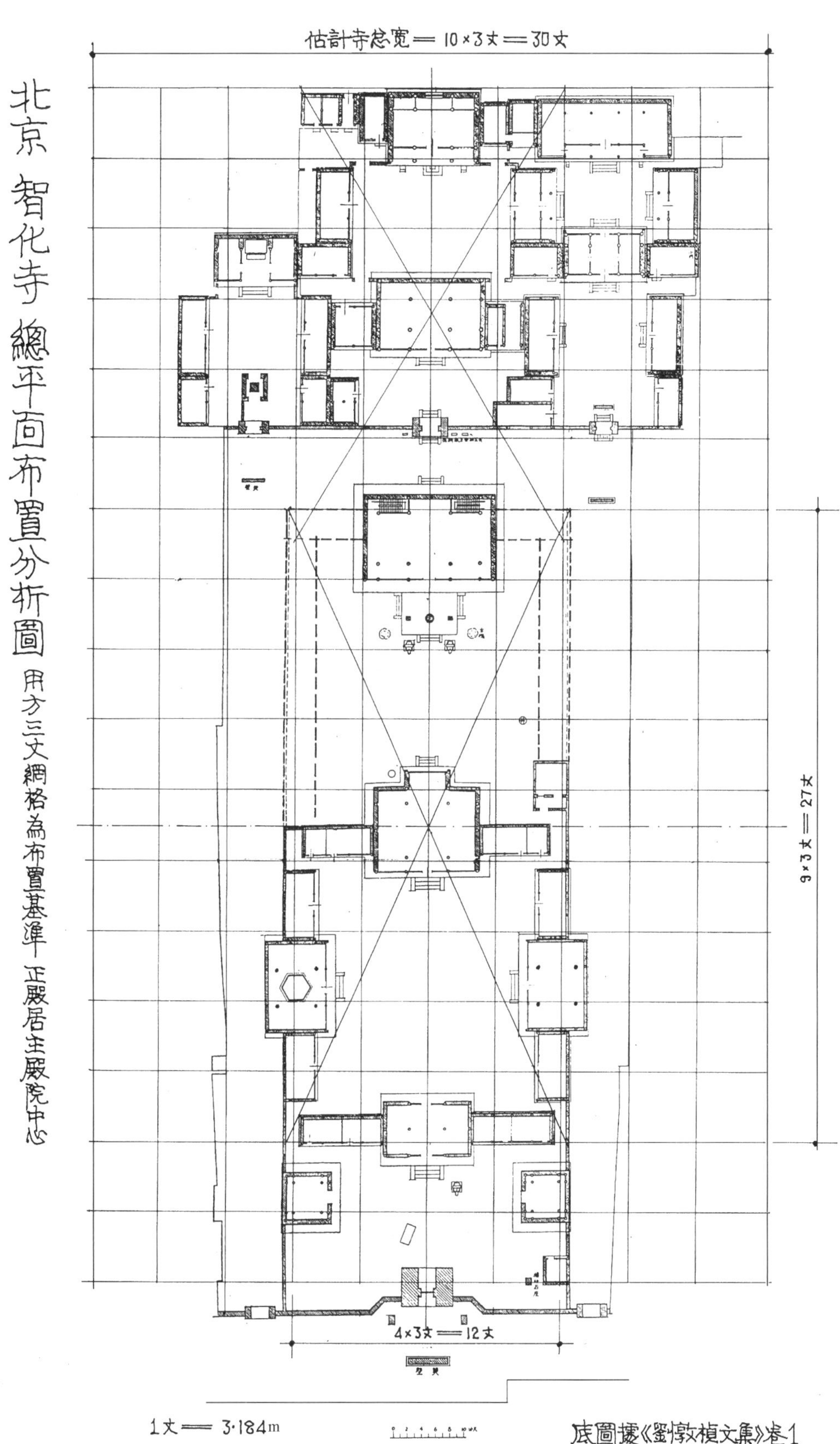

图 2-5-8 北京智化寺总平面布置分析图

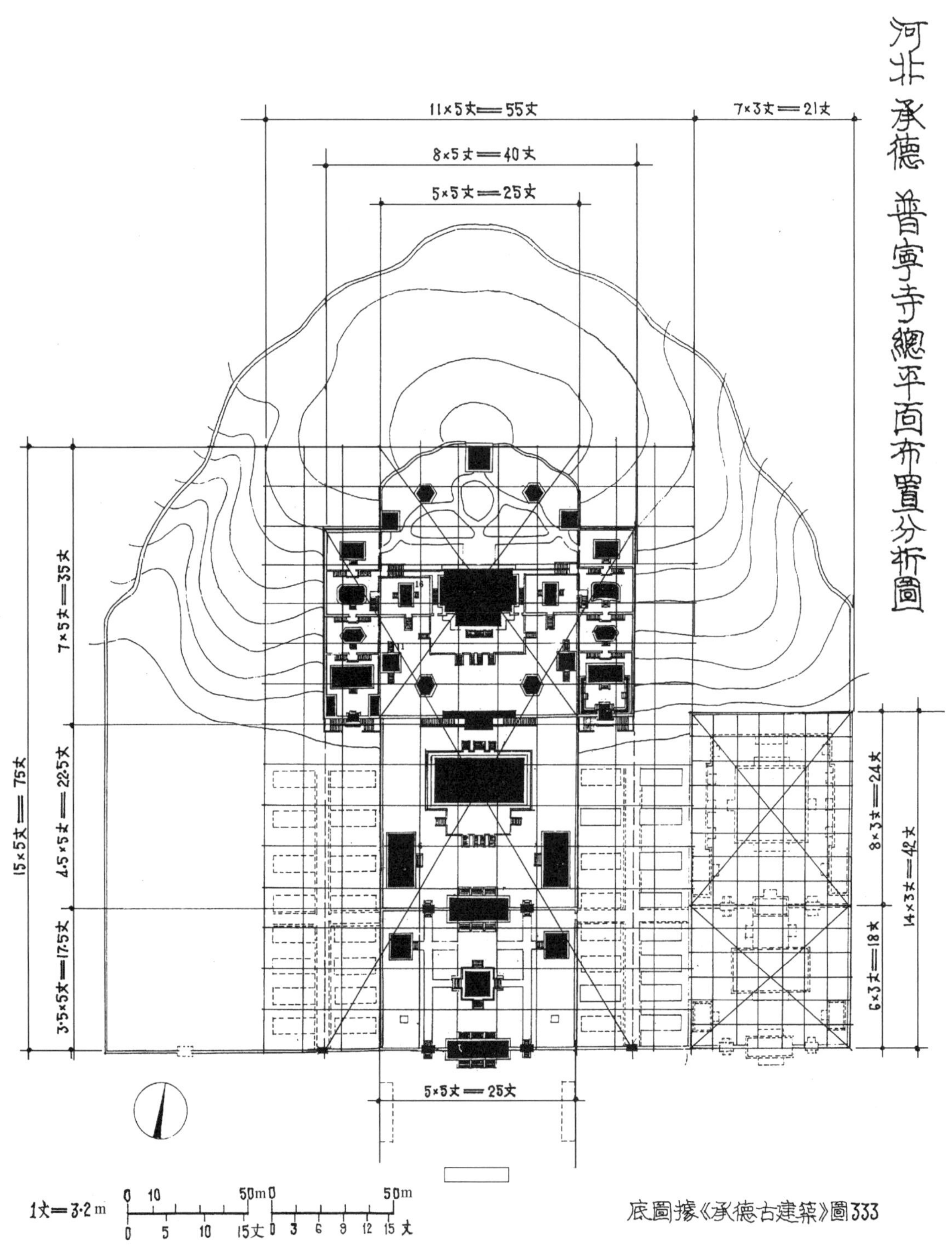

图 2–5–9 河北承德普宁寺总平面布置分析图

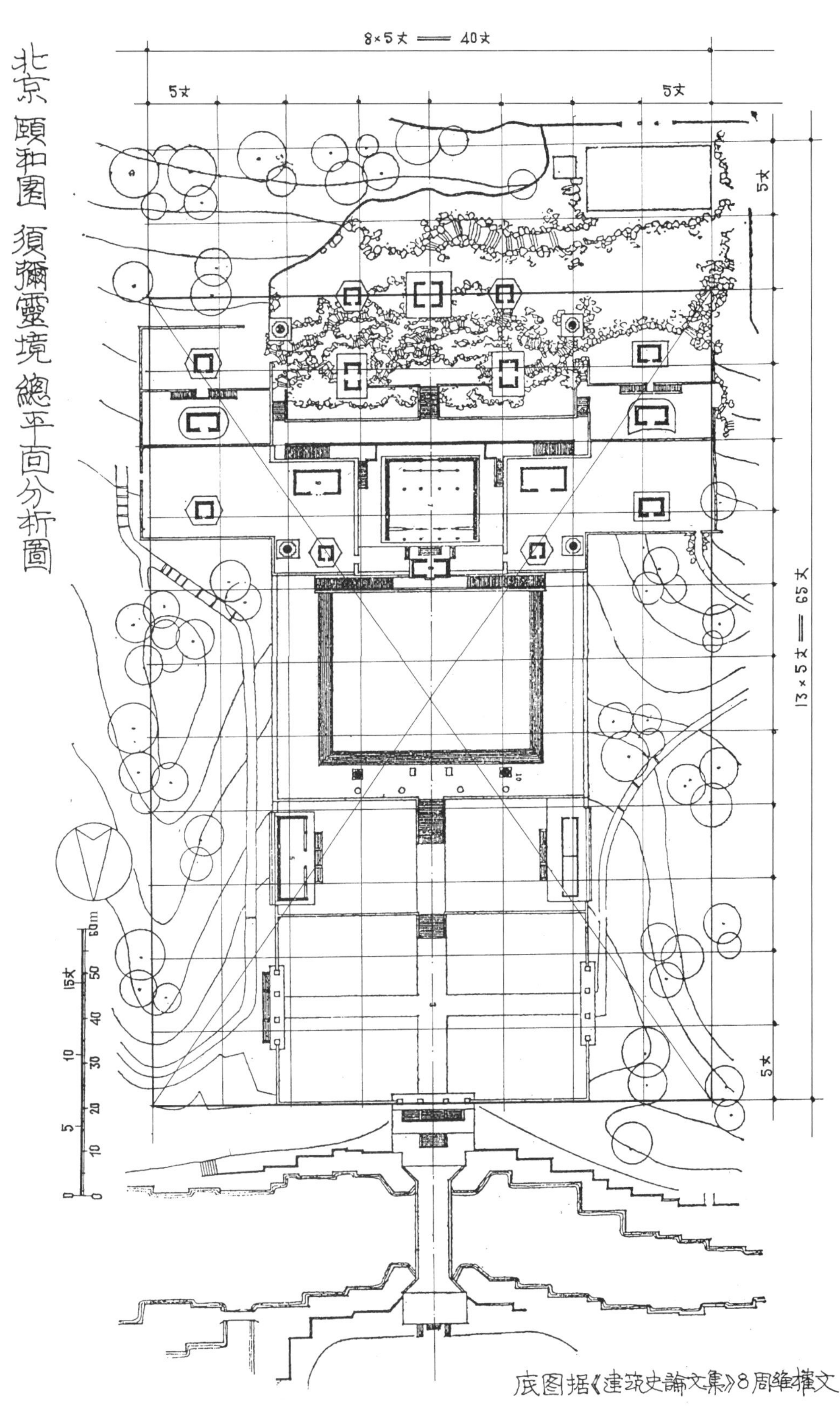

图 2-5-10 北京颐和园须弥灵境总平面分析图

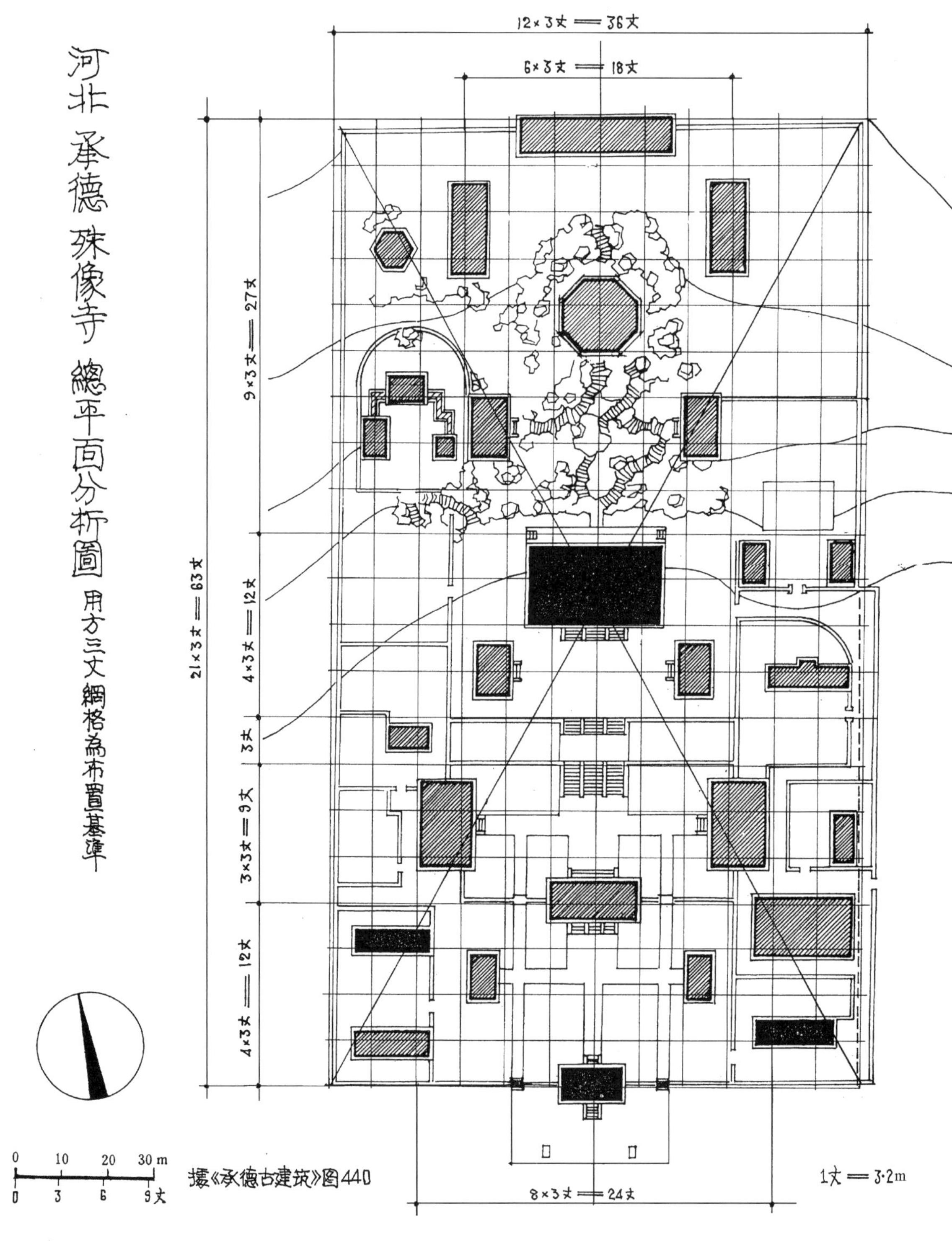

图 2-5-11 河北承德殊像寺总平面分析图

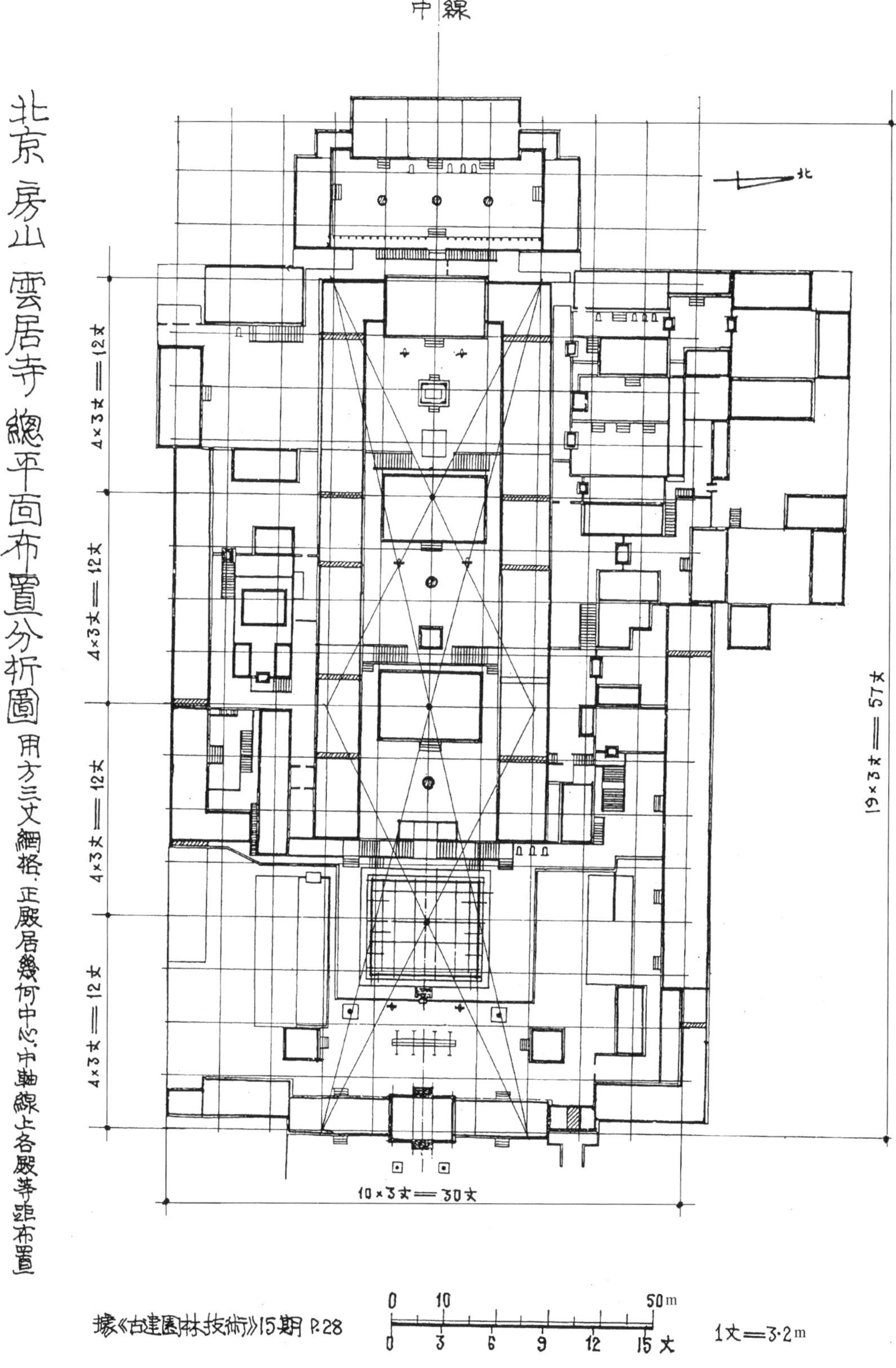

图 2-5-12 北京房山云居寺总平面布置分析图

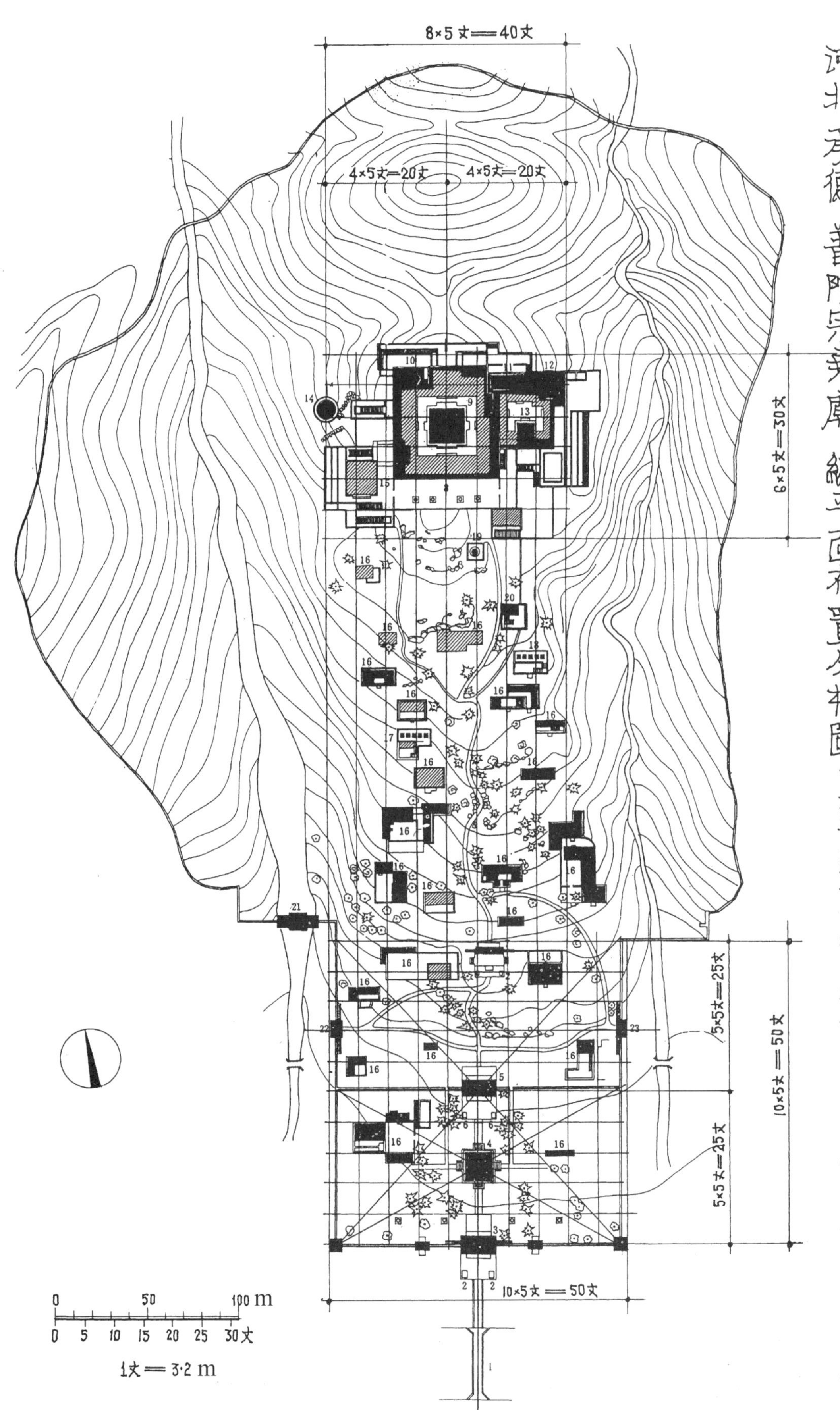

图 2-5-13 河北承德普陀宗乘庙总平面布置分析图

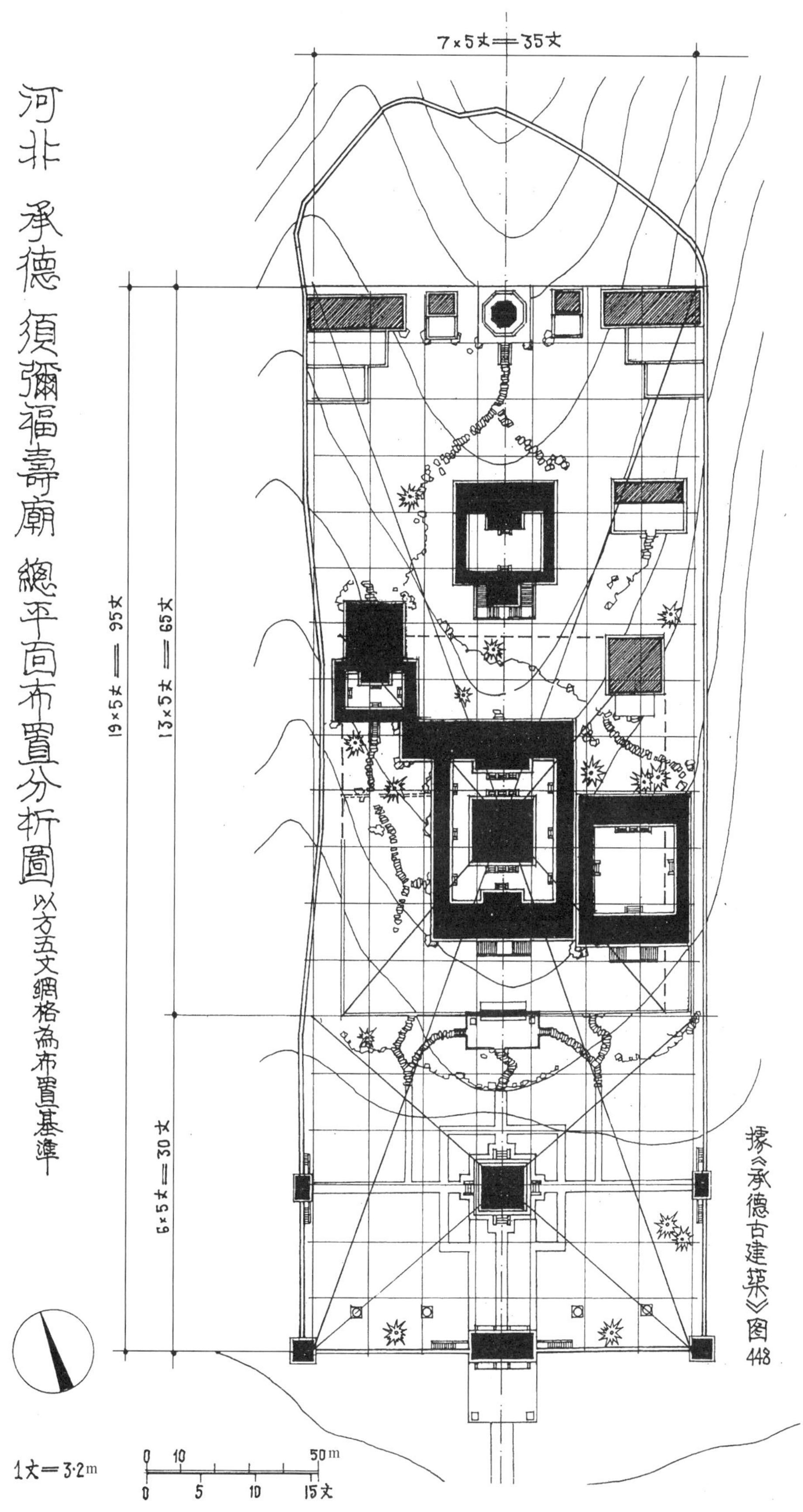

图 2-5-14 河北承德须弥福寿庙总平面布置分析图

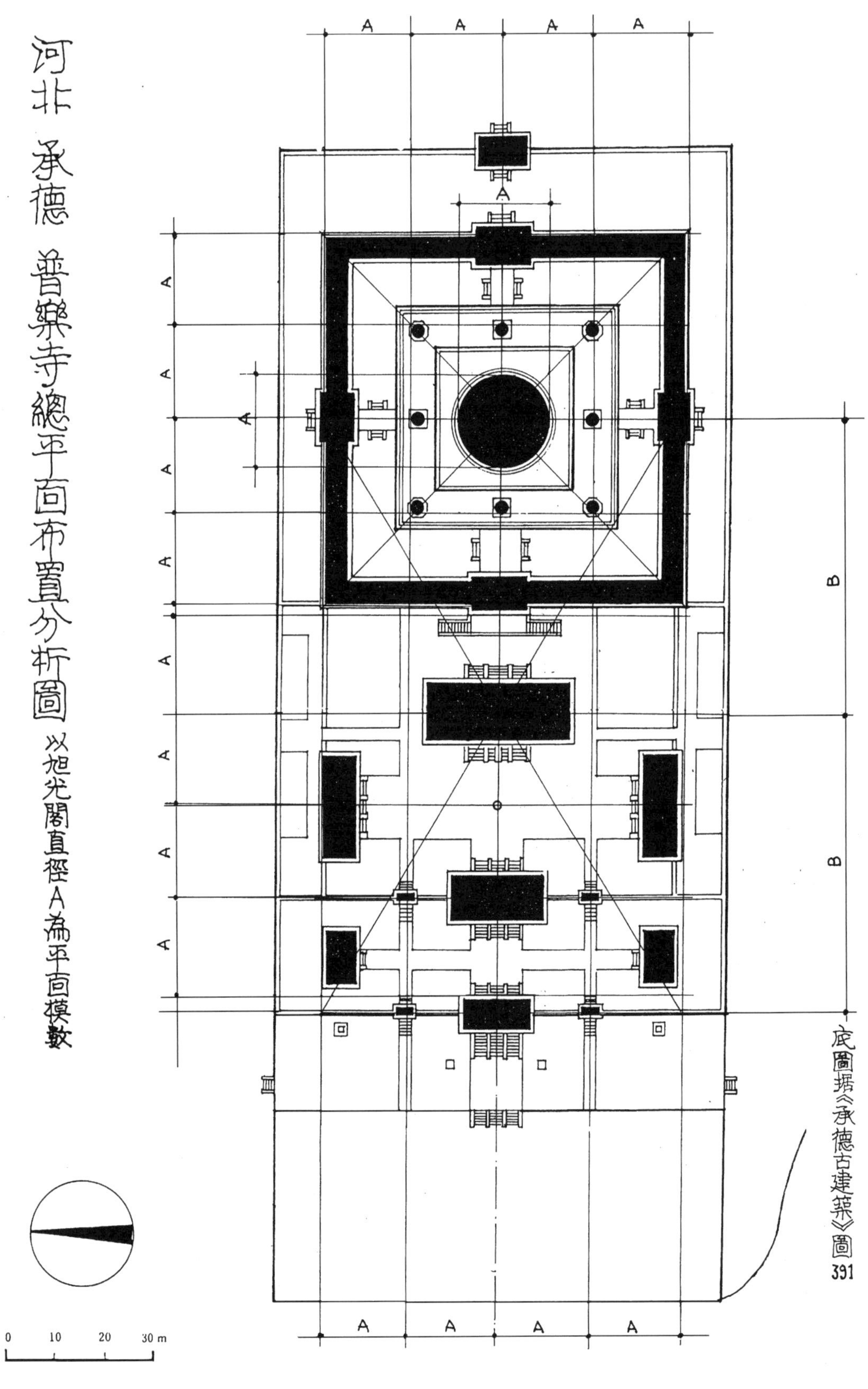

图 2-5-15 河北承德普乐寺总平面布置分析图

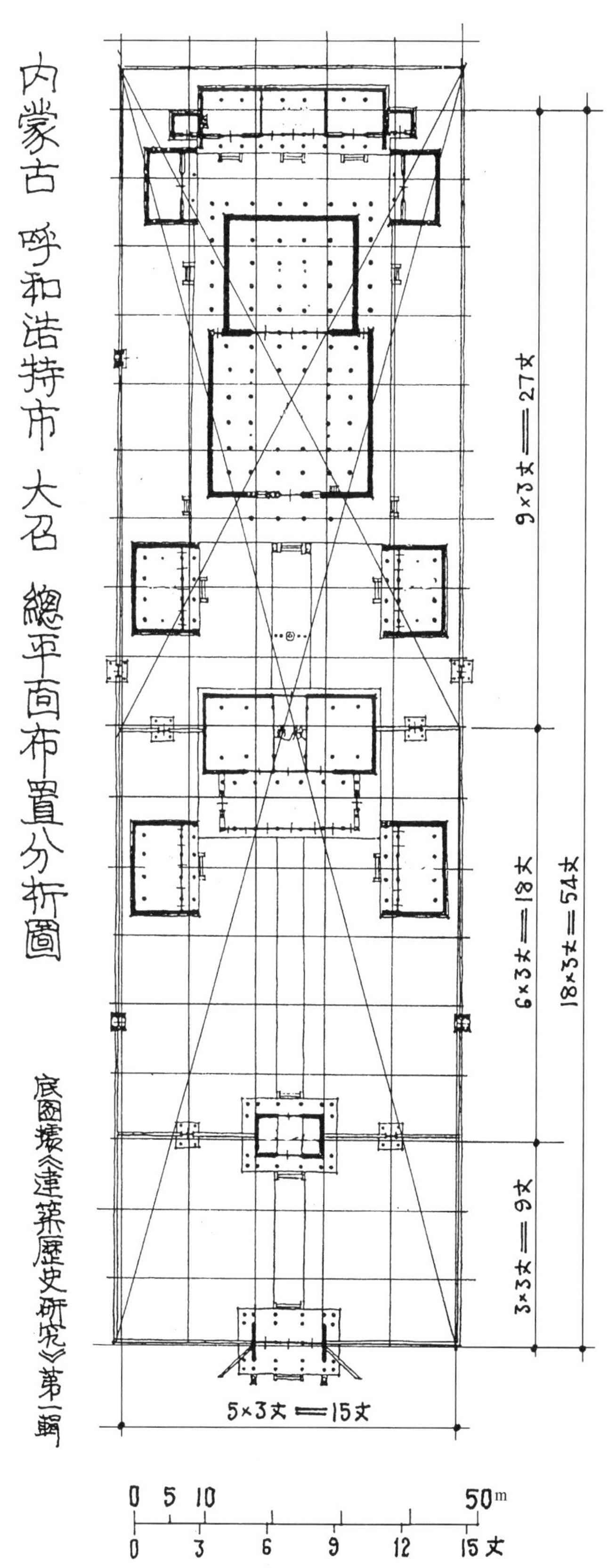

图 2-5-16 内蒙古呼和浩特市大召总平面布置分析图

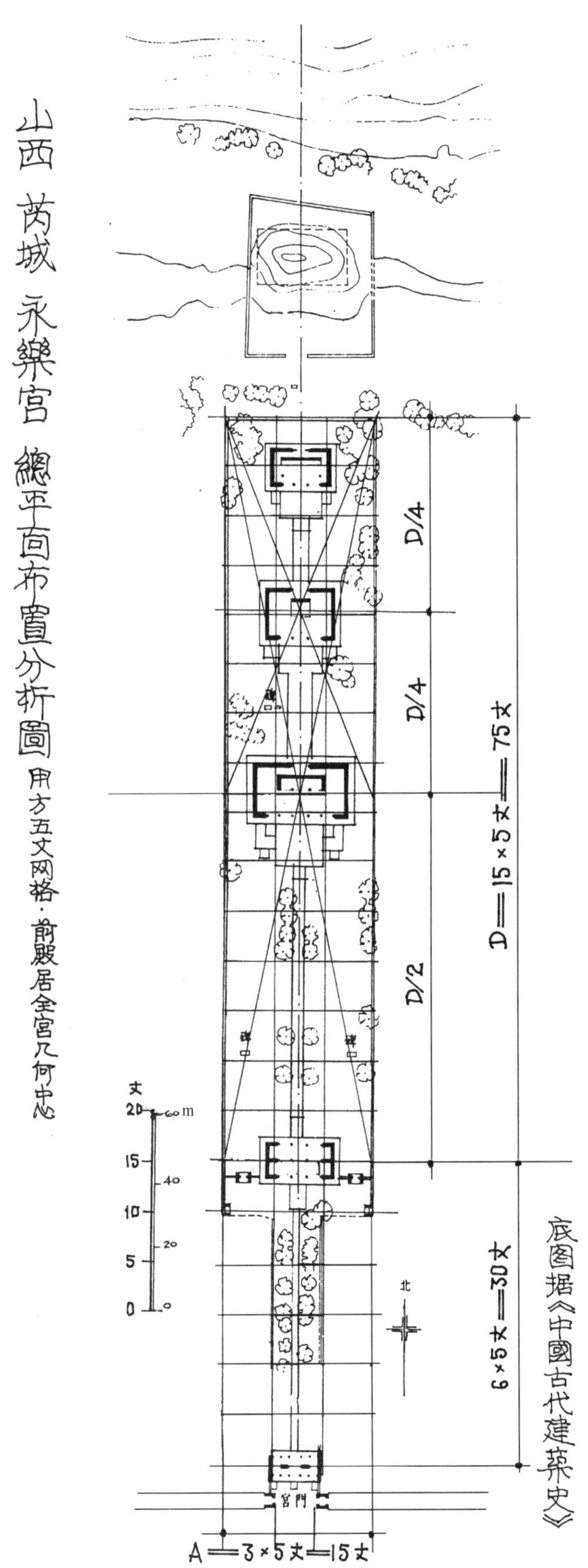

图 2-5-17 山西芮城永乐宫总平面布置分析图

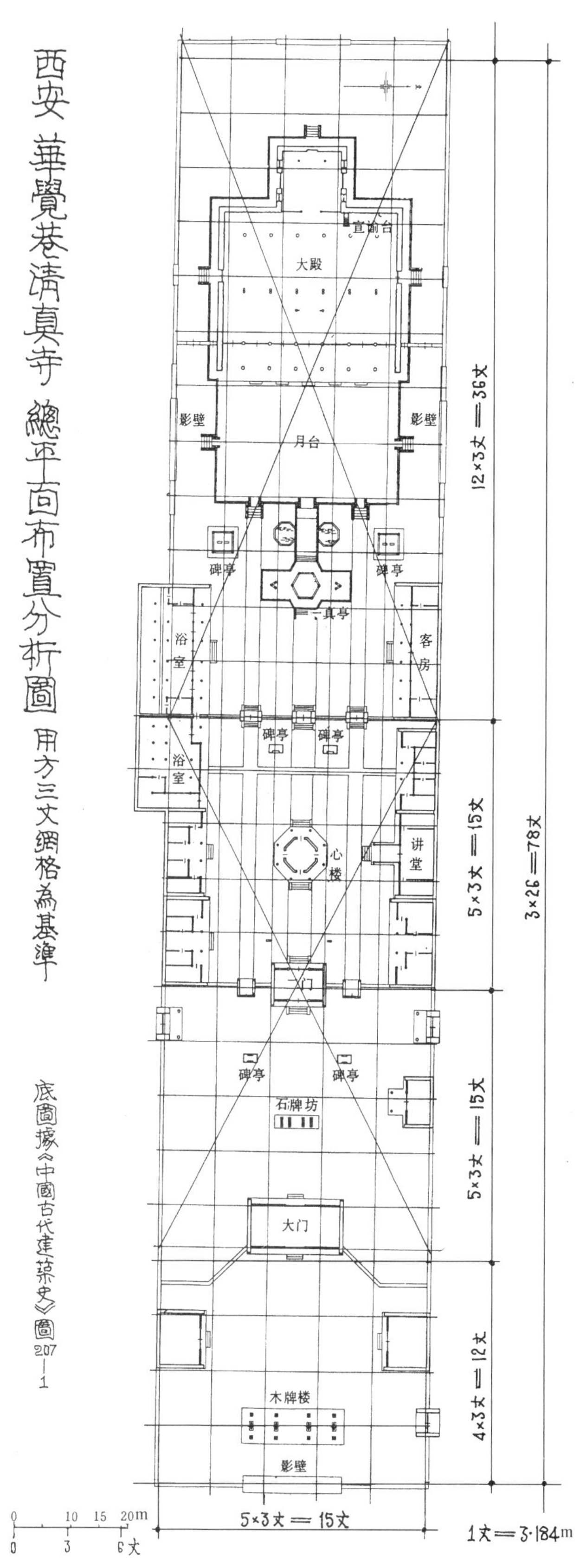

图 2-5-18 西安华觉巷清真寺总平面布置分析图

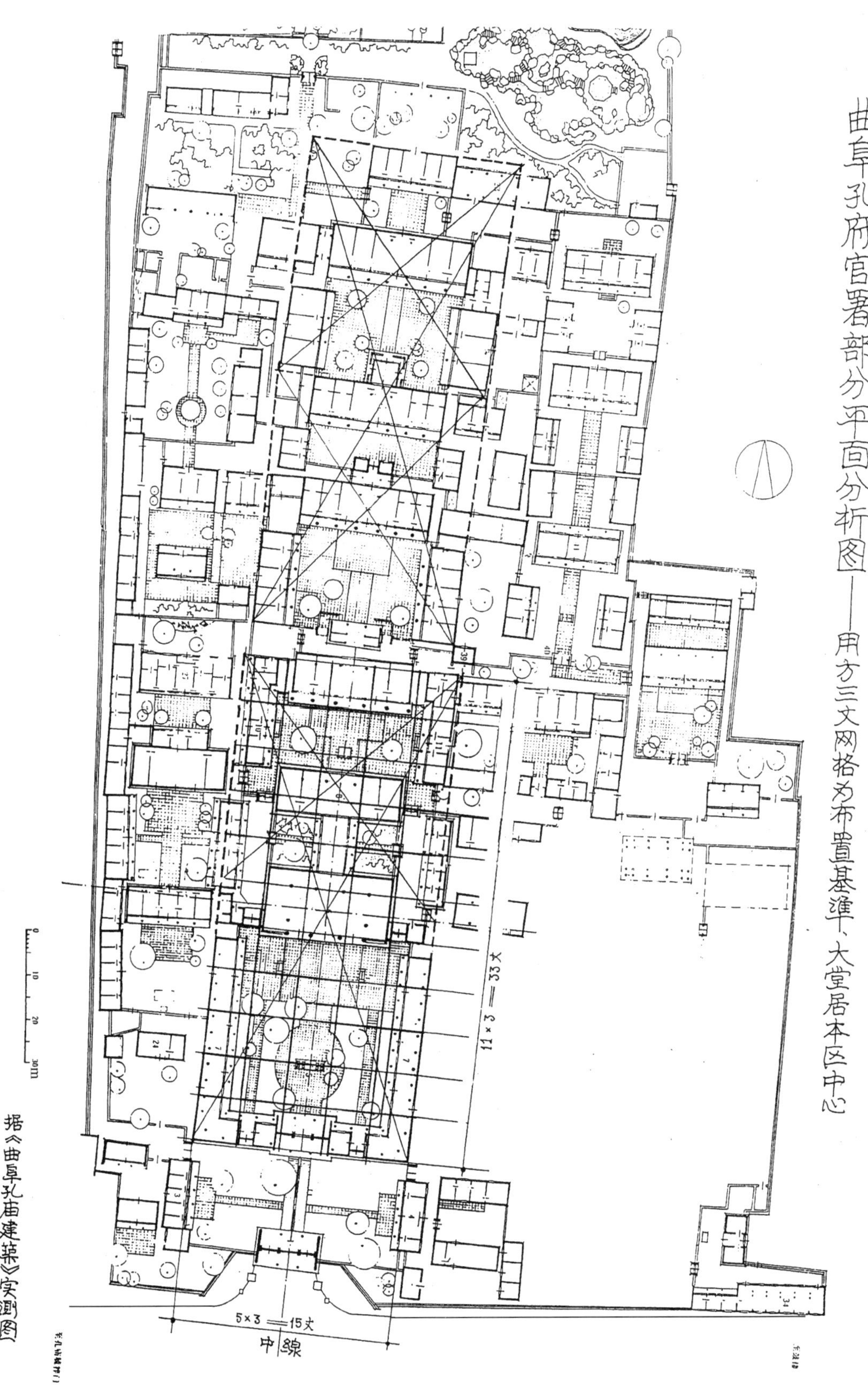

图 2-6-1 曲阜孔府官署部分平面分析图

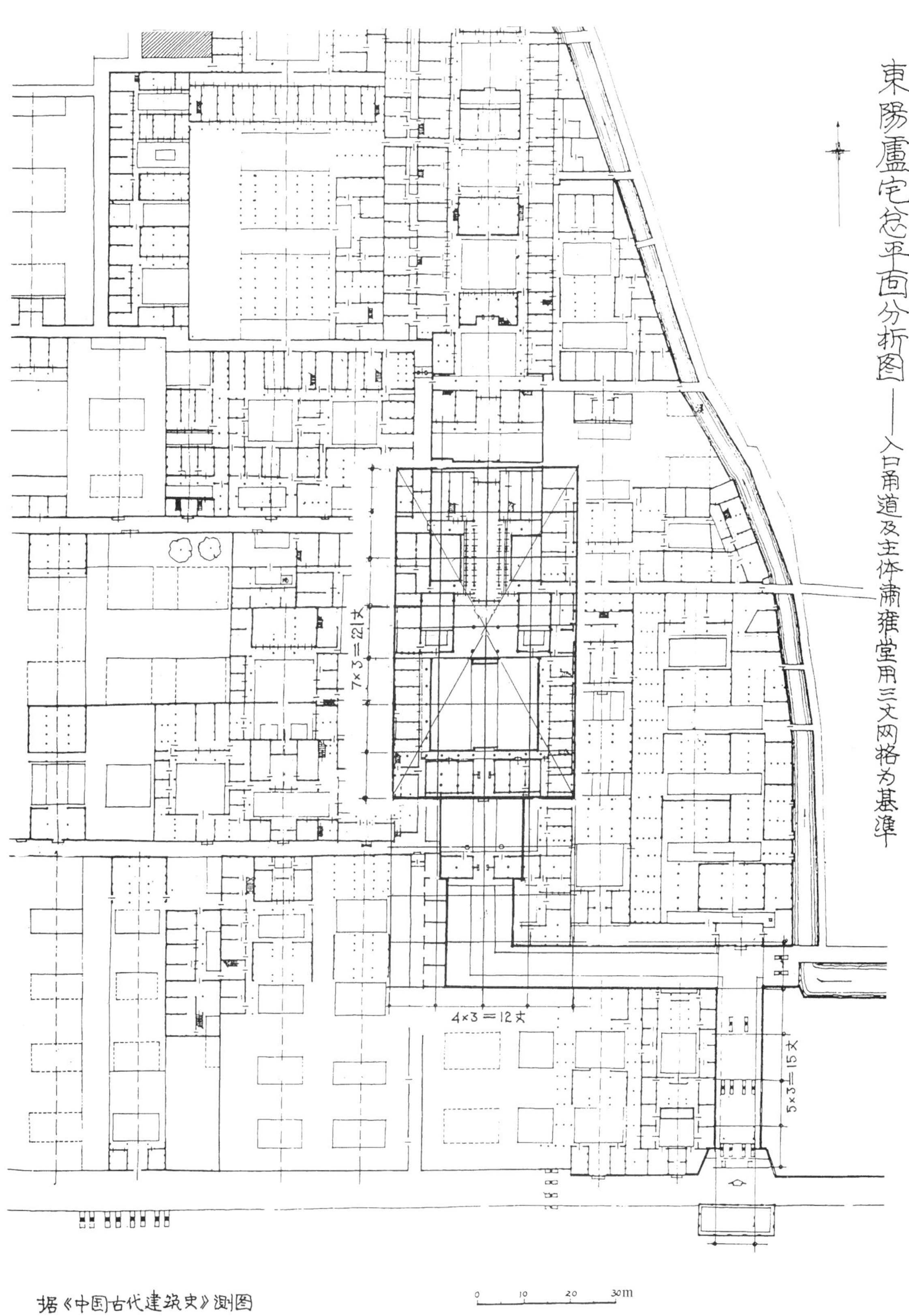

图 2-6-2 东阳卢宅总平面分析图

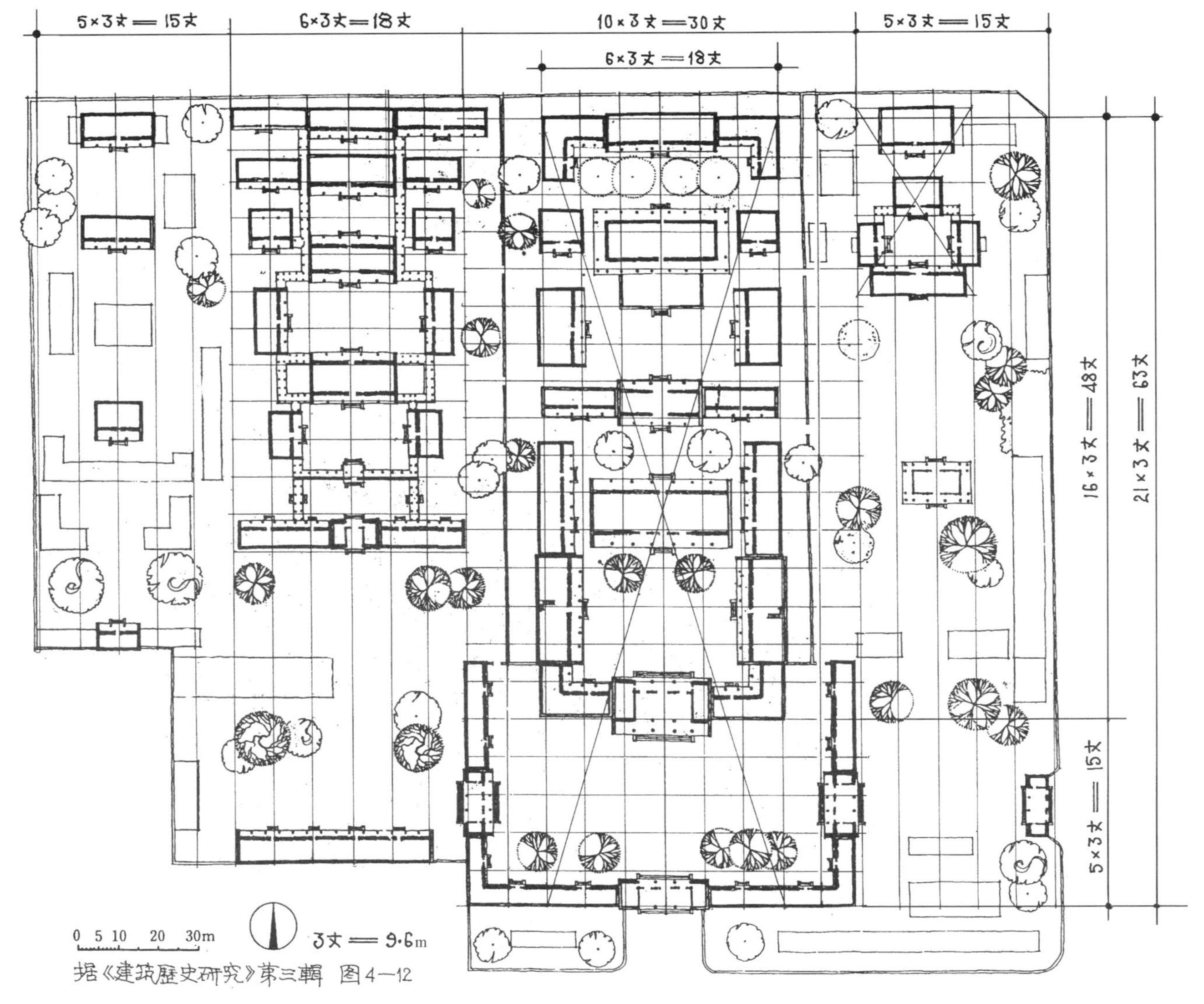

图 2-6-3 北京清怡亲王府（清末孚郡王府）平面分析图

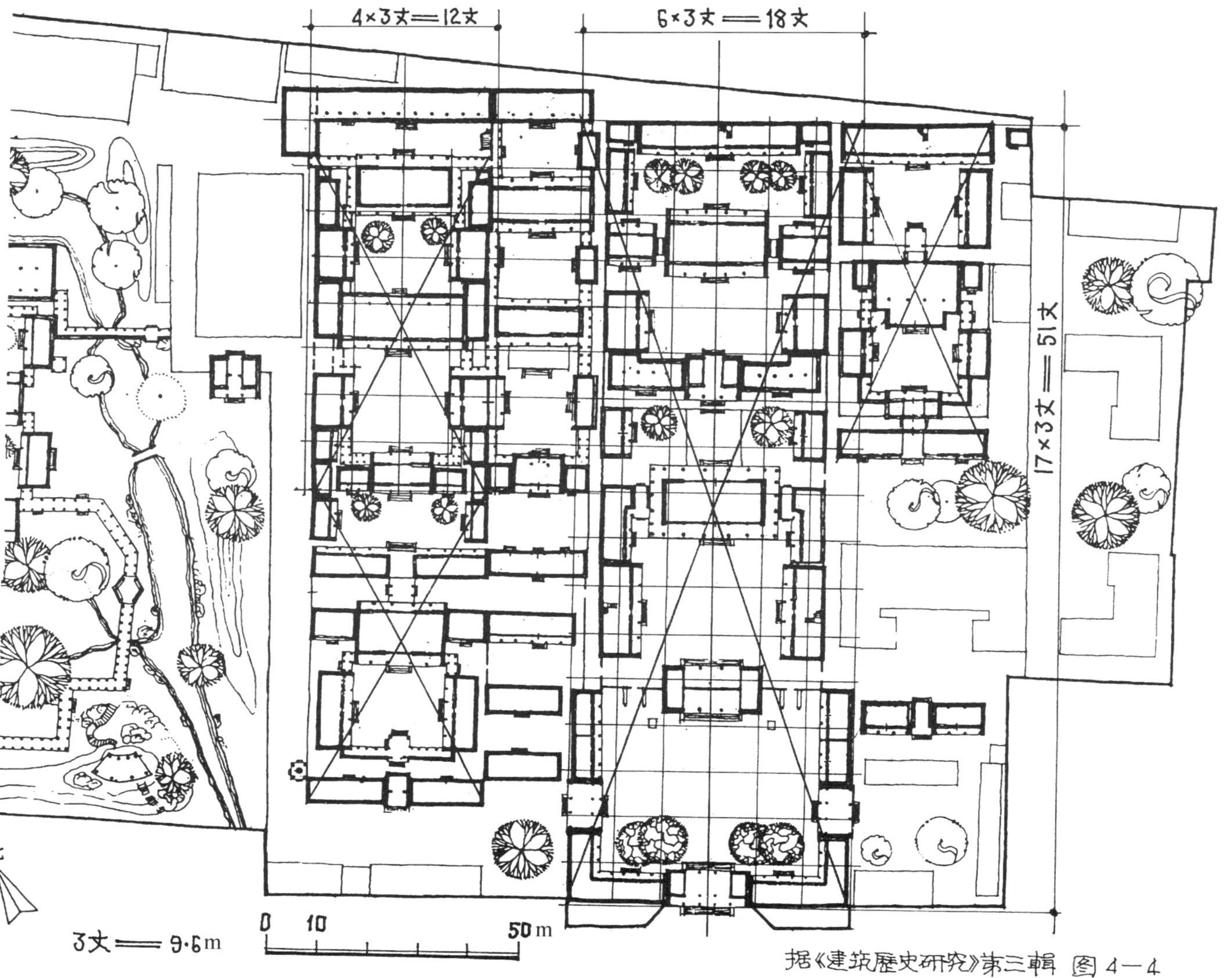

图 2-6-4 北京清成亲王府（清末摄政王府）平面图

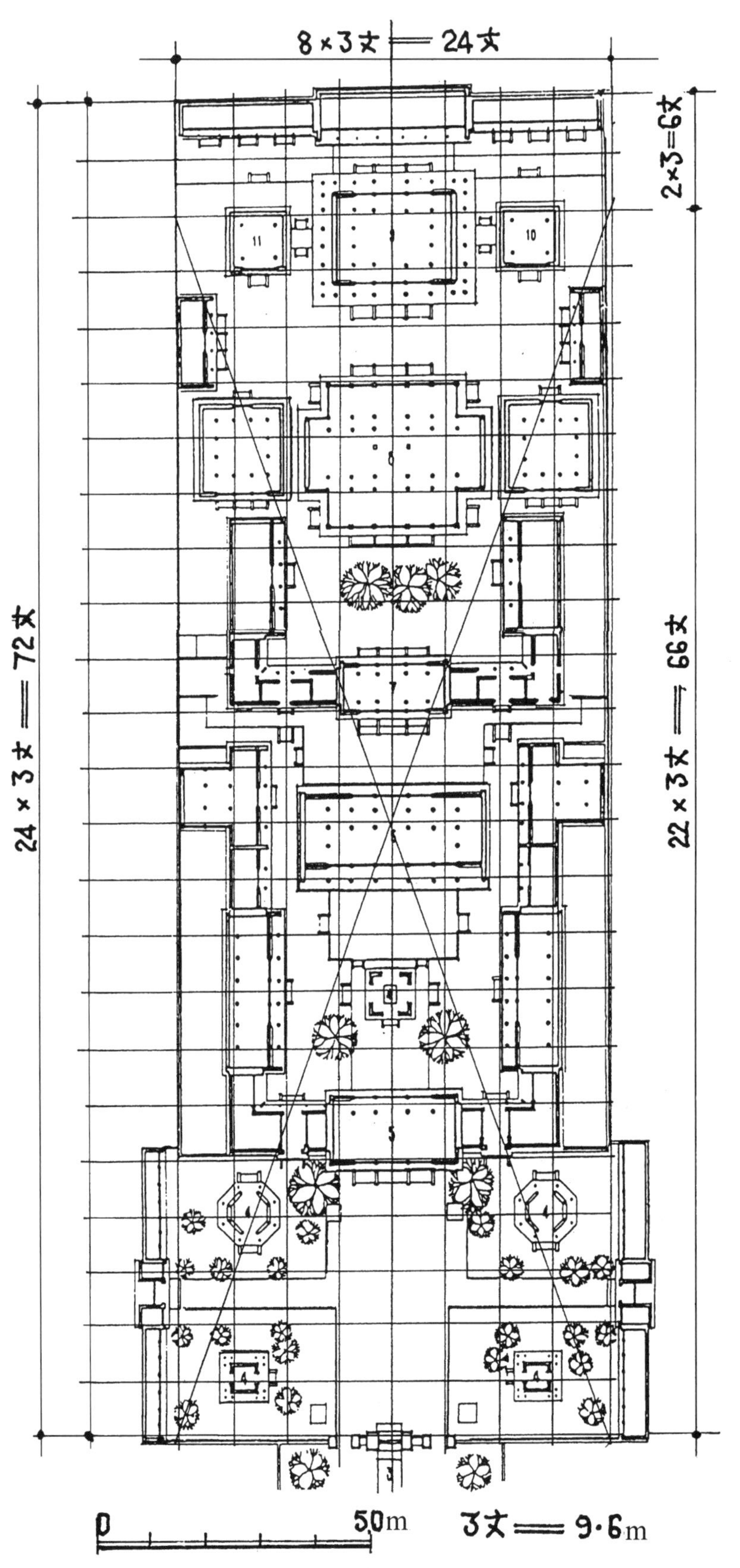

图 2-6-5 北京雍和宫主体部分（原雍亲王府）平面分析图

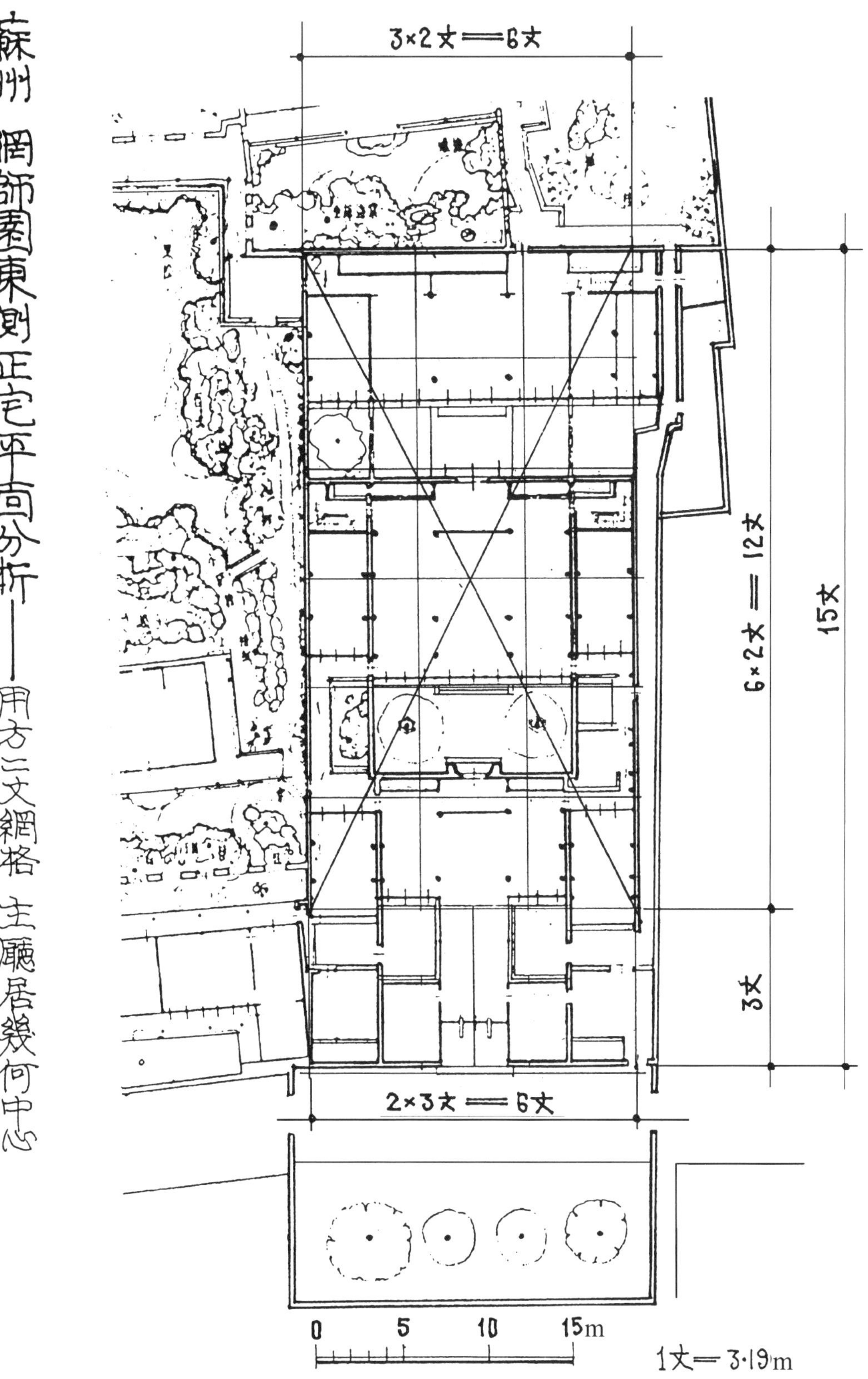

图 2-6-6 苏州网师园东侧正宅平面分析图

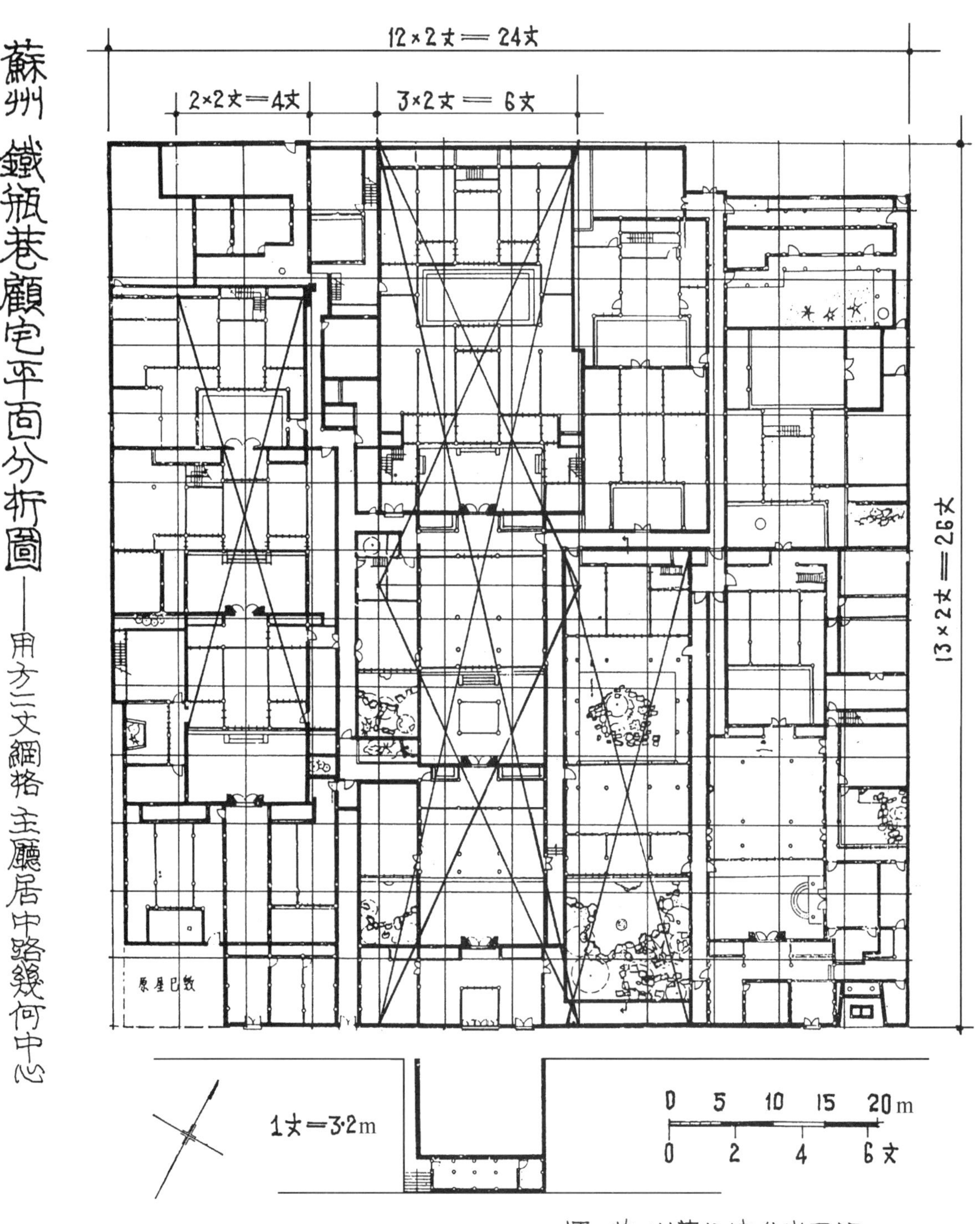

图 2-6-7 苏州铁瓶巷顾宅平面分析图

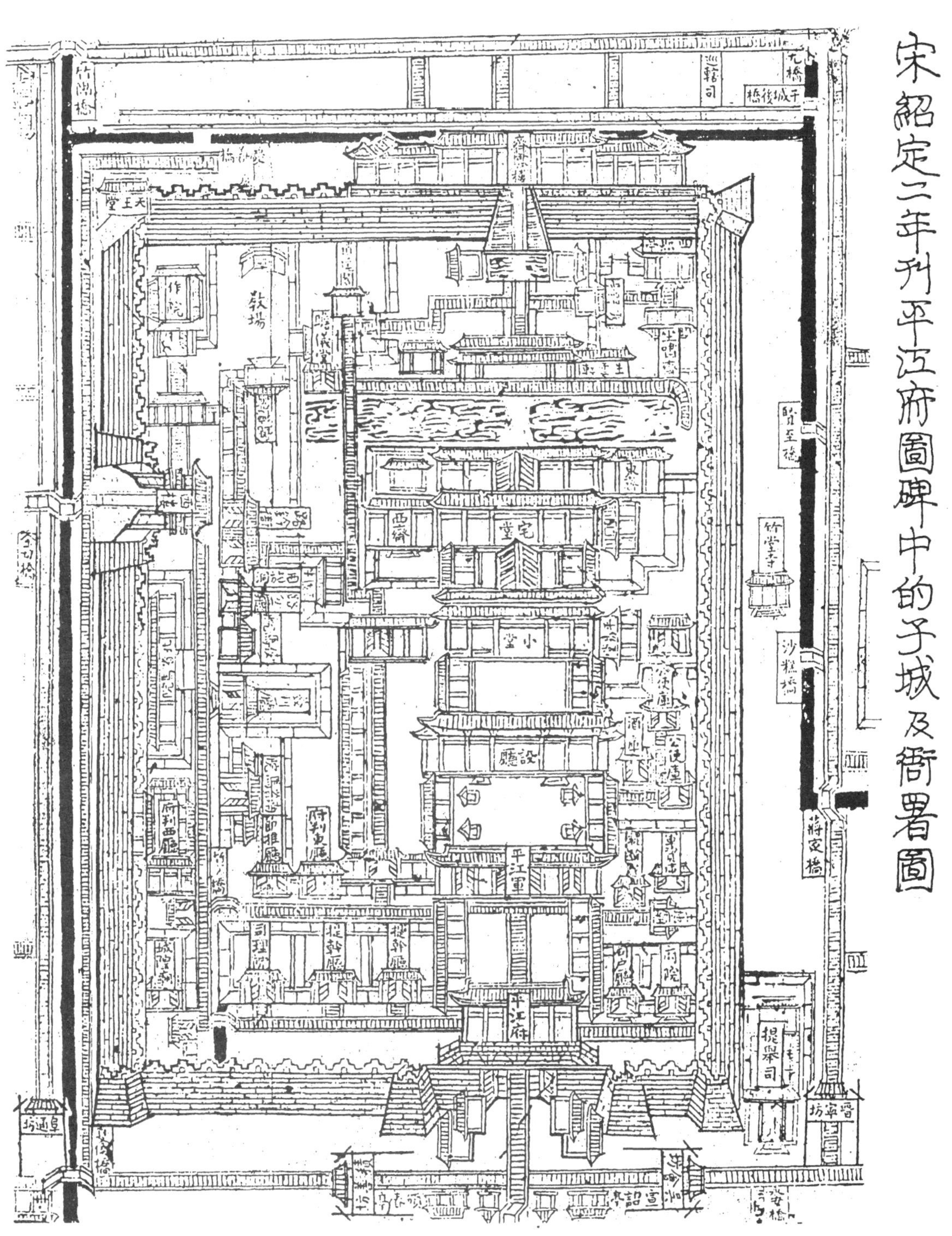

图 2- 附 -1A 宋绍定二年刊平江府图碑中的子城及衙署图拓本

宋刊本《咸淳臨安志》中的南宋臨安府府衙圖 今藏日本静嘉堂

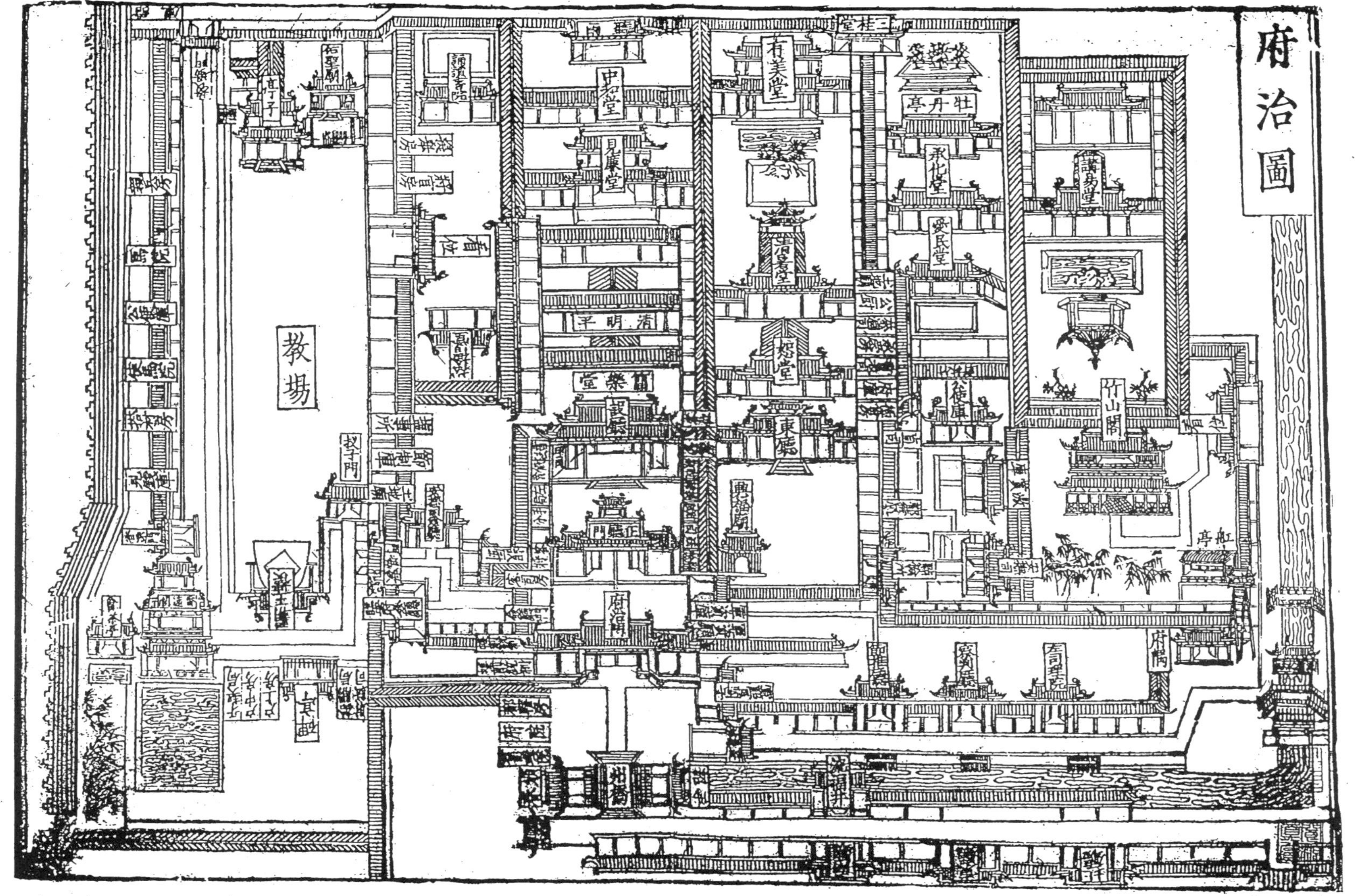

图 2-附-1B 宋刊本《咸淳临安志》中的南宋临安府府衙图

明〔洪武〕蘇州府志中之府治圖及有関府治文字

『苏州府治在子城东，元故廉田司也。……旧治在子城内。……元末张士诚据郡城以为江浙分省，乃移治于今所，本朝因之。洪武二年，奉省部符文，降式各府州县改造公廨，遂拓广其址，撤而新之，府官居址及各吏舍皆置其中。』

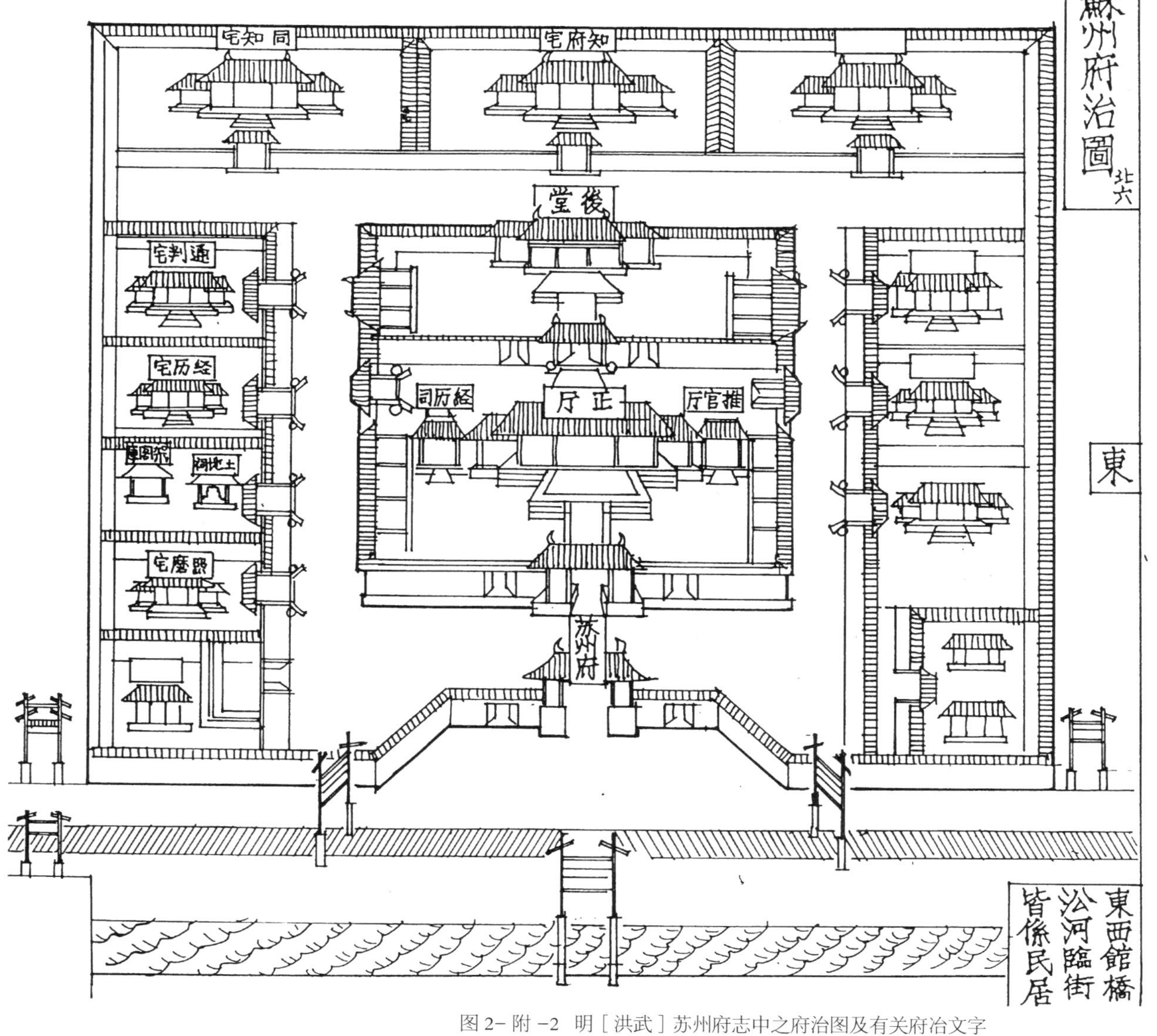

图 2- 附 -2 明［洪武］苏州府志中之府治图及有关府治文字

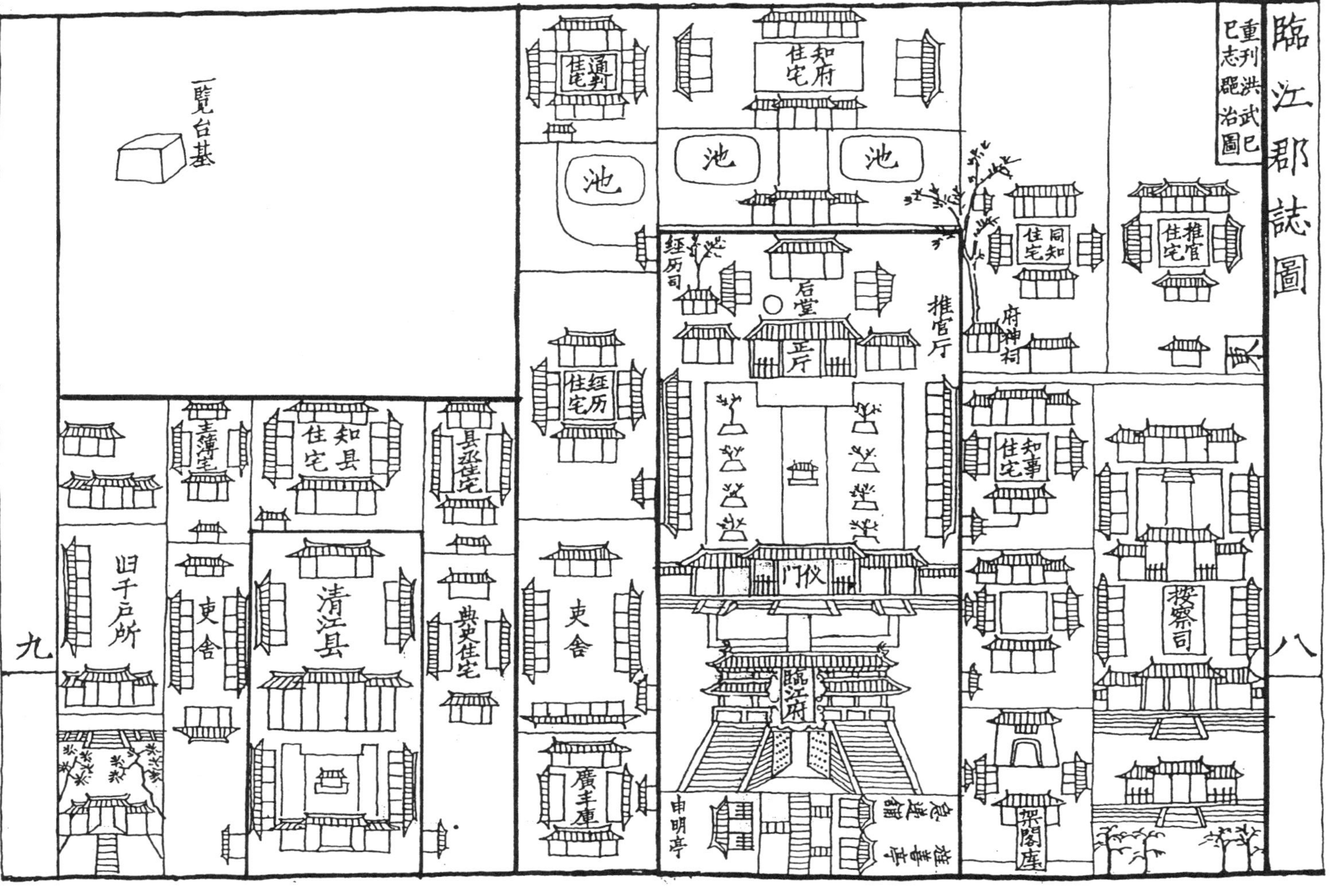

图 2- 附 -3 明［隆庆］《临江府志》中之洪武建府治县治平面图摹本

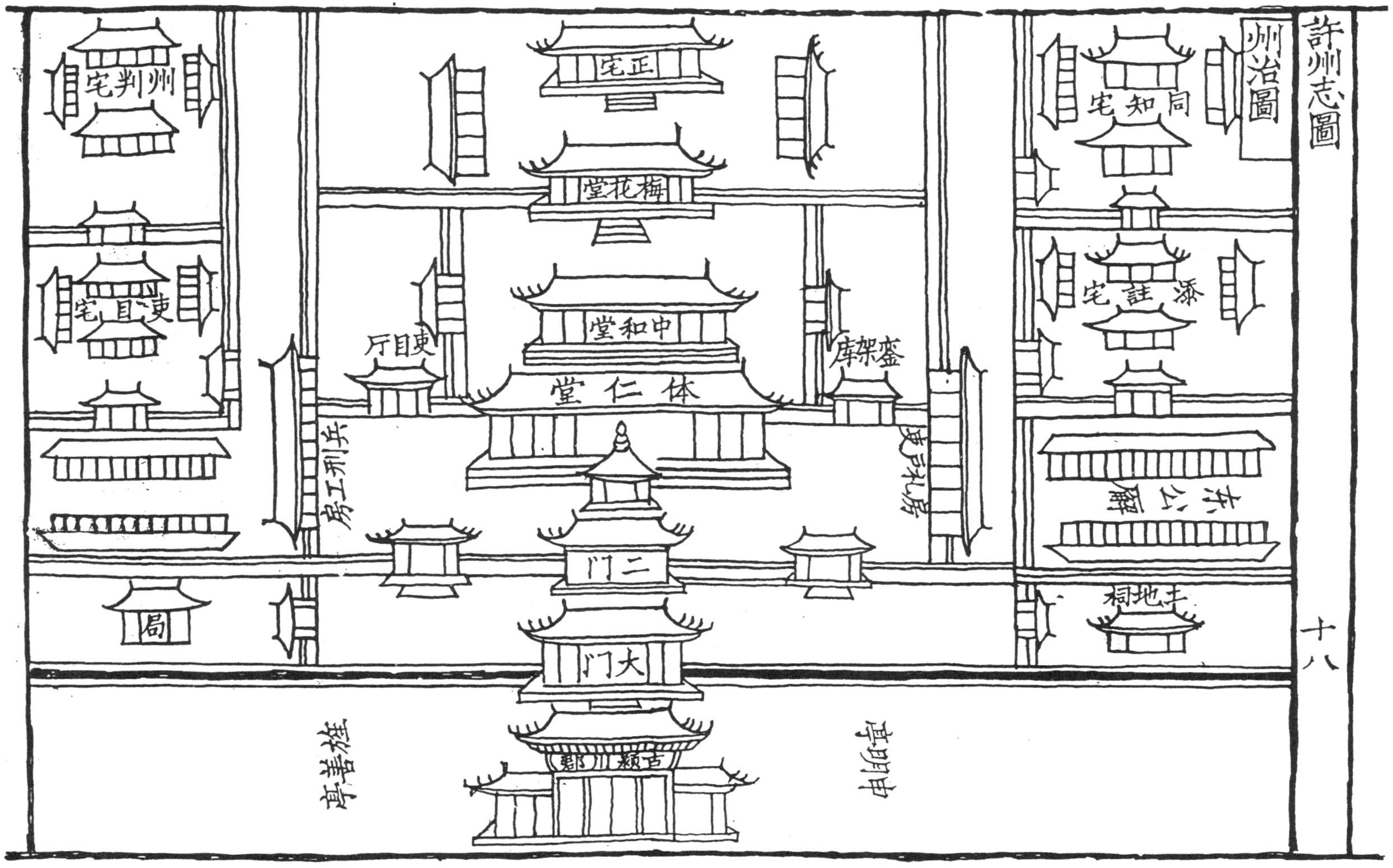

图2-附-4 明［嘉靖］《许州志》中之州衙图摹本

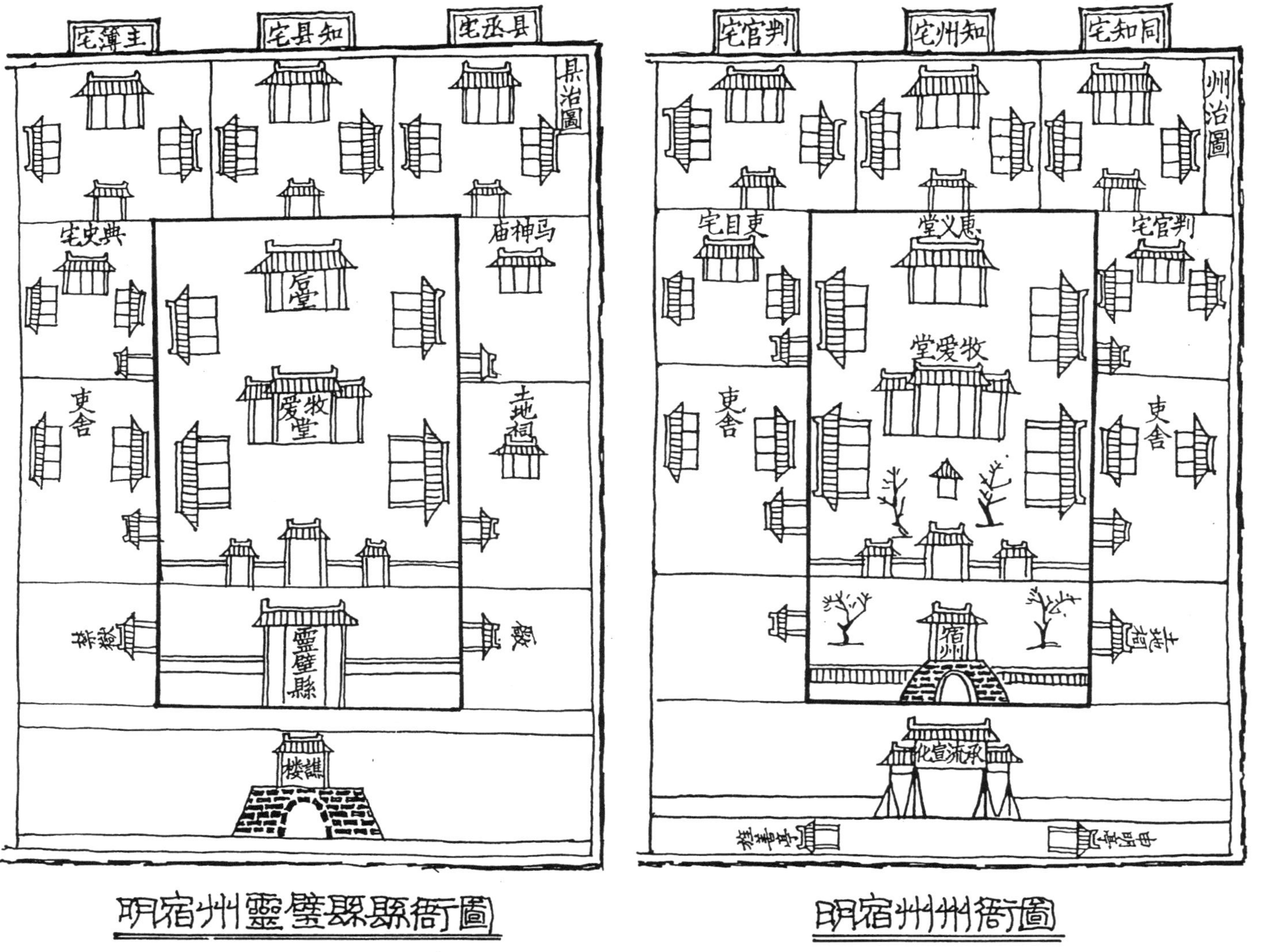

图 2- 附 -5 明［嘉靖］《宿州志》中之州衙及县衙平面图摹本

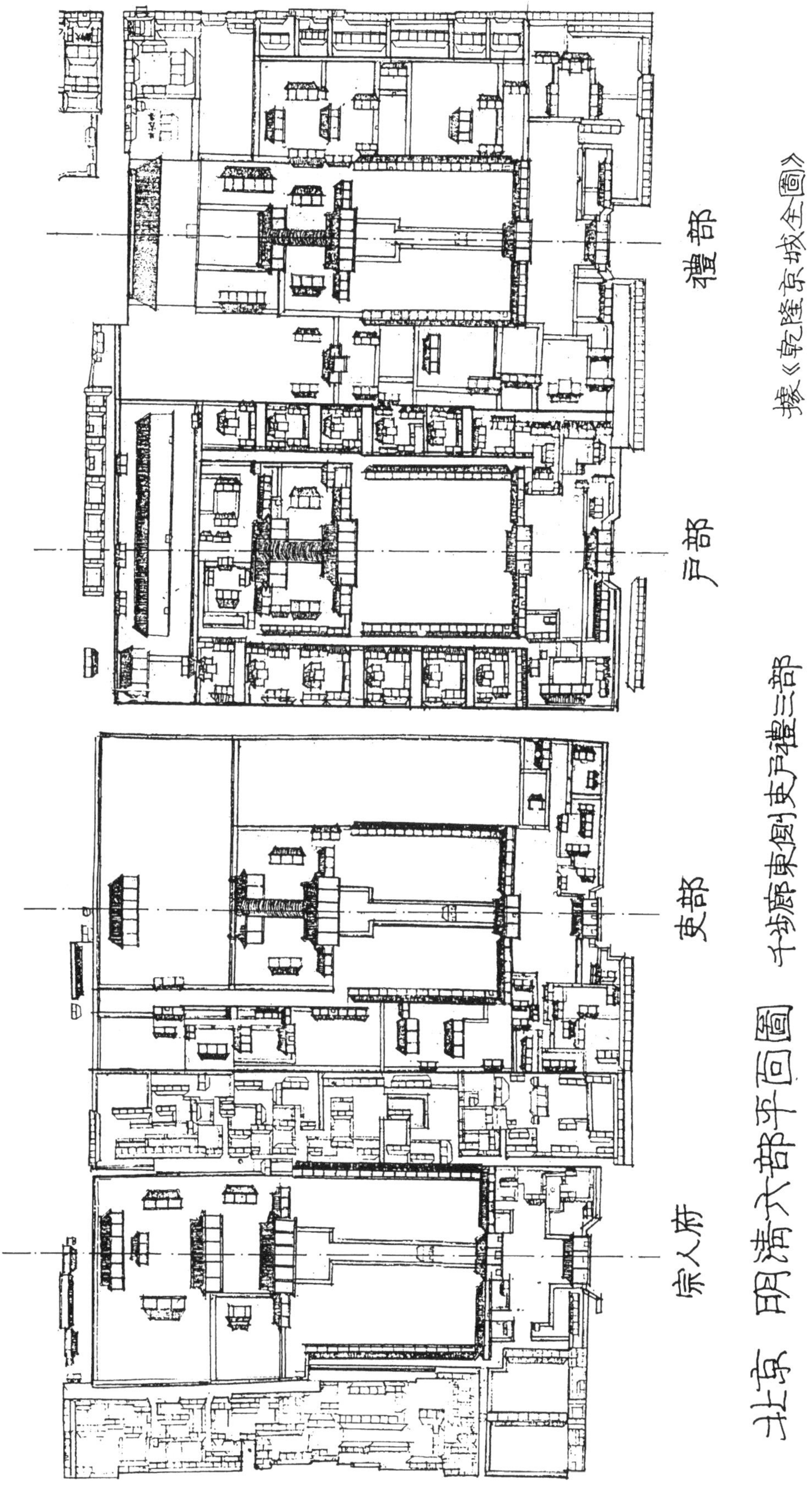

图 2- 附 -6 北京明清六部平面图

第三章

单体建筑设计

第一节　单层建筑

第二节　阁楼

第三节　楼阁型木塔和砖石仿木构塔

第四节　密檐塔

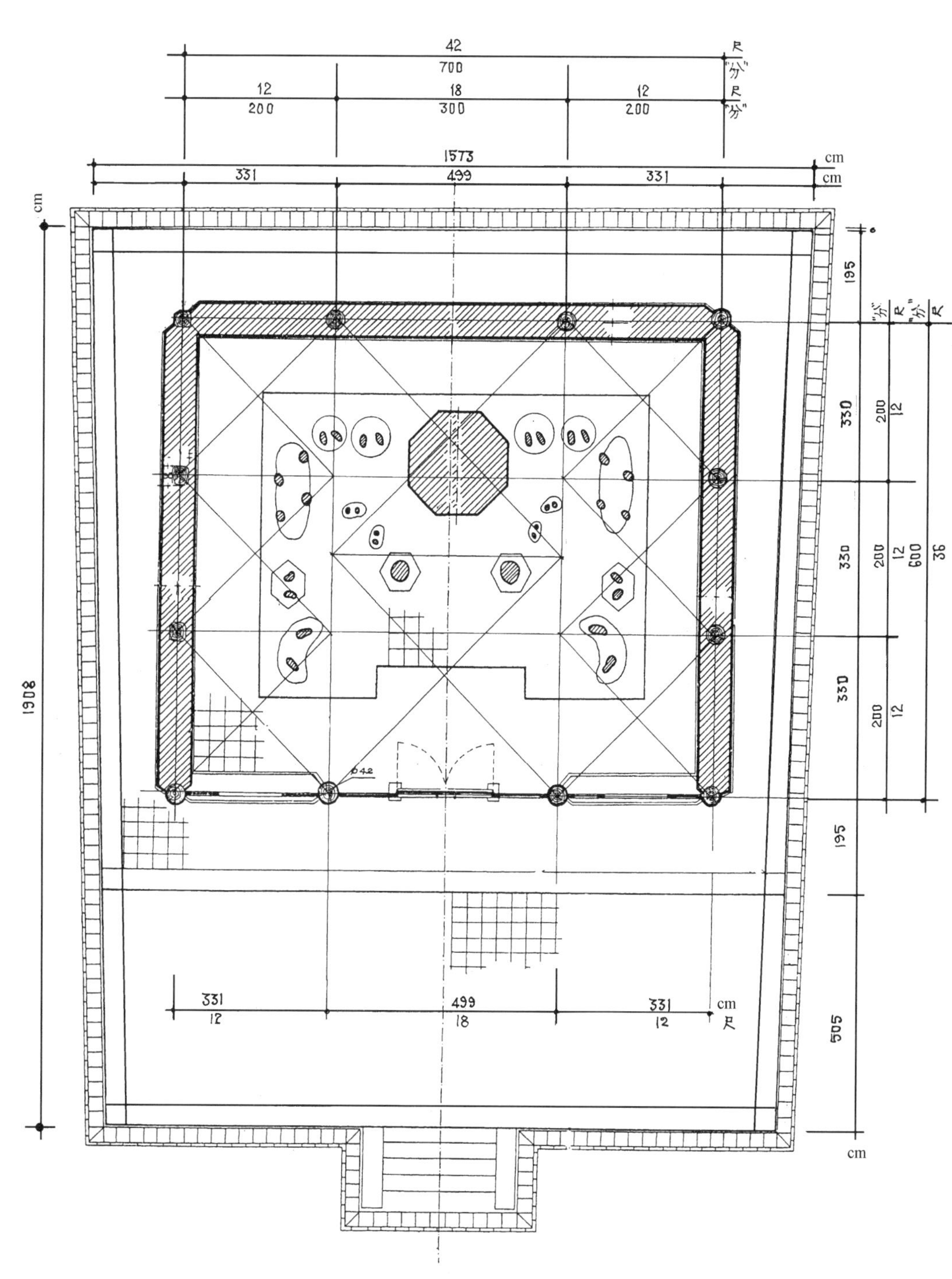

图 3-1-1-1 五台县南禅寺大殿平面分析图

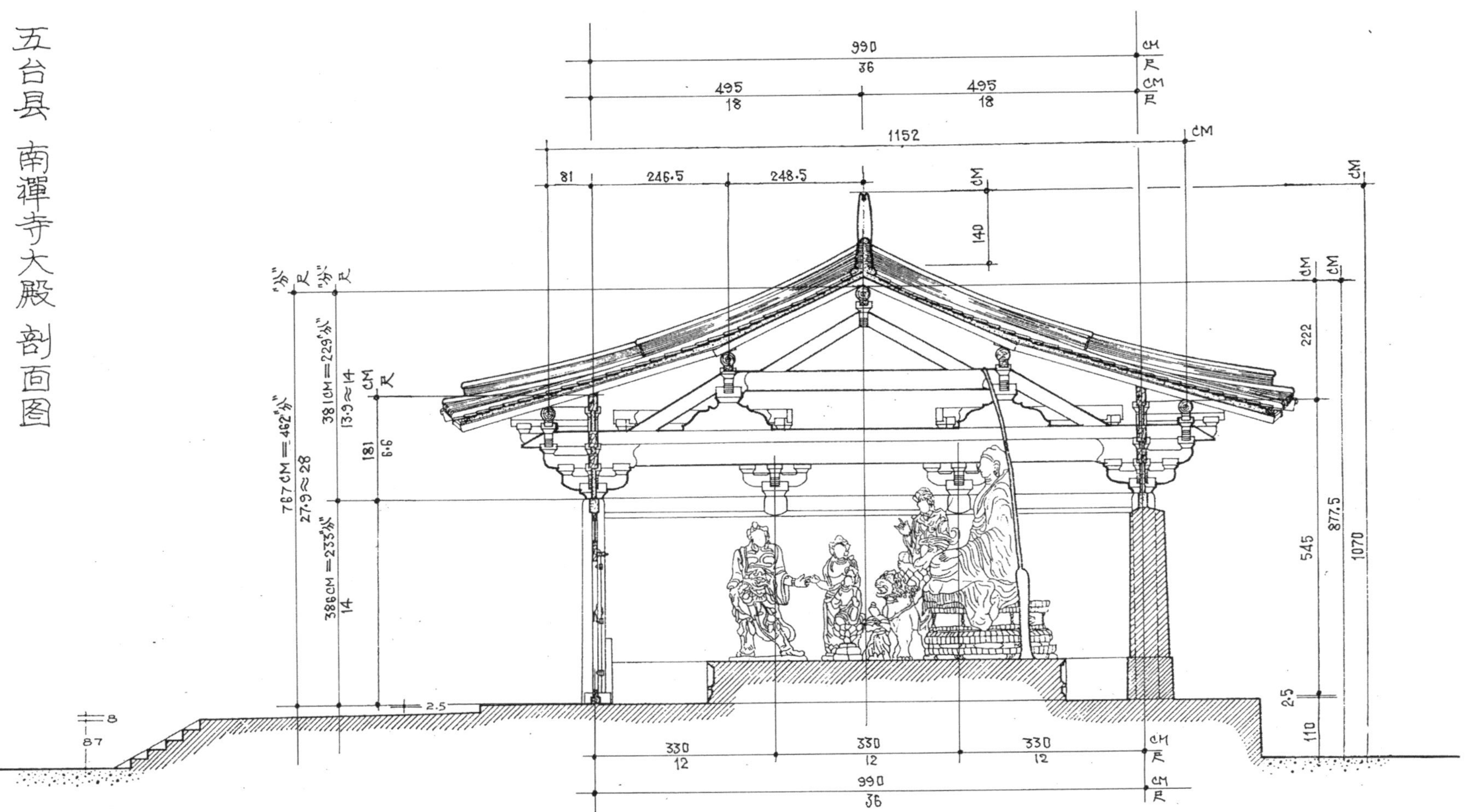

图 3-1-1-2 五台县南禅寺大殿剖面图

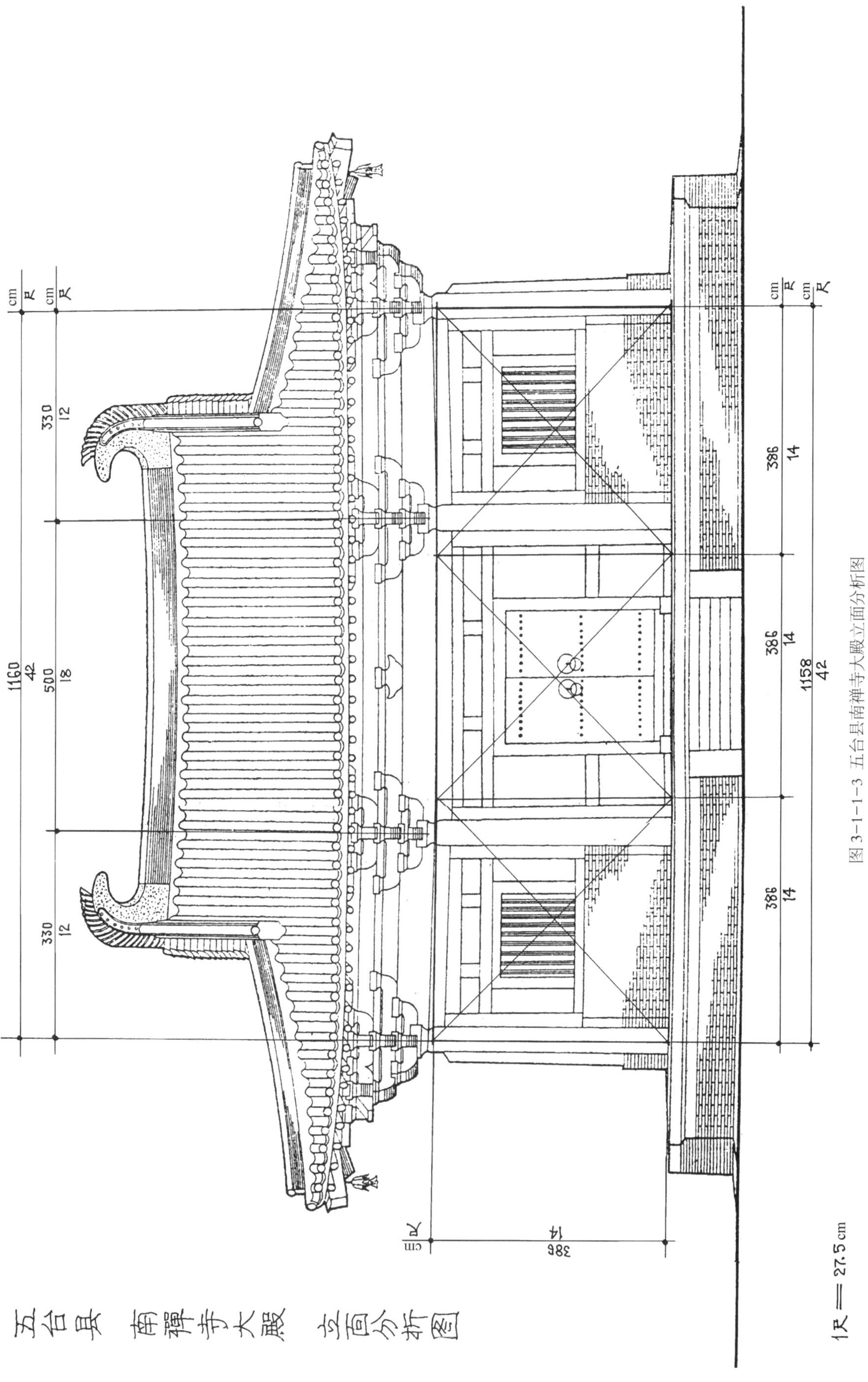

图 3-1-1-3 五台县南禅寺大殿立面分析图

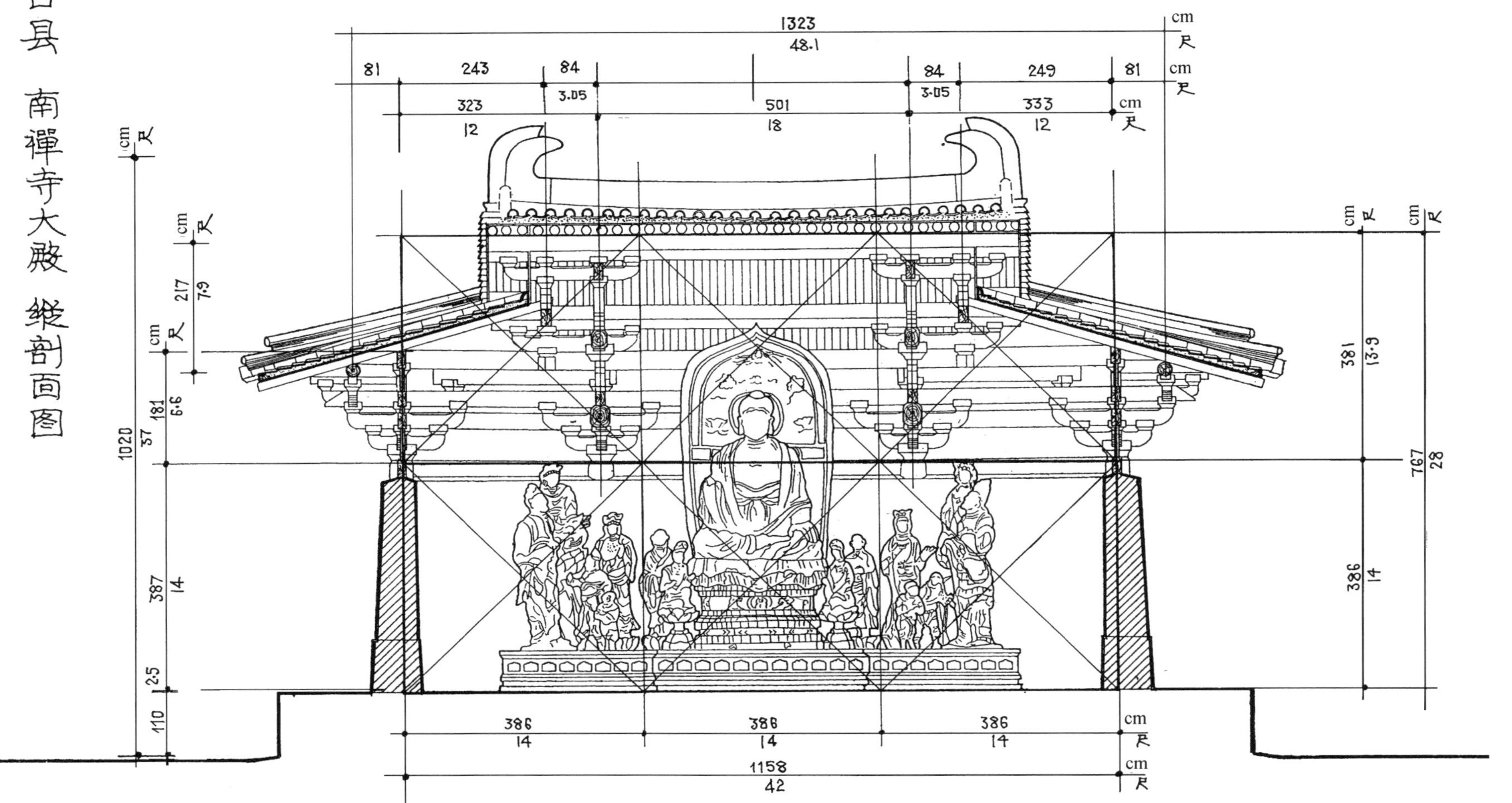

图 3-1-1-4 五台县南禅寺大殿纵剖面图

山西五台縣佛光寺大殿所用殿堂型構架分解示意圖——上下三層水平疊加

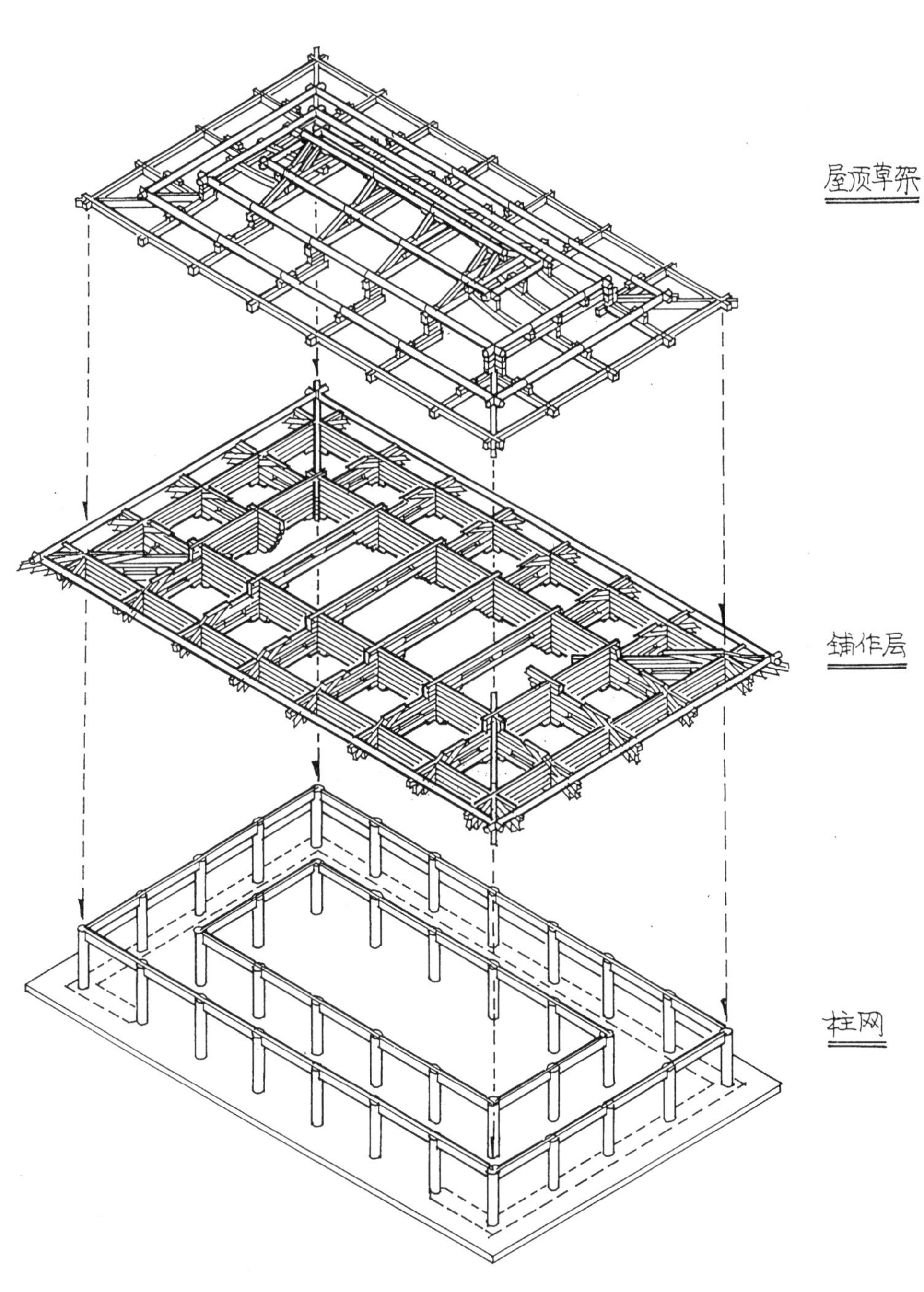

图 3-1-1-5 山西五台县佛光寺大殿所用殿堂型构架分解示意图

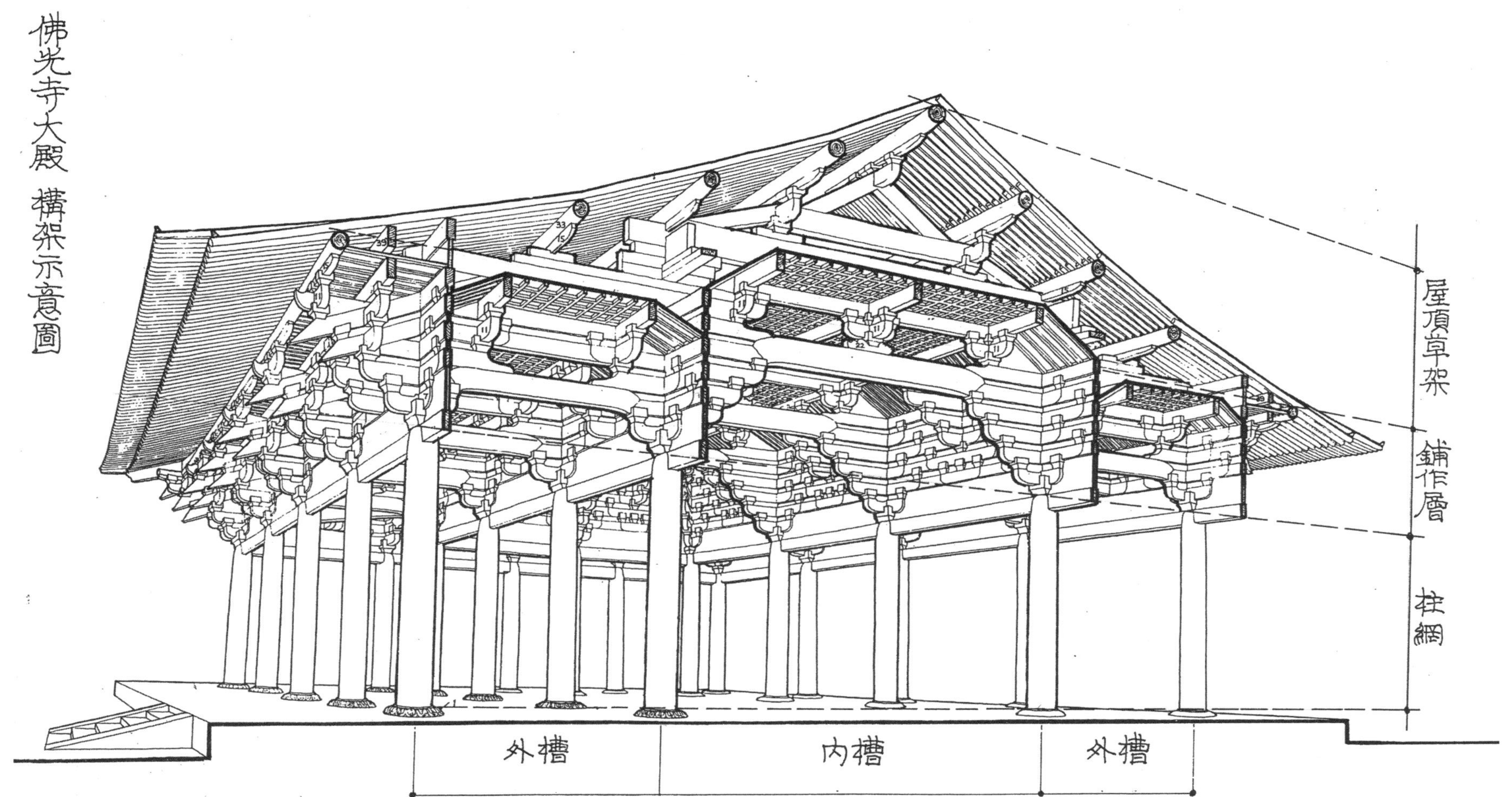

图 3-1-1-6 佛光寺大殿构架示意图

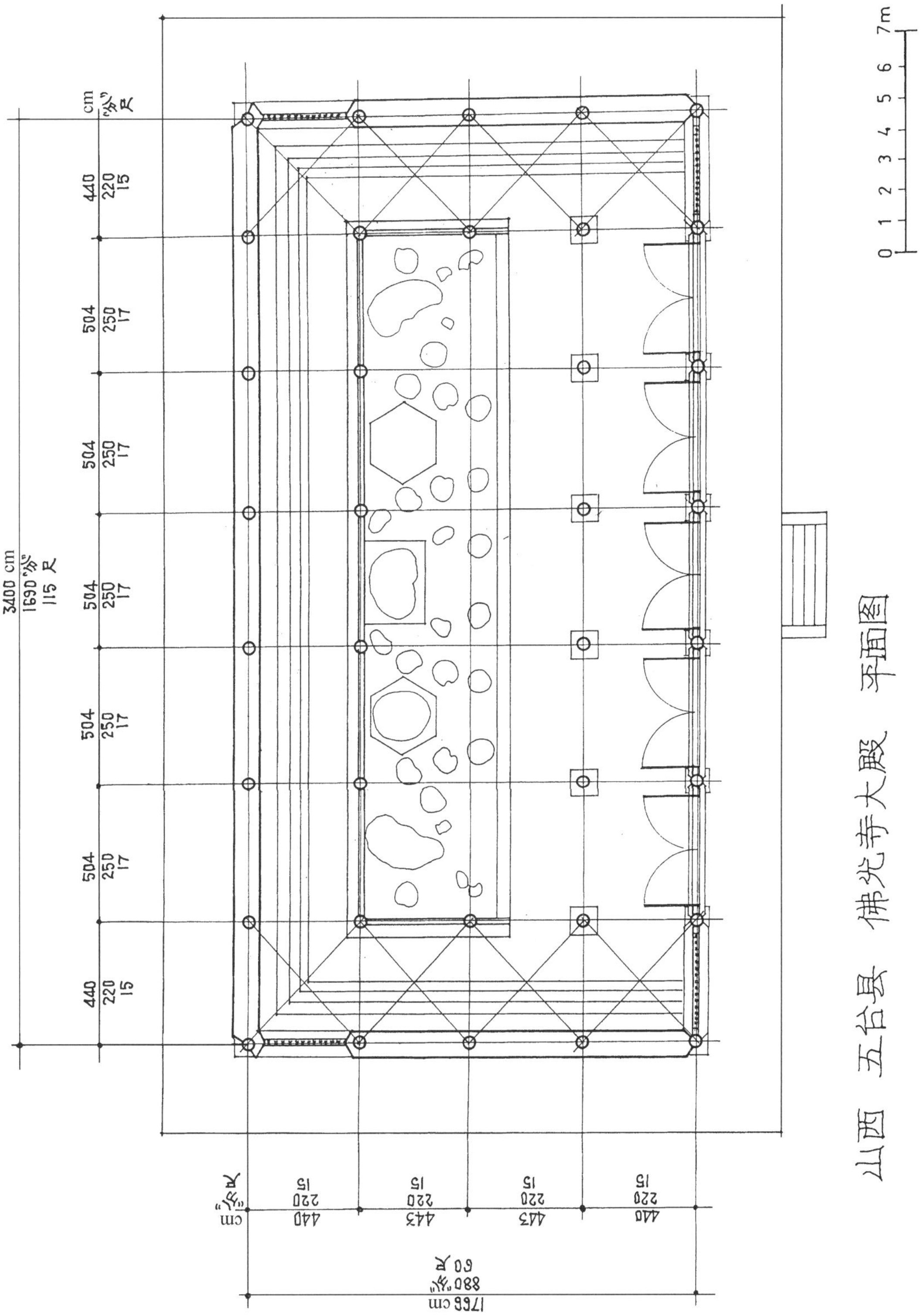

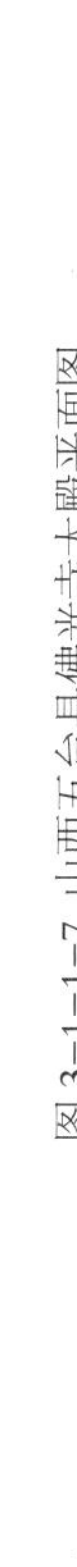

图 3-1-1-7 山西五台县佛光寺大殿平面图

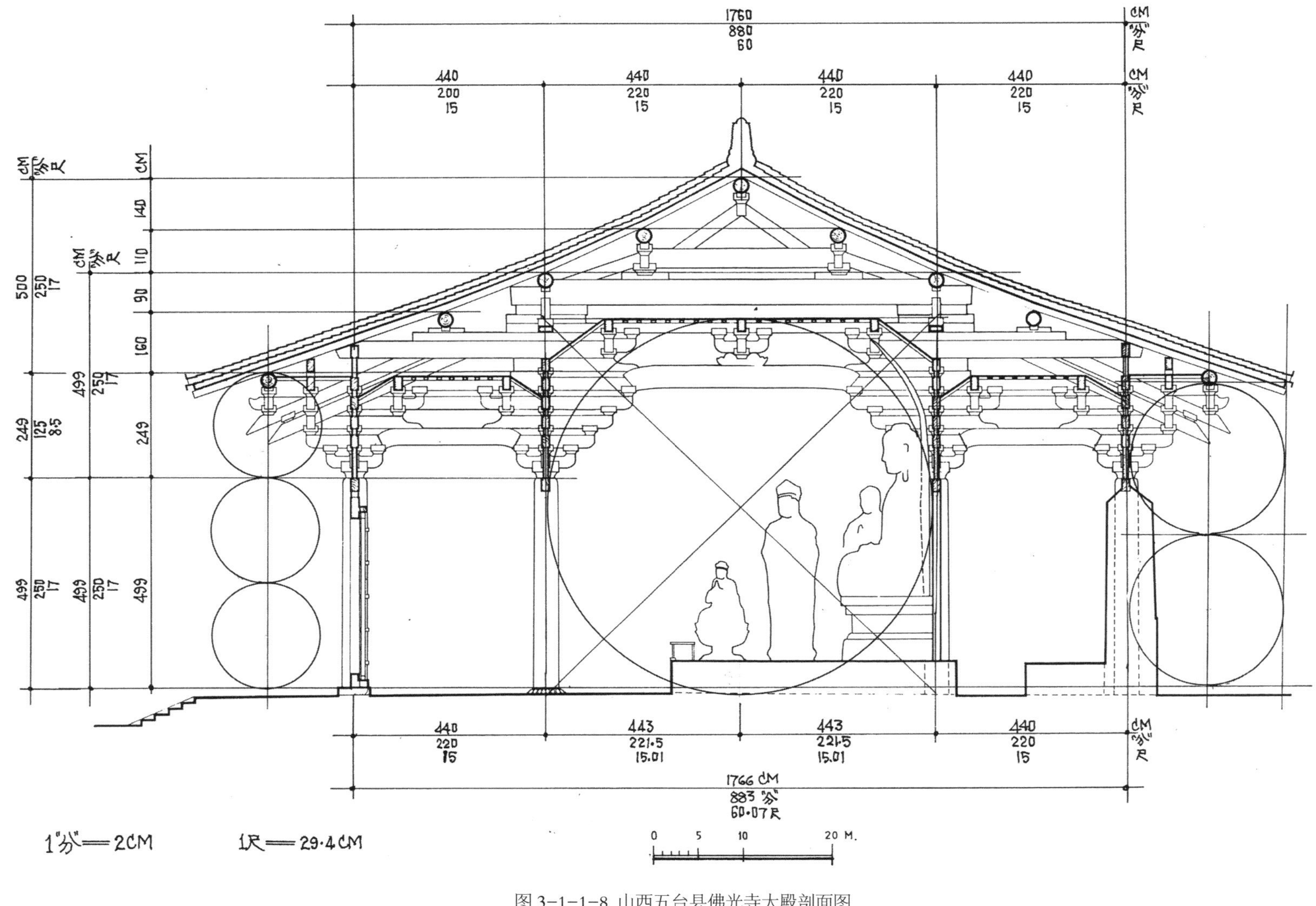

图 3-1-1-8 山西五台县佛光寺大殿剖面图

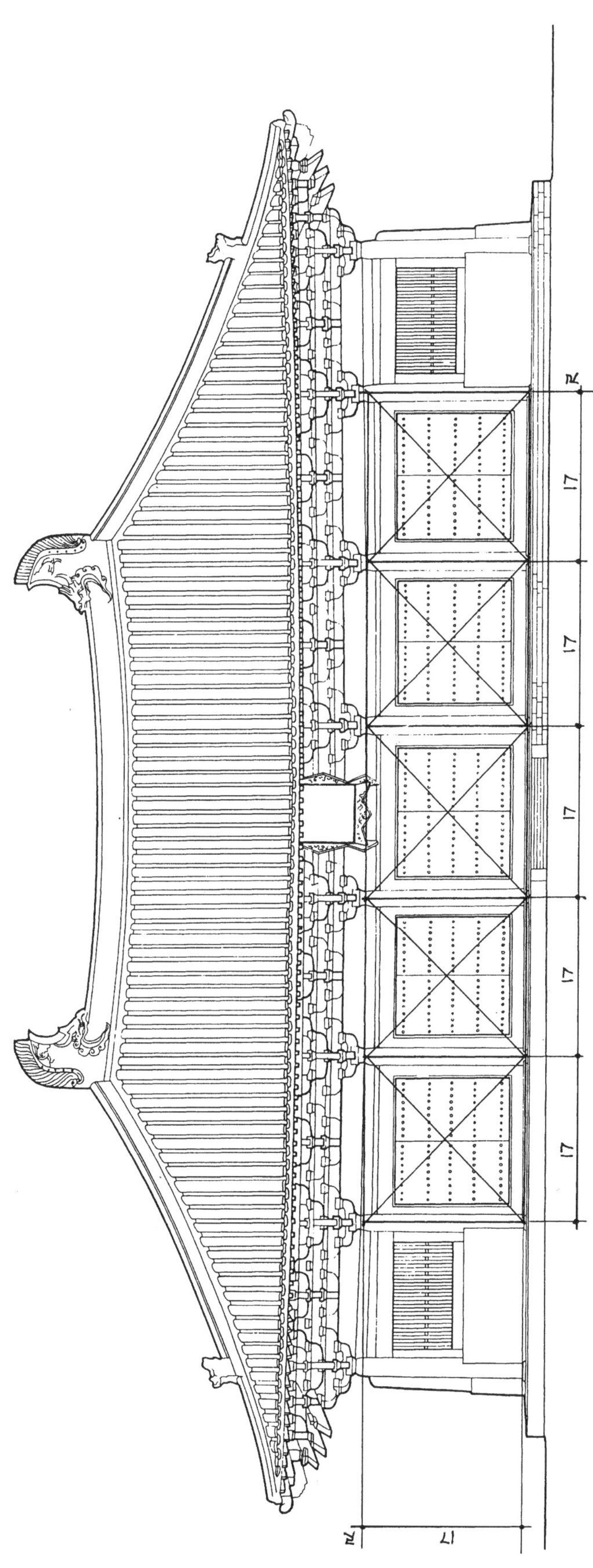

图 3-1-1-9 山西五台县佛光寺大殿立面分析图

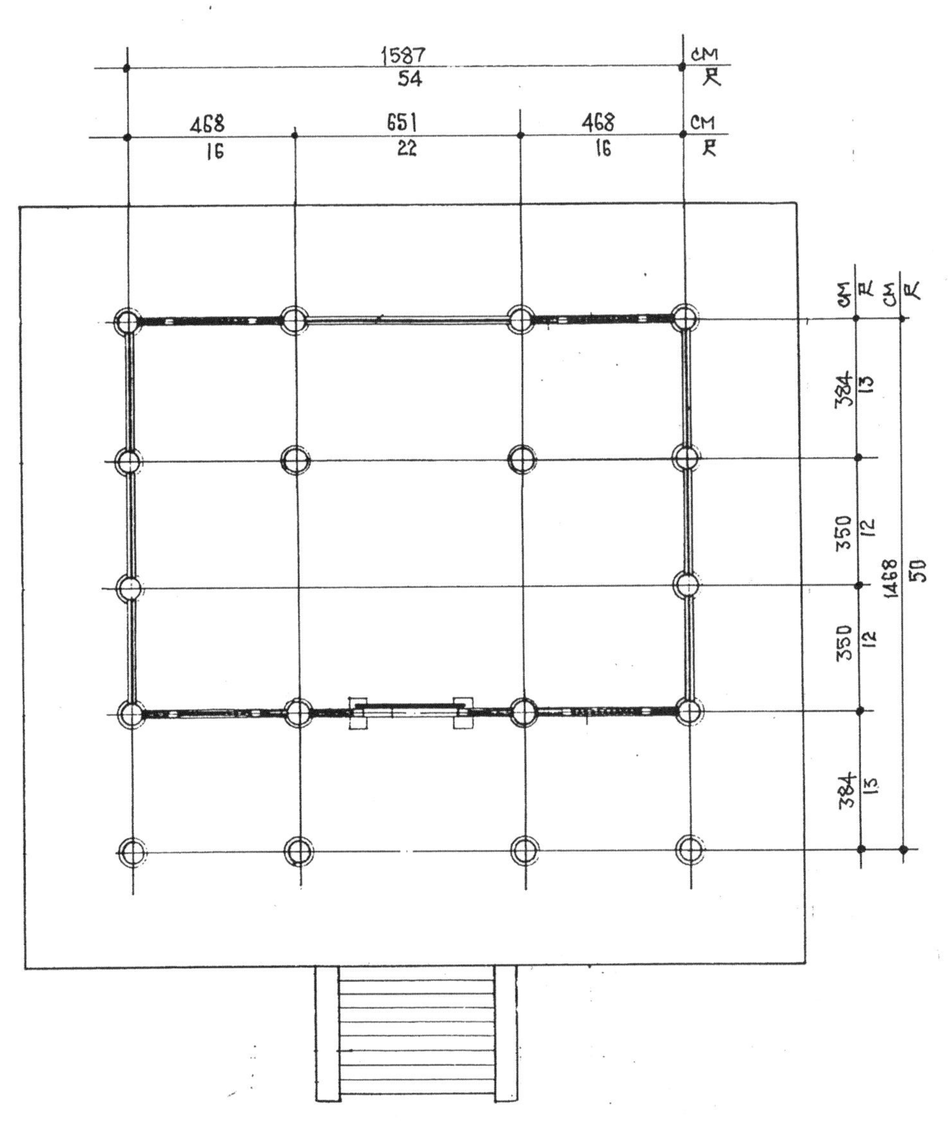

图 3-1-2-1 福州华林寺大殿平面图

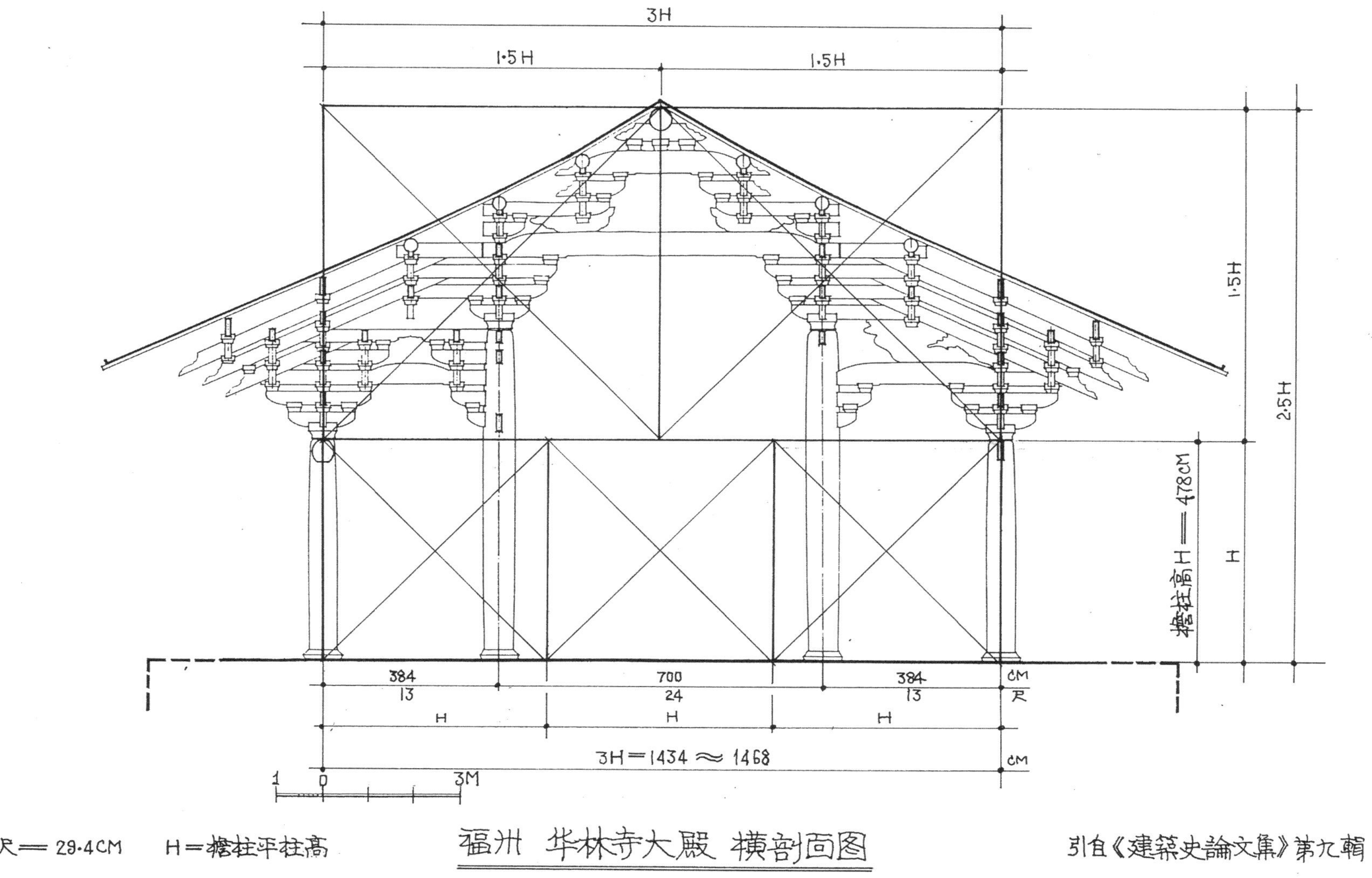

图 3-1-2-2 福州华林寺大殿横剖面图

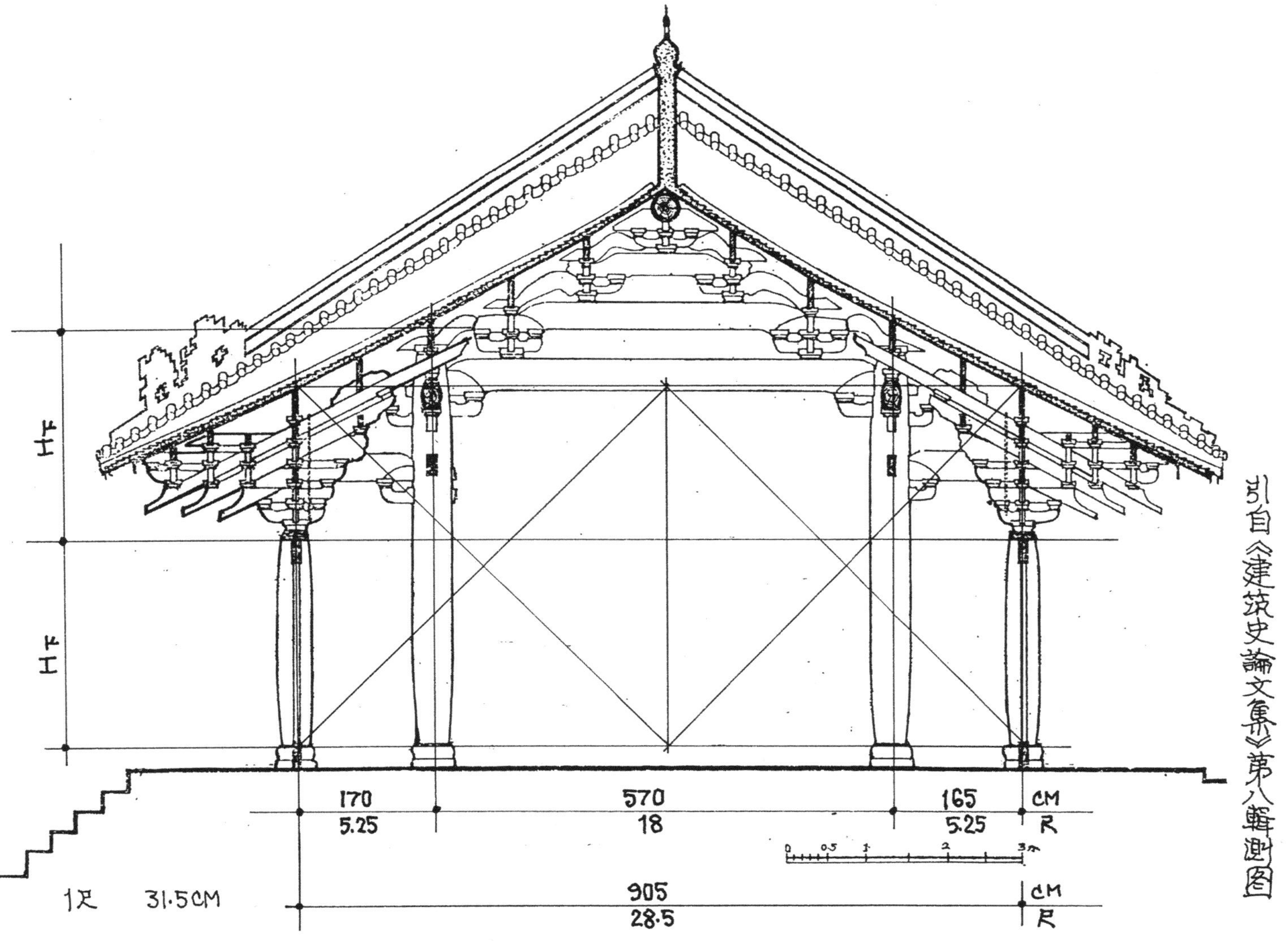

图 3-1-2-3 广东肇庆梅庵大殿横剖面分析图

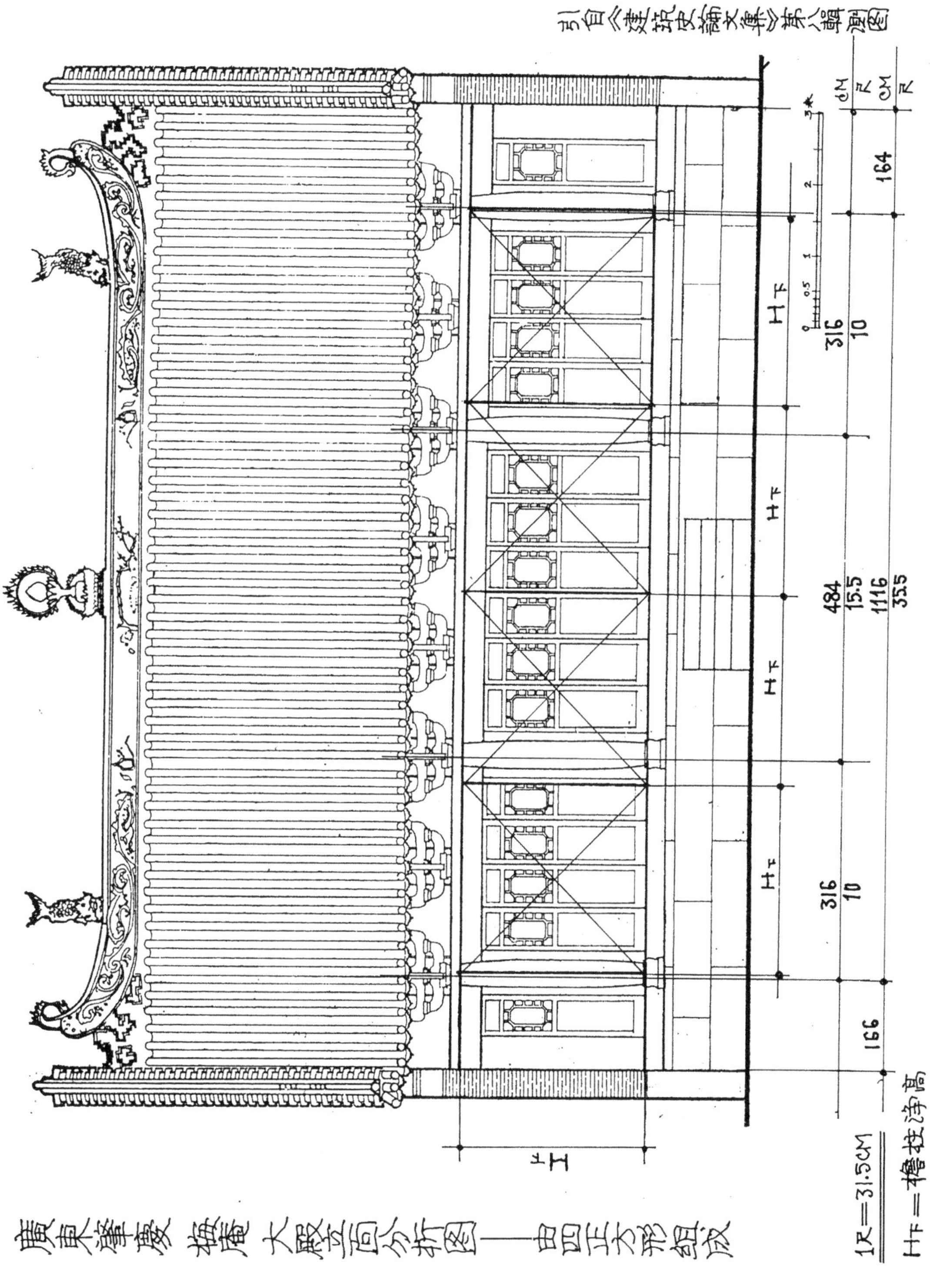

廣東肇慶 梅庵 大殿立面分析图——由四正方形組成
1尺＝31.5CM
H下＝檐柱淨高
引自《建筑史論文集》第八輯測图
166
316
10
484
15.5
1116
35.5
164

图 3-1-2-4 广东肇庆梅庵大殿立面分析图

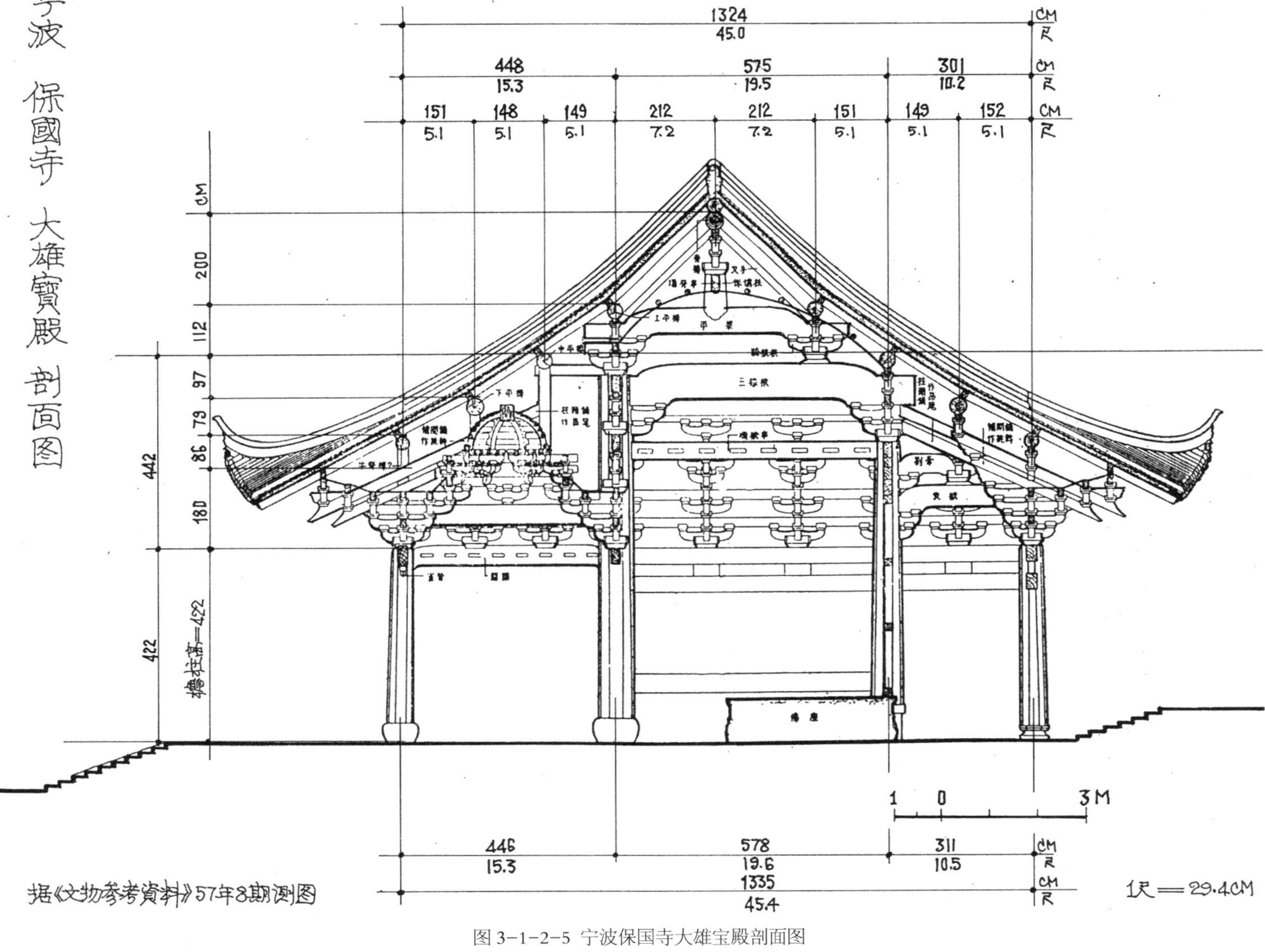

图 3-1-2-5 宁波保国寺大雄宝殿剖面图

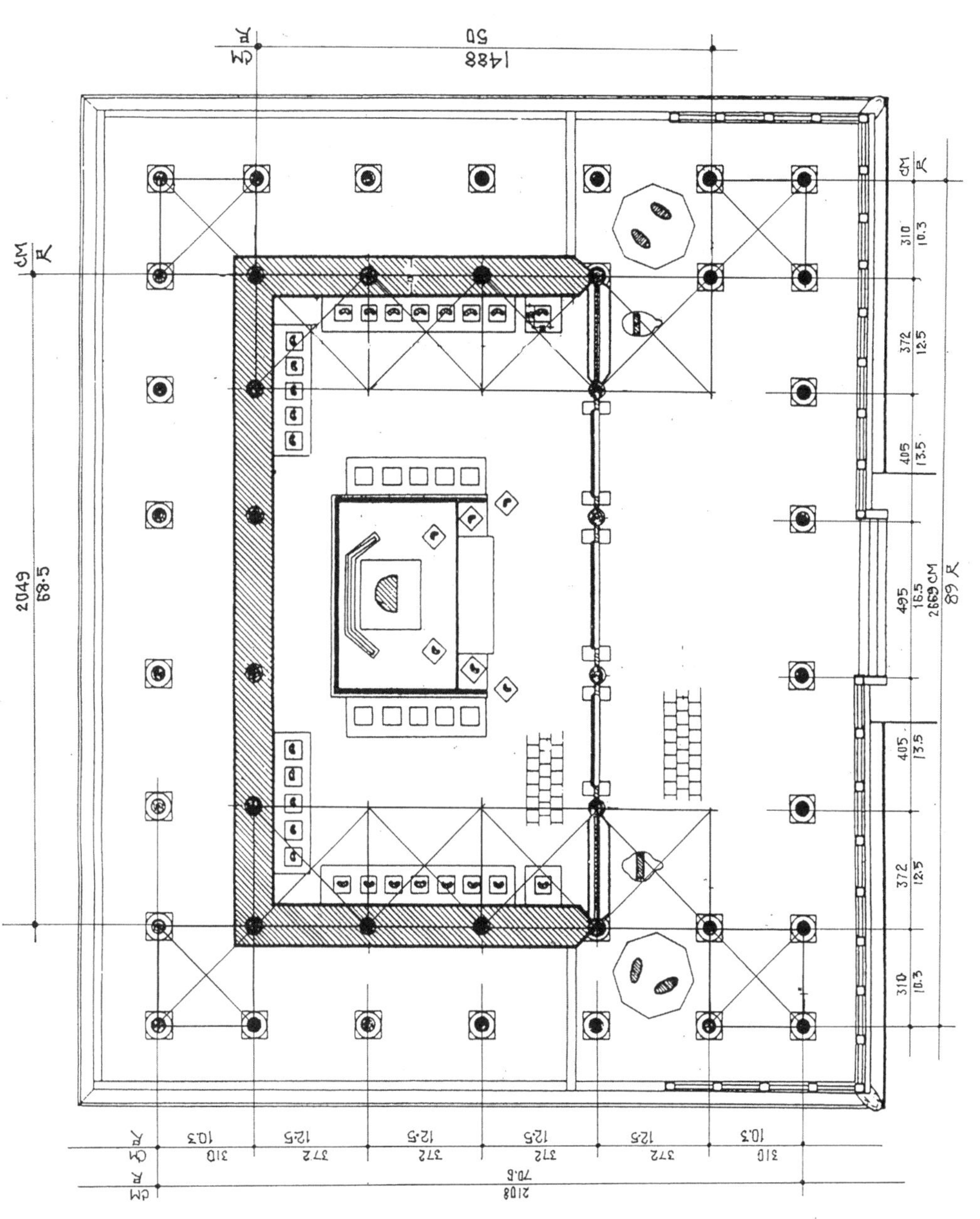

图 3-1-2-6 太原晋祠圣母殿平面图

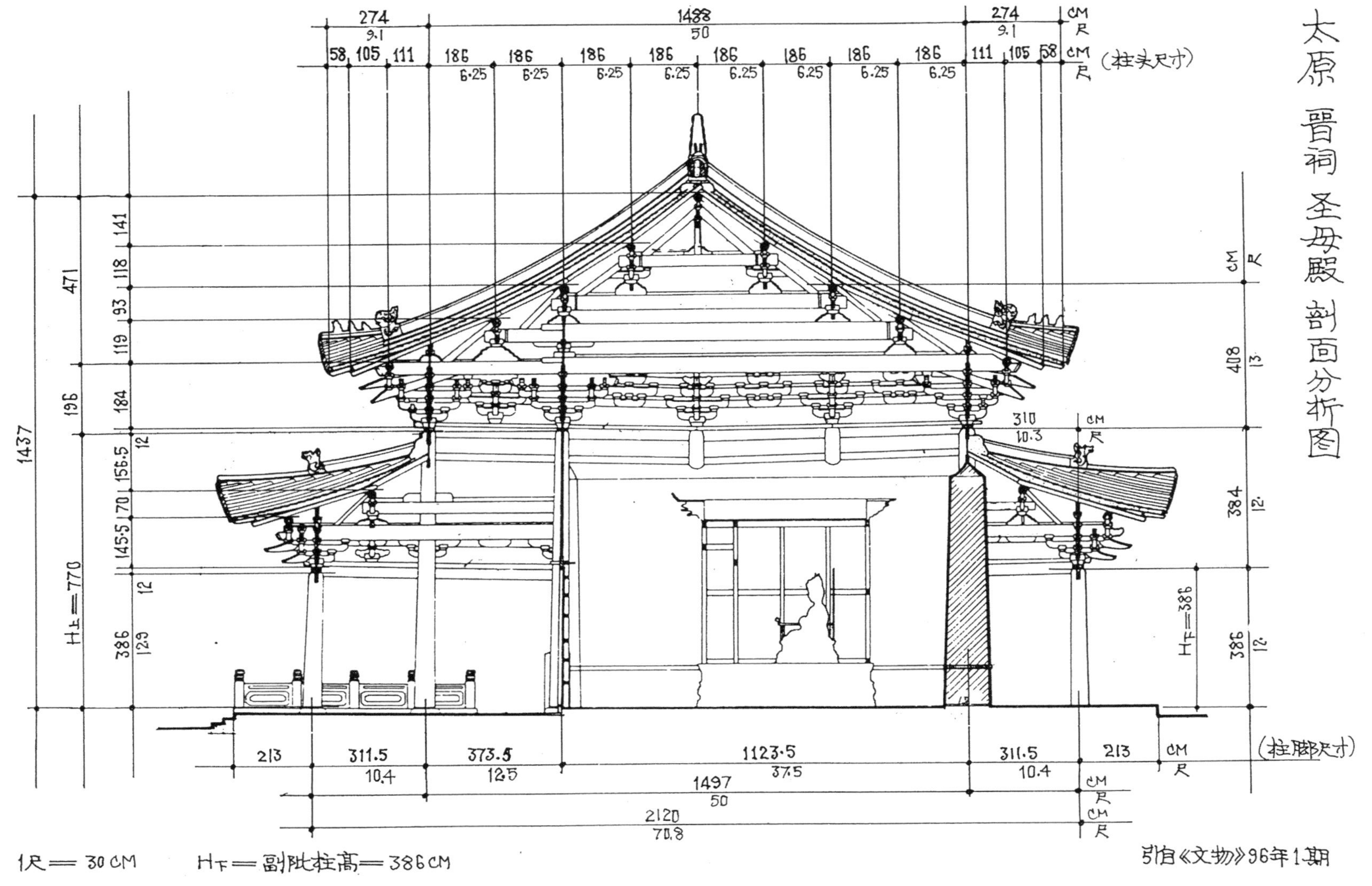

图 3-1-2-7 太原晋祠圣母殿剖面分析图

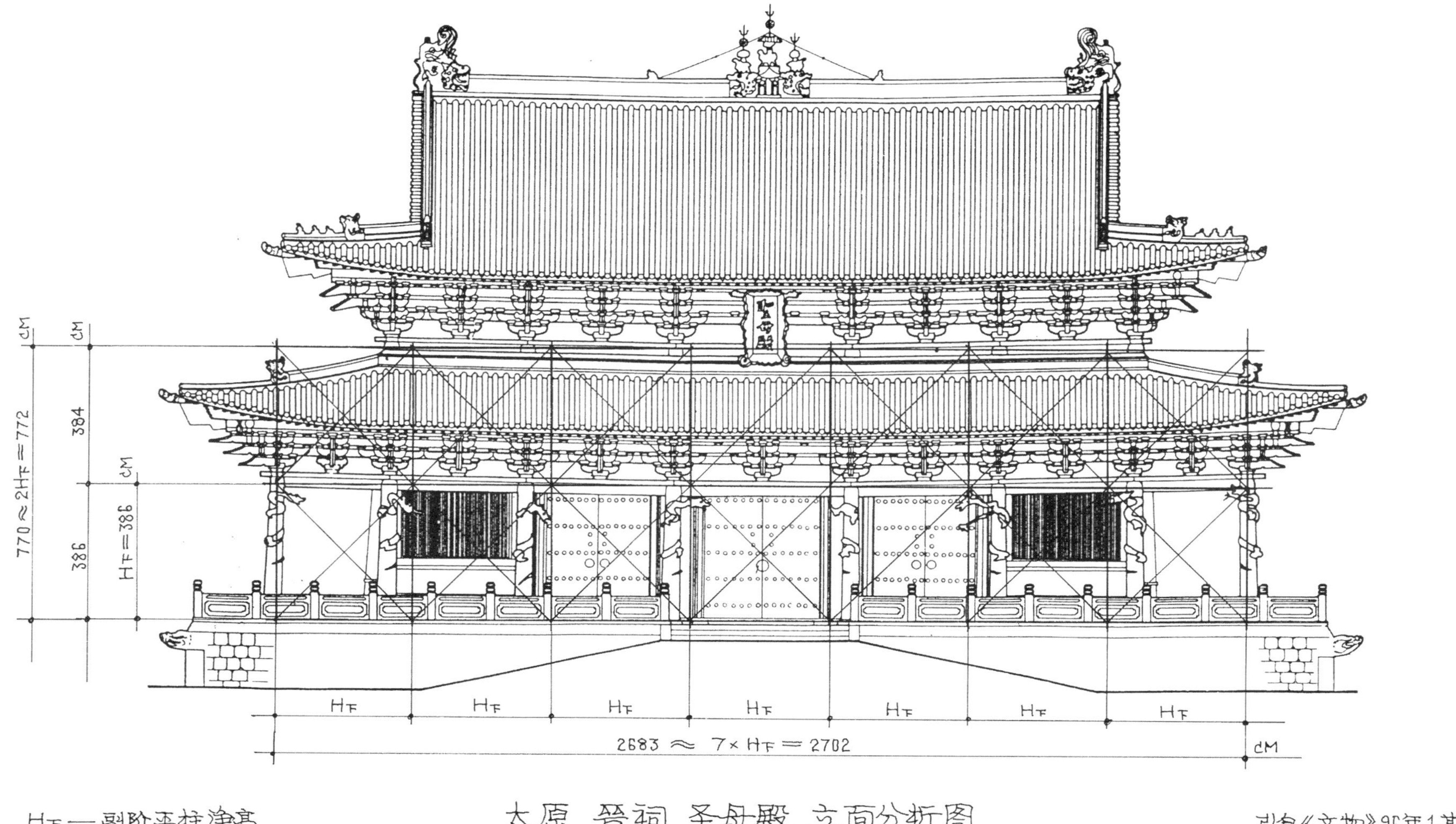

图 3-1-2-8 太原晋祠圣母殿立面分析图

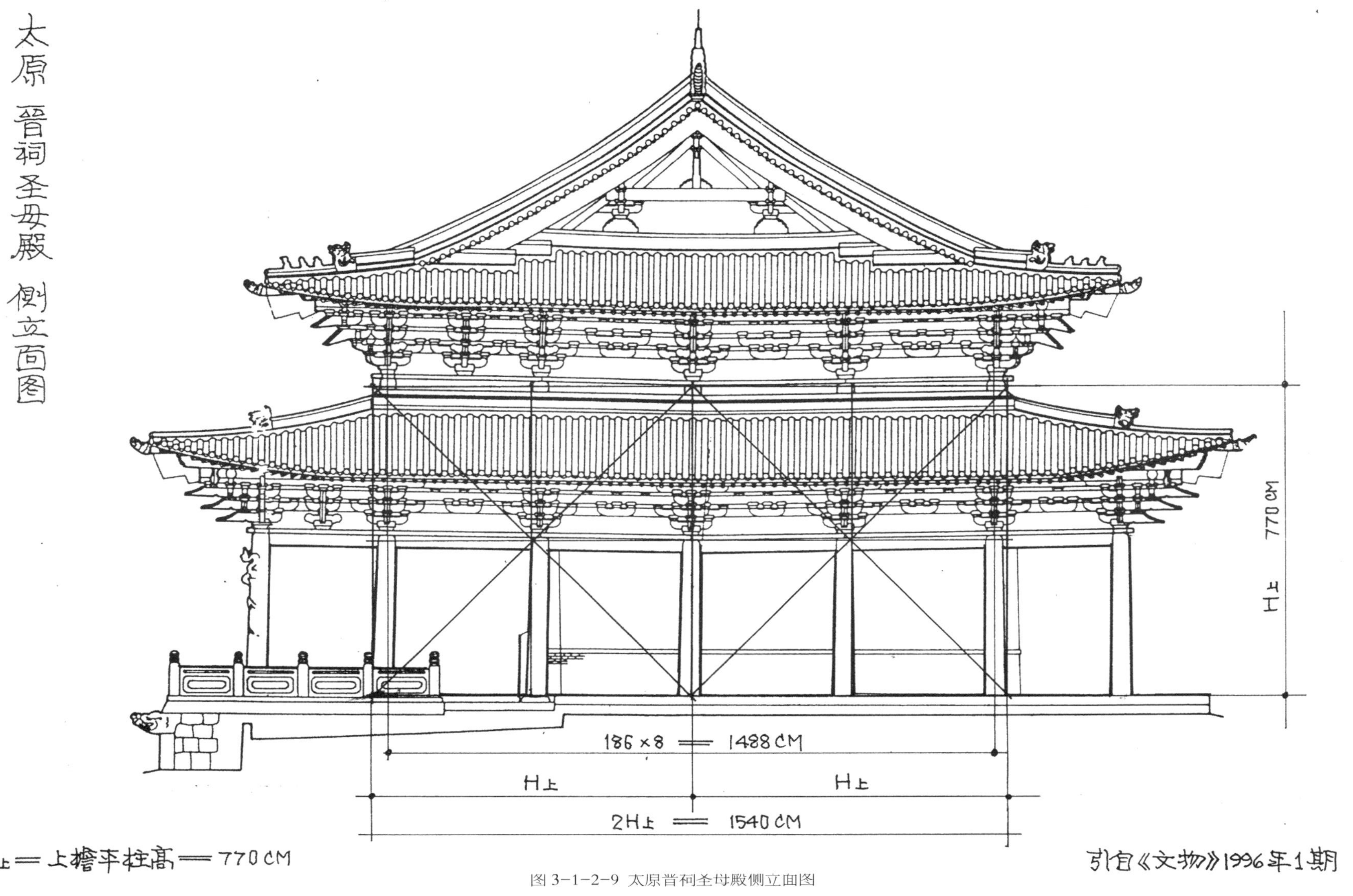

图 3-1-2-9 太原晋祠圣母殿侧立面图

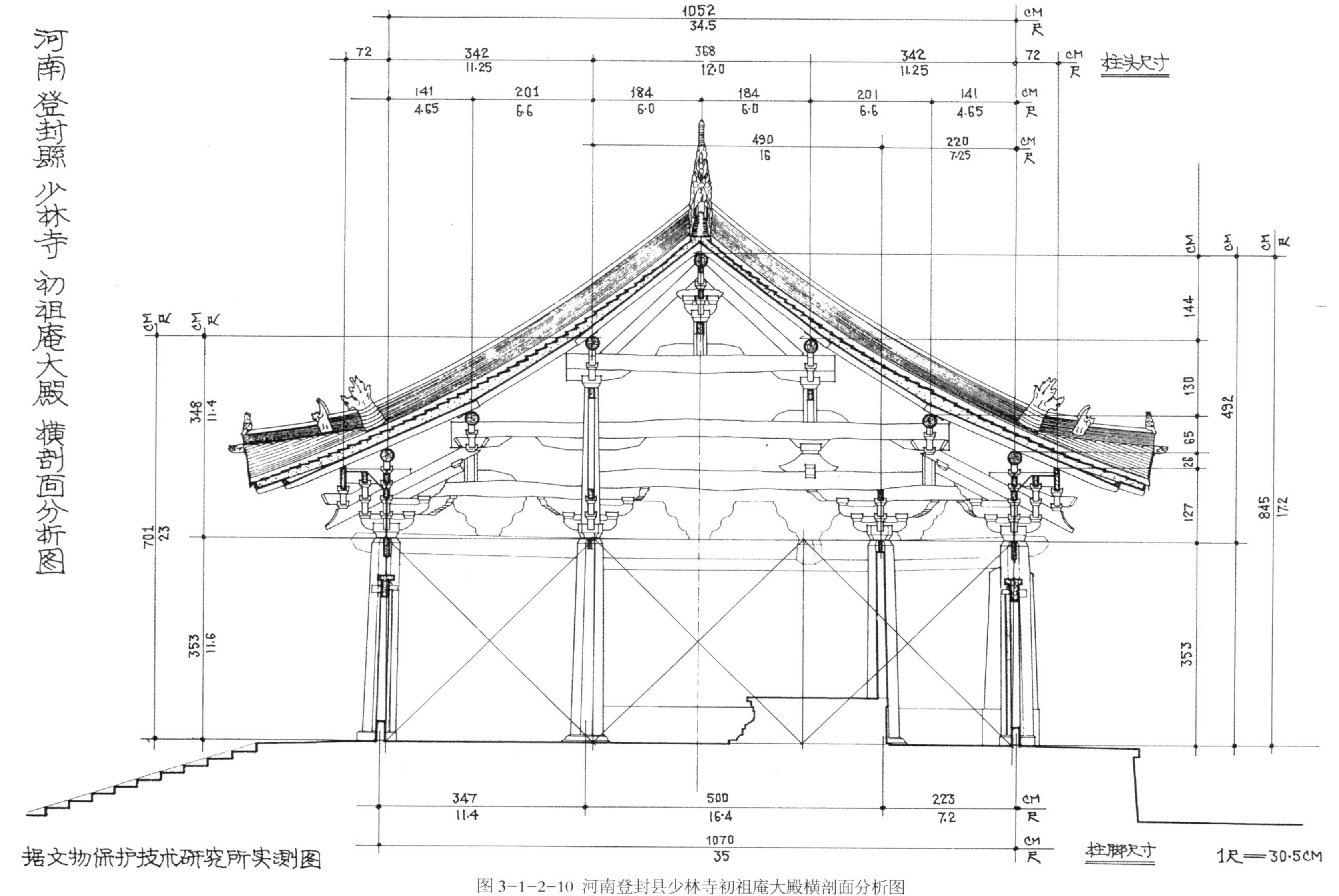

图 3-1-2-10 河南登封县少林寺初祖庵大殿横剖面分析图

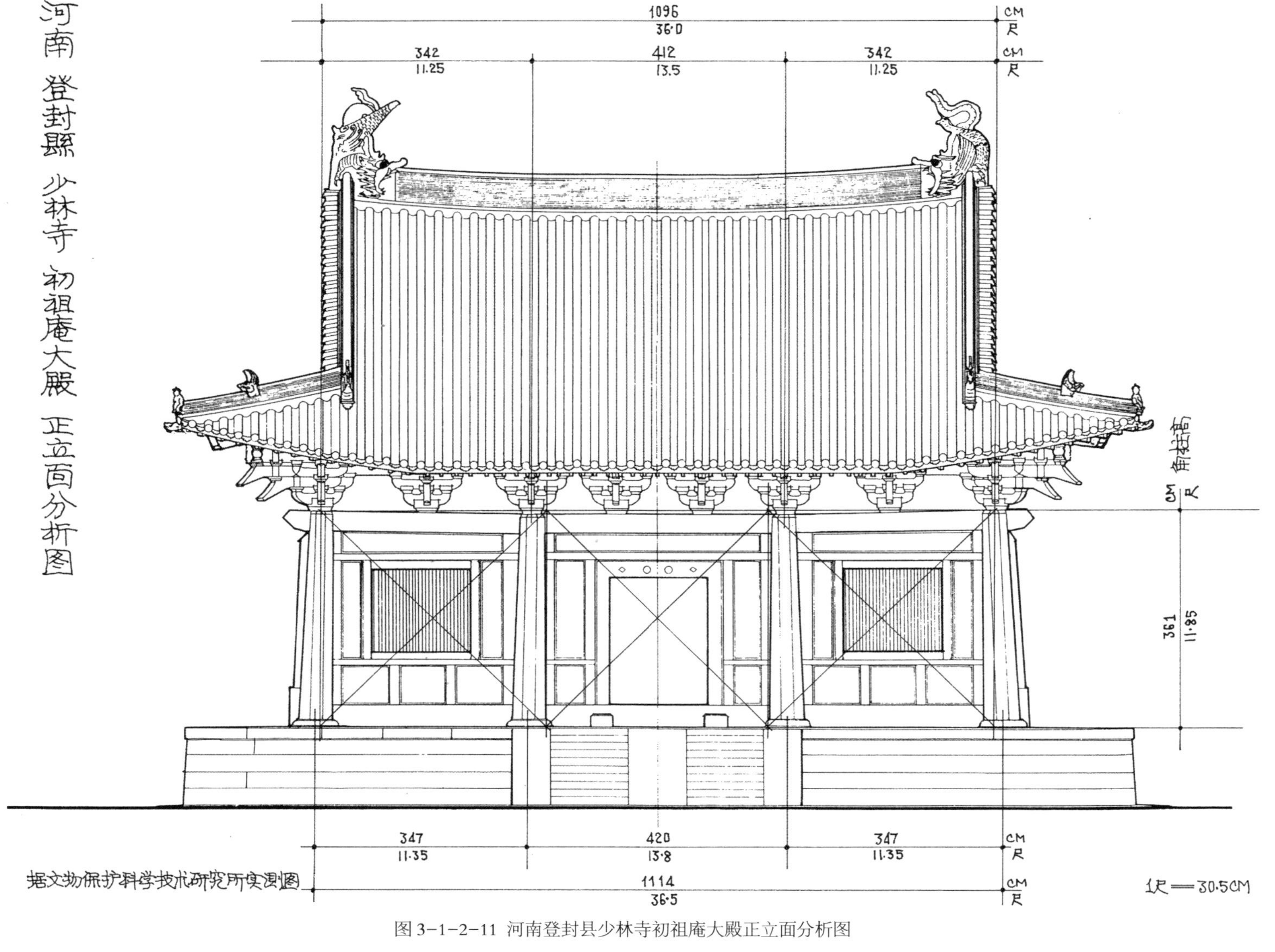

图 3-1-2-11 河南登封县少林寺初祖庵大殿正立面分析图

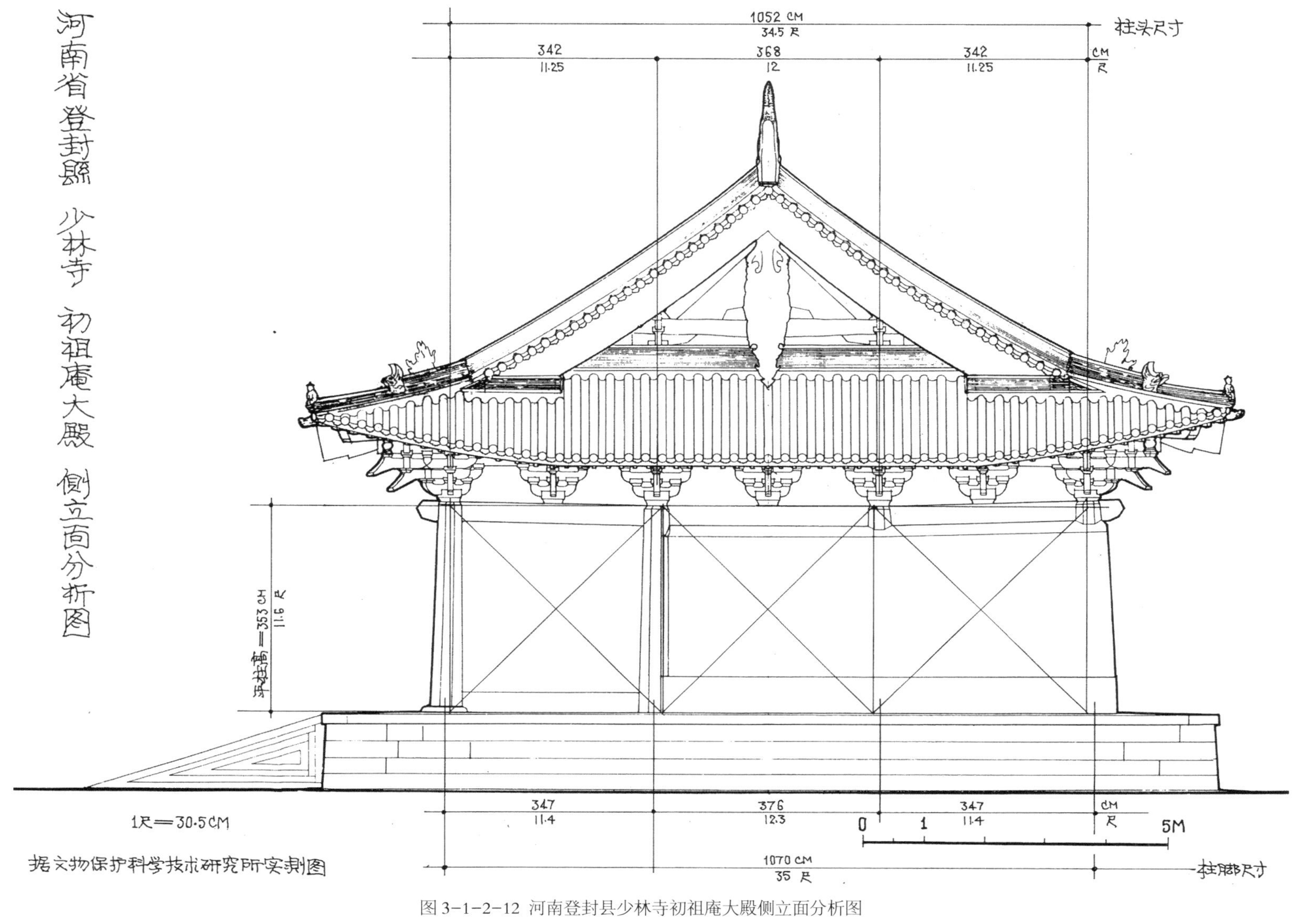

图 3-1-2-12 河南登封县少林寺初祖庵大殿侧立面分析图

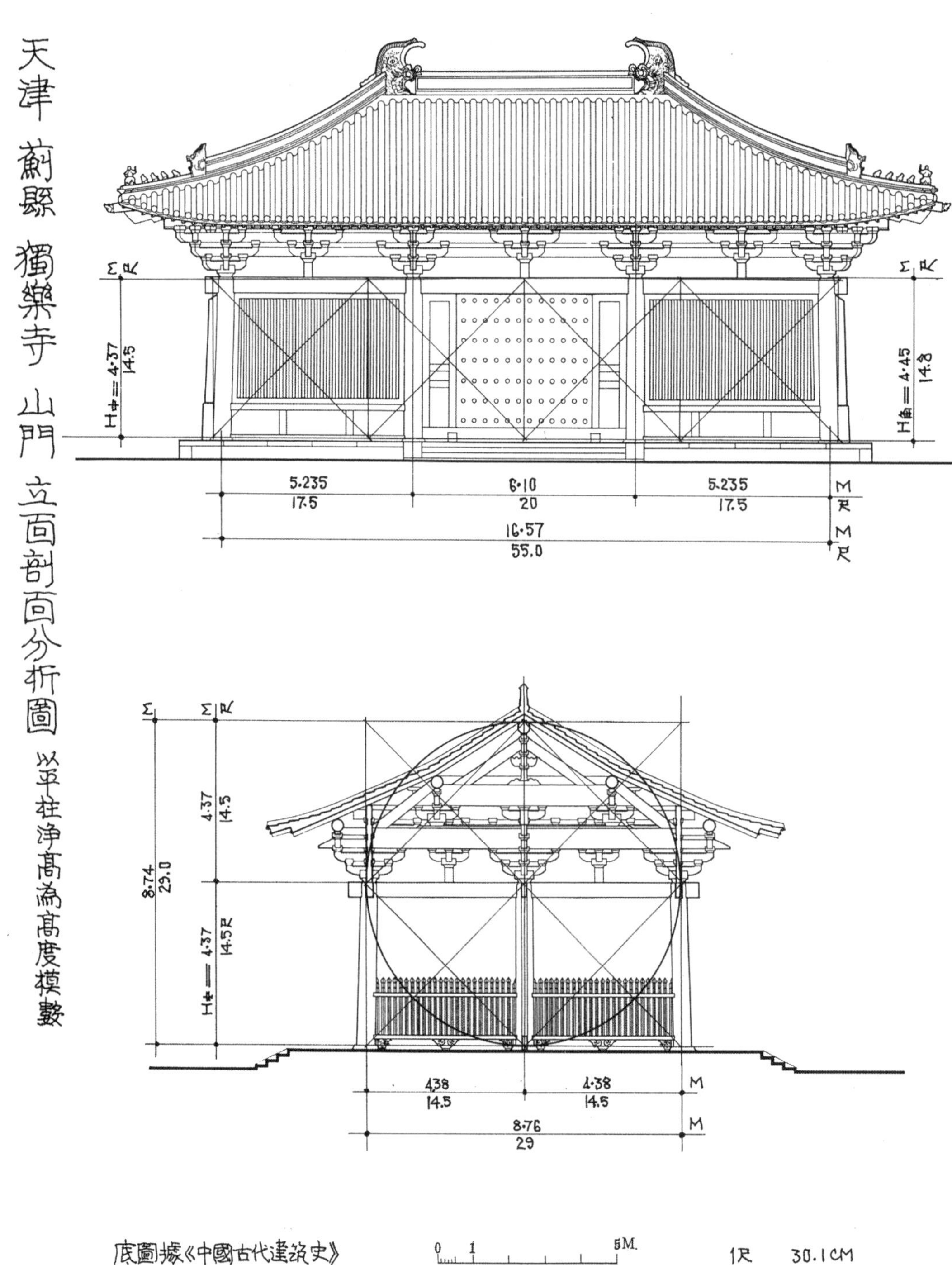

图 3-1-3-1 天津蓟县独乐寺山门立面剖面分析图

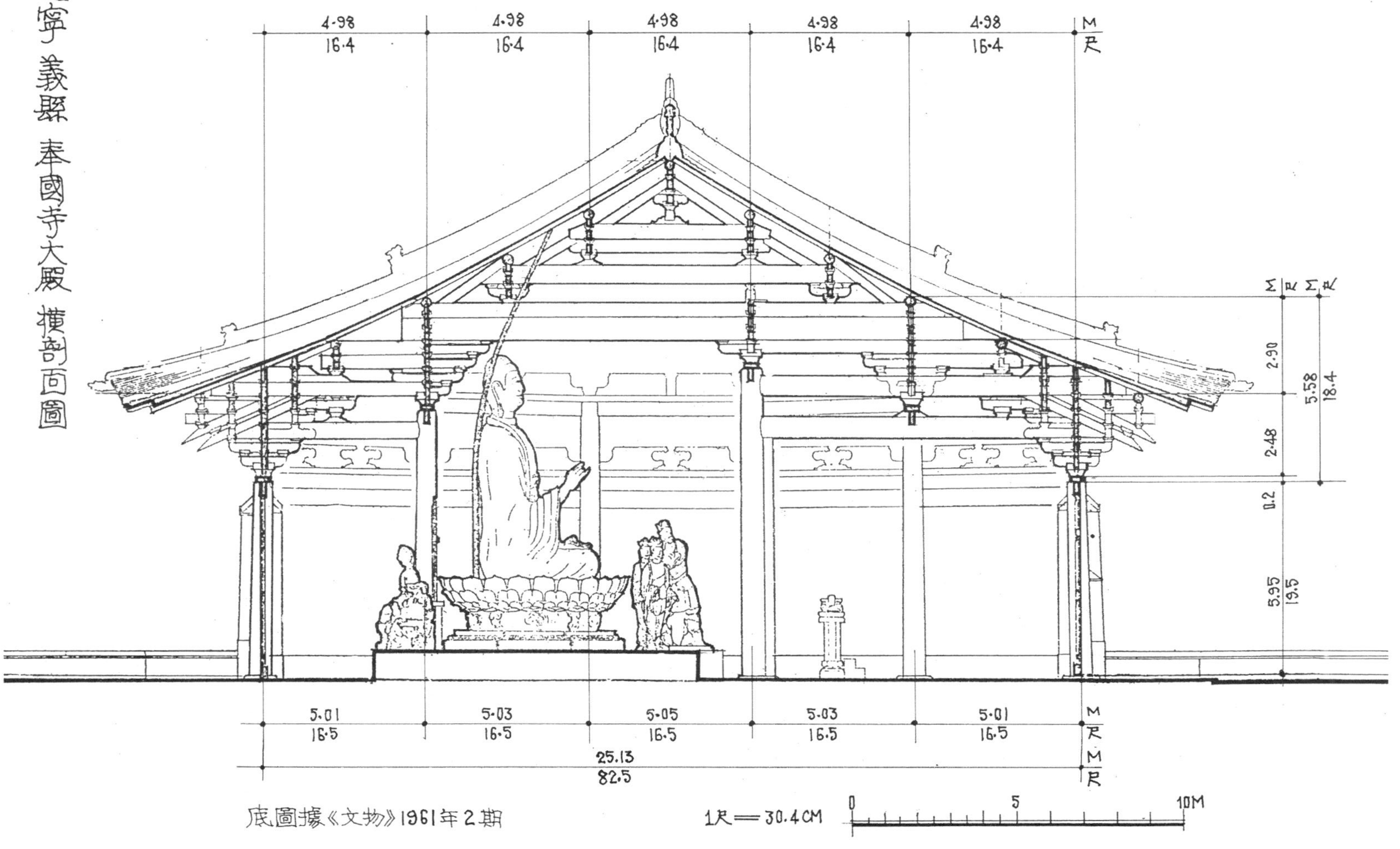

图 3-1-3-2 辽宁义县奉国寺大殿横剖面图

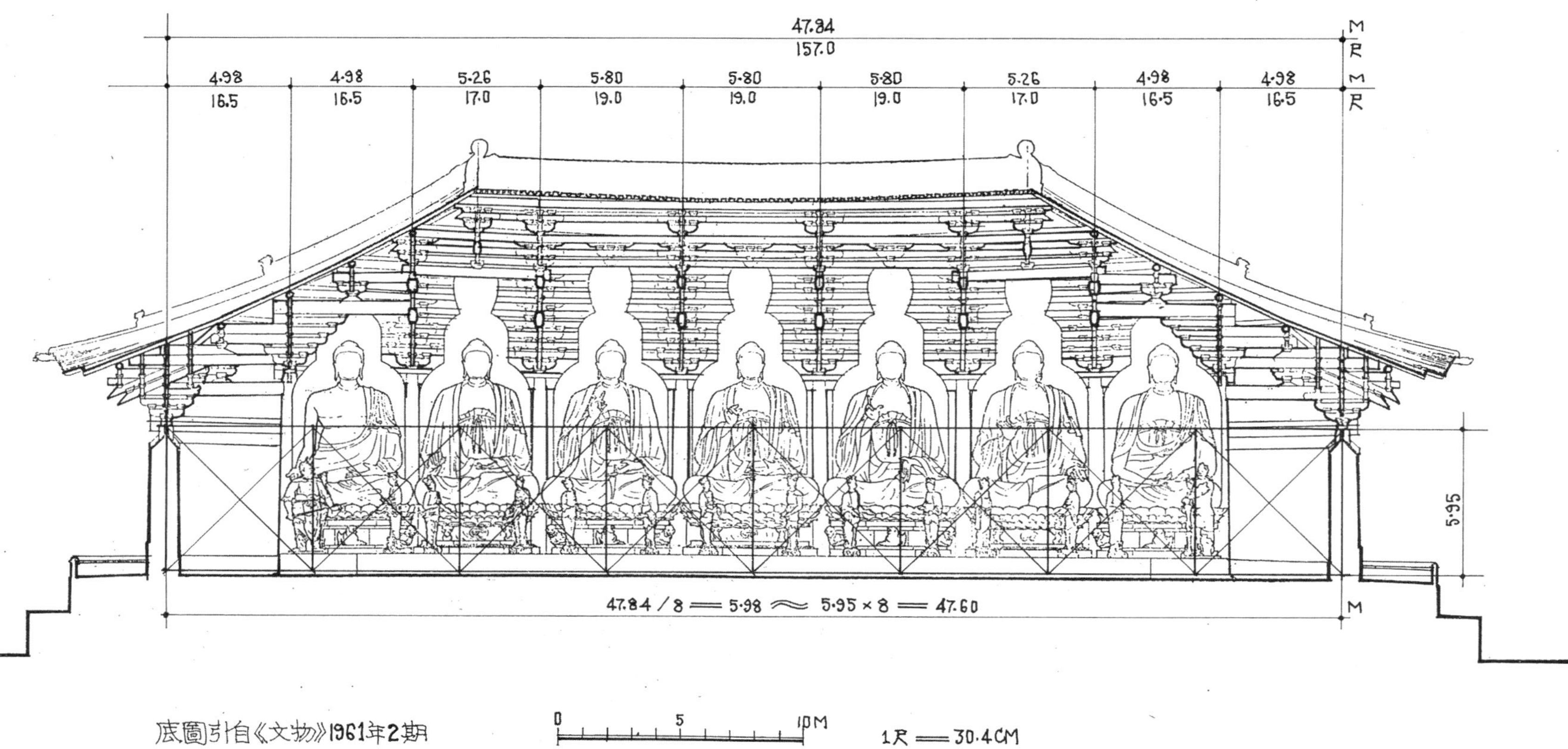

图 3-1-3-3 辽宁义县奉国寺大殿纵剖面图

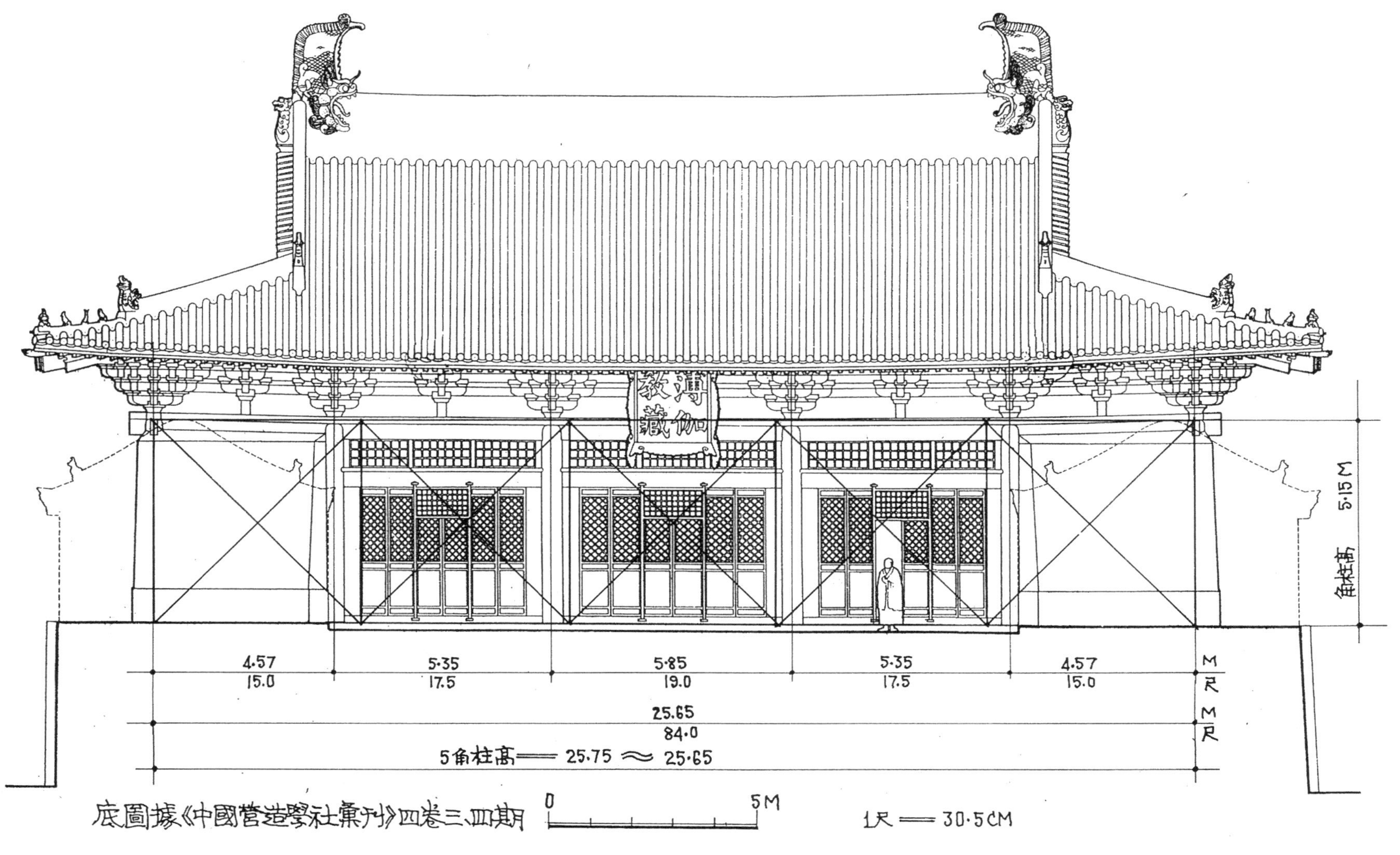

图 3-1-3-4 山西大同下华严寺薄伽教藏殿立面分析图

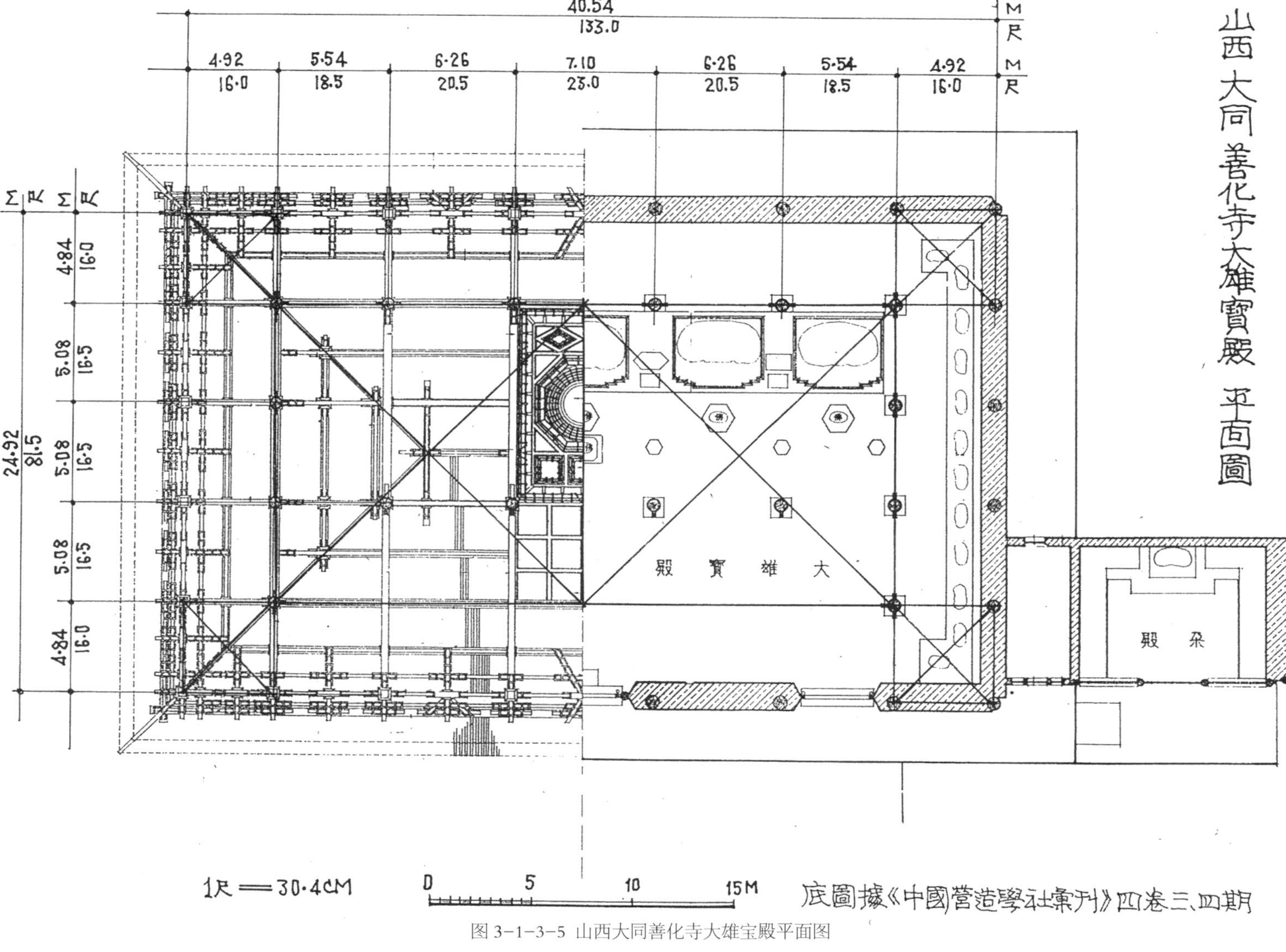

图 3-1-3-5 山西大同善化寺大雄宝殿平面图

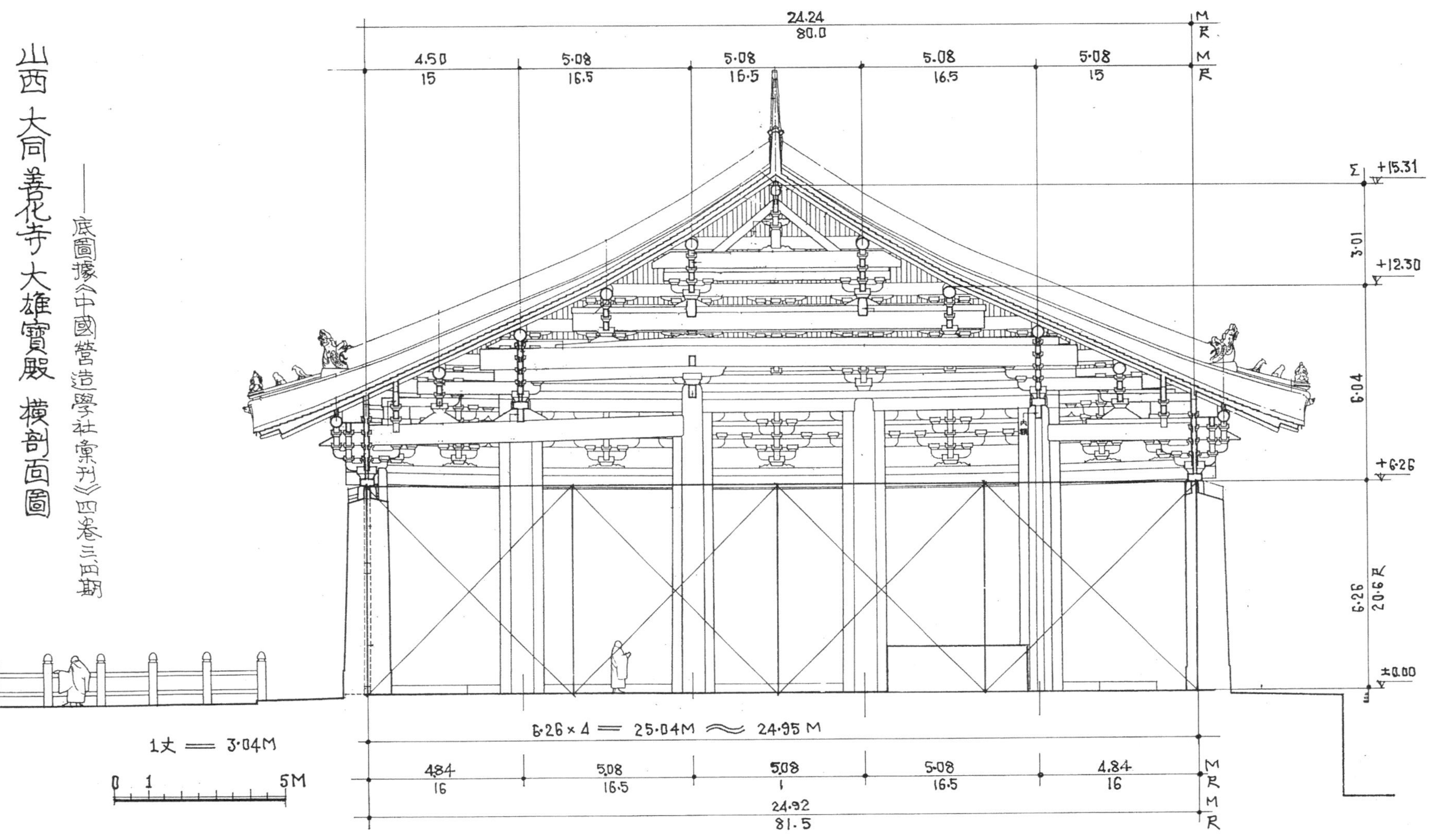

图 3-1-3-6 山西大同善化寺大雄宝殿横剖面图

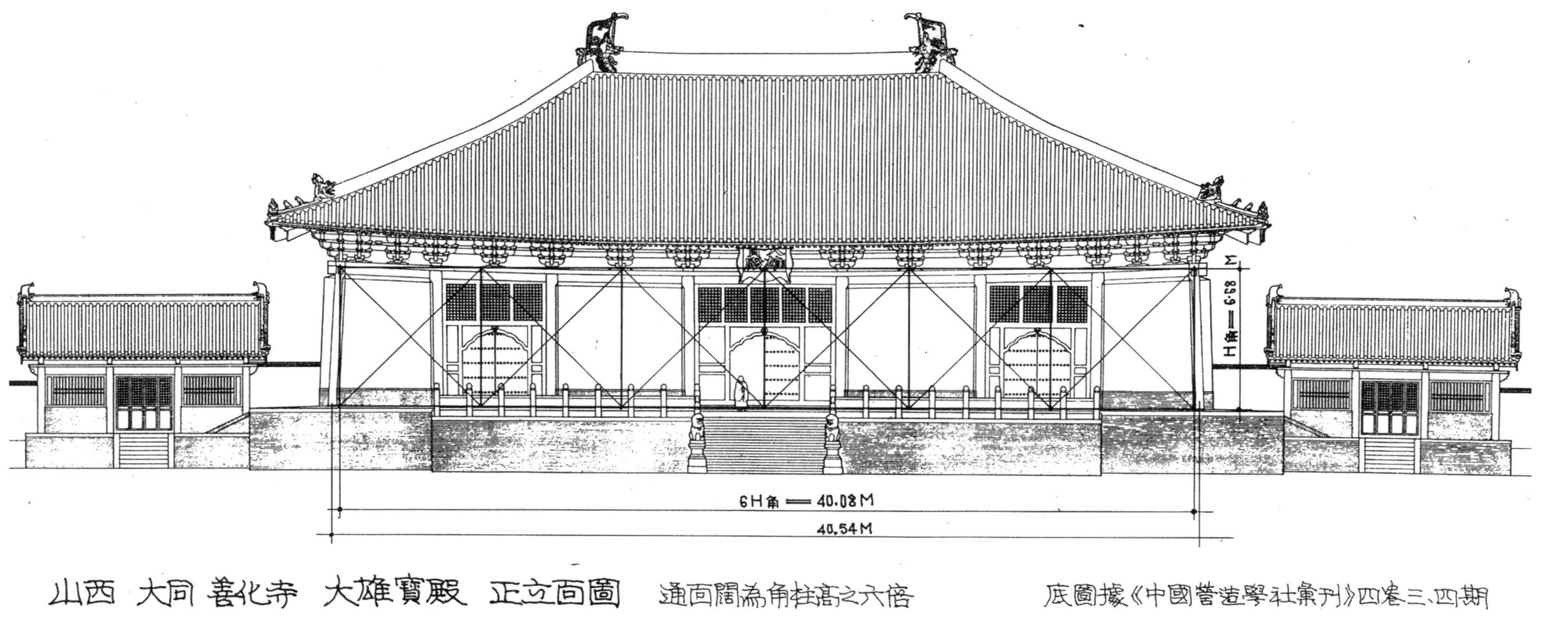

图 3-1-3-7 山西大同善化寺大雄宝殿正立面图

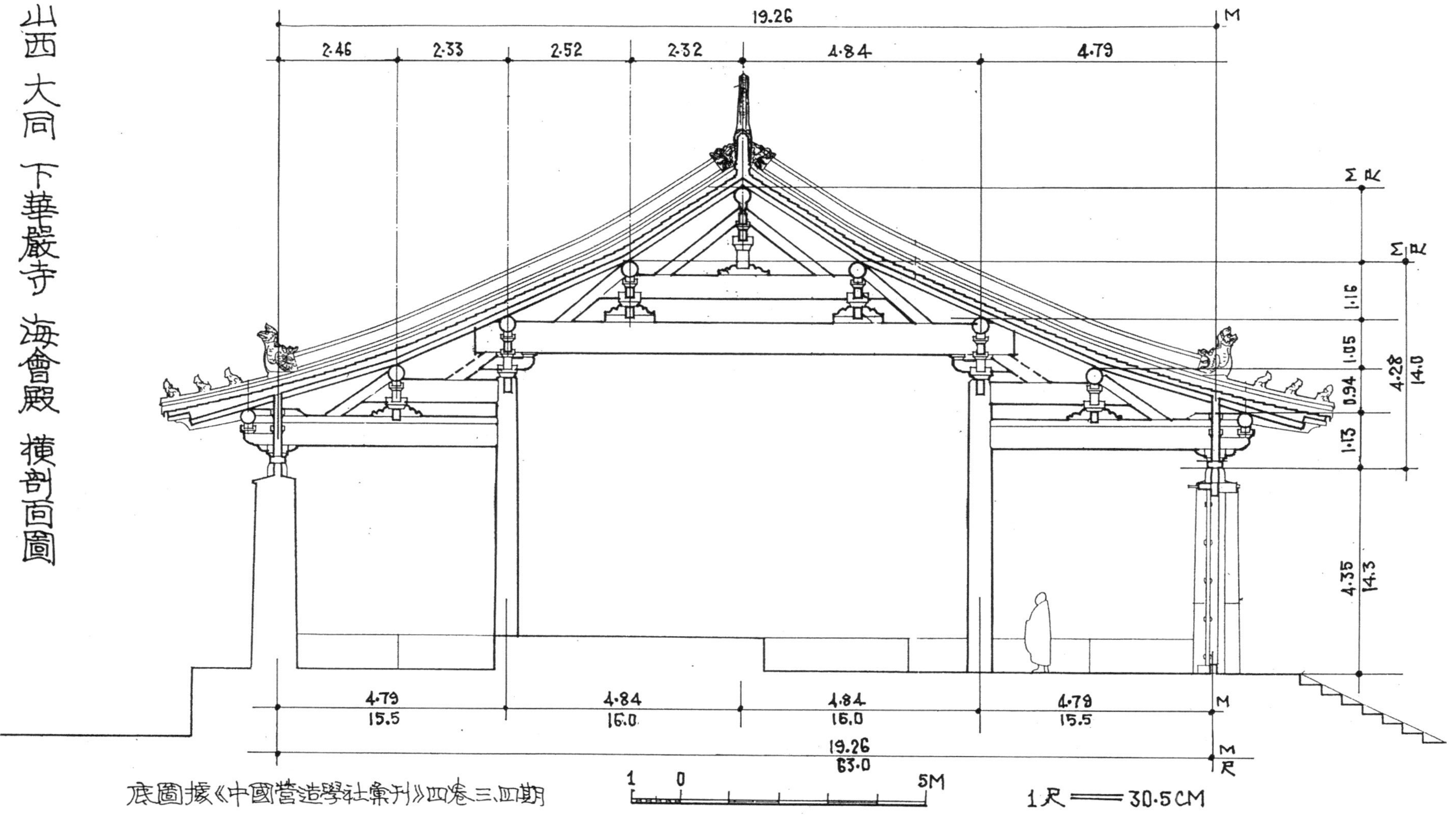

图 3-1-3-8 山西大同下华严寺海会殿横剖面图

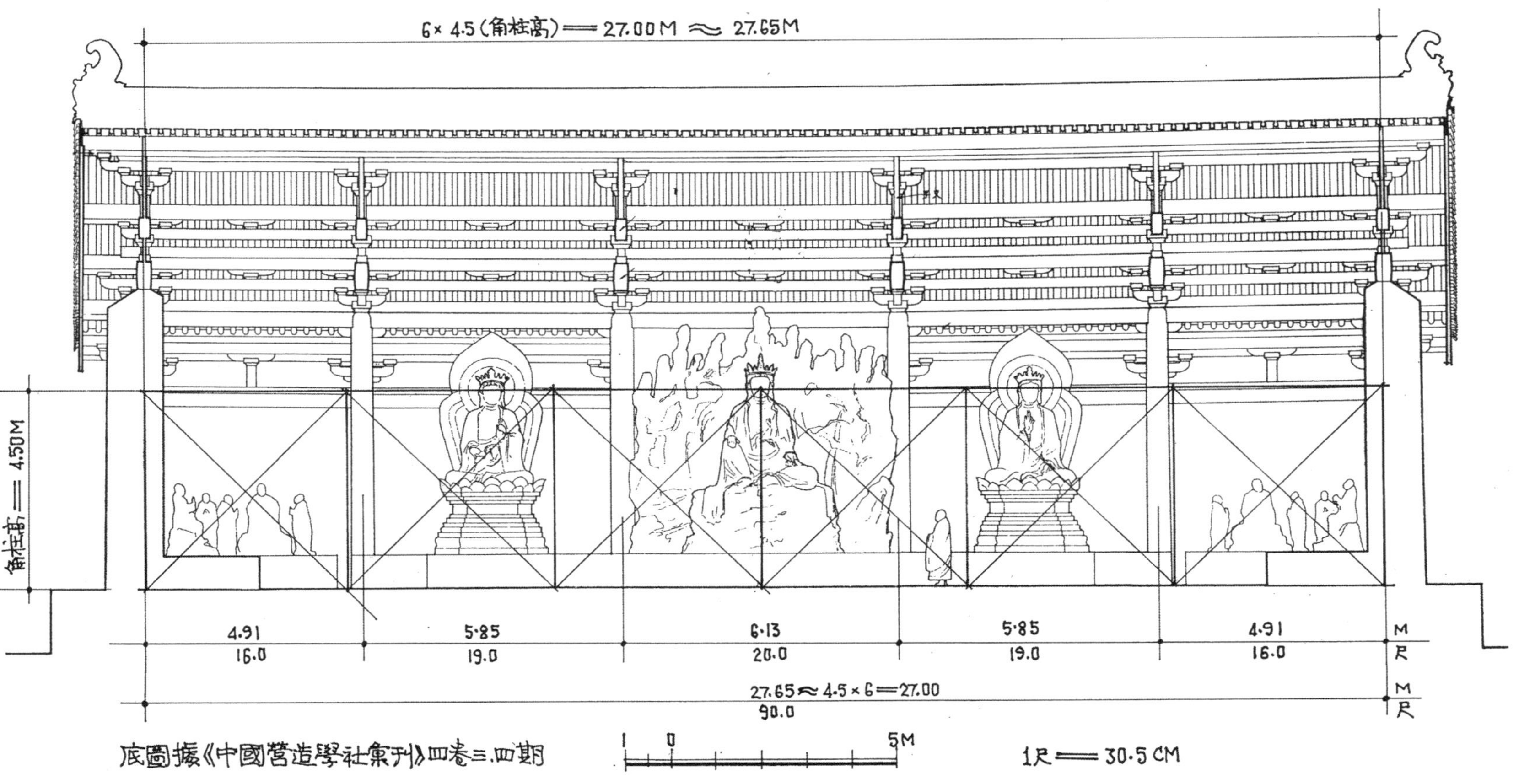

图 3-1-3-9 山西大同下华严寺海会殿纵剖面图

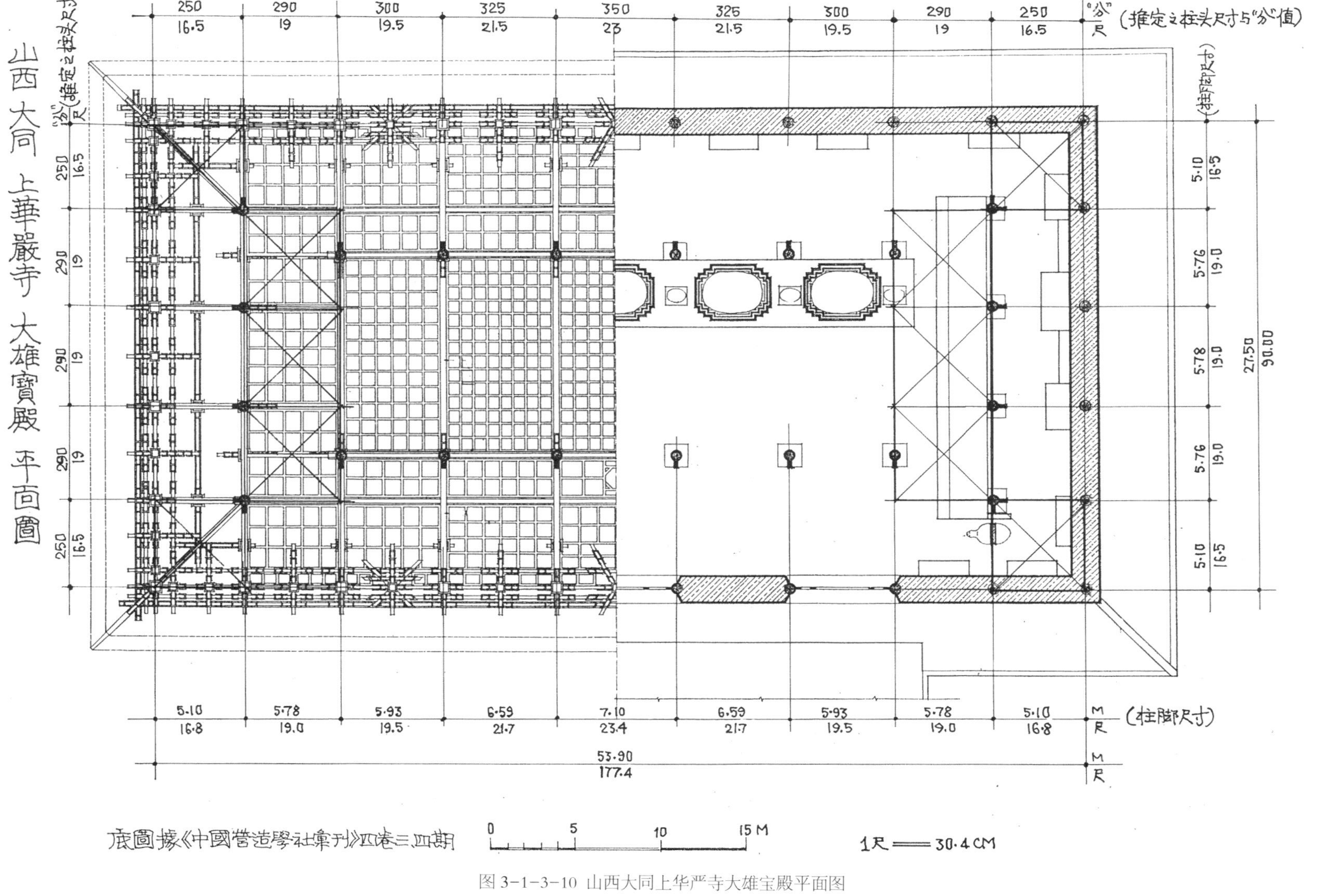

图 3-1-3-10 山西大同上华严寺大雄宝殿平面图

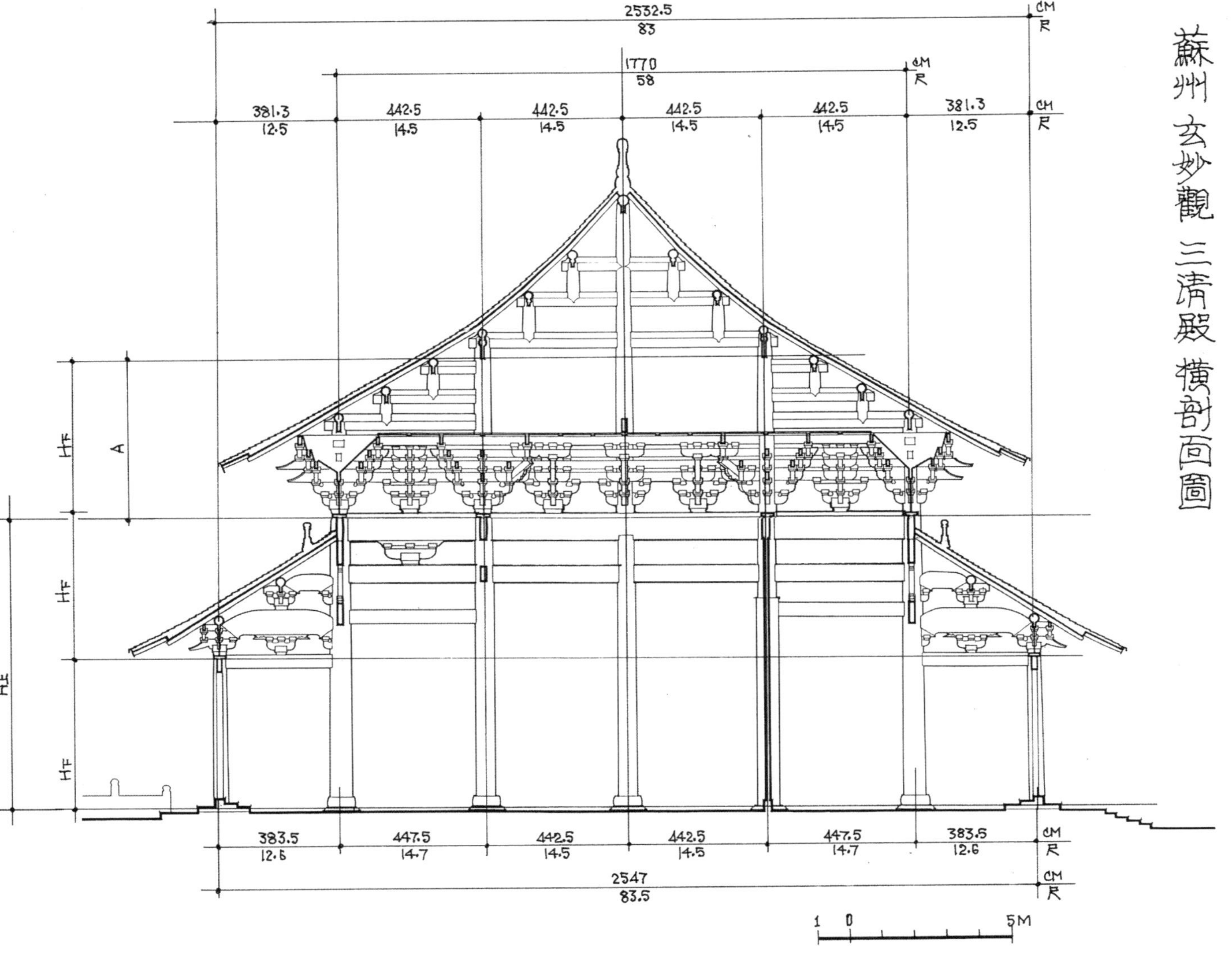

图 3-1-4-1 苏州玄妙观三清殿横剖面图

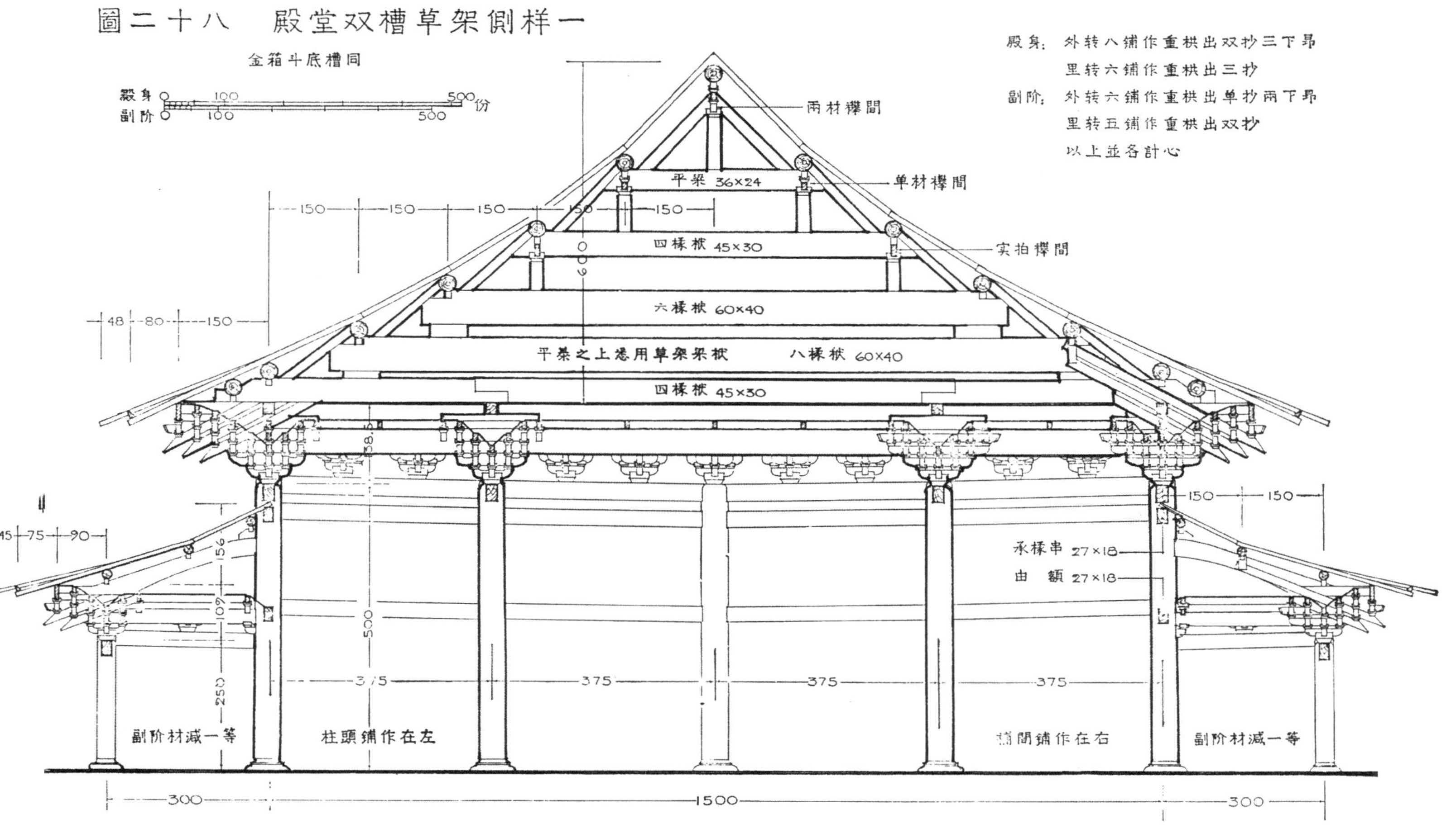

图 3-1-4-2 宋《营造法式》殿堂型构架举例

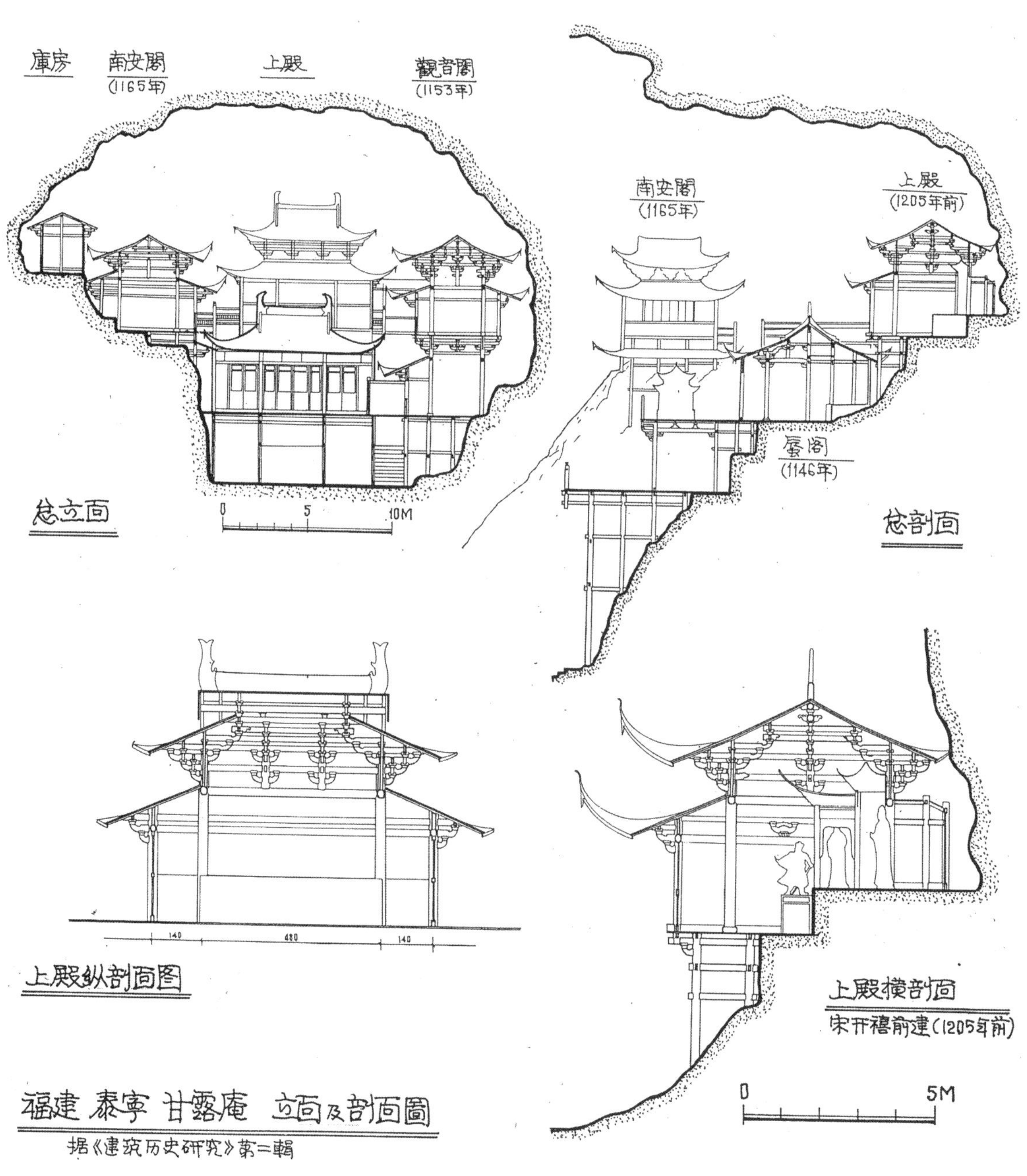

图 3-1-4-3 福建泰宁甘露庵立面及剖面图

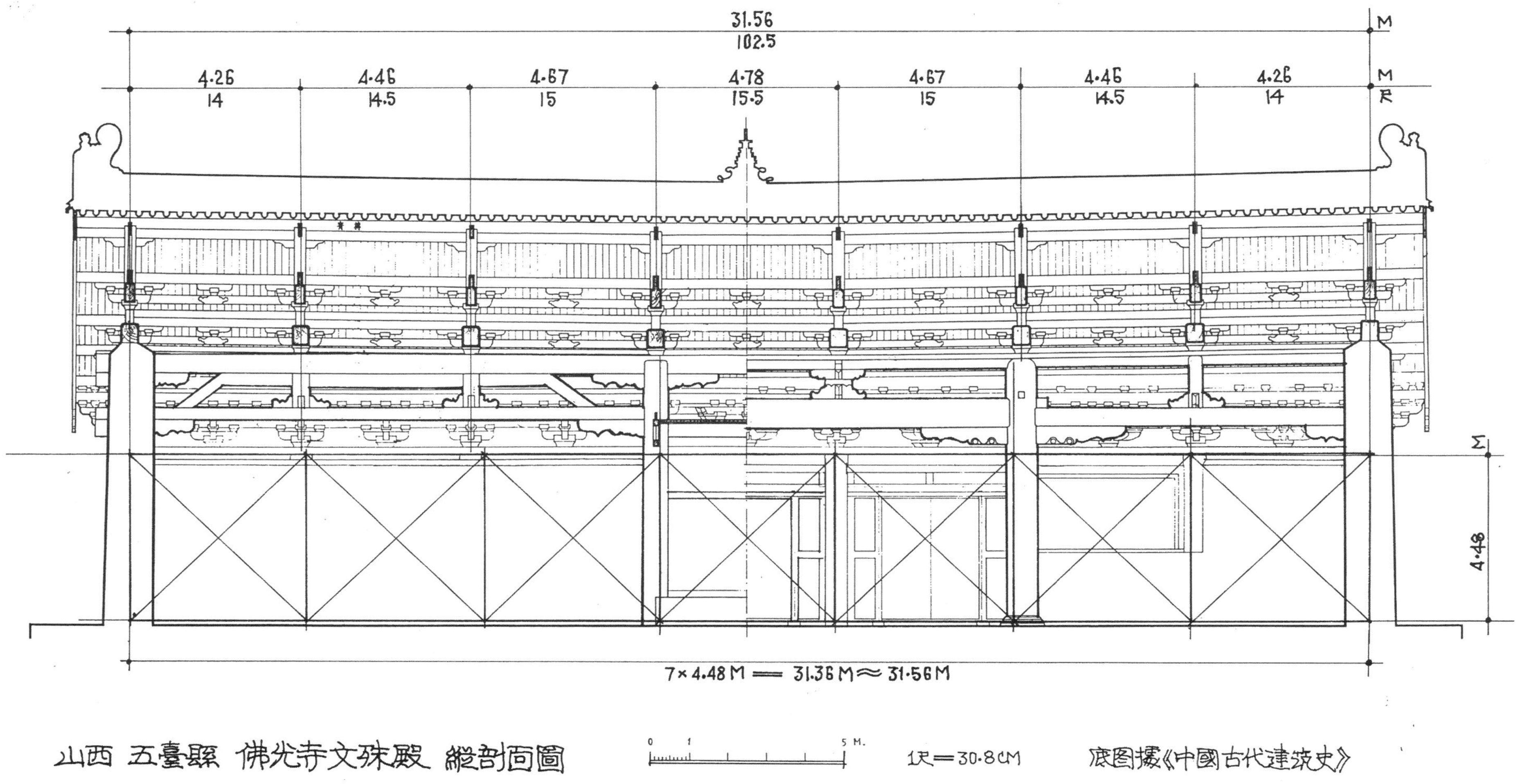

图 3-1-5-1 山西五台县佛光寺文殊殿纵剖面图

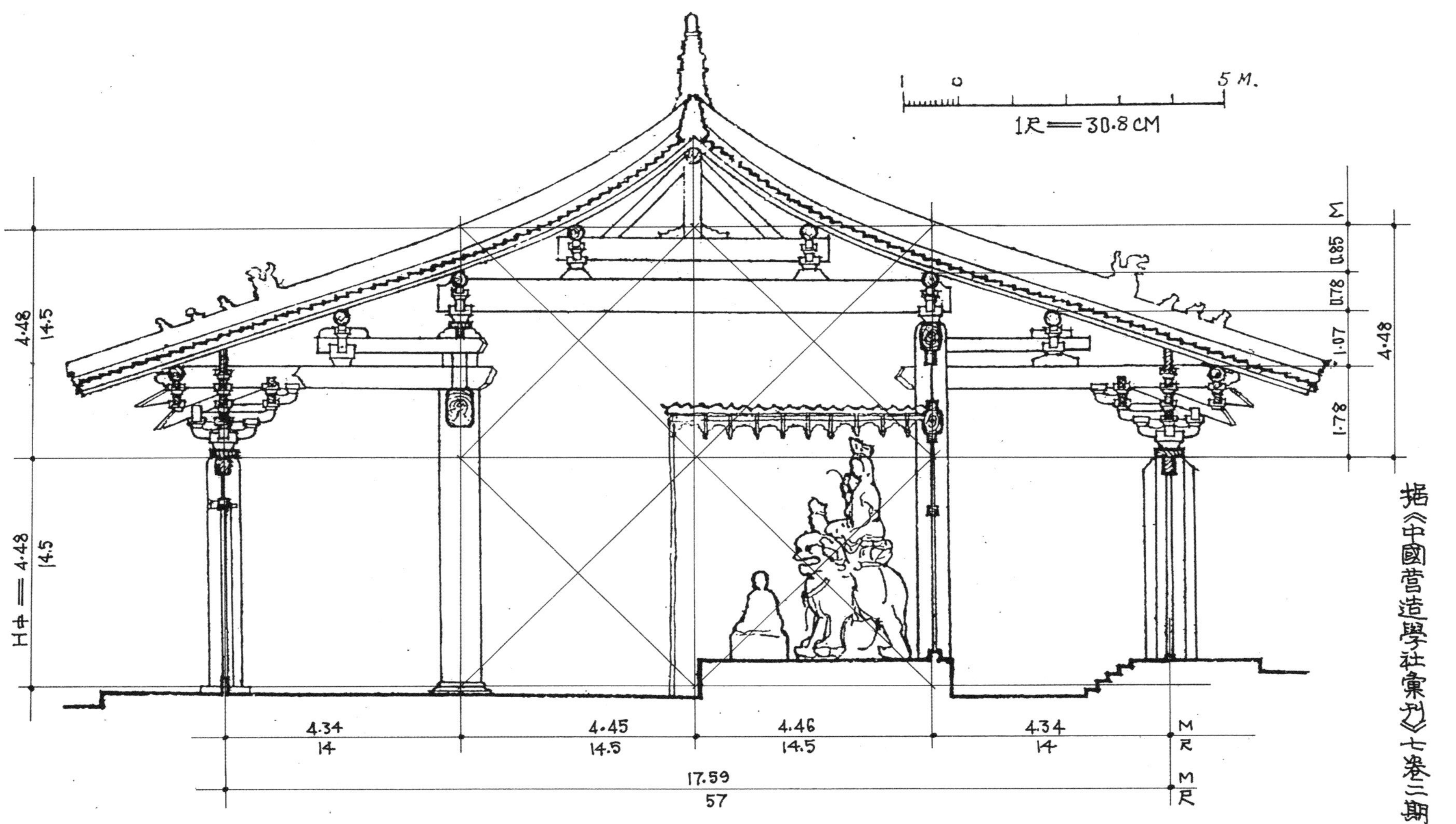

图 3-1-5-2 山西五台县佛光寺文殊殿剖面图

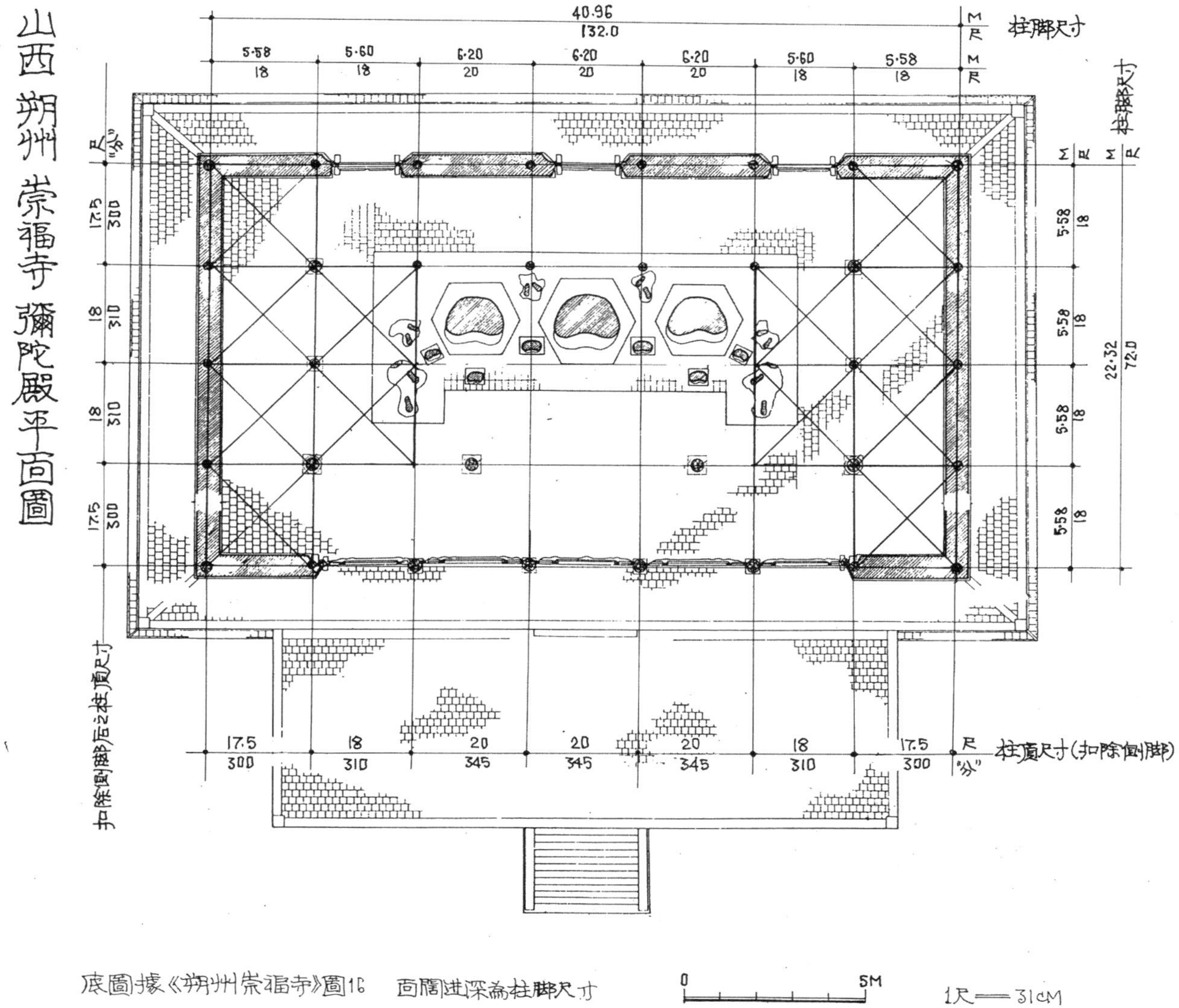

山西朔州崇福寺彌陀殿平面圖

底圖據《朔州崇福寺》圖16　面闊进深爲柱脚尺寸

1尺＝31cM

图 3-1-5-3 山西朔州崇福寺弥陀殿平面图

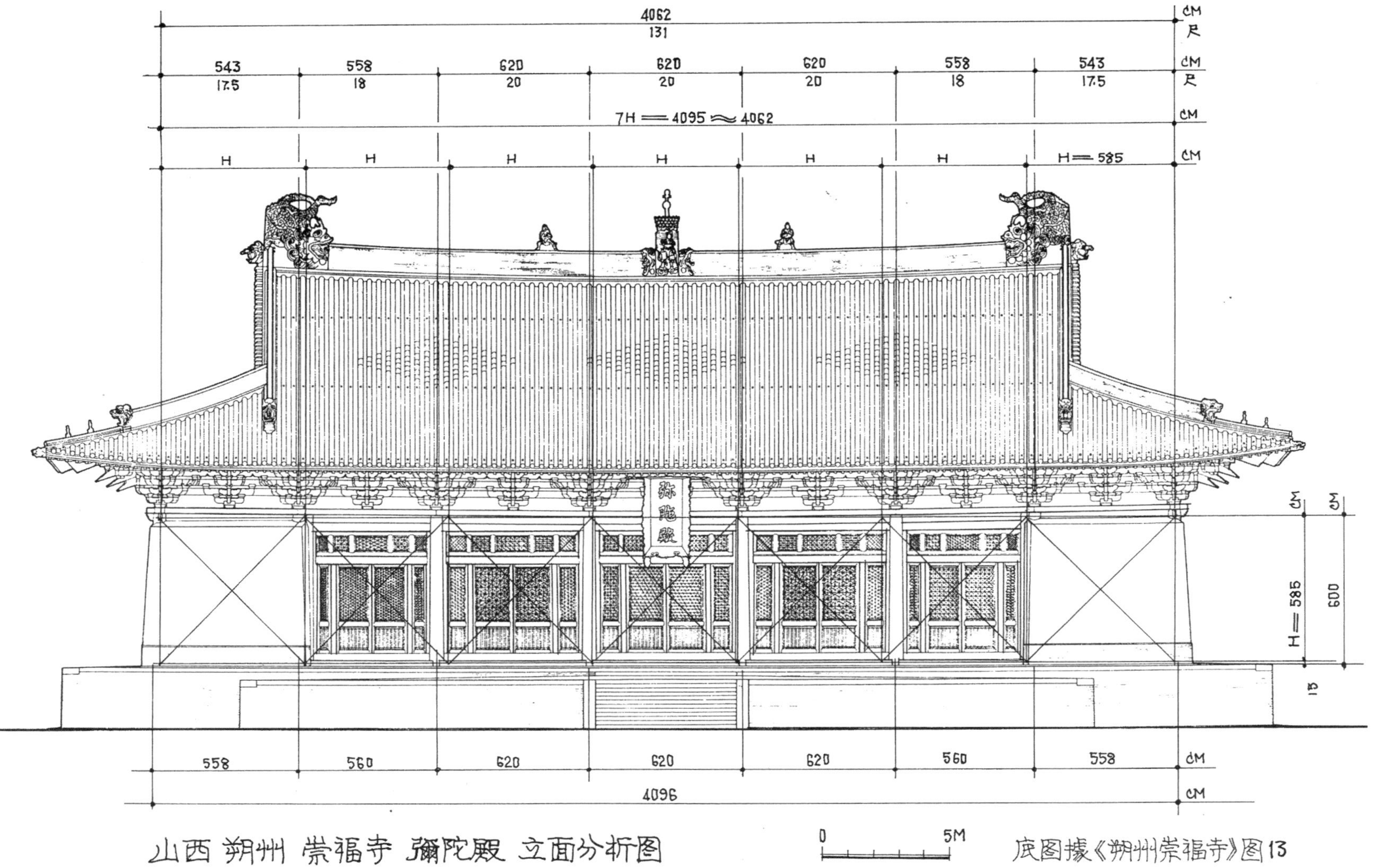

图 3-1-5-4 山西朔州崇福寺弥陀殿立面分析图

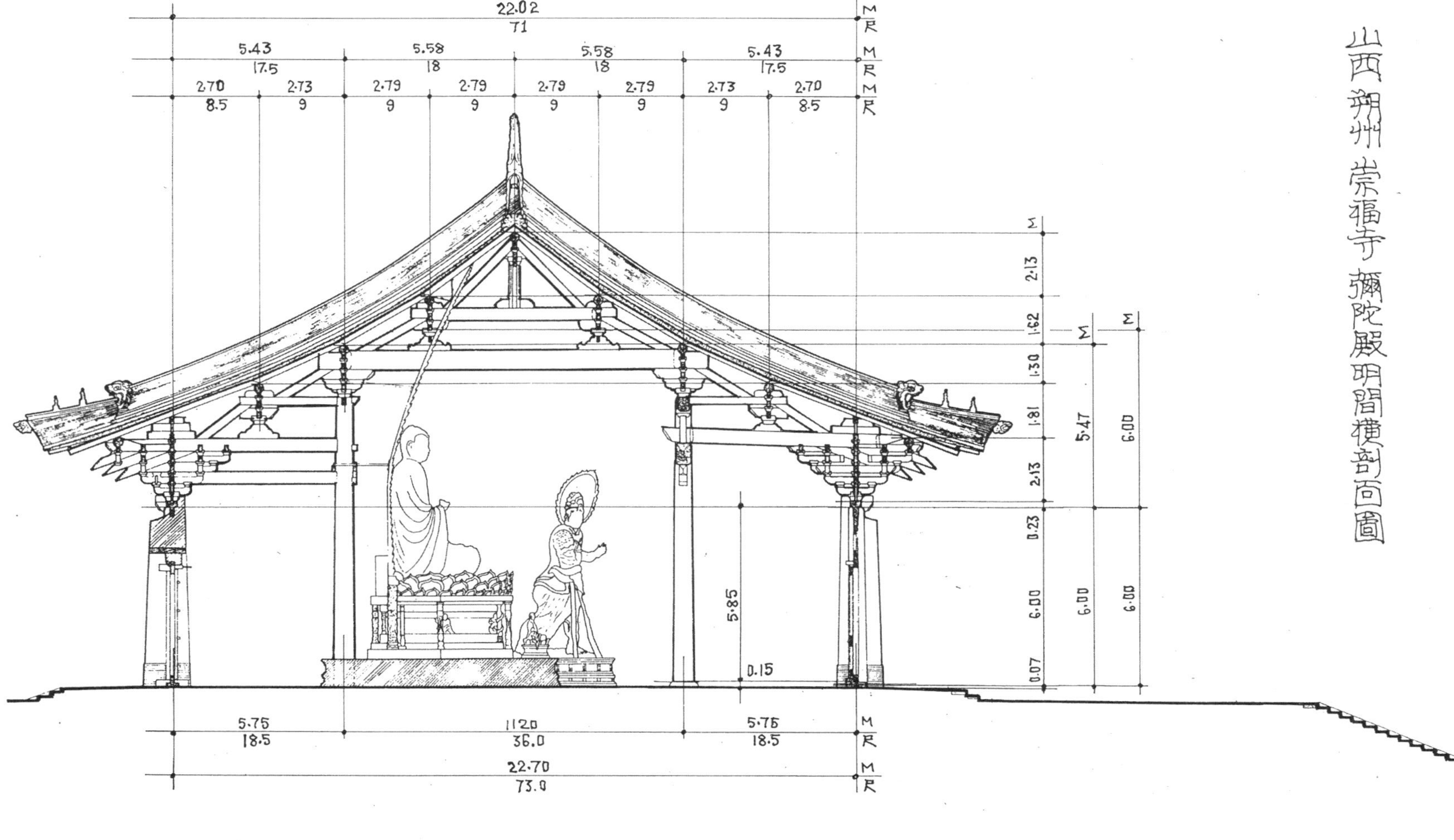

图 3-1-5-5 山西朔州崇福寺弥陀殿明间横剖面图

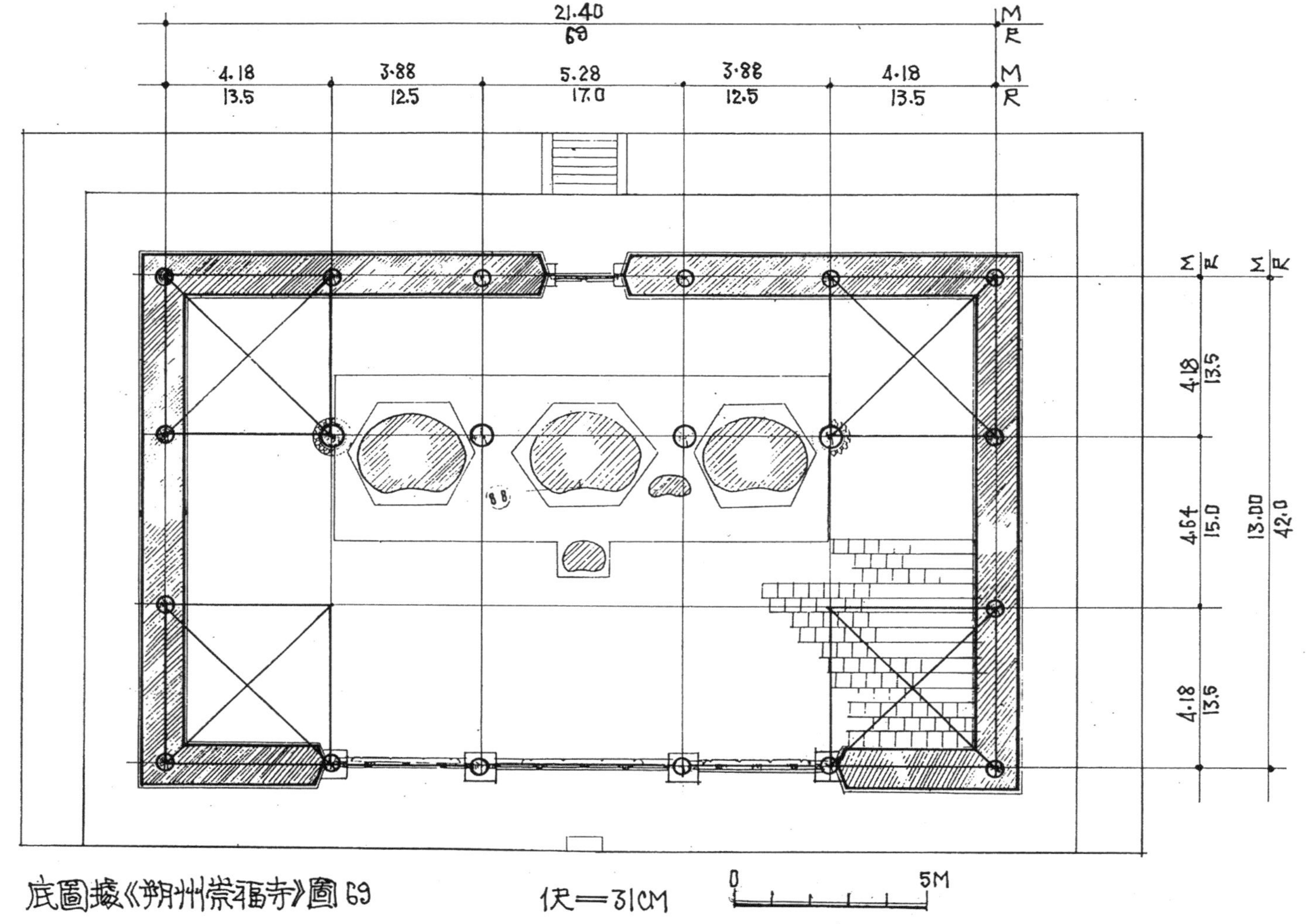

图 3-1-5-6 山西朔州崇福寺观音殿平面分析图

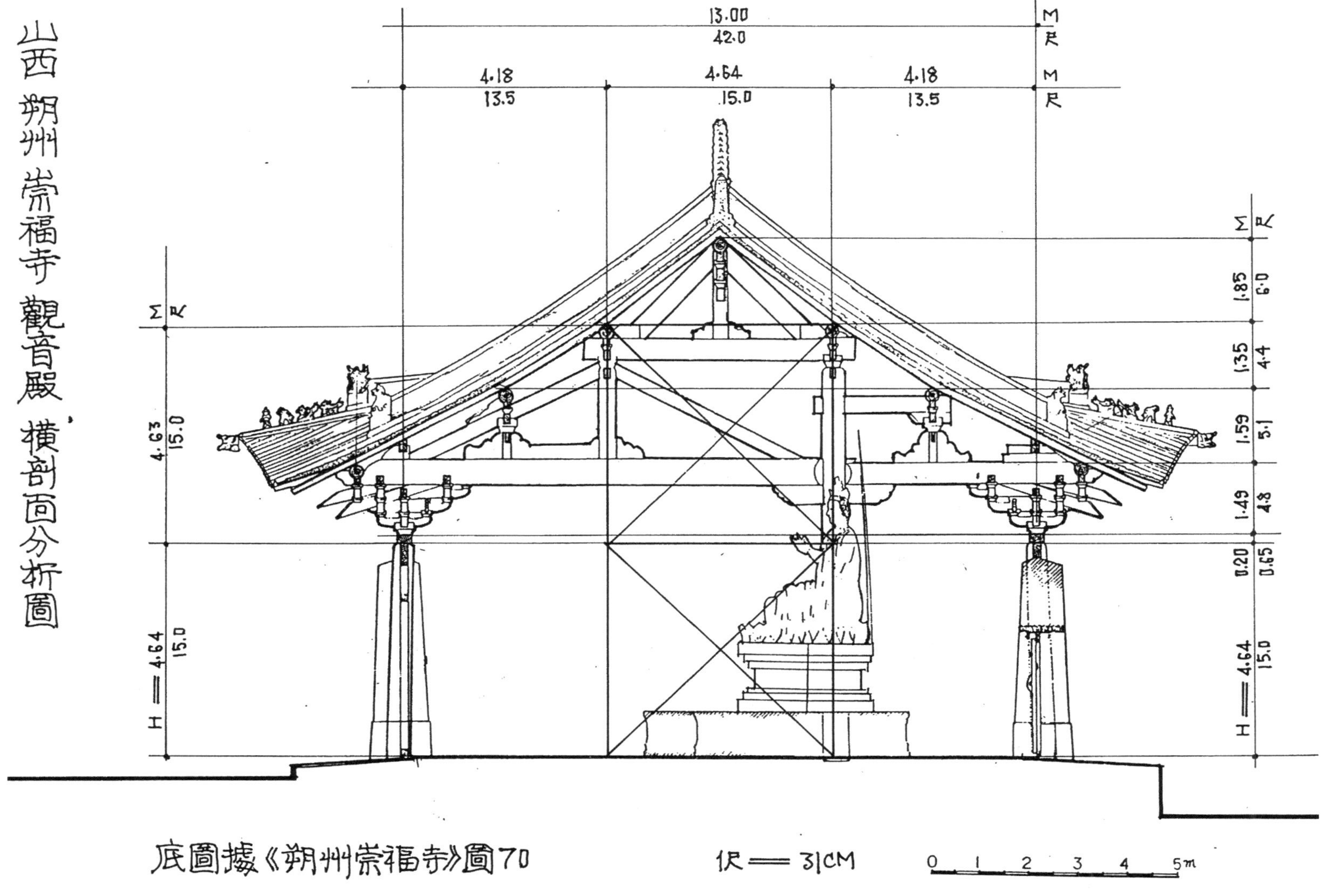

图 3-1-5-7 山西朔州崇福寺观音殿横剖面分析图

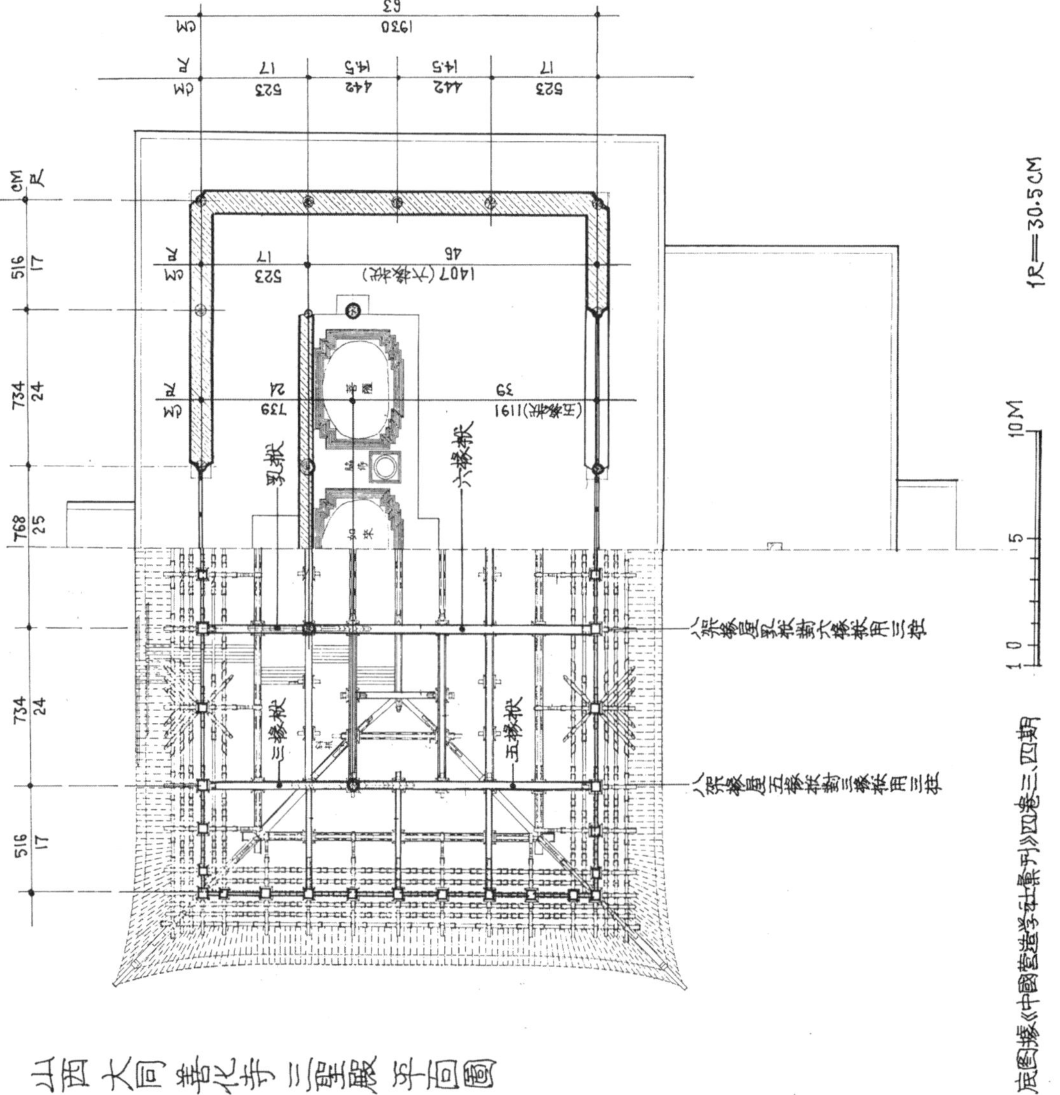

图 3-1-5-8 山西大同善化寺三圣殿平面图

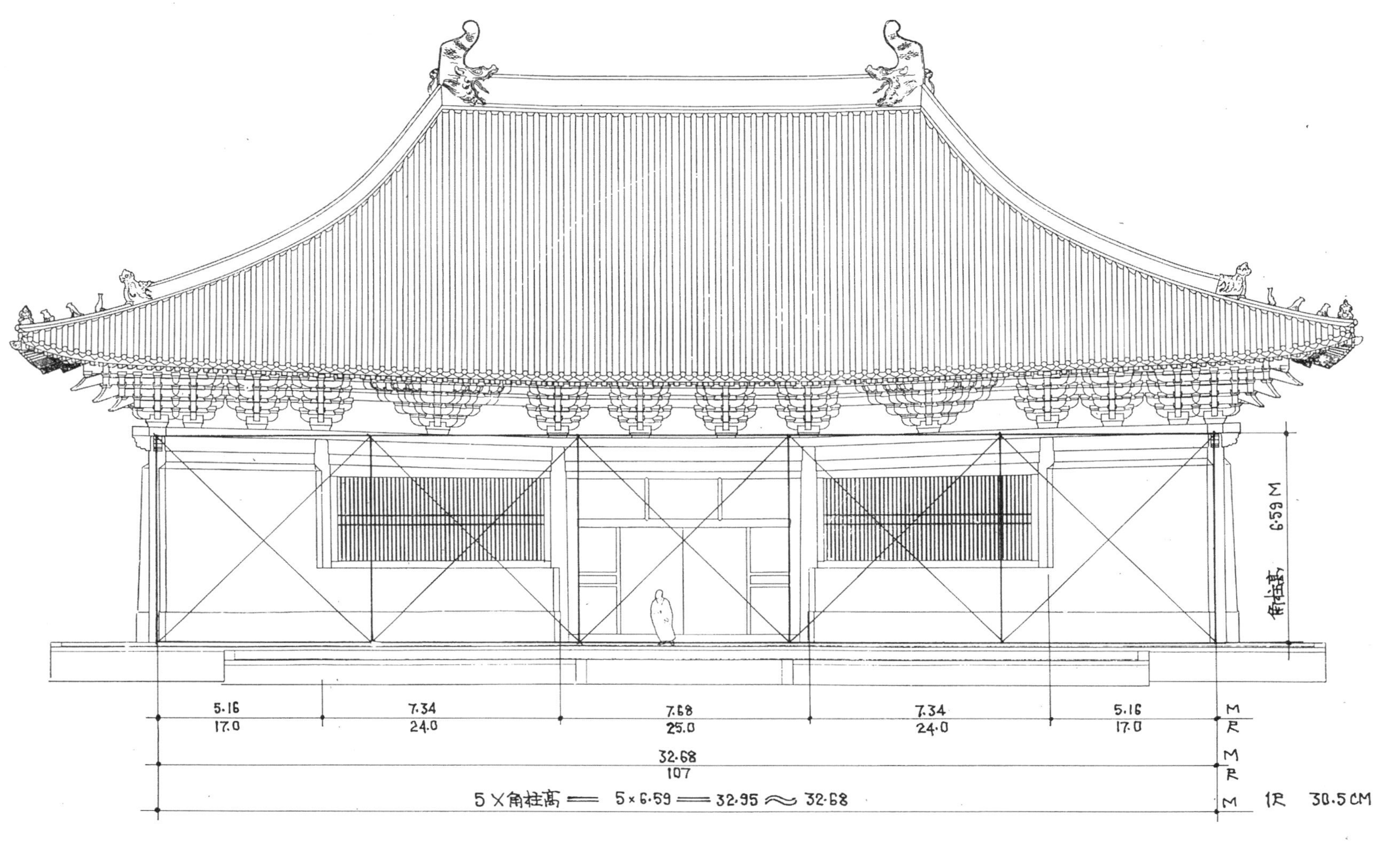

图 3-1-5-9 山西大同善化寺三圣殿正立面分析图

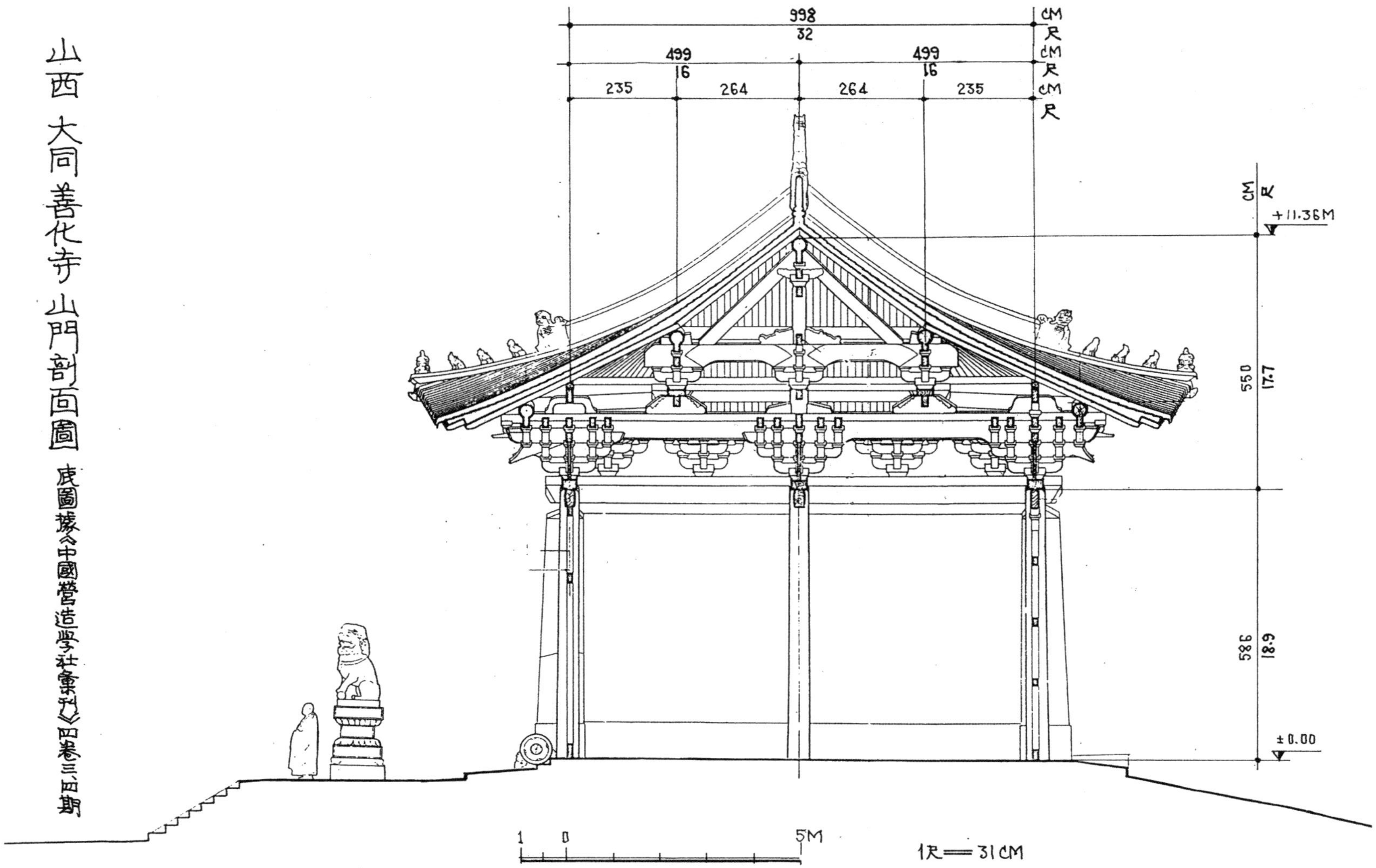

山西 大同 善化寺 山門剖面圖

底圖據《中國營造學社彙刊》四卷三四期

998 CM
32 尺
499 16 499 16
235 264 264 235

+11.36M
550 17.7
586 18.9
±0.00

1 0 5M

1尺＝31CM

图 3-1-5-10 山西大同善化寺山门剖面图

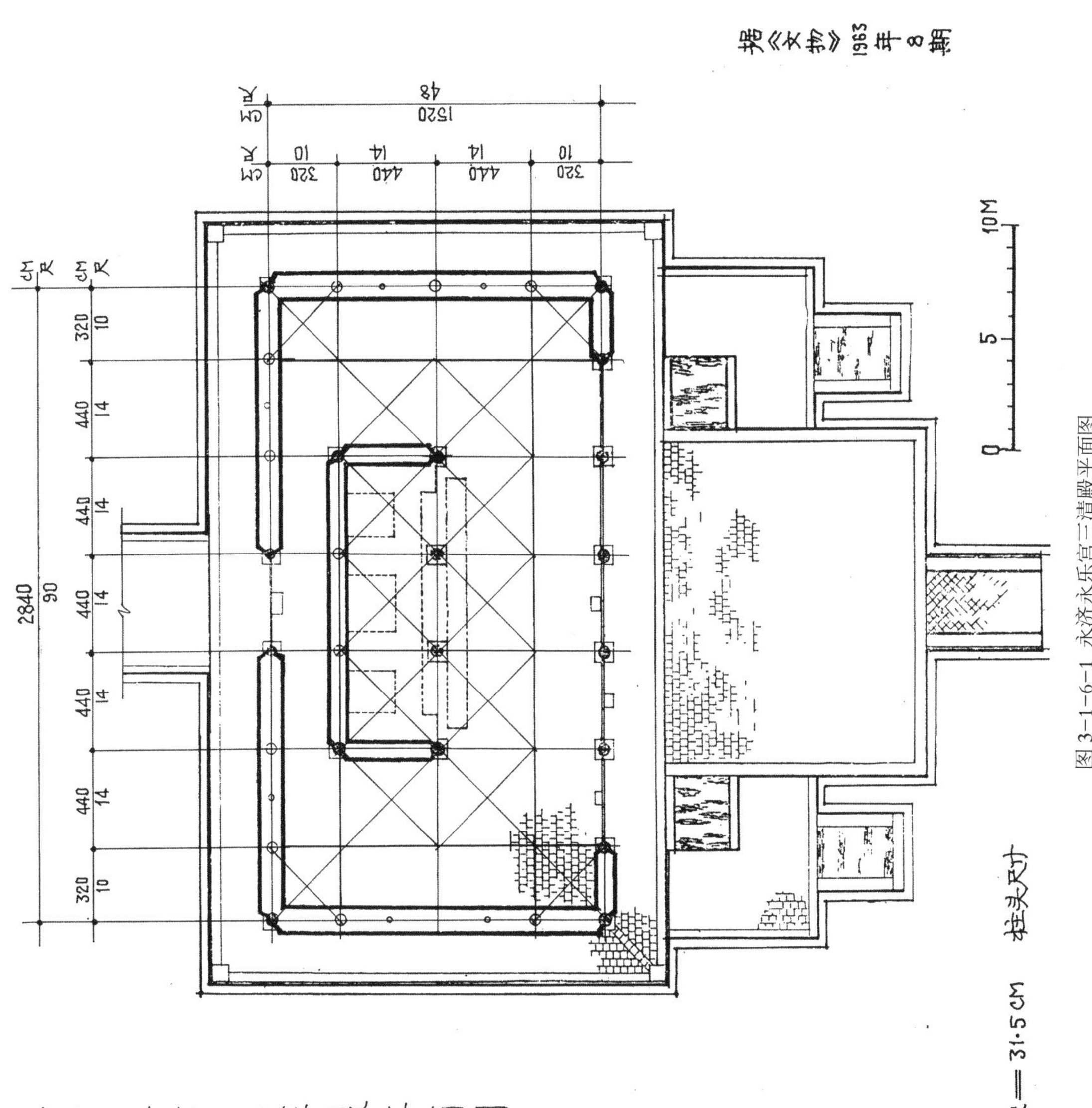

图 3-1-6-1 永济永乐宫三清殿平面图

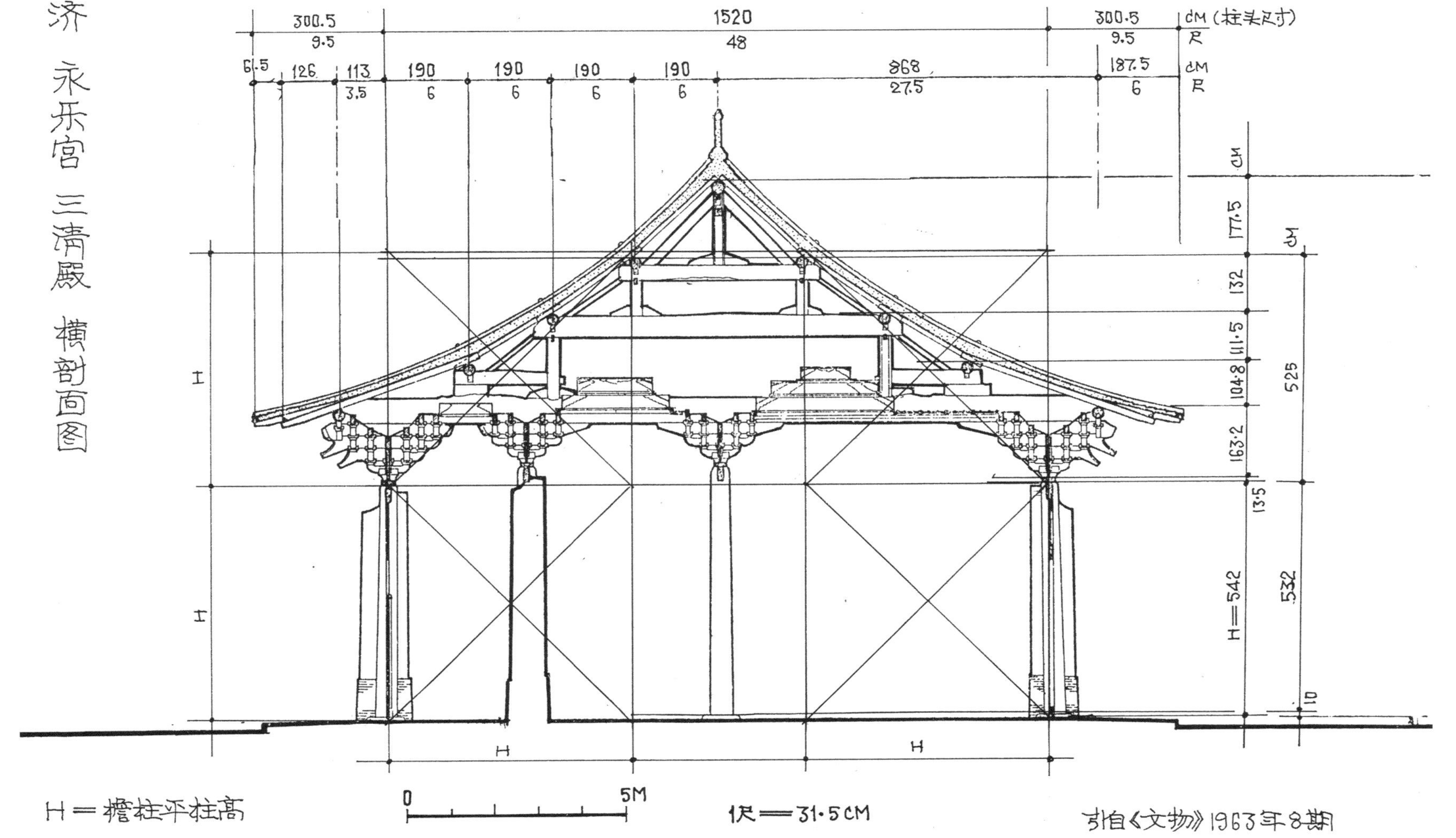

图 3-1-6-2 永济永乐宫三清殿横剖面图

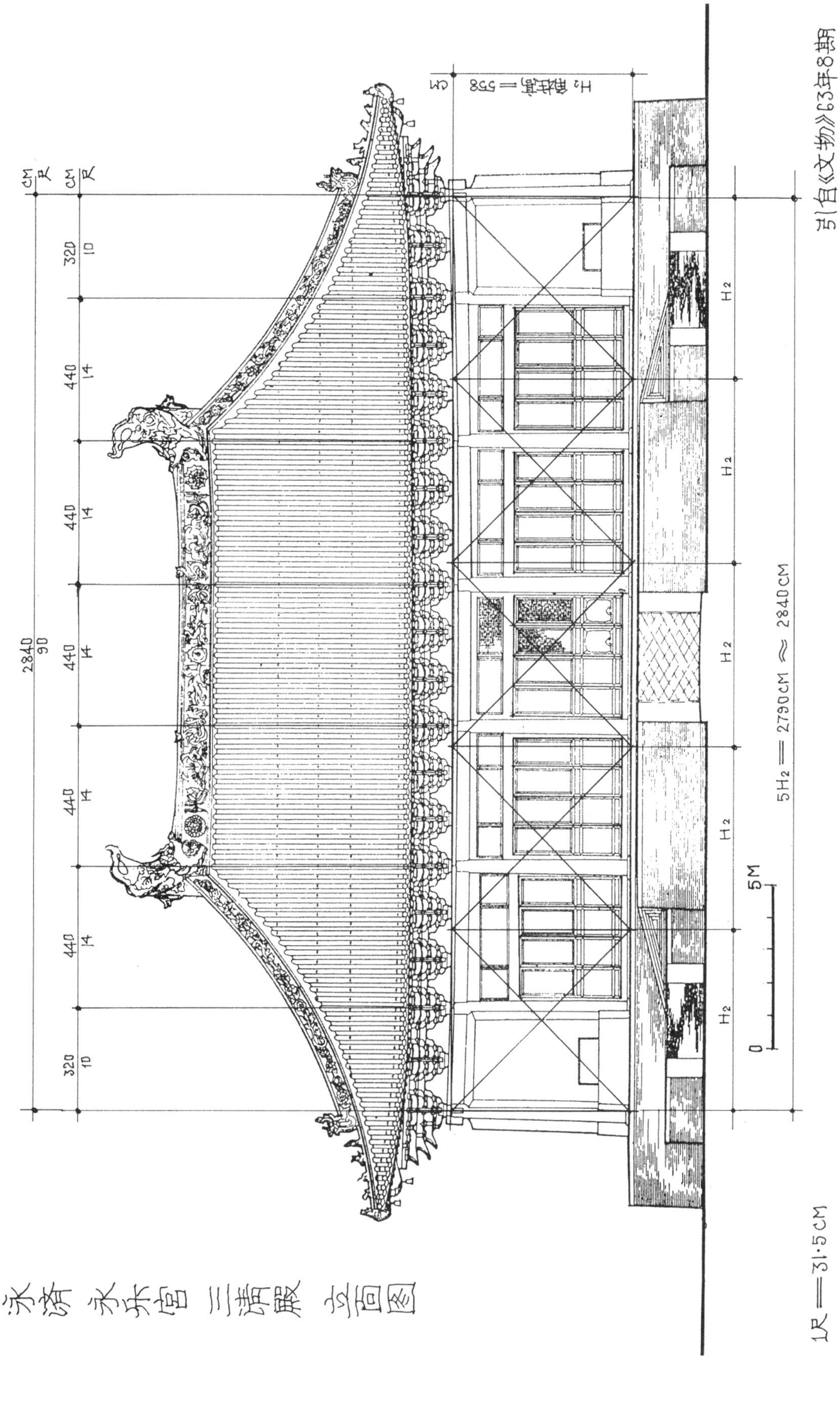

图 3-1-6-3 永济永乐宫三清殿立面图

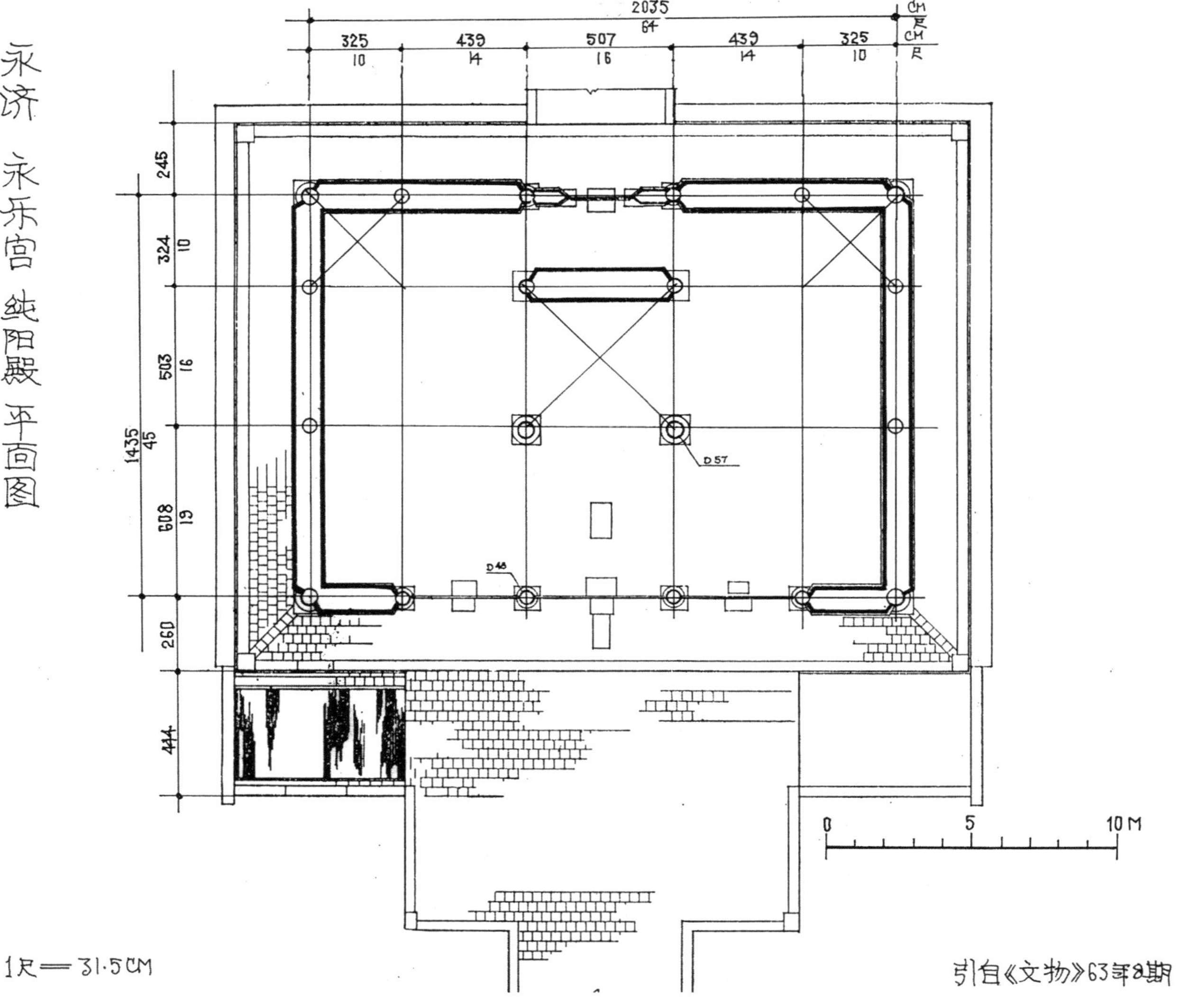

图 3-1-6-4 永济永乐宫纯阳殿平面图

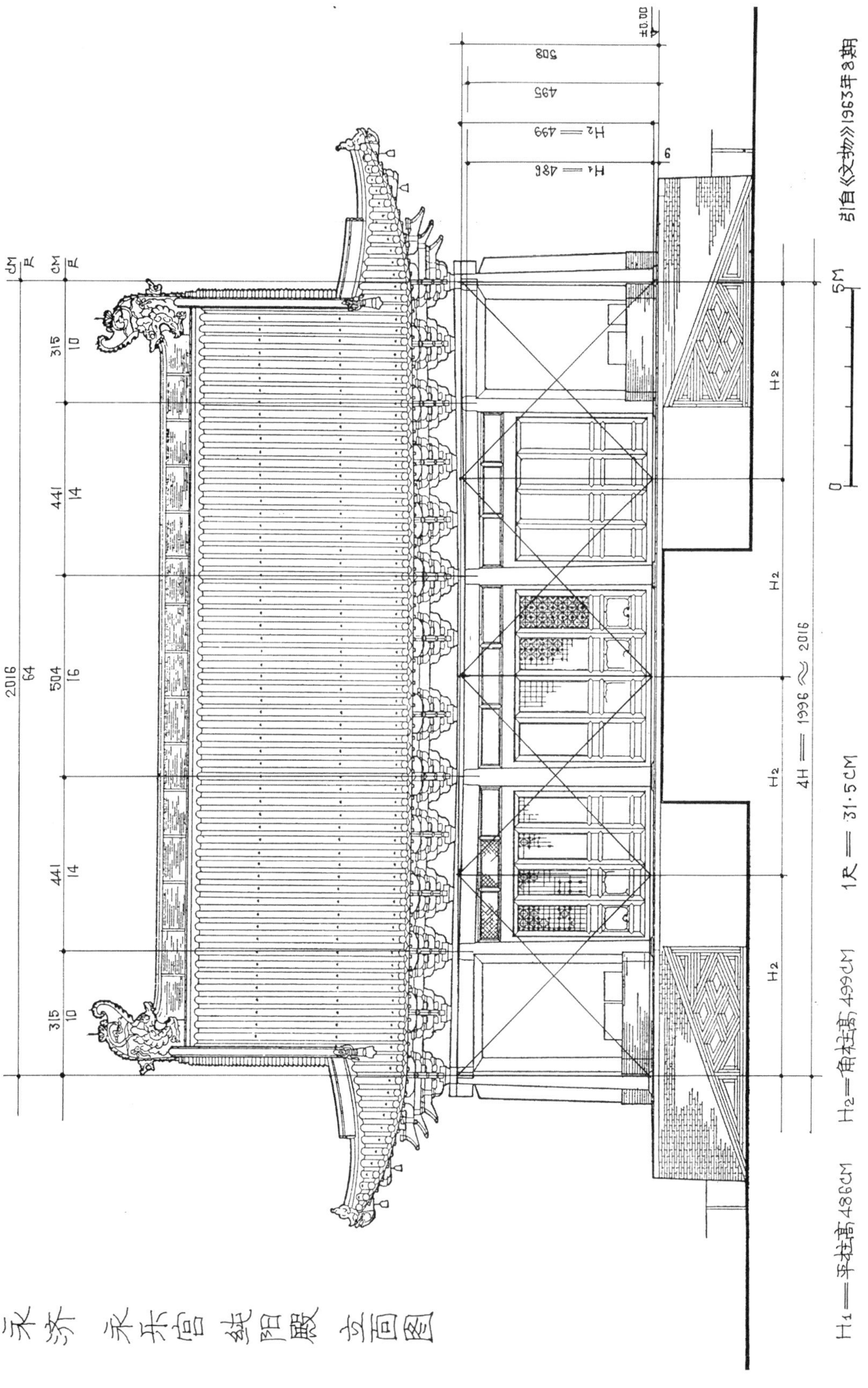

永济 永乐宫 纯阳殿 立面图

H_1——平柱高 486CM　H_2——角柱高 499CM　1尺——31.5CM

4H——1996～2016

2016 / 64　315 / 10　441 / 14　504 / 16　441 / 14　315 / 10

CM / 尺

H_1——486　H_2——499　495　508　±0.00

0　5M

引自《文物》1963年8期

图 3-1-6-5 永济永乐宫纯阳殿立面图

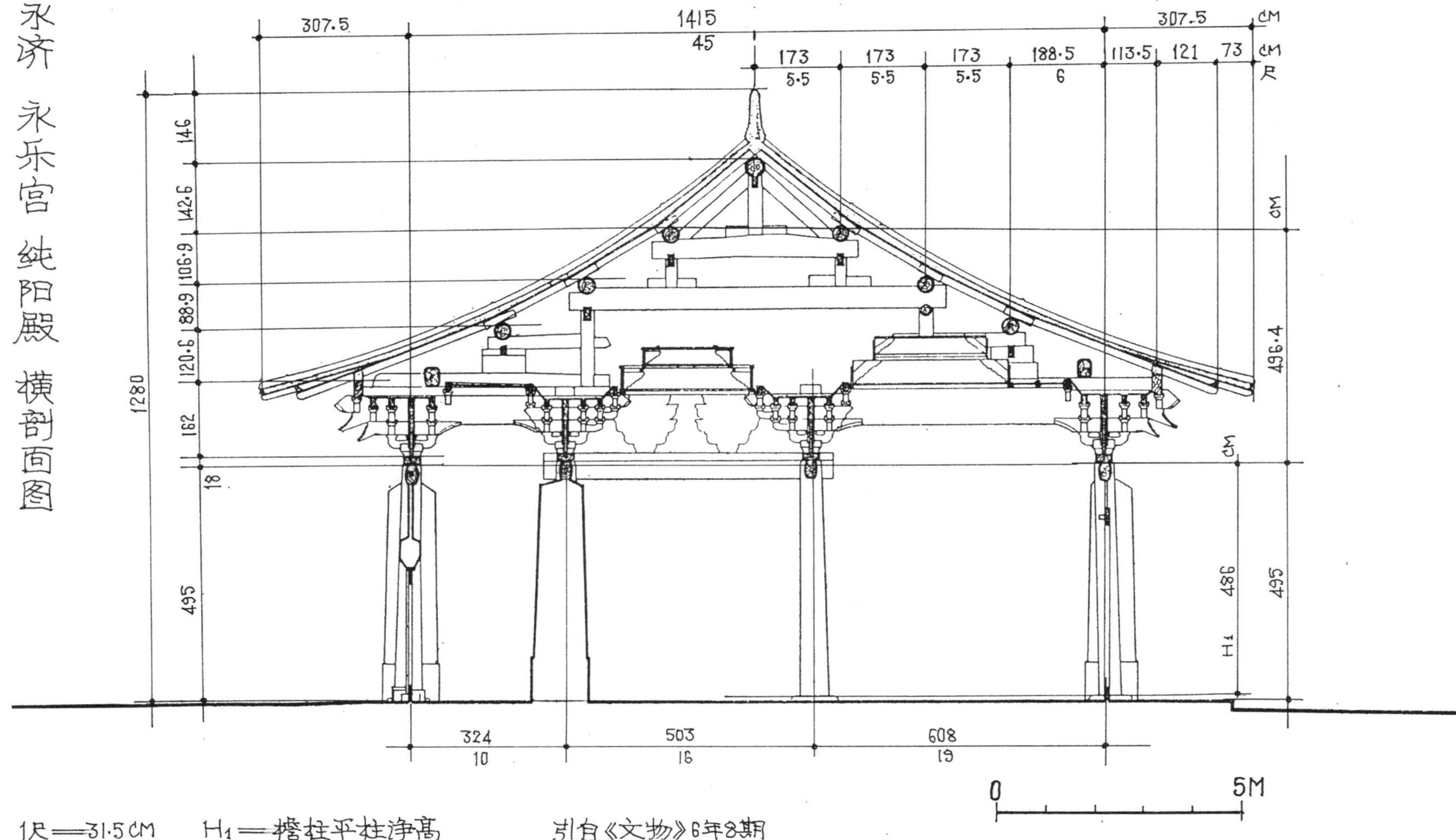

图 3-1-6-6 永济永乐宫纯阳殿横剖面图

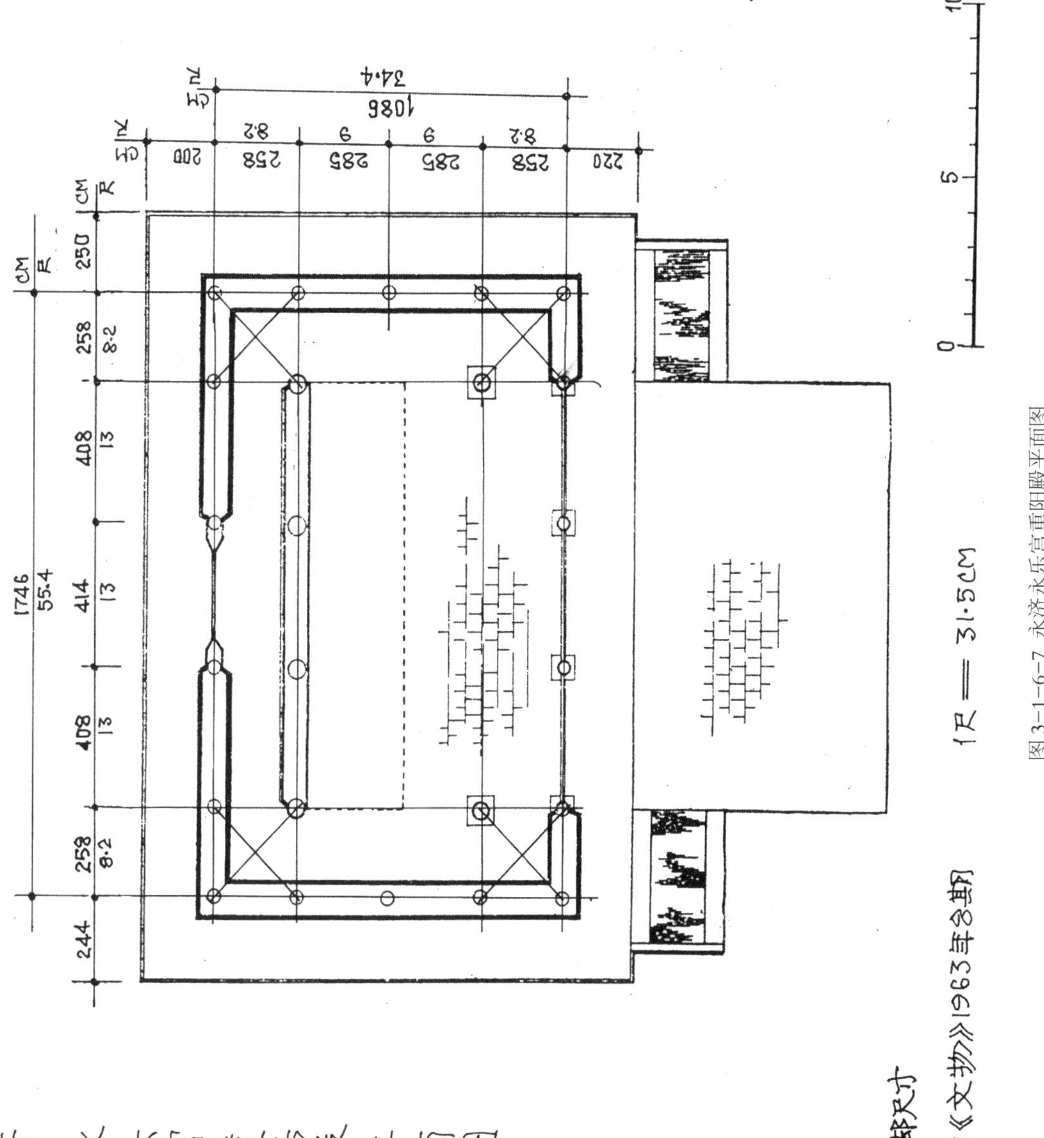

图 3-1-6-7 永济永乐宫重阳殿平面图

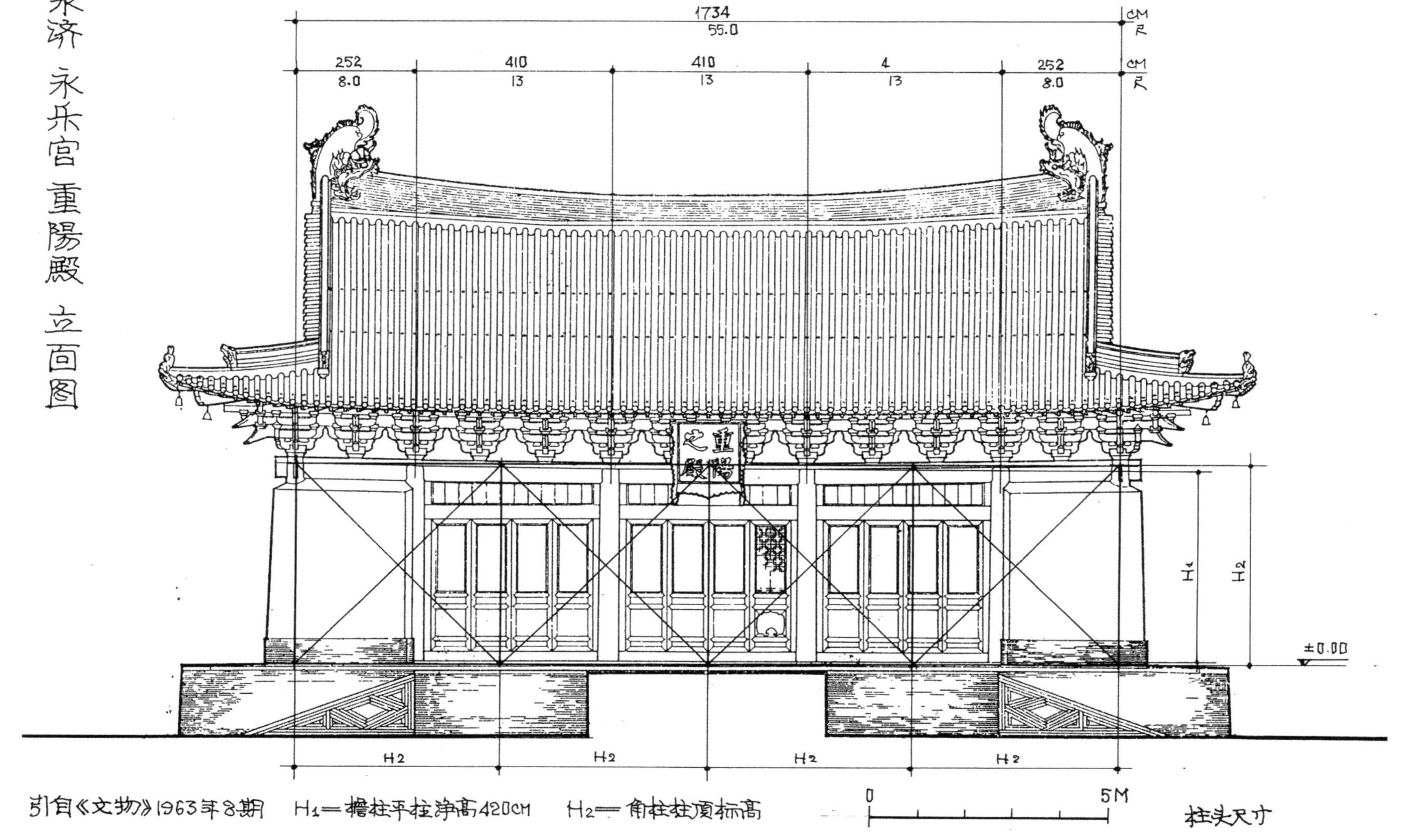

图 3-1-6-8 永济永乐宫重阳殿立面图

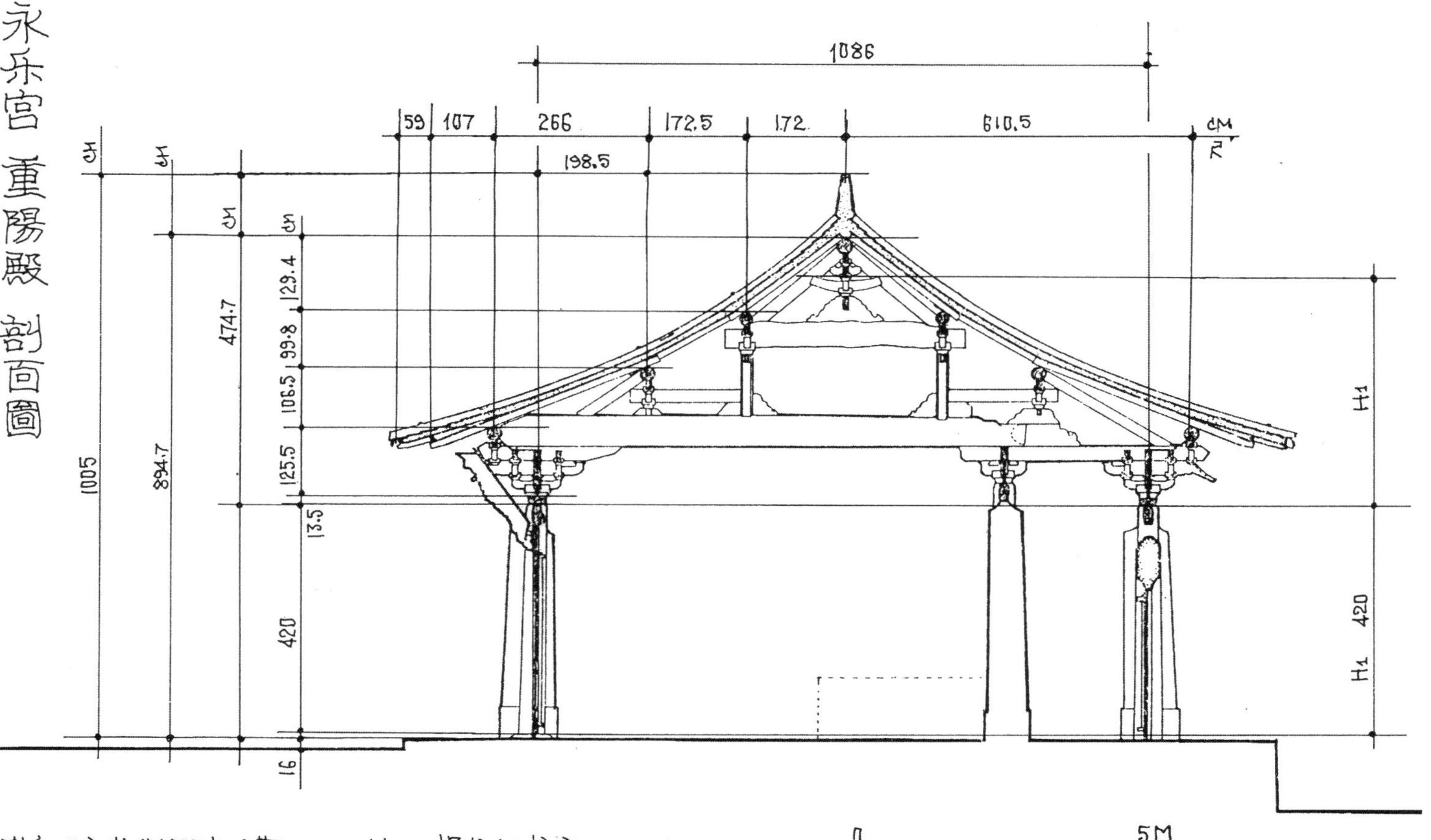

图 3-1-6-9 永济永乐宫重阳殿剖面图

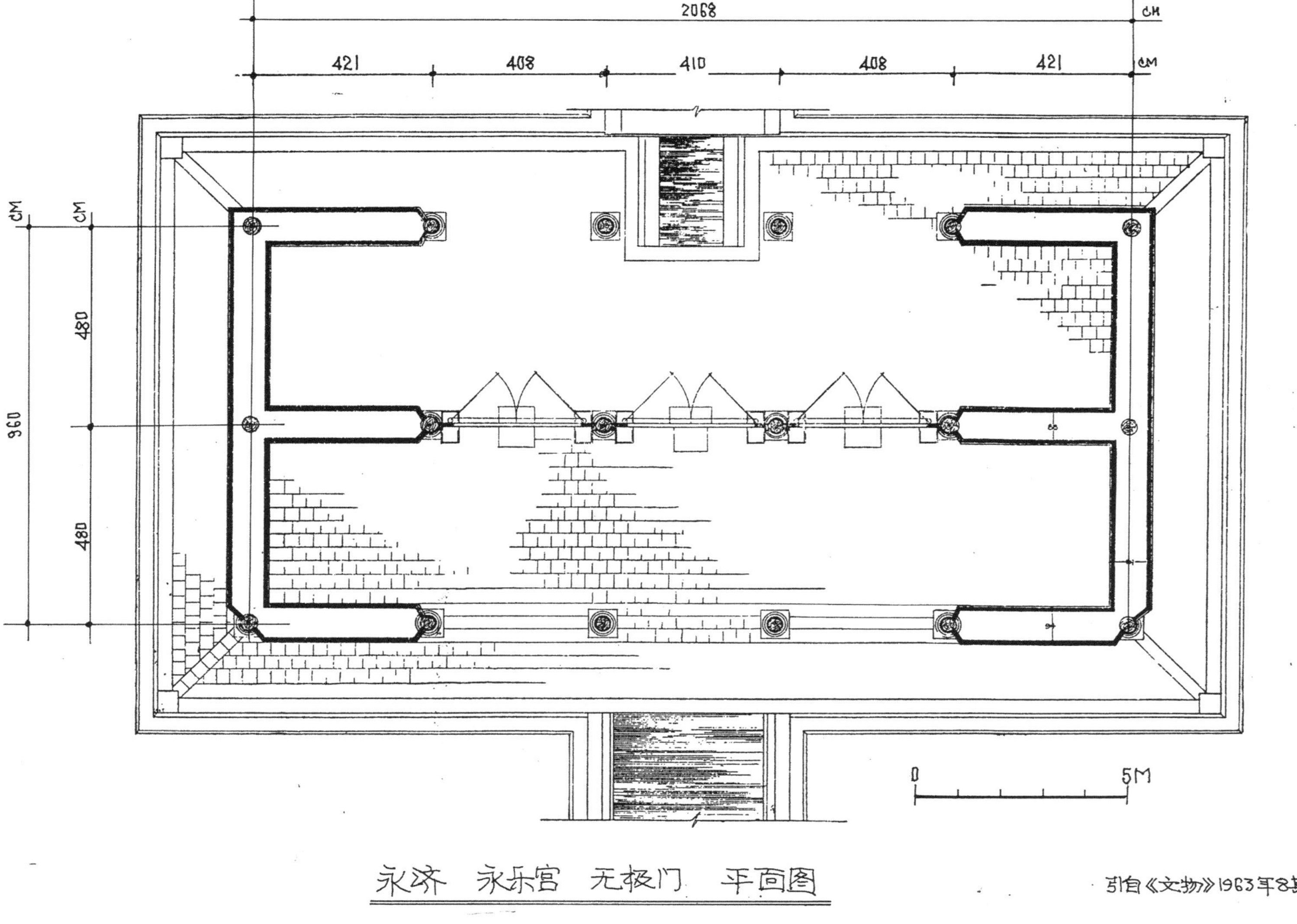

图 3-1-6-10 永济永乐宫无极门平面图

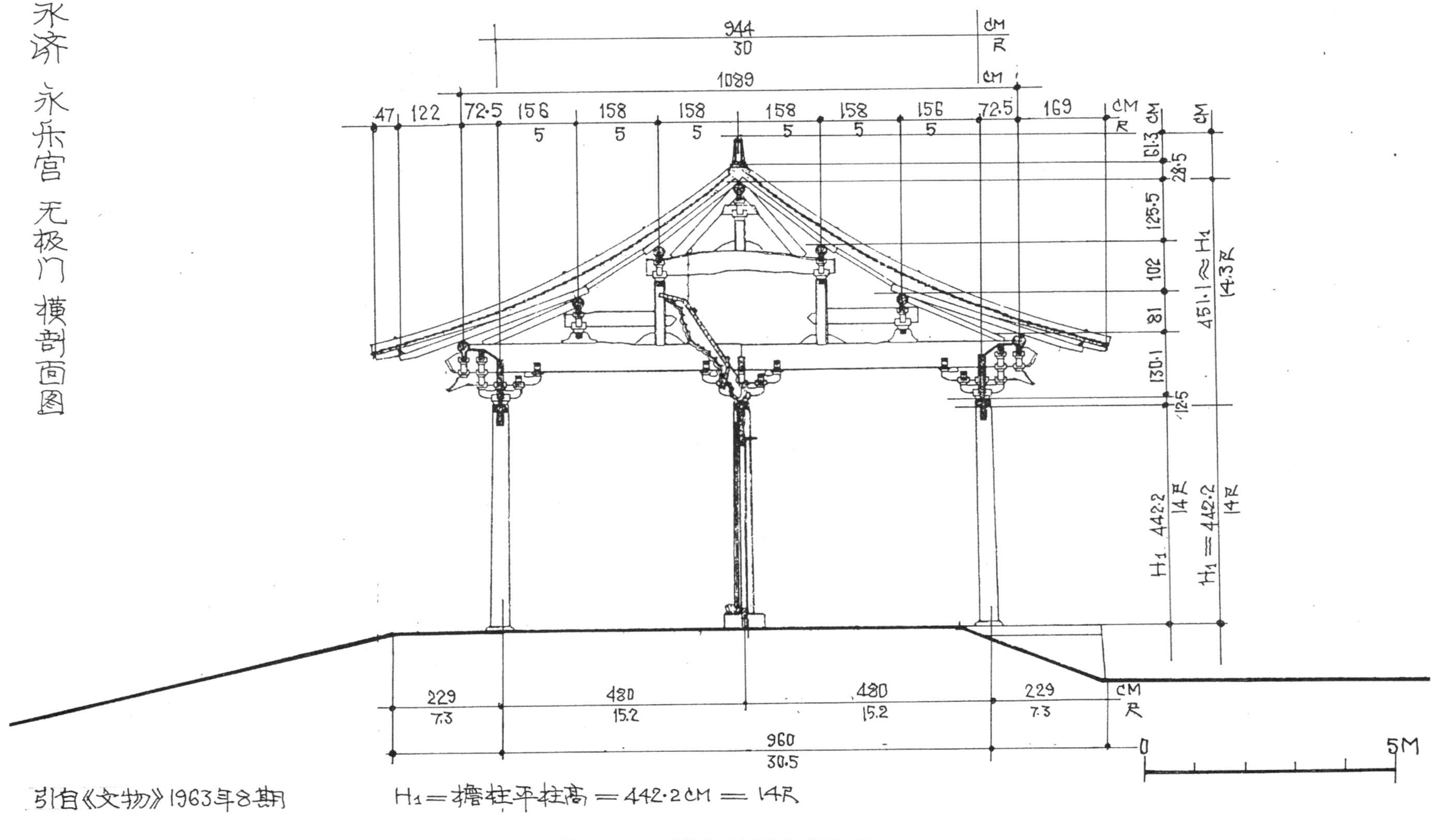

图 3-1-6-11 永济永乐宫无极门横剖面图

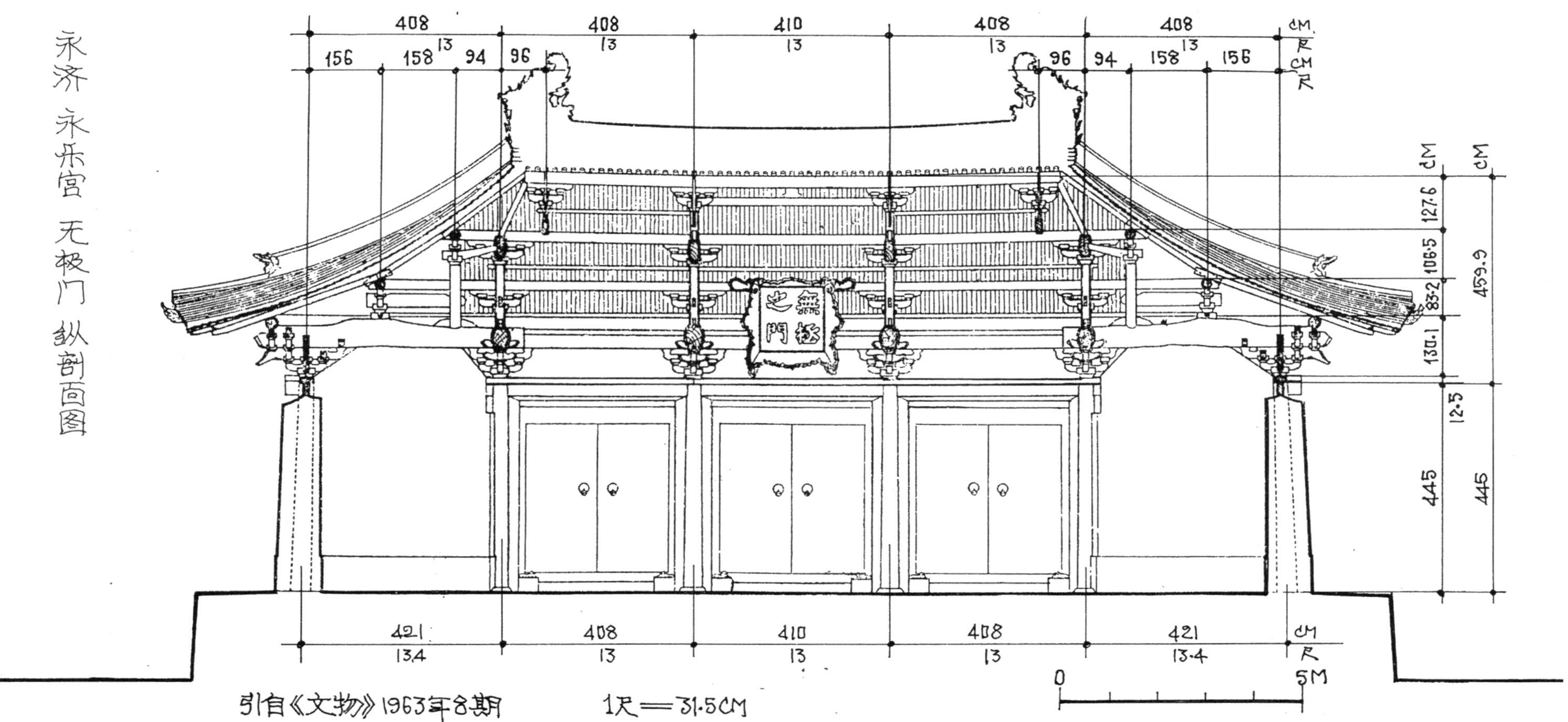

图 3-1-6-12 永济永乐宫无极门纵剖面图

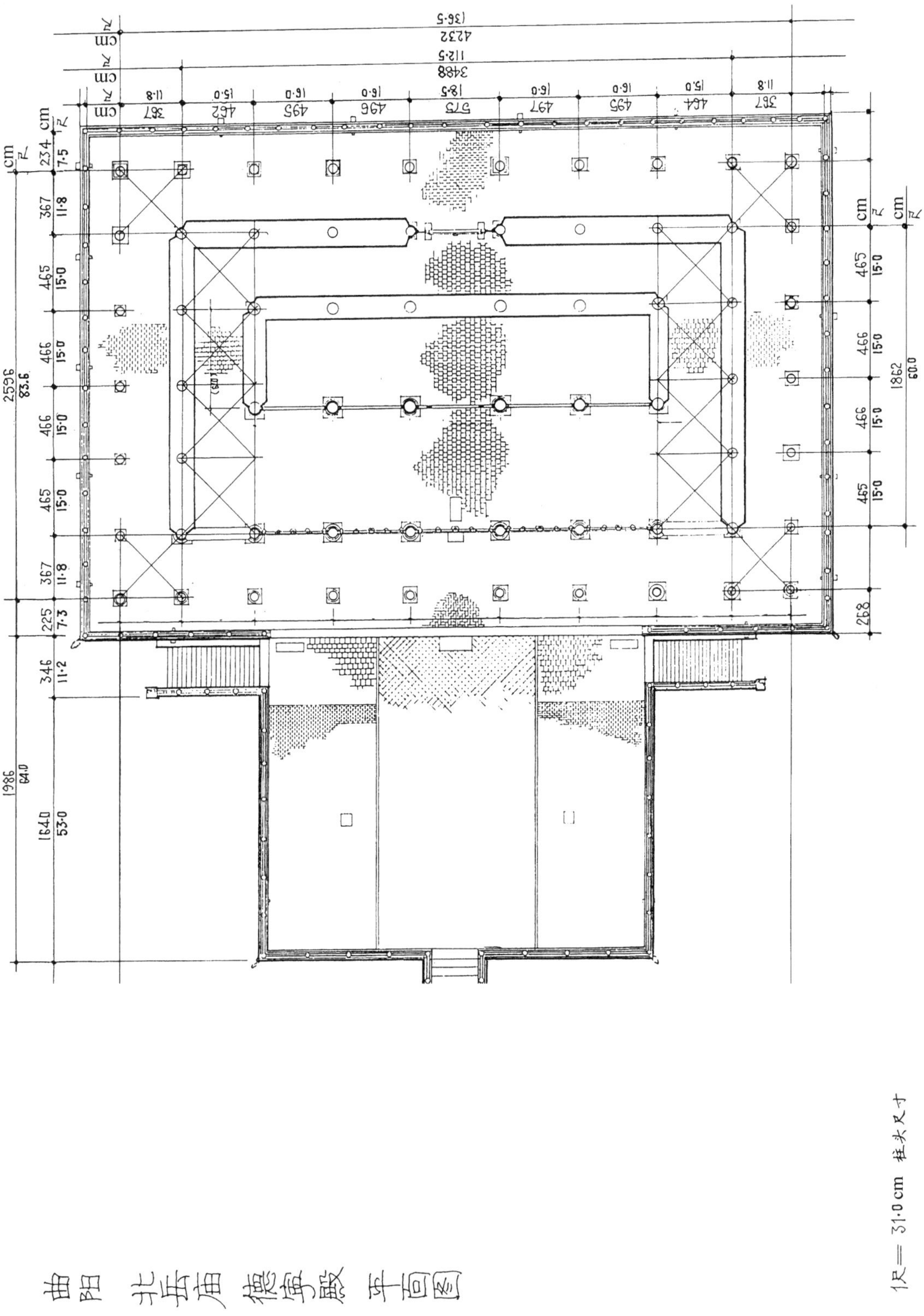

曲阳 北岳庙 德宁殿 平面图

1尺＝31.0cm 柱头尺寸

图 3-1-6-13 曲阳北岳庙德宁殿平面图

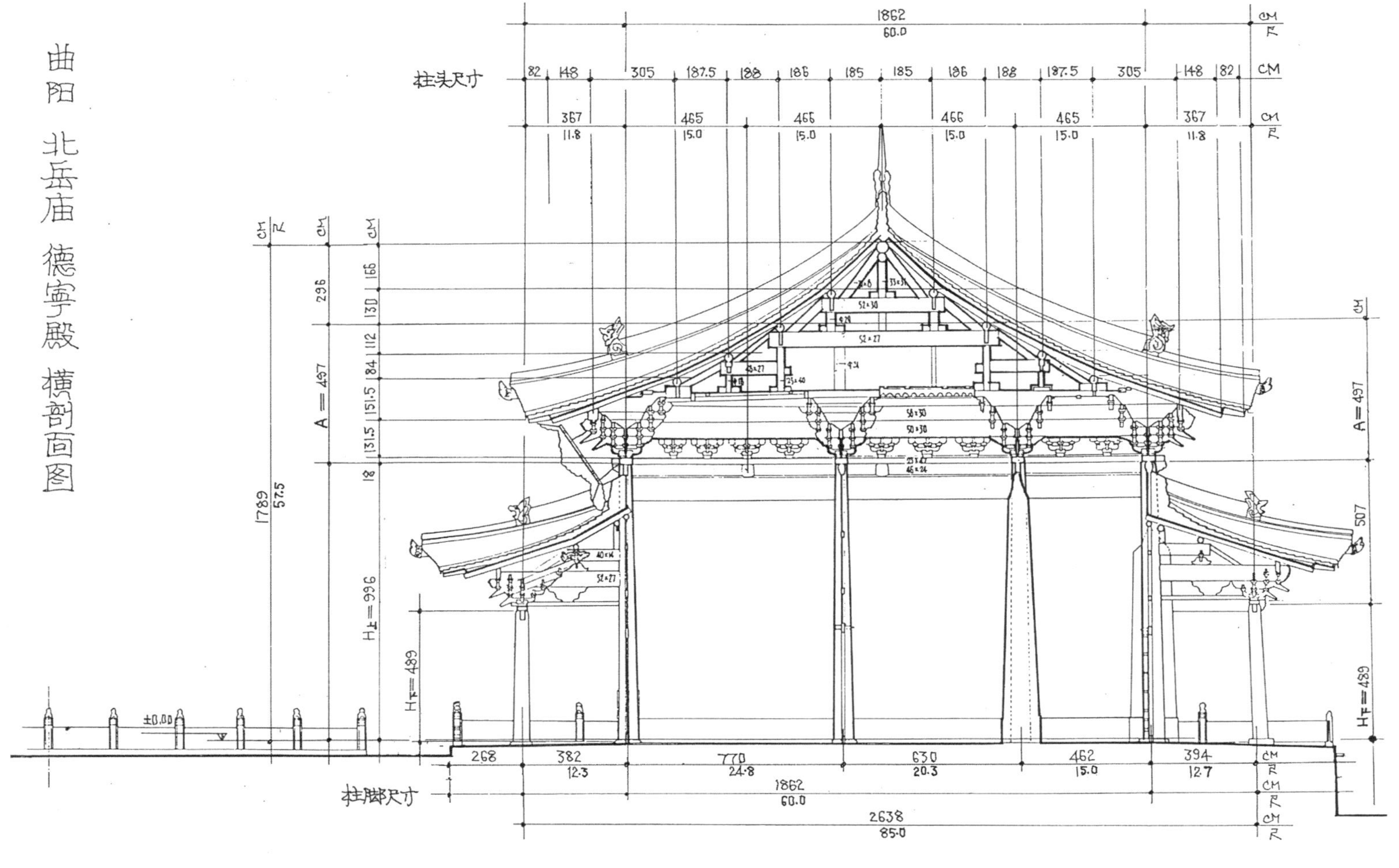

图 3-1-6-14 曲阳北岳庙德宁殿横剖面图

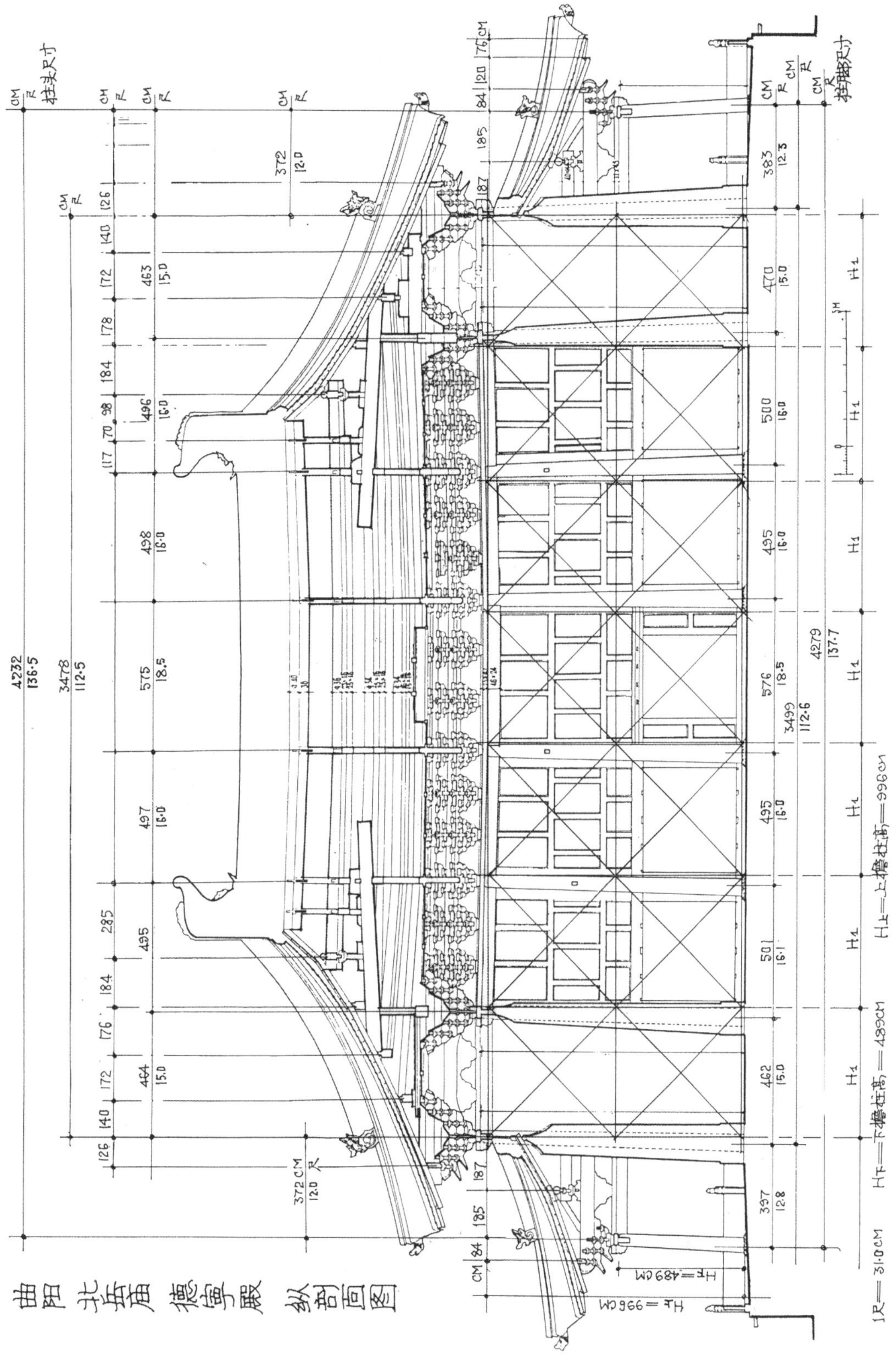

图 3-1-6-15 曲阳北岳庙德宁殿纵剖面图

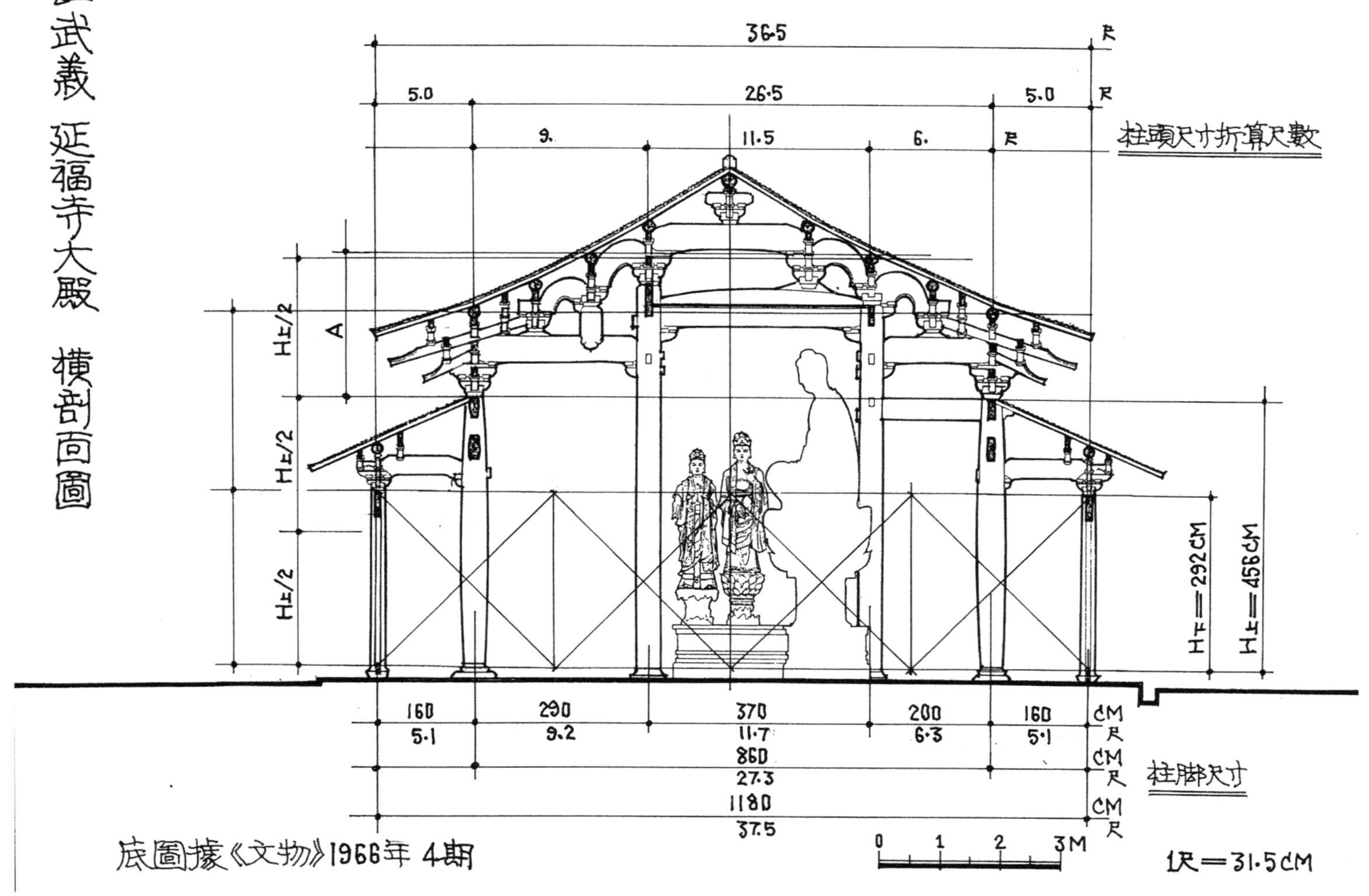

图 3-1-6-16 浙江武义延福寺大殿横剖面图

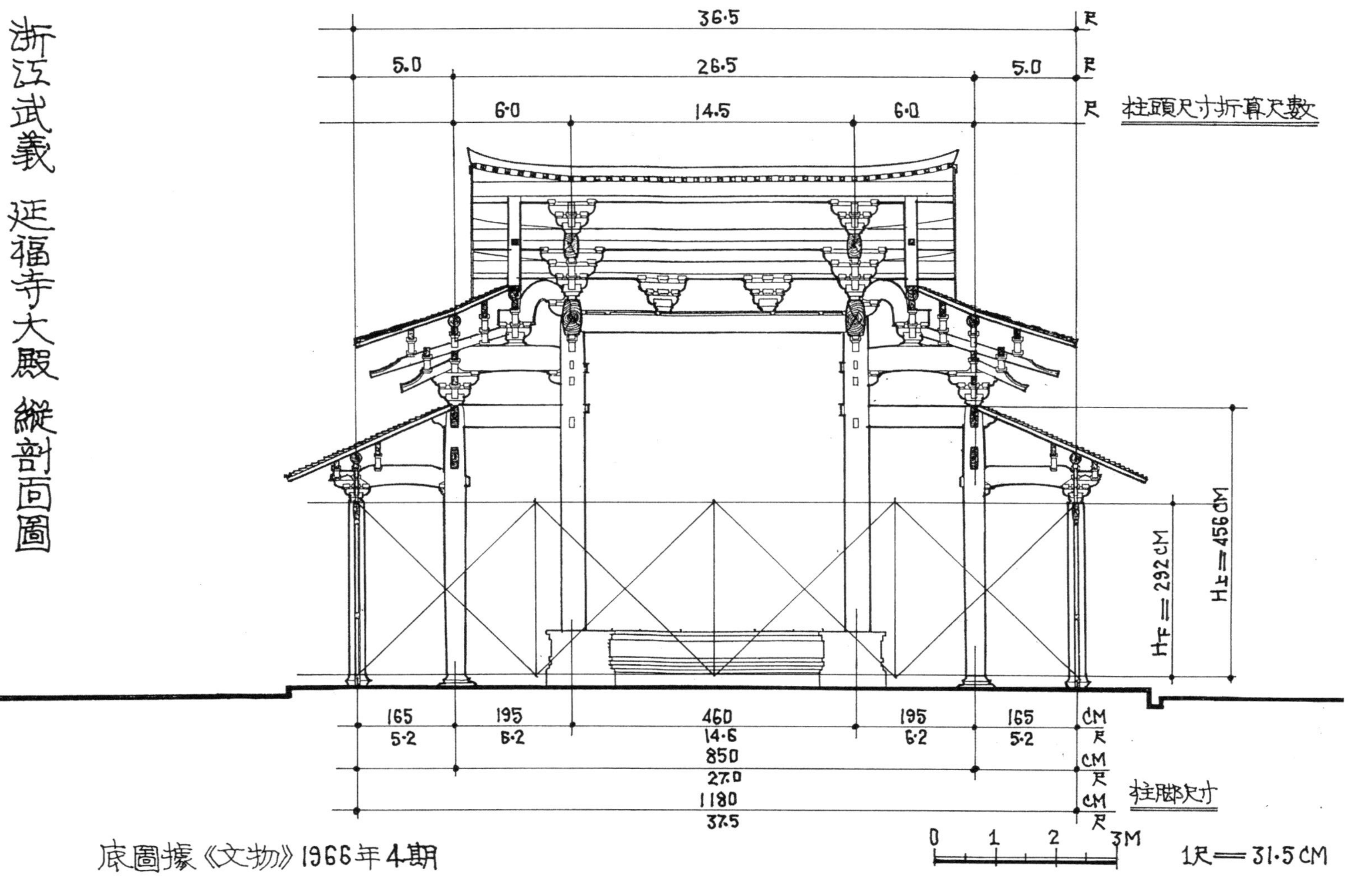

图 3-1-6-17 浙江武义延福寺大殿纵剖面图

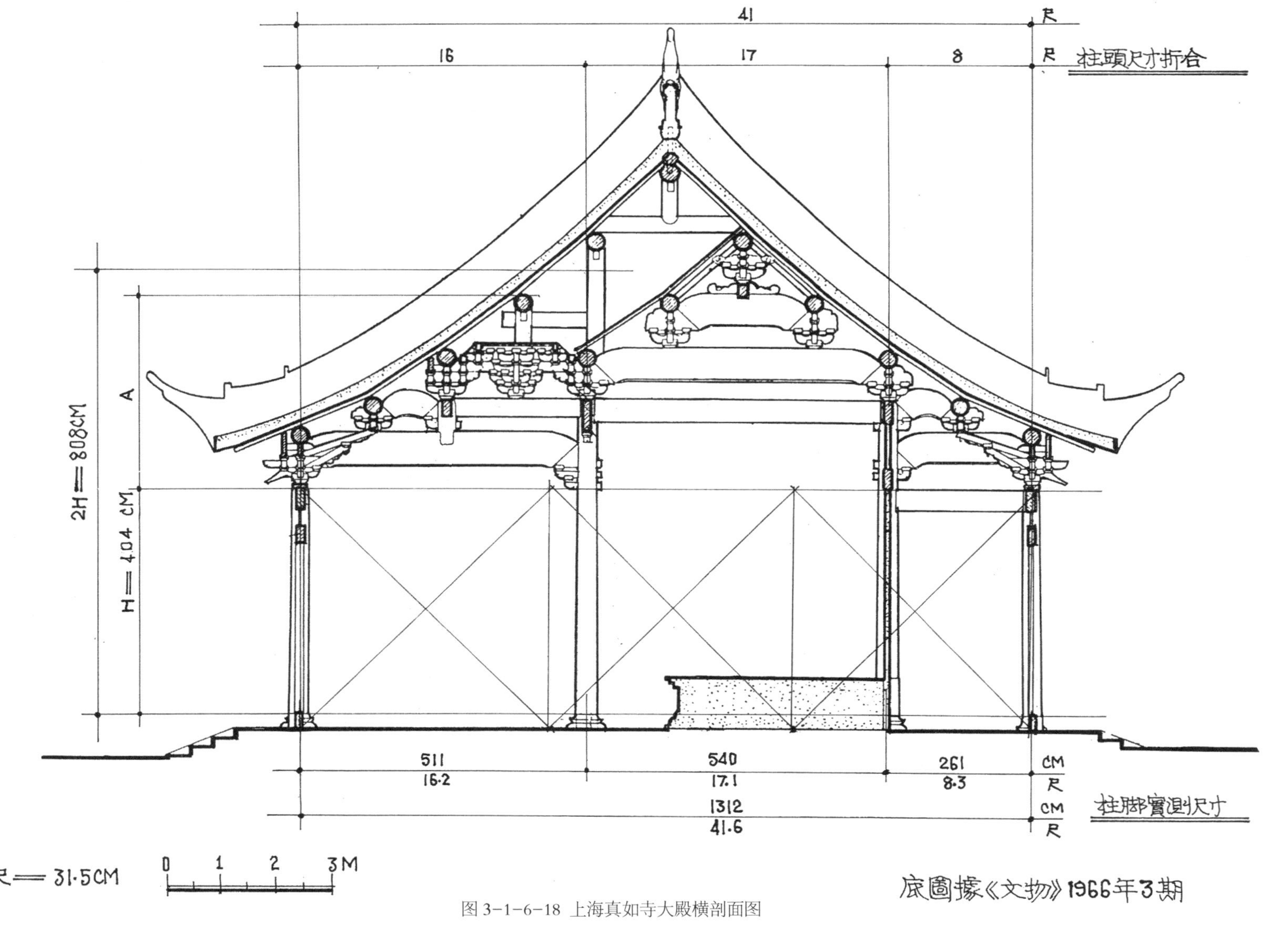

图 3-1-6-18 上海真如寺大殿横剖面图

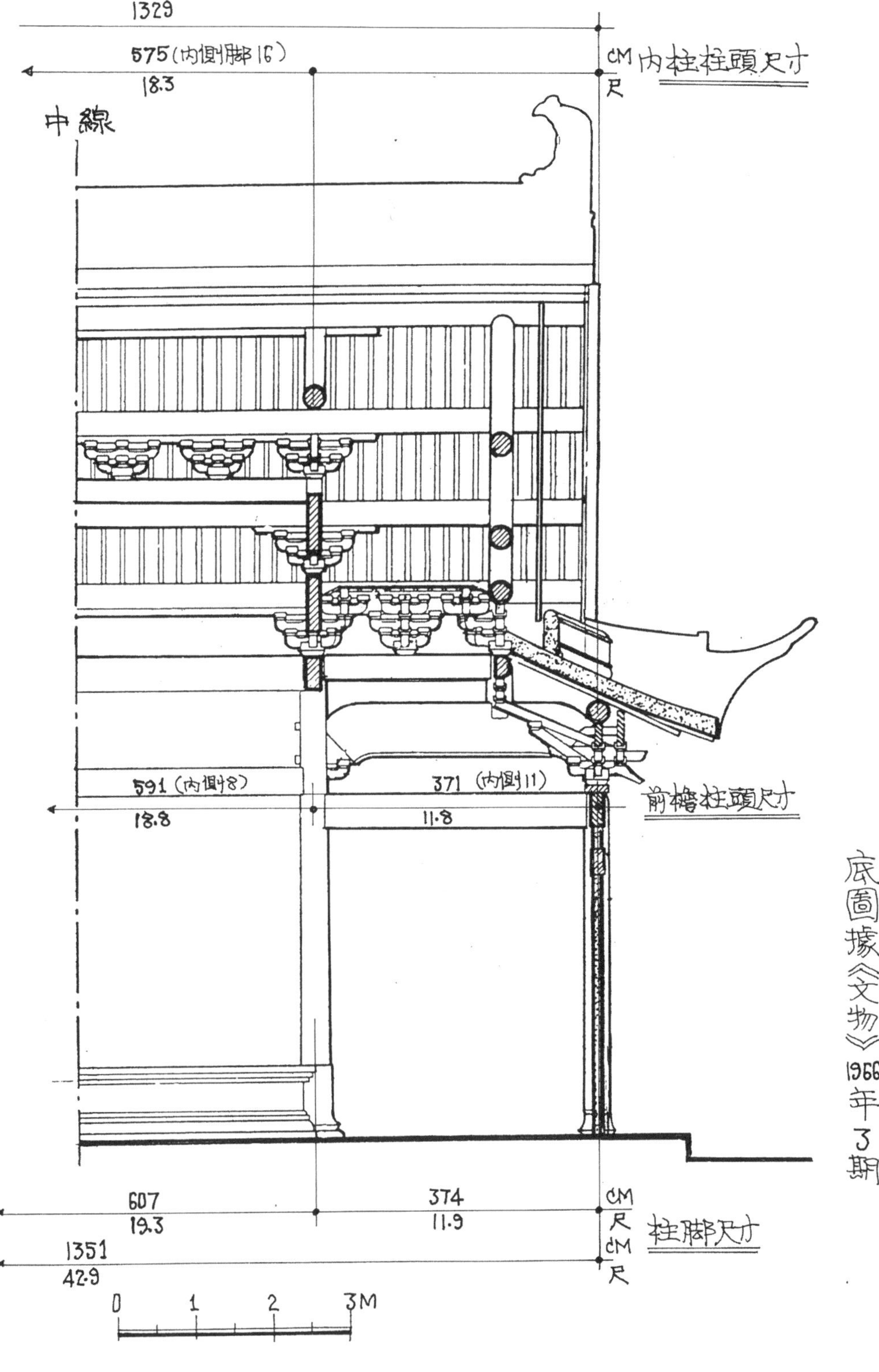

图 3-1-6-19 上海真如寺大殿纵剖面图

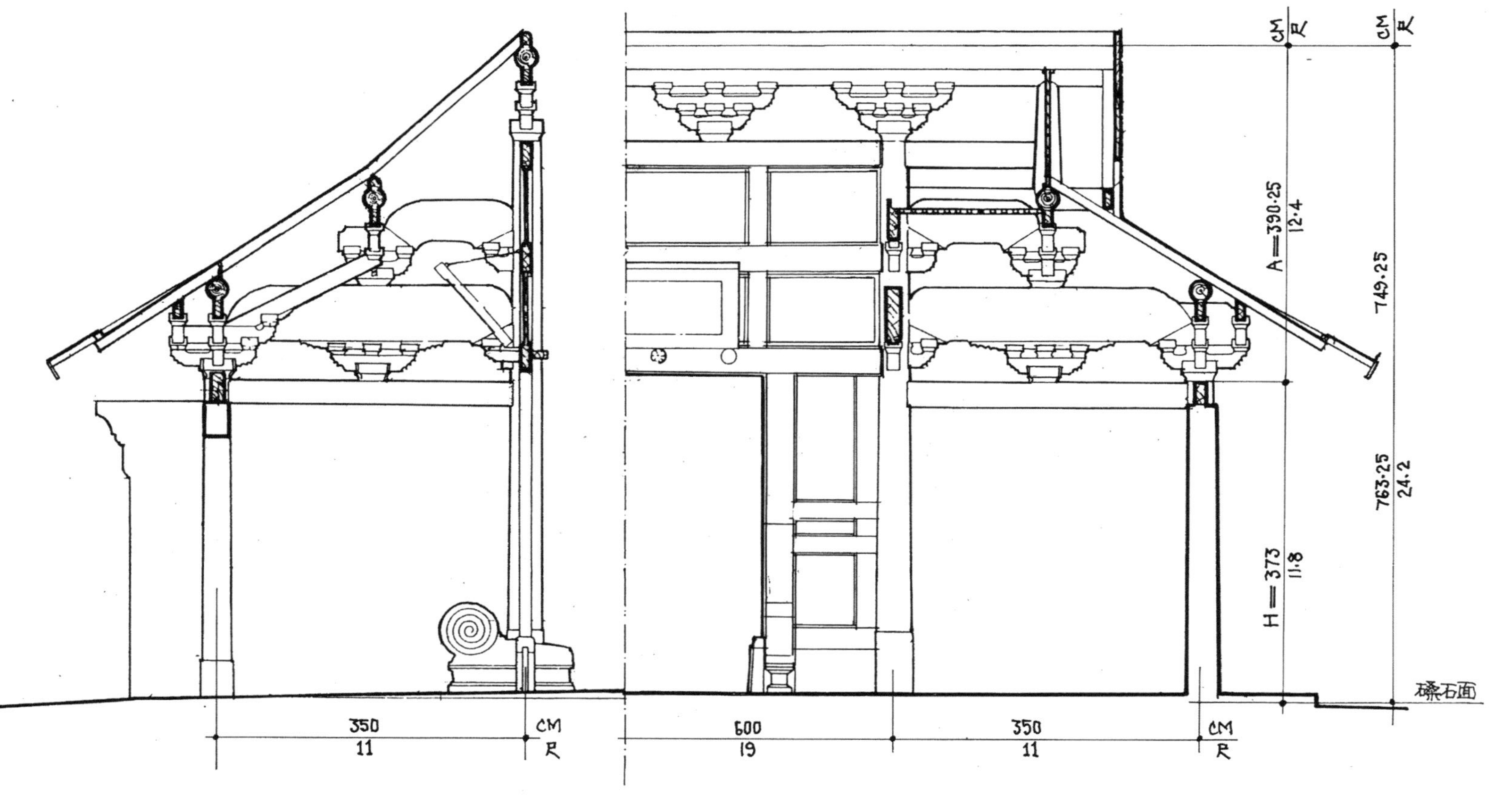

图 3-1-6-20　江苏苏州虎丘云岩寺二山门纵横剖面图

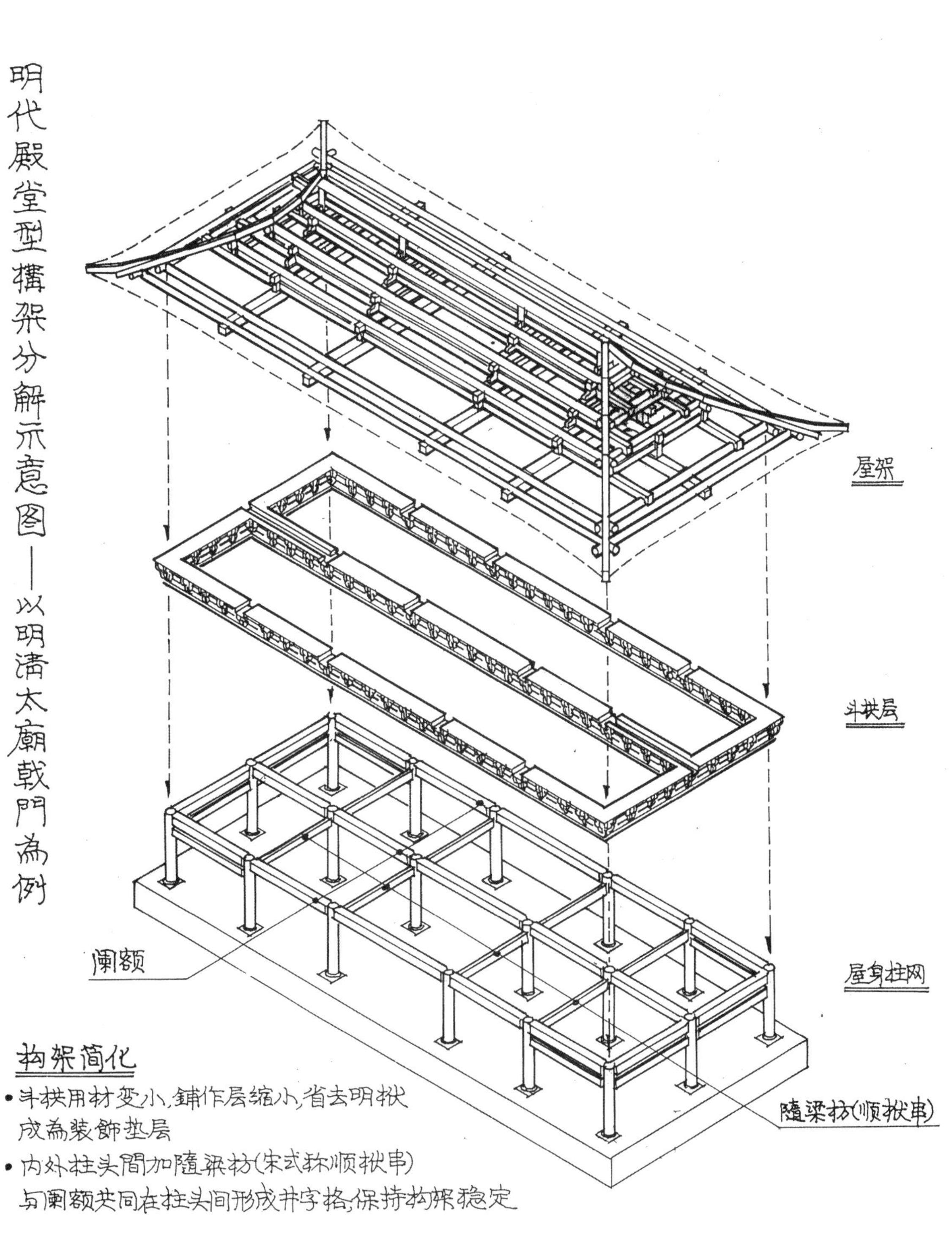

明代殿堂型構架分解示意图——以明清太廟戟門為例
屋架
斗拱层
屋身柱网
闌额
隨梁枋(順栿串)
构架简化
• 斗拱用材变小,鋪作层缩小,省去明栿成為装飾垫层
• 内外柱头間加隨梁枋(宋式称順栿串)与闌额共同在柱头间形成井字格,保持构架稳定

图 3-1-7-1 明代殿堂型构架分解示意图

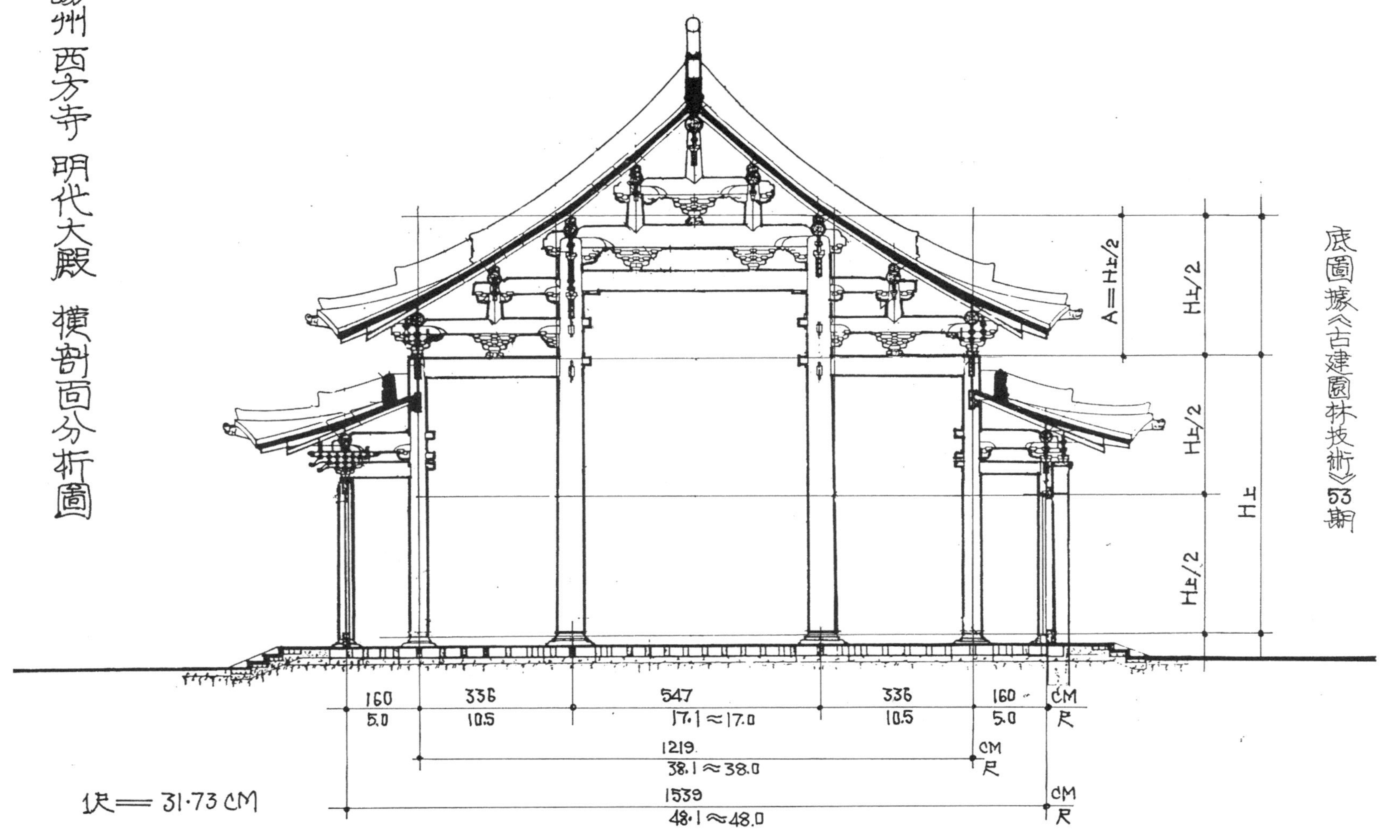

图 3-1-7-2 扬州西方寺明代大殿横剖面分析图

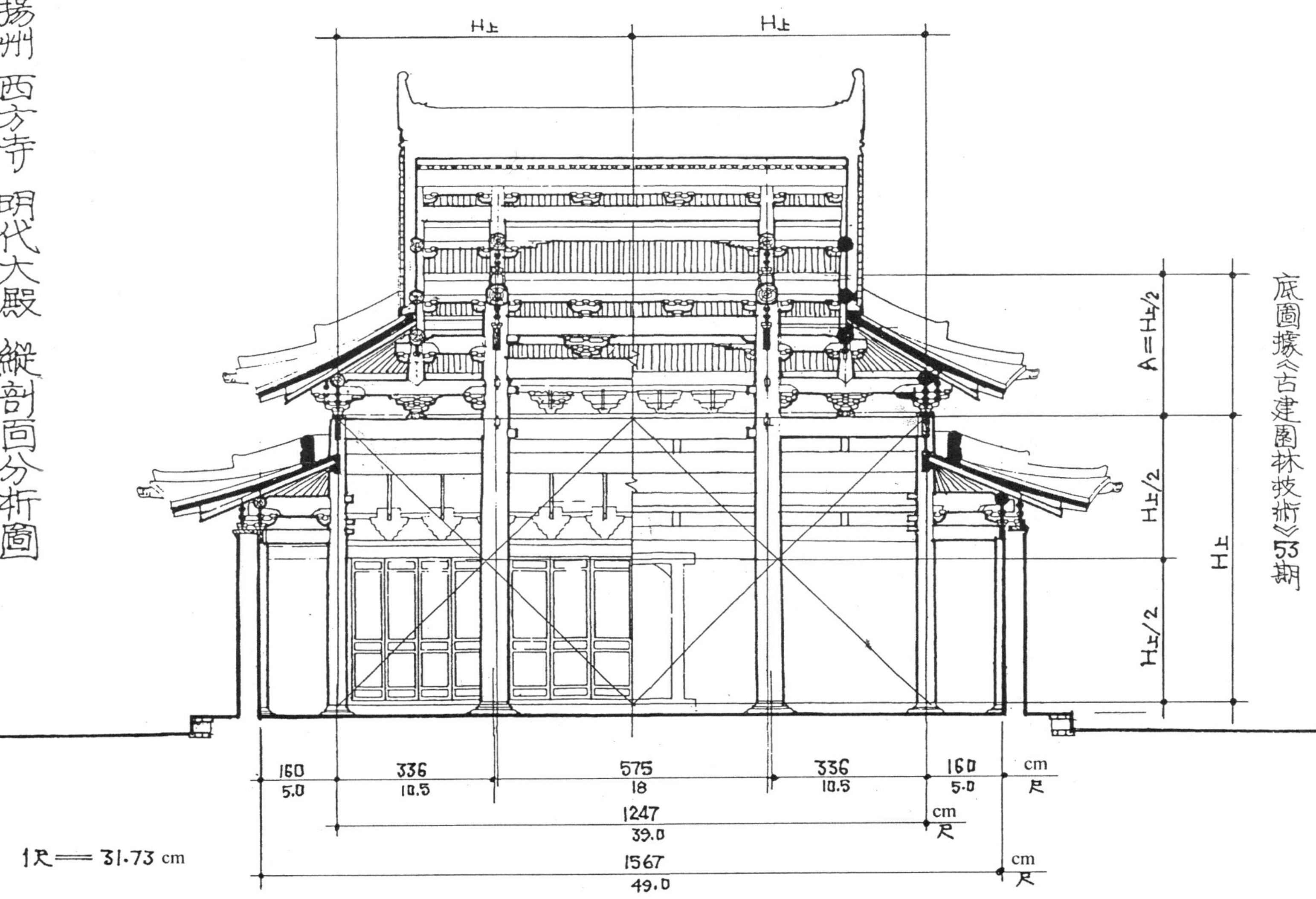

图 3-1-7-3 扬州西方寺明代大殿纵剖面分析图

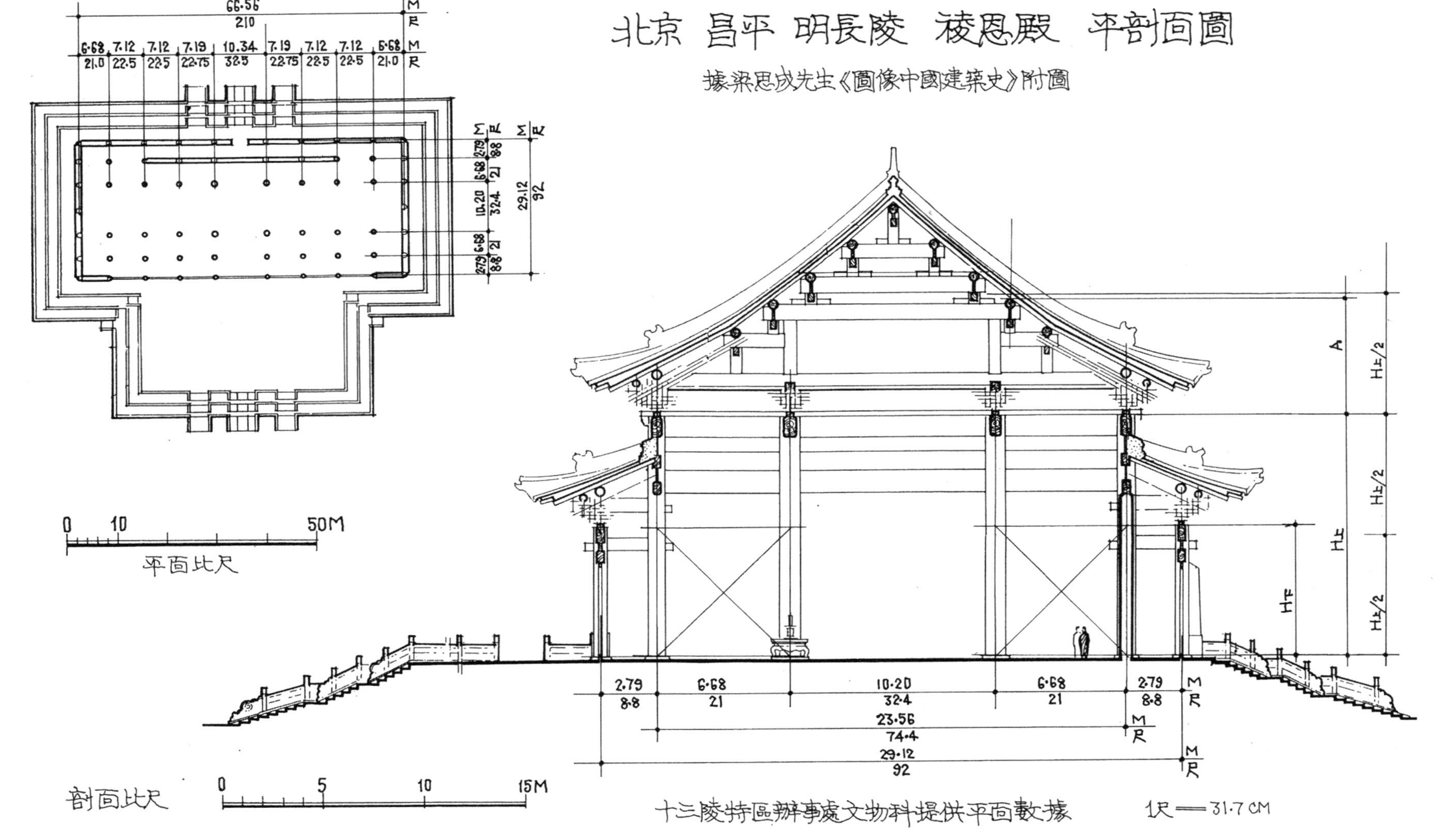

图 3-1-7-4 北京昌平明长陵祾恩殿平剖面图

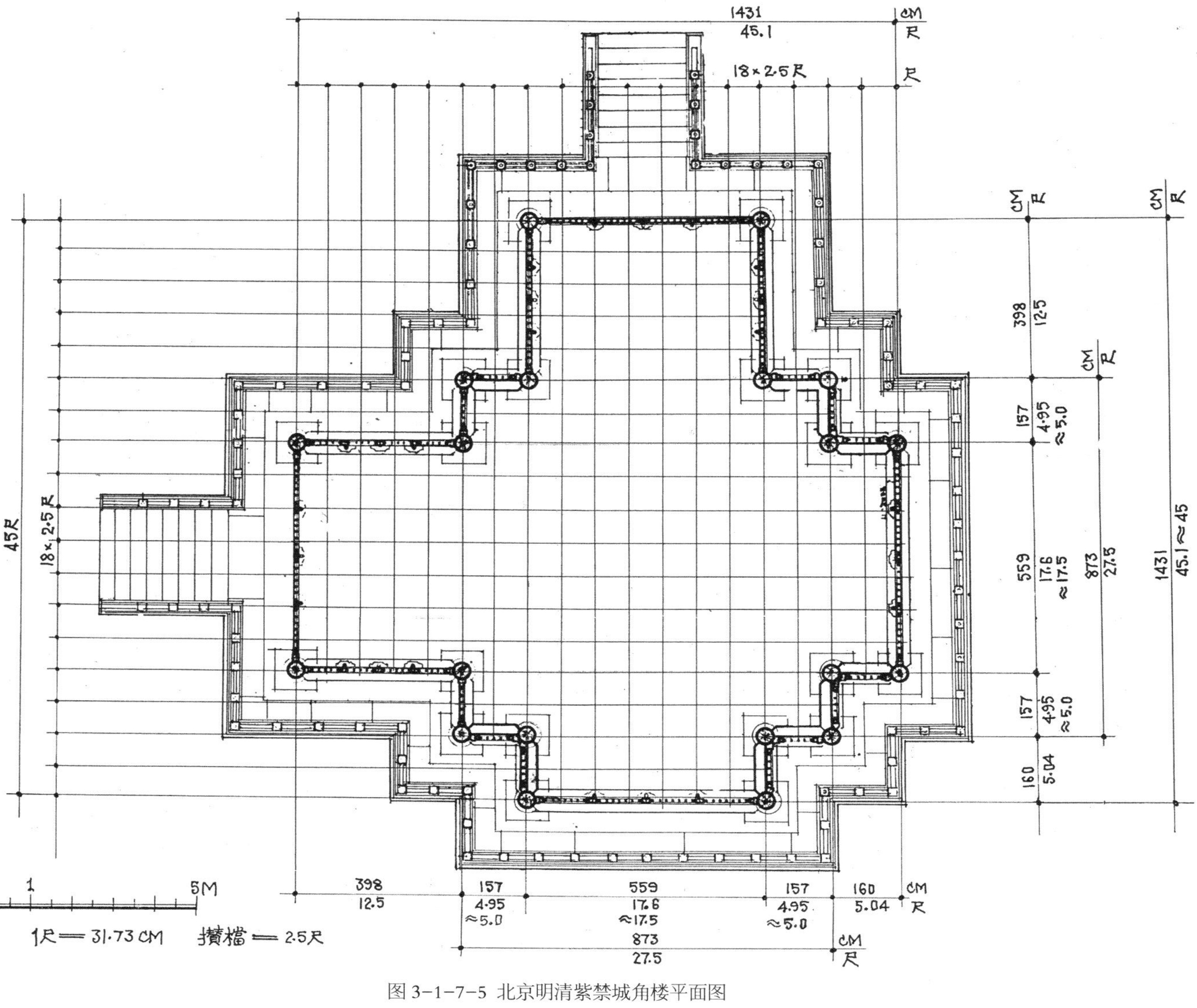

图 3-1-7-5 北京明清紫禁城角楼平面图

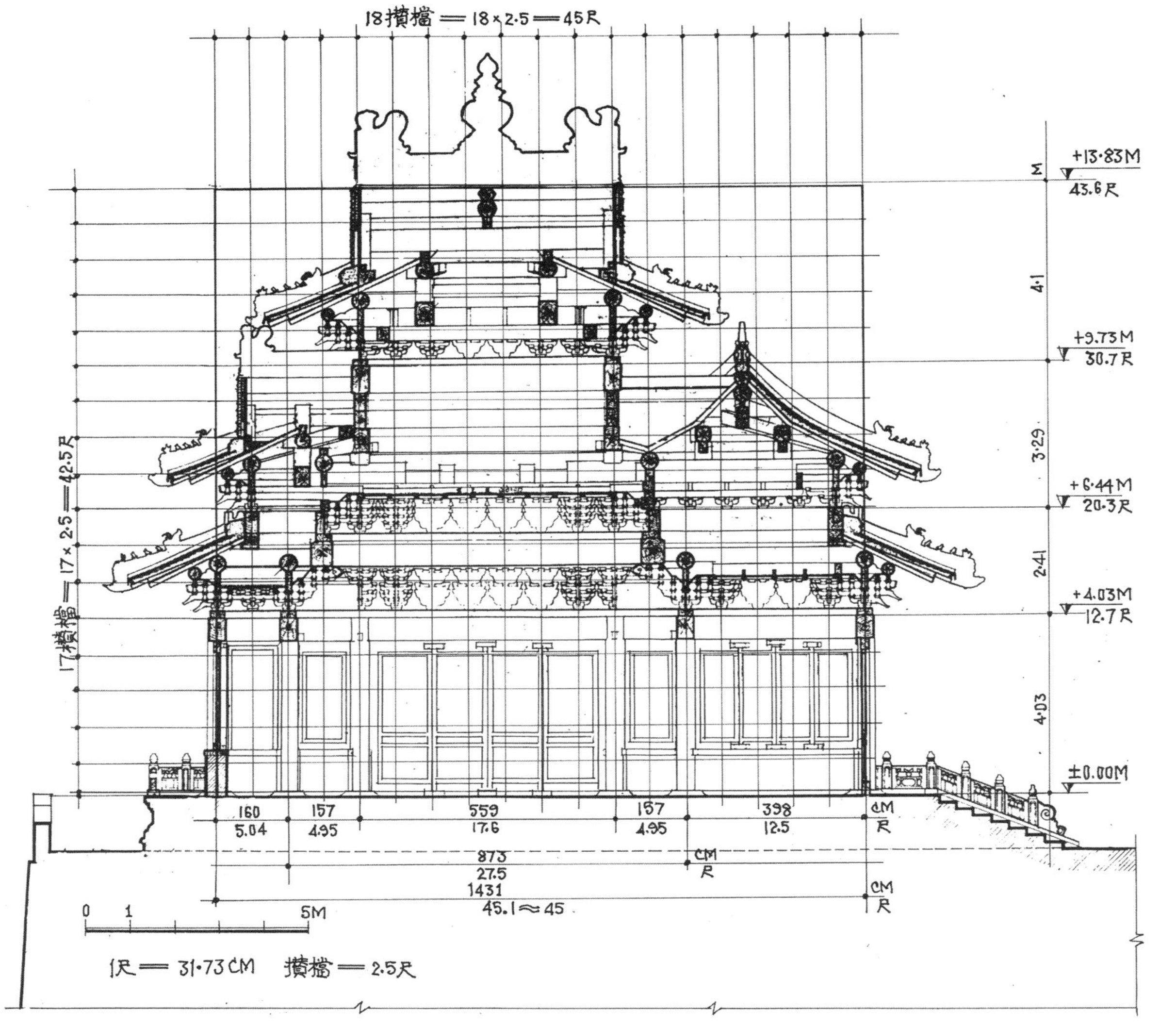

图 3-1-7-6 北京明清紫禁城角楼横剖面图

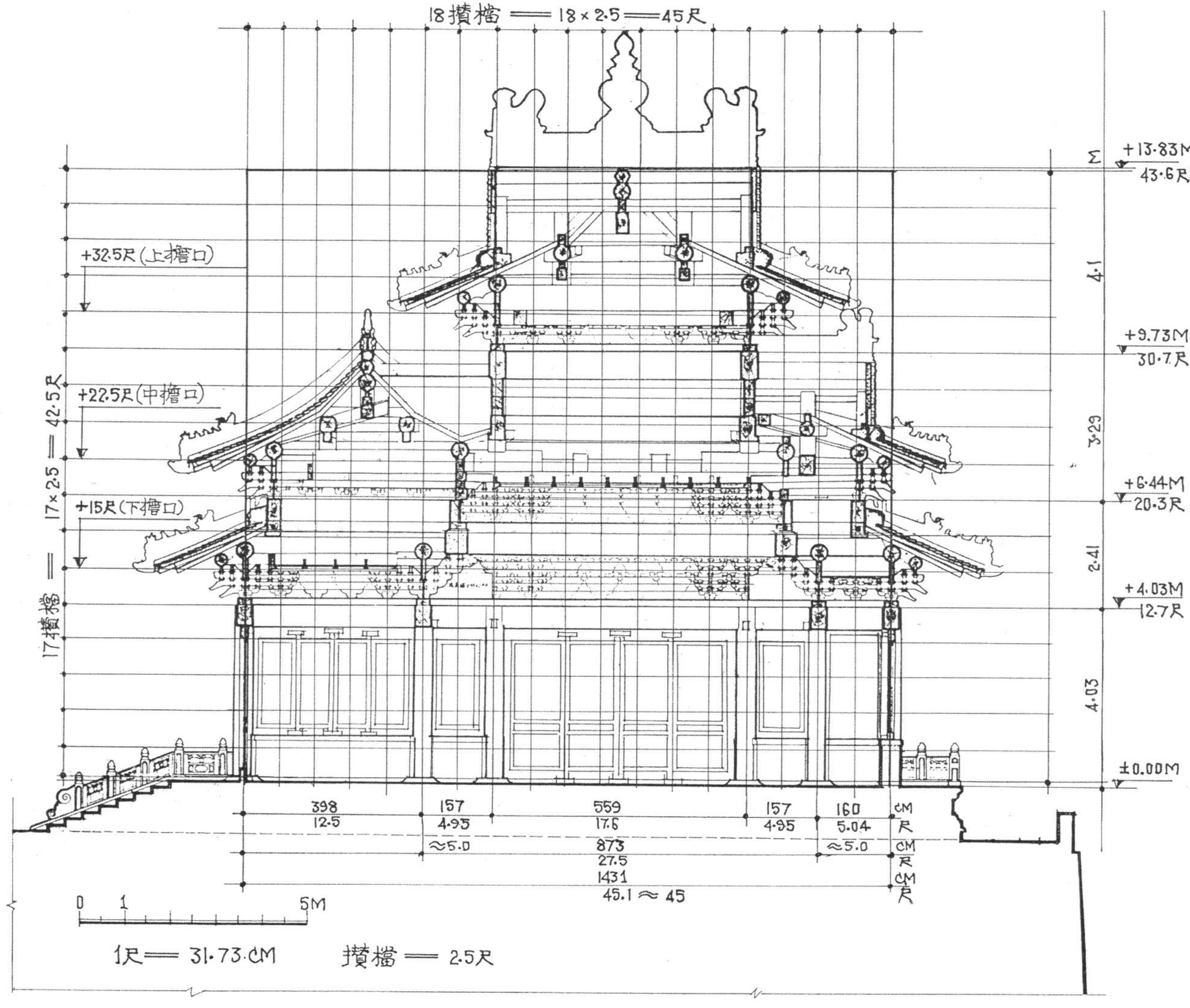

图 3-1-7-7 北京明清紫禁城角楼纵剖面图

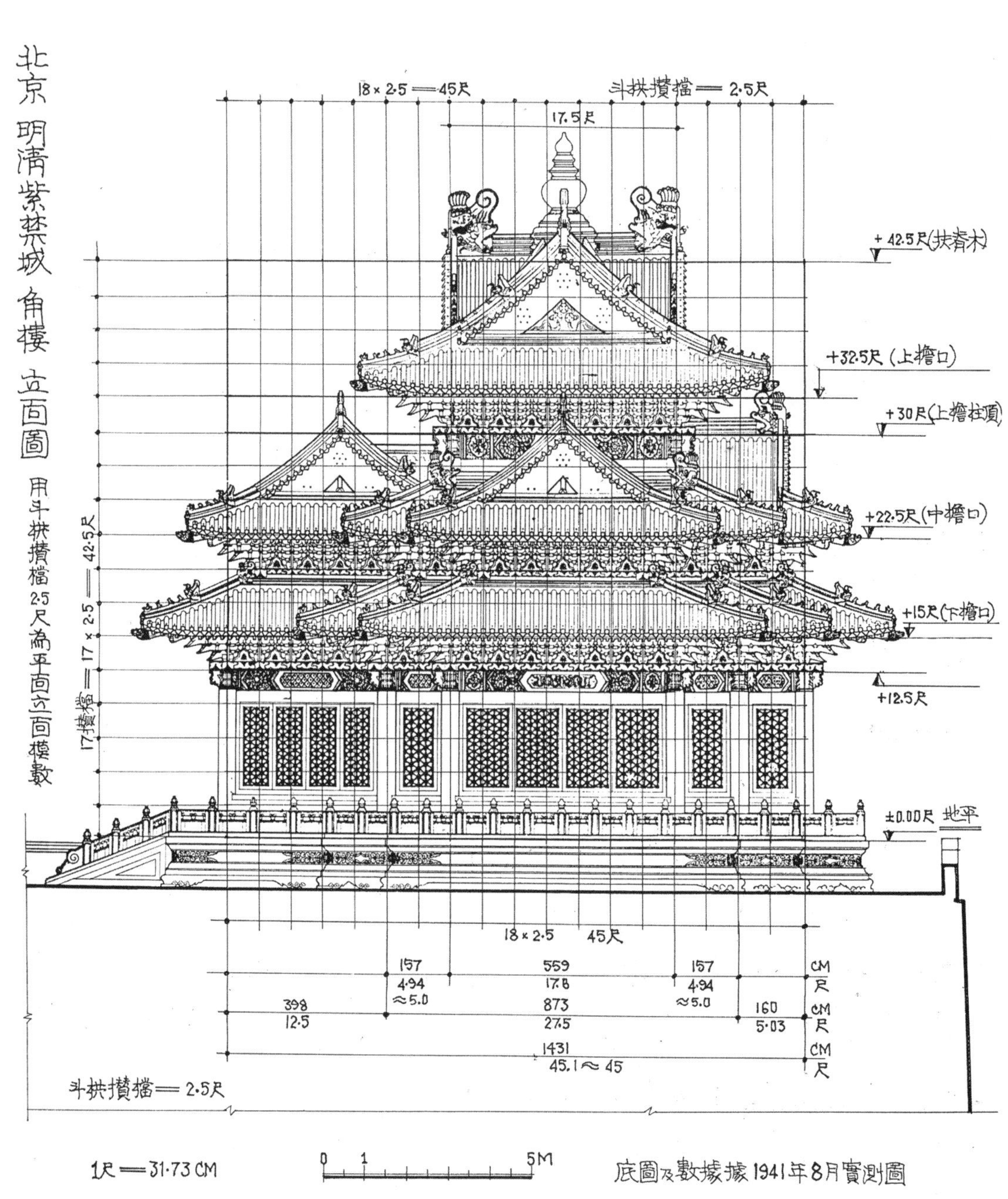

图 3-1-7-8 北京明清紫禁城角楼立面图

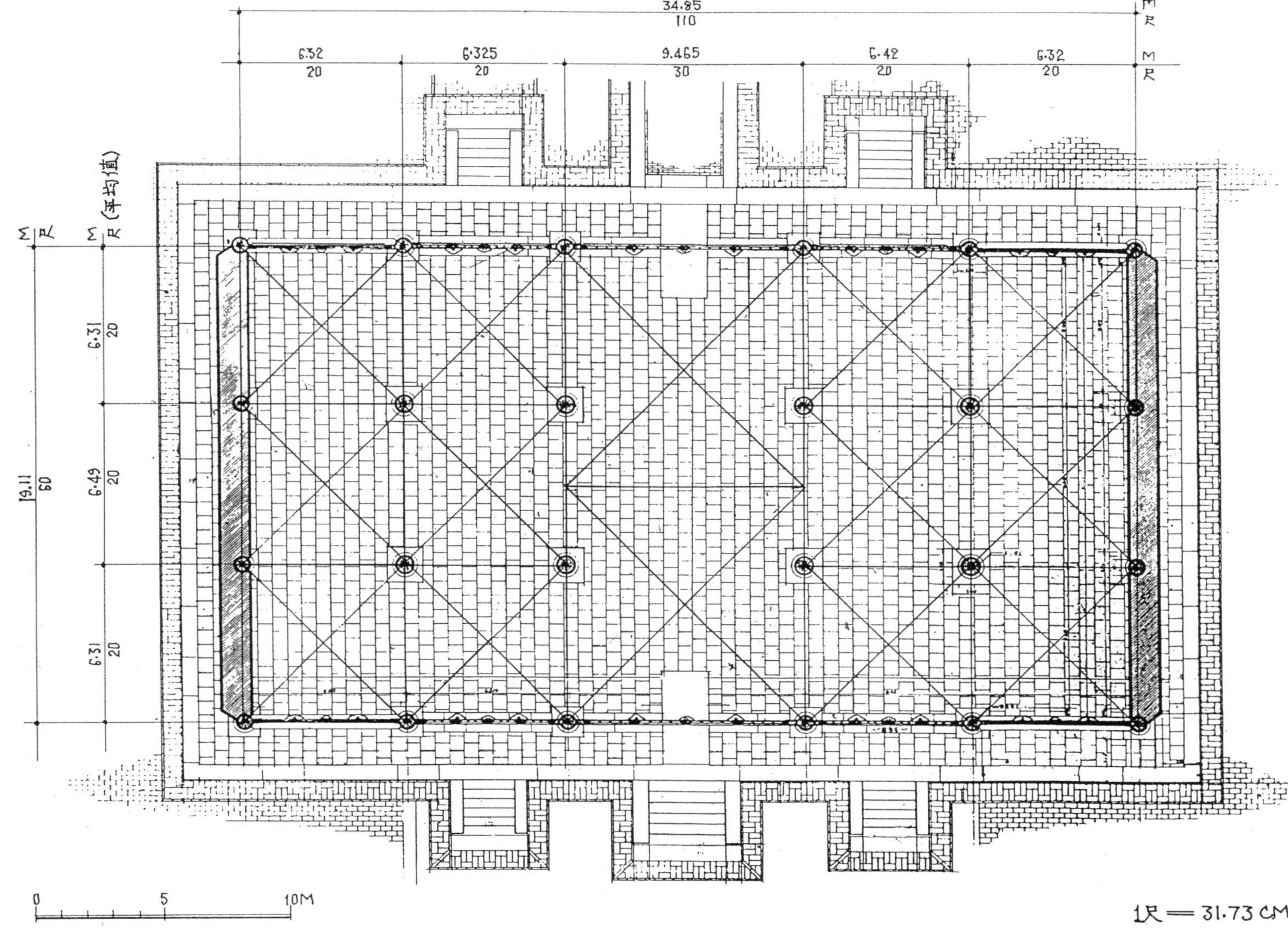

图 3-1-7-9 北京社稷坛前殿平面图

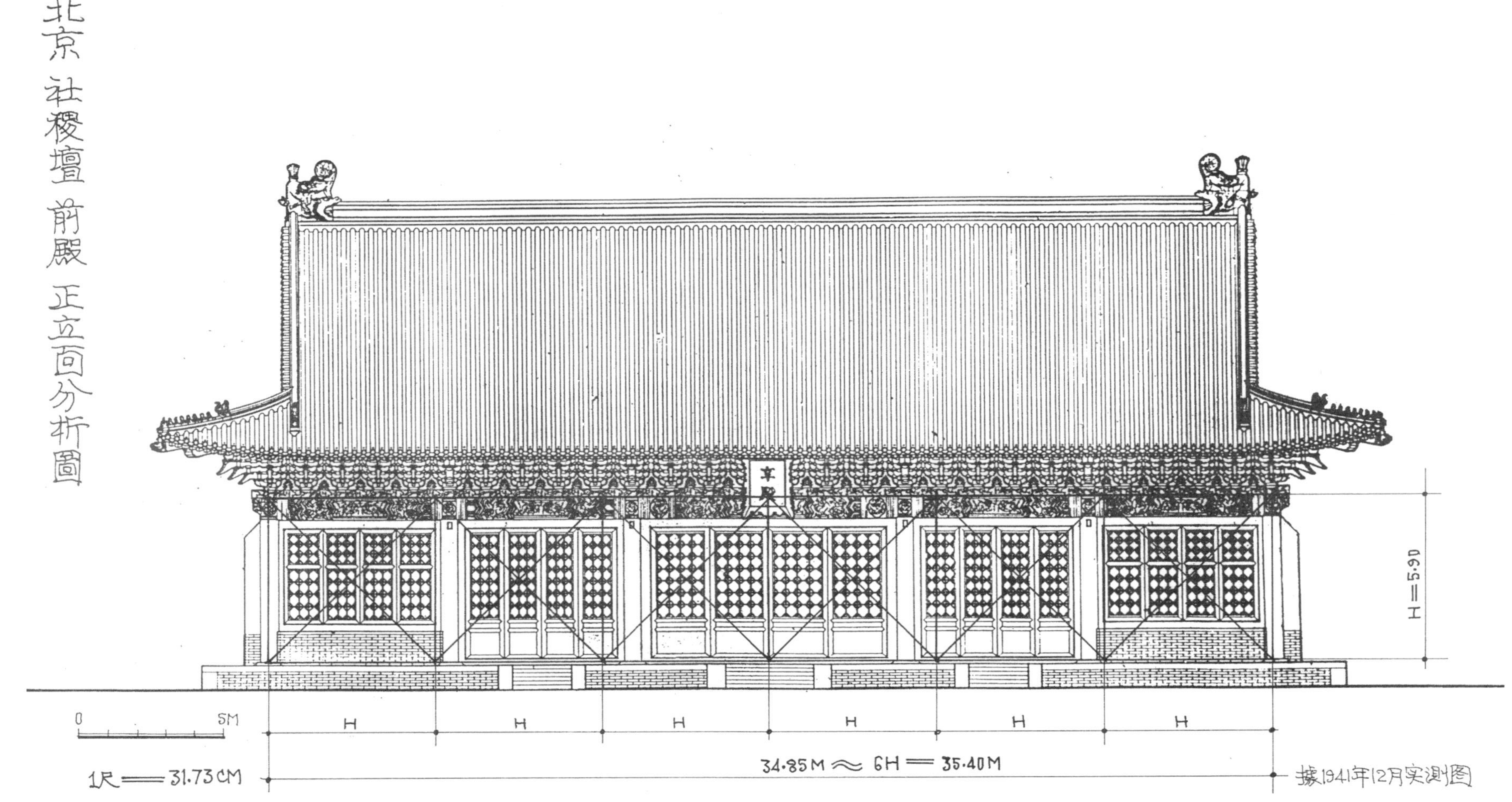

图 3-1-7-10 北京社稷坛前殿正立面分析图

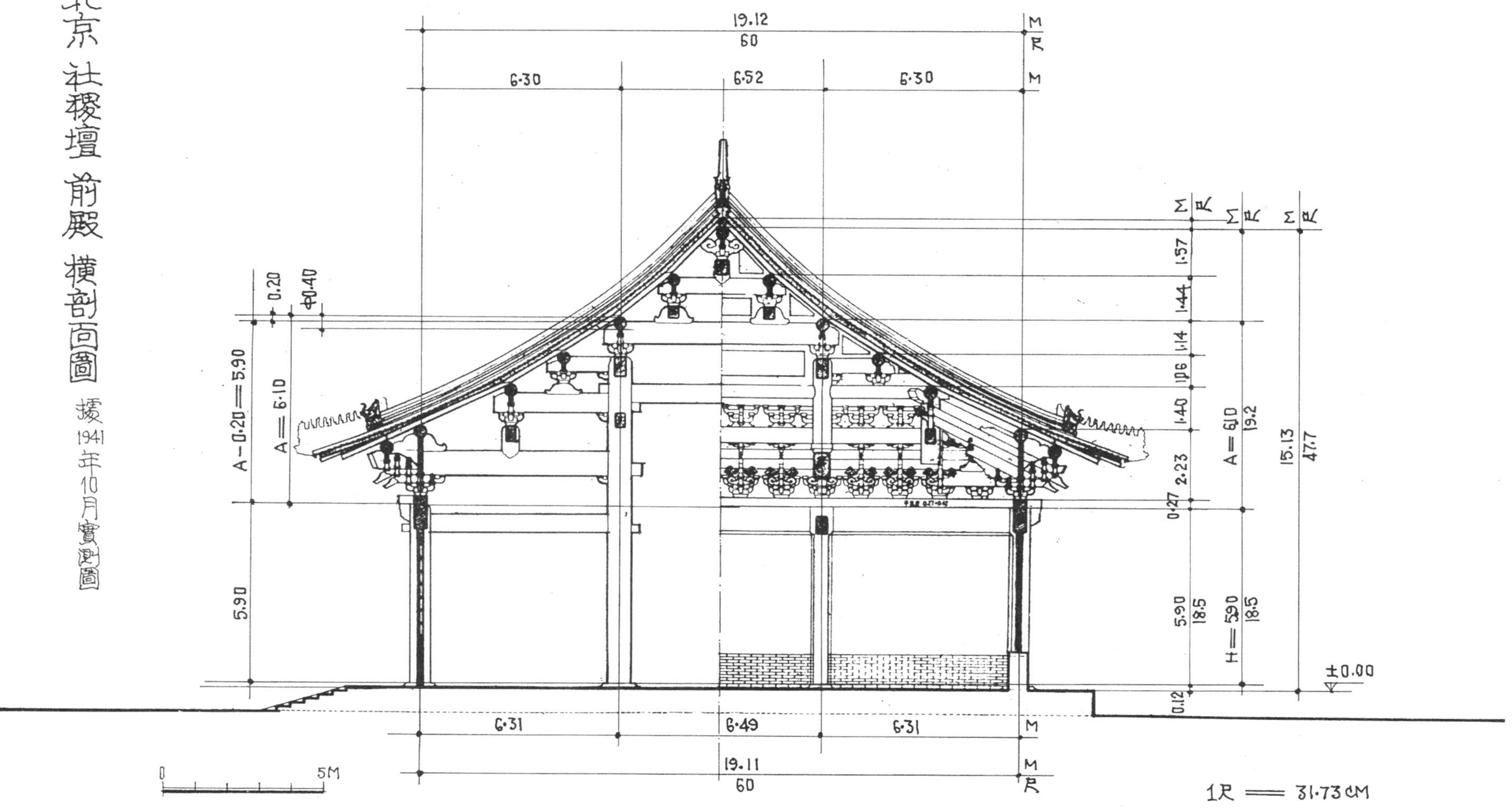

图 3-1-7-11 北京社稷坛前殿横剖面图

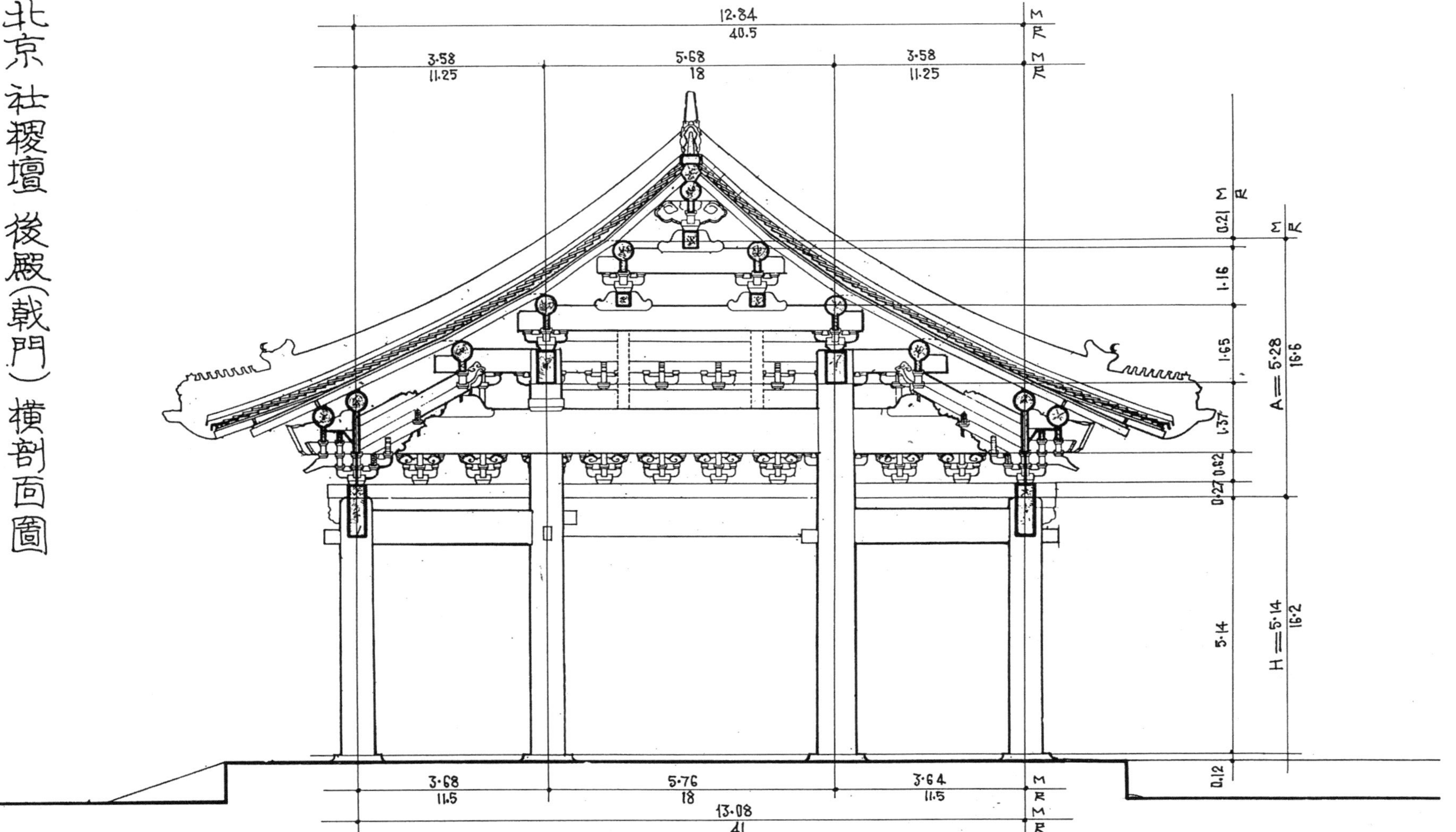

图 3-1-7-12 北京社稷坛后殿（戟门）横剖面图

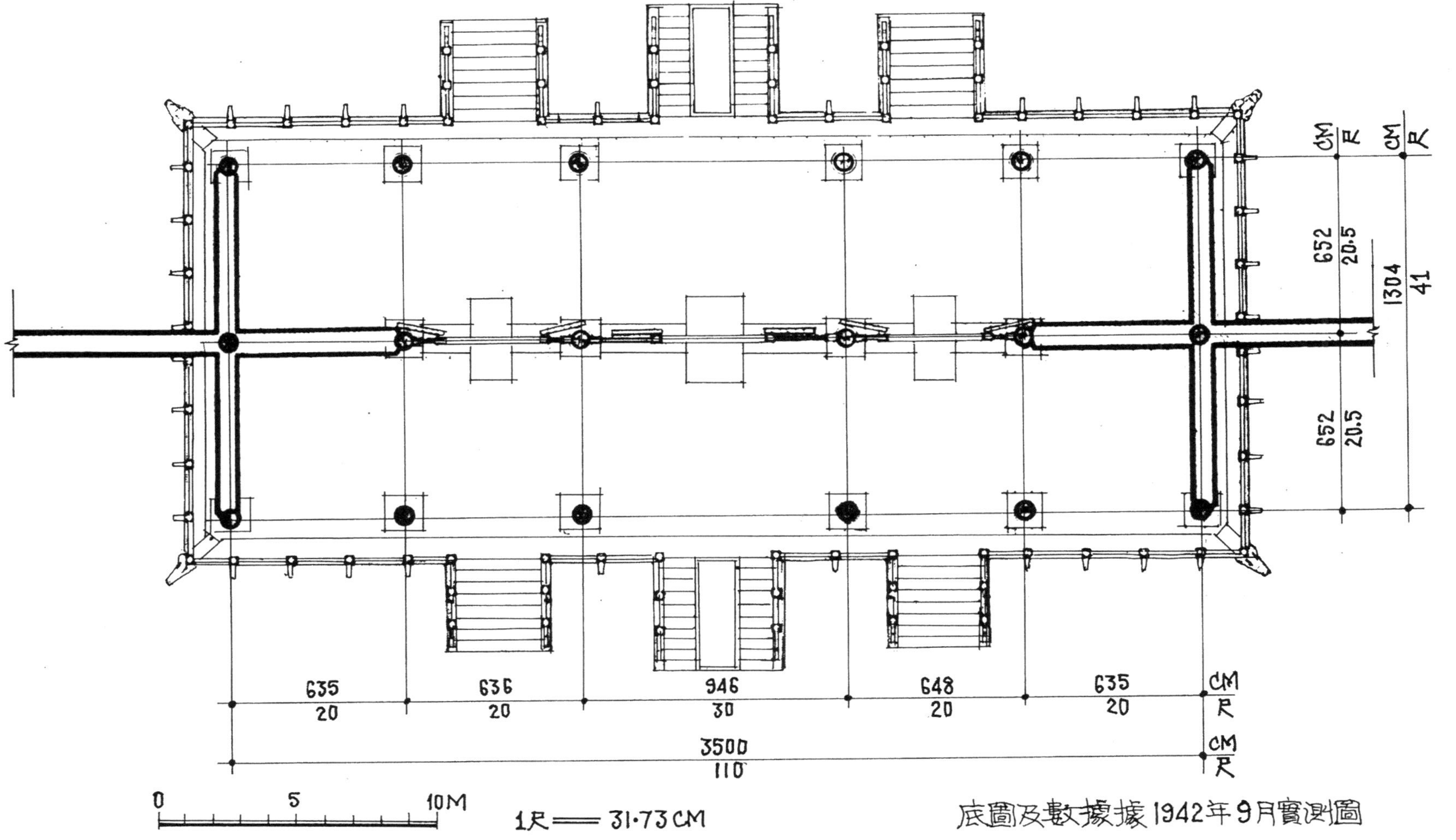

图 3-1-7-13 北京明清太庙戟门平面图

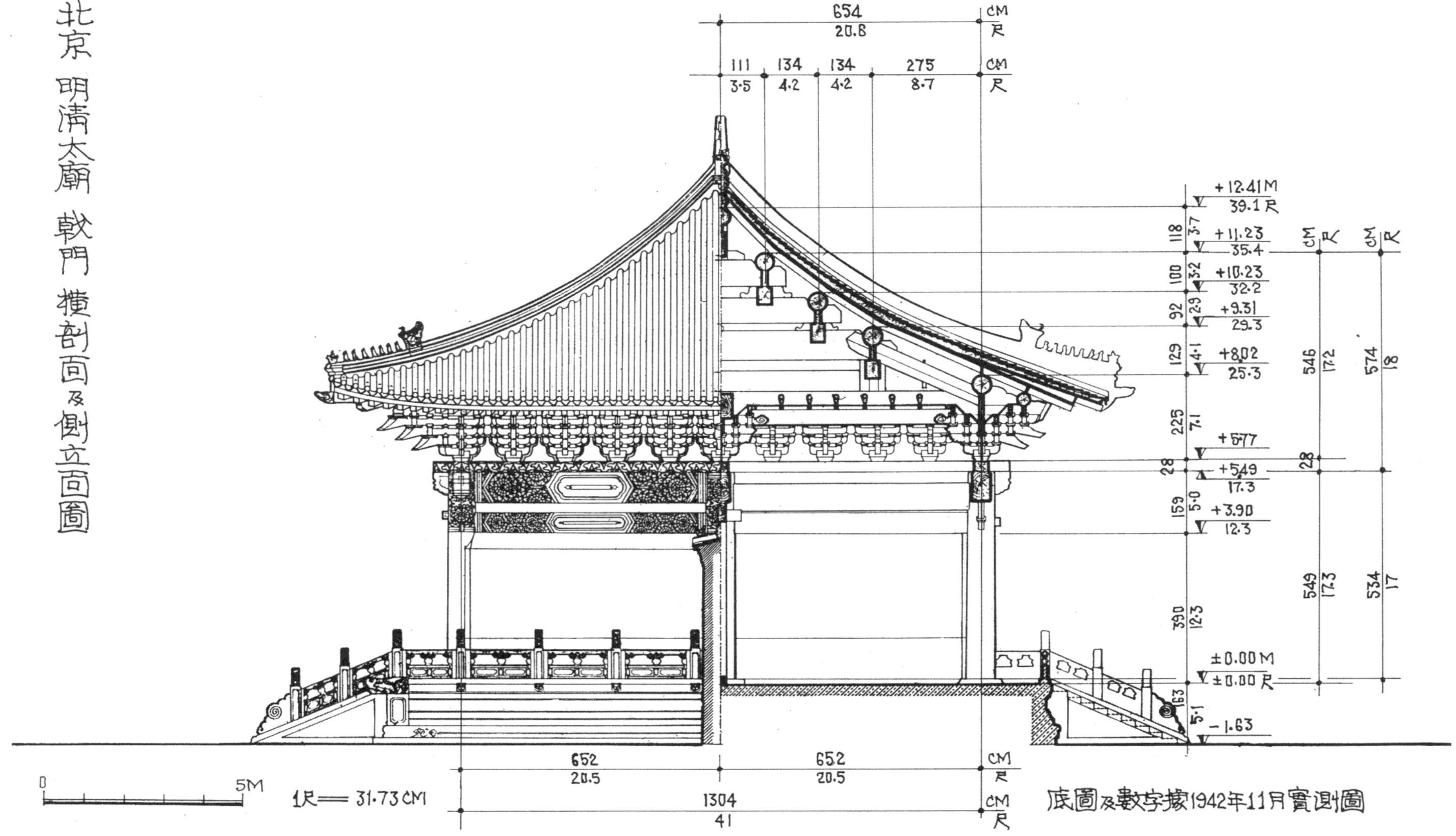

图 3-1-7-14 北京明清太庙戟门横剖面及侧立面图

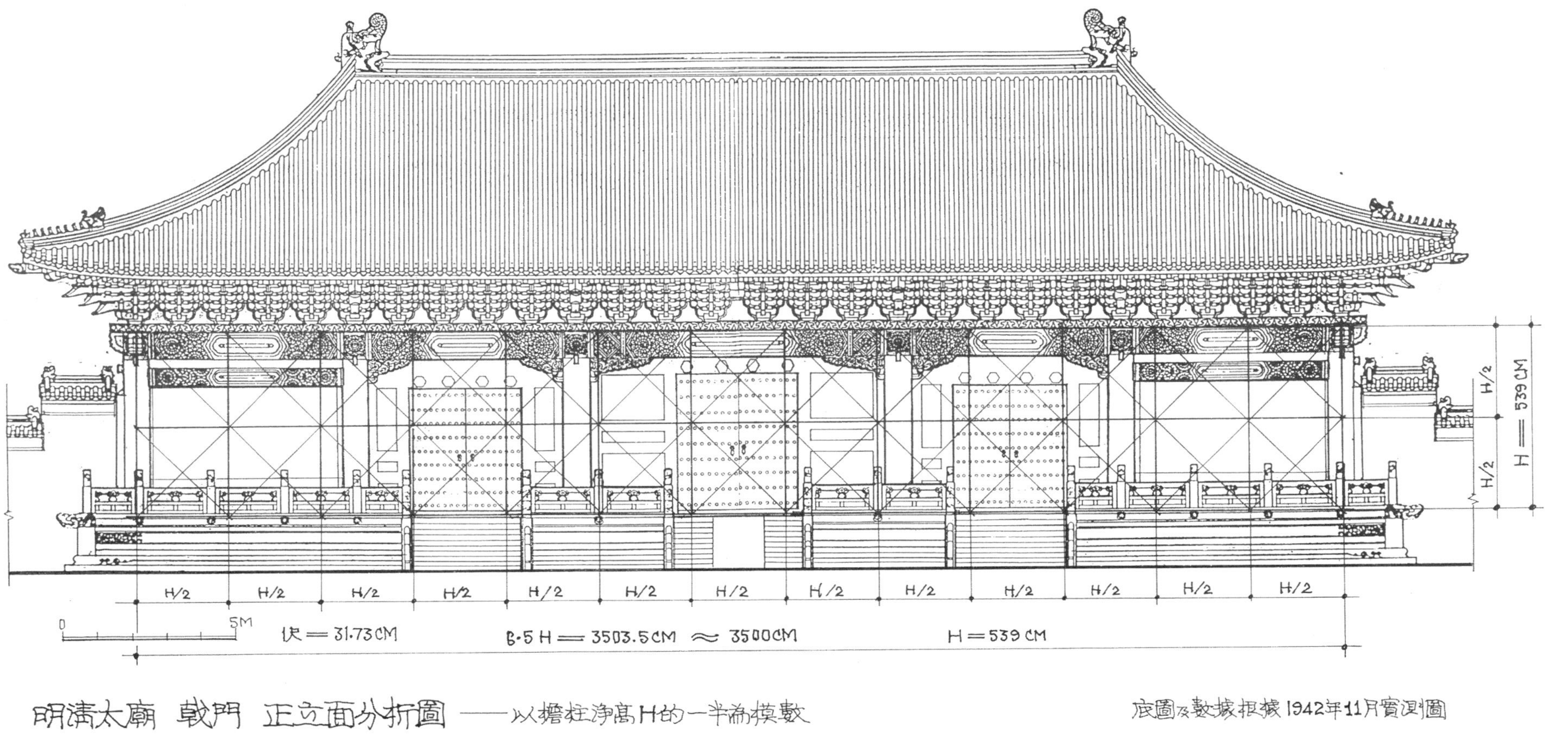

图 3-1-7-15 明清太庙戟门正立面分析图

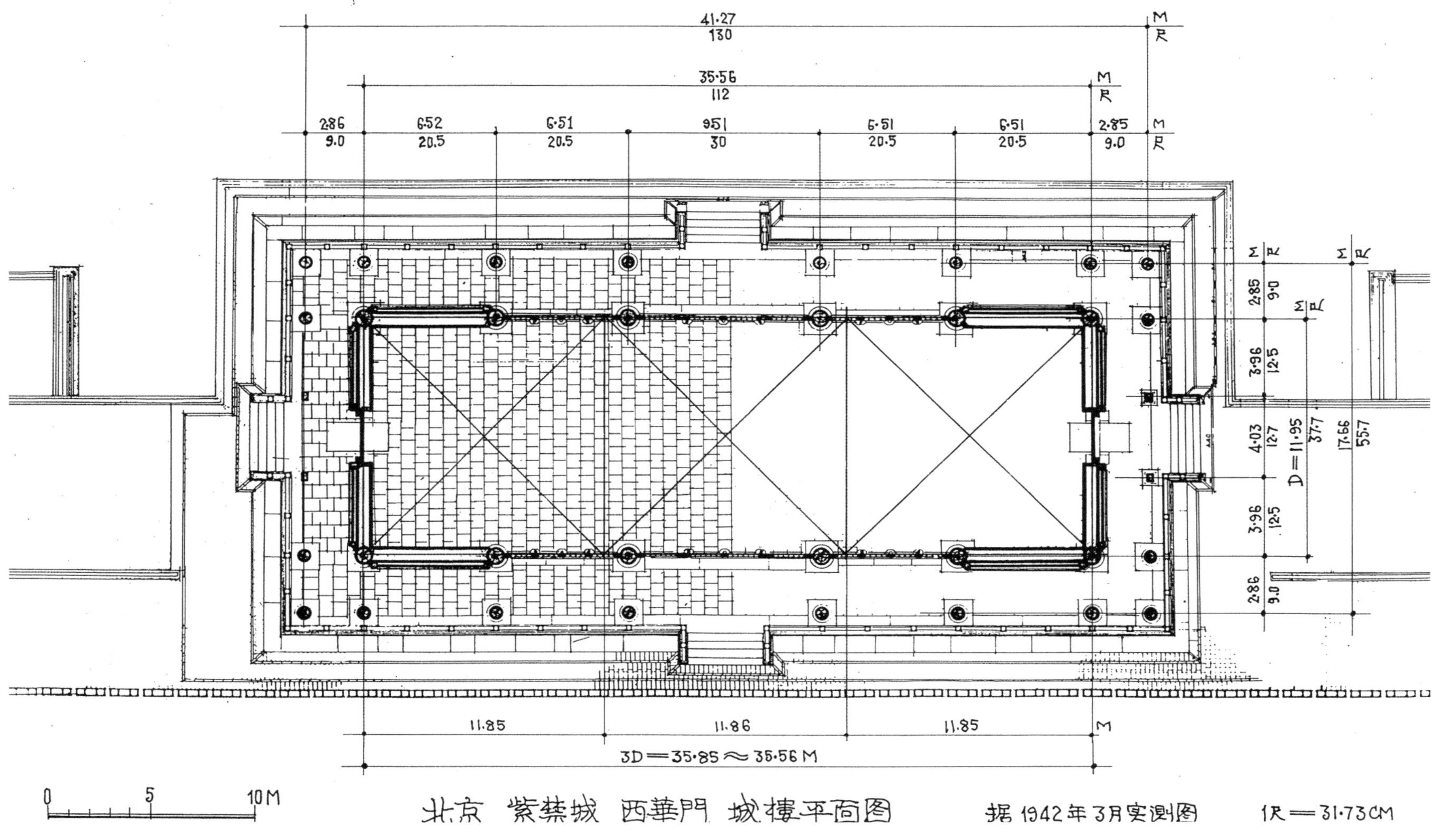

图 3-1-7-16 北京紫禁城西华门城楼平面图

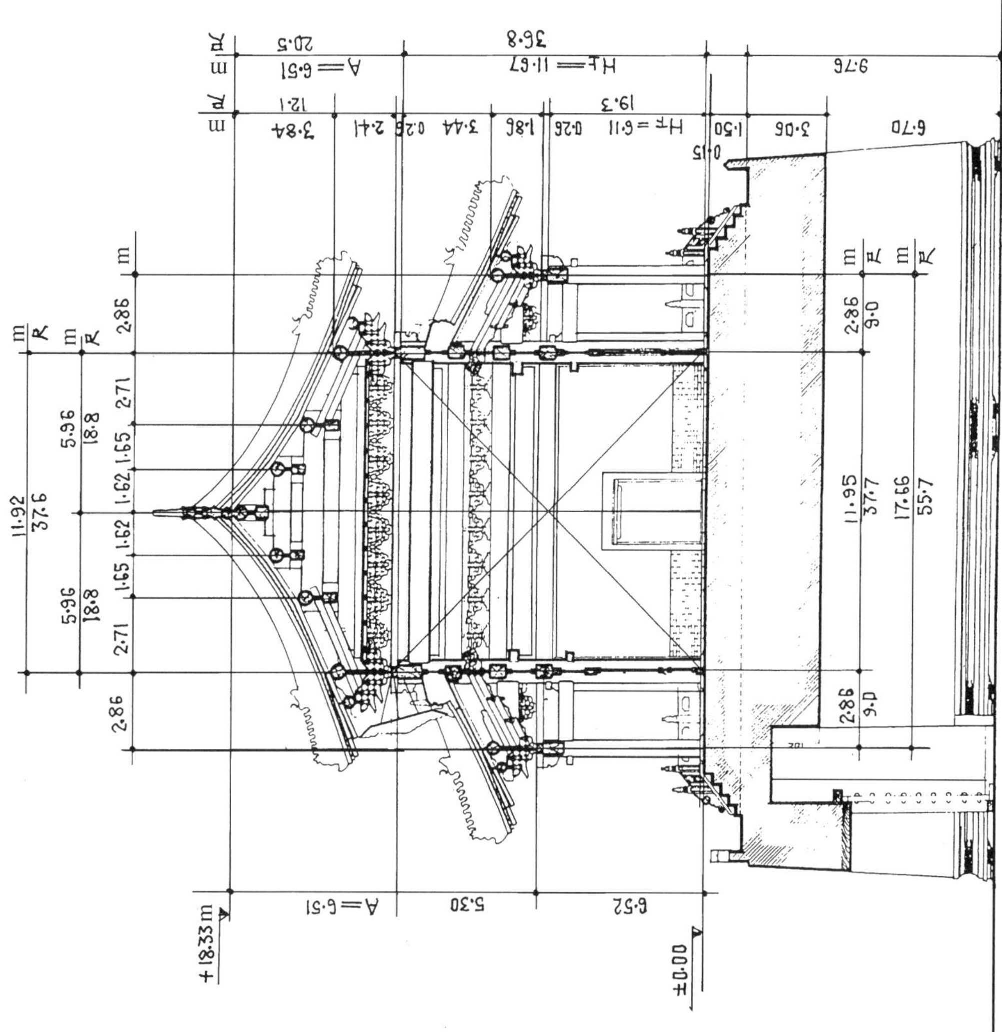

北京紫禁城西華門橫剖面圖

據1942年8月實測圖

1尺＝31.73cm

0 5 10m

图 3-1-7-17 北京紫禁城西华门横剖面图

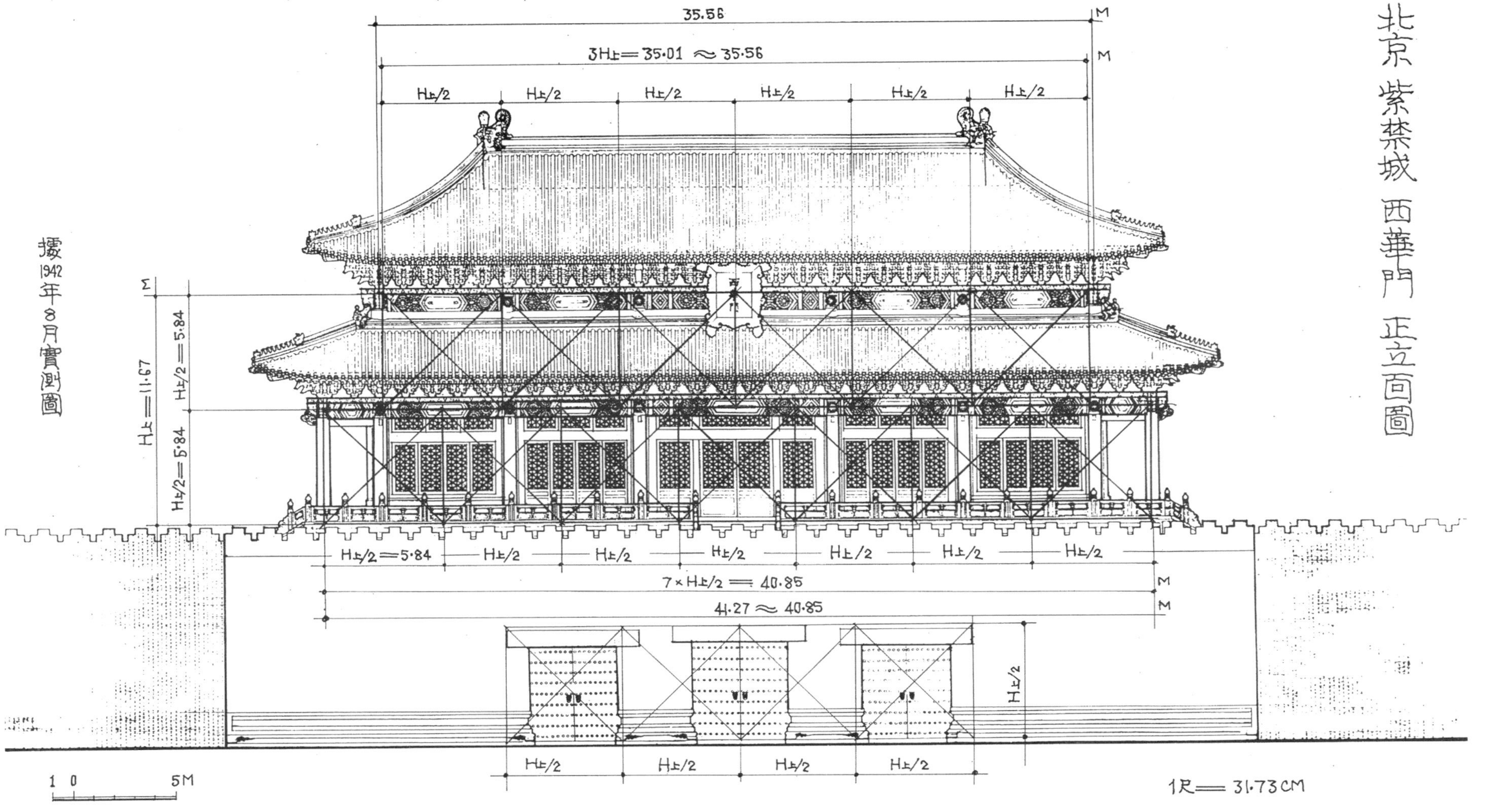

图 3-1-7-18 北京紫禁城西华门正立面图

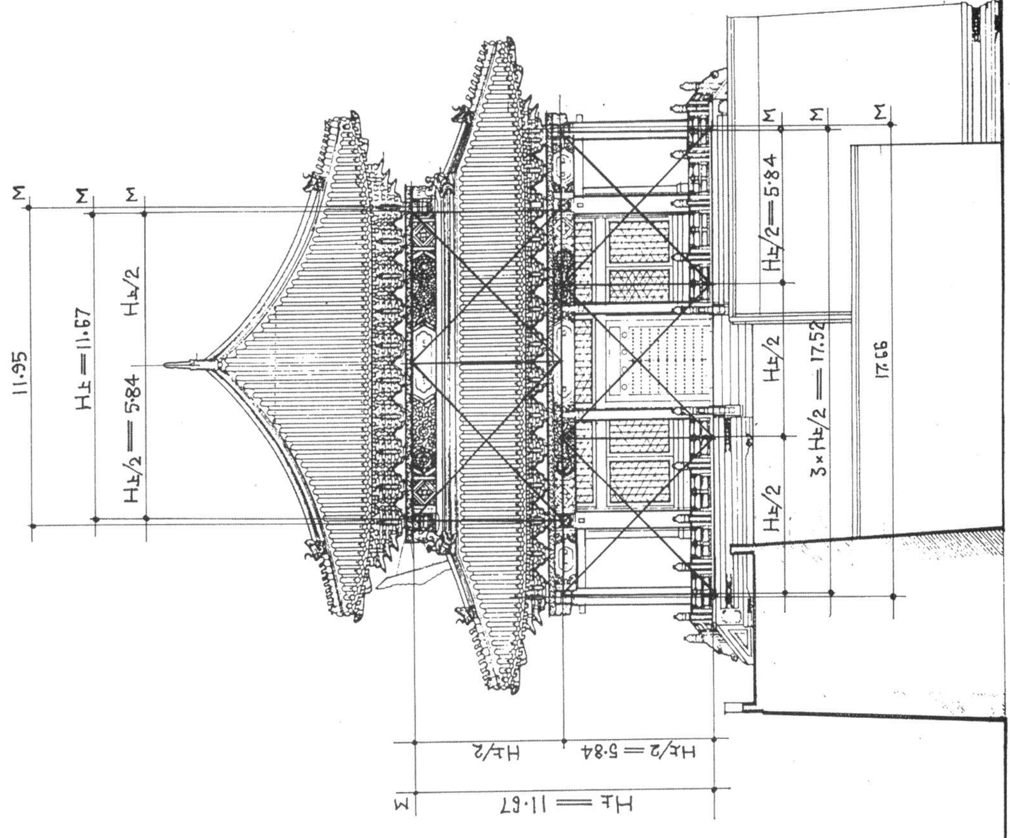

图 3-1-7-19 北京紫禁城西华门侧立面图

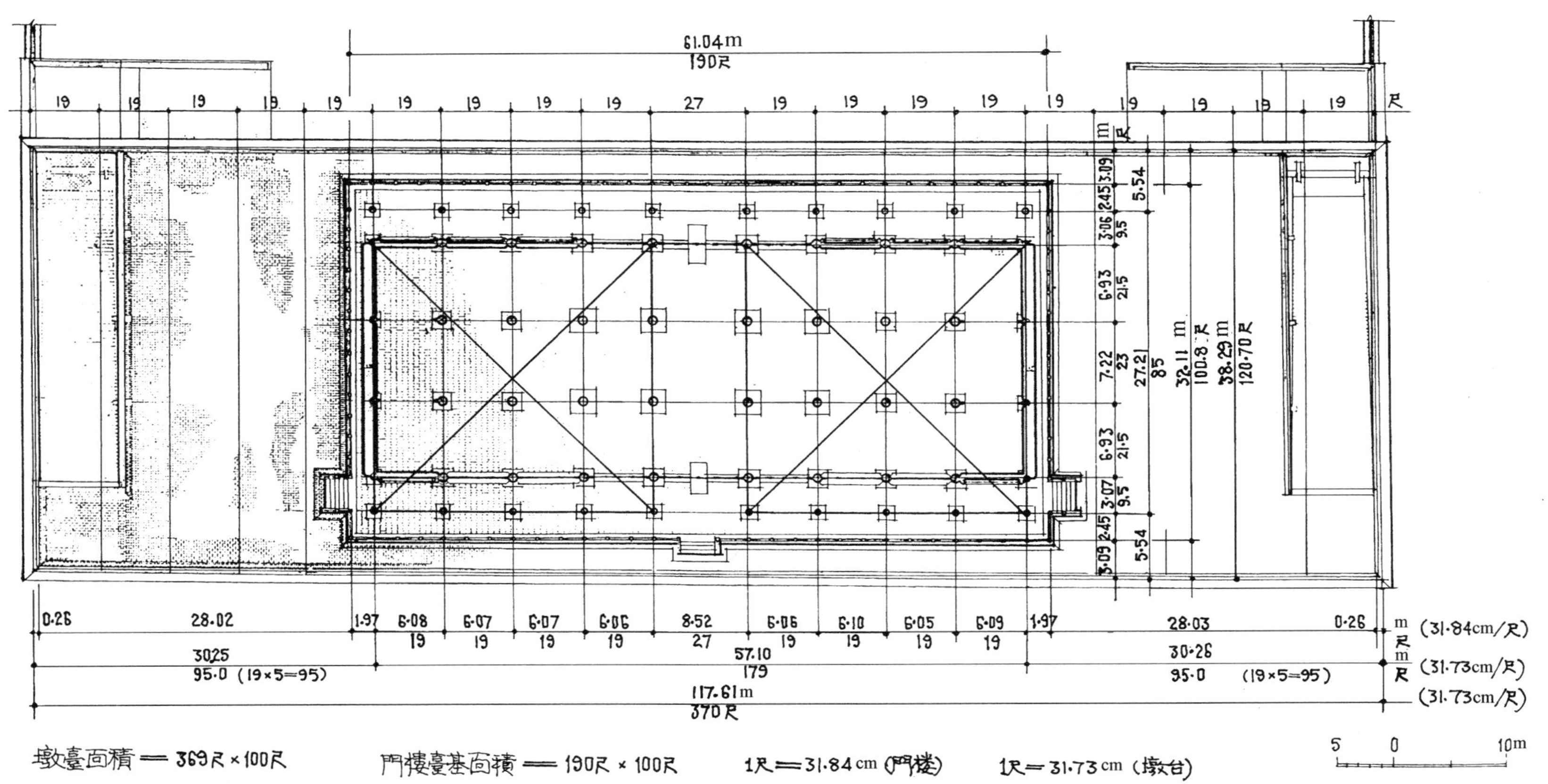

图 3-1-7-20 北京明、清皇城天安门平面图

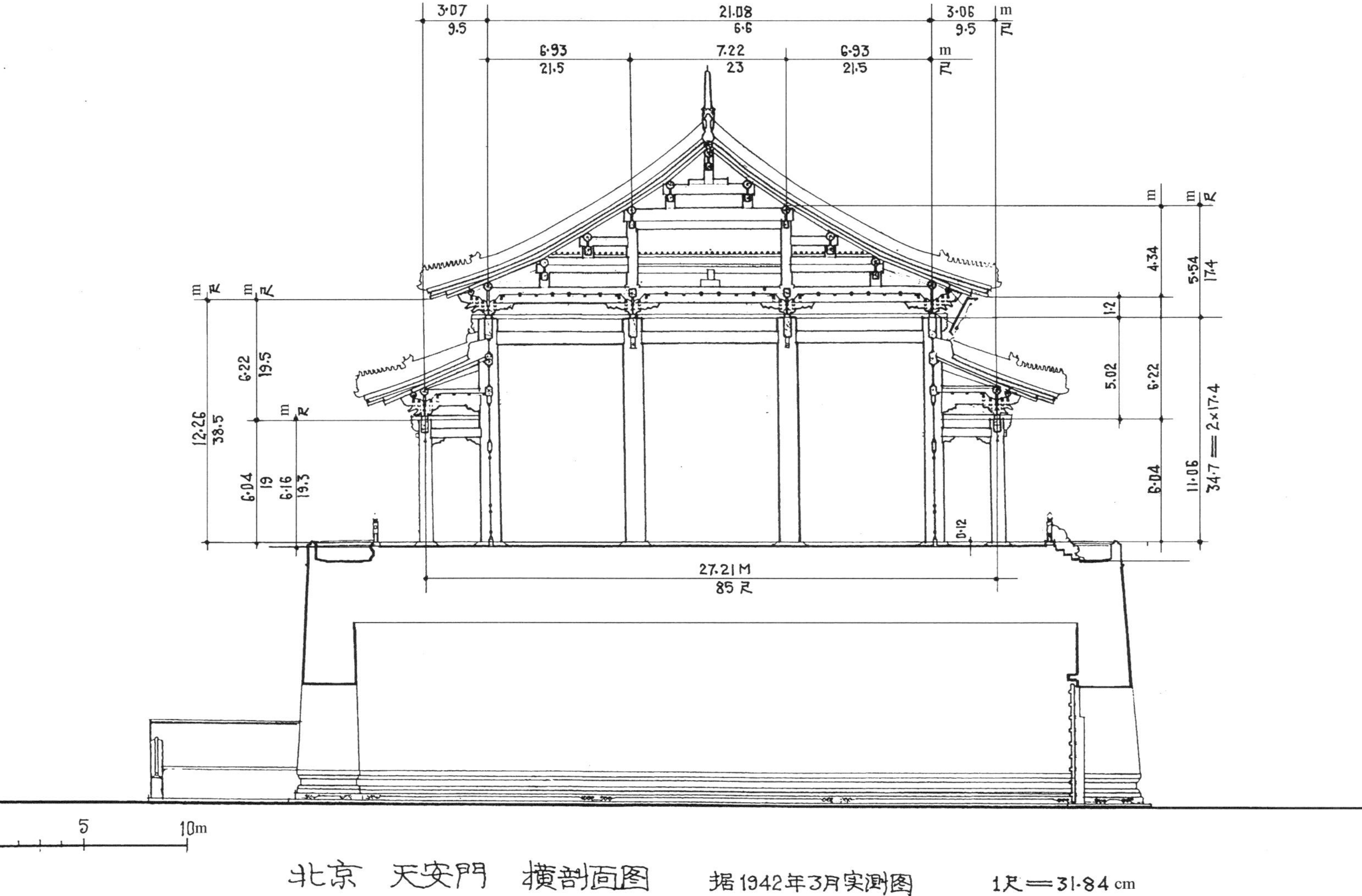

图 3-1-7-21 北京天安门横剖面图

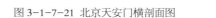

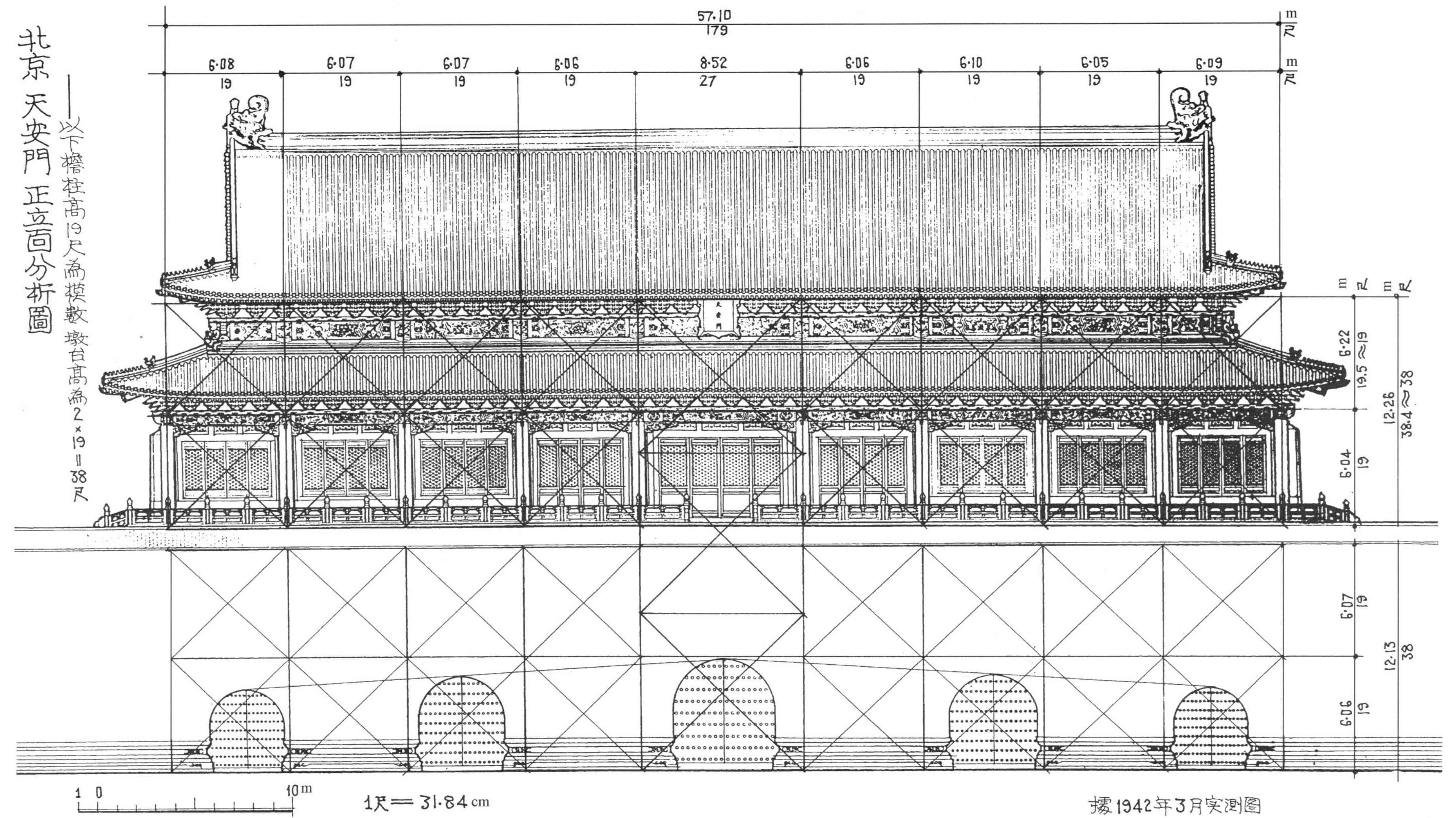

图 3-1-7-22 北京天安门正立面分析图

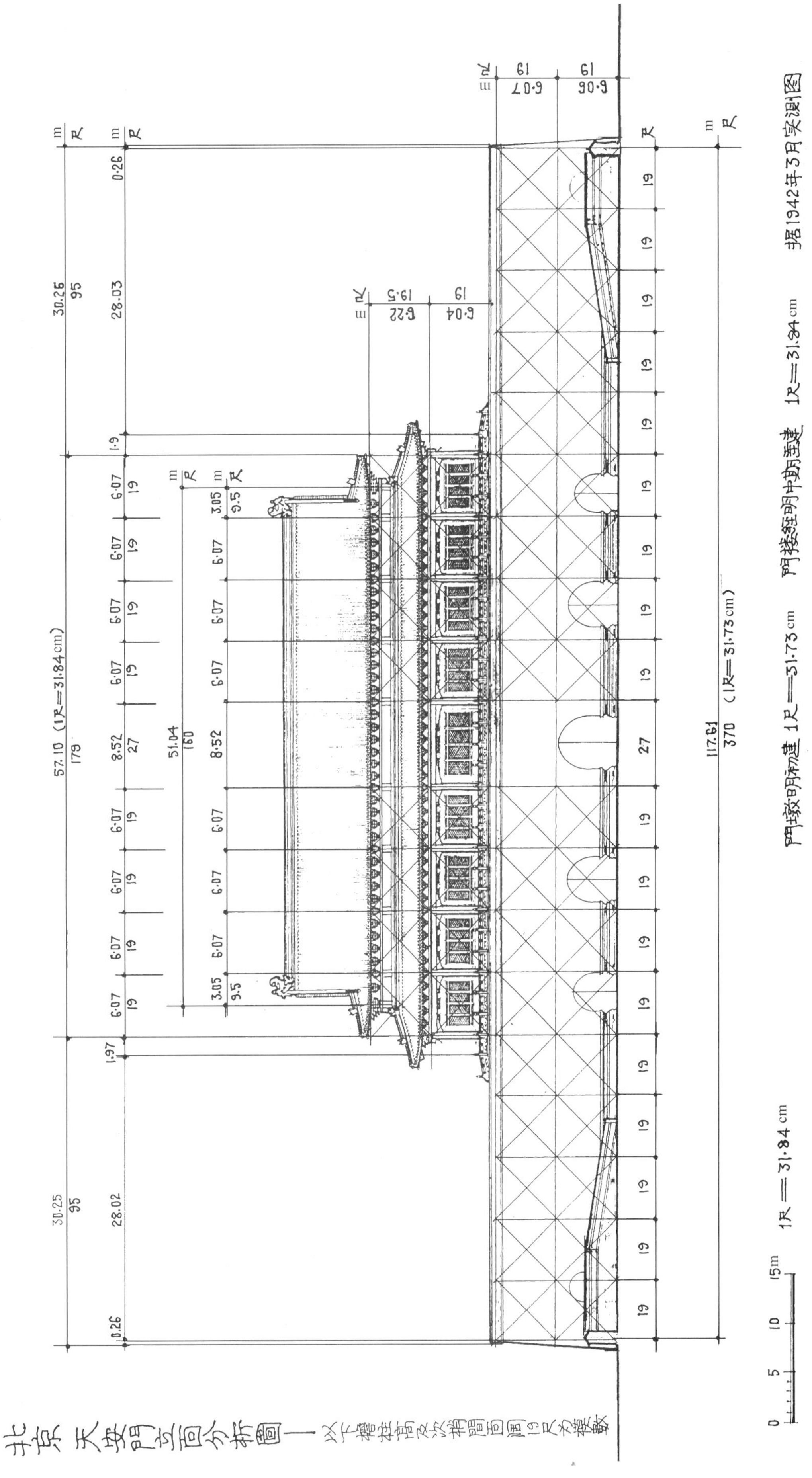

图 3-1-7-23 北京天安门正立面分析图

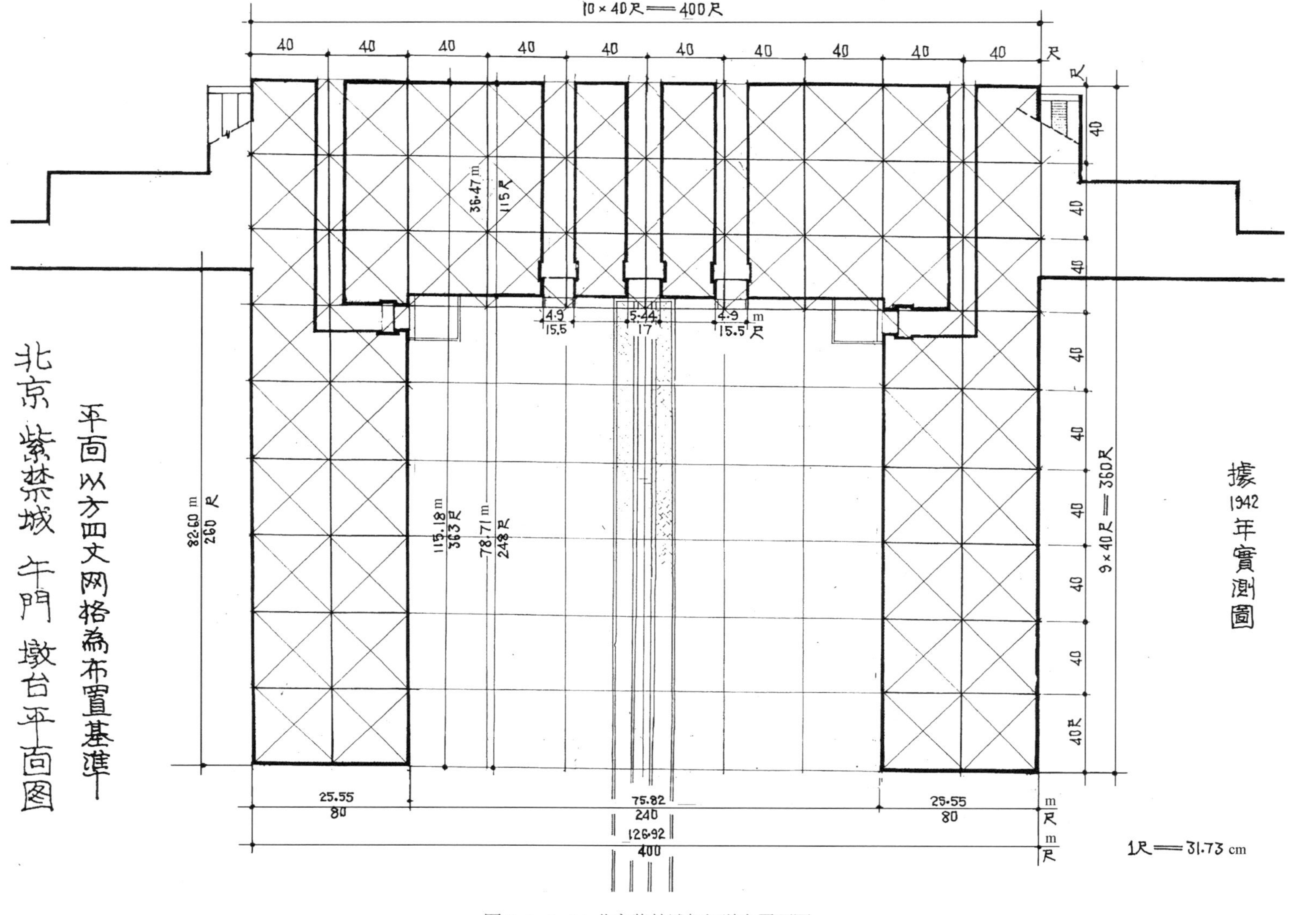

图 3-1-7-24 北京紫禁城午门墩台平面图

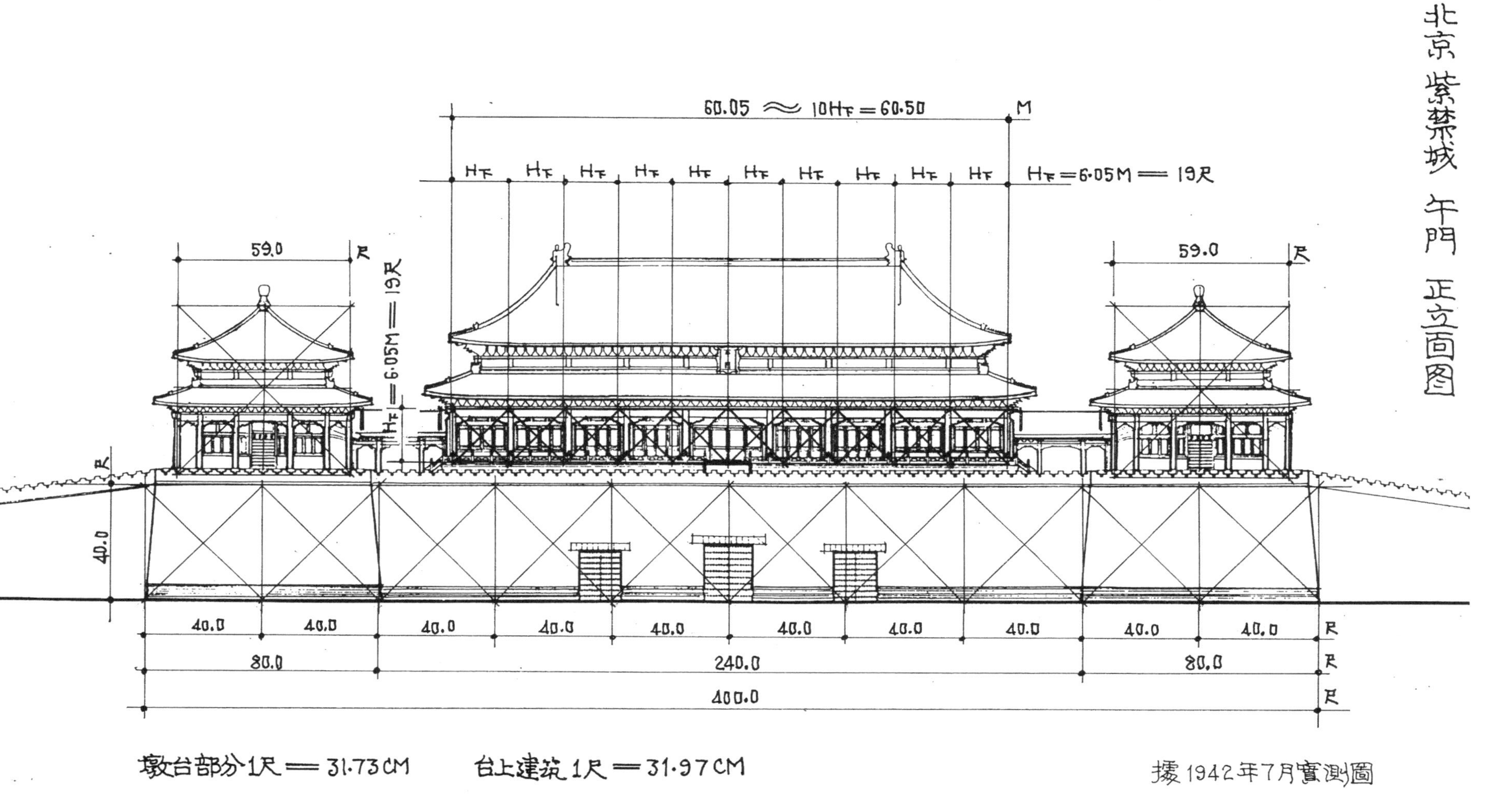

图3-1-7-25 北京紫禁城午门正立面图

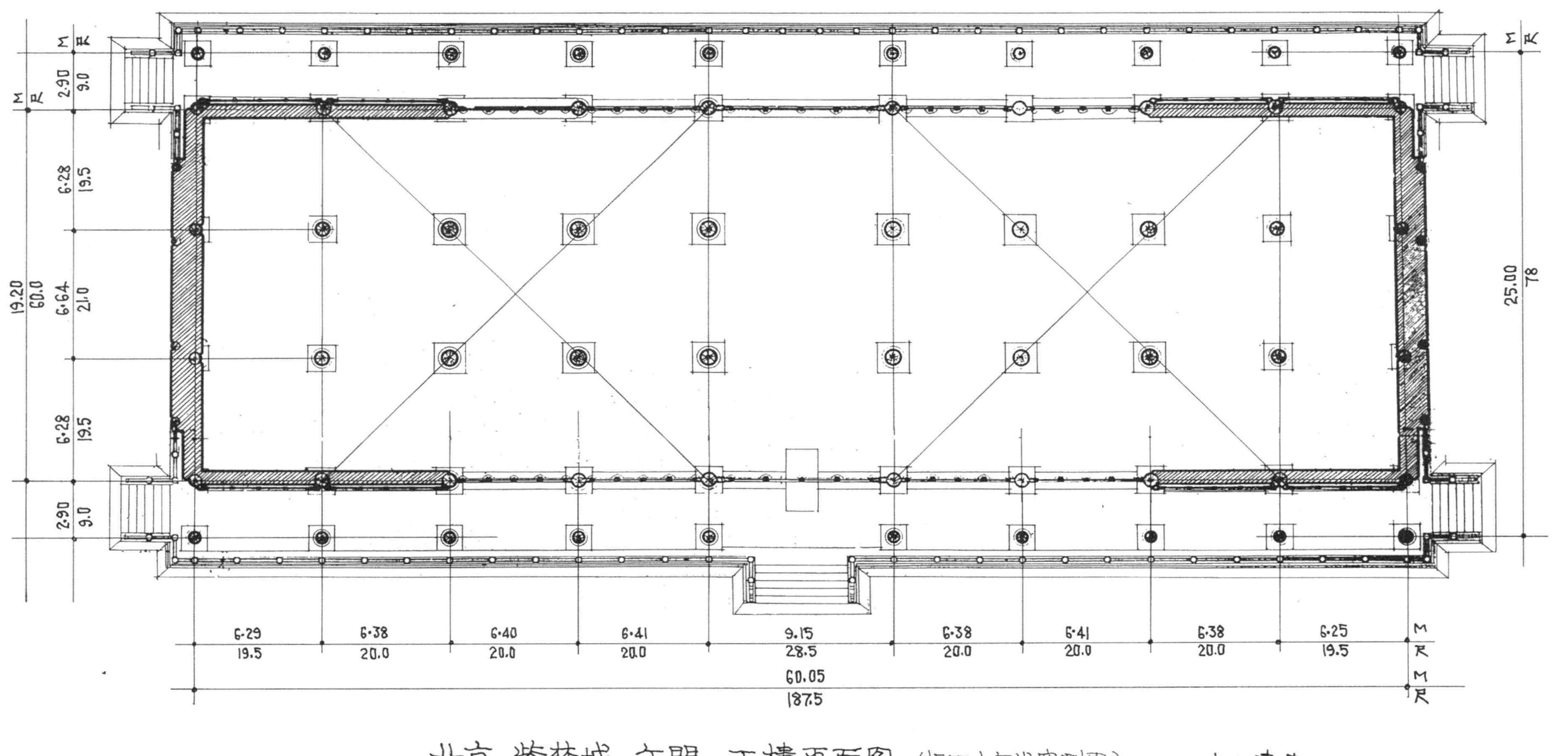

图 3-1-7-26 北京紫禁城午门正楼平面图

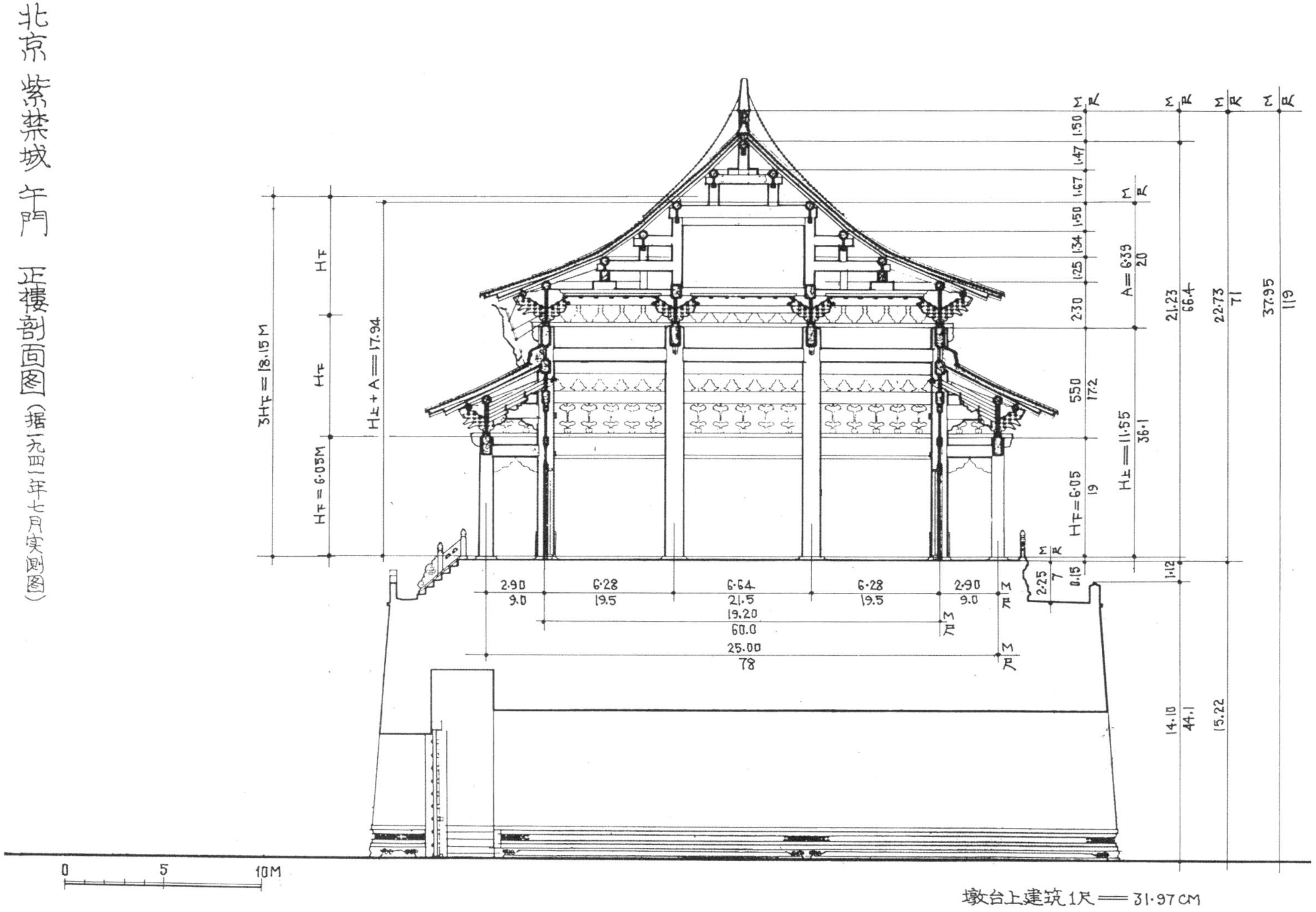

图 3-1-7-27 北京紫禁城午门正楼剖面图

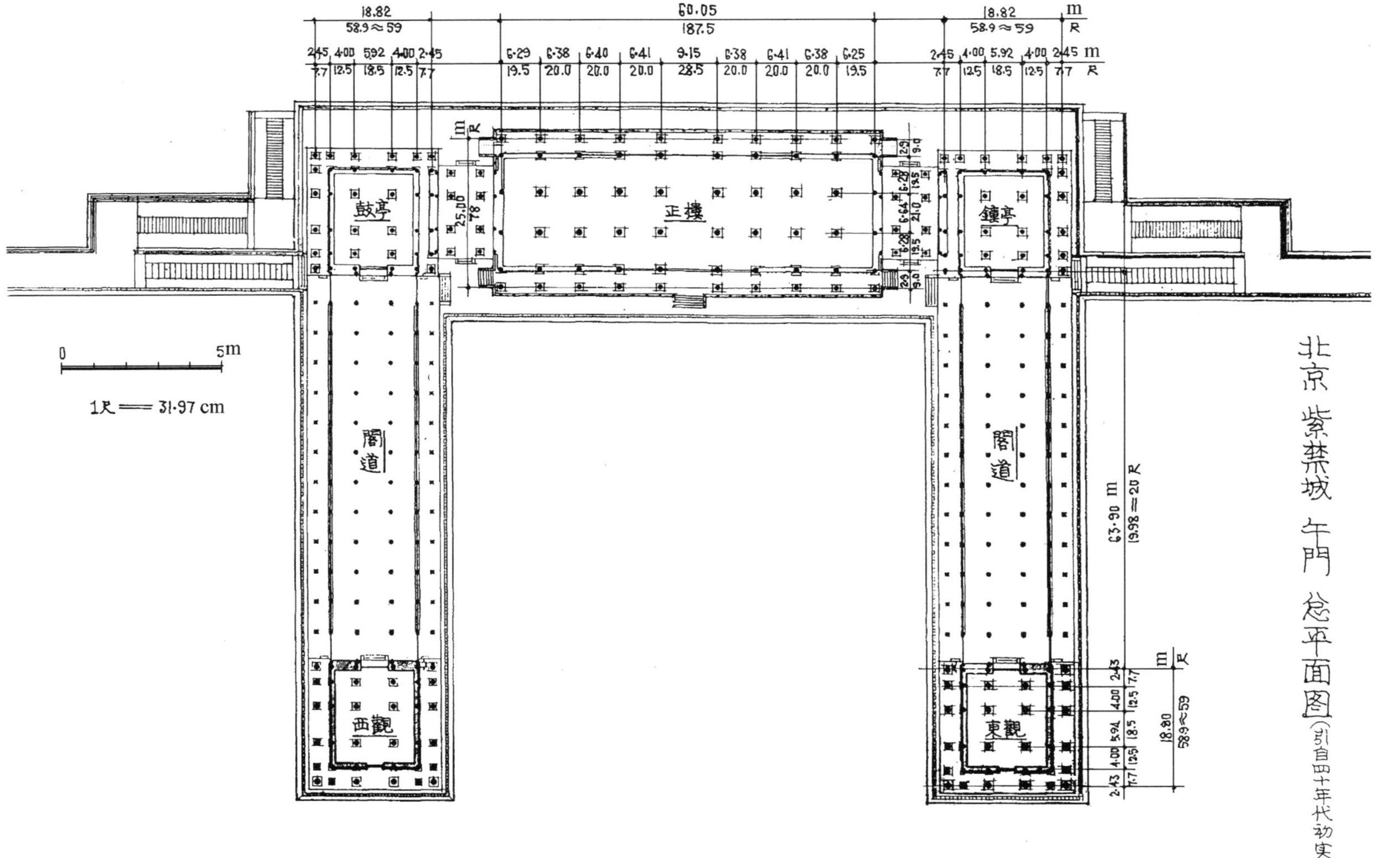

图 3-1-7-28 北京紫禁城午门总平面图

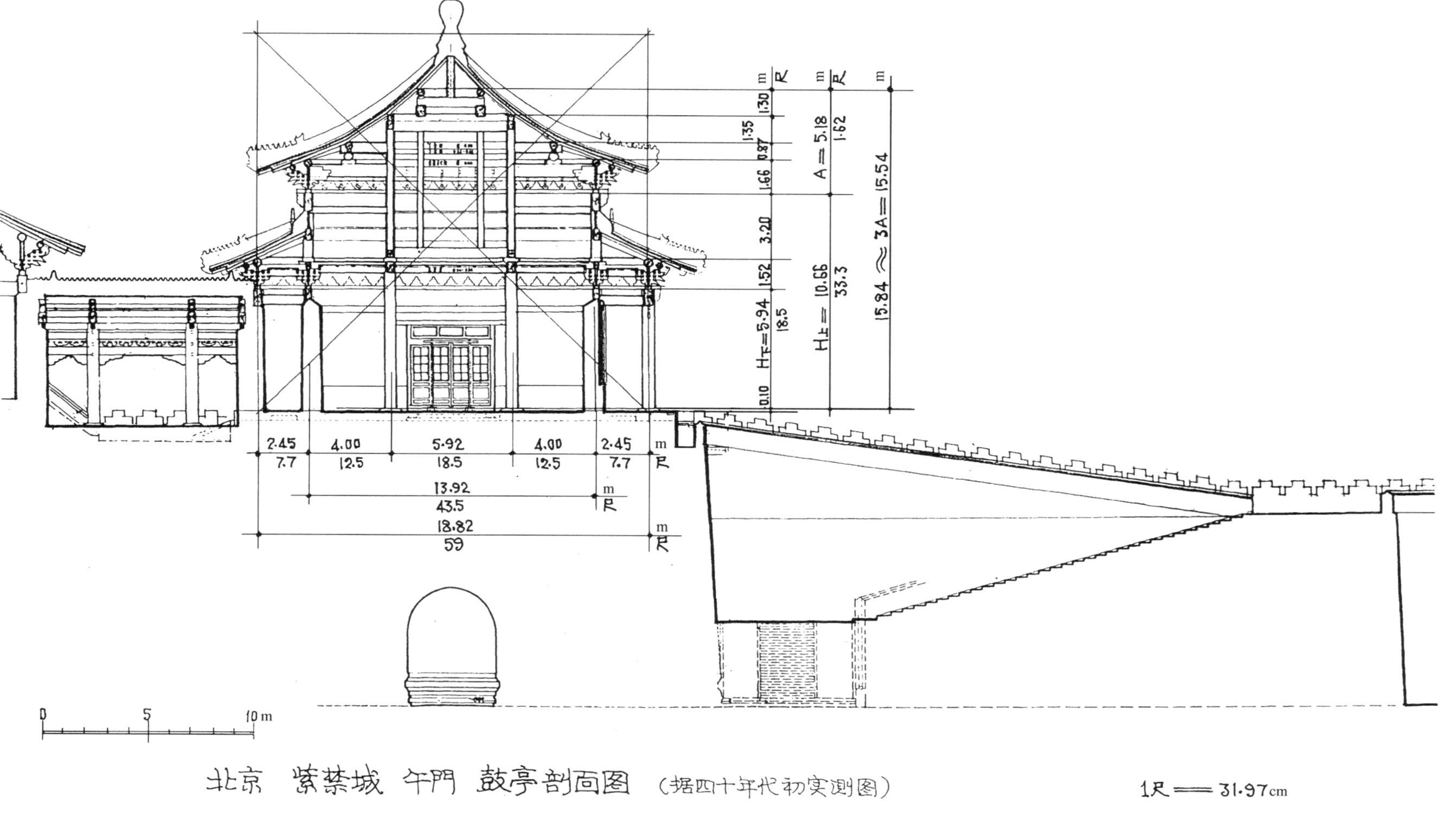

北京 紫禁城 午門 鼓亭剖面图 （据四十年代初实测图）
1尺 —— 31.97cm

图 3-1-7-29 北京紫禁城午门鼓亭剖面图

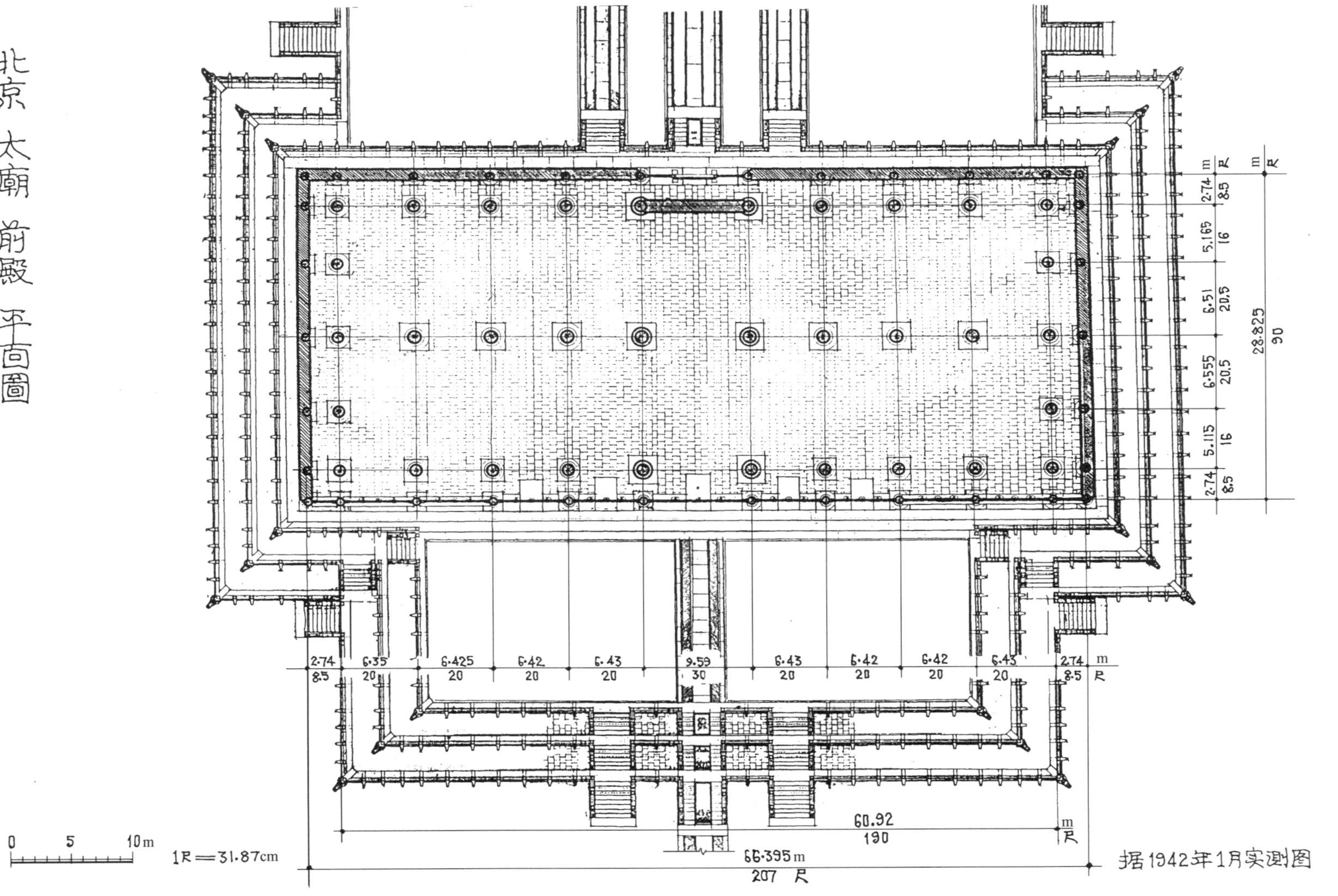

图 3-1-7-30 北京太庙前殿平面图

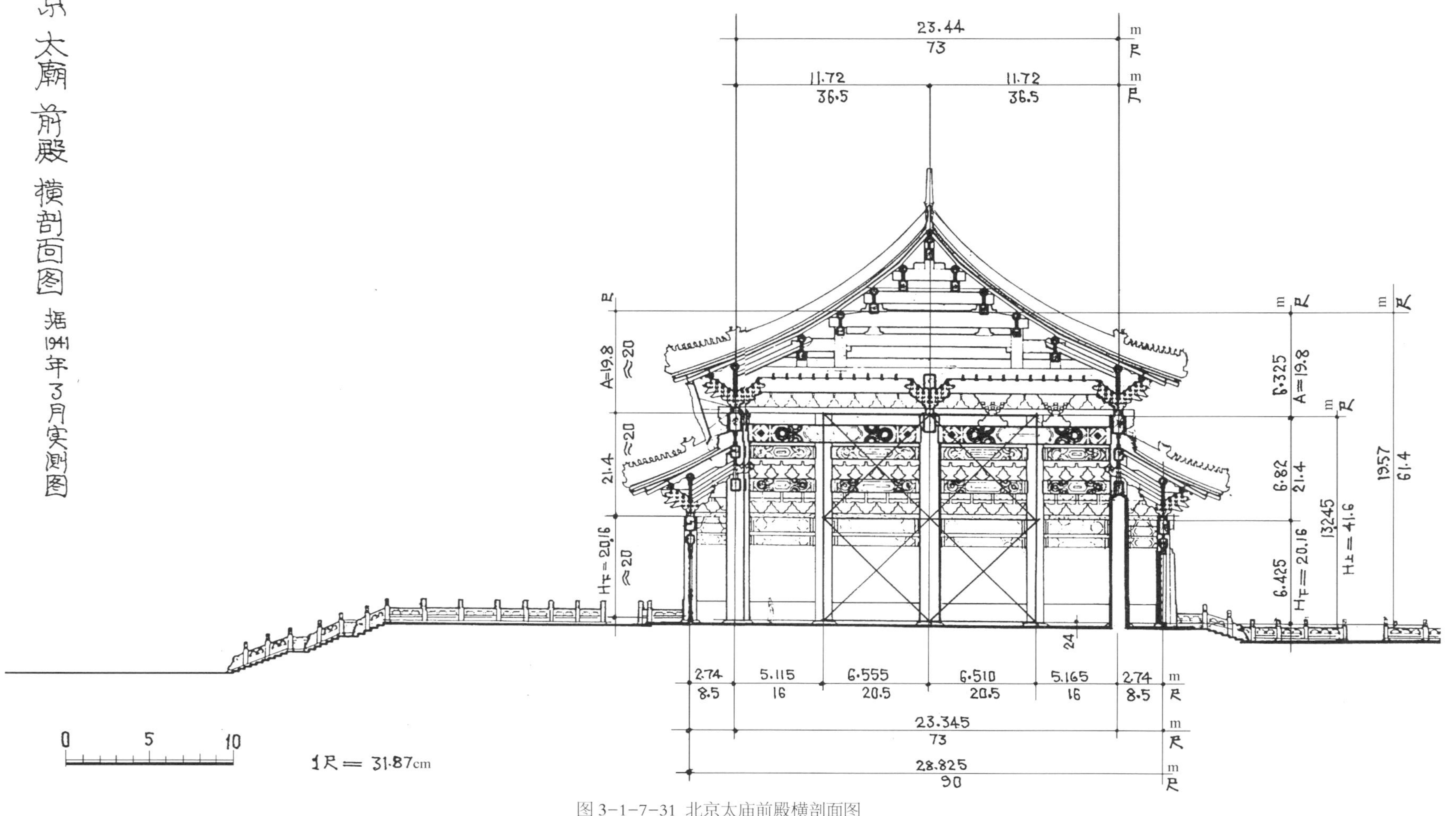

图 3-1-7-31 北京太庙前殿横剖面图

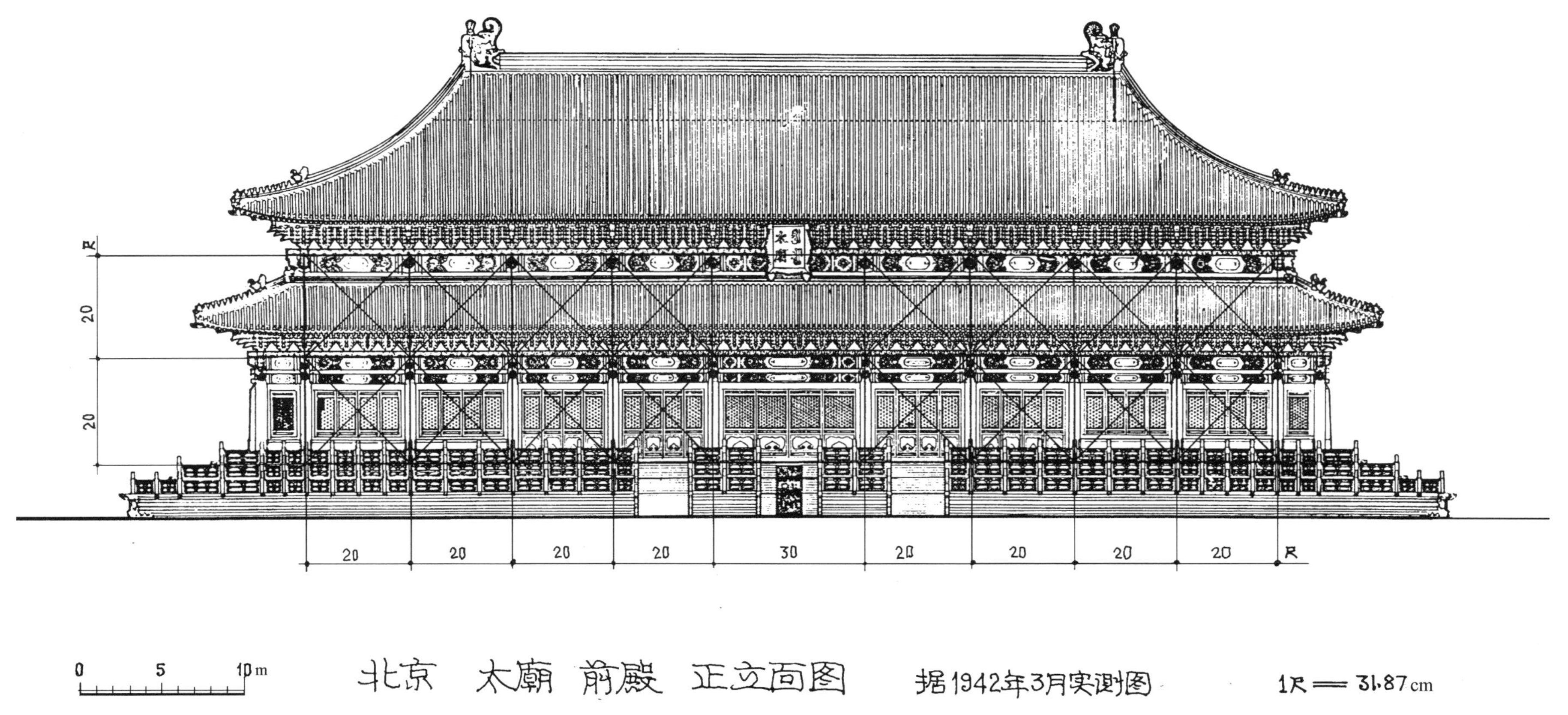

图 3-1-7-32 北京太庙前殿正立面图

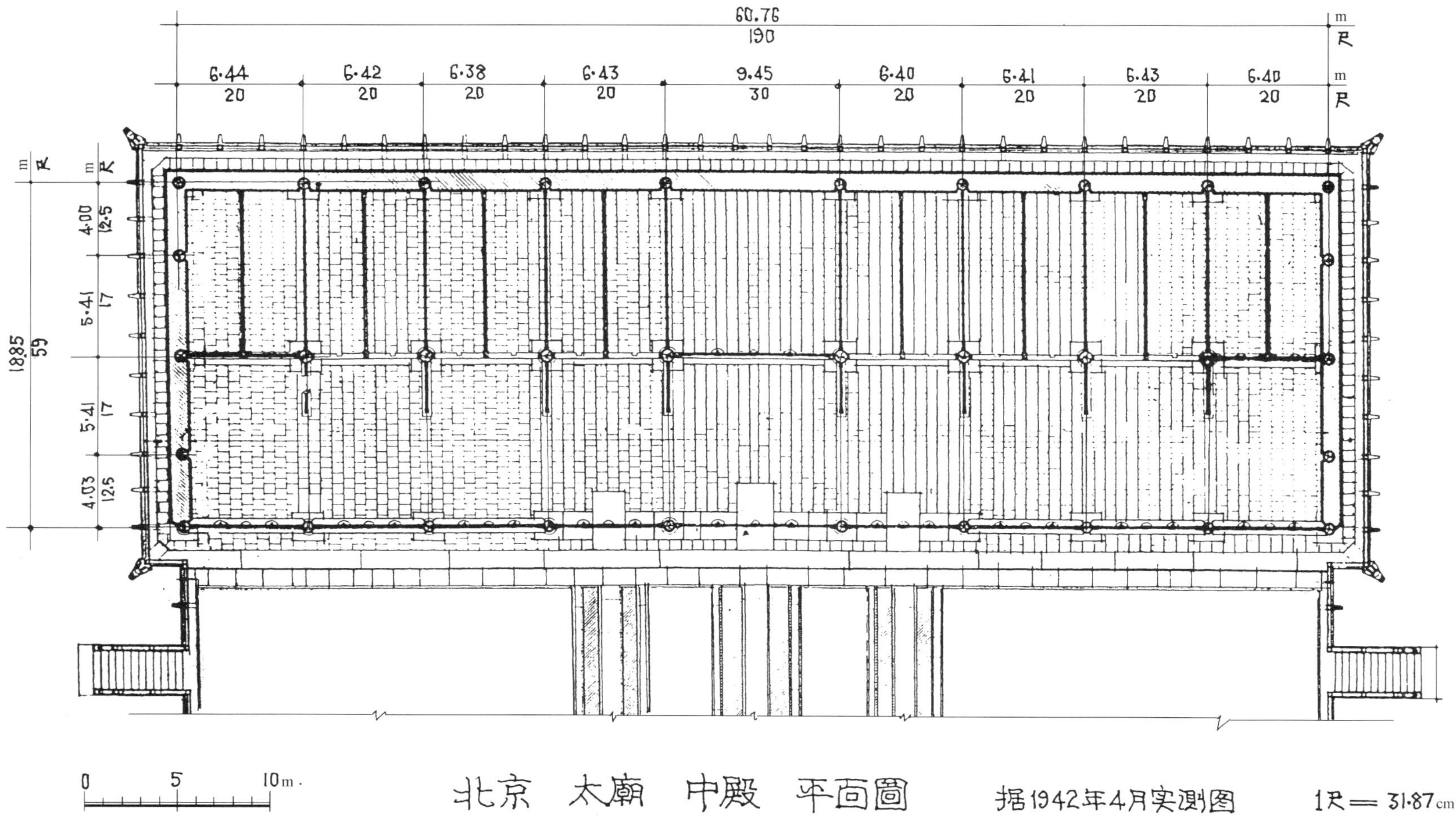

图 3-1-7-33 北京太庙中殿平面图

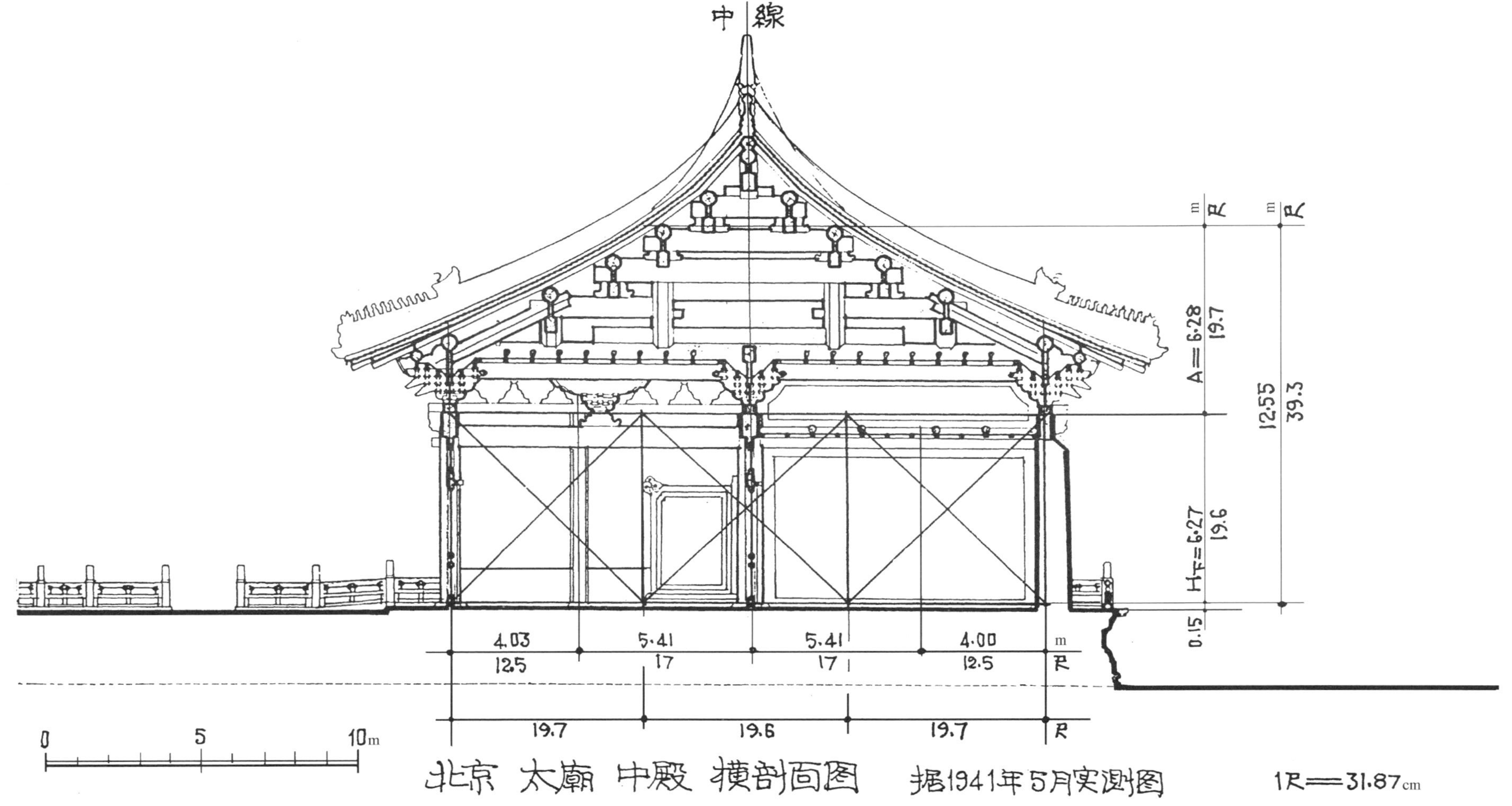

图 3-1-7-34 北京太庙中殿横剖面图

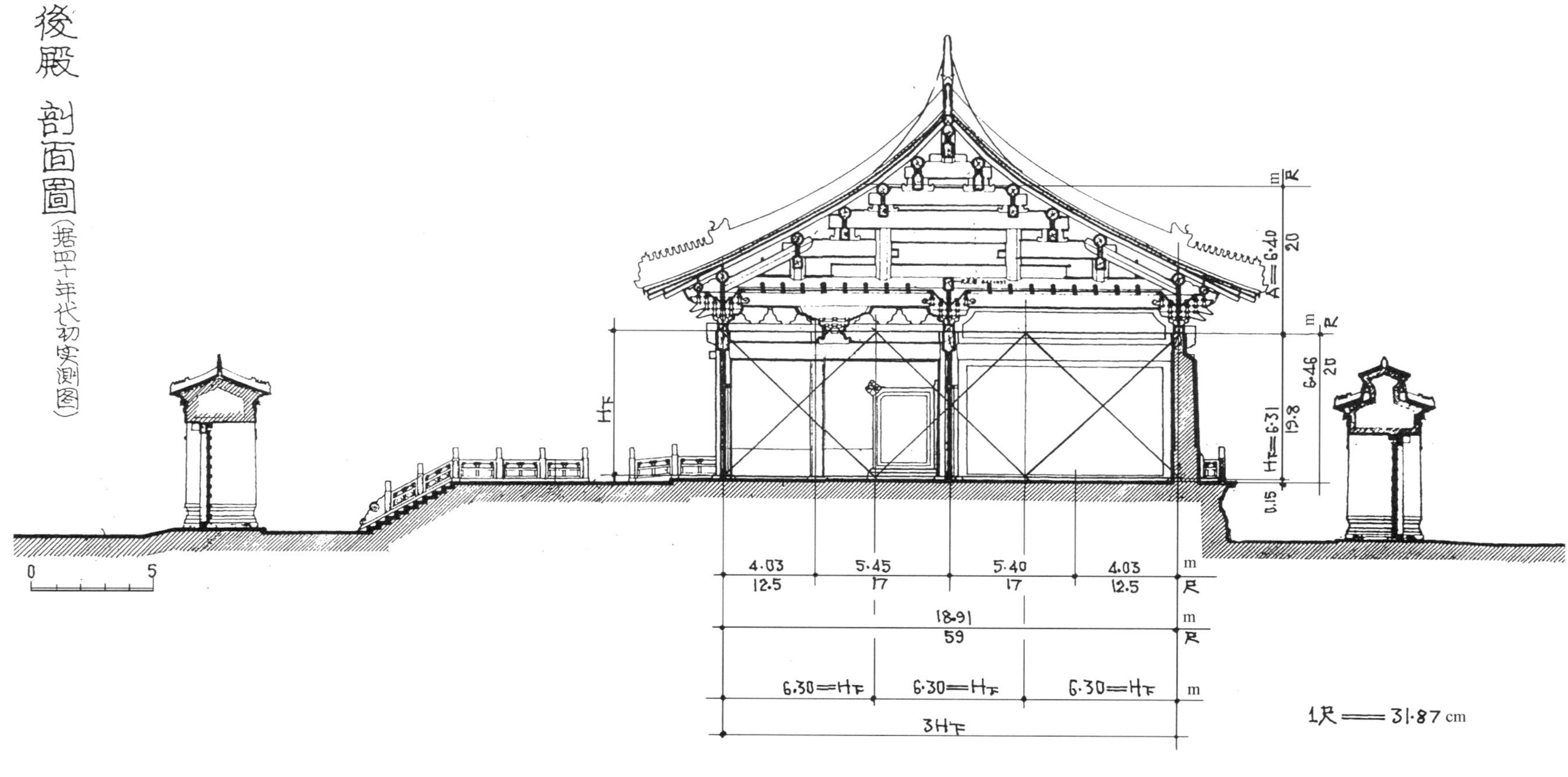

图 3-1-7-35 北京太庙后殿剖面图

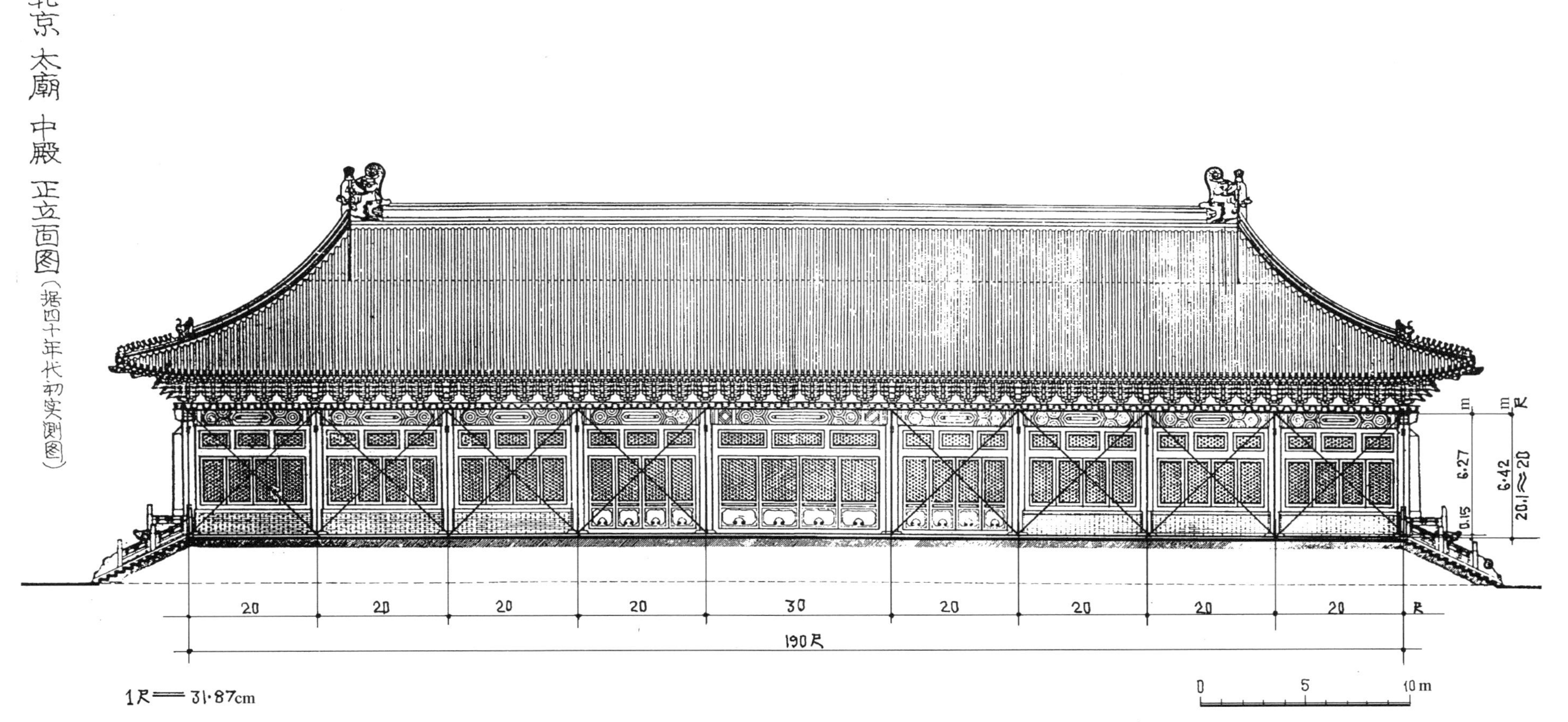

图 3-1-7-36 北京太庙中殿正立面图

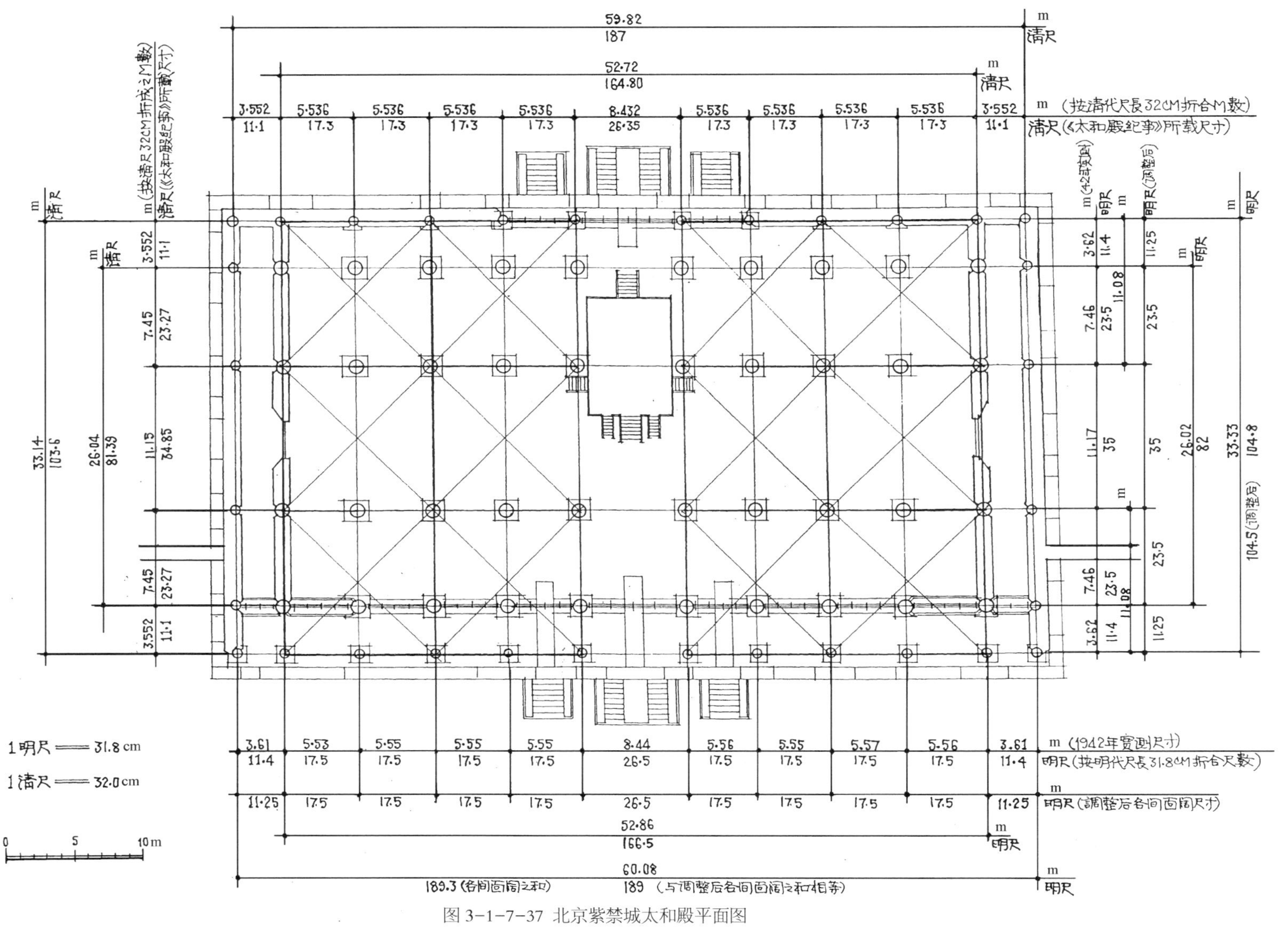

图 3-1-7-37 北京紫禁城太和殿平面图

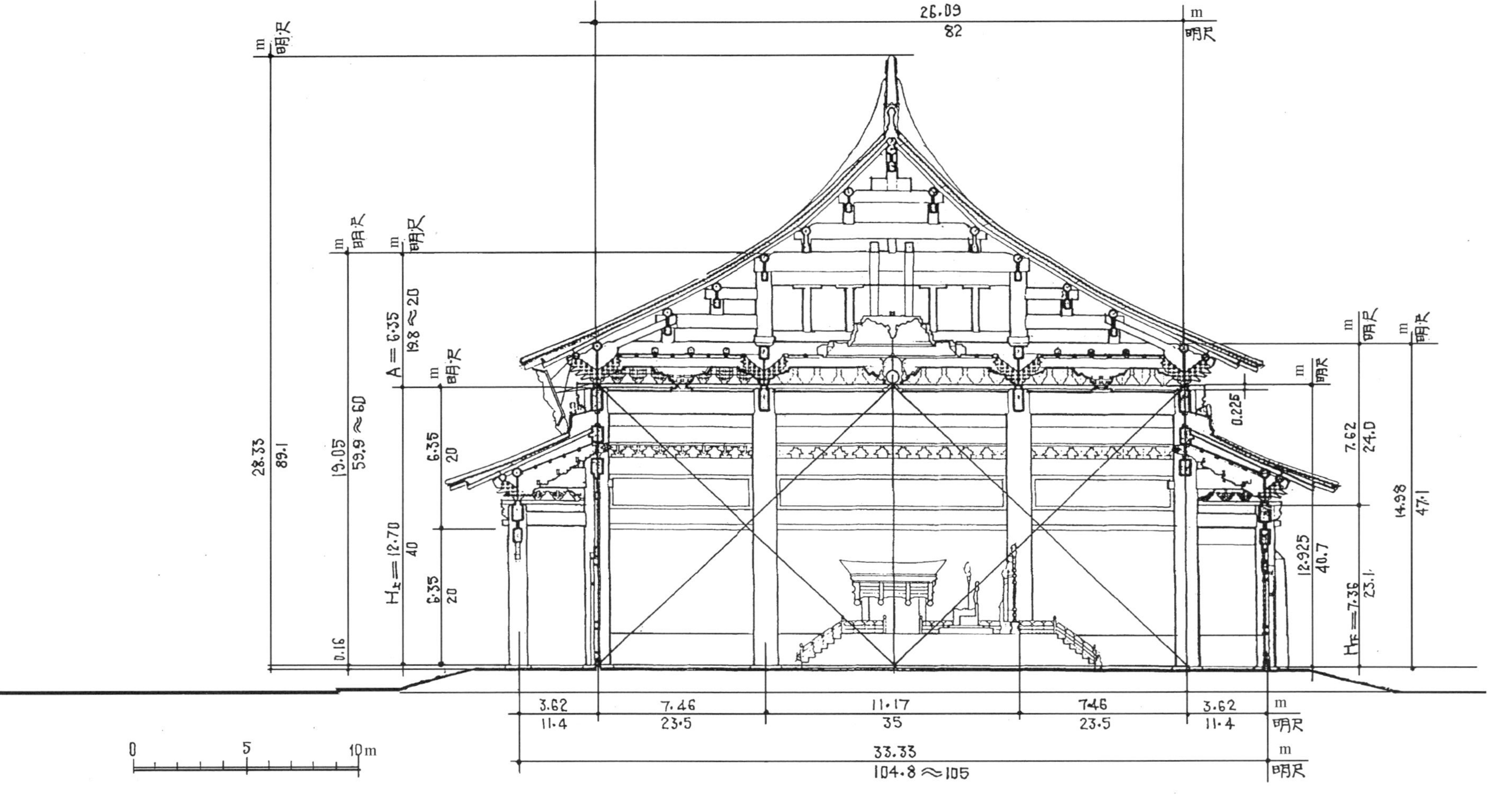

图 3-1-7-38 北京紫禁城太和殿横剖面图

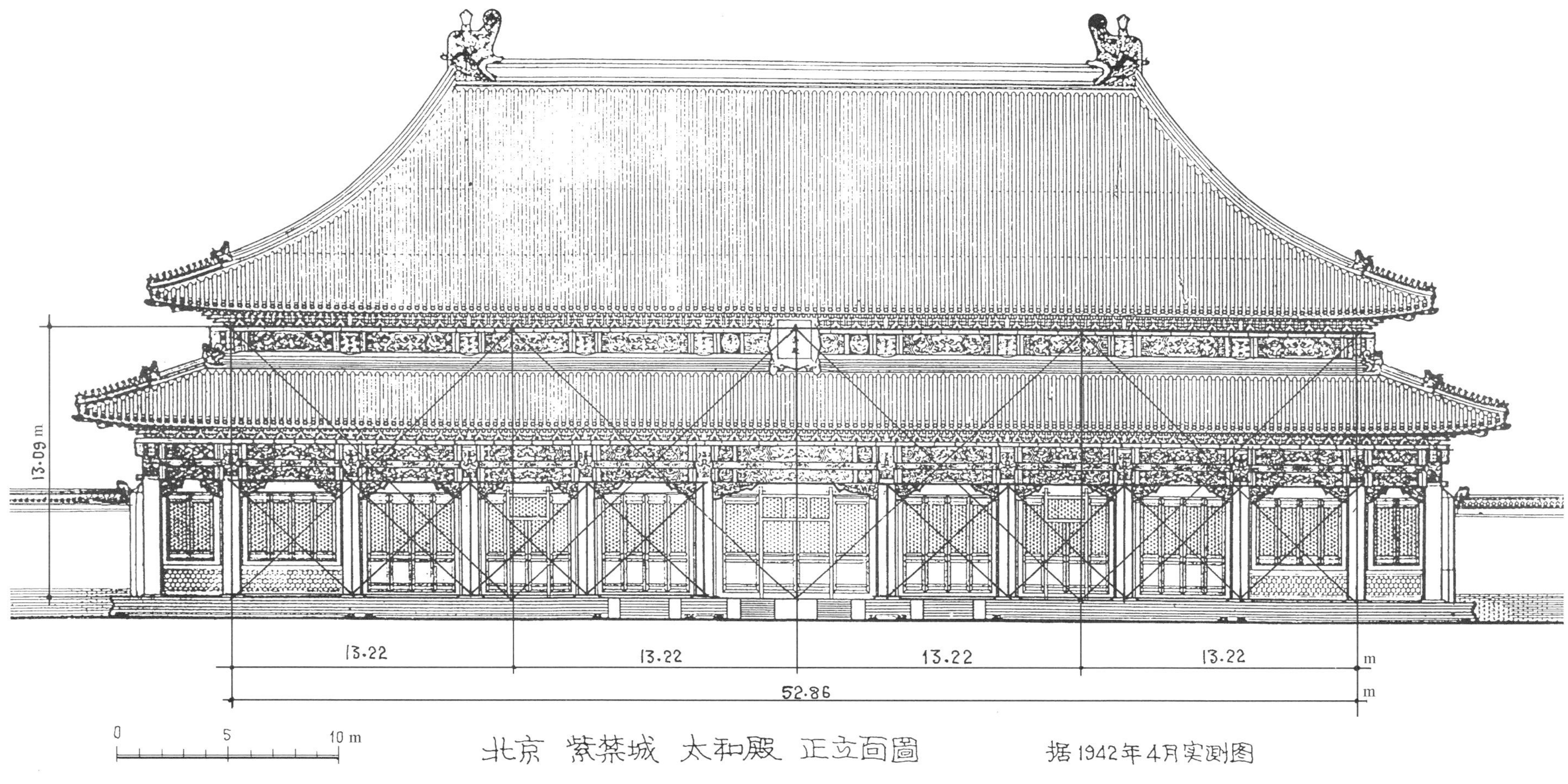

图 3-1-7-39 北京紫禁城太和殿正立面图

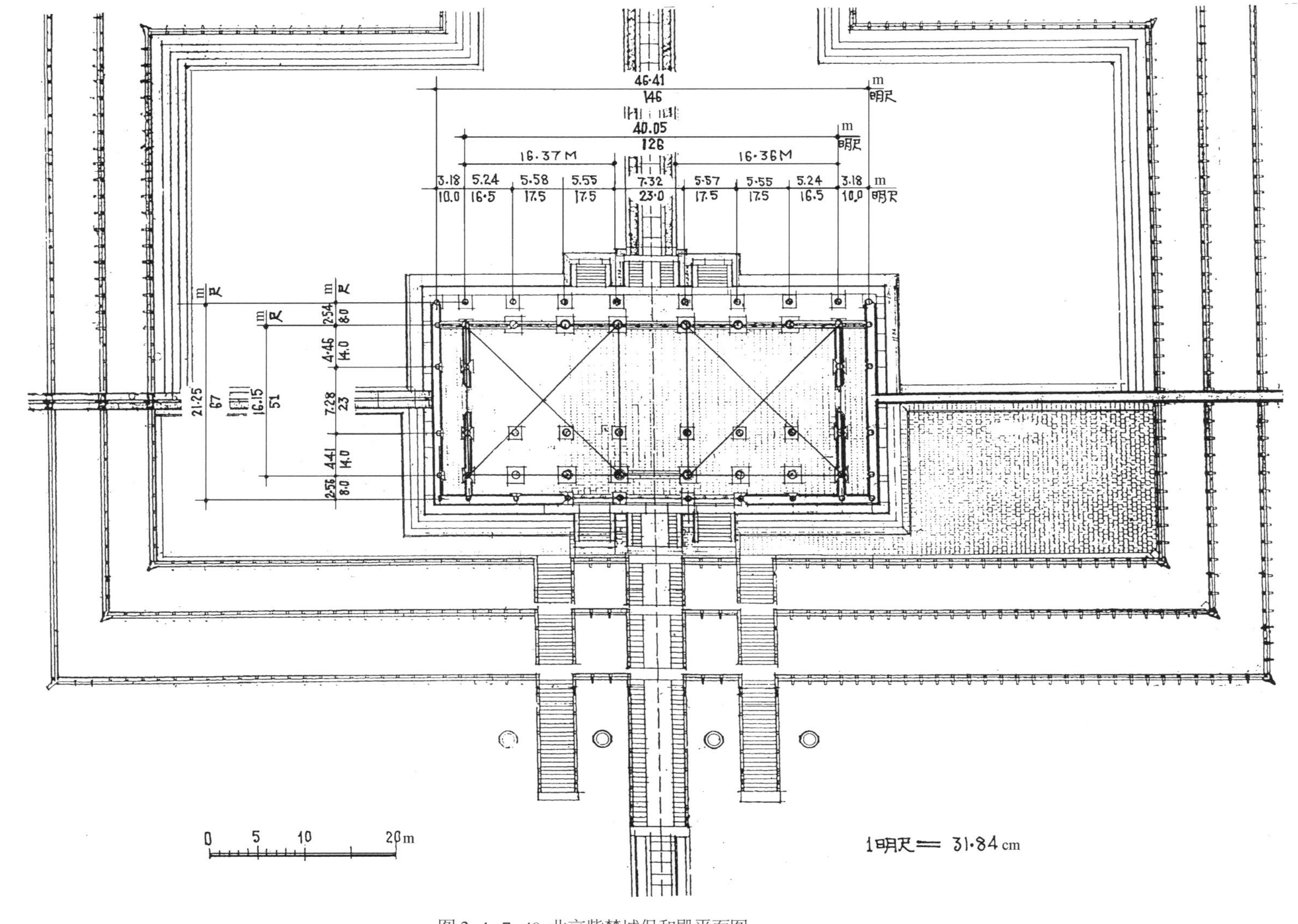

图 3-1-7-40 北京紫禁城保和殿平面图

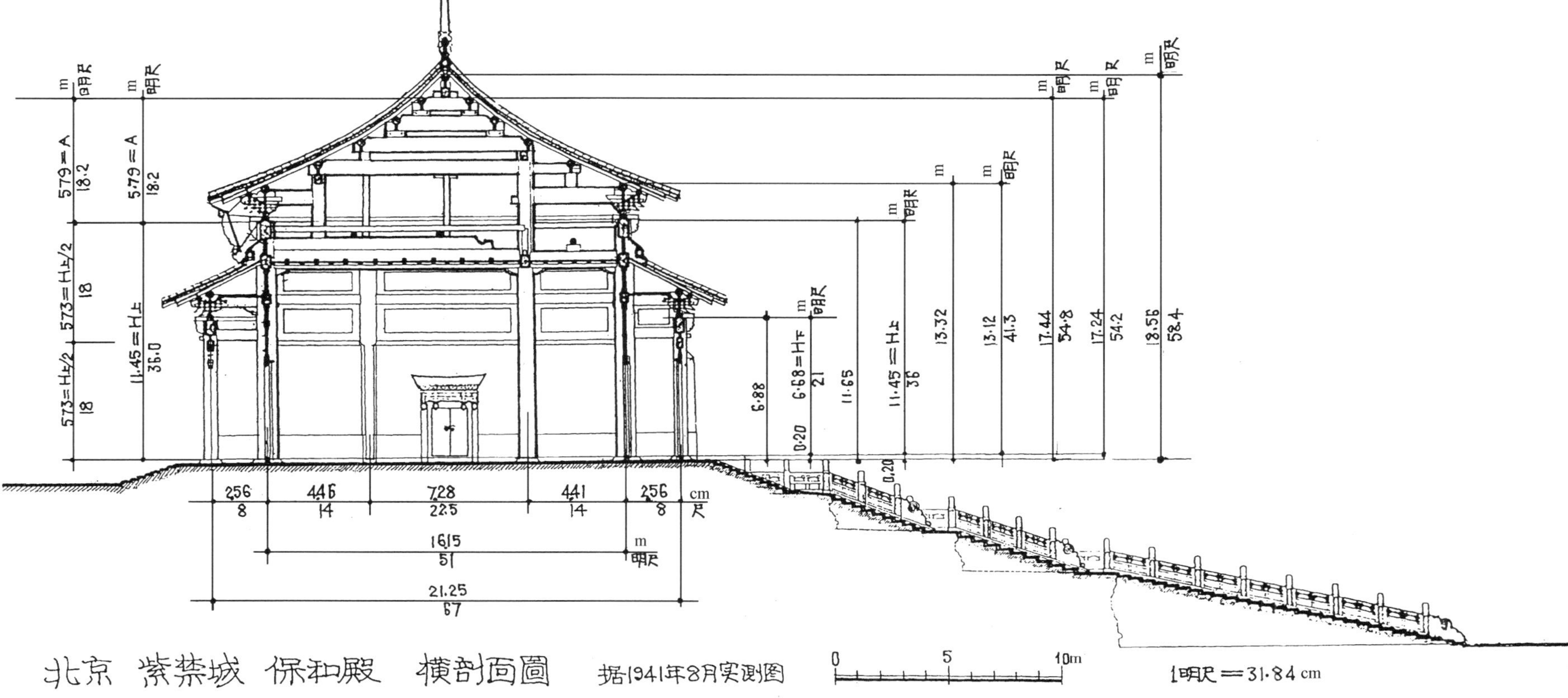

图 3-1-7-41 北京紫禁城保和殿横剖面图

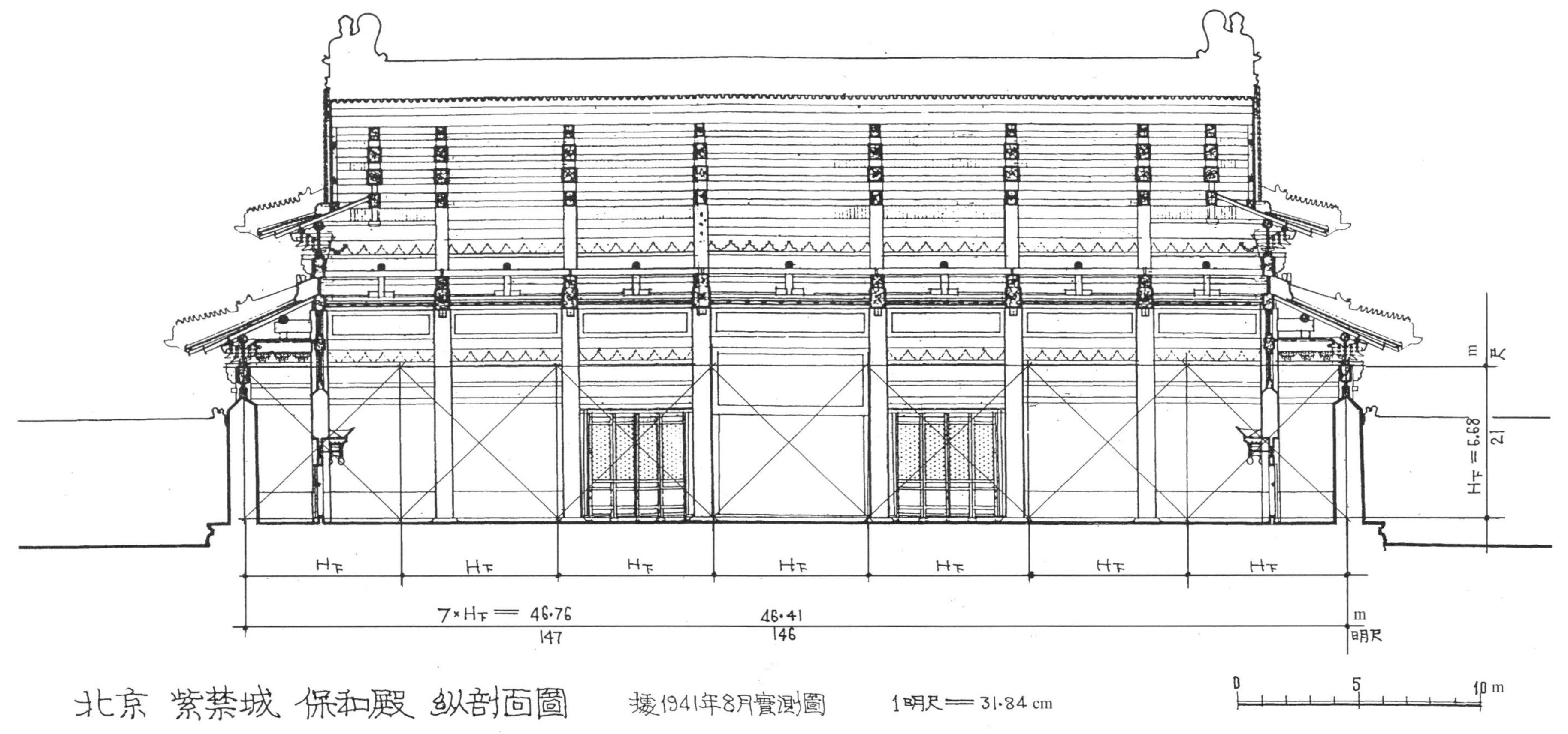

图 3-1-7-42 北京紫禁城保和殿纵剖面图

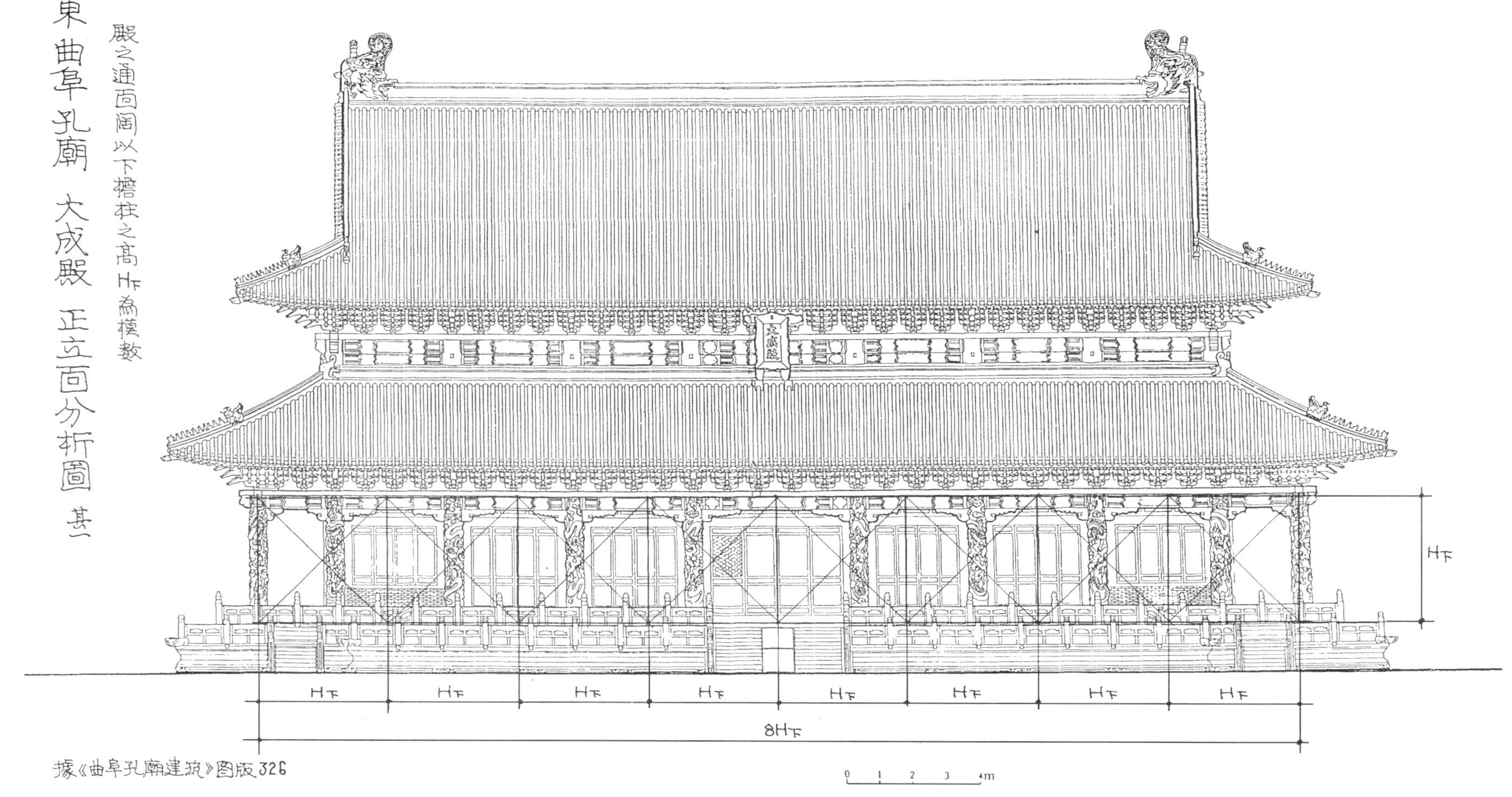

图 3-1-7-43 山东曲阜孔庙大成殿正立面分析图（1）

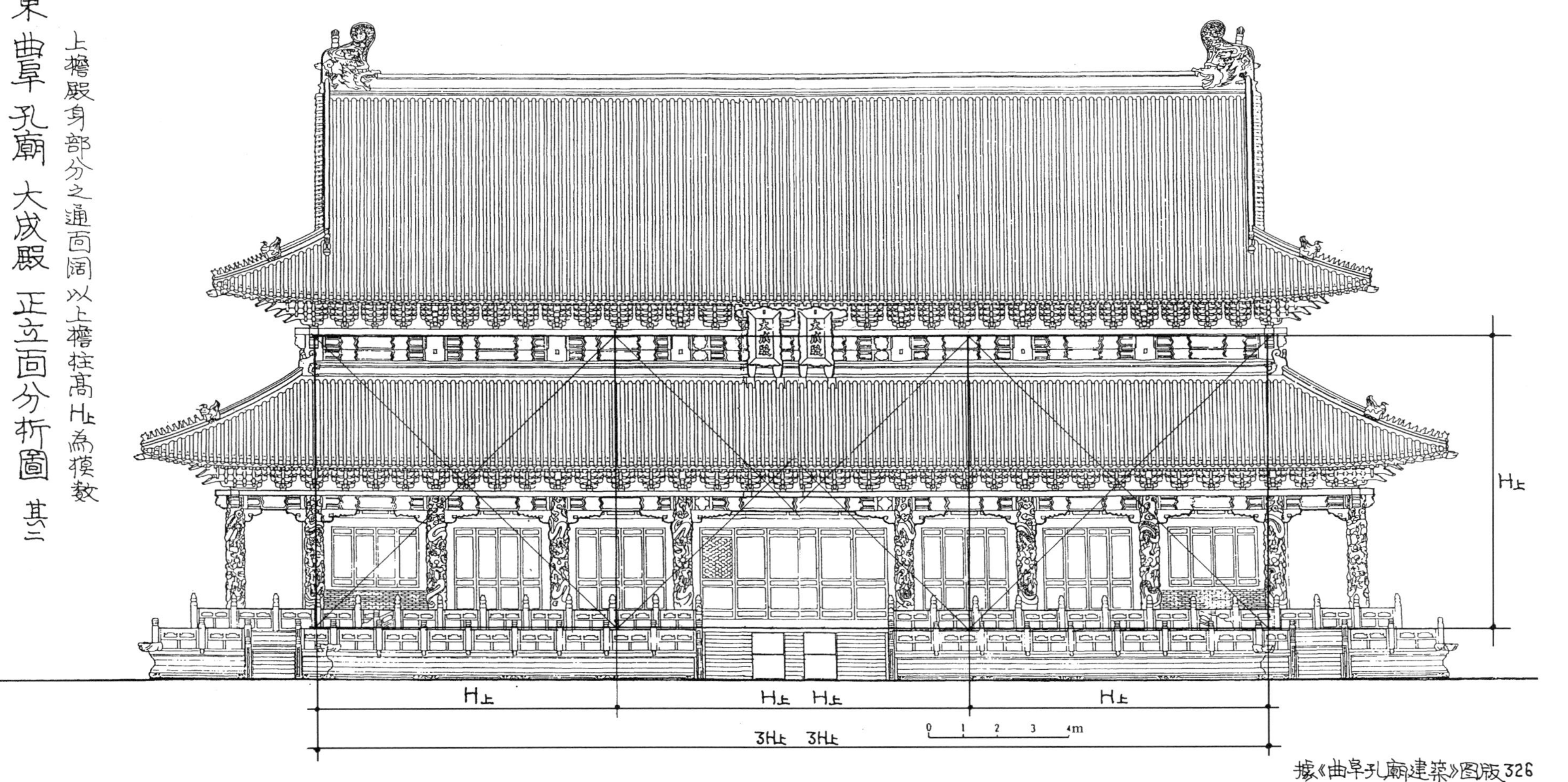

图 3-1-7-44 山东曲阜孔庙大成殿正立面分析图（2）

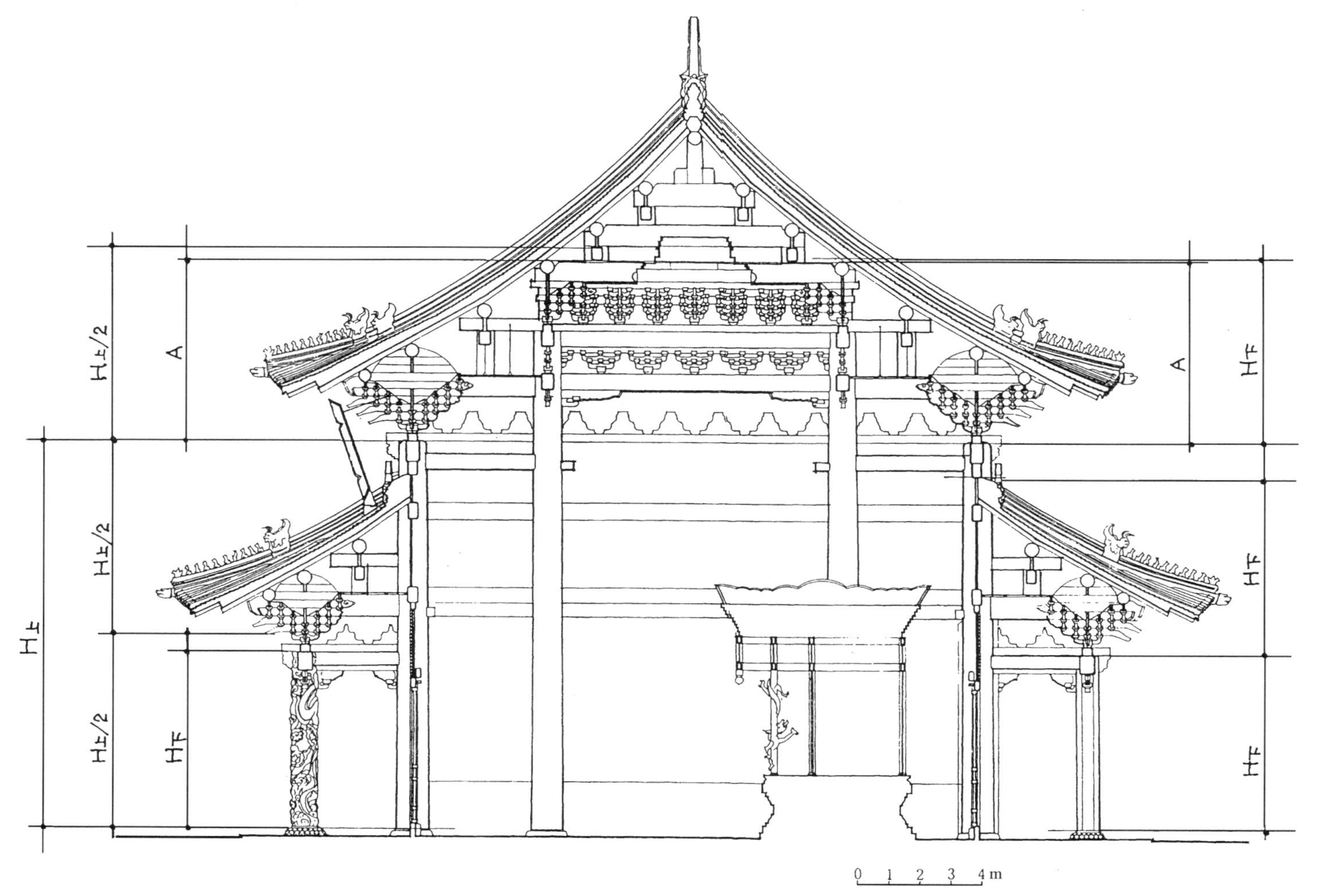

图 3-1-7-45 山东曲阜孔庙大成殿剖面分析图

山東曲阜 孔廟 大成殿 剖面分析圖 據《曲阜孔廟建築》圖版 325

图 3-1-7-46　雍正重修前曲阜孔庙大成殿立面推测图

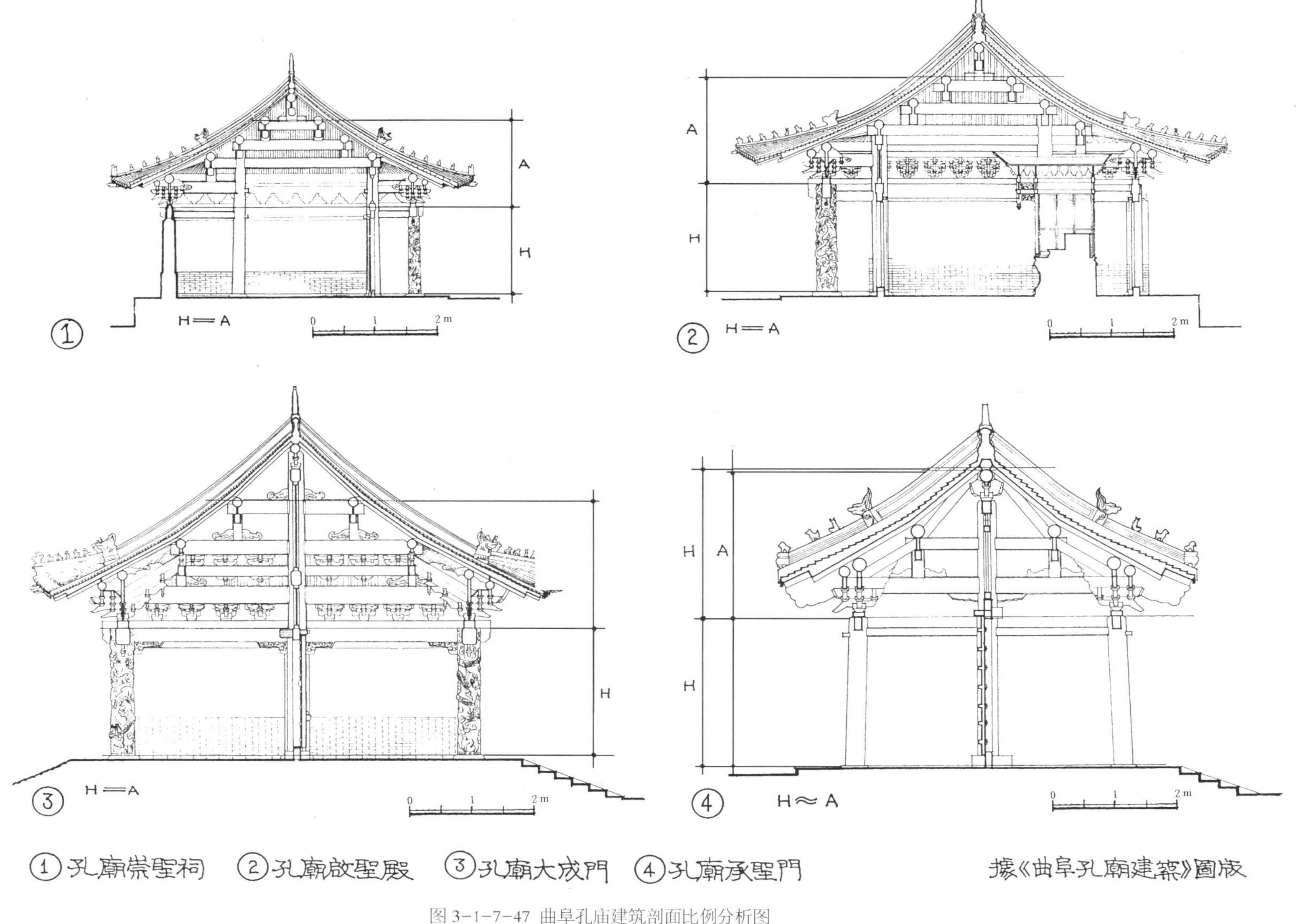

图 3-1-7-47 曲阜孔庙建筑剖面比例分析图

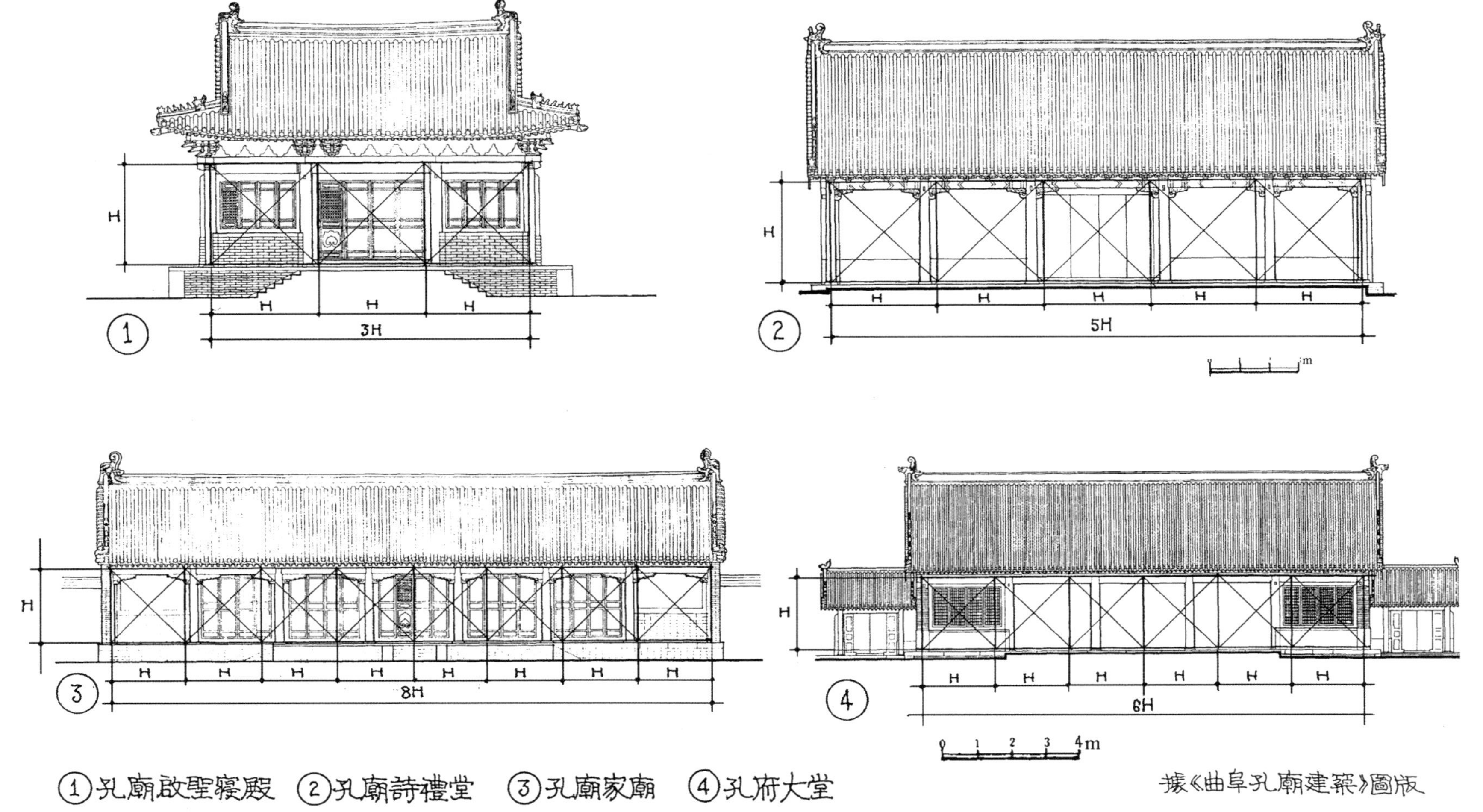

图 3-1-7-48 山东曲阜孔庙孔府建筑正立面以柱高为模数举例

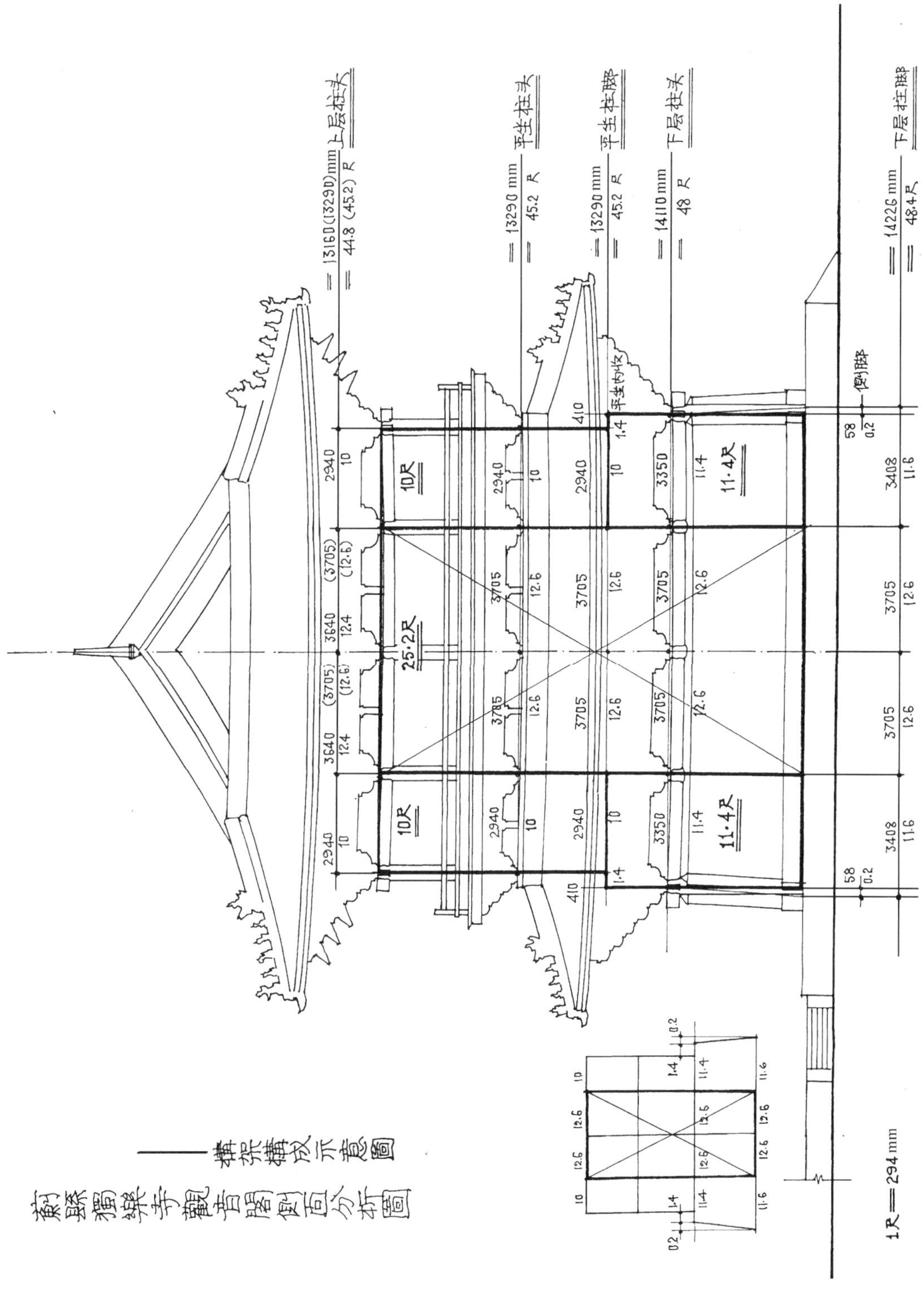

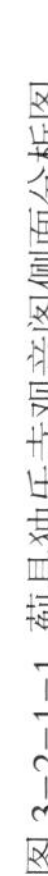

图 3-2-1-1 蓟县独乐寺观音阁侧面分析图

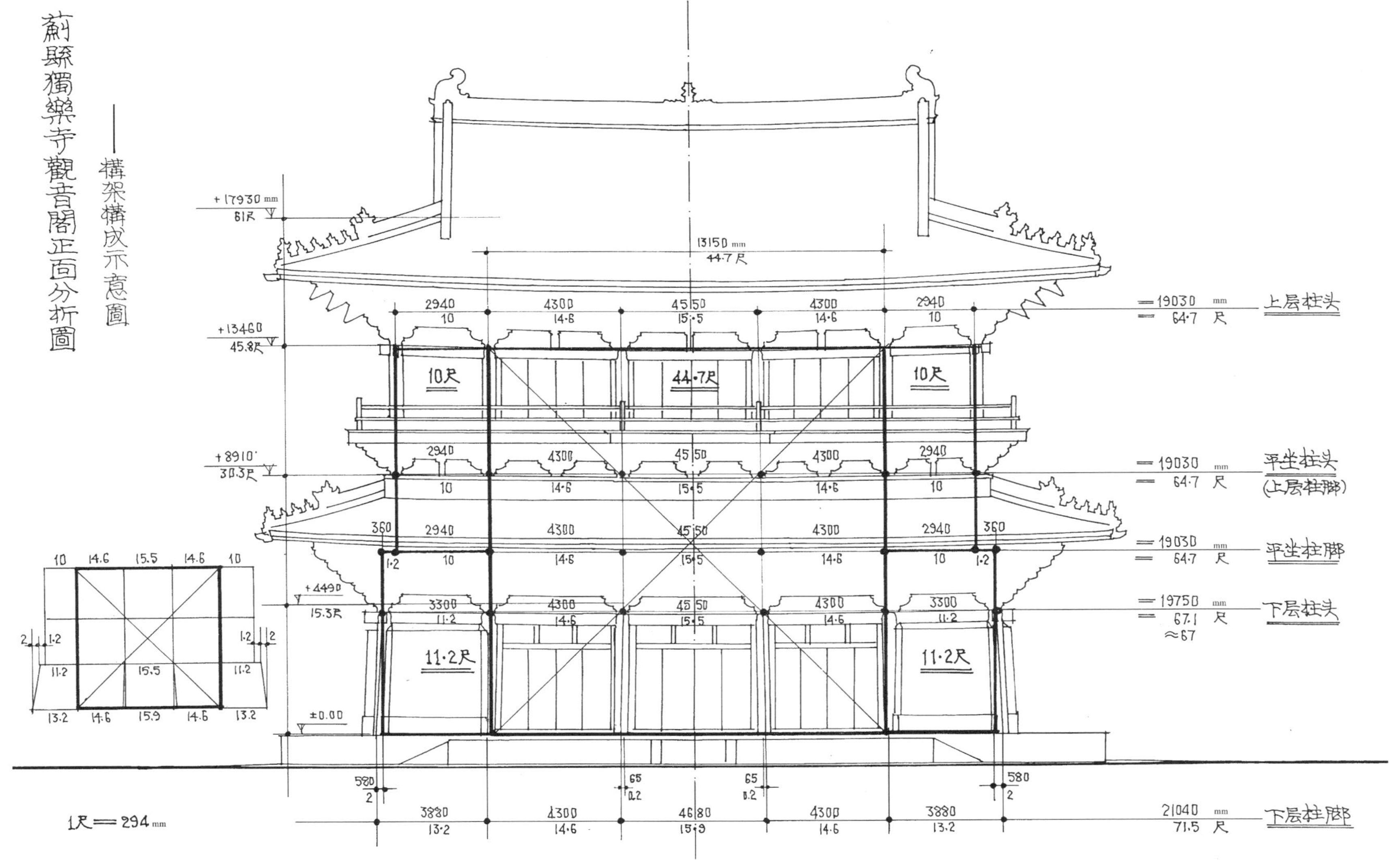

图 3-2-1-2 蓟县独乐寺观音阁正面分析图

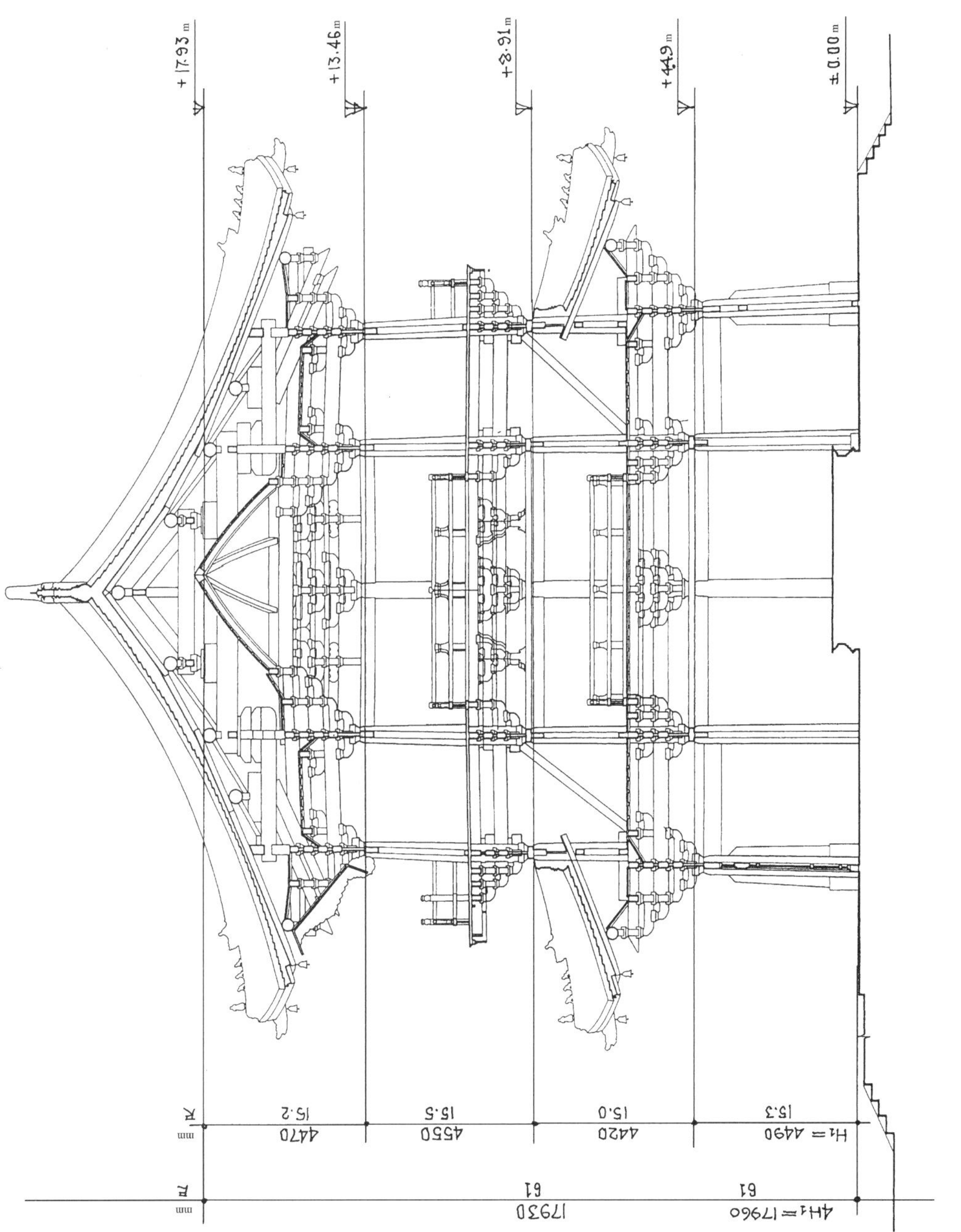

图 3-2-1-3 蓟县独乐寺观音阁横剖面分析图

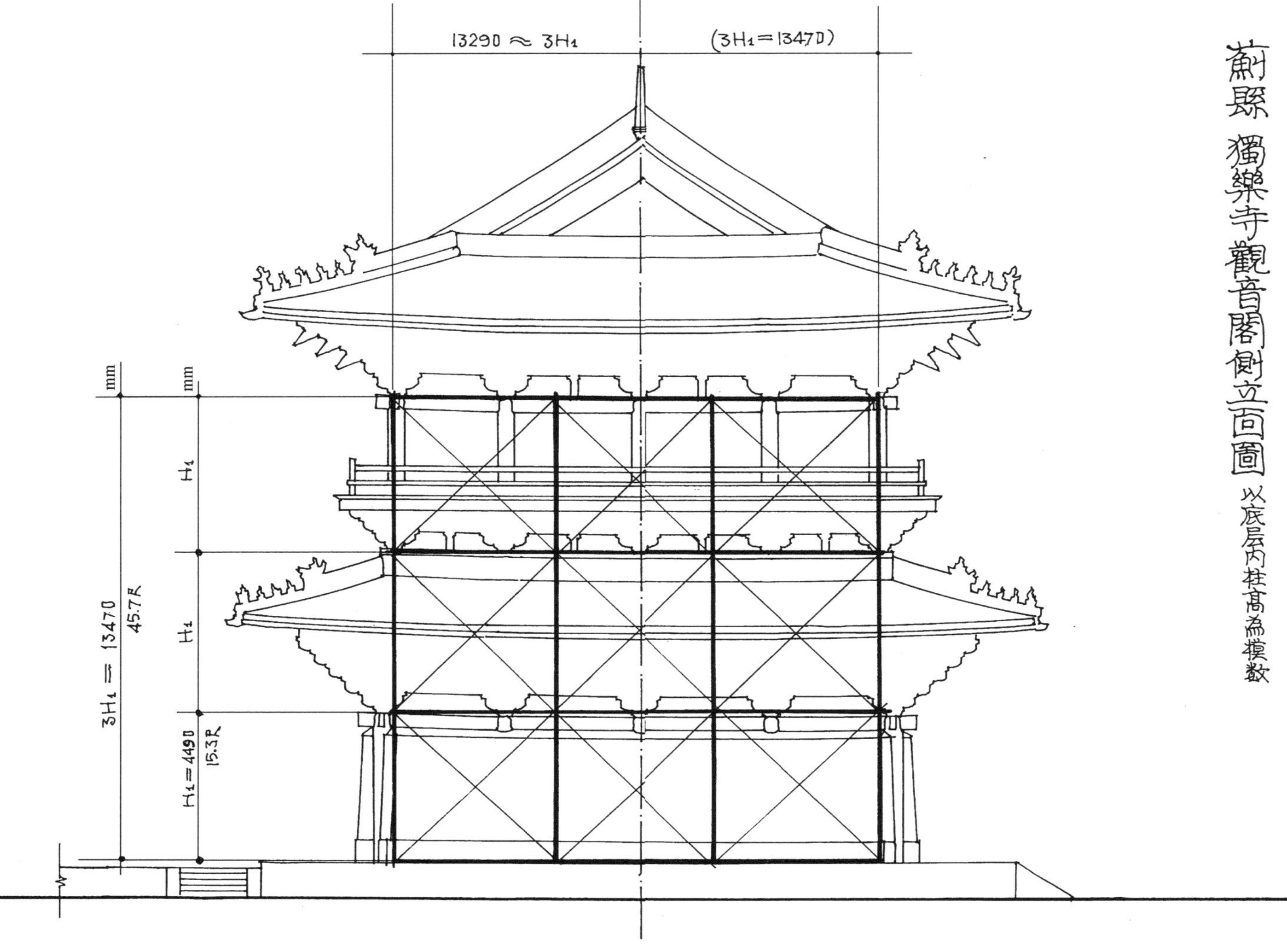

图 3-2-1-4 蓟县独乐寺观音阁侧立面图

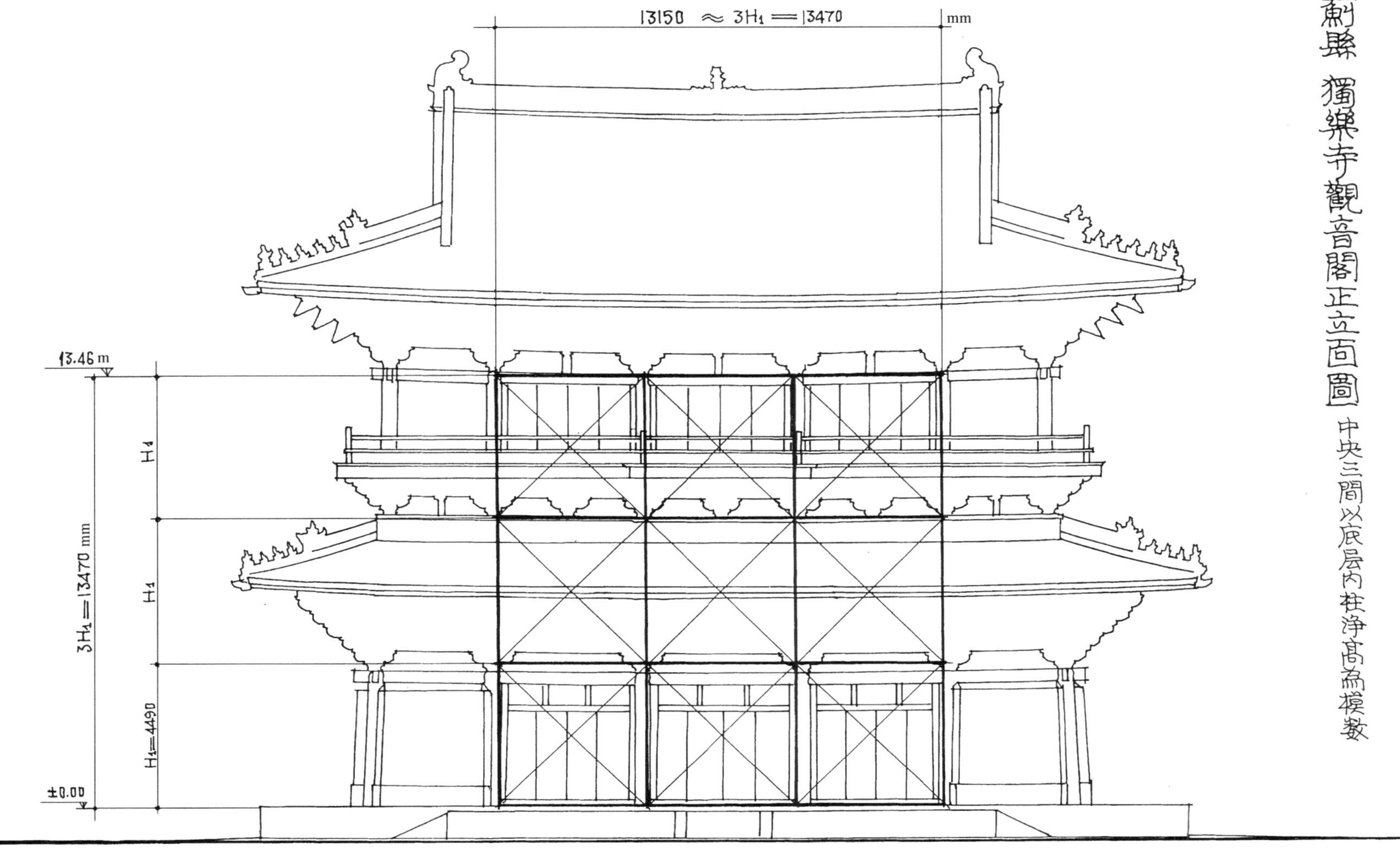

图 3-2-1-5 蓟县独乐寺观音阁正立面图

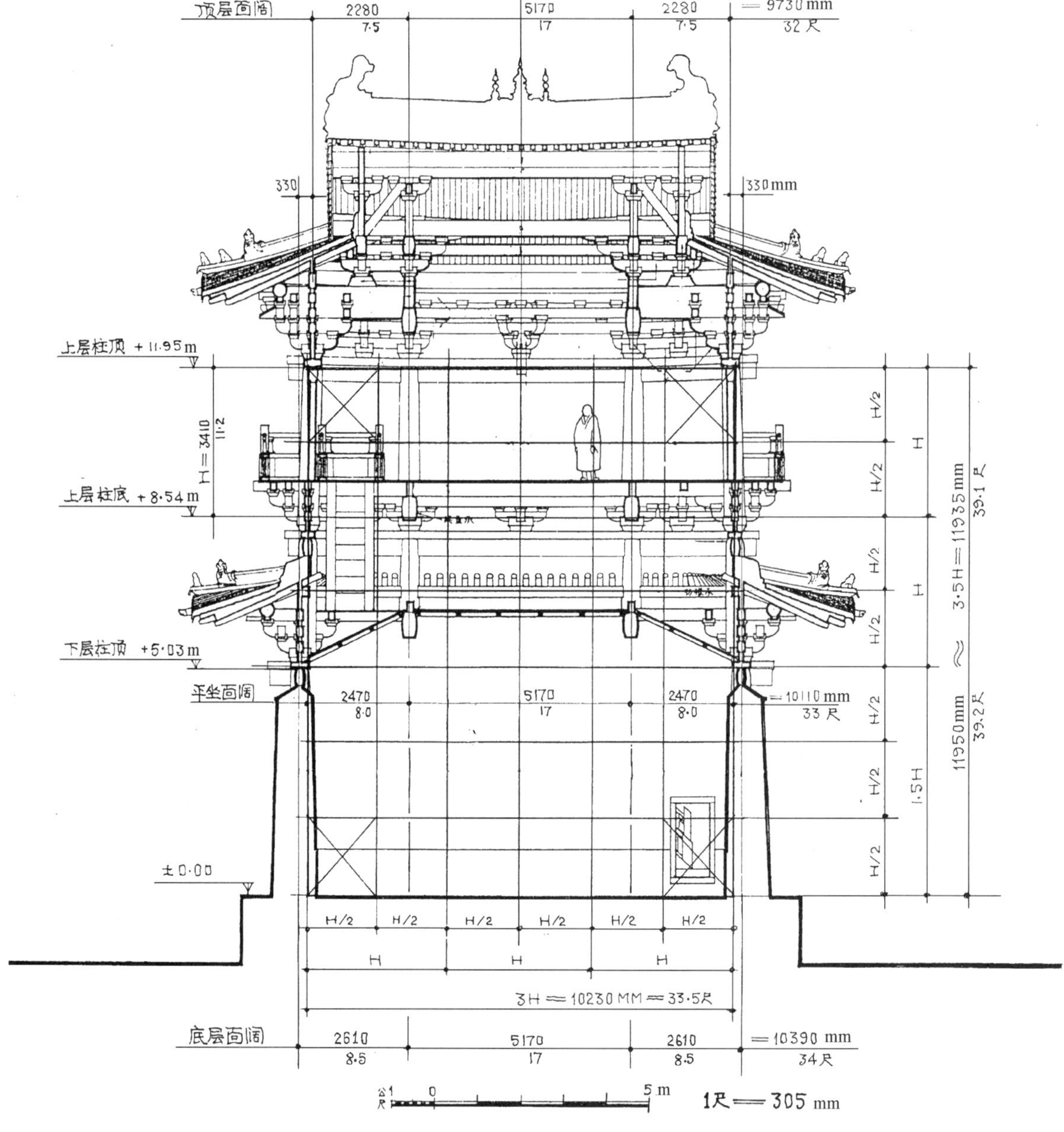

山西 大同 善化寺 普賢閣 縱剖面圖

—— 以上层柱高H之半為模数　　　　底图据《中國營造學社彙刊》四卷3·4期

图 3-2-1-6 山西大同善化寺普贤阁纵剖面图

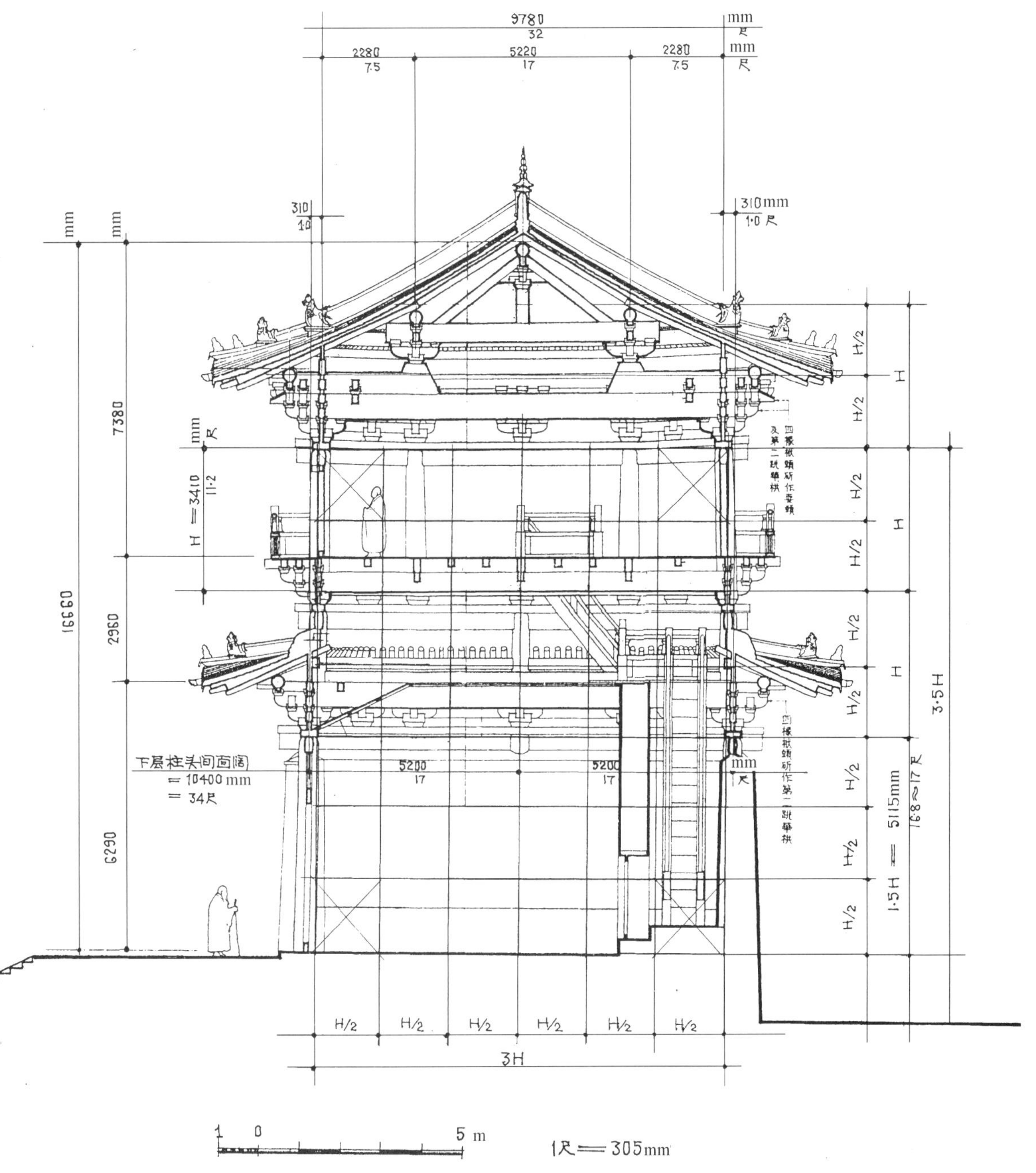

图 3-2-1-7 山西大同善化寺普贤阁横剖面图

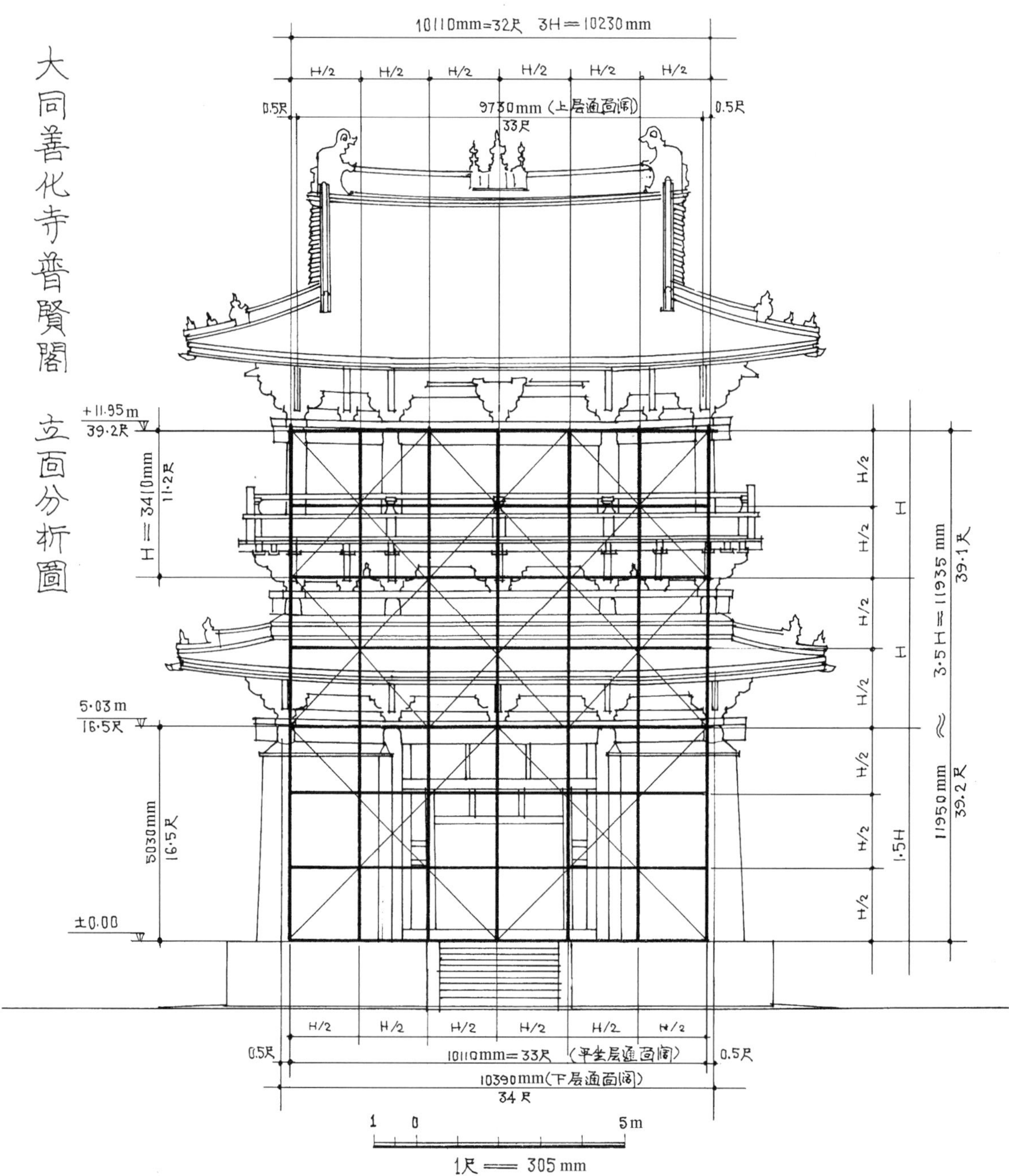

图 3-2-1-8 山西大同善化寺普贤阁立面分析图

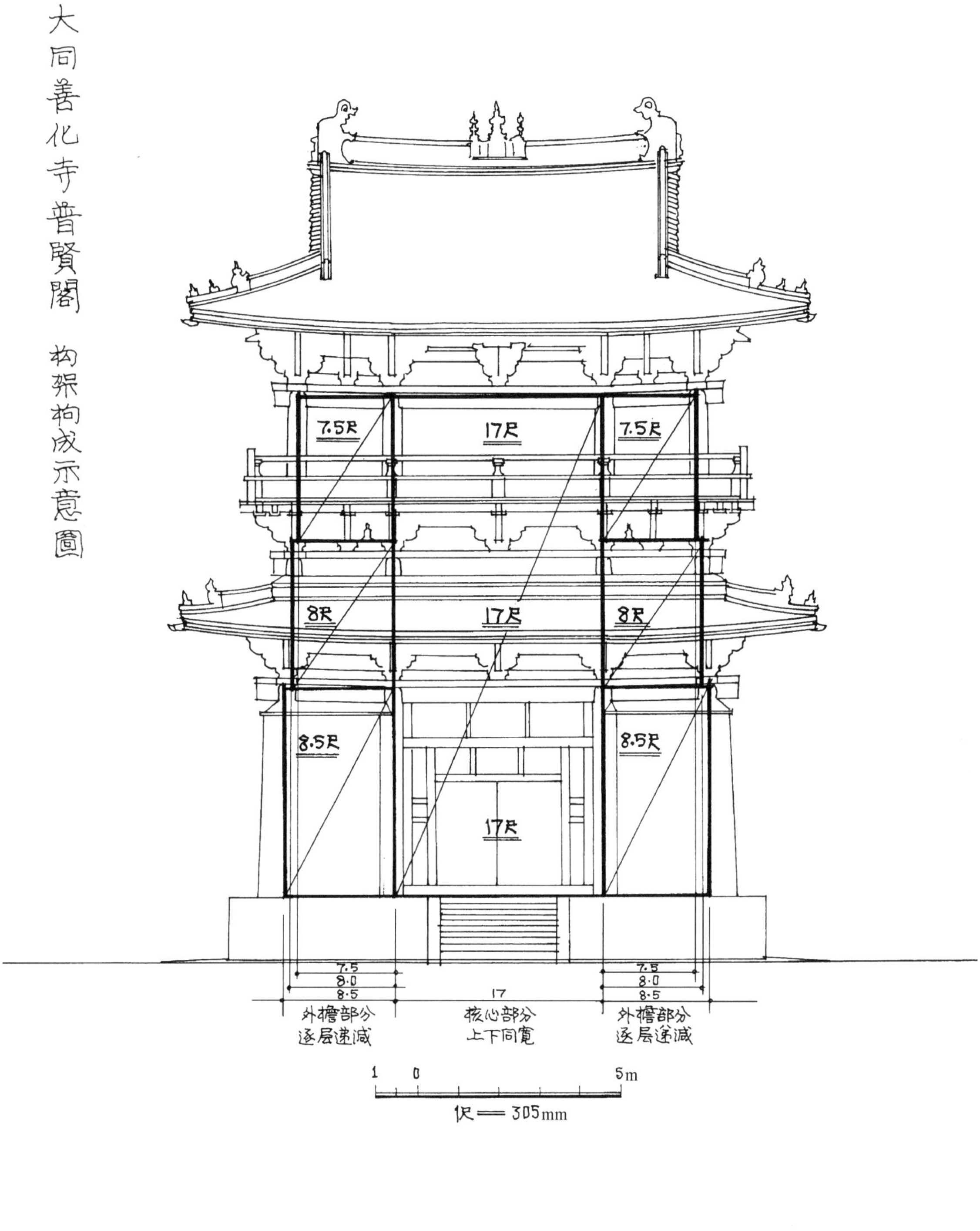

图 3-2-1-9 山西大同善化寺普贤阁构架构成示意图

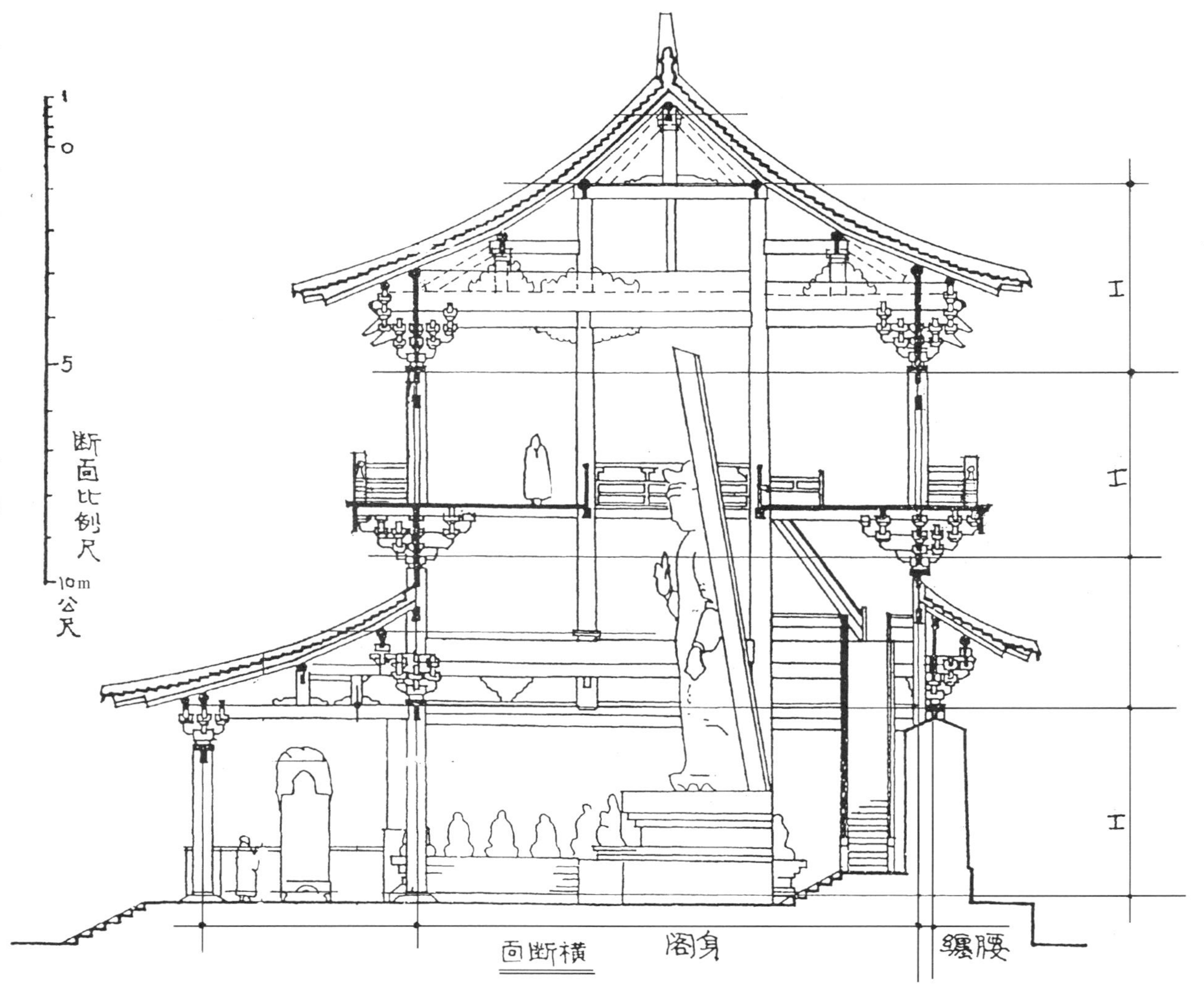

图 3-2-2-1 河北正定隆兴寺慈氏阁横剖面图

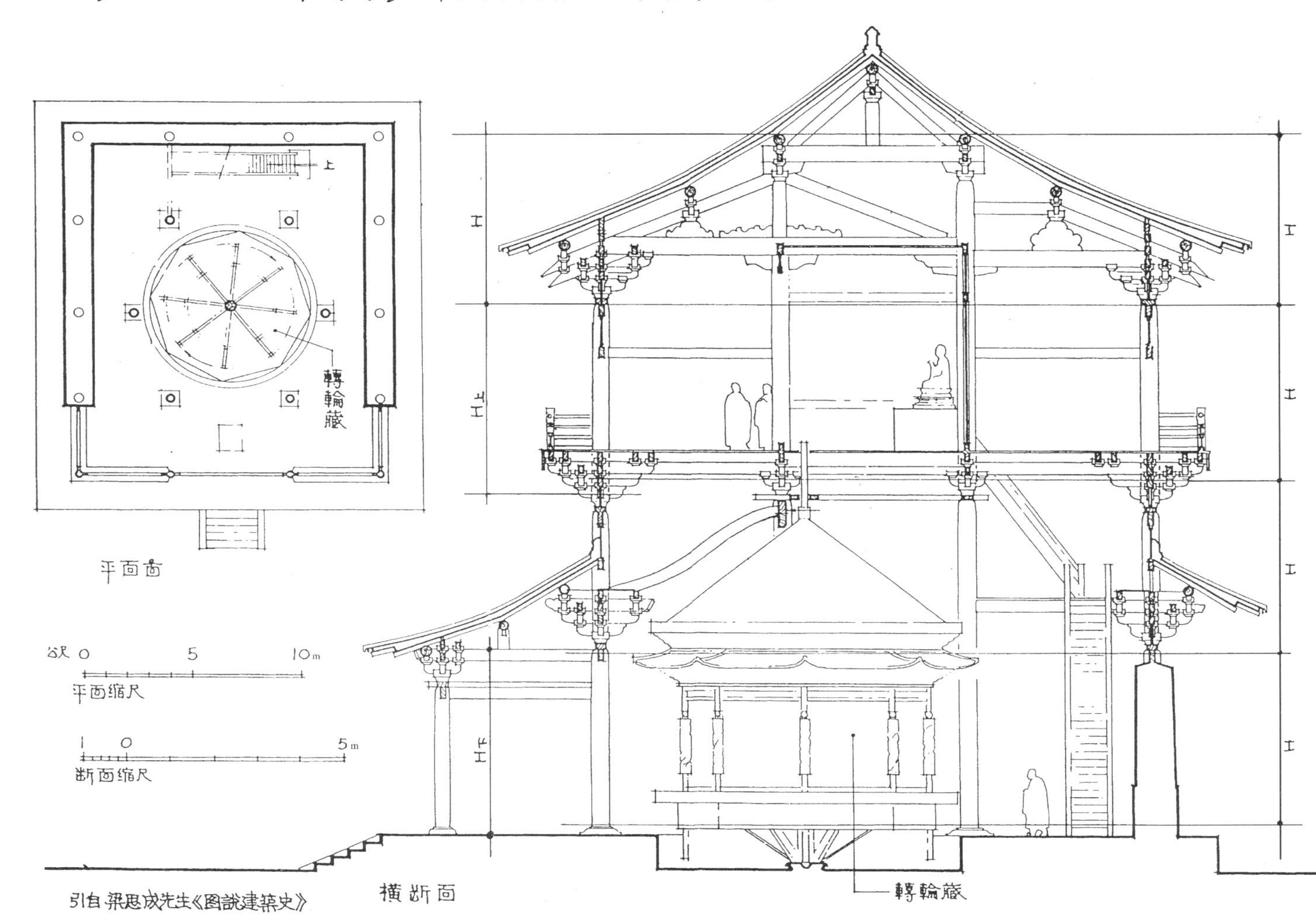

图 3-2-2-2 河北正定隆兴寺转轮藏殿横剖面图

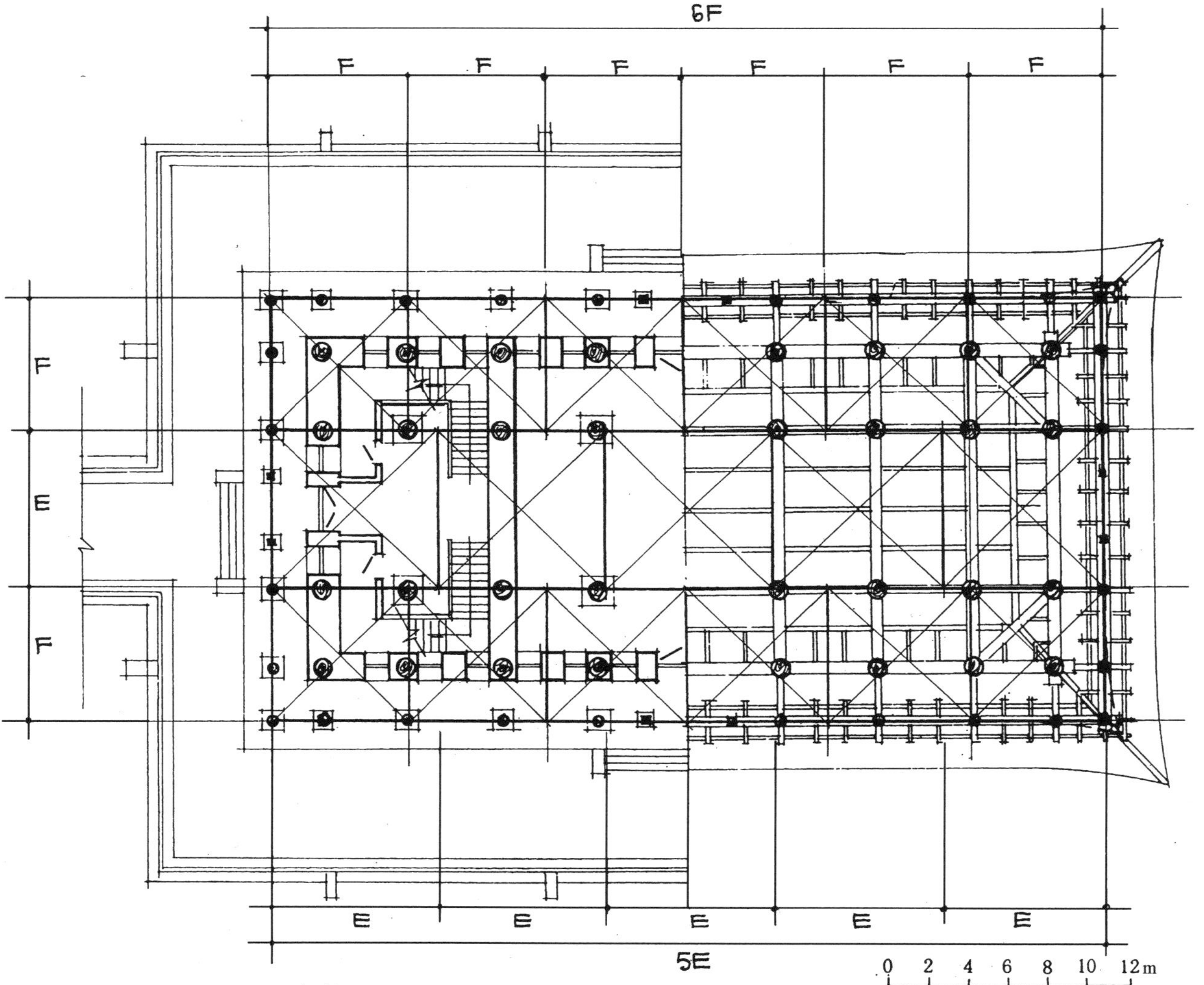

图 3-2-3-1 西安鼓楼底层平面及上层梁架仰视图

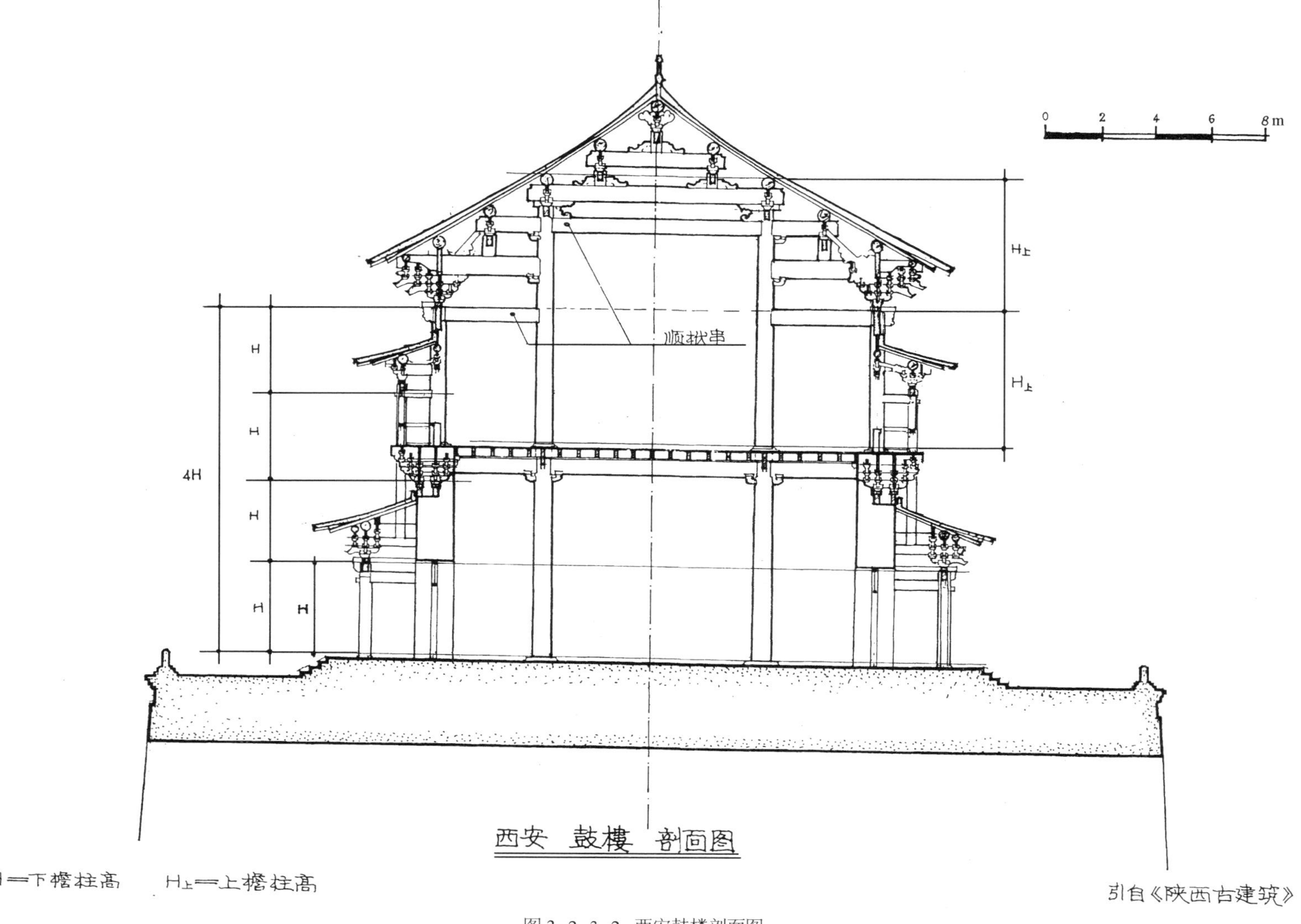

图 3-2-3-2 西安鼓楼剖面图

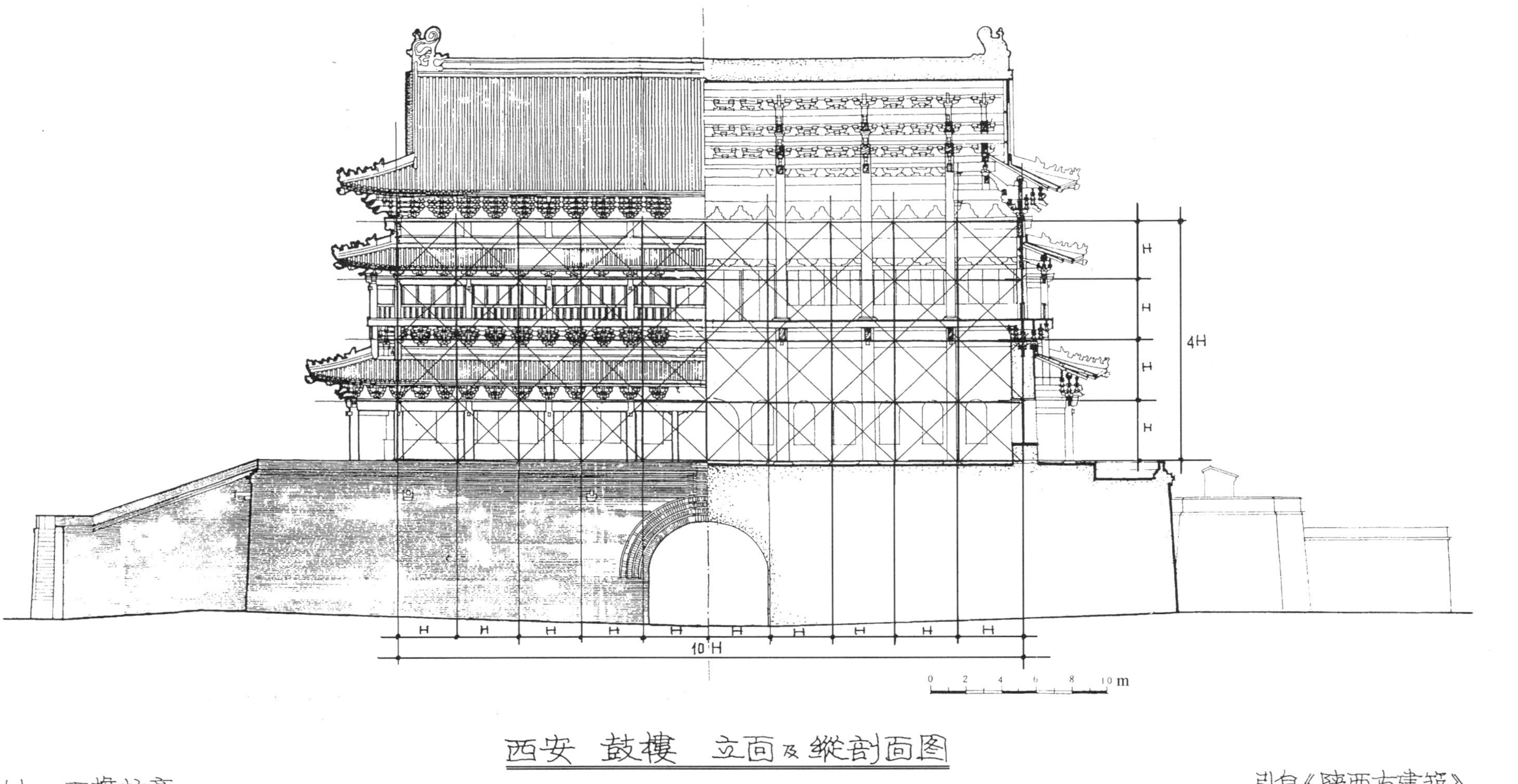

图 3-2-3-3 西安鼓楼立面及纵剖面图

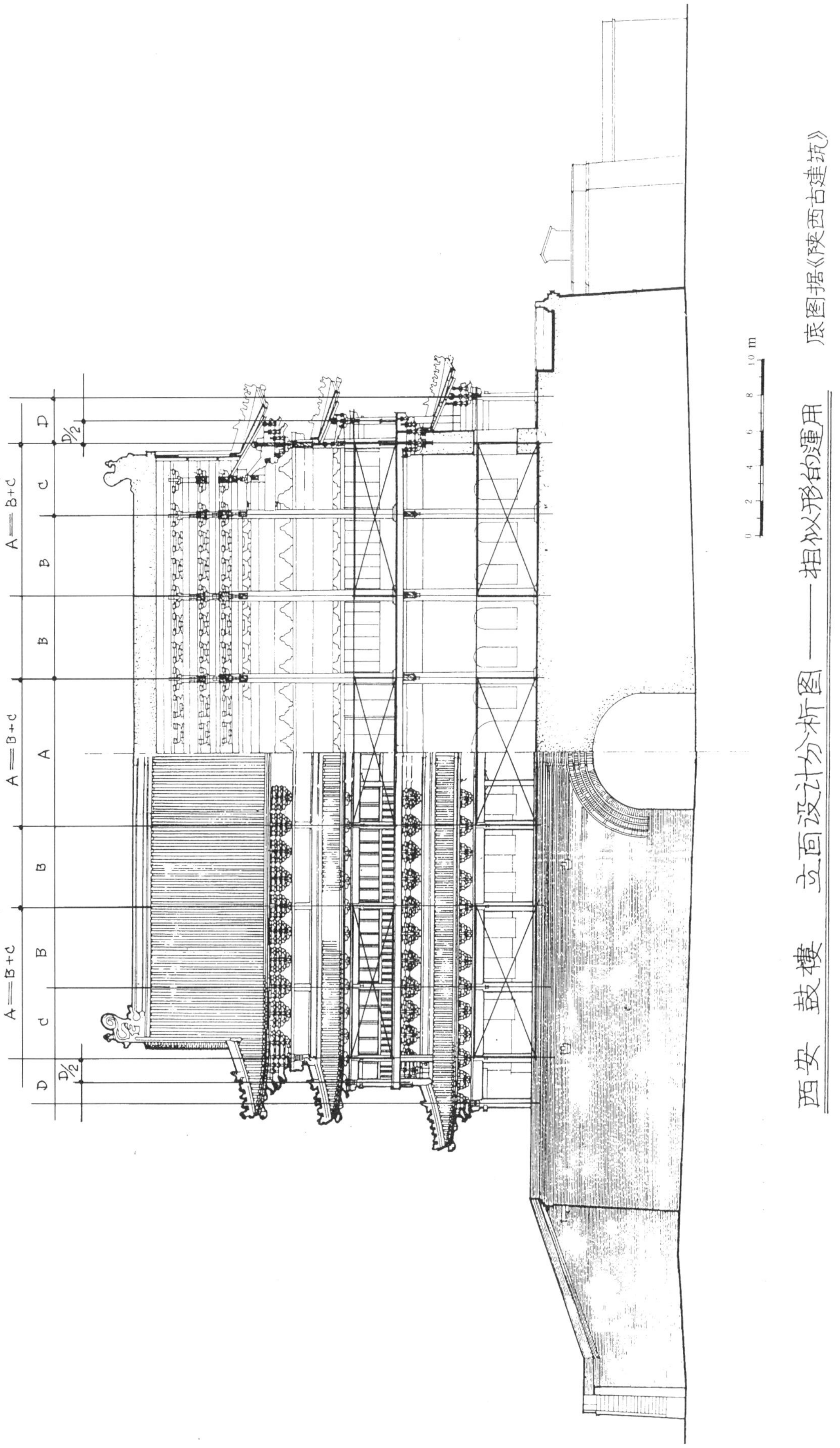

图 3-2-3-4 西安鼓楼立面设计分析图

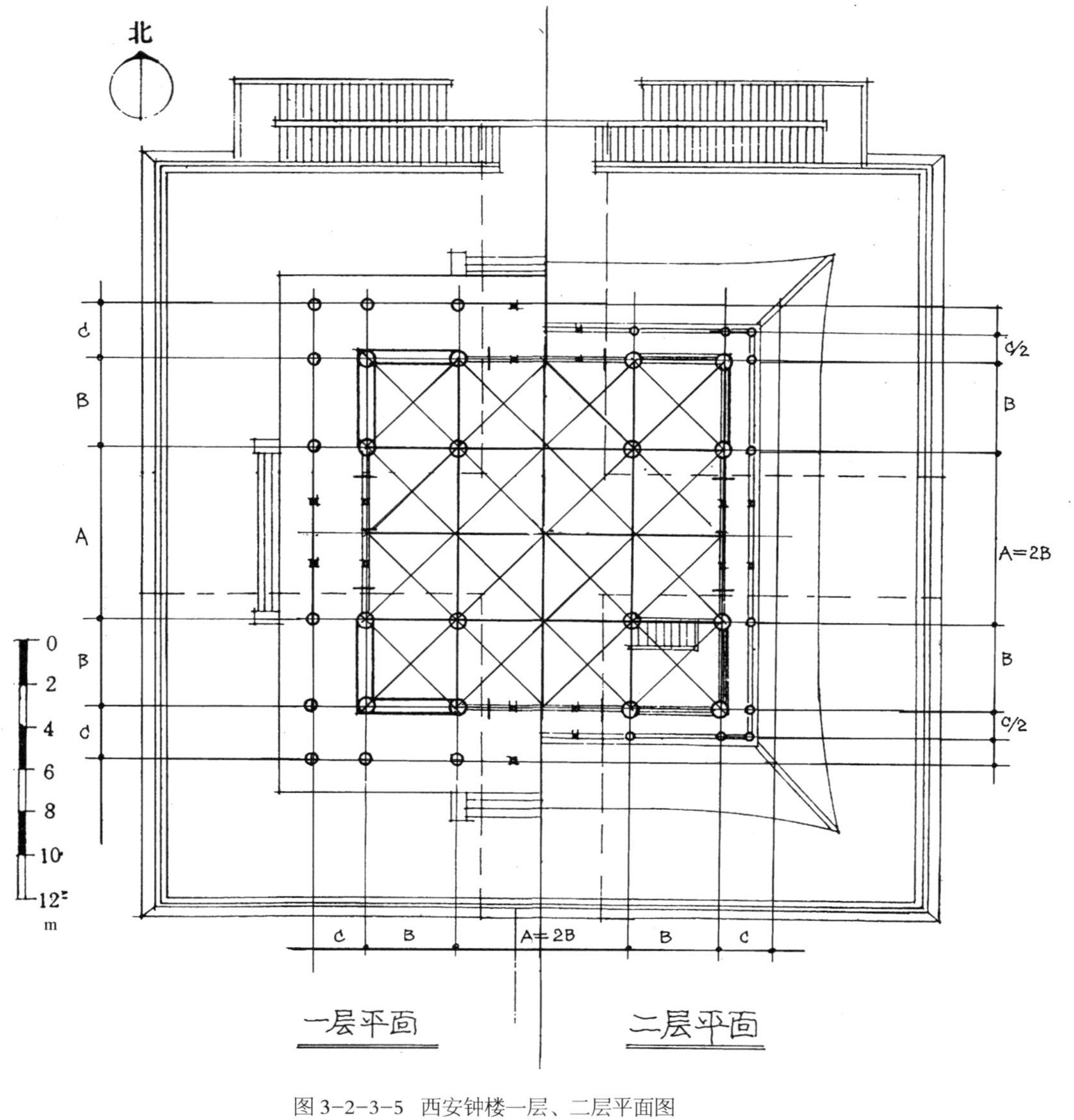

图 3-2-3-5 西安钟楼一层、二层平面图

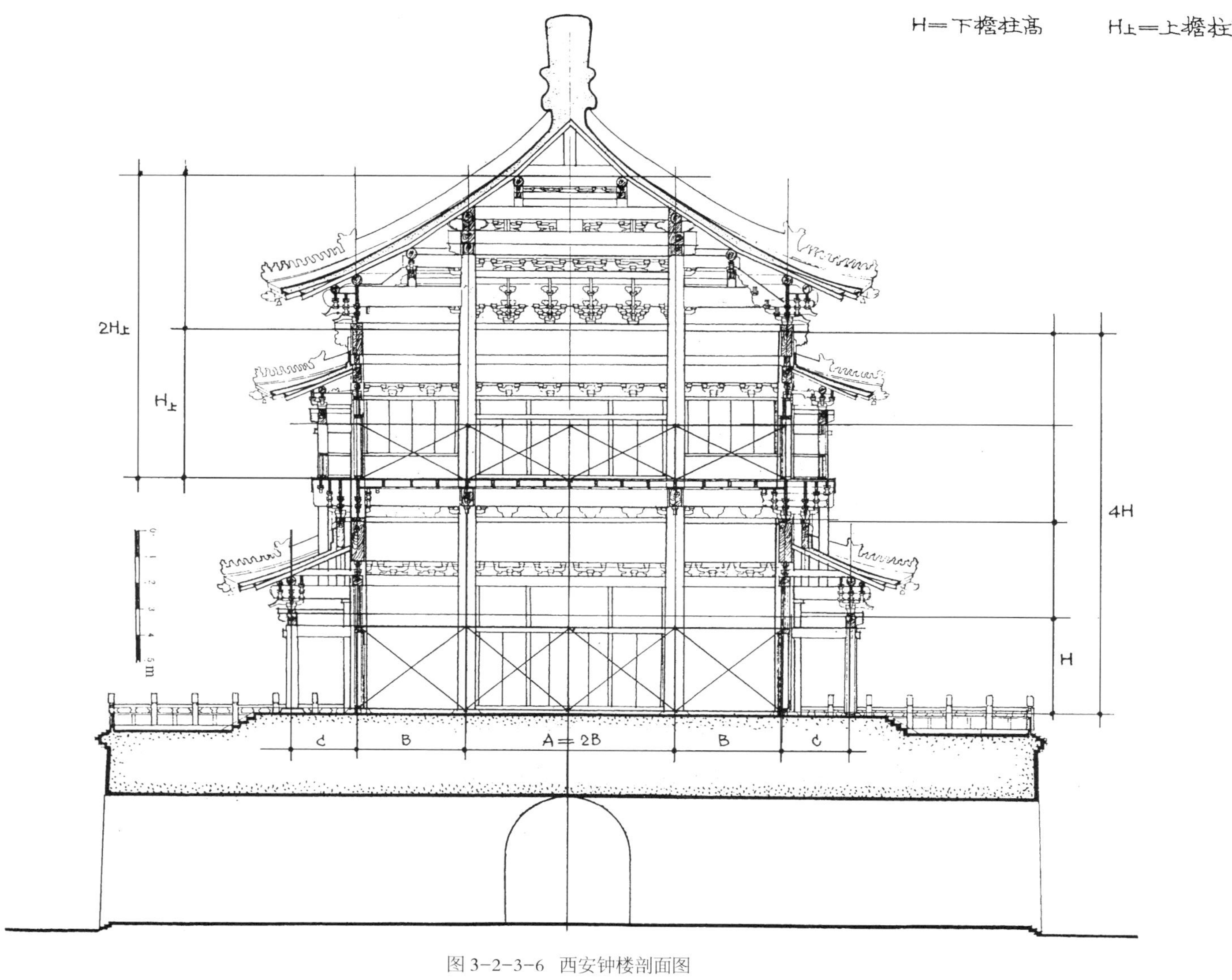

图 3-2-3-6 西安钟楼剖面图

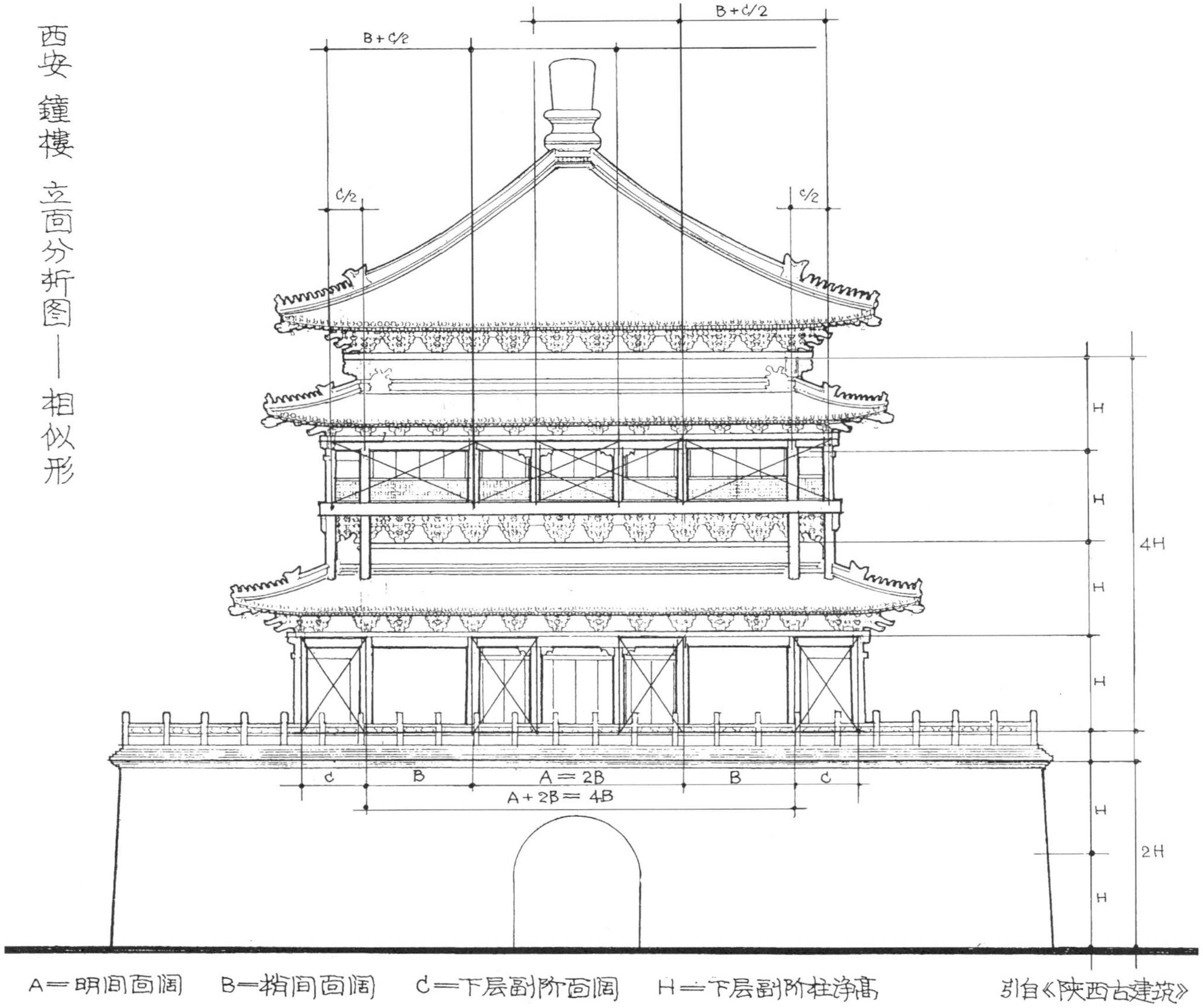

西安 鐘楼 立面分析图——相似形

B + C/2

B + C/2

C/2

C/2

H

H

H

H

4H

H

H

2H

c B A＝2B B c

A + 2B＝4B

A＝明间面阔 B＝梢间面阔 C＝下层副阶面阔 H＝下层副阶柱净高

引自《陕西古建筑》

图 3-2-3-7 西安钟楼立面分析图

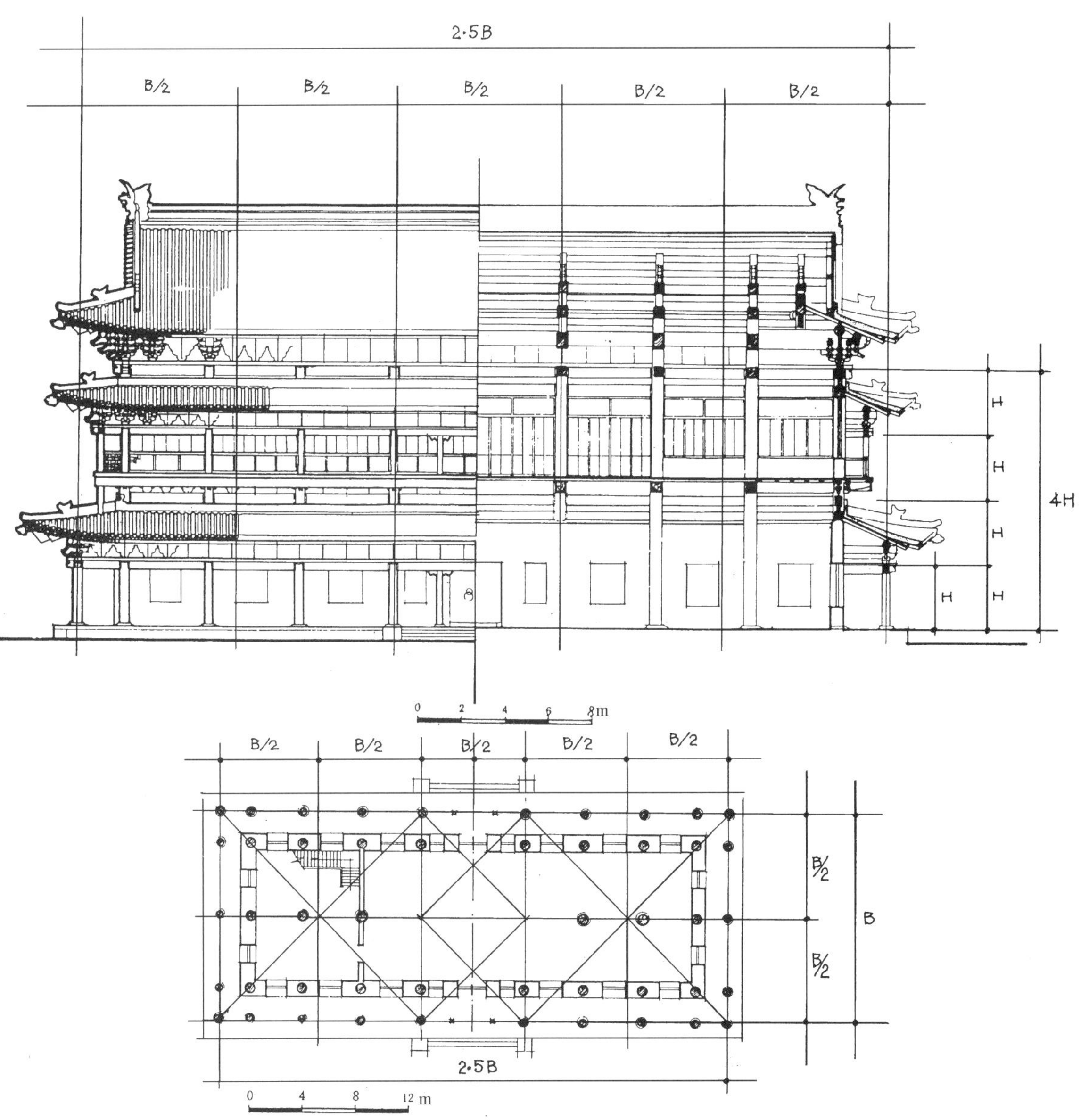

西安 東門城樓 平面立面及纵剖面图 引自《陕西古建筑》 H=下檐柱高 B=底层总進深

图 3-2-3-8 西安东门城楼平面、立面及纵剖面图

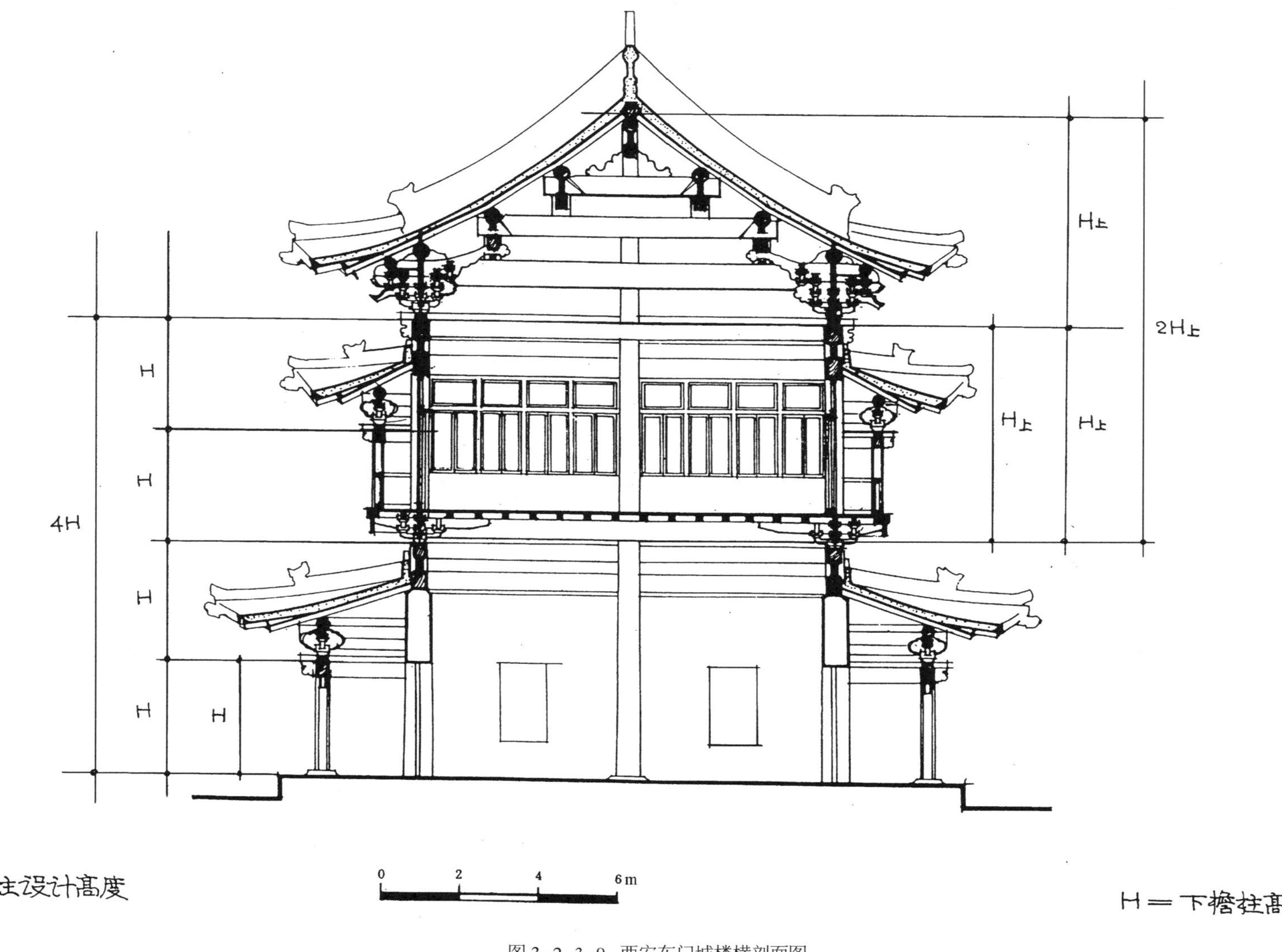

图 3-2-3-9　西安东门城楼横剖面图

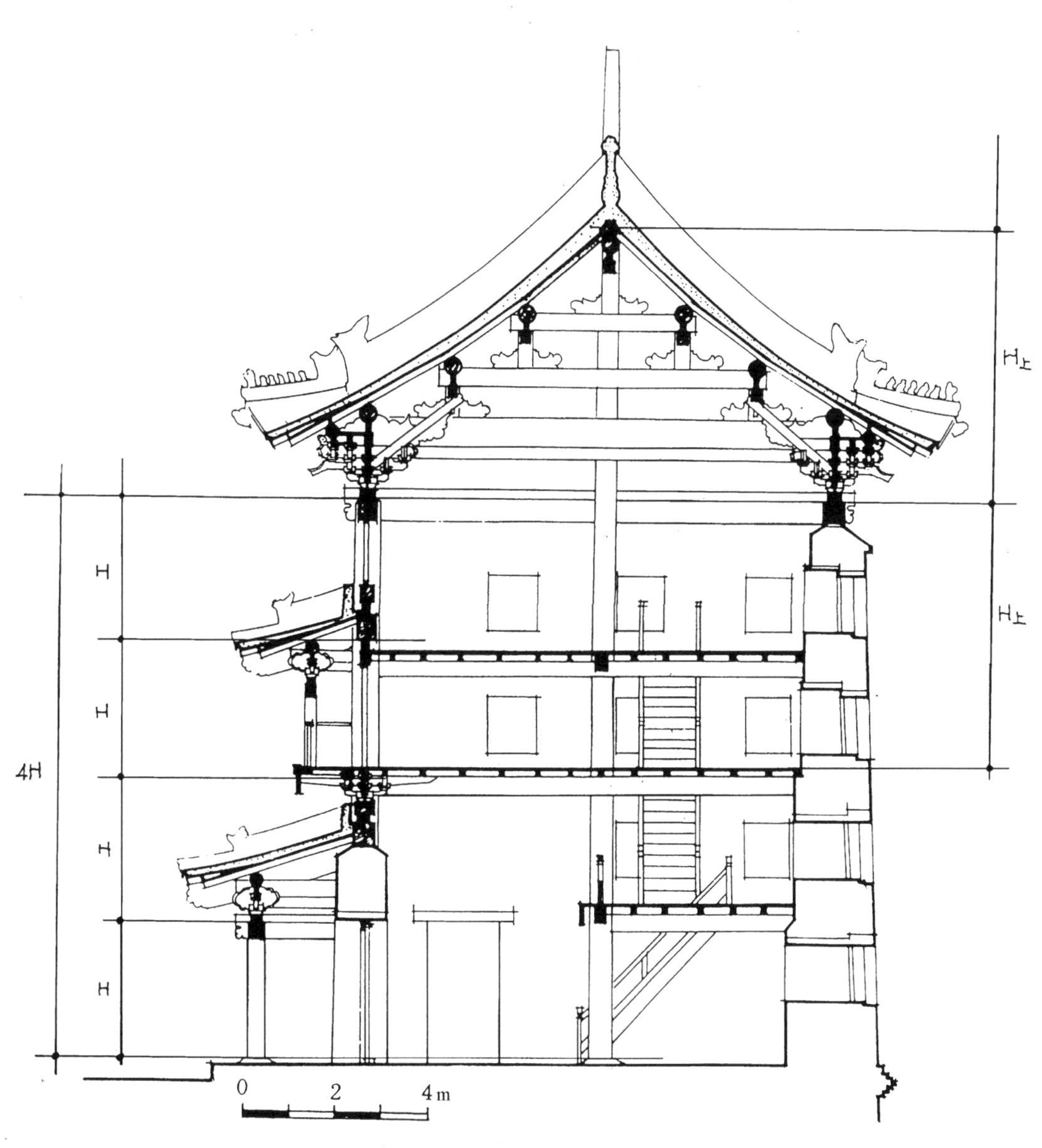

西安 北門箭樓 明間剖面图

H—下层檐柱高　H上—上层柱頂至六架椽屋脊高　引自《陕西古建筑》

图 3-2-3-10 西安北门箭楼明间剖面图

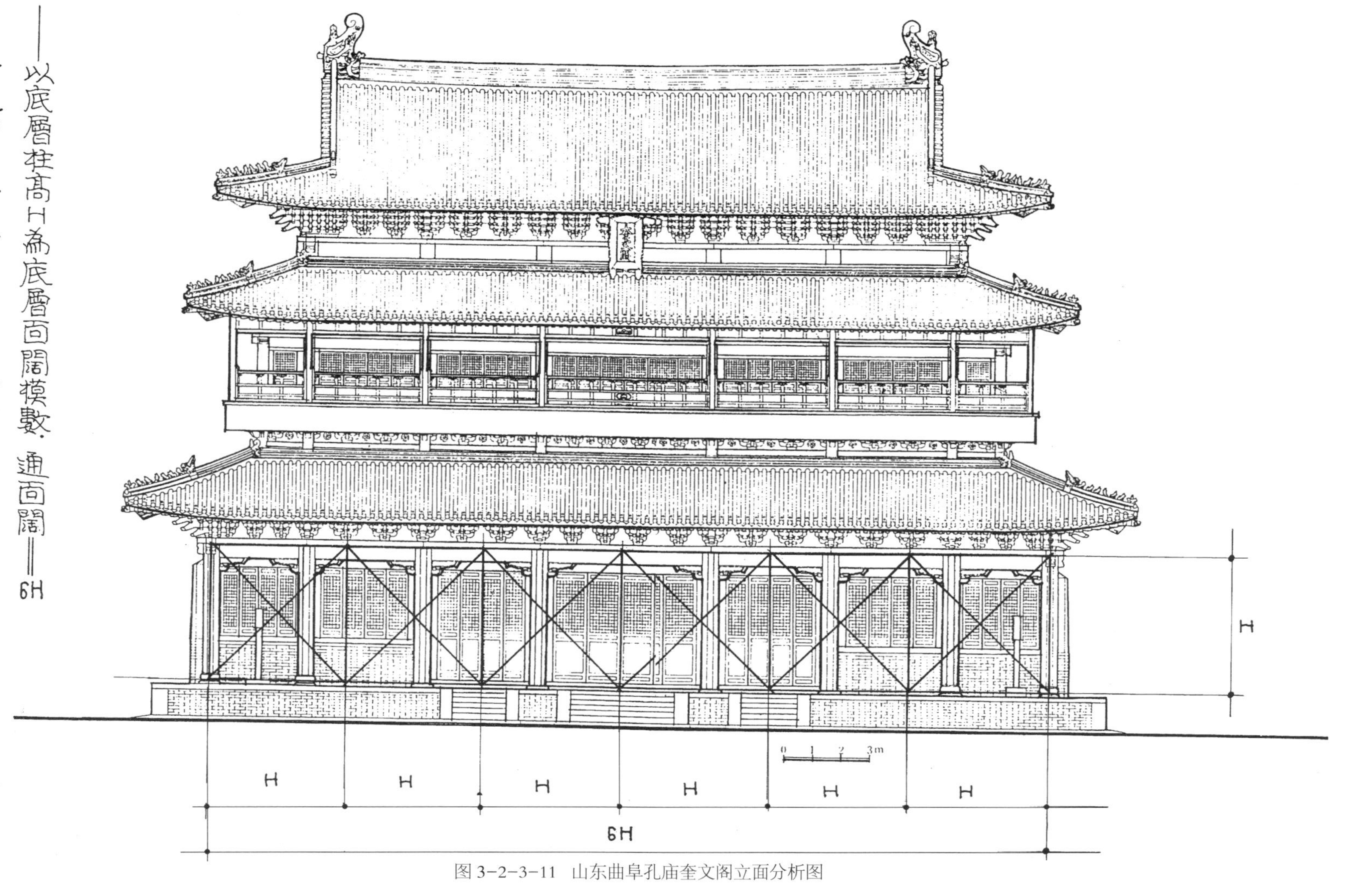

图 3-2-3-11　山东曲阜孔庙奎文阁立面分析图

山東曲阜孔廟奎文閣構架分析圖——樓身構架上下相接·副階分別附上下層四周

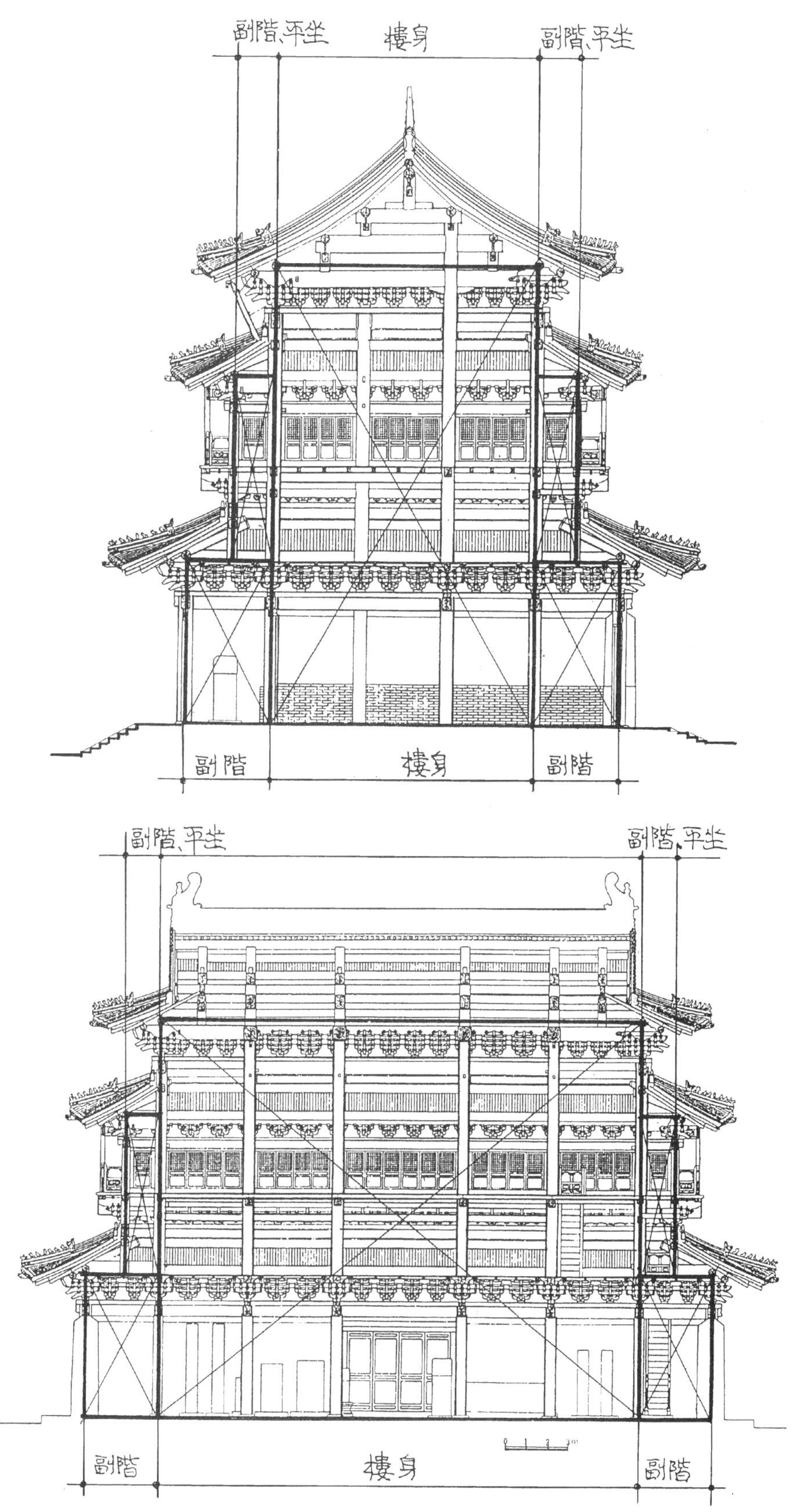

图 3-2-3-12 山东曲阜孔庙奎文阁构架分析图

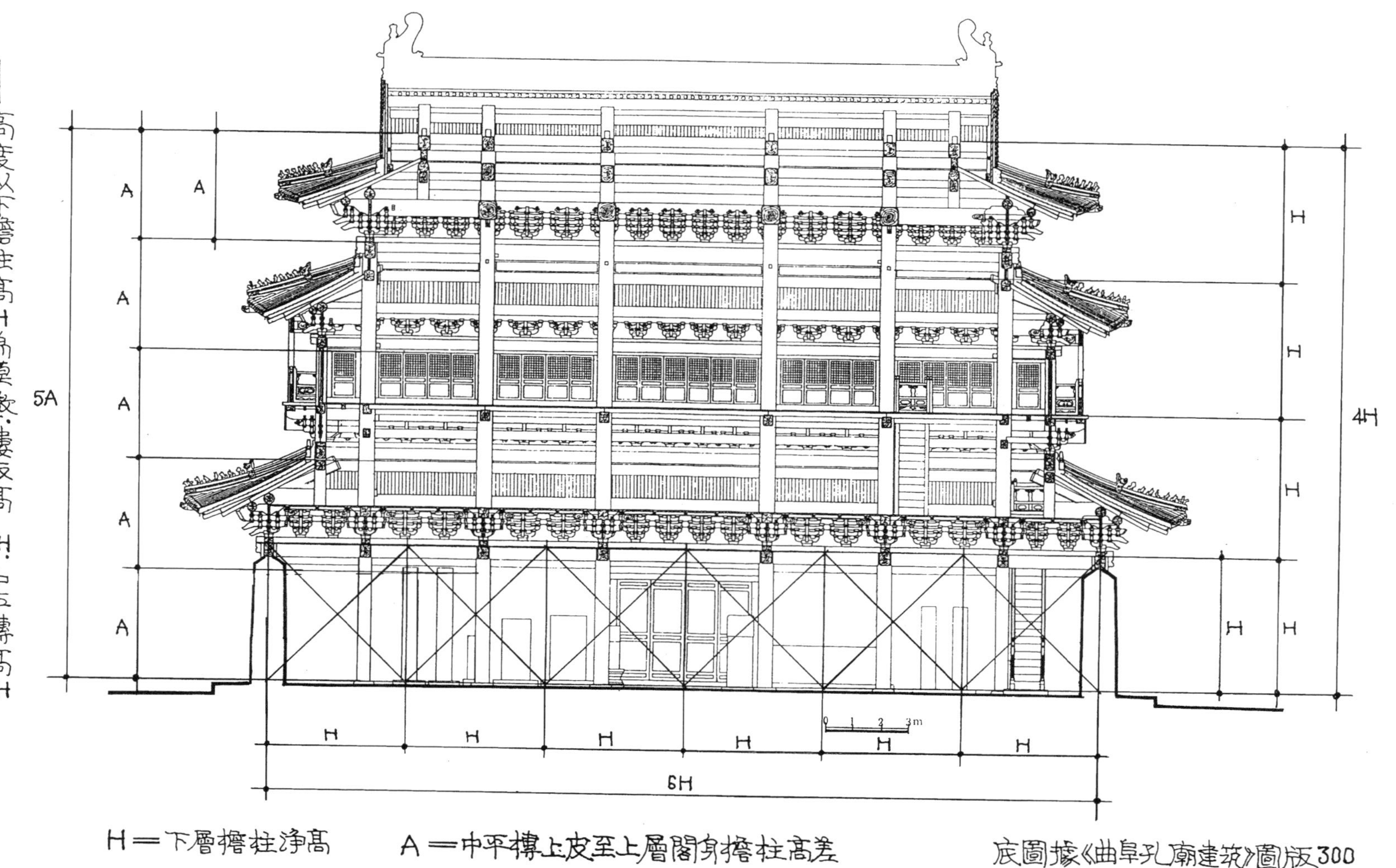

图 3-2-3-13 山东曲阜孔庙奎文阁纵剖面分析图

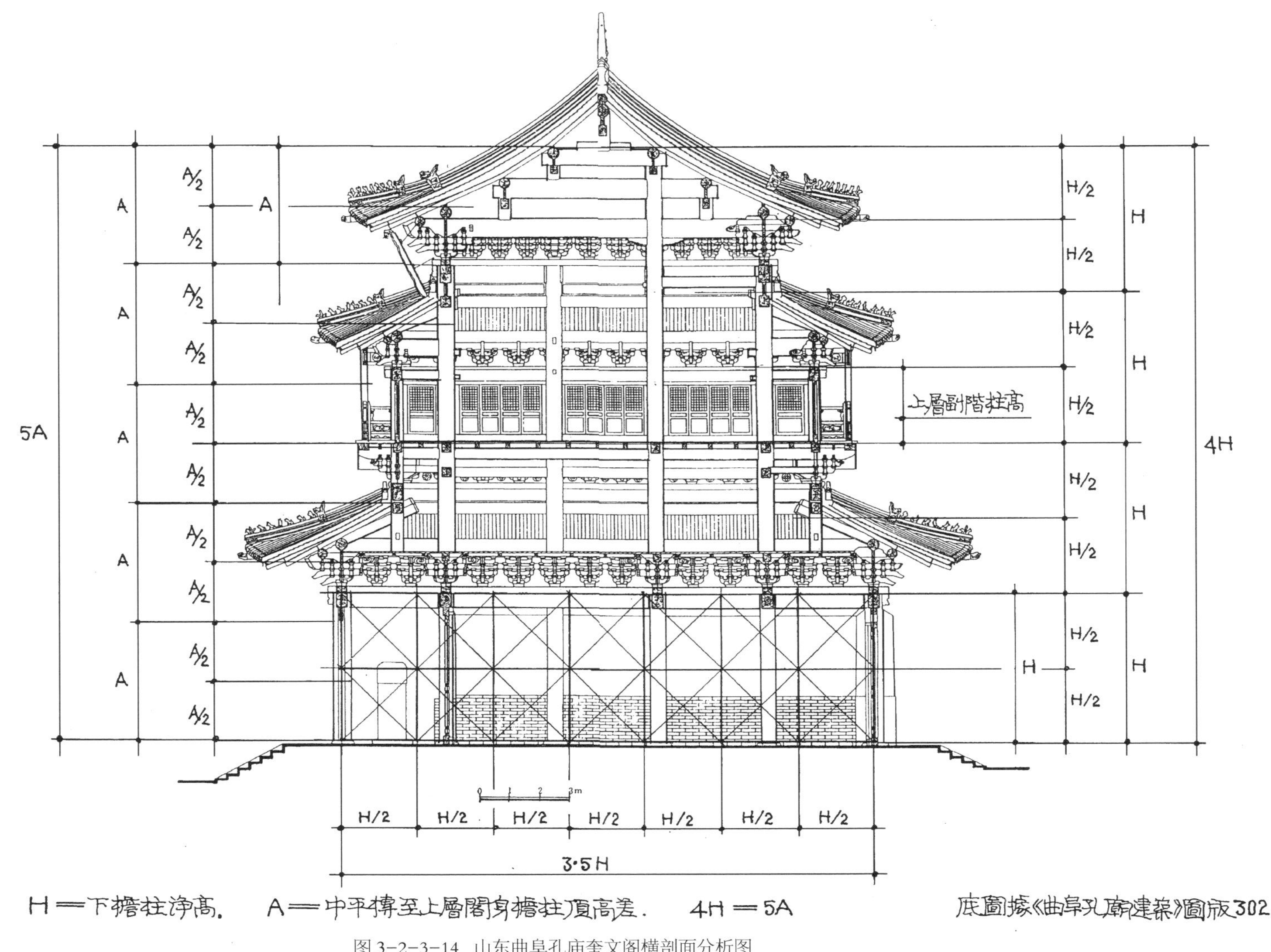

图 3-2-3-14 山东曲阜孔庙奎文阁横剖面分析图

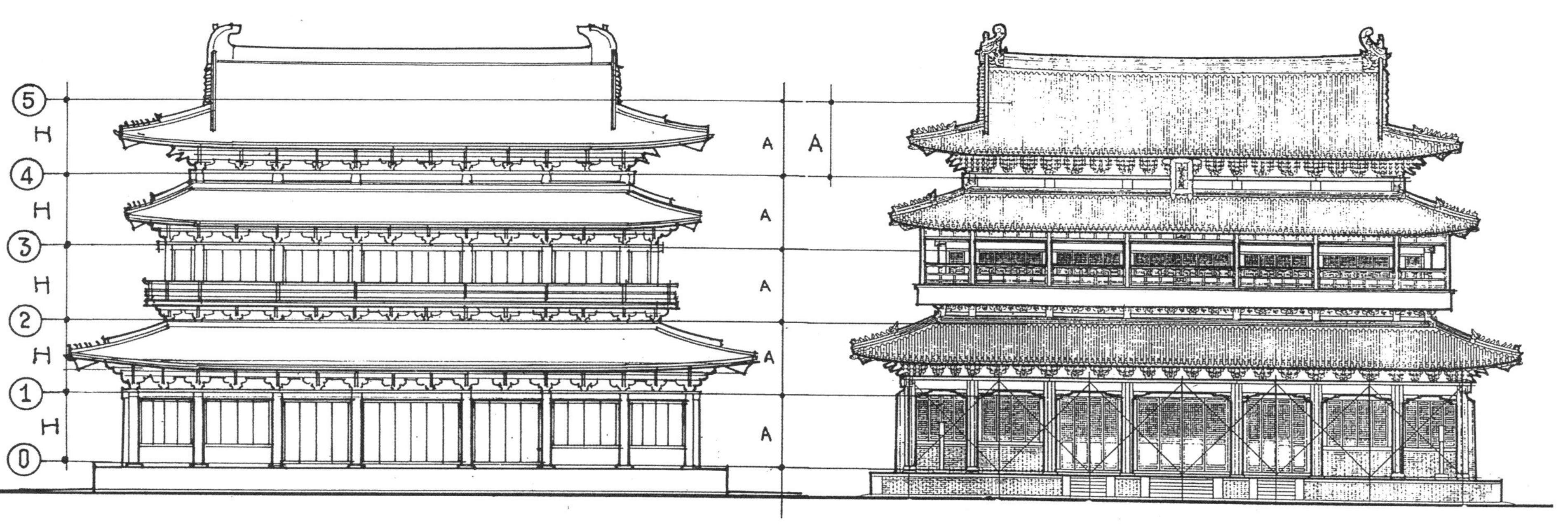

图 3-2-3-15 宋、辽与明代楼阁比较图

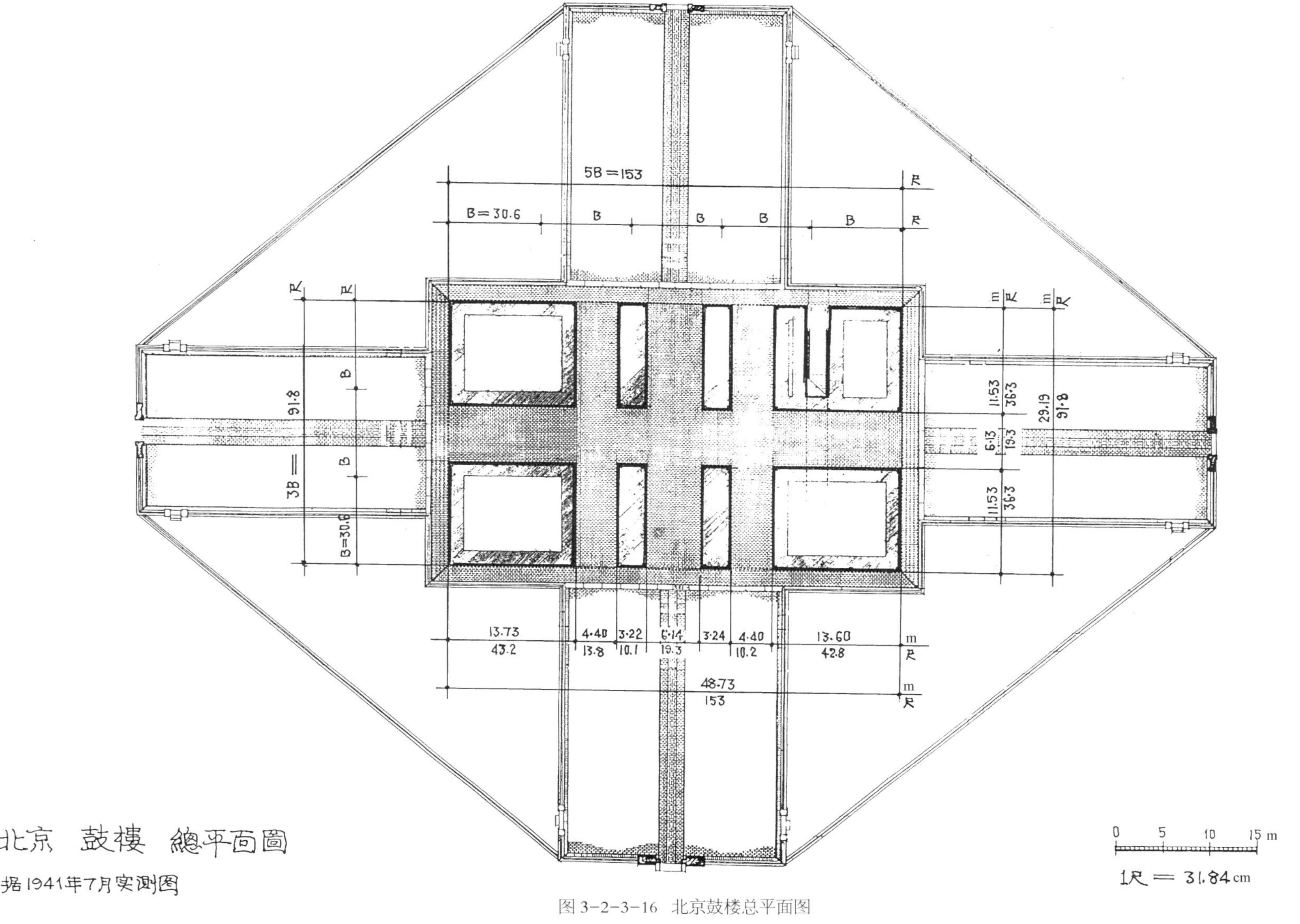

图 3-2-3-16 北京鼓楼总平面图

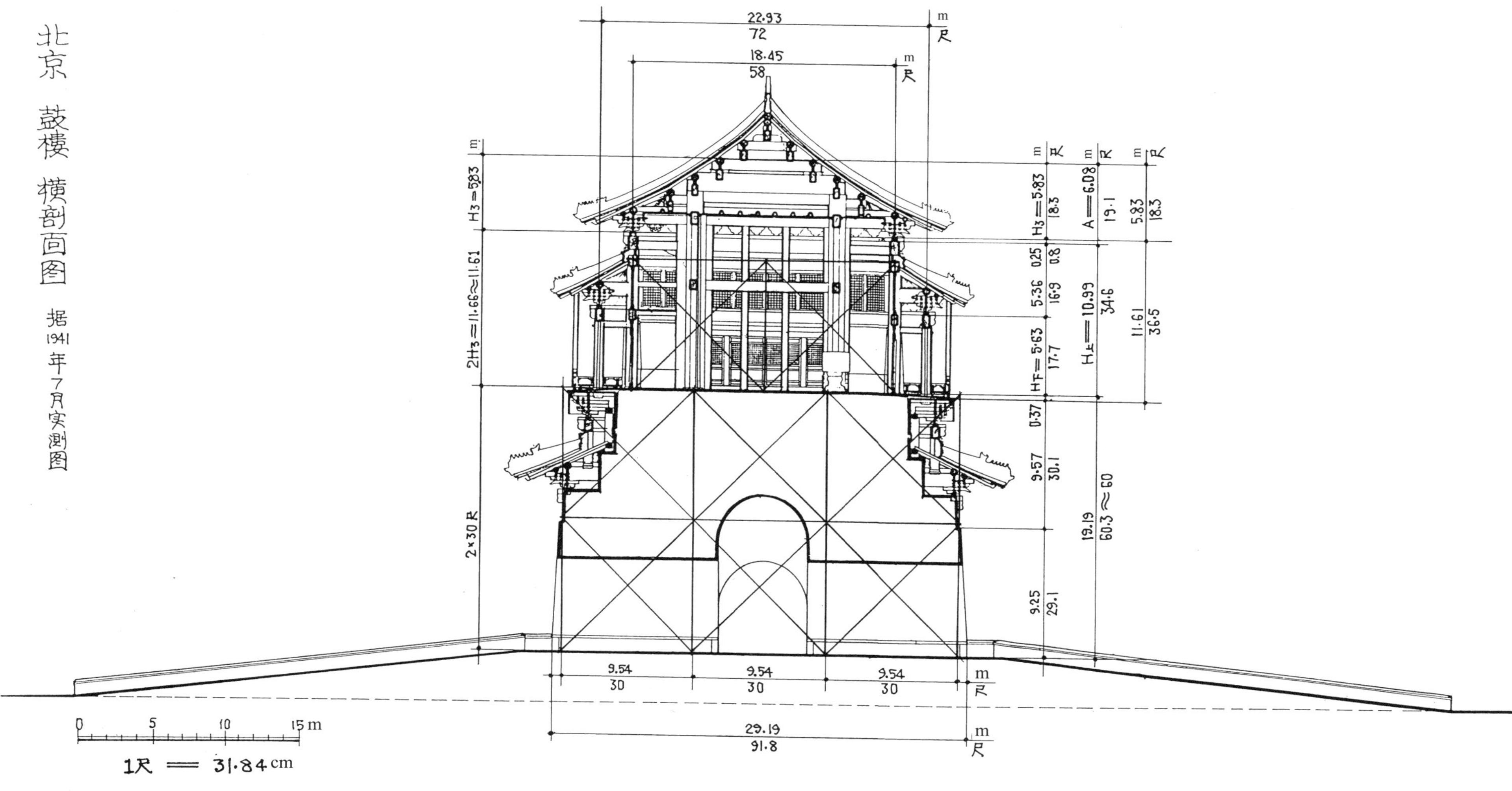

图 3-2-3-17 北京鼓楼横剖面图

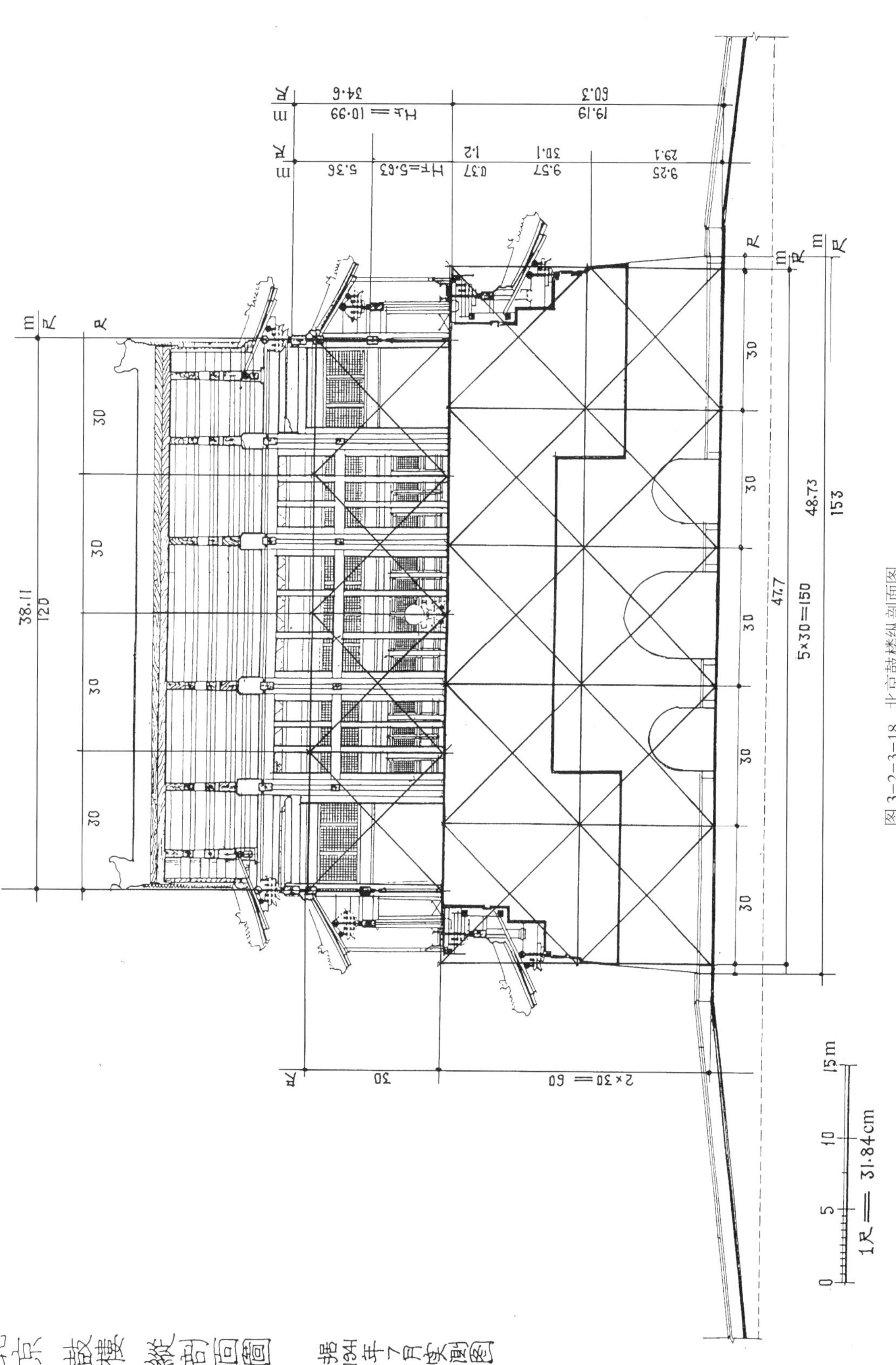

图 3-2-3-18 北京鼓楼纵剖面图

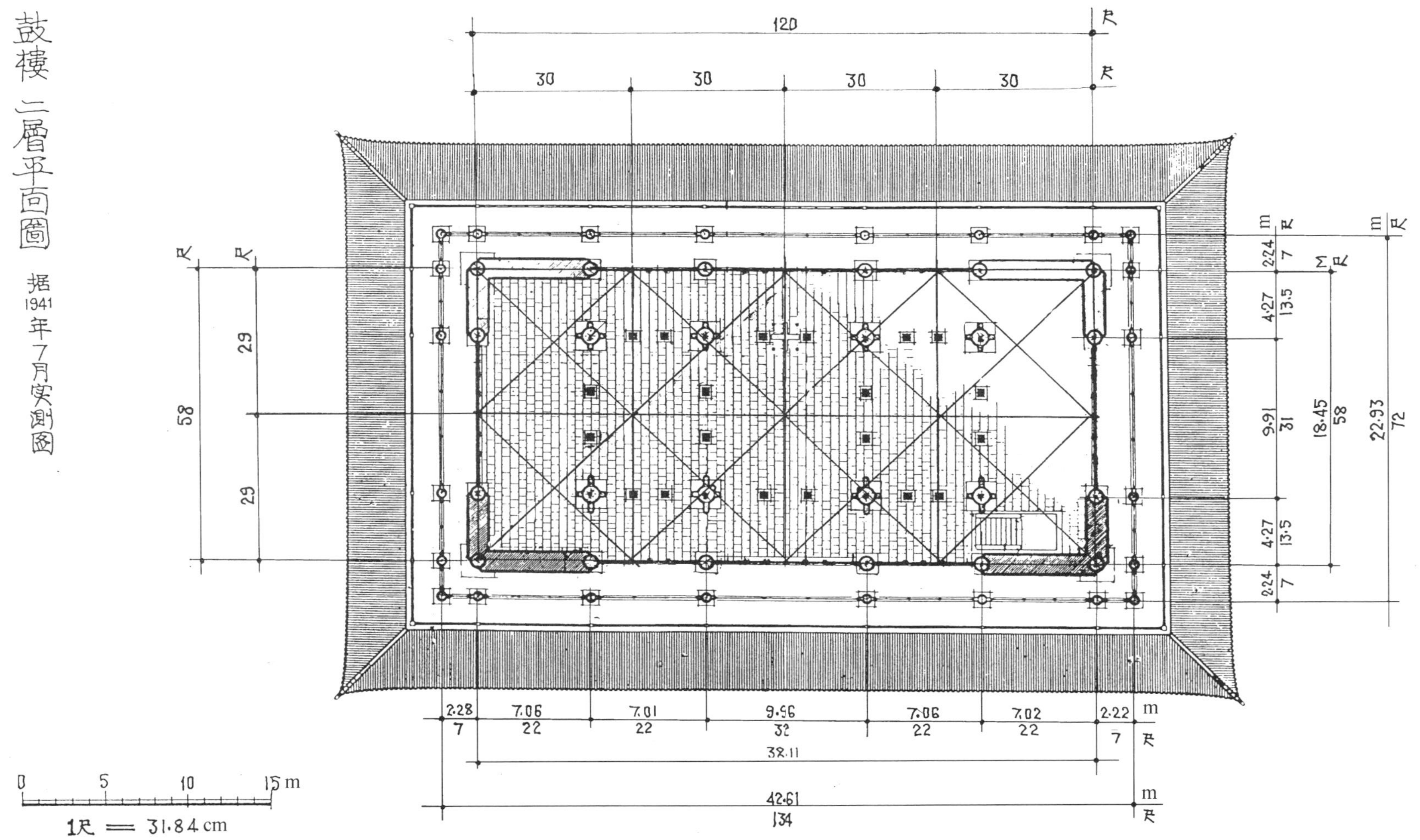

图 3-2-3-19 北京鼓楼二层平面图

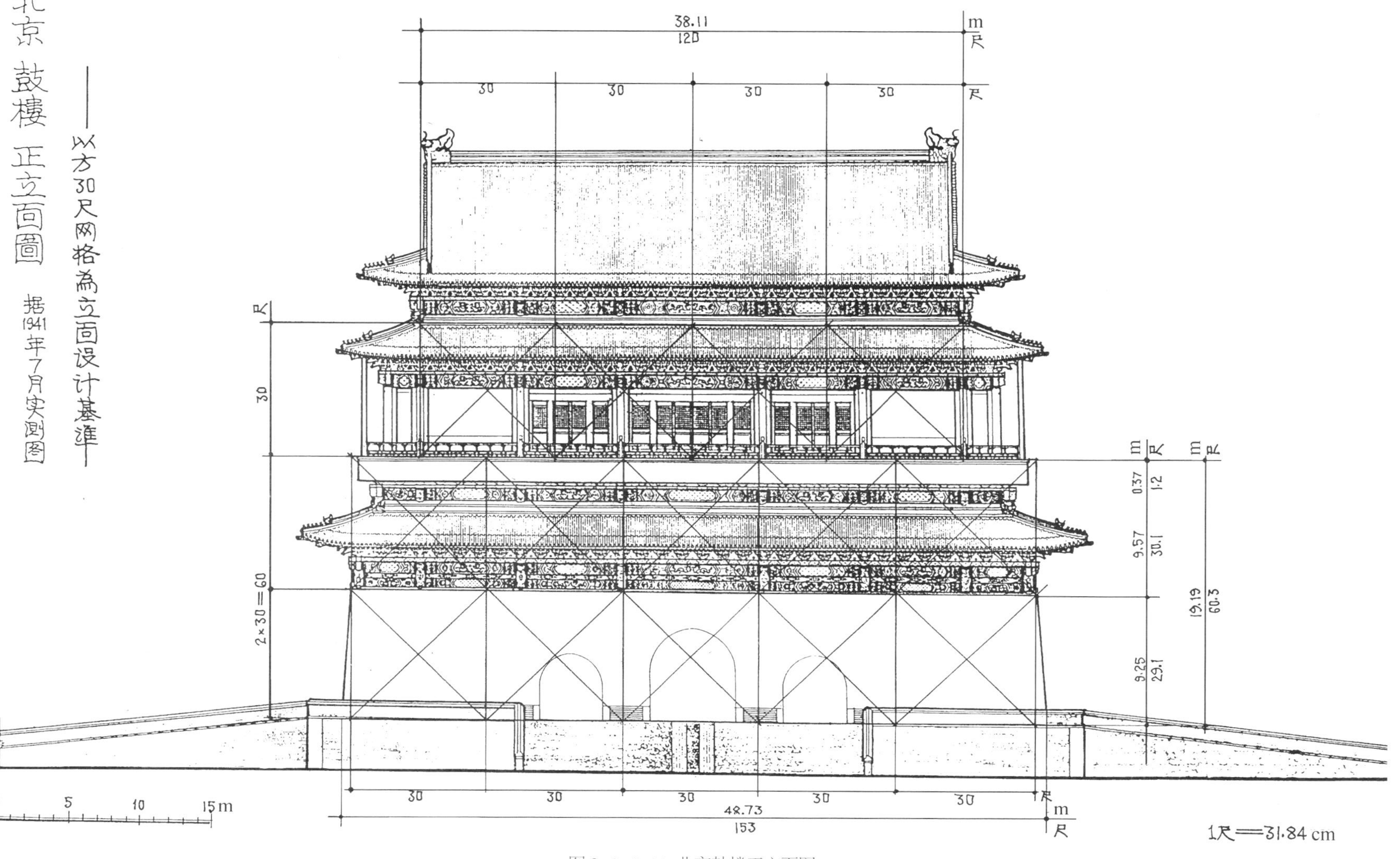

图 3-2-3-20 北京鼓楼正立面图

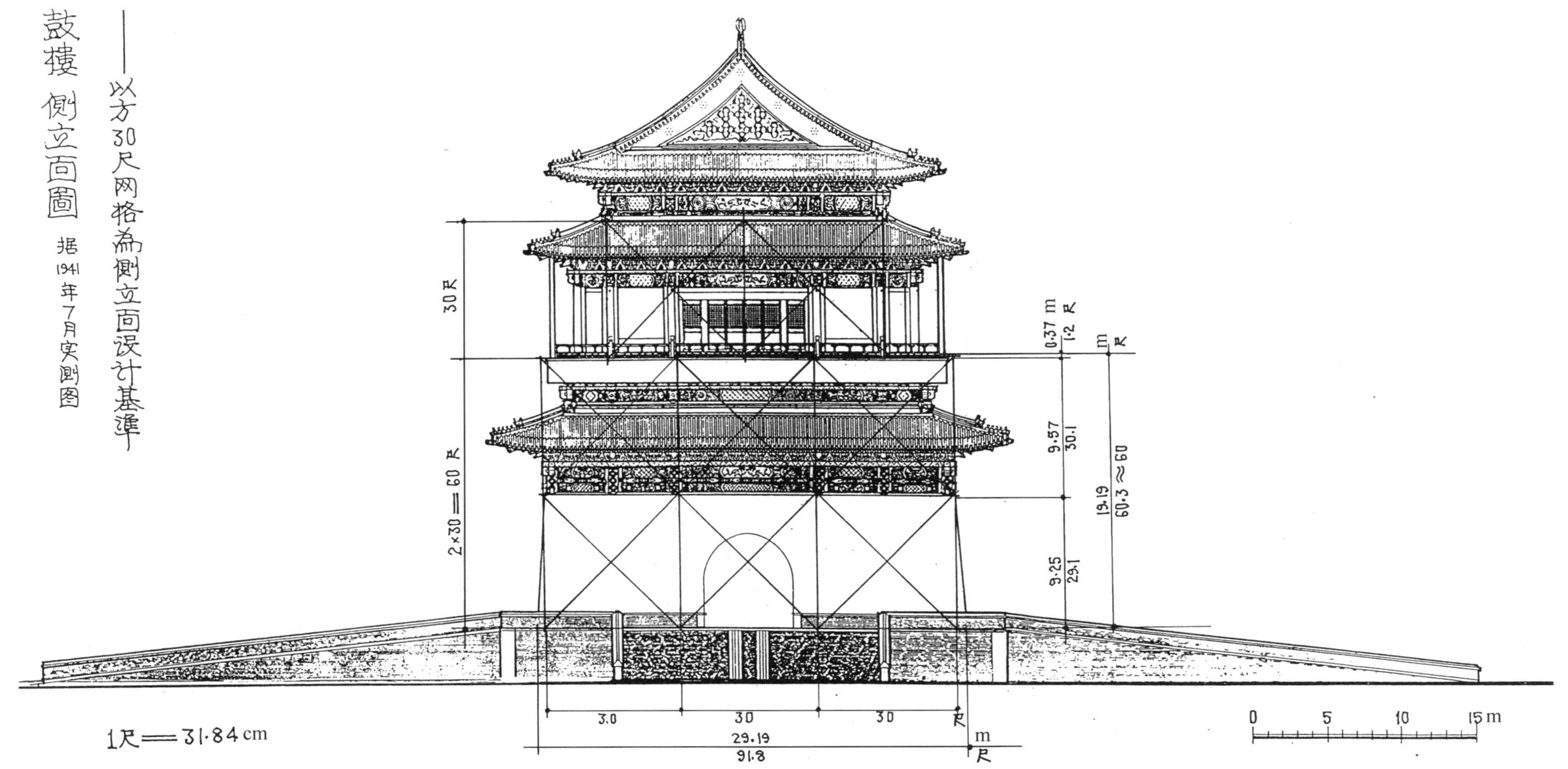

图 3-2-3-21 北京鼓楼侧立面图

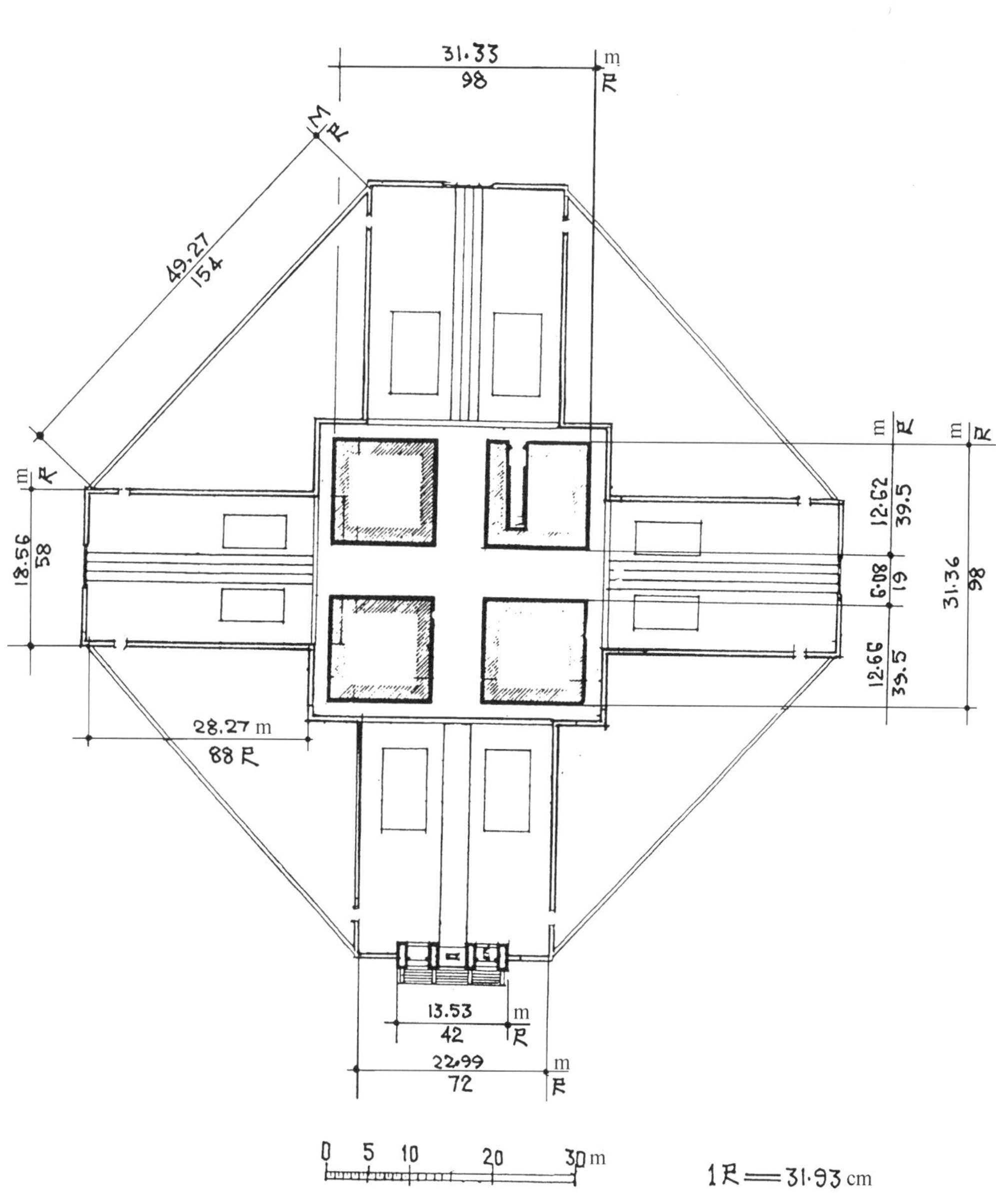

图 3-2-3-22 北京钟楼总平面图

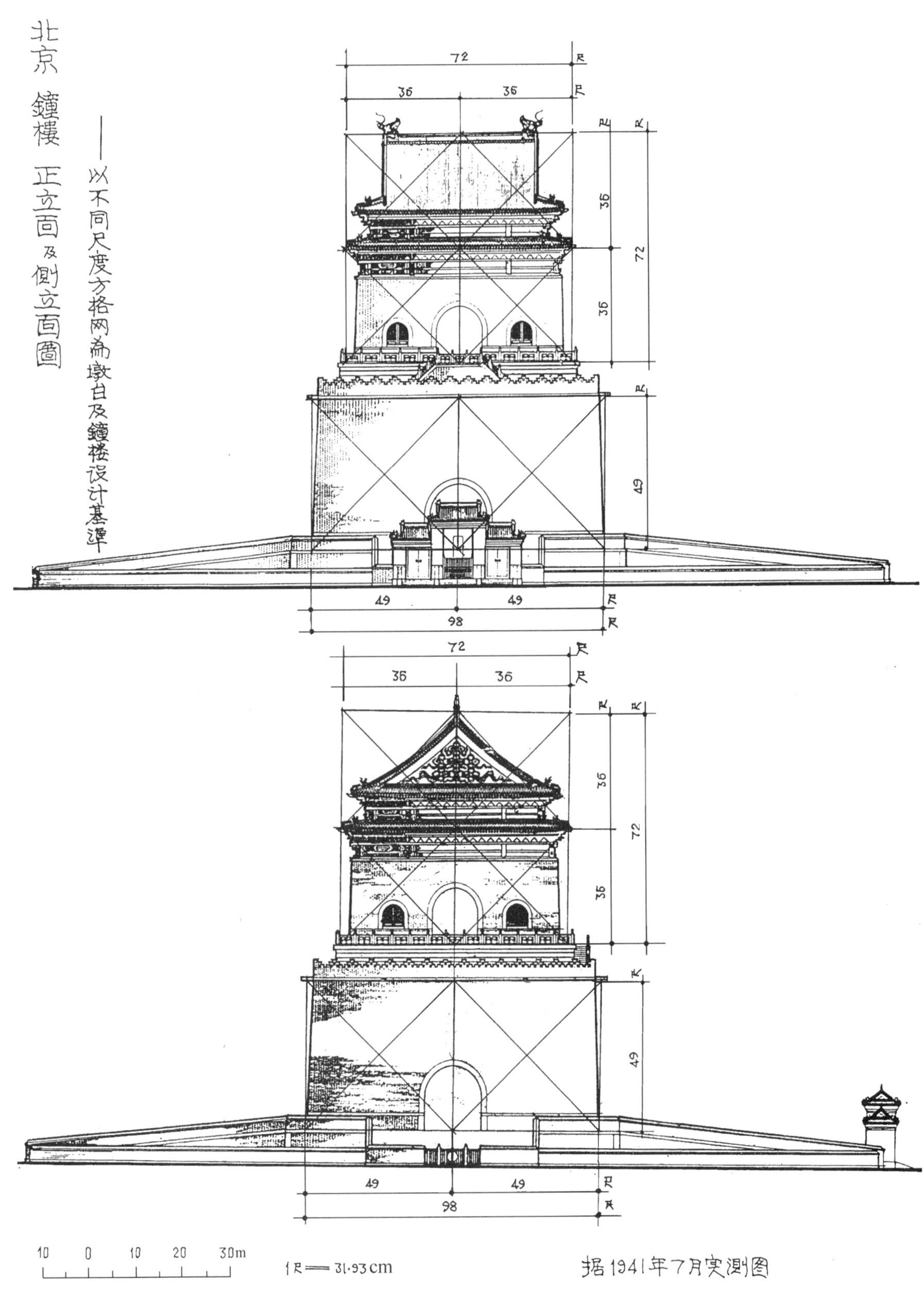

图 3-2-3-23 北京钟楼正立面及侧立面图

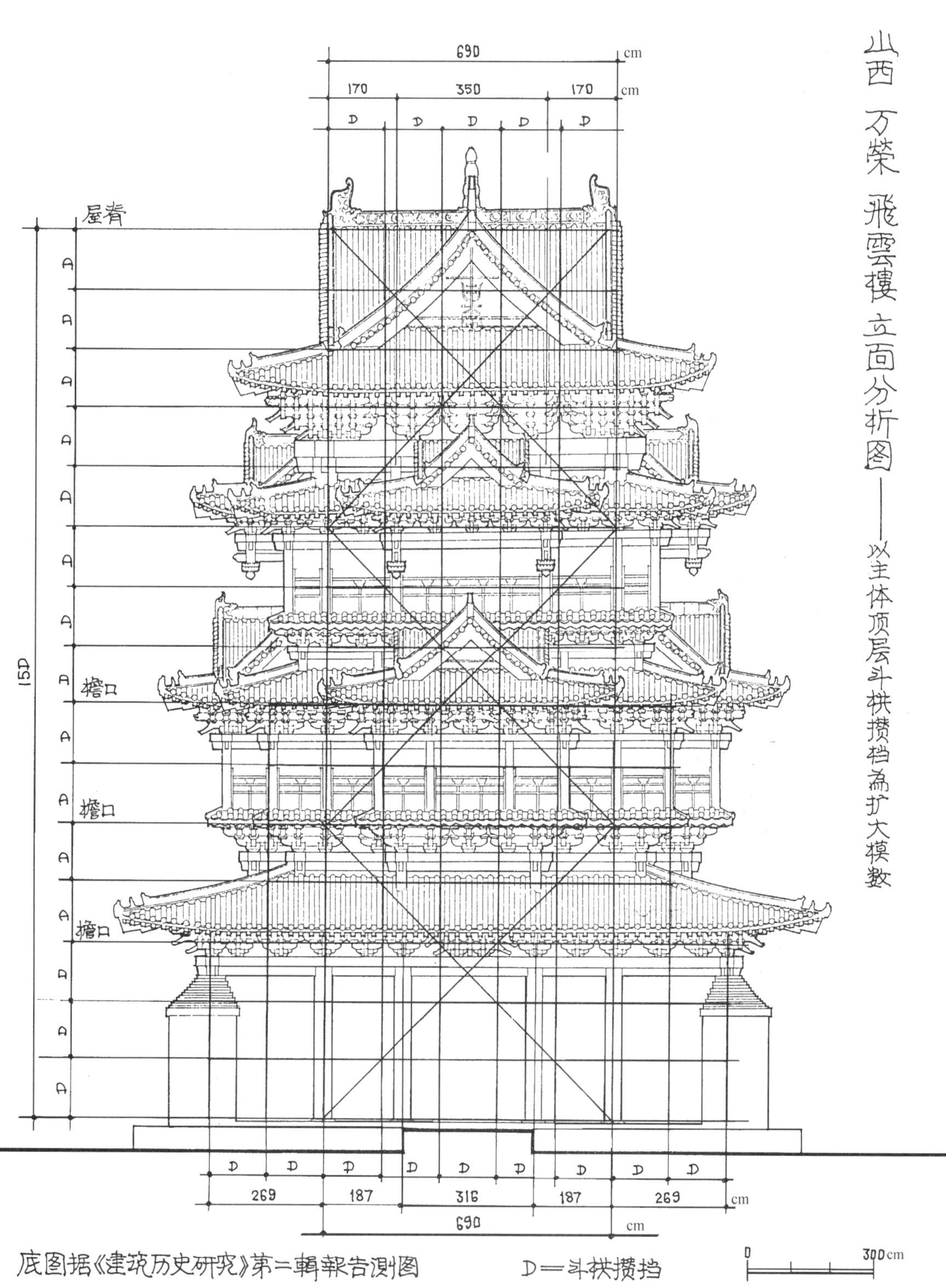

图 3-2-3-24 山西万荣飞云楼立面分析图

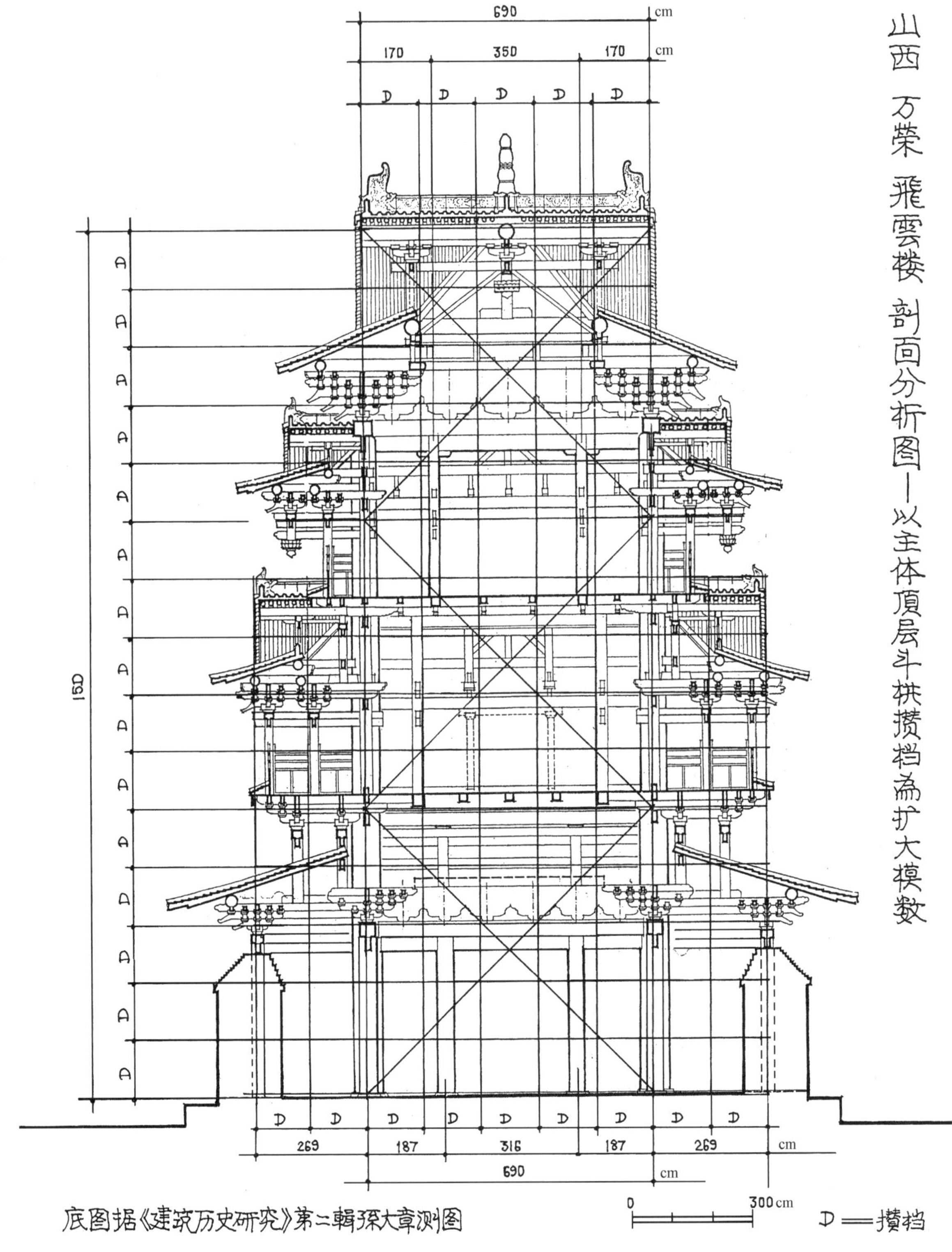

图 3-2-3-25 山西万荣飞云楼剖面分析图

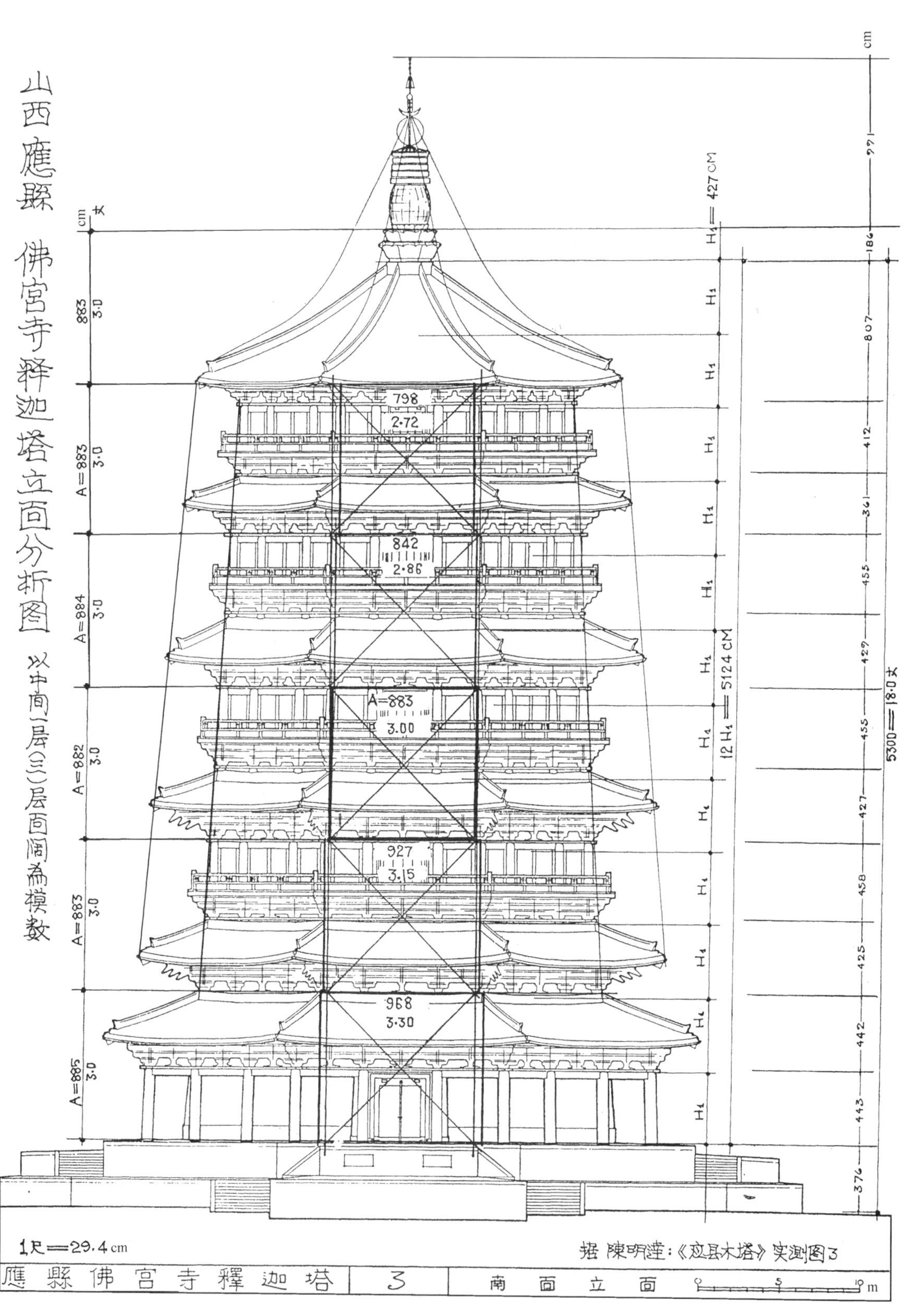

山西應縣 佛宮寺释迦塔立面分析图
以中間(一)层(三)层面闊為模数
1尺＝29.4 cm
據 陳明達:《应县木塔》实测图3
應縣佛宮寺釋迦塔
3
南面立面

图 3-3-1-1 山西应县佛宫寺释迦塔立面分析图

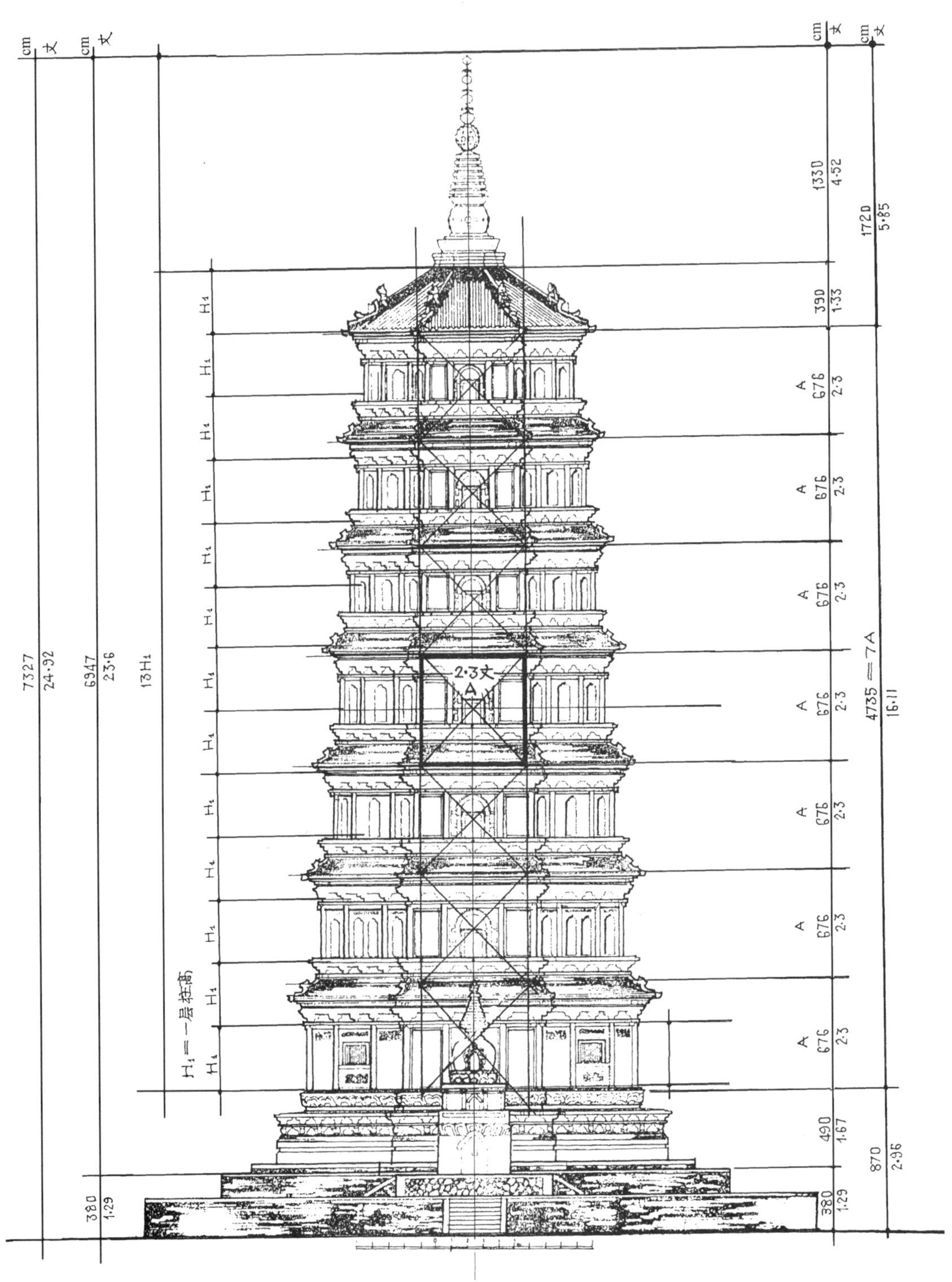

内蒙古　巴林右旗　释迦佛舍利塔(辽庆州白塔)立面图

1尺＝29.4cm

据《文物》1994·12 張瑭君:〈辽庆州释迦佛舍利塔营造历史及其建筑构制〉图二

图 3-3-1-2 内蒙古巴林右旗释迦佛舍利塔（辽庆州白塔）立面图

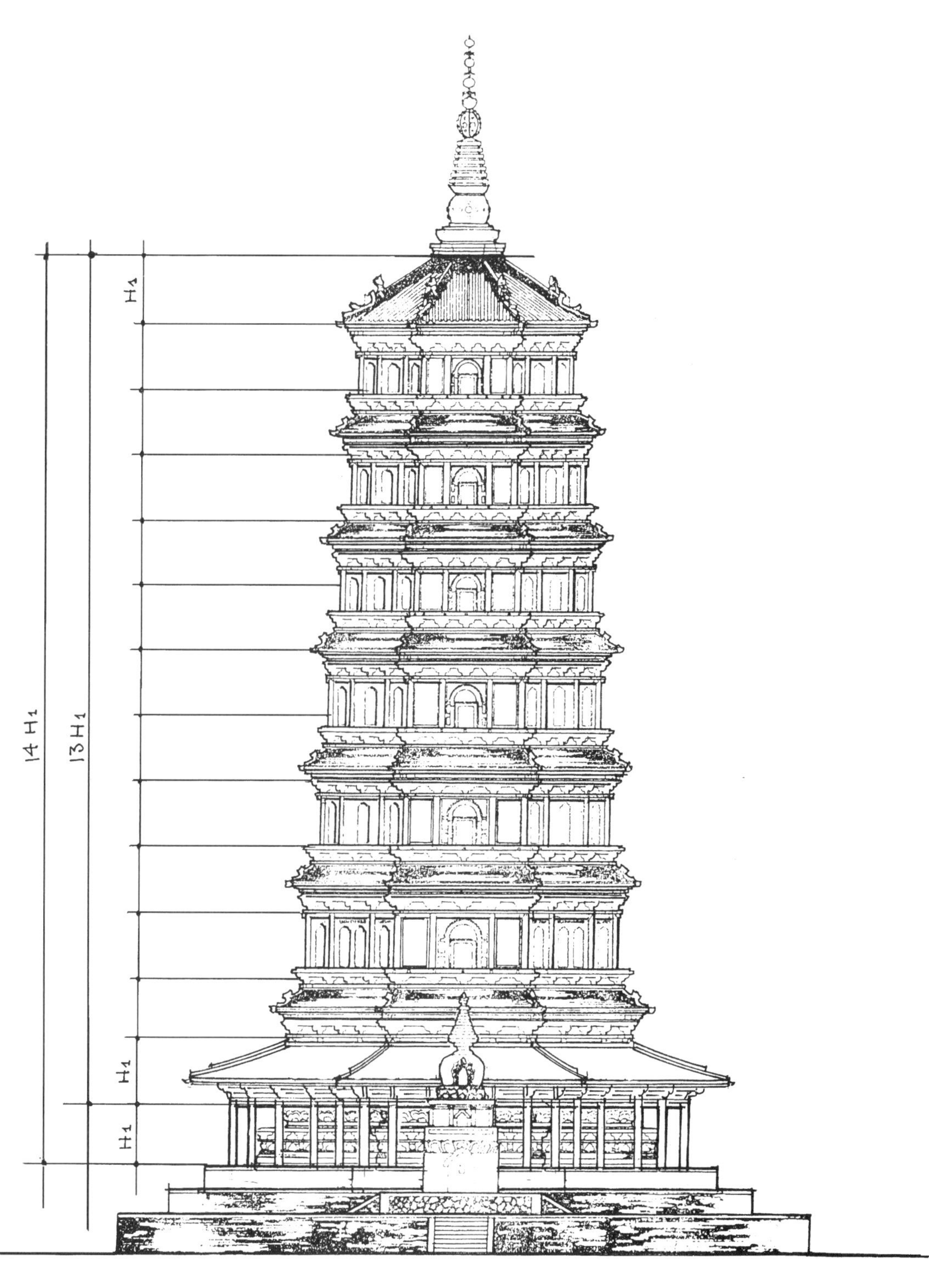

图 3-3-1-3 内蒙古巴林右旗释迦佛舍利塔（辽庆州白塔）推测其下加副阶后之立面图

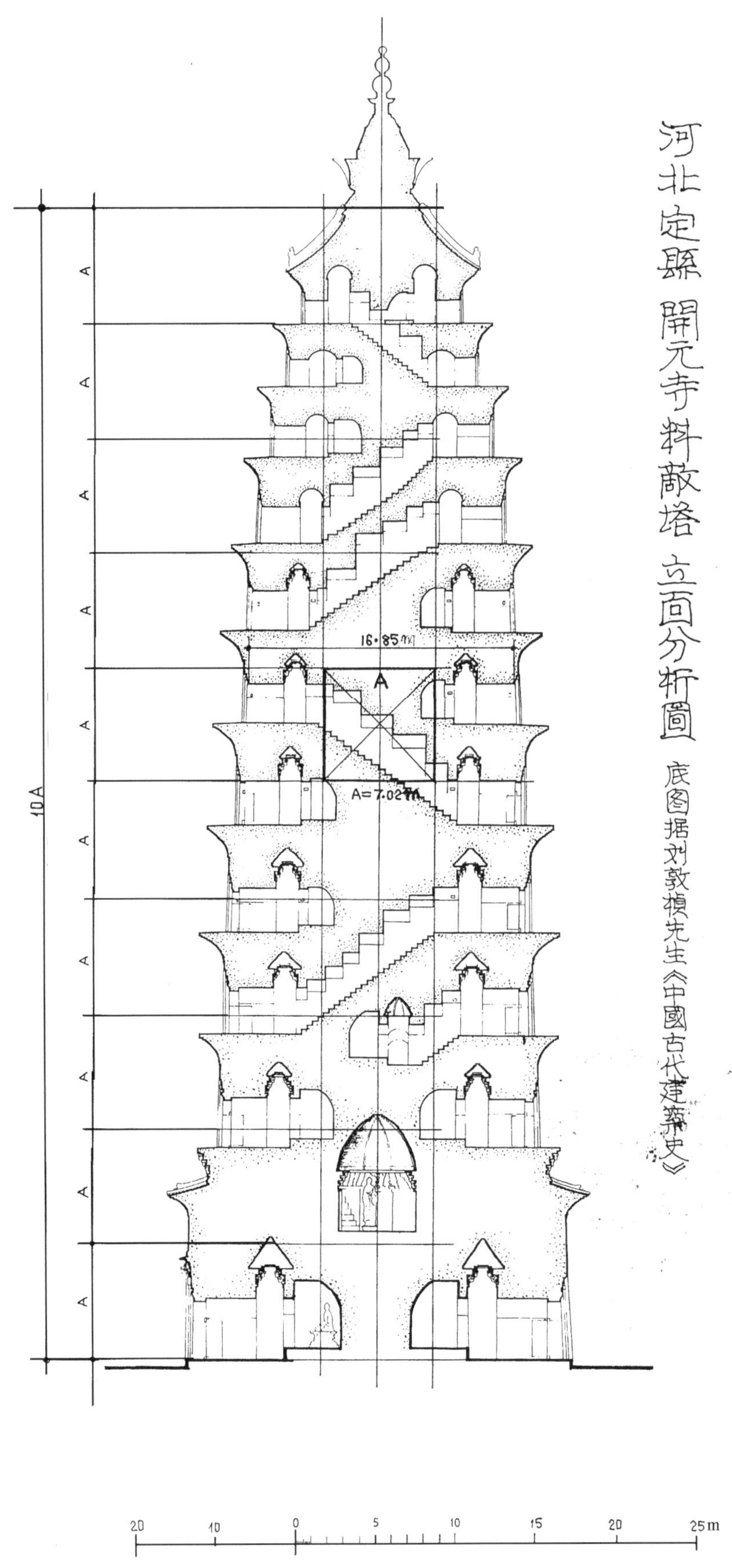

图 3-3-1-4 河北定县开元寺料敌塔立面分析图

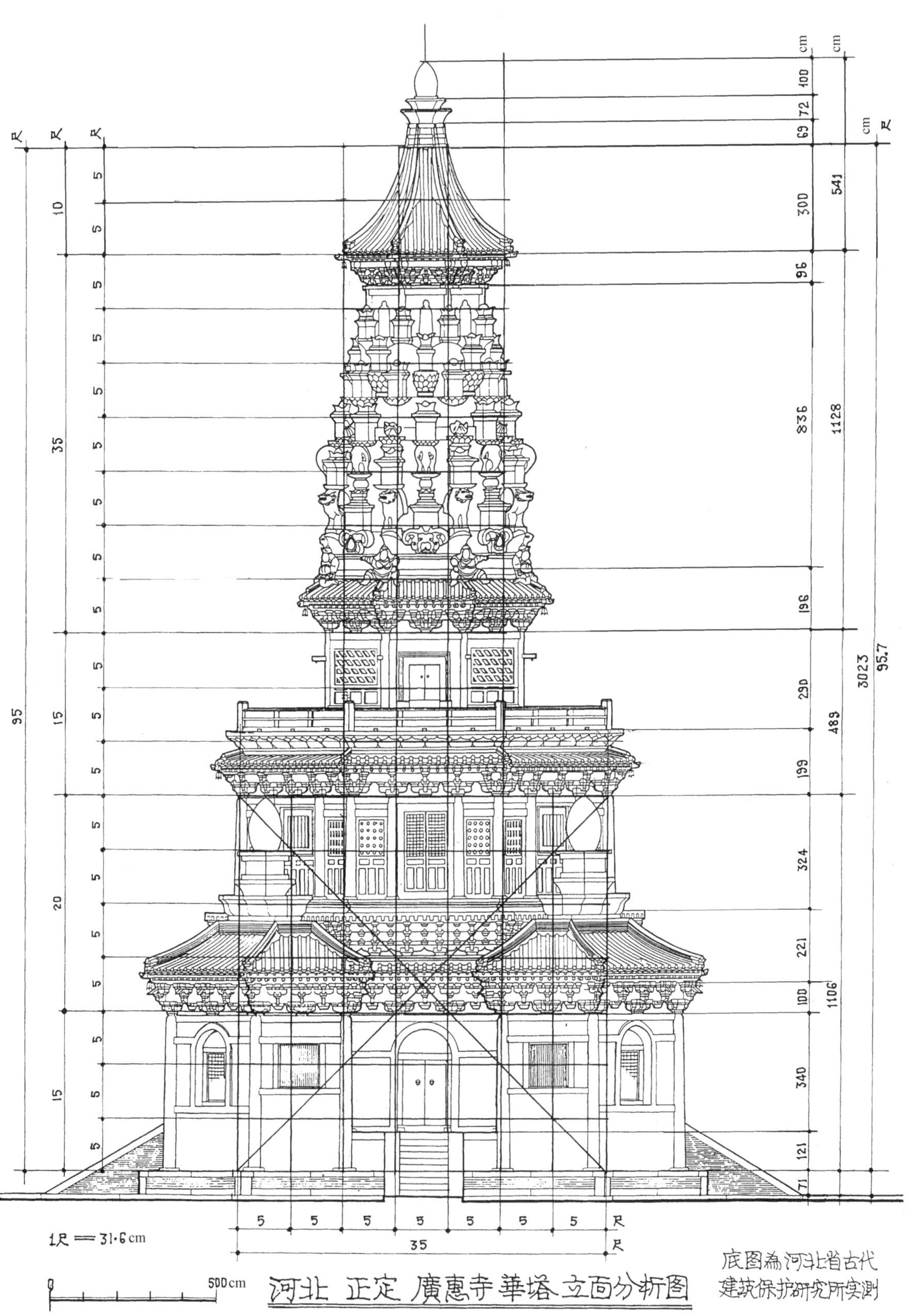

图 3-3-1-5 河北正定广惠寺华塔立面分析图

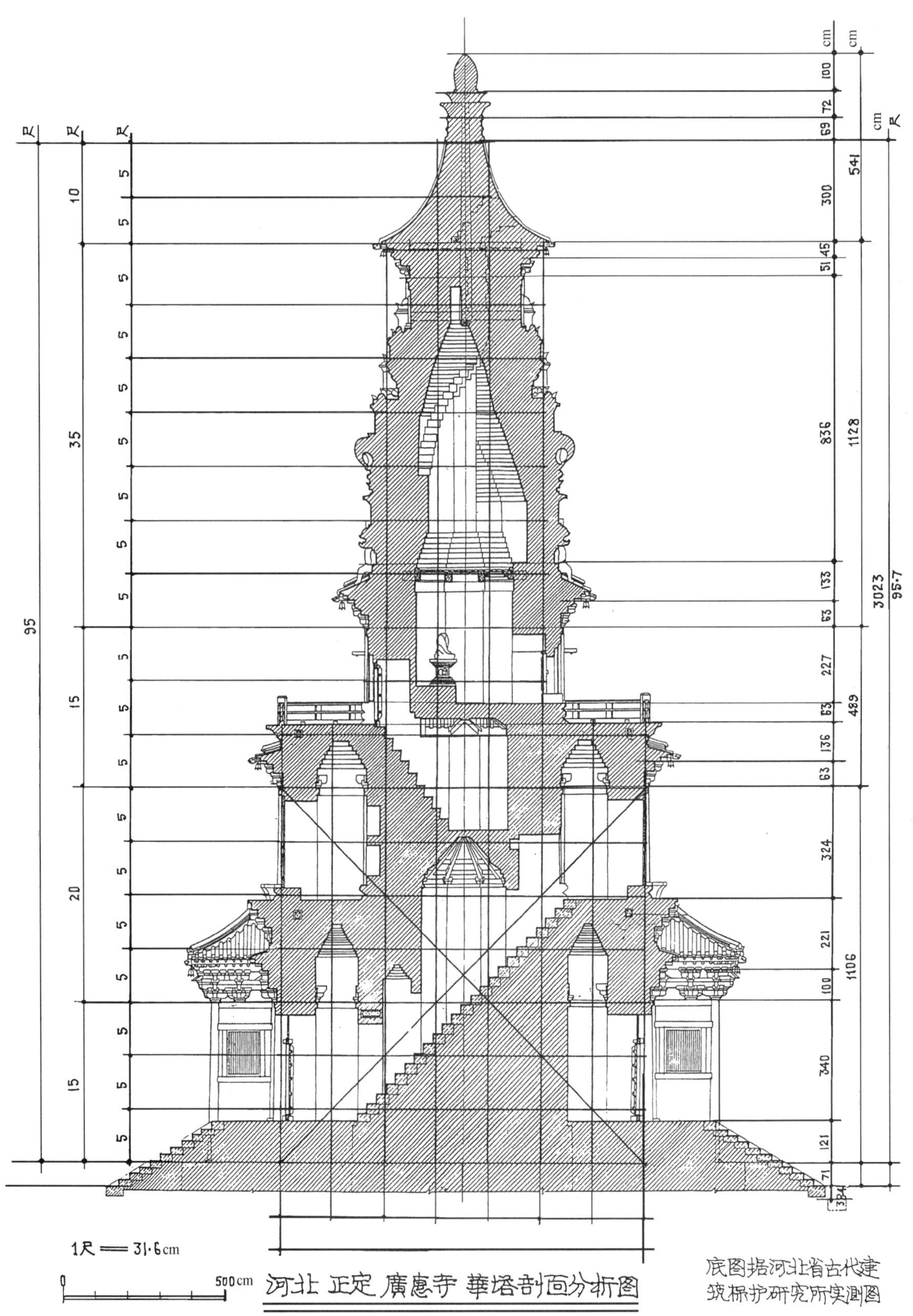

图 3-3-1-6 河北正定广惠寺华塔剖面分析图

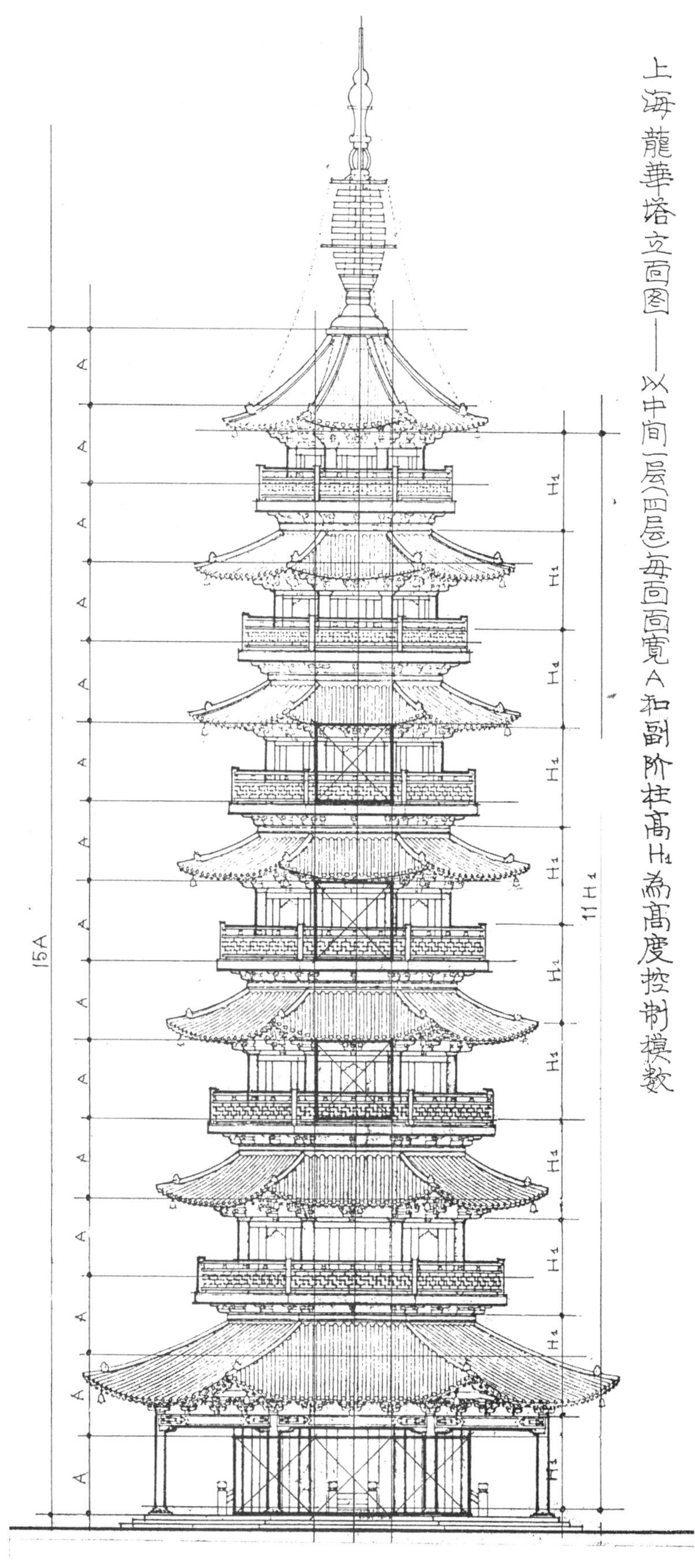

图 3-3-2-1 上海龙华塔立面图

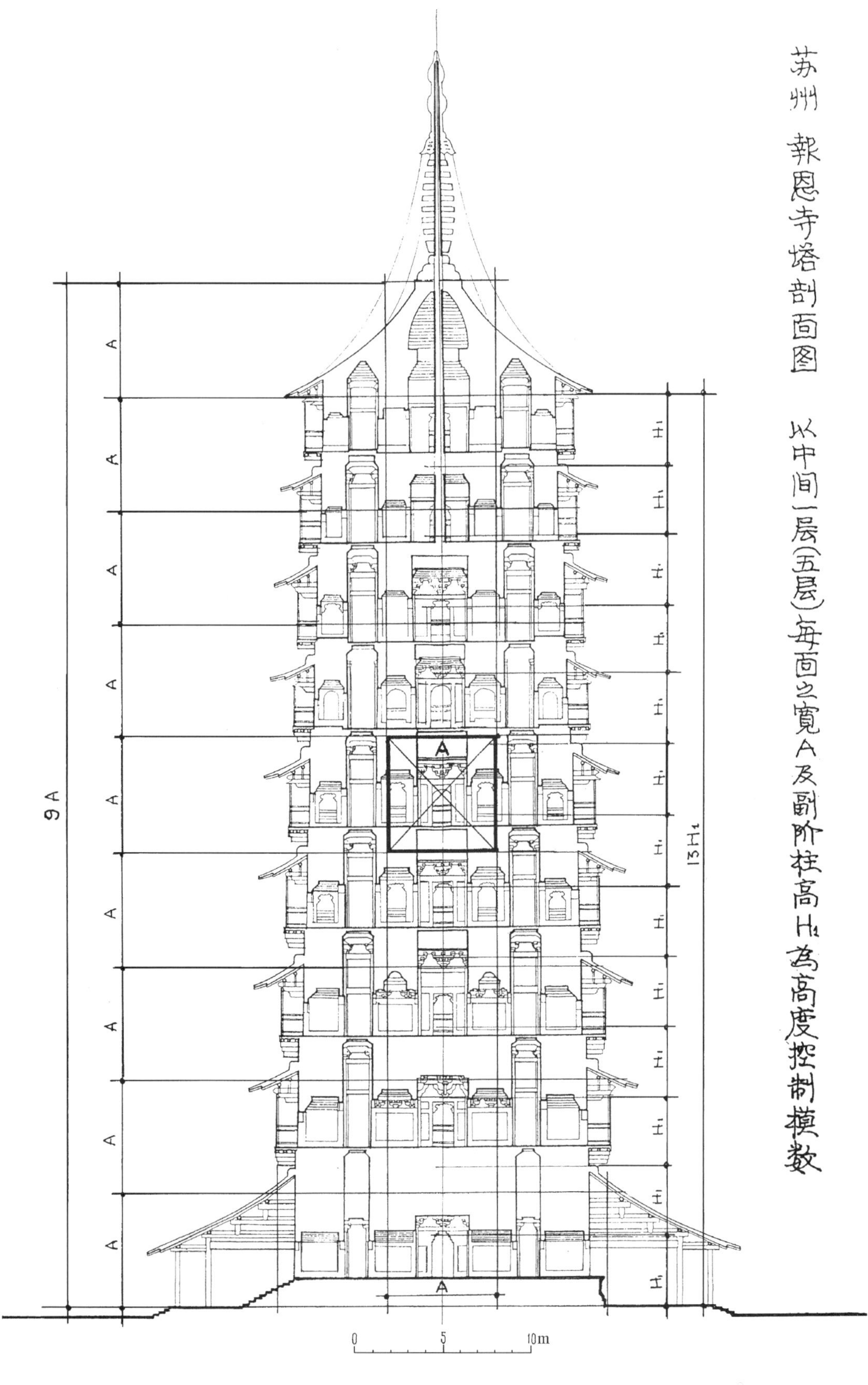

图 3-3-2-2 苏州报恩寺塔剖面图

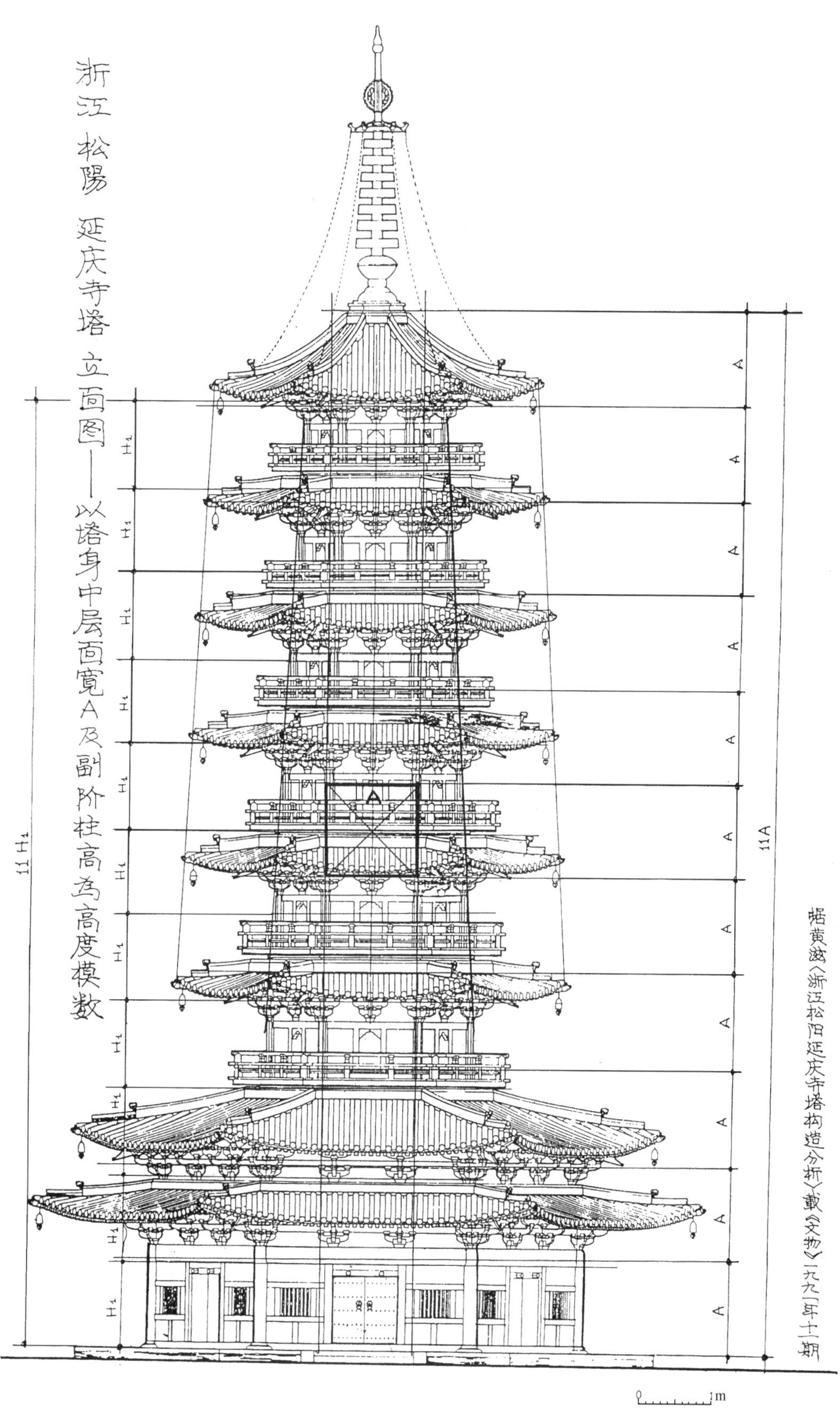

浙江松陽延庆寺塔立面图——以塔身中层面宽A及副阶柱高為高度模数
據黄滋《浙江松阳延庆寺塔构造分析》載《文物》一九九一年十一期
11A
11H1
A
H1
1m

图 3-3-2-3 浙江松阳延庆寺塔立面图

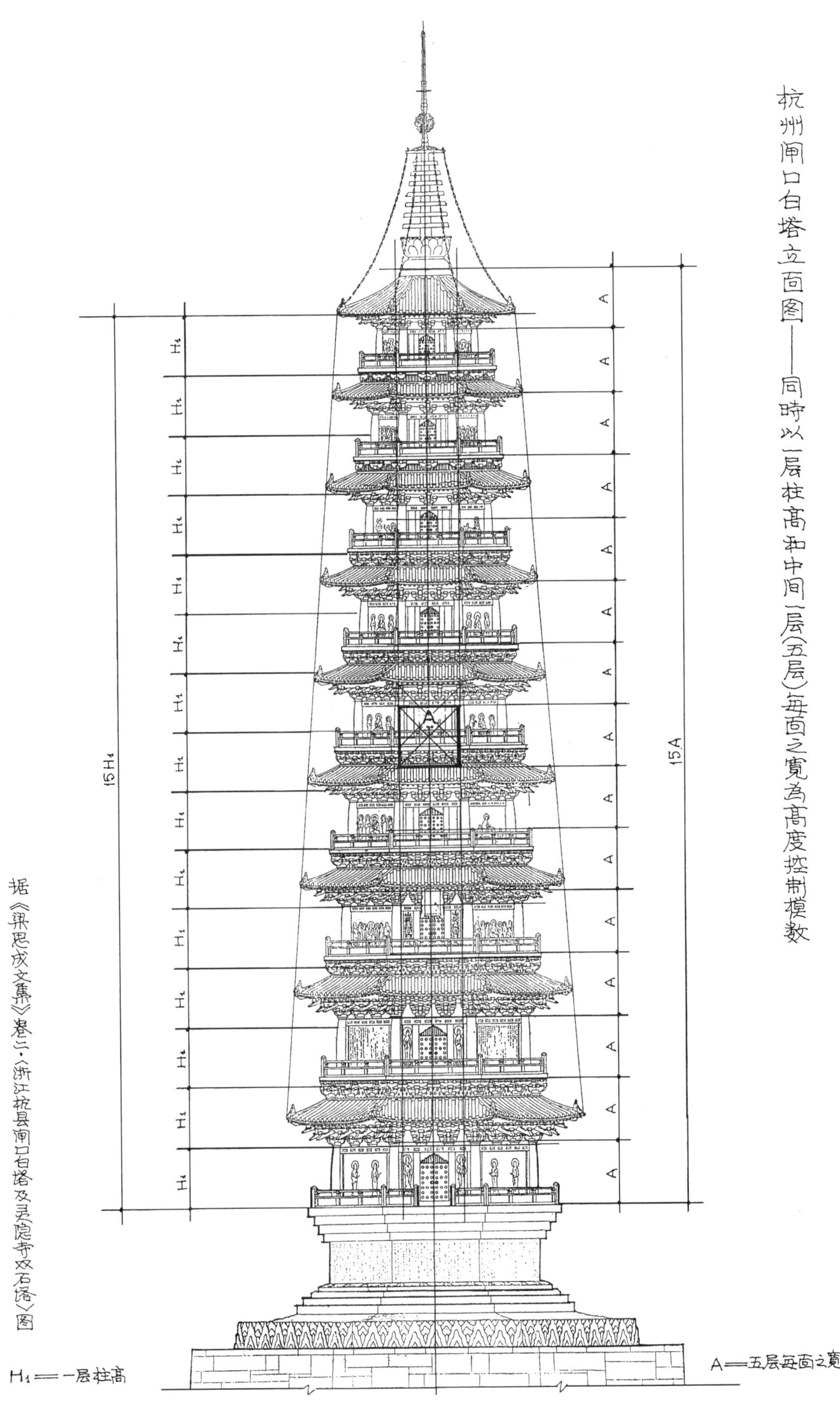

图 3-3-2-4 杭州闸口白塔立面图

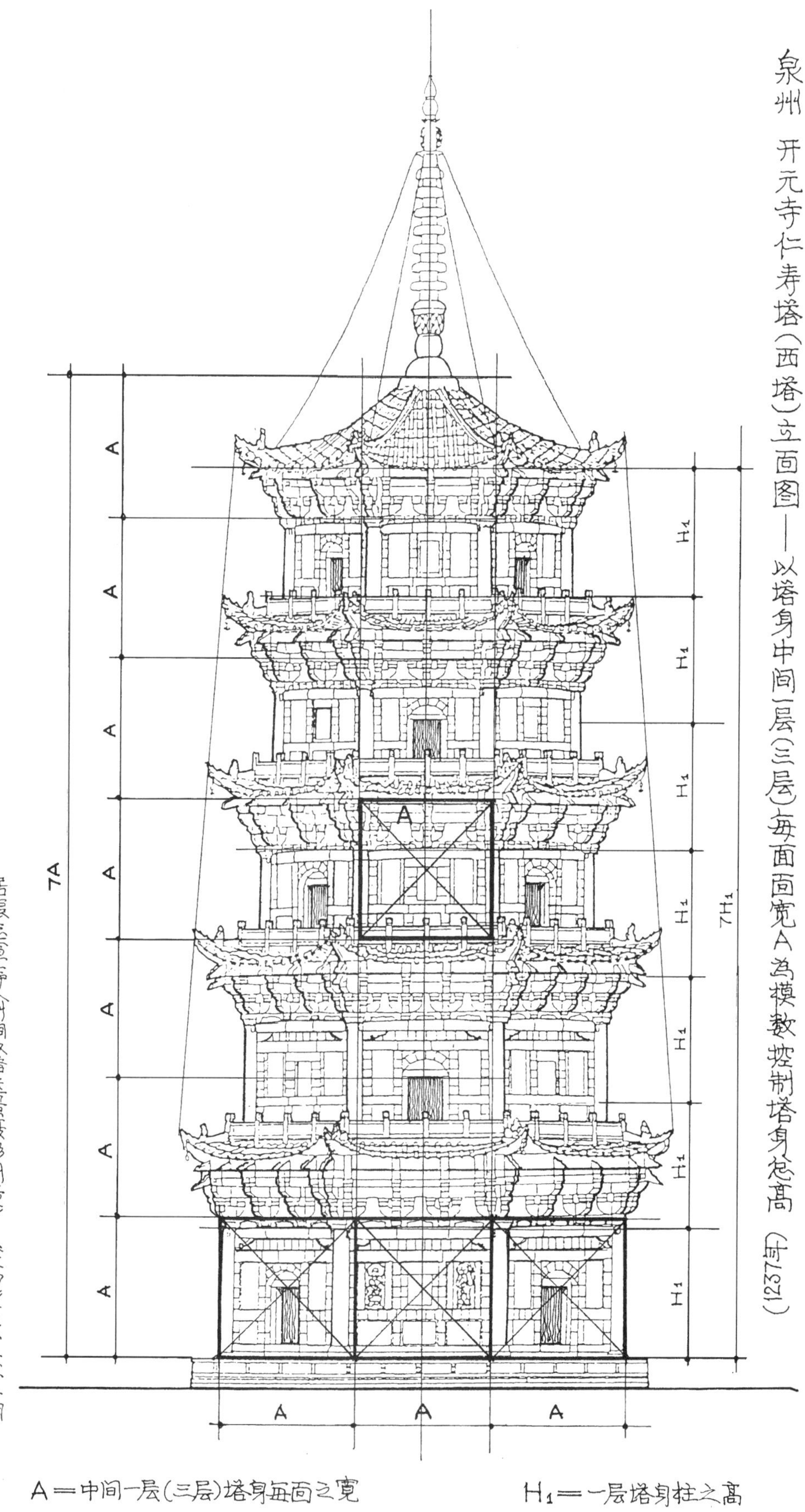

图 3-3-2-5 泉州开元寺仁寿塔（西塔）立面图

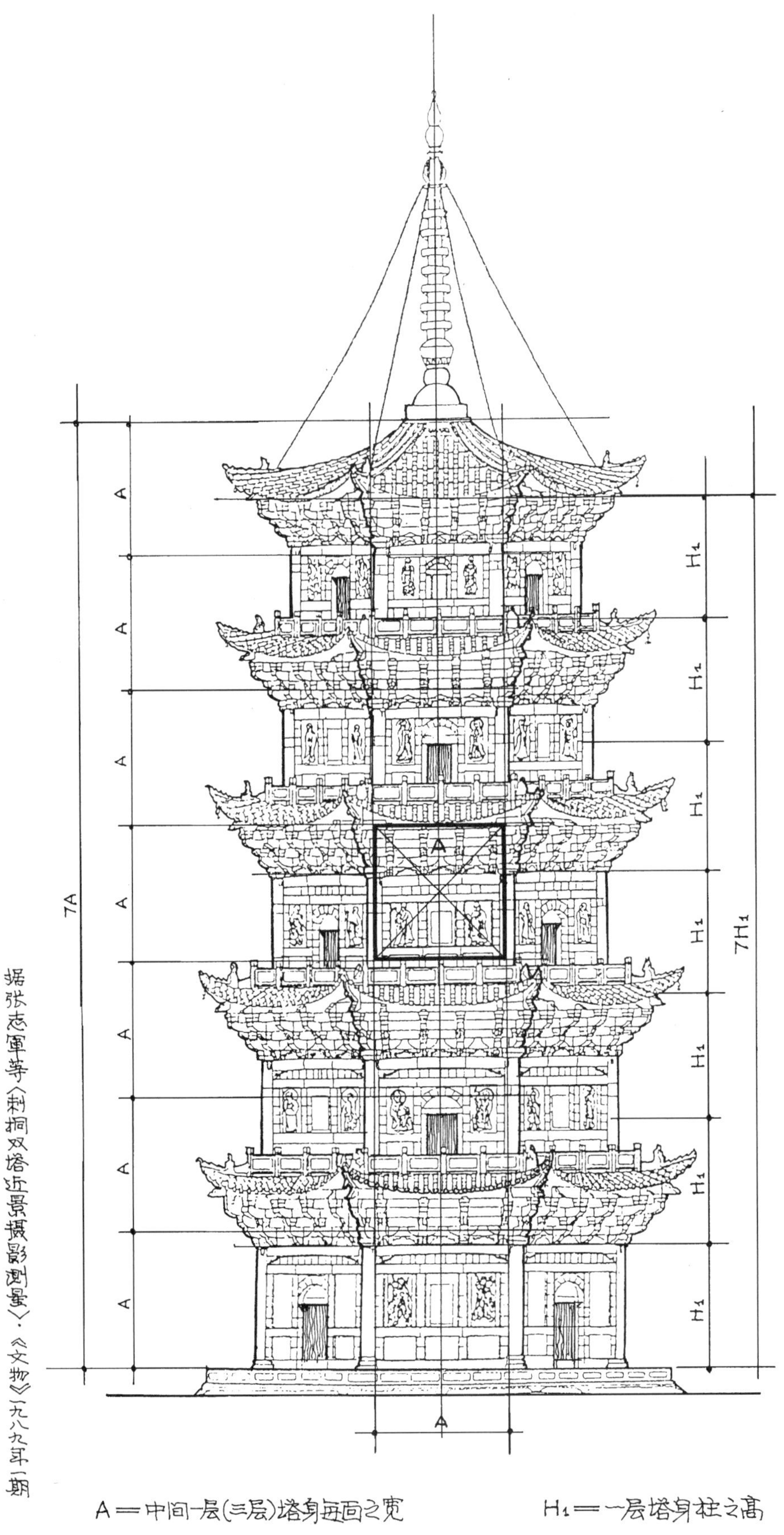

图 3-3-2-6 泉州开元寺镇国塔(东塔)立面图

图 3-3- 附 -1 山西大同云冈石窟第五窟后室南壁五重塔

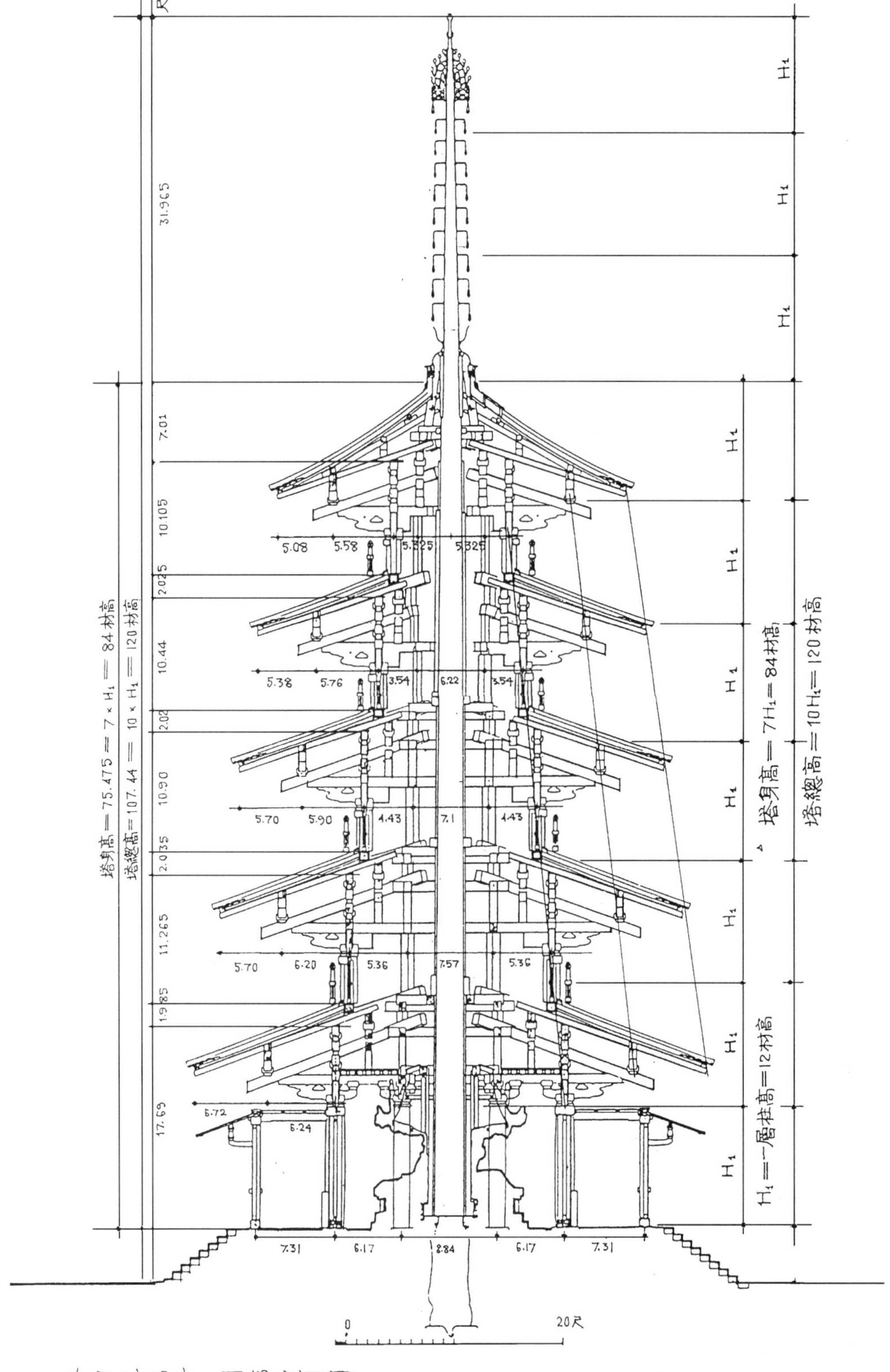

奈良法隆寺五重塔剖面圖 引自日本《國寶法隆寺五重塔修理工事報告書》圖1220

——以一層柱高為塔身總高的模數 五重塔高＝5+2＝7H₁

图 3-3- 附 -2 日本国奈良法隆寺五重塔剖面图

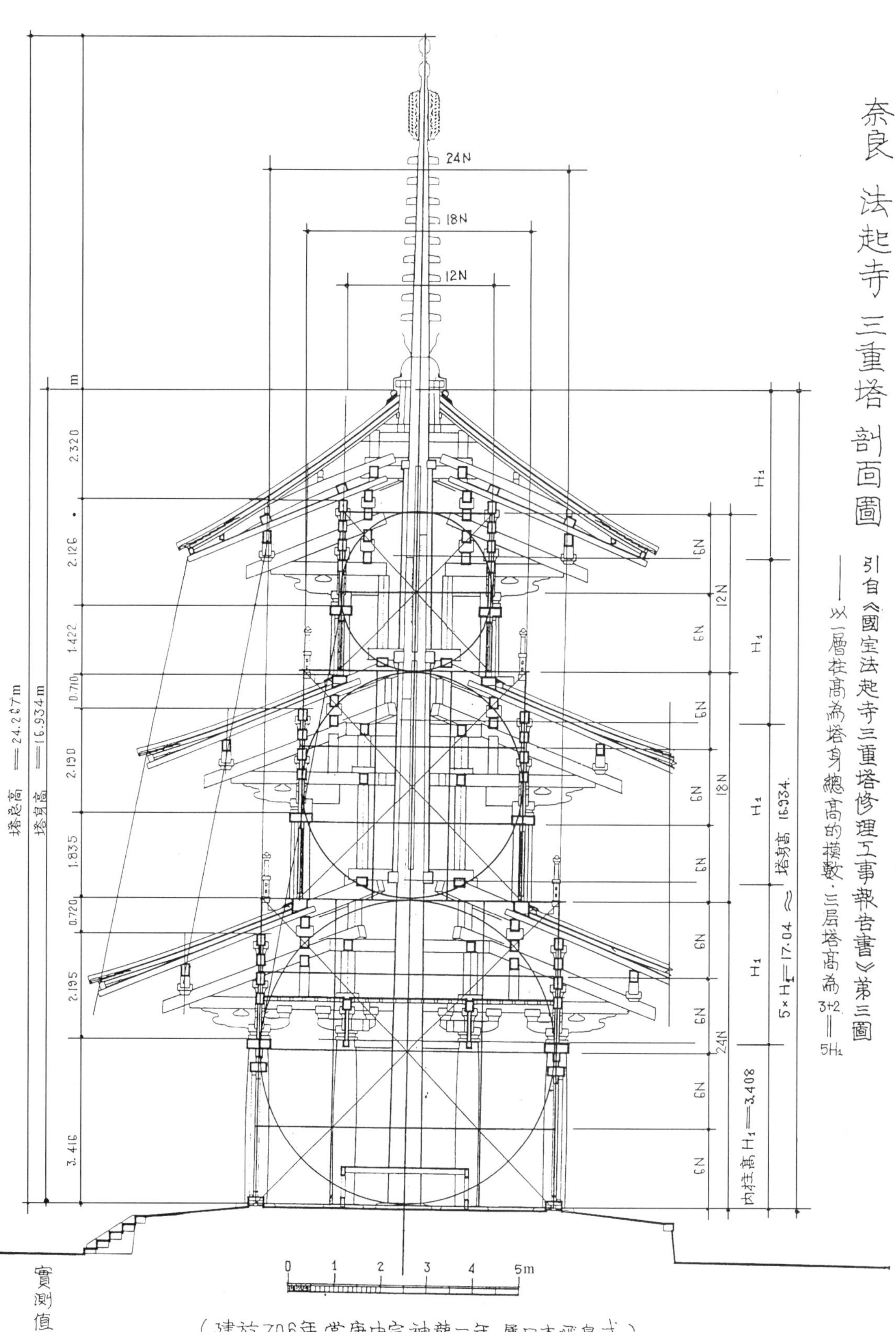

图 3-3- 附 -3 日本国奈良法起寺三重塔剖面图

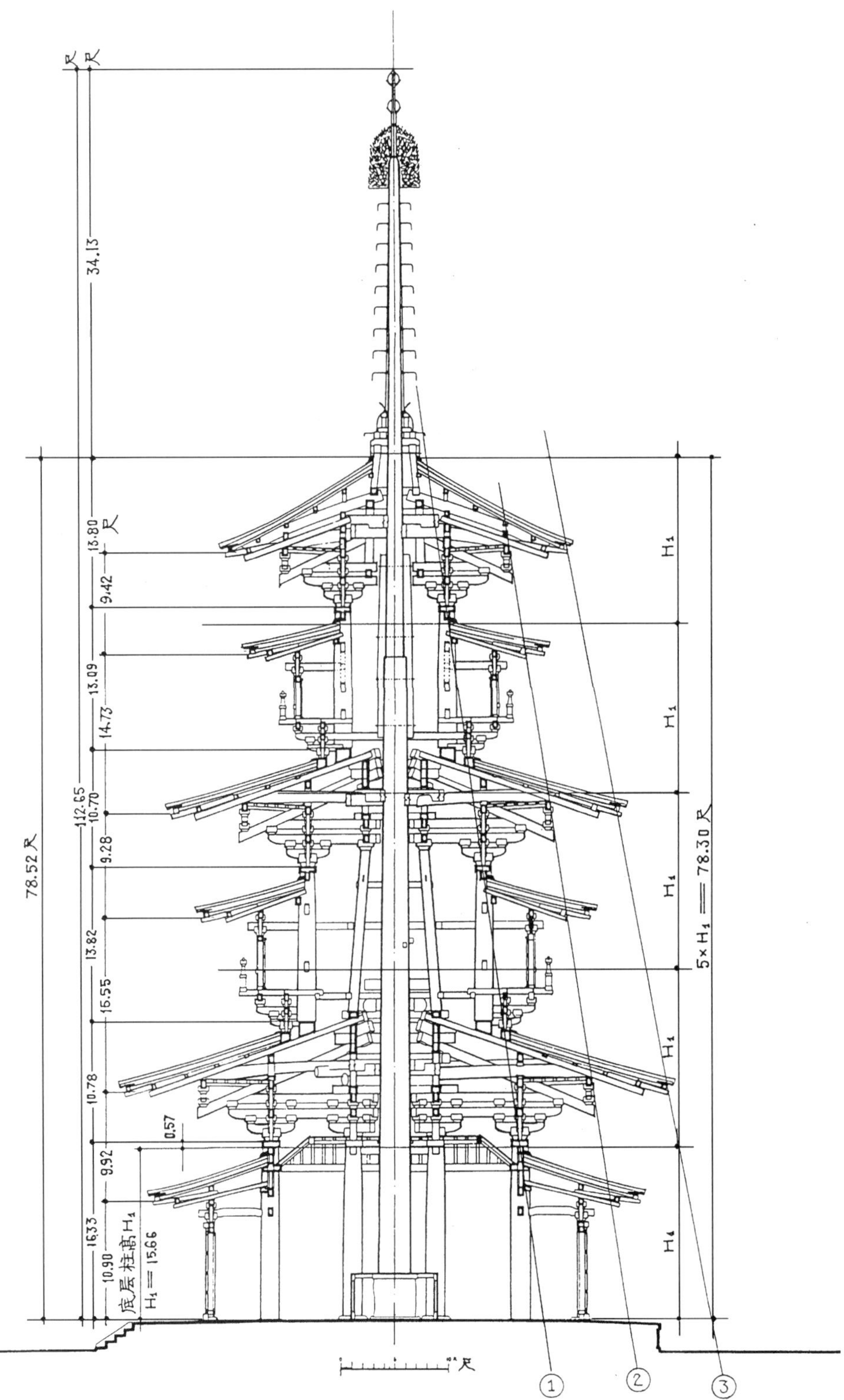

奈良 藥師寺 東塔 剖面圖 引自《藥師寺東塔に關する調查報告書》

——以底層塔身柱高為塔身總高的模數 三层塔高＝3+2＝$5H_1$

图 3-3- 附 -4 日本国奈良药师寺东塔剖面图

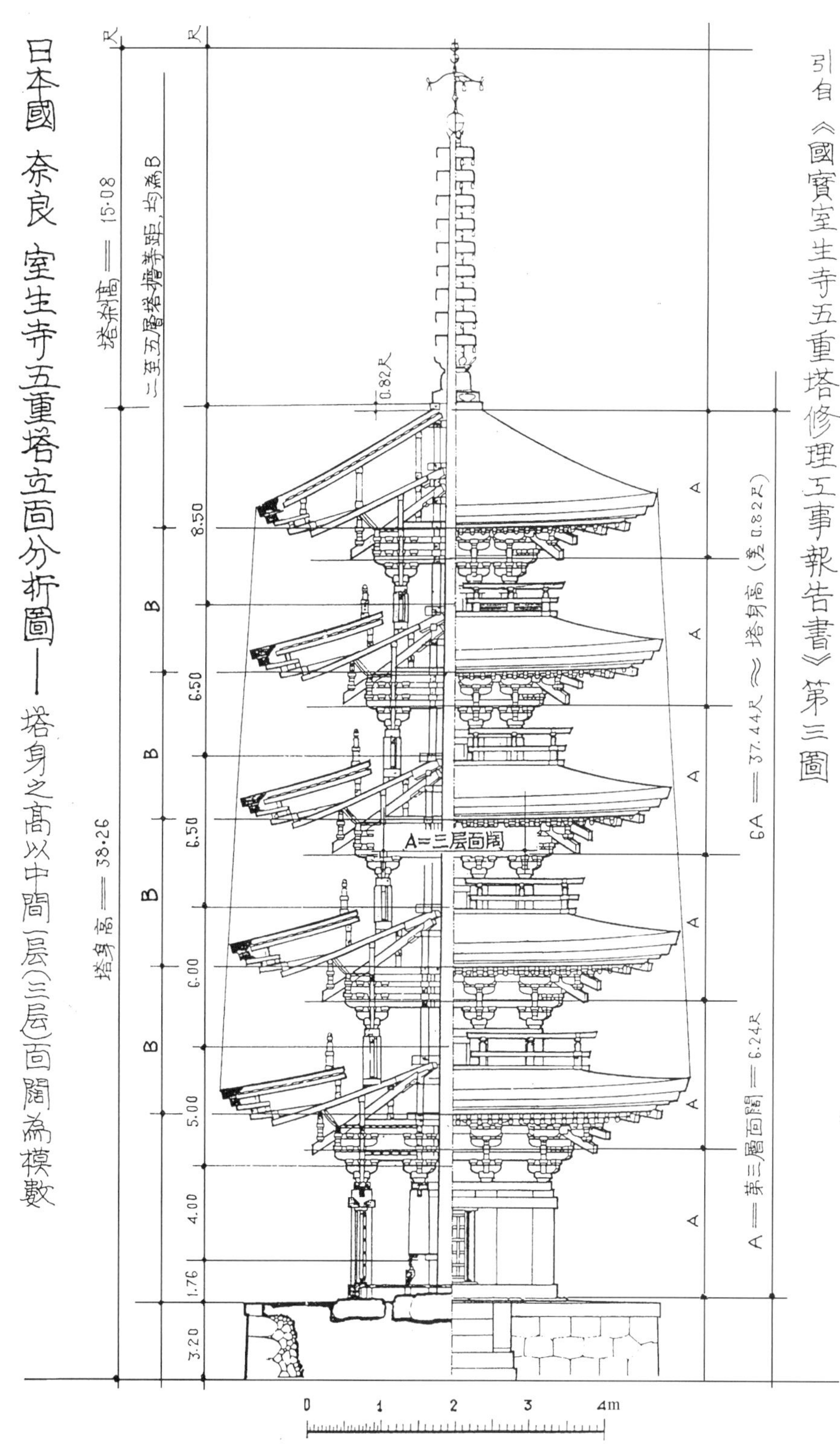

图 3-3- 附 -5 日本国奈良室生寺五重塔立面及剖面图

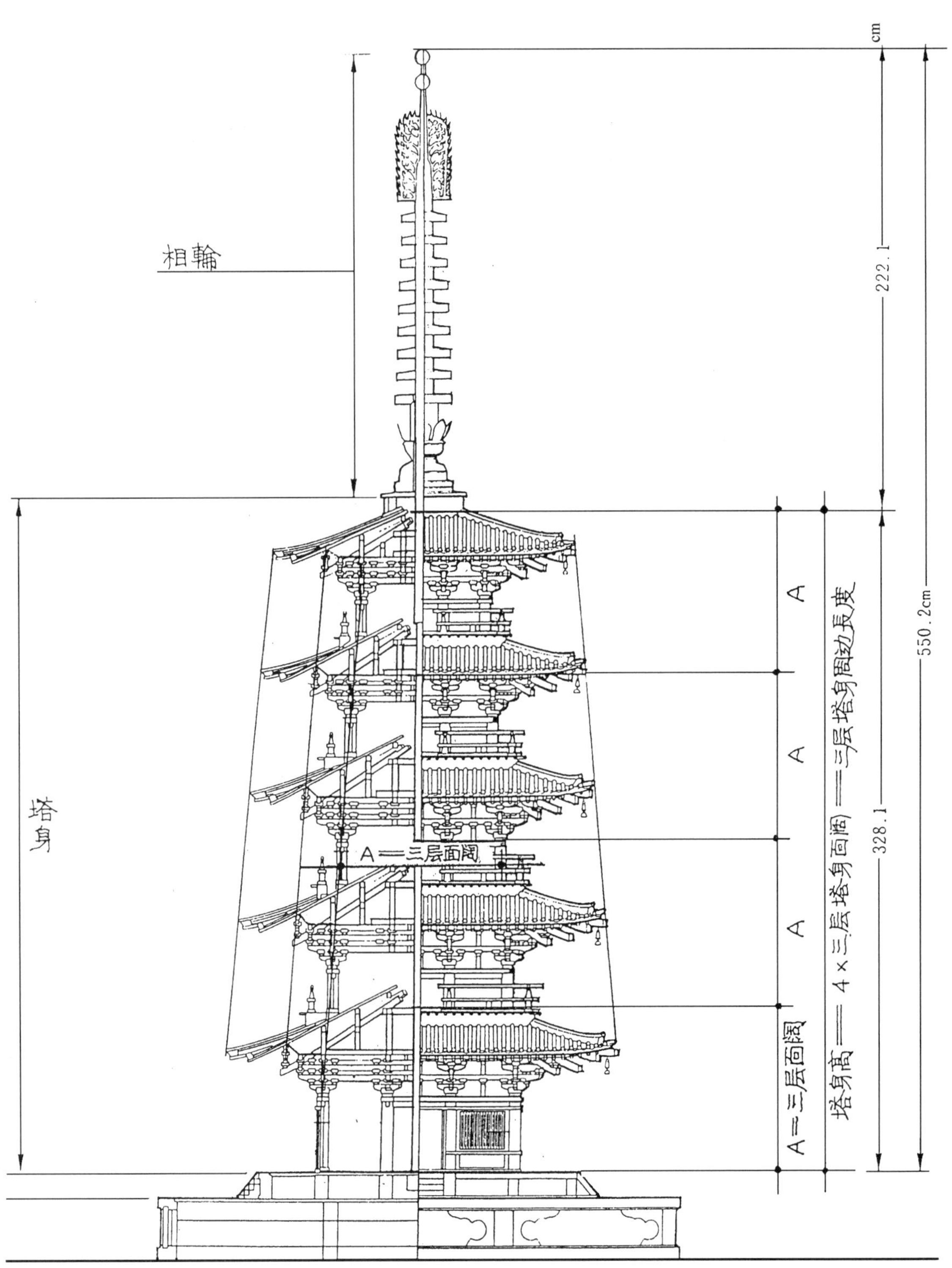

图 3-3- 附 -6 日本国奈良元兴寺极乐坊五重小塔

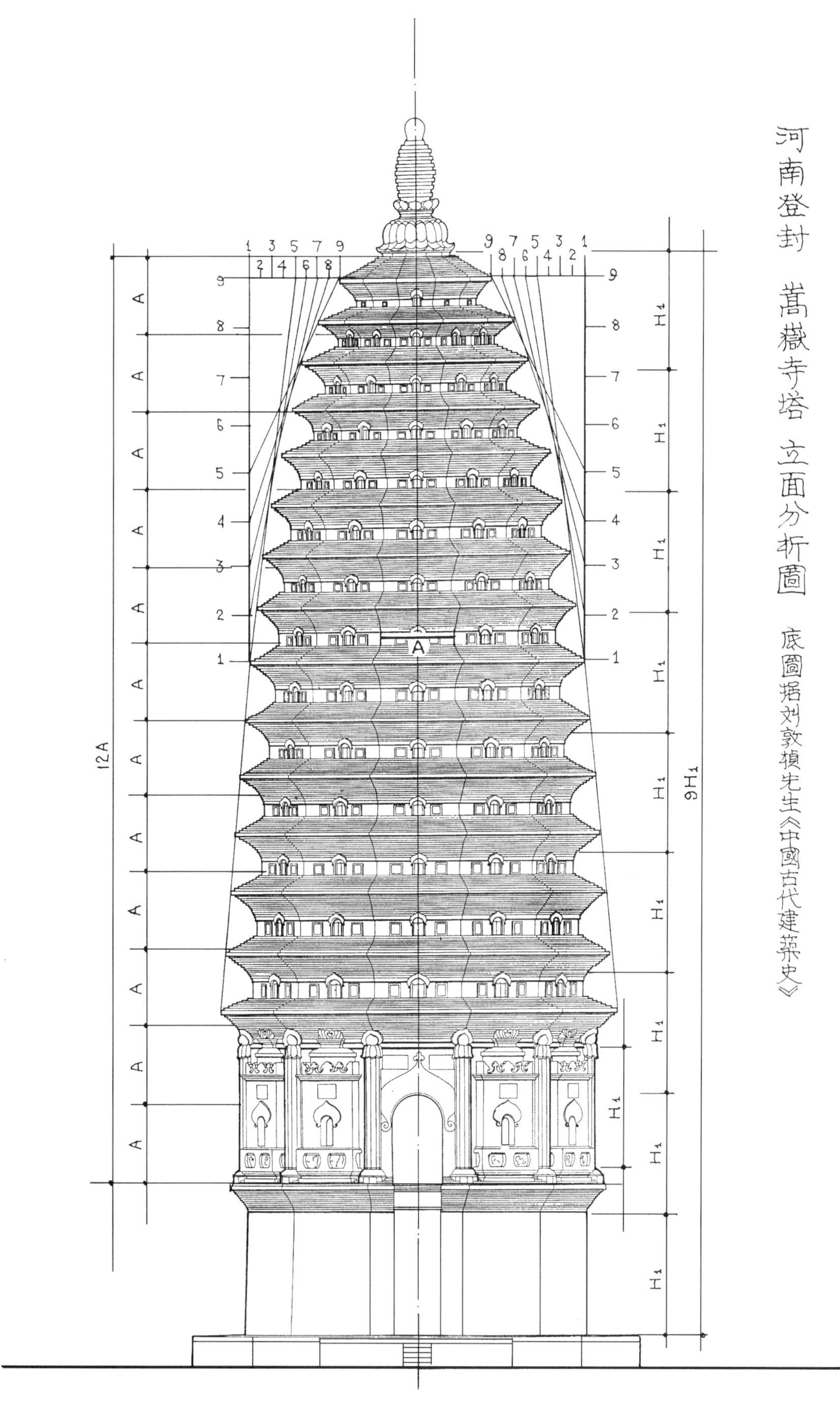

图 3-4-1 河南登封嵩岳寺塔立面分析图

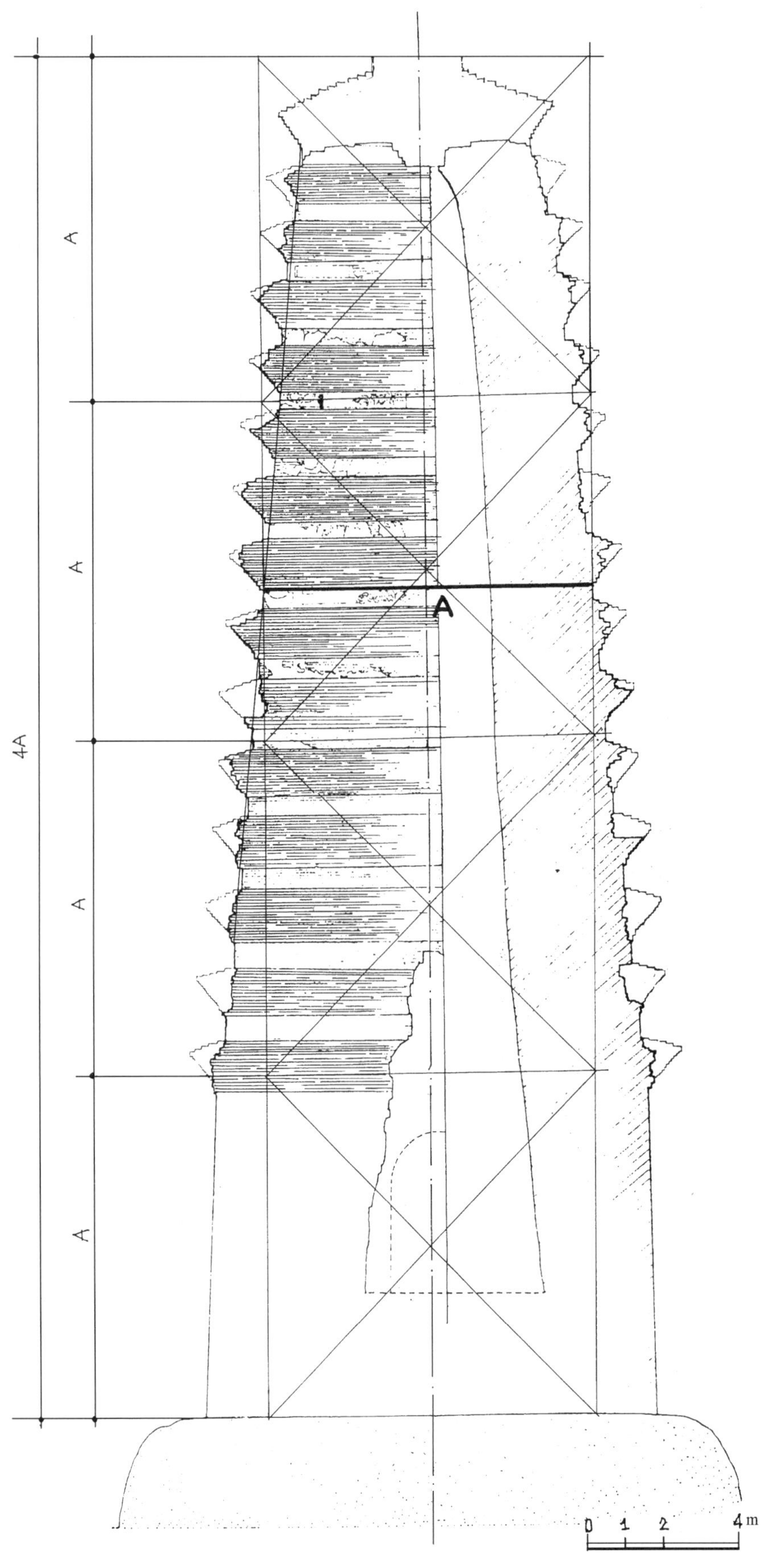

图 3-4-2-1 朝阳北塔唐代塔身剖面图

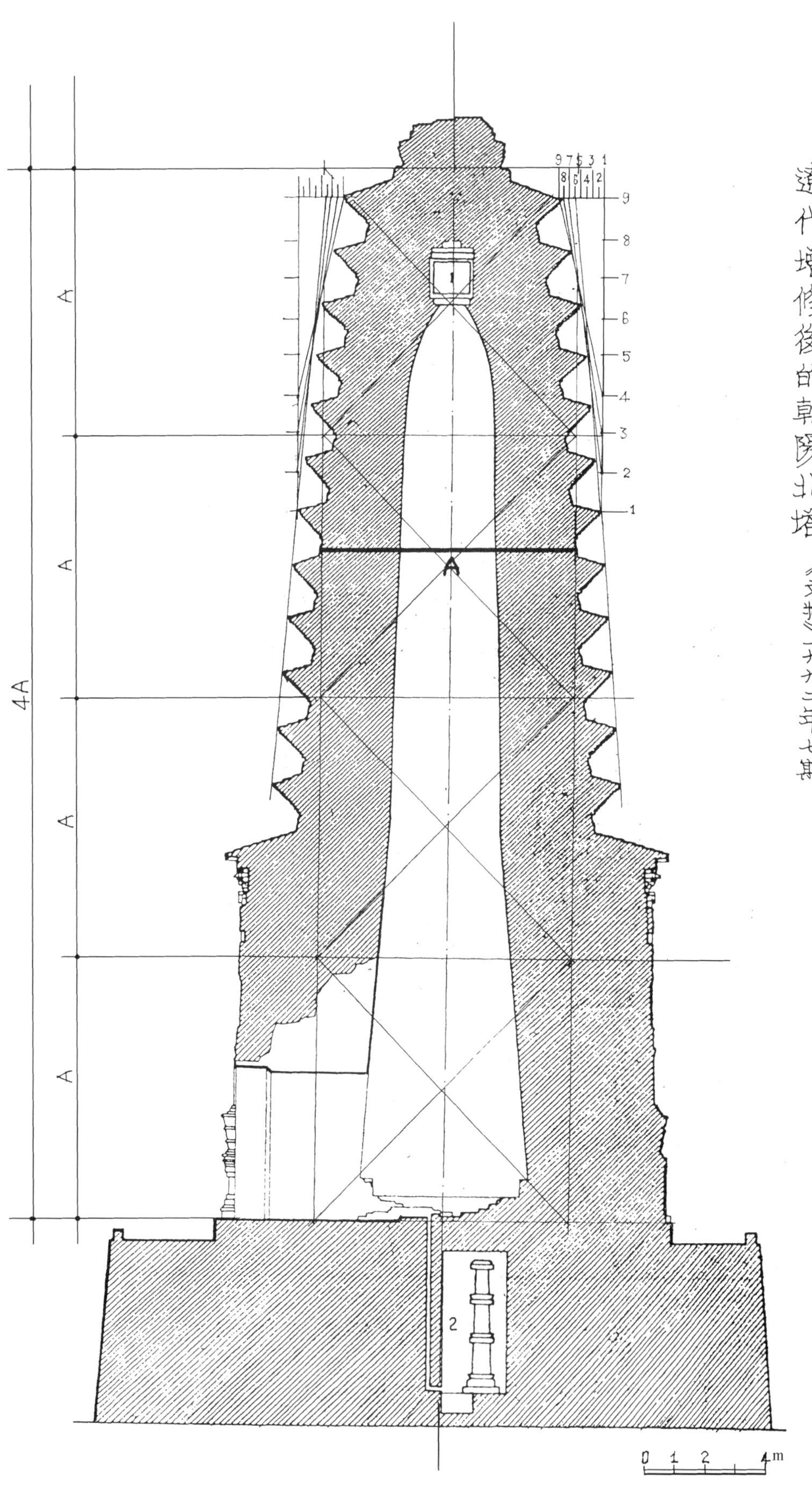

图 3-4-2-2 辽代增修后的朝阳北塔剖面图

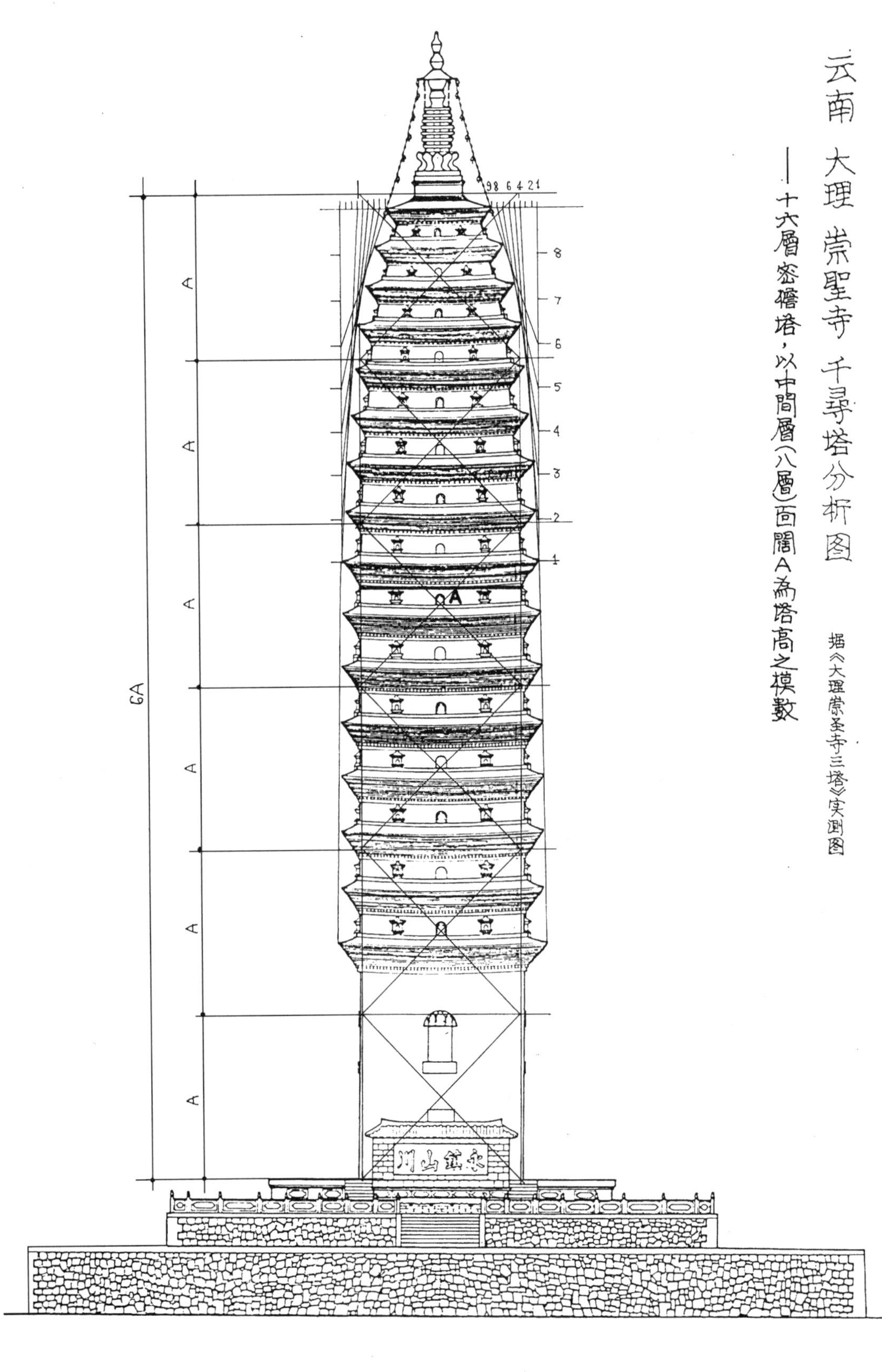

图 3-4-2-3 云南大理崇圣寺千寻塔分析图

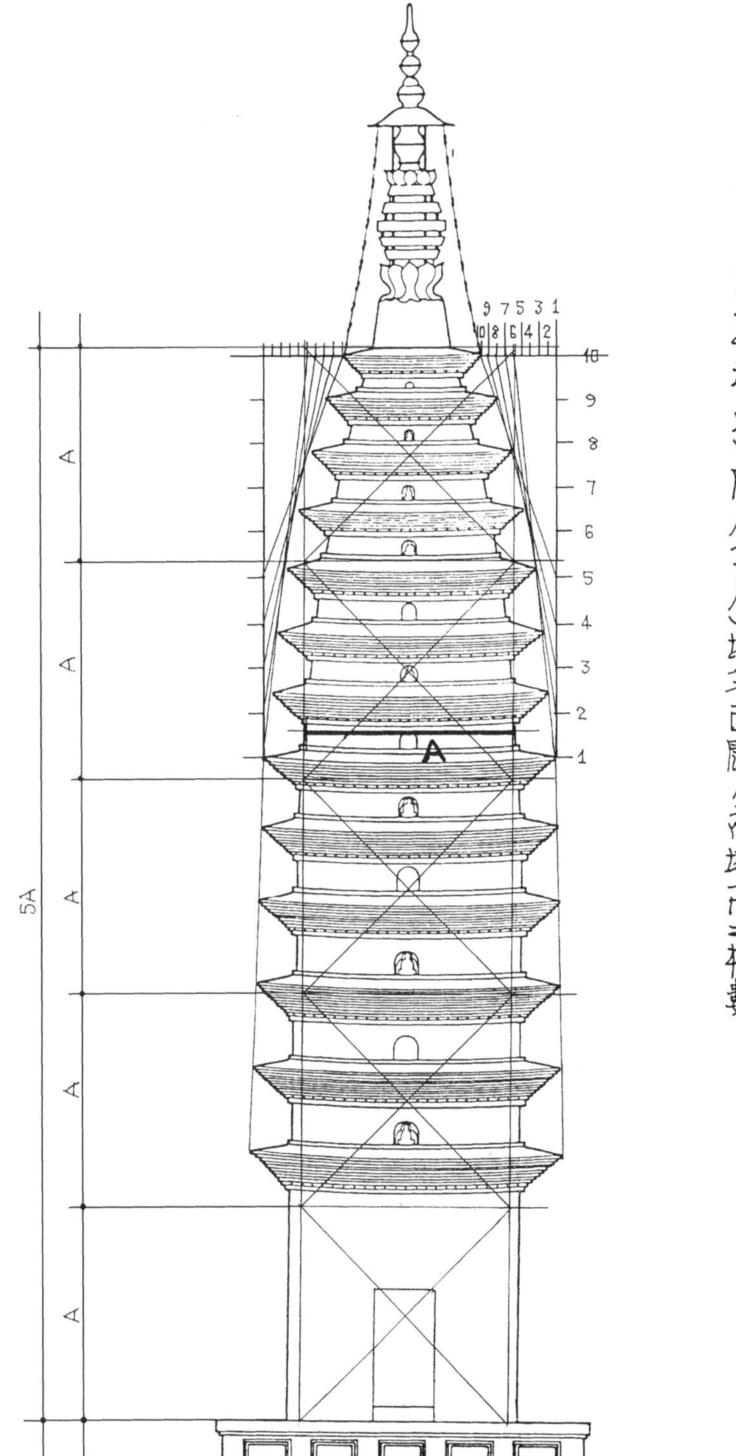

图3-4-2-4 云南大理佛图寺塔分析图

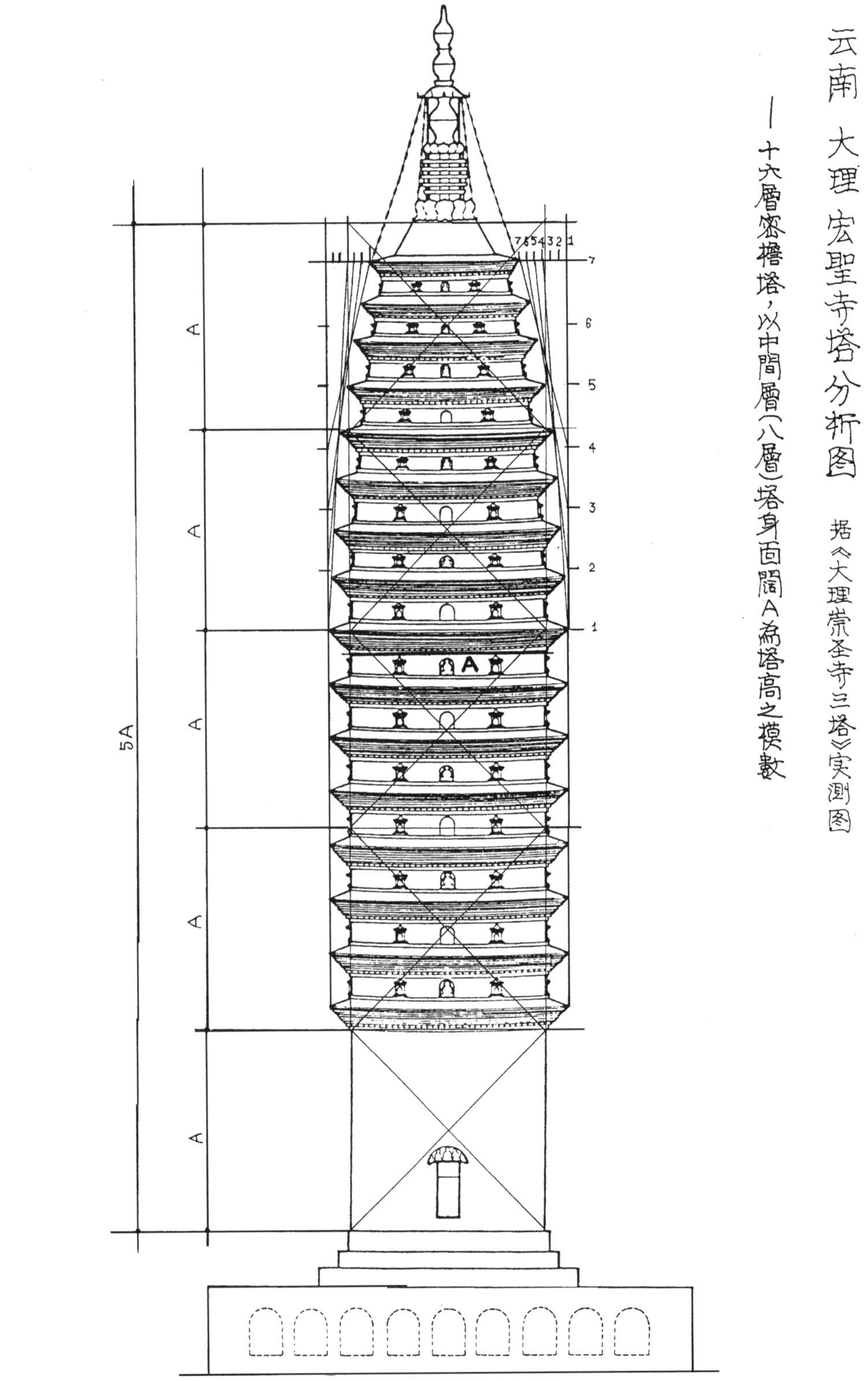

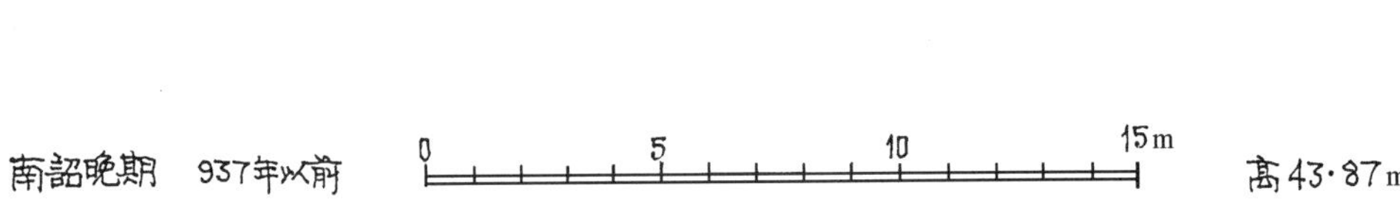

图 3-4-2-5 云南大理宏圣寺塔分析图

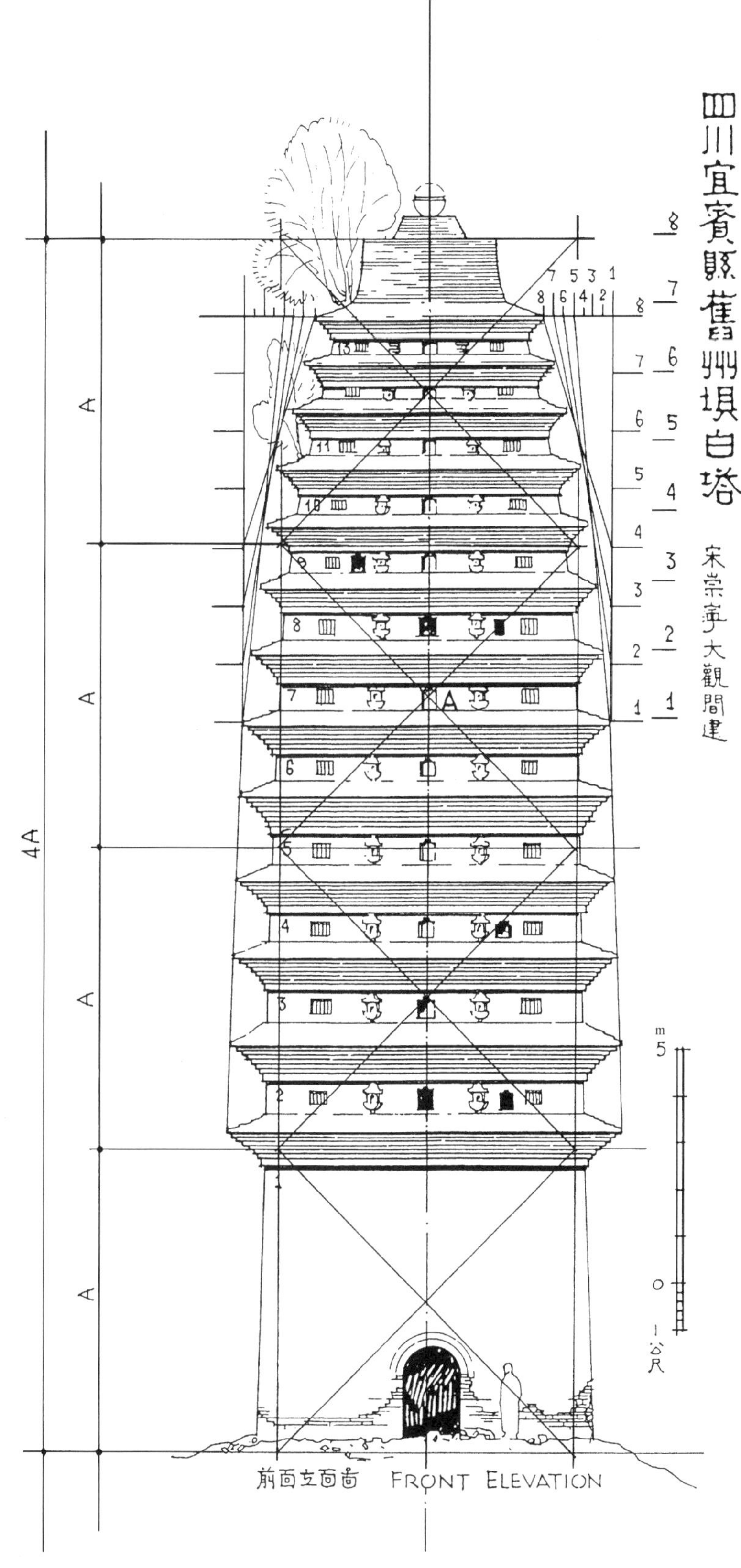

图 3-4-2-6 四川宜宾县旧州坝白塔分析图

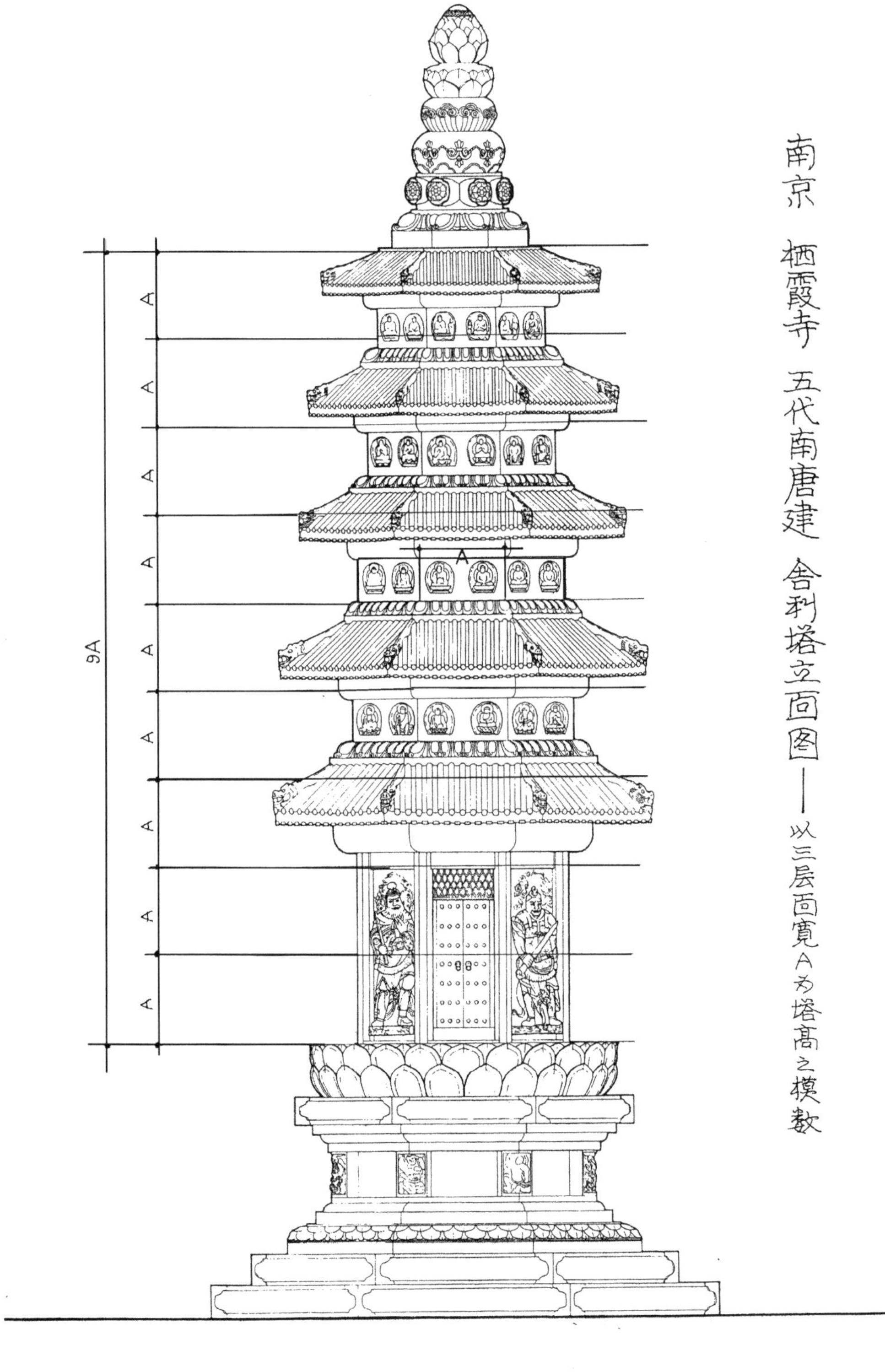

图 3-4-3-1 南京栖霞寺五代南唐建舍利塔立面图

山西灵丘觉山寺辽塔立面图——以塔身柱高H_1及中間层面宽A为高度模数

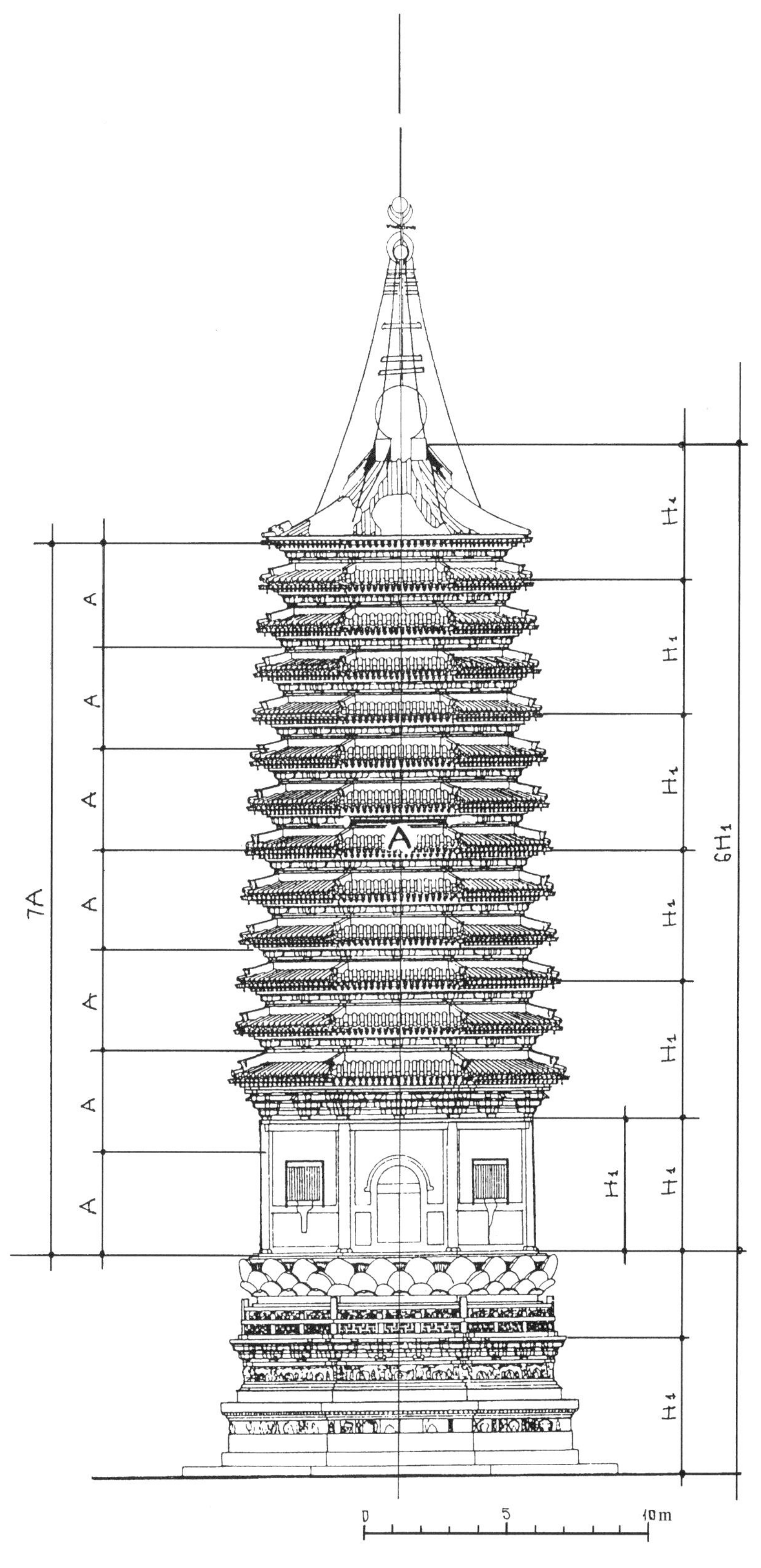

據《文物》96年2期附圖

图 3-4-3-2 山西灵丘觉山寺辽塔立面图

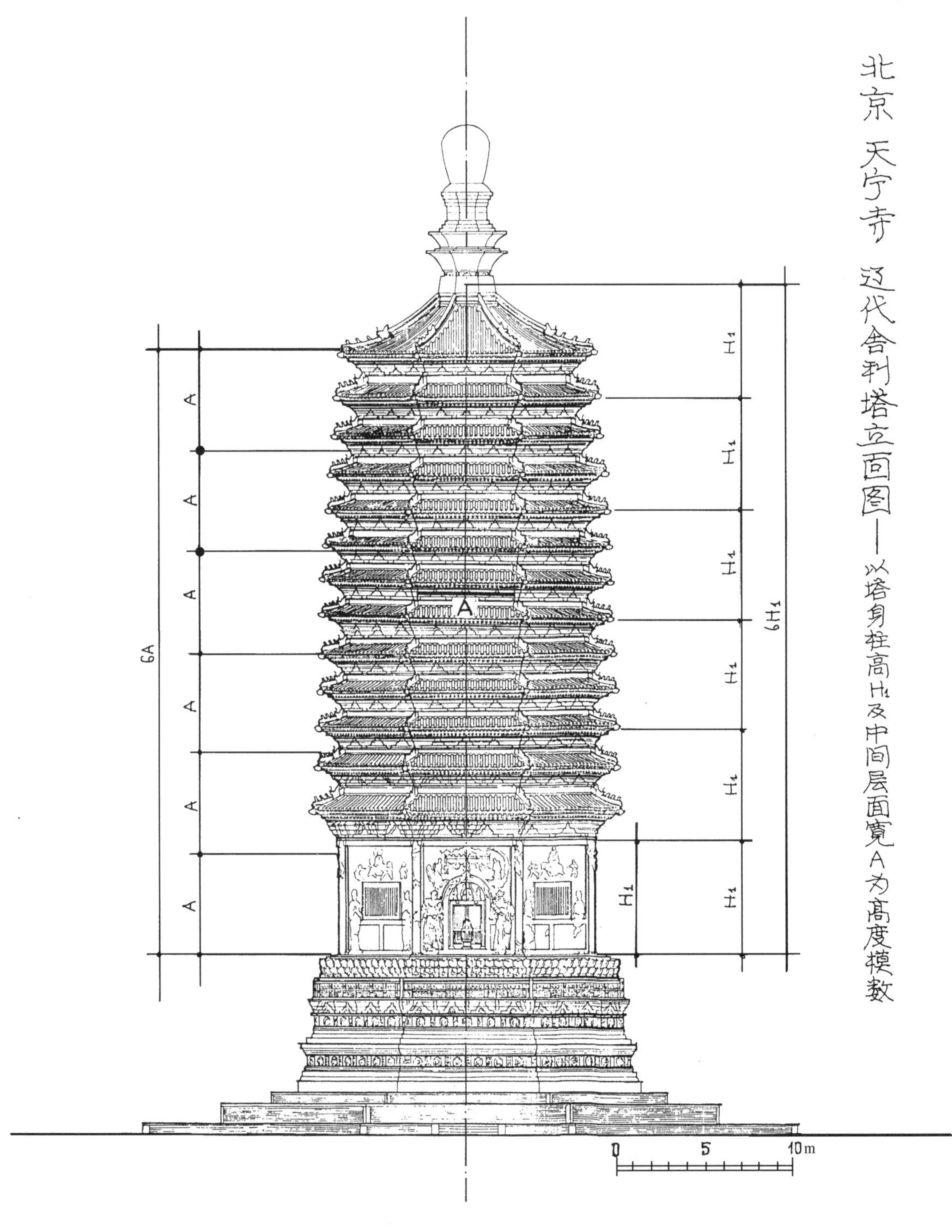

图 3-4-3-3 北京天宁寺辽代舍利塔立面图